普通高等教育"十三五"规划教材

钢 铁 冶 金 学

（炼铁部分）

（第 4 版）

主编 吴胜利 王筱留

副主编 张建良

北 京

冶金工业出版社

2022

内 容 提 要

本书系统地阐述了炼铁基础理论、炼铁生产相关工序的工艺特点及其技术，较全面地反映了当前国内外炼铁技术的发展成果及其动向。全书共分 9 章，分别介绍了钢铁工业中的炼铁生产工艺概要，铁矿粉造块工艺原理及烧结、球团工艺技术，煤焦化工艺原理及炼焦技术，高炉内还原、造渣、燃料燃烧及气化的热力学和动力学原理，高炉内的传输现象及应用实例，高炉内能量利用及工艺计算原理和实例，高炉高效低碳生产工艺技术；概述了非高炉炼铁工艺及炼铁工艺智能化、信息化技术。书中各章均有本章提要、小结，以及习题和思考题，并指出了各章需要读者掌握的重点。为引导读者深入学习，各章还列出了参考文献和建议阅读书目。

本书为高等院校冶金工程专业本科生的教学用书，也可作为研究生的教学参考书，以及职业技术院校、继续工程教育、专转本函授等学员的补充教材，还可供科研院所、生产企业的科研及工程技术人员参考。

图书在版编目（CIP）数据

钢铁冶金学. 炼铁部分/吴胜利，王筱留主编. —4 版. —北京：冶金工业出版社，2019.1（2022.8 重印）

普通高等教育"十三五"规划教材

ISBN 978-7-5024-8020-2

Ⅰ.①钢… Ⅱ.①吴… ②王… Ⅲ.①炼钢—高等学校—教材 ②炼铁—高等学校—教材 Ⅳ.①TF4

中国版本图书馆 CIP 数据核字（2019）第 023887 号

钢铁冶金学（炼铁部分）（第 4 版）

出版发行	冶金工业出版社	电　话	(010)64027926
地　址	北京市东城区嵩祝院北巷 39 号	邮　编	100009
网　址	www.mip1953.com	电子信箱	service@mip1953.com

责任编辑　杨　敏　高　娜　美术编辑　吕欣童　版式设计　孙跃红
责任校对　石　静　责任印制　禹　蕊
三河市双峰印刷装订有限公司印刷
1991 年 4 月第 1 版，2000 年 1 月第 2 版，2013 年 2 月第 3 版，2019 年 1 月第 4 版，2022 年 8 月第 5 次印刷
787mm×1092mm　1/16；34.75 印张；840 千字；537 页
定价 65.00 元

投稿电话　(010)64027932　投稿信箱　tougao@cnmip.com.cn
营销中心电话　(010)64044283
冶金工业出版社天猫旗舰店　yjgycbs.tmall.com
（本书如有印装质量问题，本社营销中心负责退换）

第4版 前 言

《钢铁冶金学（炼铁部分）》初版于1991年，1997年被评为"冶金工业部优秀教材"；2000年经过修订，作为普通高等教育"九五"国家级重点教材再版（第2版）；2013年再次经过修订，作为普通高等教育"十二五"规划教材再版（第3版）；目前是北京市精品课程"钢铁冶金学"的主干教材。

该书自出版以来，在北京科技大学作为专业课教材已被26届学生所使用；在中南大学、东北大学、重庆大学、西安建筑科技大学、内蒙古科技大学、华北理工大学、武汉科技大学、安徽工业大学、江西理工大学等20余所大学及部分职业技术学院，作为专业课教材或者教学参考书被采用，得到授课老师和学生的广泛认可；科研院所及生产企业的专业人士也对该书予以良好评价。该书此前三版已累计印刷17次，发行量近五万册。

为了实现"中国制造2025"、国家"一带一路"倡议，必须加快高端工程技术人才的培养。因此作者在多年教学、科研工作及第3版的基础上编著了本书，旨在详细介绍炼铁的基础理论和工艺技术，并融入国内外炼铁领域的科研成果及最新研究进展，力求科学严谨和系统全面。随着高炉的大型化和风口大量喷煤，焦炭质量对高炉冶炼的影响程度增大，使得炼焦工序在炼铁生产中的作用凸显，为此本次修订增加了第3章"煤焦化技术及高炉焦炭质量"。近年来，大数据、云计算等已开始应用于钢铁生产过程，钢铁生产的信息化、智能化技术得到广泛重视，炼铁"降本增效"的经济性理念高度强化，本次修订新编了第9章"炼铁工艺智能化、信息化技术"。此外，本次修订还补充了炼铁专业领域理论研究的进展以及新工艺、新技术的应用，更新了部分生产技术资料，删减了部分章节的内容。在第2章增加了"国内外烧结新工艺、新技术""国内外球团新工艺、新技术""高炉炉料结构优化技术"等内容；在第4章增加了"炉渣的镁铝比控制""碳饱和度对铁水的影响"等内容；在第6章增加了"高反应性焦炭实例"内容；第7章增加了"高炉接受高煤比条件""氧气高炉""低硅冶炼技术""高炉长寿技术"等相关内容；第 8 章增加了"非高炉炼铁工艺的发展"等内容。

参加本次修订和新编工作的有北京科技大学王筱留、吴胜利、张建良、高斌、杨世山、刘征建、祁成林、寇明银、王广伟、焦克新、周恒、李克江等。本书第 1 章、第 2 章由刘征建、吴胜利负责修订，第 3 章由王广伟、张建良负责新编，第 4 章由王广伟、吴胜利负责修订，第 5 章由寇明银、吴胜利负责修订，第 6 章由杨世山、祁成林负责修订，第 7 章由焦克新、张建良负责修订，第 8 章由焦克新、高斌负责修订，第 9 章由寇明银、吴胜利负责新编。本书的审定工作由王筱留负责，校对工作由周恒负责。

全书由吴胜利、王筱留担任主编，张建良为副主编。

在本书出版之际，作者要特别表达如下感谢之意：

(1) 本书采纳了兄弟院校炼铁专业、炼铁科研和生产单位的教授、专家学者、授课老师以及广大读者提出的宝贵意见，参考或应用了近年来炼铁同行发表的研究成果以及专著、论文的有关资料和图表，在此向相关人员及出版社表示感谢！

(2) 本书作为北京科技大学"十三五"规划教材建设的重点项目而得到资助，北京科技大学教务处、冶金与生态工程学院对本书的编著给予了热情鼓励和大力支持，在此一并感谢！

(3) 北京科技大学的研究生苏博、张亚鹏、王来信、王海洋、李洋、杜斌斌、范筱玥、陆亚男等同学参与了资料收集和书稿编辑校核等工作，在此专致谢忱！

(4) 冶金工业出版社的领导和编辑为本书的出版付出了大量心血，特此一并表示诚挚的感谢！

由于水平、时间所限，书中难免有不妥之处，恳请专家、学者、老师和广大读者予以指正，以使本书更臻完善。

吴胜利 谨识

2018 年 12 月

第3版 前　言

《钢铁冶金学（炼铁部分）》初版于1991年，1997年被评为"冶金工业部优秀教材"；2000年经过修订，作为普通高等教育"九五"国家级重点教材再版；目前是北京市精品课程"钢铁冶金学"的主干教材。

本书自出版以来，在北京科技大学作为专业课教材已被20届学生所使用；在中南大学、重庆大学、西安建筑科技大学、内蒙古科技大学、河北联合大学、武汉科技大学、安徽工业大学、江西理工大学等20余所大学及部分职业技术学院，作为专业课教材或者教学参考书被采用，得到授课老师和学生的认可；科研院所和生产企业的专业人士也对本书予以良好评价。本书此前两版已累计印刷14次，发行量达到四万余册。

为了更好地反映现代炼铁理论和技术的发展，本次修订删去了一些现代炼铁生产已淘汰了的工艺技术，补充了近年来炼铁专业领域理论研究的进展以及新工艺、新技术的应用，更新了部分生产技术资料；随着无钟炉顶替代双钟炉顶，改写了第6章高炉炼铁工艺的部分内容；由于近年来，高炉冶炼的数学模型和炼铁专家系统取得很大发展，直接还原中的转底炉工艺和熔融还原中的Corex C-3000在中国的实践取得进展，第7章高炉冶炼过程数学模型概述以及第8章非高炉炼铁的篇幅有所增加；为满足后续课程设计讲课（20~24学时）的需要，增加了第9章高炉炼铁工艺设备与设计；此外，还在附录中添加了烧结配料联合计算法实例及高炉冶炼物料平衡、热平衡计算程序。此次修订后，总的篇幅增加了，选用本书的院校可根据教学大纲和学时数，酌情调整课堂教学内容。

本次修订采纳了兄弟院校炼铁专业、炼铁科研和生产单位教授、专家学者、授课老师以及广大读者提出的宝贵意见，应用了近年来炼铁同行发表的研究成果以及新专著、新论文的资料和图表，在此向相关人员及出版社表示感

IV

谢。北京科技大学教务处、冶金与生态工程学院对本次修订给予了热情鼓励和大力支持，研究生白俊丽、李峰光、焦克新、孙静、孙颖、邢相栋、闫炳基、张哲铠等参加了资料收集和校核等工作，祁成林博士和苏东学为本书书稿的完成付出了辛勤劳动，冶金工业出版社的领导和编辑为本书的再版付出了大量心血，特此一并致谢！

参加本书修订工作的有北京科技大学王筱留、吴胜利、张建良、吴铿、高斌、左海滨、国宏伟、张丽华、刘征建等，全书由王筱留担任主编，吴胜利为副主编。

受水平、时间所限，书中难免有不妥之处，恳请专家、学者、老师和广大读者予以指正，以使本书更臻完善。

编 者

2012 年 8 月

第 2 版 前 言

《钢铁冶金学（炼铁部分）》初版于 1991 年。该书出版以来，在北京科技大学和包头钢铁学院、河北理工学院等兄弟院校作为本科以及函授、夜大本科的专业课教材已达 7~8 届，得到专业教师和学生的认可，反映良好，在 1997 年被评为"冶金工业部优秀教材"。

本书初版至今，钢铁生产技术有了较大的提高和发展。这次有机会修订再版，编者补充了近年来关于炼铁及铁前系统生产上获得成功的部分新技术和新工艺，改写了第 6 章的"高炉操作制度"一节，删去了一些生产上不用的工艺技术，补上了初版中的遗漏（例如第 3 章的后几节）并改正了一些错误，更新了部分生产技术资料。

在本书使用和修改、评审中那树人教授、顾飞教授等专家、学者、老师以及广大读者提出了许多宝贵意见，修订中应用了刘云彩教授、鞍钢炼铁厂等的资料，在此向他们表示衷心的感谢。在修订再版工作中得到了北京科技大学冶金学院和炼铁研究所、教务处和教材科的领导和工作人员的鼓励和大力支持，在此向他们表示谢意。

参加本书修订工作的有王筱留、吴胜利、高征铠、齐宝铭等，全书仍由王筱留主编。

本书在修订中，尽管编者付出了较大努力，但限于水平和时间关系，书中难免有不妥之处，恳请专家、学者、老师和广大读者指正。

编　者
1999 年 4 月

第1版 前 言

本书系钢铁冶金专业《钢铁冶金学（炼铁部分）》课程的教学用书。

自一九七九年开始，将炼铁、炼钢和电冶金专业合并为钢铁冶金专业。作者编写的《钢铁冶金学（炼铁部分）》初稿，曾在北京钢铁学院和包头钢铁学院的部分年级试用。一九八七年在包头钢铁学院召开了全国高等院校钢铁冶金专业教学研讨会，为提高本课程教学质量，参加研讨会的11所院校的代表共同拟订了统一的《钢铁冶金学》教学大纲。本书系在原试用教材的基础上，根据会议制订的教学大纲重新编写的。

按照钢铁冶金专业教学计划和本门课程教学大纲的要求，本书重点阐述炼铁过程的基本理论和工艺，主要内容包括含铁原料的造块、炼铁原理、工艺操作及高炉作业的能量利用分析，并结合钢铁工业的最新发展，对数学模型、高炉过程自动控制及非高炉法炼铁（包括直接还原及熔融还原）作了简要介绍。

由于授课时间的限制，凡物理化学、冶金过程热力学和动力学（钢铁冶金原理）和传输原理等内容已在有关课程中讲授，不再重复，只着重于这些内容在炼铁中的应用；炼铁设备结构和工艺操作的内容在有关课程（如冶金单元设计、钢铁厂设计原理、钢铁冶金实验技术等）和生产实习中讲述。为提高学生的运算能力和适应炼铁技术的发展，作者较多地应用数学计算来讲述冶金过程化学反应、能量利用和工艺过程。

本书初稿完成后，其主要章节曾在北京科技大学钢铁冶金专业和武钢、宝钢、湘钢的继续工程教育中试用。本书定稿前于一九八八年三月开过审稿会，有重庆大学裴鹤年、华东冶金学院糜克勤、唐山工程技术学院（原河北矿冶学院）全泰铉等同志参加，他们对本书提出了许多宝贵意见。在编写过程中，得到北京科技大学冶金系和炼铁教研室的同志们的大力支持，书中应用了他们的一些科研成果，也应用了我国兄弟院校和炼铁界同行们的成果，编者在此表示衷心的谢意。

　　本书第一章由齐宝铭编写,第二、五章由王筱留编写,第三、四、六章由齐宝铭、王筱留编写,第七章由齐宝铭和秦民生编写,第八章由杨乃伏编写,全书由王筱留主编。

　　本书作为钢铁冶金专业四年制本科生教材,也可供继续工程教育、函授、夜大、职大、大专师生以及有关工程技术人员和科学工作者参考。

　　限于作者水平,书中难免有不妥或错误之处,恳请读者批评指正。

编　者

1990 年 6 月

目　　录

1 概　　论

[本章提要]

本章概括地介绍了钢铁工业发展历史、我国钢铁工业发展概况、高炉炼铁工艺过程、高炉炼铁及非高炉炼铁的工艺对比、高炉冶炼对炼铁原、燃料和耐火材料等的要求、高炉产品的性能以及高炉冶炼的主要技术经济指标等。

1.1　钢铁工业在国民经济中的地位

评判现代任何国家是否发达的主要标志是其工业化及生产自动化的水平，即工业生产在国民经济中所占的比重及工业的机械化、自动化程度。而劳动生产率是衡量工业化水平极为重要的标志之一。为达到较高的劳动生产率需要大量的机械设备。钢铁工业为制造各种机械设备提供最基本的材料，属于基础材料工业的范畴。钢铁还可以直接为人们的日常生活服务，如为运输业、建筑业及民用品提供基本材料。故在一定意义上来讲，一个国家钢铁工业的发展状况在一定程度上也反映了其国民经济发达的程度。

衡量钢铁工业的水平应考察其产量（人均年占有钢的数量）、质量、品种、经济效益及劳动生产率等各方面。纵观当今世界各国，所有发达国家都具有相当发达的钢铁工业。

钢铁工业的发展需要多方面的条件，如稳定可靠的原材料资源，包括铁矿石、煤炭及某些辅助原材料（如锰矿、石灰石及耐火材料等）；稳定的动力资源，如电力、水等。此外，由于钢铁企业生产规模大，每天原材料及产品的吞吐量大，需要庞大的运输设施为其服务，一般要有铁路或水运干线经过钢铁厂。对于大型钢铁企业来说，还必须有重型机械的制造及电子工业为其服务。此外，建设钢铁企业需要的投资大，建设周期长，而回收效益慢，故雄厚的资金是发展钢铁企业的重要前提。

钢铁之所以成为各种机械装备及建筑、民用等各部门的基本材料，是因为它具备以下优越性能：

（1）有较高的强度及韧性。

（2）容易用铸、锻、切削及焊接等多种方式进行加工，以得到任何结构的工部件。

（3）所需资源（铁矿、煤炭等）储量丰富，可供长期大量采用，成本低廉。

（4）人类自进入铁器时代以来，积累了数千年生产和加工钢铁材料的丰富经验，已具有成熟的生产技术。自古至今，与其他工业相比，钢铁工业相对生产规模大、效率高、质量好和成本低。

到目前为止，还看不出有任何其他材料在可预见的将来能代替钢铁现有的地位。

1.2　中国钢铁工业的概况

中国是使用铁器最早的国家之一，春秋晚期（公元前 6 世纪）铁器已较广泛地得到应用。西汉时期盐铁官营，冶铁工业得到较大的发展，并在规模及生产技术等方面达到较先进的水平。据资料记载，当时已具有炉缸断面积为 $8.5m^2$ 的高炉。中国这种领先的优势一直延续了两千年，直到明代中叶（约 17 世纪初）西方资本主义世界的产业革命兴起时为止。

近代由于封建主义的束缚，外加帝国主义的掠夺和摧残，中国工业生产及科学技术的发展极度缓慢。到 1949 年，中国的钢铁工业技术水平及装备极其落后，钢的年产量只有 25 万吨。

新中国成立后至 1960 年，中国逐步建立了现代化钢铁工业的基础，年产量比 1949 年增加了 40 多倍，达到了 1000 万吨以上，某些生产指标接近了当时的世界先进水平，具备了独立发展自己钢铁工业的实力。

1960~1966 年间，在困难的条件下，中国的钢铁工业继续得到了发展，如炼铁方面以细粒铁精矿粉为原料生产自熔性及超高碱度烧结矿、向高炉内喷吹煤粉以及成功地冶炼了一些特有的复合矿石等。

1966~1976 年间，中国国民经济基本上处于停滞不前的状态，1976 年的粗钢产量仅为 2045 万吨。与迅速发展的世界经济相比，中国与世界经济水平的差距扩大了，装备陈旧，机械化、自动化水平低，技术经济指标落后，效率低，质量差，成本高。

从 1977 年开始，特别是党的十一届三中全会以来，中国钢铁工业走向持续发展的阶段。1982 年，中国钢年产量已接近 4000 万吨，仅次于苏联、美国、日本，跃居世界第 4 位。1996 年起，中国年产钢已超过 1 亿吨，名列世界首位。

进入 21 世纪中国的粗钢产量迅速增长，2000~2016 年间粗钢产量的增长情况示于图 1-1。可见，粗钢产量的平均年上升率为 15.52%，最大年上升率为 28.24%。进入 21 世纪以来世界和中国粗钢产量的进程示于图 1-2，位居世界钢产量前 10 位国家的粗钢产量情况列于表 1-1。

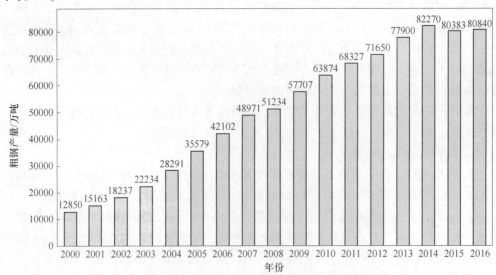

图 1-1　2000~2016 年间中国粗钢产量的增长情况

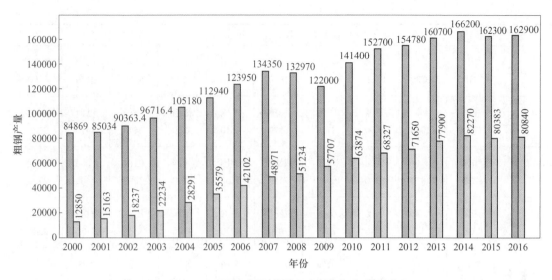

图 1-2 2000~2016 年间世界和中国粗钢产量的进程

表 1-1 2000~2016 年间位居世界钢产量前 10 位国家的粗钢产量情况 （万吨）

年份	第1位	第2位	第3位	第4位	第5位	第6位	第7位	第8位	第9位	第10位
2000	中国 12850	日本 10664	美国 10180	俄罗斯 5914	德国 4638	韩国 4311	乌克兰 3177	巴西 2787	印度 2693	意大利 2676
2001	中国 15103	日本 10287	美国 9010	俄罗斯 5897	德国 4480	韩国 4385	乌克兰 3311	印度 2729	巴西 2672	意大利 2655
2002	中国 18225	日本 10775	美国 9159	俄罗斯 5977	韩国 4539	德国 4502	乌克兰 3405	巴西 2960	印度 2881	意大利 2607
2003	中国 22234	日本 11051	美国 9044	俄罗斯 6272	韩国 4631	德国 4481	乌克兰 3692	印度 3177	巴西 3115	意大利 2670
2004	中国 27280	日本 11268	美国 9855	俄罗斯 6429	韩国 4752	德国 4641	乌克兰 3874	巴西 3292	印度 3263	意大利 2833
2005	中国 35580	日本 11250	美国 9490	俄罗斯 6610	韩国 4780	德国 4450	印度 4090	乌克兰 3860	巴西 3160	意大利 2940
2006	中国 41880	日本 11620	美国 9850	俄罗斯 7060	韩国 4840	德国 4720	印度 4400	乌克兰 4080	意大利 3160	巴西 3090
2007	中国 48900	日本 12020	美国 9720	俄罗斯 7220	印度 5310	韩国 5140	德国 4850	乌克兰 4280	巴西 3380	意大利 3200
2008	中国 51234	日本 11870	美国 9150	俄罗斯 6850	印度 5710	韩国 5350	德国 4580	乌克兰 3710	巴西 3370	意大利 3050
2009	中国 56780	日本 8750	印度 6353	俄罗斯 6001	美国 5820	韩国 4860	德国 3267	乌克兰 2980	巴西 2651	土耳其 2530
2010	中国 62670	日本 10960	美国 8060	俄罗斯 6700	印度 6680	韩国 5850	德国 4380	乌克兰 3360	巴西 3280	土耳其 2900
2011	中国 68327	日本 10760	美国 8620	印度 7220	俄罗斯 6870	韩国 6850	德国 4430	乌克兰 3530	巴西 3520	土耳其 3410

年份	第1位	第2位	第3位	第4位	第5位	第6位	第7位	第8位	第9位	第10位
2012	中国 73100	日本 10720	美国 8870	印度 7730	俄罗斯 7040	韩国 6910	德国 4270	土耳其 3590	巴西 3450	乌克兰 3300
2013	中国 77900	日本 11060	美国 8690	印度 8120	俄罗斯 6870	韩国 6610	德国 4260	土耳其 3470	巴西 3420	乌克兰 3280
2014	中国 82280	日本 11070	美国 8820	印度 8730	俄罗斯 7150	韩国 7150	德国 4290	巴西 3390	土耳其 3400	乌克兰 2720
2015	中国 80380	日本 10520	印度 8940	美国 7880	俄罗斯 7090	韩国 6970	德国 4270	巴西 3330	土耳其 3150	乌克兰 2300
2016	中国 80840	日本 10480	印度 9560	美国 7860	俄罗斯 7080	韩国 6860	德国 4210	土耳其 3320	巴西 3020	乌克兰 2420

随着粗钢产量的增加，中国生铁产量也在迅猛增长。由于中国属于发展中国家，原来的工业不甚发达，废钢基础差，炼钢主要使用铁水，因此在 21 世纪以前，生铁年产量超过粗钢产量。进入 21 世纪这种情况才改变，2001 年开始粗钢产量超过生铁产量。中国生铁产量的变化情况示于图 1-3。

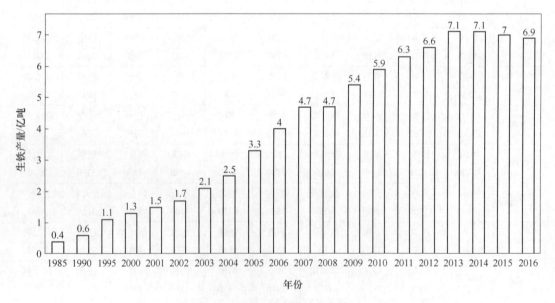

图 1-3　中国生铁产量的变化情况

1.3　钢铁联合企业中的炼铁生产

钢铁生产流程如图 1-4 所示。

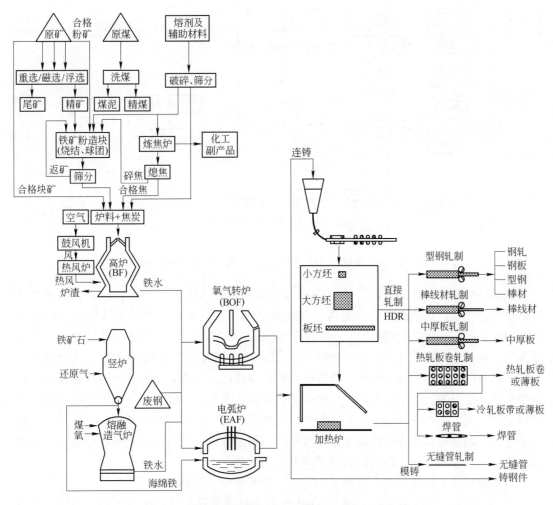

图 1-4 钢铁生产流程（未包括煤气、蒸汽、水电等）

从图 1-4 中看出，由矿石到钢材的生产可分为两个流程，即高炉—转炉—轧机流程、直接还原或熔融还原—电炉—轧机流程。前者被称为长流程，后者则被称为短流程。目前长流程是主要流程，但因其必须使用块状原料，需要配用质量好的炼焦煤在焦炉内炼成性能好的冶金焦，粉矿和精矿粉要制成烧结矿或球团矿，这两道生产工序不但能耗高，而且生产中产生粉尘、污水和废气等对环境造成污染，所以长流程面临能源和环保等的挑战。直接还原和熔融还原是用来替代高炉炼铁的两种工艺。

高炉炼铁、直接还原、熔融还原三种工艺比较见表 1-2，三种工艺流程比较见图 1-5。

表 1-2 高炉炼铁、直接还原、熔融还原三种工艺比较

炼铁工艺	产能规模	成熟度	含铁原料要求	焦炭使用情况	天然气使用情况	污染物生成量
高炉炼铁	大	高	低	使用	不使用	多
直接还原炼铁	小	低	高	不需要	使用	少
熔融还原炼铁	小	低	较高	少量	不使用	少

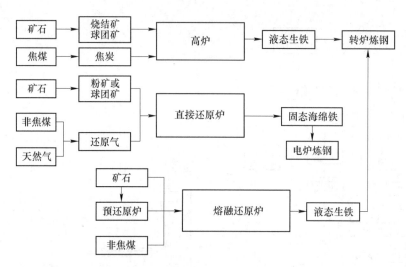

图 1-5　高炉炼铁、直接还原、熔融还原三种工艺流程比较

　　直接还原和熔融还原炼铁工艺（参阅本书第 8 章非高炉炼铁）的特点是：用块煤或气体还原剂代替高炉炼铁工艺所必需的焦炭来还原天然块矿、粉矿或人造块矿（烧结矿或球团矿），具有相当大的适应性，特别适用于某些资源匮乏、环保要求特别严格的地区或国家。但其生产规模比高炉小，1997 年世界直接还原铁产量为 3620 万吨，熔融还原铁产量不足 90 万吨。到 2006 年世界直接还原铁产量已增加到 59475 万吨，熔融还原铁产量也增加到 450 万吨，有了较大发展。特别是世界最大可年产 150 万吨铁水的 Corex 3000 在中国宝钢建成，于 2007 年 11 月 8 日顺利投产出铁，为中国非高炉炼铁开创新的阶段。但总的来说，目前非高炉炼铁仍处于小规模生产或试验阶段，而且很多技术问题还有待解决或完善。故在今后很长一段时间内高炉炼铁仍占优势。

　　各种炼铁法的设备及生产方式差别很大，但其原理是相同的。

　　我国经济发展进入新常态，单位 GDP 的消费强度下降。但目前我国粗钢产能仍然很大，约为 12 亿吨，产能利用率不足 67%。2016 年 2 月 4 日国务院发布了《关于钢铁行业化解过剩产能实现脱困发展的意见》，计划用 5 年时间再压减粗钢产能 1~1.5 亿吨，但这并不代表着我国不再需要发展钢铁。

　　数据显示，1910~2016 年间，我国钢铁累计产量约为 106 亿吨，同期美国和日本两国钢铁累计产量分别为 94 亿吨和 50 亿吨。但 1910~2016 年间，我国人均粗钢产量仅有 7.8t，与之形成鲜明对比的是美国和日本的人均粗钢产量，分别为 29.2t 和 39.8t。由此可以得出的结论是我们仍缺钢铁，中国仍需要发展钢铁，只不过进入减量发展阶段。

1.4　高炉冶炼过程概述

　　为了深入理解并掌握高炉冶炼过程的原理，首先应从宏观上对高炉生产工艺有个整体的概念，如了解其投入、产出以及总体上的特点等。要求能具体而形象地描述各种反应在高炉内动态变化的过程，如原料在下降过程中其温度、成分及性状的变化，煤气的产生及其在上升过程中温度、压力、成分及体积的变化；同时要了解在炉料与煤气逆流运动过程中热量、质量及动量的传递是如何发生的。冶炼过程的概述只能给出具体的、粗浅的感性认识，但它是深入的理性认识的基础。

1.4.1 高炉炼铁工艺流程及炉内主要过程

图1-6为典型的高炉炼铁生产工艺流程及其主要设备示意框图，从中看出高炉炼铁具有庞大的主体和辅助系统，包括高炉本体、原燃料系统、上料系统、送风系统、渣铁处理系统和煤气清洗处理系统。在建设上的投资，高炉本体占15%~20%，辅助系统占85%~80%。各个系统互相联系在一起，但又相互制约，只有相互配合才能形成巨大的生产能力。

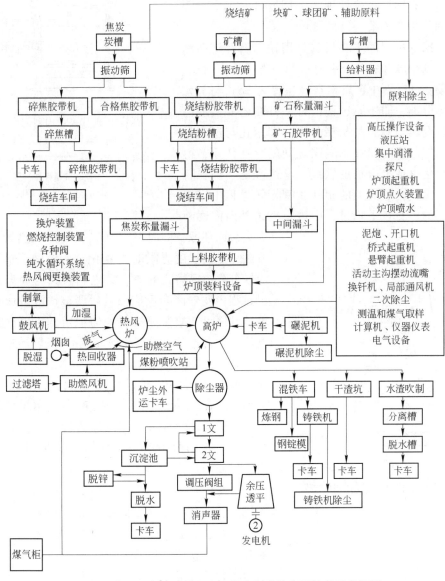

图1-6 典型的高炉炼铁生产工艺流程及其主要设备示意框图

高炉冶炼过程是在一个密闭的竖炉内进行的。现代高炉内型剖面图示于图1-7。

高炉冶炼过程的特点是：在炉料与煤气逆流运动的过程中完成了多种错综复杂地交织在一起的化学反应和物理变化，且由于高炉是密封的容器，除去投入（装料）及产出（铁、渣及煤气）外，操作人员无法直接观察到反应过程的状况，只能凭借仪器、仪表间接观察。

为了弄清楚这些反应和变化的规律，首先应对冶炼的全过程有个总体的了解，这体现在能正确地描绘出运行中高炉的纵剖面和不同高度上横截面的图像。这将有助于正确地理解和把握各种单一过程和因素间的相互关系。

高炉冶炼过程的主要目的是用铁矿石经济而高效率地得到温度和成分合乎要求的液态生铁。为此，一方面要实现矿石中金属元素（主要为 Fe）与氧元素的化学分离，即还原过程；另一方面还要实现已被还原的金属与脉石的机械分离，即熔化与造渣过程。最后控制温度和液态渣铁之间的交互作用，得到温度和化学成分合格的铁液。全过程是在炉料自上而下、煤气自下而上的相互紧密接触过程中完成的。低温的矿石在下降过程中被煤气由外向内逐渐

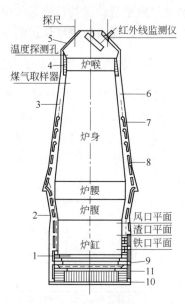

图 1-7   现代高炉内型剖面图

1—炉底耐火材料；2—炉壳；3—炉内砖衬生产后的侵蚀线；4—炉喉钢砖；5—炉顶封盖；6—炉体砖衬；7—带凸台镶砖冷却壁；8—镶砖冷却壁；9—炉底炭砖；10—炉底水冷管；11—光面冷却壁

夺去氧而还原，同时又自高温煤气得到热量。矿石升到一定的温度界限时先软化，后熔融滴落，实现渣铁分离。已熔化的渣、铁之间及其与固态焦炭接触过程中发生诸多反应，最后调整铁液的成分和温度达到终点。故保证炉料均匀稳定的下降、控制煤气流均匀合理分布是高质量完成冶炼过程的关键。

总之，高炉冶炼的全过程可以概括为：在尽量低能量消耗的条件下，通过受控的炉料及煤气流的逆向运动，高效率地完成还原、造渣、传热及渣铁反应等过程，得到化学成分与温度较为理想的液态金属产品，供下步工序炼钢（炼钢生铁）或机械制造（铸造生铁）使用。

1.4.1.1   高炉内各区域的分布

研究人员曾经多次使正在运行中的高炉突然停炉，并对其解剖分析，在各种现象沿圆周分布对称的条件下，高炉过程及不同区域的特征可用高炉纵剖面图表示（见图 1-8）。

高炉各区内进行的主要反应及特征列于表 1-3。

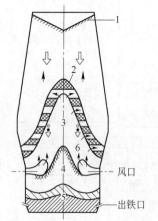

↓固体料流   ↑煤气流   ↕熔滴的渣铁流

▨软熔区的焦窗及软熔层   ▨积存的渣铁液

图 1-8   运行中的高炉纵剖面图

1—固体料柱区；2—软熔区；3—疏松焦炭区；4—压实焦炭区；5—渣铁储存区；6—风口焦炭循环区

表 1-3　高炉各区内进行的主要反应及特征

区号	名　称	主　要　反　应	主　要　特　征
1	固体炉料区（块状带）	间接还原，炉料中水分蒸发及受热分解，少量直接还原，炉料与煤气间热交换	焦与矿呈层状交替分布，皆呈固体状态，以气-固反应为主
2	软熔区（软熔带）	炉料在软熔区上部边界开始软化，而在下部边界熔融滴落，主要进行直接还原反应及造渣	为固-液-气间的多相反应，软熔的矿石层对煤气阻力很大，决定煤气流动及分布的是焦窗总面积及其分布
3	疏松焦炭区（滴落带）	向下滴落的液态渣铁与煤气及固体炭之间进行多种复杂的质量传递及传热过程	松动的焦炭流不断地落向焦炭循环区，而其间又夹杂着向下流动的渣铁液滴
4	压实焦炭区（滴落带）	在堆积层表面，焦炭与渣铁间反应	此层相对呆滞，又称"死料柱"
5	渣铁储存区（液态产品反应带）	在铁滴穿过渣层瞬间及渣铁层间的交界面上发生液-液反应；由风口得到辐射热，并在渣铁层中发生热传递	渣铁层相对静止，只有在周期性渣铁放出时才有较大扰动
6	风口焦炭循环区（燃烧带）	焦炭及喷入的辅助燃料与热风发生燃烧反应，产生高热煤气，并主要向上快速逸出	焦块急速循环运动，既是煤气产生的中心，又是上部焦块得以连续下降的"漏斗"，是炉内高温的焦点

1.4.1.2　生产过程中应严密控制的各关键性环节

A　送风条件

在保证顺行的前提下，鼓入的热风在风口前燃烧焦炭和喷入的煤粉，形成高温煤气，为冶炼过程提供热量和间接还原的还原剂 CO 和 H_2；风口循环区决定着炉内煤气初始分布情况，因此它应在炉缸半径方向上大小适当，在圆周方向上分布合理，以保证煤气分布合理；根据鼓风成分（是否富氧及含水量）以及是否喷吹辅助燃料，控制风口前的理论燃烧温度以适应炉内热状态的需要。

B　软熔区的位置、形状及尺寸

软熔区起着煤气二次分配器的作用。其位置、形状及大小对顺行、产量、燃料消耗量及铁水成分影响很大。操作中应监测软熔区形态的变化，并及时调整，以保证高炉整体运行于最佳状态。

C　固体炉料区的工作状态

固体炉料区的工作状态是决定单位生铁燃料消耗量的关键。要使该区达到较佳的工作状态，首先要严格要求入炉原料达到质量标准；其次要遵循炉顶装料制度的规律，并根据炉况变化随时调节焦炭及矿石在炉内的分布，使由软熔区上升的煤气完成合理的再分布；再次，充分发展间接还原，尽可能充分利用煤气的化学能（表现为炉顶逸出煤气的利用率 η_{CO} 高）和热能（炉顶温度低）。

1.4.2　含铁原料及其他辅助原料

1.4.2.1　铁矿石

如以年产 1 亿吨生铁计，需含 Fe 品位为 60% 的原矿 1.6 亿吨。2008 年中国生产生铁 4.71 亿吨，因入炉矿石品位低，实际消耗国产矿 8.24 亿吨、进口矿 4.44 亿吨。

地壳中铁的储量比较丰富，按元素总量计占 4.2%，仅次于氧、硅及铝，居第 4 位。但在自然界中铁不能以纯金属状态存在，绝大多数形成氧化物、硫化物或碳酸盐等化合物。不同的岩石含 Fe 品位可以差别很大。凡在当前技术条件下可以从中经济地提取出金属铁的岩石，均称为铁矿石。铁矿石中除了含 Fe 的有用矿物外，还含有其他化合物，统称为脉石。脉石中常见的氧化物有 SiO_2、Al_2O_3、CaO 及 MgO 等。

A　铁矿石的分类

炼铁生产使用的铁矿石中铁元素多以氧化物形态赋存，根据铁矿石中铁氧化物的主要矿物形态，人们把铁矿石分为赤铁矿、磁铁矿、褐铁矿和菱铁矿等。不同种类铁矿石的主要特征列于表 1-4。

表 1-4　不同种类铁矿石的主要特征

矿石名称	矿物名称	理论铁含量 /%	密度 /t·m⁻³	颜色	条痕	实际富矿铁含量/%	强度及还原性
磁铁矿	磁铁矿 (Fe_3O_4)	72.4	5.2	黑色或灰色，有光泽	黑色	45~70	坚硬，致密，难还原
赤铁矿	赤铁矿 (Fe_2O_3)	70.0	4.9~5.3	红色或浅灰色	红色	55~68	软，易破碎，易还原
褐铁矿	水赤铁矿 ($2Fe_2O_3 \cdot H_2O$)	66.1	4.0~5.0	黄褐色暗褐色或绒黑色	黄褐色	37~58	疏松，易还原
	针赤铁矿 ($Fe_2O_3 \cdot H_2O$)	62.9	4.0~4.5				
	水针铁矿 ($3Fe_2O_3 \cdot 4H_2O$)	60.9	3.0~4.4				
	褐铁矿 ($2Fe_2O_3 \cdot 3H_2O$)	60.0	3.0~4.2				
	黄针铁矿 ($Fe_2O_3 \cdot 2H_2O$)	57.2	3.0~4.0				
	黄赭石 ($Fe_2O_3 \cdot 3H_2O$)	55.2	2.5~4.0				
菱铁矿	菱铁矿 ($FeCO_3$)	48.2	3.8	灰色带有黄褐色	灰色或带黄色	30~40	易破碎，焙烧后易还原

矿石长期在自然界中受到氧化，磁铁矿常转化为半假象赤铁矿或假象赤铁矿。所谓"假象"赤铁矿，是指在化学成分上 Fe_3O_4 已氧化为 Fe_2O_3，但仍保留了原磁铁矿结晶结构的特征。一般以矿石中全铁含量 $w(\mathrm{TFe})$ 与 $w(\mathrm{FeO})$ 的比值判别磁铁矿受到氧化的程度：

$$w(\mathrm{TFe})/w(\mathrm{FeO}) \geqslant 7.0 \qquad 为假象赤铁矿$$

$$7.0 > w(\mathrm{TFe})/w(\mathrm{FeO}) \geqslant 3.5 \qquad 为半假象赤铁矿$$

$$w(\text{TFe})/w(\text{FeO}) < 3.5 \qquad \text{为磁铁矿}$$

$$w(\text{TFe})/w(\text{FeO}) = 2.3 \qquad \text{为纯磁铁矿}$$

式中　$w(\text{TFe})$——矿石中全铁含量，%；

　　　$w(\text{FeO})$——矿石中 FeO 含量，%。

B　对铁矿石的评价

对铁矿石的评价如下：

（1）含 Fe 品位。矿石品位基本上决定了矿石的价格，即冶炼的经济性。市场上往往以 Fe 含量单位数计价。因为 Fe 含量越高的矿石，脉石含量越低，则冶炼时所需的熔剂量和形成的渣量也越少，用于分离渣与铁所耗的能量相应降低。Fe 含量高并可直接送入高炉冶炼的铁矿石称为富矿，含 Fe 品位低、需经富选才能入炉的铁矿石为贫矿。划分富矿与贫矿没有统一的标准，此界限将随选矿及冶炼技术水平的提高而变化。一般将矿石中 Fe 的质量分数高于 65% 而 S、P 等杂质少的矿石，供直接还原法和熔融还原法使用，而矿石中 Fe 的质量分数高于 50% 而低于 65% 的矿石可供高炉使用。我国富矿储量已很少，绝大部分是 Fe 的质量分数为 30% 左右的贫矿，要经过富选才能使用。

（2）脉石的成分及分布。铁矿石中的脉石包括 SiO_2、Al_2O_3、CaO 及 MgO 等金属氧化物，在高炉条件下，这些氧化物不能或很难被还原为金属，最终以炉渣的形式与金属分离。渣中碱性氧化物（CaO、MgO 等）与酸性氧化物（SiO_2 等）的质量分数应大体相等。因为只有如此，渣的熔点才较低，黏度也较小，易于在炉内处理而不致有碍于正常操作。为此，实际操作中应根据铁矿石带入的脉石的成分和数量，配加适当的"助熔剂"（简称熔剂），以便得到性能较理想的炉渣。此外，造渣物的另一个重要来源是焦炭及煤粉灰分，几乎是 100% 的酸性氧化物，必须从其他炉料中摄取碱性成分。然而大多数铁矿石的脉石也是酸性氧化物，故通常要消耗相当数量的石灰石（$CaCO_3$）或白云石（$CaCO_3 \cdot MgCO_3$）等碱性物作为熔剂。若矿石的脉石成分中碱性物较多，甚至以碱性物为主，必然会节省为中和燃料灰分中酸性造渣物所需外加的熔剂量，这是极为有利的。但是如果矿石带入的碱性脉石数量超过了造渣的总体需要量，也会给冶炼造成困难。我国有极少数地区性小矿，如河北省涞源的高 MgO 铁矿石，即属于此种类型。有些矿石中 Al_2O_3 的质量分数很高，这也是不利的，因为 Al_2O_3 将大大地提高炉渣的熔点。印度产铁矿石及我国河北省承德地区平安堡矿即为此种类型。矿石中 CaO+MgO 质量分数适当的矿石，可允许矿石中 Fe 的质量分数低些，冶炼仍然是经济的。用扣除 CaO+MgO 后折算的 Fe 质量分数对不同的矿石进行评价和对比是合理的。

矿石中脉石的结构和分布，特别对于贫矿，是很重要的特性。如果含 Fe 矿物结晶颗粒比较粗大，则在选矿过程中容易实现有用矿物的单体分离，从而使有用元素达到有效的富集；相反，如果含 Fe 矿物呈细粒结晶嵌布在脉石矿物的晶粒中，则要消耗更多的能量以细碎矿石才能实现有用矿物的单体分离。我国河北省冀东矿属于前者，而四川省攀西地区的钒钛磁铁矿属于后者。

此外，有用矿物及脉石矿物的结构又决定了矿石的致密程度，影响矿石的机械强度及还原性。矿石要具有一定的机械强度，但不宜过度致密，否则会导致难以进行加工和被还原。

（3）有害元素的含量。矿石中除了不能还原而造渣的氧化物外，常含有其他化合物，它们可以被还原为元素形态。其中有的可与 Fe 形成合金，有的则不能，还有些则是有害的。常见的有害元素是 S、P，较少见的有碱金属（K、Na 等）以及 Cu、Pb、Zn、F 及 As 等。S、P、As 和 Cu 易还原为元素并进入生铁，对铁及其后的钢及钢材的性能有害。碱金属及 Zn、Pb 和 F 等虽不能进入生铁，但易于破坏炉衬，或易于挥发并在炉内循环累积造成结瘤事故，或污染环境、有害人身健康。事先用选矿法除去这些有害杂质或困难很大，或代价太高，迫使高炉炉料中不得不限制这些矿石用量的百分比，从而极大地降低了这些矿石的使用价值。矿石中有害杂质的界限含量及危害见表 1-5。

表 1-5　矿石中有害杂质的界限含量及危害

元素	界限含量(质量分数)/%	危害及说明	
S	≤0.3	S 使钢产生"热脆"，易轧裂	
P	≤0.3	对酸性转炉生铁	P 使钢产生"冷脆"，烧结及炼铁过程皆不能除 P，矿石允许 P 含量 $w(P)_{\vec{0}}$ 可按下式计算：$$w(P)_{\vec{0}} = \frac{(w[P] - w(P)_{\text{熔焦附}}) \cdot w(Fe)_{\vec{0}}}{w[Fe]} \times 100\%$$
	0.2~1.2	对碱性转炉生铁	
	0.05~0.15	对普通铸造生铁	
	0.15~0.6	对高磷铸造生铁	
Zn	≤0.1~0.2	Zn 在 900℃挥发，上升后冷凝沉积于炉墙，使炉墙膨胀，破坏炉壳；烧结时可除去 50%~60% 的 Zn	
Pb	≤0.1	Pb 易还原、密度大，与 Fe 分离沉于炉底，破坏砖衬；Pb 蒸气在上部循环累积，形成炉瘤，破坏炉衬	
Cu	≤0.2	少量 Cu 可改善钢的耐腐蚀性，但 Cu 过多则使钢"热脆"，不易焊接和轧制；Cu 易还原并进入生铁	
As	≤0.07	As 使钢冷脆，不易焊接；生铁中 $w[As] \leq 0.1\%$；炼优质钢时，铁中不应有 As	
Ti	(TiO₂) 15~16	Ti 降低钢的耐磨性及耐腐蚀性，使炉渣变黏、易起泡沫；(TiO_2) 含量过高的矿应作为宝贵的 Ti 资源	
K，Na		K、Na 易挥发，在炉内循环累积，造成结瘤，降低焦炭及矿石的强度	
F		F 在高温下气化，腐蚀金属，危害农作物及人体；CaF_2 侵蚀破坏炉衬	

（4）有益元素。有些与 Fe 伴生的元素可被还原并进入生铁，能改善钢铁材料的性能，这些有益元素有 Cr、Ni、V 及 Nb 等。还有的矿石中伴生元素有极高的单独分离提取价值，如 Ti 及稀土元素等。某些情况下，这些元素的品位已达到可单独分离利用的程度，虽然其绝对含量相对于 Fe 仍是少量的，但其价值已远超过铁矿石本身，则这类矿石应作为宝贵的综合利用资源。

（5）矿石的还原性。矿石在炉内被煤气还原的难易程度称为"还原性"。冶炼易还原的矿石，可降低碳的消耗量。矿石的还原性与其结构，特别是开口的微气孔率及气孔的分布状态有关。一般赤铁矿不如磁铁矿致密，故还原性好。褐铁矿及菱铁矿在炉内受热后，其所含碳酸盐及结晶水或分解、或挥发，留下孔隙，形成疏松多孔的结构，便于煤气的渗透，故此类矿石的还原性好。

（6）矿石的高温性能。矿石是在炉内逐渐受热、升温的过程中被还原的。矿石在受热和被还原的过程中以及还原后都不应因强度下降而破碎，以免矿粉堵塞煤气流通孔道而造成冶炼过程的障碍。

为了在熔化造渣之前使矿石更多地被煤气所还原，矿石的软化熔融温度不可过低，软化与熔融的温度区间不可过宽。这样一方面可保证炉内有良好的透气性，另一方面可使矿石在软熔前达到较高的还原度，以减少高温直接还原度，降低能源消耗。

C　国内外铁矿石的分布及成分

我国的铁矿石资源不算丰富，经过 20 世纪 50 余年的地质勘探工作，铁矿石资源的储量及分布已基本清楚。铁矿石资源预测总量为 1100 亿吨，已探明保有储量为 607 亿吨，其中工业储量约占 50%，但经济可采储量不足 200 亿吨。由于我国钢铁工业迅猛发展，铁矿石开采远不能满足生产需求，对钢铁工业保障程度较低，每年需进口相当数量的矿粉、矿石及精矿粉。我国近年来国产铁矿石与进口铁矿石的情况见图 1-9。

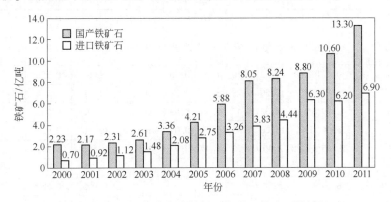

图 1-9　我国近年来国产铁矿石与进口铁矿石的情况

我国铁矿石资源的特点是：品位低，几乎全是贫矿，平均品位只有 33%，比世界铁矿石平均品位低 11 个百分点；矿床类型多，矿石类型复杂，多组分共生或伴生矿多，难选矿多（例如攀西地区钒钛磁铁矿，包头白云鄂博含 F、Nb 和稀土矿，南方大冶矿，广东大宝山矿等）；禀赋条件差，剥采比高，每生产 1t 成品矿需完成 10t 剥采量，是巴西和澳大利亚矿的 4~7 倍。

我国铁矿石分布广，除上海外，其他省区都有储量，但大于 10 亿吨储量的仅有以下7 处：

（1）东北鞍山-本溪地区。保有储量 85 亿吨，主要是贫矿，包括东鞍山、西鞍山、齐达山、弓长岭等。本溪南芬矿除贫矿外还有少量富矿，其质量好，是冶炼纯净钢的宝贵资源。

（2）冀东-密云地区。保有储量 48 亿吨，为贫磁铁矿，包括水厂、大石河、司家营、石人沟等，部分矿山（大石河、石人沟等）已进入后期，即将闭坑。

（3）攀枝花-西昌地区。保有储量 50 亿吨，是罕见的丰富的 V、Ti 资源，但含铁品位在 30% 以下，选后品位也较低，包括攀枝花、太和、白马、红格等。

（4）五台-岚县地区。保有储量 24 亿吨，包括尖山、袁家村等。

（5）华东南京-马鞍山地区。保有储量 19 亿吨，包括梅山、凹山、姑山、罗河等。

（6）包头-白云鄂博地区。保有储量 16 亿吨，矿中含有 CaF_2、Nb 和稀土，包括白云主矿、东矿等。

（7）安徽霍邱地区。保有储量 10 亿吨，包括张庄、吴集等。

此外，较大的铁矿石资源还有河北邯邢地区、山东鲁中地区、酒泉祁连山镜铁山矿区、海南地区、广东韶关大宝山矿地区等。

我国一些主要铁矿石的成分见表 1-6。

表 1-6　我国一些主要铁矿石的化学成分 w　　　　　　　　　　（%）

矿山名称	TFe	FeO	SiO_2	Al_2O_3	CaO	MgO	MnO	S	P	其　他
弓长岭（赤）	44.00	6.90	34.38	1.31	0.28	1.16	0.15	0.007	0.02	
弓长岭（赤贫）	28.00	3.90	55.24	1.53	0.22	0.73	0.35	0.013	0.037	
东鞍山（贫）	32.73	0.70	49.78	0.19	0.34	0.30		0.031	0.035	
齐达山（贫）	31.70	4.35	52.94	1.07	0.84	0.80		0.010	0.050	
南芬（贫）	33.63	11.90	46.36	1.425	0.576	1.593	Mn 0.037	0.073	0.056	
攀枝花钒钛矿	47.14	30.66	5.00	4.98	1.77	5.49	0.36	0.75	0.009	TiO_2 15.46，V_2O_5 0.48，Co 0.024
庞家堡（赤）	50.12	2.00	19.52	2.10	1.50	0.36	0.32	0.067	0.156	
承德钒钛矿	35.83		17.50	9.78	3.32	3.51	0.31	0.50	0.134	TiO_2 9.49，V_2O_5 0.41
邯郸	42.59	16.30	19.03	0.47	9.58	5.55	0.11	0.208	0.048	
海南岛	55.90	1.32	16.20	0.95	0.26	0.08	Mn 0.14	0.098	0.020	
梅山（富）	59.35	19.88	2.50	0.71	1.99	0.93	0.323	0.452	0.399	
武汉铁山矿	54.38	13.90	11.30					0.32	0.056	
马鞍山南山矿	58.66		5.38					0.005	0.550	
马鞍山凹山矿	43.19		14.12		9.30			0.113	2.855	TiO_2 0.161
马鞍山姑山矿	50.82		23.40		1.20			0.056	0.26	
包头（赤）	52.30	5.55	4.81	0.22	8.78	0.99	0.79	SO_3 0.213	P_2O_5 0.935	F 5.87，Re_xO_y 2.73，K_2O 0.09，Na_2O 0.25
大宝山矿	53.05	0.70	3.60	5.88	0.12	0.12	0.048	0.316	0.124	Cu 0.26，Pb 0.072，As 0.184

世界铁矿石资源丰富，但铁矿石资源相对地集中在乌克兰、俄罗斯、澳大利亚、巴西、美国、印度、南非、加拿大、瑞典等国。由于各国计算储量的标准和方法不同，无法准确地得出各国的铁矿石储量，通常采用美国地质调查局发布的数据来比较，该局 2002 年公布的世界铁矿石储量、储量基础和铁含量列于表 1-7，世界大型铁矿区分布及相关著名铁矿生产企业列于表 1-8。

表 1-7　世界铁矿石储量、储量基础和铁含量

国　家	原矿量/亿吨		铁含量/亿吨		储量平均品位 /%
	储量	储量基础	储量	储量基础	
美　国	69	150	21	46	30.43
澳大利亚	180	400	110	250	61.11
巴　西	76	190	48	120	63.16
加拿大	17	39	11	25	40

国　　家	原矿量/亿吨		铁含量/亿吨		储量平均品位
	储量	储量基础	储量	储量基础	/%
中　国	125	460	41	150	32.60
印　度	66	98	42	62	63.64
哈萨克斯坦	83	190	33	74	39.76
毛里塔尼亚	7	15	4	10	57.14
俄罗斯	250	560	140	310	46.00
南　非	10	23	6.5	15	65.00
瑞　典	35	78	22	50	
乌克兰	300	680	90	200	30.00
其他国家	255	380	139	230	58.82
世界总计	1500	3300	700	1600	44.00

表 1-8　世界大型铁矿区分布及相关著名铁矿生产企业

国　家	矿区名称	铁矿资源/亿吨		含铁品位 /%	占本国储量 的百分比 /%	相关著名铁矿生产企业
		美国地质调查局 公布的储量	相关国家公布 的资源量			
澳大利亚	皮尔巴拉	164	320	57	91	BHP、力拓（哈默斯利、罗布河）
巴西	铁四角	50	340	35~69	65	淡水河谷公司南部生产系统
	卡拉加斯	26	180	60~67	35	淡水河谷公司北部生产系统
印度	比哈尔、奥里萨	20	67	>60	29	NMDC、TATA
加拿大	拉布拉多	9	206	36~38	51	IOC、QCM
美国	苏必利尔	65	163	31	94	明塔克、帝国、希宾
俄罗斯	库尔斯克	240	435	46	96	列别金、米哈依洛夫
乌克兰	克里沃罗格	108	194	36	36	英古列茨
瑞典	基律纳	13	34	58~68	66	LKAB

世界铁矿石资源的特点是：

（1）铁矿石资源集中在少数国家和地区，资源集中的地区也就是世界铁矿石的集中生产区，例如巴西的淡水河谷（CVRD）、澳大利亚必和必拓（BHP）、力拓（RT）。2001年巴西和澳大利亚的铁矿石产量分别为 3.31 亿吨和 2.87 亿吨，这两个国家的铁矿石出口量占世界矿石贸易的 52%。

（2）南半球富矿多（巴西、澳大利亚、南非），北半球富矿少，乌克兰、俄罗斯、美国、加拿大以及中国的铁矿都属于贫矿，需富选成精矿粉后造块才能用于高炉炼铁或直接还原和熔融还原。北半球的富矿集中在印度和瑞典，但随着开采力度的增大，优质铁矿石资源日益减少，如西澳州的优质低磷富赤铁矿资源大幅度减少，今后将主要生产相对质量较差的高磷矿和马拉曼巴矿。

（3）东半球矿石 Al_2O_3 含量高，例如澳矿、印度矿、南非矿；而西半球矿石 Al_2O_3 含量低、有害杂质少，例如巴西矿是全球优质铁矿石资源。

国外典型铁矿石的化学成分列于表 1-9。

表 1-9 国外典型铁矿石的化学成分 w   （%）

产 地	TFe	SiO_2	CaO	Al_2O_3	MgO	P	S	FeO	烧损
巴西（里奥多西）	67.45	1.42	0.07	0.69	0.02	0.031	0.006	0.09	1.03
巴西（MBR）	67.50	1.37	0.10	0.94	0.10	0.043	0.008	0.37	0.92
巴西（卡拉加斯）	67.26	0.41		0.86	0.10	0.110	0.008	0.22	2.22
南非（伊斯科）	65.61	3.47	0.09	1.58	0.03	0.058	0.011	0.30	0.39
南非（阿苏曼）	64.60	4.26	0.04	1.91	0.04	0.035	0.011	0.11	3.64
加拿大（卡罗尔湖）	66.35	4.40	0.30	0.20	0.26	0.007	0.005	6.92	0.26
委内瑞拉	64.17	1.33	0.04	1.09	0.03	0.084	0.028	0.52	3.64
瑞典	66.52	2.09	0.27	0.26	1.54	0.025	0.004	0.35	0.86
澳大利亚（哈默斯利）	62.60	3.78	0.05	2.15	0.08	0.066	0.013	0.14	2.10
澳大利亚（纽曼山）	63.45	4.18	0.02	2.24	0.05	0.068	0.008	0.22	2.34
澳大利亚（扬迪）	58.57	4.61	0.04	1.26	0.08	0.036	0.008	0.14	8.66
澳大利亚（罗布河）	57.39	5.08	0.37	2.58	0.20	0.042	0.009	0.07	8.66
印度（卡洛德加）	64.54	2.92	0.06	2.26	0.06	0.022	0.007	0.14	0.65
印度（果阿）	62.40	2.96	0.05	2.02	0.10	0.035	0.004	2.51	1.27

    D   铁矿石入炉前的加工处理

入炉原料成分稳定，即其成分的波动幅度值很小，对改善高炉冶炼指标有很大的作用。为此，应在原料入厂后对其进行中和、混匀处理。即用所谓的"平铺切取"法，将入厂原料水平分层堆存到一定数量，一般应达数千吨甚至数万吨，然后再纵向取用。目前已在宝钢、马钢，武钢等很多厂内实施这一技术，取得很好的效果。但是虽然从理论上来讲几乎所有操作者都承认这一工序的必要性，由于需要较大的场地和相当数量的机械设备（堆取料机及皮带运输机等），国内一些厂尚未实现此项工艺。

含 Fe 品位较高、可直接入炉的天然富矿，在入炉前还要经过破碎、筛分等处理，使其粒度适当（冶炼时炉料的透气性要好，且容易被煤气还原）。

一般矿石粒度的下限为 8mm，大者可至 20~30mm。小于 5mm 的矿石称为粉末，它严重阻碍炉内煤气的正常流动，必须筛除。粒度均匀、粒度分布范围窄、料柱孔隙率高，则料柱透气性好。而粒度小的矿石被气体还原时反应速度快，在矿石软熔前可达到较高的还原度，有利于降低单位产品的燃料消耗量。因此，粒度的大小必须适当兼顾。

含 Fe 品位低的贫矿直接入炉冶炼将极大地降低高炉生产效率，增加成本，必须经过选矿处理。为使有用含 Fe 矿物更易与脉石单体分离，往往需将原矿破碎到很细的粒度，如小于 0.074mm，甚至达到 0.044mm。不同的选矿方法则可根据其所利用的有用矿物与脉石不同的特性差异来分类，如利用不同的磁性、密度、表面吸附特性及电导率等，选矿法可分为磁选、重力选、浮选及电选等。

选矿后所得细粒精矿和天然富矿在开采、破碎、筛分及运输过程中所产生的粉末，都必须经过造块过程才能供高炉使用，即经过烧结或球团工艺过程。造块过程还可提供调制矿石冶金性能的机会，以制成粒度、碱度、强度和还原性能等比较理想的炉料。

1.4.2.2 熔剂

由于高炉造渣的需要，入炉料中常需配加一定数量的熔剂。最常用的是碱性熔剂，即石灰石（$CaCO_3$）、白云石（$Ca(Mg)CO_3$）、菱镁石（$MgCO_3$）、镁橄榄石（Mg_2SiO_4）等。

钙和镁添加剂作为熔剂在烧结造块中得到了较好的应用，为改善烧结矿产质量以及强化高炉冶炼起到了重要的作用。同时，添加适量的钙和镁添加剂可以改善球团矿冶金性能。除了上述常用的碱性熔剂外，还会用到蛇纹石、硼泥、氧化镁粉等含镁熔剂。

对熔剂质量的要求主要是有效成分含量高。如对石灰石及白云石来说，即要求其有效熔剂性高。熔剂含有的碱性氧化物扣除其本身酸性物造渣需要的碱性氧化物后所剩余的碱性氧化物质量分数，即为有效熔剂性：

$$w(CaO+MgO)_{有效} = (w(CaO) + w(MgO)) - w(SiO_2) \cdot R$$

式中，$w(CaO)$、$w(MgO)$、$w(SiO_2)$ 分别为熔剂中相应组分的质量分数，%；R 为造渣所要求的炉渣碱度，$R = \dfrac{m(CaO) + m(MgO)}{m(SiO_2)}$。

另外，要求熔剂中 S、P 等有害杂质的含量尽可能低。

我国高炉冶炼用熔剂资源很丰富，质量也属上乘，几乎在每个钢铁厂附近皆可找到较理想的熔剂资源点。

在主要使用天然富矿的高炉上，熔剂往往作为入炉原料的一种单独加入炉内，且配用量也较多。这些碳酸盐在炉内受热分解要消耗大量的热，而且这些热是炉内燃烧昂贵的焦炭所提供的。我国在某些对原料强度要求较低的小高炉上，使用预先在炉外已焙烧过的生石灰（CaO）代替 $CaCO_3$ 入炉，可取得较为显著的降低焦炭消耗的效果，而且对高炉操作没有明显的副作用。

大多数大中型高炉使用高碱度烧结矿作为主要含铁原料（平均占含铁原料的90%左右），已无需或只需加入少量的熔剂入炉。

在特殊情况下，如洗刷炉墙上的黏结物或炉缸堆积以及炉况不顺行时，要加入特殊熔剂，如萤石（CaF_2）和均热炉渣（FeO）等。其目的是造成低熔点、低黏度的炉渣。但这些特殊熔剂只能作为短时期使用的炉料。

为了充分利用钢铁工业的废弃物以降低成本，近年来有些高炉以高碱度的转炉炼钢渣代替碱性熔剂。此法既利用了渣中的碱性氧化物，又回收了渣中的 FeO。

当冶炼以含碱性氧化物脉石为主的矿石时，则熔剂应为酸性物，如常用的硅石（SiO_2）等。生产中常以配用含酸性脉石的矿石代替，以降低成本。近年来，使用高碱度烧结矿冶炼铸造铁的高炉为了提高生铁 Si 含量，常加入硅石以提高（SiO_2）的活度。

1.4.2.3 锰矿

铸造及炼钢生铁都要求含有一定数量的 Mn。为此，入炉料中应配加相应数量的锰矿。而当高炉冶炼 Mn 含量高的铁合金，如 Fe-Mn 或 Si-Mn 合金等时，则锰矿即成为主要原料。

对锰矿的质量要求与铁矿类似。由于锰矿中往往含有相当数量的 Fe，在冶炼要求含 Mn 品位较高的合金时，可能由于矿石中 Fe 含量过高而不合乎要求。锰矿允许的极限 Fe 质量分数按以下公式计算：

$$w(\mathrm{Fe})_{允} = \frac{1 - (w[\mathrm{C}] + w[\mathrm{Si}] + w[\mathrm{P}] + w[\mathrm{S}] + w[\mathrm{Mn}] + \cdots)}{K} \quad (1\text{-}1)$$

$$K = \frac{w[\mathrm{Mn}]}{\eta \cdot w(\mathrm{Mn})_{矿}} \quad (1\text{-}2)$$

式中，$w(\mathrm{Fe})_{允}$ 为锰矿允许的极限 Fe 的质量分数，%；K 为冶炼单位质量合金时的锰矿消耗量；$w[\mathrm{C}]$、$w[\mathrm{Si}]$、$w[\mathrm{S}]$、$w[\mathrm{P}]$、$w[\mathrm{Mn}]$ …为合金中各相应元素的质量分数，%；$w(\mathrm{Mn})_{矿}$ 为锰矿含 Mn 品位，%；η 为炉内 Mn 的回收率，冶炼一般生铁时此值为 50% ~ 60%，冶炼锰铁时此值可达 80% ~ 85%。

由于锰矿资源有限，不得不使用锰含量较低而磷、铁含量较高的矿石。除含锰品位外，锰矿对磷含量要求较为严格。对高磷锰矿要采用"两步法"予以处理。第一步，用高磷、高铁锰矿直接入炉，而采用低温酸性渣操作以抑制锰的还原。由于铁、磷极易还原，几乎 100% 还原进入铁，得到高磷铁及富锰渣，实现了锰与铁、磷的火法分离，并提高了锰的品位。第二步，富锰渣即可作为冶炼高锰低磷合金的合格原料。

1.4.2.4　其他含铁原料

钢铁联合企业中，一些工序产生的含铁废弃物尚有进一步利用的价值，如高炉炉尘、出铁场渣铁沟内的残铁、铁水罐内的黏结物和轧钢铁鳞等。其中有些经简单处理即可返回高炉，如大小适当的残铁；有些则必须经造块工序，作为混合料的一部分。

黄铁矿（$\mathrm{FeS_2}$）焙烧后，生成的气态 $\mathrm{SO_2}$ 是制取硫酸的原料气，而其固体残渣中铁的质量分数一般大于 50%，可作为含铁原料。但由于其残留的 S 量仍远远超过一般的铁矿石，只能限量地配入烧结或球团混合料。

钒钛磁铁矿是一种以铁、钒、钛为主，伴生多种有价元素（如铬、钴、镍、铜、钪、镓和铂族元素等）的多元共生铁矿，可作为高炉护炉用含铁原料。将钒钛磁铁精矿或其他含钛物料先经造块处理后送高炉冶炼，在高炉冶炼过程中钒大部分被选择性还原进入铁水，钛一部分进入铁水，另一部分进入炉渣。

1.4.3　高炉燃料

1.4.3.1　焦炭

焦炭的应用是高炉冶炼发展史上一个重要的里程碑。古老的高炉使用木炭。17 ~ 18 世纪，随着钢铁工业的发展，森林资源急剧减少，木炭的供应成为冶金工业进一步发展的限制性环节。1709 年焦炭的发明，不仅使人们找到了用地球上储量极为丰富的煤炭资源代替木炭的办法，而且焦炭的强度比木炭高，这给高炉不断扩大容积、扩大生产规模奠定了基础。目前，世界上最大的高炉容积已达 5800m^3，炉缸直径达 16m 以上，日产铁量达 15000t 以上，是世界上最雄伟的单体工业设备。

焦炭在高炉内的作用有：

（1）在风口前燃烧，提供冶炼所需热量。

（2）固体 C 及其氧化产物 CO 是铁氧化物等的还原剂。

（3）在高温区，矿石软化熔融后，焦炭是炉内唯一以固态存在的物料，是支撑高达数十米料柱的骨架，同时又是风口前产生的煤气得以自下而上畅通流动的高透气性通路。

（4）铁水渗碳。

传统的典型高炉生产，其燃料为焦炭。现代发展高炉喷吹燃料技术后，焦炭已不再是高炉唯一的燃料。但是任何一种喷吹燃料只能代替焦炭的铁水渗碳、作为热源和还原剂的作用，而代替不了焦炭在高炉内的料柱骨架作用。焦炭对高炉来说是必不可少的。而且随着冶炼技术的进步，焦比不断下降，焦炭作为骨架保证炉内透气、透液性的作用更为突出。焦炭质量对高炉冶炼过程有极大的影响，成为限制高炉生产发展的因素之一。

1.4.3.2 煤粉

钢铁厂中除炼焦用煤外，还使用大量的煤以提供多种形式的动力，如电力、蒸汽等；或将煤直接用于冶金其他过程，如烧结、炼钢及高炉冶炼工艺等。

1964年，我国首先在首钢成功地向高炉喷吹无烟煤粉，作为辅助燃料置换一部分昂贵的焦炭，降低了生铁成本。

现在，我国的高炉都采用喷吹煤粉工艺，并且开始逐步扩大到喷吹其他挥发分含量较高的煤种。

对高炉喷吹用煤粉的质量有如下要求：

（1）灰分含量低（应低于焦炭灰分，至少与焦炭灰分相同），固定碳含量高。

（2）硫含量低，要求低于0.7%，高煤比（180~210kg/t）时宜低于0.5%。

（3）可磨性好（即将原煤制成适合喷吹工艺要求的细粒煤粉时所耗能量少，同时对喷枪等输送设备的磨损也轻）。

（4）粒度细。根据不同条件，煤粉应磨细至一定程度，以保证煤粉在风口前有较高的燃烧率，烟煤的为70%，无烟煤的在80%以上。一般要求无烟煤小于0.074mm的粒级占80%以上，而烟煤占50%以上。此外，细粒煤粉也便于输送。目前西欧有少量高炉采用喷粒煤工艺。为了节约磨煤能耗，煤粉粒度维持在0.8~1.0mm左右，但并没有得到推广。为了保证煤尽量多地（例如80%以上）在风口带内气化，应喷吹挥发分含量较高的烟煤。国外钢铁企业大多采用混合煤喷吹工艺，煤中挥发分的质量分数一般控制在22%~25%。

（5）爆炸性弱，以确保在制备及输送过程中人身及设备安全。

（6）燃烧性和反应性好。煤粉的燃烧性表征煤粉与O_2反应的快慢程度。煤粉从插在直吹管上的喷枪喷出后，要在极短暂的时间内（一般为0.01~0.04s）燃烧而转变为气体。如果在风口带不能大部分气化，剩余部分就随炉腹煤气一起上升。这一方面影响喷煤效果；另一方面，大量的未燃煤粉会使料柱透气性变差，甚至影响炉况顺行。在反应性上，与上述焦炭的情况相反，人们希望煤粉的反应性好，以使未能与O_2反应的煤粉能很快与高炉煤气中的CO_2反应而气化。高炉生产的实践表明，约占喷吹量15%的煤粉是与煤气中的CO_2反应而气化的。这种气化反应对高炉顺行和提高煤粉置换比都是有利的。

（7）煤的灰分熔点高。煤的灰分熔点应高于1500℃，灰分熔点低易造成煤枪口和风口挂渣堵塞。

（8）煤的结焦性小，烟煤的胶质层指数Y值应小于10mm，以避免喷煤过程中结焦和结渣。应尽量采用弱黏结和不黏煤，例如贫煤、贫瘦煤、长焰煤和无烟煤或由它们组成的混合煤。

1.4.3.3 半焦

半焦是介于普通焦炭和原煤之间一种焦化产物，是由煤低温干馏所得到的，多用于电石、铁合金等产品的生产，由于热态性能和抗破碎性能差等原因，过去未能引起冶金工作者的足够重视，对于其如何应用于高炉生产就更鲜有报道和研究。随着近几年行业产能过剩带来的竞争激化及利润下降问题，如何降低生产成本，就成为冶金企业能否生存的关键所在，半焦具有低于喷吹用无烟煤百元以上的采购价格优势，若能将其用于高炉喷吹，就可以达到有效降低成本的目的。

其中，兰炭是一种典型的半焦产品。它是用挥发分含量高的弱黏结或无黏结性煤作为原材料，经过中温、低温干馏炭化工艺加工处理，去掉煤中焦油以及大部分挥发分等物质后所得到的半焦。兰炭外形为块状，呈浅黑色，其粒度一般在 3mm 以上。因为该材料在燃烧时火焰呈兰色，因此被称作"兰炭"。它的特性可以简单归纳为"三高四低"，"三高"是指其固定碳含量、比电阻和化学活性较高，"四低"是指其灰分、硫、磷和铝含量较低。

兰炭是价格低廉的炭素原料，使用兰炭能够扩大高炉喷吹用煤的种类，削减钢铁企业生产成本，提高企业的竞争力。

我国适用于高炉喷吹的无烟煤和烟煤储量有限，拓展高炉喷吹煤粉资源日益受到研究学者的关注。兰炭和提质煤是采用弱黏结性煤或不黏煤经低温干馏而成，具有固定碳高、比电阻高、化学活性高、含灰分低、铝低、硫低、磷低的特点。与高炉喷吹无烟煤相比，兰炭和提质煤具有优良的燃烧性和反应性，能够加快其在风口前的燃烧速率，提高炉内利用率；与烟煤相比，兰炭和提质煤的固定碳含量和发热值高，为提高煤粉置换比提供了保证；低硫和低磷的特性可以降低高炉冶炼生产的硫负荷和磷负荷，改善铁水质量。高炉喷吹使用提质煤和兰炭时要对兰炭可磨性差、提质煤爆炸性强的问题进行关注，此外作为裂解半焦，兰炭和提质煤还存在长期堆放易自燃的问题。

目前兰炭和提质煤生产并无统一标准，不同企业生产产品质量波动大。为保证高炉喷吹工艺的稳定性，需要对高炉喷吹的兰炭和提质煤质量进行规范，表 1-10 为兰炭和提质煤应用于高炉喷吹工艺的质量控制建议。兰炭和提质煤生产厂家可通过控制兰炭和提质煤生产工艺参数，对其产品质量进行调整，以使其满足高炉喷吹煤粉工艺性能要求。作为兰炭和提质煤产品使用者的钢铁企业，可以按照半焦质量控制建议指导兰炭和提质煤的市场采购。目前已经有多家钢铁企业成功将兰炭和提质煤应用高炉喷吹煤粉工艺中，部分替代价格昂贵的高炉喷吹无烟煤，以达到降低高炉冶炼成本的目的。

表 1-10　兰炭和提质煤应用于高炉喷吹的质量控制建议

级　别	Ⅰ	Ⅱ	Ⅲ	检测方法
发热量/MJ·kg^{-1}	≥29	≥26.5	≥24	GB/T 213
固定碳/%	≥78	≥75	≥72	GB/T 212
灰分/%	≤8	≤10	≤14	GB/T 212
挥发分/%	≤10	≤12	≤15	GB/T 212
硫分/%	≤0.3	≤0.4	≤0.5	GB/T 214
可磨性	≥60	≥55	≥50	GB/T 2565
水分/%	≤11	≤13	≤15	GB/T 211

1.4.3.4　气体燃料

气体燃料在钢铁企业中有重要作用。除天然气、石油气等外购气外，还有冶金各工序产生的二次能源气，如焦炉、高炉和转炉煤气以及由固体燃料专门加工转化成的发生炉煤气等。

冶金企业常用各种气体燃料的成分及发热量见表 1-11。

表 1-11 冶金企业常用各种气体燃料的成分及发热量

煤气种类		成分(干基)/%								发热量 /kJ·m⁻³
		CO	H_2	CH_4	C_nH_m	H_2S	CO_2	O_2	N_2	
天然气	气井天然气		0~微	85~98	0.6~1.0	0~微	0~1	0~微	0.1~6	35000~52000
	油井天然气		0~微	70~90	4~30	0~微	0~1	0~微	0.1~7	
焦炉煤气		5~7	50~60	20~30	1.5~2.5		2.0~4.0	0.5~0.8	5~10	19600~19800
高炉煤气		20~28	1.5~3				16~22		55~58	3000~3800
转炉煤气		50~70	0.5~2				10~25	0.5~0.8	10~20	6300~10500
发生炉煤气 (空气-蒸汽)		24~30	12~15	0~3	0~0.6		3~7	0.1~0.9	47~55	4800~6500

根据我国资源条件，不可能普遍使用天然气，而焦炉煤气主要供民用，只有在特殊条件下高炉才使用少量焦炉煤气。故高炉煤气就成为钢铁企业内部的主要气体燃料了。

气体燃料输送方便，控制和计量比较准确，燃烧装置简单，燃烧效率高。但高炉煤气发热值低，不能满足高温装置的需要，泄漏时不易察觉（无色、无臭），危害人身安全。此外，煤气的中间储存装置容量有限，主要依靠高炉连续均衡的生产来保证对用户的供应。一旦高炉出现故障，用户的正常生产就要受到影响。

氧气转炉所产生的煤气，其收集装置及除尘技术要求高，我国目前已大规模回收利用。

1.4.4 耐火材料

钢铁企业的各主要设施及其产品均处于高温状态，必须根据不同设备及其不同工作部位的特殊需要选用不同的耐火材料。

钢铁工艺是消耗耐火材料的大户，占所有工业耐火材料总消耗量的 40%~50%。

一般规定耐火材料的耐火度应高于 1580℃，材质为无机非金属制品。耐火度在 1580~1770℃ 范围内的为普通耐火材料，耐火度在 1700~2000℃ 的为高级耐火材料，高于 2000℃ 的为特殊耐火材料。

根据不同材料的化学特性，耐火材料可分为：

（1）酸性耐火材料，以 SiO_2 质为主；

（2）碱性耐火材料，以 CaO、MgO 质为主；

（3）中性耐火材料，以 Al_2O_3、Cr_2O_3 和 C 质等为主。

此外，还有某些特殊的非氧化物材料，如 SiC、Si_3N_4、B_4C、BN 和 $MoSi_2$ 等。

按制造工艺和成品形态，耐火材料还可分为定型耐火材料，如各种耐火砖；不定型耐火材料，如固体状散料，具有可塑性的耐火泥、耐火纤维以及具有良好流动性的泥浆等。

1.4.4.1　高炉砌体用耐火材料

根据高炉的部位不同，除要求耐火材料具有一定的耐火度以外，其还应具有一定的强度、耐磨损性（高炉炉身上部砖衬）、抗碱金属侵蚀性（炉身中下部砖衬）、抗炉渣冲刷及侵蚀性（炉腹以下砖衬、堵口泥以及铁水沟的铺垫材料等）、抗铁水渗透性（炉缸侧壁和炉底砖）以及一定的热导率。例如，炉缸侧壁炭砖应有较大的温度梯度，以保证铁水凝固温度（1150℃）的等温线尽量靠近炉缸侧壁炭砖热面而远离炉壳，避免炉缸侧壁炭砖过分侵蚀，保证安全。一方面要加强炉缸侧壁冷却，另一方面要使用导热性良好的炉缸侧壁炭砖。

此外，所有耐火砖的热稳定性要高，不会由于温度的变化产生应力而剥落（热稳定性高的耐火砖其高温体积稳定性好，高温下耐火材料体积发生永久性不可逆变化的量很小，砌体不致发生过大的变形而脱落）。

为了得到上述各种物理及化学特性，耐火材料应具有特定的化学成分及组织结构（如气孔率、气孔的大小及分布、体积密度及透气性等）。特殊部位的耐火材料则要求其他特性参数达到一定数值（如膨胀系数、热导率、比热容、抗折及抗张强度等）。对定型耐火材料，要求其外形尺寸精确。砌体中一些结构复杂的部分，如人孔、球形结构等，则需要特殊制作的成套异型砖，成品严格编号。

现代世界上先进的大型高炉各部位砖衬选用的耐火材料材质如图 1-10 所示。

通常，耐火材料选用的原则是：炉身上部温度较低，采用耐火度低、成本也低的黏土砖；炉身下部、炉腰及炉腹部位承受较高的温度，更重要的是这些部位受初成渣、高温煤气和由下部还原的碱金属的冲刷和侵蚀，故选用质量高、强度大又耐多种侵蚀的用 Si_3N_4 结合的 SiC 砖或烧成铝炭砖；炉缸上部风口带附近为防止氧化烧蚀，选用高铝质刚玉砖；以下部位要用来储存液态渣铁，故选用抗渗透、抗渣侵蚀、耐火度高、导热性好的炭砖。但为防止开炉时强氧化气氛对炭砖烧损，炉缸炉底覆盖了一层黏土砖或高铝砖。在炉底靠近水冷管处有一薄层导热性良好、强度又高的石墨-SiC 砖。

高炉用各种耐火砖的理化性能见表 1-12。

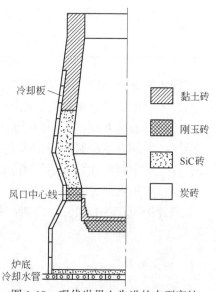

冷却板

风口中心线

炉底
冷却水管

黏土砖

刚玉砖

SiC砖

炭砖

图 1-10　现代世界上先进的大型高炉
各部位砖衬选用的耐火材料材质

表 1-12　高炉用各种耐火砖的理化性能

性能 \ 品种	黏土砖	高铝砖 普通高铝	高铝砖 刚玉型	石墨-SiC（日本 GB1）	半石墨化炭砖 中国	半石墨化炭砖 日本	Si_3N_4 结合 SiC 砖 法国 Sicanit20	Si_3N_4 结合 SiC 砖 德国 Refrax20	铝炭砖 普通型	铝炭砖 致密型
密度/g·cm⁻³		2.95		1.91	1.19	1.94				
体积密度/g·cm⁻³	2.37	2.54	3.17	1.55	1.62	1.55	2.56	2.62	2.5	2.75

续表 1-12

品种 性能	黏土砖	高铝砖		石墨-SiC（日本GB1）	半石墨化炭砖		Si₃N₄结合SiC砖		铝炭砖	
		普通高铝	刚玉型		中国	日本	法国 Sicanit20	德国 Refrax20	普通型	致密型
显气孔率/%	12.8	14.0	14.0	12.3			17	14.5~17.0	12~14	9
全气孔率/%					19.47	20.26				
抗压强度/MPa	94.4	80.0	141.0	37.4	42.2	39.6		43.5	30.0	38.0
荷重软化点/℃	1645	1550	>1700				>1675（N₂中）		>1630	>1650
导热系数(1000℃以下)/W·(m·K)⁻¹				24.1			10.0		11.5（900℃）	13.6（900℃）
主要化学成分/%　SiO₂	52.3	41.84	4.8					1.0		
Al₂O₃	44.3	54.04	93.7						55~60	60
固定碳				61.0	91.86	94.0			14	12
SiC				22.0			75	79.4	4~5	8
N₂							8.25	15.2		
灰分					7.27	4.54	（Si₃N₄）			
挥发分					0.55	0.49				

SiC砖是20世纪80年代以来才在高炉上推广应用的高级耐火材料，主要是用于解决炉身下部及炉腰部位砖衬侵蚀过快的问题。SiC砖的优点是：

（1）耐碱金属侵蚀；

（2）耐氧化；

（3）耐热震性强；

（4）导热性好；

（5）强度高；

（6）耐磨性强。

这些特征适合炉身下部恶劣工作环境的需要。但SiC砖较贵，我国直到1985年11月才在鞍钢的一座高炉上试用。初步鉴定认为，用SiC砖可延长炉身砖衬寿命约2年，大约4个月内可收回用在SiC砖上的费用，目前其广泛应用于新建大型高炉上。

碳复合砖是一种以刚玉（α-Al₂O₃）、优质高铝矾土熟料（Al₂O₃含量大于87%）、天然鳞片石墨、炭黑等为原料，加入细粉添加物（Si），利用微孔化技术制备出的新型耐火材料，其具有如下优异的性能：

（1）碳复合砖具有高导热性，热传导是声子碰撞的结果，其导热系数随着温度的升高而降低，适合于高炉炉缸内衬结构设计需要。

（2）碳复合砖中添加的Si粉在烧结过程中将发生原位反应，生成的SiC堵塞和封闭了气孔，阻碍氧化气氛的侵入，具有良好的抗氧化性能。

（3）熔渣与铁水和耐火材料接触并发生化学反应，由于碳、镁铝尖晶石、氧化铝等高熔点物相的存在，使得碳复合砖热面的熔渣黏度增大，物质扩散速度降低，耐火材料的侵蚀速率降低。

我国大多数高炉的炉底、炉缸用炭砖，目前国产炭砖的质量有了很大改进，但是与国外炭砖相比仍有差距。改进的途径有：使用高温电煅烧无烟煤为原料，高压成型，降低气孔尺寸及气孔率，提高抗铁水渗透的性能；有时加入某些特殊添加物，如超细硅粉、Al_2O_3、SiC 及 ZrO_2 等，提高炭砖抗铁水及炉渣化学侵蚀的能力。

1.4.4.2　热风炉用耐火材料

热风炉用的耐火砖量几乎是高炉的 3~4 倍，砖的型号多，形状也特别复杂。由于其他部位可用一般耐火材料，这里只涉及温度最高、结构复杂的关键部位——拱顶及格子砖上部。

先进的热风炉的风温可达 1250~1300℃，要求炉顶温度相应达到 1350~1400℃，用普通高铝质耐火材料构筑，往往使用一年之后就发生剥落（或脱落）以及格子砖塌陷等现象；此外，高铝质材料资源有限、成本较高，而硅砖就成为较理想的耐火材料。

要求硅砖中 SiO_2 的质量分数不得低于 93%，一般采用 $w(SiO_2) > 96\%$ 的原料硅石，加入"矿化剂"和"结合剂"，经成型后烧制而成。硅砖的主要矿物组成为鳞石英、方石英及少量石英和玻璃质。由于 SiO_2 在不同的温度条件下有较为复杂的晶型转变，硅砖在低于 700℃ 时体积稳定性很差。SiO_2 共有七个结晶型变体和一个非晶型变体。另外，同一晶型还有 α、β、γ 等不同的亚种。其转变关系如下：

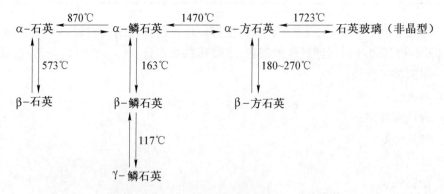

大的晶型转变在较高的温度下发生，所需时间较长，体积变化较大，一般在硅砖烧制过程中已完成这种变化。亚种晶型较为迅速的转变都在较低的温度下发生，故在硅砖使用过程中，特别是在温度低于 800℃ 时，升温应极其缓慢，高于 800℃ 时也不宜升温过快，以免发生较大的体积变化，因应力过大而产生裂纹。硅砖的耐火度高达 1750℃，荷重软化点为 1640~1670℃，抗酸性渣侵蚀能力强，属于高级耐火材料。

硅砖的密度是反映其质量的重要参数。密度越小，越接近 2.35g/cm³，所含杂质越少；越接近纯鳞石英及方石英，强度越高。一般要求其密度小于 2.38g/cm³。

除开炉及停炉期以外，在长期连续生产过程中，拱顶及上部格子砖的温度虽有周期性的变化，但都维持在 1100℃ 以上。国内外高风温热风炉已广泛采用硅砖。

山东省王村耐火材料厂生产的硅砖理化性能如表 1-13 所示。

表 1-13　山东省王村耐火材料厂生产的硅砖理化性能

化学成分/%				密度 /g·cm⁻³	堆积密度 /g·cm⁻³	显气孔率 /%	耐火度 /℃	荷重软化点 /℃	常温耐压强度 /MPa	1000℃下热导率 /W·(m·K)⁻¹
SiO₂	Al₂O₃+TiO₂	CaO	Fe₂O₃							
94	0.8	1.57	3.12	2.34~2.36	1.8	24	1680	1660	25	1.86

1.4.4.3　几种重要的不定型耐火材料

A　铁口炮泥

高炉冶炼形成的液态产品铁水和炉渣积聚在炉缸内，在现代高炉上周期性地从铁口排放出来。高炉出铁口是排放渣铁的通道，因此它是一个非常重要的部位。在出渣铁过程中，高温渣铁水及高压煤气射流频繁冲刷侵蚀铁口，生产中铁口区域靠泥包保护，用形成的泥包保持铁口有一定深度。炮泥是重要的不定型耐火材料，对炮泥的要求是：具有良好的塑性，易于推入铁口填满通道；具有快干速硬性能，在短时间内硬化并具有较高的强度；开口性能好，耐高温渣铁冲刷和侵蚀的性能好，使出铁过程中铁口孔径基本不扩大，铁流稳定；具有良好的体积稳定性和适宜的气孔率；不污染环境。炮泥的消耗量一般为 0.5~0.8kg/t，先进的为 0.25~0.3kg/t。

铁口炮泥按调和剂不同分为有水炮泥和无水炮泥两大类，典型的配料组成示于表 1-14。

表 1-14　炮泥配料组成　　　　　　　　　　　（%）

炮泥种类	焦粉 (<1mm)	黏土粉 (<0.088mm)	沥青 (<0.2mm)	高铝矾土或棕刚玉 0.2~3mm	高铝矾土或棕刚玉 <0.088mm	碳化硅	绢云母 (<0.074mm)	水	脱晶蒽油	备注
有水	35	22	11	8	5	10 (<0.088mm)	4	15~17	—	可配蓝晶石5%，并用SiC添加量调整耐火、抗渣性
无水	25~40	18~25	10~13	15~20		11~13 (0.2~1.0mm)	5~6	—	13~14	用树脂代替蒽油，使无水炮泥强度更大，焦化时间短，且对环境友好

B　喷补料

生产实践表明，即使炉身下部使用高质量的 SiC 砖，开炉后也只能维持 3~5 年。为了使高炉一代寿命达到 15~20 年，在生产一定时间后，要对砖衬严重脱落或侵蚀的部位用喷补设备进行喷补，以形成规则的操作炉型工作表面。这种喷补炉衬既有利于高炉长寿，也使操作稳定顺行，有利于改善操作指标。在现代使用铜冷却壁的大型薄壁高炉上不再砌砖衬，而使用喷涂料 150~200mm。实践表明，高炉内不同部位侵蚀机理不同，选用的喷补材料也不同。例如，用于炉喉钢砖下沿区域的喷补料应具有良好的耐火度和抗 CO 侵蚀性；用于炉身下部区域的喷补料应具有较好的抗热震能力和抗 CO、碱金属等侵蚀性。

目前可应用的喷补料种类很多，现将典型的喷补料列于表1-15。

表1-15　喷补料的化学成分　　　　　　　　　　　　　（%）

品　　牌	Al_2O_3	SiO_2	CaO	Fe_2O_3	TiO_2	MgO	适用部位
美国铭德公司 AR	56.5	36.6	4.2	0.8	1.4	0.3	炉喉钢砖下沿地区
大连摩根公司 BFS	48.2	41.4	6.2	1.0			炉身上部和中部
美国铭德公司 BFA	55.0	39.4	2.9	0.8	1.5	0.3	炉身下部
大连摩根公司 MS-3	62.2	28.2	3.5	0.95			炉身下部炉腹
北京冶建院 YPA	62.0	20.2	3.5	0.95			
北京冶建院 YPB	48.5	40.1	6.9	0.80			

喷补料是耐火骨料与结合料的混合物，结合料有磷酸盐、皂土、水玻璃等。目前喷补料已由普通水系发展到预混式湿法喷补料和凝胶结合的 $w(SiC) \geq 15\%$ 的高强喷补料。

C　制作及铺垫撇渣器及铁水沟的材料

渣铁沟是出渣、出铁流的通道，渣铁沟中的耐火材料受高温渣铁水的化学和物理侵蚀，容易损坏。如果撇渣器及铁水沟用耐火材料质量不高，则其使用寿命短，易造成事故，同时增加工人劳动强度，严重时将中断高炉连续作业。目前已将由黏土、焦粉、沥青组成的人工捣打料改进为 Al_2O_3-SiC-C 质捣打料和浇注料。浇注料具有含水量低、致密度高、耐高温、抗侵蚀等特点。近年又研制出自流浇注料。自流浇注料无需振动，自流成形找平，适合于施工空间狭窄、形状复杂的撇渣器等部分，并能降低劳动强度，改善工作环境。由于喷射料的优异性能，现在已开始高炉铁水沟用喷射料的研究。铁水沟与渣沟用不定型耐火材料的组成列于表1-16。

表1-16　铁水沟与渣沟用不定型耐火材料的组成　　　　　　（%）

化学成分	主沟浇注料		铁水沟浇注料	渣沟浇注料				渣沟捣打料
	BG-ZGZX	BG-ZGTX	BG-TG	BG-ZG	SMSIR	SMC3S		BG-ZRG
$w(Al_2O_3)$	≥50	≥68	≥50	≥50	60~65	55~60		≥58
$w(SiC)$	≥30	≥8	≥7	≥12	8~10	10~12		≥12

注：在浇注料中常添加少量铅粉或硅粉和一定量的促凝剂和解胶剂。

D　绝热材料

绝热材料又称轻质耐火材料。其特点是气孔率高、体积密度小、热导率低，一般作为高温设备的隔热材料。轻质耐火材料的强度、耐磨性等都远比常规耐火材料差。绝热材料有定型与不定型两大类。各种轻质绝热砖的类型及性能如表1-17所示。

表1-17　各种轻质绝热砖的类型及性能

性　能　品　种	体积密度 /g·cm^{-3}	显气孔率 /%	抗压强度 /MPa	重烧收缩率 /%	热导率 /W·(m·K)$^{-1}$
硅藻土砖	0.61	72.2	3.3	0.25(850℃)	0.36(350℃)
轻质黏土砖	0.47	82.4	1.0	0.20(1260℃)	0.15(350℃)
轻质硅砖	0.96	60.0	2.6	0.15(1400℃)	0.35(364℃)
轻质高硅砖	1.28	66.7	21.8	0.20(1700℃)	0.60(350℃)
氧化铝空心球砖	1.25	66.3	7.1		0.86(800℃)

按使用温度，绝热材料又可分为以下三类：

（1）在 600~900℃下使用的为低温绝热材料；

（2）在 900~1200℃下使用的为中温绝热材料；

（3）在高于 1200℃下使用的为高温绝热材料。

我国新研制成功一种耐火纤维，可作为不定型绝热材料的特例。这是一种 Al_2O_3 系的矿物质纤维，其中某一品种的 $w(Al_2O_3)$ 可高达 70%~90%，其外观类似于洁白的棉絮，体积密度极小，仅为一般轻质耐火材料的 1/10~1/5，热导率可降低 2/3。使用这种绝热材料可进一步节能，使金属结构减轻、耐火材料减薄。但此种纤维价格较高。

低价代用品有石棉、矿渣棉及蛭石等。

联邦德国的高风温热风炉在钢质炉壳外又罩一层铝壳（仅拱顶及上半部的高温部分），两壳层之间填以用矿渣棉制成的毡。这样可维持钢壳温度始终在露点以上，是防止钢壳产生高温晶间腐蚀的有效手段。

1.4.5　高炉产品

高炉的主要产品是铁水（包括少量的高碳铁合金）。在个别地方，炉渣成为主要产品，如二步法炼锰铁时，用高磷、高铁锰矿作为原料，第一步冶炼所得高锰渣即为主要产品；此外，高炉直接冶炼含稀土元素的铁矿石，得到富稀土氧化物的渣是主要产品。

高炉产品其次是煤气。煤气是钢铁厂，特别是大型钢铁联合企业内部重要的二次能源，在企业内部能量平衡中占有重要地位。普通的高炉渣也具有相当高的价值，是高炉重要的副产品。可根据需要将高炉渣制备成不同的形态，如干渣、水渣、陶粒及矿渣棉等。

1.4.5.1　生铁

生铁是 Fe 与 C 及其他少量元素（Si、Mn、P 及 S 等）组成的合金。其 C 的质量分数随其他元素含量的变化而改变，但处于化学饱和状态。通常，$w(C)$ 的范围为 2.5%~5.5%。C 含量低的是高牌号铸造生铁，C 含量高的是低硅炼钢生铁。

生铁质硬而脆，有较高的耐压强度，但抗张强度低。生铁无延展性、无可焊性，但当 $w(C)$ 降至 2.0% 以下时（即钢），上述性能均有极大的改善。

生铁分为炼钢生铁和铸造生铁两大类。炼钢生铁供转炉和电炉冶炼成钢，而铸造生铁则供应机械行业等生产耐压的机械部件或民用产品。

2007 年我国年产生铁 4.69 亿吨，其中约 90% 为炼钢生铁，其余部分为铸造生铁。

炼钢生铁及铸造生铁成分的国家标准见表 1-18~表 1-20。

表 1-18　炼钢用生铁的国家标准（GB/T 717—1998）

铁　号			炼 04	炼 08	炼 10
			L04	L08	L10
化学成分（质量分数）/%		Si	≤0.45	>0.45~0.85	>0.85~1.25
	Mn	1 组	≤0.40		
		2 组	>0.40~1.00		
		3 组	>1.00~2.00		
	P	特级	≤0.100		
		1 级	>0.100~0.150		
		2 级	>0.15~0.25		
		3 级	>0.25~0.40		

铁　　号		牌　　号	炼 04	炼 08	炼 10
		代　　号	L04	L08	L10
化学成分(质量分数)/%	S	特类	≤0.02		
		1 类	>0.02~0.03		
		2 类	>0.03~0.05		
		3 类	>0.05~0.07		
	C		≥3.50		

注：本标准自 2006 年 10 月 1 日起改为 YB/T 5296—2006，内容未变。

表 1-19　铸造用生铁的国家标准（GB/T 718—2005）

牌　　号			Z34	Z30	Z26	Z22	Z18	Z14
化学成分(质量分数)/%	C		>3.3					
	Si		≥3.20~3.60	≥2.80~3.20	≥2.40~2.80	≥2.00~2.40	≥1.60~2.00	≥1.25~1.60
	Mn	1 组	≤0.50					
		2 组	>0.50~0.90					
		3 组	>0.90~1.30					
	P	1 级	≤0.06					
		2 级	>0.06~0.10					
		3 级	>0.10~0.20					
		4 级	>0.20~0.40					
		5 级	>0.40~0.90					
	S	1 类	≤0.03					
		2 类	≤0.04					
		3 类	≤0.05					

表 1-20　球墨铸铁国家标准（GB/T 1412—2005）

牌　　号			Q_{10}	Q_{12}
化学成分(质量分数)/%	C		≥3.40	
	Si		0.50~1.00	>1.00~1.40
	Ti	1 档	≤0.050	
		2 档	>0.050~0.080	
	Mn	1 组	≤0.20	
		2 组	>0.20~0.50	
		3 组	>0.50~0.80	
	P	1 级	≤0.050	
		2 级	>0.050~0.060	
		3 级	>0.060~0.080	
	S	1 类	≤0.020	
		2 类	>0.020~0.030	
		3 类	>0.030~0.040	
		4 类	≤0.045	

1.4.5.2 铁合金

铁合金大多用电炉生产，主要供炼钢脱氧或作为合金添加剂，少量高碳品种铁合金可用高炉冶炼。

A 锰铁

高炉冶炼的高碳铁合金中，我国生产最多的是锰铁。

我国高炉锰铁的国家标准如表 1-21 所示。

表 1-21 高炉锰铁的国家标准（GB/T 3795—2006）

类　别	牌　号	化学成分（质量分数）/%						
		Mn	C	Si		P		S
				I	II	I	II	
		不大于						
高碳锰铁	FeMn78	75.0~82.0	7.5	1.0	2.0	0.25	0.35	0.03
	FeMn73	70.0~75.0	7.5	1.0	2.0	0.25	0.35	0.03
	FeMn68	65.0~70.0	7.0	1.0	2.0	0.30	0.40	0.03
	FeMn63	60.0~65.0	7.0	1.0	2.0	0.30	0.40	0.03

B 硅铁

硅铁除作为炼钢用脱氧剂和合金添加剂外，还可作为用 C 元素难以还原的金属元素的还原剂（即所谓的"硅热法"）。一般情况下，从硅的利用率及总的经济效益考虑，使用电炉生产的 Si 的质量分数高达 75% 以上的硅铁较为合理，但在某些特殊场合下，如铸造生铁的增硅，因所需的 Si 量较少，可以用品位较低的高炉硅铁。

用高炉可经济地生产出 $w(Si) \leqslant 15\%$ 的硅铁。Si 含量过高，则会给高炉作业带来一定困难。主要是大量的 SiO 由高温区呈气态挥发出来，又在低温区凝聚为固态，造成气流阻塞，难以维持生产，经济指标也将严重恶化。

美国制定的高炉硅铁标准（ASTM A100-60 Grade G）为：

$w(Si)/\%$	$w(S)/\%$	$w(P)/\%$	$w(C)/\%$
8~14.0	≤0.06	≤0.15	≤1.5

我国目前对高炉硅铁尚无统一的国家标准。

原北京钢铁学院（现北京科技大学）曾以试验型小高炉，在高风温及富氧条件下生产出了 $w(Si) > 30\%$ 的硅铁。但硅的挥发损失约为 20%，焦比为 2500kg/t 左右。

C 稀土硅铁

稀土硅铁是在我国资源条件下的一类特殊产品。

内蒙古包头白云鄂博铁矿中含有稀土金属的氧化物（RE_xO_y），是世界上最大的稀土元素资源。此铁矿石除少量精选为稀土精矿，然后用湿法冶金工艺生产单一的纯稀土金属外，大量用来生产混合稀土的中间合金。如稀土-硅合金，$w(Si) \approx 40\%$，混合稀土金属的质量分数为 10%~35%，其余成分主要为 Fe。这种特殊的合金可用作合金添加剂或用于由铸造生铁生产球墨铸铁的球化剂等。

多用两步法生产 $w(RE) > 24\%$ 的稀土-硅合金。第一步，含稀土的铁矿石不经选矿而进入高炉。炉内抑制 Re_xO_y 的还原，而除去 Fe、P 等，得到富集了稀土氧化物的炉渣。第二步，将此渣作为电炉冶炼的原料，先行熔化后再加入 75Si-Fe 作为还原剂，将稀土元素还原，即可得到 Si-RE-Fe 合金。此种合金已作为国家正式产品广泛应用。

在原北京钢铁学院（现北京科技大学）试验型小高炉上，曾利用生产高炉硅铁的工艺，在已正常生产出 $w(Si) \approx 30\%$ 的硅铁后，向原料中投入含 Re_xO_y 的炉渣，得到混合稀土元素高达 12% 的稀土硅铁合金。

1.4.5.3 高炉煤气

高炉冶炼每吨普通生铁所产生的煤气量随焦比水平的差异及鼓风含氧量的不同而差别很大，低者只有 $1400m^3/t$，高者可能超过 $2500m^3/t$。煤气成分差别也很大。先进的高炉煤气的化学能得到了充分利用。其 CO 的利用率 $\left(\eta_{CO} = \dfrac{\varphi(CO_2)}{\varphi(CO) + \varphi(CO_2)} \right)$ 可超过 50%，即煤气中 $\varphi(CO)$ 可低于 21%，而 $\varphi(CO_2)$ 比之稍高。但高炉冶炼铁合金时，煤气中 $\varphi(CO_2)$ 几乎为零。

不同铁种时的煤气成分及发热量见表 1-22。

表 1-22 不同铁种时的煤气成分及发热量

成 分	铁 种	炼钢生铁	铸造生铁	锰 铁
体积分数/%	CO	21~26	26~30	33~36
	H_2	1.0~2.0	1.0~2.0	2.0~3.0
	CO_2	14~22	12~16	4~6
	N_2	55~57	58~60	57~60
低位发热量/kJ·m^{-3}		3000~3800	3600~4200	4600~5000

在钢铁联合企业中，高炉煤气的一半作为热风炉及焦炉的燃料，其余的作为轧钢厂加热炉、锅炉房或自备发电厂的燃料，在能源平衡中起重要作用，应避免排空而造成浪费。虽然这种低发热量的煤气是由昂贵的冶金焦转换而来的，似乎得不偿失，但在 20 世纪 70 年代世界性石油价格危机之后，石油、石油气及天然气的价格已相对超过了焦炭，原来使用石油或石油气为燃料的发电厂及锅炉房等不得不改用高炉煤气，而企业内总的燃料消耗费用降低了。日本某些大型钢铁联合企业即处于此种状态下，高炉为"全焦操作"，不是一味追求降低高炉焦比，而是以企业内总能源平衡和总经济效益最佳的原则为出发点，适当增加高炉焦比以得到更多的煤气。在一定意义上，此时高炉是为企业制造煤气的发生炉。

1.4.5.4 炉渣

每吨生铁的产渣量随入炉原料中含 Fe 品位、燃料比及焦炭和煤粉灰分含量的不同而差异很大。我国大型高炉吨铁的渣量在 $250 \sim 350 kg/t$ 之间。地方小型高炉由于原料条件差、技术水平低，其渣量大大超过此数，达到 $450 \sim 550 kg/t$。

炉渣是由多种金属氧化物构成的复杂硅酸盐系，外加少量硫化物、碳化物等。除去原料条件特殊者外，一般炉渣成分的范围为：$w(CaO) = 35\% \sim 44\%$，$w(SiO_2) = 32\% \sim 42\%$，

$w(Al_2O_3)=6\%\sim16\%$，$w(MgO)=4\%\sim12\%$，还含有少量的 MnO、FeO 及 CaS 等。

特殊条件下的炉渣成分，如包钢的高炉渣含有 CaF_2、K_2O、Na_2O 及 Re_xO_y 等，攀钢炉渣含有 TiO_2、V_2O_5，酒钢炉渣含有 BaO 等。

除特殊成分的炉渣外（如含 TiO_2 的攀钢渣），几乎所有的高炉炉渣皆可供制造水泥或以其他形式得以应用。我国高炉渣量的 70% 以高压水急冷方式制成水冲渣，供水泥厂作原料。有自备水泥厂的钢铁厂则可自行消耗自产水渣，甚至进一步再加工制成各种混凝土制品，可取得更显著的经济效益。为保证水泥质量，必要时应适当提高渣中 CaO 和 Al_2O_3 的含量。

炉渣的另一种利用方式是缓冷后破碎成适当粒度的致密渣块（密度为 $2.5\sim2.8t/m^3$，堆积密度为 $1.1\sim1.4t/m^3$），可代替天然碎石料作铁路道砟或铺公路路基。作为这种用途消耗的渣量在我国不超过总渣量的 10%。

液态炉渣用高速水流和机械滚筒予以冲击和破碎可制成中空的直径为 5mm 的渣珠，称为"膨珠"。膨珠可作为轻质混凝土的骨料，建筑上用作防热、隔声材料。

如果液态炉渣用高压蒸汽或压缩空气喷吹则可制成矿渣棉，是低价的不定型绝热材料。

一般渣出炉时温度为 $1400\sim1550\,^\circ\!C$，热含量为 $1680\sim1900kJ/kg$。虽然已做过大量的研究工作，但目前世界各国正在积极探索简易可行的办法以利用这部分潜热。

1.4.6 高炉冶炼的主要技术经济指标

1.4.6.1 评估高炉生产效率的指标

（1）高炉有效容积利用系数 η_V。

高炉有效容积（V_u）是指炉喉上限平面至出铁口中心线之间的炉内容积。高炉有效容积利用系数是指在规定的工作时间内，每立方米有效容积平均每昼夜（d）生产的合格铁水的吨数。它综合地说明了技术操作及管理水平，计算公式如下：

$$\text{高炉有效容积利用系数 } \eta_V(t/(m^3\cdot d))=\frac{\text{合格生铁折合产量}}{\text{高炉有效容积}\times\text{规定工作日}}=\frac{\text{日合格产量}}{\text{高炉有效容积}}$$

（2）高炉炉缸面积利用系数 η_A。

高炉炉缸面积利用系数是指在规定工作时间内，每平方米炉缸面积每昼夜生产的合格铁水数量，计算公式如下：

$$\text{高炉炉缸面积利用系数 } \eta_A(t/(m^2\cdot d))=\frac{\text{日合格生铁产量}}{\text{炉缸截面积}}$$

由于大、小高炉的炉型不是绝对的几何相似，因此它们在 V_u/A 值上有较大差别。随着炉容的增大，V_u/A 也随之增加。生产中大、小高炉的 η_V 差别很大，小高炉的 η_V 可达 $3.5\sim4.0t/(m^3\cdot d)$，而大高炉只能达到 $2.4\sim2.6t/(m^3\cdot d)$，这使人们误认为大高炉的生产效率不如小高炉好。实际上，大、小高炉的 η_A 相差不大，生产好的大高炉的 η_A 远比小高炉高，所以用 η_V 来考核大高炉是不公平的，用 η_A 来考核更科学。表 1-23 列出国内不同有效容积高炉的 η_V 和 η_A。

上式中，生铁折合产量是以炼钢生铁为标准（折算系数为 1.0），将其他各种牌号的生铁按冶炼的难易程度折合为炼钢生铁的吨数，各种生铁的折算系数见表 1-24；规定工作日即为日历天数扣除因大、中修实际停产的天数。

表 1-23　国内不同有效容积高炉的 η_V 和 η_A

炉容 V_u/m³	炉缸直径 d/m	炉缸面积 $A_缸$/m²	$V_u/A_缸$	利 用 系 数	
				η_V/t·(m³·d)⁻¹	η_A/t·(m²·d)⁻¹
5576	15.50	188.69	29.55	2.4	70.93
4747	14.20	158.37	29.97	2.4	71.94
3381	12.20	116.90	28.92	2.5	72.31
2200	10.70	89.92	24.47	2.6	63.61
1154	8.10	51.53	22.39	3.0	67.18
1070	7.70	46.57	22.98	3.0	68.92
750	6.80	36.32	20.65	3.2	66.08
531	5.65	25.07	21.18	3.3	69.98
449	5.40	22.90	19.60	3.5	68.60
350	5.10	20.43	17.18	4.0	68.53

表 1-24　各种生铁的折算系数

铁　种	铁　号		折 算 系 数
	牌　号	代　号	
炼钢生铁	各号		1.0
铸造生铁	铸 14	Z14	1.14
	铸 18	Z18	1.18
	铸 22	Z22	1.22
	铸 26	Z26	1.26
	铸 30	Z30	1.30
	铸 34	Z34	1.34
含钒生铁	$w[V]>0.2\%$,各号		1.05
	$w[V]>0.2\%$,$w[Ti]>0.1\%$,各号		1.10

1.4.6.2　评估燃料消耗的指标

焦比既是消耗指标，又是重要的技术经济指标，是指冶炼每吨生铁消耗的干焦的千克数。

（1）入炉焦比。入炉焦比也称净焦比，指实际消耗的焦炭数量，不包括喷吹的各种辅助燃料量。其定义式为：

$$入炉焦比(kg/t) = \frac{干焦耗用量(kg)}{合格生铁产量(t)}$$

（2）折算入炉焦比。其定义式为：

$$折算入炉焦比(kg/t) = \frac{干焦耗用量(kg)}{合格生铁折算产量(t)}$$

（3）煤比。煤比指每吨合格生铁消耗的煤粉量。其定义式为：

$$煤比(kg/t) = \frac{煤粉耗用量(kg)}{合格生铁产量(t)}$$

（4）小块焦比（焦丁比）。小块焦比指冶炼每吨合格生铁消耗的小块焦炭（焦丁）量。其定义式为：

$$小块焦比(kg/t) = \frac{小块焦炭消耗量(kg)}{合格生铁产量(t)}$$

（5）燃料比。燃料比指冶炼单位生铁所消耗的燃料量总和。其定义式为：

$$燃料比(kg/t) = 焦比 + 煤比 + 小块焦比$$

过去我国曾采用综合焦比作为冶炼指标，即将喷吹的辅助燃料量按一定的折算系数折算为干焦量，然后与实际消耗的干焦量相加即为综合干焦消耗量，再除以合格生铁产量得出综合焦比。这种折算不科学，国际上也没有这样计算的。因此，今后不再使用综合焦比，而与国际上一致，采用燃料比作为燃料消耗的指标。

1.4.6.3 生铁合格率

生铁合格率指生铁化学成分符合国家标准的总量占生铁总产量的百分数。它是衡量产品质量的指标。其定义式为：

$$生铁合格率 = \frac{合格生铁产量}{生铁总产量(包括不合格产品)} \times 100\%$$

1.4.6.4 衡量辅助燃料喷吹作业的指标

（1）喷吹率。其定义式为：

$$喷吹率 = \frac{喷吹燃料总量}{总燃料消耗量} \times 100\%$$

（2）置换比。其定义式为：

$$R = \frac{K_0 - K_1 + \sum \Delta K}{M}$$

式中　R——喷吹辅助燃料的置换比；

　　　K_0——未喷吹辅助燃料前的实际平均焦比；

　　　K_1——喷吹辅助燃料后的平均入炉焦比；

　　　$\sum \Delta K$——其他各种因素对实际焦比影响的代数和；

　　　M——吨铁辅助燃料的喷吹量。

各种因素对焦比影响的经验值见表 1-25。

表 1-25　各种因素对焦比影响的经验值

因　　素	变动量	影响焦比	影响产量	说　　明
烧结矿 Fe 含量	±1%	∓1.5%~2.0%	±3%	
烧结矿碱度	±0.1	∓3.5%~4.5%		
烧结矿 FeO 含量	±1%	±1.5%		
小于 5mm 烧结矿粉末比例	±10%	±0.6%	∓6%~8%	
入炉石灰石量	±100kg	±25~30kg		
焦炭硫含量	±0.1%	±1.5%~2%	∓2%	
焦炭灰分含量	±1%	±2%	∓3%	
焦炭转鼓指数	±10kg	∓3%	±6%	

因　　素	变动量	影响焦比	影响产量	说　　明
碎铁加入量	±100kg	干20kg	±3%	碎铁 $w(Fe)<60\%$
	±100kg	或干30kg	±5%	碎铁 $w(Fe)=60\%\sim80\%$
	±100kg	或干40kg	±7%	碎铁 $w(Fe)>80\%$
渣　　量	±100kg	±50kg		包括熔化热、熔剂分解及 CO_2 影响
	±100kg	±20kg		只考虑渣熔化热
炉渣碱度	±0.1	±15~20kg		渣量 500~700kg/t
	±0.1	±20~25kg		渣量 700~900kg/t
干风温	±100℃	干7%		原风温 600~700℃
	±100℃	干6%		原风温 700~800℃
	±100℃	干5%		原风温 800~900℃

1.4.6.5　评估高炉冶炼强化程度的指标

（1）冶炼强度。冶炼强度是冶炼过程强化的程度，以每昼夜（d）每立方米有效容积燃烧的干焦量衡量。其定义式为：

$$冶炼强度(t/(m^3 \cdot d)) = \frac{干焦耗用量}{有效容积 \times 实际工作日}$$

（2）综合冶炼强度。综合冶炼强度除干焦外，还考虑到是否有喷吹的其他类型的辅助燃料。其定义式为：

$$综合冶炼强度(t/(m^3 \cdot d)) = \frac{干焦耗用量 + 喷吹燃料量 + 焦丁量}{有效容积 \times 实际工作日}$$

有效容积利用系数、焦比及冶炼强度之间存在以下的关系：

不喷吹辅助燃料时　　　　　　　$利用系数 = \dfrac{冶炼强度}{焦比}$

喷吹燃料时　　　　　　　　　　$利用系数 = \dfrac{综合冶炼强度}{燃料比}$

（3）燃烧强度。由于炉型的特点不同，小型高炉可允许有较高的冶炼强度，因而容易获得较高的利用系数。为了对比不同容积高炉的实际炉缸工作强化的程度，可对比其燃烧强度。燃烧强度的定义为每平方米炉缸截面积上每昼夜（d）燃烧的干焦吨数。其定义式为：

$$燃烧强度(t/(m^2 \cdot d)) = \frac{一昼夜干焦耗用量}{炉缸截面积}$$

（4）炉腹煤气量指数。生产高炉使用炉料一定的条件下，具有相应的空隙度 ε。高炉工作者遵循精料原则，把入炉料的质量做好，使入炉料形成的料柱具有较好的或很好的透气性。高炉顺行的条件就是炉内煤气通过料柱产生的 $\dfrac{\Delta p}{H}$ 远小于 $\gamma_料$（见第 5 章）。因此在炉料 ε 一定的情况下，$\dfrac{\Delta p}{H}$ 受煤气量的控制。也就是说，高炉顺行下的强化程度受到炉缸产生的炉腹煤气量的限制。为使这一概念普遍适用于各种级别大小的高炉，将单位炉缸面积所拥有的炉腹煤气量定义为炉腹煤气量指数，作为衡量高炉强化程度的指标。在我国现代高炉使用的原燃料条件下，炉腹煤气量指数在 58~66m/min 的范围内。炉腹煤气量指数的计算公式为：

$$X_{BG} = \frac{V_{BG}}{A} = \frac{4V_{BG}}{\pi d^2}$$

1.4.6.6　焦炭负荷

焦炭负荷用以估计配料情况和燃料利用水平，也是用配料调节高炉热状态时的重要参数。其定义式为：

$$焦炭负荷 = \frac{每批炉料中铁矿石与锰矿石的总重}{每批炉料中的焦炭量}$$

1.4.6.7　休风率和作业率

（1）休风率。休风率反映高炉操作及设备维护的水平，也有记作作业率的。作业率与休风率之和为 100%。休风率是指高炉休风时间（包括季修和年修休风时间，但不包括计划中的大修）占规定工作时间的百分数。其定义式为：

$$休风率 = \frac{休风时间}{规定工作时间} \times 100\%$$

（2）作业率。作业率指高炉实际作业时间占日历时间的百分数。

1.4.6.8　生铁成本

生铁成本指生产每吨合格生铁所有原料、燃料、材料、动力、人工等一切费用的总和，单位为元/t。

1.4.6.9　炉龄

炉龄的定义为两代高炉大修之间高炉运行的时间。目前认为炉龄超过 15 年的为长寿高炉，小于 10 年的为短寿高炉。

衡量炉龄及一代炉龄中高炉工作效率的另一个指标为，每立方米炉容在一代炉龄期内的累计产铁量。先进高炉不但每日平均的利用系数高，而且炉龄长，即实际工作日多，故累计产量很高，平均可达 8000~9000t/m³ 以上。世界先进高炉的累计产铁量超过 15000t/m³。

1.4.6.10　吨铁工序能耗

能源是维持各种生产及活动正常进行的动力。钢铁工业是国民经济各部门中的耗能大户。近年来我国钢铁工业每年消耗标准煤 7000 万吨以上，占全国总能耗的 10%~12%。其中钢铁冶炼工艺的能耗占 70%，且主要消耗于炼铁这一工序上。我国能源的开发和利用比较落后，其发展速度又受投资、建设周期等多方面的限制，降低单位钢铁产品的能源消耗量是个重大的课题。

炼铁工序能耗是指冶炼每吨生铁所消耗的、以标准煤的计量的（每千克标准煤规定的发热量为 29310kJ）各种能量消耗的总和。所消耗的能量包括各种形式的燃料，主要是焦炭，还有少量的煤、油及其他形式的燃料，甚至也要计入炮泥及铺垫铁水沟消耗的焦粉；此外，还应计入各种形式的动力消耗，如电力、蒸汽、压缩空气、氧气及鼓风等。但应注意扣除回收的二次能源，如外供的高炉煤气、炉顶余压发电的电能及各种形式的余热回收等。

我国重点企业炼铁的能耗水平以标准煤计算，2016 年为 390.63kg/t 左右，约占吨钢综合能耗的 70%。

2016 年我国部分重点统计钢铁企业的高炉生产主要技术经济指标列于表 1-26。我国部分大型高炉的主要技术经济指标列于表 1-27。国外部分先进高炉的主要技术经济指标列于表 1-28。

表 1-26　2016 年我国部分重点统计钢铁企业的高炉生产主要技术经济指标

企业名称	焦比 /kg·t^{-1}	煤比 /kg·t^{-1}	利用系数 /t·(m³·d)$^{-1}$	休风率 /%	熟料率 /%	入炉品位 /%	风温 /℃	劳产率 /t·人$^{-1}$
首钢	314	166	2.20	1.71	91.13	58.93	1185	12730
天钢	403	115	2.02	1.19	74.49	56.20	1155	4148
天铁	417	130	2.41	28.81	87.07	55.91	1133	—
河钢唐钢	357	107	1.96	2.13	83.93	58.44	1142	17132
河钢邯钢	368	101	2.34	1.76	80.23	58.11	1136	7182
河钢宣钢	362	123	2.25	1.67	91.94	56.41	1103	11068
河钢承钢	350	135	2.72	1.65	92.81	56.05	1133	15490
河钢石钢	337	155	2.92	2.51	86.19	56.65	1146	9997
邢台	369	144	2.68	2.79	85.79	55.84	1098	2178
建龙	349	161	4.00	1.62	91.90	56.31	1187	—
津西	402	142	2.70	0.96	87.67	56.20	1150	5770
国丰	377	153	2.97	1.72	86.46	56.99	1168	3352
德龙	371	154	2.21	4.41	90.44	56.19	1152	4460
太钢	336	174	2.01	2.05	99.59	59.74	1248	5374
包钢	409	127	2.00	1.80	96.14	58.39	1110	15070
鞍钢	328	145	1.99	1.75	96.21	58.23	1181	10144
攀钢	429	141	2.66	0.82	96.61	49.71	1196	6065
本钢	362	133	2.29	1.34	98.69	58.37	1167	5259
宝钢集团	302	164	2.10	2.31	85.11	59.56	1199	21683
兴澄特钢	337	140	2.29	2.47	86.96	58.65	1186	9748
南京	374	139	2.37	2.40	81.50	58.25	1162	9046
沙钢	328	154	2.70	0.67	80.60	59.01	1110	11898
中天	366	150	3.19	0.80	85.00	57.90	1123	9760
新余	388	143	2.64	2.06	95.13	55.22	1187	12662
方大集团	374	132	3.07	0.74	89.79	57.84	1165	7229
济钢	358	127	2.68	1.32	83.72	57.30	1134	5396
莱钢	373	156	2.59	1.77	84.13	56.25	1169	13049
萍钢	376	132	2.97	1.30	88.82	57.60	1164	7284

续表 1-26

企业名称	焦比 /kg·t⁻¹	煤比 /kg·t⁻¹	利用系数 /t·(m³·d)⁻¹	休风率 /%	熟料率 /%	入炉品位 /%	风温 /℃	劳产率 /t·人⁻¹
三钢	327	154	3.08	1.09	86.48	57.73	1205	5016
青钢	349	129	2.49	0.96	87.07	57.41	1137	5497
安钢股份	355	154	2.25	2.28	86.37	57.73	1143	5603
济源	352	152	3.58	1.60	87.31	55.59	1196	11354
武钢集团	344	149	2.39	3.16	99.45	57.42	1155	6684
湘钢	392	121	2.28	0.61	90.02	58.04	1130	7674
涟钢	382	133	2.26	1.08	86.49	57.62	1147	7793
柳钢	354	150	2.38	0.97	93.38	57.00	1146	6076
昆钢	382	147	2.51	3.37	99.89	54.22	1128	5938
酒钢	426	104	2.04	1.98	96.41	51.51	1170	—
重钢	422	96	1.31	5.70	87.52	55.79	1195	9043
冷水江	447	93	3.14	0.81	90.38	52.12	1066	6789

注：数据来源于《中国钢铁工业统计月报》（增补本）2016 年 12 月。

表 1-27 我国部分大型高炉的代表性技术经济指标

高 炉	京唐 1 号	迁钢 3 号	宝钢 3 号	宝钢 4 号	武钢 8 号	沙钢 5800	太钢 5 号	马钢 A 炉	鞍钢鲅鱼圈 1 号
高炉有效容积/m³	5500	4000	4850	4747	3800	5800	4350	4000	4038
平均风温/℃	1244	1173	1246	1258	1190	1200	1244	1205	1204
富氧率/%	5.65	4.95	2.56	2.14	6.23	11.52	3.14	2.62	3.18
燃料比/kg·t⁻¹	491	504	482	479	495	509	530	508	542
入炉焦比/kg·t⁻¹	315	332	291	288	323	332	368	365	332
焦丁比/kg·t⁻¹	24	40	24	22	51	48	13	33	50
煤比/kg·t⁻¹	176	171	191	191	172	177	162	143	159
η_V/t·(m³·d)⁻¹	2.41	2.33	2.21	2.32	2.70	2.27	2.05	2.19	1.85
吨铁风耗/m³·t⁻¹	914	1207	985	956	1190	839	1010	1036	1126

注：数据来源于 2015 年中国钢铁工业协会高炉生产技术专家委员会统计资料。

表 1-28 国外部分大型高炉的主要技术经济指标

高 炉	日本新日铁 六分 2 号	日本新日铁 君津 4 号	日本住友 鹿岛 1 号	日本 JFE 福山 5 号	韩国现代 唐津 1 号	韩国浦项 光阳 4 号	德国施韦 尔根 2 号	荷兰艾莫 依登 7 号
高炉有效容积/m³	5775	5555	5370	5550	5250	5500	5513	4450
炉缸直径/m	15.5	15.2	15.0	15.6	14.85	15.60	14.90	13.80
日产量/t·d⁻¹	13500	12900	11425	12650	11600	13750	10194	10000
η_V/t·(m³·d)⁻¹	2.34	2.32	2.13	2.28	2.2	2.5	1.85	2.25
η_A/t·(m²·d)⁻¹	71.55	71.09	64.65	66.19	66.97	71.99	58.46	66.86
燃料比/kg·t⁻¹	475	482	—	490	490	490	497	510

续表 1-28

高　炉	日本新日铁六分2号	日本新日铁君津4号	日本住友鹿岛1号	日本JFE福山5号	韩国现代唐津1号	韩国浦项光阳4号	德国施韦尔根2号	荷兰艾莫依登7号
焦比/kg·t^{-1}	355	332	—	355	310	290	345	280
煤比/kg·t^{-1}	120	150	—	120	180	200	152	230
风温/℃	1200	1200	1250	1250	1230	1250	1119	1260
富氧率/%	3.5	—	3.0	—	5.6	10.0	3.70	10.0
入炉风量/m^3·min^{-1}	8550	—	7800	8660	7250	7000	6952	6400
热风压力/MPa	0.45	—	0.49	0.42	0.423	0.43	0.466	—
炉顶压力/MPa	—	0.29	0.294	0.275	0.235	0.275	0.274	0.23

注：资料来源于 2012 年中国金属学会大高炉学术年会会议文集。

1.5　小　　结

　　本章主要介绍了高炉炼铁工艺流程及炉内的主要过程，根据高炉冶炼的特点，阐述了对铁矿石、其他含铁原料、熔剂、焦炭、煤粉、半焦、耐火材料等的性能要求，给出了高炉冶炼的主要经济技术指标。本章需要掌握的重点内容是高炉内各区的主要反应和特征以及原燃料性能对高炉冶炼的影响。对高炉冶炼的主要技术经济指标，如有效容积和面积利用系数、焦比、煤比、燃料比、冶炼强度、燃烧强度、炉腹煤气量及其指数等，要有量化的概念。

参考文献和建议阅读书目

［1］李慧，顾飞. 钢铁冶金概论［M］. 北京：冶金工业出版社，1993.
［2］姚昭章，等. 炼焦学（第3版）［M］. 北京：冶金工业出版社，2005.
［3］傅永宁. 高炉焦炭［M］. 北京：冶金工业出版社，1995.
［4］周师庸，等. 炼焦煤性质与高炉焦炭质量［M］. 北京：冶金工业出版社，2005.
［5］薛群虎，徐维忠，等. 耐火材料（第2版）［M］. 北京：冶金工业出版社，2009.
［6］韩行禄. 不定形耐火材料（第2版）［M］. 北京：冶金工业出版社，2003.

习题和思考题

1-1　试说明以高炉为代表的炼铁生产在钢铁联合企业中的作用和地位。

1-2　对比三种炼铁工艺，说明它们的特点。

1-3　画出高炉本体剖面图，注明各部位名称和它们的作用，并列出高炉生产的主要辅助系统，说明它们的作用。

1-4　画出高炉内各区域的分布，并说明各区域内进行的物理化学反应。

1-5　试说明焦炭在高炉冶炼过程中的作用及高炉冶炼对焦炭质量的要求。

1-6　试说明高炉喷吹辅助燃料的意义及其发展前景。

1-7　阐述高炉本体和热风炉用耐火材料的选取原则，以及这些耐火材料的种类和特性。

1-8　高炉冶炼的产品有哪些，各有何用途？

1-9　熟练掌握高炉冶炼主要技术经济指标的表达方式及其含义。

2 铁矿粉造块

[本章提要]

本章在系统阐述铁矿粉造块基础理论的基础上，详细介绍了烧结、球团工艺过程及相关技术，对国内外烧结、球团新工艺、新技术进行了介绍，对造块产品烧结矿、球团矿的质量检验方法进行概述，并介绍高碱度烧结矿与酸性球团矿的冶金性能。

2.1 粉矿造块的意义和作用

细粒散料制成大块物料的工艺是工业生产中常见的一种生产过程，在冶金、化工、水泥、医药及肥料生产中普遍应用。在炼铁生产中造块作业则以非常巨大的规模进行，且造块作业对炼铁生产的意义也远比对其他工业生产的意义重要。这是因为炼铁反应大多在气流与固体填充料床之间进行，稳定的操作要求填充床具有一定透气性，这就要求炉料必须具有一定粒度且粒度均匀。天然或加工的炉料（铁矿石、熔剂及燃料）往往不具备这样的要求，细粒散料造块是满足这一要求最主要的手段。除此以外，某些冶金工业粉状产品及副产品不满足下一步工序要求或不便于运输，为了使用及保存方便，也常需要进行造块操作；冶金工业中还有大量粉尘和烟灰，为了保护环境及回收利用，将这些粉尘造块也是一种常见现象。

铁矿粉造块，即烧结及球团，是最重要的造块作业。由于大量铁矿粉是在开采中产生的，特别是贫铁矿富选为铁精矿粉的生产发展，使铁矿粉的烧结及球团成为规模最大的造块作业。其物料处理量约占钢铁联合企业的第 2 位（仅次于炼铁生产），能耗仅次于炼铁及轧钢而居第 3 位，成为现代钢铁工业中重要的生产工序。除了规模巨大外，铁矿粉造块还要求制成品有很好的性能。由于现代炼铁是大型作业，炉料翻倒次数多、落差大，制成的块矿要有高的冷强度，如每个料块耐压强度要达到几千牛；炉料需要经历冶炼中的高温过程，要求制成的块矿有一定的热强度，即在高温还原气氛下具有耐压、耐磨及耐急热爆裂性能；炉料在高炉内经历物理化学反应，要求制成的块矿具有良好的冶金性能，如还原性、软化性、熔滴性等。因此，铁矿粉造块是一门技术复杂的专门学科。铁矿粉造块的技术困难还在于追求合理的经济效果，一切代价昂贵的工艺过程及材料都难以被采用。

目前，铁矿粉造块已不是简单地将细粒矿粉制成团矿，而是在造块过程中采用一些技术，以生产出优质的冶炼原料。例如，加入某些物质以改善铁矿组成，最常用的是加入 CaO 或 MgO 以提高矿石碱度；在可能条件下加入还原剂碳，则可改善矿石还原性质；把铁矿粉制成一种符合冶炼要求的单一原料，是人们长期研究的课题和追求的目标。

铁矿粉的造块过程中也可以脱除某些杂质，主要是脱硫，在某些条件下可部分或大部分脱除锌、砷、磷、钾、钠等。应当指出，在特殊情况下，这个目的可能成为铁矿粉造块的主要任务。

因此，铁矿粉造块的目的是：

（1）将粉状料制成具有高温强度的块状料，以适应高炉冶炼、直接还原等在流体力学方面的要求。

（2）通过造块改善铁矿石的冶金性能，使高炉冶炼指标得到改善。

（3）通过造块去除某些有害杂质、回收有益元素，达到综合利用资源和扩大炼铁矿石原料资源。

随着铁矿石造块工业的发展，高炉入炉矿石的熟料率有大幅度提高。据统计，目前美国为 90%，日本为 92%，俄罗斯为 96%。2011 年我国重点统计钢铁企业熟料率达92.21%，它使高炉冶炼的各项技术经济指标得到大幅度的提高。

2.2　造块的基础理论

散粒物料聚结现象是颗粒间相互联结力与相互排斥力作用的最后结果，即：

$$颗粒间固结力 = 联结力 - 排斥力$$

经常起作用的排斥力是重力，一般情况下物料的密度稳定，颗粒越大，则重力越大，即相互分离倾向也越大。而颗粒间相互联结力则有多种，具体如下：

（1）引力，如分子吸引力（范德华力）、静电接触电位、过剩电荷引力、磁力等。

（2）液相作用力，如水桥、表面张力（毛细力）、高黏度液体黏合等。

（3）固体联结力，如盐类晶桥、熔化物固结-液相烧结、黏结剂硬化联结、固相烧结、化学反应联结等。

（4）其他，如氢键联结、形状因素——钩联或镶联。

这些联结力有些可在铁矿粉造块中起重要作用，也有些联结力或因其数值太小，或因其不可能在造块中出现，从而没有实际作用。

引力作用的数值都很小，以范德华力较为重要。此作用力存在于一切物质中，据估计，两球形颗粒之间此作用力约为 $100r \times 10^{-5} \text{N}$（$r$ 为颗粒半径），其不可能在铁矿粉造块中有实际影响。至于存在于两种性质不同的物质之间的静电接触电位和存在于非导体之间的过剩电荷，均不可能在铁矿粉之间出现。而磁力只有当铁矿粉在磁场中时才会出现，对铁矿粉造块也没有意义。

关于液相力的作用，据估计，单纯的水桥联结力只比分子吸引力大几倍，所以实际上作用并不大。而表面张力（毛细引力）要比分子引力大 3~4 个数量级，能在比表面积很大的细粉造球中表现出相当大的聚结能力，成为烧结生料及球团生球聚结成球的主要作用力。黏性液体桥与水桥联结原理相同，但有时它可能很大，某些物质在水中形成胶凝体，增加了黏结力，例如膨润土加入铁精矿粉就是生球固结的一个重要的作用力。

固相联结力很强，一般可比表面张力大 1~2 个数量级，这就可以抵消排斥力而具有很强的固结作用，因而是工业造块的主要因素。对于铁矿粉造块，这几种固相联结力都可能起重要作用，如固相烧结是由固相分子（离子）扩散而形成颗粒联结桥，是球团矿焙烧固结的重要机理，也是陶瓷、砖瓦、耐火砖固结的主要因素；晶桥联结是一种固相反应生成盐类、氧化物结晶而呈现的颗粒联结桥，是球团矿焙烧固结的另一种机理；液相烧结是高温作用下物质熔化后再凝固而形成的联结桥，主要见于铁矿粉烧结，是一种结合力很强的固结现象；黏结物固化有时用于冷固球团；而化学反应生成化学键联结则见于铁矿粉锈结等。

至于氢键联结，见于纤维聚结现象中。形状因素引起的联结现象在金属粉末压块中有可能成为一个有影响的因素。

2.3 烧结过程

2.3.1 一般工艺过程

现代烧结生产是一种抽风烧结过程，即将铁矿粉、熔剂、燃料、代用品及返矿按一定比例组成混合料，配以适量水分，经混合及造球后，铺于带式烧结机的台车上，在一定负压下点火，整个烧结过程是在 9.8~15.7kPa 负压抽风下自上而下进行的。在烧结机上取一微元段，在某一烧结时刻，烧结料形成如图 2-1 所示的 Ⅰ~Ⅳ四层，Ⅴ层为保护箅条的 15mm 左右的成品烧结矿铺底料层，此情况与实验室烧结杯中的烧结过程相同。

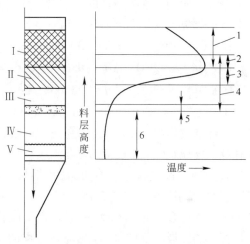

图 2-1 烧结过程示意图
Ⅰ—烧结矿层；Ⅱ—燃烧层；Ⅲ—预热层；
Ⅳ—冷料层；Ⅴ—铺底料层
1—冷却，再氧化；2—冷却，再结晶；3—固体碳燃烧，
液相形成；4—固相反应，氧化，还原，分解；
5—去水；6—水分凝结

（1）烧结矿层（即成矿层）。该层主要反应是液相凝固、矿物析晶、预热空气。由于抽风对成矿冷却程度不同，成矿层可分为冷烧结矿和热烧结矿两层。冷烧结矿层的表面强度较差，其原因是烧结温度低，被抽入的冷空气快速急冷，表层矿物来不及释放能量而析晶，因而玻璃质较多，内应力大而性脆，在烧结机尾部卸矿时，被击碎而筛去进入返矿。其层厚一般为 40~50mm。推广厚料层低点火温度（950~1050℃）工艺后，表层未产生液相，此 50mm 左右的表层实质上是焙烧后的烧结料，因而在机尾也将被筛除而进入返矿。

（2）燃烧层。该层主要反应是燃料燃烧，温度可达 1100~1500℃，混合料在固相反应下形成低熔点矿物并在高温下软化，进一步发展产生液相。此层厚度在 15~50mm 之间，它对烧结矿的产量和质量影响很大，过厚则影响料层透气性，导致产量降低；过薄则烧结温度低，液相数量不足，烧结矿固结不好。

（3）预热层。该层主要过程是混合料被燃烧层下来的热废气干燥和预热，特点是热交换进行得迅速剧烈，以致废气温度很快从 1100~1500℃ 降至 60~70℃。在相应的温度下，层内发生的主要反应是结晶水和碳酸盐分解、矿石的氧化还原以及固相反应等，此层厚度一般为 20~40mm。

（4）冷料层（即过湿层）。由于上层废气中带入较多的水分，进入本层时，温度降到露点以下而冷凝析出，形成料层过湿，过湿出现的重力水破坏已造好的混合料小球，从而影响烧结透气性。生产中采用混合料预热等措施来减小过湿的影响。

（5）原始料层。此料层位于冷料层（过湿层）与铺底料层之间，上层废气中带入的水分尚未进入本层，原料仍保持初始形态，没有改变。

2.3.2　烧结过程的主要反应

2.3.2.1　燃烧反应

烧结过程中进行着一系列复杂的物理化学变化，这些变化的依据是一定的温度和热量需求条件，而创造这种条件的是混合料中碳的燃烧。混合料中的碳在温度达到 700℃ 以上时即着火燃烧，发生以下四种反应：

$$C + O_2 \Longrightarrow CO_2 \quad \Delta H = -33500 \text{kJ/kg} \quad \Delta G^{\ominus} = -395350 - 0.54T \text{（J/mol）} \quad (2\text{-}1)$$

$$2C + O_2 \Longrightarrow 2CO \quad \Delta H = -9800 \text{kJ/kg} \quad \Delta G^{\ominus} = -228800 - 171.54T \text{（J/mol）} \quad (2\text{-}2)$$

$$2CO + O_2 \Longrightarrow 2CO_2 \quad \Delta H = -23700 \text{kJ/kg} \quad \Delta G^{\ominus} = -561900 + 170.46T \text{（J/mol）} \quad (2\text{-}3)$$

$$CO_2 + C \Longrightarrow 2CO \quad \Delta H = 13800 \text{kJ/kg} \quad \Delta G^{\ominus} = 166550 - 171.0T \text{（J/mol）} \quad (2\text{-}4)$$

在烧结过程中，反应(2-1)易发生，在高温区有利于反应(2-2)和反应 (2-4) 进行，但由于燃烧层薄，废气经过预热层温度很快下降，所以它们受到限制，但是在混合料中燃料粒度过细、配碳过多且偏析较大时，此类反应仍有一定程度的发展。反应(2-3)在烧结过程的低温区易于进行。总的来说，烧结废气中以 CO_2 为主，有少量的 CO，还有一些自由氧和氮。图 2-2 示出烧结过程中废气成分变化的一般规律。

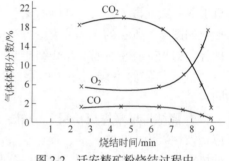

图 2-2　迁安精矿粉烧结过程中废气成分的变化

生产和研究中，常用烧结废气中 $\dfrac{\varphi(CO)}{\varphi(CO) + \varphi(CO_2)}$ 来衡量烧结过程中的气氛和燃料的化学能利用。显然，此值越小，烧结过程的氧化性气氛越强，能量利用越好。影响这一比值的因素有燃料粒度、燃料数量、抽风负压等（见图 2-3）。

烧结过程中燃料颗粒的燃烧属于气-固相反应。它服从于氧分子扩散到固体燃料表面，氧分子被吸附，被吸附氧分子与碳发生反应形成中间产物，中间产物断裂形成气相反应产物，反应产物脱附并向废气流扩散的一般规律。大量动力学研究和对燃烧层厚度的探索性计算表明，烧结过程中燃料燃烧是受扩散控制的，因此，烧结混合料中燃料的燃烧速度及燃烧层的厚度与燃料颗粒的直径、气流的流速及料层的透气性有关。在其他条件一定时，粒度的大小成为烧结过程质量的决定性因素，粒度越大，燃烧时间越长，燃烧层越厚。若粒度过粗，造成过厚的燃烧层，增加了料层的阻力，同时降低燃烧温度，且在转运和布料时易产生偏析，造成局部过熔；若粒度过细，则降低料层的透气性，同时由于燃烧速度过快而使燃烧层过薄，来不及产生足够的液相，影响了烧结矿的强度。因此，烧结过程要求

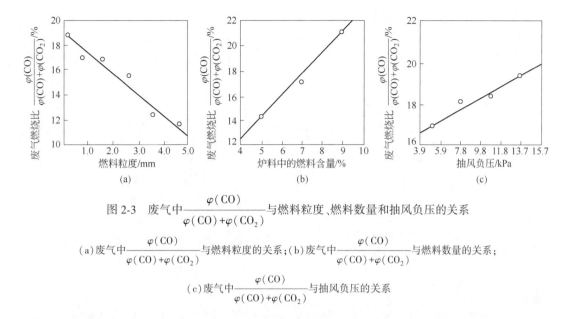

图 2-3 废气中 $\dfrac{\varphi(CO)}{\varphi(CO)+\varphi(CO_2)}$ 与燃料粒度、燃料数量和抽风负压的关系

(a) 废气中 $\dfrac{\varphi(CO)}{\varphi(CO)+\varphi(CO_2)}$ 与燃料粒度的关系；(b) 废气中 $\dfrac{\varphi(CO)}{\varphi(CO)+\varphi(CO_2)}$ 与燃料数量的关系；

(c) 废气中 $\dfrac{\varphi(CO)}{\varphi(CO)+\varphi(CO_2)}$ 与抽风负压的关系

有合适的燃料粒度。一般认为烧结用的燃料粒度以 1~3mm 为最佳。在实际生产中，燃料经破碎必然产生小于 1mm 的粒级，为避免小于 1mm 的粒级过多而影响烧结，生产中采取放宽上限，即以小于 3mm 的粒级占 70%~85% 为宜。

2.3.2.2 分解反应

烧结过程中有三种分解反应发生，即结晶水分解、碳酸盐分解和高价氧化物（Fe_2O_3、MnO_2、Mn_2O_3）分解。

（1）结晶水分解。一般固溶体内的水在 120~200℃ 时就容易分解出来，以 OH^- 存在的针铁矿（$Fe_2O_3 \cdot H_2O$ 系 $\alpha\text{-}FeO \cdot OH$）、针铁矿（$Fe_2O_3 \cdot H_2O$ 系 $\gamma\text{-}FeO \cdot OH$）、水锰矿（$MnO_2 \cdot Mn(OH)_2$ 系 $MnO \cdot OH$）由于分解过程伴随有晶格转变，其开始分解温度要高些，约为 300℃。而脉石中的高岭土（$Al_2O_3 \cdot 2SiO_2 \cdot 2H_2O$）、拜来石（$(Fe \cdot Al)_2O_3 \cdot 3SiO_2 \cdot 2H_2O$）的晶格中有 OH^- 进入，它们均需到 500℃ 时才开始分解。分解反应为吸热反应，因而用褐铁矿或强磁选和浮选的褐铁矿精矿粉烧结时需要更多的燃料，配量一般高达 9%~11%。

（2）碳酸盐分解。如果混合料中有菱铁矿，则其在烧结过程中比较容易分解（在 300~350℃ 时即分解）。配入混合料的熔剂白云石和石灰石的分解与废气中的 CO_2 分压有关。根据烧结废气中 CO_2 含量变化（见图 2-2）和总压为 88.3kPa（0.9atm）的条件，可以得出白云石和石灰石开始分解的温度相应为 720℃ 和 809℃，沸腾分解温度为 910℃。熔剂的分解过程示于图 2-4。

从图 2-4 中可以看出，碳酸盐在烧结条件下分解总共历时仅 2min 左右，而有效的分解时间还要短，因为随着烧结层的下移，废气中 CO_2 含量下降，烧结层中残留的石灰石可在 634℃ 结束分解，这种在燃烧层以后分解出的 CaO 对烧结矿的固结和强度都没有好处。在烧结过程中不仅要求 $CaCO_3$ 完全分解，而且要求分解出来的 CaO 被液相完全吸收并与其他矿物结合，即不希望有游离的 CaO 存在。这是因为以白点形式存在于烧结矿中的游离 CaO 会吸水消化，严重影响烧结矿的强度。影响烧结过程中石灰石完全分解并与

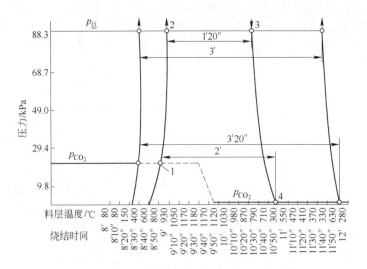

图 2-4　烧结过程中碳酸盐分解可能延续的时间

$p_总$—烧结过程废气总压力；p_{CO_2}—废气中 CO_2 分压；

1—石灰石分解开始；2—石灰石沸腾分解开始；3—石灰石沸腾分解结束；4—石灰石分解结束

矿石化合的因素主要是石灰石的粒度、烧结温度以及烧结混合料中矿石的种类和粒度。在我国主要使用精矿粉生产熔剂性或高碱度烧结矿的条件下，起决定作用的是石灰石粒度（见图2-5）。为了保证石灰石在烧结过程中完全分解并被矿石所吸收，石灰石的粒度不应超过 3mm。

（3）高价氧化物分解。铁和锰的高价氧化物的分解压较高，它们在大气中开始分解温度和沸腾分解温度如下：

	MnO_2	Mn_2O_3	Fe_2O_3
$p_{O_2} = 20.6kPa(0.21atm)$	460℃	927℃	1383℃
$p_{O_2} = 98.0kPa(1.0atm)$	550℃	1100℃	1452℃

在烧结过程中，负压在 9.8kPa（1000mmH₂O）以上，实际气体总压力不到 88.3kPa（0.9atm），气氛中氧的分压为 11.76~18.6kPa（0.18~0.19atm），而在预热层中废气含氧 8%~10%（见图 2-2），氧的分压仅为 7.1~8.8kPa（0.072~0.09atm）；在燃烧层，温度高达 1350~1500℃，氧分压在碳周围比在预热层低，因此 MnO_2、Mn_2O_3 在预热层开始分解，在燃烧层达到沸腾分解，同时 Fe_2O_3 也在燃烧层分解，有时甚至是剧烈分解。Fe_3O_4 和 Fe_xO 因其分解压很小，在烧结条件下不可能分解。

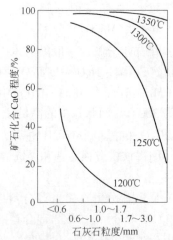

图 2-5　石灰石粒度和温度对矿石
化合 CaO 程度的影响

$$矿石化合 CaO 程度 = \frac{m(CaO)_{石灰石} - m(CaO)_{游离}}{m(CaO)_{石灰石}} \times 100\%$$

2.3.2.3　还原与再氧化反应

总的来说，烧结过程是氧化性气氛，但由于烧结料中碳分布的偏析和气体组成分布的不均匀性，使得某些地区，特别是在燃料颗粒周围的 $\varphi(CO_2)/\varphi(CO)$ 值很小，而该处的温度又较高，部分 Fe_3O_4 可能被还原成 Fe_xO，甚至后者还可能被还原成 Fe（见图 2-6）。然而在远离燃料颗粒的地区，$\varphi(CO_2)/\varphi(CO)$ 值可能很大，相应氧含量可能很多，Fe_3O_4 和 Fe_xO 就可能被氧化。所以在烧结条件下，不可能使所有的 Fe_3O_4，甚至是所有的 Fe_2O_3 还原。

　　烧结中的实际还原过程取决于烧结配料和工艺等条件，例如烧结配料中的配碳量、矿粉本身的还原性、矿粉与还原剂接触的表面积和时间、烧结温度等。

　　图 2-6 示出了配碳量对铁氧化物矿物组成变化的影响。随着配碳量的增加，烧结矿还原程度增加。烧结配料中铁矿石的粒度小、比表面积大，但由于高温持续时间短，CO 向颗粒中扩散的条件差，再加上 Fe_3O_4 本身还原性不好，所以 Fe_3O_4 的还原受到限制。

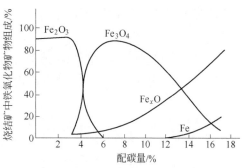

图 2-6　富赤铁矿粉烧结自熔性烧结矿时的铁氧化物矿物组成变化

特别是当烧结料中加入石灰石时，石灰石分解耗热及分解出的 CaO 与矿石形成易熔物降低燃烧层温度，还原过程受到限制，烧结矿中 Fe_xO 含量下降；相反，当烧结料中加入 MgO 后形成难熔化合物，燃烧层温度及烧结矿中 Fe_xO 含量都上升（见图 2-7）。烧结矿中 FeO 质量分数的增加使其还原性变差，这是高炉冶炼不希望的，因此烧结过程应限制还原反应的发展。

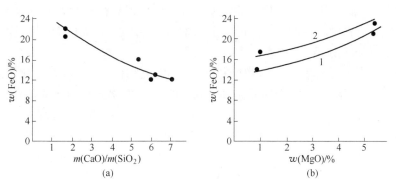

图 2-7　烧结矿碱度和 MgO 含量对烧结矿中 FeO 含量的影响
（a）$w(C)=4.86\%\sim5.38\%$；（b）$w(C)=5.5\%$燃料（1）和 $w(C)=7\%$燃料（2）

　　在高品位赤铁矿粉烧结时，Fe_2O_3 被还原到 Fe_3O_4，但在燃烧层上部被再氧化，随着固定碳的减少，氧化相当剧烈。在配碳量为正常水平的条件下，可氧化到原有 Fe_2O_3 的水平；而在配碳量较高时，氧化作用较弱，只能将已还原到 Fe_xO 的部分再氧化到 Fe_3O_4 的水平。当烧结磁铁矿粉时，氧化反应得到相当大的发展，先在预热层开始，然后在燃烧层内无燃料的烧结料中进行，最后在烧结矿冷却层中进行。在烧结料熔融之前 Fe_3O_4 氧化成 Fe_2O_3，为生成铁酸钙提供了条件。磁铁矿的氧化程度与它的还原程度一样，粒度的大小有着很大的影响，颗粒越细，氧化程度越高。当燃料消耗高于正常量时，预热层内的这种氧化并不影响最后的烧结矿结构，因为被氧化的磁铁矿在燃烧带又被还原或分解。而在燃料消耗较低时，在烧结矿的结构中通常含有被氧化的最初的磁铁矿。冷却过程中氧化生成的 Fe_2O_3 常薄薄地呈现在磁铁矿晶粒周围，这种结构类型具有天然氧化磁铁矿及假象赤铁矿的特征。

当烧结矿最后的结构形成后，烧结矿经受很弱的二次氧化。一般是在烧结矿的孔隙表面、裂缝以及有缺陷附近的磁铁矿粒子部分被氧化。由于氧输送困难，分布在硅酸盐相间的磁铁矿结晶不会再二次氧化。

2.3.2.4　气化反应

烧结过程中的气化反应能脱除某些有害杂质。气化反应有以下三种类型：

（1）氧化。烧结过程中硫是被氧化成气态 SO_2 而排除的，大部分混合料中硫以如下方式被脱除：

$$2FeS_2 + \frac{11}{2}O_2 === Fe_2O_3 + 4SO_2 \qquad (2-5)$$

$$2FeS + \frac{7}{2}O_2 === Fe_2O_3 + 2SO_2 \qquad (2-6)$$

反应进行的条件是氧化气氛，主要是有适当的配碳量。配碳量过高会造成还原气氛，不利于脱硫。硫的氧化是放热反应，也允许降低配碳。在控制条件适当时，烧结可脱硫 85% ~ 95%。加入石灰石虽然有利于造成氧化气氛，但 CaO 能强烈吸收 SO_2，反而对脱硫不利。极少情况下矿石中的硫以 SO_4^{2-} 形式存在，此时需要适当提高配碳量以弥补 $CaSO_4$、$BaSO_4$ 等分解吸收的热量及提高温度以满足 $CaSO_4$、$BaSO_4$ 等的分解要求，但这时脱硫率仍较低。砷的脱除也需要适当的氧化气氛，将 As 氧化成 As_2O_3，其沸点为 460℃，甚易挥发。但过分氧化生成 As_2O_5 则不能气化，即使氧化成 As_2O_3 也易被碱性物质（如 CaO）吸收。因此，一般烧结过程中 As 的脱除率不超过 50%。当有 S 存在时生成易挥发的 As_2S_3（沸点为 565℃），则有利于 As 的挥发。

（2）还原。某些易挥发的元素如能在烧结过程中被还原，也可以气化脱除，这些元素包括 Zn、K、Na 等。主要的困难是这些元素的氧化物在烧结料中形成盐类，甚难还原。在高配碳量条件下可以脱除少量的 Zn、K、Na。例如，一般可脱除 30% 以下的 Zn。

（3）氯化。应用氯化反应脱除某些元素的必要条件是：在烧结条件下能生成低熔点氯化物，不会与烧结气流中的水蒸气发生如下所示的水解作用而再度沉析。

$$MeCl_2 + H_2O === MeO + 2HCl \qquad (2-7)$$

符合这些条件的元素有 As、Cu、Cd、Pb、K、Na 等。ZnCl 虽可以发生水解作用，但氯化脱除效果不好。常用的氯化剂为 $CaCl_2$ 及 NaCl。加入 2% ~ 5% $CaCl_2$ 可脱除 60% As、65%Zn、90%Pb。因 Na 为高炉原料中不希望有的成分，不宜使用 NaCl，而 $CaCl_2$ 的价格又偏高；此外，氯化烧结会腐蚀设备、污染环境及降低烧结矿强度，因此目前该法还不能在实际生产中大规模应用。

2.3.2.5　水分蒸发和凝结

烧结料因造球常需要加入一定量的水（精矿粉加水约8%，富矿粉加水4%~5%），在混合料预热开始阶段，水分开始蒸发，由于温度低，料粒水分蒸发缓慢，物料中含水量基本无变化。试验证明，混合料干燥经历了恒温干燥和升温干燥两个阶段。当料温达到100℃时，出现恒温蒸发吸附水分和混料用水分，当水分含量降低到一定水平时，混合料在升温状态下蒸发水分。划分两个阶段的某一水分含量称为临界水分含量，其数值与水分的形态有关，需根据试验确定，一般比值在2%左右。

烧结料的水分蒸发量可按下式估算：

$$W = tCF(p'_{H_2O} - p_{H_2O}) \frac{p}{p'} \tag{2-8}$$

式中　W——蒸发的水量，g；

　　　t——干燥蒸发时间，h；

　　　C——系数，当气流速度小于2m/s时$C = 4.40g/m^2$，当气流速度大于2m/s时$C = 6.93g/m^2$；

　　　F——表面积，m^2；

　　　p'_{H_2O}——饱和蒸汽压，kPa；

　　　p_{H_2O}——实际蒸汽压，kPa；

　　　p——标准大气压，kPa；

　　　p'——实际大气压，kPa。

从式（2-8）可以看出，蒸发水量与表面积F和废气中蒸汽的饱和蒸汽压与物料蒸汽分压之差有很大关系。由于烧结过程中上述两值均很大，蒸发水量很大，干燥层很薄。

废气经干燥层后，温度由1100~1500℃降到100℃以下，这样废气的饱和水蒸汽压下降很多，含有很多蒸汽的废气进入下部混合料层时就凝结成水，烧结料出现过湿。从生产和试验测定结果来看，过湿的最大值一般出现在点火后2min，其数量高出原水分15%~20%。过湿现象延续到干燥层移到炉箅上才结束。过湿会使料层透气性变坏，甚至可能使下层料变为稀泥状而恶化烧结条件。为防止过湿现象，生产中常采用以下措施：

（1）适当控制混合料初始水分，加水造球以提高料层透气性的目的是保证获得最高的生产率。生产经验证明，原始透气性最好的水分并不能获得最高的生产率，即生产率最高的水分值比原始透气性最佳值的水分要小，通常此值约为2%。烧结混合料原始水分适当降低可能使烧结料成球性差一些，初始透气性有所降低，但水分减少，水分凝结少，干燥时间缩短，整个烧结速度反而加快了，从而获得高的生产率。

（2）提高混合料的温度。生产实践和理论计算表明，导致混合料中水分冷凝的露点温度为50~60℃，所以如果将料温维持在60℃以上就可防止大量水分冷凝。生产中应用热返矿预热混合料，可使料温预热到40~50℃，尽管达不到露点温度以上，但对消除过湿现象起了一定的作用。利用蒸汽在二混机和烧结机布料辊上预热混合料到60℃以上是较有效的措施。首钢采用此措施将混合料温度由57.4℃提高到87.7℃，垂直烧结速度由27.1mm/min提高到35.7mm/min，产量提高了31.9%。法国用250~300℃蒸汽预热混合料至70℃，在燃料消耗和烧结矿质量不变的情况下，产量提高了16%。国外还有的用燃烧高炉煤气和天然气等方法预热混合料，也取得了较好的效果。

2.3.3　烧结过程中的固结

烧结料的固结经历了固相反应、液相生成和冷凝固结。

2.3.3.1　固相反应

颗粒之间的固相反应是在一定的温度条件下这种或那种离子克服晶格中的结合力，在晶格内部进行位置交换，并扩散到与之相接触的邻近的其他晶格内进行的反应。这种反应能够进行的重要因素是温度。固相反应开始温度与其熔点（$T_熔$）间存在的一般规律是：对于金属为$(0.3\sim0.4)T_熔$，对于盐类为$0.57T_熔$，而对于硅酸盐则为$(0.8\sim0.9)T_熔$。而且固相下只能进行放热的化学反应。在烧结过程中，由于燃料的燃烧产生高温废气加热了烧结料，这为固相反应的进行创造了条件。烧结过程中可能进行的固相反应列于表2-1。

表 2-1   烧结过程中可能进行的固相反应

反 应 物 质	反应的固相产物	出现反应产物的开始温度/℃
$SiO_2+Fe_2O_3$	Fe_2O_3 在 SiO_2 中的固溶体	575
$2CaO+SiO_2$	$2CaO \cdot SiO_2$	500~690
$2MgO+SiO_2$	$2MgO \cdot SiO_2$	685
$MgO+Fe_2O_3$	$MgO \cdot Fe_2O_3$	600
$CaO+Fe_2O_3$	$CaO \cdot Fe_2O_3$	500~610
$2CaO+Fe_2O_3$	$2CaO \cdot Fe_2O_3$	400
$CaCO_3+Fe_2O_3$	$CaO \cdot Fe_2O_3$	590
$MgO+Al_2O_3$	$MgO+Al_2O_3$	920~1000
$MgO+FeO$	镁浮氏体	700
$(MgO,CaO,MnO)+Fe_3O_4$	磁铁矿固溶体	800
$FeO+Al_2O_3$	$FeO \cdot Al_2O_3$	1100
$MnO+Al_2O_3$	$MnO \cdot Al_2O_3$	1000
$MnO+Fe_2O_3$	$MnO \cdot Fe_2O_3$	900
$CaO+MgCO_3$	$CaCO_3+MgO$	525
$CaO+MgSiO_3$	$CaSiO_3+MgO$	560
$CaO+MnSiO_3$	$CaSiO_3+MnO$	565
$CaO+Al_2O_3 \cdot SiO_2$	$CaSiO_3+Al_2O_3$	530
$(Fe_3O_4,Fe_xO)+SiO_2$	$2FeO \cdot SiO_2$	950

结合烧结过程进行的大量研究表明：

（1）在烧结料部分或全部熔化以前，料层中每一颗粒的相互位置是不变动的，每个颗粒仅和与它直接接触的颗粒发生反应（见图2-8），而且两种物质间反应的最初产物只能形成同一种化合物，接触处产生的带状结构需经长期的保温后才能发生，而与反应物成分相符合的最后产物在大多数情况下需要很长时间才能完成。图2-9为$CaO\text{-}SiO_2$接触带固相反应进程示意图。

（2）Fe_2O_3只能溶入SiO_2而不能与SiO_2发生相互作用，而Fe_3O_4则不能与CaO反应，它们之间也就不能形成低熔点矿物而降低软化温度。因此，在烧结赤铁矿非熔剂性烧结矿

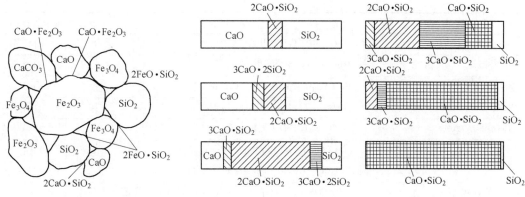

图 2-8　烧结料颗粒之间的
固相反应示意图

图 2-9　$CaO-SiO_2$ 接触带固相反应进程示意图

时需要配较高的碳量，使 Fe_2O_3 还原或分解为 Fe_3O_4 后才能产生低熔点的铁橄榄石（$2FeO \cdot SiO_2$）。在烧结磁铁矿熔剂性烧结矿时，需低配碳量以保持较强的氧化性气氛，使 Fe_3O_4 氧化到 Fe_2O_3，这样在固相中才能形成铁酸钙。

（3）颗粒之间的固相反应产生新生盐类再结晶，可以在颗粒之间搭桥而产生一定的固结作用。但烧结过程进行较快，固相反应由固相扩散控制，反应速度较慢，得不到充分发展，也就不足以形成有效的固相联结。而且固相反应形成的大部分复杂物质在烧结料熔化时又分解为很简单的合成物，在配碳量正常或较高的情况下烧结，固相反应不给烧结矿的矿物组成及结构以任何程度的影响。因此，烧结过程的固相反应只是为液相的生成提供了条件。

但应当指出，在目前研究和发展的低温烧结中，固相反应将起着重要的作用。例如生产高碱度烧结矿时，固相下形成的针状铁酸钙将在联结中起着有效的作用。

2.3.3.2　液相生成

烧结过程中一些低熔点物质在高温作用下熔化成液态物质，在冷却过程中，液体物质凝固而成为那些尚未熔化和溶入液相的颗粒的坚固连接桥。因此，液相生成是烧结成型的基础，液态物质的数量和性质是影响烧结固结好坏乃至烧结矿冶金性能优劣的最重要因素。

在烧结物料中，主要矿物都是高熔点，在烧结温度下大多不能熔化。如上所述，当物料加热到一定温度时，各组分之间有了固相反应，生成新的化合物，各新生化合物之间、原烧结料各组分之间以及新生化合物与原组分之间存在低共熔点，使得它们在较低的温度下生成液相，开始熔融。表 2-2 列出烧结原料所特有的化合物和混合物的熔化温度。

表 2-2　烧结混合料中的易熔化合物和共熔混合物

系　　统	液　相　特　性	熔化温度/℃
$FeO-SiO_2$	$2FeO \cdot SiO_2$	1205
	$2FeO \cdot SiO_2-SiO_2$ 共熔混合物	1178
	$2FeO \cdot SiO_2-FeO$ 共熔混合物	1177

续表 2-2

系　　　统	液 相 特 性	熔化温度/℃
Fe_3O_4-$2FeO \cdot SiO_2$	$2FeO \cdot SiO_2$-Fe_3O_4 共熔混合物	1142
MnO-SiO_2	$2MnO \cdot SiO_2$ 异分熔化	1323
MnO-Mn_2O_3-SiO_2	MnO-Mn_3O_4-$2MnO \cdot SiO_2$ 共熔混合物	1303
$2FeO \cdot SiO_2$-$2CaO \cdot SiO_2$	$(CaO)_x \cdot (FeO)_{2-x} \cdot SiO_2$ ($x=0.19$)	1150
$2CaO \cdot SiO_2$-FeO	$2CaO \cdot SiO_2$-FeO 共熔混合物	1280
CaO-Fe_2O_3	$CaO \cdot Fe_2O_3 \rightarrow$ 液相+$2CaO \cdot Fe_2O_3$ 异分熔化	1216
	$CaO \cdot Fe_2O_3$-$CaO \cdot 2Fe_2O_3$ 共熔混合物	1200
FeO-Fe_2O_3-CaO	(18%CaO+82%FeO)-$2CaO \cdot Fe_2O_3$ 固溶体的共熔混合物	1140
Fe_3O_4-Fe_2O_3-$CaO \cdot Fe_2O_3$	Fe_3O_4-$CaO \cdot Fe_2O_3$	1180
	Fe_2O_3-$2CaO \cdot Fe_2O_3$ 共熔混合物	
Fe_2O_3-CaO-SiO_2	$2CaO \cdot SiO_2$-$CaO \cdot Fe_2O_3$-$CaO \cdot 2Fe_2O_3$ 共熔混合物	1192

从表 2-2 可知，在熔剂性或非熔剂性烧结料中都可能形成低熔点化合物及共熔混合物，它们在烧结所能达到的温度范围内都能形成液相。在表 2-2 所示的低熔点物系中，下列四种所起的作用最大：

（1）FeO-SiO_2 系（见图 2-10）。本物系有一个稳定的低熔点化合物铁橄榄石，熔点为 1205℃，它是非熔剂性烧结矿的主要固结相。其两旁有两个低熔点共晶混合物 $2FeO \cdot SiO_2$-FeO（熔点为 1177℃）和 SiO_2-$2FeO \cdot SiO_2$（熔点为 1178℃）。因而在非熔剂性烧结矿中 80% 的石英被液相消化而进入铁橄榄石中，而在熔剂性烧结矿中几乎 100% 被消化。

（2）CaO-SiO_2 系（见图 2-11）。本物系形成的化合物有：硅灰石（$CaO \cdot SiO_2$），熔点为 1540℃，它与 SiO_2 和

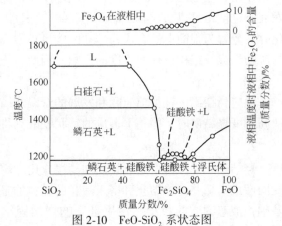

图 2-10　FeO-SiO_2 系状态图

$3CaO \cdot 2SiO_2$ 形成两个熔化温度稍低的共熔体，熔点分别为 1450℃、1460℃；硅钙石（$3CaO \cdot 2SiO_2$），在 1464℃ 分解为正硅酸钙（$2CaO \cdot SiO_2$）和液相。由于本物系的化合物和固溶体的熔化温度均较高，它不可能成为烧结矿的主要固结相。尽管如此，CaO-SiO_2 系在熔剂性烧结矿中仍占有相当重要的地位。

（3）CaO-Fe_2O_3 系（见图 2-12）。本物系中有一个稳定化合物 $2CaO \cdot Fe_2O_3$，熔点为 1449℃；还有两个不稳定化合物 $CaO \cdot Fe_2O_3$ 和 $CaO \cdot 2Fe_2O_3$，前者异分熔点为 1215℃，后者在 1155~1225℃ 时稳定，在 1155℃ 时分解为 $CaO \cdot Fe_2O_3$ 和 Fe_2O_3。$CaO \cdot Fe_2O_3$ 与 $CaO \cdot 2Fe_2O_3$ 能组成本物系中熔点最低的共晶混合物，其熔点为 1205℃。形成铁酸钙的条件是 CaO 与 Fe_2O_3 同时存在，但 Fe_2O_3 在高温下不稳定，或被还原，或分解为 Fe_3O_4，因而在烧结过程中需维持较低温度和强氧化性气氛。好在上述化合物和共熔物的熔化温度均较

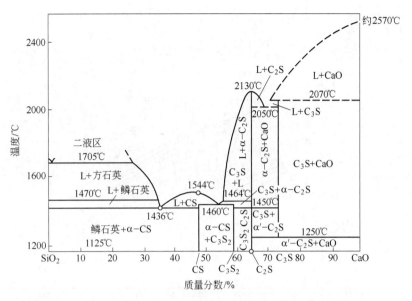

图 2-11 CaO-SiO$_2$ 系状态图

低，而且在低熔点液相生成后，进一步溶解烧结料中的 CaO、Fe$_2$O$_3$，其熔点还有下降趋势。所以烧结熔剂性烧结矿时烧结温度并不高，也不需要过多的燃料消耗。

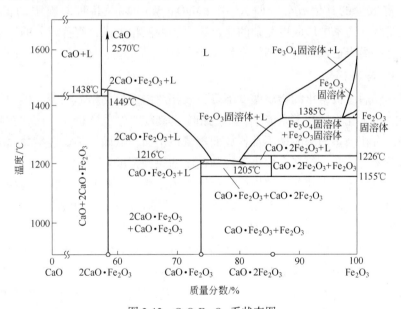

图 2-12 CaO-Fe$_2$O$_3$ 系状态图

（4）CaO-SiO$_2$-FeO 系（见图 2-13）。本物系在碱度 $\left(\dfrac{m(\text{CaO})}{m(\text{SiO}_2)}\right)$ 不太高的条件下，其熔化温度都在烧结过程所能达到的温度范围之内。属于这个体系的化合物有铁钙橄榄石（CaO·FeO·SiO$_2$，熔点为 1093℃）、铁钙方柱石（2CaO·FeO·2SiO$_2$，熔点为 1200℃）和铁钙辉石（CaO·FeO·2SiO$_2$，熔点为 1217℃），在生产一般自熔性烧结矿时，本物系可构成主要的液相。

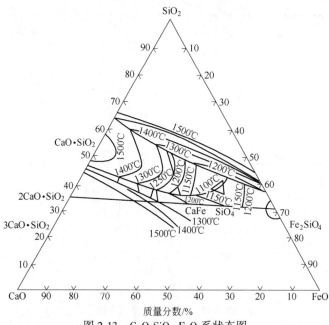

图 2-13　CaO-SiO₂-FeO 系状态图

上述四个物系只是一般烧结矿的主要液相组成，实际上不仅还有其他物系，而且烧结料中含有一定数量的其他成分，如 Al₂O₃、MgO、MnO 以及特种原料中的 CaF₂、TiO₂、BaO 等在上述基本物系中形成更复杂的化合物而影响液相生成，有些成分的影响已经有人研究过，而有些尚未被人们所认知，有待于研究。

2.3.3.3　冷凝固结

燃烧层移动后，被熔化的物质温度下降，液相放出能量而结晶或变成玻璃体。如果在冷凝过程中放出了几乎所有多余能量，则液相全部转变为结晶体析出。而在实际烧结过程中冷却很快，有相当多的潜能来不及释放而蕴藏在里面，从而使不少硅酸盐以玻璃体形态存在于烧结矿中，其数量的多少取决于冷却速度的快慢程度。

然而，在烧结过程中并非全部烧结料都熔化为液相，有些原料，特别是粒度大的原料往往来不及熔化，它们被周围的液相黏结起来，冷凝后成为多孔的烧结矿。

A　非自熔性烧结矿的冷凝固结

从冷凝固结后烧结矿中的矿物及其结构特点可以了解其冷凝过程。

非自熔性烧结矿中的主要矿物是磁铁矿及铁橄榄石，但有时也含有为数不多的浮氏体、残留的原生矿物，例如 Fe₂O₃、SiO₂ 等。一般情况下是 Fe₃O₄ 首先从液相中结晶出来，然后是铁橄榄石（在个别情况下，由于原料的不均匀性和液相浓度的变化，当铁橄榄石非常多时，它也可能先于 Fe₃O₄ 结晶出来），最后剩余的液相以共晶体形式（树枝状或针状）凝固。当冷却速度很高时，共晶体液相可能凝固成玻璃体，分布于铁橄榄石晶体之间（由于成分和温度的不同，约有 20%~60% 的硅酸盐呈玻璃质状态存在）。当液相中 FeₓO 含量很多时，冷凝中也可能首先析出 FeₓO。FeₓO 在 570℃ 以下要分解为 Fe₃O₄ 和 Fe，但在冷却速度很快时 FeₓO 会来不及完全分解而保留下来，因而在烧结矿矿物结构中，在配碳量正常或较高的条件下存在 FeₓO。

B　熔剂性烧结矿的冷凝固结

熔剂性烧结矿的主要特点是烧结料中加入了熔剂 CaO，因此碱度对烧结矿的液相生成和冷凝固结起着重要作用。在碱度不高时，主要含铁矿物磁铁矿被铁钙橄榄石、钙铁辉石、硅酸盐玻璃体所胶结，一般是 Fe_3O_4 晶粒与黏结相矿物形成粒状结构。随着碱度的提高，铁酸钙黏结相增多，硅酸钙由 $CaO \cdot SiO_2$ 和 $2CaO \cdot SiO_2$ 转为 β-$2CaO \cdot SiO_2$ 和 $3CaO \cdot SiO_2$，显微结构由粒状变为网状熔蚀结构或柱状交织结构。

烧结矿中的 Fe_3O_4 有的是从液相中结晶析出的，有的是由原始矿在烧结过程里再结晶产生的，有的是由 Fe_xO 氧化形成的。在高碱度烧结矿的液相中可析出 Fe_2O_3，而在烧结矿的孔洞表面及缝隙中可观察到由磁铁矿颗粒再氧化生成的再生赤铁矿。硅酸盐液相一般是先结晶析出 $2CaO \cdot SiO_2$，由于 $CaO \cdot SiO_2$ 能与 $FeO \cdot SiO_2$ 组成低熔点固溶体，常在 1200℃ 以下析出。$3CaO \cdot SiO_2$ 在 1250℃ 以下分解为 CaO 及 $2CaO \cdot SiO_2$，它只能在碱度超过 2.0 的烧结矿中快速冷却而析晶。

应当指出，当烧结料的脉石中 Al_2O_3 含量高时，固结过程中会出现铝黄长石（$2CaO \cdot Al_2O_3 \cdot SiO_2$）、铁铝酸四钙（$4CaO \cdot Al_2O_3 \cdot Fe_2O_3$）、铁黄长石（$2CaO \cdot Al_2O_3 \cdot Fe_2O_3$）等；当 MgO 含量较多时，则出现钙镁橄榄石（$CaO \cdot MgO \cdot SiO_2$）、镁黄长石（$2CaO \cdot MgO \cdot 2SiO_2$）及镁蔷薇辉石（$3CaO \cdot MgO \cdot 2SiO_2$），甚至镁铁矿等。

在用包头磁铁矿精粉烧结熔剂性烧结矿时，液相中含有 CaF_2，因此烧结矿的黏结相主要为枪晶石（$3CaO \cdot 2SiO_2 \cdot CaF_2$）、玻璃质及少量的萤石、铁酸一钙、铁酸半钙和稀土矿物。

在用钒钛磁铁矿烧结熔剂性烧结矿时，该烧结矿主要由硅酸盐玻璃相和少量铁酸钙及部分钛赤铁矿连晶固结形成。

2.3.3.4　烧结矿的矿物组成及其结构

从烧结的固相反应、液相生成和冷凝固结的全过程可以看出，烧结矿是一种由多种矿物组成的复合体。由于原料条件和烧结工艺条件不同，其矿物组成不尽相同，但总是由含铁矿物及脉石矿物两大类组成的液相黏结在一起。含铁矿物有磁铁矿（Fe_3O_4）、方铁矿（或称浮氏体 Fe_xO）、赤铁矿（α-Fe_2O_3 和 γ-Fe_2O_3），黏结相矿物已在上面冷凝固结中提到了，它们主要是铁橄榄石、钙铁橄榄石、硅灰石、硅酸二钙、硅酸三钙、铁酸钙、钙铁辉石等，此外还有少量反应不完全的游离石英（SiO_2）和游离石灰（CaO）等。图 2-14 示出我国迁安磁铁矿精粉烧结矿和钒钛磁铁精矿烧结矿的矿物组成。

烧结矿的结构一般是指在显微镜下矿物组成的形状、大小和它们相互结合排列的关系。随着生产工艺条件的变化，不同烧结矿在显微结构上也有明显的差异。以下是常见的烧结矿显微结构：

（1）粒状结构。粒状结构由烧结矿中先结晶出的自形晶、半自形晶或他形晶的磁铁矿与黏结相矿物晶粒相互结合组成。

（2）斑状结构。斑状结构由磁铁矿斑状晶体与较细粒的黏结相矿物相互结合而成。

（3）骸状结构。骸状结构是指烧结矿中早期结晶的磁铁矿晶体中，有黏结矿物充填于其内，而仍大致保持磁铁矿原来的结晶外形和边缘部分的骸晶状结构。

（4）丹点状的共晶结构。丹点状的共晶结构是指烧结矿中磁铁矿呈圆点状存在于橄

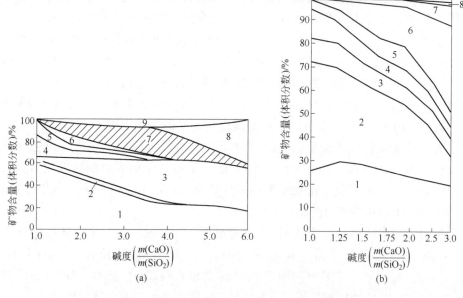

图 2-14　我国烧结矿碱度与矿物组成的关系

（a）迁安磁铁矿精粉烧结矿：1—磁铁矿；2—赤铁矿；3—铁酸钙；4—钙铁橄榄石；5—硅酸盐玻璃质；
6—硅灰石；7—硅酸二钙；8—硅酸三钙；9—游离的石英、石灰及其他硅酸盐矿物
（b）钒钛磁铁矿精矿烧结矿：1—磁铁矿；2—赤铁矿；3—硅酸盐矿物；4—玻璃相；5—钙钛矿；
6—铁酸钙；7—硅酸二钙；8—硅酸三钙；9—其他

榄石晶体中和赤铁矿圆点状晶体分布在硅酸盐晶体中的结构，因为前者是 $Fe_3O_4\text{-}Ca_x \cdot Fe_{2-x} \cdot SiO_4$ 系共晶形成的，而后者是该系统共晶体被氧化而形成的。

（5）熔蚀结构。熔蚀结构常在高碱度烧结矿中出现，磁铁矿被铁酸钙熔蚀。它是由晶粒细小、呈浑圆形状、他形晶或半自形晶的磁铁矿与铁酸钙紧紧相连而形成的。两者之间有较大的接触面和摩擦力，因此镶嵌牢固，烧结矿有较好的强度，它是高碱度烧结矿的主要矿物结构。

（6）针状交织结构。针状交织结构中，磁铁矿颗粒被针状铁酸钙胶结，如图 2-15 所示。

典型的针状铁酸钙结构如图 2-15 所示。

高碱度烧结矿中，铁酸钙的含量一般在 30%～50%，其中 Fe_2O_3 的含量占 70% 以上，所以针状铁酸钙不仅是良好的黏结相，同时也是与赤铁矿和磁铁矿同等重要的铁矿物，而且其还原性极好。高碱度烧结矿中的 SiO_2、Al_2O_3 大量进入铁酸钙中，使含铁硅酸盐液相渣大为减少，这也是高碱度烧结矿强度和还原性好的原因。针状铁酸钙是一种含 Fe^{2+} 极低的黏结相，所以高碱度烧结矿的强度与 FeO 的含量没有直接的关系，从而打破了 FeO 作为烧结矿强度指标的传统观念。针状铁酸钙代替硅酸盐作为烧结矿的黏结剂，使降低 SiO_2 提高烧结矿的含铁品位成为可能。以前认为烧结矿的 SiO_2 含量不能低于 6%，否则强度将受到影响。目前优质高碱度烧结矿的 SiO_2 含量已经降到 4%～5%，仍然具有足够的强度。

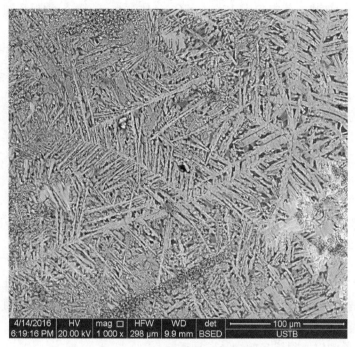

图 2-15 典型的针状铁酸钙结构

如前所述，由于液相冷却析晶时浓度及温度的不均匀性以及矿物晶体本身的特点不同，各种集合体可以树枝状、针状、柱状、片状、板状等形式凝固组成。

烧结矿冷凝形成的矿物组成及其结构是影响烧结矿质量（主要表现在强度及还原性上）的重要因素。

对强度的影响表现在：

（1）烧结料的矿化和黏结相的发展程度。由于烧结过程的高温阶段短暂，具有一定粒度的烧结料不可能全部熔化而转变为液相，总有部分残留原矿。但是对熔剂则要求 100%矿化，因为残余的 CaO 遇水形成 Ca(OH)$_2$，造成烧结矿破裂。

（2）烧结矿矿物组成中矿物或玻璃相的自身强度。研究表明，烧结矿强度具有加和性，即其强度由各矿物强度与该矿物所占份额的乘积的总和表示出来。磁铁矿、赤铁矿、铁酸一钙、铁橄榄石有较高的强度；其次为钙铁橄榄石及铁酸二钙，但钙铁橄榄石 $CaO_{1.5}FeO_{0.5} \cdot SiO_2$ 的强度相当低且易形成裂缝，因为它的晶格接近于 $2CaO \cdot SiO_2$；玻璃体的强度最低，分布在钙铁橄榄石及铁橄榄石结晶体中间的整体及单一玻璃质对强度的影响最严重。

（3）矿物组成和结构形成过程中伴随产生的内应力。烧结矿冷却过程中产生的内应力有由于烧结矿表面与中心温差的存在而产生的热应力、不同热膨胀系数引起的矿相之间的应力和正硅酸钙多晶转变引起的相应力。其中以正硅酸钙多晶转变引起的相应力对烧结矿强度的破坏最严重。因为热应力可以用缓慢冷却或热处理方法消除，而 $2CaO \cdot SiO_2$ 在温度变化时的多晶转变伴有巨大的体积变化（675℃时，$\beta \rightarrow \gamma$ 晶型转变使体积增大 10%），导致烧结矿粉化。生产中可加入具有相应离子的物质（例如 P_2O_5、B_2O_3 等），使其进入高温变形的晶格空间点阵，以形成固溶体而防止 β-$2CaO \cdot SiO_2$ 的相变；或加入一定数量结晶状的附加物，使它包围 $2CaO \cdot SiO_2$ 晶体颗粒以形成一种阻止颗粒膨胀的薄膜，机械阻止 β→γ 的相变，有人认为超高碱度（碱度为 3~4）烧结矿中 20%~25% 的 $2CaO \cdot SiO_2$ 未粉化就是由于铁酸钙黏结相起到这种机械阻止作用的缘故；还可在 850~1430℃ 的温度范围内对烧结矿进行淬火，在高速冷却下，使正硅酸钙在常温下保持住 $\alpha\text{-}2CaO \cdot SiO_2$ 稳定晶型。

对还原性的影响表现在：

（1）矿物组成自身的还原性。研究表明，赤铁矿、磁铁矿、铁酸半钙和铁酸一钙容易还原；铁酸二钙还原性较差；玻璃体、钙铁橄榄石、钙铁辉石，特别是铁橄榄石难以还原。对于以酸性脉石为主的非熔剂性烧结矿来说，黏结相主要是铁橄榄石和玻璃体，所以其还原性差。随着碱度的增加，很难还原的铁橄榄石被钙铁橄榄石所代替，铁酸钙增加，烧结矿的还原性变好。但有些烧结矿在碱度达 2.0~2.5 以上时，还原性由于铁酸二钙出现而有变差的趋势。

（2）矿物结构。因为烧结矿的还原是还原性气体扩散到反应界面进行的，所以其还原性的好坏与矿物晶体大小、分布情况、黏结相多少及气孔率等有关。大块的或者被硅酸盐包裹着的烧结矿难还原；相反，晶粒细小密集且黏结相少的烧结矿易还原。气孔率低且大部分是由铁橄榄石或玻璃质组成气孔壁的烧结矿还原性差，而气孔率高（大孔和微孔）、晶体嵌布松弛以及裂纹多的烧结矿易还原。

2.3.4　烧结过程中的传输现象

2.3.4.1　烧结过程的气体力学

烧结料层由矿石、熔剂和燃料等的颗粒组成，它属于散料料层。烧结时，气体自料层通过，经过类似平行但又互相联通的、形状曲折复杂的气体管道。因此，决定散料层中气流运动性质的雷诺数采用如下修正的形式：

$$Re_c = \rho v_0 / [\mu(1-\varepsilon)S_0] \tag{2-9}$$

而阻力损失则用卡门公式或欧根公式描述：

$$\frac{\Delta p}{H} = \frac{150\mu v_0 (1-\varepsilon)^2}{\varphi^2 d_0^2 \varepsilon^3} + \frac{1.75\rho v_0^2 (1-\varepsilon)}{\varphi d_0 \varepsilon^3} \tag{2-10}$$

式中　ρ——气体的密度；

$\quad\quad v_0$——空炉速度；

$\quad\quad \mu$——气体的动力黏度系数；

$\quad\quad \varepsilon$——料层的空隙度；

$\quad\quad S_0$——颗粒的比表面积；

$\quad\quad d_0$——颗粒的平均直径；

$\quad\quad \varphi$——形状系数。

伏依斯（E. W. Voice）在试验的基础上提出下列经验式，以说明烧结过程中主要流体力学工艺参数之间的相互关系：

$$P = \frac{Q}{A} \cdot \left(\frac{h}{\Delta p \times 9.8} \right)^n \tag{2-11}$$

式中　P——料层的透气性指数，即单位压力梯度下单位面积上通过的气体流量；

　　　Q——通过料层的风量，m^3/min；

　　　A——炉算面积，m^2；

　　　h——料层高度，mm；

　　Δp——料层阻力，Pa；

　　9.8——mmH_2O 与 Pa 的换算系数；

　　　n——系数，通过试验确定，它与烧结料粒度大小及烧结过程有关，一般其平均值为 0.6。

应用伏依斯公式可以分析烧结生产过程，例如提高料层透气性以提高抽风量、提高负压等可以提高烧结矿产量；如果不改变料层透气性和负压，料层高度的增加将降低产量。

伏依斯公式的优点是计算方便、易于分析各工艺参数的相互关系，但没有明确透气性指数 P 的内容，看不出其影响因素。

为说明透气性指数的内容和影响透气性的因素，需要将其同欧根公式结合起来分析。

将 $\dfrac{Q}{A}=v$ 和 $\dfrac{\Delta p}{h}$ 的欧根表达式代入式（2-11），得出：

$$P=v/(\Delta p/h)^{0.6} \tag{2-12}$$

在层流时　　　　　$$P=\varphi^{1.2}d_0^{1.2}\varepsilon^{1.8}v^{0.4}/[20.2\mu^{0.6}(1-\varepsilon)^{1.2}] \tag{2-13}$$

在紊流时　　　　　$$P=\varphi^{0.6}d_0^{0.6}\varepsilon^{1.8}/[1.4\rho^{0.6}v^{1.2}(1-\varepsilon)^{0.6}] \tag{2-14}$$

从式（2-13）和式（2-14）可以看出，料层的透气性指数主要取决于料层空隙度 ε 和混合料的颗粒大小 d_0。众所周知，料层空隙度和混合料粒度的均匀性有很大关系（见图 2-16），为使烧结作用充分发挥和提高料层的透气性，原料粒度应为：

　　　　燃料　1~3mm　　　　　　熔剂　1~3mm

　　　　生矿　<8mm　　　　　　　返矿　<5mm

实际生产中过小的粒度很多，例如精矿粉以及为使燃料和熔剂上限小于 3mm，破碎中出现相当数量的小于 1mm 的细粉，为此，采用加水造球的办法使它们成为 3~5mm 的小球。控制好返矿平衡和增加铺底料或在精矿粉烧结中配入部分天然矿都将改善料层的透气性指数，从而提高烧结的产量和质量。

以上是从总体上分析烧结过程中散料的阻力损失与一些操作工艺参数的关系。实际上烧结过程中各带的阻力损失有很大差异，图 2-17 所示为实测的烧结料层中各层阻力损失的变化。从图 2-17 可知，燃烧层及预热层阻损最大。因此，欲改善烧结透气性，除了应改善原始烧结料的透气性外，还应控制燃烧层的宽度和消除过湿层以降低阻力，提高烧结矿产量。

2.3.4.2　烧结过程的传热和蓄热

如前所述，在烧结过程中进行着一系列复杂的物理化学变化，而这些变化的依据是一定的温度条件和必要的热量。烧结料层要求的温度和热量是由燃烧产生的废气提供，而由传热和蓄热决定的。

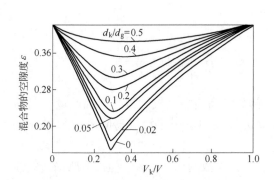

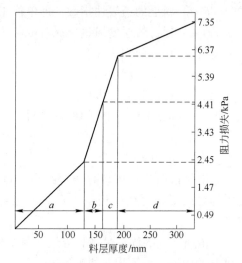

图 2-16　二元粒度混合时的空隙度变化
d_k—细粒级直径；d_g—粗粒级直径；
V_k—细粒级量；V—总量

图 2-17　实测的烧结料层中各层阻力损失的变化
a—烧结矿层；b—燃烧层；c—预热层；
d—冷料层（过湿层）

按照固定床气-固相热交换的一般规律，对于烧结料和废气流可建立以下热平衡方程式：

对于料：

$$\lambda_s \frac{\partial^2 t_s}{\partial h^2} + \alpha_{s\text{-}g}(t_g - t_s) + \sum R(-\Delta H) = (1 - \varepsilon) c_s \rho_s \frac{\partial t_s}{\partial \tau} \tag{2-15}$$

对于气：

$$\lambda_g \frac{\partial^2 t_g}{\partial h^2} - \alpha_{s\text{-}g}(t_g - t_s) - G_g c_g \frac{\partial t_g}{\partial h} = \varepsilon c_g \rho_g \frac{\partial t_g}{\partial \tau} \tag{2-16}$$

如果忽略相对较小的料和气内部的传导传热，并假定 $t_s = t_g$，则将式（2-15）、式（2-16）合并可得：

$$\sum R(-\Delta H) - G_g c_g \frac{\partial t_g}{\partial h} = \left[(1 - \varepsilon) c_s \rho_s + \varepsilon c_g \rho_g \right] \frac{\partial t_g}{\partial \tau} \tag{2-17}$$

式中　λ_s，λ_g——烧结料内部、烟气内部的导热系数；

$\dfrac{\partial^2 t_s}{\partial h^2}$，$\dfrac{\partial^2 t_g}{\partial h^2}$——烧结料内部和烟气内部沿料层高度的温度梯度；

$\alpha_{s\text{-}g}$——烧结料与烟气间的对流传热系数；

t_s，t_g——烧结料、烟气的温度；

$\sum R(-\Delta H)$——烧结过程所有反应的热效应之和；

ε——烧结料层的空隙度；

c_s，c_g——烧结料、烟气的比热容；

ρ_s，ρ_g——烧结料、烟气的密度；

$\dfrac{\partial t_s}{\partial \tau}$，$\dfrac{\partial t_g}{\partial \tau}$——烧结料和烟气温度随时间的变化率；

G_g——烟气的质量流量；

$\dfrac{\partial t_{\mathrm{g}}}{\partial h}$——烟气沿料层高度的温度梯度。

解此微分方程式可得出烧结带中温度随料层高度(h)及时间(τ)的变化曲线，见图2-18。

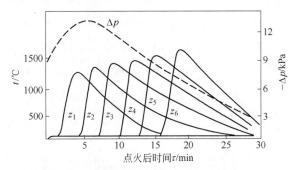

图 2-18　烧结料层中温度与真空度的变化
（z 表示与料层顶部的距离）

z_1—6. 35mm；z_2—31. 75mm；z_3—57. 15mm；z_4—88. 55mm；z_5—107. 95mm；z_6—133. 35mm

研究表明，烧结过程的废气率（$\mathrm{m^3/t}$）是由传热决定的，而解上述微分方程也需要确定废气量 G_{g}，同时还要知道烧结过程各种反应的热效应。有关的热效应可通过各反应来计算，而 G_{g} 则可通过描述烧结层气流运动的欧根公式来确定，或应用下述精确度更高的斯吉科莱-卡尔（Szekely-Carr）方程确定：

$$\frac{G_{\mathrm{g}}}{\varepsilon^2} = \ln \frac{v}{v_{\mathrm{i}}} + \int (A\mu G_{\mathrm{g}} + BG_{\mathrm{g}}^2)\,\mathrm{d}h \tag{2-18}$$

式中　G_{g}——废气量；

　　　ε——孔隙率；

　　　v——气体比体积；

　　　v_{i}——入口条件下的气体比体积；

　　　A——$A = 150\,\dfrac{(1 - \varepsilon)^2}{\varphi^2 d_0^2 \varepsilon^3}$；

　　　B——$B = 1.75\,\dfrac{1 - \varepsilon}{\varphi d_0 \varepsilon^3}$；

　　　μ——气体黏度；

　　　h——料层高度。

从图 2-18 看到，随着烧结层的下移，料层温度的最高值逐渐提高，这是由烧结过程的蓄热现象所造成的。

以上海宝钢烧结原料配比（混合料密度 1800kg/m³，配碳量 3.5%，混合料水分含量 7%，台车面积 5.0m×5.5m），将厚料层分为 12 个单元，每个单元厚度均为 0.1m（总料高 1200mm，最后一个单元为铺底料），进行蓄热计算的结果示于表 2-3 和图 2-19。它们表明，料层中的蓄热随着料层高度的增加逐渐积累，蓄热的来源是上层废气和成品烧结矿层对抽入空气的预热。因此，提高料层厚度可以降低烧结固体燃料消耗。为防止由于蓄热现象造成下部热量多余和温度过高造成过烧，在采取厚料层烧结时应采取偏析布料或分层配碳技术。

表 2-3　不同单元的蓄热量计算结果

项　　目	第1单元	第2单元	第3单元	第4单元	第5单元	第6单元
1. 点火供热/kJ	743058.8	0.0	0.0	0.0	0.0	0.0
2. 燃料燃烧放热/kJ	1626789.5	1626789.5	1626789.5	1626789.5	1626789.5	1626789.5
3. Fe_2O_3 还原热损失/kJ	187191.4	187191.4	187191.4	187191.4	187191.4	187191.4
4. 混合料带入物理热/kJ	101520.8	101520.8	101520.8	101520.8	101520.8	101520.8
5. 矿物生成热/kJ	120219.9	120219.9	120219.9	120219.9	120219.9	120219.9
6. 上单元带入热/kJ	0.0	899308.5	1408075.4	1817429.1	2286830.0	2794586.6
本单元总热收入/kJ	2404397.7	2560647.4	3069414.2	3478767.9	3948168.8	4455925.5
7. 碳酸盐分解热/kJ	158002.7	158002.7	158002.7	158002.7	158002.7	158002.7
8. 水分蒸发热/kJ	480788.9	480788.9	480788.9	480788.9	480788.9	480788.9
9. 外部热损失/kJ	480879.5	460916.5	460412.1	417452.2	355335.2	401033.3
10. 废气及烧结矿带走热/kJ	1284726.5	1460939.2	1970210.5	2422524.1	2954042.0	3416100.5
本单元总热支出/kJ	2404397.7	2560647.4	3069414.2	3478767.9	3948168.9	4455925.5
各单元蓄热率/%	0.0	35.1	45.9	52.2	57.9	62.7
项　　目	第7单元	第8单元	第9单元	第10单元	第11单元	第12单元
1. 点火供热/kJ	0.0	0.0	0.0	0.0	0.0	0.0
2. 燃料燃烧放热/kJ	1626789.5	1626789.5	1626789.5	1626789.5	1626789.5	1626789.5
3. Fe_2O_3 还原热损失/kJ	187191.4	187191.4	187191.4	187191.4	187191.4	187191.4
4. 混合料带入物理热/kJ	101520.8	101520.8	101520.8	101520.8	101520.8	101520.8
5. 矿物生成热/kJ	120219.9	120219.9	120219.9	120219.9	120219.9	120219.9
6. 上单元带入热/kJ	3277483.0	3723705.5	4064389.3	4285983.7	4394280.3	4480869.1
本单元总热收入/kJ	4938821.8	5385044.3	5725728.2	5947322.5	6055619.1	6142207.8
7. 碳酸盐分解热/kJ	158002.71	158002.71	158002.71	158002.71	158002.71	158002.71
8. 水分蒸发热/kJ	480788.9	480788.9	480788.9	480788.9	480788.9	480788.9
9. 外部热损失/kJ	444494.0	592354.9	744344.7	892098.4	908342.9	921331.2
10. 废气及烧结矿带走热/kJ	3855536.2	4153897.8	4342591.9	4416432.5	4508484.6	4582085.0
本单元总热支出/kJ	5313204.5	5385044.3	5725728.2	5947322.5	6055619.1	6142207.8
各单元蓄热率/%	66.36	69.15	70.98	72.07	72.57	72.95

　　但是在现代厚料层烧结时，由于自蓄热会造成台车下层的烧结中出现温度过高、热量过多的现象，其结果是"过烧"（烧结矿中 FeO 含量高、还原性差）。为此，生产中要采用偏析布料或双层配料的措施来减少下层的配碳量，既解决了温度过高、热量过多的问题，又节省了单位烧结矿的固体燃料消耗。

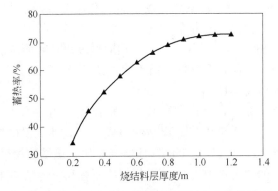

图 2-19　各单元蓄热率与烧结料层厚度变化的关系

2.3.5　铁矿粉自身特性及其对烧结过程的影响

铁矿粉的自身特性是指铁矿粉自身所具有的物理和化学特性，包括常温特性和烧结过程中所呈现出的烧结基础特性。铁矿粉的常温特性包括铁矿粉的类型、化学成分、粒度组成和孔隙率等。铁矿粉的烧结基础特性是指铁矿粉在烧结过程中呈现出的高温物理化学性质，它反映了铁矿粉的烧结行为和作用，也是评价铁矿粉对烧结矿质量所做贡献的指标。

2.3.5.1　铁矿粉的常温特性及其对烧结过程的影响

A　铁矿粉的类型

烧结用铁矿粉的主要类型有磁铁矿、赤铁矿及褐铁矿，不同类型铁矿粉对烧结过程的影响有明显差异。

（1）磁铁矿。在烧结过程中，磁铁矿会氧化放热，同时其软化和熔化温度相对低，易于生成液相，故其烧结固体燃耗会相对低。磁铁矿容易形成钙铁橄榄石类型的液相，而形成铁酸钙类型的液相则相对困难，故烧结矿的还原性相对低。此外，磁铁矿生成 FeO 含量相对高的液相，其流动性大，易形成薄壁大孔结构的烧结矿，导致其强度相对低。

（2）赤铁矿。赤铁矿容易与钙质熔剂反应而形成铁酸钙类型的液相，钙铁橄榄石类型的液相则相对少，致使烧结矿的还原性相对高。此外，因其液相中 FeO 含量相对低，流动性较为适中，烧结矿结构强度较高。但是与磁铁矿相比，其在烧结过程中无氧化放热，且软化和熔化温度相对高，故其烧结固体燃耗会相对高。

（3）褐铁矿。因褐铁矿基体孔隙多，故其堆积密度小，加之烧损大，会影响烧结机的出矿率。同时，由于其吸水性强，制粒过程需要更多的水分。虽然其与钙质熔剂易于反应而软熔温度低，但是初始液相易被基体所吸收，而一旦达到某个温度水平后液相流动性则急速增大，即呈现"急熔性"的特征，造成烧结温度难以控制，同时易形成薄壁大孔结构的烧结矿，加之其基体和黏结相中气孔多，使其成品率和转鼓强度明显降低，产量下降。此外，由于其结晶水含量高，制粒水分也多，在烧结过程中会消耗部分热量，同时因其烧结矿成品率低，造成烧结固体燃耗升高。

B　铁矿粉的化学成分

化学成分是评价铁矿粉常温特性最基本和首要的指标，特别是铁矿粉中的脉石成分对烧结过程有很大的影响，它决定液相的生成温度、液相的数量和质量。

（1）SiO_2。对于 SiO_2 含量较高的铁矿粉而言，烧结时能够获得更多的液相，有利于烧结成品率和转鼓强度的提高。适量的 SiO_2（4.0%左右）是生产 SFCA 烧结矿的必要条件。但是，当铁矿粉中 SiO_2 含量过高时，生产相同碱度烧结矿所需加入的 CaO 量将增加，不仅会增加烧结配料成本，而且会降低烧结矿的含铁品位，同时使得烧结矿中硅酸钙的含量升高而导致其自然粉化现象加重。

（2）MgO。如果铁矿粉中含有较多的 MgO，则在生产同一 MgO 含量的烧结矿时加入镁质熔剂的数量将减少，从而可以降低烧结配料成本。此外，铁矿粉中的 MgO 主要以硅酸镁的形式存在，与外加的碳酸镁类型的镁质熔剂相比，烧结液相生成相对容易，且没有后者在烧结过程中出现的"分解制孔性"问题，从而有利于烧结矿强度的提高。

（3）Al_2O_3。当铁矿粉中含有一定量的 Al_2O_3 时，可生成含 Al_2O_3 的硅酸盐，促进铁酸钙的生成，减少硅酸钙的生成，降低液相的生成温度，从而有改善烧结矿强度和还原性的作用。但是，铁矿粉中 Al_2O_3 含量过高时，不仅影响烧结矿的含铁品位，而且会导致高炉炉渣性能的恶化。综合而言，要求铁矿粉中 Al_2O_3 含量尽可能低。

（4）CaO。若铁矿粉中含有较多的 CaO，则在生产高碱度烧结矿时加入钙质熔剂的数量可以减少，这样可以降低烧结配料成本。但是，由于铁矿粉中的 CaO 大多以硅酸钙的形式存在，其与铁矿物反应的活性大为降低，从而形成的液相数量减少，同时也不利于高质量铁酸钙液相的生成，导致烧结矿的强度和还原性变差。因此，并不希望铁矿粉中含过多的 CaO。

（5）CaF_2。有些铁矿粉性质比较特殊，如白云鄂博铁矿粉中含有 CaF_2。氟在烧结矿液相中显著降低其黏度和表面张力，导致烧结矿呈现疏松、多孔、薄壁的脆弱结构。此外，由于氟化物的存在，烧结矿液相中大量出现一种抗压强度低、耐磨性差的矿物——枪晶石（$3CaO \cdot 2SiO_2 \cdot CaF_2$）。另外，含氟烧结矿不仅强度低，而且由于软熔温度低而导致高炉冶炼困难。含氟铁矿粉在烧结过程中产生含氟废气，还会污染环境和腐蚀设备。

（6）TiO_2。四川攀枝花、河北承德等地有含 TiO_2 的铁矿粉。TiO_2 以高熔点矿物钙钛矿和钛辉石的形式存在于烧结矿中，使得烧结液相数量减少，从而降低烧结矿的强度。另外，由于烧结过程生成铁酸钙数量的减少，导致烧结矿还原性下降。而且，TiO_2 还使烧结矿的低温还原粉化率增加，不利于高炉冶炼。因此，尽管高炉护炉需要加入少量 TiO_2，也不希望通过烧结矿带入，而是以块状钒钛磁铁矿或者含钛球团矿的形式加入。

C　铁矿粉的粒度及其分布

当烧结条件一定时，铁矿粉的粒度大，烧结料的透气性好，此时的烧结料具有较大的垂直烧结速度。铁矿粉的粒度小，烧结料的反应性好，容易生成烧结液相。但是，铁矿粉颗粒过大时烧结料加热和反应的条件减弱，而铁矿粉颗粒过小时烧结料的透气性变差，均会造成烧结产量、质量指标的下降。同时，铁矿粉粒度过大还将使物料自气流中获得的热量减少，废气带走的热量将会增加，以致热利用率下降；铁矿粉粒度过小，气体通过料层的阻力增大，致使烧结抽风的能量消耗随之增加。

另外，铁矿粉的粒度组成对于富矿粉烧结而言也是重要的评价指标。根据在制粒过程中所起的作用不同，铁矿粉可分为三类：一是粒度大于 1mm 的部分，主要充当"核矿石"；二是粒度小于 0.25mm 的部分，主要充当"黏附粉"；三是粒度为 0.25~1mm 的部分，称为"中间粒级"，这一部分铁矿粉既不能充当核矿石促进铁矿粉成球性能增加，又不宜作为黏附粉外裹于核矿石的周围，故铁矿粉"中间粒级"比例较高时会对烧结料制粒过程产生不利影响，使烧结料偏析现象加剧而破坏料层透气性的均匀性，致使烧结矿结构不均一、强度降低，因此希望铁矿粉"中间粒级"比例尽可能小。此外，为了获得良好的烧结料制粒性，铁矿粉中"核矿石"与"黏附粉"的比值以 2~4 为宜。

D　铁矿粉的孔隙率

不同的铁矿粉由于它们孔隙的数量不同，会影响其制粒性和烧结有效液相的数量，从而影响烧结过程。

铁矿粉的孔隙多会吸收更多的水分，如果制粒过程中总加水量不变，将使其制粒性变差，从而恶化烧结料层的透气性；同时，为了保证烧结料良好的制粒性，需要提高制粒水分含量，而过多的制粒水分易加大烧结料层的过湿程度，破坏料层下部烧结料的强度，从而降低烧结料层的热态透气性。此外，若铁矿粉的孔隙率高，则在烧结过程中的传热、传质条件好，易于液相的生成；但因其具有"吸液性"的特征，导致有效液相量减少，影响烧结矿的固结强度。

2.3.5.2　铁矿粉的烧结基础特性及其对烧结过程的影响

北京科技大学通过对铁矿粉自身特性的多年研究，科学系统地提出了属于铁矿粉烧结范畴的新概念——铁矿粉的烧结基础特性，扩展了铁矿粉自身特性的内涵，并明确了其对烧结过程的影响规律。铁矿粉的烧结基础特性涉及铁矿粉在热态烧结过程中的一系列物理化学行为和作用，即为铁矿粉的烧结高温特性。铁矿粉的烧结基础特性主要包括同化特性、液相流动性特性、黏结相强度特性、铁酸钙生成特性、连晶固结强度特性、吸液性、熔融特性以及烧结制粒性等。

A　同化特性

高碱度烧结矿因其优良的冶金性能而得以广泛应用，其主要矿物复合铁酸钙的形成，始于 CaO 和 Fe_2O_3 的物理化学反应。另外，烧结过程的液相生成也是始于 CaO 与铁矿粉的固相反应生成的低熔点化合物。因此，铁矿粉与 CaO 的反应能力（即同化特性）成为考察铁矿粉烧结基础特性的一项非常重要的指标。

如果铁矿粉与 CaO 的同化能力过弱，则在正常的烧结温度和烧结时间下，由于产生的液相数量少，不利于烧结混合料的熔化黏结，从而影响烧结矿的固结强度；同时，由于高碱度烧结矿配入较多的 CaO，若铁矿粉的同化能力弱，就有可能因为反应不完全而出现 CaO 残余物（俗称白点），它遇水后形成 $Ca(OH)_2$，导致烧结矿强度降低。反之，基于非均质烧结矿的特征考虑，铁矿粉与 CaO 的反应能力也不宜过强，否则在烧结过程中会引起大量液相的快速形成，导致起骨架固结作用的"核矿石"减少而恶化烧结料层的热态透气性，从而影响烧结矿的产量和质量。

不同种类铁矿粉的同化特性存在明显差别（如图 2-20 所示）。实际烧结生产中，为了确保烧结矿的产量和质量指标，烧结料需具有适宜的同化特性，而通过优化配矿可以达到此目的。

B　液相流动特性

高碱度烧结矿黏结相主要通过铁矿粉与熔剂的反应得到。铁矿粉与 CaO 的同化能力是考察烧结黏结相数量的重要指标。然而，铁矿粉的同化特性只是反映了其低熔点液相的生成能力，故仅仅依靠铁矿粉的同化特性还无法全面判断铁矿粉在烧结过程中有效黏结相

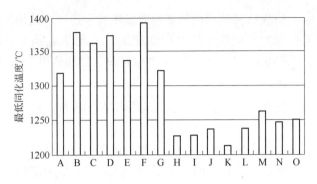

图 2-20　不同种类铁矿粉的同化特性比较

的数量。因为一种物质的"熔化"并不代表其一定就会"流动"，对于烧结矿的固结而言，除了需要有低熔点液相的产生（与铁矿粉的同化能力有关），还需要有能黏结周围未熔铁矿粉的"有效液相"（与铁矿粉的液相流动能力有关）。因此，对烧结矿固结有实际意义的指标除了铁矿粉的同化特性之外，还应该包括铁矿粉的液相流动特性。铁矿粉的液相流动特性是指在烧结过程中铁矿粉与 CaO 反应生成的液相的流动能力，它表征的是黏结相的"有效黏结范围"。

　　一般而言，铁矿粉的液相流动性较高时，其黏结周围物料的范围较大，更多的未熔散料因其得到黏结而提高烧结矿的固结强度。如果铁矿粉的液相的流动性过差，烧结液相黏结周围物料的能力就会下降，易导致烧结过程中部分散料得不到有效黏结，从而使烧结矿的成品率下降。但是，铁矿粉的烧结液相流动性也不宜过大，否则会产生不利的影响，这是因为在铁矿粉烧结液相生成量一定的情况下，液相的流动性越大，则对周围物料的黏结层厚度就越小，烧结矿易形成薄壁大孔结构，使烧结矿整体变脆、强度降低，导致烧结矿的固结强度变差。

　　不同种类的铁矿粉由于自身特性的不同（如图 2-21 所示），在烧结过程中生成的液相的流动特性也各不相同。因此，在掌握各种铁矿粉的烧结液相流动特性的基础上，可以通过优化配矿来控制烧结过程液相的适宜流动性。

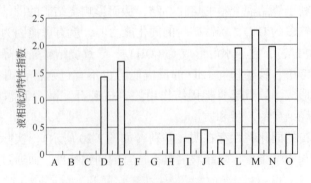

图 2-21　铁矿粉在 1280℃时的液相流动特性比较

C　黏结相自身强度特性

　　黏结相自身强度特性表征铁矿粉在烧结过程中形成的液相对其周围"核矿石"进行固结的能力。它对烧结矿的强度有着至关重要的影响。因为对非均质烧结而言，烧结过程中"核矿石"的固结主要由黏结相来完成。核矿石由于其自身强度较高,其不会构成烧结矿固结强度的限制因素。因此,在烧结工艺条件一定的情况下,铁矿粉的黏结相自身强度在很大程度上决定了烧结矿的强度。足够的黏结相虽然是烧结矿固结的基础,但黏结相自身强度也是非常重要的因素。

当铁矿粉的黏结相自身强度较低时,即使未熔核矿石的自身强度较高,裂纹也会最先从黏结相中产生并扩展,导致烧结体破裂,从而造成烧结矿成品率和转鼓强度较低;相反,铁矿粉自身强度较高的黏结相可以产生牢固的黏结作用,进而提高烧结体的固结强度,也能够提高烧结矿的成品率和转鼓强度。

不同种类的铁矿粉,在烧结过程中形成的液相对其周围核矿石进行固结的能力必然有所差异(如图 2-22 所示)。显然,把握各种铁矿粉的黏结相强度特性,并通过优化配矿提高烧结料黏结相自身强度,对提高烧结矿强度有着重要的意义。

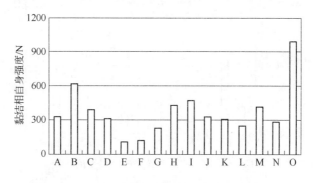

图 2-22 $R = 2.0$ 时铁矿粉黏结相自身强度的比较

D 铁酸钙生成特性

铁酸钙生成特性是指铁矿粉在烧结过程中生成复合铁酸钙的能力。铁矿粉烧结的理论和实践表明,在所有烧结矿黏结相中,复合铁酸钙(SFCA)类型的黏结相性能最优,以复合铁酸钙为主要黏结相的烧结矿可以获得较高的强度和良好的还原性。因此,增加烧结矿中的铁酸钙组分对于改善烧结矿产量、质量指标具有重要作用。若铁矿粉的 SFCA 生成能力较强,则可以增加烧结矿中铁酸钙矿物的数量,从而提高烧结矿的强度和改善烧结矿的还原性。

不同种类铁矿粉的 SFCA 生成能力有明显差异(如图 2-23 所示)。在烧结生产中,为了提高烧结矿的强度和还原性,希望铁矿粉具有优良的 SFCA 生成能力。

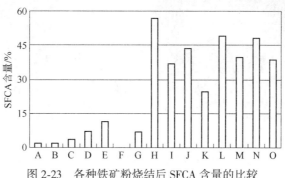

图 2-23 各种铁矿粉烧结后 SFCA 含量的比较

E　连晶固结强度特性

铁矿粉的烧结是靠发展液相来产生固结，即铁矿粉在烧结过程中产生的液相冷凝后黏结周围的未熔颗粒，使烧结矿获得强度。但在实际烧结过程中，物料化学成分和热源的偏析是不可避免的，从而导致在某些区域 CaO、FeO 含量很少，不足以产生铁酸钙液相或其他硅酸盐液相。因此在这部分区域，铁矿粉之间有可能通过发展连晶来获得固结强度。当铁矿粉的连晶固结强度较高时，烧结料的固结条件得以改善，从而可以提高烧结矿的成品率和转鼓强度。

不同种类铁矿粉的连晶固结强度特性也有明显差异（如图 2-24 所示）。在烧结生产中，特别是在低温烧结、低 SiO_2 烧结时，选择连晶固结强度特性良好的铁矿粉有助于提高烧结矿的成品率和转鼓强度。

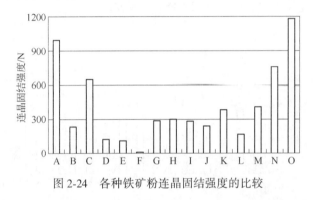

图 2-24　各种铁矿粉连晶固结强度的比较

F　吸液性

铁矿粉的吸液性是表征铁矿粉粗颗粒与黏附粉初生液相反应程度的一种高温特性，当该反应程度高时，意味着铁矿粉粗颗粒中的酸性脉石更多地融入初生液相，形成低碱度的二次液相，因黏度升高而液相流动性下降，从而导致起黏结作用的有效液相量减少，这一现象类似于铁矿粉粗颗粒抢夺了烧结有效液相，故称为"吸液性"。

关于铁矿粉的"高温吸液"问题，早在 20 世纪 90 年代初期，吴胜利教授在研究烧结过程中粗粒核矿石与黏附粉生成的初生液相之间反应特征时已发现（如图 2-25 所示）。

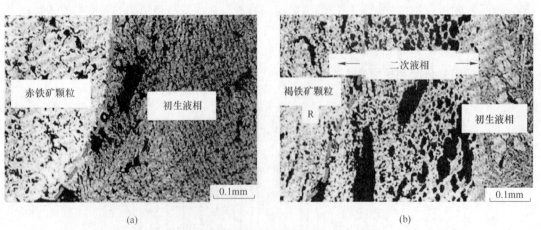

图 2-25　赤铁矿和褐铁矿与初生液相的反应特征对比

由图可见，相对于致密的赤铁矿颗粒基本不与初生液相反应的情况，疏松多孔的褐铁矿颗粒明显与初生液相发生了剧烈反应，在其中间地带形成了碱度低、黏度大、气孔多的二次液相，减少了起黏结作用的有效液相，导致烧结体固结强度降低。一般情况下，结晶水含量高、疏松多孔的铁矿粉，其粗颗粒的吸液性相对严重，进而影响烧结矿的固结强度。

采用吸液性指数定量评价各种铁矿粉的高温吸液性强弱，测量方法如图 2-26 所示。

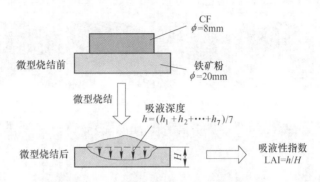

图 2-26　铁矿粉吸液性指数的测量方法示意图

通过对各种铁矿粉高温吸液性的研究，一方面可根据不同铁矿粉的吸液性指标进行合理配矿，另一方面可从烧结工艺优化角度出发以抑制强吸液性矿种的负面影响。

G　熔融特性

为了明晰烧结液相自初始生成到液相完全流动之间的过程特征，以评价铁矿粉烧结液相的温控性和安全性，吴胜利教授提出了铁矿粉的熔融特性概念，通过可视化高温试验装置观察各种铁矿粉的熔化流动过程，考察不同类型铁矿粉的烧结熔融特性，并以此指导烧结配矿。

图 2-27 给出了四种典型进口铁矿粉从开始产生液相到液相完全流动的熔化过程形貌图。根据试样在不同温度下高度方向上的收缩率得到的铁矿粉烧结熔融曲线，提取各项熔融性指标，如图 2-28 所示，定义了 T_{30}、T_{55}、T_R、ΔT_H 等 4 项指标以评价铁矿粉的烧结熔融特性。收缩率达到 30% 的温度（T_{30}）为有效液相的开始形成温度，有效液相生成温度（T_{30}）低的铁矿粉，在烧结过程中液相的生成较早。收缩率达到 55% 的温度（T_{55}）为有效液相形成的终了温度，反映烧结过程铁矿粉生成有效液相的难易程度，有效液相生成的终了温度 T_{55} 过高的铁矿粉，在烧结过程中产生的有效液相量少。T_R 为生成有效液相的温度区间（$T_R = T_{55} - T_{30}$），反映烧结料层中铁矿粉有效液相的生成范围，也可体现烧结温度的可控程度，温度区间 T_R 大的铁矿粉，在烧结过程中有效液相的生成范围广，烧结温度的可控性强。ΔT_H 为缓慢收缩段的温度区间，是两次急剧收缩温度的差值，该指标反映了铁矿粉在液相生成过程中的安全液相状态，若铁矿粉的 ΔT_H 值较小，说明其在烧结过程中熔化反应生成液相的速度较快，铁矿粉"急剧熔化"，不利于对其进行控制，安全性较低；反之，则表示铁矿粉烧结过程温控性好，不容易出现在较窄的温度区间内生成大量液相的现象，液相生成缓慢，避免料层热态透气性的急剧恶化，有利于保证烧结生产的稳定性。

H　烧结制粒性

在当前铁矿粉资源持续劣质化的背景下，铁矿粉粒度变细以及新矿种的开采使用等均

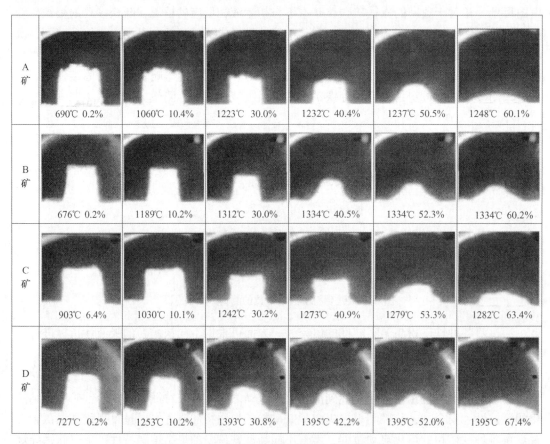

图 2-27　四种典型铁矿粉的烧结熔化过程形貌图

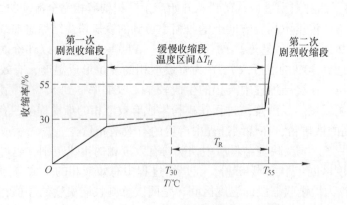

图 2-28　铁矿粉熔融性指标

会引起混匀矿性质改变，从而给良好制粒效果的获得及高效烧结目标的实现带来困难。在烧结生产中，制粒是改善烧结料粒度组成以获得良好透气性的重要手段。

　　铁矿粉的烧结制粒性是进行制粒工艺参数优化以保证混匀矿优良制粒效果的基础。研究结果表明，降低铁矿粉的圆形度和气孔率，提高其润湿性有利于铁矿粉制粒；铁矿粉粗颗粒群的制粒性与其等效表面积呈反比，细颗粒群的制粒性与其黏附粉与中间粒级的比值

（$R<0.25mm/0.2\sim1.0mm$）呈正比；并且混匀矿的制粒性可以根据各组元的配比和颗粒特性进行有效预测。因此，研究铁矿粉的烧结制粒性对改善烧结制粒、提高料层透气性具有重要意义。

综上所述，不同铁矿粉的自身特性有明显差异，因此不同铁矿粉对烧结过程的影响也有所不同。把握各种铁矿粉的自身特性，并利用铁矿粉的自身特性按照优势互补原则进行优化配矿，对提高烧结矿的产量、质量指标有着重要的意义。

2.3.6 烧结工艺

烧结生产工艺流程示于图 2-29。

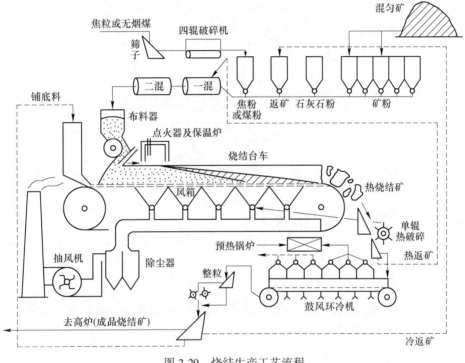

图 2-29 烧结生产工艺流程

2.3.6.1 烧结作业

烧结作业框图示于图 2-30。

A 原料准备与配料

烧结原料包括铁矿粉（原矿及精矿粉）、熔剂（石灰石、白云石或生石灰）、燃料（焦粉或无烟煤）、附加物（硫酸渣、轧钢皮、钢铁厂回收粉尘、铁屑等）及返矿。这些原料除要求具有一定化学成分外，还要求化学成分有一定的稳定性，应有专门的混料作业。

按一定比例配合的烧结原料经混合形成混合料，对混合料的要求是配比准确、有良好的透气性。

在混合料各组分配比中，燃料配比取决于热量供求关系，目前绝大部分生产厂家是由经验选择而不是通过计算确定，生产中通常根据混合料中加入熔剂的数量、混合料硫含量、矿粉种类等因素在烧结杯中进行烧结试验取得数据，然后参照生产经验选定。配碳量

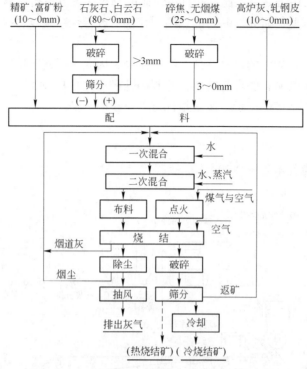

图 2-30 烧结作业框图

多少能对一系列现象产生影响，具体如下：

	烧结温度	气氛	液相	透气性	烧结矿强度	还原性	脱硫率
燃料配比高	高	还原	多	差	高	差	低
燃料配比低	低	氧化	少	好	低	好	高

矿石和熔剂等的配比是通过烧结配料计算确定的。烧结配料计算的方法很多，下面介绍其中的一种，其计算步骤为：

（1）根据已知铁矿粉及附加物比例计算出混合矿粉的成分，然后以 100kg 烧结矿为基数，设混合矿量为 X kg，石灰石量为 Y kg，燃料量为选定的已知量 K kg。

（2）列出氧平衡方程式。为此算出总减重为：

$$a_\Sigma = Xa_x + Ya_y + Ka_k \tag{2-19}$$

式中　a_x——按铁矿粉成分算出由于燃烧、气化、水分蒸发等因素造成的铁矿石烧损，%；

　　　a_y——按同样计算确定的熔剂烧损，%；

　　　a_k——按同样计算确定的燃料烧损，%。

另外，由于还原氧化反应发生的氧量变化为 $\Delta w(O)$，每千克 FeO 不论是还原生成还是被氧化（反应如下）：

$$Fe_2O_3 + CO \Longrightarrow 2FeO + CO_2$$

$$2FeO + \frac{1}{2}O_2 \Longrightarrow Fe_2O_3$$

都有 $\Delta w(O) = 16/(2 \times 72) = 0.111kg$，这样 1kg 烧结矿中发生的 $\Delta w(O)$ 为：

$$\sum \Delta w(O) = 0.111(w(FeO)_{烧结矿} - Xw(FeO)_x - Yw(FeO)_y - Kw(FeO)_k) \qquad (2-20)$$

则每生产100kg烧结矿需要的原料量为：

$$100 = X + Y + K - a_\Sigma - \sum \Delta w(O) \qquad (2-21)$$

（3）按照规定的烧结矿碱度 $R = \dfrac{m(CaO)}{m(SiO_2)}$ 列出碱度平衡式：

$$\frac{Xw(CaO)_x + Yw(CaO)_y + Kw(CaO)_k}{Xw(SiO_2)_x + Yw(SiO_2)_y + Kw(SiO_2)_k} = R \qquad (2-22)$$

（4）联解式（2-21）、式（2-22）求得 X 及 Y。

返矿是外加的，它的配加量一般控制在20%~40%。返矿多则增加混合料的透气性，有利于增产，但返矿多又意味着成品率降低，不利于产量的提高。因此，在生产中很重视返矿平衡，应将其控制在最佳的数量。

如果烧结过程的燃料配比不是选定的，而是通过烧结过程热量的供求确定，则在上述物料平衡和碱度平衡两个方程式后要再列一个烧结热平衡方程式：

$$q_C + q_{空气} + q_{料} + q_S + q_{点火} + q_{氧化} + q_{化} = q_{水汽} + q_{化水} + q_{碳分} + q_{矿分} + q_{废气} + q_{烧结矿} + q_{热损}$$

式中　q_C——燃烧中 C 燃烧成 CO、CO_2 放热；

　　$q_{空气}$——抽风入料层空气带入热（包括热风烧结时热风带入热）；

　　$q_{料}$——混合料带入热；

　　q_S——烧结过程中硫氧化放热（包括焦粉中的有机硫、硫化物、矿粉中的硫化物）；

　　$q_{点火}$——点火提供的热；

　　$q_{氧化}$——混合料中 Fe_3O_4 氧化成 Fe_2O_3 放热；

　　$q_{化}$——烧结过程中新矿物形成放热；

　　$q_{水汽}$——混合料水分蒸发耗热；

　　$q_{化水}$——混合料中结晶水分解和蒸发耗热（例如褐铁矿中结晶水分解等）；

　　$q_{碳分}$——加入混合料的碳酸盐（例如 $FeCO_3$、$MnCO_3$、$MgCO_3$、$CaCO_3$ 等）分解耗热；

　　$q_{矿分}$——高温下混合料中氧化物分解耗热（例如 MnO_2、Fe_2O_3 等）；

　　$q_{废气}$——烧结形成废气带走热；

　　$q_{烧结矿}$——烧结矿饼带走热；

　　$q_{热损}$——热损失。

通过每项 q 的计算，然后整理成 $AX + BY + CK = 0$ 形式的热平衡方程式，再联解就得到矿耗熔剂消耗和燃料消耗。在完成各项 q 的计算过程中，读者可以加深对烧结过程热量来源和消耗的认识。

B　混合布料

配好的各种粉料以及后来外加的返矿必须进行混匀，以保证获得质量比较均一的烧结矿。在混合过程中加入必需的水分使烧结料被水润湿，便于烧结料中细粉造球以提高烧结料的透气性。在我国绝大部分用精矿粉烧结的情况下，普遍采用二次混合工艺。在一次混合时主要是混匀并加适当水润湿，在二次混合时补足到适宜水分以使混合料中细粉造成小球。在混合时有的厂采用热返矿，有的厂采用外加蒸汽以提高混合料温度。为达到混匀造球的目的，水分含量一般控制在：富矿粉 6%~8%，褐铁矿粉 12%左右，磁铁矿精粉7%~8%。二混的时间不宜小于5min，混料筒的充填系数不大于15%。为改善焦粉燃烧条件，现在普遍采用燃料分加技术，即将部分焦粉加入二混，这样既加快了垂直烧结速度，又减少或消除了烧结矿中的残碳。

在我国广泛采用圆辊给料机与九辊布料器或梭式布料器与圆辊给料器联合布料工艺，其目的是使混合料在粒度、化学成分方面沿台车宽度上分布均匀，以保证透气性一致，同时保证料面平整并有一定的松散性。许多厂家在布料过程中采用松料器，在改善厚料层烧结方面取得较好效果。

C　点火控制

传统的点火工艺中，点火不仅起着将混合料中燃料点着的作用，还起着给表层混合料补足热量的作用，以使表层能产生一定的液相而烧结。由于烧结过程中液相产生的温度均在 1100~1300℃之间，规定点火温度为 1200~1250℃，点火时间为 1.5~2.0min。这样点火消耗很多热量，每吨烧结矿达到 300~400MJ/t，而表层以玻璃体为主要黏结相的烧结矿在机尾粉碎而筛除，成为返矿，并没有提高成品率。在采用厚料层烧结后点火的目的只限于将混合料中的燃料点着，一般燃料在 700~800℃达燃点，所以在改进点火器构造后，先进厂家的点火温度控制在 1000℃以下，点火消耗的热量大幅度下降（先进的厂家降到45MJ/t，一般也可降到 100~150MJ/t）。这时，由于没有足够的温度和热量产生液相的表层，并没有烧结，而只是经历了焙烧的混合料在机尾筛除，同样进入返矿。这对返矿平衡和烧结矿的产量和质量无多大影响，相反大大节约了烧结矿的能耗。现代烧结机上的点火制度是：点火温度（1000±50)℃，点火时间 40~45s。

D　抽风负压控制

目前在抽风负压和风量制度上存在着三种情况：高负压、大风量，即负压 14.7~17.7kPa（有的甚至达 19.6kPa）、风量 85~95m³/(m²·min)；低负压、大风量，即负压10.3~12.3kPa，风量90m³/(m²·min)；低负压、小风量，即负压 9.8~11.8kPa、风量50~60m³/(m²·min)。第一种制度是随着料层提高进一步强化烧结的方法，是日本、西欧等国家在 20 世纪 70 年代起所采用的。第二种制度被我国大多数厂家采用，随着料层的提高（比日本、西欧等国家的还低些），采取蒸汽预热混合料、改善布料、增设松料器等措施提高料层透气性，在目前已有烧结抽风机负压的情况下适当提高其风量，取得了提高烧结矿产量和质量、能耗下降的良好效果。第三种制度是为了适应世界上钢铁生产不景气、产量缩减的局面，厂家力图降低能耗、提高产品质量以维持生产而发展起来的。应当指出，我国烧结机料层厚度有待进一步提高。如果料层提高到 700mm 或以上，抽风负压必然要向高负压方向发展。

E　终点控制

生产中要恰当地配合好料层厚度、垂直烧结速度与机速间的关系，以使烧结终点正好位于最后（或前一个）风箱处，这样才能充分利用烧结机面积并避免产生生料。目前我国推行低水分、低配碳、厚料层、慢机速的操作制度，一般将终点控制在最后第二个风箱处，靠安装在该处的热电偶指示的温度进行判断和自动调节烧结机机速等。

F　烧结生产指标

常用的烧结生产指标有：

(1) 台时产量。计算如下：

$$P = 60k_1k_2BH\gamma v \tag{2-23}$$

式中　P——台时产量，t/h；

　　k_1——烧结率，即单位混合料生产出的烧结矿比率，一般在 80%~85%；

　　k_2——成品率，即扣除返矿后的成品烧结矿比率，$k_2 \approx 0.6~0.75$；

　　B——烧结机台车宽度，m；

　　H——料层厚度，m；

　　γ——混合料堆积密度，t/m^3；

　　v——机速，m/min，$v = \dfrac{Lc}{H}$，其中 L 为烧结机有效长度（m），c 为垂直烧结速度

　　　　（m/min）。

将机速表达式代入式（2-23）得出：

$$P = 60 k_1 k_2 A c \gamma \tag{2-24}$$

式中　A——烧结机面积，m^2。

（2）烧结机利用系数。计算如下：

$$\eta_A = P/A = 60 k_1 k_2 c \gamma \tag{2-25}$$

式中　η_A——烧结机利用系数，$t/(m^2 \cdot h)$。

（3）合格率。计算如下：

$$合格率(\%) = (合格产量/总产量) \times 100\% \tag{2-26}$$

（4）作业率。计算如下：

$$作业率(\%) = [(日历时间 - 停机时间)/日历时间] \times 100\% \tag{2-27}$$

（5）能耗。生产单位烧结矿消耗的固体燃料、点火用气体或液体燃料、电力、水、蒸汽、压缩空气和氧气等的总和，即为吨烧结矿的能耗。我国将生产 1t 烧结矿所消耗的上述总能耗折算为标准煤，称为烧结工序能耗。目前国际上先进厂家的工序能耗为 55~58kg/t，我国工序能耗的平均值比世界先进水平高 20~30kg/t。我国烧结能耗高的原因主要是烧结机小、装备水平低、工艺比较落后。此外，日本全烧富矿粉，我国却以精矿粉为主，这种原料性质的差别也是能耗高的原因之一。2011 年全国重点钢铁企业的烧结工序能耗（标准煤）为 54.36kg/t，先进的已降到 41.42kg/t，达到了国际先进水平。

2.3.6.2　烧结配料联合计算法实例

烧结配料联合计算法类似于 A. H. 拉姆教授高炉配料计算的联合计算法，通过物料平衡方程式和热平衡方程式的联解，同时求得矿粉、熔剂和固体燃料消耗量。它是由前苏联莫斯科钢铁冶金学院的 E. 维格曼教授等在 20 世纪 60~70 年代提出的，现通过实例计算简要介绍如下。读者通过实例计算的学习，可以提高对烧结过程热量需求的认识，从而进一步加深对烧结过程的理解。

首先，根据已知铁矿粉及附加物比例计算出混合矿粉的成分；然后以 100kg 烧结矿为基数，设混合矿量为 x kg，石灰石量为 y kg，燃料量为 z kg；再列出物料平衡方程、碱度平衡方程和热平衡方程，联立求解出各种物料的消耗量；最后对烧结矿量和碱度进行验算。

下面以某厂生产 100kg 烧结矿为例进行计算示范，该厂采用 60% 澳洲矿粉和 40% 巴西矿粉组成的混合矿粉、80% 焦粉和 20% 无烟煤粉组成的固体燃料、8kg 氧化铁皮，混合料中有 42% 的返矿（其中烧结生产占 20%，高炉返矿占 22%）。

A　原料条件

原料条件如表 2-4 所示。

表 2-4 原料条件

(%)

配料组合	FeO	Fe_2O_3	MnO	SiO_2	Al_2O_3	CaO	MgO	$S_{有机}$	FeS/FeS_2	SO_3	P_2O_5	$C_{固}$	CO_2	$V/H_2O_{结}$	Fe	Mn	P	S
澳洲矿粉	0.190	84.400	0.080	4.610	1.800	0.060	0.080	—	—	0.020	0.130	—	—	—/4.265	59.230	—	—	0.010
巴西矿粉	0.340	92.590	0.650	3.710	1.000	0.030	0.050	—	—	0.020	0.070	—	—	—/2.385	65.080	—	—	0.010
混合矿粉 (60%澳洲矿粉+ 40%巴西矿粉)	0.250	87.676	0.308	4.250	1.480	0.048	0.068	—	—	0.020	0.106	—	—	—/3.513	61.570	0.238	0.046	0.010
焦粉	—	2.800	0.210	6.010	3.200	1.360	0.640	0.310	0.250/—	0.210	0.020	83.890	—	1.000/—	—	—	—	—
无烟煤粉	—	1.960	0.170	7.210	3.080	1.110	0.390	0.270	—/0.390	0.310	0.020	77.030	—	8.060/—	—	—	—	—
燃料粉 (80%焦粉+ 20%无烟煤粉)	—	2.630	0.200	6.250	3.180	1.310	0.590	0.300	0.200/0.080	0.230	0.020	82.520	—	2.490/—	2.006	0.155	0.009	0.508
石灰石	—	0.820	—	1.180	0.400	52.000	2.600	—	—	0.200	0.040	—	42.760	—	0.574	—	0.017	0.080
氧化铁皮 (加热炉的)	3.900	94.000	0.500	0.850	0.150	0.400	0.100	—	—	0.060	0.040	—	—	—	68.834	0.387	0.017	0.024

B 物料平衡方程式

一般的物料平衡方程式为：

$$\left(\frac{100-B_x}{100}x+\frac{100-B_y}{100}y+\frac{100-B_z}{100}z+\frac{100-B_m}{100}m\right)-100$$

$$=\frac{1}{9}\left(w(FeO)_{\%烧}-\frac{xw(FeO)_{\%x}}{100}-\frac{yw(FeO)_{\%y}}{100}-\frac{zw(FeO)_{\%z}}{100}-\frac{mw(FeO)_{\%m}}{100}\right)+$$

$$\frac{16}{87}\times\frac{w(MnO_2)_\%}{100}x+\frac{16}{158}\times\frac{w(Mn_2O_3)_\%}{100}x+0.428w(Fe)_{\%金}$$

式中，B_x、B_y、B_z、B_m 分别为烧结过程中含铁料、石灰石、燃料及氧化铁皮的烧损，kg/100kg；x、y、z、m 分别为烧结配料中含铁料、石灰石、燃料及氧化铁皮的消耗量，kg/100kg，假定其中氧化铁皮消耗量 $m=8$kg/100kg；$w(FeO)_{\%烧}$ 为假定的烧结矿成品中 FeO 的质量百分数，本例中设定 $w(FeO)_{\%烧}=8$；$w(FeO)_{\%x}$、$w(FeO)_{\%y}$、$w(FeO)_{\%z}$、$w(FeO)_{\%m}$ 分别为含铁料、石灰石、燃料及氧化铁皮中 FeO 的质量百分数；$w(MnO_2)_\%$、$w(Mn_2O_3)_\%$ 分别为混合料中 MnO_2 和 MnO_3 的质量百分数；$w(Fe)_{\%金}$ 为生产金属化烧结矿时成品烧结矿中金属 Fe 的质量百分数。

各物料的烧损如表 2-5 所示。

表 2-5 各物料的烧损 （kg/100kg）

参 数	含铁料	燃料	石灰石	氧化铁皮
$C_固$	—	82.520	—	—
$V_燃$	—	—	—	—
H_2O	3.513	—	—	—
CO_2	2.297	—	42.760	—
$0.95S_有机$	—	0.285	—	—
FeS，FeS_2	—	0.109	—	—
硫化铁氧化耗 O_2	—	-0.067	—	—
$0.6SO_3$	0.012	0.138	0.120	0.036
合 计	5.822	85.475	42.880	0.036

将相应的数据代入上述物料平衡方程式中，得出物料平衡方程为：

$$\left(\frac{100-5.822}{100}x+\frac{100-42.88}{100}y+\frac{100-85.475}{100}z+\frac{100-0.036}{100}\times8\right)-100$$

$$=\frac{1}{9}\times\left(8-\frac{0.25x}{100}-\frac{3.9\times8}{100}\right)$$

整理得： $\qquad 0.9421x+0.5712y+0.1453z=92.8571$

C 烧结矿的碱度方程式

一般情况下的碱度方程式如下：

四元碱度

$$R_4=\frac{(w(CaO)_{\%x}+w(MgO)_{\%x})x+(w(CaO)_{\%y}+w(MgO)_{\%y})y+(w(CaO)_{\%z}+w(MgO)_{\%z})z+(w(CaO)_{\%m}+w(MgO)_{\%m})m}{(w(SiO_2)_{\%x}+w(Al_2O_3)_{\%x})x+(w(SiO_2)_{\%y}+w(Al_2O_3)_{\%y})y+(w(SiO_2)_{\%z}+w(Al_2O_3)_{\%z})z+(w(SiO_2)_{\%m}+w(Al_2O_3)_{\%m})m}$$

三元碱度

$$R_3 = \frac{(w(CaO)_{\%x}+w(MgO)_{\%x})x+(w(CaO)_{\%y}+w(MgO)_{\%y})y+(w(CaO)_{\%z}+w(MgO)_{\%z})z+(w(CaO)_{\%m}+w(MgO)_{\%m})m}{w(SiO_2)_{\%x}x+w(SiO_2)_{\%y}y+w(SiO_2)_{\%z}z+w(SiO_2)_{\%m}m}$$

二元碱度

$$R_2 = \frac{w(CaO)_{\%x}x + w(CaO)_{\%y}y + w(CaO)_{\%z}z + w(CaO)_{\%m}m}{w(SiO_2)_{\%x}x + w(SiO_2)_{\%y}y + w(SiO_2)_{\%z}z + w(SiO_2)_{\%m}m}$$

在我国生产烧结矿一般采用二元碱度，生产高碱度烧结矿时一般要求 $R_2 = 1.8 \sim 2.0$，本例选用 $R_2 = 1.8$，则有：

$$\frac{0.048x + 52.00y + 1.31z + 0.40 \times 8}{4.25x + 1.18y + 6.25z + 0.85 \times 8} = 1.8$$

整理得：

$$7.602x - 49.876y + 9.94z = -9.04$$

D　热平衡方程式

$$q_C + q_风 + q_料 + q_S + q_点 + q_补 + q_{氧化} + q_{矿化} = q'_{水蒸} + q'_{水解} + q'_{碳酸盐} + q'_{分解} + q'_{废气} + q'_{烧结} + q'_损$$

式中　q_C——固体燃料中碳燃烧成 CO 和 CO_2 的放热量，kJ/100kg；

$\quad\quad q_风$——烧结抽风的物理热，kJ/100kg，预热时为预热温度下的焓，不预热时为车间大气温度下的焓；

$\quad\quad q_料$——混合料的物理热，kJ/100kg；

$\quad\quad q_S$——有机硫和硫化物燃烧的放热量，kJ/100kg；

$\quad\quad q_点$——点火燃料的放热量，kJ/100kg；

$\quad\quad q_补$——点火对混合料的补充给热量，kJ/100kg；

$\quad\quad q_{氧化}$——混合料中铁氧化物氧化成 Fe_2O_3 的放热量（在混合料中 FeO 含量高于烧结矿中 FeO 含量时计算），kJ/100kg；

$\quad\quad q_{矿化}$——燃烧过程中形成新矿物的放热量，kJ/100kg；

$\quad\quad q'_{水蒸}$——混合料中水分蒸发的耗热量，kJ/100kg；

$\quad\quad q'_{水解}$——混合料中结晶水分解和蒸发的耗热量，kJ/100kg；

$\quad\quad q'_{碳酸盐}$——碳酸盐分解的耗热量，kJ/100kg；

$\quad\quad q'_{分解}$——高价氧化物高温下分解的耗热量，kJ/100kg；

$\quad\quad q'_{废气}$——烧结废气带走的热量，kJ/100kg；

$\quad\quad q'_{烧结}$——烧结饼的焓，kJ/100kg；

$\quad\quad q'_损$——热损失，kJ/100kg。

a　固体燃料中碳燃烧成 CO 和 CO_2 的放热量 q_C

C 氧化成 CO 和 CO_2 的放热量与 C 存在于焦粉和无烟煤中的形态有关，石墨化程度越高，放热越少。一般焦炭中 C 有 50% 石墨化，其氧化成 CO 的放热量是 9800kJ/kg。焦粉中 C 的石墨化程度比大块焦中低，一般在 20% 左右。无烟煤中 C 的石墨化程度更低，可认为其主要是无定形碳。这样，焦粉氧化成 CO 和 CO_2 的燃烧值相应为 10104kJ/kg 和 33685kJ/kg，而无烟煤的则相应为 10330kJ/kg 和 33910kJ/kg。本例配料中，C→CO 的燃烧值 = 10104×0.8+10330×0.2 = 10149.2kJ/kg，C→CO_2 的燃烧值 = 33685×0.8+33910×0.2 = 33730kJ/kg。

实际生产中混合料内除了配入的固体燃料外，配入混合料中的高炉炉尘和布袋灰等也含有相当数量的碳，有时加入的碎铁屑中也含有碳。如果配料中有炉尘、碎铁屑等，就需要计算它们氧化时的放热量。

　　为计算燃烧放热量，还要根据生产经验设定 $n(CO_2)/n(CO)=l$ 的值，在使用磁精粉、假象赤铁矿粉和赤铁矿粉生产烧结矿时，$l=3.5\sim4.5$；在使用褐铁矿和菱铁矿粉生产烧结矿、固体燃料消耗高时，$l=2.5\sim3.5$；在生产金属化烧结矿时，$l=2.0\sim2.5$。本例使用赤铁矿富矿粉烧结，设定 $l=3.0$，这样在 $n(CO_2)+n(CO)=1mol$ 的情况下，$n(CO_2)=l/(l+1)$，$n(CO)=1/(l+1)$，则有：

$$33730\times[l/(l+1)]+10149.2\times[1/(l+1)]=33730\times0.75+10149.2\times0.25=27834.8kJ/kg$$
$$q_C=27834.8\times0.8252z=22968.8z\quad(kJ/100kg)$$

　　b　点火燃烧的放热量与点火对混合料的补充给热量 $q_点+q_补$

　　过去点火采用的温度为 1250℃，点火时间为 $1.5\sim2.0min$，因此 $q_点+q_补$ 高达50000kJ/100kg。现在则采用低温和短时间点火，即点火温度为 $(1000\pm50)℃$，点火时间为 $45\sim50s$，$q_点+q_补$ 降低到 $25000\sim30000kJ/100kg$。在设计中一般这两项热量在 $30000\sim40000kJ/100kg$ 范围内，本例中选定 $q_点+q_补=33500kJ/100kg$。

　　c　混合料的物理热 $q_料$

　　本例中配料的返矿量为 42kg/100kg，其中热返矿量为 20kg/100kg。烧结矿的平均比热容为 $0.9\sim1.0kJ/(kg\cdot K)$，加热 70℃混合料的物理热计算如下：

$$q_料=1.0\times70\times(x+y+z+20)=70x+70y+70z+1400\quad(kJ/100kg)$$

　　d　有机硫和硫化物燃烧的放热量 q_S

$$S_{有机}+O_2=\!=\!=SO_2+9278kJ/kg(S)$$
$$4FeS_2+11O_2=\!=\!=2Fe_2O_3+8SO_2+7014kJ/kg(FeS_2)$$
$$4FeS+7O_2=\!=\!=2Fe_2O_3+4SO_2+6909kJ/kg(FeS)$$
$$SO_2+\frac{1}{2}O_2=\!=\!=SO_3+3092kJ/kg(S)$$

　　设定 S 的燃烧率为 95%，$20\%\sim40\%$ 的 SO_2 燃烧成 SO_3，本例中取 30%，则：

$$q_S=0.003\times0.95\times9278z+0.002\times0.95\times6909z+0.0008\times0.95\times7014z+$$
$$(0.003+0.002\times0.364+0.0008\times0.533)\times0.95\times0.3\times3092z$$
$$=48.56z\quad(kJ/100kg)$$

　　e　燃烧过程中形成新矿物的放热量 $q_矿化$

　　烧结过程中会形成不同的黏结相矿物，如铁酸盐、硅酸盐等，形成过程中会放出一定的热量。通过实践统计，$q_矿化=16000\sim24000kJ/100kg$（高值适用于高固体燃料消耗）。本例中取 $q_矿化=20000kJ/100kg$。

　　f　混合料中铁氧化物氧化成 Fe_2O_3 的放热量 $q_氧化$

　　$q_氧化$ 是在混合料中 FeO 含量高于烧结矿中 FeO 含量时计入热收入项的，浮氏体氧化成 Fe_2O_3（$4FeO+O_2=\!=\!=2Fe_2O_3$）放热 18226kJ/kg。本例中未出现此种情况，因此 $q_氧化$ 不计入热收入项。

　　g　烧结抽风的物理热 $q_风$

$$q_风=V_风\cdot c_风\cdot T_风$$

式中　　$V_风$——抽风的风量，$m^3/100kg$；

$c_风$——车间内常温下空气的比热容，$c_风 = 1.296\text{kJ}/(\text{m}^3 \cdot \text{K})$。

抽风的风量计算如下，烧结过程的条件为 $\varphi(CO_2)_{废气}/\varphi(CO)_{废气} = 3$。混合料中碳的氧化反应为：

$$\frac{3}{4}C_料 + \frac{3}{4}O_2 = \frac{3}{4}CO_2$$

$$\frac{1}{4}C_料 + \frac{1}{8}O_2 = \frac{1}{4}CO$$

$C_料$ 氧化反应中的耗氧量为：

CO　　　　　　　　$(16/12) \times 0.25w(C)_料 = 0.333w(C)_料$

CO_2　　　　　　　$(32/12) \times 0.75w(C)_料 = 2w(C)_料$

耗氧总量　　　　　$2.333w(C)_料$

除了 $C_料$ 的氧化需要氧外，FeS_2、FeS 和 $S_{有机}$ 的氧化也需要氧。FeS 和 FeS_2 氧化成 Fe_2O_3 和 SO_2、SO_3（其生成量的比例为 $w(SO_2)/w(SO_3) = 7/3$）以及 $S_{有机}$ 氧化需要的氧量可按下列反应式计算：

$$10FeS + 19O_2 = 5Fe_2O_3 + 7SO_2 + 3SO_3$$

$$20FeS_2 + 61O_2 = 10Fe_2O_3 + 28SO_2 + 12SO_3$$

$$20S_{有机} + 23O_2 = 14SO_2 + 6SO_3$$

当用赤铁矿粉、褐铁矿粉等生产时，Fe_2O_3 的高温分解会提供少量氧气，相应减少抽气量；而用磁精粉生产时，则需要补充氧气以使 Fe_3O_4 氧化成 Fe_2O_3。本例就属于前一种情况，其放出氧量为：

$$\frac{1}{9} \times (8 - 0.0025x - 0.039 \times 8)$$

有机硫氧化需氧量为：

$$\frac{23}{20} \times 0.00285z = 0.0033z$$

FeS 和 FeS_2 氧化需氧量为：

$$0.0019z$$

本例中放出的氧气量为：

$$0.8542 - 0.0003x - 0.0052z$$

则需由抽风提供的氧量为：

$$2.333w(C)_料 - 0.8542 + 0.0003x + 0.0052z$$

为保证烧结过程整体上的氧化性气氛，燃烧过程要有空气过剩量，空气过剩系数因烧结矿粉品种不同而在 1.2~1.5 范围内波动。本例是赤铁矿烧结，空气过剩系数设定为 1.2，这时的需氧量（kg/100kg）为：

$$2.7996w(C)_料 - 1.0250 + 0.0004x + 0.0062z$$

将质量转换为体积（$\text{m}^3/100\text{kg}$），转化系数为 $\frac{22.4}{32} = 0.7$，则需氧量（$\text{m}^3/100\text{kg}$）为：

$$1.9597w(C)_料 - 0.7151 + 0.0003x + 0.0043z$$

按 $\varphi(N_2)/\varphi(O_2) = 3.7619$ 计，抽风的氮气量（$\text{m}^3/100\text{kg}$）为：

$$7.3722w(C)_{料} - 2.6901 + 0.0011x + 0.0162z$$

则干风总体积（$m^3/100kg$）为：

$$9.3319w(C)_{料} - 3.4052 + 0.0014x + 0.0205z$$

如果大气湿度为1%，则风中水分为：

$$0.0943w(C)_{料} - 0.0344 + 0.00001x + 0.0002z$$

需要的湿风总量（$m^3/100kg$）为：

$$9.4262w(C)_{料} - 3.4396 + 0.0014x + 0.0207z$$

综上，烧结抽风的物理热 $q_{风}$（抽风的温度为25℃）为：

$$1.296 \times 25(9.4262w(C)_{料} - 3.4396 + 0.0014x + 0.0207z) \quad (kJ/100kg)$$

将 $w(C)_{料} = 0.8252z$ 代入并整理得：

$$q_{风} = 0.0454x + 252.6941z - 111.4430 \quad (kJ/100kg)$$

h　烧结废气带走的热量 $q'_{废气}$

首先要确定废气量。

（1）混合煤气消耗量。点火用煤气为混合煤气，其配比（体积比）为焦炉煤气/高炉煤气＝0.28/0.72，煤气成分及热值见表2-6。

表2-6　煤气成分及热值

种　类	成分/%						热值/kJ·m^{-3}
	CO_2	CO	CH_4	H_2	N_2	H_2O	
焦炉煤气	4	6	26	50	8	6	—
高炉煤气	12	27	0	3	55	3	—
混合煤气	9.76	21.12	7.28	16.16	41.84	3.84	7536

$q_{点} + q_{补}$ 已设定为33500kJ/100kg，混合煤气消耗量为33500/7536＝4.44m^3/100kg。

（2）点火器的燃烧计算。其计算结果见表2-7。

表2-7　点火器的燃烧计算结果

混合煤气			燃烧用空气/m^3			形成的燃烧产物/m^3			
组分	含量/%	数量/m^3	O_2	N_2	合计	CO_2	H_2O	N_2	合　计
CO_2	9.76	0.433				0.433		5.541	
CO	21.12	0.938	0.469			0.938		燃烧消耗	
CH_4	7.28	0.323	0.646	1.473×	1.473+	0.323	0.646	空气量带	
H_2	16.16	0.717	0.358	3.762	5.541		0.717	入 N_2 量	
N_2	41.84	1.858		＝5.541	＝7.014			1.858	
H_2O	3.84	0.170					0.170		
合计	100.00	4.439	1.473	5.541	7.014	1.694	1.533	7.399	10.626

（3）燃料中析出的挥发分量。烧结过程中燃料内有挥发分析出，其数量为：

$$0.0249z \times (22.4/2) = 0.2789z \quad (m^3/100kg)$$

燃料挥发分中有 H_2、N_2、O_2 等，为简化计算，将挥发分都算成 H_2，算得的数值要比实际大一些，但因挥发分绝对数量不大，造成的误差将很小。

（4）废气中的 N_2 量。进入废气的 N_2 量已经在前面算出，而且 $w(C)_料 = 0.8252z$，则废气中的 N_2 量为：

$$7.3722w(C)_料 - 2.6901 + 0.0011x + 0.0162z = 0.0011x + 6.1083z - 2.6901$$

（5）废气中的水蒸气量。废气中的水蒸气由抽风中的水分、混合料中的吸附水（8kg/100kg）和物理水组成，计算如下：

$$0.0943w(C)_料 - 0.0344 + 0.00001x + 0.0002z + 8 \times (22.4/18) + 0.0351 \times (22.4/18)x$$
$$= 0.0437x + 0.0780z + 9.9212 \quad (m^3/100kg)$$

（6）废气中的自由氧量。空气过剩系数为 1.2，自由氧占抽风中总氧量的 1/6，则废气中的自由氧量为：

$$(1.9597w(C)_料 - 0.7151 + 0.0003x + 0.0043z)/6 = 0.0001x + 1.6214z - 0.1192$$

（7）烧结过程中形成的 SO_2 和 SO_3 及硫酸盐分解的 SO_3 量。反应方程式为：

$$20S_{有机} + 23O_2 \rule[0.5ex]{1.5em}{0.4pt} 14SO_2 + 6SO_3$$
$$10FeS + 19O_2 \rule[0.5ex]{1.5em}{0.4pt} 5Fe_2O_3 + 7SO_2 + 3SO_3$$
$$20FeS_2 + 61O_2 \rule[0.5ex]{1.5em}{0.4pt} 10Fe_2O_3 + 28SO_2 + 12SO_3$$

则该量为：

$$0.0030z \times 0.95 \times (22.4/32) + 0.002z \times 0.95 \times (22.4/88) + 0.0008z \times 0.95 \times$$
$$22.4 \times 40/(20 \times 120) + 0.0002 \times 0.6x \times (22.4/80) + 0.002 \times 0.6y \times (22.4/80) +$$
$$0.0023 \times 0.6z \times (22.4/80) + 8 \times 0.0006 \times 0.6 \times (22.4/80)$$
$$= 0.00003x + 0.0003y + 0.0031z + 0.0008 \quad (m^3/100kg)$$

（8）形成的 CO_2 量。按反应 $\frac{3}{4}C_料 + \frac{3}{4}O_2 \rule[0.5ex]{1em}{0.4pt} \frac{3}{4}CO_2$ 生成的 CO_2 量为 $1.4w(C)_料$，同时碳酸盐分解还原放出 CO_2，则形成的 CO_2 总量为：

$$1.4w(C)_料 + 0.02297x \times (22.4/44) + 0.4276y \times (22.4/44)$$
$$= 0.0117x + 0.2177y + 1.1553z \quad (m^3/100kg)$$

（9）形成的 CO 量。按反应 $\frac{1}{4}C_料 + \frac{1}{8}O_2 \rule[0.5ex]{1em}{0.4pt} \frac{1}{4}CO$ 生成的 CO 量为 $0.467w(C)_料$，则形成的 CO 量为：

$$0.3854z \quad (m^3/100kg)$$

（10）通过烧结料层的总气体量。该量为上述（2）~（9）项之和，即：

$$0.0566x + 0.2180y + 9.6304z + 17.7387$$

在烧结过程中有大量的偏风损失，低者达 35%~40%，高者达 60% 甚至更多。本例按 55% 计算，则通过烧结料层的总气体量为：

$$V_{废气} = 0.1258x + 0.4844y + 21.4009z + 39.4193 \quad (m^3/100kg)$$

（11）废气带走的热量 $q'_{废气}$。废气进入抽风机时的温度定为 130℃（一般是（110±20）℃），130℃ 时废气的平均比热容为 1.35kJ/($m^3 \cdot K$)，则：

$$q'_{废气} = 130 \times 1.35 \times V_{废气} = 22.0779x + 85.0122y + 3755.8580z + 6918.0872 \quad (kJ/100kg)$$

i 烧结饼的焓 $q'_{烧结}$

通过实测，成品烧结矿在 600~700℃时的比热容为 0.90~0.93kJ/(kg·K)，则 1t 烧结矿在 600~700℃时的焓相应为 540~650MJ/t。但还应考虑返矿量，本例为 42kg/100kg，这样：

$$q'_{烧结} = 54000 \times 1.42 = 76680 (kJ/100kg)$$

j 混合料中水分蒸发的耗热量 $q'_{水蒸}$

水分蒸发热在 100℃和 0.1MPa 时为 2258.6kJ/kg，混合料水分为 8kg/100kg，则：

$$q'_{水蒸} = 8 \times 2258.6 = 18068.8 (kJ/100kg)$$

k 混合料中结晶水分解和蒸发的耗热量 $q'_{水解}$

通过测定，$Fe_2O_3 \cdot H_2O = Fe_2O_3 + H_2O$ 在 260~360℃时分解和蒸发的热值为 4184kJ/kg，这样：

$$q'_{水解} = 4184 \times 0.0351x = 146.8584x \quad (kJ/100kg)$$

l 碳酸盐分解的耗热量 $q'_{碳酸盐}$

$CaCO_3$ 分解为 $CaO + CO_2$ 的热效应为 40.74kJ/kg，$MgCO_3$ 分解为 $MgO + CO_2$ 的热效应为 23.06kJ/kg，$FeCO_3$ 分解为 $FeO + CO_2$ 的热效应为 18.13kJ/kg。根据分析可以确定料中 $CaCO_3$、$MgCO_3$、$FeCO_3$ 的数量，则：

$$q'_{碳酸盐} = 2.297x \times 18.13 + 42.76y \times 40.74 = 41.6446x + 1742.0424y \quad (kJ/100kg)$$

m 高价氧化物高温下分解的耗热量 $q'_{分解}$

混合料中含有高价氧化物 Fe_2O_3、MnO_2、MnO_3 等，在燃烧反应中其于高温下分解。本例中高价氧化物为 Fe_2O_3，其分解反应为：

$$2Fe_2O_3 === 4FeO + O_2 - 18226kJ/kg$$

则：

$$q'_{分解} = 18226 \times (8 - 0.25x/100 - 3.09 \times 8/100)/9 = 15700.2814 - 5.0628x \quad (kJ/100kg)$$

n 热损失 $q'_{损}$

通过实测，热损失为 20000~34000kJ/100kg，占烧结热收入的 7%~11%。本例选定 $q'_{损} = 20000kJ/100kg$。

o 热平衡方程式

将上面的热收入和热支出综合起来，得到最终的烧结过程热平衡方程为：

$$-135.475x - 1757.05y + 19584.2z = 82578.61$$

E 物料消耗

联解物料、碱度、热平衡三个方程式可确定物料消耗，具体如下：

$$0.9421x + 0.5712y + 0.1453z = 92.8571$$

$$7.602x - 49.876y + 9.94z = -9.04$$

$$-135.475x - 1757.05y + 19584.2z = 82578.61$$

求解得到：

$$x = 88.5727kg/100kg$$

$$y = 14.9102 \text{kg}/100\text{kg}$$
$$z = 6.1670 \text{kg}/100\text{kg}$$

F　验算

下面验算烧结矿量和碱度。

a　烧结矿组分

$w(\text{Fe}) = 0.6157 \times 88.5727 + 0.00574 \times 14.9102 + 0.02006 \times 6.1670 + 0.6883 \times 8 = 60.2499$ (kg/100kg)

$w(\text{Mn}) = 0.00238 \times 88.5727 + 0.00155 \times 6.1670 + 0.00387 \times 8 = 0.2513(\text{kg}/100\text{kg})$

$w(\text{FeS}_2) = 0.0008 \times 6.1670 \times 0.05 = 0.0002(\text{kg}/100\text{kg})$

$w(\text{FeS}) = 0.0020 \times 6.1670 \times 0.05 = 0.0006(\text{kg}/100\text{kg})$

$w(\text{S})_{有机} = 0.0030 \times 6.1670 \times 0.05 = 0.0009(\text{kg}/100\text{kg})$

$w(\text{SO}_3) = 0.0002 \times 88.5727 \times 0.4 + 0.002 \times 14.9102 \times 0.4 + 0.0023 \times 6.1670 \times 0.4 + 0.0006 \times 8 \times 0.4 = 0.0266(\text{kg}/100\text{kg})$

$w(\text{P}) = 0.00046 \times 88.5727 + 0.00017 \times 14.9102 + 0.00009 \times 6.1670 + 0.00017 \times 8 = 0.0452(\text{kg}/100\text{kg})$

$w(\text{Fe})_{\text{FeO}} = 0.778 \times w(\text{FeO}) = 0.778 \times 8 = 6.2240(\text{kg}/100\text{kg})$

$w(\text{Fe})_{\text{FeS}} = 0.636 \times w(\text{FeS}) = 0.636 \times 0.0006 = 0.0004(\text{kg}/100\text{kg})$

$w(\text{Fe})_{\text{FeS}_2} = 0.467 \times w(\text{FeS}_2) = 0.467 \times 0.0002 = 0.0001(\text{kg}/100\text{kg})$

$w(\text{Fe})_{\text{Fe}_2\text{O}_3} = w(\text{Fe}) - (w(\text{Fe})_{\text{FeO}} + w(\text{Fe})_{\text{FeS}} + w(\text{Fe})_{\text{FeS}_2}) = 60.2499 - (6.2240 + 0.0004 + 0.0001) = 54.0004(\text{kg}/100\text{kg})$

$w(\text{Fe}_2\text{O}_3) = w(\text{Fe})_{\text{Fe}_2\text{O}_3}/0.7 = 54.0462/0.7 = 77.1434(\text{kg}/100\text{kg})$

$w(\text{P}_2\text{O}_5) = w(\text{P})/0.437 = 0.0452/0.437 = 0.1034(\text{kg}/100\text{kg})$

$w(\text{MnO}) = w(\text{Mn})/0.775 = 0.2513/0.775 = 0.3243(\text{kg}/100\text{kg})$

合计：$w(\text{FeO}) + w(\text{Fe}_2\text{O}_3) + w(\text{S})_{有机} + w(\text{FeS}) + w(\text{FeS}_2) + w(\text{SO}_3) + w(\text{P}_2\text{O}_5) + w(\text{MnO}) = 85.6650\text{kg}/100\text{kg}$。

SiO_2、Al_2O_3、CaO、MgO 的验算列入表2-8。

表 2-8　SiO_2、Al_2O_3、CaO、MgO 的验算

混合料组分	耗量 /kg·(100kg)⁻¹	SiO₂		Al₂O₃		CaO		MgO	
		%	kg/100kg	%	kg/100kg	%	kg/100kg	%	kg/100kg
混合矿	88.5727	4.25	3.7643	1.48	1.3109	0.048	0.0425	0.068	0.0602
石灰石	14.9102	1.18	0.1759	0.40	0.0596	52.00	7.7533	2.60	0.3877
燃料	6.1670	6.25	0.3854	3.18	0.1961	1.31	0.0808	0.59	0.0364
氧化铁皮	8.0000	0.85	0.0680	0.15	0.0120	0.40	0.0320	0.10	0.0080
合计	117.5087		4.3937		1.5786		7.9086		0.4923

b　烧结矿碱度

$R_2 = \dfrac{7.9086}{4.3937} = 1.79998$，误差仅为 0.001%。

c　实际固体燃料消耗量

生产中存在少量未完全燃烧的残炭（3%~5%），则实际固体燃料消耗量为：

$$6.1670 + 6.1670 \times 0.03 = 6.3520 \text{kg}/100\text{kg}$$

d　碳和热能利用系数

如果把烧结矿饼的焓看作生产中的有效热消耗，则：

$$\eta_C = \{[2340(w(C) - w(C)_{CO_2}) + 7980w(C)_{CO_2}]/7980w(C)\} \times 100\%$$

$$= \left(0.293 + 0.707 \frac{w(C)_{CO_2}}{w(C)}\right) \times 100\% = (0.293 + 0.707 \times 0.75) \times 100\% = 82.33\%$$

$$\eta_{热量} = \frac{Q_{有效}}{Q_{全部}} \times 100\%$$

$$= \frac{18068.8 + 130007.6540 + 15251.8555 + 76680 + 29662.7753}{205974.4948} \times 100\% = 74.12\%$$

G　物料平衡表和热平衡表

本例物料平衡表见表2-9，热平衡表见表2-10。

表2-9　物料平衡表

收 入 项	kg/100kg	支 出 项	kg/100kg
混合矿	88.5727	烧结矿	100.0000
石灰石	14.9102	废气 （不考虑漏风）	108.8664
固体燃料	6.1670	返矿	42.0000
氧化铁皮	8.0000		
混合料水分	8.0000		
点火用煤气	4.7769		
点火用空气	9.0305		
风量	61.6409		
返矿	42.0000	误差	7.7681
合　计	243.0983	合　计	250.8664

表2-10　热平衡表

收 入 项	kJ/100kg	%	支 出 项	kJ/100kg	%
固体燃料中碳燃烧成 CO 和 CO_2 的放热量	141648.5896	68.77	水分蒸发的耗热量	18068.8000	8.77
有机硫和硫化物燃烧的放热量	299.4695	0.15	结晶水分解和蒸发的耗热量	13007.6450	6.32
点火燃烧的放热量与点火对混合料的补充给热量	33500.0000	16.26	碳酸盐分解的耗热量	29662.7753	14.40
混合料的物理热	9075.4930	4.41	高价氧化物高温下分解的耗热量	15251.8555	7.40

收 入 项	kJ/100kg	%	支 出 项	kJ/100kg	%
烧结抽风的物理热	1450.9427	0.70	废气带走的热量	33303.5116	16.17
燃烧过程中形成新矿物的放热量	20000.0000	9.71	烧结饼的焓	76680.0000	37.23
			热损失	20000.0	9.71
合　　计	205974.4948	100.00	合　　计	205974.5874	100.00

烧结配料联合计算法的优点是：计算中各项计算详细且全面，有利于加深对烧结过程的理解，也有利于建立定量概念。其缺点是计算过程繁琐。但是，现在通过计算机编程运算将很快完成计算，计算结果可用来分析烧结过程各项能耗是否合理，并找出进一步降低能耗的途径。

2.3.7　国内外烧结新工艺、新技术

为了满足高炉冶炼对精料的要求，烧结生产应不断开发及应用新工艺和新技术。目前已获得实际生产效果的烧结新工艺主要有以下几项。

2.3.7.1　低温烧结工艺

低温烧结是世界上烧结工艺中一项先进的工艺，它具有显著改善烧结矿质量和节能的优点。日本、澳大利亚及我国都进行了这方面的研究，并将它应用到实际烧结矿生产中，获得了高还原性、低 FeO 的烧结矿，取得了显著的经济效益。

低温烧结工艺的理论基础是"铁酸钙理论"。铁酸钙，特别是针状复合铁酸钙是还原性和强度均好的矿物，但是它只能在较低的烧结温度（1230～1270℃）下获得。为促进 SFCA 的生成，在以磁精粉为原料的烧结中，要求 $m(Al_2O_3)/m(SiO_2)$ 在 0.1～0.30 范围内。

低温烧结工艺可以在现有烧结生产设备不做大的改造的情况下，通过加强烧结原料的准备、优化烧结工艺、控制烧结温度等技术措施来实现。其主要的工艺对策如下：

（1）加强原料准备，特别是要控制好如下粒度：富矿粉小于 8mm 的粒级占 90%；焦粉小于 3mm 的粒级占 85%～90%，其中小于 0.125mm 者占 20%；石灰石小于 3mm 的粒级占 90%；蛇纹石小于 1mm 的粒级大于 80%。

（2）烧结矿碱度控制在 1.8～2.0 之间。

（3）进行低燃料、低水分、高料层作业，同时改进布料。

（4）严格控制烧结温度在 1250℃左右，不要超过 1280℃，以避免 SFCA 分解。点火温度以（1000±50）℃为宜。

（5）有条件的厂家可考虑辅以外配碳工艺，以提高燃烧效率、降低燃料消耗。

（6）以磁精粉为原料时，要特别注意确保 Fe_3O_4 的充分氧化，这要求高料层中有较宽的高温氧化带，在 1100℃以上高温区应保持 5min 以上。

2.3.7.2　球团烧结工艺

由日本钢管公司开发、于 1988 年 12 月在福山 550m² 烧结机上实现的球团烧结工艺，通过强化混合料制粒、燃料外配、新型布料等使烧结产量大幅度提高（利用系数由

1.35t/(m² · h)上升到 1.55t/(m² · h)），燃耗和电耗下降（20%左右），所得烧结矿不仅呈葡萄状，而且还原性提高，*RDI*下降。球团烧结工艺流程示于图 2-31。

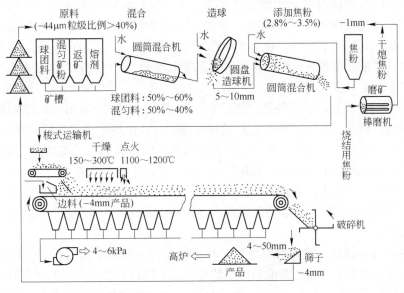

图 2-31　球团烧结工艺流程

我国炼铁工作者结合我国以细精粉烧结为主，烧结料层透气性差，由此造成产量低、质量差、能耗高的情况，研究和开发球团烧结工艺来解决生产中的问题。北京钢铁研究总院、北京科技大学与酒泉钢铁公司、安阳钢铁公司等密切合作，取得工业化生产成功。生产实践表明，球团烧结工艺对使用磁精粉比例较高的我国具有很高的实用价值，现已全面推广。

2.3.7.3　优化配矿技术

在烧结矿生产工艺中，优化配矿是至关重要的工艺环节，它不仅对烧结矿的产量、质量指标有重要影响，而且直接关系到钢铁企业的资源战略和经济效益。传统的配矿主要停留在化学成分、粒度组成、制粒性等常温性能方面的优化，而对铁矿粉在烧结过程中的高温行为及作用知之甚少。这导致现有的烧结工艺只能是通过操作制度（配碳量、机速、负压、料层高度等）的调整去迎合烧结原料，显然这种生产方式是非常被动的。而实际上决定烧结矿产量和质量的因素不仅仅是铁矿粉的化学成分，更大程度上取决于铁矿粉内在的高温特性和互补特性等。当所用铁矿粉的同化特性、液相流动特性和固结特性过弱时，必然在烧结黏结相的数量和质量方面造成"先天性缺陷"。北京科技大学通过多年研究，结合铁矿粉的常温特性和烧结基础特性，开发了基于铁矿粉自身特性的优化配矿新技术，其基本原理有以下几个方面。

（1）化学成分优化。根据高炉精料方针，烧结矿的含铁品位要高，脉石含量要少，有害元素含量要低。因此，在烧结配矿设计时应注意选择含铁品位高的铁矿粉，但同时需要注意，结晶水含量高的铁矿粉在高温下脱除结晶水后可提升其含铁品位；SiO_2 含量则要适宜，过低的 SiO_2 含量不仅不利于烧结必要的液相需求，而且也无助于配矿成本的降低；Al_2O_3、碱金属、P、S 等的含量要低。另外，为了降低烧结配矿成本，应考虑搭配使用化学成分优、劣的铁矿粉。

（2）粒度组成优化。粒度组成是衡量铁矿粉品质的一项重要指标，铁矿粉的粒度组成直接与其烧结过程的行为和作用密切相关。例如，粗粒的核矿石多，烧结料层透气性好，但过多则会造成液相生成量减少；又如，中间颗粒的比例多，则影响混合料制粒效果，进而对烧结料层的透气性、烧结矿的产量和质量均有负面影响。但由于受地质条件以及开采方法的影响，各种铁矿粉的粒度组成有明显差异，烧结配矿时应注意互相搭配，以确保合适的混匀矿粒度组成。

（3）高温特性优化。不同种类的铁矿粉，在烧结过程中呈现出的高温物理化学性质是各不相同的。例如，在铁矿粉与CaO的反应能力、铁矿粉生成的烧结液相的流动能力、固结能力等诸多方面，因铁矿石种类的不同而有明显的差异。基于高温特性优化的烧结配矿原理即考虑铁矿粉烧结主要依靠液相固结，故配矿时应该着重考虑铁矿粉液相方面的特征，如同化特性、液相生成数量及其流动特性、黏结相自身强度特性、SFCA生成特性以及连晶固结强度特性等，通过各种铁矿粉在高温特性方面的互补搭配，创造其在烧结过程中适宜的特性。

（4）重视互补特性。铁矿粉的烧结互补特性是指一种铁矿粉与另外一种或几种铁矿粉的高温特性之间具有的相互影响和作用特征，主要以铁矿粉混合后的同化特性、液相流动特性、黏结相自身强度特性、SFCA生成特性和连晶固结强度特性为考察指标。众所周知，在烧结这个高温、多相、复杂的反应过程中，各相（气、液、固）之间和各组分之间都是相互作用、相互影响的，并且这种相互作用和影响非常复杂。同理，不同种类的铁矿粉之间也必然存在相互作用、相互影响。这种相互作用和相互影响可能改变它们单独存在时的烧结行为和作用，这样的改变必然会引起烧结效果的变化。一旦掌握了不同种类铁矿粉与其他铁矿粉混合后的烧结基础特性的变化规律，就可以利用其互补特征来实施烧结的优化配矿。在实际烧结生产中，通常是几种矿粉经过配矿后再进行烧结。因此，进行烧结配矿时需要重视各种铁矿粉的互补特性，即在保证烧结矿化学成分满足高炉炼铁要求的前提下，考虑一种铁矿粉与哪一种铁矿粉搭配，能有效地抑制此种矿粉在烧结过程中与其他矿粉相互作用时对烧结效果产生不利影响或促进其产生正面作用，在此基础上就可以做到"优势互补、劣势互抑"，从而改善烧结矿的产量、质量指标。

（5）力求资源拓展。随着世界钢铁工业的迅猛发展，铁矿粉资源质量劣化是大势所趋。况且世界上没有一种十全十美的铁矿粉，所谓的劣质铁矿粉只是一个相对的概念。烧结优化配矿中要时刻关注资源拓展这一战略问题，在全面把握各种铁矿粉自身特性的基础上，尽可能做到优、劣资源搭配使用。这一方面可以降低配矿成本，另一方面，掌握使用劣质铁矿粉的烧结配矿技术能够拓展铁矿粉资源的可利用范围，为钢铁行业的持续发展奠定资源基础。

2.3.7.4　低 SiO_2、高还原性烧结矿生产工艺

低 SiO_2 烧结矿一般是指烧结矿中 SiO_2 含量低于或等于5.0%的烧结矿。它具有以下优点：使入炉品位提高，渣量减少；改善烧结矿冶金性能，尤其是其软熔温度升高、软熔区间变窄，可使高炉的软熔带位置下移、厚度变薄，有利于高炉内间接还原的发展和料柱透气性和透液性的改善。这对大喷煤量下的高炉顺行有着重要的意义。

自1986年瑞典皇家工学院的Edstrom等人开始研究低 SiO_2 烧结矿以来，一些国家相

继开展了降低烧结矿中 SiO_2 含量的实践，日本川崎、住友、钢管、神户等相继将烧结矿中的 SiO_2 含量降到 4.68%~5.04%，FeO 含量维持在 5.4%~7.4% 之间。1998 年，我国宝钢和北京科技大学炼铁研究所合作开展了低 SiO_2、高还原性烧结矿生产工艺的研究工作，烧结杯试验的烧结矿中 SiO_2 的质量分数降到 4.4% 的水平。而实际生产的烧结矿中 SiO_2 的质量分数已降至 4.5% 左右并延续至今，达到世界先进水平。

从烧结的机理可知，烧结矿是液相固结的产物，单纯减少烧结矿的 SiO_2 量有可能导致烧结矿的液相量不足，从而引发烧结矿强度变差的问题。因为在二元碱度不变时，SiO_2 的减少也意味着 CaO 含量的减少，而 SiO_2 和 CaO 都是构成烧结矿液相的主要组元。因此，如何在低温烧结的工艺条件下，在降低烧结矿 SiO_2 含量的同时确保烧结过程中产生在质量及数量上均适宜的"有效黏结相"，是这一新工艺能否在生产上成功的技术关键。为此，必须采取如下相应的对策：

（1）为弥补因 SiO_2 含量减少而使黏结相量减少的问题，需要适当提高烧结矿二元碱度以增加烧结矿中 CaO 含量，从而也就增加了烧结矿中的铁酸钙量，这对维持必要的黏结相量以及改善烧结矿的还原性都有利。

（2）适当提高烧结原料的粉/核比例。因为黏结相起源于粒度较细的粉粒，粒度细的粉粒能促进固相反应的快速进行，易于生成烧结液相。

（3）铁矿粉的种类和自身特性对烧结矿中铁酸钙物相的生成和烧结体的固结状况有着重要影响。在把握铁矿粉烧结特性的基础上，通过配矿设计形成合适的烧结相，既可满足低 SiO_2 烧结矿对黏结相量的要求，也可满足高还原性的要求。

2.3.7.5 厚料层烧结技术

提高烧结料层高度的烧结效果明显，其主要表现有：其一，由于料层自动蓄热作用，可以节省烧结固体燃料消耗以及降低总的热量消耗；其二，由于降低烧结配碳量的作用，料层最高温度下降，氧化性气氛加强，使得烧结矿 FeO 含量降低和铁酸钙含量增加，从而改善烧结矿还原性；其三，由于高温保持时间的延长等作用，烧结矿物结晶充分，烧结矿结构得以改善，从而提高烧结矿的固结强度；其四，由于烧结热量由"点分布"向"面分布"的变化作用，可抑制烧结过程的"过烧"及"轻烧"等不均匀现象，有利于褐铁矿的多量使用以及改善低 SiO_2 烧结矿的粒度组成；其五，由于强度低的表层烧结矿相对减少的作用，可以进一步提高烧结矿的成品率。

厚料层的发展主要得益于我国烧结设备的大型化、工艺流程的完善和原料条件的改善。为了提高料层厚度，可在改善原料结构、强化混合料制粒、改善料层透气性和降低漏风率等方面采取有效措施。

通过厚料层烧结生产的烧结矿，其质量指标更加符合高炉生产需要，且成品率高、能耗低，可以降低烧结生产成本，因而得到广泛的应用。目前，大型烧结厂努力实现料层厚度达到 850~900mm（以粉矿为主）或 650~750mm（以精矿为主），使我国厚料层烧结技术得以进一步发展。

但是，烧结料层高度的进一步增加（如提高至 800mm 以上）将涉及多方面的理论和技术问题，如更高料层条件下具有何种自动蓄热规律、料层下部不易"烧透"的问题如何解决、料层高度方向上热量分布的不均匀性将给烧结矿产量、质量带来何种程度的影响以及如何应对，对这些问题还有待进一步全面、深入的研究。

2.3.7.6　"节能减排"型烧结技术

我国是全球最大的钢铁生产国，2016 年的粗钢产量占世界粗钢产量的 49.6% 左右。钢铁工业能耗占我国一次能源消费量的 15% 左右，大气污染物 SO_x、NO_x 和温室气体 CO_2 排放量所占的比例与一次能源消费基本相当，冶金粉尘产生量每年约 8000 万吨。钢铁工业节能减排对全国工业节能减排具有举足轻重的作用。

2016 年，我国重点统计钢铁企业平均吨钢综合能耗（标准煤）为 570kg/t 左右。传统的钢铁冶金过程中（从矿石到钢材），烧结球团、焦化和炼铁工序分别约占总能耗的 10%、12%、44%，三者之和约为 65%~70%，其主要污染物排放占钢铁冶金过程的 2/3 以上。可见，炼铁及铁前系统是钢铁冶金过程节能减排的重点对象。

铁矿粉烧结工序是钢铁企业的耗能及污染物排放大户之一。例如，目前我国生产烧结矿所消耗的固体燃料（焦粉、煤粉）量约为 3000 万吨/年，排放的 SO_2 量约为 150 万吨/年。烧结生产中产生的 SO_2、NO_x、粉尘量则占钢铁企业生产工序排放量的 50% 以上。

为了实现国家可持续发展的目标，开发"节能减排"型的铁矿石烧结新技术是非常必要的工作，应重点开发和推广如下几个方面的重要技术并进行技术集成。

在烧结生产的"节能"方面，应大力推行低温烧结、厚料层烧结、小球烧结、低 SiO_2 和低 FeO 含量烧结等技术，并实施点火温度控制、偏析布料、降低烧结漏风率、燃料分加、余热回收利用等措施。在烧结生产的"减排"方面，除了通过节能来减少燃料燃烧排放的环境污染物之外，还应在烟气的处理方面开展必要的工作，如烧结机采用双烟道选择性脱 SO_2 新技术、固体吸附法脱除烧结废气中 NO_x 等。

2.3.7.7　均质烧结技术

均质烧结是把影响烧结矿宏观均匀性和微观均质性的因素统一起来，通过多种烧结技术的优化配合来实现。该技术的最大特点是将目前普遍采用的高负压大风量生产变为了低负压小风量生产，因而使烧结能耗大幅度降低。

均质烧结技术就是从系统的观点出发，抓住提高烧结矿成品率和结构均匀性这一环节，在综合分析传统的烧结技术基础上而扩展出的一门烧结新工艺。均质烧结在宏观上强调优化和稳定整个系统的参数，要求反应过程均匀完善；在微观上要求产品结构要均匀，冶金性能要优化。用均质烧结的概念来概括所采用过的烧结技术就会发现，这些技术实质上都是使生产过程中能量分布、垂直烧结速度、物料的物化性能等重要参数在三维空间均匀分布，从而用最少的能量消耗来获取所需的生产结果。

均质烧结技术与传统烧结技术区别在于：

（1）均质烧结技术的核心是采用了二次连续低温弧型点火器，实现了一次大风量低温强制干燥混合料，二次低温点火和烧结机中间部位首先点火，两侧部位滞后点火，从而不会使烧结机表层烧结矿过熔，有利于气体通过表层烧结矿，提高烧结速度，在烧结机横断面上烧结速度同步，实现均匀烧结；而传统烧结技术由于采用的是高温点火工艺，导致烧结机表层烧结矿过熔，表层烧结矿透气性变差，影响气体通过表层烧结矿的速度，降低了烧结速度。

（2）均质烧结技术采用低温点火和无动力风量配置技术后，减少了料层阻力，保证了有效风量，改善了烧结气氛，提高了产品质量和产量，有效地降低了能耗。

（3）均质烧结技术由于对混合料先进行预热，然后再进行低温点火，使得过湿层减薄，料层透气性增加，提高了烧结速度；而传统烧结技术由于没有预热工艺，致使烧结机表层混合料急剧升温，高温废气中水蒸气在烧结机底层冷凝，过湿层加厚，影响烧结机料层透气性，降低了烧结速度。

（4）均质烧结技术有利于延长炉体寿命，节约燃气消耗。

因此，均质烧结技术明显优于传统烧结技术。在实际生产中，应用该技术不仅可以增产节能，而且还可改善环境，提高烧结矿质量，在给烧结带来效益的同时，还能为炼铁增产高效打下基础，经济效益十分显著。

2.3.7.8　镶嵌式烧结技术

随着澳大利亚、巴西等主要铁矿粉供给国优质铁矿粉数量的逐渐减少，世界各主要钢铁生产国都面临着铁矿资源劣化的问题。为了适应这种情况，日本东北大学的葛西荣辉于21世纪初提出了镶嵌式烧结技术（MEBIOS）。希望该工艺在普通烧结条件下通过形成合适的空隙结构，确保烧结产质量。利用小球附近的边缘效应，提高料层的透气性，且小球自身不会过熔，最终烧结料层能够形成较好的空隙结构；诱导层提供热量，其碱度较高，而致密小球（熟成层）的碱度稍低，主要由马拉曼巴矿制成。

镶嵌式烧结流程为：先将粉矿制成小球，烧结机布料时将小球置于烧结料层的中间层，采用常规的烧结制度就能烧出合适的空隙结构。这种烧结的原理是利用小球四周的空隙，提高料层的透气性，且小球不会过熔；小球烧结时的热源主要来自上层混匀料烧结所产生的热量，所以上层混匀料的碱度可适当提高，而小球层的碱度则可降低。在此基础上，研究出小球的合适尺寸、布料球间距离、烧结层中的布料方式、布料厚度等参数。

科研人员在镶嵌式烧结的基础上，进一步提出了返矿镶嵌式烧结的技术，即返矿不在混合和制粒过程加入而在制粒后加入，这样有利于提高剩余物料在混合机内的配水，从而增强制粒效果，同时由于返矿和其他物料在料层的摩擦力增大而降低了台车装入密度，改善料层透气性的效果，该工艺已在日本住友金属三个烧结厂应用。

2.3.7.9　烧结料面喷吹 LNG（Super-SINTER）

为了大幅度减少烧结生产过程中产生的 CO_2 排放量，JFE 公司开发出在烧结机上喷吹天然气烧结技术（又名超级烧结工艺）。具体做法是从烧结料层顶层喷吹天然气，能够长时间地保持烧结温度在 $1200 \sim 1400℃$，提高烧结矿质量的同时还能够减少 CO_2 的排放，极大地提高烧结机生产效率。

该工艺的原理是避免烧结峰值温度过高，延长有利烧结温度（1200℃）持续时间，促进石灰与铁矿石两种原料的反应及烧结矿内孔隙的增长。在常规烧结生产中，通常是增加焦粉用量延长有利温度持续时间，但是如果添加量过多，不仅会增加焦粉用量也会引起峰值温度过高使铁酸钙分解，产生玻璃状熔渣及再生赤铁矿等不利组分。超级烧结工艺是在点火段之后往烧结料层表面喷射液化天然气用来代替添加的部分焦粉，喷入的天然气从烧结料层中逐次穿过并在烧结料层中燃烧。与常规烧结制度相比，该工艺能有效提高烧结过程中不同料层的内部温度，并延长有利温度持续时间，从而提高烧结矿强度，减小返矿率，减小焦粉配比，提高烧结矿还原度，高强度、高还原性的烧结矿可有效降低高炉生产时的焦比，进而降低整个生产工序中 CO_2 的排放量。日本 JFE 钢铁公司京滨厂烧结机从2009 年 1 月采用该技术以来节能减排效果明显。

此项新技术正趋于成熟, 且喷吹装置简单可靠, 维修和更换非常方便, 只要准确控制好 LNG 喷吹浓度和喷吹速度, 就能够生产出高强度、高还原性的烧结矿。如果从经济性方面考虑, 应用 LNG 吹入法确实需要投入一定的费用, 但能够换来减少焦粉用量和提高烧结矿质量的好处, 特别是还能够实现 CO_2 的大幅度减排, 且烧结矿产能越大, 效果越明显。综合多方面因素分析, 烧结料面喷吹 LNG 的方法具有广阔的应用前景, 适用于采用厚料层烧结技术的大型烧结机生产。

2.3.7.10　富氧烧结技术

富氧烧结是指烧结过程中在所通入的空气中掺入一定比例的过量氧气, 促使烧结燃料燃烧更加充分, 从而使烧结过程反应更为彻底。在此过程中, 固体燃料如焦粉或无烟煤粉燃烧所产生的高温和燃烧产物, 为液相的生成和物理化学反应的进行提供了必需的热量和气氛条件。该技术通过在烧结料层的不同位置吹入一定量的氧气, 提高了焦粉燃烧率, 加快料层的升温速度, 有效解决了料层上部区域热量不足的问题, 改善了烧结矿质量, 提高了烧结机的利用系数。

在相对高氧位条件下, 气相、固相、液相间传热传质条件更为良好, 有利于液相的生成, 在反应更加完全的同时, 还能使焦粉的燃烧条件得到改善, 达到低价铁氧化物充分氧化的效果, 为更多铁酸钙的生成保证了必要条件, 因此无论从烧结矿粒度的均匀分布还是其化学组成的优化来讲, 富氧烧结均实现了改善烧结矿质量的效果。

对烧结进行富氧后, 烧结矿成品率提高, 烧结矿的还原性有所改善, 但低温还原粉化情况有所恶化。随着烧结富氧量的增加, 烧结矿中赤铁矿和铁酸钙含量增多, 交织熔蚀结构增加, 有利于提高烧结矿的强度和还原性。

2.3.7.11　罐式冷却技术

烧结矿的冷却大多是通过冷却机的结构形式, 采用鼓风式或抽风式冷却, 冷却机的结构参数和操作参数的设计仅仅基于对烧结矿冷却的单体作用, 热回收率较低。我国已将节能减排定为钢铁工业发展的重点目标之一, 烧结工序能耗约占钢铁企业总能耗的 15%, 仅次于炼铁工序而居第二位, 因此高效回收和充分利用烧结工序等中低温余热是钢铁生产深层次节能的突破口。

通过烧结矿罐式冷却工艺流程的提出, 解决了烧结矿显热回收与利用率低、载热介质温度较低以及冷却机漏风率高等问题, 同时进一步提高了烧结矿品质, 降低了烧结工序污染。并且与冷却剂相比, 具有余热回收利用率高、颗粒物排放量小、出口热空气能级较高、冷却设备漏风率低等优点。

烧结余热罐式回收利用工艺系统主要由冷却装置、除尘装置、余热锅炉、循环风机 4 部分组成。来自于烧结台车的炽热烧结矿经粉碎后由旋转倒料罐体接收, 倒料罐体经电机车牵引至罐式冷却塔, 然后由提升机将倒料罐体提升至塔顶; 提升机挂着倒料罐体向冷却塔中心移动过程中, 与装入装置连为一体的冷却罐体炉盖自动打开, 装矿漏斗自动放到冷却塔上部, 提升机放下的倒料罐体由罐体台接收, 在提升机下降过程中, 罐体底阀门自动打开, 开始装入热烧结矿; 装完后, 提升机自动提起, 罐体炉盖自动关闭。

热烧结矿在预存段预存一段时间后, 随着冷矿的不断排出下降到冷却段, 在冷却段与循环气体进行热交换而冷却, 再经振动给料器、旋转密封卸料阀、溜槽, 然后由专用皮带排出。冷却的循环气体, 在罐体内与热烧结矿进行热交换后温度升高, 并经环形烟道排出，高温循环烟气经过一次除尘器分离粗颗粒烧结矿后进入余热锅炉并进行热交换，锅炉产生蒸气，温度降到 150~200℃的低温循环烟气由锅炉出来，进入二次除尘器进一步分离细颗粒烧结矿后，由循环风机送入预热器，经换热再进入罐体循环使用。

2.3.7.12 强化烧结过程的技术措施

在生产实践中为提高烧结矿的产量和质量，采用了一些改善烧结作业的技术措施，重要的有下列几项。

A 混合料预热

如前所述，混合料预热是为了将混合料温度提高到（或接近）露点，使气流温度保持在露点以上，以防止气流中水分凝结而恶化料层的透气性。生产中常常是热返矿和蒸汽两种预热手段并用，而且混合料粒度越细，预热后增产效果越显著。国外有的烧结厂结合二次能量利用，用冷却烧结矿的热废气吹入料层预热，取得了很好的效果。

B 加生石灰或消石灰

混合料中配入一定量的生石灰代替石灰石粉，可以强化烧结过程。我国的实践证明，用细磨精矿粉烧结时，加入 2%~4%的生石灰可增产 20%~35%，对于强磁选赤精矿粉烧结，加入 2%~4%的生石灰也可取得同样的增产效果。

生石灰在混合料中消化成为极细的消石灰（$Ca(OH)_2$）胶凝体颗粒并分布于混合料中，由于它广泛地分散在混合料中，强亲水性颗粒夺取精矿等颗粒间和表面的水分，使这些颗粒相互间与消石灰颗粒靠近产生毛细力，增加了混合料固结倾向，也使混合料中初生小球的强度和密度增大。此外，生石灰消化后的胶体颗粒具有较大的比表面积，可以吸附和持有较大量的水分而不失去原来的疏松性和透气性，即可增大混合料允许的最大湿容量，使烧结料层内少量水冷凝且被这些胶体颗粒所吸附和持有，不致引起料球的破坏。但生石灰消化时比表面增加，体积激增，并放出热量使水分蒸发，如掌握不当则反而对混合料的成球有破坏作用。故其用量要适宜，而且要在装上台车前消化完毕，所以应使用活性大、不过烧的生石灰，且粒度应小于 5mm。目前各厂使用生石灰的问题是输送、防尘以及生石灰吸水造成混合料水分含量难掌握。

为解决生石灰使用中的问题，有些厂家使用消石灰代替生石灰。消石灰是已经消化形成 $Ca(OH)_2$ 的胶体颗粒，而且吸足了水，它能加固料球的强度并提高其稳定性，使之在干燥或过湿条件下保持不破。但在实际生产中，消石灰含水率往往波动很大且结成块，在混合料中分布不是很均匀，降低了其使用效果。为此，有些工厂试用石灰乳代替消石灰，使其在混合料中分布均匀，但其浓度要很好地控制，太浓则不易流动，起不到均匀混合的作用；太稀则 $Ca(OH)_2$ 含量减少。

C 热风烧结

为了克服烧结层上、下温度和热量不均造成的上部固结不好、下部过熔；上部因抽入冷风急冷，形成大量玻璃质和产生较大的内应力和裂纹，从而使烧结矿强度变差等，可在点火后一段时间内用热风（500℃）供气烧结。热风带入的物理热使烧结料层上、下部热量和温度分布趋向均匀，而且上层烧结矿因抽入的是热风，处于高温作用时间较长，大大减轻了因急冷造成的表层强度降低。因此，热风烧结具有改善表层烧结矿强度的重要作用。此外，热风烧结可降低混合料中的配碳量，从而降低气氛的还原性，使烧结矿中 FeO

含量降低 2% ~ 4%，而且燃料分布的均匀程度得以提高，利于形成均匀分散的小气孔，提高烧结矿的孔隙率，这些都使烧结矿的还原性得到改善。

获得热风的方法有将空气预热到要求温度后供给烧结以及利用气体和液体燃料燃烧的高温废气与空气混合形成的热气供给烧结，前者预热较复杂，而后者氧含量低。为弥补这一缺陷，可往热气中加入一定数量的氧气。富氧不仅具有热废气烧结明显改善烧结矿质量的优点，而且氧浓度的提高有利于加快烧结速度。在富氧不超过 25% 的情况下，垂直烧结速度加快 10% ~ 15%。目前由于氧的来源和价格问题，该法尚未在生产上广泛应用。

也曾有过对热烧结矿进行热处理试验的报道，即将烧结矿加热到 1050~1150℃，以消除其内应力并使其玻璃体再结晶，烧结矿内部晶粒重新排列使裂缝重新焊合。在空气及氧化性气氛中对烧结矿进行热处理，还可使其 FeO 部分再氧化而含量降低。但是这种热处理也有助于 $2CaO \cdot SiO_2$ 的相变，对烧结矿强度产生不利影响，尤其是在用高 SiO_2 精矿粉生产高碱度烧结矿时应特别慎重。在我国，此项技术在生产中未实践过。

D　分层布料和双层烧结

为了解决烧结矿上、下层质量不均匀的问题和节约燃料，可以分层布料，使烧结混合料层碳含量自上而下逐层减少。也可以将混合料先铺至台车高度的 50% ~ 70%，点火烧结，当其进行到料层阻力下降时，再在其上铺其余的料，并进行第二次点火，这样在同一横断面上有两个烧结层同时向下移动。分层布料和双层烧结从理论上来讲是合理的，工业性试验也取得了良好的结果，但实现工业生产比较困难，它要求两套配料、供料、布料和点火设备同时工作，基建投资、设备维修增加很多。不同燃料配比的双层烧结工艺在前苏联的一些烧结厂采用，取得良好的效果。它们在进入一混中的料内加入的是满足下层烧结需要的碳量。一混后的混合料分两路进入两个二混：一个起原来二混调整水分和造球的作用；另一个则在调水制粒的过程中再添加部分碳，以满足上层烧结的需要。往烧结机台车上先布碳含量低的混合料，再布碳含量高的料，然后点火烧结。这样可以节约 1/5 ~ 1/4 的固体燃料，而且烧结矿质量明显改善。

E　偏析布料

由于传统布料器在烧结机台车上布的料层，在烧结过程中其下部透气性比上部的要差，而且烧结过程的自动蓄热作用下部热量比上部的要多，因此这种粒度和配碳量相对均一的布料方式是不适宜的。国外一些工厂做了大量研究，开发出多种偏析布料装置，投入实际生产后取得良好的效果。这些偏析布料装置的共同特点是，在烧结台车上产生上部小颗粒多、下部大颗粒多的粒度偏析和料层碳含量上多下少的燃料量偏析。我国攀钢在 1994 年从日本引进了一套这种装置（简称 ISF 布料器），使用后烧结台车上混合料的粒度和碳含量出现比使用前更为合理的偏析，混合料底层与顶层的平均粒度差由原来的 0.4mm 提高到 0.83 ~ 2.59mm，碳含量由原来的上层比下层仅高 0.089% 提高到上层比下层高 0.33% ~ 0.47%，从而改善了料层的透气性和烧结热工状态，使产量提高 6.1%，工序能耗下降，每吨烧结矿少用标准煤 6.22kg。

2.4　球团过程

由于对炼铁用铁矿石品位的要求日益提高，大量开发利用贫铁矿资源后，选矿工艺提供了大量小于 0.074mm（-200 目）的细磨精矿粉。这样的细磨精矿粉用于烧结，不仅工艺技术困难，烧结生产指标恶化，而且能耗浪费。为了使这种精矿粉经济合理地造块，瑞典于 20 世纪 20 年代提出了球团的方法。美国、加拿大在处理密萨比铁燧岩精矿粉时，首先于 20 世纪 50 年代在工业规模上应用球团工艺。

球团矿靠滚动成型，直径为 8~12mm 或 9~16mm，粒度均匀；经过高温焙烧固结，具有很高的机械强度，不仅满足高炉冶炼过程的要求，而且可以经受长途运输和长期储存，具有商品性质。它的另一特点是对原料中的 SiO_2 含量没有严格要求，可以使用品位很高的精矿粉，从而有可能使高炉的渣量降到更低的水平（例如 200kg/t 以下）。在我国有大量的磁精粉，应发展这种造块方法，给高炉供以优质球团矿，与高碱度烧结矿搭配形成合理的炉料结构，为提高高炉生产的技术经济指标创造条件。

球团矿的种类很多，根据固结机理的不同，可分为高温固结型（包括氧化焙烧球团、金属化球团等）和常温固结型（一般称为冷固球团）两类。目前球团矿生产以酸性氧化球团矿为主。下面重点介绍这类球团矿的生产。

铁矿粉的球团过程包括生球成型与球团矿的焙烧固结两个主要作业。

2.4.1 生球成型

生球成型是利用细磨粉料的特性，即表面能大，存在着以降低表面张力来降低表面能的倾向，它们一旦与周围介质相接触，就将其吸附而产生吸附现象。含铁粉料多为氧化矿物，根据相似者相容的原则，它们极易吸附水。同时，干的细磨粉料表面通常带有电荷，在颗粒表面空间形成电场，水分子又具有偶极构造，在电场作用下发生极化，被极化的水分子和水化离子与细磨粉料之间因静电引力而相互吸引。这样用于造球的精矿粉颗粒表面常形成吸附水膜，它由吸附水和薄膜水组成，被称为分子结合水，在力学上可看作是颗粒"外壳"，在外力作用下与颗粒一起变形，这种分子水膜能使颗粒彼此黏结，它是细磨粉料成球后具有机械强度的原因之一。根据大量研究的结果，铁矿粉加水成球是在颗粒间出现毛细水后才开始的，其机理可分为下列四种状态（见图 2-32）。

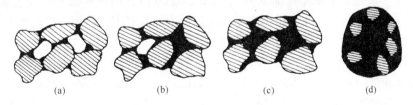

图 2-32 铁矿粉加水聚结状态示意图
◪—颗粒；●—水；○—颗粒间空隙

（1）加少量水分时，颗粒间水分呈摆线结构（见图 2-32(a) 和图 2-33），属于触点态毛细水。此时颗粒间接触点的联结力 F_a，即触点态毛细水呈现的毛细力可用下式表示：

$$F_a = 2\pi r_0 \sigma / \left(1 - \frac{\tan\theta}{2}\right) \tag{2-28}$$

式中　r_0——颗粒半径；

　　　σ——水的表面张力；

θ——水桥弯月面夹角。

在这种情况下，水量越少，则 θ 角越小，F_a 越大。若水量完全消失，则失去水桥联结力。

（2）水分增加，但尚没有充满颗粒间空隙时，水桥呈网络状结构（见图2-32（b）），出现连通态毛细水，此时颗粒间联结力 F_b 为：

$$F_b = sP_e \tag{2-29}$$

$$P_e = X[(1 - \varepsilon)/\varepsilon]\sigma/r_0$$

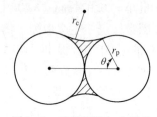

图 2-33　矿粉颗粒加水后的聚结力分析

r_c—弯月面曲率半径；r_p—球形颗粒半径

式中　s——水的饱和度；

　　　P_e——毛细作用力；

　　　X——形状对毛细作用的影响因子，对不规则颗粒，$X = 4$。

在这种网络联结时，联结力 F_b 比摆线联结力 F_a 要大。

（3）当水量进一步增加，使水分正好充满颗粒间空隙（见图2-32（c））时，$s = 1$，出现饱和毛细水，水桥联结力 $F_c = P_e$。根据表面张力计算，这时的联结力比摆线状联结力大3~4倍。在毛细作用下形成的生球强度 L 为：

$$L = KD^2 \tag{2-30}$$

式中　K——特性常数；

　　　D——生球直径。

根据对生球强度测定的数据，归纳出如下计算 K 的公式：

$$K = sc\phi\left(\frac{1 - \varepsilon}{\varepsilon}\right)\sigma\rho a_w \tag{2-31}$$

式中　c——结合因子，对于铁矿粉，可取 $c = 0.7$；

　　　ϕ——颗粒的形状系数；

　　　ρ——铁矿颗粒密度；

　　　a_w——颗粒的比表面积。

（4）如果水量超过毛细结构需要时（见图2-32（d）），则颗粒散开，失去聚结性能，这时的水分称为重力水。因此，重力水在成球过程中起着有害的作用，生产中必须严格控制加水，使水量不超过毛细结构所需的水量。

铁矿粉加水混合后用滚动方式成型，成球过程分为三个阶段，即形成母球、母球长大和长大了的母球进一步紧密。上述三个阶段是靠加水润湿和由滚动产生的机械作用力来完成的。在第一阶段中主要是水的润湿作用，在第二阶段中润湿和机械力同时起着作用，而在第三阶段中机械力成为决定性因素。

2.4.1.1　形成母球

通常用于造球的矿粉，要求其粒度较细、水分含量较低。在这种物料中，各个颗粒已被吸附水和薄膜水层所覆盖，毛细水仅存在于各个颗粒的接触点上，即颗粒间的其余孔隙被空气所填充。处于这种状态的粉料具有中等的松散度，各颗粒间的黏结力较弱，一方面是因颗粒接触不紧密，薄膜水不能起到应有的作用；另一方面是因毛细水的数量太少，颗粒间的毛细管尺寸又过大，毛细力也起不到应有的作用。为形成母球，必须创造条件，造成毛细水含量较高的颗粒集合体，这可以用以下两种方法来实现：一是对物料进行不均匀的点滴润湿；二是利用机械外力作用于粉料的个别部分，使其颗粒之间接触紧密，形成更细的毛细管。在实际的造球过程中，两种方法同时使用以形成母球，即矿粉在旋转着的圆盘或圆筒中，在受到重力、离心力和摩擦力作用而产生滚动和搓动的同时进行补充喷雾水滴。被水滴润湿的颗粒之间，于其接触处形成凹液面而产生毛细力，毛细力将矿粉颗粒拉向水滴中心而形成母球。对于被水均匀润湿的矿粉，毛细力虽未起到应有的作用，但靠着机械力的转动和振动也会形成水分分布不均匀的、接触较紧密的颗粒集合体，从而产生毛细效应。

2.4.1.2　母球长大

母球长大是紧接着前一阶段进行的，其条件是在母球表面的水分含量接近适宜的毛细水含量，而物料中的水分含量则稍低，约接近于最大分子结合水含量。当母球在造球机内继续滚动时就被进一步压密，引起毛细管形状和尺寸的改变，从而使过剩的毛细水分被挤到母球的表面上来。这样，过湿的母球表面就易于粘上润湿程度较低的颗粒。多次重复就使母球逐渐长大，直到母球中颗粒间的摩擦力比滚动成型时的机械压缩作用力大时为止。此后，为使母球进一步长大，必须人工地使母球的表面过分润湿，即往母球表面喷雾化水。

显然，母球长大也是由于毛细效应，依靠毛细黏结力和分子黏结力促使母球的生长。但是，长大了的母球如果主要靠毛细力作用，其各颗粒间的黏结强度仍很小。

2.4.1.3　长大了的母球进一步紧密

为增加生球的机械强度，长大到符合要求尺寸的生球需要紧密。在这一阶段应该停止补充润湿，让生球中挤出的多余水分被未充分润湿的粉料所吸收。利用造球机所产生的机械力的作用来实现紧密，造球机旋转所产生的滚动和搓动使生球内颗粒发生选择性的、按接触面积最大的排列，同时使生球内颗粒进一步压紧，使薄膜水层有可能互相接触。由于薄膜水能沿颗粒表面移动，上述薄膜水层的接触会促使一个被几个颗粒所具有的薄膜的形成。这样得到的生球，其中各颗粒靠着分子黏结力、毛细黏结力和内摩擦力的作用互相结合起来，这些力的数值越大，生球的机械强度越大。如果将毛细水从生球中尽量挤出，便可得到机械强度更大的生球。这时让湿度较低的精矿粉去吸收生球表面被挤出的多余水分，以防止因表面水分过大而发生生球黏结，使生球变形和生球强度降低。

应该指出，上述成球过程的三个阶段是在造球机内一起完成的。

目前我国广泛采用圆盘造球机，而欧美国家较多地使用圆筒造球机（见图 2-34）。圆盘造球机的优点是：成球均匀，75%以上达到规定的粒度范围，生产率高，基建和生产费用较低；缺点是：操作不够稳定，需要有人照看调整（加水、加料、出球等）。圆盘造球机的工艺参数有转速、倾角、容积充满率等，描述这些参数之间关系的数学模型如下所示：

$$\sin(\gamma - \phi)/\cos\phi = 0.59 \times 10^{-3} n^2 d \tag{2-32}$$

式中　γ——造球盘倾角；

ϕ——未成球料的倾角；

n——圆盘转速；

d——圆盘直径。

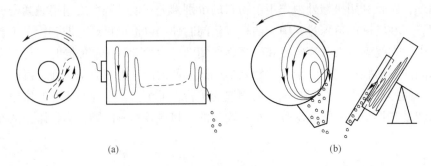

图 2-34　造球机示意图

(a) 圆筒造球机；(b) 圆盘造球机

实际上造球作业很大程度上依靠操作人员的经验和技艺。影响成球和生球质量的主要因素如下：

（1）原料性能。

1）亲水性。一般来讲，亲水性好的矿物（含 Fe 矿物和脉石均如此）成球性较好，因为形成的毛细力大，水迁移速度大。

2）湿度。造球时所要求的最适宜湿度波动范围很窄，约为 0.5%。因此，铁矿粉的湿度应保持在略低于最适宜造球的湿度，以便在造球过程中调整。我国精矿粉含水量一般都较高，不利于造球，因此在造球前有必要进行干燥，使矿粉含水量降到低于最适宜造球的湿度。一般赤铁矿粉和磁铁矿粉的含水量为 8%~10%，褐铁矿粉要高一些，在 14% 以上。

3）粒度。粒度从三方面影响成球：一是大小；二是组成；三是颗粒形状。粒度小且有合适的粒度组成，则颗粒间排列紧密，毛细管平均直径也小，颗粒间黏结力就大。随着粒度的减小，比表面积增大，而比表面积的大小是决定生球中颗粒黏结强度的一个重要因素。比表面积的大小主要取决于细粒级别（0.01~0.001mm）的含量，为了得到强度好的生球，一般要求 -0.074mm 粒级的含量在 65% 以上。粒度过细，导致毛细管过小，使毛细管的阻力增大，毛细水的迁移速度降低，因而成球的速度也降低，造球时间延长。不过生产中生球的强度具有决定性的意义，所以一般将矿粉磨得很细，造球速度靠其他因素加快。颗粒的形状主要是影响比表面积，同样粒级的颗粒，褐铁矿以针状和片状存在，其比表面积比多角形的磁铁矿等大，因而其成球性较好。

（2）添加物。常用的添加物是膨润土和消石灰，它们的加入可改善物料的成球性。因为添加物本身是亲水性好和比表面积大的物质，所以也就改善了造球物料的亲水性和比表面积；同时它们还提高颗粒间的黏结力，起着颗粒间分子力的传递作用，其黏结性越大，生球的机械强度也就越大。我国精矿粉的粒度较粗，皂土加入量一般比较多，低的在 1.0%~1.5% 之间，高的超过 2.5%。在精矿粉的比表面积达到 1800cm²/g，而且加入方法好的条件下，皂土加入量应在 0.5% 左右。

（3）工艺操作。

1）加水、加料方法。物料在进入造球机之前把水分含量控制在稍低于适宜水分含量，在造球过程中按照"滴水成球、雾水长大、无水压紧"的原则在球盘的不同部位补加少量水（见图 2-35），即大部分补加水以滴状加在"成球区"的料流上，使散状精矿粉较快地形成母球；少部分的水以雾状加到"长球区"的母球表面上，促使母球迅速长大；而在"压球区"不加水，以防表面过湿的球遇水发生黏结以及水过量而降低强度。加料的方法是：将大部分物料下到"长球区"以利于母球迅速长大而压紧，少部分下到"成球区"以满足形成母球的需要。

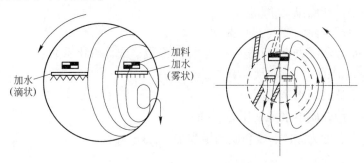

图 2-35　造球过程加料、加水示意图

2）造球时间。滚动造球所需时间视成品球的尺寸和原料成球的难易程度而定，一般为 3~10min。增加造球时间对球的质量有好处，但产量下降；缩短造球时间，球的机械强度低，而且多余的水分不能排出，将延长焙烧时的干燥时间。造球的大部分时间是用在母球长大阶段。在生产上采取一些措施，如将补加水喷得很细、适当提高造球机充填率、合理地设置刮板等，可以缩短造球时间，而且保持良好的生球质量。

3）球的尺寸。生球的大小在很大程度上决定了造球机的生产率和生球强度。生球的尺寸越小，生产率越高。从强度来看，生球落下不破坏的最大落下高度与生球直径的平方成反比，而生球的抗压强度则与其直径的平方成正比。目前生产上制造的球团尺寸是根据用户要求而定的，一般高炉生产使用的尺寸是 8~16mm，而电炉炼钢生产使用的常大于 25mm。

4）物料的温度。我国杭钢等厂在混合料烘干后造球，料温有所提高，在提高造球机的产量和生球质量方面都取得良好的效果。这是由于料温提高后，水的黏度降低、流动性变好，加快了母球的长大。当然，随着温度的升高，水的表面张力也降低，影响成品球的机械强度。由于温度上升时水的黏度比它的表面张力减小得多，在实际生产上表现出预热对造球有利，但是物料加热温度不宜过高，以控制在 50℃为宜。

2.4.2　生球干燥

生球在焙烧前需要干燥脱水，以避免焙烧时发生破裂，同时提高焙烧效率。生球的干燥过程由表面汽化和内部扩散两个过程组成。这两个过程虽然是同时进行的，但它们的速率并不一致，因此生球干燥的机理是相当复杂的。铁精矿生球因加入黏合剂而成为胶体毛细管多孔物。生球干燥曲线和干燥速度变化示于图 2-36。当生球与干燥介质接触时，介质将热量传给生球，生球表面温度升高，水分开始汽化，干燥速度很快达到最大值，进入恒温等速干燥阶段（如图 2-36（b）中 AB 段所示），其干燥速度为：

$$\frac{\mathrm{d}w}{\mathrm{d}\tau} \cdot \frac{1}{F} = \frac{\alpha}{\gamma_\theta}(t - \theta) = k_\mathrm{p}(9.8p_\mathrm{H} - 9.8p_\mathrm{n}) = k_\mathrm{c}(c_\mathrm{H} - c_\mathrm{n}) \tag{2-33}$$

式中　$\dfrac{\mathrm{d}w}{\mathrm{d}\tau}$——干燥速度，$kg/(m^2 \cdot h)$；

　　　　F——蒸发面积，m^2；

　　　　α——干燥介质与球表面的传热系数，$kJ/(m^2 \cdot h)$；

　　　　γ_θ——水分在生球表面温度为 θ 时的汽化潜热，kJ/kg；

　　　　t——干燥介质温度，℃；

　　　　θ——生球表面温度（汽化温度），℃；

　　k_p，k_c——水分从湿表面穿过边界层的传质系数，或称汽化系数；

　　　9.8——mmH_2O 与 Pa 的换算系数；

　　　　p_H——生球表面水蒸气压力，Pa；

　　　　p_n——干燥介质中水蒸气压力，Pa；

　　　　c_H——在温度为 t 时干燥介质的饱和湿度，kg/kg；

　　　　c_n——干燥介质的湿度，kg/kg。

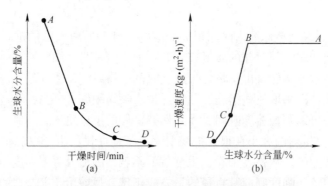

图 2-36　生球干燥曲线和干燥速度变化

（a）生球干燥曲线；（b）生球干燥速度变化

　　当生球水分减少到一定程度（某一临界值）时，如图 2-36(b)中的 B 点，水在球内部的扩散速度小于表面汽化速度，干燥由球内部扩散速度控制，此时干燥速度随着水分含量的降低而降低，同时球团温度升高，如图 2-36(b)中的 BC 段和 CD 段所示。

　　在这个阶段，干燥速度是随干燥时间的增加而降低，并随生球中湿度的降低而减小。其干燥速度可近似地用下式表示：

$$\frac{\mathrm{d}w}{\mathrm{d}\tau} \cdot \frac{1}{F} = -\frac{G_c}{F} \cdot \frac{\mathrm{d}c}{\mathrm{d}\tau} = k_c(c - c_E) \tag{2-34}$$

式中　G_c——绝对干球的重量，kg；

　　　　k_c——比例系数，$kg/(m^2 \cdot h)$；

　　　　c——在温度为 t 时物料的湿度，kg/kg；

　　　　c_E——球的平衡湿度，kg/kg。

　　实践表明，生球水分一般有 60%～90% 是在恒温等速干燥阶段蒸发的，其余在降速干燥阶段去除。

　　在干燥过程中，生球强度不断地发生变化，其一般规律如图 2-37 所示。

从图 2-37 看出，随着水分含量的降低，生球抗压强度有一个最低点，而后再升高。降低的原因是水分减少到一定量后，毛细黏结力减小，结构也由毛细转变为网络或摆线，这时球最易破损。此点对干燥作业是很重要的，必须使生球的最低强度能承受球层的压力和干燥介质穿过球层的压力。至于强度在而后的提高，则是由于添加剂的胶体黏结桥形成。

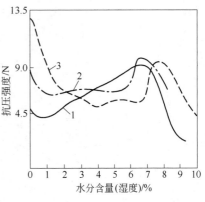

图 2-37 干燥过程中生球抗压强度的变化
1—无黏结剂；2—0.5%$FeSO_4 \cdot 7H_2O$；
3—0.5%皂土

干燥过程中，在 400~600℃ 之间有可能发生生球的爆裂。产生爆裂的原因可能有两个：一是生球在干燥中发生体积收缩，由于物料特性和干燥制度的不同，生球表、里产生湿度差，表面湿度小、收缩大、中心湿度大、收缩小，这种不均匀收缩会产生应力，干燥时一般是表面收缩大于平均收缩，表面受拉和受剪，一旦生球表层所受的拉应力或剪应力超过生球表层的极限抗拉、抗剪强度，生球便开裂；二是表面干燥后结成硬壳，当生球中心温度提高后，水分迅速汽化，形成很高的蒸汽压，当蒸汽压超过表层硬壳所能承受的压力时，生球便爆裂。

为避免生球干燥过程中的强度降低和可能出现的爆裂，生产上常进行预先试验，并根据试验数据确定合适的添加剂用量和干燥作业的温度制度。

2.4.3　球团矿的焙烧固结

焙烧固结是目前生产球团矿普遍采用的方法，通过焙烧，使球团矿具有足够的机械强度和良好的冶金性能。

2.4.3.1　焙烧固结机理

生球焙烧是一个复杂的物理化学性质变化的过程。焙烧时，随着生球矿物组成与焙烧制度（主要是气氛和温度）的不同，发生着不同的固结反应，也影响着焙烧后球团的质量。

球团矿在高温下焙烧强度有所增加的原因有：

（1）晶桥固结。晶桥固结理论是 1952 年由库克和彭研究建立的。磁精矿粉生球在氧化性气氛中，在 200~300℃ 开始氧化，到 800℃ 形成 Fe_2O_3 外壳。Fe_3O_4 在氧化中产生 Fe_2O_3 微晶，在这新生成的 Fe_2O_3 微晶中，其原子具有高度的迁移能力，促使微晶长大，形成连接桥，称为 Fe_2O_3 "微晶键"，使生球中颗粒互相黏结起来（见图 2-38（a））。随着温度加热到 1100℃ 以上，Fe_3O_4 完全氧化，生成的微晶再结晶，使互相隔开的微晶长大连接成一片赤铁矿晶体，球团矿获得了最高的氧化度和很大的机械强度（见图 2-38（b））。如果磁铁矿生球在中性或还原性气氛中焙烧，温度提高到 900℃ 时，则生球中的 Fe_3O_4 晶粒可以再结晶和晶粒长大，球团以 "Fe_3O_4 晶桥键" 固结（见图 2-38（c））。如果生球中的铁氧化物是 Fe_2O_3 形态，Fe_2O_3 在高温下也可以发生再结晶与晶粒长大而形成晶桥固结。但是与第一种情况的固结相比，后两种情况下的固结力较弱。

晶桥固结的关键是焙烧温度的控制，首先是在 Fe_3O_4 氧化形成 Fe_2O_3 外壳后要小心控

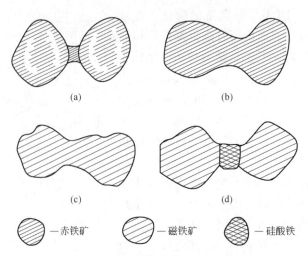

(a)　　　　　　　　　　　(b)

(c)　　　　　　　　　　　(d)

⬭ —赤铁矿　　　⬭ —磁铁矿　　　⬭ —硅酸铁

图 2-38　磁铁矿生球焙烧时发生的连接形式

制升温速度，使氧能透过外壳向内部扩散，达到完全氧化，否则球内部可能残存磁铁矿核心，影响球团矿的质量；其次是焙烧温度过高将产生液相而发生黏结，严重影响焙烧。

（2）固相烧结固结。当温度提高到 1100℃ 时，生球颗粒之间发生固相烧结作用，这是一种在粉末冶金及陶瓷工业中主要的固结机理。生球颗粒之间开始由于固相扩散而形成渣化联结颈，而后由于球团孔隙减少、密度增加而增大强度。

（3）液相烧结固结。焙烧过程中，当生球中 SiO_2 含量较高且焙烧温度过高时，也可能像烧结矿生产中那样发生一定的熔化而出现液相，在冷却过程中，液相凝固把生球中各矿粒黏结起来（见图 2-38(d)）。在球团矿生产用的精矿粉中，不可避免地存在 SiO_2，它与其他矿物（例如 Fe_3O_4 等）生成一些低熔点化合物，因此焙烧过程中总会产生一些液相。这些液相在球团矿固结中会起到一些作用：如加快结晶质点的扩散，使晶体长大速度加快；液相熔体的表面张力会使矿石颗粒互相靠拢，使孔隙率降低，球团矿致密化；液相充填在颗粒间，冷却时液相凝固将相邻颗粒黏结。但是，过多的液相，特别是 $2FeO \cdot SiO_2$ 在球团矿快速冷却下不能析晶而呈玻璃相，性脆，强度差。实践表明，这种渣键联结的强度较低。同时，液相产生还会使球团之间相互黏结而结块，因而在生产中常加以抑制。一般球团矿中液相量小于 5%。

2.4.3.2　影响球团矿焙烧固结的因素

（1）造球原料的性能。首先是矿石种类，Fe_3O_4 在焙烧中氧化成 Fe_2O_3 伴随晶型转变，能更好地构成晶桥。同时氧化放热，能耗较低，球团矿质量也较好。在强氧化性气氛中，脉石中的 SiO_2 与 Fe_2O_3 不发生反应，对焙烧无影响；但在中性和还原性气氛中或 Fe_3O_4 未氧化成 Fe_2O_3 的区域，在一定温度下会形成液相。长石熔点较低，且流动性好，与 Fe_2O_3 之间有较强的附着力，所以焙烧时长石熔化而充填于 Fe_2O_3 之间，能在较低的温度下获得有足够强度的球团矿。其次是添加物，皂土在焙烧时形成渣相，存在于赤铁矿颗粒之间，有利于固结。消石灰和石灰石在焙烧温度下形成 CaO，它与 Fe_2O_3 形成铁酸钙。在 CaO 加入量不多的情况下（例如 1%~2%），形成的铁酸钙加速了单个结晶离子的扩散；使赤铁矿晶粒长大速度加快。但过多的 CaO 也能与脉石中的 SiO_2、Al_2O_3 作用形成低熔点的渣相，产生球团黏结现象，生产中往往被迫降低焙烧温度，不利于球团矿焙烧生产。白云石中的 MgO 与 Fe_2O_3 反应形成镁铁矿，而镁橄榄石中 MgO 与 SiO_2 结合，其熔点较高，焙烧时不易产生液相，而且还有利于提高成品球的高温冶金性能。

（2）矿粉自身特性。连晶强度是指铁矿粉依靠晶键连接而获得强度的能力。球团在焙烧过程中，主要以固相固结为主，其铁矿粉之间通过发展晶键连接来获得强度。球团矿的强度主要靠 Fe_2O_3 晶格间的连晶作用来维持。因此，铁矿粉的连晶强度对球团矿的强度有重要的影响。具有合适粒度组成的原料是生产优质球团矿的基本因素。国外造球原料粒度较细，小于 0.074 mm 含量一般在 85% 以上；国内造球原料粒度较粗，小于 0.074 mm 含量一般在 80% 以下。当铁精矿小于 0.074 mm 粒级含量小于 75% 时，生球落下强度逐渐提高；当铁精矿小于 0.074 mm 粒级含量为 75% 时，生球落下强度达到最大值，之后有下降的趋势；随着铁精矿小于 0.074 mm 粒级含量的增加，生球爆裂温度下降，预热球和焙烧球抗压强度提高，并不是铁精矿粒度越细球团强度就会越好，铁精矿粒度还应该满足一个合适的粒度组成。

（3）焙烧温度制度。在焙烧过程中需要一定的温度保证 Fe_3O_4 氧化（900~1100℃）及固相扩散（1200~1300℃），也需要一定的升温制度及高温持续时间，以保证 Fe_3O_4 完全氧化及再结晶（一般需要 20~30min）。但温度也不能过高，以防止球团之间黏连。因此，存在一个固结必需的温度与最高限制温度之间的焙烧温度区间。球团矿焙烧温度对其质量的影响示于图 2-39。显然，任何工业设备中都不可能达到温度分布绝对均匀，那么这一温度区间越宽，焙烧作业就越易进行。对于较纯的 Fe_3O_4 生球，焙烧温度通常不超过

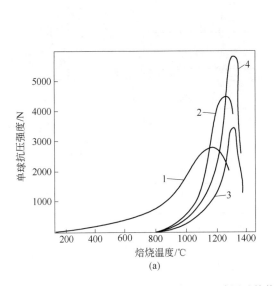

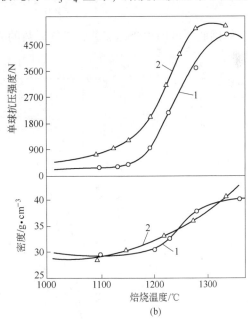

图 2-39　球团矿焙烧温度对其质量的影响

（a）不同矿粉球团的焙烧温度对强度的影响：

1—磁铁矿；2—以磁铁矿为主；3—低品位赤铁矿；4—高品位镜赤铁矿

（b）磁精粉球团矿焙烧温度与强度、密度的关系：

1—小于 37μm 的粒级占 79.4%；2—小于 37μm 的粒级占 86.6%

1300~1350℃；对于杂质含量较高或熔剂性球团，焙烧温度不宜超过1250℃，但也不能低于1150℃。焙烧过程中要重视加热速度。过快的加热速度会造成氧化不完全，Fe_3O_4会与精矿粉中的SiO_2生成液相，它润湿磁铁矿颗粒，隔绝Fe_3O_4与氧的接触，使球团矿内部的氧化作用停滞，造成成品球团矿具有层状结构；而且过快的加热速度使球团矿表面和中心出现大的温差，造成异常膨胀和引起裂纹，使成品球的强度变差。一般球团矿的加热速度应控制在60~80℃/min，焙烧时间控制在30~40min。

成品球的冷却速度也对球团矿的强度产生影响。过快的冷却（例如打水冷却）会造成球团矿破坏的温度应力增大，使球团矿强度变差。应该以100℃/min的速度冷却到最低温度，然后再于自然条件下冷却到常温。对于某一具体矿粉的球团焙烧，温度制度是通过试验确定的。

（4）焙烧气氛。氧化气氛有利于Fe_3O_4精矿粉造成的生球的焙烧，因为Fe_3O_4氧化成Fe_2O_3和未氧化，仍然是Fe_3O_4焙烧后的球团矿强度有很大差别（见图2-40）。气氛是根据燃烧室产物中的氧含量来划分的。

氧含量/%	气氛
>8	强氧化气氛
4~8	氧化性气氛
1.5~4	弱氧化性气氛
1~1.5	中性气氛
<1.0	还原性气氛

因此，可用改变燃烧过剩空气系数的方法来调节气氛。

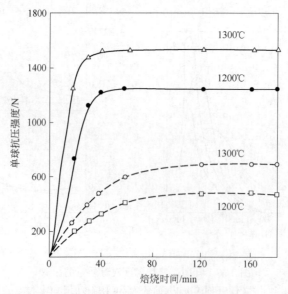

图2-40　磁精粉球团矿焙烧中Fe_3O_4氧化与未氧化焙烧后的强度比较

——Fe_3O_4氧化的磁精粉球团矿；---Fe_3O_4未氧化的磁精粉球团矿

（5）球团粒度。生球粒度越大，需要的焙烧和高温持续时间越长，以保证氧向中心扩散和热量向中心传递，使 Fe_3O_4 完全氧化成 Fe_2O_3，并进行再结晶长大。这对以 Fe_2O_3 矿粉制造的生球焙烧尤为重要，因为它内部无氧化放热，全部热量均需由外界传递进去。因此，希望将球团粒度控制在 $10\sim12.5$mm。应当指出，生产球团矿的精矿粉粒度对焙烧也有影响，一般来讲，精矿粉粒度越细，对焙烧越有利。这是由于粒度越细，比表面积越大，Fe_3O_4 氧化越快、越完全，而 Fe_2O_3 再结晶程度主要取决于小于 15μm 粒级的含量，随着精矿粉中小于 15μm 粒级含量的增加，球团矿成品的抗压强度提高。同时，精矿粉粒度越小，则球中孔隙尺寸越小，在其他条件相同时，球团的强度就越高。因此，为得到强度高的球，宜将矿粉磨细。

2.4.4　球团工艺

现在世界各国使用三种经济上合理的氧化球团焙烧方法，即带式焙烧机焙烧、链箅机-回转窑焙烧和竖炉焙烧。三种焙烧工艺流程和设备分别示于图 2-41~图 2-43，它们的特点见表 2-11。

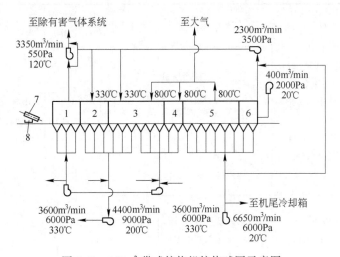

图 2-41　162m² 带式焙烧机焙烧球团示意图

1—干燥段（上抽 7.5m）；2—干燥段（下抽 6.0m）；3—预热及焙烧段（700~1350℃，15m）；
4—均热段（1000℃，4.5m）；5—冷却 I 段（800℃，15m）；6—冷却 II 段（330℃，6m）；
7—带式给料机；8—铺边、铺底料给料机

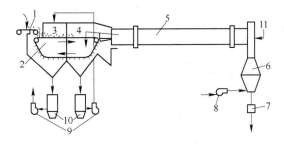

图 2-42　链箅机-回转窑焙烧球团示意图

1—布料器；2—链箅机；3—干燥室；4—预热室；5—回转窑；6—冷却机；7—振动给料器；
8—冷却风机；9—抽烟机；10—多管除尘器；11—燃烧器

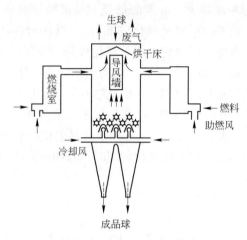

图 2-43　竖炉焙烧球团示意图

表 2-11　三种球团焙烧方法的比较

焙烧方法	优点	缺点	生产能力	产品质量	基建费用	经营费用	电耗
带式焙烧机	1. 便于操作、管理、维修； 2. 可以处理各种矿石； 3. 焙烧周期短，各带长度易于控制； 4. 可处理易结圈物料； 5. 采用热气流循环，能耗低	1. 上、下层球团质量不匀； 2. 台车、算条需耐高温合金； 3. 铺边、铺底料流程复杂	单机能力大，最大为 6000～6500t/d，适合于大型生产	良好	中等（比链算机-回转窑低 5%～8%）	稍高	中偏高
链算机-回转窑	1. 设备结构简单； 2. 焙烧均匀，产品质量好； 3. 可处理各种矿石，生产自熔性球团矿	1. 窑内易结圈； 2. 环冷机冷却效果差； 3. 维修工作量大； 4. 大型部件运输困难	单机能力大，最大为 6500～12000t/d，适合于大型生产	良好	较高	低	稍低
竖炉	1. 结构简单，维护、检修方便； 2. 对材质无特殊要求； 3. 炉内热利用好	1. 焙烧不够均匀，质量差； 2. 单机生产能力受限制； 3. 处理矿石不广泛，只能焙烧磁精粉球团	单炉生产能力小，最大为 2000t/d，适合于中小型生产	差	低	一般	高

2.4.4.1　配料、混合和造球

球团矿使用的原料种类较少，故配料、混合工艺都比较简单。如同烧结一样，按比例配好的料在圆筒混料机内混合，一般均采用一次混合流程。国外有的厂家采用连续式混磨机，由于混磨作用，水和黏结剂的混合效果得到充分发挥，可以减少黏结剂的用量，提高生球质量。应当指出的是，我国生产的精矿粉一般脱水都较差，含水量远高于合适的造球

水分，而且含水量不稳定。因此，在配料前宜设置精矿粉烘干系统。我国自产的精矿粉粒度较粗、比表面小，为克服这个缺陷，部分生产厂家还增设了润磨机。

造球已在前面生球成型中叙述。需要说明的是，在工艺生产流程中，造球机一般均与辊筛形成闭路系统，将小于 8mm 和大于 16mm 的球筛除，经打碎再参加造球。这样做是为了提高焙烧设备的生产率和成球的质量。

2.4.4.2 焙烧作业

A 带式焙烧机焙烧

带式焙烧机的基本结构形式与带式烧结机相似，然而两者生产过程却完全不同。一般在球团带式焙烧机的整个长度上可依次分为干燥、预热、燃料点火、焙烧、均热和冷却六个区。

此焙烧工艺的特点是：

（1）根据原料不同（磁精粉、赤精粉、富赤粉等），可设计成不同温度、不同气体流量和流向的多个工艺段。因此，带式焙烧机可用来焙烧各种原料的生球。

（2）可采用不同燃料生产，燃料的选择余地大，而且采用热气循环，充分利用焙烧球团矿的显热，因此能耗较低。

（3）铺有底料和边料。底料的作用是保护炉箅和台车免受高温烧坏，使气流分布均匀；在下抽干燥时可吸收一部分废热，其潜热再在鼓风冷却带回收；保证下层球团焙烧温度，从而保证球团质量。边料的作用是保护台车两侧边板，防止其被高温烧坏；防止两侧边板漏风。这两项可使料层得到充分焙烧，而且可延长台车寿命。

（4）采用鼓风与抽风混合流程干燥生球，既强化了干燥，又提高了球团矿的质量和产量。

（5）球团矿冷却采用鼓风方式，冷却后的热空气一部分直接循环，另一部分借助于风机循环，循环热气一般用于抽风区。

（6）各抽风区风箱热废气根据需要做必要的温度调节后，循环到鼓风干燥区或抽风预热区。

（7）干燥区的废气因温度低、水汽多而排空。

由于焙烧和冷却带的热废气用于干燥、预热和助燃，单位成品的热耗降低。在焙烧磁精粉球团时，先进厂家的热耗为 380~400MJ/t，一般也只有 600MJ/t，而在焙烧赤铁矿球团时耗热 800~1000MJ/t。

B 链箅机-回转窑焙烧

链箅机-回转窑是由链箅机、回转窑和冷却机组合成的焙烧工艺。生球的干燥、脱水和预热过程在链箅机上完成，高温焙烧在回转窑内进行，而冷却则在冷却机上完成。

此焙烧工艺的特点是：

（1）生球在链箅机上利用回转窑出来的热气体进行鼓风干燥、抽风干燥和抽风预热，而且各段长度可根据矿石类型的特点进行调整。由于在链箅机上只进行干燥和预热，铺底料是没有必要的。

（2）球团矿在窑内不断滚动，各部分受热均匀，球团中颗粒接触更紧密，球团矿的强度好且质量均匀。

（3）根据生产工艺的要求来控制窑内气氛，可生产氧化球团或还原（或金属化）球团，还可以通过氯化焙烧处理多金属矿物等。

（4）生产操作不当时容易"结圈"，其原因主要是在高温带产生过多的液相。物料中低熔点物质的数量、物料化学成分的波动、气氛的变化及球团粉末数量和操作参数是否稳定等，都对结圈有影响。为防止结圈，必须对上述各因素进行分析，采取对应的措施来防止，如生球筛除粉末、在链箅机上提高预热球的强度、严格控制焙烧气氛和焙烧温度、稳定原料化学成分、选用高熔点灰分的煤粉等。

链箅机-回转窑法焙烧球团矿时的热量消耗，因矿种的不同而差别较大。焙烧磁铁矿时一般为 0.6GJ/t，焙烧赤铁矿时为 1GJ/t，而焙烧赤铁矿-褐铁矿混合矿时则需 1.35 ～ 1.5GJ/t。

C　竖炉焙烧

焙烧球团矿的竖炉是一种按逆流原则工作的热交换设备。生球装入竖炉以均匀的速度连续下降，燃烧室生成的热气体从喷火口进入炉内，热气流自下而上与自上而下的生球进行热交换。生球经干燥、预热后进入焙烧区进行固相反应而固结，球团在炉子下部冷却，然后排出，整个过程在竖炉内一次完成。

我国竖炉在炉内设有导风墙，在炉顶设有烘干床。它们改善了竖炉焙烧条件，因而提高了竖炉的生产能力和成品球的质量。

此焙烧工艺的特点是：

（1）生球的干燥和预热可利用上升热废气在上部进行。我国独创的炉顶烘干床可使生球在床箅上被上升的混合废气（由导风墙导出的冷却带热风和穿过焙烧带上升的废气的混合物，温度为 550 ～ 750℃）烘干，这一创造不仅加速了烘干过程，而且有效地利用废气热量，提高了热效率。同时，由于气流分布较合理，减少了烘干和预热过程中的生球破裂，使粉尘减少，料柱透气性提高，为强化焙烧提供了条件。

（2）合理组织焙烧带的气流分布和供热是直接影响竖炉焙烧效果的关键。我国利用低热量高炉煤气在燃烧室内燃烧到 1100 ～ 1150℃ 的烟气进入竖炉，由于导风墙的设置，基本上解决了冷却风对此烟气流股的干扰和混合，保证磁铁矿球团焙烧所要求的温度，并使焙烧带的高度和焙烧温度保持稳定，从而较好地保证焙烧固结的进行。

（3）导风墙的设置还能克服气流边缘效应所造成的炉子上部中心"死料柱"（即透气性差甚至完全不透气的湿料柱），使气流分布更趋均匀，球团矿成品质量得以改善。

竖炉焙烧球团矿由于废气利用好，焙烧磁铁矿球团的热耗为 350 ～ 600MJ/t。

三种焙烧球团方法生产球团矿的总成本示于图 2-44。

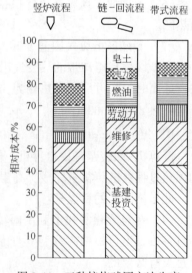

图 2-44　三种焙烧球团方法生产球团矿的总成本

2.4.5 国内外球团新工艺、新技术

烧结和球团虽然有很多优点，并发展成为典型的铁矿粉造块工业生产方法，但也存在下列缺点：

（1）高温作业，消耗能源，污染环境。

（2）还原剂（碳）不能在成品中保持，因而不能用烧结和球团方法制造一种含还原剂（碳）的单一炼铁原料。

因此长期以来，人们一直在研究和探索粉料的其他造块方法，特别是寻求一种不用高温作业的固结方法。其中有些方法已在钢铁工业中应用。

2.4.5.1 压力造块法

散粒物料在高压作用下可压制成紧密的料块。这种聚合作用仅仅依靠分子吸引力，但是这种作用力对于有塑性变形的物质较为有效，因为其可使球形颗粒的引力在压力下变形成为两平面引力，使分子吸引力有很大幅度的增加。铁矿粉的塑性变形很小，因此单纯依靠高压很难制成具有一定强度的压块。温尼斯基曾根据实验数据总结出一个表示铁矿粉密度变化率与压力之间关系的数学模型，经过计算，即使压力增加到100MPa，体积收缩率不超过10%，压块强度增加也是有限的。为此，曾应用几种变通的方法生产压块，具体如下：

（1）先用压机制成型坯，再将型坯进行高温焙烧。方团矿就是这种方法的产品。20世纪20年代此法在欧洲和美国曾得到过一定发展，新中国成立前后我国本钢等厂家也生产过。现其因消耗高、质量差、不适宜于高炉生产而未得到推广。

（2）在铁矿粉中加入黏结剂后再压制。

（3）将铁矿粉加热到一定温度（800~1050℃），使矿粉具有塑性后再加以热压。

后两种方法曾在美国和我国进行过试验，但都因成本高、效果差而未获成功。但是它们可应用于压制铁合金生产和直接还原生产中的粉末产品，特别是将流态化法生产的细粒海绵铁粉压成块状产品，既有利于运输，也可防止海绵铁粉再氧化。通常使用对辊压力机或模压机在冷态或热态下压制，有时在压制时也加入黏合剂（如石灰、水玻璃或糖浆等）以增加制品的耐压强度。

2.4.5.2 黏结剂固结法

使用黏结剂固结铁矿粉的想法由来已久，并进行了大量和广泛的试验，尝试了种类繁多的黏结剂，如石灰、MgO、蜡、糖浆、各种胶、淀粉、糊精、亚硫酸纸浆废液、水玻璃、NaOH、碳酸盐、氯化物（$MgCl_2$、$CaCl_2$）、硼酸盐、皂土、黏土、硅藻土、海生植物、泥煤（腐殖酸）、塑料等，但大部分未获成功。失败的原因有：有些黏结剂的黏结强度太低，有些黏结剂在高温下失去强度（有机物），有些黏结剂固结时间太长（硫酸盐），有些黏结剂成本太高。

下面列出几种较有意义的方法：

（1）水泥固结球团法。瑞典格朗冷固法用5%~10%的波特兰水泥熟料与矿粉制成球团，混在精矿粉中养护以防止变形及黏连，然后筛出精矿物，在硬化仓中养护5天，再于堆场存放3周后使用，强度可达100kg/球以上，在高温下水泥失去强度时，新的熔结桥已生成而使球不致破坏。这种方法的缺点是养护期太长，需要很大场地堆放；水泥用量太

大；球团内掺入酸性脉石，使矿石品位降低，高炉冶炼渣量增加。此外，有人认为此种球团高温强度差、还原膨胀大，不能使用。美国卓尔法与上述方法大致相似，但用蒸气养护法缩短养护期。

（2）高压蒸养法。精矿粉中加入细磨石灰，造球后置入高压釜中，以 $60 \sim 80Pa$ 的高压蒸汽养护 $4 \sim 8h$，能使球团强度达到近 1000N/球，其固结机理尚不清楚。用 X 光衍射未发现特殊情况，由电镜分析发现球团联结桥中有 Ca、Si、Fe、Mg 等阳离子存在，有人认为可能是发生下列反应：

$$Ca(OH)_2 + mSiO_2 + (n-1)H_2O \Longrightarrow CaO \cdot mSiO_2 \cdot nH_2O$$

生成物 $CaO \cdot mSiO_2 \cdot nH_2O$ 是一种类似水泥的胶凝体，固结后成为联结桥。这种球团在还原热态下不但不发生膨胀，甚至发生收缩，高温下强度仅降低 50%。此法的缺点是矿石必须有 6%~8% 的 SiO_2 才能有效固结，如 SiO_2 太少，可配加 1% 细磨石英。对要求高品位铁矿是一个问题。另外，有些铁矿即使含有足够的 SiO_2，蒸养后仍然达不到一定强度，原因不明。

（3）氯化物对粉粒固结能起有效作用，其机理至今仍不十分清楚。20 世纪 20~40 年代，在西欧曾用氯化镁（3%）、焦末（8%~10%）及铁屑（3%~5%）混合加入矿粉中压制团矿，经过几天熟化作用后可以达到良好的强度，能满足高炉使用要求。在硫酸渣中加入 1%~2% 的 $CaCl_2$，并在润磨机中再磨至 0.02mm 的粒度，由于 $CaCl_2$ 溶液均匀分布，生球强度可达 70~80N/球；而在 300~400℃ 温度下充分干燥后，干球强度可达约 500N/球。虽然 $CaCl_2$ 较贵，但在回转窑中处理硫酸渣氯化球团时可以回收若干贵重元素。我国南京钢铁厂曾建有这样的球团车间。

2.4.5.3 自熔性球团

熔剂性球团矿是指在混合料中添加含 CaO 的熔剂（如生石灰、石灰石等）生产的球团矿。添加只含镁、不含钙熔剂（如菱镁石、橄榄石等）制备的球团矿称为含镁酸性球团矿，添加既含钙又含镁熔剂制备的球团矿称为含镁熔剂性球团矿。关于熔剂性球团矿的碱度，国内外尚无统一定论，但从大量研究和生产实践报道来看，熔剂性球团的碱度多为 0.8~1.3，也有人将熔剂性球团矿定义为二元碱度大于 0.6 的球团矿。

国外在 20 世纪 60 年代就开始研究添加白云石、石灰石、镁橄榄石的熔剂性球团，发现熔剂性球团的某些冶金性能优于酸性球团。自 20 世纪 70 年代以来，欧洲、北美和日本等国家和地区就开始生产和在高炉中应用熔剂性及含镁球团。近年来，在钢铁生产节能减排的压力下，我国球团矿的生产突飞猛进。随着球团矿入炉比例的增加，我国发展熔剂性球团的条件日趋成熟而且势在必行。

镁质球团具有很多酸性球团所不具有的优势，已被国内外许多球团厂用于实际生产中。如 1982 年，镁质球团首先在瑞典 LKAB 铁矿公司和荷兰霍戈文厂取得生产和使用。我国首钢京唐公司研究镁质球团生产技术，特别是适宜的镁质添加剂和合适的加入量、加入方式等，明确镁质添加剂对造球过程、干燥过程、预热过程和焙烧过程的影响，强化镁质添加剂对球团矿高温冶金性能的影响，取得良好效果后在现场进行了工业试验，所生产的高镁球团矿各项指标优于此前生产的普通酸性氧化球团矿，例如：球团矿的还原性从 65.8% 提高到 75.5%，还原膨胀率指标由原来的 26.31% 下降到 18.98%，达到了优质球团矿的控制标准等。如今，首钢京唐已经完全使用自然 MgO 高碱度烧结矿与镁质球团矿搭配块矿的炉料结构生产,取得了良好的效果。

与酸性球团矿相比,熔剂性球团矿的生产存在两个主要问题,即产品含硫高和焙烧球团相互黏结、结块。这就要求熔剂性球团矿的生产不能沿袭酸性球团矿制备的工艺和技术,甚至要求某些工艺环节要有根本的变化。

2.4.5.4 含钛球团

随着炼铁技术的进步,高炉的强化冶炼程度越来越高,利用系数也保持在较高水平。高炉的强化冶炼及炉役末期都会导致高炉炉底、炉缸的耐火材料严重侵蚀,给炼铁生产和高炉长寿带来安全隐患,为此高炉需要配加含钛炉料进行护炉操作。

含钛球团矿由于具有品位高、渣量少、冶金性能优良等诸多优点,在达到同样护炉效果的情况下,较之使用钛块矿更有利于炉况顺行及渣量减少,所以目前高炉护炉多采用含钛球团的方式。我国攀钢已经成功开发出高钛型全钒钛球团矿生产技术,并在攀钢钒炼铁厂全部高炉上推广使用全钒钛球团矿;首钢开发了低硅含镁含钛球团技术,在首钢京唐钢铁公司得到成功应用。

2.4.5.5 其他方法

(1)碳酸化球团。将精矿粉与 CaO(或 Ca(OH)$_2$)混合造球,置于 CO$_2$ 气氛中,在 200~400℃ 中进行碳酸化十几个小时,可在球团表面形成碳酸钙(CaCO$_3$)薄层,强度达到 1000N/球。这种球团在高温下使用时,期望 CaCO$_3$ 分解前能形成新的熔结桥联结以保持球团强度,但实际上高温强度不足。

(2)焦化法。焦炭中 C 的骨架作用在低温及高温下均有良好的固结强度。把一定矿物混入焦煤中混合结焦是铁矿粉制团的一种方法,并且进行过多种试验,包括工业性试验,如热压焦矿法、半焦矿法。但这些方法都需要大量结焦性煤,而且焦炉受损严重,代价较大。

2.5 烧结矿和球团矿的质量检验

铁矿粉造块成品的质量技术要求是根据使用时的需要而拟定的,由于铁矿粉造块产品主要是供高炉冶炼作原料,检验指标和方法主要是根据高炉冶炼的要求制订的,有时也考虑直接还原和炼钢的要求。为全面地衡量造块成品的性能和质量,应从化学成分、冷态物理力学性能、热态及还原条件下的物理力学性能、冶金性能和矿相鉴定等方面加以检查。

2.5.1 冷态物理力学性能

铁矿石及其粉矿造块制品应具有一定的冷态强度,其目的主要是承受运输的倒翻过程中的破坏作用,以便进入冶炼过程时仍能保持一定的粒度及强度。有时也用冷强度间接地表示热强度的大小。根据矿石经受的破坏作用的形态,冷强度用下列三种方法检验:

(1)落下试验,用以检验耐跌落性能。我国现行方法是将粒度为 10~40mm 的烧结矿试样(20±0.2)kg 从 2m 高度落下 4 次,落击钢板厚度大于 20mm,落下产物筛分后取大于 10mm 粒级的百分数作为落下强度指标。一般要求该值大于 80%。对于球团矿,是采用 1kg 试样自 1.5m 高处落至厚板上 3 次或 6 次来测定小于 5mm 粒级的产率。落下 3 次时,小于 5mm 的粒级产率不应大于 15%；落下 6 次时，小于 5mm 的粒级产率不应大于 25%。

我国目前国标中已没有落下指数测定标准，ISO 正在研究制定，日本、韩国都有标准，日本至今还使用落下指数。

（2）耐压试验，用以检验球团矿的抗压强度。此试验采用类似材料试验中压溃强度的测定方法。我国现行方法（GB/T 14201—1993）为：取直径为 10~12.5mm 的成品球60 个，逐个在压力机上加压（压下速度为 10~20mm/min），以 60 个球破裂时的平均压力值为抗压强度指标。一般要求此值不小于 2kN/球。球团矿贸易合同一般约定为不小于2.2~2.5kN/球。某些试验标准还要求试验值不能大于一定离散度，以检查球团设备操作状况的好坏。

（3）转鼓试验，以检验造块制品的耐磨和碰撞性能。该试验是最重要的冷强度检查方法，因它所检验的耐磨性能及形成粉末的倾向对高炉操作有重要影响。世界各国采用的方法尚不统一，但已有国际标准（ISO），我国现在已实行标准为 GB 8209—87，与国际标准的方法相同。使用的转鼓内径为 1000mm，宽 500mm；挡板有 2 个，其高度为 50mm；转速为（25±1）r/min，连续转 200r。试验程序是：取粒度为 40~10mm 的试样（15±0.15）kg入鼓，经 200r 后筛分试样，以大于 6.3mm、6.3~0.5mm 和小于 0.5mm 的重量计算出转鼓强度（T）和抗磨强度（A）：

$$T = (大于 6.3mm \ 粒级的质量/试样质量) \times 100\%$$

$$A = (小于 0.5mm \ 粒级的质量/试样质量) \times 100\%$$

要求 $T > 78\%$，$A < 5\%$，误差规定为入鼓试样质量和转鼓后筛分出的三部分总质量之差不大于 1.5%，双试样允许绝对值差值 $\Delta T \leqslant 2\%$、$\Delta A \leqslant 1\%$。

2.5.2　热态及还原条件下的物理力学性能

冶炼条件下对矿石物理力学性能的检查除在一定温度下进行以外，有些试验还要求一定气氛，以模拟高炉中的还原气氛。冶炼条件下矿石可能由于两种因素而减弱强度：一种是由于物理吸附或化学结晶水的蒸发使矿石破裂；另一种是矿石结构发生变化，强度变弱或产生裂缝。

一般检查的项目有：

（1）热爆裂。矿块在加热过程中由于水分蒸发可能发生爆裂。如前面分析的生球干燥发生爆裂就属于此种情况。某些澳大利亚矿在加热过程中也会发生爆裂。也有可能因矿石加热到一定温度产生相变，体积变化引起膨胀应力，晶格被破坏形成许多裂纹，导致块矿粉化。我国于 2004 年制定检测标准 GB/T 10322.6—2004，它等同于 ISO 8371—1994。按检测标准随机取 20~25mm 的块矿，在（105±5）℃温度下烘干至少 12h。至少提供 10个 500g 的测试样，每份测试样以（500±1）g/粒入盒，置于加热炉中加热至 700℃并保持20min。然后样盒加盖，30min 后从加热炉中取出并冷却到室温，用 6.30mm、3.15mm 和0.5mm 的筛子筛分，记录结果。测试应进行 10 次，以小于 6.3mm 粒级的质量分数的 10次算术平均值为热裂指数。

（2）还原热强度。铁矿石在还原过程中，在 400~600℃和 800~1000℃两个区间会产生爆裂或强度下降。在 400~600℃区间，是因为 Fe_2O_3 还原到 Fe_3O_4 或 FeO 有晶格变化和CO 的析碳反应，在铁矿石中形成裂缝乃至粉化；在 800~1000℃区间，则是因为矿石发生软熔。这样常采用低温还原粉化和荷重软化两种检验方法来测定和表示出上述两种强度变化。低温还原粉化测定有静态和动态两种，经过国内外研究者对两种测定结果的对比分析，发现两组结果有很好的相关关系：

德国柯特曼 $\qquad S = 0.77D + 22 \qquad r = 0.955$

北京科技大学（原北京钢铁学院）
$$S_1 = 0.866D_1 + 4.85 \qquad r = 0.997$$

式中 S，D——以大于 6.3mm 粒级的百分数作为静态和动态还原强度指标；

S_1，D_1——以大于 3.0mm 粒级的百分数作为静态和动态还原粉化指标。

因此，无论采用静态或动态都是可以的，ISO 推荐采用静态法。静态和动态均在试用中，近年来通过研究和讨论，大部分研究者和生产厂家也倾向于采用静态还原粉化指标。我国已在 1991 年制定了 GB/T 13242—1991，采用还原后使用冷转鼓的方法。表 2-12 所示为不同低温还原粉化率测定方法的对比。

表 2-12　低温还原粉化率测定方法

项　　目	国标 GB/T 13242—1991	日本新日铁标准 CJB-83038LT	ISO		
			ISO 4696-1—1996	ISO 4696-2—1998	ISO 13930—1998
试样粒度/mm					
球团矿	10~12.5	15~20	10~12.5	10~12.5	10(12.5)~12.5(16)
矿石、烧结矿			10~12.5（破）	16~20（破）	12.5~16（破）
试样量/g	500±1（粒）	500±1（粒）	500±1（粒）	500±1（粒）	500±1（粒）
还原气体成分/%					
CO	20±0.5	30	20±0.5	30±0.5	20±0.5
CO_2	20±0.5		20±0.5		20±0.5
H_2			2±0.5		2±0.5
N_2	60±0.5	70	58±0.5	70±0.5	58±0.5
还原气流量/L·min^{-1}	15±1	15	20±1	15±0.5	20±1
氮气流量/L·min^{-1}	5（后 15）		20	15	20
保温时间/min	30		15	15	15
还原温度/℃	500	550	500±5	550±10	500±5
升温梯度/℃·min^{-1}	10				
还原时间/min	60	30	60	30	60±1
转鼓：					
直径×长度/mm×mm	$\phi130×200$	$\phi130×200$	$\phi130×200$	$\phi130×200$	还原管
转速/r·min^{-1}	30±1	30	30±1	30±1	10±0.2
试验时间/min	10	30	300r	900r	
试验结果：					
还原粉化指数	RDI$_{+3.15}$	RDI$_{-30}$	RDI$_{+3.15}$		LTD$_{+3.15}$
还原强度指数	RDI$_{+6.3}$		RDI$_{+6.3}$		LTD$_{+6.3}$
磨损指数	RDI$_{-0.5}$		RDI$_{-0.5}$	RDI$_{-2.8}$	LTD$_{-0.5}$

（3）热胀性检验。某些矿石在加热后体积膨胀，尤其是球团矿最为突出，某些球团矿的热还原膨胀率可达原体积的 300%。一般认为，体积膨胀率达 20% 的球团矿不宜在高炉或直接还原竖炉中使用，因为有可能造成悬料。我国球团矿的还原膨胀率大多数在 15% 以下，只有少数球团矿因含碱金属 K、Na（例如包钢），还原膨胀率在 40% 以上，从而严重影响高炉操作。

矿石体积膨胀率 R_V 按下式计算：

$$R_V = \frac{V - V_0}{V_0} \times 100\%$$

式中　V，V_0——分别为膨胀后体积和原始体积。

由于体积膨胀率与煤气成分及还原程度有关，一般的检测方法都是用近似于高炉的煤气成分（$\varphi(CO) = 30\% \sim 40\%$，$\varphi(N_2) = 70\% \sim 60\%$）在升温过程中还原矿石，同时用减重法连续测定还原度，用水浸法测定体积变化，对照还原与体积膨胀的关系，得出最大膨胀率及其对应还原度。我国已制定国标 GB/T 13240—1991 规范热膨胀检测指标。

2.5.3 冶金性能

2.5.3.1 还原性测定

还原性是评价铁矿石质量的重要指标之一，还原性好的铁矿石能在高炉和非高炉冶炼中达到高生产率及实现低消耗。但是直到现在还很难模拟高炉条件进行还原试验，也很难应用还原试验数据推算高炉生产指标，不过通过还原性测定还是可以提供相对比较的数值。在目前广泛采用热天平减重法测定还原性时，其指标有两种表示方法：

还原度　$RI = [(W_0 - W_F)/W_1(0.43w(TFe) - 0.112w(FeO))] \times 10^4$　（%）

还原性指数　　　　　　$RVI = dRI/dt$　（%/min）

式中　W_0——还原开始前试样质量，g；

　　　W_F——还原结束时试样质量，g；

　　　W_1——装入还原反应管的试样质量，g；

　$w(TFe)$——还原前试样的全铁质量分数，%；

　$w(FeO)$——还原前试样的氧化亚铁质量分数，%。

我国目前采用 GB/T 13241—1991 测定矿石还原性。在 900℃ 下用流量为 15L/min 的 $\varphi(CO) = 30\%$、$\varphi(N_2) = 70\%$ 混合气体还原矿样 180min 后测定出还原度，一般认为 RI<60% 的为还原性差的矿石，RI>80% 的为还原性好的矿石。

我国已在 1991 年制定 GB/T 13241—1991 标准，把还原度（RI）和还原性指数（RVI）合并为一个标准两种方法。有关还原性测定的主要国家标准列于表 2-13。

表 2-13　有关还原性测定的主要国家标准

项　目		GB/T 13241—1991 方法 1/方法 2	JIS M8713—2000 方法 1/方法 2	ISO	
				ISO 7215—1995	ISO 4695—1995
还原管直径/mm		75±1	75/75±1	75	75±1
试样粒度/mm	矿石、烧结矿	10~12.5	10~12.5 (19~20块)	10~12.5	10~12.5
	球团矿	10~12.5	10~12.5	10~12.5	10~12.5

续表 2-13

项 目		GB/T 13241—1991 方法 1/方法 2	JIS M8713—2000 方法 1/方法 2	ISO	
				ISO 7215—1995	ISO 4695—1995
试样重量/g		500±1（粒）	500±1（粒）/500	500±1（粒）	500±1（粒）
还原气体成分/%	CO	30±0.5	30±1/40±0.5	30±1	40±0.5
	N_2	70±0.5	70±1/60±0.5	70±1	60±0.5
还原气体流量/L·min^{-1}		15±1	15/50	15	50
还原温度/℃		900±10	900±10/950±10	900±10	950±10
升温梯度/℃·min^{-1}		10（>200 起）			
还原时间/min		180	180/	180	
恒温时间/min		30	30/	30	
还原减重的记录时间/min		10（15 内 3）	15（60 内 10）/ 10（15 内 3）	15（60 内 10）	10（15 内 3）
还原度/%		RI	RI	RI	
还原性指数/%·min^{-1}		还原度 40%时 RVI	还原度 40%时 RVI		还原度 40%时 RVI

2.5.3.2 软化性测定

铁矿石不是纯物质的晶体，因此没有一定的熔点，它具有一定范围的软熔区间。在高炉炼铁生产中，要求铁矿石熔化温度高，因为这样可以保持较多的气-固相间的稳定操作；还要求软熔温度区间窄，因为这可以保持较窄的软熔带，有利于煤气运动。由于矿石软熔温度不固定，试验中常测定软化开始和终了温度。通常将矿石在荷重还原条件下收缩率为 3%~4%时的温度定为软化开始温度，收缩率为 30%~40%时的温度定为软化终了温度。我国软化性能测定尚无统一标准，一般采用升温法，荷重在 50~100kPa 之间，在 $\varphi(CO)=30\%$、$\varphi(N_2)=70\%$ 的气流中还原 150~240min（或还原达 80%）。

2.5.3.3 熔滴性能测定

矿石软化结束后，炉料在高炉内继续往下运动而被进一步加热和还原，矿石开始熔融，在熔渣和金属达到自由流动并积聚成滴前，软熔层中透气性极差，煤气通过受阻，因此出现很大的压力降。根据生产高炉的测定，软熔带的压力降约占高炉总压力降的 60%。因此，人们对矿石在模拟高炉冶炼条件下的熔滴过程进行研究，并测定其滴落开始和终了温度以及过程中的压力降作为评价矿石性能的依据。表示矿石熔滴性能的指标及其测定方法尚未统一标准化。一般是将规定重量和粒度的矿样，或不经预还原，或经预还原到规定程度（达到高炉内矿石进入软熔带时的还原度），放入底部有孔的石墨坩埚内，试样上下均铺有一定厚度的焦炭以模拟软熔带中的焦窗。然后上面荷重 50~100kPa，由下部通入规定成分和流量的还原性气体（30%CO+70%N_2），并以一定的升温速度将温度升到 1500~1600℃进行试验测定。国内普遍采用压差陡升温度表示矿石开始熔化温度，以第一滴液滴下落温度表示滴落温度，以开始熔化和开始滴下的温度差为熔滴温度区间，以最高压差 Δp_{max} 表明熔滴区的透气性状况。从高炉操作要求考虑，以熔滴温度高一些、区间窄一些、Δp_{max} 低一些为好。

北京科技大学吴胜利教授于 2012 年 10 月申请的专利《一种含铁炉料高温软熔滴落特

性的评价方法》，对矿石熔滴性能的指标及其测定方法进行了统一。

该评价方法将含铁炉料的软熔滴落温度区间 T_d-T_s 划分为软熔层、熔融层和滴落层，软熔层被定义为软熔开始温度到软熔终了温度区间对应的含铁炉料层，熔融层被定义为熔融开始温度到熔融终了温度区间对应的含铁炉料层，滴落层定义为熔融终了温度到铁水滴落温度区间对的含铁炉料层，典型矿石熔滴特性曲线如图 2-45 所示。

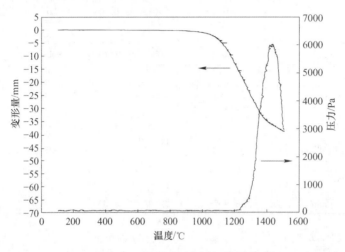

图 2-45　典型矿石熔滴特性曲线

其中，软熔开始温度 T_s：压差明显升高或料柱收缩率明显增大的温度；软熔终了温度 T_m：压差开始陡升的温度；熔融开始温度 T_m：压差开始陡升的温度；熔融终了温度 T_{pmax}：最大压差对应的温度，当有两个压差相差不大的最高压差峰时，选用离铁水滴落温度最近的一个作为最高压差峰；铁水滴落温度 T_d：料柱中铁水开始滴落的温度。

根据软熔层、熔融层和滴落层对应的温度和压差参数，提出含铁炉料软熔性能特征值 SMD_1，含铁炉料熔融性能特征值 SMD_2，含铁炉料熔滴性能特征值 SMD_3 以及从含铁炉料软熔开始到铁水滴落温度区间对应软熔滴落性能特征值 SMD，根据 SMD_1、SMD_2、SMD_3 和 SMD 值判断含铁炉料各区间软熔滴落性能和总的软熔滴落性能；SMD_1、SMD_2、SMD_3 和 SMD 越小，含铁炉料的软熔滴落性能越好；如 SMD_1 越小，表明含铁炉料的软熔性能越好，反之，其软熔性能越差；SMD_2 越小，表明含铁炉料的熔融性能越好，反之，其软熔性能越差；SMD_3 和 SMD 与之相类。

新方法解决了传统评价方法中软化温度区间和熔化温度区间总是出现空的温度区间或重叠温度区间的问题，能更正确地计算含铁炉料的软熔滴落性能特征值和评价其软熔滴落特性。

本评价方法能直观体现含铁炉料各区间的区间大小、料柱压差以及料柱收缩率，不仅有助于评价高炉新型炉料的熔滴性能及其对高炉软熔带的影响，而且对高炉上部调剂具有指导意义。

2.6　小　　结

本章主要阐述了铁矿粉造块的基础理论，烧结过程的主要物理化学反应、成矿过程、传输现象以及球团的生球成型、干燥和焙烧固结过程所涉及的工艺原理，并介绍了两种造块工艺的相关技术以及造块产品的质量检验方法。本章的重点、难点主要有：两种造块工艺的生产流程，烧结过程的固相反应、液相生成、冷凝固结，烧结矿的矿物组成及其结构，烧结自蓄热原理，铁酸钙理论及低温烧结技术，厚料层烧结技术，优化配矿技术，均质烧结技术，镶嵌式烧结技术，烧结料面喷吹 LNG（超级烧结），富氧烧结技术，罐式冷却技术，影响球团过程的精粉或高品位富粉成球、生球干燥、焙烧固结的因素，三种球团焙烧方法的优缺点以及镁质球团技术，自熔性球团技术，含钛球团技术，高碱度烧结矿、氧化焙烧酸性球团矿的固结机理比较，两种造块产品的冶金性能差异及互补性。

参考文献和建议阅读书目

[1] 甘敏，范晓慧，陈许玲，等. 钙和镁添加剂在氧化球团中的应用 [J]. 中南大学学报（自然科学版），2010（5）：1645~1651.

[2] 张立国，任伟，刘德军，等. 半焦作为高炉喷吹用煤研究 [J]. 鞍钢技术，2015（1）：13~17.

[3] 杜刚. 兰炭替代部分高炉喷吹用煤及其性能的研究 [D]. 西安建筑科技大学，2013.

[4] 赵永安，张建良，魏丽，等. 高炉炉缸用碳复合砖基础性能研究 [C] //2014 钢铁冶金设备及工业炉窑节能长寿技术交流会论文集，2014.

[5] 吴胜利，苏博. 铁矿粉的高温特性及其在烧结配矿和工艺优化方面的应用 [C] // 炼铁对标、节能降本及相关技术研讨会，2015.

[6] 吴胜利，苏博，宋天凯，等. 铁矿粉烧结优化配矿技术的研究进展 [C] // 宝钢学术年会，2015.

[7] 吴胜利，王跃飞，朱娟. 铁矿粉颗粒特性对其烧结制粒性的影响 [J]. 钢铁，2015，50（5）：19~25.

[8] 张同山. 均质烧结技术的发展与配套设计 [J]. 烧结球团，2001（2）：1~5.

[9] 周节旺. 均质烧结技术在鞍钢的应用 [J]. 鞍钢技术，2009（3）：51~53.

[10] 裴元东，吴胜利，熊军，等. 大粒度矿/返矿镶嵌烧结技术研究及其在首钢应用的分析 [J]. 烧结球团，2014，39（2）：1~4.

[11] Hayashi N, Komarov S V, Kasai E. Heat Transfer Analysis of the Mosaic Embedding Iron Ore Sintering (MEBIOS) Process [J]. Isij International, 2009, 49（5）：681~686.

[12] Kasai E, Komarov S, Nushiro K, et al. Design of Bed Structure Aiming the Control of Void Structure Formed in the Sinter Cake [J]. ISIJ international, 2005, 45（4）：538~543.

[13] 烧结机喷吹天然气减排 CO_2 技术 [J]. 烧结球团，2012，37（3）：63.

[14] 朱刚，陈鹏，尹媛华. 烧结新技术进展及应用 [J]. 现代工业经济和信息化，2016（5）：57~60.

[15] Oyama N, Iwami Y, Yamamoto T, et al. Development of secondary-fuel injection technology for energy reduction in the iron ore sintering process [J]. ISIJ international, 2011, 51（6）：913~921.

[16] 刘晓文，黄从俊. 铁矿粉富氧烧结试验研究 [J]. 粉末冶金工业，2016，26（5）：38~42.

[17] 张浩浩，毛虎军，力杰，等. 烧结矿罐式冷却工艺流程及料层阻力特性研究 [C] //2010 全国能源与热工学术年会论文集，2010.

[18] 冯军胜，董辉，王爱华，等. 烧结余热罐式回收系统及其关键问题 [J/OL]. 钢铁研究学报，2015，27（6）：7~11.

[19] 董辉，李磊，刘文军，等. 烧结矿余热竖罐式回收利用工艺流程 [J]. 中国冶金，2012（1）：6~11.

[20] 马丽，青格勒，田筠清，等. 蛇纹石对磁铁矿和赤铁矿球团的影响 [J]. 中国冶金，2015（6）：

21~24.

[21] 范晓慧, 袁晓丽, 姜涛, 等. 铁精矿粒度对球团强度的影响 [J]. 中国有色金属学报, 2006 (11): 1965~1970.

[22] 唐珏, 张勇, 储满生, 等. 以高铬型钒钛磁铁矿制备氧化球团 [J]. 东北大学学报 (自然科学版), 2013 (4): 545~550.

[23] 杨天钧, 张建良, 刘征建, 等. 化解产能 脱困发展 技术创新 实现炼铁工业的转型升级 [J]. 炼铁, 2016 (3): 1~10.

[24] 景钊, 马飞, 姚亚军, 等. 国内外铁矿球团技术研究现状与发展趋势 [J]. 电子世界, 2014 (16): 304.

[25] 姜涛. 新式球团 "生力军" [N]. 中国冶金报, 2014-07-03 (006).

[26] 周国凡, 蔡鄂汉, 杨福, 等. 钒钛球团矿取代钒钛块矿进行护炉的工艺研究 [J]. 武汉科技大学学报 (自然科学版), 2007 (3): 234~236.

[27] 专利《一种含铁炉料高温软熔滴落特性的评价方法》, 发明人: 吴胜利, 张丽华, 庹必阳, 武建龙, 孙颖. 申请时间: 2012.10.24.

[28] 叶匡吾. 欧盟高炉炉料结构述评和我国球团生产的进展 [J]. 烧结球团, 2004 (4): 4~7.

[29] 沙永志. 国外炼铁技术发展综述 [A]. 中国金属学会. 2007 中国钢铁年会论文集 [C]. 中国金属学会, 2007: 1.

[30] 王喆, 张建良, 左海滨, 等. Al_2O_3 质量分数对高碱度烧结矿软熔滴落性能影响 [J]. 钢铁, 2015, 50 (7): 20~25.

[31] 吴胜利, 韩宏亮, 姜伟忠, 等. 烧结矿中 MgO 作用机理 [J]. 北京科技大学学报, 2009 (4): 428~432.

[32] 范晓慧, 李文琦, 甘敏, 等. MgO 对高碱度烧结矿强度的影响及机理 [J]. 中南大学学报 (自然科学版), 2012, 43 (9): 3325~3330.

[33] 毕学工, 周国凡, 翁得明, 等. 铁酸钙性能与烧结矿质量关系的初步研究 [C] // 全国炼铁原料学术会议, 2005.

[34] 姜鑫, 吴钢生, 魏国, 等. MgO 对烧结工艺及烧结矿冶金性能的影响 [J]. 钢铁, 2006, 41 (3): 8~11.

[35] 傅菊英, 姜涛, 朱德庆. 烧结球团学 [M]. 长沙: 中南工业大学出版社, 1996.

[36] 郎建峰, 李振国, 张玉柱. MgO 对烧结矿质量的影响及 MgO 与 B_2O_3 的交互作用 [J]. 矿产综合利用, 2000 (1): 22~25.

[37] 吴胜利, 孙金铎, 杜建新, 等. 高炉高温区内烧结矿与块矿交互反应性的新概念 [C] // 冶金研究中心 2005 年 "冶金工程科学论坛" 论文集, 2005.

[38] 周传典. 高炉炼铁生产技术手册 [M]. 北京: 冶金工业出版社, 2002.

习题和思考题

2-1　高炉冶炼对矿石 (天然矿、烧结矿、球团矿) 有何要求, 如何达到这些要求?

2-2　烧结过程中固体燃料燃烧有几种反应? 用热力学分析哪一种反应占主导地位。

2-3　烧结过程的气氛如何判断, 怎样控制以达到要求的气氛?

2-4　烧结过程发生固相反应的条件、反应过程和反应产物有什么特点, 固相反应对烧结过程有何影响?

2-5　烧结过程中液相是如何形成的, 不同碱度烧结矿的烧结过程中产生的液相有哪些特点, 液相对烧结矿质量有何影响？

2-6　如何改善烧结料层透气性？

2-7　烧结过程蓄热从何而来，为什么高料层厚度作业能提高烧结矿质量、降低燃耗？

2-8　影响生石灰分解速度和消化的因素有哪些？讨论其原因。

2-9　按还原性及强度的好坏排列各矿物组成的顺序，并说明其对烧结矿的影响。

2-10　为什么能采用低温点火（950~1000℃），它对烧结生产和烧结矿质量有何影响？

2-11　简述影响烧结矿还原性的因素以及提高还原性的主攻方向，归纳影响烧结矿强度的因素。

2-12　简述铁精矿粉的成球机理，并讨论影响其质量的因素。

2-13　球团矿干燥有何特点，如何保证球的强度？

2-14　不同品种精矿粉的生球在焙烧中的固结有何异同？

2-15　烧结矿和球团矿质量检验的原则是什么？列举进行各种性能检验的依据。

2-16　比较烧结矿和球团矿的性能，说明合理炉料结构的组成。

2-17　试述低温烧结的理论基础和工艺对策。

2-18　试述球团烧结工艺的特点及意义。

2-19　试述低 SiO_2 烧结矿生产新工艺的目的和工艺对策。

3 煤焦化技术及高炉焦炭质量

[本章提要]

　　本章系统介绍了焦炭的性质、对高炉冶炼的作用、煤成焦基本原理及焦化过程，并结合高炉生产要求系统阐述了高炉用焦炭质量与检测方法，根据焦炭在高炉内的反应历程分析了焦炭在高炉内的劣化的主要因素，为高炉冶炼焦炭质量控制提供指导。

3.1　焦炭的性质及对高炉冶炼的作用

　　焦炭是由烟煤、沥青或其他液体碳氢化合物为原料，在隔绝空气条件下经过干燥、热解、熔融、黏结、固化、收缩等阶段得到的固体产物，且随干馏温度的不同又有高温焦炭（950~1050℃）和低温焦炭（500~700℃）之别，后者也称热解半焦。高炉所用焦炭主要是指以烟煤为主要原料，在室式炼焦炉中加热至950~1050℃经过高温干馏之后形成的高温焦炭。根据炼焦过程工艺条件和所使用原料煤性质的不同，可形成不同规格和质量的高温焦炭，其中应用于高炉炼铁工艺的焦炭称为高炉焦炭，本书中如未特别说明，焦炭即指高炉焦炭。焦炭是煤干馏的固体产物，是一种质地坚硬、多孔、呈银灰色，并有不同粗细裂纹的碳质固体块状材料。按干燥无灰基计算，焦炭中主要元素组成是碳，其次为氢、氮、氧及可燃硫。

　　焦炭物理性质包括焦炭筛分组成、散密度、真相对密度、视相对密度、气孔率、比热容、热导率、热应力、热膨胀系数、收缩率、电阻率和焦炭透气性等。焦炭的物理性质与其常温机械强度、热强度及化学性质密切相关。焦炭的主要物理性质如下：散密度为400~500kg/m³，真相对密度为1.8~1.95，视相对密度为0.88~1.08，气孔率为35%~55%，比表面积为0.6~0.8m²/g，平均比热容为0.808kJ/(kg·K)(100℃)、1.465kJ/(kg·K)(1000℃)，干燥无灰基低热值为30~32kJ/g。

　　焦炭成焦过程中伴随着胶质体的融化、固化以及气体生成析出，造成焦炭内部存在大量的裂纹和不规则的孔孢结构体。焦炭中裂纹的存在影响到焦炭的强度和粒度，一般裂纹越多，焦炭的强度越低、粒度越小。焦炭的孔孢结构主要利用焦炭气孔率表示，焦炭气孔率大小主要影响焦炭的反应性，同时对焦炭的强度也有一定的影响。焦炭在不同工艺的用途不同，对气孔率指标的要求也不同，高炉焦炭气孔率要求在40%~45%，铸造焦炭要求在35%~40%，一般情况下闭孔容积占全部气孔容积的5%~10%。焦炭裂纹度与气孔率的高低及炼焦所用煤种有直接关系，如以气煤为主炼得的焦炭，裂纹多、气孔率高、强度低；而以焦煤作为基础煤炼得的焦炭裂纹少、气孔率低、强度高。

　　焦炭在高炉冶炼过程中有提供热源、还原剂、料柱骨架和渗碳剂等作用。焦炭中只有不足 1% 的碳随高炉煤气以除尘灰的形式逸出高炉，其余部分全部在高炉内部消耗。其中在风口回旋区燃烧的焦炭量占入炉量的比重最大，达到 55%~65%，金属铁氧化物直接还原消耗量比例为 25%~35%，铁水渗碳消耗量为 7%~10%，其他非铁元素直接还原消耗量为 2%~3%。随着高炉冶炼技术的进步，风口前喷吹煤粉等燃料替代部分焦炭的功能，焦炭在风口前燃烧的比例相对减少，而消耗于炉内其他反应的焦炭比例相对增加。

（1）提供热量。高炉冶炼过程完成金属铁与氧的化学、机械分离需要消耗大量热量，这些热量的来源主要包括热风带入高炉热量、喷吹燃料在风口前燃烧释放热量和焦炭在风口前燃烧释放热量，其中焦炭燃烧释放热量所占比重最大。对于全焦冶炼高炉，冶炼 1t 铁水需要消耗 500~600kg 焦炭，焦炭几乎提供了高炉冶炼的全部热量。对于风口前喷吹燃料的高炉，焦炭供给热量也约占全部热量的 70%~80%。

（2）提供还原剂。高炉中矿石由炉顶加入，下降过程与煤气接触进行还原，其还原过程可以分为间接还原和直接还原。间接还原是上升的炉气中的 CO 还原矿石，使高价铁氧化物还原生成低价铁或者金属铁，同时生成 CO_2，间接还原在高炉上部块状带发生。

$$3Fe_2O_3 + CO \longrightarrow 2Fe_3O_4 + CO_2 \tag{3-1}$$

$$Fe_3O_4 + CO \longrightarrow 3FeO + CO_2 \tag{3-2}$$

$$FeO + CO \longrightarrow Fe + CO_2 \tag{3-3}$$

直接还原是在高炉的高温区发生，CO 还原铁氧化物生成的 CO_2 在高温条件下立即与焦炭中的碳反应生成 CO，从反应全过程看可以认为是焦炭中的碳直接参与还原过程。

$$FeO + CO \longrightarrow Fe + CO_2 \tag{3-4}$$

$$CO_2 + C \longrightarrow 2CO \tag{3-5}$$

$$FeO + C \longrightarrow Fe + CO \tag{3-6}$$

不论间接还原或直接还原，都是以 CO 为还原剂。由于直接还原需要消耗大量热量，并会破坏高温区焦炭强度，在现有高炉冶炼条件下，希望间接还原发展多一点，直接还原发展少一点。

（3）料柱骨架。高炉炉料中以焦炭堆积密度为最小，块度最大，焦炭体积占炉料总体积的 35%~50%。在高温区，矿石软化熔融后，焦炭是炉内唯一以固态形态存在的物料，是支撑高达数十米料柱的骨架，起疏松料柱、保证料柱有良好透气、透液性的作用，是炉况顺行的重要因素。高炉焦炭要求有一定的块度和强度，在块度和强度有保证的前提下高炉冶炼过程料柱才能具有良好的透气、透液性，保证高炉的稳定和顺行。

（4）铁水渗碳。高炉冶炼生铁中碳含量达到 4%~5%，其大部分来源于高炉焦炭，进入生铁的碳约占入炉焦炭含碳量的 7%~10%。铁水渗碳过程在高炉块状带已经开始，此时渗碳量很少。在高炉软熔带，液态渣铁开始产生，液态渣铁和焦炭的接触面积增加，铁水渗碳过程加快。在滴落带，熔化后的液态铁水快速滴落，与焦炭直接接触，铁水渗碳快速进行，基本完成渗碳过程。在高炉炉缸，铁水和浸泡在渣铁中的焦炭接触，发生少量的渗碳，至此铁水在高炉内的渗碳过程结束。

现代高炉采用风口喷吹燃料综合鼓风技术以后，焦炭已经不是高炉的唯一燃料，此时焦炭的第一、二和四项作用可以不同程度地被喷吹燃料替代，唯有焦炭在炉内的料柱骨架作用随着冶炼负荷的增加而更加突出。除以上焦炭在高炉内的四大主要作用外，焦炭在块状带还参与物料的蓄热，以及在高温区参加硅、锰、磷和硫的还原反应。焦炭质量是目前影响高炉冶炼过程最为重要的因素，是限制高炉生产发展的关键因素之一。

3.2 煤成焦基本原理

煤成焦机理是炼焦工艺的基础理论，通过煤成焦机理和配合煤在加热过程中相互作用的研究，对炼焦煤源的扩展和炼焦工艺的改进都具有重要意义。目前焦炭成焦机理可分为三类：塑性成焦机理、表面结合成焦机理和中间相成焦机理。

（1）塑性成焦机理。塑性成焦机理认为黏结性煤经过加热后，其中的有机质发生热解和缩聚反应生成胶质体，随温度的进一步升高，胶质体发生黏结和固化产生半焦。半焦经进一步缩聚，生成多孔焦炭。在煤转变为焦炭的过程中，关键是胶质体生成的数量和质量。

（2）表面结合成焦机理。根据炼焦煤中岩相组成的差异，将煤粒中的成分区别为活性与非活性组分，煤粒之间的黏结是一种胶结过程。以活性组分为主的煤粒，相互间的黏结呈流动结合型，固化后不再存在粒子的原形。以非活性组分为主的煤粒间的黏结则呈接触结合型，固化后保留粒子的轮廓，从而决定最后形成的焦炭质量。

（3）中间相成焦机理。煤在受热炭化时，随温度的升高，煤中首先生成光学各向同性的胶质体，然后在其中出现液相体系中新相——圆球状的可塑性物质即中间相。进一步升高温度中间相开始固化，并产生细气孔和龟裂，随着温度的继续升高，最后形成多孔和光学各向异性的固体焦炭。

随着钢铁工业的进步，高炉大型化是其发展的主要趋势，大型高炉对入炉焦炭质量及其稳定性的要求越来越高，而炼焦煤资源中强黏结性煤却越来越少，这一矛盾成为焦化和炼铁工作者所需要面对的共同问题。为此，国内外各焦化厂都在致力于优化配煤方案的研究，通过不同种煤炭资源的优化搭配，获得价格低廉且质量合格的冶金焦炭。配煤原理是建立在成焦原理基础之上的，对应上述三种煤的成焦机理，可派生出三种配煤原理：胶质层重叠原理，互换性原理和共炭化原理。

（1）胶质层重叠原理。各种炼焦煤由于煤化程度不同，造成其塑性温度区间不同，为在焦化过程中配合煤能在较大的温度范围内处于塑性状态，改善黏结过程并保证焦炭质量的均匀，需要使得配合煤中各单种煤的胶质体的软化区间和温度间隔能较好地搭接，这就是胶质层重叠原理。不同牌号炼焦煤的塑性温度区间如图3-1所示。其中肥煤的开始软化温度最低，塑性温度区间最宽；气肥煤、焦肥煤和焦煤的开始软化温度稍高，塑性温度区间变窄；焦瘦煤和瘦煤固化温度最高，塑性温度区间最窄。气煤、1/3焦煤、肥煤、焦煤、瘦煤适当配合可扩大配合煤的塑性温度区间范围。

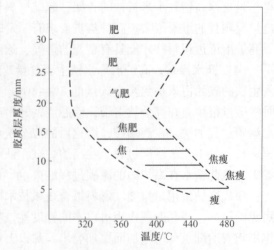

图3-1 不同煤化度炼焦煤的塑性温度区间

（2）互换性配煤原理。焦炭质量取决于炼焦煤种黏结组分、纤维组分含量及炼焦过程工艺参数的控制，单种煤的变质程度决定了其黏结组分的数量和质量，目前镜质组平均最大反射率是反映单种煤变质程度的最佳指标。评价炼焦配煤的指标，包括黏结组分的数量和纤维组分强度，其中前者标志煤的黏结能力的大小，后者决定焦炭的强度。要制得强度好的焦炭，配合煤的黏结组分和纤维组分应有适宜的比例，而且纤维组分还需要有足够的强度。当配合煤达不到相应要求时，可以用添加沥青等黏结剂或焦粉等瘦化剂的办法加以调整。

图 3-2 所示为互换性配煤原理图，由图可形象看出：

1）获得高强度焦炭的配合煤要求是：提高纤维组分的强度（用线条的密度表示），并保持合适的黏结组分（用灰色的区域表示）和纤维组分比例范围。

2）黏结组分多的弱黏结煤，由于纤维组分的强度低，要得到强度高的焦炭，需要添加瘦化组分或焦粉之类的补强材料。

3）一般的弱黏结煤，不仅黏结组分少，且纤维组分的强度低，需同时增加黏结组分和瘦化组分，才能得到强度好的焦炭。

4）高挥发的非黏结煤，由于黏结组分更少，纤维组分强度更低，应在添加黏结剂和补强材料的同时，对煤料加压成型，才能得到强度好的焦炭。

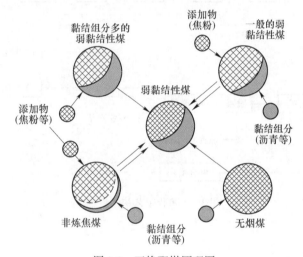

图 3-2　互换配煤原理图

（3）共炭化原理。共炭化过程是将不同煤料配合后进行炼焦。共炭化过程由于采用配合煤，使其塑性系统具有足够的流动性，为中间相的生长创造适宜条件，同时也造成焦炭的光学性质与单独炭化相比有很大差异。通过将沥青类物质与不同性质的煤进行共炭化，发现沥青不仅作为黏结剂有助于改善煤的黏结性，而且可使煤的炭化性能发生变化，发展了炭化物的光学各向异性程度，这种作用称为改质作用，这类沥青黏结剂又被称为改质剂。共炭化原理的主要内容是描述共炭化过程的改质机理。

3.3　焦化过程

高温炼焦不仅是冶金工业的重要组成部分，也是煤综合利用的重要途径。炼焦煤经过高温炼焦得到的焦炭可以供高炉冶炼、铸造和化工等部门作为燃料和原料使用。炼焦过程中得到的干馏煤气经回收、精制可得到各种芳香烃和杂环混合物，供合成纤维、医药、燃料、涂料和国防等工业作为原料。经净化后的焦炉煤气既是高热值燃料，也是合成氨、合成燃料和一系列有机合成工业的原料。焦化过程的基本流程如图 3-3 所示，主要包括煤料准备、配煤、炼焦、出焦、熄焦、筛焦过程，此外还包括煤焦化学产品的回收工艺。焦炉结构和炼焦设备作为化工专业的重要内容在众多教材中已经详尽说明，本教材不再赘述。本教材主要对配煤炼焦基本原理、结焦过程、炼焦基本工艺和炼焦技术发展方向四方面内容进行概述。

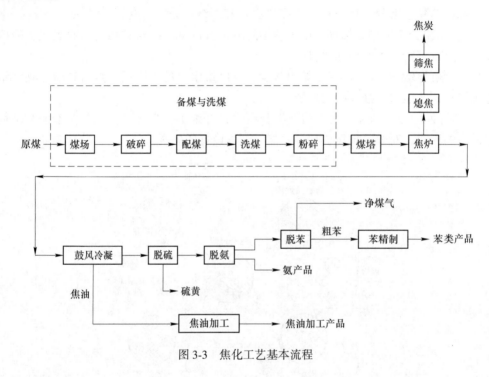

图 3-3　焦化工艺基本流程

3.3.1　炼焦配煤

3.3.1.1　单种煤的成焦特性

我国炼焦生产工艺中常用的煤种包括气煤、1/3 焦煤、肥煤、焦煤、瘦煤，不同品种炼焦煤的黏结性和结焦性的差异，使其在炼焦过程中所起作用以及成焦特性均不同。

（1）气煤：变质程度最低，挥发分较高，黏结性弱，结焦性差。气煤高温干馏过程中产生大量流动性较好的胶质体，但其热稳定性差，成焦过程中可以固化的胶质体较少，气煤单独炼焦时焦饼收缩率大，纵裂纹较多，焦块细长易碎，气孔大而不均匀，反应性强。

（2）1/3 焦煤：介于焦煤、肥煤和气煤之间的过渡煤种，是一种中等或较高挥发分的较强黏结性煤，其性能更接近于气煤。与气煤相比挥发分稍低，黏结性和结焦性比较强，干馏时产生的胶质体较多，热稳定性比气煤好，可单独成焦，焦饼的收缩比焦煤大。配煤中配入 1/3 焦煤，减少气煤的配入量，可以提高焦炭块度和强度，增加焦饼收缩和减小膨胀压力。

（3）肥煤：变质程度中等，挥发分含量较高，干馏时产生大量胶质体，黏结性极强，热稳定性较好。肥煤单独成焦时以细粒镶嵌结构为主，所得焦炭横裂纹多，气孔率高，在焦饼根部有蜂窝状焦，焦炭易成碎块。炼焦煤料中配入肥煤可改善胶质体熔融性，提高焦炭耐磨强度，为配入黏结性差的煤或瘦化剂创造条件，肥煤常作为炼焦配煤中的基础煤使用。

（4）焦煤：也称为冶金煤，是一种变质程度较高、具有中等挥发分、较好的黏结性和结焦性的烟煤，焦煤的变质程度、工业分析指标、工艺指标均适中，为配合煤中的主体煤种。焦煤在干馏过程中能够生成热稳定性很好的胶质体，单独炼焦时能得到块大、裂纹少、机械强度高、耐磨性好的焦炭。但焦煤炼焦过程中收缩度小、膨胀压力大，可能造成推焦困难导致炉体损坏，必须配入气煤和瘦煤等，以改善操作条件和进一步提高焦炭质量。

（5）瘦煤：变质程度较高，挥发分较低，黏结性和结焦性都较差。干馏时产生的胶质体少，且黏度大，炼焦过程中主要起骨架、缓和收缩能力、增加焦炭的块度和致密度等作用，单种煤成焦时以纤维和片状结构为主。

3.3.1.2　配合煤的质量

由于单种煤炼焦很难满足高炉冶金焦和铸造焦对灰分、硫含量、强度和粒度的要求，通常采用不同煤种按一定比例混合的配合煤进行炼焦。所谓配煤就是将两种或两种以上的单种煤料，按性能互补原则选取适当比例均匀配合，以获得各种性能和指标能够满足工艺使用要求的焦炭。采用配煤炼焦，既可保证焦炭质量符合要求，又可合理利用煤炭资源，降低焦炭生产成本。

配合煤质量指标总体上分为两类，一类为化学性质，如水分、灰分、硫分、矿物质组成；另一类为工艺性质，如细度、煤化度、黏结性、膨胀压力等。

（1）水分。配合煤水分应力求稳定，一般控制在7%～10%的范围内，以保持焦炉加热制度稳定。有条件的企业可以通过对入炉煤粉进行干燥，稳定装炉煤的水分含量。

（2）灰分。炼焦过程中，配合煤的灰分全部转入焦炭。合适的配合煤灰分含量应从资源利用、经济效益和工艺冶炼需求多方面综合考虑，我国一般控制在7%～10%（高于工业发达国家）的范围。

（3）硫分。硫在煤中主要以硫酸盐硫、硫化铁硫和有机硫三种形态存在，配合煤硫分可按单种煤硫分用加和计算，也可直接测定。配合煤中硫含量不应大于1%～1.2%。

（4）细度。细度指的是配合煤中小于3mm粒级的质量分数。不同焦化工艺要求的入炉细度不同，当采用顶装煤时为72%～80%，配型煤炼焦时约85%，捣固炼焦时为90%以上。为减轻配合煤装炉时的烟尘逸散，要求尽量减少配合煤中小于0.5mm的细粉含量。

（5）煤化度。目前煤化度指标常用的有干燥无灰基挥发分（V_{daf}）和镜质组平均最大反射率（R_{max}）。前者测定方法简单，后者对测定设备和水平要求较高，但更能确切地反应煤的煤化度本质。配合煤的煤化度影响焦炭的气孔率、比表面积、光学显微结构、强度和块度等，根据生产数据总结认为，目前适合大型高炉使用焦炭的配合煤煤化度指标宜控制在$V_{daf}=28\%～32\%$或$R_{max}=1.2\%～1.3\%$水平。

（6）黏结性。配合煤的黏结性指标是影响焦炭强度的重要因素，配合煤的黏结性指标一般不能用单种煤的黏结性指标按加和性计算。反映黏结性的指标很多，主要包括最大胶质层厚度、奥亚膨胀度、基氏流动度、罗家指数、黏结指数，其中黏结指数（G）是目前企业常用的检测指标。

3.3.1.3　配煤方法

配煤方法主要有单纯依靠煤化学参数的经验配煤和近代发展起来的煤岩配煤。由于煤岩参数能更准确地反应炼焦煤的性质，煤岩配煤技术正在逐步取代传统的经验配煤技术。

（1）传统配煤方法。传统的配煤方法主要考虑以煤的工艺指标为参数，包括配煤的挥发分、灰分、硫分、黏结性指标等，这些煤质指标除黏结指数外，大都具有较好的加和性。焦炭的灰分、硫分和煤的灰分、硫分有直接的关系，两者存在较好的线性关系，可以控制配合煤的灰分以控制焦炭灰分。最佳配煤的指标分别为：$V_{daf}=28\%\sim32\%$，$G=58\sim72$。

（2）煤岩配煤方法。煤岩是煤的宏观特征，就是煤的岩石学特征。煤岩配煤方法首先将煤划分为活性组分和惰性组分两大类，活性组分包括镜质组、壳质组等；而惰性组分包括丝质组、破片组和矿物组等。在炼焦过程中，活性组分在焦炭内部起黏结作用，而惰性组分则形成焦炭的骨架。配煤中活性组分与惰性组分存在最佳相互配合，最佳配煤 R_{max} 呈抛物线型的单峰分布，R_{max} 的数值在 1.2% 左右。

3.3.2　结焦过程

现代炼焦炉由炭化室、燃烧室、蓄热室、斜道区、炉顶、基础、烟道等组成，炼焦煤料在炭化室中隔绝空气受热变成焦炭。煤料在炭化室内结焦过程具有单向供热、成层结焦的特点。炭化室内煤料结焦过程所需的热量，由两侧炉墙提供，由于煤、塑性体和产生半焦的导热性很差，造成炉墙到炭化室的各个平行面之间存在较大温度差，在同一时间，离炭化室墙面不同距离的各层炉料因温度不同而处于结焦过程的不同阶段（图3-4）。靠近炉墙部分煤料最先被加热形成焦炭，而后逐渐向炭化室中心推移，此过程称为成层结焦。炭化室中心煤料完成结焦标志着炉内结焦过程结束，炭化室中心温度常作为炼焦过程焦炭成熟的标志，该温度称炼焦最终温度，按装炉煤性质和对制备焦炭质量要求的不同，高温炼焦最终温度控制在 950~1050℃。

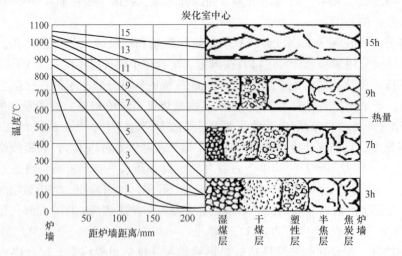

图 3-4　不同结焦时间炭化室内各层煤料的温度与状态

煤料结焦过程中，炭化室底面温度和顶部温度也很高，在炭化室内煤料的上层和下层同样也形成塑性层，与平行于两侧炉墙面的塑性层一并形成围绕中心煤料的塑性层膜袋（图3-5）。膜袋内的煤继续受热产生大量气体，难以及时穿过透气性较差的膜袋，造成膜袋产生膨胀趋势，塑性层膨胀产生的压力通过外侧的半焦层和焦炭层施加于炭化室的炉墙，这种压力称为膨胀压力。膨胀压力是由于现代焦炉成层结焦的特性而产生的，其压力值随结焦过程而改变，当两个塑性层面在炭化室中心处会合时，由于外侧焦炭和半焦层传热好、需热少，致使塑性层内的温度快速升高，气态产物迅速增加，此时产生的膨胀压力值达到峰值。通常所说的膨胀压力是指在结焦过程中压力的峰值。对于常规炼焦的焦炉来讲，受炭化室炉墙结构强度的制约，应控制膨胀压力的大小。

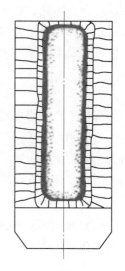

图3-5　炭化室内的塑性膜袋

对于一定的炼焦煤料，由于其在炉内受热和受力过程的差异造成生成的不同部位焦炭具有明显的特征差异，表现在焦炭的裂纹及块度大小不同，此外各部位焦炭在颜色、气孔的分布和冶金质量方面也有明显的差异。

（1）焦炭裂纹的形成。焦炭产生裂纹的原因在于煤料加热过程热分解和半焦热缩聚产生的不均匀收缩，当焦炭内部应力超过焦炭多孔体强度时，导致焦炭内部裂纹形成，形成的裂纹对焦炭的强度和块度有较大影响。煤料在炭化室内成层结焦的特性，使固化半焦收缩阶段各层收缩速度不同，造成层与层之间产生剪应力，层内部产生拉应力，两种应力的存在使得炭化室内的焦炭产生横裂纹和纵裂纹。炼焦生产中规定裂纹面与焦炉炭化室炉墙面平行的裂纹为横裂纹，裂纹面与炭化室墙面垂直的为纵裂纹。在炭化室中心部位，两侧塑性层汇合时，加热速率快速增加，大量热解气体释放引起的膨胀压力将焦饼沿中心面推向两侧，形成中心裂缝。中心裂缝以及横裂纹、纵裂纹在焦饼中的随机分布，使得炭化室内的焦饼被分隔成大小和形状不同的焦块。

（2）各部位焦炭特征。一般情况下靠近炭化室墙面的焦炭（焦头），由于煤料升温速度快，熔融良好，生成半焦结构致密，但温度梯度大，造成焦炭裂纹多且深，其焦面扭曲"鼓泡"，外形如同菜花，常称"焦花"，焦炭块度较小。炭化室中心部位的焦炭（焦尾），结焦前期加热速度慢，而结焦后期加热速度快，故焦炭黏结、熔融均较差，裂纹也较多，且成焦过程中膨胀压力最终将两侧的焦饼推向两侧，焦炭中心面会形成焦饼中心大裂纹，炭化室打开炉门时能够清楚看到焦饼中心裂缝。距炭化室墙面较远的内层焦炭，加热速度和温度梯度均相对较小，故焦炭结构的致密程度差于焦头而优于焦尾，但裂纹少而浅，焦炭块度较大。在炉头部分，由于成焦过程中热量散失过大，焦饼加热不足，容易出现黑焦。在焦饼顶部一层，由于高度方向上加热不足和堆积密度过小容易出现黑色蜂窝状焦炭。

造成不同部位焦炭特性和质量差别的原因包括：1）焦炉炼焦工艺中的传热方式存在不足，焦炉炭化室是两面加热，而煤的导热性能较差，在持续加热中煤料受热不均匀。2）炉体加热不均匀和高向加热不好，由于技术和生产原因，炉体会产生加热不均匀现象，炉体加热不均会造成炉内煤料的加热不均。3）原料煤粉碎工艺和配煤过程不均匀，原煤粉碎、输送、装炉过程会造成煤料偏析。4）煤料上下堆密度不一致，煤料装炉过程中由于煤料自身重力和装料落差会导致上下部堆密度不同。通过控制工艺条件、改善炼焦工艺技术及生产条件来提高焦炉加热和煤料的均匀性，对改善焦炭质量有重要的作用。

3.3.3 炼焦生产

炼焦生产过程主要包括将配合好的煤料装入焦炉炭化室，在隔绝空气条件下高温干馏，生成的焦炭还需要从焦炉内推出，由专门的设备将高温焦炭快速熄灭，并进行筛分分级为不同粒度的焦炭，分别送往高炉及烧结等用户。该生产过程主要包括装煤、出焦、熄焦、筛焦，此外在炼焦生产中还产生焦炉煤气和多种化学产品。

3.3.3.1 装煤和出焦

（1）装煤操作要求。装煤操作由装煤车进行，装煤车从焦炉的煤塔受煤，然后将煤加入炭化室。顶装煤操作，包括从煤塔取煤和由装煤车往炉内装煤，其操作要求是：装满、装实、装平、定量、均匀和减少烟尘排放。装煤时要求每个炭化室要装满，装煤不满在影响焦炭生产效率的同时，也会造成炉顶空间温度升高；但装煤也不宜过满，装煤过满会使上部供热不足而产生生焦。装煤时应将煤料装实，这不但可以增加装煤量，提高生产效率，同时还可以提高煤料堆密度，改善焦炭质量。往炭化室放煤时要迅速，这样不但有利于煤料装实，还可以减少装煤时间并减轻装煤冒烟。放煤后应平好煤，以利于荒煤气顺利导出。各炭化室装煤量应均衡，以保证焦炭产量和炉温稳定。

（2）出焦操作要求。焦炉的装煤和出焦应严格按计划进行，保证各炭化室的焦饼按规定结焦时间均匀成熟，做到安全、定时、准点。出焦过程中应注意推焦电流的变化，电流大说明焦饼移动阻力大，当电流达到一定值仍推不动焦炭时，应停止推焦。造成焦饼难推的因素很多，常见的有焦饼不熟、收缩不好、焦炭过火破碎并倒塌、装煤孔堵眼、炉墙变形及推焦杆变形等。应视不同情况采取相应措施，通常是人工扒出机焦两侧部分焦炭，减少推焦阻力后再推焦。由于推焦困难，既损坏炉墙，劳动条件又极为恶劣，故应尽力避免出现。

（3）装煤和出焦设备。焦炉的炼焦生产主要操作有装煤、推焦和熄焦三部分，分别由装煤车、推焦车、拦焦车和熄焦车四大机械设备完成。

装煤车：装煤车是在焦炉炉顶上往炭化室装煤的焦炉机械。装煤车由钢结构、走行结构、装煤机构、启动系统和司机室组成，如图3-6所示。大型焦炉的装煤车功能较多，机

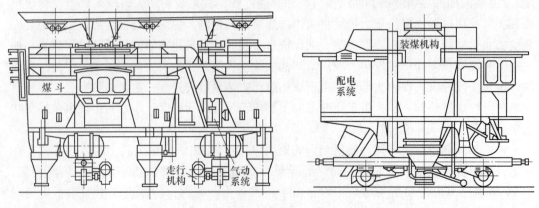

图3-6　装煤车

械化、自动化水平高，除装煤的基本功能外，还有启闭装煤孔盖、操纵上升管水封盖和桥管水封阀以及对炉顶面进行吸尘清扫等功能。

推焦车：推焦车主要由钢结构架、走行机构、开门装置、推焦装置、除沉积炭装置、送煤装置和司机室组成，如图 3-7 所示，用以完成装煤时的平煤和推焦操作。推焦车在一个工作循环内，操作程序很多，工艺上要求每孔炭化室的实际推焦时间与计划推焦时间相差不得超过 5min，要求推焦车各机构应动作迅速，安全可靠。为减少操作误差，一般采用程序自动控制或半自动控制。

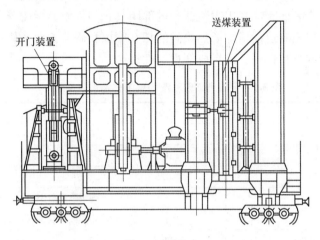

图 3-7　推焦车

拦焦车：拦焦车由启门、导焦及走行清扫等部位组成。启门机构包括：摘门机构和移门旋转机构。导焦部分设有导焦槽及其移动机构，以引导焦饼到熄焦车上。

熄焦车：熄焦车由钢架结构、耐热铸铁车厢、开门机构和电信号等部位组成。用以接收由炭化室推出的火红焦并送到熄焦塔，进行熄焦。熄焦车经常在急冷急热的条件下工作，是最容易损坏的焦炉机械，工艺上要求熄焦车材质能够耐温度剧变，耐腐蚀。

3.3.3.2　熄焦

炼焦过程结束时，焦炭的温度一般在 950~1050℃，在空气中既容易燃烧又不利于储运，需要经过熄灭处理将温度降到 250℃ 以下，这在炼焦过程中称为熄焦。目前常用的熄焦方法可以分为湿法熄焦和干法熄焦两类。

（1）湿法熄焦。炽热的焦炭出炉后由熄焦车运送至熄焦塔内，由上部喷淋装置喷洒冷却水，将冷却至 250℃ 左右的焦炭运送至晾焦台的工艺称为湿法熄焦。湿法熄焦方式由于投资少、建设周期短，在国内得到了普遍的应用，但湿法熄焦的热量浪费很大，每生产 1t 焦炭消耗热量 3300MJ，而熄灭 1t 红热焦炭时，被熄焦水吸走的热量大致为 1450~1700MJ，近一半的热量消耗于熄焦水的气化，熄焦过程对环境还有较大的污染。湿法熄焦造成炽热焦炭的显热消耗的同时，也会增加焦炭中水分含量。急冷使焦炭内部产生热应力，造成焦炭产生裂纹和破裂，恶化焦炭的冶金性能。

（2）干法熄焦。为了避免湿法熄焦所带来的缺陷，人们进行了干法熄焦的研究。在干法熄焦中，焦炭的显热借助于惰性气体回收并可用以生产高温、高压水蒸气，每吨红焦可产生温度达 450℃、压力为 4MPa 的蒸汽 400kg，也可通过换热器用于预热煤、空气、煤气和水等。干法熄焦在回收焦炭显热的同时，可减少熄焦水使用量，消除含有焦粉的水汽和有害气体对附近构筑物和设备的腐蚀。干法熄焦还避免了湿法熄焦打水对红焦的急冷作用，有利于焦炭质量的提高。基于上述原因，干法熄焦技术已在世界各国焦化厂广为采用。

干法熄焦与湿法熄焦的焦炭质量相比有明显提高，如表 3-1 所示。这是由于焦炭干熄过程是在惰性气体循环的过程中缓慢而均匀进行，没有湿法熄焦过程的急冷作用发生，降低了内部热应力，网状裂纹减少，气孔率低，因而机械强度提高。此外干法熄焦过程不发生水煤气反应，焦炭表面有球状组织覆盖，内部闭气孔多，耐磨性改善，反应性降低。干法熄焦过程中因料层相对运动增加了焦块间的相互摩擦和碰撞，使大块焦炭中的裂纹提前开裂，起到了焦炭的整粒作用，焦炭块度均匀性提高。

表 3-1　干熄焦工艺和湿熄焦工艺焦炭质量对比

焦炭质量指标		湿熄焦	干熄焦
水分/%		2~5	0.1~0.3
灰分（干基）/%		10.5	10.4
挥发分/%		0.5	0.41
M40/%		干熄焦比湿熄焦提高 3%~6%	
M10/%		干熄焦比湿熄焦改善 0.3%~0.8%	
筛分组成/%	>80mm	11.8	8.5
	80~60mm	36	34.9
	60~40mm	41.1	44.8
	40~25mm	8.7	9.5
	<25mm	2.4	2.3
平均粒度/mm		65	55
CSR/%		干熄焦比湿熄焦提高 4%左右	
真密度/g·cm^{-3}		1.897	1.908

尽管常规湿法熄焦与干法熄焦相比，不能回收焦炭余热，熄焦时还存在着熄焦后焦炭水分不均匀及大量逸散物污染环境等问题，但是现在国内还存在大量湿法熄焦设备，这与其装置简单、投资少、操作便利等有关。干法熄焦投资较大，约为焦炉投资的 35%~40%，并且部分企业未能解决干法熄焦除尘问题，如采用简单的打水方法抑制灰尘，会对焦炭的质量产生不利的影响，使其失去了改善焦炭质量方面的优势。从长远来看，干法熄焦技术在改善焦炭质量、回收焦炭显热、环境保护方面还有较强的优势，是熄焦技术未来的发展趋势。

3.3.3.3　筛焦

焦炭的分级是为了适应不同用户对焦炭块度的要求，块度大于 60~80mm 的焦炭可供锻造使用，40~60mm 的焦炭供大型高炉使用，25~40mm 的焦炭供高炉和耐火材料厂竖窑使用，10~25mm 的焦炭用作烧结机的燃料或供小高炉、发生炉使用，小于 10mm 的焦炭供烧结机生产使用。现代大型高炉要求焦炭块度均匀、机械强度高，筛焦过程应加强对大块多裂纹焦炭的破碎作用，实现焦炭整粒，使一些块度大、强度差的焦炭，在筛焦过程中就能沿裂纹破碎，并使块度均匀。通常可采用切焦机实现焦炭整粒，焦炭先经过间距 75～80mm 的篦条筛，筛出大于 75～80mm 的大块焦输入切焦机破碎，然后与篦条筛下的焦炭一起进行筛分分级。国内外试验表明，焦炭经整粒后，其转鼓强度有明显提高，这是由于焦炭中强度较差的部分或者有棱角易碎的部分，经撞击后被去除。焦炭经整粒工艺处理后，粒度趋于均匀，装入高炉中可以改善高炉料柱的透气性，有利于高炉增加产量，降低焦比。

3.3.3.4 炼焦化学产品

煤在炼焦时 72%～78% 转化为焦炭，22%～28% 转化为荒煤气。荒煤气呈褐色或棕黄色，经回收净化后主要含有 H_2、CH_4 和 CO 等气体，可作为高热值的燃气燃料，也可以做合成气生产的原料气，此外还可以获得焦油、粗苯等重要的化工原料。

炼焦化学产品性质和产率与煤化度、干馏条件，特别是干馏温度有重要关系，但由于炼焦生产的连续性，正常生产情况下，炼焦化学产品的总体组成基本保持稳定。在工业生产条件下，高温干馏时各种产品的产率如表 3-2 所示。

表 3-2　高温干馏产品产率

产　品	焦炭	净焦炉煤气	焦油	化合水	粗苯	氨	其他
产率/%	70～78	15～19	3～4.5	2～4	0.8～1.4	0.25～0.35	0.9～1.1

焦炉煤气作为焦化过程的主要副产品，煤气发生量随干馏温度的上升而增加，700～800℃ 时达到最大，再升高温度逐渐减少，到 1000℃ 时煤气的生成基本停止。在热解初期，约 200℃ 左右，炼焦煤中水分和吸附在煤中的 CO_2、CH_4 等气体逐渐蒸发析出；250～300℃ 时炼焦煤中大分子端部含氧官能团逐渐分解，生成 CO_2、H_2O 和酚类等；到 500～600℃，热分解进一步进行，主要释放 CH_4、H_2 和 CO，煤的芳香族结构逐渐扩大，此时焦油量几乎不再增加；温度超过 700℃ 时，H_2 和 CO 的生成量最多，煤的芳香族结构进一步扩大。H_2 发生量在 600～800℃ 之间最多，主要是分解产物通过赤热的焦炭和沿炭化室炉墙向上流动时发生二次裂解产物，所以在高温干馏的煤气中大部分是 H_2，其次是 CH_4，经回收化学产品和净化后的焦炉煤气如表 3-3 所示。

表 3-3　净焦炉煤气的组成

组　分	H_2	CH_4	CO	N_2	CO_2	C_nH_m	O_2
体积分数/%	54～59	24～28	5.5～7	3～5	1～3	2～3	0.3～0.7

3.3.4　炼焦技术发展方向

随着优质炼焦煤资源的逐渐消耗，如何通过对炼焦技术的改进，达到拓展炼焦煤资源利用、降低焦炭生产成本、提升和改善焦炭质量、满足炼铁强化生产的需求，是国内外炼焦行业亟待解决的重要问题。目前在焦化企业得到应用的炼焦新技术主要包括捣固炼焦技术、配型煤炼焦技术和煤料预处理技术。

3.3.4.1 捣固炼焦

捣固炼焦工艺是在炼焦炉外采用专门的煤粉捣固设备，将散装的炼焦配合煤按照炭化室的大小，捣固成致密的体积略小于炭化室的煤饼，再由炭化室侧面装入，进行高温干馏炭化的一种炼焦工艺。煤粉经过捣固之后煤料堆密度增加，煤粒间的空隙缩小，较少的胶质体液相产物就能够使煤粒之间产生有效的黏结；由于煤粒间空隙减少，高温干馏过程所产生的气体扩散阻力增加，胶质体膨胀压力增加，使变形煤粒受压挤紧，进一步加强煤粒间的结合；煤饼经过捣固，还有利于热解过程中产生的游离基与不饱和化合物之间发生缩合反应，增加液相产物生成量，改善煤料的黏结性。

与常规顶装（散装煤）工艺相比，捣固炼焦工艺具有以下的特点：

（1）扩大炼焦煤资源。随着作为炼焦基础配煤的焦煤与肥煤资源逐渐减少，价格不断增加，扩大炼焦用煤资源成为焦化工作者的主要任务之一。捣固炼焦可以较大量地使用价格较为低廉的气煤、1/3 焦煤、瘦煤，同时保证焦炭质量。

（2）增加焦炭产量。由于煤料经过机械压实使得装入炭化室的装炉煤堆密度是常规顶装炉煤料的 1.4 倍左右，但捣固炼焦工艺结焦时间并未大幅度增加，仅为常规顶装工艺的 1.1~1.2 倍，对于同样体积炭化室，采用捣固工艺可以装入更多的煤料，增加焦炭产量。

（3）降低炼焦成本。焦炭生产过程中，煤料的费用占到焦炭成本费用的 70% 以上，顶装焦炉炼焦配煤中需要配加大量的价格较高的强黏结煤以保证焦炭质量，而捣固炼焦工艺就比较灵活，可以选用的煤料范围更广，由于高黏结性煤价格一般比弱黏结性煤高，捣固炼焦煤料可以配入更多的弱黏结性煤，从而降低生产成本。另外，煤料经过捣固之后堆密度增加，生产能力比顶装炼焦提高约 15%，效率的提升也使炼焦成本进一步降低。

（4）提高焦炭质量。捣固炼焦是将煤料在煤箱中预先捣固成煤饼，堆密度的增加能够有效改善焦炭质量。生产实践表明，在原料煤同一配比的前提条件下，利用捣固炼焦工艺生产的焦炭质量比常规顶装煤炼焦有很大程度的改善和提高。40kg 试验焦炉顶装与捣固装煤炼焦试验结果表明，捣固炼焦能明显降低焦炭气孔率，改善焦炭冷态强度和热态性能，见表 3-4。

表 3-4　相同配煤比不同装炉工艺试验焦炭的质量对比　　　　　　　　（%）

焦样编号	炼焦方式	气孔率	M40	M10	CRI	CSR
1	顶装	41.9	85.6	6.8	40.3	45.9
	捣固	36.4	87.2	4.8	36.2	50.7
2	顶装	43.5	84.8	9.6	39.0	36.9
	捣固	37.6	88.0	6.8	32.4	57.4
3	顶装	43.9	81.6	11.2	40.9	34.4
	捣固	36.9	86.4	8.0	37.2	47.1
4	顶装	43.1	83.6	11.6	39.6	37.1
	捣固	36.6	90.0	6.0	33.9	53.8

初步研究和实践表明，为保证捣固焦的质量，捣固焦生产中的配煤要保持一定数量的炼焦煤和肥煤（25%~30%），维持合理的捣固压强，将捣固煤饼的密度控制在 0.95~1.0kg/m³，保持合理的结焦时间，控制焦炉顶部煤料均匀加热，可以生产出满足 2000~3000m³ 级高炉生产使用的捣固焦。目前捣固焦在国内的使用效果并不理想，独立焦化厂

生产的捣固焦在高炉内表现差，易造成炉况波动甚至失常，其原因在于：1）目前捣固焦配煤尚无统一标准，部分独立焦化厂为节省成本，配料中将焦煤和肥煤数量降到不合理的程度；2）捣固压强控制不到位，超高压强捣固后生产的捣固焦局部基本无气孔，而在二层捣固层的交界面出现盲肠型横向气孔，严重影响焦炭在高炉内的高温强度；3）缺少炼焦工艺参数变化对捣固焦质量影响的系统研究，未掌握炼焦过程的热制度控制，造成捣固焦炉生产的焦炭黑头焦过多，焦炭质量差。

3.3.4.2　配型煤炼焦

将一部分装炉煤在装入焦炉前，配入黏结剂加压成型煤，然后与散装煤按一定比例混合装入焦炉的炼焦过程称为配型煤炼焦。配型煤炼焦可以在一定程度上改善焦炭质量。

（1）提高了装炉煤的堆密度。一般粉煤堆密度为 $0.7 \sim 0.75 t/m^3$，型煤堆密度为 $1.1 \sim 1.2 t/m^3$，配30%型煤后装炉煤堆密度可达 $0.8 t/m^3$ 以上，堆密度的提高可以改善煤的黏结性，提升焦炭质量。

（2）增大装炉煤的塑性温度区间。塑性温度区间是指煤料从软化熔融到固化的温度间隔，塑性温度区间增加，有利于煤料的黏结，进而改善焦炭质量。型煤致密，其导热性能比散装粉煤好，加热炼焦过程中升温速率较快，能够较早达到开始软化温度，且处于软化熔融的时间长，从而有助于与型煤中的未软化颗粒及周围粉煤的相互作用，当型煤中的熔融成分流到粉煤间隙中时，可增强粉煤粒间的表面结合，并延长粉煤的塑性温度区间，从而达到改善焦炭质量的作用。

（3）装炉煤内的膨胀压力增加。型煤和散装粉煤加热软化时，型煤由于内部的气体压力更大，造成型煤的体积膨胀率也较粉煤高。型煤的膨胀压缩周围粉煤，促进其挤压，增强了装炉煤内部的膨胀压力，并使型煤和粉煤互溶，生成结构统一的块焦。

3.3.4.3　煤料预处理

（1）装炉煤的干燥。其是将湿煤在炉外预先脱除水分含量至6%以下，再装炉炼焦的工艺。煤干燥的基本原理是利用外加热能将炼焦煤料在炼焦炉外进行干燥、脱水降低入炉煤的水分，然后装炉炼焦。降低装料煤水分含量有利于改善煤料的流动性，增加装炉煤堆密度，同时水分含量的降低，可提高加热速度，缩短结焦时间。装炉煤堆密度的增大和结焦速度的加快能稳定焦炉操作、提高焦炭产量和质量，同时能够有效降低炼焦耗热量。

（2）装炉煤的调湿。其是在煤干燥炼焦工艺的基础上发展起来的，核心是不管原料煤的水分含量是多少，而只是把装炉煤的水分含量进行调整、稳定在相对较低的水平（一般为 5%~6%），使之既有利于降低能耗，稳定焦炉操作，又不致因水分过低引起焦炉和回收系统操作困难。煤调湿技术可以达到提高焦炉生产能力、降低炼焦耗热量、提高焦炭质量、减少环境污染等效果。

（3）装炉煤预热。装炉煤在装炉前用气体热载体或固体热载体快速加热到 $150 \sim 250℃$，然后再装炉炼焦称为预热煤炼焦。装炉煤预热工艺可以增加并均匀装炉煤堆密度，提高炉内煤饼的加热速率，改善胶质体的流动性和黏结性，降低炭化室内距炉墙不同距离炉料的温度梯度，增加胶质层厚度，其对于扩大炼焦煤资源、提高焦炭质量、增加生产能力和降低炼焦能耗有重要的意义。

3.4 焦炭质量与检测

现行的高炉焦炭质量评价指标主要包括化学组成（工业分析和元素分析）和粒度、抗裂强度（M40）、耐磨强度（M10）等物理力学性能以及按照国标（GB/T 4000—2008）检测的化学反应性（CRI）和反应后强度（CSR）。

3.4.1 焦炭的工业分析

水分和挥发分：刚出炉的焦炭经过长时间高温裂解不含水分（M_{ad}），干法熄焦水分含量较低，因其吸附大气中的水分使其含水量为 1%~1.5%，湿熄焦炭的水分含量可达到 6% 以上。水分含量高低对焦炭质量影响不大，但会对称量焦炭的精确度造成影响，水分波动会使焦炭计量不准，从而引起高炉炉况波动。湿法熄焦过程中由于洒水对焦炭的急冷会影响焦炭的强度和块度。焦炭残余挥发分（V_{ad}）可以用来评价焦炭的成熟程度，成熟度较好的焦炭挥发分含量为 0.9%~1.0%。当挥发分大于 1.2%，表示炼焦不成熟，成熟度不足的焦炭强度较差；挥发分小于 0.9%，则表示过熟，过熟焦炭的块度将受到影响。

灰分：焦炭中的灰分（A_{ad}）来自炼焦煤中的矿物质，矿物质为煤中的惰性物质，在结焦过程中不黏结，高温热解过程中矿物质经过复杂的化学反应剩下一些残余物，即灰分。炼焦生产过程中，炼焦煤中的灰分全部进入焦炭，焦炭内灰分含量对焦炭的强度和反应性能有重要影响。焦炭灰分的主要成分是高熔点的矿物质如 SiO_2 和 Al_2O_3，较大的灰分颗粒在焦质内成为形成裂纹的中心，使焦炭的强度降低。在高炉生产中，高熔点的灰分要用 CaO 等熔剂降低其熔点，以熔渣的形式排出，灰分过高不利于高炉生产，在影响产量的同时，也会增加高炉炼铁能耗。通过生产实践可知，焦炭内灰分增加 1%，焦比增加 1.5%~2%，熔剂使用量增加约 3.8%，炉渣量增加约 3%，生铁产量下降 2%~3%。

固定碳：焦炭中固定碳含量可以通过水分、挥发分和灰分的测定值进行计算得到：

$$C_{ad} = 100\% - (M_{ad} + V_{ad} + A_{ad})\% \tag{3-7}$$

焦炭中水分、挥发分、灰分和固定碳的含量测定方法可参照国家标准 GB/T 2001—2013 方法进行。

以上检测数据为空气干燥基，可以通过公式换算为干燥基（X_d）或者可燃基（X_{daf}）：

$$X_d = \frac{X_{ad}}{100\% - M_{ad}} \times 100\% \tag{3-8}$$

$$X_{daf} = \frac{X_{ad}}{100\% - M_{ad} - A_{ad}} \times 100\% \tag{3-9}$$

3.4.2 焦炭元素分析

焦炭的元素分析主要包括碳、氢、氧、氮、硫等主要化学元素的测定，其测定方法参考国家标准 GSB06-2131—2007 方法进行。焦炭元素分析是进行高炉物料平衡热平衡计算和评定焦炭中有害元素的主要依据。

碳和氢：碳元素是构成焦炭主要的成分，是高炉冶炼过程中发热剂和还原剂的主要来源，氢元素存在于焦炭残余挥发分中，氢含量的高低也可以用来表征焦炭的成熟程度。

硫分：焦炭中硫分主要来自炼焦用煤，是焦炭中的有害杂质。硫在焦炭中的存在形式一般为有机硫、无机硫化物和硫酸盐三种形态。焦炭带入高炉中的硫分约占炉料整体的80%以上，高炉生产过程中，大部分硫随炉渣排出，而小部分硫随高炉煤气逸出，剩余的硫转入生铁，使生铁表现出较强的热脆性，降低了生铁质量。为满足高炉对焦炭含硫量的要求，通过控制炼焦煤的硫分来控制焦炭中的硫分，焦炭与炼焦煤之间的硫分存在如下关系：

$$S_a = \frac{k \cdot S_k}{\Delta S} \tag{3-10}$$

式中　S_a，S_k——分别为炼焦煤和焦炭中的硫分，%；

　　　ΔS——炼焦煤的硫分进入焦炭中的百分比，%；

　　　k——成焦率，%。

氮和氧：焦炭中的氮和氧含量都很少，目前对两者的研究并不多，一般认为焦炭中的氮元素是焦炭燃烧过程中生成NO_x的来源，氮元素的含量可以通过定氮仪直接测定。焦炭中的氧元素一般通过减差法计算得到。

$$O_{ad} = 100\% - (C + H + N + S + M_{ad} + A_{ad})\% \tag{3-11}$$

3.4.3　焦炭的粒度

高炉生产对焦炭的粒度有严格的要求。我国现行的冶金焦质量标准规定粒度小于25mm的焦炭占总重量的百分数为焦末含量，粒度大于40mm的为大块焦，25~40mm的为中块焦，大于25mm的为大中块焦。生产实践表明，高炉焦炭的适宜粒度范围在25~80mm之间，大于80mm的焦炭要整粒，使其粒度范围变化不大。入炉焦炭平均粒度也是衡量焦炭质量的重要指标，一般认为，最佳的入炉焦炭平均粒度范围应该为50~55mm，但更为重要的是焦炭的粒度组成，均匀的焦炭空隙大，阻力小，能够使高炉保持良好的透气性，可使炉况运行良好。焦炭粒度在高炉内从上到下逐步减小，其纵向和径向上的变化规律均有所不同。国内外高炉解剖研究中发现，焦炭粒度在炉身上部一般变化不大，从炉身下部开始，高炉边缘部分首先粉化，至炉腹部位，半径中点出现明显粉化，而高炉中心区域粒度始终变化不大。

3.4.4　焦炭的冷态强度

焦炭冷态强度是表征焦炭冷态物理力学性能的主要指标。各国对焦炭冷态强度的检测采用不同规格的转鼓和操作方法。因为最初对高炉内焦炭行为的情况不了解，对焦炭质量的要求也比较简单，各国虽然使用不同的方法对焦炭冷态性能进行检测，但其基本原理是相同的，就是通过转鼓转动一定周期后，观察焦炭的破碎程度作为焦炭质量的评价指标。

我国采用米贡（Micum）转鼓实验方法测定焦炭的强度，其设备示意图如图3-8所示。该方法采用的转鼓是由钢板制成的无穿心轴密封圆筒，转鼓内径为1000mm，鼓内宽1000mm，转鼓壁厚5~8mm，转鼓圆筒内壁上沿轴向焊接4根100mm×50mm×10mm（长×宽×厚）的角钢，相互之间间隔90°。转鼓门尺寸为600mm×500mm。

实验中，首先进行焦炭取样，焦炭每次取样不少于300kg，试样份数不少于20份，每份质量不低于15kg。从采集的300kg以上试样中，用直径60mm的圆孔筛筛分出粒度大于

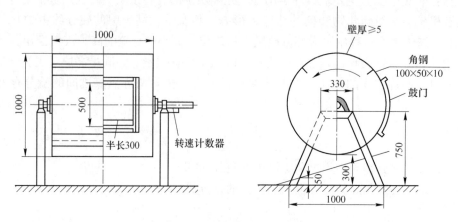

图 3-8　米贡转鼓结构示意图

60mm 的焦炭 50kg 作为入鼓焦炭。焦炭放入转鼓后，转鼓以 25r/min 的转速旋转 100 转。

转鼓实验后将出鼓的焦炭分别用 40mm 和 10mm 的圆孔筛进行筛分，对筛分得到的大于 40mm、40~10mm 和小于 10mm 三部分分别称取重量，根据不同粒度样品的重量分布情况，可以计算得到焦炭的强度指标。

焦炭冷态抗碎强度用 M40 表示，其计算公式如下：

$$M40 = \frac{转鼓后焦炭中粒度大于40mm的质量}{入鼓焦炭质量} \times 100\% \qquad (3\text{-}12)$$

焦炭耐磨强度用 M10 表示，其计算公式如下：

$$M10 = \frac{转鼓后焦炭中粒度小于10mm的质量}{入鼓焦炭质量} \times 100\% \qquad (3\text{-}13)$$

在现行的国家标准 GB/T 1996—2003 中，用 M25 替代 M40 评价焦炭的冷态抗碎强度，但目前企业生产中仍以使用 M40 居多。

抗碎强度 M40 是指焦炭能抵抗外来冲击力而不沿裂纹或者缺陷处破碎的能力，其主要与焦炭的裂纹率有关，是对入炉焦炭从高炉布料器落到料柱上面并且承受下批炉料落下时对焦炭造成冲击的模拟过程，如图 3-9 所示，可以表征焦炭在高炉块状带造成外部冲击力的抗破碎的性能。在实际生产中，焦炭与炉壁、焦炭与焦炭、焦炭与矿石之间的摩擦、挤压等导致焦炭的平均粒度减小作用并不明显，近 30 年对高炉解剖的研究表明，焦炭块

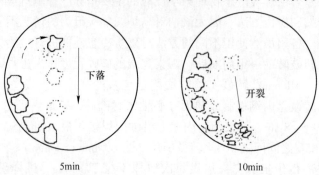

图 3-9　转鼓中焦炭磨损和开裂示意图

度平均直径减小约 5%，其原因是焦炭经过熄焦并多次转运后，焦炭的宏观裂纹已经被消除。在高炉软熔带以上，焦炭从块状带继续下落的过程中，焦炭要历经高温热作用和熔损反应，此时抗碎强度 M40 失去对高炉实际生产中焦炭劣化的模拟性。

耐磨强度 M10 是指焦炭能抵抗外来摩擦力而不产生表面剥离形成碎屑或者粉末的能力。转鼓试验中，焦炭之间和焦炭与转鼓壁之间的摩擦是造成磨损的主要因素，其对焦炭处于块状带的磨损情况具有良好的模拟性。在高炉实际生产过程中，料柱圆周径向方向上的物料下降速度不同，炉料还会与炉墙之间产生摩擦，摩擦过程使焦炭质量受损，摩擦最突出的地方是风口燃烧带回旋区与炉缸中心死料柱之间。风口回旋区内焦炭被热风带动做高速旋转运动，与死料柱中相对静止的焦炭块之间发生剧烈摩擦，造成燃烧带与死料柱之间有相当数量的焦粉。颗粒细小的焦粉是造成炉缸不顺，甚至堆积的主要原因，为此表征焦炭抗磨损性能的 M10 在评价焦炭的质量中占有重要的地位。

随着高炉冶炼过程的进行，高炉焦炭从块状带继续落下，当温度超过 850℃，焦炭开始与高炉煤气发生碳熔损反应，并且焦炭进入碱金属的循环富集区域边缘，影响焦炭质量的因素变得复杂起来，此时 M40 和 M10 对焦炭强度的模拟评价会逐渐失去作用。焦炭 M40 和 M10 评价指标的提出，是由于之前对焦炭在高炉内劣化行为不够了解。在对高炉进行大量的解剖研究之后，人们才开始逐渐意识到在进行焦炭冷态强度指标评价的同时，还需要根据焦炭在炉内高温反应性能及强度进行科学评价。

3.4.5 焦炭的热态性能

冷态强度并不能完全代表焦炭在高炉内的性能，冷态强度相近的焦炭其高温反应性和反应后的强度性能也会有很大的差异。目前较为通用的对焦炭的热态性能评价指标是反应性（CRI）和反应后强度（CSR）。CRI 是指焦炭在使用过程中与所接触氧化性气体进行化学反应的能力，CSR 是指焦炭使用过程中与气体接触进行化学反应后仍然能保持一定块度和强度的能力。高炉中焦炭在高温区与 CO_2、H_2O、SO_2、O_2 等气体接触发生气化反应，但是 H_2O、SO_2、O_2 等气体在高炉内的浓度很低，与焦炭进行的反应量远远低于 CO_2 与焦炭的反应，故高炉焦炭的反应性一般是指焦炭与 CO_2 气体进行反应的能力。在高炉炼铁生产中，CRI 和 CSR 常作为常规性能指标进行测定，并且对测定试样的质量以及反应条件都做了相关规定。分别以焦炭失重的百分数和块度的百分数作为 CRI 和 CSR 的指标。

参照国标 GB/T 4000—2008 焦炭反应性和反应后强度的试验方法中的试验步骤和方法进行，简单模拟焦炭与 CO_2 气体在高炉内的反应，焦炭热态性能检测设备示意图如图 3-10 所示。测试焦炭经过破碎筛分后选取粒度在 19~21mm 焦炭颗粒，烘干除水。一次性将 $(200±0.5)$g 焦炭试样置于反应管，反应温度为 1100℃，CO_2 流量为 5L/min，反应时间为 2h。反应结束后在氮气气氛保护下冷却至室温，然后取出焦炭称重。焦炭反应性以损失的焦炭质量与反应前焦炭总质量的百分数表示。

$$CRI = \frac{m - m_1}{m} \times 100\% \tag{3-14}$$

式中　CRI——焦炭反应性，%；

　　　m——焦炭试样质量，g；

　　　m_1——反应后残余焦炭质量，g。

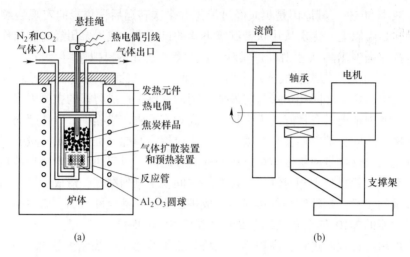

图 3-10 焦炭热态性能测试设备图

（a）焦炭反应性（CRI）测试装置；（b）焦炭反应后强度（CSR）测试装置

由于焦炭高温转鼓实验受到实验条件的限制，很难反映出焦炭受化学反应的影响。因此，测定焦炭与 CO_2 反应后的转鼓强度就成为评价焦炭高温反应后强度的重要指标。具体方法为将测定焦炭反应性试验中冷却后的焦炭置入 $\phi130 \times L70mm$ 的 I 型转鼓中，如图 3-10（b）所示，以 20r/min 的速率转 600 转之后取出焦炭，用 10mm 的圆孔筛进行筛分，将粒度大于 10mm 的焦炭称重。焦炭反应后强度指标以转鼓后大于 10mm 粒级焦炭占反应后残余焦炭的质量百分数表示。

$$CSR = \frac{m_2}{m_1} \times 100\% \qquad (3-15)$$

式中　CSR——反应后强度，%；

　　　m_1——转鼓后大于 10mm 粒级焦炭质量，g；

　　　m_2——反应后残余焦炭质量，g。

CRI 对焦炭在高炉内的作用有重要影响，其值大小受到焦炭自身粒度、气孔率、比表面积、灰分和碳基质特性，以及环境条件如温度、CO_2 气体浓度和分压等因素的影响，其中焦炭的石墨化程度是影响焦炭与 CO_2 反应性能最为重要的因素，石墨化程度越高的焦炭，其与 CO_2 反应的性能越差，在焦化过程中可以适当延长成焦时间来促进焦炭石墨化程度的增加，降低焦炭与 CO_2 反应的能力。焦炭反应性是劣化焦炭的最主要因素，焦炭在下降过程中与间接还原产生的 CO_2 接触发生反应，由于焦炭是多孔材料，反应过程在表面和内部界面同时发生，焦炭粒度减小的同时，气孔壁变薄，焦炭的强度明显降低，产生碎焦和粉末，恶化料柱的透气和透液性。由于焦炭在高炉内发生熔损反应不能避免，关键是反应后焦炭的强度能保持到何种程度，因此 CSR 是评估焦炭在高炉内性能的重要指标。CRI 和 CSR 考虑了温度和 CO_2 气体对焦炭作用的影响，同 M10 和 M40 体系比较起来更能表征焦炭在高炉内的反应破坏历程，目前 CRI 和 CSR 已经作为评价高炉煤焦炭热态性能的指标被众多钢铁生产企业所采纳。不同容积高炉对焦炭的质量要求不同，根据《高炉炼铁工艺设计规范》（GB 50427—2008）对不同容积高炉焦炭质量的要求如表 3-5

所示。

表 3-5　不同容积高炉对焦炭质量的要求

炉容级别/m³	1000	2000	3000	4000	5000
M40/%	≥78	≥82	≥84	≥85	≥86
M10/%	≤8.0	≤7.5	≤7.0	≤6.5	≤6.0
反应后强度 CSR/%	≥58	≥60	≥62	≥65	≥66
反应性指数 CRI/%	≤28	≤26	≤25	≤25	≤25
焦炭灰分/%	≤13	≤13	≤12.5	≤12	≤12
焦炭含硫/%	≤0.7	≤0.7	≤0.7	≤0.6	≤0.6
焦炭粒度范围/mm	75~20	75~25	75~25	75~25	75~30
>75mm 含量/%	≤10	≤10	≤10	≤10	≤10

　　考虑到焦炭在高炉内部复杂的反应及劣化过程，众多研究者在传统的 CRI 和 CSR 指标基础上进行补充和新的探索。在高炉内部存在一个炉料和煤气温度接近，热量交换进行极其缓慢的区域，称之为热储备区或者空区。高炉热储备区温度对炉内铁氧化物的还原和热量的交换都有重要影响。热储备区温度与焦炭熔损反应初始温度密切相关，一般认为焦炭的初始反应温度较高时，热储备区温度升高，有利于扩大铁矿石的间接还原区比例，改善煤气利用率，降低燃料比。为此在评价焦炭质量时，应该包括焦炭的熔损反应初始反应温度（T_i）。

　　北京科技大学张建良等人采用热重分析法测量焦炭的初始反应温度（T_i）。实验前首先将焦炭样品干燥并磨碎，选取粒度≤0.074mm 的样品颗粒备用；每次实验称取质量约为 5mg 样品，放入氧化铝坩埚中，置入差热天平后，以 100mL/min 的速率通入纯度为 99.9% 的 CO_2 气体，同时将温度以 5℃/min 匀速升温至 1200℃，记录反应过程中的失重变化规律；选取样品失重量为 5% 处对应的温度确定为焦炭的初始反应温度（T_i）。该方法与国标焦炭 CRI 指数测定过程相比检测过程简单，样品使用量少，所需时间短，结果可重复性好，并能够表征焦炭热反应性能。图 3-11 为不同焦炭起始反应温度（T_i）和 CRI 之间的关系，两者之间呈现一致的规律性。

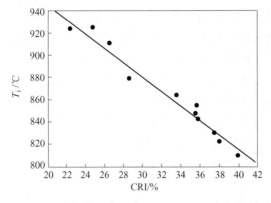

图 3-11　焦炭起始反应温度（T_i）和 CRI 之间的关系

在焦炭热态强度方面，日本野村诚治等人认为采用固定失重率的反应方式更适合检测不同种类焦炭的反应后强度。辽宁科技大学汪琦等人采用了焦炭失重率为25%时，等熔损率后强度（S_{CSR25}）作为表征焦炭热态强度的指标。具体测试方法如下：按照 GB/T 4000—2008 所规定的内容，将焦炭加工成直径为 19~21mm 焦炭颗粒，每次试验使用的焦炭质量为（200±0.5）g。实验方法：（1）试样在流量为 0.8L/min 的 N_2 保护下，以 5℃/min 的升温速率从室温升至 400℃，恒温 10min；（2）改通流量为 5L/min 的 CO_2 气体，以 5℃/min 的升温速率升至 1100℃，恒温至失重率为 25%；（3）改通流量为 5L/min 的 N_2，焦炭试样随炉冷却到 100℃以下，停止通 N_2。等熔损率后强度 S_{CSR25} 为焦炭试样熔损 25%后残余焦炭转鼓后大于 10mm 粒级焦炭的质量百分数，计算式为：

$$S_{CSR25} = \frac{m_{CRR25}^{10}}{m_{CRR25}}$$

（3-16）

式中　m_{CRR25}——熔损率为 25%时残余焦炭质量；

m_{CRR25}^{10}——反应后焦炭转鼓大于 10mm 粒级焦炭的质量。

S_{CSR25} 与 CSR 相比，考虑了焦炭在高炉内总的失重率受直接还原度和未燃煤粉率的影响，更接近高炉内真实的反应状态，特别是在表征高反应性焦炭高温性能方面更有优势。但就整个过程来讲，仍旧存在诸多的不足，它忽略了温度变化、CO_2 分压改变、碱金属富集、鼓风湿度等在高温区域对焦炭高温气化反应以及反应后高温强度指标的影响。高炉内的温度环境并不统一，在不同的区域，焦炭强度面临不同温度条件影响，要比在恒温环境更加恶劣，高炉内 CO_2 的分布也是极不均匀的，不同温度的区域 CO_2 浓度差别很大。高炉内碱金属的循环富集对焦炭的劣化影响非常显著，碱金属的存在足以使 CO_2 对焦炭显微结构的反应速度序列逆转，而 CRI 测试条件是无碱环境。此外，在 CRI 和 CSR 检测过程中，并未考虑鼓风中的湿分对焦炭劣化过程的影响，而实际上大气中，尤其是我国东部沿海和一些内陆南方省份，夏季大气中的相对湿度大，鼓风湿度的变化对焦炭质量的影响需要考虑。

3.5　焦炭在高炉内的行为

3.5.1　焦炭在高炉内的主要反应历程

焦炭在高炉冶炼过程中有提供热量、还原剂、料柱骨架和铁水渗碳四大作用，焦炭在风口回旋区燃烧释放的热量是高炉冶炼过程的主要热量来源，同时燃烧反应产生的 CO 也是高炉冶炼过程的主要还原剂。在高炉中根据温度和炉料状态的不同可以自上而下分为块状带、软熔带、滴落带和风口回旋区，在各区域发生的主要反应如图 3-12 所示。由于这几个部分温度、CO 浓度、CO_2 浓度等都不相同，焦炭的状态和行为也各不相同。

近几十年来，国内外多个国家先后进行了生产高炉解剖工作和风口取焦炭样品研究，并在实验室条件下，对焦炭在高炉不同区域的反应过程进行了模拟实验，对焦炭在高炉内的反应行为有了更为深入的认识。根据高炉在炉内的反应过程，分别论述其反应行径。

3.5.1.1　块状带焦炭

炉料从装料设备以室温的状态加入高炉，在下降过程中与高温煤气接触并发生热交

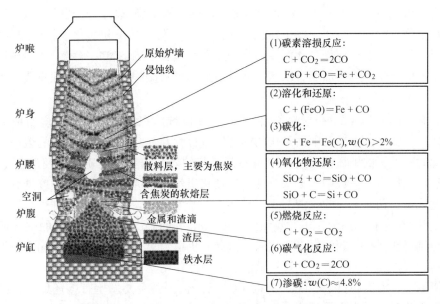

图 3-12 焦炭在高炉内不同区域所发生主要反应

换，温度逐渐升高。其中从炉顶炉料加入高炉到温度 1000℃ 左右的炉腰以上区域，由于矿石还处于固体状态，相互之间并无黏着现象，矿石和焦炭基本保持层状，此部分区域称为块状带。此时焦炭的温度还处在炼焦最终温度以下，焦炭在块状带承受的热应力作用影响较小，此时焦炭主要受到上部炉料静压力、相邻颗粒之间以及焦炭和炉墙之间的相互摩擦作用。散料层所受静压远低于焦炭的抗压强度，焦炭下落以及下移过程撞击和磨损力也较小，焦炭块度略有下降，稳定性相对增加。块状带的下部，矿石中铁氧化物与煤气发生间接还原，生成 CO_2，在 800~1000℃ 温度区间，焦炭与 CO_2 之间开始产生明显的熔损反应。整体上讲，块状带焦炭由于温度低，焦炭发生熔损反应程度较低，碳的损失量不超过 10%，对焦炭的质量影响不大。但高炉炉况失常、炉顶温度过高或者焦炭反应性过高会造成焦炭熔损量增大，不利于高炉煤气利用率的提高。

在块状带主要发生间接还原反应，间接还原反应并不直接消耗焦炭，在温度低于 570℃ 时主要发生：$Fe_3O_4 + 4CO = 3Fe + 4CO_2$；在温度高于 570℃ 时，$Fe_2O_3 \rightarrow Fe_3O_4 \rightarrow FeO \rightarrow Fe$ 依次顺序进行反应，即：$3Fe_2O_3 + CO = 2Fe_3O_4 + CO_2$，$Fe_3O_4 + 4CO = 3Fe + 4CO_2$ 和 $FeO + CO = Fe + CO_2$。

3.5.1.2 软熔带焦炭

随着炉料在高炉内逐渐下降，煤气与炉料之间的热量交换进一步增加，在炉腰、炉腹处 1000~1300℃ 左右的部位，炉料中矿石开始熔化故此区域称为软熔带。由于高炉煤气流分布和温度场分布不同，软熔带的形状和位置也各异，通常情况下希望软熔带成倒 "V" 字形状，位置低一点好，这样的软熔带对高炉冶炼稳定顺行以及改善煤气利用最为有利。软熔带内焦炭和矿石仍旧保持层状相间，但矿石由表面向内部逐渐熔融，而焦炭仍以块状形态存在形成 "焦窗"，起到疏松和使气流畅通的作用，保持一定的焦窗是降低高炉压差和保证高炉生产稳定顺行的重要条件。在此区域铁矿石间接还原和直接还原过程并存，高温时间接还原生成的 CO_2 立即与焦炭中的碳反应生成 CO，焦炭熔损反应剧烈，焦炭中的碳熔损失率可达 30%~40%。在软熔带区域焦炭的结构受到破坏，气孔壁变薄，气孔率增大，并在下降过程中受挤压、摩擦作用，使焦炭块度明显减小和粉化，料柱透气性变差，不利于煤气流的畅通。此外，此温度区域还是碱金属在炉内的富集区域，焦炭碳熔损反应还受碱金属的催化作用而加速，改善焦炭反应后强度对高炉软熔带状态起重要作用。

3.5.1.3　滴落带焦炭

在软熔带的下部直至炉缸渣面为滴落带，此区域固态炉料完全由焦炭组成，温度在 1350℃ 以上。此时由于矿石中铁氧化物的还原过程大部分已经完成，焦炭的熔损反应开始减弱，此时对焦炭的破坏作用主要来自不断滴落的液态渣铁的冲刷，以及温度 1700℃ 左右的高温炉气冲击，焦炭中部分灰分蒸发，使焦炭气孔率进一步增大，强度继续降低。此外，在此区域，还原生成的铁液与焦炭接触，开始发生渗碳作用，使达到炉缸区域铁水中碳含量达到 4% 左右，渗碳作用对焦炭的块度也有一定的影响。由于此处的碳熔损反应不剧烈，焦炭仍能保持一定的强度和块度，因此它仍成为上升气流的通道，起到保护高炉具有一定的透气性和分配气流，以及渣铁滴落通道的作用。

在滴落带，温度超过 1350℃，此时 CO_2 已经消失，主要发生直接还原。初渣中 FeO 含量很高，此时的反应主要是渣中 FeO 和焦炭中的 C 发生直接还原，改善烧结矿的还原性，减少初渣中 FeO 含量，可以减少直接还原消耗的 C 量，抑制焦炭在滴落带的劣化。焦炭到风口，其灰分中的 SiO_2 约保留 50%，其余已经被还原，虽然还原消耗 C 量不大，但由于是在焦炭内部结构深层发生反应，其对焦炭强度的破坏作用更强。降低入炉焦炭灰分含量，对焦炭在高温区反应后强度也有改善作用。此外焦炭灰分中 SiO_2 由于其活性要比炉渣中 SiO_2 高 10 倍左右，且其均匀地镶嵌在焦炭碳基体中，与 C 接触紧密，也会发生直接还原消耗部分焦炭。炉渣中 FeO 和焦炭灰分中的 SiO_2 直接还原主要发生反应如下：$FeO+C = Fe+CO$ 和 $SiO_2+2C = Si+2CO$。

滴落带液态的金属铁与焦炭接触发生渗碳反应：$C \rightarrow [C]$ 和 $C+3Fe \rightarrow Fe_3C$。渗碳反应主要发生在焦炭的表面，不影响焦炭颗粒内部的结构，但会减小焦炭的块度。渗碳反应过程的进行受到温度、软熔带位置、焦炭的比表面积、焦炭灰分和焦炭中碳的石墨化程度的影响。温度越高，渗碳反应速率越快；软熔带位置越高，渣铁滴落过程时间越长，渗碳量越大；焦炭比表面积越大，灰分对焦炭覆盖点越少，渗碳量越大；石墨化程度越高的焦炭渗碳能力越强。

3.5.1.4　风口回旋区

热空气由风口鼓入后，形成一个略向上翘起的袋状空腔叫风口回旋区。风口回旋区周围的焦炭块度不一，来源也不同。由于这部分焦炭对整个高炉操作有非常重要的作用，对于风口焦炭的专门研究进行得较多。焦炭在此区域承受 2000℃ 以上的高温和高速气流冲刷，并与热风发生剧烈的燃烧、气化反应，使焦炭块度急剧下降，强度急剧降低。空腔外部区域由于鼓风煤气流焦炭床的移动，焦炭以不同的形态分布在整个风口区域，如图 3-13 所示。空腔 1 为回旋区，焦炭在此区域燃烧和气化，温度可以达到 2000~2300℃。空腔 1 的上方区域 2 是块度较大的焦炭，称为炉腹焦，主要来自中心料柱的活动层，是供给风口循环区燃烧的焦炭主要来源，其块度和承受热力作用的强弱对风口回旋区的状态有重要作用。区域 3 是已经在风口回旋区内燃烧过的焦炭，并且仍不断在回旋区内循环，称为循环区焦炭。区域 4 是在风口回旋区下方存在的结构密实，主要有小块焦粒同时夹杂着因重力流下的渣铁，称之为雀巢焦。雀巢焦下部区域是大块焦炭区5，它由于中心死料柱焦炭移动形成，漂浮在液渣上面达 1~2m 厚度，起到渣铁向下渗透的作用。区域6是死料柱焦炭，它始终处于稳定状态，直到碳素消耗完全。风口回旋区主要发生焦炭的燃烧和气化反应，在氧充足的区域发生 $C+O_2 =CO_2$；氧气不够的区域发生 $C+CO_2 = 2CO$；煤气中含有 H_2O 时发生 $C+H_2O = CO+H_2$。

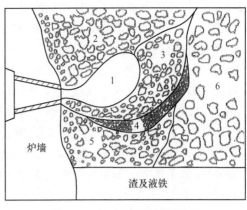

图 3-13　风口回旋区周围焦炭

3.5.2　焦炭在高炉内的劣化因素

焦炭从炉顶进入高炉，直到风口前经历了复杂的物理化学过程，作为高炉软熔带以下部位唯一的固态炉料，其骨架作用对高炉正常冶炼具有重要作用，要求焦炭在下部高温区域保持一定的块度和强度。分析焦炭在炉内的整个反应过程和劣化行为，软熔带部位的焦炭熔损反应对焦炭的降解影响最为严重，如何减少软熔带区域焦炭熔损反应，得到具有较好高温强度的焦炭，是炼焦和炼铁工作者共同追求的目标。为此有必要对焦炭在高炉内劣化行为和影响因素进行分析。

3.5.2.1　焦炭在高炉内劣化的外部因素

（1）机械破坏作用。焦炭由布料设备装入炉内时有一定的高炉落差，会对焦炭产生一定的冲击作用，如焦炭存在裂纹会在裂纹处开裂，降低焦炭的块度，但不会影响焦炭的结构。焦炭在高炉块状带下行的过程中，炉料之间以及炉料和炉墙之间产生相对的摩擦运动，会有移动的磨损产生，但这一磨损对焦炭的块度影响极其有限。从炉身部分1000℃以下部位取样，焦炭块度几乎无明显变化，其平均尺寸下降不超过 1~2mm。同时，料柱的压力也会对焦炭产生作用，前北京钢铁学院杨永宜曾对日本大分厂一高炉（4185m³）在正常生产时进行计算，认为焦炭在高炉内承受的最大静压力约为 0.0735MPa。即使在开炉前，炉内没有气流存在时，炉内焦炭承受的最大压力也只有0.13MPa，而现代焦炉生产的冶金焦炭抗压强度一般都在 5MPa 以上，说明料柱压力不是焦炭劣化的主要因素。

（2）碳熔损反应。焦炭中碳在高炉内的主要消耗可以分为四部分：风口前燃烧55%~65%，料线到风口间熔损反应 25%~35%，铁水渗碳量 7%~10%，其他元素还原反应损失 2%~3%。其中料线到风口间熔损反应消耗的碳对焦炭劣化影响最为显著。碳熔反应消耗焦炭颗粒中的碳基体，使死孔活化、微孔发展、新孔生成，增大焦炭颗粒的比表面积，焦炭气孔壁变薄。随着熔损反应的继续进行，相邻气孔合并，又导致比表面积下降。以上两个阶段均使焦炭结构松散，强度下降。这样的焦炭到达高炉下部高温区就迅速粉化，使高炉透气性变差，甚至危及高炉生产。

温度、压力和气体成分是影响焦炭熔损反应的主要因素。其他条件相同时，温度越高焦炭与 CO_2 反应速率越快，熔损反应越容易进行。反应温度较低时，焦炭气化反应速度较慢，CO_2 在焦炭颗粒中的扩散阻力较小，反应气体有条件向焦炭内深层扩散，熔损反应会向深层发展，造成焦炭结构疏松，耐磨强度下降；反应温度较高时，气化反应速度快，内扩散阻力增加，CO_2 来不及向深层扩散就与碳原子反应，此时虽焦炭失重增多，但主要为表面碳的熔损，焦炭内部的碳熔损降低，对焦炭内结构的破坏程度低，此时主要影响焦炭的块度，对焦炭强度的影响较小。熔损反应是典型的有气体产物生成的气固反应，焦炭熔损反应过程包括 $C+CO_2 = 2CO$ 正反应和 $2CO = C+CO_2$ 逆反应，提高反应体系压力同时增大正反应和逆反应，但对逆反应速率的增加效果更加明显，为此提升反应体系压力，能够抑制焦炭的熔损反应。反应气体中 CO_2 浓度对焦炭的熔损反应也有重要影响，增加 CO_2 浓度可以提升焦炭熔损反应速率，造成焦炭热强度下降。对于风口喷吹富氢燃料的高炉来说，H_2O 含量对焦炭熔损反应的影响也不能忽略，水蒸气碳熔损反应也称为水煤气反应，H_2O 是由煤气中的 H_2 通过高温块状带时参与铁矿石还原夺取其中的氧而形成的。在相同的气体条件下，低温时焦炭与 H_2O 的反应速度高于它与 CO_2 的反应速度，但高温时两者相差不大。

（3）碱金属。随着高炉入炉原料质量的劣化，入炉碱金属负荷控制越发困难，而碱金属是导致高炉内焦炭劣化的一个主要原因。近年来循环富集的碱金属对焦炭的破坏已引起国内外炼铁工作者的重视。根据生产高炉实际解剖研究结果发现，在高炉内部存在碱金属碳酸盐、氧化物以及单质蒸气循环富集过程。在高炉上部碱金属主要以碱金属碳酸盐形式存在，高炉下部主要以碱金属蒸气和碱金属硅酸盐、硅铝酸盐存在，如图 3-14 所示。

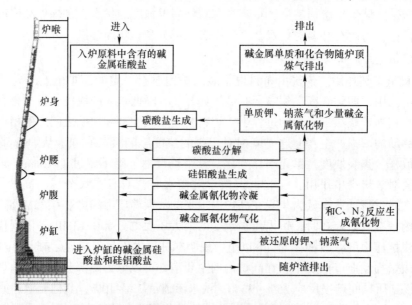

图 3-14　碱金属在高炉内的循环示意图

碱金属对焦炭劣化的作用可以分为两方面：对焦炭强度的影响和对焦炭炭素熔损反应的催化作用。高炉中的碱金属主要是指钾和钠，两者在焦炭中存在的形式可以归纳为：1）物理吸附在焦炭的孔壁表面；2）与焦炭灰分中氧化物反应生成水溶性盐类；3）与焦炭中碳的化学结合。其中对焦炭质量影响最大的是与焦炭中的碳的化学结合。碱金属可以与焦炭中各向异性组织结合形成层间化合物，致使层间距增大，产生剧烈的体积膨胀，导致焦炭的气孔壁疏松，裂纹增加，焦炭机械强度下降。同时碱金属的存在能加速焦炭熔损反应，研究发现在碱金属含量小于 5% 的范围内，增加碱金属的催化作用能够明显促进焦炭的熔损反应，并使焦炭的反应后强度急剧恶化。当含量超过 5% 以上碱金属对焦炭熔损反应的催化作用达到极限，再增加碱金属含量，反应速度提高的程度也会变得缓慢。同时碱金属对焦炭催化作用还体现在对焦炭起始反应温度的影响，随着碱金属含量增加焦炭的起始反应温度逐渐降低。起始反应温度降低使高炉冶炼过程矿石间接还原区变小，直接还原度增大，焦炭在高炉内的劣化作用增加。为此应当降低炉料中碱含量，并注意炉渣排碱工作。

此外，在滴落带液态渣液铁的冲刷作用、高温热应力、铁水渗碳作用、风口回旋区的高温气流冲击作用也会对焦炭的劣化起到一定的作用。

3.5.2.2　焦炭劣化的内部因素

（1）焦炭气孔结构。焦炭作为一种多孔材料，其气孔结构可以由气孔大小及分布、气孔壁厚度、气孔比表面等参数来描述。焦炭的气孔结构直接影响焦炭的强度、反应性等宏观性能。焦炭中的气孔可以分为与外界连通的开气孔和焦炭内部不与外界连通的闭气孔，其中开气孔占总气孔的90%以上，闭气孔一般不超过5%。焦炭中的气孔除了可由肉眼直接看到的大气孔（>100μm）外，大部分气孔为20~100μm的中孔和<20μm的小气孔。小气孔所占焦块全部气孔孔容比例虽然不大，但其表面积约占全部气孔表面积的90%，对焦炭与CO_2高温气化反应性能有重要的影响。一般情况下，焦炭与CO_2的反应会造成焦炭气孔率上升，孔径增加，气孔壁变薄甚至穿透，造成多个气孔合并，使气孔数量减少，大气孔含量增加。当焦炭反应后失重达25%时，气孔率约增加12%左右，气孔平均直径增大25%左右，气孔壁减薄5%~25%；当反应后失重达50%时，气孔率增加35%，孔径增大25%~30%，孔壁减薄20%~30%。一般认为，焦炭气孔率越大，其与CO_2反应性越高，但气孔率的变化与反应性之间也并非是绝对呈正相关的关系。当气孔率增大到一定程度时，反应性随气孔率增加而降低，如图3-15所示，这是因为气孔穿通造成反应比表面积的减少。焦炭气孔比表面积是焦炭气孔结构的另外一个重要参数，它在CO_2反应过程中的变化如图3-16所示。随着反应的进行，焦炭气孔比表面积先增加并达到峰值，而后逐渐降低，这与焦炭反应过程中气孔孔径不断增加，相邻气孔发生合并有关。

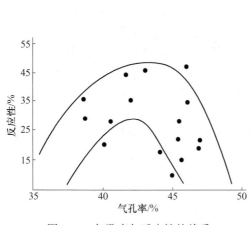

图3-15　气孔率与反应性的关系

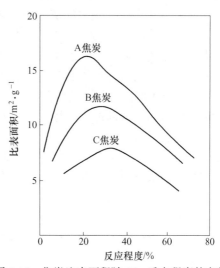

图3-16　焦炭比表面积随CO_2反应程度的变化

（2）焦炭显微结构。焦炭的气孔壁由不同光学特性的显微结构组成。焦炭的显微结构主要包括各向同性、类丝碳和破片（统称为各向同性结构），细粒镶嵌、粗粒镶嵌、流动状、片状结构和基础各向异性（统称为各向异性结构），不同的焦炭显微结构组成，对焦炭的强度和 CO_2 反应性影响不同。焦炭在转运和随炉料下降过程中受到的机械冲击和热内应力的作用会引起焦炭裂纹的生成和发展。具有镶嵌结构的碳，所产生的裂纹沿层片方向弯曲延伸，需要较大的能量才能够使片层开裂，并且即使开裂也容易停止，减小大裂纹形成的概率。另外，各镶嵌结构单元之间以化学键相连，有较强的内聚力。因此，强度高的焦炭，镶嵌结构含量一般也较高。此外各种显微结构与 CO_2 反应的能力也不同，各向同性结构与 CO_2 反应速率要快于各向异性结构。当有碱金属存在时，尤其是在高温时，各显微结构的反应性大小趋于相近，也就是说各向同性结构的抗碱金属侵蚀性能要优于各向异性结构的抗碱金属侵蚀性能。

在高炉内部客观存在碱金属循环富集，鉴于焦炭中各向异性结构的高温抗碱性能较差，而各向同性结构含量高会使焦炭的冷态强度难以保证，为此，在配煤炼焦时，应根据高炉生产的具体情况，确定适宜的配煤方案，尽量获得合理的焦炭显微结构组成，以使在满足一定焦炭的冷态强度的前提下，焦炭能具有较高的高温抗碱性。

（3）焦炭的碳微晶组织。炼焦煤是以芳香核为核心组成的高分子有机聚合物和少量无机矿物的混合物，在炼焦过程中由于高温作用炼焦煤的芳香核上的侧链不断脱落分解，芳香核则缩合并稠环化，形成微晶组织。焦炭的基本单元是碳微晶夹杂高温干馏过程中残留下来的无机矿物，属于结构上类石墨的物体，焦炭的碳微晶组织结构越致密，其石墨化程度越高。焦炭在高温成焦过程中，随着加热温度的增加，碳微晶组织生长、畸变及缺陷消除，焦炭结构向有序化发展，即石墨化程度提高。焦炭石墨化程度还与原料煤的煤化度有关，碳微晶组织片层间距和平均堆积层数在煤岩镜质组反射率为 1.2% 左右时达到最大值，其石墨化程度最高。焦炭的碳微晶组织是影响焦炭宏观性能的主要因素，焦炭石墨化程度越深，焦炭的反应性逐渐降低，焦炭的反应后强度逐渐提高。焦炭在高炉内部随着炉料下降时温度逐渐升高，其石墨化程度也不断加深，风口焦炭石墨化程度要远高于入炉焦炭。

（4）焦炭中灰分。焦炭的灰分主要来源是炼焦煤的无机矿物质，焦炭灰分含量的增加一方面会影响高炉产量，提高炼铁成本和焦比，同时也会促使焦炭在高炉中劣化降级。焦炭中灰分比碳基体热膨胀系数要大 5~11 倍，焦炭在出焦和熄焦过程中，灰分和碳基体由于热膨胀系数的差异产生膨胀应力，造成碳基体产生放射性微裂纹。高炉炼铁生产中 CO_2 通过大于 100μm 的微型纹更易于深入到焦炭内部结构，促进焦炭气化反应进行。同时，碱金属也深入内部造成焦炭结构的进一步破坏。此外，有人对焦炉中焦炭灰成分的变化进行研究，发现在块状带，灰分中碳酸盐等的分解，使焦炭的内部结构出现劣化点；进入软融带后，其将高炉循环气氛中的碱金属吸附在焦炭上，从而加剧了焦炭的熔损反应；在滴落带以后的高温区，灰分大部分被气化分解，使焦炭气孔率明显增加，比表面积增大，强度急剧下降。因此，焦炭中灰分对焦炭劣化的影响是多方面的。

3.6 小　　结

本章节主要阐述了煤成焦基本原理，配煤炼焦工艺主要过程和炼焦新技术，并介绍了高炉焦炭质量要求以及焦炭在炉内的主要反应劣化过程。本章节的重点、难点主要有：焦炭在高炉冶炼中的主要作用，煤成焦基本原理，配煤炼焦原理，配合煤质量要求，结焦基本过程，炼焦基本工艺，干熄焦和湿熄焦优缺点，焦化主要化学产品，捣固原理及炼焦特点，配型煤炼焦技术，煤料预处理技术，焦炭质量主要指标及检测方法，高炉内不同区域焦炭主要反应及劣化过程，影响焦炭劣化过程的主要因素。

参考文献和建议阅读书目

[1] 姚昭章，等. 炼焦学 [M]. 3 版. 北京：冶金工业出版社，2005.
[2] 陈启文，等. 煤化工工艺 [M]. 北京：化学工业出版社，2009.
[3] 王利斌. 焦化技术 [M]. 北京：化学工业出版社，2012.
[4] 周敏. 焦化工艺学 [M]. 北京：中国矿业出版社，1995.
[5] 傅永宁. 高炉焦炭 [M]. 北京：冶金工业出版社，1995.
[6] 周师庸，等. 炼焦煤性质与高炉焦炭质量 [M]. 北京：冶金工业出版社，2005.

习题和思考题

3-1 阐述焦炭在高炉冶炼过程中的主要作用。
3-2 简述目前煤成焦的基本机理，以及对应派生出的配煤基本原理。
3-3 试述炼焦常用煤种的类别，以及各煤种的成焦特性。
3-4 简述焦炭裂纹的种类，以及产生裂纹的主要原因。
3-5 试论述焦炉中不同区域焦炭的质量特征，并说明产生原因。
3-6 简述焦炭熄焦的主要工艺，对比分析不同工艺的优缺点。
3-7 简述目前主要的炼焦新技术，以及其技术特点。
3-8 阐述现行高炉焦炭质量评价指标种类，并说明高炉冶炼对焦炭质量的要求。
3-9 简述焦炭在高炉内的主要反应历程。
3-10 试说明高炉冶炼过程中焦炭劣化的主要原因。

4 高炉冶炼过程的物理化学

[本章提要]

本章系统介绍了高炉冶炼过程中的物理化学，在冶金热力学和动力学基础上说明炉料各种形态的物理化学变化（包括水蒸发、结晶水分解、碳酸盐分解、析碳与气化反应）、铁氧化物的还原反应、炉渣的生成反应、碳的气化反应以及生铁的形成反应等质量传输现象是高炉炼铁工艺原理及其相关技术的理论基础。

4.1 蒸发、分解与气化

4.1.1 蒸发

炉料进入高炉后最先发生的反应是其吸附水分的蒸发。

目前熄焦使用干法和湿法两种。干熄焦的焦炭含水量小一般在1%左右；而湿熄焦则因技术水平的差异，含水量低的在4%~5%，高的达10%。天然矿石和熔剂虽为致密块状，也会吸附一定量的水，特别是在雨季。炉料中的水分在有一定温度的炉顶煤气的作用下会逐渐升温，直至沸腾而蒸发。蒸发耗热不多，仅仅使炉顶温度降低，对高炉冶炼过程不产生明显影响。

4.1.2 结晶水分解

某些天然矿含有化学键结合水，其分解反应已在烧结过程中加以阐述，此处主要补充由于某种原因结晶水析出过晚，落入高于800℃的高温区后发生的反应：

$$H_2O + C \rightleftharpoons H_2 + CO \qquad (4-1)$$

此反应大量耗热（1kg H_2O 耗热7285kJ 或 1m³ H_2O 耗热5860kJ）并消耗焦炭的固定碳，结果产生了还原性气体。但在上升过程中这些气体并未得到充分利用，不能补偿其不利方面，最终会造成燃料消耗量增加。在冶炼铸造生铁和锰铁时，应考虑这一反应造成的影响。参加这一反应的结晶水量可能占结晶水总量的20%~50%。

4.1.3 碳酸盐分解

若高炉料中单独加入熔剂（石灰石或白云石）或炉料中尚有其他类型的碳酸盐，随着温度的升高，当其分解压 p_{CO_2} 超过炉内气氛的 CO_2 分压时，碳酸盐开始分解。当 p_{CO_2} 增大到超过炉内系统的总压时，发生激烈的分解，即化学沸腾。碳酸盐的化学沸腾温度受多种因素影响，杂质，特别是能与CaO形成矿物的 SiO_2、Al_2O_3 等将降低这一温度；高压则提高化学沸腾温度，压力每提高 100kPa，这一温度将提高 20~30K；若煤气流中含有 CO、N_2 等，也将降低这一温度。

由图 4-1 可看出，$FeCO_3$、$MnCO_3$ 和 $MgCO_3$ 的分解比较容易，在炉内较高的部位即可开始。分解消耗的热量分别为：从 $MnCO_3$ 分解出 1kg CO_2 耗热 2180kJ 或分解出 1kg MnO 耗热 1350kJ，从 $FeCO_3$ 分解出 1kg CO_2 耗热 1995kJ 或分解出 1kg FeO 耗热 1220kJ，从 $MgCO_3$ 分解出 1kg CO_2 耗热 2490kJ 或分解出 1kg MgO 耗热 2740kJ。

上述三种碳酸盐的分解反应发生在低温区，对冶炼过程无大影响。但石灰石（$CaCO_3$）开始分解的温度高达 700℃，且其分解速度受料块内反应界面产生的 CO_2 向外通过反应产物层而扩散的过程所制约，故反应速度受熔剂粒度的影响较大。在目前石灰石粒度多为 25~40mm 的条件下，可能有相当一部分 $CaCO_3$ 进入 900℃ 以上的高温区后才发生分解。此时，反应产物 CO_2 会与固体碳发生碳的溶解损失反应：

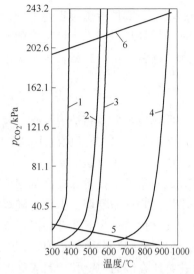

图 4-1 高炉内不同碳酸盐分解的热力学条件
1—$FeCO_3$ 分解压随温度的变化；2—$MnCO_3$ 分解压随温度的变化；3—$MgCO_3$ 分解压随温度的变化；4—$CaCO_3$ 分解压随温度的变化；5—炉内 CO_2 分压的变化；6—炉内总压的变化

$$CO_2 + C \Longrightarrow 2CO \qquad (4-2)$$

此反应吸收大量高温区的热量并消耗碳，对高炉的能量消耗和利用十分不利。石灰石分解出的 CO_2 和焦炭中碳的反应程度（ψ_{CO_2},%）与石灰石粒度（D）的关系为：$\psi_{CO_2} = 107\lg D - 125$。一般石灰石粒度大于 15mm 时 $\psi_{CO_2} = 50\% \sim 75\%$，则石灰石分解消耗的热量将达到：

分解出 1kg CO_2 时

$$Q_{分} = [966w(CO_2) + (0.5 - 0.75)w(CO_2) \times 900] \times 4.187 \qquad (4-3)$$

分解出 1kg CaO 时

$$Q_{分} = [760w(CaO) + (0.5 - 0.75)w(CaO) \times 707] \times 4.187 \qquad (4-4)$$

从高炉研究中得到石灰石在高炉内分解行为一般是：料面处未分解，炉身中部分解至 6.5%，炉身下部分解至 35%，炉腰下部分解至 55%，风口区分解至 89.5%。

4.1.4 析碳反应

高炉内进行着一定程度的析碳化学反应：

$$2CO \Longrightarrow CO_2 + C \qquad (4-5)$$

与式（4-2）对比，该反应是碳溶解损失的逆反应。从热力学角度分析，煤气中 CO 在上升过程中，当温度降到 400~600℃ 时此反应即可发生；而从动力学条件分析，由于温度低，反应速度可能过于缓慢。但在高炉中存在催化剂，如低温下还原生成的新相金属铁、催化能力稍差的 FeO 以及在 $CO + H_2$ 混合气中占 20% 左右的 H_2 等。随着煤气中压力的升高，析碳反应速度加快，但压力超过 500kPa 后压力的影响变小。若煤气中存在 CO_2 和

N_2，析碳反应速度变慢。在以上因素的综合作用下，高炉内总有一定数量的析碳反应发生。

析碳反应对高炉冶炼过程有不利影响，如渗入炉身砖衬中的 CO 若析出碳，则可能因产生膨胀而破坏炉衬；渗入炉料中的 CO 发生反应，则可能使炉料破碎、产生粉末而阻碍煤气流等。通常，由于其量较少，对冶炼进程影响不大。

4.1.5　气化

有一些物质可能在高炉内气化（蒸发或升华），如可在高炉中还原的元素 P、As、K、Na、Pb、Zn 和 S 等以及还原的中间产物 SiO、Al_2O 和 PbO，在高炉中生成的化合物 SiS、CS 以及由原料带入的 CaF_2 等。

蒸发或升华发生在下部较高的温度区域，然而这些气态物质在随煤气上升的过程中又会由于温度的降低而凝聚，少部分随煤气逸出炉外，一部分被炉渣吸收而排出炉外，有相当一部分又随炉料再次下降至高温区而重复此气化-凝聚过程。这些易气化物质的"循环累积"，使料流中这些物质的浓度随炉子高度而变化。

气化物质在冷的炉壁和炉料表面上凝聚，轻者阻塞炉料孔隙、增大对煤气流的阻力、降低料块强度，重者造成炉料难行、悬料以及炉墙结瘤等。

解决气化物质"循环累积"的办法是，增大其随煤气逸走或被炉渣吸收的总排出量。在多种措施无效而危害日趋严重时，只能限制这些物质的入炉量，目前 K_2O、Na_2O 和 Zn 的危害就是这样。因此，一般限制 K_2O+Na_2O 总量不超过 3kg/t，Zn 量不超过 150g/t。

提高炉顶温度、增大煤气量等是提高气化物质随煤气排出量的办法，而降低炉渣碱度和大渣量是提高其随炉渣排出量的办法。这些办法都要增加成本或增大燃料消耗量，并会带来其他副作用，如使铁水品质降低（S 含量升高）。故采取某种措施时，应全面权衡利弊得失。

4.2　还原过程

还原即指夺取矿石中与金属元素结合的氧，是冶炼过程要完成的基本任务。它是利用一种与氧结合能力更强的物质（还原剂）将矿石中金属离子与氧离子的化学键击破，而将金属元素释放出来。由于 Fe 是需求量很大的普通金属，还原剂必须选择在自然界中储存量大、易开采、价廉又不易造成环境污染的物质。工业生产上选用的是碳（包括 CO）及 H_2。

4.2.1　铁的氧化物及其特性

已知铁的氧化物有 Fe_2O_3、Fe_3O_4 及 Fe_xO。这些氧化物的特性可由 Fe-O 相图（见图 4-2）得到部分了解。

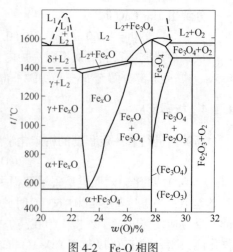

图 4-2　Fe-O 相图

L_1—液态 Fe；L_2—液态氧化物；Fe_xO—浮氏体

不存在一个理论氧含量为 22.28%、Fe 与 O 原子比为 1∶1 的化合物 FeO。在不同温度下 Fe_xO 的氧含量是变化的，最大的变化范围为 23.16%~25.60%。

Fe_xO 是立方晶系氯化钠型的 Fe^{2+} 缺位的晶体，学名为方铁矿，常称为"浮氏体"（Wüstite），记为 Fe_xO 或 $Fe_{1-y}O$。式中，y 代表 Fe^{2+} 缺位的相对数量。对应上述氧含量范围，$y=0.05~0.13$ 或 $x=0.87~0.95$，故有时也记其为 $Fe_{0.95}O$。

Fe_xO 在低温下不能稳定存在。当温度低于 570℃时，Fe_xO 将分解为 $Fe_3O_4+\alpha Fe$。

但在讨论 Fe_xO 参与化学反应时，为方便起见，仍常将其记为 FeO，并认为它是有固定成分的化合物。

FeO 立方晶系氯化钠型单体晶胞结构如图 4-3 所示。

由 Fe-O 相图还可知，Fe_3O_4（理论氧含量为 27.64%）、Fe_2O_3（理论氧含量为 30.06%）是两个组成固定的化合物，并相对比较稳定。只是 Fe_3O_4 在温度高于 800℃时也有溶解氧或 Fe^{2+} 缺位的现象，Fe_2O_3 只在高于 1457℃时分解为 $Fe_3O_4+O_2$。

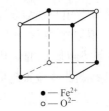

● — Fe^{2+}
○ — O^{2-}

图 4-3 FeO 立方晶系
氯化钠型单体晶胞结构

工业生产中，这两种氧化物在较低温度下早已被还原，故上述高温下发生的种种现象没有很大的实际意义。

三种铁氧化物的其他特征如表 4-1 所示。

表 4-1 三种铁氧化物的其他特征

名 称	赤铁矿（Hematite）	磁铁矿（Magnetite）	方铁矿（浮氏体，Wüstite）
分子式	Fe_2O_3	Fe_3O_4	Fe_xO 或 $Fe_{0.95}O$ 或 $FeO_{1.05}$
理论氧含量/%	30.06	27.64	23.16~25.60
相对氧含量/%	100	88.9	70.0
比容/$cm^3 \cdot g^{-1}$	0.190（α 型）	0.193	0.176
结晶结构	菱形晶系刚玉型	立方晶系尖晶石型	立方晶系氯化钠型

在自然界中含 Fe 矿物尚有少量的褐铁矿（$mFe_2O_3 \cdot nH_2O$）以及菱铁矿（$FeCO_3$）。这些矿石在高炉上部首先受热分解，分别释放出水或 CO_2，然后皆转化为氧化物。

4.2.2 铁氧化物还原的热力学

4.2.2.1 还原的顺序性

生产实践和科学研究都已证明，铁氧化物无论用何种还原剂还原，都是由高价氧化物向低价氧化物逐级变化的，其变化顺序为：

高于 570℃时 $\qquad Fe_2O_3 \longrightarrow Fe_3O_4 \longrightarrow Fe_xO \longrightarrow Fe$

低于 570℃时 $\qquad Fe_2O_3 \longrightarrow Fe_3O_4 \longrightarrow Fe$

将还原过程中的赤铁矿球急速置于中性或惰性气氛中冷却，然后取其断面观察，可发现鲜明的层状结构。球的核心是未反应的 Fe_2O_3，其外是一层 Fe_3O_4，再外边是一薄层浮氏体，最外层是随反应进行而逐渐增厚的金属铁。高炉解剖时由炉内取得的半还原的矿石样品，也具有同样的壳层结构。

还原中连续失氧的过程，就是不同种类、不同氧含量氧化物的相对数量连续减少的过程。

证实这一顺序性规律的意义在于，当人们研究铁氧化物还原过程的定量规律时，只需分别研究各种典型的氧化物规律即可。

4.2.2.2　各种铁氧化物还原的热力学

判断各种铁氧化物在不同温度下被不同还原剂还原的难易程度，最基本的依据是各种氧化物的标准生成自由能随温度的变化图，或称"氧势图"。铁矿石还原只涉及铁氧化物及由有关还原剂生成的氧化物的标准生成自由能的图，称为 Ellingham 图（如图 4-4 所示）。

图 4-4 揭示了三种铁氧化物被固体 C、气体 CO 和 H_2 还原的条件，即铁氧化物在C-O-H体系中氧由与铁结合迁移到与 C、CO 和 H_2 结合的条件。

根据热力学，生成自由能负值越大（或氧势越低）的氧化物越稳定，在图 4-4 中表现为曲线位置越低。Fe_2O_3 曲线的位置最高，即 Fe_2O_3 最不稳定，Fe_3O_4 次之，稳定性最强的是 FeO。

就还原剂而言，在低于 950K 时（图4-4中曲线簇交叉点温度），由 CO 生成的 CO_2 最稳定，即 CO 的还原能力最强，其次为 H_2 和 C；而高于此温度时情况相反，C 是最强的还原剂，依次为 H_2 和 CO。

Fe_2O_3 除在低温（约 600K）下外，几乎在全部温度范围内皆可被上述三种还原剂轻易地还原。Fe_2O_3 的氧势线与其他线差距较大；而 Fe_3O_4 在低温下可被气体还原，或在高温下被固体 C 轻易地还原，这

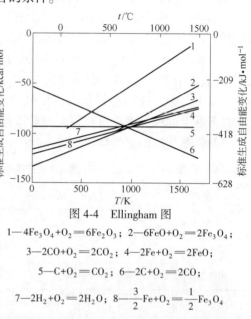

图 4-4　Ellingham 图

1—$4Fe_3O_4+O_2=6Fe_2O_3$；2—$6FeO+O_2=2Fe_3O_4$；

3—$2CO+O_2=2CO_2$；4—$2Fe+O_2=2FeO$；

5—$C+O_2=CO_2$；6—$2C+O_2=2CO$；

7—$2H_2+O_2=2H_2O$；8—$\frac{3}{2}Fe+O_2=\frac{1}{2}Fe_3O_4$

些论断早已被冶炼实践所证实。但由图 4-4 判断高于 950K 时 FeO 不可能被气体还原剂 CO 或 H_2 还原，与实际不符。这主要是因为，此图的纵坐标为标准生成自由能变化，即参与反应的气体皆规定为 101.3kPa（标准状态），或者说反应处于 $\dfrac{\varphi(CO_2)}{\varphi(CO)}=\dfrac{\varphi(H_2O)}{\varphi(H_2)}=1$ 的气氛之下进行。而实际高炉气氛的氧化度低于此值，且在炉内位置越低，$\dfrac{\varphi(CO_2)}{\varphi(CO)}$

$\left(\text{或}\dfrac{\varphi(H_2O)}{\varphi(H_2)}\right)$ 的值越小。在高于 1000℃ 左右的高温区内，由于 CO_2、H_2O 不能稳定存在，则 $\dfrac{\varphi(CO_2)}{\varphi(CO)}\left(\text{或}\dfrac{\varphi(H_2O)}{\varphi(H_2)}\right)$ 的值为 0。在高炉中上部，此比值为 $1/10\sim1/5$。在这种非标准的状态下，氧化物的生成自由能变化 ΔG 与标准生成自由能变化 $\Delta G^{\ominus}$ 的关系应为：

$$\Delta G = \Delta G^{\ominus} + RT\ln\frac{p_{CO_2}}{p_{CO}} \quad \text{或} \quad \Delta G = \Delta G^{\ominus} + RT\ln\frac{p_{H_2O}}{p_{H_2}} \tag{4-6}$$

由于 p_{CO_2}/p_{CO}（或 p_{H_2O}/p_{H_2}）<1，式（4-6）右端第二项为负值，即 $\Delta G<\Delta G^{\ominus}$ 或 ΔG 的负值更

大。据此对图 4-4 进行校正，则 $H_2 \rightarrow H_2O$ 及 $CO \rightarrow CO_2$ 两条生成自由能变化的线应以曲线与纵轴交点为轴顺时针旋转。而由 Fe 生成 FeO 的线由于生产中两者也接近于纯态固相，无需对生成自由能变化线进行校正。则 FeO 的生成自由能变化值高于 CO_2 和 H_2O，即说明其可被 CO 或 H_2 还原（见图 4-5）。

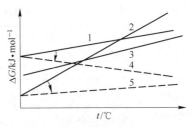

图 4-5　非标准状态下 CO_2 及 H_2O
生成自由能变化 ΔG 示意图
1—$H_2+O = H_2O$；2—$CO+O = CO_2$；
3—$Fe+O = FeO$；4—$H_2+O = H_2O$；
5—$CO+O = CO_2$

上述各种铁氧化物被不同还原剂还原的基本规律，也可用不同反应的经验方程式 $\lg K = f(T)$ 予以表达（见表 4-2）。

表 4-2　CO、H_2 还原铁氧化物反应的基本热力学数据

反　应　式	$\Delta H^{\ominus}/J \cdot mol^{-1}$	$\lg K = f(T)$
$3Fe_2O_3 + CO = 2Fe_3O_4 + CO_2$	-67240	$\lg K = \dfrac{2726}{T} + 2.144$
$Fe_3O_4 + CO = 3FeO + CO_2$	$+22400$	$\lg K = -\dfrac{1373}{T} - 0.341\lg T + 0.41 \cdot 10^{-3}T + 2.303$
$\dfrac{1}{4}Fe_3O_4 + CO = \dfrac{3}{4}Fe + CO_2$	-25290	$\lg K = -\dfrac{2462}{T} - 0.99T$
$FeO + CO = Fe + CO_2$	-13190	$\lg K = \dfrac{688}{T} - 0.9$
$3Fe_2O_3 + H_2 = 2Fe_3O_4 + H_2O$	-21810	$\lg K = -\dfrac{131}{T} + 4.42$
$Fe_3O_4 + H_2 = 3FeO + H_2O$	$+63600$	$\lg K = -\dfrac{3410}{T} + 3.61$
$\dfrac{1}{4}Fe_3O_4 + H_2 = \dfrac{3}{4}Fe + H_2O$	$+20520$	$\lg K = -3110 + 2.72T$
$FeO + H_2 = Fe + H_2O$	$+28010$	$\lg K = -\dfrac{1225}{T} + 0.845$

表 4-2 中所列各反应有一共同特点，即反应前后都有气相且其分子数（即体积）不变。在其他参加反应的物质为纯固态的条件下，则反应的平衡状态不受系统总压力的影响。反应的平衡常数可用 $K = \dfrac{p_{CO_2}}{p_{CO}}\left(\text{或} \dfrac{p_{H_2O}}{p_{H_2}}\right)$ 表示。由于与总压无关，其又可表示为 $K = \dfrac{\varphi(CO_2)}{\varphi(CO)}\left(\text{或} \dfrac{\varphi(H_2O)}{\varphi(H_2)}\right)$。在不计气相中其他惰性成分（如 N_2）的条件下，$\varphi(CO) + \varphi(CO_2) = 100\%$（或 $\varphi(H_2) + \varphi(H_2O) = 100\%$），则平衡常数或平衡状态也可简化为用单值的煤气成分表示，如 $\varphi(CO_2)$ 或 $\varphi(CO)$（$\varphi(H_2O)$ 或 $\varphi(H_2)$）。表 4-2 中所列反应在不同温度下的平衡气相成分以图 4-6 表示，与图 4-6 对应的成分含量见表 4-3。

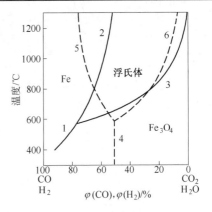

图 4-6　不同温度下 CO、H_2 还原铁
氧化物的平衡气相成分
1—$Fe_3O_4 + 4H_2 = 3Fe + 4H_2O$；2—$FeO + H_2 = Fe + H_2O$；3—$Fe_3O_4 + H_2 = 3FeO + H_2O$；
4—$Fe_3O_4 + 4CO = 3Fe + 4CO_2$；5—$FeO + CO = Fe + CO_2$；6—$Fe_3O_4 + CO = 3FeO + CO_2$

表 4-3　与图 4-6 对应的成分含量

反应式	成分	成分含量/%									
		600℃	700℃	800℃	900℃	1000℃	1100℃	1200℃	1300℃	1350℃	1400℃
$Fe_3O_4+CO =$ $3FeO+CO_2$	CO_2	55.2	64.8	71.9	77.6	82.2	85.9	88.9	91.5		93.8
	CO	44.8	35.2	28.1	22.4	17.8	14.1	11.1	8.5		6.2
$FeO+CO =$ $Fe+CO_2$	CO_2	47.2	40.0	34.7	31.5	28.4	26.2	24.3	22.9	22.2	
	CO	52.8	60.0	65.3	68.5	71.6	73.8	75.7	77.1	77.8	
$Fe_3O_4+H_2 =$ $3FeO+H_2O$	H_2O	30.1	54.2	71.3	82.3	89.0	92.7	95.2	96.9		98.0
	H_2	69.9	45.8	28.7	17.7	11.0	7.3	4.8	3.1		2.0
$FeO+H_2 =$ $Fe+H_2O$	H_2O	23.9	29.9	34.0	38.1	41.1	42.6	44.5	46.2	47.0	
	H_2	76.1	70.1	66.0	61.9	58.9	57.4	55.5	53.8	53.0	

需要说明的是，由于 Fe_2O_3 极易还原，无论用 CO 或 H_2 作还原剂，反应的平衡常数都很大。如 $T=1000K$ 时，由表 4-2 所给定的计算式可得出 K 值皆在 $10^3 \sim 10^4$ 数量级内，即平衡气相成分中几乎为 100% 的 CO_2 或 H_2O。故代表 Fe_2O_3 还原平衡气相成分的曲线几乎与纵坐标重合，在图 4-6 上已无法显著地表示出来。

浮氏体是氧含量不固定的氧化物，其还原反应方程式可表达为：

$$(O)_{FeO} + CO === CO_2 \tag{4-7}$$

或

$$(O)_{FeO} + H_2 === H_2O \tag{4-8}$$

上述反应的平衡常数为：

$$K = \frac{p_{CO_2}}{p_{CO}} \cdot \frac{1}{a_{(O)}} \tag{4-9}$$

或

$$K = \frac{p_{H_2O}}{p_{H_2}} \cdot \frac{1}{a_{(O)}} \tag{4-10}$$

活度的表达方法为：

$$a_{(O)} = \gamma_{(O)} \cdot x(O) \tag{4-11}$$

式中，$x(O)$ 为溶解于浮氏体中氧的浓度。将式 (4-9)、式 (4-11) 或式 (4-10)、式 (4-11) 结合起来则可得到：

$$\frac{p_{CO_2}^*}{p_{CO}^*} = K\gamma_{(O)}x(O) \tag{4-12}$$

或

$$\frac{p_{H_2O}^*}{p_{H_2}^*} = K\gamma_{(O)}x(O) \tag{4-13}$$

式中，p^* 代表平衡时的气相分压。

由式 (4-12)、式 (4-13) 可知，对浮氏体来说，其被气态还原剂还原时，平衡气相成分不仅是温度的函数，还是浮氏体氧含量的函数。

通过实验测定及热力学计算可得出 Fe-O-CO 系和 Fe-O-H_2 系的平衡状态图，见图 4-7 及图 4-8。但正如前述，在本书中以及工程问题的讨论中，仍多采用图 4-6 中 FeO 还原的平衡气相成分。

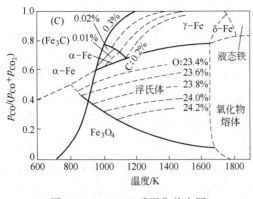

图 4-7 Fe-O-CO 系平衡状态图

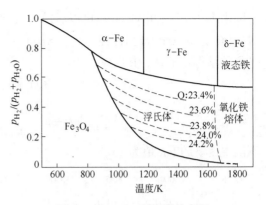

图 4-8 Fe-O-H_2 系平衡状态图

与表 4-2 所示的各种氧化物的特征以及图 4-4 相呼应，由图 4-6 还可看出，随还原反应的推进，氧含量高的高价氧化物转化为氧含量少的低价氧化物，还原反应越发困难，表现为平衡气相成分中要求 $\varphi(CO)$ 的值越来越高。又由于 FeO 相对氧含量为 70%（即从 Fe_2O_3 还原到 Fe 夺取的氧量中，从 FeO 中夺取的氧量占 70%），故 FeO→Fe 这一步骤是决定高炉生产率及耗碳量的关键。

图 4-6 中曲线的斜率与反应的热效应有关。放热反应随温度升高，平衡的气相成分中 $\varphi(CO)$（或 $\varphi(H_2)$）也升高，曲线上斜；吸热反应反之。

图 4-6 不仅有理论意义，而且有多方面的实用价值。如以 CO 为还原剂，在 1000℃ 下还原 FeO。由图 4-6 查得，反应平衡时气相成分为 $\varphi(CO) = 70\%$。这意味着欲使还原反应持续进行，气相中 CO 的体积分数必须始终高于 70%；或者说，还原 FeO 时 CO 的利用率最高值为 $\eta_{CO} = \dfrac{\varphi(CO_2)}{\varphi(CO) + \varphi(CO_2)} = 30\%$。这一事实或这一概念非常重要，它是决定生产单位生铁燃料消耗量的关键，也是判断高炉工作效率的标准判据之一。

这样，实际的反应方程式应写为：

$$FeO + nCO \Longrightarrow Fe + CO_2 + (n-1)CO \qquad (4\text{-}14)$$

式中，n 称为过剩系数，其数值随温度而变。在 1000℃ 下反应若达到平衡状态，则：

$$\eta_{CO} = \frac{\varphi(CO_2)}{\varphi(CO) + \varphi(CO_2)} = \frac{1}{n} = 0.3 \qquad n = 3.33$$

即欲还原出 56kg 的 Fe，最少需要碳 $3.33 \times 12kg = 39.96kg$，或者说 1kg Fe 消耗碳 0.7135kg，以制造还原所需的最低限量的 CO。

不同温度下的 n 值既可查图 4-6，也可根据给定的 $\Delta G^{\ominus}$ 值或表 4-2 中的经验式，经过 K 值计算而得：

$$K = \frac{p_{CO_2}}{p_{CO}} = \frac{\varphi(CO_2)}{\varphi(CO)} = \frac{1}{n-1} \qquad n = 1 + \frac{1}{K} \qquad (4\text{-}15)$$

若给定 $\Delta G^{\ominus}$ 值，则可根据 $\Delta G^{\ominus} = -RT\ln K$ 计算得到 n 值。若根据表 4-2 中 $\lg K = \dfrac{688}{T} - 0.9$，选定某一温度，即可得到相应的 K 值，再按式（4-15）得到 n 值。

由图 4-6 及 Ellingham 图可以看出，810℃时 CO 和 H_2 有相同的还原能力；低于810℃时，CO 的还原能力比 H_2 强；高于810℃时则相反。这可从 C-O-H 系中水煤气置换反应的平衡关系得到解释。其反应式为：

$$CO + H_2O \Longrightarrow CO_2 + H_2 \qquad \Delta H_{298}^{\ominus} = -41325 J/mol \qquad (4\text{-}16)$$

$$\lg K = \lg \frac{p_{H_2}p_{CO_2}}{p_{CO}p_{H_2O}} = \frac{1951}{T} - 1.469 \qquad (4\text{-}17)$$

不同温度下的 $\lg K$ 值为：

T/K	600	800	1000	1083	1200	1400	1600	1800
$\lg K$	-1.4815	-0.6198	-0.1349	0	0.1644	0.3598	0.4942	0.5933

这表明反应 (4-16) 达到平衡，即 $K=1$，$\lg K=0$，则：

$$T_e = 1083K = 810℃$$

这意味着在此温度下 CO 与 H_2 的夺氧能力达到平衡。高于810℃，$\lg K$ 小于 0，反应向左进行，说明 H_2 的夺氧能力强于 CO；低于810℃时则相反。

水煤气置换反应的存在使 H_2 有促进 CO 还原的作用，相当于是 CO 还原反应的催化剂。水煤气置换反应在 800℃以上时反应速度相当快，即一旦 CO 还原 FeO 生成 CO_2 后，由于 H_2 的存在，可使其迅速再生为 CO 参与还原。由于此置换反应为均相反应（反应物皆为气相），在高炉内 750~800K（477~527℃）下，在 Fe、Cr、Ni、Mn 等氧化物的催化作用下，CO 与 H_2O 即开始反应；而在 1330K（1057℃）时，无需任何催化剂反应即可高速进行，可以认为在高炉中达到了平衡状态。在 H_2 还原能力强于 CO 的高温区，H_2 还原与水煤气置换两反应叠加的结果相当于消耗了 CO 而还原了 FeO，提高了煤气的 η_{CO}；而在 CO 还原能力强于 H_2 的中低温区，H_2 虽然在动力学上优于 CO，但受热力学的限制，H_2 参与间接还原的数量并不多于 CO。因此，在高炉内 H_2 和 CO 的利用率既相互提高，又相互制约。从高炉生产数据的统计说明，两者存在着一定的关系：

L. 鲍格丹蒂（L. Bogdandy）　　　$\eta_{H_2} = \eta_{CO} \times 0.88 + 0.1$ 　　　(4-18a)

A. 拉姆（A. H. Pamm）　　　$\eta_{H_2} = (0.9 \sim 1.10)\eta_{CO}$ 　　　(4-18b)

式 (4-18a) 给出的 η_{H_2} 偏高，适用于 η_{CO} 低和 r_d 高的情况；式 (4-18b) 更适用于一般冶炼条件。

实际生产中，由于分析炉顶煤气的 H_2O 含量很困难，氢的利用率 $\left(\eta_{H_2} = \dfrac{\varphi(H_2O)}{\varphi(H_2O) + \varphi(H_2)} \right)$ 常用上述经验式估算。一般选 $\eta_{CO} = (1.1 \sim 1.2)\eta_{H_2}$。在现代高炉上，$\eta_{CO}$ 达到 0.5~0.52，η_{H_2} 达到 0.45~0.48。

4.2.2.3　直接还原与间接还原

表 4-2 及图 4-6 实际上讨论的皆为间接还原。即还原剂为气态的 CO 或 H_2，产物为 CO_2 或 H_2O。若还原剂为固态的 C，产物为 CO，则称为"直接还原"，如：

$$FeO + C \Longrightarrow Fe + CO \qquad (4\text{-}19)$$

直接还原并不意味着只有固态 C 与固态 FeO 直接接触反应才能发生（液态炉渣中 FeO 与固体 C 间的反应除外）。相反，由于两个固相间相互接触的条件极差，不足以维持可以觉察到的反应速度。实际的直接还原反应是借助于碳的溶解损失反应（$C+CO_2 \Longrightarrow 2CO$）以及水煤气反应（$H_2O+C \Longrightarrow CO+H_2$）与间接还原反应叠加而实现的：

间接还原	$FeO + CO \Longrightarrow Fe + CO_2$	$\Delta H^{\ominus}_{298} = -13190 \text{J/mol}$
+) 炭素溶解损失反应	$CO_2 + C \Longrightarrow 2CO$	$\Delta H^{\ominus}_{298} = 165390 \text{J/mol}$
直接还原	$FeO + C \Longrightarrow Fe + CO$	$\Delta H^{\ominus}_{298} = 152200 \text{J/mol}$
间接还原	$FeO + H_2 \Longrightarrow Fe + H_2O$	$\Delta H^{\ominus}_{298} = 28010 \text{J/mol}$
+) 水煤气反应	$H_2O + C \Longrightarrow H_2 + CO$	$\Delta H^{\ominus}_{298} = 124190 \text{J/mol}$
直接还原	$FeO + C \Longrightarrow Fe + CO$	$\Delta H^{\ominus}_{298} = 152200 \text{J/mol}$

"直接还原"主要是指直接消耗固体碳。此反应的另一特点是强烈吸热，热效应高达 2717kJ/kg。由于此反应只涉及一个气相产物，其平衡常数可以 CO 的分压 p_{CO} 表示，而且不因要求特殊的平衡气相成分而消耗过剩碳（即相对于间接还原来说，其过剩系数 $n \equiv$ 1），此时还原 1kg 铁消耗的还原 C 量恒等于 0.214kg。但反应所需的热量要由 C 的燃烧提供。已知焦炭中 C 与 O_2 在 0℃条件下燃烧 1kg 碳生成 CO 的热效应为 9800kJ，则供应 2717kJ 热量需耗 C 0.277kg/kg，即每直接还原 1kg Fe 共耗 C 0.214+0.277 = 0.491kg。相对于间接还原时的耗 C 量 0.7135kg/kg，似乎 100%直接还原比 100%间接还原更有利。事实上，在高炉冶炼的生产条件下，只有直接还原与间接还原比例合适、相互搭配，才能达到碳消耗量最低。

高炉生产实际中，为了保证料层有一定的透气性，矿石的粒度不可过小（一般大于 8~10mm）。此外，由于目前工艺发展水平所限，所生产的人造矿物（烧结矿或球团矿）的还原性尚不尽理想（天然矿石更差），致使矿石在低温区停留的有限时间内不能使间接还原发展到最佳比例值。这是世界上大多数高炉尚未解决的问题。为促进间接还原的比例增大，必须提高气-固相还原反应的速率，为此，应研究气态还原反应的动力学规律。

FeO 的直接还原还有另一种形式，即含 FeO 液态炉渣与焦炭直接接触，或与铁水中饱和的 C 发生反应。

矿石在低温的固体料区未来得及充分还原已落入高温区，则将发生软化和熔融，造成 FeO 含量很高的初渣，并沿着焦炭的空隙向下流动。由不同高炉或同一高炉不同部位取得的初渣样品可知，FeO 含量在 5%~30%的较大范围内波动。由于液态渣与焦炭表面接触良好，扩散阻力也比气体在曲折的微孔隙中扩散的阻力小，加之又处于高温下，反应速率常数很大，故这类反应的速率很高。致使终渣中 FeO 含量小于 0.5%，Fe 的总回收率大于 99.7%。

热力学研究表明，由于直接还原反应只涉及一个气相产物 CO，如下述反应式：

$$(FeO) + C \Longrightarrow Fe + CO \tag{4-20}$$

故反应的平衡常数可表示为：

$$K = \frac{p_{CO}}{a_{(FeO)}} = \frac{p_{总} \cdot \varphi(CO)}{a_{(FeO)}} \tag{4-21}$$

可见，K 既是温度的函数，又是系统总压（$p_{总}$）及 FeO 在渣中活度的函数。

若令　　　　　$\dfrac{1}{4}Fe_3O_4 + C \Longrightarrow \dfrac{3}{4}Fe + CO$　　　（低于 570℃）　　　　　（a）

$$Fe_3O_4 + C \Longrightarrow 3FeO + CO \qquad （高于 570℃） \qquad （b）$$

$$FeO + C \Longrightarrow Fe + CO \qquad\qquad\qquad （c）$$

在 C 过剩的条件下，根据实验及热力学数据计算的结果，可得不同温度下的平衡状态图（见图 4-9）。

直接还原的动力学试验证明，若初渣成分为 $w(FeO) = 70\%$、$w(CaO) = 15\%$、$w(SiO_2) = 15\%$，并令此渣流经高为 20~25mm 的赤热焦层，当系统温度为 1400℃ 及 1500℃ 时，初渣中（FeO）可在流过焦层的 3min 内被全部还原。

熔融还原的试验可得到类似的高还原速率的结果。

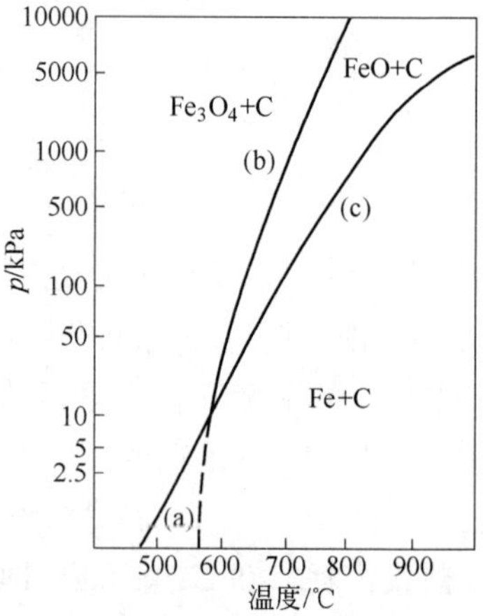

图 4-9　铁及其氧化物在 C 过剩及不同
温度条件下的平衡状态图

4.2.3　铁氧化物气-固相还原反应的动力学

研究气体还原固态铁矿石的反应机理和速率的定量规律，是促进间接还原发展、提高冶炼效率与降低燃料消耗的基础课题。

历年来有关这一课题的研究报告积累丰富，使得对这一命题的认识经历了由浅入深、逐步完善和日趋接近实际的状态。

（1）1926 年，苏联学者 A. A. 巴依科夫（Байков）等人提出了所谓的"两步理论"。此理论认为，还原反应的第一步是金属氧化物首先分解为金属和氧：

$$MeO \Longrightarrow Me + \dfrac{1}{2}O_2 \tag{4-22}$$

第二步是气相还原剂与氧结合：

$$\dfrac{1}{2}O_2 + CO（或 H_2） \Longrightarrow CO_2（或 H_2O） \tag{4-23}$$

提出这一处于初级阶段的学说时，人们所发现的种种现象尚不够丰富，而更多的是凭借热力学规律的一些臆想。之后，人们提出了越来越多的现象与此假说相悖，具体如下：

1）第二步的气相反应实质上是燃烧。根据长期实践，均相的燃烧反应速度非常快，故整体的还原反应的速度应由最慢的环节——氧化物的分解反应所决定。而固相的受热分解反应涉及传热、扩散等环节，其速度异乎寻常地慢。但实际上气-固相还原反应的速度远远超过固相热分解反应。

2）同理，分解压力差异很大的氧化物，其还原反应的速度也应表现出相应的较大差异。如在同样温度下，MnO_2 的分解压力（p_{O_2}）为 Mn_2O_3 的 3000 倍，是 Mn_3O_4 的 10^{14} 倍。但实际上这些氧化物的还原速率几乎相等。

3）无论采用什么方式，在氧化物处于分解的条件下，只要由气相中除去 O_2 皆应能得到金属。但用强力的惰性气流连续通过被加热的金属氧化物时，除极少数分解压力特别高者外，都不能得到金属。

（2）因此，20世纪40年代，苏联的邱发洛夫（Чуфаров）等人又提出"吸附自动催化"理论。此理论将还原反应分解为三步。第一步是还原剂分子吸附于氧化物的表面：

$$MeO + A_{(g)} == MeO \cdot A \tag{4-24}$$

第二步是还原剂分子与晶格中的O原子发生反应，形成仍处于吸附状态的新相分子AO：

$$MeO \cdot A == Me \cdot AO \tag{4-25}$$

第三步是新相分子由固相表面解吸：

$$Me \cdot AO == Me + AO_{(g)} \tag{4-26}$$

吸附与自动催化的全过程，在随时间而变化的反应速度上所表现出来的特征，如图4-10所示。

反应处于第1阶段时称为"孕育期"。此时，还原剂分子只能吸附于固相表面某些"活化"中心，而新相的生成比较困难，故总的反应速度较低。第2阶段称为"自动催化期"。越过了活化能阶，新相一旦生成，其本身就是新的活化中心，活化点的数量急剧增多。新相对反应起到了催化作用，反应速度呈指数函数急剧上升。第3阶段称为"前沿会合期"。由于反应逐步向固相的核心推进，各活化中心由孤立的点逐渐发展扩大，当各反应前沿面相互接壤时，即相互会合形成以核为球心的球面时，反应

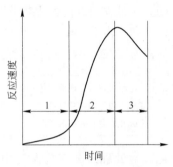

图4-10 吸附与自动催化反应的速率
随时间而变化的特征示意图

前沿面积最大，反应速度也达到了峰值。此后反应界面的面积随着向内推进而开始缩小，反应速度由峰值开始下降。

应当说，此学说解释了在特定条件下实际的气-固相还原反应的某些特征。但它只讨论了一个完整的还原全过程的一个环节。实际的还原过程还涉及其他一些不同的物理过程，远比单纯的化学过程复杂。

（3）瑞典学者J. O. 埃斯特洛姆（Edström）等人根据固相中扩散现象提出了固相扩散理论。此学说认为，还原反应主要在最外层Fe与浮氏体（Fe_xO）的交界面上进行。浮氏体内的氧离子与还原剂分子结合而逸走，剩余的Fe^{2+}及自由电子的浓度增大，由外向内形成了越来越大的浓度梯度。由于内部浮氏体固有的Fe^{2+}缺位现象，给Fe^{2+}的向内扩散创造了条件。结果由于Fe^{2+}的扩散造成了高级氧化物的还原：

$$Fe_3O_4 + Fe == 4FeO \tag{4-27}$$

$$4Fe_2O_3 + Fe == 3Fe_3O_4 \tag{4-28}$$

当铁矿石比较致密，气体分子向内扩散比较困难时，发生这一类以铁离子向内部扩散为主导的还原过程是可能的。而在一般情况下，矿石的还原速度是较快的，如果速度很慢的固相内扩散构成还原过程的必要环节，则其必成为整体还原过程的限制性步骤，即总的还原速度是由此最慢步骤决定的。显然，这与大多数矿石的实际还原过程相矛盾。

（4）针对离子扩散的学说，德国的鲍格丹蒂（Bogdandy）和日本的川崎认为，铁矿石还原具有分子扩散的特征。鲍氏认为，大多数情况下是反应层内的分子扩散起控制作

用；而川崎认为，是由反应层和气体边界层中的分子扩散控制。与吸附自动催化学说类似，无论强调的是分子或离子扩散，也只是涉及了复杂的还原过程的一个环节，远未揭示问题的全貌。此后，麦克吉文（Mckewan）等人又根据还原反应只在反应界面上进行，而此反应界面又随还原过程的进行向中心逐渐推进等现象，提出了"缩壳理论"。很多研究者从不同角度论证，此理论基本符合高炉中铁矿石还原过程的实际。

（5）20世纪60年代后期，多数冶金工作者趋向于认为，还原的全过程是由一系列互相衔接的次过程组成的，而且往往并不由单纯某一个次过程所控制，而是由两个或更多的次过程复合控制。在还原过程的不同阶段，过程的控制环节还可能转化。由于对各个次过程所起的作用理解不同，提出了多种还原过程的机理模型，如未反应核模型、层状模型、准均相模型和中间模型等。其中"未反应核模型"已普遍被人们所接受，以下对此模型做简要介绍。

根据铁氧化物还原的顺序性、还原过程中单体矿石颗粒的断面呈层状结构以及未反应核心随反应过程的进行逐渐缩小等事实，综合考虑还原全过程的各个次过程，由基本的化学热力学和动力学原理，导出了整体还原速度的数学表达式。取在还原过程中呈层状结构的矿球截面（见图4-11），并设想构成各个环节的次过程如下：

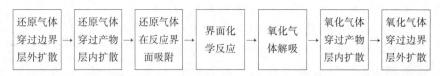

为简化数学处理，设矿粒为规则的球形，半径为 r_0，且在还原过程无收缩或膨胀，即 r_0 不变；未反应核的半径为 r，随还原过程的推进，r 的变化范围是由开始时的 r_0 直至变为完全还原时的 0。因浮氏体还原至金属 Fe 为除氧量最多且最困难的阶段，故忽略 Fe_2O_3 及 Fe_3O_4 的除氧过程，认为只有一个反应界面存在；矿球外有一个吸附的、相对静止的还原气体构成的边界层，如图4-11中虚线圆所示。最后将还原过程简化为如下5个次过程：

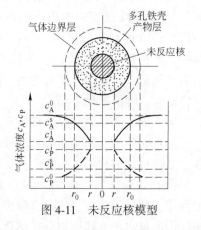

图4-11　未反应核模型

1）气体还原剂的分子由气相主流（浓度为 c_A^0）穿过气体边界层（可称为外扩散），到达球的外表面，浓度下降为 c_A^s。

2）气体还原剂分子穿过多孔的还原产物（铁壳）层扩散（可称为内扩散），到达未反应核的外表面（即反应界面），浓度进一步下降为 c_A^i。

3）在界面上发生化学反应，此处忽略了还原气体分子的吸附及反应后产生的氧化气体解吸等细节。

4）氧化气体分子解吸后，在未反应核表面的浓度为 c_P^i，穿过金属 Fe 的产物层向外扩散（也称内扩散），达到矿球表面时浓度下降为 c_P^s。

5）氧化气体穿过气体边界层扩散到气相主流中，浓度降为 c_P^0。

c_A 和 c_P 沿传输路线的变化过程如图4-11中曲线所示。由于未反应核的半径及相应的反应界面面积是逐渐缩小的，而反应产物层是同时逐渐增厚的，则内扩散的路径逐渐增长，曲折度增大，故内扩散过程不是处于稳定态，即气体的浓度梯度不是与时间无关的常数。但是与气体扩散运动的速度相比，未反应核界面推进的速度要低几个数量级。为简化数学处理过程，可近似地将扩散过程看作处于稳定态。

4.2.3.1 还原速率的数学模型

按各环节次过程进行的顺序，依次列出每一步骤在单位时间内传输或反应的物质的量，则可得：

（1）还原气体分子在外边界层内的扩散。按菲克（Fick）第一定律（稳定态）：

$$J_{A1} = -D_A\left(\frac{c_A^s - c_A^0}{\delta_c}\right) \times 4\pi r_0^2 \tag{4-29}$$

式中 J_{A1}——每秒穿过气体边界层的还原气体的物质的量，mol/s；

D_A——还原气体分子的扩散系数，cm^2/s；

c_A^s，c_A^0——还原气体在气相主流及矿球表面的浓度，mol/cm^3；

δ_c——气体边界层的厚度，cm；

r_0——矿球原始半径，cm。

又已知 $D_A/\delta_c = \beta_A$ 称为在边界层内的传质系数（cm/s），则式（4-29）可改写为：

$$J_{A1} = 4\pi r_0^2 \cdot \beta_A(c_A^0 - c_A^s) \tag{4-30}$$

（2）在金属 Fe 构成的产物层内还原气体分子的扩散。同理，按菲克第一定律得：

$$J_{A2} = \frac{4\pi r_0 r}{r_0 - r} D_{eff}(c_A^s - c_A^i) \tag{4-31}$$

式中 J_{A2}——每秒穿过多孔产物层向内扩散的还原气体的物质的量，mol/s；

D_{eff}——在微孔中气体的有效扩散系数，cm^2/s，按下式计算：

$$D_{eff} = D_A \cdot \gamma \cdot \xi \tag{4-32}$$

γ——多孔介质的孔隙率（量纲为一的量）；

ξ——迷宫系数（量纲为一的量）。

迷宫系数的计算公式为：

$$\xi = \frac{l}{L} \tag{4-33}$$

即迷宫系数为孔隙在直线方向上的长度（l）与沿孔隙实际曲折路径的长度（L）之比。因 γ 及 ξ 皆小于 1，故 $D_{eff} < D_A$。

（3）界面化学反应。根据实验结果可按简单的一级反应处理，则：

$$R_i = 4\pi r_i^2 k\left(c_A^i - \frac{c_P^i}{K}\right) \tag{4-34}$$

式中 R_i——界面化学反应速率，以还原气体消耗的速率表示；

k——比反应速率或反应速度常数，cm/s；

K——反应的平衡常数。

依顺序也同样可以列出还原产物的氧化气体向外扩散的速率 J_{P1}、J_{P2}。但其形式与式（4-30）、式（4-31）完全类似，不再一一列出。

因此，反应为间接还原，反应前后气体分子数不变，即：

$$c_A^i + c_P^i = c_A^s + c_P^s = c_A^* + c_P^* = \text{const} \qquad (4\text{-}35)$$

即任意时刻反应界面上还原气浓度（c_A^i）与产物气浓度（c_P^i）之和等于平衡状态下还原气体浓度（c_A^*）与产物气浓度（c_P^*）之和。

由式（4-35）可导出：

$$c_P^i = (1 + K)c_A^* - c_A^i \qquad (4\text{-}36)$$

在还原反应整体处于稳定态的条件下，应满足 $J_{A1} = J_{A2} = R_i = J_{P1} = J_{P2}$。由于其中有两对方程式，即 J_{A1} 与 J_{P2}、J_{A2} 与 J_{P1} 过程的机理相同，所得表达式形式类似。若取五组表达式联立，则会徒然增加工作量，且最终所得的总反应速度表达式与只取 $J_{A1} = J_{A2} = R_i$ 三组表达式联立所得结果相同。将

$$c_P^i = (1 + K)c_A^* - c_A^i$$
$$J_{A1} = J_{A2} = R_i \qquad (4\text{-}37)$$

联立求解，消去未知的气体的中间浓度 c_A^s、c_A^i、c_P^i 及 c_P^s，最后得反应速率为：

$$R_A = \frac{c_A^0 - c_A^*}{\dfrac{1}{4\pi r_0^2 \cdot \beta_A} + \dfrac{1}{4\pi \cdot D_{\text{eff}}\left(\dfrac{r_0 r}{r_0 - r}\right)} + \dfrac{K}{1 + K} \cdot \dfrac{1}{4\pi r^2 \cdot k}} \qquad (4\text{-}38)$$

式（4-38）是表达气-固相还原反应速率的通式，它包括了过程的所有环节。通过分析式中各项的物理意义可看出，式中等号右端分式分子为还原气体在主流中的浓度与平衡浓度之差，此为反应的"推动力"；分母中三项分别代表穿过边界层扩散、穿过产物层扩散及界面化学反应的阻力，将各项分别与式（4-30）、式（4-31）和式（4-34）进行比较即可确证，因为此三项分别为单位浓度差下每秒扩散或发生反应的还原气体量的倒数，在意义上即为阻力。

实际上，在矿石还原过程中，不同条件下这三项阻力的相对值会发生变异。阻力最大者即成为整体反应的限制性环节，即反应的速度基本上由这一最大阻力决定，而其他阻力可以忽略。

从理论上来讲，式（4-38）提供了分析提高间接还原速率措施的依据。由该式可归纳出：提高气相中还原剂的浓度（c_A^0），增大扩散系数 D_A、矿石孔隙率 γ 及迷宫系数 ξ 以增大有效扩散系数 D_{eff}，缩小矿球原始粒度 r_0，提高温度，用强还原剂（如 H_2）以提高反应速率常数及平衡常数 K，皆可提高总反应速率。

但式（4-38）中尚有不易测得的参数——未反应核半径 r。为此，经过变换以常用的易测参数还原度取而代之。

若矿粒内氧的分布均匀，且令氧的密度为 ρ_0，则还原度 f 可表示为：

$$f = \frac{\dfrac{4}{3}\pi r_0^3 \cdot \rho_0 - \dfrac{4}{3}\pi r^3 \cdot \rho_0}{\dfrac{4}{3}\pi r_0^3 \cdot \rho_0} = 1 - \left(\frac{r}{r_0}\right)^3 \qquad (4\text{-}39)$$

还原速率从概念上理解应为还原度随时间的变化率，故先取微商：

$$df/dt = -3\left(\frac{r}{r_0}\right)^2 \cdot \frac{1}{r_0} \cdot \frac{dr}{dt} \qquad (4\text{-}40)$$

又根据还原过程中氧的平衡，若 dt 时间内未反应核半径 r 的变化量为 dr，则此时间间隔内失氧量与还原速率可存在以下关系：

$$4\pi r^2 \cdot dr \cdot \rho_0 = -R_A \cdot dt$$

或

$$dr/dt = \frac{R_A}{-4\pi r^2 \cdot \rho_0} \tag{4-41}$$

将式（4-41）代入式（4-40）可得：

$$df/dt = \frac{R_A}{\frac{4}{3}\pi r_0^3 \cdot \rho_0} \tag{4-42}$$

式（4-42）说明以 df/dt 表达的还原速率与 R_A 之间有简单的换算关系。将式（4-42）代入式（4-38）则可得：

$$\frac{df}{dt} = \frac{3}{r_0\rho_0} \cdot \frac{c_A^0 - c_A^*}{\frac{1}{\beta_A} + \frac{1}{D_{eff}} \cdot \frac{r_0(r_0 - r)}{r} + \frac{K}{k(1+K)}\left(\frac{r_0}{r}\right)^2} \tag{4-43}$$

因

$$\frac{r_0 - r}{r} = (1-f)^{-1/3} - 1 \tag{4-44}$$

又

$$\left(\frac{r_0}{r}\right)^2 = (1-f)^{-2/3} \tag{4-45}$$

则将式（4-44）、式（4-45）代入式（4-43）导出：

$$\frac{df}{dt} = \frac{3}{r_0\rho_0} \cdot \frac{c_A^0 - c_A^*}{\frac{1}{\beta_A} + \frac{r_0}{D_{eff}}[(1-f)^{-1/3} - 1] + \frac{K}{k(1+K)}(1-f)^{-2/3}} \tag{4-46}$$

如果说式（4-38）作为反应速率的通式只可用来对影响还原速率的各参数做理论性分析，则经过变换后，以可测参数表达的式（4-46）即可用来检验实验数据，以判明某种矿石在不同的条件下究竟哪一个次过程（或几个次过程复合）成为还原反应的控制性环节。

4.2.3.2 反应的控制环节不同时反应速率的特殊表达形式及判别标志

判明反应控制性环节的判据就是反应界面的前沿（或未反应核的外表面）沿矿球半径方向向核心推进的速度。以下按不同情况予以阐述：

（1）在单一的界面化学反应的控制下。忽略式（4-46）等号右端分式中代表表面层及反应产物层扩散阻力的两项，则可导出：

$$\frac{df}{dt} = \frac{3}{r_0\rho_0} \cdot \frac{c_A^0 - c_A^*}{\frac{K}{k(1+K)}(1-f)^{-2/3}} \tag{4-47}$$

为求得还原度（f）随时间变化的规律，将式（4-47）分离变量后积分：

$$\int_0^t \frac{1}{r_0\rho_0}(c_A^0 - c_A^*)\,dt = \int_0^f \frac{K}{3k(1+K)}(1-f)^{-2/3}\,df$$

积分结果为：

$$t \cdot \frac{1}{r_0\rho_0}(c_A^0 - c_A^*) = \frac{K}{k(1+K)}[1 - (1-f)^{1/3}] \tag{4-48}$$

当使用特定的矿石样品及在固定温度下使用选定的还原剂时，r_0、ρ_0、c_A^0、c_A^*、k、K

皆为常数，则式（4-48）的意义为：

$$1 - (1 - f)^{1/3} \propto t \tag{4-49}$$

或

$$\frac{r_0 - r}{r_0} \propto t \tag{4-50}$$

式（4-50）左方为沿矿球半径方向反应界面的相对位置，是量纲为一的数。而整体式（4-50）的物理意义为：反应界面位置的变化与时间成正比，或者说，在还原反应过程中反应界面是沿半径方向匀速向前推进的。此即为界面化学反应控制的判别标志。

（2）内扩散控制。即气体在多孔产物层中扩散的阻力最大。同理略去式（4-46）中代表表面层扩散及界面化学反应的两项阻力，得：

$$\frac{\mathrm{d}f}{\mathrm{d}t} = \frac{3(c_A^0 - c_A^*)}{r_0^2 \cdot \rho_0 \dfrac{1}{D_{\mathrm{eff}}}[\,(1-f)^{-1/3} - 1\,]} \tag{4-51}$$

分离变量后积分的结果为：

$$t \cdot \frac{6(c_A^0 - c_A^*)D_{\mathrm{eff}}}{r_0^2 \cdot \rho_0} = 1 - 3(1-f)^{2/3} + 2(1-f) \tag{4-52}$$

同样，在特定的具体条件组合下，式（4-52）的意义为：

$$1 - 3(1-f)^{2/3} + 2(1-f) \propto t \tag{4-53}$$

或变换为：

$$\left[3\left(\frac{r_0 - r}{r_0} \right)^2 - 2\left(\frac{r_0 - r}{r_0} \right) \right]^3 \propto t \tag{4-54}$$

这是反应界面相对位置 $\dfrac{r_0 - r}{r_0}$ 的幂函数。若以时间 t 为横坐标、$\dfrac{r_0 - r}{r_0}$ 为纵坐标，将式（4-54）所代表的关系作图，并与由式（4-50）代表的关系进行对比，则得图 4-12。

图 4-12 中内扩散控制下反应界面的推进速度表现为：开始时很快，然后迅速递减，到一定还原度后几乎停滞。形成这种特征的原因是：反应开始时只在矿球表面进行，无反应产物层，内扩散阻力为零，故反应速度最大，即反应界面推进速度也达最大值；随反应进行，反应产物层逐渐增厚，迷宫系数也渐小，致使内扩散阻力急剧增大；大约总还原度达 60% 左右时，内扩散已增大到几乎阻滞反应难以进行的程度，表现为反应界面停止向前推进。

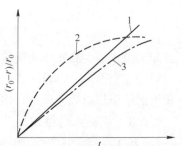

图 4-12　不同的控制环节条件下
反应界面推进的特征

1—界面反应控制，直线关系；
2—内扩散控制，幂函数关系；
3—还原中实际反应界面的推进特征

由于总体还原反应的速度主要是由阻力最大的环节决定的，实际的反应速度总要低于最慢步骤的速度，在图 4-12 中即表示为低于由界面化学反应控制的推进速度。而一旦两个环节所具有的阻力处于同一数量级时，两者都不可忽略，反应的阻力为两者之和，此时称反应处于"复合控制"之下，表现为实际反应界面的推进速度与直线的偏离加大。只有当两种阻力数值再次差距加大时，才更接近于由阻力最大环节单独决定的反应速度值。

由于实际高炉生产中煤气流速远远超过临界值，即气体边界层的厚度已达到了稳定的最小值，即使气流速度再增高也不会减小，故外扩散的阻力也处于稳定的最小值状态，实际上可在式（4-46）中略去 $1/\beta_A$ 这一项。

4.2.3.3 影响还原速率的因素

（1）温度。在界面化学反应控制下，根据阿累尼乌斯（Arrhenius）定律，还原速率与 $\exp[-E/(RT)]$ 成比例增加（一般可认为频率因子 A 为常数）。故温度应对反应速率有显著影响，且反应活化能 E 值越大，温度效应越严重。在内扩散控制下，扩散系数与温度的 1.75 次方成比例变化。与阿累尼乌斯关系式对比，相当于 $E=8.4\sim21kJ/mol$。而界面化学反应的 $E=62.8\sim117.2kJ/mol$。实际的反应过程可按复合控制考虑，活化能 $E=105\sim210kJ/mol$，具体由试验决定。当还原气体的浓度以体积百分数表示时，如按还原速度与 T^m 成正比的关系表达，在复合控制下 n 应在 $0.75\sim3.0$ 之间。试验研究表明，用 CO 或 H_2 还原同一矿石，CO 表现的活化能值略大于 H_2；而采用不同的矿石时，活化能值有较大差别，这可能是由于反应处于不同控制条件下所致。

（2）压力。压力通过对还原气体物质的量浓度的影响起作用。压力增大时可提高反应速度。压力对扩散速率的影响不大。在复合控制下，压力与反应速率的关系可表达为：

$$R_A \propto p^n \qquad n=0\sim1 \text{（一般取 0.5）} \tag{4-55}$$

式中　p——还原气体压力（大气压）。

（3）矿石粒度（r_0）。应用同一种矿石而改变矿石粒度时，若反应处于化学反应控制范围，则反应速率与粒度成反比；在扩散控制下，则与粒度的平方成反比；而在复合控制时，则与 r_0^n 成反比，此时 $n=1\sim2$。

（4）煤气成分。由于 H_2 的扩散系数及反应速率常数都较大，不论反应处于何种控制范围，用 H_2 时的反应速率均比用 CO 时高 5 倍以上。但是用 CO 与 H_2 的混合气时，还原速率基本上与煤气中 $\varphi(H_2)=\dfrac{\varphi(H_2)}{\varphi(H_2)+\varphi(CO)}$ 呈线性关系。

（5）矿石的种类和性质。由于矿石的孔隙率、形状因素和迷宫系数等不同，造成实际反应界面的大小及有效扩散系数有所区别，从而形成不同矿石间还原性的差异。此外，不同矿石的氧化程度及矿物组成对其还原性也有影响。例如，与高价 Fe 结合的氧容易夺取，而组成较复杂的稳定化合物时（如 Fe_2SiO_4 等）则较难被还原。在矿石性能各因素中孔隙率的影响最为显著，这主要是指与外部环境连通的开口微气孔。

纵观到此为止对还原反应机理的种种理论及影响还原速率因素的种种讨论，其共同的局限性在于：首先只讨论了单体矿石颗粒的还原过程；其次，在还原过程中假定温度及还原剂的成分等环境因素是恒定不变的。这些往往是在实验室条件下的情况。实际生产中，无论是高炉或其他用气体还原剂的直接还原工艺方法，还原过程都是在热还原气流通过由一定高度矿粒组成的散料层（固定床或移动床）条件下完成的。

首先，还原气流在散料孔隙中的分布是否均匀，即每个颗粒能否获得均等的还原条件是很重要的。当然，从理论上来讲，可以用数学方法较准确地描述这种空间不均匀的还原过程，但必须建立三维模型。这涉及过多的过程参数，致使数学处理复杂到了几乎无法进行的程度，迄今为止尚无这种三维模型的实际应用。这是纯理论的还原过程数学表达式与实际过程的第一个区别。

其次，即使气流在工业反应器的横断面上是均匀分布的，众多矿粒组成的群体与单体颗粒的还原过程情况仍然差异很大。在原始的还原剂种类、浓度和温度恒定的前提下，还原剂首先与某个矿石层相遇，而此反应的热效应和引起的气相组成变化对后续矿石层的还原过程影响很大。换言之，散料床的还原过程受料床中温度场和还原剂浓度场的控制，而这两个场本身是还原过程的函数，是随机变化的。对移动床来说，每个矿粒都在这两个变化的场中移动，其还原外界条件的变化更为复杂。而在理论推导中，或者人为规定温度或还原剂浓度不变（如未反应核模型推导过程中的处理方法），或者可在试验室中控制其为恒定。

上述第二个区别导致的结果是，按单体颗粒还原模型的规律采取改善还原过程的某些措施，在散料床还原过程中得不到预期的效果。

例如，根据未反应核模型，在界面化学反应控制下，还原速率应与矿粒半径成反比，即 $R_A \propto \dfrac{1}{r_0}$；而在内扩散控制下，粒度的影响更加突出，$R_A \propto \dfrac{1}{r_0^2}$。这说明缩小矿石粒度是极有力的加速还原过程的措施。但在散料层中缩小矿石粒度的实际结果是，最先接触初始还原气的矿石层的还原速度得到加快，但还原气中 CO 及 H_2 的浓度由此而降低很多，改变了料层中还原剂的浓度场，剧烈地延缓了后续矿石层的还原过程。总的结果是，最终的矿石还原度仅略有提高，远低于按未反应核模型计算的预期值。

又如，增大还原剂中 H_2 的比例应有效地提高反应速率。因为 H_2 的扩散系数 D_{H_2} 是 D_{CO} 的 3~5 倍，在同样的矿石结构条件下，有效扩散系数 D_{eff} 也应相差同样倍数。此外，H_2 的比反应速率 k_{H_2} 也高于 k_{CO}。然而实践中发现，除了上述改变矿石粒度时发生的同样情况外，即由于 H_2 量的增加，开始阶段的还原过程加速，但却引起散料层中还原剂浓度场的变化，而且由于 H_2 的还原反应是吸热的，开始阶段更多的 H_2 参与了还原，还原气降温较多，改变了散料层中的温度场。这双重因素都延缓了后续料层的还原过程。根据一维的散料层中还原过程数学模型的计算结果，还原剂中 H_2 的最佳比例仅为 $\varphi(H_2)/(\varphi(H_2)+\varphi(CO))=10\%$，而不是按未反应核模型推断的 H_2 含量越高越有利。

这一切说明了实际过程的复杂性，人们只能应用日益发展的科学知识和测量计算等实际能力估计各种复杂情况，得到日趋接近实际的模拟结果。

4.2.4　其他元素的还原

一般生铁中除主要含有 Fe、C 外，还含有少量有益元素（如 Si、Mn）以及有害元素 P、S 等。如冶炼的是特殊的复合矿石，则可能涉及 V、Ti、Zn、Pb、Cu、Ni 和 Cr 等元素的还原过程。了解非 Fe 元素在高炉冶炼条件下氧化还原的行为是十分必要的。

根据化学热力学的基本原理，查看多种氧化物的氧势图（或称氧化物标准生成自由能图），即可获得各有关元素在高炉内被还原程度的基本概念。理查德森（Richardson）氧化物标准生成自由能图示于图 4-13。当然，通过各有关物质及有关反应的基本热力学数据的计算也能得出类似结果。表 4-4 示出了碳还原氧化物反应的标准自由能变化（$\Delta G^{\ominus}$）与温度的关系式以及 1800K 下各反应的平衡常数 K_{1800}。

由图 4-13 及表 4-4 可得出各种铁矿石在高炉中还原由易到难的顺序，分组排列如下：

（1）极易被 CO 还原的 Cu、Pb、Ni 和 Co。这些元素在高炉条件下几乎 100% 被还原为金属态。其中，Cu、Co、Ni 可溶入液态 Fe 中形成合金；Pb 的密度大于 Fe，常聚集于

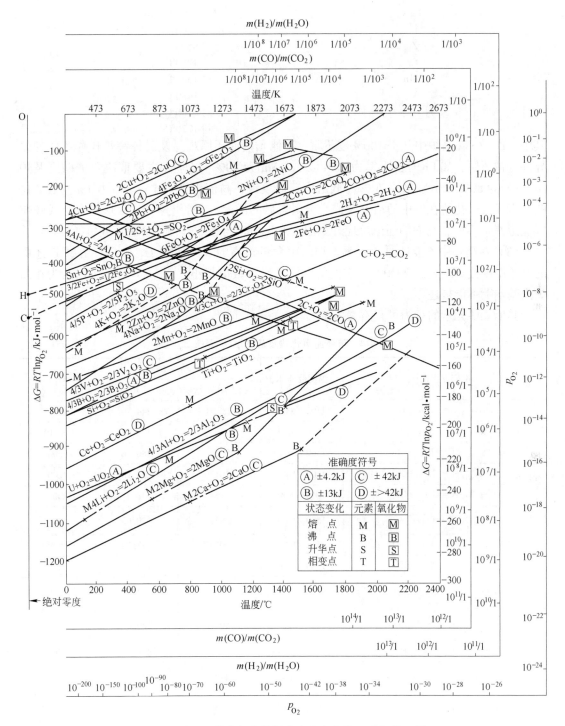

图 4-13 理查德森氧化物标准生成自由能（或氧势）图

炉缸中铁层之下。

（2）在较高温度下可被固体 C 还原的元素 P、Zn、Cr、Mn、V、Ti 和 Si。标准状态下它们与 C 发生还原反应的开始温度分别为：

元素	还原反应开始温度
P	约 870℃
Zn	约 950℃
Cr	约 1250℃
Mn	约 1380℃
V	约 1480℃
Si	约 1740℃
Ti	约 1770℃

其中，P、Zn 在高炉中几乎 100% 被还原；其他元素依还原难易及具体高炉操作条件的差异部分被还原，如 Cr 的还原率为 90% 以上、Mn 为 50%~85%（主要取决于渣碱度及炉温）、V 为 80%、Si 为 5%~70%（低值为普通生铁，高值为铁合金）、Ti 为 1% 左右。这些元素依其氧化物在渣中的活度及成为金属态后的活度（是否与液态 Fe 形成合金或随煤气逸走等）不同，它们的还原反应开始温度及还原率与标准态相比会有正或负的变化。

（3）在高炉中不能还原的元素。炉渣中含量很高的 MgO、Al_2O_3 和 CaO 等被 C 还原的开始温度接近或超过 2000℃。它们的反应平衡常数值很小（见表 4-4），可以认为在高炉内基本上不能被还原。

其他某些元素的行为可查看表 1-5。

表 4-4　碳还原氧化物反应的 $\Delta G^{\ominus}$ 及 K_{1800}

反应方程式	温度范围/K	$\Delta G^{\ominus}=A-BT/kJ$		K_{1800}
		A	B	
$Cu_2O_{(1)}+C=2Cu_{(1)}+CO$	1502~2000	28260	144.70	5.5×10^6
$NiO_{(s)}+C=Ni_{(1)}+CO$	1726~2000	134610	179.08	2.8×10^5
$P_2O_{5(g)}+5C=2P_{(g)}+5CO$	1500~2000	196240	180.96	5600
$FeO_{(1)}+C=Fe_{(1)}+CO$	1809~2000	120170	133.90	3200
$FeO_{(1)}+C=Fe_{(s)}+CO$	1665~1809	111580	128.25	2900
$\frac{1}{3}Cr_2O_3+C=CO+\frac{2}{3}Cr_{(s)}$	1500~2000	259510	170.03	22
$MnO_{(s)}+C=Mn_{(1)}+CO$	1516~2000	290370	173.26	4.3
$VO_{(s)}+C=V_{(s)}+CO$	1500~2000	283980	158.85	1.2
$\frac{1}{2}SiO_{2(s)}+C=\frac{1}{2}Si_{(1)}+CO$	1686~1986	356100	183.85	0.19
$\frac{1}{2}SiO_{2(1)}+C=\frac{1}{2}Si_{(1)}+CO$	1883~2000	350450	180.88	0.19
$SiO_{2(s)}+C=SiO_{(g)}+CO$	1686~2000	666570	329.52	0.007
$\frac{1}{2}TiO_{2(s)}+C=\frac{1}{2}Ti_{(s)}+CO$	1500~1940	349820	171.42	0.063
$\frac{1}{3}Ti_2O_{3(s)}+C=\frac{2}{3}Ti_{(s)}+CO$	1500~1940	375990	165.85	0.0057
$TiO_{(s)}+C=Ti_{(s)}+CO$	1500~1940	384760	167.44	0.0038
$MgO_{(s)}+C=Mg_{(g)}+CO$	1500~2000	613610	289.95	0.0022
$\frac{1}{3}Al_2O_{3(s)}+C=\frac{2}{3}Al_{(1)}+CO$	1500~2000	442270	191.76	0.0016
$CaO_{(s)}+C=Ca_{(g)}+CO$	1765~2000	668660	275.76	1×10^{-5}

4.2.4.1　Mn 的还原

已知 Mn 的氧化物有四种形式, 其分子式及理论氧含量分别为:

分子式	MnO_2	Mn_2O_3	Mn_3O_4	MnO
氧含量/%	36.81	30.41	27.97	22.5

Mn 氧化物的还原过程按顺序, 由高价氧化物到低价氧化物逐级进行。

MnO_2 及 Mn_2O_3 极不稳定。MnO_2 在 550℃ 下、Mn_2O_3 在1100℃下的分解压力 (p_{O_2}) 皆达到 101kPa。在高炉中用 CO 或 H_2 还原这两种氧化物皆为不可逆反应, 即还原产物中 H_2O 和 CO_2 的平衡成分几乎接近 100%。Mn_3O_4 被 CO 还原时不同温度下的平衡气相成分见图 4-14。Mn_3O_4 很容易还原, 其平衡气相成分中 $\varphi(CO)<10\%$。这三类锰的高价氧化物在高炉炉身上部即可全部转化为 MnO。

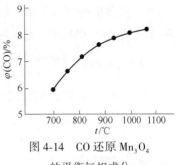

图 4-14　CO 还原 Mn_3O_4 的平衡气相成分

上述各氧化物的还原皆为放热反应, 热效应值较大。这就是冶炼锰铁的高炉炉顶温度较高的原因之一, 一般可高达 500~700℃。高温区扩大的结果是碳的溶解损失反应过分发展, 直接还原度增大, 导致焦比高、煤气量大、炉顶温度进一步升高。

Mn 的高价氧化物还原反应热效应值如下:

$$2MnO_2 + CO \Longrightarrow Mn_2O_3 + CO_2 \qquad \Delta H^{\ominus} = -207.5kJ/mol \qquad (4\text{-}56)$$

$$3Mn_2O_3 + CO \Longrightarrow 2Mn_3O_4 + CO_2 \qquad \Delta H^{\ominus} = -178.2kJ/mol \qquad (4\text{-}57)$$

$$Mn_3O_4 + CO \Longrightarrow 3MnO + CO_2 \qquad \Delta H^{\ominus} = -44.1kJ/mol \qquad (4\text{-}58)$$

MnO 却与其高价氧化物相反, 比 FeO 更难还原。以 CO 还原 MnO 时, 1200℃下平衡气相成分中 $\varphi(CO)/\varphi(CO_2)$ 高达 10^4, 实际上 MnO 的间接还原是不可能的。MnO 的还原只能用 C 进行, 成渣后渣中 (MnO) 与赤热焦炭反应, 或其与饱和 [C] 的液态铁液接触时发生渣铁之间的反应:

$$(MnO) + C \Longrightarrow [Mn] + CO \qquad \Delta G^{\ominus} = 289154 - 210.19T \quad (J/mol) \qquad (4\text{-}59)$$

$$K_{Mn} = \frac{f_{[Mn]}w[Mn]_{\%}p_{CO}}{a_{(MnO)}} \qquad (4\text{-}60)$$

或

$$\lg K_{Mn} = -\frac{15090}{T} + 10.97 \qquad (4\text{-}61)$$

对于 C 饱和的铁, $f_{[Mn]} = 0.8$, 则可得:

$$\frac{m[Mn]}{m(MnO)} \cdot p_{CO} = 1.07 \times 10^{-2} K_{Mn} \cdot \gamma_{(MnO)} \qquad (4\text{-}62)$$

当温度已知时, 可通过式 (4-59) $\Delta G^{\ominus}$ 值的计算得到 K_{Mn}; 若 p_{CO} 及 $\gamma_{(MnO)}$ 已知, 则利用式 (4-62) 可得到 Mn 在铁、渣中的分配比 $\dfrac{m[Mn]}{m(MnO)}$。

实践数据证明, 分配比 $m[Mn]/m(MnO)$ 低于 $p_{CO} = 101kPa$ 条件下的平衡值, 而与 $p_{CO} = 253kPa$ 条件下的平衡值接近, 尽管实际的 CO 分压 $p_{CO} < 253kPa$。

根据式（4-62），提高 Mn 的回收率，即提高 Mn 的分配比 $m[Mn]/m(MnO)$ 的办法如下：

（1）提高炉温，使平衡常数 K_{Mn} 增大，同时提高反应速率，使实际的分配比尽量接近平衡值。

（2）提高炉渣碱度，因为（MnO）为碱性组分，渣中碱性物增多可提高 MnO 在渣中的活度系数 $\gamma_{(MnO)}$。

（3）提高生铁 [Si] 量，可促使渣、铁接触时由于 [Si] 氧化为（SiO_2）发生相应的耦合反应，使（MnO）还原为 [Mn]。

如果将炉渣碱度 $\left(\dfrac{m(CaO)}{m(SiO_2)}\right)$ 及（Al_2O_3）含量作为决定 $\gamma_{(MnO)}$ 值的因素，而平衡常数 K_{Mn} 是温度的单值函数，则由式（4-62）可推知：

$$\frac{m[Mn]}{m(MnO)}p_{CO}=f\left(\frac{m(CaO)}{m(SiO_2)},w(Al_2O_3),T\right) \tag{4-63}$$

将试验数据按式（4-63）的函数关系作图，可得到图 4-15。

由图 4-15 可预测不同操作条件下可能达到的 $w[Mn]$ 值。

4.2.4.2　Si 的还原

如前所述，SiO_2 是较为稳定的化合物，只能在较高温度下用固体 C 得到部分的还原。在冶炼普通生铁时，SiO_2 的还原率仅为 5%～10%。

Si 的氧化物有两种形式，即 SiO_2 和 SiO（气态）。其在还原过程中也是逐级转化的，即：

$$SiO_2 \Longleftrightarrow SiO_{(g)} \Longleftrightarrow Si \quad （高于 1500℃）$$
$$SiO_2 \Longleftrightarrow Si \quad （低于 1500℃）$$

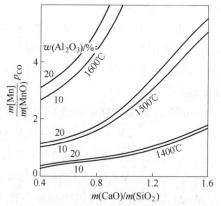

图 4-15　铁渣间 Mn 的分配比与渣成分及温度的关系

已有数据说明，以 C 还原 SiO_2 时，生成 $SiO_{(g)}$ 或生成 Si 几乎是同样困难的：

$$SiO_{2(s)} + 2C \Longrightarrow Si_{(s)} + 2CO$$
$$\Delta G^{\ominus} = 729794 - 379.34T \quad (J/mol) \tag{4-64}$$

反应开始温度　　　　　　　　　　$T_b = 1923K(1650℃)$

$$SiO_{2(s)} + C \Longrightarrow SiO_{(g)} + CO$$
$$\Delta G^{\ominus} = 666570 - 359.52T \quad (J/mol) \tag{4-65}$$

反应开始温度　　　　　　　　　　$T_b = 2022K(1749℃)$

上述两反应开始的温度都很高，高于一般渣铁温度 100～300℃，似乎只有接近高炉风口带的高温区时 Si 才能开始还原。20 世纪 60 年代以来高炉解剖研究的结果说明，在软熔带下沿形成的液态铁水中 [Si]、[S] 含量即已开始增高，下降到风口水平面时 [Si]、[S] 含量达到最大值。而后，在炉缸下部铁滴穿过渣层时，[Si]、[S] 又转移入渣，最后其含量降低至出炉成分。这说明必有尚未探明的其他类型的 Si 还原过程存在，并决定了上述渣铁中 [Si]、（SiO_2）、[S] 变化的规律。

日本的槌谷（Thuchiya）等人通过研究提出，Si 的还原，或称之为 Si 的转移过程是通过气相的 SiO 及 SiS 等中间化合物进行的。

按照此观点，在风口带的高温区内，由于焦炭及其灰分中所含 S（不管其存在形式为 CaS、FeS 或有机 S）以及 SiO_2 活度值大，与 C 的接触条件极好，在高温下反应生成两个气相产物 SiO 及 SiS，并随高温煤气而上升。当遇到由软熔带向下滴落的渣及铁液时，它们则被吸收。在软熔带下沿至风口带的距离内，吸收的两种气相物逐渐增多，到风口带（气相物的发源地）时吸收量达到了最大值。各相应的化学反应方程式及有关的热力学数据如下：

$$SiO_{2(焦炭灰分)} + C \Longrightarrow SiO_{(g)} + CO \tag{a}$$

$$\lg \frac{p_{SiO} \cdot p_{CO}}{a_{SiO_2}} = -\frac{35896}{T} + 17.957 \tag{4-66}$$

但在高温及 C 过剩的条件下，SiC 比 SiO_2 更稳定，则此时生成 SiO 的反应为：

$$SiC + CO \Longrightarrow SiO_{(g)} + 2C \tag{b}$$

$$\lg \frac{p_{SiO}}{p_{CO}} = -\frac{4296}{T} + 0.197 \tag{4-67}$$

SiO_2 也可与 SiC 反应生成 SiO：

$$2SiO_2 + SiC \Longrightarrow 3SiO_{(g)} + CO \tag{c}$$

$$\lg \frac{p_{SiO}^3 \cdot p_{CO}}{a_{SiO_2}^2} = -\frac{76088}{T} + 36.110 \tag{4-68}$$

在 SiO_2、SiC 和 C 三个凝聚相及气相（SiO、CO）组成的体系中，反应（a）~ 反应（c）皆为两个凝聚相与气相的反应平衡关系。将这三个平衡关系在不同温度下的变化作图，其条件为：$p_{CO} = 101kPa$，$p_{CO} = 404kPa$；$a_{SiO_2} = 0.5$，$a_C = 1$，$a_{SiC} = 1$，得到图 4-16。

由图 4-16 可知，在焦炭燃烧区内，设 $t = 2000℃$，$p_{CO} = 101kPa$，则 SiO 的平衡分压应为 $p_{SiO}^* = 2.02kPa$。但简单的计算即可证实，若焦炭中 $w(SiO_2) = 5\%$，即使全部转化为 SiO，其在焦炭所生成的 CO 气相中的分压也远达不到允许的平衡值。这说明焦炭中 SiO_2 的全部气化是有条件的。

热力学计算还证明，焦炭中 S 转化为气态的 SiS 在上述条件下也是可以稳定存在的。设焦炭灰分中含 S 为 7% ~ 8%，以 CaS 形式存在，则 S 气化反应的方程式为：

$$CaS_{(灰分)} + SiO_{(g)} \Longrightarrow SiS_{(g)} + CaO$$

$$\lg \frac{p_{SiS}}{p_{SiO}} \cdot a_{CaO} = -\frac{3337}{T} - 0.295 \tag{4-69}$$

因焦炭中 CaO 的活度很小，设 $a_{CaO} = 0.005$，则当 $t = 2000℃（2273K）$ 时，$p_{SiS}/p_{SiO} = 3.452$，即 p_{SiS} 的平衡值可达 0.291kPa。同理，即使焦中 S 全部转化为

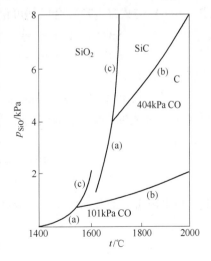

图 4-16　不同温度下平衡的 p_{SiO} 值

（$p_{CO} = 101kPa$，$p_{CO} = 404kPa$；

$a_{SiO_2} = 0.5$，$a_C = 1$，$a_{SiC} = 1$）

气态的 SiS，所能达到的 p_{SiS} 也远低于平衡值，即生成 $SiS_{(g)}$ 的条件良好。

上述判断已被实验所证实。

上升的高温煤气中携带了 SiO 和 SiS，其遇到由软熔带滴落的铁水则被吸收，反应式分别为：

$$SiO_{(g)} + Fe == [Si] + FeO \tag{4-70}$$

$$SiS_{(g)} == [Si] + [S] \tag{4-71}$$

计算证明，实际高炉取样分析结果中的 [Si]、[S] 含量只为热力学计算平衡值的 $1/3 \sim 1/2$。

焦炭灰分含有的 SiO_2 量毕竟是有限的。假定焦比为 600kg/t，焦炭含灰分 15%，灰分中含 SiO_2 45%，即使所有这些 SiO_2 全部转化为铁液中的 [Si]，也只能使 [Si] 达到 1.89%。故这种通过气态中间产物 Si 的转化机理虽可解释普通生铁硅的还原过程，但不能用来代表 $w[Si]$ 高达 15%~30% 的高炉生产 Si 合金的硅还原机理。实际上必须由炉料中单独加入的硅石（SiO_2）或炉渣中（SiO_2）的还原来解释，这就是本节开始时给出的反应式（4-64）。

前已述及，由渣中（SiO_2）还原得到 [Si] 是比较困难的。当 $a_{SiO_2} = 1$、$p_{CO} = 101kPa$ 时，反应（4-64）开始的温度为 1650℃，已超出了渣铁的实际温度，何况往往 $a_{SiO_2} < 1$，而 $p_{CO} > 101kPa$，似乎这一反应发生的现实性很小，显然与实际不符。

实际上由于还原生成的 [Si] 可与 Fe 生成多种稳定的化合物，如 FeSi、Fe_3Si 和 Fe_2Si_3 等，可降低还原反应的 ΔG 值，则可相应降低还原反应开始的温度。如生成 FeSi 的反应及其 $\Delta G^{\ominus}$ 值为：

$$Fe + Si == FeSi \tag{4-72}$$

$$\Delta G^{\ominus} = -80390 - 4.19T \quad (J/mol)$$

已知

$$SiO_2 + 2C == Si + 2CO \quad t_b = 1650℃ \tag{4-73}$$

式（4-64）与式（4-72）合成则可得：

$$SiO_2 + 2C + Fe == FeSi + 2CO(含 Si\ 75\%) \quad t_b = 1612℃$$

而

$$SiO_2 + 2C + Fe == FeSi + 2CO(含 Si\ 33\%) \quad t_b = 1420℃$$

这解释了高炉条件下可冶炼出 [Si] 含量较高的 FeSi 的原因。

美国的 E. T. 特克多根（Turkdogan）概括了许多冶金研究工作者所得的成果，考虑到形成 FeSi 造成的反应自由能差值的变化，以 $w[Si] = 1\%$ 为标准态，则（SiO_2）还原的反应式为：

$$(SiO_2) + 2[C]_{石墨} == [Si] + 2CO \tag{4-74}$$

$$\Delta G^{\ominus} = -592565.2 - 391.82T \quad (J/mol) \tag{4-75}$$

此反应平衡常数的表达式及其与温度的经验关系式分别为：

$$K_{Si} = \frac{w[Si]_{\%} \cdot f_{[Si]} \cdot p_{CO}^2}{a_{(SiO_2)} \cdot a_{[C]}^2} \tag{4-76}$$

$$\lg K_{Si} = -\frac{30935}{T} + 20.455 \tag{4-77}$$

在 C 饱和的 Fe 中，可取 $a_{[C]} = 1$，$f_{[Si]} = 15$，则式（4-76）可改写为：

$$\frac{m[\text{Si}]}{m[\text{SiO}_2]} \cdot p_{\text{CO}}^2 = 6.73\times10^{-4} \cdot K_{\text{Si}} \cdot \gamma_{(\text{SiO}_2)} \tag{4-78}$$

在 $CaO\text{-}SiO_2\text{-}Al_2O_3$ 系炉渣中，（SiO_2）的活度系数 $\gamma_{(\text{SiO}_2)}$ 随炉渣成分的变化如图 4-17 所示。

根据契普曼（Chipman）和莱因（Rein）的数据，在渣中 $w(\text{MgO}) \leqslant 20\%$ 的条件下，将（MgO）记入（CaO）对 $\gamma_{(\text{SiO}_2)}$ 无影响。由图 4-17 查得 $\gamma_{(\text{SiO}_2)}$ 的值，代入式（4-78）则可得 $\dfrac{m[\text{Si}]}{m(\text{SiO}_2)} \cdot p_{\text{CO}}^2$ 与炉渣成分的关系（温度确定后 K_{Si} 为已知），所得结果如图 4-18 所示。

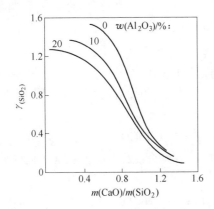

图 4-17　1550℃下不同成分炉渣的 SiO_2
活度系数 $\gamma_{(\text{SiO}_2)}$ 值

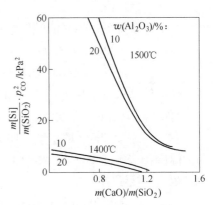

图 4-18　Si 的分配系数 $\dfrac{m[\text{Si}]}{m(\text{SiO}_2)}$
与炉渣成分的关系

将工厂数据与图 4-18 所示的结果进行对比可发现，工厂数据的 $\dfrac{m[\text{Si}]}{m(\text{SiO}_2)}$ 值低于图 4-18 中 $p_{\text{CO}} = 101\text{kPa}$ 条件下的值，而与 $p_{\text{CO}} = 253\text{kPa}$ 时的值相近。已知炉缸煤气成分中，在正常鼓风条件下（无富氧）$w(\text{CO}) \approx 35\%$。而任何巨型高炉炉缸中 p_{CO} 也小于 253kPa，为 $101 \sim 152\text{kPa}$。这一误差可能是由于在渣相中生成 CO 新相的气泡比较困难，往往要使 p_{CO} 的理论分压大大超过平衡值时新相才可生成。这在一定意义上有阻滞 Si 还原反应的作用。

图 4-18 可用来预测在不同操作条件下生铁中可能达到的 $w[\text{Si}]$ 值。

多年来，世界各国高炉（包括我国）都已推行"低硅生铁冶炼"，这一技术不仅可以降低吨铁能耗，还可以降低炼钢过程的渣量，从而减少活性石灰的用量和延长转炉炉衬的寿命。高炉冶炼低硅的技术顾虑是炉况波动时可能会造成炉缸冻结。根据 Si 在高炉内的行为，冶炼低硅生铁的必要条件是：

（1）控制 Si 源，这要从精料上下工夫，努力降低焦炭灰分和含 Fe 料中的 SiO_2 量。

（2）选择合适的炉渣碱度以降低渣中 SiO_2 的活度，一般三元碱度应达到 $1.45 \sim 1.55$，二元碱度高时取低值，低时则取高值。

（3）选用有利于高温区下移的技术措施和操作制度，使炉缸有稳定的充足热量，使铁水的物理热维持在较高水平。

（4）精心操作，包括使原燃料成分稳定、称量准确等。

我国宝钢等多家企业已将生铁［Si］含量降到 0.3% 左右。

4.2.4.3 磷的还原

高炉内的磷主要由矿石带入，存在形式以磷酸钙（CaO）$_3$·P$_2$O$_5$（又称磷灰石）为主，另外还有少量以磷酸铁［(FeO)·P$_2$O$_5$]·8H$_2$O（又称蓝铁矿）形态存在。

磷酸钙是较为稳定的化合物，在高炉冶炼过程中首先进入炉渣，在 1200~1500℃ 时可以直接与碳发生直接还原反应，其还原率能够达到 60%。

$$(CaO)_3 \cdot P_2O_5 + 5[C] = 3CaO + 2[P] + 5CO \quad \Delta G^{\ominus} = 1626438.6 - 859.1T(J/mol)$$

$$(4-79)$$

在高炉冶炼条件下，SiO$_2$ 能够促进磷酸钙的还原：

$$2(CaO)_3 \cdot P_2O_5 + 3SiO_2 + 10[C] = 3(CaO)_2SiO_2 + 4[P] + 10CO$$
$$\Delta G^{\ominus} = 2835728.7 - 1863.2T(J/mol) \quad (4-80)$$

磷酸铁的结晶水分解后，形成多微孔的结构较易还原。900℃ 时用 CO（用 H$_2$ 则为 700℃）就能够还原出 P。温度低于 950~1000℃ 时发生间接还原：

$$2Fe_3(PO_4)_2 + 16CO = 3Fe_2P + P + 16CO_2 \quad (4-81)$$

高炉温度在 950~1000℃ 生成的 CO$_2$ 很快与高炉内过剩的碳发生溶损反应，此时磷酸铁还原过程为直接还原：

$$2Fe_3(PO_4)_2 + 16C = 3Fe_2P + P + 16CO \quad (4-82)$$

还原反应生成的 Fe$_2$P 和 P 溶于铁水中，形成稳定的化合物［Fe$_2$P］和［Fe$_3$P］，降低了铁液中［P］的活度，促进矿石中磷的还原。

长期冶炼实践表明，低磷矿石冶炼炉料中的 P 几乎全部还原进入生铁，因此必须控制炉料中 P 的含量，使用低磷的原料，才能控制生铁含 P 量。只有采用磷含量较高的矿石冶炼高磷生铁时，才会有 5%~15% 的磷进入炉渣。

4.2.4.4 钒和钛的还原

A 钒的还原

钒主要存在于钒钛磁铁矿中，钒与氧组成一系列氧化物如 V$_2$O$_5$、V$_2$O$_4$、V$_2$O$_3$、VO 等。我国钒钛磁铁矿丰富，以四川攀西地区为主，钒和钛共生，钒以尖晶石（FeO·V$_2$O$_5$）形态存在，经过选矿，钒富集于铁精矿中，含 V 量由 0.17% 提高到 0.37% 左右。

钒在高炉内较难还原，热力学计算表明，钒氧化物的还原在铁氧化物还原完成后才能开始进行，高炉内的 CO 和 H$_2$ 不能把钒从钒氧化物中还原，只能与碳发生直接还原反应：

$$V_2O_5 + 5C = 2[V] + 5CO \quad (4-83)$$
$$2V_2O_3 + 6C = 4[V] + 6CO \quad (4-84)$$

由于钒的还原温度超过 1500℃，故钒的还原主要以液态渣中还原为主，生铁中的［V］含量最终取决于炉缸中渣铁反应的结果。提高炉渣温度和碱度能够改善钒的还原过程，提高铁水中［V］的含量，炉渣中 Al$_2$O$_3$ 和 TiO$_2$ 含量增加，炉渣中钒的还原过程会受到一定程度的限制。

高炉冶炼条件下，80% 以上的钒进入生铁，使生铁中钒含量接近 0.4%。这种铁水经雾化提钒处理后，可得到 V$_2$O$_5$ 含量约为 17%~25% 的钒渣，回收率达到 75%~85%。钒是稀有合金元素，能显著改善钢的性能。

B 钛的还原

钛与钒类似，可以和氧组成一系列的化合物，包括 TiO_2、Ti_3O_5、Ti_2O_3、TiO 等。钛在炉内的还原行为近似于硅，但比硅更难还原，其还原顺序逐级进行：

$$TiO_2 \longrightarrow Ti_3O_5 \longrightarrow Ti_2O_3 \longrightarrow TiO \longrightarrow Ti$$

高炉冶炼钒钛矿时，钛只能在较高温度下用固体碳直接还原，然而高温还原生成的钛很活泼，能够与 C、N_2 等化合，生成 TiC 和 TiN。此时钛的逐级还原过程按照 $TiO_2 \rightarrow Ti_3O_5 \rightarrow TiC_{0.67}O_{0.33} \rightarrow TiC_xO_y \rightarrow TiC$ 的规律进行还原：

$$(TiO_2) + 2C = Ti_{(s)} + 2CO$$
$$\Delta G^{\ominus} = 1640000 - 83.3T(J/mol) \tag{4-85}$$

反应开始温度
$$T_b = 1970K(1697℃)$$

$$(TiO_2) + 3C_{(s)} = TiC_{(s)} + 2CO_{(g)}$$
$$\Delta G_1^{\ominus} = 124520 - 84.25T(J/mol) \tag{4-86}$$

反应开始温度
$$T_b = 1478K(1205℃)$$

$$(TiO_2) + 2C_{(s)} + \frac{1}{2}N_{2(g)} = TiN_{(s)} + 2CO_{(g)}$$
$$\Delta G_2^{\ominus} = 88870 - 64.96T(J/mol) \tag{4-87}$$

反应开始温度
$$T_b = 1368K(1095℃)$$

炉渣中的 (TiO_2) 在渣铁界面还可以与铁液中的 [C] 发生反应：

$$(TiO_2) + 2[C] = [Ti] + 2CO_{(g)}$$
$$\Delta G_4^{\ominus} = 679900 - 391.74T(J/mol) \tag{4-88}$$

反应开始温度
$$T_b = 1736K(1463℃)$$

$$(TiO_2) + 3[C] = TiC_{(s)} + 2CO_{(g)}$$
$$\Delta G_3^{\ominus} = 552300 - 336.09T(J/mol) \tag{4-89}$$

反应开始温度
$$T_b = 1643K(1370℃)$$

$$(TiO_2) + 2[C] + [N] = TiN_{(s)} + 2CO_{(g)}$$
$$\Delta G_5^{\ominus} = 746423 - 516.32T(J/mol) \tag{4-90}$$

反应开始温度
$$T_b = 1445K(1172℃)$$

还原生成的 [Ti] 进入铁水后与铁液中的 [C] 接触发生反应：

$$[Ti] + [C] = TiC_{(s)}$$
$$\Delta G_6^{\ominus} = -176934 + 100.11T(J/mol) \tag{4-91}$$
$$T_b = 1767K(1494℃)$$

热力学计算结果可知，TiO_2 直接被固体 C 还原生成钛所需温度明显高于生成 TiC 和 TiN 的温度，提高温度有利于钛的还原。高炉冶炼过程中 TiO_2 的还原在软熔带区域已经开始，从高炉取样分析 Ti 的还原率在炉腹部位平均达到 3.3%，随着温度的升高还原率快速增加，在风口区域达到 20% 以上，终渣中又下降为 12.16%。TiO_2 的还原主要发生在炉腹和风口区间，经过风口时有部分 Ti(C、N) 与含氧量较高的热风接触迅速被氧化为高价钛氧化物，Ti(C、N) 含量快速降低。通过风口区前后 Ti(C、N) 含量迅速增加和降低可以看出风口增大风量可以抑制钛的还原。

被还原成 Ti(C、N) 化合物熔点高达 2900~3100℃，会使炉渣黏度增大，流动性变差，造成渣铁分离困难，造成钒钛矿冶炼高炉难以操作。同时，高熔点的 Ti(C、N) 可以在炉缸炭砖薄处沉积形成保护层将铁水与被侵蚀的炭砖隔离开，能够抑制炉缸炭砖的侵蚀，对延长炉缸寿命有重要作用。目前冶炼普通矿的高炉，在炉役后期常采用含钛物料进行护炉，在护炉操作中需要促进 TiO_2 在炉内的还原和 Ti(C、N) 的生成。

根据式 (4-89)，其反应的平衡常数 $K_4^{\ominus}$ 可表示为：

$$\ln K_4^{\ominus} = \ln\left(\frac{a_{[Ti]} p_{CO}^2}{a_{(TiO_2)} a_{[C]}^2}\right) = \ln\left(\frac{[\%Ti] f_{[Ti]} p_{CO}^2}{a_{(TiO_2)} a_{[C]}^2}\right) = \frac{\Delta G_4^{\ominus}}{-RT} = \frac{679900 - 391.74T}{-RT} \quad (4-92)$$

显然，在热力学平衡条件下铁水中 [%Ti] 可表达为：

$$\ln w[Ti]_\% = -\frac{81777.7}{T} + 47.19 + \ln a_{(TiO_2)} + 2\ln a_{[C]} - 2\ln p_{CO} - \ln f_{[Ti]} \quad (4-93)$$

在一定温度下，由于碳饱和铁水中的 [C] 活度 $a_{[C]}$、CO 的分压 p_{CO} 及 [Ti] 活度系数 $f_{[Ti]}$ 可视为常数，因此，平衡条件下铁水中 $w[Ti]_\%$ 和熔渣中 $w(TiO_2)_\%$ 存在如下理论关系

$$\ln w[Ti]_\% = c_1 + \ln w(TiO_2)_\% \quad (4-94)$$

式中，c_1 为常数。式 (4-94) 可变形为：

$$w[Ti]_\% = k_1 w(TiO_2)_\% \quad (4-95)$$

式中，k_1 为常数，k_1 与式 (4-94) 中 c_1 的关系为 $k_1 = \ln c_1$。

由式 (4-91) 可以看出，铁水温度为 1494℃ 时，TiC 才能生成，随着铁水中的 [Ti] 含量增加，生成的 TiC 也增多；由式 (4-93) 可以看出，炉渣中的 (TiO_2) 含量一定，温度升高，铁水中的 [Ti] 含量也增加；由式 (4-95) 可以看出，温度一定，炉渣中的 (TiO_2) 含量增大，铁水中的 [Ti] 含量也增大。从热力学计算结果上看，增加炉渣中的 (TiO_2) 活度以及提高炉温，对高炉护炉有利。

4.2.5 炉缸中液态渣铁间的氧化还原反应——耦合反应

矿石在炉内总的停留时间波动于 5~8h 之间。其中用 1~2h 完成由高价氧化物转变为浮氏体 (Fe_xO) 的气-固相还原过程，再用 1~2h 将一半或稍多的 Fe_xO 仍以间接还原方式还原为金属 Fe。进入高于 1000℃ 的高温区后，只能进行直接还原。炉料升温到软化及熔融温度后成渣，但仍有相当数量的液态 (Fe_xO) 要靠固体 C 或铁中溶解的 C 以极快的速度完成还原过程。所得液态 Fe 在滴落过程中吸收 [Si]、[S] 等元素。在铁滴穿过炉缸中积存的渣层时，在数以秒计的短暂时间内完成液态渣铁成分的最后调整，此即为渣铁间的氧化还原反应。此时主要涉及的元素（冶炼特殊成分的复合矿石除外）有 Si、Mn、S 及少量的 Fe。

铁中的 [S] 以极强的趋势转入炉渣，与此同时，如果渣中 (FeO)、(MnO) 含量及铁中 [Si] 含量较高，则将发生 (FeO) 还原为 Fe、(MnO) 还原为 Mn 以及 [Si] 氧化

为（SiO_2）的伴随反应。如渣中（FeO）、（MnO）及铁中［Si］均较低而［Mn］含量较高，则将发生［Mn］氧化为（MnO）的伴随反应。

这些相互伴生的反应可以复合为若干复杂的反应，反应式分别为：

$$(CaO) + \frac{1}{2}[Si] + [S] = (CaS) + \frac{1}{2}(SiO_2) \tag{4-96}$$

$$(CaO) + [Mn] + [S] = (CaS) + (MnO) \tag{4-97}$$

$$(MnO) + \frac{1}{2}[Si] = [Mn] + \frac{1}{2}(SiO_2) \tag{4-98}$$

$$(FeO) + \frac{1}{2}[Si] = [Fe] + \frac{1}{2}(SiO_2) \tag{4-99}$$

这些反应的共同特点是，由某个渣中离子（正或负）得到或失去电子而成为铁液中不带电的中性原子与另一个铁中原子失去或得到电子而成为渣中离子的氧化还原反应"耦合"而成，统称为"耦合反应"。

4.2.5.1 耦合反应的理论基础

发生这类反应的根本原因在于，炉渣由不同电性的离子构成，但正、负电荷总数相等而呈电中性；金属液由原子构成。故渣铁之间的质量交换必然涉及电子的传递，其本质是电化学反应。

当任何固态元素与其离子溶液接触时（在火法冶金反应中，离子溶液即为熔盐——炉渣），在两者之间存在一个电化学平衡关系。例如易离解为离子的活泼金属，其反应为：

$$K = K^+ + e$$
$$Ca = Ca^{2+} + 2e$$

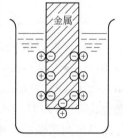

图 4-19　金属与其离子间的电平衡

其离解的程度或元素与其离子间的平衡关系以电极电位代表。金属离解为带正电的离子，同时释放出电子但遗留在固态的金属（称为电极）上，形成如图 4-19 所示的电场，当金属电极与离子溶液间的电极电位达到一定值时，形成平衡状态。活泼的、易离解的金属原子释放的电子多，离子浓度大，形成较高的"负电极电位"。此值由金属原子的本性决定。

以 1000℃下金属 Na 与其在氯化物中的 Na^+ 所形成的平衡电极电位为标准，即令 $\varphi_{Na/Na^+} = 0$，则不同金属相对的电极电位数值如表 4-5 所示。

表 4-5　不同金属与其离子间的电极电位（φ）值

金属 电位	K/K$^+$	Li/Li$^+$	Ca/Ca^{2+}	Na/Na$^+$	Mg/Mg^{2+}	Fe/Fe^{2+}
φ/V	−0.136	−0.313	−0.189	0.000	0.773	1.969

而非金属离子则相反，强非金属原子易由溶液中取得电子而形成负离子，如：

$$F + e = F^-$$

$$S + 2e === S^{2-}$$
$$O + 2e === O^{2-}$$

同理，形成负离子的浓度也受平衡电极电位的制约，但为正值。以水溶液中氢电极为标准（$\varphi_{H^+/H} = 0$），某些非金属的电极电位为：

	H⁺/H	S²⁻/S	F⁻/F
φ/V	0.000	+0.508	+0.287

在不同温度的离子溶液（水溶液或熔盐）中电极电位也是变化的，前述不同元素的电极电位值只给出相对强弱的概念。

硫是较强的非金属元素，铁中 [S] 一旦遇到呈离子状态的炉渣，只要其原有（S^{2-}）浓度不高，就会捕捉电子发生下列反应而转入渣中：

$$[S] + 2e === (S^{2-})$$

一般情况下此电子可由 C 生成 CO 时提供，因高炉中 C 总是过剩的，即：

$$C + (O^{2-}) === CO + 2e \tag{4-100}$$

C 可以是浸入渣中的焦炭或饱和铁中的 [C]，而渣中（O^{2-}）浓度很大，故常规的炉渣除去铁液中 [S] 的反应写成：

$$(CaO) + C + [S] === (CaS) + CO \tag{4-101}$$

式（4-101）实质上是由以下两个电化学反应组成的，即：

$$(Ca^{2+}) + [S] + 2e === (CaS) \tag{4-102}$$
$$C + (O^{2-}) === CO + 2e$$

就具有可以提供自由电子这一功能的意义来讲，C 与金属元素的作用相当。反应（4-100）称为基本反应。

反应（4-100）是高炉中过剩的 C 与渣中浓度极大的（O^{2-}）之间的反应，但液态渣中生成新相 CO 气泡比较困难。首先渣中的（O^{2-}）离子要扩散到与 C 接触的界面上，然后在界面上某些活化中心发生反应并形成 CO 的核心，气泡逐渐长大，直到足够克服外界压力时才能穿过渣层而逸出。这一系列的反应环节中，新相 CO 核心的生成最困难，只有当反应界面活化中心的 p_{CO} 值要远远超过热力学计算的 p_{CO} 平衡值时，才可使反应持续进行。

但铁中 [S] 夺取自由电子成为渣中（S^{2-}）的趋势异常强烈，在形成 CO 的反应受阻，不能提供足够的自由电子的条件下，就强迫可能发生的其他电化学反应提供所需的电子。强金属元素解离为熔盐中的正离子（表现为铁中元素的氧化）即为这类反应。这就是构成前述一系列耦合反应（coupled reactions）（见式（4-96）~式（4-99））的原因。

根据多方面的数据可推知，铁中各种元素的浓度与其离子在渣中的浓度之比（与各元素固有的电极电位值有关，习惯上称之为该元素的分配比）按由小至大的顺序排列可得出：

$$\frac{m[Ca]}{m(Ca^{2+})} < \frac{m[Mg]}{m(Mg^{2+})} < \frac{m[Al]}{m(Al^{3+})} < \frac{m[C]}{m(C)} < \frac{m[Ti]}{m(Ti^{4+})} < \frac{m[Si]}{m(Si^{4+})} <$$

$$\frac{m[V]}{m(V^{5+})} < \frac{m[Mn]}{m(Mn^{2+})} < \frac{m[P]}{m(P^{5+})} < \frac{m[Fe]}{m(Fe^{2+})}$$

排列在 C 之前的三元素的负电极电位很高，表现为其在铁渣间的分配比值很小，几乎趋近于 0。按更通俗的说法是，在高炉中其很难被 C 还原成原子状态而存在。

Ti、Si、V 属于同一级别，其分配比在 $10^{-3} \sim 1$ 范围内，即其可被 C 少部分地还原；而 Mn 的分配比可高达 10 左右。

最后 P、Fe 属于同一范畴，分配比高达 200 以上。

上述顺序可解释下列现象：当渣中（FeO）、（MnO）含量较高，在渣与铁接触时会发生还原反应，[Fe]、[Mn] 成为元素；与此同时，为了保持炉渣总体上的电中性，铁中 [Si] 向相反方向氧化为渣中（Si^{4+}），从而贡献出还原所需的自由电子，并构成了式(4-98) 及式（4-99）类型的耦合反应。

纵观各耦合反应，其平衡常数皆为简单的氧化及还原反应平衡常数的组合。以 Si-Mn 间的耦合反应（见式（4-98））为例：

$$2(MnO) + [Si] \Longrightarrow 2[Mn] + (SiO_2)$$

$$K_{MS} = \frac{a_{(SiO_2)}}{w[Si]_\% f_{[Si]}} \cdot \left(\frac{w[Mn]_\% \cdot f_{[Mn]}}{a_{(MnO)}} \right)^2 = \frac{K_{Mn}^2}{K_{Si}} \tag{4-103}$$

式中　K_{Mn}——（MnO）被 C 还原为 [Mn] 反应的平衡常数；

　　　K_{Si}——（SiO_2）被 C 还原为 [Si] 反应的平衡常数。

实验研究及生产实践都证明，当系统中有多种元素存在时，其间的相互反应首先满足耦合反应平衡常数的要求，而远离简单反应的平衡常数。如上述反应（4-98），$m[Si]/m(SiO_2)$ 及 $m[Mn]/m(MnO)$ 两个分配比的值皆低于简单的氧化还原反应按热力学数据计算的平衡值，但这两者组合成的耦合反应的平衡常数却与理论值接近。

4.2.5.2 几个耦合反应平衡常数与温度的关系

式（4-96）所示的 Si-S 之间的耦合反应，即：

$$(CaO) + \frac{1}{2}[Si] + [S] \Longrightarrow (CaS) + \frac{1}{2}(SiO_2)$$

反应平衡常数为：

$$K_{SiS} = \frac{\sqrt{a_{(SiO_2)}}}{\sqrt{w[Si]_\% \cdot f_{[Si]}}} \cdot \frac{a_{(CaS)}}{a_{[S]} \cdot a_{(CaO)}} = \frac{K_S}{K_{Si}} \tag{4-104}$$

已知

$$\lg K_{Si} = -\frac{30935}{T} + 20.455$$

又

$$\lg K_S = -\frac{6010}{T} + 5.935 \tag{4-105}$$

在 [C] 饱和的铁中可取 $f_{[Si]} = 15$，$f_{[S]} = 7$。而 $f_{(CaO)}$ 与 $f_{(CaS)}$ 显然是炉渣成分的函数，且其与炉渣碱度（$m(CaO)/m(SiO_2)$）及 $w(Al_2O_3)$ 的关系是已知的。这样式（4-104）可变化为：

$$\lg \frac{m(S)}{m[S]} \cdot \sqrt{\frac{m(SiO_2)}{m[Si]}} = \frac{9080}{T} - 5.832 + \lg w(CaO)_\% + 1.396R \tag{4-106}$$

而式（4-97）代表 Mn-S 之间的耦合反应，即：

$$(CaO) + [Mn] + [S] \Longrightarrow (CaS) + (MnO)$$

反应平衡常数为：

$$K_{MS} = \frac{a_{(CaS)}}{a_{(CaO)} \cdot f_{[S]} w[S]_\%} \cdot \frac{a_{(MnO)}}{f_{[Mn]} w[Mn]_\%} = \frac{K_S}{K_{Mn}} \tag{4-107}$$

已知 $\lg K_{Mn} = -\dfrac{15090}{T} + 10.970$，并将 $f_{[Mn]} = 8$ 代入式（4-107），得：

$$\lg \frac{m(S)}{m[S]} \cdot \frac{m(MnO)}{m[Mn]} = \frac{9080}{T} - 5.832 + \lg w(CaO)_\% \qquad (4\text{-}108)$$

式（4-98）是 Si-Mn 间耦合反应，即：

$$2(MnO) + [Si] \Longrightarrow (SiO_2) + 2[Mn]$$

反应平衡常数为：$K_{MSi} = \dfrac{a_{(SiO_2)}}{w[Si]_\% \cdot f_{[Si]}} \cdot \left(\dfrac{w[Mn]_\% \cdot f_{[Mn]}}{a_{(MnO)}}\right) = \dfrac{K_{Mn}^2}{K_{Si}} \qquad (4\text{-}109)$

将前已述及的已知数据代入，得：

$$\lg\left(\frac{m[Mn]}{m(MnO)}\right)^2 \cdot \frac{m(SiO_2)}{m[Si]} = 2.792R - 1.16 \qquad (4\text{-}110)$$

式（4-106）及式（4-110）中，

$$R = \frac{m(CaO) + m(MgO)}{m(SiO_2)}$$

将各种实测数据与以上各式的计算值对比，可得到图 4-20~图 4-22。

由图 4-20~图 4-22 可见，理论值与实际值基本上是吻合的。可以应用所给的式（4-106）、式（4-108）、式（4-110）及图4-20~图 4-22 预测在多元素共存时渣铁间反应的最终结果，即最后的渣铁成分。

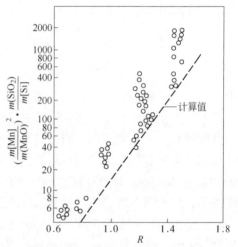

图 4-20　Mn-Si 耦合反应试验值与理论值比较

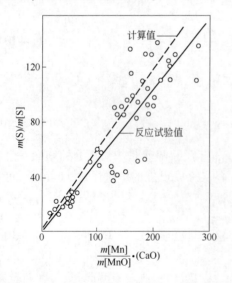

图 4-21　Mn-S 耦合反应试验值与理论值比较
（CaO-SiO₂-10%Al₂O₃-10%MgO 或 CaO-SiO₂-10%Al₂O₃）

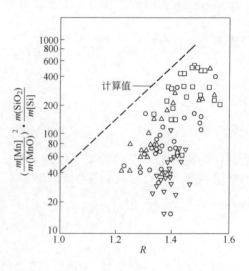

图 4-22　Si-Mn 耦合反应计算值与实际操作值比较

4.3 炉　　渣

4.3.1　炉渣在高炉冶炼过程中的作用

在冶炼过程的概论中已提及，为了从铁矿石中得到金属铁，除在化学上应实现 Fe 与 O 的分离（还原过程）之外，还要实现金属与氧化物脉石的机械或物理分离。后者是靠造成性能良好的液态炉渣，并利用渣、铁密度的差异实现的。为此，要求根据入炉原料中造渣组分的特点，即矿石中的脉石与焦炭灰分的成分，配加适当种类和数量的助熔剂，以形成物理及化学性能均符合要求的炉渣。对炉渣性能的要求是：

（1）有良好的流动性，不给冶炼操作带来任何困难。

（2）有参与所希望的化学反应的充分能力，如［Si］、［Mn］或其他有益元素的还原，吸收 S 及碱金属等。

（3）能满足允许煤气顺利通过及渣铁、渣气良好分离的力学条件。

（4）稳定性好，即不致因冶炼条件的改变使炉渣性能急剧恶化。

炉渣是决定金属成品最终成分及温度的关键因素，这是靠渣铁间热量及质量的交换而实现的。

在冶炼特殊成分的复合矿石或生产高碳铁合金时，炉渣对某些宝贵元素的回收率或其在渣铁间的分配比有决定性影响。这是通过控制不同组分在渣中的活度而实现的，既可以促使该元素更多地还原进入成品合金中，又可以利用炉渣的性能变化抑制其参与化学反应的能力，使其保留于炉渣中，达到富集或与其他有害元素分离的目的，以待第二步处理。

促进某些元素的还原以提高回收率的例子有：冶炼 Fe-Mn 合金时配制碱度 $\left(\dfrac{m(\mathrm{CaO})}{m(\mathrm{SiO_2})}\right)$ 较高的炉渣，以提高 $a_{(\mathrm{MnO})}$，促进其还原；而冶炼 Fe-Si 时除保证入炉原料中有一定数量的 SiO_2 外，还需加入 SiO_2 纯度大于 90% 的硅石，以造成酸性渣及局部 (SiO_2) 的高活度，以利于还原为［Si］。

抑制某些物质的反应能力，使其保留于渣中的例子有：二步法炼 Fe-Mn 时，用低温酸性渣冶炼贫锰矿，以得到脱除 P、Fe 的富锰渣；高炉直接冶炼含稀土元素的中贫矿，使 Re_xO_y 入渣，留待作为冶炼中间稀土合金的原料等。

在保证高炉操作顺行及产品质量合格的前提下，炉渣还应对炉衬起保护作用。如我国的包头矿中含有 CaF_2，会强烈腐蚀炉衬，则造渣时应保证有足够的 CaO 以提高其黏度，来限制或削弱其侵蚀能力。

近年来我国推广了钛渣护炉的操作法，即在高炉配料中加入含 TiO_2 的炉料，使渣中 TiO_2 含量达到 2%~3%。铁液中由于 TiO_2 的还原，含有一定量的［Ti］。Ti 与 C 及 N 可生成熔点高达 2000℃ 以上的高熔点化合物 TiC 及 Ti（C，N），且其在铁液中的溶解度是有限的。其浓度积是温度的函数，即 $w[\mathrm{Ti}]\cdot w[\mathrm{C}]=f(T)$。在炉缸、炉底砖衬侵蚀严重之处，因相对冷却强度变大而使铁水温度下降，此时则可因浓度积大于饱和值而使 TiC 或 Ti（C，N）由铁液内析出并沉积下来，起到自动补炉的作用。如果采取的加入 TiO_2 料的措施及时而适当，则可延缓或挽救炉缸烧穿的严重危机。为达到这一目的，铁水中［Ti］

的数量要达到 0.08%~0.25%。

如果发现炉墙结厚或结瘤（在高炉成渣以后的中下部）或炉缸堆积，则可于炉料中配加 MnO、CaF_2（萤石）或 FeO（均热炉渣）等洗炉料，以冲刷掉黏结物或堆积物。

在个别情况下，炉渣还应满足某些特殊要求。如冲水渣作为制造水泥的添加料时，为了使水泥质量达到高标号，应使其中 CaO 及 Al_2O_3 的含量达到一定要求。例如德国蒂森公司（Thyssen）的斯威尔根（Schwelgern）厂，其高炉渣中 $w(Al_2O_3)$ 必须达到 11.5%~12.0%。

4.3.2 造渣过程简述

成渣从矿石软熔开始。这时形成的渣称为初渣，主要由矿石的脉石及尚未还原的 FeO、MnO 等组成。初渣在滴落过程中不断与煤气及焦炭接触而发生气-液相、固-液相的反应。在反应过程中逐渐失去（FeO）、（MnO）等，同时还吸收焦炭灰分及煤气中携带的物质，如 SiO、SiS、碱金属（Na、K）的蒸气等。如果高炉使用的是酸性矿石，则必须外加相当数量的碱性熔剂（如 CaO、MgO 等），这些碱性物也会在初渣滴落的过程中被逐渐吸收。这时能降低熔点和黏度的组分（FeO）、（MnO）因被还原而逐渐减少，而能提高熔点的组分（CaO）、（MgO）逐渐增多。如果炉渣在下降过程中，由煤气和热焦炭得到的热量使温升不足以补偿因成分变化而造成的熔点升高值，则可能发生初渣再凝固，这是危险的。目前大多数高炉使用高碱度烧结矿，几乎不再外加碱性熔剂，故造渣过程大大改善了。

初渣在滴落带以下的焦炭空隙间向下流动，同时煤气也要穿过这些空隙向上流动，所以炉渣的数量和物理性质（黏度和表面张力）对于煤气流的压头损失以及是否造成液泛现象影响很大。渣量小、黏度低而表面张力大，对煤气的顺利通过有利。

炉渣落入焦炭燃烧带时，焦炭释放的灰分汇入炉渣，使炉渣中酸性组分的比例显著增大。最后炉渣聚集在炉缸中，在铁液上形成逐渐增厚的渣层，在铁滴穿过时及渣、铁层交界面上，诸多反应调整着渣及铁的成分，直至成为终渣，积累到一定数量时周期性排出炉外。

近年来由于主要使用碱性人造熟料，矿石中酸性脉石与碱性熔剂的最初成渣反应大部分已在烧结过程中完成。这样，造渣过程的均匀性、稳定性得以大大改善。

4.3.3 终渣的主要理化性能

4.3.3.1 熔化温度及熔化性温度

熔化温度从理论上来讲，就是相图上的液相线温度或炉渣在受热升温过程中固相完全消失的最低温度。

高炉冶炼过程要求炉渣具有适当的熔化温度。在现代高炉工艺条件下，炉内所能达到的温度水平是有限的。如果熔化温度过高，炉渣过分难熔，其在炉内只能呈半熔融、半流动的状态，炉料将黏结成煤气很难穿过的糊状物团，则炉料"难行"将造成渣铁难以分离，使金属产品质量不合格。熔化温度也不可过低，以维持炉缸渣铁有适当高的温度，既可保证顺行，又可得到高质量的产品。

炉料在下降过程中与逆向运动的高温煤气接触而逐渐升温。当炉料尚为固态时，其下降速度慢，受热充分，故维持固态时间越长，炉料温度越高。炉料一旦熔融就将滴落，即快速穿过焦炭料柱的空隙流向炉缸。炉缸中积聚的渣层远低于风口水平线，而由风口产生的高温煤气在高压下只能向压力低的炉顶高速逸走，故渣层由高温煤气获得热量的唯一途径是高温区的辐射。但由于距离较远，中间又有疏松区的焦炭阻隔，故传热效率较低。所以终渣的温度基本上由滴落至燃烧带水平时的温度决定。若炉渣熔化温度过低，必然在固态时受热不足，熔滴时温度过低。实践证明，欲生产［Si］、［Mn］含量高且出炉温度高的"热"铁，除保证足够高的燃烧温度外，炉渣有适当高的熔化温度是必要条件之一。

但相图上的液相线温度在工艺上并无很大的实际意义。因为有些成分的炉渣在温度高于液相线以上较大的区间内，其流动性并无很大变化。如玻璃，其理论熔点为1720℃，但此时其黏度高达$2.9 \times 10^5 Pa \cdot s$，并在相当大的温度区间内都处于可塑的半流体状态。对高炉冶炼来说，这种状态只能造成灾难。故具有实际意义的是炉渣可自由流动的最低温度，这就是熔化性温度。

由渣样的测定可得到不同温度下炉渣的黏度变化曲线，如图4-23所示。图4-23（a）中黏度曲线与45°切线的切点温度即定义为熔化性温度，如图中A点所示。

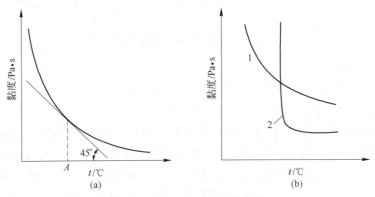

图4-23　炉渣的黏度变化曲线
（a）炉渣熔化性温度的定义；（b）长渣与短渣示意图
1—长渣；2—短渣

熔化温度的选择和调整常以前人长期实践总结绘制的相图为依据，而不必要以实测每种炉渣的温度-黏度曲线为前提。

一般常规炉渣的四个主要成分为CaO、SiO₂、Al₂O₃和MgO，四者含量合计超过炉渣组成的95%。根据矿石及焦炭灰分成分的不同或操作水平的差异，可能含有较多的其他化合物（如TiO₂、BaO和CaF₂等）以及少量的MnO、FeO、CaS等。除非其含量超出常规范围，一般相图中不包括这些少量化合物。

在平面相图上只能以等边三角形表示三组元的体系，相图中每一个点代表一个固定的组分。常将性能极其相近的CaO、MgO看作同一组分CaO，或固定某一组分的量（如$w(Al_2O_3) = 10\%$），而以其余三个主要成分构成假三元系，但此时$w(CaO) + w(MgO) + w(SiO_2) = 90\%$。三角形以液相等温线划分为若干区域，每个区域则以在冷却过程中首先析出的矿物命名。图 4-24 为 $CaO-SiO_2-Al_2O_3$ 和 $CaO-SiO_2-MgO$ 两个三元系相图。图中阴影部分为不同条件下的高炉所选用的炉渣成分范围。可以看出，这些区域都在低温的共晶点附近。

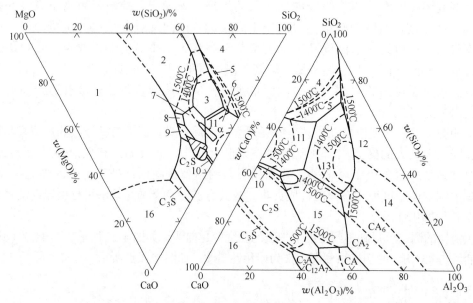

图 4-24　$CaO-SiO_2-Al_2O_3$ 和 $CaO-SiO_2-MgO$ 三元系相图

4.3.3.2　黏度

黏度与熔化温度有一定的联系。超过熔点以上的温度差值称为"过热度"。过热度越大，炉渣的黏度越小。在炉内温度一定时，炉渣的熔化温度越低，则形成的过热度越大。

黏度是流体流动过程中，内部相邻各层间发生相对运动时内摩擦力大小的量度。如对流体施加一剪切力 τ_{xz}，则沿此力作用方向流体产生了层状流动。沿此方向相互平行的各相邻流层之间由于摩擦力的作用，在垂直于运动的方向上产生了速度梯度 dv/dz。对牛顿型流体来说，此速度梯度与所施加的力成正比，其比例系数即为黏度 η，即：

$$\tau_{xz} = \eta \cdot \frac{dv}{dz} \tag{4-111}$$

其间关系如图 4-25 所示。

黏度 η 的单位为帕［斯卡］·秒（$Pa \cdot s$），量纲为克/（厘米·秒）$[g/(cm \cdot s)]$ 或牛［顿］·秒/米^2（$N \cdot s/m^2$）。4℃ 下纯水的黏度定义为 $0.001Pa \cdot s$（$1mPa \cdot s$）。炉渣能在炉内自由流动时，$\eta < 1 \sim 1.5 Pa \cdot s$。

η 不随切向力 τ_{xz} 的大小而改变，为一常数，这是牛顿型流体的特征。实验证明，高炉炉渣所属的硅酸盐系炉渣即属于牛顿型流体，这使得很多数学处理的问题简化了。

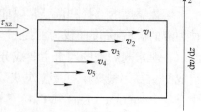

图 4-25　流体黏度定义图

对均相的液态炉渣来说，决定其黏度的主要因素是成分及温度。而在非均相状态下，固态悬浮物的性质和数量对黏度有重大影响。

黏度随温度变化的规律服从下列关系式：

$$\eta = A \cdot \exp\left[E_\eta/(RT)\right] \tag{4-112}$$

式中　A——系数；

　　　E_η——黏滞活化能；

　　　R——摩尔气体常数；

　　　T——热力学温度，K。

美国 G. W. 赫里（Healg）教授推荐的计算公式如下，其实质上是式（4-112）的具体运用：

$$\ln\eta = \mathrm{const} + 24500/T \pm 0.2 \tag{4-113}$$

式中　const——常数。

为了得到常数值，需首先知道某温度（T_1）下的黏度 η_1，则由式（4-113）可计算出其他温度（T_2）下的黏度 η_2：

$$\ln\eta_2 = \left(\ln\eta_1 - \frac{24500}{T_1}\right) + \frac{24500}{T_2}$$

$$= \ln\eta_1 + 24500\left(\frac{1}{T_2} - \frac{1}{T_1}\right) \tag{4-114}$$

黏度随温度的变化规律应由实测决定。η-T 曲线的形式如图 4-23（b）所示。温度降低到一定值后，黏度急剧上升（表现为曲线斜率很大）的称为"短渣"，随温度下降黏度上升缓慢者称为"长渣"。碱性渣多为短渣，酸性渣多为长渣。高炉渣多为短渣。

如果没有条件用实验测定炉渣的黏度，当为一种新的矿石配料确定冶炼方案或已知配料比及炉料成分而高炉尚未投入生产时，则可以查阅前人积累的实测资料，这就是以相图形式出现的等黏度图。其形式与等熔化温度图类似，只是在代表三元炉渣成分的全等三角形内是表示一定温度下的等黏度线。

1400℃、1500℃下 CaO-SiO$_2$-Al$_2$O$_3$ 三元系等黏度图如图 4-26 及图 4-27 所示。

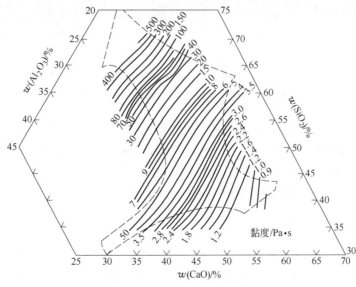

图 4-26　1400℃下 CaO-SiO$_2$-Al$_2$O$_3$ 三元系等黏度图

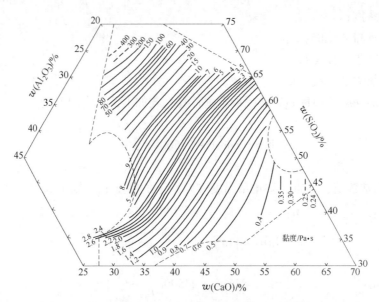

图 4-27   1500℃下 $CaO\text{-}SiO_2\text{-}Al_2O_3$ 三元系等黏度图

$CaO\text{-}SiO_2\text{-}Al_2O_3\text{-}TiO_2$ 假四元系（$w(Al_2O_3)$分别为 10%及 20%）在 1600℃下的等黏度图，见图 4-28。

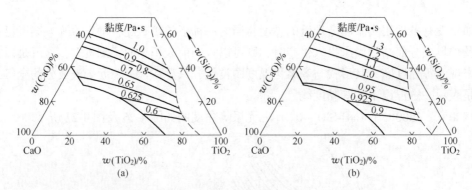

图 4-28   1600℃下 $CaO\text{-}SiO_2\text{-}Al_2O_3\text{-}TiO_2$ 假四元系等黏度图

（a）1600℃，$w(Al_2O_3)$= 10%；（b）1600℃，$w(Al_2O_3)$= 20%

1500℃下 $CaO\text{-}SiO_2\text{-}CaF_2$ 三元系炉渣等黏度图见图 4-29。

近年来，出现了关于炉渣黏度与成分的定量数学规律的其他表达方式。如对酸性渣，其黏度几乎与（SiO_2）的含量成正比。已知 1720℃下纯 SiO_2 的黏度为 $2.9\times10^5 Pa\cdot s$，随碱性物的加入，炉渣的黏度成比例地下降。

美国 E. T. 特克多根（Turkdogan）等人又发现，Al_2O_3 含量对炉渣黏度的影响规律与 SiO_2 类似，即在一定温度下炉渣黏度是 $x(SiO_2)+x_a$ 的单值函数，其函数关系如图4-30中曲线所示。$x(SiO_2)$ 是渣中（SiO_2）的摩尔分数，x_a 是渣中（Al_2O_3）浓度相当于（SiO_2）摩尔分数的当量值。不同碱度下（Al_2O_3）的摩尔分数与其（SiO_2）当量值的转换关系见图4-31。

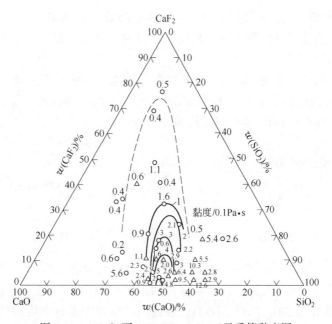

图 4-29　1500℃ 下 CaO-SiO$_2$-CaF$_2$ 三元系等黏度图

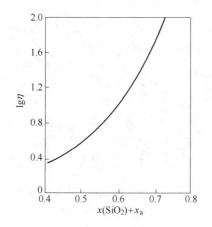

图 4-30　CaO-SiO$_2$-Al$_2$O$_3$-MgO 四元系中
熔体黏度与（SiO$_2$）摩尔分数及（Al$_2$O$_3$）
当量值之和的单值函数关系

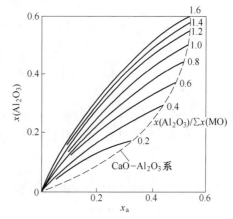

图 4-31　不同碱度下（Al$_2$O$_3$）的摩尔
分数与其（SiO$_2$）当量值的转换关系
（$\sum x$(MO)表示氧化物之和）

　　渣成分对黏度影响的一般规律是：酸性渣虽然熔点不高，但在过热度相当大的区间内黏度都很大。随碱性物的加入（CaO、MgO 等），黏度降低，在 $\dfrac{m(\mathrm{CaO})+m(\mathrm{MgO})}{m(\mathrm{SiO_2})} = 0.9\sim$ 1.1 的范围内黏度最小。但如碱性物过多（上述比值大于 1.10），则由于熔点升高，一定炉温下渣的过热度减小而使黏度增高。加入少量的强碱性氧化物（如 K$_2$O、Na$_2$O）或较强的负离子 CaF$_2$，均可显著降低炉渣黏度。

　　上述黏度变化的种种行为是由炉渣的微观结构决定的。

　　古老的结构理论认为，炉渣是由各种氧化物的"分子"构成的。不同的氧化物可构成复杂的化合物，如 2CaO·SiO$_2$、2FeO·SiO$_2$ 等。只有未形成化合物的"自由氧化物"

的分子才能参与化学反应，并假定炉渣符合"理想溶液"的规律。

"分子结构"理论只能解释炉渣的某些化学行为，而无法解释其他诸多现象，此理论与实际有较大的出入。

"离子理论"认为，熔融炉渣是由简单的带不同电荷的正离子及负离子构成，其间的作用力是电化学性质的离子键力。不同的阳离子可与氧离子构成复杂程度不同的复合阴离子团，如 SiO_4^{4-}、AlO_3^{3-}、PO_4^{3-} 等，其结构式分别为：

$$
\begin{array}{ccc}
\overset{\displaystyle O}{\underset{\displaystyle O}{-O-Si-O-}} & \overset{\displaystyle O}{-O-Al-O-} & \overset{\displaystyle O}{\underset{\displaystyle O}{-O-P-O-}} \\
(SiO_4^{4-}) & (AlO_3^{3-}) & (PO_4^{3-})
\end{array}
$$

其中 SiO_4^{4-} 是空间四面体结构（见图 4-32），是构成液态渣的基本结构单元。四面体角上的 O^{2-} 可被相邻的 Si^{4+} 所共有，则众多的四面体可形成向三维空间延伸的网状结构，而其总体的化学成分为 SiO_2（见图 4-33）。在此网状结构中的每个质点由于离子键力的相互制约而不能任意移动，这就是前已述及的纯 SiO_2 黏度特别高的原因。

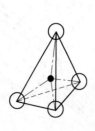

图 4-32 SiO_4^{4-} 阴离子团的空间四面体结构

○—O^{2-}；●—Si^{4+}

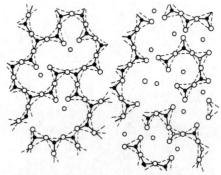

图 4-33   熔融 SiO_2 以四面体为基本单元构成的空间网状结构

由于高炉渣中无 P 而 Al_2O_3 的含量远不及 SiO_2 大，AlO_3^{3-} 只能提供 3 个共价键的 O^{2-}，其在熔态渣的结构中也能形成复合阴离子团，但其地位不如 SiO_4^{4-}。故下面只以 SiO_4^{4-} 构成的最复杂的阴离子团为主进行讨论。

当熔融的 SiO_2 中加入一个二价的碱土金属的氧化物分子（CaO 或 MgO）时，则消灭了一个被两个相邻的 Si^{4+} 所共有的 O^{2-}，简化了 SiO_4^{4-} 空间网络的复杂程度，故可导致黏度下降。结构式的变化如下：

$$
\overset{\displaystyle |}{\underset{\displaystyle |}{-O-Si-O-Si-O-}} + Ca^{2+} + O^{2-} === \overset{\displaystyle |}{\underset{\displaystyle |}{-O-Si-O-Ca-O-Si-O-}}
$$

而当加入一个碱金属氧化物分子（Na_2O 或 K_2O）时，则可提供两个一价的阳离子

（$2Na^+$ 或 $2K^+$）和一个 O^{2-}，将在网状结构中造成一个断口，即其降低熔体黏度的效果更为明显。此时结构式的演变如下：

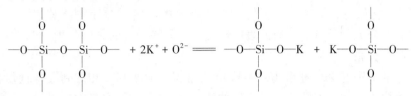

加入一个 CaF_2（萤石）分子时，不但提供了一个二价的阳离子 Ca^{2+}，还提供了两个极强的一价负离子 F^-，F^- 可取代结构中 O^{2-} 的位置，也造成了断口，同时还置换出 $Ca^{2+}+O^{2-}$ 的自由离子去破坏另一个共有的四面体中的 O^{2-}，故其降低黏度的作用尤其突出。此时结构式的转化如下所示：

$$\begin{array}{c}
\text{—O—Si—O—Si—O—} + Ca^{2+} + 2F^- \Longrightarrow \text{—O—Si—F} + \text{—O—Si—F} + Ca\!=\!O
\end{array}$$

若由于某种原因液态渣中悬浮有固体质点，如机械性地混入了未燃烧的煤粉或焦炭粉末；或因某种化学反应产生了某种高熔点的固态物质，呈新相的高弥散度分布，如含 TiO_2 炉渣在强还原性条件下生成了极细粒的 TiC 或 $Ti(C，N)$ 等，则将强烈影响熔体的黏度。

若固态悬浮物的颗粒较大，与渣中质点无较强的作用力，则混合物的黏度服从爱因斯坦（Einstein）公式，即：

$$\eta = \eta_0(1 + 2.5\phi) \tag{4-115}$$

式中　　η——非均相混合物的黏度，$Pa \cdot s$；

　　　　η_0——纯液相的黏度，$Pa \cdot s$；

　　　　ϕ——固态悬浮物的体积分数（$\phi = 0 \sim 1.0$）。

可看出式（4-115）表达的规律为一直线，η_0 是直线在 $\phi = 0$ 时与纵轴的截距。此直线的斜率不大，因一般 $\phi < 0.1$，即此种悬浮物对黏度的影响较小。

如果固态悬浮的质点很小（不大于 $1.0\mu m$），呈高度弥散的状态，则即使其总的体积分数很小（如 $\phi < 0.02$），也会由于质点的绝对数量很多，特别是细颗粒的比表面积非常大，过剩的表面能使其强烈吸附周围介质中的质点，形成了十分稳定的双电层，无形中扩大了质点的体积，从而使熔体的黏度与 ϕ 的关系呈指数函数形式急剧增长。描述这种黏度变化规律的数学形式如下，这是形成胶体的特征：

$$\eta = \eta_0(1 + a_1\phi_1 + a_2\phi_2 + a_3\phi_3 + \cdots) \tag{4-116}$$

或 $$\eta = \eta_0\exp(K\phi) \tag{4-117}$$

式中，a_1、a_2、$\cdots$、a_i 为常数；K 为常数；η、η_0、ϕ 的含义与式（4-115）中相同。

含（TiO_2）炉渣在高温下还原为 $[Ti]$，又生成了 TiC，$Ti(C,N)$ 呈极细微粒悬浮于渣中，即属于此种情况。

4.3.3.3　炉渣的表面性质

由于多数火法冶金过程的反应为多相反应，即在相界面上的反应，故参与反应的相界面的大小及各相表面的性质对生产率多种反应的进行过程以及不同相的分离过程都有很大的影响。高炉过程中参与反应的相包括不同质的各种固态物料（矿石、焦炭、熔剂，甚至包括炉衬）、液态的渣和铁以及炉气。其中液态的渣随成分不同，其表面性质差异较大，因此，成为研究的重点。炉渣的表面性质主要是指炉渣的表面张力（与气相的界面）以及渣铁间的界面张力。

表面张力的物理意义可理解为，生成单位面积的液相与气相的新交界面所消耗的能量。例如，渣层中生成气泡即是生成了新的渣-气交界面。表面张力常以 σ 表示。炉渣的 σ 值在 $0.2 \sim 0.6 N/m$ 之间，只有液态金属表面张力的 $1/3 \sim 1/2$。这是因为表面张力值与物质表面层质点作用力的类型有关。金属质点质量大，金属键作用力也强，故金属表面张力值最大，为 $1 \sim 2 N/m$。

由多种金属氧化物组成的炉渣的表面张力，可由各种纯氧化物的表面张力按各自摩尔分数值加权求和得到，即：

$$\sigma_t = \sum x_i \sigma_i \tag{4-118}$$

式中　σ_t——合成渣的表面张力；

　　　x_i——i 组分的摩尔分数；

　　　σ_i——纯 i 组分的表面张力。

不同温度下各种主要高炉炉渣组分的表面张力值列于表4-6。

表 4-6　不同温度下各种主要高炉炉渣组分的表面张力值

氧 化 物	$\sigma / N \cdot m^{-1}$			
	1300℃	1400℃	1500℃	1600℃
CaO		614×10^{-3}	586×10^{-3}	
MnO		653×10^{-3}	641×10^{-3}	
FeO		584×10^{-3}	560×10^{-3}	
MgO		512×10^{-3}	502×10^{-3}	
Al_2O_3		640×10^{-3}	630×10^{-3}	$(448 \sim 602) \times 10^{-3}$
SiO_2		285×10^{-3}	286×10^{-3}	223×10^{-3}
TiO_2		380×10^{-3}		
K_2O	168×10^{-3}	156×10^{-3}		

某些组分，如 SiO_2、TiO_2、FeO、P_2O_5 及 CaF_2 等表面张力值较低。由于表面张力（即表面能）有自动降低的趋势，这些物质在表面层中的浓度大于相内部的浓度，称为"表面活性物质"。

炉渣表面张力的降低易生成泡沫渣，其原理及现象与肥皂泡极为相近。而炉渣的 σ/η 值的降低是形成稳定泡沫渣的充分必要条件。因为炉渣的表面张力（σ）小，意味着生成渣中气泡耗能少，即比较容易。而渣的黏度（η）大，一方面说明气泡薄膜比较强韧（在表面化学中以薄膜的黏弹性表示）；另一方面，气泡在渣层内上浮困难，生成的小气泡不易聚合或逸出渣层之外。

高炉内由于有众多的发生气体的化学反应，数量相当大的气体要穿过渣层，故生成气泡是不可避免的，关键在于气泡能否稳定存在于渣层内。一旦形成稳定的气泡即为泡沫渣，并给冶炼操作带来很大的麻烦。例如，在炉内风口区以上的疏松焦炭柱内易造成"液泛现象"，即炉渣在焦块空隙之间产生类似沸腾现象的上下浮动，阻滞了炉渣下流，并堵塞了煤气流通的孔道，引起难行和悬料；而当炉渣流出炉外时，由于大气压力低于炉内压力，溶于渣中的气体体积膨胀，起泡现象更为严重，造成渣沟及渣罐的外溢，引起可怕的事故。我国冶炼钒钛磁铁矿及含 CaF_2 矿石的高炉都曾遇到过这类问题，其原因与 TiO_2、CaF_2 是表面活性物质而降低了炉渣的表面张力有关。

由测定及计算可知，$w(TiO_2) = 25\%$ 的炉渣的表面张力值为 $\sigma_1 = 461 \times 10^{-3} N/m$，若 $\eta_1 = 1.5 Pa \cdot s$，则 $\sigma_1/\eta_1 \approx 0.30$；普通炉渣的表面张力值为 $\sigma_2 = 485 \times 10^{-3} N/m$，若 $\eta_2 = 0.5 Pa \cdot s$，则 $\sigma_2/\eta_2 \approx 1.00$。故含 TiO_2 炉渣有生成泡沫渣的条件。

界面张力主要指液态渣铁之间的，一般为 $0.9 \sim 1.2 N/m$。界面张力（$\sigma_界$）小，与表面张力的物理意义类似，即容易形成新的渣铁间的相界面。而炉渣的黏度一般比液态金属高 100 倍以上，故常造成液态铁珠"乳化"为高弥散度的细滴，悬浮于渣中，形成相对稳定的乳状液，结果造成较大的铁损。

若易造成泡沫渣的条件为炉渣的两个性能参数之比 σ/η 偏小，则容易造成铁珠悬浮于渣中的条件为 $\sigma_界/\eta$ 的值偏小。

炉渣的表面性质及渣与金属间的界面性质已引起冶金界的重视。由于精确测定熔体的表面性质或界面特性参数的技术比较复杂，有关这方面的数据极为缺乏，无论在理论上、实验技术上或工业实践的应用上都有待大力发展。

4.3.3.4 炉渣成分和几种重要组分的活度

A 炉渣碱度

高炉渣主要由各种金属氧化物组成，此外还有少量硫化物、氟化物等。所有这些组分基本上可分为"碱性的"和"酸性的"两大类。

碱性氧化物，如 K_2O、Na_2O、BaO、CaO、MnO、FeO、ZnO、MgO 等，易于在炉渣中解离，给出金属的正离子及氧离子，即 K^+、Na^+、Ba^{2+}、Ca^{2+}、Mn^{2+}、Fe^{2+}、Zn^{2+} 和 Mg^{2+} 以及 O^{2-}。

酸性的组分则吸收氧离子，组成复合阴离子团，如 SiO_2、Al_2O_3 和 P_2O_5 吸收 O^{2-}，形成 SiO_4^{4-}、PO_4^{3-} 及 AlO_3^{3-}。

表示炉渣成分的特性参数之一是炉渣碱度，即渣中碱性物与酸性物的量之比。碱度的具体表达形式很多，可以采用物质的量浓度或质量的比值，有的按不同组分酸碱性的强弱附加以不同系数。常用的有以下几种（以质量之比表示的简化表示法）。

（1）二元碱度：

$$R = \frac{m(CaO)}{m(SiO_2)} \tag{4-119}$$

（2）三元碱度：

$$R = \frac{m(CaO) + m(MgO)}{m(SiO_2)} \tag{4-120}$$

或

$$R = \frac{m(CaO)}{m(SiO_2) + m(Al_2O_3)} \tag{4-121}$$

（3）四元碱度：

$$R = \frac{m(CaO) + m(MgO)}{m(SiO_2) + m(Al_2O_3)} \tag{4-122}$$

各高炉可根据各自炉渣成分的特点，选择一种最简单又最具有代表性的表示方法。

渣的碱度在一定程度上决定了其熔化温度、黏度及黏度随温度变化的特征、脱硫能力及各种组分的活度。碱度是非常重要的代表炉渣成分的、实用性很强的参数。

B 几种重要组分的活度

Si、Mn、V、Ti 和 S 等各元素在渣铁间的分配系数直接影响产品的质量，影响有用元素的回收率等重要指标。而分配系数又取决于炉温和有关元素或其化合物在渣中的活度，故掌握各组分在渣中活度的变化规律十分重要。

除了用实验方法直接或间接地测定活度值外，也可采用计算法，但最简单的是查阅相图形式的等活度图。

图 4-34 为 1600℃下 CaO-SiO₂-Al₂O₃ 三元系中 SiO₂ 的等活度图。图 4-35 为 1600℃下 CaO-SiO₂-Al₂O₃ 三元系中 CaO 和 Al₂O₃ 的等活度图。由于应用的目的不同，可能需要其他不同组分的活度值，则应查阅有关资料。

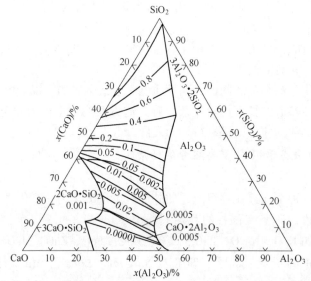

图 4-34   1600℃下 CaO-SiO₂-Al₂O₃ 三元系中 SiO₂ 的等活度图

4.3.4 炉渣脱硫

硫是钢铁产品中的有害杂质，操作中稍有失误即可能使生铁硫含量超过规定标准。故从原矿、原煤的处理一直到炼钢，在钢铁冶炼的每一道工序中都要尽可能地使产品中硫含量降低。对高炉冶炼这一环节来说，研究硫在高炉中的行为以及脱硫的反应机理，以保证即使冶炼条件发生一定范围的波动时仍可使硫含量低于规定标准，已成为一项重要的课题。

4.3.4.1 硫的来源及其分布

高炉中的硫来自入炉原燃料。在使用人造熟料（烧结矿和球团矿）为主要含铁原料的条件下，焦炭和喷吹煤粉带入的硫占总入炉硫量的 80%以上。冶炼每吨生铁炉料带入硫的千克数称为"硫负荷"。一般条件下，硫负荷小于 6kg/t。特殊情况下，如使用高硫焦炭或高硫原矿，硫负荷可能高于此值数倍。

炉料中的硫，天然矿以 Fe₂S、CaSO₄、BaSO₄ 方式，高碱度烧结矿以 CaS 和少量硫酸

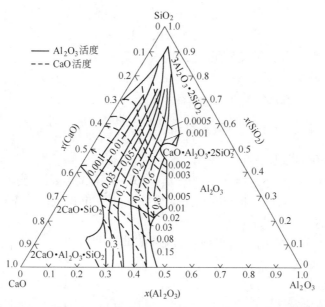

图 4-35　1600℃ 下 CaO-SiO₂-Al₂O₃ 三元系中 CaO 和 Al₂O₃ 的等活度图

盐方式，酸性球团矿以 FeS 和少量硫酸盐方式，焦炭和煤粉主要以有机硫（C_nS_m）和灰分中 FeS 方式存在。在炉料下降受热过程中硫逐步释放出来，矿石中的硫酸盐和硫化物分解出 SO_2 或还原成硫蒸气进入煤气，而焦炭中的硫在炉身下部和炉腹以 CS 和 COS 形式挥发。但炉料中的硫主要（煤粉中的硫则 100%）还是在风口燃烧带发生燃烧，以气体形式（CS、CS_2、COS、SO_2）进入煤气。燃烧和分解生成的 SO_2、经还原和生成反应生成的硫蒸气和 H_2S 等随煤气上升，在煤气与下降的炉料和滴落的渣铁相遇时，分别被吸收。炉料中自由的碱性熔剂多，渣量大且碱度高、流动性好，则吸收的硫量多。故硫在炉内高温与低温区间存在一个循环过程，软熔带的总硫量大于炉料实际带入硫量即是证明（见图 4-36）。被炉料和渣铁吸收的硫少部分

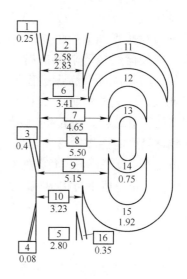

图 4-36　高炉内硫的循环
（图中带小数点的数字表示吨铁炉料的硫含量，单位为 kg/t）
1—矿石；2—焦炭；3—喷油；4—铁；5—渣；6—块状带；7—软熔带；8—滴落带；9—风口带；10—炉缸；11—块状带吸收；12—软熔带吸收；13—滴落带吸收；14—焦炭气化反应；15—风口前燃烧；16—剩余部分

进入燃烧带后再次气化，参加循环运动，而大部分在渣铁反应时转入炉渣而排出炉外。

炉腹水平以下沿炉子高度渣及铁中硫含量的变化示于图 4-37。最后炉渣约容纳了全部入炉硫量的 85%，随煤气逸出炉外的硫量小于 10%，而生铁中的硫含量小于总入炉硫量的 5%。

硫在炉内总的分配平衡关系可用下式表示：

$$w[\mathrm{S}]_\% = \frac{0.1(w(\mathrm{S})_料 - w(\mathrm{S})_气)}{1 + 0.001 L_\mathrm{S} \cdot Q_渣} \qquad (4\text{-}123)$$

式中　$w[\mathrm{S}]_\%$——铁中硫含量（质量百分数）；

　　　$w(\mathrm{S})_料$——硫负荷，kg/t；

　　　$w(\mathrm{S})_气$——随炉气逸出硫量，kg/t；

　　　L_S——硫在渣铁间的分配系数，$L_\mathrm{S} = \dfrac{w(\mathrm{S})}{w[\mathrm{S}]}$；

　　　$Q_渣$——吨铁渣量，kg/t。

若 $w(\mathrm{S})_料 = 6\mathrm{kg/t}$，$w(\mathrm{S})_气 = 0.6\mathrm{kg/t}$，$L_\mathrm{S} = 50$，$Q_渣 = 300\mathrm{kg/t}$，代入式（4-123）可得 $w[\mathrm{S}] \approx 0.034\%$。式（4-123）也可在预定的生铁 $w[\mathrm{S}]$ 下代入已知条件，推算炉渣脱硫能力 L_S 应达到何种水平。

由式（4-123）还可得出，欲得到低 $w[\mathrm{S}]$ 应采取的措施有：

（1）降低硫负荷；

（2）增大硫的挥发量；

（3）加大渣量；

（4）增大硫的分配系数 L_S。

降低硫负荷是得到低硫生铁最有效的手段，硫负荷的主要来源是焦炭和喷吹煤粉，因为洗煤及炼焦过程无明显的脱硫效果，故原煤硫含量基本

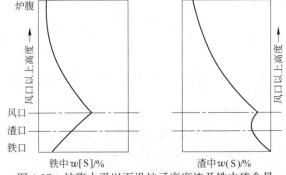

图 4-37　炉腹水平以下沿炉子高度渣及铁中硫含量

上仍保留在焦炭中。焦炭和煤粉一般含硫 0.6%~0.8%，少数可达 1.0%。某些特殊地区的高硫焦硫含量可能达 2%~3%。此时燃料带入的硫即可能超过 10kg/t。故使用高硫焦时，降低焦比本身就是降低硫负荷的有效措施。

矿石中硫含量一般不会构成威胁，因为烧结过程脱硫效率达 80% 以上，特别是氧化焙烧球团工艺脱硫效率高达 95%~99%。故用高硫的原矿粉也可获得低硫的烧结矿或球团矿。只有使用高硫原块矿入炉时，才考虑用氧化焙烧法脱硫或限制其使用量，以使硫负荷在允许范围之内。

气化硫量取决于很多因素，如硫存在的原始形态、炉内的温度分布、炉料及炉渣的碱度、渣量等。使用低渣量和酸性渣、提高炉温以加大发生硫挥发反应的区域以及增大煤气量等，皆可增大气化硫量。但上述各措施中，有些是不现实的，如使用低渣量，它取决于原矿品位、选矿工艺水平及最经济的选矿参数等；有些是得不偿失的，如提高炉温和吨铁煤气量，这意味着降低燃料利用率及热效率，增加成本；还有些是有不利副作用的，如使用酸性渣，虽可有限地增大气化硫量，但却降低了炉渣吸收硫的能力。气化硫量可挖掘的潜力是极其有限的。

增大炉渣吸收硫量的办法之一是加大吨铁渣量，显然，这与上述增大气化硫量的要求相矛盾。此外，大渣量意味着多消耗熔剂和热能，降低生产率，而且随燃料比升高，入炉硫量反而增大。

在高炉操作中，实际而有效地降低生铁硫含量的措施是提高硫在渣铁间的分配系数

L_S，以充分发挥炉渣吸收硫的能力。生产实践中达到的 L_S 值，一方面取决于该条件下炉渣脱硫反应的热力学平衡；另一方面更取决于反应的动力学条件，即趋近于平衡的程度。

4.3.4.2　炉渣脱硫反应的热力学

炉渣脱硫的基本反应为：

$$[FeS] + (CaO) \Longrightarrow (CaS) + (FeO) \tag{4-124}$$

$$K_S = \frac{a_{(CaS)} \cdot a_{(FeO)}}{a_{[S]} \cdot a_{(CaO)}} = \frac{f_{(CaS)} \cdot w(CaS)_\% \cdot f_{(FeO)} \cdot w(FeO)_\%}{f_{[S]} \cdot w[S]_\% \cdot f_{(CaO)} \cdot w(CaO)_\%}$$

$$= \frac{w(S)_\%}{w[S]_\%} \cdot \frac{f_{(FeO)}}{f_{[S]}} \cdot \frac{f_{(CaS)}}{f_{(CaO)}} \cdot \frac{w(FeO)_\%}{w(CaO)_\%}$$

或

$$L_S = \frac{w(S)_\%}{w[S]_\%} = K_S \cdot f_{[S]} \cdot \frac{1}{f_{[FeO]} \cdot w(FeO)_\%} \cdot \frac{f_{(CaO)} \cdot w(CaO)_\%}{f_{(CaS)}} \tag{4-125}$$

分析式（4-125）可知，

$$L_S = f(K_S, f_{[S]}, \text{渣的氧势，以碱度为代表的渣成分}) \tag{4-126}$$

已知 K_S 是温度的单值函数，且

$$\lg K_S = -\frac{4970}{T} + 5.383 \tag{4-127}$$

由式（4-126）及式（4-127）可知，提高 L_S 值则要求：

（1）提高温度。

（2）提高炉渣碱度以增大 $f_{(CaO)}$ 及 $w(CaO)_\%$ 值，加拿大 Stelco 公司的经验为，为保证炉渣脱硫能力，$\dfrac{m(CaO) + m(MgO)}{m(SiO_2) + m(Al_2O_3)} > 1.05$。

（3）渣的氧势低，具体表现为 $w(FeO)_\%$ 低。

（4）提高铁液中硫的活度系数 $f_{[S]}$。

由于炉缸中渣、铁液及焦炭共存，渣中 $w(FeO)_\%$ 或其氧势由可能与其发生反应的 $w[Si]_\%$、$w[Mn]_\%$、$w[C]_\%$ 等决定，故炉渣脱硫反应又往往表示为：

$$(CaO) + [S] + C \Longrightarrow (CaS) + CO \tag{4-128}$$

$$K'_S = \frac{a_{(CaS)}}{f_{[S]} \cdot w[S]_\% \cdot a_{(CaO)}} \cdot \frac{p_{CO}}{a_C} \tag{4-129}$$

已知 K'_S 与温度关系的经验式为：

$$\lg K'_S = -\frac{6010}{T} + 5.935 \tag{4-130}$$

炉缸中铁是被 C 饱和的，则 $a_C = 1$，铁液为一般成分时（非铁合金）可取 $f_{[S]} = 7$，代入式（4-129）得：

$$\frac{w(S)_\%}{w[S]_\%} \cdot p_{CO} = L_S \cdot p_{CO} = 4K'_S \frac{f_{(CaO)}}{f_{(CaS)}} \cdot w(CaO)_\% \tag{4-131}$$

比较式（4-131）与式（4-126）可见，p_{CO} 代替了渣的氧势。

当铁液中 $w[Si]$ 较高时，炉渣的氧势由 $[Si]$ 氧化为 (SiO_2) 的反应决定，这时的脱硫反应可表达为：

$$(\mathrm{CaO}) + [\mathrm{S}] + \frac{1}{2} [\mathrm{Si}] \rightleftharpoons (\mathrm{CaS}) + \frac{1}{2} (\mathrm{SiO_2}) \tag{4-132}$$

此式的平衡常数为：

$$K''_S = \frac{f_{(\mathrm{CaS})} \cdot w(\mathrm{CaS})_{\%}}{f_{[\mathrm{S}]} \cdot w[\mathrm{S}]_{\%}} \cdot \frac{1}{f_{(\mathrm{CaO})} \cdot w(\mathrm{CaO})_{\%}} \cdot \sqrt{\frac{f_{(\mathrm{SiO_2})} \cdot w(\mathrm{SiO_2})_{\%}}{f_{[\mathrm{S}]} \cdot w[\mathrm{Si}]_{\%}}} \tag{4-133}$$

式（4-132）为 Si-S 耦合反应，将已知的数据及经验关系式一并代入，可消去 $f_{(\mathrm{CaS})}/f_{(\mathrm{CaO})}$、$f_{(\mathrm{SiO_2})}$ 等项，得：

$$\lg L_S \cdot \sqrt{\frac{w(\mathrm{SiO_2})_{\%}}{w[\mathrm{Si}]_{\%}}} = \frac{9080}{T} - 5.832 + \lg w(\mathrm{CaO})_{\%} + 1.3961 R \tag{4-134}$$

式中，R 为炉渣碱度，$R = \dfrac{m(\mathrm{CaO}) + m(\mathrm{MgO})}{m(\mathrm{SiO_2})}$；$\sqrt{\dfrac{w(\mathrm{SiO_2})_{\%}}{w[\mathrm{Si}]_{\%}}}$ 相当于式（4-126）及式（4-131）中的氧势及 p_{CO}。

由于高炉中 C 总是过剩的，实际上渣的氧势（或 FeO 含量）是由温度、$w[\mathrm{Si}]$ 及 $w[\mathrm{Mn}]$ 决定的。温度、$w[\mathrm{Si}]$ 及 $w[\mathrm{Mn}]$ 值越高，渣的氧势越低，对炉渣脱硫反应越有利，即 L_S 值越大。

渣的氧势对脱硫的影响也可以应用于如何提高初渣脱硫能力的问题上。初渣中（FeO）含量因具体操作条件的差异而波动很大。如能尽量改善矿石的还原性，使矿石在软熔前达到较高的还原度，则熔滴后的炉腹渣中氧势必然降低，有利于吸收更多的硫，从而减轻炉缸内渣铁反应脱硫的负担，节省炉缸内高温热量的消耗，可降低燃料比。

影响硫分配系数的最后一个因素是硫在铁液中的活度系数 $f_{[\mathrm{S}]}$，它是由铁液中其他元素的含量所决定的。

由铁中各种元素对 S 活度系数（$f_{[\mathrm{S}]}$）的影响规律（见图 4-38）可知，铁中 [C]、[Si]、[P] 含量增加可促使 $f_{[\mathrm{S}]}$ 值增大。

炼钢与炼铁过程相比，钢渣的温度及碱度皆比铁渣高，应对炉渣脱硫反应有利。但由于钢水中 [C]、[Si]、[Mn] 等含量很低，一方面使与之平衡的钢渣中（FeO）含量较高；另一方面降低硫在钢液中的活度系数，$f_{[\mathrm{S}]}$ 值仅为 0.95~1.50。结果，钢渣与钢水间平衡的 L_S 值只有 1~10，大约仅为炼铁过程中 L_S 值的十分之一或更低。故高炉过程在钢铁冶炼流程中脱硫是最有利的，应尽可能生产 $w[\mathrm{S}] < 0.03\%$ 甚至低于 0.01% 的低硫铁，以提高炼钢生产的效率，降低其成本，生产更多的优质钢。

在测定和应用 L_S 值时，应同时知道其他参数条件。最近又推导出一个新的代表炉渣脱硫能力的参数——硫容量，记以 C_S，其定义为：

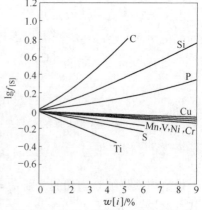

图 4-38　铁中不同元素（i）含量对硫的活度系数（$f_{[\mathrm{S}]}$）的影响

$$C_S = w(\mathrm{S})_{\%} \cdot \sqrt{\frac{p_{\mathrm{O_2}}}{p_{\mathrm{S_2}}}} \quad \text{或} \quad C_S = K_S \frac{a_{(\mathrm{O^{2-}})}}{f_{(\mathrm{S^{2-}})}}$$

式中　$w(S)_\%$——渣中硫含量（质量百分数）；

p_{O_2}——与此渣平衡的气相中 O_2 的分压，kPa；

p_{S_2}——与此渣平衡的气相中 S_2 的分压，kPa；

K_S——基本脱硫反应的平衡常数，定义见式（4-125）；

$a_{(O^{2-})}$——脱硫反应达到平衡时渣中（O^{2-}）的活度；

$f_{(S^{2-})}$——脱硫反应达到平衡时渣中（S^{2-}）的活度系数。

由于 C_S 是将 L_S 与 $f_{(S^{2-})}$ 及 $f_{(O^{2-})}$ 综合在一起的参数，其值只取决于温度及渣的成分。一些研究工作者归纳出确定 C_S 值的简单经验式，如其中之一为：

$$\lg C_S = 2.55R - 7.23 \tag{4-135}$$

式中，R 为炉渣碱度。

由于 C_S 与 L_S 在物理意义上是相近的，两者在数值上必有某种关系。在生产实践中发现，在高炉冶炼的条件下，L_S 与 C_S 存在下列简单的经验关系：

$$L_S = m \cdot C_S \tag{4-136}$$

式中，m 为随生产条件而改变的简单常数，其值如表 4-7 所示。

表 4-7　不同高炉生产条件下 L_S 与 C_S 间的比例常数值

条件 m 值 铁种	非精料、常压	精料、高压	精料、高压顺行
炼钢生铁	1.6	2.2	2.8
铸造生铁	3.5	5.0	5.5

类似于以相图形式表示的炉渣熔化温度、黏度及活度等，也可以查到不同温度下三元系的等 C_S 图或等 L_S 图。

高炉生产实践中实际达到的 L_S 值与理论值往往有差距。一般条件下高炉 L_S 的理论值可达 100 以上，而实际上只有 25~50。这是由反应的动力学条件限制造成的。炼钢过程温度高，钢及渣液搅动充分（主要指转炉），渣-钢交界面面积增大，故虽然 L_S 的理论平衡值很低，但实际值可接近平衡值。

4.3.4.3　炉渣脱硫反应的动力学

渣与铁液的密度差异较大，两者不能互溶。脱硫反应是多相反应，只能在渣-铁交界面上进行。扩散过程是整体反应过程中必须考虑的重要环节。脱硫反应可设想由以下环节组成：

（1）硫在铁液中向渣-铁交界面扩散；

（2）在界面上发生化学反应；

（3）生成的硫化物由反应界面向渣液中扩散。

与推导气-固相还原的未反应核模型类似，最后可得出脱硫反应的速率方程为：

$$\frac{\mathrm{d}w[S]_\%}{\mathrm{d}t} = \frac{A}{M} \cdot \frac{w[S]_\% - \dfrac{w(S)_\%}{L_S^0}}{\left(\dfrac{1}{k_s} + \dfrac{L_S^0}{k_m}\right) \cdot \dfrac{1}{L_S^0}} = \frac{A}{M} \cdot \frac{w[S]_\% - \dfrac{w(S)_\%}{L_S^0}}{\dfrac{1}{k_s L_S^0} + \dfrac{1}{k_m}} \tag{4-137}$$

式中　$w[S]_\%$——S 在铁液中的质量百分数；

　　　$w(S)_\%$——S 在渣中的质量百分数；

　　　　A——渣-铁交界面面积；

　　　　M——铁水重量；

　　　　L_S^0——平衡状态下硫在渣铁间的分配系数；

　　　　k_s——硫在渣中的传质系数；

　　　　k_m——硫在铁中的传质系数。

由于很多参数很难测定（如 A 值），式（4-137）尚不能应用于实际脱硫反应速率的计算。但按此式分析影响反应速率的因素，可采取如下措施加速反应速率：

（1）加大渣-铁交界面面积 A；

（2）加大分配系数 L_S^0 的值；

（3）增大硫在铁液及渣液中的传质系数 k_m 及 k_s。

当铁滴穿过渣层时，A 值最大，是炉渣进行脱硫反应的主要时机。生产实践证明了这一点，图 4-37 中，处于炉缸内渣口、铁口水平线之间（炉缸内渣层的位置）的炉渣硫含量升高速率最高。由于炉缸内渣、铁层是相对静止的，两者接触面积小，故虽然两次放铁之间的时间间隔（数小时）远比铁滴穿过渣层的时间长（仅几秒计），脱硫效果仍较低。

放铁时，在出铁口的通道内渣与铁间扰动加剧，改善了脱硫的动力学条件，达到促使加速脱硫反应的效果。现代高炉一般皆不设渣口，全部炉渣皆由铁口放出，在一定程度上可以提高炉渣脱硫的效果。

增大 L_S^0 值属于热力学范畴，此处不再重复。

关于 k_s 和 k_m，首先应判明哪个值较小，是整体反应的控制性环节。由数据可知，在 1390～1560℃范围内，S 在被 C 饱和的铁液中的扩散系数 $D_S = 2.8 \times 10^{-4} \text{cm}^2/\text{s}$，而在渣中的扩散系数比此数小两个数量级。故可判断，S 在渣中的扩散是较慢的环节。在液相中质量扩散的一般规律为：

$$D = \frac{RT}{N_0} \cdot \frac{1}{6\pi r \cdot \eta} \tag{4-138}$$

式中　D——某类质点在渣中的扩散系数；

　　　R——摩尔气体常数；

　　　T——热力学温度；

　　　N_0——阿伏伽德罗常数；

　　　r——扩散质点的半径；

　　　η——液态介质的黏度。

若考察 D 与 T 的关系，可有：

$$D = D_0 \exp\left(-\frac{E_d^*}{RT}\right) \tag{4-139}$$

式中　D_0——常数；

　　　E_d^*——扩散活化能。

综合式（4-138）及式（4-139）可知，欲加速扩散过程，应提高温度及降低液态介质的黏度。

上述讨论是在分子扩散的条件下进行，若渣层内强制扰动或对流运动，则必然极大地加速传质。可惜的是炉缸渣层无此条件。而在出铁过程的铁口通道内具有这样的条件，所以生产中应该不放上渣。

综上所述，提高温度对加速反应是最有效的，因其有三重效应，即增大 K_S（或 L_S^0 值）、降低渣的黏度（η）以及提高 S 在渣内的传质过程（k_s）。

提高炉渣碱度是加大 L_S^0 值的另一个办法，但要注意碱度过高可能引起炉渣黏度增大的反效果。

在不提高炉温的前提下也可以降低炉渣黏度。除了配制性能良好的渣外，控制均匀稳定的造渣过程也很重要。

目前在增大炉缸渣铁层的扰动方面尚无可行的办法。相反，炉缸堆积时，减少了出铁及鼓风动能产生的扰动，甚至出现某些"死角"，即使炉温及渣碱度都很高，仍会出现铁水硫含量过高的事故。

4.3.4.4　炉外脱硫

综上所述，炉内造渣脱硫反应的热力学及动力学特点如下：

（1）高炉炉缸高温区为强还原气氛，铁液中含较多的[C]、[Si]、[Mn]等元素，与其共存的炉渣氧势很低，为脱硫反应创造了有利的热力学条件。其表现为 L_S^0 值较高，即炉渣吸硫的潜力较大。

（2）从热力学观点来看，高炉尚有提高炉温和炉渣碱度以进一步提高 L_S^0 值的余地，但这可能引起冶炼过程难行。即使不致破坏顺行，为此而付出的代价也较高，因为脱硫是在热量极其宝贵的高温区进行的吸热反应。

（3）除出铁通道内渣铁扰动和铁滴穿过渣层的机会以外，炉内进行渣铁间反应的动力学条件不是很有利，实际达到的 L_S 值仅为理论值 L_S^0 的 1/2 左右。

（4）在某些特殊条件下，炉料中碱金属过多，为解除碱害，使用酸性渣排碱而被迫生产出高硫铁水。

基于炉内脱硫反应的种种特点，出现了高炉以酸性渣低温操作，而在炼钢之前增设炉外脱硫的新工艺。其特点在于：

（1）保留了与高[C]、[Si]、[Mn]铁水平衡的渣氧势低的优势。

（2）由于脱硫过程是在铁水包中进行的，可利用气体喷射、机械搅拌等种种手段加大渣-铁交界面，大大改善扩散传质过程，充分发挥渣吸收硫的能力。

（3）高炉与炉外脱硫工艺结合将取得提高高炉生产率、降低燃料消耗、降低成本的综合效益，新建脱硫站的投资可在短期内收回，这样，高炉还具有处理碱金属炉料的特殊能力。

（4）可得到比常规高炉工艺硫含量更低的铁水，为提高炼钢效率和生产优质钢创造了条件。

曾应用过的炉外脱硫剂有金属 Mg、CaO、MgO、CaC_2、Na_2CO_3 等。为了改善渣的性能，也有加入 CaF_2 制成复合脱硫剂的。

虽然金属 Ca、Al 等脱硫能力很强，但其烧损大、成本高，已很少在工业生产中采用。Na_2CO_3 对环境有污染，此外，长期供应这种苛性碱，资源及成本也有困难。较常采用的

炉外脱硫剂为 CaO、CaC_2 及其与 CaF_2 组成的复合剂等。

几种炉外脱硫剂的脱硫反应式及热力学数据见表 4-8。

表 4-8　几种炉外脱硫剂的脱硫反应式及热力学数据

反 应 式	反应的标准自由能变化 /$J \cdot mol^{-1}$	反应平衡常数 与温度的关系式	不同温度下的反应平衡常数	
			1300℃	1500℃
$CaO_{(s)} + [S] + C = CaS_{(s)} + CO$	$\Delta G^{\ominus} = 25320 - 26.33T$	$\lg K = -\dfrac{5540}{T} + 5.755$	172	425
$MgO_{(s)} + [S] + C = MgS_{(s)} + CO$	$\Delta G^{\ominus} = 44630 - 25.72T$	$\lg K = -\dfrac{9760}{T} + 5.62$	0.262	1.31
$Na_2O_{(s)} + [S] + C = Na_2S_{(s)} + CO$	$\Delta G^{\ominus} = -2000 - 26.28T$	$\lg K = \dfrac{440}{T} + 5.74$	1.01×10^6	0.94×10^6
$CaC_{2(s)} + [S] = CaS_{(s)} + 2C_{(s)}$	$\Delta G^{\ominus} = -86900 + 28.72T$	$\lg K = \dfrac{19000}{T} - 6.28$	6.35×10^5	2.75×10^4
$Mg_{(s)} + [S] = MgS_{(s)}$	$\Delta G^{\ominus} = -104100 + 44.07T$	$\lg K = \dfrac{22750}{T} - 9.63$	6.6×10^4	1.6×10^3
$[Mn] + [S] = MnS_{(s)}$	$\Delta G^{\ominus} = -38760 + 14.16T$	$\lg K = \dfrac{8470}{T} - 3.095$	195	48.1

炉外铁水处理正向同时脱 Si、脱 P 及脱 S 方向发展。

采用此种工艺将带来一些问题，如常规的钢铁生产流程中又加入了一个新的环节，工艺过程复杂化；脱硫过程使铁水降温等。

4.3.5　炉渣排碱

钾、钠等碱金属在高温区气化又在中低温区凝聚，引起煤气流阻塞，破坏顺行甚至导致结瘤，破坏高炉炉衬，缩短一代炉龄。

碱金属大都以硅酸盐形态存在于炉料中，因为它们比氧化铁更稳定，故要下降到高温区待 Fe_xO 全部被还原后，其才被 C 还原，还原反应如下：

$$K_2SiO_3 + C = 2K_{(g)} + CO + SiO_2 \qquad \Delta G^{\ominus} = 29800 - 158.5T \quad (J/mol) \qquad (4\text{-}140)$$

$$Na_2SiO_3 + C = 2Na_{(g)} + CO + SiO_2 \qquad\qquad\qquad (4\text{-}141)$$

K、Na 由于沸点低（分别为 766℃ 和 890℃），还原生成金属态后立即气化进入煤气流。上升过程中在不同温度条件下，它们与其他物质反应又转变为氰化物、氟化物、硅酸盐、碳酸盐和氧化物等。

在高温区：

$$K_{(g)} + C + \frac{1}{2}N_2 = KCN_{(g\text{或}s)} \qquad \Delta G^{\ominus} = -44490 + 2929T \quad (J/mol) \qquad (4\text{-}142)$$

$$K_2SiO_3 + 2HF = 2KF_{(g)} + SiO_2 + H_2O \qquad\qquad\qquad (4\text{-}143)$$

在中温区：

$$4K_{(g)} + 2SiO_2 + 2FeO = 2K_2SiO_3 + 2Fe \qquad \Delta G^{\ominus} = -227300 + 86.7T \quad (J/mol) \qquad (4\text{-}144)$$

$$2K_{(g)} + 2CO_2 = K_2CO_3 + CO \qquad \Delta G^{\ominus} = -142100 + 78.95T \quad (J/mol) \qquad (4\text{-}145)$$

$$2K_{(g)} + 3CO = K_2CO_3 + 2C \qquad\qquad\qquad (4\text{-}146)$$

$$2K_{(g)} + FeO = K_2O_{(s)} + Fe \qquad \Delta G^{\ominus} = -36950 + 32.05T \quad (J/mol) \qquad (4\text{-}147)$$

上述各反应的产物中，氰化物和氟化物的熔点和沸点都不高，故在炉内以液态及气态共同存在，进入更低的温度区后又可能冷凝为液相及固相。而 K_2CO_3 及 K_2O 皆为固相。这些不同形态的产物将分别沉积于炉料表面和孔隙以及炉衬的缝隙中，也能被软熔炉料吸收而进入初渣。

如在炉料孔隙或炉衬缝隙中有碱金属的氧化沉积，则伴随碳沉析引起的膨胀，会使料块或砖衬破裂。焦炭吸收碱金属后，可能生成 KC_8 和 KC_{24} 等化合物，降低焦炭强度并使其反应性提高，促进碳溶损反应的发展。这些对高炉冶炼过程都是不利的。

研究表明，在正常情况下，炉料带入的碱金属量不是很高时，其在炉内的分布流向是：大部分随炉渣排出，少部分还原气化后在炉内循环，极少部分随炉气逸出炉外。

据高炉取样及解剖分析，炉内碱金属的循环及分布如图 4-39 及图 4-40 所示。

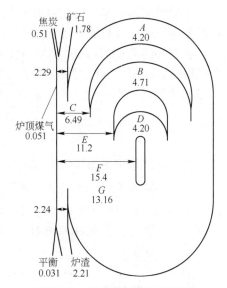

图 4-39　高炉实测碱循环实例
（日本广畑厂 1 号高炉，单位为 kg/t）

A—块状带吸附；B—软熔带吸附；C—块状带；
D—滴落带吸附；E—软熔带；F—滴落带；G—挥发
（滴落带的碱金属氧化物、渣中碱金属氧化物）循环

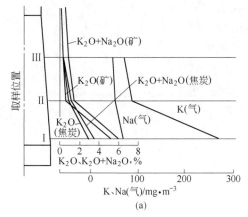

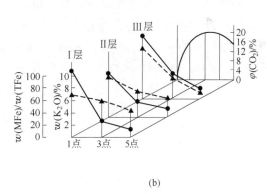

图 4-40　K_2O+Na_2O 含量沿炉高及半径方向分布的变化（包钢 55m³ 试验炉）

（a）炉料中 K_2O、Na_2O 及煤气中 K、Na 含量变化；（b）K_2O+Na_2O 含量沿半径方向分布的变化

●—K_2O；▲—MFe/TFe

1 点—靠炉墙处；3 点—半径中心；5 点—高炉中心

Ⅰ 层—取样位置为炉身下部；Ⅱ 层—取样位置为炉身中部；Ⅲ 层—取样位置为炉身上部

图 4-39 及图 4-40 示出：

（1）循环区范围为下至风口，上至约 1000℃ 的等温线。矿石和焦炭中的含碱量皆由 1000℃ 左右开始升高，并在矿石软熔前达最高值。软熔后形成的炉渣含碱量又降低。焦炭在低于软熔带位置含碱量最高，在接近燃烧带时下降。

（2）富集的效应。炉内含碱量为炉料带入量的 2.5~3.0 倍。

（3）含碱量的分布与软熔带的形状及炉喉 CO_2 曲线的形状相呼应，且由于碱金属是 FeO 的强还原剂，含碱量高处金属 Fe 量也高。

（4）循环的碱来自风口前燃烧带及软熔带。还原生成的碱以金属蒸气或由其生成的氰化物及氟化物形态随煤气上升，沿途被炉料吸收后，反应生成硅酸盐和碳酸盐又随炉料下降。

依据此循环富集运动，可推导出预测渣中含碱量的数学式为：

$$C_e = \frac{Q_K^0(1-\alpha) \times 100}{(1-\alpha\beta) \cdot s} \tag{4-148}$$

式中　C_e——终渣中碱金属含量，%；

　　　Q_K^0——吨铁炉料带入碱量（碱负荷），kg/t；

　　　α——由炉渣中还原得到的碱金属占原有碱量的比例，α 可由碱金属还原反应（一级反应）的速率方程导出（$\alpha = 1 - \exp(-RT)$），速率常数 k 可由实验测定；

　　　β——上升煤气流中含碱量与被炉料吸收的碱量之比；

　　　s——吨铁炉渣量，kg/t。

通过研究及对式（4-148）的分析均可得出，为降低循环富集的碱量，必须降低炉料带入的碱量，而且增大炉渣排走的碱量。前者通过配矿解决，后者则可通过低炉温冶炼低硅生铁及配制（MgO）含量高、碱度低的炉渣完成。这是因为 K_2O 及 Na_2O 是强碱性氧化物，其在渣中的活度将随渣中酸性物的增加而降低，即稳定性增加。图 4-41 所示为包钢高炉冶炼含碱包头矿时，炉渣二元碱度与其中含碱量的关系。提高（MgO）含量也有降低碱（K_2O、Na_2O）在渣中活度及含量的效果，图 4-42、图 4-43 证明了这一论断。

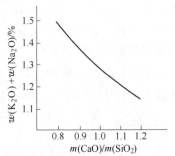

图 4-41　炉渣二元碱度与其中
$w(K_2O) + w(Na_2O)$ 的关系
（$w(SiO_2) = 28.10\%$，$w(MgO) = 8.77\%$，
$w[Si] = 0.60\% \sim 0.85\%$）

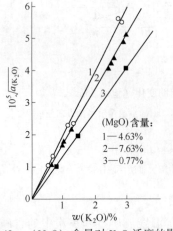

图 4-42　（MgO）含量对 K_2O 活度的影响
（$t = 1600℃$，$\dfrac{m(CaO) + m(MgO)}{m(SiO_2)} = 1.50$，
$w(Al_2O_3) = 12\%$）

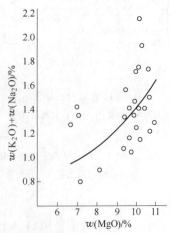

图 4-43　（MgO）含量对 $K_2O + Na_2O$ 含量的影响

4.3.6 炉渣的镁铝比控制

随着来自澳大利亚和印度的高铝含量矿粉进口量的增加，高炉炉渣中 Al_2O_3 含量大幅度升高，对高炉冶炼带来不利影响。相关研究表明，通过优化配料和炉料结构，合理控制炉渣碱度和适宜的 MgO/Al_2O_3 可以有效降低高铝渣的黏度，促进高炉顺行。

高铝炉渣中添加 MgO 能够降低炉渣黏度，MgO 提供的 O^{2-} 会简化铝氧和硅氧复合阴离子，MgO 还能与硅酸盐和 Al_2O_3 及 SiO_2 等成分生成 $3CaO \cdot MgO \cdot 2SiO_2$、$2CaO \cdot MgO \cdot 2SiO_2$、$2CaO \cdot Al_2O_3 \cdot SiO_2$ 和 $CaO \cdot MgO \cdot SiO_2$ 等低熔点化合物，使炉渣中复合阴离子团和非均匀相等熔点较高的复杂化合物解体，炉渣结构变得简单，使黏度减小。

MgO 具有稳定炉渣性能的作用，可以稀释炉渣，降低炉渣的黏度，但含镁量不同的炉渣，MgO 在其中的效用也不同。我国大部分高炉，高 Al_2O_3 渣中 MgO 含量高的达到 11%，低的 7%。而韩国浦项 4 号高炉，有效容积为 5600m^3，属于超大型高炉，Al_2O_3 为 16% 左右的渣系，其镁铝比年平均值仅为 0.22，MgO 的质量分数低于 4%，带来的好处是降低了含镁辅料的使用量，同时有效地减少了渣量，降低了燃料比，还改善了炉料的高温冶金性能。基于韩国浦项高炉低 MgO 炉渣冶炼实际，部分企业追求降低高 Al_2O_3 炉渣中 MgO 含量，从而降低渣量，降低燃料比。然而低 MgO/Al_2O_3 渣冶炼时，容易出现渣铁热量不足、主沟内渣壳难化、炉温波动大、渣铁排放困难等情况，其主要原因是 MgO 降低后，炉渣黏度升高，对均相的液态炉渣来说，决定其黏度的主要因素是成分和温度；而在非均相状态下，固体悬浮物的性质和数量对黏度影响重大。

讨论适宜的炉渣 MgO/Al_2O_3 要遵循两个原则：第一，在中国高炉炼铁现在的冶炼条件下选择 MgO/Al_2O_3 要保持炉渣的稳定性，即在冶炼条件等波动造成的炉渣碱度波动和炉缸热状态波动时，炉渣仍能保持较好的性能，不造成炉况失常；第二，要完全发挥 MgO 在炉渣中的作用，即 MgO 在脱硫和排碱中的有效作用。

由图 4-44 可看出低 MgO/Al_2O_3 渣处于稳定性的边缘，炉况和碱度波动会造成炉况失常。因此低 MgO/Al_2O_3 渣对冶炼条件和水平有较高要求，而过高的 MgO/Al_2O_3 也会潜入不稳定的区域。

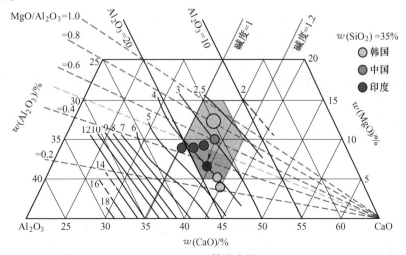

图 4-44 CaO-SiO_2-MgO-Al_2O_3 等黏度图（1500℃，Poise）

同时考虑 MgO 含量对炉渣排碱的影响，在当前的冶炼条件下，MgO/Al_2O_3 宜控制在 0.55±0.05，具体要根据冶炼条件来选定。

4.4　碳的气化反应

4.4.1　固体碳气化的一般规律

碳与氧反应生成两种化合物（CO_2 及 CO），形成 CO_2 者称为完全燃烧，形成 CO 者称为不完全燃烧。

由热力学角度分析，反应究竟获得哪一种最终产物取决于温度和环境的氧势。图 4-13 为氧势图，其中也包括了上述两种碳氧化物的氧势变化规律。高温下 CO 远比 CO_2 稳定，即高温更有利于不完全燃烧。

由燃烧反应的方程式及 ΔG 等温方程可见：

$$C + O_2 =\!=\!= CO_2 \qquad \Delta G = \Delta G^{\ominus} + RT\ln \frac{p_{CO_2}}{a_C \cdot p_{O_2}} \tag{4-149}$$

$$C + \frac{1}{2}O_2 =\!=\!= CO \qquad \Delta G = \Delta G^{\ominus} + RT\ln \frac{p_{CO}}{a_C \cdot p_{O_2}^{1/2}} \tag{4-150}$$

p_{O_2} 对生成 CO_2 的完全燃烧反应影响更大，p_{O_2} 值越高，越有利于生成 CO_2。但当温度高于 850℃时，碳的溶解损失将起作用（$C+CO_2 =\!=\!= 2CO$），从而使反应的最终结果变为不完全燃烧。

由实际燃烧反应的过程来看，碳与氧反应时 CO 与 CO_2 是同时产生的，两种反应绝对的相互排斥是不可能的。反应的过程为：首先氧分子吸附于碳的表面，随温度升高，碳原子与氧原子的吸附增强，使物理吸附转化为化学吸附，从而使氧原子之间的键弱化，氧键拉长，最终氧键断裂，与表面碳原子形成络合物。由于周围气流的冲击及高温作用，表面络合物分解为 CO 及 CO_2，这称为燃烧的初级反应或主反应，反应式为：

低于 1300℃时　　　　$4C + 2O_2 =\!=\!= (4C) \cdot (2O_2)$

$$(4C) \cdot (2O_2) + O_2 =\!=\!= 2CO + 2CO_2 \tag{4-151}$$

高于 1600℃时　　　　$3C + 2O_2 =\!=\!= (3C) \cdot (2O_2)$

$$(3C) \cdot (2O_2) =\!=\!= 2CO + CO_2 \tag{4-152}$$

在 1300~1600℃之间，上述两反应同时进行，且"络合物的分解"为共同的反应控制环节。

初级反应生成的 CO 及 CO_2 将继续与 O_2 或 C 反应，称为燃烧反应的次级反应或副反应：

$$2CO + O_2 =\!=\!= 2CO_2$$
$$C + CO_2 =\!=\!= 2CO$$

由于温度的差异，会出现如下两种反应机理：

（1）单膜。温度较低时发生这种反应。在碳表面因主反应生成了 CO 及 CO_2。环境中的 O_2 扩散至碳表面生成的气膜而与 CO 反应，生成 CO_2，导致最终产品中 CO_2 多于 CO。

（2）双膜。温度较高时，表面反应生成的 CO_2 也会与碳进一步反应而生成 CO。这些 CO 再向外扩散，与环境中扩散来的 O_2 反应，一部分 CO 转化为 CO_2。最终产品仍以 CO 为主。

C 燃烧的两类反应机理如图 4-45 所示。

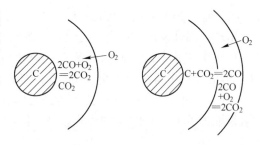

图 4-45 C 燃烧的两类反应机理

4.4.2 风口前碳的燃烧

高炉冶炼的燃料主要是焦炭，其次是粉状煤炭。它们都在风口前与鼓风中的氧燃烧。研究表明，煤的燃烧至少由三个次过程组成，即煤的加热脱气、煤的热分解和碳的氧化。这三者可循序进行，也可以重叠甚至同时发生。

热分解反应受析出物的逸散、碳内部的传热及热分解反应本身三者控制，具体情况与煤粉粒在气流中的运动状态和温度有关。一般认为热分解可能是最主要的控制步骤。就第二个次过程分解后产物的氧化来说，氧化反应本身起主导作用。

由于焦炭在炼焦过程中已完成了加热脱气和热分解，只有 C 的氧化一个次过程，此过程由化学反应本身控制。

4.4.2.1 燃烧带

风口前碳与氧反应而气化的地区称为燃烧带。

焦炭在风口前的燃烧有两种状态。一种是类似于炉箅上炭的燃烧，炭块是相对静止的，这在容积小及冶炼强度低的高炉上可以观察到。这种典型的层状燃烧的燃烧带的特点是：沿风口中心线 O_2 不断消失，而 CO_2 随 O_2 的减少而增多，达到一个峰值后再下降，直至完全消失；CO 在氧接近消失时出现，在 CO_2 消失处达最高值（见图 4-46（a））。

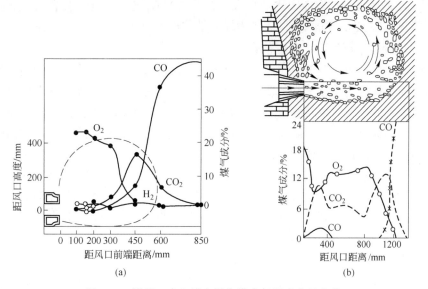

图 4-46 沿风口中心线在燃烧带内气相成分的变化

（a）层状燃烧；（b）循环运动中燃烧

另一种是焦炭在剧烈地旋转运动中与氧反应而气化，这在强化冶炼的中小高炉和大高炉上出现。当鼓风动能达到一定值时，将风口前焦炭推动，形成一个疏松而近于球形的区域，焦炭块在其中做高速循环运动，速度可达 10m/s 以上。在此循环区外围是一层厚 100~200mm 的中间区。此区一方面受内部循环的焦炭及高温气流的作用，另一方面受外围焦炭的摩擦阻力，虽然中间层的焦炭已失去了循环运动的力量，但仍较疏松，且因摩擦的后果堆积了小于 1.5mm 的碎焦。高炉解剖中风口区的研究报告证实了这一结构特征的存在。

沿风口中心线在燃烧带内气相中各种成分变化的特点是（见图 4-46（b））：O_2 含量下降后，在向炉中心方向一定距离处又出现一个峰值；CO_2 则有两个峰值，然后逐渐消失。这是燃烧与高速循环气流叠加的结果。

由上述气体成分变化曲线可得出，碳的气化在燃烧带内有两种情况：

（1）有 O_2 存在时，主要发生反应 $C+O_2 = CO_2$；

（2）氧消失、CO_2 出现峰值后，发生反应 $CO_2+C = 2CO$。

前者称为燃烧带的氧化区，后者则称为还原区，并以 CO_2 的消失作为燃烧带的界限标志。

在生产中要确定 CO_2 完全消失的边界位置是困难的，故常将 CO_2 含量降到 1% 作为燃烧带的边界。

高炉生产中使用的鼓风内含有 H_2O，喷吹的燃料中含有碳氢化合物，特别是高挥发分的烟煤和天然气（90% 以上是 CH_4，其余为重碳氢化合物 C_mH_n）在风口前燃烧时，在氧化区内发生如下反应：

$$CH_4 + 2O_2 = CO_2 + 2H_2O$$

而在还原区内发生如下反应：

$$CO_2 + C = 2CO$$
$$H_2O + C = CO + H_2$$

由于 H_2O 的密度和扩散能力比 CO_2 大，在喷吹含 H_2 燃料和高湿分鼓风（例如加湿鼓风）时，将煤气中 H_2O 含量降到 1% 作为燃烧带的边界。

4.4.2.2　燃烧带的大小及其影响因素

燃烧带对冶炼过程起着重要作用。它是上升的高温煤气的发源地，又因焦炭气化后产生了空间，而为炉料的连续下降创造了先决条件，故燃烧带的大小及其分布对煤气流沿炉圆周及半径方向的分布、炉料的下降状况及其分布具有极大影响。总的来讲，操作人员希望燃烧带沿炉圆周分布均匀，而在半径方向的大小适当。煤气分布合理，炉缸活跃，下料顺畅、均匀，是高炉正常操作的前提。

决定燃烧带大小的因素很多，主要取决于 O_2、CO_2 或 H_2O 向炉中心穿透的深度。O_2、CO_2 或 H_2O 可到达更接近于炉中心的位置，则燃烧带大些。而决定此三者穿透深度的主要是鼓风动能；其次是燃烧反应的速度，这又主要取决于温度；第三是燃烧带上方料柱的透气性，即燃烧带形成的煤气向上运动遇到的阻力情况。

　　A　鼓风动能的影响

鼓风动能不仅影响燃烧带的大小，而且是引起焦炭做循环运动的原因。鼓风动能的数学表达式为：

$$E = \frac{1}{2}mv^2 = \frac{1}{2} \times \frac{\rho_0 Q_0}{60gn} \left(\frac{Q_0}{60nf} \cdot \frac{273+t}{273} \cdot \frac{1}{p} \right)^2 \quad (\text{kg} \cdot \text{m/s}) \tag{4-153a}$$

或
$$E = \frac{1}{2} \times \frac{\rho_0 Q_0}{n} \left(\frac{Q_0}{nf} \times \frac{0.101}{273} \times \frac{273+t}{0.101+p_{风}} \right)^2 \quad (\text{J/s}) \tag{4-153b}$$

式中　E——鼓风动能；

　　　m——每个风口前鼓风质量，kg；

　　　v——每个风口前鼓风速度，m/s；

　　　ρ_0——标准态下风的密度，kg/m³；

　　　Q_0——鼓风量，m³/min；

　　　g——重力加速度，9.81m/s²；

　　　n——风口数目；

　　　f——单个风口截面积，m²，$f = \frac{\pi}{4}d^2$（d 为单个风口直径，m）；

　　　t——热风温度，℃；

　　　p——热风压力，atm（绝对压力）；

　　　$p_{风}$——热风表压力，MPa。

由式（4-153）可得出，调节鼓风动能值的因素有风量、风温、风口直径等。在生产中可行的调节手段是调整风口直径。

曾发表过很多有关鼓风动能的合理数值的观点。例如，为了使焦炭在燃烧带中产生循环运动，依炉容由小至大，鼓风动能应该逐渐增大；为了使炉子顺行，热状态均匀合理的鼓风动能值应由炉缸直径决定，如2000m³级以下高炉，合理鼓风动能值的经验式为：

$$E = 86.5d^2 - 313d + 1160 \quad (\text{kg} \cdot \text{m/s}) \tag{4-154}$$

式中　d——炉缸直径，m。

鼓风动能过大对高炉冶炼会产生副作用，一方面中心煤气流过大，导致煤气流失常；另一方面，随鼓风动能的增大，燃烧带并不成比例地向中心扩展，而是在达到某个值后于风口前出现逆时针与顺时针方向旋转的两股气流（如图4-47中4、8所示）。顺时针（向风口下方）回旋的涡流阻碍下部过渡层及碎焦层的移动和更新（如图4-47中4、8风口下部黑色死角所示），常引起风口前沿下端的频繁烧损。

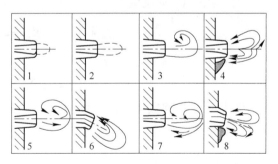

图 4-47　鼓风动能对燃烧带的影响

以上介绍的是大气鼓风条件下的鼓风动能。在高炉喷吹燃料后，鼓风动能计算发生了变化，因为在煤枪出口到风口端的距离内，部分煤粉被加热脱气，释放出一定数量的气体，同时煤粉的碳与鼓风中的氧发生燃烧反应，产生 CO 和 CO_2，使风口端处原来的鼓风变为混合气体而体积增大，同时燃烧放出热量，使混合气体的温度升高，结果造成实际鼓风动能增大，其增大程度与煤粉释放出的气体量和碳的燃烧量有关。喷吹燃料技术推广初期，由于未掌握这一规律，过大的鼓风动能造成风口下端大量烧坏，后来采取扩大风口面积（经验数据为，喷吹煤粉增加 10%，风口面积扩大 8%）措施后，此现象消失。

B 燃烧速度的影响

当焦炭燃烧速度加快时，反应能在较短的时间及短小的空间内完成，因而燃烧带区域可缩小。故凡能加速燃烧反应的因素皆可缩小燃烧带。与一般气-固相反应的动力学相同，影响燃烧反应速率的有如下三个因素：

（1）气相中氧化性气体扩散到固体碳表面的速度。

（2）燃烧化学反应本身的速度。

（3）反应产物脱附与向外扩散的速度。

这样，提高气相中氧的浓度（富氧）、提高温度及其他加速扩散的措施都将使燃烧带缩小。

C 燃烧带上方料柱透气性的影响

燃烧带形成的煤气向炉顶方向上升，煤气运动的普遍规律是沿阻力最小的通道运动。燃烧带上方料柱的透气性好坏就决定了煤气通过时的阻力大小。当炉子中心部位因某些原因透气性变差，煤气通过阻力增大，迫使煤气向边缘流动，出现边缘气流过大而中心部位气流不畅，表观上显示为燃烧带缩小。典型事例是：高炉大喷煤以后，未燃煤粉的数量增加，随煤气上升沉积在中心料柱的空隙中，造成煤气通过的阻力增大，煤气流向边缘运动的数量增加，给高炉生产带来不利影响。在这种情况下，上部应适当减少中心负荷（有时需用中心加焦来处理），下部则采取适当缩小风口面积、加大鼓风动能以及加长风口来扩大燃烧带。

4.4.2.3 燃烧带内生成煤气的成分

由于燃烧带处温度最高，鼓风中 O_2 可迅速消失，而碳却是无所不在的，故焦炭及喷吹的辅助燃料中的碳只能生成 CO，其他为鼓风及燃料中带入的 H_2 及 N_2。

C 与鼓风中 O_2 的反应为：

$$2C + O_2 + \frac{79}{21}N_2 = 2CO + \frac{79}{21}N_2 \tag{4-155}$$

C 与鼓风中 H_2O 的反应为：

$$C + H_2O = CO + H_2 \tag{4-156}$$

喷吹燃料中的碳氢化合物的反应为：

$$2CH_4 + O_2 + \frac{79}{21}N_2 = 2CO + 4H_2 + \frac{79}{21}N_2$$

所得煤气成分可分别以燃烧 1kg C、$1m^3$ 鼓风或生产 1t 生铁为计算单位。为此，首先需知鼓风参数。

设鼓风中 O_2 含量为 ω、H_2O 含量为 φ，则 O_2 总含量为 $(1-\varphi)\omega + 0.5\varphi$。上述三种计算单位分别对应的计算式如下。

（1）以燃烧 1kg C 为单位：

$$\varphi(CO) = 1.8667 \tag{4-157}$$

$$\varphi(H_2) = v_{风} \cdot \varphi \tag{4-158}$$

$$\varphi(N_2) = v_{风}(1 - \omega)(1 - \varphi) \tag{4-159}$$

（2）以 $1m^3$ 鼓风为单位：

$$\varphi(CO) = [(1 - \varphi)\omega + 0.5\varphi] \times 2 \qquad (4\text{-}160)$$

$$\varphi(H_2) = \varphi \qquad (4\text{-}161)$$

$$\varphi(N_2) = (1 - \varphi)(1 - \omega) \qquad (4\text{-}162)$$

（3）以生产 1t 生铁为单位（并喷吹含 H_2 燃料）：

$$\varphi(CO) = \frac{22.4}{12}w(C)_{风} = 1.8667w(C)_{风} \qquad (4\text{-}163)$$

$$\varphi(H_2) = V_{风}\varphi + \frac{22.4}{2}w(H_2)_{喷} \qquad (4\text{-}164)$$

$$\varphi(N_2) = V_{风}(1 - \varphi)(1 - \omega) + \frac{22.4}{28}w(N_2)_{喷} \qquad (4\text{-}165)$$

式中　　　$w(C)_{风}$——冶炼 1t 生铁风口前燃烧 C 量，kg/t；

$V_{风}$——冶炼 1t 生铁所需风量，m^3/t；

$w(H_2)_{喷}, w(N_2)_{喷}$——冶炼 1t 生铁喷吹燃料中带入的 H_2 及 N_2 量，kg/t；

$v_{风}$——燃烧 1kg C 所需风量，m^3/kg：

$$v_{风} = \frac{22.4}{2 \times 12} \times \frac{1}{(1 - \varphi)\omega + 0.5\varphi} \qquad (4\text{-}166)$$

4.4.2.4 燃烧带碳燃烧的火焰温度——理论燃烧温度

理论燃烧温度是指碳在燃烧带内的燃烧是一个绝热过程，燃烧氧化成 CO 所放出的热量全部用以加热所形成的煤气所能达到的温度。它现在已成为高炉操作者判断炉缸热状态的重要参数。根据燃烧带绝热过程的热平衡：

不喷吹燃料时　　$Q_{C焦} + Q_{焦物} + Q_{风} = V_{煤气} \cdot c_{煤气} \cdot t_{理} + Q_{水解} + Q_{灰}$

$$t_{理} = \frac{Q_{C焦} + Q_{焦物} + Q_{风} - Q_{水解}}{V_{煤气} \cdot c_{煤气} + A_{灰} \cdot c_{灰}} \qquad (4\text{-}167a)$$

喷吹煤粉时　　$Q_{C焦} + Q_{C煤} + Q_{焦物} + Q_{煤物} + Q_{风} + Q_{压}$

$$= V_{煤气} \cdot c_{煤气} \cdot t_{理} + Q_{水解} + Q_{煤解} + Q_{灰} + Q_{未}$$

$$t_{理} = \frac{Q_{C焦} + Q_{C煤} + Q_{焦物} + Q_{煤物} + Q_{风} + Q_{压} - Q_{水解} - Q_{煤解}}{V_{煤气} \cdot c_{煤气} + A_{焦灰} \cdot c_{焦灰} + A_{煤灰} \cdot c_{煤灰} + M(1 - n_M) \cdot c_M} \qquad (4\text{-}167b)$$

式中　$Q_{C焦}$——焦炭中碳燃烧成 CO 时放出的热量，一般选用 9800kJ/kg，$Q_{C焦} = K \cdot n_K \cdot w(C)_{固} \times 9800(kJ/t)$，其中 K 为焦比（kg/t），$n_K$ 为焦炭在风口前的燃烧率（一般为 60%～70%），$w(C)_{固}$ 为焦炭的固定碳含量；

$Q_{C煤}$——喷吹煤粉中碳燃烧成 CO 时放出的热量，一般选用 11000kJ/kg，$Q_{C煤} = M \cdot n_M \cdot w(C)_M \times 11000(kJ/t)$，其中 M 为煤比（kg/t），$n_M$ 为煤粉在风口前的燃烧率（一般无烟煤在 80% 左右，烟煤在 70% 左右），$w(C)_M$ 为煤粉中的全碳含量；

$Q_{焦物}$——焦炭进入燃烧带时所具有的物理热，kJ/t，$Q_{焦物} = K \cdot n_K \cdot c_焦 \cdot t_焦$，其中 $c_焦$ 为进入燃烧带时焦炭的比热容（1500～1700℃ 时的平均比热容为 1.67～1.70kJ/(kg·℃)），$t_焦$ 为焦炭进入燃烧带时的温度（传统认为 $t_焦$ = 1500℃，实际上 $t_焦$ 不是一个固定值，其取决于 $t_{理}$ 和炉内煤气与焦炭之间的传热两方面，大量统计规律显示，在高炉正常生产的情况下 $t_{焦} = 0.75t_{理}$）；

$Q_{煤物}$——煤粉喷入高炉时带有的热量，kJ/t，$Q_{煤物} = M \cdot c_M \cdot t_M$，其中 M 为煤比，c_M 为煤粉的比热容（在喷入煤粉的温度为 0～100℃ 时，平均比热容为 1.2kJ/（kg·℃）），t_M 为煤粉入炉时的温度（一般为 75～80℃）；

$Q_{风}$——热风带入高炉的热量，kJ/t，$Q_{风} = V_{风} \cdot c_{风} \cdot t_{风}$，其中 $V_{风}$ 为吨铁风量（m^3/t），$c_{风}$ 为热风的平均比热容（kJ/(kg·℃)），$t_{风}$ 为热风温度；

$Q_{压}$——喷吹用压缩空气带入的热量，kJ/t，$Q_{压} = V_{压} \cdot c_{压} \cdot t_{压}$，其中 $V_{压}$ 为喷吹用压缩空气量（m^3/t），$c_{压}$ 为压缩空气的平均比热容（kJ/(kg·℃)），$t_{压}$ 为压缩空气进入高炉时的温度，℃；

$Q_{水解}$——鼓风和喷吹煤粉中水分在燃烧带内分解耗热，一般为 10800kJ/m^3；

$Q_{煤解}$——煤粉分解耗热，kJ/t；

$Q_{灰}$——燃料灰分离开燃烧带时所具有的热量，kJ/t，$Q_{焦灰} = A_{焦灰} \cdot c_{焦灰} \cdot t_{理}$，$Q_{煤灰} = A_{煤灰} \cdot c_{煤灰} \cdot t_{理}$；

$Q_{未}$——未燃煤粉离开燃烧带时所具有的热量，kJ/t，$Q_{未} = M(1-n_M) \cdot c_M \cdot t_{理}$；

$t_{理}$——燃烧带内的理论燃烧温度，℃；

$V_{煤气}$——风口前燃料燃烧形成的煤气量，m^3/t；

$c_{煤气}$——燃烧形成的煤气的平均比热容，kJ/(kg·℃)；

$A_{焦灰}$，$A_{煤灰}$——焦炭和煤粉灰分的数量，kg/t；

$c_{焦灰}$，$c_{煤灰}$——焦炭和煤粉灰分的比热容，kJ/(kg·℃)。

在实际生产中，作为调节炉缸热状态的指标，重要的是 $t_{理}$ 的变化值（即相对值），因此常将 $t_{理}$ 的计算式简化为：

$$t_{理} = \frac{Q_{C焦} + Q_{C煤} + Q_{焦物} + Q_{风} - Q_{水解} - Q_{煤解}}{V_{煤气} \cdot c_{煤气}}$$

与计算燃烧生成的煤气量和成分一样，$t_{理}$ 的计算可以燃烧 1kg C 为单位，也可以 1m^3 鼓风或生产 1t 生铁为单位计算，所得结果相同。但在喷吹燃料条件下，以生产 1t 生铁为单位计算为好。

我国高炉习惯上采用中等理论燃烧温度操作，即 $t_{理}$ = 2050～2150℃，随着喷吹量的提高，$t_{理}$ 有向低限发展的趋势。前苏联高炉采用较低的 $t_{理}$ 操作，一般为 1950～2050℃，但是随着富氧率的提高，炉缸煤气量减少，为保证炉缸有足够的高温热量，前苏联的一些高炉逐渐在提高 $t_{理}$，有的也达到了 2150～2250℃。日本高炉习惯上采用高理论燃烧温度操作，$t_{理}$ 达到 2300～2350℃，与较高的炉渣碱度配合，使放出的铁水温度达到 1510℃ 左右。

4.4.3　燃烧带以外碳的气化

在风口燃烧带内气化的碳量为高炉内全部气化碳量的 65%～75%，其余部分是在燃烧带以外的高温区内气化的。

4.4.3.1　炉缸内（燃烧带以外）碳的气化

炉缸内的碳主要是在与渣液中铁及其他少量元素的氧化物接触时和脱硫反应过程中气

化的，即：

$$(FeO) + C \Longrightarrow [Fe] + CO$$
$$(MnO) + C \Longrightarrow [Mn] + CO$$
$$(P_2O_5) + 5C \Longrightarrow 2[P] + 5CO$$
$$(SiO_2) + 2C \Longrightarrow [Si] + 2CO$$
$$[S] + (CaO) + C \Longrightarrow (CaS) + CO$$

由于上述各反应的结果（如果矿石成分特殊，还可能有其他元素的直接还原，例如钒钛磁铁矿中的 V、Ti 等），煤气组分中 CO 增加，$m(CO)/m(N_2)$ 值增大。

4.4.3.2 炉子其他高温区中碳的气化

众所周知，碳在高温下会与 CO_2 和 H_2O 发生溶损反应而使碳气化：

$$C + CO_2 \Longrightarrow 2CO \qquad \Delta H^\ominus = 173380 J/mol$$
$$C + H_2O \Longrightarrow CO + H_2 \qquad \Delta H^\ominus = 131220 J/mol$$

由于这两个反应的存在，使间接还原、碳酸盐分解等产生的气态产物 CO_2 和 H_2O 被 C 还原而消耗了燃料及热量，增大了吨铁的燃料消耗。同时，这些在焦炭表面发生的反应还使焦炭产生大量孔隙和裂缝，强度变差，易在下降过程中产生粉末而恶化料柱的透气性和透液性，故应限制这类气化反应。

4.4.3.3 煤气上升过程中量及成分的变化

燃烧带内形成的煤气在离开燃烧带后进入炉缸、炉腹以及上升过程中，由于上述其他类型的碳气化反应和焦炭挥发分的释放，其量和成分发生变化，主要是 CO 的量和百分比都增大。在即将进入中温的间接还原区时，CO、H_2 和 N_2 的量分别为：

$$V_{CO} = \varphi(CO)_燃 + \frac{22.4}{12}w(C)_d + 2\psi_{CO_2} \times \frac{22.4}{44}w(CO_2)_熔 + K \cdot \frac{22.4}{28}w(CO)_{焦挥}$$

(4-168)

$$V_{H_2} = \varphi(H_2)_燃 + \frac{22.4}{2}K(w(H_2)_{焦有机} + w(H_2)_{焦挥})$$ (4-169)

$$V_{N_2} = \varphi(N_2)_燃 + \frac{22.4}{28}K(w(N_2)_{焦有机} + w(N_2)_{焦挥})$$ (4-170)

式中，$\varphi(CO)_燃$、$\varphi(H_2)_燃$、$\varphi(N_2)_燃$ 分别为燃烧带生成的 CO、H_2、N_2 量，m^3/t；$w(C)_d$ 为直接还原耗碳，它包括 Fe 和少量元素直接还原及脱硫等的耗碳，kg/t；ψ_{CO_2} 为熔剂分解出来的 CO_2 再与固体碳反应的比率，一般在 50% ~ 75% 之间；$w(CO_2)_熔$ 为吨铁消耗的熔剂中 CO_2 总量，kg/t；K 为焦比，kg/t；$w(H_2)_{焦有机}$、$w(N_2)_{焦有机}$ 分别为焦炭中有机 H_2 和有机 N_2 的质量分数，%；$w(CO)_{焦挥}$、$w(H_2)_{焦挥}$、$w(N_2)_{焦挥}$ 分别为焦炭挥发分中 CO、H_2、N_2 的质量分数，%。

在间接还原区内，煤气中的部分 CO 和 H_2 转化为 CO_2 和 H_2O，此外，部分熔剂分解出来的 CO_2 和焦炭挥发分释放出的少量 CO_2 也进入煤气。因此，穿过间接还原区到达炉顶时的煤气各组分的数量 $V_{CO_2(顶)}$、$V_{CO(顶)}$、$V_{H_2(顶)}$、$V_{N_2(顶)}$ 分别为：

$$V_{CO_2(顶)} = V_{CO_2(间)} + \frac{22.4}{44}(1 - \psi_{CO_2}) \cdot w(CO_2)_熔 + K \cdot w(CO_2)_{焦挥} \cdot \frac{22.4}{44}$$ (4-171)

$$V_{CO(顶)} = V_{CO} - V_{CO_2(间)} \tag{4-172}$$

$$V_{H_2(顶)} = V_{H_2} - V_{H_2(间)} \tag{4-173}$$

$$V_{N_2(顶)} = V_{N_2} \tag{4-174}$$

式中　$V_{CO_2(间)}$，$V_{H_2(间)}$——间接还原产生的 CO_2 量和消耗的 H_2 量，m^3/t；

　　　$w(CO_2)_{焦挥}$——焦炭挥发分中 CO_2 的质量分数，%。

过去认为，高炉内有 0.8%~1.0% 的固定碳与 H_2 反应形成 CH_4 并进入煤气。其依据是：传统的化验煤气成分的方法中，燃烧分析 H_2 时出现 CO_2，而燃烧 H_2 时煤气已经用奥氏分析仪将 CO 和 CO_2 全部吸收了，既然又出现 CO_2，那就是 CH_4 燃烧形成的。但用现代的气相色谱仪分析煤气时却没有发现有 CH_4，这就证明高炉内不存在固定碳与 H_2 的反应。实际上喷吹天然气的高炉实践表明，CH_4 会在高炉内裂解成 H_2 和炭黑，常规燃烧法分析 H_2 时出现 CO_2 纯属由分析误差造成的。

高炉内煤气总量及各组分沿高炉高度的变化示于图 4-48 中。

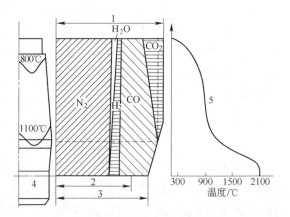

图 4-48　煤气上升过程中的体积、成分和温度沿高炉高度的变化

1—炉顶煤气量 $V_{顶}$；2—风量 $V_{风}$；
3—炉缸煤气量 $V_{缸}$；4—风口水平；5—煤气温度

由图 4-48 可见，炉缸燃烧带形成的煤气量大于鼓风量。这是由于风中 1mol 氧燃烧碳后形成 2mol CO 以及风中 1mol 水蒸气与碳反应形成 2mol CO+H_2 而造成的。煤气量比鼓风量大的程度与风中氧含量和湿度有关。一般无富氧条件下，$V_{煤气} = (1.25~1.35) V_{风}$。另外，炉顶煤气量比炉缸燃烧带形成的煤气量大，这是因为直接还原产生的 CO 和熔剂分解出的 CO_2 以及碳的溶损反应使 1mol CO_2 或 H_2O 反应成 2mol CO 或 CO+H_2。因此，炉顶煤气量与鼓风量的比值进一步增大，一般情况下这一比值为 1.40~1.45。

炉顶煤气中各组分含量的变化具有以下规律：一般情况下，煤气中 CO+CO_2 的含量为 40%~42%。当冶炼条件变化时：

（1）吨铁热量消耗增大，焦比升高，由于风口前燃烧碳量占总气化碳量的比例增加，吨铁的风量消耗随之增加，造成煤气中 $\varphi(N_2)$ 增大，$\varphi(CO)+\varphi(CO_2)$ 总和减少，且 $\varphi(CO)$ 量多、$\varphi(CO_2)$ 量少。

（2）直接还原度 r_d 升高时，风口前燃烧碳比例下降，风量减少，$\varphi(N_2)$ 减少，$\varphi(CO)+\varphi(CO_2)$ 总和增大，且 $\varphi(CO)$ 增大、$\varphi(CO_2)$ 减少。

（3）富氧鼓风时，$\varphi(N_2)$ 减少，$\varphi(CO)+\varphi(CO_2)$ 总和增大。

（4）喷吹含 H_2 燃料（天然气、重油、高挥发分烟煤）或加湿鼓风时，煤气中 $\varphi(H_2)$ 增大，其他 $\varphi(N_2)$、$\varphi(CO)$ 和 $\varphi(CO_2)$ 相对减少。

（5）熔剂量增加时，$\varphi(CO)+\varphi(CO_2)$ 总和增大，$\varphi(N_2)$ 下降。

（6）矿石氧化程度增加，即矿石中 Fe_2O_3 增加，$\varphi(CO_2)$ 增大。

4.5 生铁的形成

4.5.1 渗碳反应

铁矿石中的铁氧化物还原后形成固态海绵铁，遇 CO 气体可发生析碳反应，碳渗入海绵铁中：

$$2CO \rightleftharpoons [C] + CO_2 \tag{4-175}$$

此反应的平衡常数为：

$$K = \frac{p_{CO_2}}{p_{CO}^2} \cdot a_{[C]}$$

由此导出海绵铁中的平衡碳含量为：

$$x[C] = \frac{\varphi(CO)_\%^2}{100 - \varphi(CO)_\%} \cdot \frac{p}{f_{[C]}} \cdot \frac{K}{100} \tag{4-176}$$

式中 $x[C]$——固体海绵铁中的平衡碳含量；

$\varphi(CO)_\%$——与其平衡的煤气中 CO 的体积百分数；

p——高炉内煤气总压力；

$f_{[C]}$——碳在铁中的活度系数。

据测定，此反应平衡常数与温度的关系为：

$$\lg K = \frac{8918}{T} - 9.11 \tag{4-177}$$

碳在铁中的活度系数与铁中 [C] 及 [Si] 含量的关系为：

$$\lg f_{[C]} = 0.47 + 12.67x[Si] + 9.5x[C] \tag{4-178}$$

由此可得到不同温度下渗碳反应的平衡图（如图 4-49 所示）。

通过计算可得出固态海绵铁在平衡状态下的最高渗碳量为 1.5%，而实际上由于这一反应的动力学条件的限制，远达不到如此高的碳含量水平。但海绵铁渗碳后熔点降低，液体铁水与固体碳接触时可进一步渗碳，直至达到饱和状态。饱和碳的溶解度可参阅 Fe-C 平衡相图。人们已通过相图得出如下简单的饱和碳溶解度与温度的关系经验式：

$$w[C]_\% = 1.30 + 2.57 \times 10^{-3} t \tag{4-179}$$

式中 $w[C]_\%$——铁水中饱和碳溶解度；

t——铁水温度，℃。

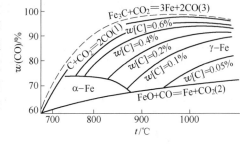

图 4-49 渗碳反应平衡图

铁液溶入其他元素而形成多元合金后，饱和碳量也受溶入元素含量的影响，其关系示于图 4-50。J. F. 埃里奥特（Elliot）等人将图 4-50 中关系再加上温度影响，概括出如下经验公式：

$$w[C]_\% = 1.34 + 2.54 \times 10^{-3}t - 0.35w[P]_\% + 0.17w[Ti]_\% -$$
$$0.54w[S]_\% + 0.04w[Mn]_\% - 0.30w[Si]_\% \tag{4-180}$$

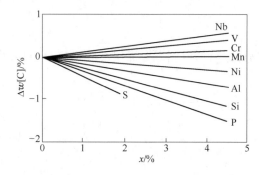

图 4-50　铁液中其他元素含量对饱和碳溶解度的影响

随着高炉冶炼技术的发展，高炉内煤气总压力和 CO、H_2 含量对生铁碳含量的影响很大，俄罗斯人将它们的关系归纳如下：

$$w[C]_\% = -8.62 + 28.8 \frac{\varphi(CO)_\%}{\varphi(CO)_\% + \varphi(H_2)_\%} - 18.2 \left(\frac{\varphi(CO)_\%}{\varphi(CO)_\% + \varphi(H_2)_\%} \right)^2 -$$
$$0.244w[Si]_\% + 0.00143t + 0.00278p_{CO(顶)} \tag{4-181}$$

式中　$\varphi(CO)_\%, \varphi(H_2)_\%$——炉顶煤气中相应组分的体积百分数；

　　　　t——铁水温度，℃；

　　　　$p_{CO(顶)}$——炉顶煤气中 CO 分压，kPa。

高炉中铁水 [C] 量沿高炉高度变化的测定值示于图 4-51，总的来讲，铁水中 [C] 总是达到该条件下的饱和状态，几乎无法人为地调节。现代高炉条件下，炼钢生铁的铁水碳含量在 4.5% ~ 5.4% 之间波动。

不同的高炉因原燃料质量及操作方式的不同其铁水的碳含量也不同，国内外部分高炉的铁水成分及铁水温度等指标如表 4-9 和表 4-10 所示。高炉铁水均处于不饱和状态，C 饱和度在 89.0% ~ 97.4%，而实际高炉炉缸内铁水温度要高于实测温度，铁水碳不饱和程度更高。

表 4-9　国外部分高炉铁水 C 饱和程度

高炉	炉缸直径 /m	铁水温度 /℃	铁水成分（质量分数）/%					[C]饱 /%	饱和度 /%
			Si	Mn	S	P	C		
PM2	4.6	1445	0.20	0.22	0.115	0.064	3.96	4.21	94.1
L1	7.5	1467	0.45	0.39	0.070	0.035	4.42	4.87	90.7
O4	7.6	1451	0.43	0.37	0.057	0.031	4.50	4.85	92.1
L6	8.0	1447	0.49	0.81	0.078	0.067	4.48	4.68	95.7
I4	8.5	1485	0.6	0.57	0.036	0.066	4.54	4.88	93.1
QV	9.0	1465	0.67	0.30	0.036	0.041	4.65	4.78	97.1
D3	10.0	1471	0.55	0.19	0.023	0.081	4.66	4.86	95.9
H9	10.2	1485	0.32	0.27	0.046	0.079	4.44	4.95	89.6

高炉	炉缸直径 /m	铁水温度 /℃	铁水成分（质量分数）/%					[C]饱 /%	饱和度 /%
			Si	Mn	S	P	C		
LA	10.5	1470	0.61	0.89	0.047	0.062	4.72	4.85	97.4
T4	10.6	1510	0.57	0.65	0.021	0.069	4.63	4.95	93.3
AC	11.2	1497	0.51	0.26	0.017	1.610	4.14	4.42	93.6
F2	11.2	1490	0.34	0.27	0.019	0.077	4.72	4.97	94.9
I7	13.0	1504	0.42	0.45	0.032	0.061	4.69	4.98	94.8
S1	13.6	1480	0.33	0.24	0.034	0.070	4.47	4.94	90.4
D4	14.0	1487	0.29	0.16	0.034	0.080	4.67	4.97	94.0
T5	14.0	1512	0.43	0.61	0.025	0.070	4.63	5.01	92.5
R	14.0	1495	0.36	0.29	0.032	0.081	4.67	4.97	93.9

表 4-10　国内部分高炉铁水 C 饱和程度

高炉	容积 /m³	铁水温度 /℃	铁水成分（质量分数）/%					[C]饱 /%	饱和度 /%
			Si	Mn	S	P	C		
九江线材	1080	1486	0.36	0.22	0.020	0.17	4.73	4.95	95.6
国丰	1780	1491	0.42	0.30	0.030	0.119	4.77	4.94	96.5
首迁	2650	1500	0.45	0.14	0.034	0.092	4.67	4.95	94.2
北营	3200	1476	0.33	0.28	0.044	0.095	4.40	4.93	89.3
首迁	4000	1511	0.45	0.14	0.025	0.091	4.71	4.98	94.6
鞍钢	4747	1495	0.37	0.23	0.026	0.071	4.50	4.98	90.4

4.5.2　碳饱和度对铁水的影响

炉缸铁水与浸入其中的焦炭具有良好的渗碳条件。碳在液态生铁中的含量与温度有关，由 Fe-C 相图可知，1153℃共晶点的含碳量为 4.3%，温度每升高 100℃，含碳量增加 0.3%。由 Fe-C 相图可见，石墨在铁液中的溶解度如表 4-11 所示。

表 4-11　不同温度下石墨在铁液中的溶解度

温度/℃	1200	1300	1400	1500	1600
溶解度/%	4.3	4.6	4.9	5.2	5.5

高炉铁水中的碳绝大部分来源于焦炭，渗碳反应分为块状带金属铁渗碳、滴落带铁滴渗碳和炉缸内铁液渗碳。虽然过去的解剖研究发现前两个阶段的渗碳已经完成了大部分渗碳，但炉缸内渗碳对铁水含碳量是否饱和起关键作用。一旦焦炭中的碳不能满足铁水碳饱和，不饱和铁水就会与炉缸炭砖反应，从而吃掉部分炭砖导致炭砖结构受到破坏，炉缸寿命降低。

4.5.3　其他少量元素的溶入

铁矿石中含有的其他非铁元素氧化物在高炉条件下可部分或全部还原为元素的,大部分可溶入铁水。其溶入的量与各元素还原出的数量及还原后形成化合物的形态有关。生产者根据生铁品种规格的要求,有意地促进或抑制某些元素的还原过程。对某些特殊的稀有元素,如 Cr、V、Nb 等,则尽可能地促进其还原入铁,以提高它们在炼铁工序中的回收率(达到80%),为下道工序的提取创造条件。

生铁中的常规元素是［Mn］、［Si］、［S］、［P］等。Mn 与 Fe 在周期表中同为一属,性质与晶格形式相近,所以 Mn 与 Fe 可形成近似理想溶液,即只要高炉内能还原得到的 Mn 皆可溶入 Fe 液中,因此铁水中的 Mn 量基本上是由原料配入的 Mn 含量决定的。现除冶炼锰铁外,一般炉料中不配加锰矿,所以一般炼钢生铁和铸造生铁的锰含量都不高。Si 与 Fe 有较强的亲和力,能形成多种化合物,高炉中能还原得到的 Si 也皆可溶入铁液。生产者用控制炉渣碱度、炉缸热状态等方法来调节生铁［Si］量,一般高炉可经济地冶炼［Si］含量达12%的低硅硅铁和［Si］含量为 1.25% ~ 3.25% 的铸造生铁,而炼钢生铁［Si］含量在 0.2% ~ 1.0% 的较宽范围内波动。有害元素 P、As、S 都与 Fe 有较强的亲和力,炉料带入炉内的 P、As 均可 100% 还原而溶入铁中,因此这两者均只能通过配矿来控制。S 虽然在 γ-Fe 中溶解度不高(在 1365℃ 时为 0.05%),但是未溶入的 S 及 FeS 可稳定地存在于铁液中,在凝固过程中或形成共晶体,或以低熔点混合物积聚在晶格间,给钢铁造成危害。

冶炼炼钢生铁时,Si、Mn、S 在铁液中的含量变化示于图 4-51。

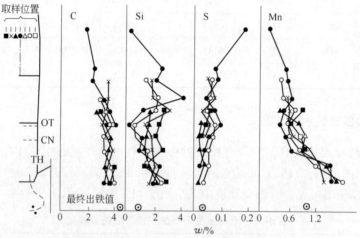

图 4-51　高炉实测铁水中各元素含量沿高炉高度的变化

OT—风口中心线;CN—渣口中心线;TH—铁口中心线

4.6　小　　结

本章主要是以冶金过程热力学和动力学分析高炉冶炼过程中炉料的物理化学变化、铁氧化物还原过程、少量元素的还原、炉渣的形成过程及其理化性能、炉渣脱硫与排碱、碳的气化反应、铁水渗碳及少量元素的溶入等传质现象。本章的重点、难点主要有：高炉内下降炉料与上升煤气逆流运动中相互接触时发生的铁氧化物的间接还原、直接还原及其合理分布，CO、H_2还原铁氧化物的差异性，Si、Mn、Ti的还原反应及其影响因素，渣铁耦合反应对铁水终态成分的影响，炉渣黏度、脱硫性能的基本概念及其影响因素，炉内各区域碳的气化反应特征，影响风口鼓风动能及理论燃烧温度的因素，炉内沿高度方向上煤气数量及成分的变化特征等。对于含铁炉料、焦炭在炉内自上而下运动过程中的物理化学反应特征，要求学习用冶金热力学和动力学来分析高炉过程的现象和问题，提高分析和解决高炉过程中各种现象和问题的能力，并建立综合分析基础上的总体概念。

参考文献和建议阅读书目

[1] 陈新民. 火法冶金过程物理化学 [M]. 北京：冶金工业出版社，1984.

[2] Turkdogan E T. Physical Chemistry of High Temperature Technology [M]. Academic Press，1980.

[3] Von Boghandy L，Engele H J. The Reduction of Iron Ore [M]. Springer Verlag，1977.

[4] 比斯瓦斯 A K. 高炉炼铁原理 [M]. 王筱留，等译. 北京：冶金工业出版社，1989.

[5] 黄希祜. 钢铁冶金原理（第3版）[M]. 北京：冶金工业出版社，2002.

[6] Е. Ф. Вегман. Доменное производство. Москва. Металлургия，1989.

习题和思考题

4-1 碳酸盐（主要是熔剂）在炉内的反应过程，从提高高炉效率和降低燃料消耗出发，熔剂应如何处理？

4-2 碳的溶解损失在高炉中起何作用，其本身有何特点？

4-3 结合铁矿石在高炉不同区域内的性状变化（固态、软熔或成渣），阐述铁氧化物还原的全过程及不同形态下还原的主要特征。

4-4 在铁氧化物逐级还原的过程中哪一个阶段最关键，为什么？

4-5 何谓间接还原与直接还原，各个平衡状态、还原剂消耗量及反应的热效应等方面各有何特点？

4-6 试比较两种气态还原剂 CO 和 H_2 的特点。

4-7 从利于还原过程及节约能耗的角度考虑，为什么说高炉是个较理想的反应器？

4-8 从未反应核以及逆流式散料床的还原过程特点出发，如何改善气-固相还原过程的条件、提高反应速率以提高间接还原度？

4-9 试比较 Fe_2O_3、SiO_2、MnO_2 在高炉内还原过程的异同。

4-10 何谓耦合反应，其基本原理是什么，在什么条件下必须考虑其影响？

4-11 液态还原有何特征？

4-12 造渣在高炉冶炼过程中起何作用？

4-13 叙述造渣过程。如何改善造渣过程以利于冶炼过程的高效率和低消耗？

4-14 何谓熔化温度及熔化性温度？简述两者的异同及对冶炼过程的意义。是否熔化温度越低越好，为什么？

4-15 炉渣黏度的物理意义是什么，此种特征对冶炼过程有何影响？

4-16 以液态炉渣的微观结构理论解释在黏度上的种种行为。

4-17 何谓液态炉渣的表面性质，表面性能不良会给冶炼过程造成哪些危害？

4-18 概述硫在高炉中的行为。

4-19 与炼钢过程相比，高炉冶炼的条件对炉渣脱硫反应有何利弊？

4-20 从钢铁冶金过程的系统工程概念出发，炉外脱硫技术发展的客观条件是什么，前途如何？

4-21 风口前焦炭循环区的物理结构如何，风口前碳的燃烧在高炉过程中所起的作用是什么？

4-22 什么是鼓风动能，它对高炉冶炼有什么影响？

4-23 什么是理论燃烧温度，它在高炉冶炼中起何作用？

4-24 简单说明高炉内煤气在上升过程中量与成分的变化。

4-25 生铁是怎样形成的？

5 高炉冶炼过程的传输现象

[本章提要]

高炉是一个煤气上升、炉料下降的逆流式移动床，炉内冶炼过程主要涉及动量、热量和质量传输。本章基于传输原理，介绍高炉块状带、滴落带的动量传输即流体力学现象和炉内的热量传输现象，质量传输方程与热量传输方程耦合的软熔带形状、位置的确定方法等，是深入掌握高炉炼铁原理及其相关技术的理论基础。

20世纪以来钢铁冶金工艺逐步发展为一门学科，经历了如下三个主要阶段：

（1）从20世纪40年代中叶起，引入了物理化学，主要是化学热力学奠定了本学科的基础。至今已积累了丰富的基础热化学及热力学数据，基本上解决了钢铁冶金过程中可能遇到的诸多元素和不同形态的化合物的基本性质、其间发生反应的可能性以及反应到何种程度等问题。

（2）从20世纪60年代起，冶金工作者注意到，实际的冶金反应往往达不到热力学平衡所预期的程度，产率受实际反应速率的限制。钢铁冶炼所涉及的多是高温多相化学反应。反应速率在多数情况下不取决于化学反应本身，而是取决于反应物和生成物能否及时传递到或离开反应界面，以及能否及时补偿由于强烈的反应热效应而引起的反应界面附近反应物温度的变化。包括传质、传热及动量传递在内的传输过程，在多数冶金反应过程中起重要的控制作用。这一时期冶金反应动力学及传输现象的研究迅速发展，使冶金科学在定量化的方向上有了长足的进步。在这方面尚有大量课题有待深入研究。

（3）20世纪80年代以来，由于计算机技术的迅速发展及普及，冶金研究工作更多地倾向于过程的数学模型化，并在实际钢铁冶金过程的自动控制、过程优化的应用中取得了很大成功。

"传输"现象是在同一物质或不同介质间，由于存在着速度差、温度差或浓度差而发生的动量、热量或质量传递的不可逆过程。这类过程总以某种速率自发地进行，力求消除初始的速度、温度或浓度差以趋向于稳定态，故传输过程又常称为速率过程或速率现象。三种传输现象有极强的相似性。

以高炉中固体的热分解和气-固相还原反应为例，开始时反应界面与煤气主流之间存在着还原气的浓度差，反应开始后又建立起生成物的浓度差。随反应进行，还原气浓度降低，产物气浓度增加。为使反应顺利进行，还原气需连续向反应界面输送，而产物气则要离开，而且由于反应伴随着强烈的热效应，煤气这个热载体与料块之间的传热必须有一定速率，以保证维持反应物具有适当温度，才可使反应顺利进行。

至于一些纯物理过程，如炉料的加热升温、熔化以及渣铁必须达到一定的过热度等，无一不需一定的传热速率作为保证。

5.1　高炉中的动量传输

　　动量传输是指具有一定运动速度的流体分子在运动过程中，由于与其他分子或物质发生碰撞、摩擦或位置的交换，在与流动方向垂直的方向上发生了动量传递的现象。炉渣流动时表现出的黏滞性、煤气在散料层中流动时产生压降就是典型的动量传输例子。这类动量传输现象常称为流体力学现象。

　　高炉中最重要的流体力学现象是煤气流经固体散料层以及固-液相共存区（软熔带、滴落带及其以下直至风口水平面）时的压降及液泛等。

5.1.1　煤气流经固体散料层的一般规律

　　高炉内煤气流穿过固体散料层的通路可以近似看作许多平行的、曲折的、断面形状多变的管束，其首尾共同汇集于炉缸和炉顶料线上的空间。煤气流经管束时，由于与炉料及炉墙表面的摩擦以及气流本身的涡流运动等，逐渐将其本身的动量传递出去，其静压力逐渐下降。高炉操作中的具体体现就是炉缸热风压力与炉顶煤气压力间存在较大的压差。

　　应用流体力学原理分析高炉中煤气流动过程的目的在于，促使煤气流的分布合乎生产的要求，促使炉料均匀稳定地下降，并尽可能强化煤气与炉料间的传热及传质过程。为此，研究的重点首先在散料层对煤气流的阻力及煤气流产生的压降或压降梯度上。

　　以最简单的气流经过圆形空管的压降为基础，此时：

$$\Delta p/H = \frac{1}{2}\lambda \cdot \frac{\rho w^2}{D} \tag{5-1}$$

式中　Δp——压强降（或压差），$g/(cm \cdot s^2)$；

　　　H——管长，cm；

　　　λ——摩擦系数，量纲为一；

　　　ρ——气流的工作密度，g/cm^3；

　　　w——气流的工作流速，cm/s（此时为空管流速）；

　　　D——管直径，cm。

　　摩擦系数 λ 计算如下：

$$\lambda = f(Re) = f\left(\frac{wD\rho}{0.1\eta}\right) = f\left(\frac{wD}{\nu}\right) \tag{5-2}$$

式中　Re——雷诺数；

　　　η——气流黏度，$Pa \cdot s$；

　　　ν——流体运动黏度$\left(\nu = \dfrac{\eta}{\rho}\right)$，$cm^2/s$。

　　卡门（Carman）和扎沃隆科夫等进一步研究了气体通过由相同直径的规则球体（直径为 d）填充的散料层时的压降规律，并导出了形式上类似的表达式：

　　卡门公式　　　　　　　$$\Delta p/L = f_c \cdot \rho w^2 \frac{s(1-\varepsilon)}{\varepsilon^3} \tag{5-3}$$

扎沃隆科夫公式
$$\Delta p/L = f \cdot \frac{2\rho_0 w^2}{gd\varepsilon^2} \qquad (5\text{-}4)$$

式中　$\Delta p/L$——单位料柱高度上的压力降；

$\quad f_e, f$——阻力系数，与 λ 相同，也是雷诺数的函数；

$\quad \rho, \rho_0$——气体的密度；

$\quad s$——料球的比表面积；

$\quad \varepsilon$——散料体的空隙度，$\varepsilon < 1$；

$\quad d$——散料颗粒的直径。

料球比表面积 s 的计算公式如下：

$$s = \frac{\text{球的面积}}{\text{球的体积}} = \frac{\pi d^2}{\pi d^3/6} = \frac{6}{d}$$

现以式 (5-3) 为例，说明它是如何由式 (5-1) 导出的。

在填充料床的空隙度为 ε 时，每立方米料层内可通气的体积为 ε m^3，而在被 n 个球占据的 $(1-\varepsilon)$ m^3 内可与煤气发生摩擦的总表面积为：

$$A = n \cdot \pi d^2 = \frac{1-\varepsilon}{\pi d^3/6} \cdot \pi d^2 = \frac{6(1-\varepsilon)}{d} \qquad (5\text{-}5)$$

假设此填充床与直径为 D_e 的空管相当，则：

当量空管中可通气的体积　　$\dfrac{\pi}{4} D_e^2 \cdot H = \varepsilon$

当量空管中与煤气的摩擦面积　　$\pi D_e \cdot H = \dfrac{6(1-\varepsilon)}{d}$

这样　　比表面积 $= \dfrac{\pi D_e \cdot H}{\dfrac{\pi}{4} \cdot D_e^2 H} = \dfrac{4}{D_e} = \dfrac{\dfrac{6}{d}(1-\varepsilon)}{\varepsilon} = \dfrac{6(1-\varepsilon)}{d \cdot \varepsilon}$

所以
$$\frac{1}{D_e} = \frac{1}{4} \times \frac{6(1-\varepsilon)}{d \cdot \varepsilon} \qquad (5\text{-}6)$$

此时实际煤气流速 w_e 与空管流速 w 存在以下关系：

$$w_e = \frac{w}{\varepsilon} \qquad (5\text{-}7)$$

将式 (5-6)、式 (5-7) 代入式 (5-1) 得：

$$\Delta p/L = \frac{1}{2}\lambda \cdot \rho (w/\varepsilon)^2 \times \frac{1}{4} \times \frac{6(1-\varepsilon)}{d \cdot \varepsilon}$$

$$= \frac{1}{8}\lambda \cdot \rho w^2 \cdot \frac{s(1-\varepsilon)}{\varepsilon^3}$$

若令 $f_e = \dfrac{1}{8}\lambda$，则其形式与式 (5-3) 完全相同。

生产中，炉料颗粒既不是规则的球形，粒度也不均一。不同粒度的混合除影响整体散料层的空隙度 ε 值外，还与颗粒的形状因素一起影响炉料的比表面积（单位体积炉料的表面积），即影响其与煤气流发生摩擦造成压降的机会。炉料比表面积与粒度成反比，故粒度越小，与规则球形相差越远，则比表面积越大。为描述炉料的这些特征，引入了两个新的参数。

（1）形状系数（或球形度）φ。其计算公式如下：

$$\phi = \frac{\text{单位体积中与实际颗粒体积相等的球的表面积}}{\text{单位体积中实际颗粒的表面积}} = \frac{d}{d_s} \tag{5-8}$$

式中　　d——实际炉料颗粒的直径；

d_s——与实际颗粒体积相等的球的直径。

（2）当量直径与比表面平均直径。在颗粒均匀的料层中，以水力学直径或当量直径作为参数；而在实际由不同尺寸颗粒组成的料层中，则常以比表面平均直径作为参数。它们的表达式分别为：

$$d_a = \frac{4V}{S} = \frac{2}{3} \times \frac{\varepsilon}{1 - \varepsilon} d$$
$$d_e = 1 / \sum (x_i / d_i) \tag{5-9}$$

式中　　d_a——当量直径，m；

V——料层内物料之间空隙的体积，m^3；

S——料层内物料的全部表面积，m^2；

ε——料层的空隙度；

d——散料颗粒的直径，m；

d_e——比表面平均直径，m；

x_i——第 i 级别颗粒的质量分数；

d_i——第 i 级别颗粒的直径，m。

d_e 实质上是表面积分布函数，d_e 值对于粉状炉料（小于 $5 \sim 8mm$）的重量比异常敏感，因为粒度下降到一定值后比表面积急剧增大。

欧根（Ergun）研究了阻力系数与雷诺数的关系，得到：

$$f_c = 1.75 + \frac{150}{Re} \tag{5-10}$$

Re 的数值随煤气流速、炉料颗粒直径、空隙度和煤气运动黏度的不同而变化，但在高炉内位置不同，煤气流速是随该位置处的煤气温度和成分而变化的，因此，Re 的数值也随高炉内位置及该处的温度和成分而变化。

同时考虑 f_c 值及式（5-8）、式（5-9）中两个修正参数，则可得到高炉实际散料床的压降梯度表达式：

$$\Delta p / L = 150 \frac{\eta w (1 - \varepsilon)^2}{(d_e \phi)^2 \varepsilon^3} + 1.75 \frac{\rho w^2 (1 - \varepsilon)}{\phi d_e \varepsilon^3} \tag{5-11}$$

式（5-11）即为一维的欧根公式。如欲计算煤气沿径向的分布，也可将式（5-11）扩展为二维的向量表达式：

$$\text{grad}(p) = (f_1 + f_2 / \vec{w_1}) \vec{w} \tag{5-12}$$

式中，第一项与 w 有关，而第二项与 w^2 有关。高炉中煤气实际流速可高达 $10 \sim 20m/s$，相应的 Re 值为 $1000 \sim 3000$，故可舍去式（5-11）或式（5-12）的第一项，则得：

$$\Delta p / L = 1.75 \frac{\rho w^2 (1 - \varepsilon)}{\phi d_e \varepsilon^3} \tag{5-13}$$

或

$$\Delta p / L = 1.75 \left(\frac{1 - \varepsilon}{\varepsilon^3 \phi d_e} \right) (\rho w^2)$$

这样，将影响煤气压降梯度的因素分为两部分：$\dfrac{1-\varepsilon}{\varepsilon^3 \phi d_e}$ 为炉料特性，或可视为代表炉料阻力的指数；ρw^2 为煤气状态。

将式 (5-13) 重新组合又可得：

$$K = \frac{\rho w^2}{\Delta p/L} = 0.57 \frac{\varepsilon^3 \phi d_e}{1-\varepsilon} \tag{5-14}$$

式中，K 仍是炉料特性的函数，称为"透气性指数"。

实测的不同炉料的特性如表 5-1 所示。

表 5-1 实测的不同炉料的特性

炉料种类	息止角 /(°)	空隙度 ε	比表面平均直径 d_e/mm	形状因子 ϕ	透气性指数 K/mm
焦炭	36~44	0.50	39	0.72	4.0
球团矿	28~32	0.36	12.7	0.92	0.48
烧结矿	32~36	0.48	7~10	0.65	0.59
白云石	36~38	0.41	30.5	0.87	1.75

由表 5-1 可见，焦炭的透气性大大优于矿石，故炉内固相区决定煤气分布的是矿石层对焦炭层的相对厚度。而增大矿石层透气性最有效的手段是去除矿石粉末，增大 d_e。

在软熔带以下，焦炭是唯一存在的固体料，此时影响料层透气性的关键参数是焦炭的高温强度及其空隙度。

从数值上来看，散料层的空隙度 ε 对透气性（或炉料阻力参数）影响最大，这可由图 5-1 中 ε 与 $\dfrac{1-\varepsilon}{\varepsilon^3}$ 的关系看出。

虽然焦炭与矿石粒度差别很大，但炉内不同种类的炉料是按层状分布的，这样可大大改善整体料层的透气性。如果同一料种，特别是矿石的粒度分布范围很大，则大小粒度混装十分不利。图 5-2 说明在大、小颗粒直径的比值（$d_小/d_大$）不同时，分层装入与混装对压力降的影响。

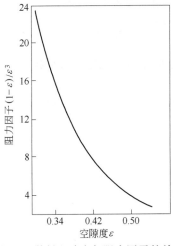

图 5-1 散料空隙度与阻力因子的关系

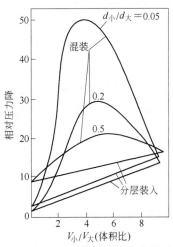

图 5-2 不同 $d_小/d_大$ 比值时混装与分层时压力降

5.1.2　逆流运动中散料的有效质量

逆流运动中散料的有效质量是从无气流状态下料仓中料重随料层高度变化的简单情况出发推导出来的。

设料仓截面积为 S，周长为 u，在一维的坐标系内（只计料层高度）取微元料层厚为 dh，其所在位置与仓底部距离为 h，图 5-3 所示为此微元的受力分析。dq_h 是微元引起的对下部料层有效重力的增大值，T（$T=fp_e udh$）为仓壁对散料的摩擦力，则可得如下微分方程：

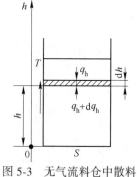

$$Sdq_h = \gamma_m Sdh - fp_e udh \qquad (5\text{-}15a)$$

图 5-3　无气流料仓中散料
微元的受力分析

式中　γ_m——散料的堆积密度（包括空隙在内）；

　　　f——仓壁对散料的摩擦系数；

　　　p_e——散料对仓壁的侧压力。

为简化求解，可假定：

$$p_e = \xi q_h \qquad (5\text{-}16)$$

式中　ξ——侧压力系数。

式（5-15）可变换为：

$$Sdq_h = \gamma_m Sdh - f\xi q_h udh \qquad (5\text{-}15b)$$

若料仓为圆柱体，直径为 d，则 $S=\dfrac{\pi}{4}d^2$，$u=\pi d$，代入式（5-15b），并以 $h=0$、$q_h=0$ 为边界条件，对式（5-15b）分离变量积分求解，得：

$$q_h = \frac{d\gamma_m}{4f\xi}\left[1 - \exp\left(-4f\xi\,\frac{h}{d}\right)\right] \qquad (5\text{-}17)$$

这就是杨森公式。

高炉中存在煤气与炉料的逆流运动，是由于煤气的压力降产生了对炉料的上浮力。其受力情况比料仓情况略为复杂，此时料层中微元的受力分析变为：

$$\frac{\pi}{4}d^2 dq_h = \frac{\pi}{4}d^2\gamma_m dh - f'\xi' q_h \pi ddh - \frac{\pi}{4}d^2 \cdot \frac{dp}{dh}dh \qquad (5\text{-}18)$$

式中　f'，ξ'——区别于料仓中静止床层逆流运动中的摩擦系数及侧压力系数；

　　　d——炉子直径；

　　　dp/dh——煤气的压降梯度，可视为常数并记为 Γ。

将各常数代入式（5-18），化简并分离变量得：

$$dh = \frac{1}{\gamma_m - \dfrac{4f'\xi'}{d}q_h - \Gamma}dq_h \qquad (5\text{-}19)$$

在同样的边界条件 $h=0$、$q_h=0$ 下对式（5-19）积分得：

$$q_h = \frac{d(\gamma_m - \Gamma)}{4f'\xi'}\left[1 - \exp(-4f'\xi'\,\frac{h}{d})\right] \qquad (5\text{-}20)$$

以料层深度 h 为横坐标，q_h 为纵坐标，则可将式（5-20）制成图5-4。

分析式（5-20）及图5-4可得出：

（1）炉料的有效质量 q_h 并不随料柱深度 h 的增加无限增大，而是趋向于一个常数值 $d(\gamma_m-\Gamma)/(4f'\xi')$。

（2）炉料下降的原动力是 $\gamma_m-\Gamma$，当由于某种原因使煤气流的压降梯度升高至与炉料堆积密度相等时（即 $\gamma_m-\Gamma=0$），则 $q_h=0$，此时即发生悬料故障。实际上由于矿石与焦炭在炉内是呈层状分布的，由于炉料特性的不同，γ_m 及 Γ 值皆可不同，故沿炉高煤气静压力的变化可能呈折线形。即矿石层由于透气性指数低，压降梯度大，而焦炭层压降梯度小。故式（5-20）可以分段运用，从而取不同的 γ_m 及 Γ 值。

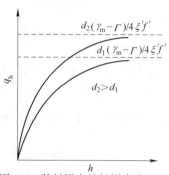

图5-4　散料层中随料层高度（h）料柱有效质量（q_h）的变化

（3）欲使高炉操作顺行，炉料下降顺畅，应使 q_h 值增大。采取的措施有：

1）增大高炉直径，降低 h/d 值，即采用矮胖炉型；

2）增大 γ_m；

3）降低 Γ。

应当指出，在解式（5-18）和式（5-19）而得到式（5-20）时 p_e/q_h（即 ξ'）等值均假定为常数，其精确性有一定限度，由该式计算所得的 q_h 值常大于实验所测的值。但此式仍不失为分析炉内流体力学现象的一种手段。

5.1.3　散料的流态化

由式（5-11）及式（5-13）可看出，流体的运动速度对压降 Δp 的影响很大，若将其他参量作为常数，可认为 Δp 与气流实际流速 w 的关系为：

$$\Delta p \propto w^{1.8\sim2.0}$$

或按经验为：

$$\Delta p \propto Q_\text{风}^{1.64} \tag{5-21}$$

式中　$Q_\text{风}$——高炉鼓风量。

图5-5示出 w 与 Δp 之间的关系。图中横坐标为煤气流速（w），纵坐标为煤气的压力降（Δp）。实验所测得的 Δp 的变化规律为：在低流速阶段，随 w 增大，Δp 成正比例增大。但当流速增大到一定值后，炉料开始松动，散料体体积膨胀（见图5-5中 A 点），孔隙率 ε 增大，散料颗粒重新排列。在排列过程中，由于颗粒间发生摩擦而消耗部分能量，会使 Δp 稍稍上升，但一旦重新排列完成，Δp 又开始回降，这时 ε 达到了最大值（在保持颗粒间仍互相接触的条件下）。如果气流速度进一步增大，颗粒间失去接触而悬

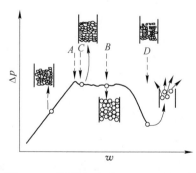

图5-5　不同煤气流速（w）下的压降（Δp）及炉料的状态

浮，料层高度增加，而 Δp 几乎不变（因气流运动而使颗粒相互碰撞，损失部分能量，实际上 Δp 有所增长但不明显），此即图 5-5 中 CB 段状况。当气流速度进一步增大而接近流态化的速度时，料层极不稳定，气流会穿过料层形成局部通道而逸走，Δp 下降，在高炉中称之为"管道行程"。当气流增大到流态化开始的速度（v_{mf}）时，在大于 v_{mf} 的不同气流速度下，出现不同的流化床（散式、聚式）、节涌以及颗粒在床层内可以自由运动，犹如流体一样，散料被气流带走的"气力输送"现象。高炉高强化冶炼时，在装料过程中，煤气将部分焦炭、烧结矿吹起，在料面形成流态化，且有少量被煤气流带走，进入除尘器。

5.1.4　充液散料层的流体力学现象

高炉中自软熔带开始有液相产生，自滴落带以下液态渣铁穿过固态焦炭空隙向下流动，于炉缸中汇集。因此与固相区不同，向上运动的煤气除了穿过向下运动的固体焦炭空隙外，还会遇到空隙中充填的液态物质，使流体力学的参数更加复杂。很显然，这时除了散料层的特性之外，还必须考虑向下流动的液态物质的量及其特性。

此时，如果气体流速增加到一定值，则会影响液态渣铁的向下流动；气流进一步增大，液流会完全被支托住，甚至被气流带走，出现所谓的液泛现象。不同的研究者以化工中的喷淋塔做试验，所得结果很相近。令横坐标为无因次的流体流量比（fluid ratio）K：

$$K = \frac{L}{G} \cdot \left(\frac{\rho_g}{\rho_1}\right)^{1/2} \tag{5-22}$$

式中　L——液体的质量流量，$kg/(m^2 \cdot h)$；

G——气体的质量流量，$kg/(m^2 \cdot h)$；

ρ_g——气体的密度，kg/m^3；

ρ_1——液体的密度，kg/m^3。

纵坐标为液泛因子（flooding factor），为近似的无因次数群，实质上是煤气向上的浮力与液态物质向下运动的重力之比：

$$f = \frac{w^2}{g} \cdot \frac{F_s}{\varepsilon^3} \cdot \frac{\rho_g}{\rho_1} \cdot \eta^{0.2} \tag{5-23}$$

式中　w——煤气空炉流速，m/s；

g——重力加速度，$9.81 m/s^2$；

F_s——焦炭比表面积，m^2/m^3；

ε——焦炭层空隙度；

η——液态物质黏度，$Pa \cdot s$。

将正常生产的高炉数据列入上述坐标系中，可得到如图 5-6 所示的对应关系。这群数据的上限为一条直线，用回归方法得出：

$$\lg f = -0.559 \lg K - 1.519 \tag{5-24}$$

此直线可视为产生液泛的极限，凡液泛因子超过此界限者均可能发生液泛现象。

由图 5-6 及式（5-24）可知，流体流量比（K）值越高者（即液态物流量大且密度小者），则可允许的液泛因子数值越低。由式（5-23）可知，气流速度大、煤气密度高、焦炭粒度小及液态物黏度大者，液泛因子 f 值也高，易产生液泛；相反，在其他条件相同时，焦炭料柱空隙度大、液态物密度大者，则 f 值小，不易引起液泛。

将式（5-24）两端乘以 2，还可简化为如下形式：

$$2\lg f = 2 \times (-0.559)\lg K - 2 \times 1.519$$

或

$$\lg f^2 + \lg K \approx -3$$

或

$$f^2 \cdot K \approx 10^{-3} \tag{5-25}$$

式（5-25）说明，$f^2 \cdot K < 0.001$ 是不易引起液泛的安全界限。

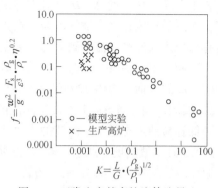

图 5-6 正常生产的高炉流体流量比
（K）与液泛因子（f）的对应关系

5.1.5 高炉过程中的炉料下降

5.1.5.1 炉料下降的条件

就高炉内料柱总体来讲，炉料下降的条件之一是其自身的重力（$G_料$）必须超过其运动中所遇到的阻力。阻力包括炉料与炉墙间的摩擦力（$P_墙$）、不同速度的炉料之间的摩擦力（$P_料$）以及上升煤气对炉料的浮力（$\Delta P_浮$）。以数学形式表达为：

$$F = G_料 - P_墙 - P_料 - \Delta P_浮 > 0 \tag{5-26}$$

炉料下降的另一个重要条件是炉料下部可连续提供空间。此空间由下列过程提供：燃烧带内焦炭连续气化，渣铁周期性或连续排放，炉料在运动中重新排列及不断地软化和熔融等。第一、二两项是最主要的原因。

从总体上来讲，具备上述两个条件则具备了炉料顺利下降的条件。在高炉内部，炉料的分布和状态不是均匀的，故沿高炉高度煤气的压降梯度不是均等的，空隙度大的料层压降梯度小，软熔层或粉末聚集层压降梯度大。在分析炉内炉料下降时，不能只考虑总的压力降，更重要的是考虑局部压力降梯度是否危及了炉料的正常运动。

5.1.5.2 炉料非正常下降

高炉正常时，炉料下降顺畅，下降速度均匀而稳定。当高炉某一局部炉料正常下降的条件遭到破坏时，会出现管道、难行甚至停止下行（悬料）等现象。

（1）块状带的悬料。块状带是由矿石和焦炭的层状分布结构所组成的。如果原料强度符合标准又筛除了粉末，则料柱透气性良好，炉料可顺利下降。如果料层中某一局部由于升华物冷凝、碳沉积反应或由于碱金属蒸气的强烈作用而强度下降，产生了大量粉末，造成局部料层空隙度变小，则由图 4-1 可知，阻力因子急剧增大，局部煤气压降梯度随之增大。当满足临界流化速度时，本来料层有自我调节作用，即散料体积膨胀，空隙度 ε 增大，使压降 Δp 维持固定值；但实际上由于上部料柱的压力，这种自我调节功能已不可

能。当 $\Delta p/H$ 增大到 $\Delta p/H > \gamma_m$、有效质量 $q_h = \dfrac{d(\gamma_m - \Delta p/H)}{4f'\xi'}[1 - \exp(-4f'\xi'\dfrac{h}{d})] = 0$ 时，炉料停止下降，即发生悬料。如果透气性恶化的料层的上部料，其有效质量还允许此料层中炉料有一定程度的松动，则炉料重新排列的结果可能产生管道行程。

（2）下部悬料。高炉软熔带以下出现了液相，这时产生悬料的原因有两方面：一方面是由于热制度的波动引起软熔带位置的变化，已经软化的矿料再次凝固，使散料层空隙

度急剧下降，从而使 $\Delta p/H$ 上升而悬料；另一方面是液泛现象，液态渣铁或由于数量过多，或由于黏度过大，被气流滞留在焦炭层中，极大地增加了对气流的阻力。此外，也可能有部分渣铁液被气流带到上部，因温度的降低而再凝固。

对液泛现象的进一步研究证明，液态物，特别是炉渣的表面张力也有很大影响。试验说明，渣的表面张力由 $72×10^{-3}N/m$ 降低到 $32×10^{-3}N/m$ 时，液泛因子的极限值降低，在 f-K 曲线图（见图5-6）上不发生液泛的安全区域面积缩小为原来的1/3，这是由于表面张力降低容易使液态物生成泡沫的缘故。实践说明，当表面活性成分（FeO）在渣中的含量超过2%时，液泛现象严重。而当（FeO）含量超过10%时，炉渣一方面与炽热焦炭发生还原反应，生成大量CO；另一方面，表面张力剧烈下降，原始体积很小的渣可能因起泡而充斥焦炭层中的空隙，结果炉渣也不能穿过焦炭层向下流动。

5.2　高炉内的热量传输

冶炼过程中燃料在风口带与热风反应形成高温煤气。它既是还原剂又是载热体，在煤气由下至上的运动过程中既还原了矿石，又将热量传给了炉料，提供升温及各种物理和化学变化所需的热量。

研究表明，高炉内的温度场虽因各高炉具体情况的不同，沿圆周及半径方向依煤气流的分布而千差万别，但沿炉高的温度分布却有共同的规律。高炉内各区域的状态及与之相对应的沿炉高煤气及炉料温度分布见图5-7。

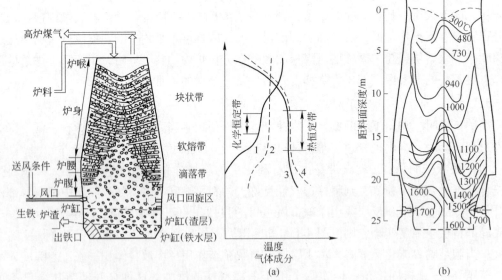

图5-7　高炉内各区域状态及与之相对应的沿炉高煤气及炉料温度分布
(a) 高炉内煤气和炉料平均温度分布；
(b) 高炉内等温线分布（高炉解剖用测温片和焦炭石墨化程度测得）

$$1-\eta_{CO}=\frac{\varphi(CO_2)}{\varphi(CO)+\varphi(CO_2)}；2—\varphi(CO)+\varphi(CO_2)；3—炉料温度；4—煤气温度$$

在炉子上部及下部，即新的炉料刚刚进入炉内以及煤气刚刚从风口燃烧带产生之处，煤气与炉料间温差较大，热交换强烈；而在炉身中下部区间内，煤气与炉料的温差很小，大约只有 50℃，是热交换极其缓慢的区域，常称为热交换的空区或热储备区。上述煤气及炉料的温度分布特征可由传热方程推导得出。

5.2.1 传热方程

根据填充床中气流与散料在传热过程中的热平衡，可分别得出下列表达式：

对于炉料

$$\lambda_s \frac{\partial^2 t_s}{\partial z^2} + \alpha_{s\text{-}g}(t_g - t_s) + \sum R(-\Delta H) - G_s \cdot c_s \frac{\partial t_s}{\partial z} = (1 - \varepsilon)c_s \cdot \rho_s \frac{\partial t_s}{\partial \tau}$$

（5-27）

对于煤气

$$\lambda_g \frac{\partial^2 t_g}{\partial z^2} - \alpha_{s\text{-}g}(t_g - t_s) + G_g \cdot c_g \frac{\partial t_g}{\partial z} = \varepsilon \cdot c_g \cdot \rho_g \frac{\partial t_g}{\partial \tau}$$

（5-28）

式中　　λ_s——炉料内部导热系数；

$\quad\quad t_s$——炉料的温度；

$\quad\quad \dfrac{\partial t_s}{\partial z}$——沿 z 方向炉料的温度梯度；

$\quad\quad \alpha_{s\text{-}g}$——炉料与炉气间的对流传热系数；

$\quad\quad t_g$——煤气的温度；

$\quad\quad \dfrac{\partial t_g}{\partial z}$——沿 z 方向煤气的温度梯度；

$\quad R(-\Delta H)$——化学及物理变化的热效应；

$\sum R(-\Delta H)$——一定温度区间内所有热效应之和；

$\quad\quad G_s$——炉料的质量流量；

$\quad\quad c_s$——炉料的比热容；

$\quad\quad \dfrac{\partial t_s}{\partial \tau}$——炉料温度随时间的变化率；

$\quad\quad \dfrac{\partial t_g}{\partial \tau}$——煤气温度随时间的变化率；

$\quad\quad \varepsilon$——炉料空隙度；

$\quad\quad \rho_s$——炉料密度；

$\quad\quad \lambda_g$——煤气内部导热系数；

$\quad\quad G_g$——煤气的质量流量；

$\quad\quad c_g$——煤气比热容；

$\quad\quad \rho_g$——煤气密度。

式（5-27）代表积累于炉料中的热，式（5-28）代表积累于散料体空隙中煤气的热。

众多的研究者为简化求解方程，将高炉内的传热视为"稳定态"，即假定炉料及煤气内部无温差，则 $\dfrac{\partial^2 t}{\partial z^2}$、$\dfrac{\partial t}{\partial \tau}$ 两项皆为零，从而得到简化的一维方程：

对于炉料

$$\alpha_{s\text{-}g}(t_g - t_s) + \sum R(-\Delta H) = G_s \cdot c_s \frac{dt_s}{dz}$$

（5-29）

对于煤气 $$\alpha_{s-g}(t_g - t_s) = G_g \cdot c_g \frac{dt_g}{dz}$$ (5-30)

如果反应热效应很小，则 $\sum R(-\Delta H)$ 可略去；如反应热值很显著，则可视为常数，并将其并入常数 c_s，把 c_s 视为广义的炉料比热容，从而可求得式（5-29）及式（5-30）的解析解，即求出 t_g 和 t_s 沿 z 方向变化的规律。

5.2.2 水当量

前苏联学者 B. И. 基达耶夫（Китаев）教授在求解 t_s 和 t_g 与 z 的关系时，将前述基本传热方程中的 $G_s \cdot c_s$ 和 $G_g \cdot c_g$ 分别定义为炉料和煤气的水当量，即：

$$W_s = G_s \cdot c_s$$ (5-31)

$$W_g = G_g \cdot c_g$$ (5-32)

水当量表明单位时间内炉料和煤气流温度变化 1℃ 时所吸收或放出的热量。为了方便起见，常用冶炼单位生铁（1kg 或 1t）的炉料及煤气流作为衡量水当量的基准。

沿炉高高炉料水当量和煤气水当量的变化及其与温度分布的对应关系，如图 5-8 所示。

煤气水当量基本为一常数，而炉料水当量在高温区有一突变并呈现一峰值。在低温区 $W_s < W_g$，在高温区 $W_s > W_g$，在中间的某个阶段 $W_s = W_g$。

煤气水当量和组成炉料水当量的各个因素随温度的变化如图 5-9 所示。

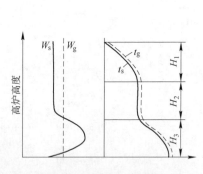

图 5-8　沿炉高高炉料水当量（W_s）
和煤气水当量（W_g）的变化
及其与温度分布的对应关系

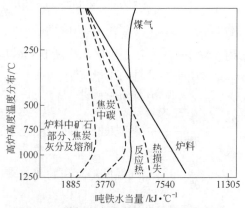

图 5-9　煤气水当量和组成炉料水当量的
各个因素随温度的变化

炉料及煤气水当量变化之所以呈现出上述特征，是由于煤气在下部风口前燃烧区内产生，在无大量喷吹燃料的条件下，煤气量大约为鼓风量的 1.25 倍，比热容约为 1.51kJ/（m³·℃）；上升至炉顶过程中，其体积有所增大，可达到鼓风量的 1.35~1.40 倍，其比热容随温度降低而下降至 1.34~1.38，从而使水当量，即上述两者的乘积（$G_g \cdot c_g$）基本上保持不变。

炉料水当量的变化较为复杂。在高炉上部低中温区反应较少，炉料升温所需热量主要由比热容及吨铁所需炉料数量决定，即使有少量吸热反应（如水的蒸发与分解及碳酸盐的分解等），也由于少量间接还原的放热予以某种程度的补偿，故炉料水当量变化不大。

一旦进入高温区，碳的溶解损失反应、各种元素的直接还原，特别是炉料的软化、渣铁的熔融需大量潜热，都促使炉料广义比热容 c_s 值大大增加。形成液态渣铁后，主要是渣铁提高过热度所需物理热，强烈吸热的化学反应已大量减少，广义比热容减小，故炉料水当量在高温区出现了峰值。

5.2.3 高炉上下部热交换

高炉上部的热交换可列出热平衡及传热速率两个表达式：

热平衡方程
$$W_g(t_g - t_{g0}) = W_s(t_s - t_{s0}) \tag{5-33}$$

传热速率方程
$$W_s \cdot dt_s = \alpha_F \cdot F \cdot V_s(t_g - t_s)d\tau \tag{5-34}$$

式中 t_{s0}, t_{g0}——炉顶处炉料及煤气的温度，℃；

α_F——传热系数，$kJ/(m^2 \cdot ℃ \cdot h)$；

F——炉料的比表面积，m^2/m^3；

V_s——冶炼单位生铁炉料体积，m^3；

τ——热交换时间，h。

解式（5-33）、式（5-34）得：

$$t_g = t_{g空} - t_s \frac{W_s}{W_g} \tag{5-35}$$

$$t_s = t_{g空} \left[1 - \exp\left(-\frac{\alpha_F \cdot F \cdot V_s}{W_s} \right) \left(1 - \frac{W_s}{W_g} \right) \tau \right] \tag{5-36}$$

按式（5-35）、式（5-36）可描绘出由空区至炉顶煤气和炉料温度的变化。式中，$t_{g空}$ 为煤气在热交换空区的温度。所得结果即为图 5-7（a）及图 5-8 右半部分所示炉身上部出料和煤气温度变化曲线。

同理，对下部热交换也可列出类似的热平衡方程及传热速率方程，求解后得：

$$t_g = t_{g缸} - (t_{g缸} - t_{s空}) \left[1 - \exp\left(\frac{-\alpha_F \cdot F \cdot V_s}{W_s} \right) \left(\frac{W_s}{W_g} - 1 \right) \tau \right] \tag{5-37}$$

$$t_s = t_g \frac{W_g}{W_s} + t_{s空} \left(1 - \frac{W_g}{W_s} \right) \tag{5-38}$$

根据式（5-37）、式（5-38）可绘出高炉下部炉料和煤气温度变化的曲线。

5.2.4 高炉条件下的传热方式和给热系数

在高炉这样的体系中，其传热过程是异常复杂的。为了求解微分方程，往往要做出很多使问题简化的假定（例如前述的稳定态传热及固态炉料及气体内无温差等）。在外部传热上虽存在三种方式（传导、对流及辐射），但由于料块之间只能是点接触，传导可以忽略；除了在风口前焦炭循环区外，料块间距离不大，且气体中三原子气体的数量不多，故常将辐射传热并入对流传热考虑。

从 20 世纪 20 年代开始，众多的研究者对不同方式的传热系数进行过很多实验和测定，并得到一些计算式。遗憾的是，不同来源的算式所得结果差异很大，实验室研究的结果又与高炉内的实际结果差异很大。这主要是由于炉料及煤气运动在炉内分布不均所致，而炉料粒度、气体流动状态的不同又对三种传热方式的传热系数影响很大。

与分析还原过程的动力学问题时相同，三种传热方式中速率最慢的或最快的在不同情况下将处于主导地位，其他的方式在一定条件下则可以忽略。

为此，需对三种传热方式及传热系数的大小进行对比。煤气向炉料传热的三种方式见图 5-10。

由煤气向炉料传热，对流与辐射是两种平行共存的方式，在这种条件下，速率高者即为决定性环节。而对于加热料块整体来说，炉料本身的热传导速率与外部传热构成了各步骤相互衔接的连续过程，在这种条件下则速率最慢的环节起决定性作用。

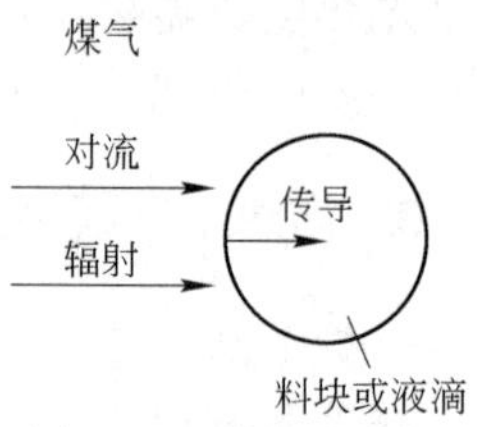

图 5-10 煤气向炉料传热的三种方式

以下分别探讨各种传热方式的一般规律，然后再于不同条件下进行对比，以明确高炉冶炼过程中各种传热方式所起的作用。

5.2.4.1 传导传热

已知在凝聚相内部热传导过程的基本规律可描述为：

$$Q_c = -\lambda \frac{\partial t}{\partial y} \tag{5-39}$$

式中 Q_c——单位传热面积单位时间内传导的热量，$kJ/(m^2 \cdot h)$；

    λ——该相物质的导热系数，$kJ/(m \cdot h \cdot ℃)$；

$\partial t/\partial y$——在传热方向（y 轴）上的温度梯度，$℃/m$。

不同物质 λ 值的范围为：纯金属 188.4~1494.8$kJ/(m \cdot h \cdot ℃)$，合金 41.9~439.6$kJ/(m \cdot h \cdot ℃)$，炉渣 0.63~2.51$kJ/(m \cdot h \cdot ℃)$，气体 0.025~0.63$kJ/(m \cdot h \cdot ℃)$。

5.2.4.2 对流传热

流体可进行对流传热，其一般规律可描述为：

$$Q_t = \alpha(t_g - t_s) \tag{5-40}$$

式中 Q_t——对流传热量，$kJ/(m^2 \cdot s)$；

    α——对流传热系数，$kJ/(m^2 \cdot s \cdot ℃)$；

    t_g——煤气温度，$℃$；

    t_s——炉料温度，$℃$。

α 值的大致范围为：空气自然对流时 21~105$kJ/(m^2 \cdot s \cdot ℃)$，管内强制对流时 21~2094$kJ/(m^2 \cdot s \cdot ℃)$。

与对流传质相似，对流传热的强度主要取决于流体的运动状态。传热系数 α 的值与流体运动状态的关系为：

$$\alpha = Nu \cdot \lambda/d \tag{5-41}$$

而 $$Nu = 1.5Re^{0.5 \sim 0.6} \tag{5-42}$$

式中 Nu——努塞尔（Nusselt）数，为对流与传导传热系数之比；

    Re——雷诺（Reynolds）数，用于描写流体运动状态。

雷诺数计算如下：

$$Re = \frac{wd}{\nu} \tag{5-43}$$

式中 w——流体流速，m/s；

d——固体颗粒直径，m；

ν——流体的运动黏度，m^2/s。

5.2.4.3 辐射传热

$$Q_r = C_r(T_g^4 - T_s^4) \tag{5-44}$$

式中 Q_r——辐射传热量，$kJ/(m^2 \cdot h)$；

C_r——辐射传热系数，$kJ/(m^2 \cdot h \cdot K^4)$；

T_g——作为辐射体的高温煤气的热力学温度，K；

T_s——作为受热体的炉料的热力学温度，K。

为了使三种传热方式具有可比性，特将传导及辐射传热的表达式（式（5-39）及式（5-44））改写为对流传热式（式（5-40））的形式：

$$Q_c = \frac{\lambda}{r}(t_{表} - t_{核}) \tag{5-45a}$$

或

$$Q_c = h_c(t_{表} - t_{核}) \tag{5-45b}$$

式中 r——炉料颗粒半径，即传导传热的距离；

$t_{表}$，$t_{核}$——炉料颗粒表面及核心的温度；

h_c——导出的导热系数。

$$\begin{aligned}Q_r &= C_r(T_g^2 + T_s^2)(T_g^2 - T_s^2) = C_r(T_g^2 + T_s^2)(T_g + T_s)(T_g - T_s) \\ &= h_r(t_g - t_s)\end{aligned} \tag{5-46}$$

式中，h_r 是导出的辐射传热系数，与辐射体及受热体的温度有关。

这样，三种传热方式的规律有统一的形式：

$$Q_c = h_c(t_{表} - t_{核})$$
$$Q_t = \alpha(t_{气} - t_{表})$$
$$Q_r = h_r(t_{气} - t_{表})$$

将三个传热系数（h_c、α、h_r）的单位统一为 $kJ/(m^2 \cdot h \cdot ℃)$，则可进行对比。传热系数的物理意义为单位温差下的传热能力，故比较三者的绝对值大小即可。

由于 h_c、h_r 是导出的传热系数，与炉料粒度及煤气和料块表面温度有关，故分别以炉料粒度及温度为横坐标，以传热系数值为纵坐标，做图 5-11 及图 5-12。

矿石的导热系数高于焦炭，两者又都高于对流传热系数 α。只有当焦炭颗粒半径大于 $6 \sim 7cm$ 时，焦炭的导热系数才会小于 α 而成为限制性环节。但是一般焦炭粒度为 $60 \sim 80mm$（半径为 $3 \sim 4cm$），故总的来讲，对流传热是限制性因素。至于矿石，其本身导热系数高，平均粒度又偏小，半径一般为 $0.5 \sim 1.5cm$，故外部的对流传热更是显著的控制性步骤。

图 5-11 主要考察温度的影响。由煤气至炉料表面的传热为辐射与对流平行共存，故图 5-12 给出了 $\alpha + h_r$ 的值，但两者有主次之分。

由图 5-12 可看出，不同温度下矿石的导热系数值远高于 α 及 h_r 值，甚至远高于 $\alpha + h_r$，但焦炭的 $h_{c焦}$ 值小于 $(\alpha + h_r)_{焦}$ 值，特别是在高温下，故焦炭本身导热是控制环节。从焦炭加热速度来看，粒度小有利。

由式（5-41）、式（5-42）可知，增大对流传热系数的办法有增大煤气流速、使用黏度小的煤气（如增大 H_2 的比例）、减小原料的粒度等。

但所有上述措施都将引起煤气压降值增大，这说明 $\Delta p/H$ 与传热、传质速率的变化是同步的。故欲加速传热过程，必须兼顾煤气的压降值，不得过大，以免影响顺行。

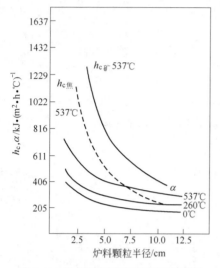

图 5-11　炉料不同粒度及不同温度下
h_c 与 α 的对比

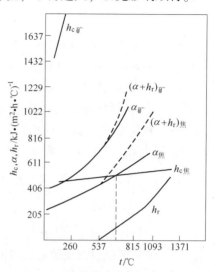

图 5-12　不同温度下 h_c、α、h_r 的对比

5.3　传输现象在高炉冶炼中的应用实例

高炉是一个以煤气上升、炉料下降的逆流式移动床为特征的反应器，存在着多相物质间的动量、热量和质量传输，传输过程非常复杂。传输现象在高炉中无处不在、无时不有。保证高炉顺行、优化冶金流程都与传输有关。

在高炉冶炼中，各种过程都是在炉料和煤气不断逆向运动的条件下进行的。高炉内煤气流穿过散料层时产生压力降，即阻力损失，煤气通过的通道非常曲折，并且受粉末积聚的影响，以及在高温区有软熔带渣、铁液相存在，其阻力损失非常复杂。

高炉在炉料的下降与煤气的上升过程中完成炉料与煤气的热量传递，最终把铁氧化物还原而生成铁水。煤气的流动与炉料的温度分布直接影响高炉冶炼过程。高炉软熔带的形状和位置形象地展现了炉内温度分布和高炉煤气流分布状态，高炉原料质量与结构、径向炉料下降速度、下部送风制度和上部布料制度等对软熔带的形状和位置都有重大影响。因此，软熔带模型是高炉煤气流分布和上下部调剂结果的直观反映和重要监视手段，正确推定和应用软熔带模型对高炉生产操作具有很好的指导作用。

5.3.1　流体力学现象在高炉冶炼中的应用

高炉内炉料在其下降过程中要经受一系列物理化学变化，按其存在形态基本上可分为两个区：上部软熔前的区域称为"干区"，下部软熔后的区域称为"湿区"。根据干、湿区和炉料处在炉内的状态，高炉内又可分成块状带、软熔带和滴落带几部分。长期以来，认为影响高炉进一步强化的限制环节是上部"干区"炉料的流态化和下部"湿区"内上升气流与炉渣形成的"液泛"。为此，多年来对改善炉料的理化性质及湿区透气性等进行了多方面的研究。炉料在开始软化后，由于体积大量收缩，同时还要承受料柱重量，故料层将变得结实，使此区间压损大为增加，几乎占高炉总压损的60%以上。

与块状带相比，软熔带有一定的塑性，孔隙度小，透气性差，对煤气阻力较大，所以高炉软熔带是料柱结构中透气性最差的区域。日本斧胜也根据高炉解剖的实际状况，建立高炉透气阻力模型进行研究，该模型的计算结果表明：如果矿石层透气性指标是1，焦炭层为13，软熔层只有0.2~0.25，三者之间的透气性之比为1∶4∶52，可见软熔层对煤气的运行阻力最大。因此，软熔带的结构、位置和形状对高炉的强化、顺行及煤气利用程度影响很大。

5.3.1.1　固体散料层的煤气流动阻力

高炉内煤气由于强制鼓风而上升，炉料、渣铁因自身的重力而下降。在高炉上部，煤气通过焦炭和矿石之间的空隙上升，焦炭和矿石依靠重力来克服煤气阻力的降低。在高炉的下部，煤气通过焦炭空隙上升，渣、铁经过固体焦炭的缝隙向下流动。炉料均匀地下降是高炉顺行和持续生产的重要条件。

焦炭在风口区燃烧气化而消耗，产生空间；炉料中的碳被炉料或煤气中的氧化物氧化，体积缩小；在炉料下降过程中，炉料破碎、粒度缩小及炉料下降过程中料块重新排列，小颗粒不断填充到大块炉料之间，使炉料的体积缩小；矿石通过物理化学变化形成的渣、铁不断地从高炉排出，倒出空间。炉内不断产生出空间是炉料能够连续下降的前提条件。

高炉内促使炉料下降的是炉料的重力，而阻碍炉料下降的力包括：炉料与炉墙间的摩擦力、不同速度的炉料之间的摩擦力以及上升煤气对炉料的浮力。只有炉料其自身的重力超过其运动中所遇到的阻力，炉料才能下降。

高炉内煤气流穿过散料层时产生压力降，也就是阻力损失，高炉内煤气穿过炉料的通路非常曲折，并且受粉末积聚的影响，以及在高温区有软熔带渣、铁液相存在，其阻力损失非常复杂。

透气性和透液性是散装炉料的一个最重要的气体力学特征。它表示在一定条件下，流体通过炉料的能力，一般用单位压差下，流体单位体积料层的流体体积流量来表示。炉料透气性的优劣决定允许流体通过料层的最大流量，气体动力学条件是气相和液相与固相间进行传热传质过程的先决和前提条件。

从炉料在炉内下降的力学分析得出，决定高炉顺行的关键因素是$\Delta p/H$。由5.1.1节的推导得到高炉内块状带的$\Delta p/H$的表达式：

$$\Delta p/H = 150\frac{\eta\omega(1-\varepsilon)^2}{(d_e\phi)^2\varepsilon^3} + 1.75\frac{\rho\omega^2(1-\varepsilon)}{\phi d_e\varepsilon^3} \tag{5-47}$$

式中，第一项是摩擦阻力损失，第二项是运动阻力损失。高炉内气体以紊流状态运动，摩擦阻力损失比运动阻力损失小很多，故可忽略不计，得到式（5-48）：

$$\Delta p/H = 1.75\frac{\rho\omega^2(1-\varepsilon)}{\phi d_e\varepsilon^3} \tag{5-48}$$

当炉料没有显著变化时，ϕ、d_e可认为是常数。料层厚度H也可视为常数，所以$d_e\phi/(1.75H\rho)$可归纳为常数k，可得高炉内煤气流速ω与压力降Δp的关系：

$$\omega^2 / \Delta p = k \frac{\varepsilon^3}{1 - \varepsilon} \qquad (5\text{-}49)$$

由式 (5-49) 可知，$\dfrac{\omega^2}{\Delta p}$ 的变化代表了 $\dfrac{\varepsilon^3}{1 - \varepsilon}$ 的变化，ε 小于 1，所以 ε 的微小变化会

使 ε^3 变化很大，故 $\dfrac{\omega^2}{\Delta p}$ 能非常灵敏地反映炉料的透气性。

5.3.1.2 充液散料层的煤气流动阻力和渣铁滞留

在软熔带内由于矿石的软熔，$\Delta p / H$ 与软熔带内软熔层的宽度、高度以及矿石软熔前后的密度有关。一些研究者发表的成果不尽相同，例如有：

$$\Delta p / H = f_{\mathrm{b}} \frac{1}{\overline{d}_{\mathrm{p}}} \left(\frac{\rho \omega^2}{2\phi} \right) \left(\frac{1 - \varepsilon_{\mathrm{b}}}{\varepsilon_{\mathrm{b}}^3} \right) \qquad (5\text{-}50)$$

式中　ε_{b} ——软熔带中的空隙率，$\varepsilon_{\mathrm{b}} = 1 - \dfrac{\rho_0}{\rho_{\mathrm{p}}}$，$\rho_0$、$\rho_{\mathrm{p}}$ 分别为软熔时与软熔前的矿石层

　　　　　密度；

　　　f_{b} ——软熔带的阻力系数，$f_{\mathrm{b}} = 3.5 + 44\sigma^{1.44}$，$\sigma$ 为矿石层软熔实验时的收缩率

　　　　　（$\sigma = 1 - \dfrac{H}{H_0}$，$H$、$H_0$ 分别为软熔时与软熔前矿石层的厚度）；

　　　$\overline{d}_{\mathrm{p}}$ ——散料颗粒的平均直径，m；

　　　ϕ ——散料颗粒的形状系数。

软熔带的阻力很大，因为矿石层软熔后空隙度极小，因而煤气流绝大部分从软熔带之间的焦炭层穿过，在绕过软熔层时产生了横向流动。由于软熔带的结构和形状及焦炭层厚度等透气因素不同，使煤气流在软熔层中的分布发生很大的变化。

按照软熔带煤气横向流动的模型的试验结果，得到煤气流经软熔带的阻力损失也可以用如下公式表示：

$$\frac{\Delta p}{H} = K\rho \omega^2 \frac{B^{0.183}}{n^{0.46} h_c^{0.93} \varepsilon_c^{3.74}} \qquad (5\text{-}51)$$

式中　K——阻力系数；

　　　B——软熔层径向宽度；

　　　n——软熔带中焦炭的层数；

　　　h_c——焦炭窗的高度；

　　　ε_c——焦炭窗的空隙率。

由式 (5-51) 可知，焦炭窗的性质对软熔带的压力损失起决定性作用，软熔带内焦窗数目越多，焦炭层厚度和焦炭层的空隙度越大，阻力损失越小，煤气流通过越容易。所以增大焦炭批重以增加其厚度，改善焦炭强度，减少其在炉内的破碎和粉化以保持焦炭窗有较大的空隙率，对降低软熔带的阻力都是至关重要的；同时也要重视改善矿石的软熔性能，缩小软熔带的温度区间，减少软熔层的厚度和宽度。

此外，软熔带中包含的焦炭窗数目和软熔层的宽度等因素还与软熔带的形状、位置和大小有关。一般说来倒 V 形软熔带比 W 形的阻力损失要小，因为其包含的焦窗数目较多，

而且其径向流动是由内圆向外圆流动，空间较大。而 W 形软熔带则既有从内圆向外圆的流动，也有外圆向内圆的流动，流向的冲突也会增加阻力损失。但是倒 V 形软熔带根部的厚度不能太厚，否则会使边缘区的软熔层宽度和厚度增加，反而使阻力加大。同时倒 V 形软熔带的高度高，包含的焦炭窗数目多，形成的位置低，温度梯度大，软熔层的宽度和厚度缩小，都能减小阻力损失。由此，高炉软熔带的形状、焦炭批重以及保持高炉中心有一定的矿层厚度，形成狭窄范围的中心气流对强化冶炼有重要意义。

滴落带是由焦炭床组成的。液态渣铁成滴状在焦炭颗粒之间的空隙中滴落、流动和滞留。在滴落带的三相区内，上升煤气和下滴渣铁相向运动，而且共用一个通道，流过的渣铁及滞留的渣铁占据了一定的空隙，使得煤气通过的阻力增大。此时评估滴落带中的 $\Delta p/H$ 可采用焦炭空隙度扣除渣铁占有空隙（常用滞留率 h_z 表示）的空隙度时的欧根公式：

$$\frac{\Delta p}{H} = K_1 \frac{1 - \varepsilon_C + h_z}{d^2} \rho\omega + K_2 \frac{1 - \varepsilon_C + h_z}{d(\varepsilon_C - h_z)^3} \rho\omega^2 \qquad (5\text{-}52)$$

式中　h_z——焦炭层中渣铁滞留率；

　　　d——焦炭平均粒度 d_C 与渣铁液滴平均直径 d_1 两者的调和直径；

　K_1，K_2——透气阻力系数。

研究表明，渣铁液滴在焦炭层中的滞留率 h_z 与煤气流速 ω、渣铁液滴的密度 ρ、表面张力以及对焦炭的润湿性等特性有关，还与焦炭床的平均粒度和空隙率等特性有关。当上升气流流速加快时，渣铁液滴与气流相遇的摩擦力增加，使其下降速度减缓，滞留率增加，煤气流动阻力损失加大。当液滴下降力完全被气流浮力和摩擦力抵消时，液滴会停止下降，甚至反吹向上运动，即发生液泛现象。此时，煤气阻力损失急剧升高，导致顺行的破坏和高炉行程失常。

在高炉软熔带以下的滴落带内，下行的液态渣、铁与风口前形成的高温还原煤气逆向而流，形成气液两相流区域。气液两相逆向流动，其流体力学特性主要包括液体滞留量、载点、泛点和压降等。

液体滞留量是指在一定操作条件下，单位体积填料层内，空隙中积存的液体体积量。液体滞留量的大小是填料性能的重要参数，它对气体压降、液体的最大通量和多相间的传质都有影响。

液体流动的实验是在固定床中进行的，基本上仍可采用固定床的定义来分类。

在固定层中，颗粒表面、颗粒与颗粒之间、颗粒与壁面之间处于静止状态的液体，会随着移动层的颗粒下降，而作下降运动。其中一部分液体还为颗粒的移动提供了运动的能量，附在颗粒上下滴。因此，严格说来，在移动层中几乎不存在静止的液体，所以对固定层的分类不可能原封不动地运用，而沿用固定层的定义作如下分类：

（1）总液体体积（当连续供应液体时，填充层内存在的液体总体积，也就是供给液体量与排出液体量之差）。

（2）流动液体体积（在填充层内流动的液体体积，也就是停止供给液滴后，从填充层中排出的液体体积）。

（3）静止液体体积（在填充层内停留的液体体积，也就是在颗粒表面、颗粒与颗粒之间的间隙、颗粒与壁面间隙滞留的液体体积）。

把这些液体体积除以空塔的体积的值分别定义为总滞留量 h_t、动滞留量 h_d、静滞留量 h_s，以分率表示。

总滞留量用动滞留量与静滞留量之和表示：

$$h_t = h_d + h_s \tag{5-53}$$

总滞留量是指在一定的操作状况下，存留于填料层中的液体总量。静态滞留量是指当填料被充分润湿后，停止气液两相的进料，并经排液至无滴液流出时存留于填料层中的液体量。动态滞留量则为总滞留量与静滞留量之差，是填料塔停止气液两相进料时流出的液体量。填料床中液体滞留量的测量方法如图 5-13 所示。

不管气体流速如何变化，在所有情况下动态滞留量几乎不变。然而，总滞留量和静滞留量则不同，在流速低时没有明显变化，但流速超过某一速度值 $u_{g,L}$ 后开始增加。这个流速代表滞留点，在该气流流速下，也相应得到了一个稳定的压力损失与此转变点相一致。

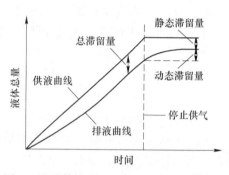

图 5-13　液体流入、流出量与滞留量的关系

当小颗粒的体积分数增加时，动滞留量增加。这是因为空隙变小和液体的流动阻力变大的缘故。然而，静液体滞留量显示出相反的趋势，静液体滞留量随空隙体积而变小。静态滞留量由液体的表面张力和重力决定，其他影响因素包括系统性质、填料表面积大小、表面特性以及液体在填料表面的润湿角。比表面积越大即填料尺寸越小，表面越粗糙，润湿角越大，静态滞留量越大。此外，还有部分液体是在毛细力作用下停滞于填料间的接触点处。

把静滞留量分为两个部分（静滞留量低于充滞点和静滞留量超过充滞点），并用实验条件表示：

$$h_s = h_{s0} = 3.7\mu_L^{0.08}\,\varepsilon^{4.8} \qquad (u_g \leqslant u_{g,L}) \tag{5-54}$$

$$h_s - h_{s0} = 0.082\varepsilon^{5.0}\rho_L^{0.1}\,\mu_L\,d_p^{-0.35}\,\mu_L^{-0.9}(u_g - u_{g,L}) \qquad (u_g > u_{g,L}) \tag{5-55}$$

动态滞留量与填料特性、系统性质和气液两相流量都有关系，一般动态滞留量比静态滞留量大，其中液体的流量对动态滞留量的影响最大，气体只是在载点以上才对动态滞留量产生显著影响。

动滞留量公式如下：

$$h_d = 0.15Re^{0.6}Ga^{-0.4}\varepsilon^{-3.2} \tag{5-56}$$

$$Re = \rho_L u_L d_p/\mu_L \tag{5-57}$$

$$Ga = \mu_L^2/(d_p^3 g_c \rho_L^2) \tag{5-58}$$

式中　d_p——平均颗粒直径，是以颗粒表面积和体积为基础的平均直径，m；

　　　ε——空隙率；

　　　u_L——液体的流动速度，m/s；

　　　ρ_L——液体的密度，kg/m³；

　　　μ_L——液体的黏度，Pa·s；

　　　g_c——重力加速度，m/s²。

在逆流操作的填料塔中，上升气体与下降液膜的摩擦阻力形成了填料层压降。填料床内气液的逆向流动状况，可以用气体通过填料床层所产生的压降随气体流速的变化关系进行描述。图 5-14 在双对数坐标中给出了在不同液体喷淋量下单位填料层高度的压降与空塔气速的定性关系。图中最右边的直线为无液体喷淋时的干填料，即喷淋密度 $L=0$ 时的情形，当气体通过填料床层时，随着气速的增大，气体压降亦随之增大，呈直线关系，此直线的斜率为 1.8~2.0，表明压降与空塔气速的 1.8~2.0 次方成正比。其余三条线为有液体喷淋到填料表面时的情形，并且从左到右喷淋密度递减，即 $L_3>L_2>L_1$。由于填料层内的部分空隙被液体占据，使气体流动的通道截面积减小，同一气速下，喷淋密度越大，压降也越大。对于不同的液体喷淋密度，各线所在位置虽不相同，但其走向是一致的，线上各有两个转折点，即图中 A_i、B_i 各点，A_i（A_1、A_2、A_3）点称为"载点"，B_i（B_1、B_2、B_3）点称为"泛点"。这两个转折点将曲线分成三个区域：

（1）恒滞留量区。这个区域位于 A_i 点以下，当气速较低时，气液两相间的交互作用比较弱，填料内液体的滞留量与气速无关，气体压降与气速成直线关系，且基本上与干填料线相平行。

（2）载液区。此区域位于 A_i 与 B_i 点之间，气液两相间的交互作用增强，上升气流与下降液体间的摩擦力开始阻碍液体顺畅下流，从而导致液体滞留量显著增加，填料空隙度大大减小，压降曲线的斜率开始上升。

（3）液泛区。此区域位于 B_i 点以上，当气体流速增大到 B_i 以上的区域后，气体压降随气体流速的增大剧增，液体将被托住而很难下流，填料床内液体迅速积蓄而产生液泛，此时对应的空塔气速称为泛点气速，通常认为泛点气速是填料塔正常操作气速的上限。

在泛点气速下，滞留量的增多使液相由分散相变为连续相，而气相则由连续相变为分散相，此时气体呈气泡形式通过液层，气流出现脉动，即发生液泛。如图 5-15 所示，根据液泛图将高炉下部的生产状况分为 3 个区域：可操作区、危险区和不可操作区。载点线以下为可操作区，在此区域内渣铁与煤气流动互不干扰，下部透气性和透液性好；载点线和泛点线之间为操作危险区，在此区域内渣铁流动受到煤气的阻碍，滞留量增加，这时操作条件的任何波动，如炉料圆周方向的不均匀分布、放渣出铁前后风量风温的变化等都有可能导致液泛的发

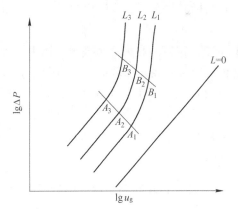

图 5-14 压降与空塔气速关系示意图

生；泛点线以上为不可操作区，在此区域内炉渣大量悬滞，不能正常下流，炉况失常。虽然考虑气-液两相逆流条件被破坏引起高炉行程失常的条件主要是考虑炉渣与煤气的相互作用关系，但由于煤气流速高，其压降主要来自于形体阻力，铁水的存在对气流通道的影响是不能忽略的，因而液泛图中液体的质量流量用炉渣和铁水的平均质量流量表示。

煤气流分布的不均匀性导致高炉下部不同位置的气渣流动状态不相同。回旋区上方透气性的恶化将使整个炉腹的透气性恶化，此区域的良好透气性是高炉长期稳定顺行的保证，一旦此区域内气-液两相相互作用增强，渣铁滞留量和压降显著增加，使液泛因子超

过了载点线，就认为高炉离开了安全操作区域，炉况随时可能变坏。以载点线上的各点作为高炉操作点的极限值，载点线与不同生产条件下稳定操作时的最大产量一一对应。

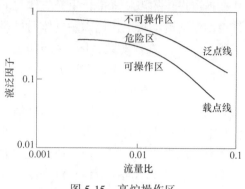

图 5-15　高炉操作区

当正常生产，不考虑临近出渣、出铁前被煤气吹到焦炭层中积累的渣量时，滞留在焦炭中的渣量只相当于焦炭空隙体积的 3%~4%，这时气-液两相逆流运动可以互不干扰，对高炉冶炼过程也不会带来不利的影响。但在高炉炉况失常时，如炉渣过黏，渣量过大或气流速度增加过快等，都可能导致焦层中积累大量的炉渣。这时气-液两相逆流平衡条件被破坏，就可能出现炉渣不但不向下流动，反而被气流吹向上部的故障，即液泛现象。尽管导致液泛的原因很多，但最终表现为煤气压力损失增大，渣铁流动变得困难，甚至造成下部悬料的严重后果。

生产上既能保持炉况顺行，又能获得良好的操作指标，即获得低的燃料比、高的利用系数以及维持合适的煤气速度的措施是：

（1）提高炉顶压力，即采用高压操作。炉顶压力提高以后煤气实际体积收缩，煤气实际流速降低。在现代大型高炉上，风温高达 1200~1280℃，高风温使煤气实际体积比标准状态时增大 4 倍以上。但是提高炉顶压力到 250~300kPa（表压）后，使煤气体积缩小至原来的 1/4，因此现代大型高炉上（风温 1200~1280℃，顶压 250~300kPa）实际煤气体积与标准状态下的体积相差不大，实际煤气速度比低炉顶压力的中小高炉低，从而单位高度上的 Δp 降低，高炉更顺行。

（2）富氧。高炉富氧鼓风使风中氧含量由大气鼓风中的 21% 左右提高到 25%~35%。这样风口前燃烧同样数量的燃料所产生的煤气量减少，煤气流速也降低。

（3）精心操作。先进的布料技术和合理煤气流分布技术的应用，使煤气利用改善，炉顶煤气的 η_{CO} 达到 0.5 以上，使燃料比降到 500kg/t 以下，有的达到 450kg/t，单位生铁的风耗降到 1000m³ 以下。风耗的降低使产生的煤气量大幅度减小，相应地，炉内煤气速度也降低。

5.3.2　热量传输在高炉冶炼中的应用

高炉炼铁属于火法冶金，它需要高温热量来保证。热量的来源主要是燃料在风口前燃烧成 CO 和 H_2 放出的热量，由形成的煤气作为载体向上运动，在煤气与炉料相向运动中进行热量传输。传热的好坏决定着高炉炼铁的炉况及其生产指标。最为重要的是以下两个方面：软熔带的形状和位置；高炉热状态，特别是起决定作用的炉缸热状态。

高炉炼铁取样和停炉解剖调查研究表明，以料批形式加入炉内的炉料按装料顺序形成矿焦分层状态，活塞式地向下运动。随着炉料下移，其受上升煤气加热，温度升高，矿石逐渐被还原、软化、熔融，直至完全融化形成液态炉渣和铁液，它们积聚而往下滴落，穿过焦柱进入炉缸。这样可将高炉料柱分为矿石和焦炭保持固体的块状带、仍保持固体的焦炭层与从软化到熔融的矿石软熔层相间组成的软熔带、液态渣铁穿过焦柱的滴落带。这是高炉炼铁过程的普遍规律，软熔带的形成受多种因素的影响，但主要是矿石的软熔性能和上升煤气对炉料的加热状况。生产实践和研究都表明，相同软熔性能的矿石，甚至同一种矿石，在炉内形成不同形状的软熔带（V形、W形和Λ形，见图5-16）且其位置也不尽相同，这是由于传质（还原中氧的传输）和传热起了决定性作用。

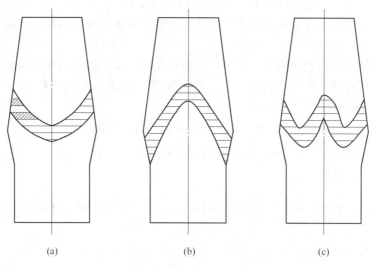

图 5-16　高炉软熔带的三种类型
(a) V形；(b) Λ形；(c) W形

　　生产实践表明，Λ形软熔带是最好的一种软熔带形式，煤气量分布最合理。这种形态促进中心气流发展，有利于活跃、疏松中心料柱，使燃料带产生大量煤气，易于穿过中心焦炭料柱，并横向穿过焦窗，然后折射向上，从而使高炉压差降低。同时改善了煤气流的二次分布状况，增加了煤气流与块状带矿石的接触面和时间，加速了传热、传质过程。矿石还原、加热好，既保持了高炉顺行，也改善了煤气能量利用，使高炉生产指标最好（η_{CO}可高达 0.5 以上，燃料比低于 500kg/t）。此外，由于中心气流发展，边缘气流相对减弱，可减轻炉衬的热负荷和冲刷作用，有利于形成稳固的渣皮，既能减轻炉衬的热负荷，减少热损失，又能保护炉衬，延长高炉寿命。

　　V形软熔带是较差的一种形式，边缘气流过分发展，中心气流过重（与Λ形软熔带相反），在这种情况下，中心堆积，料柱紧密，透气性差；大量煤气从边缘通过，减少了煤气与矿石的接触，间接还原不好，直接还原增加，煤气流的化学能和热能都利用不好（$r_d>0.6$，$\eta_{CO}=0.3\sim0.35$，炉顶温度高于 350℃），燃料比高；同时，高温煤气流对炉墙的破坏作用增加，高炉寿命短（一代炉龄为 3~5 年）。W形软熔带介于V形和Λ形之间，它能保持高炉顺行，同时在一定程度上改善煤气能量利用，但不能满足进一步强化和降低燃耗的要求。

　　针对生产中如何判别高炉软熔带形状和位置的问题，研究者提出了很多模型，他们都是以传输理论建立的，有的从温度场出发，根据炉内温度分布，通过确定不同等温线来确定整个软熔带的形状和位置；有的从压力场出发，通过高炉高度上静压力的变化来确定整个软熔带形状的压力逐层模拟。

宝钢 2 号高炉 1991 年引进日本川崎软熔带模型，2000 年对模型相关检测设备进行了修复，并根据高炉大喷煤操作工况对模型作了较大改进。该模型以炉顶十字测温半径方向温度分布和炉身探测器径向煤气成分作为模型计算的最基本输入数据，高炉原燃料成分、固体和气体比热容及各种化学反应热等常数由人工输入，生产操作数据由过程计算机自动采集。模型把高炉半径沿轴向分成 7 个同心圆筒，通过对每个圆筒作物料平衡和热平衡计算，求得最佳料速，以计算出此时各分割区的生铁生成量、焦炭消耗量、煤气流速和溶损碳量等参数，然后求得 700℃ 、800℃ 、…、1200℃ 、1400℃ 对应的高度 Z，再经作图得到不同温度固体和气体的等温线。固体炉料 1200℃ 与 1400℃ 等温线区间即为推定的高炉软熔带。从料线开始，在高炉高度 Z 上的温度分布通过解以下方程得出：

950℃ 以下低温区：

$$\begin{cases} d(W_g \cdot T)/dZ = HV1 \times S(T - t) \\ d(W_S \cdot T)/dZ = HV1 \times S(T - t) \end{cases} \tag{5-59}$$

950℃ 以上高温区：

$$\begin{cases} \dfrac{d(W_g \cdot T)}{dZ} = HV2 \times S(T - t) + (1 - \beta) \times \Delta H \times R \times S - C_S \cdot R \cdot S \cdot t \times \dfrac{M_C + M_O}{M_C} \\[2mm] \dfrac{d(W_S \cdot T)}{dZ} = HV2 \times S(T - t) + \beta \times \Delta H \times R \times S - C_S \cdot R \cdot S \cdot t \times \dfrac{M_C + M_O}{M_C} \\[2mm] \dfrac{dG_G}{dZ} = -\dfrac{M_C + M_O}{M_C} \times R \times S \\[2mm] \dfrac{dG_S}{dZ} = -\dfrac{M_C + M_O}{M_C} \times R \times S \end{cases}$$

$$\tag{5-60}$$

式中　Z——自料面起向下垂直方向的距离，m；

　　　$HV1$——950℃ 以下煤气-固体热传导系数，kJ/(m³·h·℃)；

　　　$HV2$——950℃ 以上煤气-固体热传导系数，kJ/(m³·h·℃)；

　　　T——固体炉料温度，℃；

　　　t——气体温度，℃；

　　　S——分割区截面积，m²；

W_g，W_S——分别为气体和炉料的热容量，kJ/(h·℃)；

　　　ΔH——碳溶反应热，kJ/kg；

　　　β——溶损反应热自固体夺走的比例，%；

G_g，G_S——分别为气体和炉料的流量，m³/h，kg/h；

M_O，M_C——分别为氧和碳的摩尔质量，g/mol；

　　　R——FeO+C ═Fe+CO 碳溶反应速度，kgC/(m³·h)。

确保炉喉十字测温仪和炉身探测器的正常使用及其检测数据的准确，是软熔带模型正常运行和可靠推定的基本条件。炉身探测器不能正常动作和其采样点煤气成分异常是影响应用软熔带模型的主要原因。2 号高炉于 2000 年率先解决了炉身探测器机械和仪表系统的故障等难题，为模型恢复应用奠定了基础。

模型在宝钢2号高炉得到很好的应用。以十字测温、W（边缘煤气流指数）值、炉喉钢砖温度等判断边缘气流偏强时，模型推定显示软熔带根部位置较高（如图5-17所示）。通过用矿石加重边缘，结果根部位置下降，边缘煤气流明显减弱，W值、炉体热负荷及炉喉钢砖温度逐步下降。2号高炉较长时间以来，煤气利用率较低、入炉总燃料比另两座高炉高。模型计算结果相关分析表明，随软熔带根部位置上升，热流比下降，由此导致顶温升高、CO利用率下降。边缘煤气流较强、软熔带根部位置偏高是造成此状况的主要原因。控制边缘煤气流，降低软熔带根部位置，还可明显降低炉体热负荷，降低燃料比。

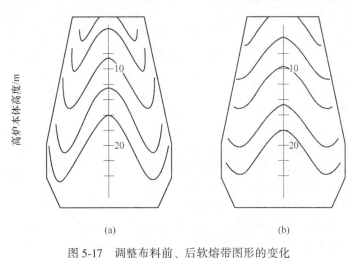

图5-17　调整布料前、后软熔带图形的变化

（a）调整布料前；（b）调整布料后

5.4　小　　结

本章主要介绍了煤气流经固体散料层、充液散料层的动量传输特征以及逆流运动中散料有效质量及炉料下降的条件，分析了动量传输现象对高炉顺行的影响，结合传热方程描述了炉内高度方向上的温度场分布，引用水当量概念分析了炉内热交换状态，讨论了软熔带模型的应用等。本章的重点、难点主要有：高炉相关流体力学参数的基本概念，分析固体散料层流体力学现象、逆流运动中散料的有效质量时欧根方程、杨森公式的作用及其应用条件，高炉发生悬料的原因，避免高炉下部发生液泛现象的技术措施，水当量的基本概念，应用水当量分析炉顶温度、铁水温度的影响因素，软熔带的形成机理及其形状、位置的影响因素。

参考文献和建议阅读书目

[1] 盖格 G H，波伊里尔 D R. 冶金中的传热传质现象［M］. 俞景禄，等译. 北京：冶金工业出版社，1981.

[2] Gerdon, Breach, Blast Farnace：Theory and Practice［M］. Science Publishers，1969.

[3] 斧胜也. 高炉软化熔融带的反应及研究. 阿日棍等译. 包头钢铁公司资料，1980，57.

[4] 巴广君. 高炉软熔带形态研究［J］. 钢铁研究学报，1998，10（5）：1~5.

[5] 项钟庸，王筱留. 高炉设计——炼铁工艺设计理论与实践 [M]. 北京：冶金工业出版社，2007.

[6] 项钟庸. 强化高炉冶炼的气体动力学研究 [J]. 钢铁技术，2008 (5)：6～18.

[7] 熊玮. 高炉下部气液两相逆流流体力学特性的研究 [D]. 武汉：武汉科技大学，2005.

[8] 熊玮，毕学工. 高炉下部气体动力学条件与产量优化 [J]. 钢铁研究学报，2007，19 (7)：9～13.

[9] 王筱留. 钢铁冶金学（炼铁部分）[M]. 北京：冶金工业出版社，1991.

[10] 徐万仁，顾实林，李肇毅. 软熔带模型在宝钢 2 号高炉上的应用 [J]. 钢铁，2002，37 (8)：14～17.

[11] 徐万仁. 数学模型在宝钢高炉操作中的应用 [J]. 炼铁，2005，24 (B09)：80～87.

习题和思考题

5-1 传输过程在高炉反应中有何重要性？

5-2 煤气在炉内的分布及其运动状态与高炉作业中的还原、传热及炉料运动等有何关系？

5-3 煤气在散料层中运动时，分析影响其 $\Delta p/H$ 值的因素。

5-4 何谓透气性指数？并对各种入炉料的透气性进行比较。

5-5 从理论上来讲，决定散料体空隙度（ε）的因素有哪些？

5-6 给出炉料颗粒形状因子的定义。此值与造成煤气的 $\Delta p/H$ 有何关系，为什么？

5-7 试述高炉中发生悬料的机理（分上部、下部悬料）。

5-8 试分析流体流量比 K 及液泛因子 f 的物理意思，并由此导出如何以这两个参数的关系表示液泛现象的规律。

5-9 试述高炉高度方向上的温度分布特征。

5-10 试述水当量的定义及其在高炉高度方向上的变化特征，并以此分析影响高炉炉顶煤气温度、炉缸渣铁温度的因素。

5-11 高炉内三种传热方式各自进行的条件如何，在不同条件下哪一种方式为控制环节？

5-12 总体来讲，何种传热方式是高炉中传热过程的主导因素，据此如何改善传热过程，又应考虑什么其他问题？

5-13 软熔带的成因及结构如何，其形状和位置对煤气运动状态及高炉中其他过程有何影响，如何监测及调节软熔带的形状和位置？

6 高炉冶炼过程能量利用

[本章提要]

本章主要讲述了高炉冶炼过程中的能量利用指标、高炉能量利用计算分析、高炉能量利用图解分析。其中，高炉冶炼过程中的能量利用指标包括燃料比、焦比、综合焦比、直接还原和间接还原发展程度、碳在高炉内的氧化程度或利用程度、高炉内热能利用程度等；高炉能量利用计算分析则主要列举生产高炉和设计高炉的物料平衡和热平衡计算、理论焦比计算；高炉能量利用图解分析则以冶炼过程中的主要物理化学反应和传输现象为基础，通过简单计算，以图示出铁的直接还原度与碳消耗图解、里斯特操作线图解、理查特区域热平衡图解，使生产者和研究者能够直观地看出冶炼结果并进一步改善能量利用的潜力。

6.1 高炉冶炼过程能量利用概述

6.1.1 高炉冶炼过程的能量来源

高炉冶炼过程的能量主要来自燃料和用以燃烧燃料的鼓风。

到目前为止，高炉使用的燃料主要是焦炭，尽管已对几十种补充燃料（煤粉、重油、天然气、焦炉煤气等）进行了试验和使用，以代替焦炭，但是能够代替的数量还是很有限的，充其量在50%左右。

众所周知，焦炭在高炉内起着三个主要作用：

（1）发热剂：冶炼所需热量的提供者。

（2）还原剂：氧化物还原所需还原剂的提供者。

（3）料柱骨架：高炉内料柱透气性的保证者。

显然，在分析高炉冶炼的能量利用时，应当在这三个方面全面研究能量降低的途径。目前在焦炭的第一、二两个作用上研究较多，而且取得良好结果，对第三个作用的研究正在深入。从燃料角度分析节约能量有两个方面：一是节约焦炭消耗；二是改善燃料（焦炭和喷吹燃料）作为热量和还原剂提供者放出的能量的利用程度。

高炉冶炼的另一个重要能源是鼓风，它具有两种能量：一是风机提供给它的压力能（以风压形式显示）；二是以风温形式表现的热能。在以风温形式表现的热能的利用方面已有了较多的分析研究，而鼓风的压力能在通过高炉料柱损耗一部分后到达炉顶，以炉顶煤气压力形式表现出的能量利用研究较少。近年来，国内外利用炉顶煤气压力进行余压发电取得了相当大的进展，但是这种压力能的利用必须在炉顶煤气压力达到或超过0.12MPa

表压时才能实现，那些低于此值的炉顶煤气压力能仍然浪费在高压阀组上。

目前，国内外高炉冶炼过程已强化到相当程度，因而其节能的重要方面是二次能量的利用。炉顶煤气作为气体燃料使用已久，但还有许多热能，例如炉渣和铁水的显热等，有待开发利用。本章由于篇幅的限制，只分析燃料和鼓风显热的利用。有关二次能量利用的内容可在相应的选修课程及参考书中学习。

6.1.2　高炉冶炼过程的能量利用指标

从热能和还原剂利用角度分析，用以表示高炉冶炼能量利用的指标有燃料比、焦比、直接还原或间接还原发展程度、碳的热能利用系数和有效热能利用程度，以及氢利用率等。

6.1.2.1　燃料比

冶炼单位铁水消耗的干焦和喷吹燃料量，单位为 kg/t。

6.1.2.2　焦比、综合焦比

冶炼单位铁水消耗的干焦量，单位为 kg/t。

通常，为比较不同高炉的焦炭消耗，将喷吹燃料折算成干焦量，与实际干焦量之和称为综合焦比或折算焦比，单位也为 kg/t。

6.1.2.3　直接还原和间接还原发展程度

直接还原和间接还原发展程度的表示方法有以下三种：

（1）铁的直接还原度 r_d。前苏联 M. A. 巴甫洛夫定义的直接还原度，即从 Fe_xO 中以直接还原方式还原的铁量与全部被还原的铁量之比：

$$r_d = \frac{w(Fe)_d}{w(Fe)_{还}} = \frac{56w(C)_{dFe}}{12w(Fe)_{还}} = \frac{56w(C)_{dFe}}{12(w(Fe)_{铁} - w(Fe)_{废})} = \frac{w(O)_{dFeO \to Fe}}{w(O)_{FeO \to Fe}}$$

$$= \frac{w(O)_{d还} - w(O)_{dSi,Mn,P,S}}{w(O)_{FeO \to Fe}} \tag{6-1}$$

（2）高炉冶炼的直接还原度 R_d，即氧化物还原过程中，直接还原方式夺取的氧量与还原夺取的总氧量之比：

$$R_d = \frac{w(O)_{d还}}{w(O)_{还总}} = \frac{w(O)_{dFeO \to Fe} + w(O)_{dSi,Mn,P,S}}{w(O)_{还总}} \tag{6-2}$$

（3）高炉冶炼的总直接还原度 $\overline{R_d}$，即炉料中氧转入煤气过程中，直接还原方式夺取的总氧量（包括熔剂中碳酸盐高温区分解出来的 CO_2 参与熔损反应被 C 还原和炉料结晶水在高温区分解参与水煤气反应被 C 还原）与炉料气化的总氧量之比：

$$\overline{R_d} = \frac{w(O)_{d总}}{w(O)_{气总}} = \frac{w(O)_{d还} + \psi_{CO_2}w(O)_{熔气} + \psi_{H_2O}w(O)_{H_2O化}}{w(O)_{还总} + w(O)_{熔气} + \psi_{H_2O}w(O)_{H_2O化} + w(O)_{焦挥}} \tag{6-3}$$

由于上述指标表达式的分母为直接还原和间接还原出来的铁的总量，或为还原过程夺取的氧的总量，或为气化氧的总量，所以直接还原和间接还原指标的总和是 1。这样相应的间接还原指标为：

$$r_i = 1 - r_d = \frac{w(Fe)_i}{w(Fe)_{还}} = \frac{w(O)_{FeO \to Fe} - w(O)_{dFeO \to Fe}}{w(O)_{FeO \to Fe}} \tag{6-4}$$

$$R_i = 1 - R_d = \frac{w(O)_i}{w(O)_{还总}} = 1 - \frac{w(O)_{d还}}{w(O)_{还总}} \tag{6-5}$$

$$\overline{R_i} = 1 - \overline{R_d} = \frac{w(O)_i}{w(O)_{气总}} = 1 - \frac{w(O)_{d总}}{w(O)_{气总}} \tag{6-6}$$

通过高炉还原反应过程中氧传输量的关系，上述三种指标可用下列关系式联系起来：

$$R_d = (r_d \cdot w(O)_{FeO \to Fe} + w(O)_{dSi, Mn, P, S})/w(O)_{还总} \tag{6-7}$$

$$R_d = \overline{R_d}[1 + (w(O)_{熔气} + \psi_{H_2O}w(O)_{H_2O化} + w(O)_{焦挥})/w(O)_{还总}] - \\ (\psi_{CO_2}w(O)_{熔气} + \psi_{H_2O}w(O)_{H_2O化})/w(O)_{还总} \tag{6-8}$$

$$\overline{R_d} = R_d[1 - (w(O)_{熔气} + \psi_{H_2O}w(O)_{H_2O化} + w(O)_{焦挥})/w(O)_{气总}] + \\ (\psi_{CO_2}w(O)_{熔气} + \psi_{H_2O}w(O)_{H_2O化})/w(O)_{气总} \tag{6-9}$$

式中　$w(Fe)_d$——冶炼单位铁水从 Fe_xO 中直接还原的 Fe 量，kg/t；

$w(Fe)_i$——冶炼单位铁水从 Fe_xO 中间接还原的 Fe 量，kg/t；

$w(C)_{dFe}$——冶炼单位铁水从 Fe_xO 中直接还原 Fe 所消耗的碳量，kg/t；

$w(Fe)_还$——冶炼单位铁水从炉料中还原的铁量，kg/t；

$w(Fe)_铁$——铁水中的铁量，即冶炼单位铁水的总铁量，kg/t；

$w(Fe)_废$——冶炼单位铁水炉料中加入的废铁量，这样 $w(Fe)_还 = w(Fe)_d + w(Fe)_i = w(Fe)_铁 - w(Fe)_废$，kg/t；

$w(O)_{d还}$——冶炼单位铁水氧化物还原过程中直接还原夺取的氧量，kg/t；

$w(O)_{FeO \to Fe}$——冶炼单位铁水从 Fe_xO 还原到 Fe 夺取的全部氧量，kg/t；

$w(O)_{dFeO \to Fe}$——冶炼单位铁水从 Fe_xO 还原到 Fe 直接还原夺取的氧量，kg/t；

$w(O)_{dSi, Mn, P, S}$——冶炼单位铁水从 SiO_2、MnO、P_2O_5中直接还原出 [Si]、[Mn]、[P] 和炉渣脱硫时夺取的氧量，kg/t；

$w(O)_{还总}$——冶炼单位铁水氧化物还原过程中夺取的总氧量，kg/t；

$w(O)_{d总}$——冶炼单位铁水以直接还原方式夺取的总氧量（包括碳酸盐高温区分解出的 CO_2 参与熔损反应被 C 还原、炉料结晶水在高温区分解参与水煤气反应被 C 还原），kg/t；

$w(O)_i$——冶炼单位铁水以间接还原方式夺取的氧量，kg/t；

$w(O)_{气总}$——冶炼单位铁水炉料氧转入煤气过程中气化的总氧量，kg/t；

$w(O)_{熔气}$——冶炼单位铁水从熔剂的碳酸盐中分解出的 CO_2 中的氧量，kg/t；

$w(O)_{H_2O化}$——冶炼单位铁水从炉料（生矿、熔剂）的结晶水分解出的 H_2O 中的氧量，kg/t；

ψ_{CO_2}——熔剂中的碳酸盐在高温区的分解率，亦即分解出的 CO_2 被 C 还原参与熔损反应的比率，此值 $\psi_{CO_2} \approx 50\% \sim 70\%$，通常取 0.5；

ψ_{H_2O}——炉料（生矿、熔剂）的结晶水在高温区的分解率，亦即分解出的 H_2O 被 C 还原参与水煤气反应的比率，此值 $\psi_{H_2O} \approx 30\% \sim 50\%$，通常取 0.3；

$w(O)_{焦挥}$——冶炼单位铁水从焦炭挥发分放出的 CO 和 CO_2 而直接进入炉顶煤气的氧量，kg/t。

6.1.2.4 燃料中碳在高炉内的氧化程度和利用程度

表示碳在高炉内氧化或利用情况的指标如下：

(1) 炉顶煤气中 CO_2 与 CO 的比值 m：

$$m = \varphi(CO_2)/\varphi(CO) \tag{6-10}$$

m 值一般为 $0.7\sim1.0$。m 值大，煤气中 CO_2 相对多，说明煤气利用率高；m 小，说明煤气利用率低。但当高炉加生熔剂（石灰石）时，这时 CO_2 高，m 值并不能完全表征实际煤气利用率。

(2) CO 利用率（化学能利用率）η_{CO}：

$$\eta_{CO} = \frac{\varphi(CO_2)}{\varphi(CO) + \varphi(CO_2)} = \frac{m}{1+m} \tag{6-11}$$

η_{CO} 值一般为 $0.4\sim0.5$，η_{CO} 值越大，说明煤气利用越好。

(3) 碳的热能利用系数 η_C：

$$\eta_C = \frac{2340(w(C) - w(C)_{CO_2}) + 7980w(C)_{CO_2}}{7980w(C)} = \frac{9791(w(C) - w(C)_{CO_2}) + 33388w(C)_{CO_2}}{33388w(C)}$$

$$= 0.2932 + 0.7068\frac{w(C)_{CO_2}}{w(C)} = 0.293 + 0.707\eta_{CO} \tag{6-12}$$

η_C 值一般在 0.6 左右。η_C 值越大，说明高炉中碳的热能利用率越高。

式中 $\varphi(CO)$，$\varphi(CO_2)$ ——炉顶煤气中 CO 和 CO_2 的体积分数，%；

            $w(C)$ ——冶炼单位铁水消耗的碳量，kg/t；

            $w(C)_{CO_2}$ ——冶炼单位铁水气化成 CO_2 的碳量，kg/t。

6.1.2.5 高炉内热能利用程度 η_t

高炉内热能利用程度定义如下：

$$\eta_t = \frac{生产单位生铁的有效热消耗}{热量总收入} \tag{6-13}$$

η_t 值一般在 $0.85\sim0.95$ 之间。η_t 值越大，说明高炉中热能利用率越高。

6.1.2.6 氢利用率 η_{H_2}

喷吹大量含氢补充燃料以后，能量利用指标中又使用了类似于 CO 利用率的指标——氢利用率 η_{H_2}：

$$\eta_{H_2} = \frac{V_{H_2O还}}{V_{H_2} + V_{H_2O还}} \tag{6-14}$$

式中 V_{H_2} ——冶炼单位铁水高炉炉顶煤气的 H_2 的体积（指标准状态下的体积，下同），m^3/t；

           $V_{H_2O还}$ ——冶炼单位铁水 H_2 间接还原 FeO 生成的还原 H_2O 的体积，m^3/t。

正如在第 4 章还原过程一节中分析的那样，进入间接还原区煤气中 H_2 和 CO 比值一定时，各种因素对 η_{CO} 和 η_{H_2} 的影响方向是一样的，而且高炉内存在着接近于平衡的水煤气置换反应

$$H_2 + CO_2 =\!=\!= H_2O + CO$$

在调节，因此 η_{H_2} 与 η_{CO} 之间有一定的比值关系。例如德国鲍格丹蒂（Bogdandy）的经验式为：

$$\frac{\eta_{H_2}}{\eta_{CO}} = 0.88 + \frac{1}{\eta_{CO}} \qquad (6\text{-}15)$$

前苏联巴巴柳金的经验式为：

$$\frac{\eta_{H_2}}{\eta_{CO}} = 1.41 - 1.07\eta_{CO} \qquad (6\text{-}16)$$

总的来说，这个比值在 0.9~1.1 的范围内，η_{CO} 越低，焦比越高，这个比值越高。

6.1.3 能量利用分析方法

高炉冶炼过程能量利用分析方法包括生产上的直观分析方法、简易计算方法和技术研究部门的计算分析方法和图解分析方法。

在高炉生产中，值班工长通过直觉观察和简易计算进行分析，包括观察炉顶煤气温度、煤气中 CO_2、CO 含量的变化，也可以使用上述公式进行高炉燃料比、焦比、η_{CO}、η_{H_2} 的简易计算，通过观察和计算比较这些指标的变化来分析高炉热能和化学能利用情况。分析过程简单方便，但难以看出各操作参数对高炉能量利用的影响情况。

对于技术和研究部门，要深入详尽地分析研究高炉能量利用情况，则需采用计算分析方法和图解分析方法。计算分析方法包括物料平衡计算、热平衡计算、直接还原度计算和理论焦比计算，图解分析方法则有巴甫洛夫直接还原度图解、里斯特（Rist）操作线图解、里查特（Reichardt）区域热平衡图解，以及操作线和区域热平衡联合图解等。分析过程复杂繁琐、计算工作量大，但能研究高炉的能量利用和消耗分配情况，寻找出改善能量利用的途径，目前几乎所有计算工作可用计算机程序来解决。

计算、图解分析方法的好处与目的在于：（1）能研究高炉能量消耗分配，寻找进一步改善能量利用的途径；（2）分析高炉采用某些新技术措施（如高风温、富氧、喷吹、综合鼓风等）时，能预测冶炼效果，得出最适应的冶炼制度；目前这一方法可采用计算机程序进行自动计算，能得出控制参数变化量供操作者调节参考。（3）对新建高炉，能提供本体设计、设备选型、运输和动力平衡的依据。

目前高炉冶炼过程能量利用计算分析已包括在役生产高炉的计算和新建设计高炉的计算。前者是已知高炉炉顶煤气成分而计算；后者是通过参照相应生产高炉选定直接还原度而计算炉顶煤气成分以及其他指标等。

6.2 高炉冶炼过程能量利用计算分析

为分析高炉冶炼过程的能量利用程度，人们常通过计算方法确定实际的燃料比、焦比、η_{CO}、η_{H_2} 等。为深入分析又通过物料平衡和热平衡计算、直接还原度计算、理论焦比计算，乃至各种因素对焦比影响的计算来发现问题，寻求进一步改善能量利用的途径。在高炉采用某些技术措施（例如高风温、富氧、喷吹各种燃料）时，用相当准确的计算可预测冶炼效果，从而可拟定出最适宜的冶炼制度。而且将计算过程编为计算机语言存入计算机，随着冶炼的进行，可计算出一些控制高炉冶炼的参数供操作者调节高炉参考。对于新建高炉来说，这种计算的结果乃是高炉本体及附属设备设计和选型的重要依据，也是钢铁企业运输和动力平衡的依据。计算过程普遍以冶炼单位质量铁水为计算基础，比如 1t 铁水、100kg 铁水、1kg 原子铁等。

6.2.1　计算分析内容

高炉的物料-热平衡计算是根据生产的原始数据和炉内进行的物理化学反应和变化进行计算的。对于在役生产高炉和新建设计高炉，计算的原理是一样的，都是基于物质不灭定律和能量守恒原理，但计算的方法或过程则有不同，主要是它们各自假定已知原始数据是不同的，如表 6-1 所示。

表 6-1　高炉能量利用计算分析内容

项　目	生产高炉的计算	设计高炉的计算
计算依据 （已知条件）	生产的原始数据 （1）原燃料的化学成分全分析和消耗量； （2）冶炼产品（包括炉尘）数量及其成分； （3）鼓风参数； （4）各种实测生产数据：数量和温度	给定的原燃料条件和预定的冶炼参数 （1）原燃料和炉尘的化学成分全分析； （2）冶炼铁水品种、成分，炉渣碱度要求； （3）鼓风参数； （4）冶炼工艺参数选择：元素在铁、渣和煤气中的回收率；焦比、喷吹燃料比、炉渣碱度和 r_d
计算内容	（1）各元素在铁、渣、炉尘和炉顶煤气中的分配情况、回收率和铁损等； （2）渣量、煤气量、实际风量和漏风率； （3）直接还原度和 H_2 参与还原反应的情况； （4）热量消耗利用的合理性、碳的热能和高炉内热能利用程度； （5）理论焦比和各种因素对焦比影响的数值分析等	（1）单位铁水的原燃料消耗量——配料计算； （2）冶炼产品的成分和数量； （3）鼓风量； （4）煤气量及其成分； （5）通过热平衡联立求解焦比。 实际计算中，先根据经验选定 r_d 和焦比、喷吹燃料比计算物料平衡，然后计算热平衡以检查 r_d 和焦比选定的合理性

6.2.2　生产高炉的计算

如表 6-1 所示，生产高炉的物料-热平衡计算是根据生产的原始数据：原燃料的化学成分全分析、消耗量、鼓风参数和冶炼产物（包括铁水、炉渣、煤气、回收铁、炉尘等）的数量和化学成分分析等进行的，计算确定：

（1）炉渣数量；

（2）各元素在铁水、炉渣、炉尘和炉顶煤气中的分配情况；

（3）高炉炉顶煤气量；

（4）进入高炉的实际风量和送风系统中的风量损失；

（5）直接还原消耗碳量和直接还原发展程度；

（6）氢参与还原的情况；

（7）高炉内碳和热能的利用情况；

（8）理论焦比和各种因素对焦比影响的数值等。

6.2.2.1 物料平衡计算

计算分析的可靠性在于计算方法是否科学和准确，原始资料是否准确，实测或根据生产经验选定的数据是否符合实际等。在生产中产生误差较大的是原燃料的成分分析和实际产量与生产统计产量有差别。所以在进行物料平衡计算前要注意原燃料成分的调整和铁水损耗的确定，有些需要进行多次实测，例如各种磅秤的误差。在我国由于上述原因，常将各元素平衡计算改为焦比校正、矿石和熔剂单耗的验算，然后再以校正和验算所得消耗量作为平衡计算的依据。另一种处理方法是，为了在计算中直接使用生产过程中收集到的实际数据，使得计算的结果与实际数值更接近，并免去焦比校正的繁琐过程，常在产品中增加一假想项——"回收铁"项，亦即生产中损耗的铁。回收铁量可通过厂内铁损调查得到，也可通过铁平衡方程估算出，一般视其成分与铁水成分相同，也可以另定成分。

A 渣量计算

任何进入炉渣的金属氧化物都可以通过其平衡计算渣量，但是以在高炉内既不气化升华进入煤气，又不还原进入铁水，而且化验时误差又极小的氧化物为最好。这样，简单而又较准确的方法是按氧化钙质量平衡计算：

$$u = (w(CaO)_料 - w(CaO)_尘)/w(CaO) \qquad (6-17)$$

由于高炉渣中四大组元（$CaO + SiO_2 + MgO + Al_2O_3$）成分之和占 95% 以上，因此，按（氧化钙+氧化硅+氧化镁+氧化铝）之和的质量平衡计算应更为准确：

$$u = \left\{ (w(CaO)_料 + w(SiO_2)_料 + w(MgO)_料 + w(Al_2O_3)_料) - \left[w(CaO)_尘 + w(SiO_2)_尘 + \right.\right.$$
$$w(MgO)_尘 + w(Al_2O_3)_尘 + (1000 + W_{回收铁}) \times \frac{60}{28} w[Si] \Big] \Big\} / (w(CaO) + w(SiO_2) +$$
$$w(MgO) + w(Al_2O_3)) \qquad (6-18)$$

式中，$w(CaO)_料$、$w(SiO_2)_料$、$w(MgO)_料$、$w(Al_2O_3)_料$ 分别为炉料带入 CaO、SiO_2、MgO、Al_2O_3的总量，kg/t；$w(CaO)_尘$、$w(SiO_2)_尘$、$w(MgO)_尘$、$w(Al_2O_3)_尘$ 分别为炉尘带走的 CaO、SiO_2、MgO、Al_2O_3的量，kg/t；$w(CaO)$、$w(SiO_2)$、$w(MgO)$、$w(Al_2O_3)$ 分别为炉渣中 CaO、SiO_2、MgO、Al_2O_3的质量分数，%；$W_{回收铁}$ 为回收铁量，即生产过程中损耗的铁量，kg/t；$w[Si]$ 为铁水中 Si 的质量分数，%。

为公式表达和计算准确方便，本章对于物料中的成分含量采取统一方式书写，如某物料中 X 成分含量为 x%（即为质量分数或体积分数），则写为 $w(X) = x\%$、$w(X)_\% = x$，或 $\varphi(X) = x\%$、$\varphi(X)_\% = x$。例如铁水中碳含量为 4.50%，记 $w[C] = 4.50\% = 0.045$，而记 $w[C]_\% = 4.50$。余下类同。

B 元素平衡计算以及渣铁间分配比和回收率计算

参见 6.2.2.3 节例题。

C 煤气量和风量计算

通常按进入炉顶煤气的四个元素碳、氢、氧、氮的平衡计算：

C 平衡
$$\frac{12}{22.4}(\varphi(CO) + \varphi(CO_2))V_{煤气} = w(C)_{气化} \qquad (6-19)$$

O 平衡
$$(0.5\varphi(CO) + \varphi(CO_2))V_{煤气} + 0.5V_{H_2O还}$$

$$= \frac{22.4}{32}(w(O)_{料} + w(O)_{喷}) + [(1 - \varphi)\omega + 0.5\varphi]V_{风} \qquad (6\text{-}20a)$$

N 平衡
$$\varphi(N_2)V_{煤气} = \frac{22.4}{28}(w(N)_{料} + w(N)_{喷}) +$$

$$(1 - \varphi)(1 - \omega)V_{风} + V_{N_2附加} \qquad (6\text{-}21)$$

H 平衡
$$\varphi(H_2)V_{煤气} + V_{H_2O还} = \frac{22.4}{2}(w(H)_{料} + w(H)_{喷}) + \varphi V_{风} \qquad (6\text{-}22)$$

式中，$\varphi(CO)$、$\varphi(CO_2)$、$\varphi(H_2)$、$\varphi(N_2)$ 分别为炉顶煤气中各组分的体积分数，%；$V_{H_2O还}$ 为 H_2 还原生成的水蒸气量，m^3/t；$w(C)_{气化}$ 为炉料气化的总碳量，即炉料和喷吹燃料带入的元素状态和化合物状态的碳进入炉顶煤气的部分，kg/t；$w(O)_{料}$、$w(H)_{料}$、$w(N)_{料}$ 分别为从炉料进入炉顶煤气的氧、氢、氮量，kg/t；$w(O)_{喷}$、$w(H)_{喷}$、$w(N)_{喷}$ 分别为从喷吹燃料进入炉顶煤气的氧、氢、氮量，kg/t；ω、φ 分别为鼓风中干风含氧量和风中湿度；$V_{风}$、$V_{煤气}$ 分别为冶炼 1t 铁水所需风量（湿）和所产生的干煤气量，m^3/t；$V_{N_2附加}$ 为冶炼 1t 铁水进入炉顶煤气的附加 N_2 量（包括喷吹燃料用载气 N_2 量和无钟炉顶冷却液氮带入煤气的 N_2 量），m^3/t。

由于 H_2 还原生成的水蒸气量 $V_{H_2O还}$ 难以确定，计算中通过 O、H 平衡方程式消除 $V_{H_2O还}$ 而得一个无 $H_2O还$ 的氧平衡方程式：

$$(0.5\varphi(CO) + \varphi(CO_2) - 0.5\varphi(H_2))V_{煤气}$$

$$= \omega(1 - \varphi)V_{风} + 0.7(w(O)_{料} + w(O)_{喷}) - 5.6(w(H)_{料} + w(H)_{喷}) \qquad (6\text{-}20b)$$

联解式 (6-19)、式 (6-20b)、式 (6-21) 可得三种解：

[C，O] 法
$$V_{煤气} = \frac{22.4}{12} \cdot \frac{w(C)_{气化}}{\varphi(CO) + \varphi(CO_2)} \qquad (6\text{-}23)$$

$$V_{风} = \frac{1}{(1 - \varphi)\omega}[(0.5\varphi(CO) + \varphi(CO_2) - 0.5\varphi(H_2))V_{煤气} +$$

$$5.6(w(H)_{料} + w(H)_{喷}) - 0.7(w(O)_{料} + w(O)_{喷})] \qquad (6\text{-}24)$$

[C，N] 法
$$V_{煤气} = \frac{22.4}{12} \cdot \frac{w(C)_{气化}}{\varphi(CO) + \varphi(CO_2)}$$

$$V_{风} = \frac{1}{(1 - \varphi)(1 - \omega)}[\varphi(N_2)V_{煤气} - 0.8(w(N)_{料} + w(N)_{喷}) - V_{N_2附加}] \qquad (6\text{-}25)$$

[O，N] 法

$$V_{煤气} = \frac{0.7(w(O)_{料} + w(O)_{喷}) - 5.6(w(H)_{料} + w(H)_{喷}) - 0.8\beta(w(N)_{料} + w(N)_{喷}) - \beta V_{N_2附加}}{0.5\varphi(CO) + \varphi(CO_2) - \beta\varphi(N_2) - 0.5\varphi(H_2)}$$

$$[其中 \beta = \omega/(1 - \omega)] \qquad (6\text{-}26)$$

$$V_{风} = \frac{1}{(1 - \varphi)(1 - \omega)}[\varphi(N_2)V_{煤气} - 0.8(w(N)_{料} + w(N)_{喷}) - V_{N_2附加}]$$

这里，各参数的意义及计算公式如下。

(1) 炉料气化的总碳量 $w(C)_{气化}$，按照炉料带入高炉炉顶煤气的元素和化合物总碳量计算：

$$w(C)_{气化} = w(C)_k + w(C)_m + w(C)_p + w(C)_\phi + w(C)_s - w(C)_f - w(C)_e - w(C)_{回收铁} \quad (kg/t)$$
$$(6-27)$$

$$w(C)_k = K\left(w(C_F)_k + \frac{12}{28}w(CO)_{k挥} + \frac{12}{44}w(CO_2)_{k挥} + \frac{12}{16}w(CH_4)_{k挥}\right)$$

$$w(C)_m = M \cdot w(C_全)_m$$

$$w(C)_p = P\left(w(C)_p + \frac{12}{44}w(CO_2)_p\right)$$

$$w(C)_\phi = \frac{12}{44}\Phi \cdot w(CO_2)_\phi$$

$$w(C)_s = S\left(w(C)_s + \frac{12}{44}w(CO_2)_s\right)$$

$$w(C)_f = F\left(w(C)_f + \frac{12}{44}w(CO_2)_f\right)$$

$$w(C)_e = 1000 \cdot w[C] = 10 \cdot w[C]_\%$$

$$w(C)_{回收铁} = W_{回收铁} \cdot w[C]$$

式中，$w(C)_k$、$w(C)_m$、$w(C)_p$、$w(C)_\phi$、$w(C)_s$、$w(C)_f$、$w(C)_e$、$w(C)_{回收铁}$ 分别为吨铁焦炭、喷吹燃料、矿石、熔剂、废铁带入的碳量，以及炉尘、铁水、回收铁带走的碳量，kg/t；K、M、P、Φ、S、F 分别为吨铁焦炭、喷吹燃料、矿石、熔剂、废铁的消耗量，以及炉尘的产出量，kg/t；$w(i)_k$、$w(i)_m$、$w(i)_p$、$w(i)_\phi$、$w(i)_s$、$w(i)_f$ 分别为焦炭、喷吹燃料、矿石、熔剂、废铁、炉尘中组分 i 的质量分数，%；$w(C_F)_k$、$w(C_全)_m$、$w[C]$ 分别为焦炭中固定碳、喷吹燃料中全碳、铁水中碳的质量分数，%。

（2）炉料和喷吹燃料带入高炉炉顶煤气的氧量 $w(O)_料$、$w(O)_喷$，按照实际带入煤气的氧量计算：

$$w(O)_料 = w(O)_k + w(O)_p + w(O)_{dSi,Mn,P,S} + w(O)_\phi + w(O)_s - w(O)_f - w(O)_渣 \quad (kg/t)$$
$$(6-28)$$

$$w(O)_喷 = M\left(\frac{48}{160}w(Fe_2O_3)_m + \frac{16}{72}w(FeO)_m + w(O_2)_m + \frac{16}{18}w(H_2O)_m\right) \quad (kg/t)$$
$$(6-29)$$

$$w(O)_k = K\left(\frac{16}{72}w(FeO)_k + \frac{16}{28}w(CO)_{k挥} + \frac{32}{44}w(CO_2)_{k挥}\right)$$

$$w(O)_p = P\left(\frac{48}{160}w(Fe_2O_3)_p + \frac{16}{72}w(FeO)_p + \frac{16}{87}w(MnO_2)_p + \frac{32}{44}w(CO_2)_p + \frac{16}{18}\psi_{H_2O}w(H_2O_化)_p\right)$$

$$w(O)_{dSi,Mn,P,S} = (1000 + W_{回收铁})\left(\frac{32}{28}w[Si] + \frac{16}{55}w[Mn] + \frac{80}{62}w[P]\right) + \frac{16}{32}u \cdot w(S)$$
$$(6-30)$$

$$w(O)_\phi = \Phi\left(\frac{48}{160}w(Fe_2O_3)_\phi + \frac{16}{72}w(FeO)_\phi + \frac{32}{44}w(CO_2)_\phi + \frac{16}{18}\psi_{H_2O}w(H_2O_化)_\phi\right)$$

$$w(O)_s = S\left(\frac{48}{160}w(Fe_2O_3)_s + \frac{16}{72}w(FeO)_s + \frac{32}{44}w(CO_2)_s\right)$$

$$w(O)_f = F\left(\frac{48}{160}w(Fe_2O_3)_f + \frac{16}{72}w(FeO)_f + \frac{16}{87}w(MnO_2)_f + \frac{32}{44}w(CO_2)_f\right)$$

$$w(O)_{渣} = \frac{16}{72}u \cdot w(FeO)_{渣}$$

式中，$w(O)_k$、$w(O)_p$、$w(O)_\varphi$、$w(O)_s$、$w(O)_f$、$w(O)_{渣}$ 分别为吨铁焦炭、矿石、熔剂、辅矿和废铁带入的氧量，以及炉尘、炉渣带走的氧量，kg/t；$w(O)_{dSi,Mn,P,S}$ 为吨铁直接还原 [Si]、[Mn]、[P] 和炉渣脱硫夺取的氧量，kg/t；K、M、P、Φ、S、F、u 分别为吨铁焦炭、喷吹燃料、矿石、熔剂、废铁的消耗量，以及炉尘的产出量和渣量，kg/t；$w(i)_k$、$w(i)_m$、$w(i)_p$、$w(i)_\phi$、$w(i)_s$、$w(i)_f$、$w(i)_{渣}$ 分别为焦炭、喷吹燃料、矿石、熔剂、废铁、炉尘、炉渣中组分 i 的质量分数，%；$w(H_2O_化)_p$、$w(H_2O_化)_\phi$ 分别为矿石（生矿）、熔剂中结晶水的质量分数，%；$w[Si]$、$w[Mn]$、$w[P]$、$w[S]$ 分别为铁水中 Si、Mn、P、S 的质量分数，%。

（3）炉料和喷吹燃料带入高炉炉顶煤气的氮量 $w(N)_料$、$w(N)_喷$，按照焦炭和喷吹燃料带入量计算：

$$w(N)_料 = K(w(N_2)_{k有机} + w(N_2)_{k挥}) \quad (kg/t)$$

$$w(N)_喷 = M \cdot w(N_2)_m \quad (kg/t)$$

（4）炉料和喷吹燃料带入高炉炉顶煤气的氢量 $w(H)_料$、$w(H)_喷$，按照焦炭和喷吹燃料带入量计算，还应包括水煤气反应生成的 H_2 量：

$$w(H)_料 = K\left(w(H_2)_{k有机} + w(H_2)_{k挥} + \frac{4}{16}w(CH_4)_{k挥}\right) +$$

$$\frac{2}{18}\psi_{H_2O}(P \cdot w(H_2O_化)_p + \Phi \cdot w(H_2O_化)_\phi) \quad (kg/t)$$

$$w(H)_喷 = M\left(w(H_2)_m + \frac{2}{18}w(H_2O)_m\right) \quad (kg/t)$$

式中，$w(i)_{k有机}$、$w(i)_{k挥}$、$w(i)_m$ 分别为焦炭有机物和挥发分中、喷吹燃料中组分 i 的质量分数，%，$i = N_2$、H_2。

如果各种原料成分和炉顶煤气成分分析都准确无误，用 [C，O]、[C，N] 和 [O，N] 三种方法求得的结果应是相同的。但在实际生产中，工厂使用常规奥氏分析仪分析炉顶煤气的结果总有误差，有时还相当大，因此三种计算结果往往差别甚大。在这种情况下有一个选择方法的问题。大量计算表明，在使用奥氏分析仪分析炉顶煤气成分时，[C，O] 误差较小，[O，N] 法误差最大，[C，N] 法居于两者之间，而且 [C，N] 法计算简单，所以可选用 [C，N] 法。尤其在一些先进工厂里采用气相色谱仪分析煤气，其准确度很高，完全消除奥氏分析仪分析造成的两大误差：由于 CO_2 和 CO 化验误差而造成煤气中出现少量 CH_4，N_2 不是化验而是由 $1-\varphi(CO_2)-\varphi(CO)-\varphi(H_2)$ 求得。在普遍采用气相色谱仪分析炉顶煤气成分时，可采用最简单的 [C，N] 法。

D　还原生成的 $H_2O_还$ 量 $V_{H_2O还}$ 和参与还原用的 $H_2还$ 量 $V_{H_2还}$ 计算

还原生成的 $H_2O_还$ 量 $V_{H_2O还}$ 可根据 H_2 平衡式（6-22）计算：

$$V_{H_2O还} = V_{H_2还} = 11.2(w(H)_料 + w(H)_喷) + \varphi V_风 - \varphi(H_2)V_{煤气} \quad (m^3/t) \quad (6-31)$$

由于还原生成的 H_2O 量与还原消耗的 H_2 量是相等的，因此求得的还原生成的 $H_2O还$ 量 $V_{H_2O还}$ 即为参与还原的 $H_2还$ 量 $V_{H_2还}(m^3/t)$。

E 直接还原度 r_d、煤气利用率 η_{CO}、η_{H_2} 计算

（1）铁的直接还原度 r_d 可根据从 Fe_xO 还原中消耗的 C_{dFe} 或夺取的 O_{dFe} 来计算：

$$r_d = \frac{56w(C)_{dFe}}{12w(Fe)_还} = \frac{56w(C)_{dFe}}{12(w(Fe)_e + w(Fe)_{回收铁} - w(Fe)_s)} \quad (6-32)$$

或

$$r_d = \frac{2 \times 56\varphi(O)_{dFe}}{22.4w(Fe)_还} = \frac{56\varphi(O)_{dFe}}{11.2(w(Fe)_e + w(Fe)_{回收铁} - w(Fe)_s)} \quad (6-33)$$

式中 $w(C)_{dFe}$——铁直接还原时消耗的碳量，kg/t；

$\varphi(O)_{dFe}$——铁直接还原时夺取的氧量，即式（6-1）中之 $w(O)_{dFeO \to Fe}$，m^3/t；

$w(Fe)_还$——铁水中从铁氧化物还原出来的铁量，即铁水中全部 Fe 量 $w(Fe)_e$（= $10 \cdot w[Fe]_\%$）与回收铁所含铁量之和减去废铁带入的 Fe 量，$w(Fe)_还 = w(Fe)_e + w(Fe)_{回收铁} - w(Fe)_s = (1000 + W_{回收铁})w[Fe] - S \cdot w(Fe)_s$，kg/t。

1）铁直接还原耗碳 $w(C)_{dFe}$，可按下式计算：

$$w(C)_{dFe} = w(C)_{气化} - w(C)_风 - w(C)_{dSi,Mn,P,S} - w(C)_{CO_2p} - (1 + \psi_{CO_2})w(C)_\phi -$$
$$w(C)_{CO_2s} - w(C)_{H_2O化} - w(C)_{k挥} + w(C)_{CO_2f} \quad (6-34)$$

式中 $w(C)_{气化}$——炉料和喷吹燃料带入炉顶煤气的气化总碳量（包括元素和化合物状态的），kg/t，按式（6-27）计算；

$w(C)_风$——风口前燃烧的碳量，根据已算出的 $V_风$ 计算：

$$w(C)_风 = 24\left\{\frac{V_风[(1 - \varphi)\omega + 0.5\varphi]}{22.4} + \frac{w(O)_m}{32}\right\} \quad (kg/t) \quad (6-35)$$

$(1 - \varphi)\omega + 0.5\varphi$——风中含氧量；

$w(O)_m$——喷吹燃料带入高炉炉顶煤气的氧量，按式（6-29）计算；

$w(C)_{dSi,Mn,P,S}$——铁水中少量元素 Si、Mn、P 等直接还原和炉渣脱硫耗碳，kg/t，按铁水中少量元素含量和炉渣脱硫量计算：

$$w(C)_{dSi,Mn,P,S} = (1000 + W_{回收铁})\left(\frac{24}{28}w[Si] + \frac{12}{55}w[Mn] + \frac{60}{62}w[P]\right) + \frac{12}{32}u \cdot w(S)$$

$$(6-36)$$

$w(C)_{CO_2p}$——矿石带入的 CO_2 中的碳量，$w(C)_{CO_2p} = \frac{12}{44}P \cdot w(CO_2)_p$，kg/t；

$(1 + \psi_{CO_2})w(C)_\varphi$——熔剂分解出来的 CO_2 中的碳与石灰石在高温区分解出的 CO_2 发生熔损反应消耗碳之和，通常取石灰石高温区分解率 $\psi_{CO_2} = 0.50$；

$w(C)_{CO_2s}$——废铁带入的 CO_2 中的碳量，$w(C)_{CO_2s} = \frac{12}{44}S \cdot w(CO_2)_s$，kg/t；

$w(C)_{H_2O化}$——炉料（生矿、熔剂）结晶水在高温区分解发生水煤气反应消耗的碳量，通常取结晶水高温区分解率 $\psi_{H_2O} = 0.30$，按下式计算：

$$w(C)_{H_2O化} = \frac{12}{18}\psi_{H_2O}(P \cdot w(H_2O化)_p + \varPhi \cdot w(H_2O化)_\phi) \quad (kg/t) \qquad (6-37)$$

$w(C)_{k挥}$ ——焦炭挥发分放出的 CO 和 CO_2 的碳量，按下式计算：

$$w(C)_{k挥} = K\left(\frac{12}{28}w(CO)_{k挥} + \frac{12}{44}w(CO_2)_{k挥}\right) \quad (kg/t)$$

$w(C)_{CO_2f}$ ——炉尘带走的 CO_2 中的碳量：$w(C)_{CO_2f} = \frac{12}{44}F \cdot w(CO_2)_f$，$kg/t$。

2）铁直接还原过程中夺取的氧量 $\varphi(O)_{dFe}$，可按下式计算：

$$\varphi(O)_{dFe} = \varphi(O)_{dFeO \to Fe} = \varphi(O)_{还总} - \varphi(O)_{dSi,Mn,P,S} - \varphi(O)_i$$

$$= \varphi(O)_{气总} - \varphi(O)_{dSi,Mn,P,S} - \varphi(O)_i - K\left(\frac{11.2}{28}w(CO)_{k挥} + \frac{22.4}{44}w(CO_2)_{k挥}\right) -$$

$$\frac{22.4}{44}\varPhi \cdot w(CO_2)_\phi - \frac{11.2}{18}\psi_{H_2O}(P \cdot w(H_2O化)_p + \varPhi \cdot w(H_2O化)_\phi) \qquad (6-38)$$

$$\varphi(O)_{气总} = \varphi(O)_{还总} + K\left(\frac{11.2}{28}w(CO)_{k挥} + \frac{22.4}{44}w(CO_2)_{k挥}\right) + \frac{22.4}{44}\varPhi \cdot w(CO_2)_\phi +$$

$$\frac{11.2}{18}\psi_{H_2O}(P \cdot w(H_2O化)_p + \varPhi \cdot w(H_2O化)_\phi)$$

式中，$\varphi(O)_{气总}$ 为炉料气化的总氧量，即炉料和喷吹燃料进入炉顶煤气的氧量，m^3/t；$\varphi(O)_{还总}$ 为还原过程夺取的总氧量，即等于炉料、喷吹燃料中与 Fe 结合的氧量、还原少量元素 Si、Mn、P 等结合的和炉渣脱硫，以及非铁元素高价氧化物还原为低价氧化物夺取的氧量之和，再扣除炉渣中 FeO 所含氧量 $\varphi(O)_渣$ 和炉尘中与 Fe 结合的量 $\varphi(O)_{尘Fe}$（炉尘中若有非铁元素高价氧化物也应扣除其与低价氧化物的氧量差），m^3/t；数量上等于炉料带入炉顶煤气的氧量 $\varphi(O)_料$（见式（6-28））与喷吹燃料带入炉顶煤气的氧量（$\varphi(O)_喷$）（见式（6-29），仅计算与 Fe 结合的氧）之和，但要扣除那些不是经过还原夺氧而进入煤气的氧量，计算如下：

$$\varphi(O)_{还总} = \frac{33.6}{160}(\sum I \cdot w(Fe_2O_3)_i - F \cdot w(Fe_2O_3)_f) + \frac{11.2}{72}(\sum I \cdot w(FeO)_i - F \cdot w(FeO)_f) +$$

$$\frac{11.2}{87}(\sum I \cdot w(MnO_2)_i - F \cdot w(MnO_2)_f) + \varphi(O)_{dSi,Mn,P,S} - \varphi(O)_渣$$

或 $$\varphi(O)_{还总} = \frac{11.2}{72}K \cdot w(FeO)_k + M\left(\frac{11.2}{72}w(FeO)_m + \frac{33.6}{160}w(Fe_2O_3)_m\right) +$$

$$P\left(\frac{33.6}{160}w(Fe_2O_3)_p + \frac{11.2}{72}w(FeO)_p + \frac{11.2}{87}w(MnO_2)_p\right) +$$

$$\varPhi\left(\frac{33.6}{160}w(Fe_2O_3)_\phi + \frac{11.2}{72}w(FeO)_\phi\right) + S\left(\frac{33.6}{160}w(Fe_2O_3)_s + \frac{11.2}{72}w(FeO)_s\right) +$$

$$\varphi(O)_{dSi,Mn,P,S} - \varphi(O)_渣 - F\left(\frac{33.6}{160}w(Fe_2O_3)_f + \frac{11.2}{72}w(FeO)_f + \frac{11.2}{87}w(MnO_2)_f\right)$$

或 $$\varphi(O)_{还总} = \frac{22.4}{32}w(O)_料 + M\left(\frac{33.6}{160}w(Fe_2O_3)_m + \frac{11.2}{72}w(FeO)_m\right) - \frac{11.2}{28}K \cdot w(CO)_{k挥} -$$

$$\frac{22.4}{44}(K \cdot w(CO_2)_{k挥} + P \cdot w(CO_2)_p + \Phi \cdot w(CO_2)_\phi + S \cdot w(CO_2)_s -$$

$$F \cdot w(CO_2)_f) - \frac{11.2}{18}\psi_{H_2O}(P \cdot w(H_2O_{化})_p + \Phi \cdot w(H_2O_{化})_\phi) \quad (m^3/t)$$

$$(6-39)$$

其中，少量元素还原和脱硫夺取的氧量为：

$$\varphi(O)_{dSi,Mn,P,S} = \frac{11.2}{12}w(C)_{dSi,Mn,P,S}$$

$$= (1000 + W_{回收铁})\left(\frac{22.4}{28}w[Si] + \frac{11.2}{55}w[Mn] + \frac{56}{62}w[P]\right) + \frac{11.2}{32}u \cdot w(S)$$

$$= 22.4(1000 + W_{回收铁})\left(\frac{w[Si]}{28} + \frac{w[Mn]}{110} + \frac{w[P]}{24.8}\right) + \frac{11.2}{32}u \cdot w(S) \quad (m^3/t)$$

$$(6-40)$$

炉渣带走的氧量为： $\quad \varphi(O)_{渣} = \frac{11.2}{72}u \cdot w(FeO)_{渣} \quad (m^3/t)$

这里，$\sum I \cdot w(Fe_2O_3)_i$、$\sum I \cdot w(FeO)_i$、$\sum I \cdot w(MnO_2)_i$ 分别为炉料（焦炭、喷吹燃料、矿石、熔剂、废铁）带入的和炉尘带走的 Fe_2O_3、FeO 和 MnO_2 的量，kg/t，$I = K$、M、P、Φ、S、F，$i = k$、m、p、ϕ、s、f；$\varphi(O)_i$ 为间接还原夺取的氧量，包括从 Fe_xO 还原到 Fe 间接还原夺取的氧量以及高价氧化物还原到低价氧化物（全部为间接还原）夺取的氧量，等于炉顶煤气中间接还原生成的 CO_2 和 H_2O 的数量，即：

$$\varphi(O)_i = 0.5(V_{CO_2i} + V_{H_2O还}) \quad (m^3/t) \tag{6-41}$$

这里，

$$V_{CO_2i} = V_{煤气} \cdot \varphi(CO_2) - \frac{22.4}{44}[K \cdot w(CO_2)_{k挥} + P \cdot w(CO_2)_p + S \cdot w(CO_2)_s +$$

$$(1 - \psi_{CO_2}) \cdot \Phi \cdot w(CO_2)_\phi - F \cdot w(CO_2)_f] \quad (m^3/t) \tag{6-42}$$

（2）间接还原度 r_{iCO}、r_{iH_2} 计算：

$$r_{iH_2} = \frac{56V_{H_2O还}}{22.4w(Fe)_{还}} = \frac{56V_{H_2O还}}{22.4[(1000 + W_{回收铁})w[Fe] - S \cdot w(Fe)_s]} \tag{6-43}$$

$$r_{iCO} = 1 - r_d - r_{iH_2} \tag{6-44}$$

（3）煤气利用率 η_{CO}、η_{H_2} 计算：

按炉顶煤气成分计算： $\quad \eta_{CO} = \dfrac{\varphi(CO_2)_\%}{\varphi(CO)_\% + \varphi(CO_2)_\%} \times 100\%$

按炉内反应过程计算：

$$\eta_{CO} = \frac{12V_{CO_2i}}{22.4\left(w(C)_{风} + w(C)_{dFe} + w(C)_{dSi, Mn, P, S} + 2w(C)_{dCO_2} + w(C)_{H_2O化} + \frac{12}{28}K \cdot w(CO)_{k挥}\right)}$$

$$(6-45)$$

$$\eta_{H_2} = \frac{V_{H_2O还}}{\varphi V_{风} + 11.2(w(H)_{料} + w(H)_{喷})} \tag{6-46}$$

式中　　　　　V_{CO_2i}——CO 间接还原生成的 CO_2 量，按式（6-42）计算；

　　　　$w(C)_{H_2O化}$——炉料（生矿、熔剂）结晶水在高温区分解发生水煤气反应消耗的碳量，按式（6-37）计算；

$w(H)_料$, $w(H)_喷$——炉料和喷吹燃料带入炉内的氢量，kg/t，按本节 C（4）中公式计算；

　　　　$w(C)_{dCO_2}$——石灰石在高温区分解出来的 CO_2 与 C 发生熔损反应消耗的碳量：

$$w(C)_{dCO_2} = \psi_{CO_2} w(C)_\phi = \frac{12}{44}\psi_{CO_2}\Phi \cdot w(CO_2)_\phi \quad (kg/t) \quad (通常取 \psi_{CO_2} = 0.50)$$

F　由高温区进入间接还原区的煤气（即炉腹煤气）数量 $V_{煤气(间)}$ 和成分计算

这一项是为编制高温区热平衡需要的，由高温区进入间接还原区的煤气（即通常所称的炉腹煤气）量和成分，其计算方法参考式（4-167）～式（4-169）和 6.2.2.3 节、6.2.3.3 节中例题。

$$V_{煤气(间)} = V_{煤气(顶)} + V_{H_2O还} - \frac{22.4}{44}[K \cdot w(CO_2)_{k挥} + P \cdot w(CO_2)_p + S \cdot w(CO_2)_s +$$
$$(1 - \psi_{CO_2}) \cdot \Phi \cdot w(CO_2)_\phi - F \cdot w(CO_2)_f] \quad (m^3/t) \quad (6-47)$$

或　　　　　　$$V_{煤气(间)} = V_{CO(间)风} + V_{H_2(间)} + V_{N_2(间)} \quad (m^3/t)$$

$$V_{CO(间)} = \frac{22.4}{12}(w(C)_风 + w(C)_{dFe} + w(C)_{dSi,Mn,P,S} + 2w(C)_{dCO_2} + w(C)_{H_2O化} +$$
$$\frac{22.4}{28}K \cdot w(CO)_{k挥} \quad (m^3/t)$$

$$(6-48)$$

$$V_{H_2(间)} = \varphi V_风 + \frac{22.4}{2}K\left(w(H_2)_{k有机} + w(H_2)_{k挥} + \frac{4}{16}w(CH_4)_{k挥}\right) +$$
$$\frac{22.4}{18}\psi_{H_2O}(P \cdot w(H_2O化)_p + \Phi \cdot w(H_2O化)_\phi) +$$
$$\frac{22.4}{2}M\left(w(H_2)_m + \frac{2}{18}w(H_2O)_m\right) \quad (m^3/t) \quad (6-49)$$

$$V_{N_2(间)} = (1 - \varphi)(1 - \omega)V_风 + \frac{22.4}{28}[K(w(N_2)_{k有机} + w(N_2)_{k挥}) + M \cdot w(N_2)_m] \quad (m^3/t)$$

$$(6-50)$$

将各组分的数量除以 $V_{煤气(间)}$，即可求得进入间接还原区的煤气（炉腹煤气）各组分的成分（体积分数）。

G　物料平衡表的编制

将冶炼单位铁水的原燃料消耗量和计算所得风量汇总为收入项，而将冶炼所得铁水（1t 或 1kg），与计算所得渣量、煤气量以及炉尘等汇总为支出项。在计算方法科学、原始数据准确的情况下，收入和支出应是相等的，但实际上由于称量、化验乃至统计过程总是有一定的误差，所以编制的物料平衡表中一般均有误差项，只要误差项不超过 0.3% 就可以了。

6.2.2.2　热平衡计算

根据计算的目的和分析的需要，常把过程的热平衡分为全炉热平衡和区域热平衡。20

世纪 60 年代前，炼铁工作者大都采用全炉热平衡，其原因在于区域热平衡的边界条件，特别是边界处的炉料和煤气温度差的选定有较大的任意性，而这个温度差的大小又在很大程度上决定着区域热平衡分析的可靠性。60 年代以来，对高炉传输过程的研究和高炉解剖研究的结果或多或少地为这一温差的选定提供了帮助，而且随着冶炼技术的进步，决定高炉指标的因素又较多地集中在高炉下部，因此高温区热平衡受到普遍重视。

　　A　全炉热平衡计算

　　有如下三种编制全炉热平衡的方法，如表 6-2 所示。

表 6-2　全炉热平衡计算内容

项　目	方法一：热工计算方法	方法二：第一全炉热平衡	方法三：第二全炉热平衡
计算原理	以盖斯定律为基础，不考虑高炉内的反应过程，而以物料最初和最终所具有的和消耗的能量为依据计算	以盖斯定律为基础，不考虑高炉内的实际反应过程，而以物料入炉状态为起点，产出状态为终点，进行计算	以高炉实际反应过程为依据，考虑高炉内的主要能量来源和热量消耗。能明显地显示直接还原对热耗的影响
热收入项	焦炭的热值 $q_焦$ 喷吹燃料的热值 $q_喷$ — — 热风带入的有效物理热 $q_{热风}$ 成渣热 $q_{成渣}$ 炉料带入的物理热 $q_料$	— — 风口前碳燃烧放出的热量 $q_{C风}$ 直接还原 C 氧化成 CO 放热 q_{Cd} 间接还原 CO 氧化成 CO_2 放热 q_{iCO} 间接还原 H_2 氧化成 H_2O 放热 q_{iH_2} 热风带入的有效物理热 $q_{热风}$ 成渣热 $q_{成渣}$ 炉料带入的物理热 $q_料$	— — 风口前碳燃烧放出的有效热 $q_{C风}$ 热风带入的有效物理热 $q_{热风}$ 炉料带入的物理热 $q_料$
热支出项	氧化物分解耗热 $q'_{氧化物}$ — 脱硫耗热 q'_S 碳酸盐分解耗热 $q'_{碳酸盐}$ 喷吹燃料分解耗热 $q'_{喷吹}$ 废铁熔化耗热 $q'_{废铁}$ 炉渣带走的焓 $q'_渣$ 铁水带走的焓 $q'_铁$ 炉顶煤气带走的焓 $q'_{顶气}$ 炉料中水分蒸发等耗热 $q'_{料水}$ 高炉炉顶煤气的热值 $q'_{高炉煤气}$ 未燃烧碳的热值 $q'_{未燃碳}$ 冷却水带走热量和散热损失 $q'_损$	氧化物分解耗热 $q'_{氧化物}$ — 脱硫耗热 q'_S 碳酸盐分解耗热 $q'_{碳酸盐}$ 喷吹燃料分解耗热 $q'_{喷吹}$ 废铁熔化耗热 $q'_{废铁}$ 炉渣带走的焓 $q'_渣$ 铁水带走的焓 $q'_铁$ 炉顶煤气带走的焓 $q'_{顶气}$ 炉料中水分蒸发等耗热 $q'_{料水}$ — — 冷却水带走热量和散热损失 $q'_损$	— 直接还原耗热 $q'_{直还}$ 脱硫耗热 q'_S 碳酸盐分解有效耗热 $q_{碳酸盐}$ — — 炉渣带走的焓 $q'_渣$ 铁水带走的有效焓 $q'_铁$ 炉顶煤气带走的焓 $q'_{顶气}$ 炉料中水分蒸发等耗热 $q'_{料水}$ — — 冷却水带走热量和散热损失 $q'_损$

　　第一种方法是热能工作者经常使用的，它以盖斯定律为基础，不考虑炉内的反应过程，而以物料最初和最终状态所具有和消耗的能量为计算依据。热收入项为焦炭和喷吹燃

料完全燃烧（C 氧化为 CO_2、H_2 氧化为 H_2O）放出的热量，热风带入的热量，少量的成渣热和炉料带入的热量；而热支出项则包括氧化物分解、脱硫、熔剂分解、喷吹燃料分解耗热，炉渣焓，铁水焓，炉顶煤气焓，高炉煤气的热值，未燃烧碳的热值，冷却水带走和散热损失等。

第二种方法是炼铁工作者使用的经典方法，炼铁界称为第一全炉热平衡。它仍以盖斯定律为基础，区别于前一种方法的是热收入项中碳和氢氧化的热值按炉顶煤气中形成的 CO 和 CO_2 以及 $H_2O_{还}$ 计算，因而热支出项中少了高炉煤气的热值和未燃烧碳的热值，其他热支出项与第一种方法相同。

第三种方法是炼铁工作者使用的专业方法，炼铁界称为第二全炉热平衡，目前比较广泛地应用于高炉过程数学模型分析。其热收入项只限于高炉风口燃烧带内碳氧化成 CO 放出的热量和热风带入的热量，相应地热支出项中为直接还原耗热等。这种方法的优点在于热平衡中明显地显示出直接还原对热消耗的影响，这部分热消耗应由碳在风口前燃烧放出的热量来补偿，因而也就显示出直接还原对焦比的影响。

三种编制热平衡的方法虽有上述不同点，但也有很多相同之处，有了一种热平衡，很容易改变成为另一种热平衡。例如，将第一种热平衡（方法一）的热支出项中的高炉煤气和未燃烧碳热值两项去掉，相应地其热收入项的焦炭和喷吹燃料热值项中也扣除这两部分热值，就转变为第二种热平衡（方法二）。如果将第二种热平衡（方法二）收入项中的直接还原中 C 氧化为 CO、间接还原中 CO 和 H_2 氧化成 CO_2 和 H_2O 放出的热量扣除，而相应地在热支出项的氧化物分解项中也扣除这部分热量，就转变成为第三种热平衡（方法三）。

热平衡中各收入和支出项的计算简要介绍如下，计算过程和结果可参阅例题（计算所得数值单位均为 kJ/t）。

a　热收入项计算

（1）焦炭和喷吹燃料的热值：

$$q_{焦} = K \cdot Q_{焦} \tag{6-51}$$

$$q_{喷} = M \cdot Q_{喷} \tag{6-52}$$

式中　K，M——干焦比和喷吹燃料量，kg/t；

$Q_{焦}$，$Q_{喷}$——焦炭和喷吹燃料的低发热值，kJ/kg。

一般低发热值用实测值，但应注意在应用实测值 $Q'_{低}$ 时要扣除 S 和 FeO 氧化成 SO_2 和 Fe_2O_3 放出的热量：

$$Q_i = Q'_{低i} - (125.61 w(S)_{\%i} + 41.84 w(Fe)_{\%i}) \tag{6-53}$$

如无实测值，可按下式计算：

$$Q_i = 338.9 w(C)_{\%i} + 1029.26 w(H)_{\%i} - 108.78 w(O)_{\%i} + 108.78 w(S)_{\%i} - 25.1 w(W)_{\%i} \tag{6-54}$$

式中　$w(C)_{\%i}$、$w(H)_{\%i}$、$w(S)_{\%i}$、$w(Fe)_{\%i}$、$w(O)_{\%i}$、$w(W)_{\%i}$ 分别为焦炭和喷吹燃料中碳、氢、硫、铁、氧和水分的质量百分数，$i = k$，m。

（2）风口前碳燃烧放出的热量：

$$q_{C风} = 9791 w(C)_{风} \tag{6-55}$$

式中　$w(C)_{风}$——风口前燃烧的碳量，kg/t；

9791——当碳在焦炭中石墨化程度为 50%时，每 1kg 焦炭中碳燃烧成 CO 时放出的热量，kJ/kg，此值与碳石墨化程度有关。重庆大学炼铁教研室对我国重点钢铁厂使用的焦炭进行了研究和测定，结果表明在焦炭中的石墨化程度为 49%~52%，因此计算中可采用此 $C_{非晶}$ 和 $C_{石墨}$ 各 50%的氧化放热热效应数据。

在第二全炉热平衡（方法三）计算中，将喷吹燃料的分解热在这项中扣除，这样风口前碳燃烧放出的有效热量为：

$$q_{C风} = 9791w(C)_风 - M(Q_{m分} + 13438w(H_2O)_m) \tag{6-56}$$

式中　$Q_{m分}$——喷吹燃料分解热，kJ/kg，通过实验室测定而得。

（3）还原过程中 C 氧化成 CO、CO 氧化成 CO_2、H_2 氧化成 H_2O 放出的热量：

$$q_{Cd} = 9791w(C)_d \tag{6-57}$$

$$q_{iCO} = 12642V_{CO_2i} \tag{6-58}$$

$$q_{iH_2} = 10798V_{H_2O还} \tag{6-59}$$

式中　$w(C)_d$——直接还原耗碳量，kg/t，$w(C)_d = w(C)_{dFe} + w(C)_{dSi,Mn,P,S} + w(C)_{dCO_2} + w(C)_{H_2O化}$；

V_{CO_2i}——CO 间接还原生成的 CO_2 量，m^3/t；

$V_{H_2O还}$——H_2 间接还原生成的 H_2O 蒸气量，m^3/t。

（4）热风带入的物理热量：

$$q_风 = V_风 c_风 t_风 \tag{6-60}$$

式中　$V_风$——风量，m^3/t；

$c_风$——热风的平均比热容，kJ/($m^3 \cdot ℃$)；

$t_风$——热风温度，℃。

有时在编制热平衡的这项热收入中，扣除风中水分分解消耗的热量，得出热风带入的有效物理热量：

$$q_风 = V_风 c_风 t_风 - 10798 \cdot \varphi V_风 \tag{6-61}$$

（5）成渣热。所谓成渣热是指熔剂在高炉内分解出的 CaO 和 MgO，在造渣过程中与 Al_2O_3、SiO_2 等结合而放出的热量。在高炉配料中使用自熔性烧结矿或高碱度烧结矿时，不需往高炉内加熔剂，所以这种热收入就不存在。在往高炉加少量熔剂以调节炉渣碱度时，常将成渣热在热支出项的碳酸盐分解耗热中扣除。成渣热的计算式为：

$$q_{成渣} = 1130(w(CaO) + w(MgO))_{生矿+熔剂} \tag{6-62}$$

式中，$(w(CaO) + w(MgO))_{生矿+熔剂}$ 为加入高炉的生矿和熔剂分解出的 CaO 和 MgO 量，kg/t。

（6）炉料带入的物理热量：

$$q_料 = G_料 c_料 t_料 \tag{6-63}$$

式中　$G_料$——冶炼单位铁水消耗的炉料量，kg/t；

$c_料$——炉料的平均比热容，kJ/(kg·℃)，20℃时烧结矿 $c_烧 = 0.636$ kJ/(kg·℃)；

$t_料$——炉料的入炉温度，℃。

在过去高炉使用热烧结矿时，炉料带入高炉相当数量的热量，尽管这部分热量对高炉冶炼无任何益处，只是提高炉顶温度，但在热平衡的热收入中仍占有地位。现在广泛使用冷矿，这部分热收入就可忽略不计了。

　　b　热支出项计算

　　(1) 氧化物分解和直接还原耗热。

　　1) 铁氧化物分解耗热。根据铁在原料中存在的形态分别进行计算。首先要计算出原料中存在的铁的化合物的量，即硅酸铁（Fe_2SiO_4）、磁铁矿（Fe_3O_4）、赤铁矿（Fe_2O_3）等数量，存在于高碱度烧结矿中的铁酸钙（$nCaO \cdot Fe_2O_3$）数量由于缺乏热效应数据只能分别按 CaO 和赤铁矿（Fe_2O_3）处理，然后按照下式计算它们的分解热：

$$q'_{Fe_2SiO_4 \rightarrow Fe} = 4081w(FeO)_{Fe_2SiO_4} = 5250w(Fe)_{Fe_2SiO_4} \tag{6-64}$$

$$q'_{Fe_3O_4 \rightarrow Fe} = 4806w(Fe_3O_4)_{Fe_3O_4} = 6641w(Fe)_{Fe_3O_4} \tag{6-65}$$

$$q'_{Fe_2O_3 \rightarrow Fe} = 5159w(Fe_2O_3)_{Fe_2O_3} = 7376w(Fe)_{Fe_2O_3} \tag{6-66}$$

　　要计算存在于燃料灰分、铁矿中以 Fe_2SiO_4 形态存在的铁氧化物分解热，则需要知道其数量，实际生产中是不分析其存在状态的。一般认为焦炭、喷吹煤粉灰分中的 Fe 均以硅酸铁（Fe_2SiO_4）形态存在（由于化验采用燃烧法取得灰分，然后再分析灰分成分，燃烧过程中已将 Fe_2SiO_4 的铁氧化成三价，即 Fe_2O_3），进入炉渣的 FeO 亦是硅酸铁；烧结矿、球团矿中的 FeO 可认为 20% 是以硅酸铁（Fe_2SiO_4）形态存在的，其余的 FeO 以磁铁矿（Fe_3O_4）形态存在，而一部分 Fe_2O_3 则与 FeO 组成磁铁矿，另一部分属自由 Fe_2O_3，即赤铁矿；天然矿中应存在磁铁矿、赤铁矿，而无硅酸铁；废铁中的 FeO 和 Fe_2O_3 含量需另换算成 Fe_3O_4（$=FeO \cdot Fe_2O_3$）和自由的 Fe_2O_3 含量。计算出 Fe_2SiO_4 中的 FeO 量或 Fe 量（减去炉渣中的量）后，然后分别计算出磁铁矿（Fe_3O_4）、赤铁矿（Fe_2O_3）数量或其中 Fe 量，就可计算它们的分解热了。

这样

$$\begin{aligned} w(FeO)_{Fe_2SiO_4} &= w(FeO)_k + w(FeO)_m + 0.2(w(FeO)_{烧结} + \\ &\quad w(FeO)_{球团}) - w(FeO)_{渣} \\ &= K \cdot w(FeO)_k + M \cdot w(FeO)_m + \\ &\quad 0.2(P_{烧} \cdot w(FeO)_{烧} + P_{球} \cdot w(FeO)_{球}) - u \cdot w(FeO)_{渣} \end{aligned}$$

或

$$\begin{aligned} w(Fe)_{Fe_2SiO_4} &= \frac{56}{72}w(FeO)_{Fe_2SiO_4} \\ &= \frac{56}{72}[w(FeO)_k + w(FeO)_m + 0.2(w(FeO)_{烧} + w(FeO)_{球}) - w(FeO)_{渣}] \\ &= \frac{56}{72}[K \cdot w(FeO)_k + M \cdot w(FeO)_m + 0.2(P_{烧} \cdot w(FeO)_{烧} + \\ &\quad P_{球} \cdot w(FeO)_{球}) - u \cdot w(FeO)_{渣}] \end{aligned}$$

$$\begin{aligned} w(Fe_3O_4)_{Fe_3O_4} &= \frac{232}{72}[0.8(w(FeO)_{烧结} + w(FeO)_{球团}) + w(FeO)_{生矿} + \\ &\quad w(FeO)_{\phi} + w(FeO)_s - w(FeO)_f] \\ &= \frac{232}{72}[0.8(P_{烧} \cdot w(FeO)_{烧} + P_{球} \cdot w(FeO)_{球}) + P_{生矿} \cdot w(FeO)_{生矿} + \\ &\quad \Phi \cdot w(FeO)_{\phi} + S \cdot w(FeO)_s - F \cdot w(FeO)_f] \end{aligned}$$

或

$$w(Fe)_{Fe_3O_4} = \frac{168}{232}w(Fe_3O_4)_{Fe_3O_4}$$

$$= \frac{168}{72} \big[0.8 \big(w(FeO)_{烧结} + w(FeO)_{球团} \big) + w(FeO)_{生矿} +$$

$$w(FeO)_{\phi} + w(FeO)_{s} - w(FeO)_{f} \big]$$

$$= \frac{168}{72} \big[0.8 \big(P_{烧} \cdot w(FeO)_{烧} + P_{球} \cdot w(FeO)_{球} \big) + P_{生矿} \cdot w(FeO)_{生矿} +$$

$$\Phi \cdot w(FeO)_{\phi} + S \cdot w(FeO)_{s} - F \cdot w(FeO)_{f} \big]$$

$$w(Fe_2O_3)_{Fe_2O_3} = \sum w(Fe_2O_3) - \frac{160}{232} w(Fe_3O_4)_{Fe_3O_4}$$

$$= \sum w(Fe_2O_3) - \frac{160}{72} \big[0.8 \big(P_{烧} \cdot w(FeO)_{烧} + P_{球} \cdot w(FeO)_{球} \big) + P_{生矿} \cdot$$

$$w(FeO)_{生矿} + \Phi \cdot w(FeO)_{\phi} + S \cdot w(FeO)_{s} - F \cdot w(FeO)_{f} \big]$$

或　　　$$w(Fe)_{Fe_2O_3} = \frac{112}{160} w(Fe_2O_3)_{Fe_2O_3}$$

$$= \frac{112}{160} \big(\sum w(Fe_2O_3) - \frac{160}{232} w(Fe_3O_4)_{Fe_3O_4} \big)$$

$$= \frac{112}{160} \sum w(Fe_2O_3) - \frac{112}{72} \big[0.8 \big(P_{烧} \cdot w(FeO)_{烧} + P_{球} \cdot w(FeO)_{球} \big) +$$

$$P_{生矿} \cdot w(FeO)_{生矿} + \Phi \cdot w(FeO)_{\phi} + S \cdot w(FeO)_{s} - F \cdot w(FeO)_{f} \big]$$

这里，　　　$$\sum w(Fe_2O_3) = w(Fe_2O_3)_m + w(Fe_2O_3)_p + w(Fe_2O_3)_{\phi} +$$

$$w(Fe_2O_3)_s - w(Fe_2O_3)_f$$

$$= M \cdot w(Fe_2O_3)_m + P \cdot w(Fe_2O_3)_p + \Phi \cdot w(Fe_2O_3)_{\phi} +$$

$$S \cdot w(Fe_2O_3)_s - F \cdot w(Fe_2O_3)_f$$

　　另外一种算法，也可以按照铁氧化物逐级还原的原理计算其逐级分解耗热。但此法的计算结果与前种方法的计算结果有微小差别，原因是忽略了磁铁矿（Fe_3O_4）的存在。计算公式如下：

$$q'_{Fe_2SiO_4 \to Fe_xO} = 329 w(FeO)_{Fe_2SiO_4} = 423 w(Fe)_{Fe_2SiO_4} \tag{6-67}$$

$$q'_{Fe_2O_3 \to Fe_xO} = 1783 w(Fe_2O_3)_{Fe_2O_3} = 2549 w(Fe)_{Fe_2O_3} \tag{6-68}$$

$$q'_{Fe_xO \to Fe} = 3752 w(FeO)_{Fe_xO} = 4827 w(Fe)_{Fe_xO} = 4827 w(Fe)_{还}$$

$$= 4827 \big[\big(1000 + W_{回收铁} \big) w[Fe] - S \cdot w(Fe)_s \big] \tag{6-69}$$

这里，　　　$$w(FeO)_{Fe_2SiO_4} = w(FeO)_k + w(FeO)_m + 0.2 \big(w(FeO)_{烧结} +$$

$$w(FeO)_{球团} \big) - w(FeO)_{渣}$$

$$= K \cdot w(FeO)_k + M \cdot w(FeO)_m +$$

$$0.2 \big(P_{烧} \cdot w(FeO)_{烧} + P_{球} \cdot w(FeO)_{球} \big) - u \cdot w(FeO)_{渣}$$

或　　　$$w(Fe)_{Fe_2SiO_4} = \frac{56}{72} w(FeO)_{Fe_2SiO_4}$$

$$= \frac{56}{72} \big[w(FeO)_k + w(FeO)_m + 0.2 \big(w(FeO)_{烧} +$$

$$w(FeO)_{球} \big) - w(FeO)_{渣} \big]$$

$$= \frac{56}{72} \big[K \cdot w(FeO)_k + M \cdot w(FeO)_m +$$

$$0.2(P_{烧}\cdot w(FeO)_{烧}+P_{球}\cdot w(FeO)_{球})-u\cdot w(FeO)_{渣}]$$

$$w(Fe_2O_3)_{Fe_2O_3}=\sum w(Fe_2O_3)$$
$$=w(Fe_2O_3)_m+w(Fe_2O_3)_p+w(Fe_2O_3)_\phi+$$
$$w(Fe_2O_3)_s-w(Fe_2O_3)_f$$
$$=M\cdot w(Fe_2O_3)_m+P\cdot w(Fe_2O_3)_p+\Phi\cdot w(Fe_2O_3)_\phi+$$
$$S\cdot w(Fe_2O_3)_s-F\cdot w(Fe_2O_3)_f$$

或 $$w(Fe)_{Fe_2O_3}=\frac{112}{160}w(Fe_2O_3)_{Fe_2O_3}$$
$$=\frac{112}{160}\sum w(Fe_2O_3)$$
$$=\frac{112}{160}(w(Fe_2O_3)_m+w(Fe_2O_3)_p+w(Fe_2O_3)_\phi+$$
$$w(Fe_2O_3)_s-w(Fe_2O_3)_f)$$
$$=\frac{112}{160}(M\cdot w(Fe_2O_3)_m+P\cdot w(Fe_2O_3)_p+\Phi\cdot w(Fe_2O_3)_\phi+$$
$$S\cdot w(Fe_2O_3)_s-F\cdot w(Fe_2O_3)_f)$$

2）硅氧化物分解耗热： $q'_{SiO_2}=31059(1000+W_{回收铁})w[Si]$ (6-70)

3）锰氧化物分解耗热。根据锰在原料中存在的形态分别按下列各式计算：
$$q'_{MnO_2\to MnO}=1427w(MnO_2)_{MnO_2}=2258w(Mn)_{MnO_2} \tag{6-71}$$
$$q'_{Mn_2O_3\to MnO}=1214w(Mn_2O_3)_{Mn_2O_3}=1744w(Mn)_{Mn_2O_3} \tag{6-72}$$
$$q'_{Mn_3O_4\to MnO}=1010w(Mn_3O_4)_{Mn_3O_4}=1402w(Mn)_{Mn_3O_4} \tag{6-73}$$
$$q'_{MnO\to Mn}=5700w(MnO)_{MnO\to Mn}=7358w(Mn)_{MnO\to Mn}=7358(1000+W_{回收铁})w[Mn]$$
(6-74)

4）磷氧化物分解耗热。一般认为磷以磷酸盐形式存在，所以其分解热常从 $Ca_3P_2O_8$ 分解算起，这样其计算式为：
$$q'_{Ca_3P_2O_8}=35733(1000+W_{回收铁})w[P] \tag{6-75}$$
5）钛氧化物分解耗热： $q'_{TiO_2}=19680(1000+W_{回收铁})w[Ti]$ (6-76)
6）钒氧化物分解耗热： $q'_{V_2O_3}=14340(1000+W_{回收铁})w[V]$ (6-77)
7）铬氧化物分解耗热： $q'_{Cr_2O_3}=11623(1000+W_{回收铁})w[Cr]$ (6-78)
8）铌氧化物分解耗热： $q'_{Nb_2O_5}=10213(1000+W_{回收铁})w[Nb]$ (6-79)
9）镍氧化物分解耗热： $q'_{NiO}=4134(1000+W_{回收铁})w[Ni]$ (6-80)
10）铜氧化物分解耗热： $q'_{Cu_2O}=1415(1000+W_{回收铁})w[Cu]$ (6-81)

在第二全炉热平衡（方法三）中是按各元素直接还原时耗热计算的（镍、铜为间接还原）：

1）Fe 直接还原耗热：
$$q'_{Fed}=2723\cdot r_d\cdot w(Fe)_还=2723r_d[(1000+W_{回收铁})w[Fe]-S\cdot w(Fe)_s] \tag{6-82}$$
2）Si 直接还原耗热： $q'_{Si}=22667(1000+W_{回收铁})w[Si]$ (6-83)
3）Mn 直接还原耗热： $q'_{Mn}=5222(1000+W_{回收铁})w[Mn]$ (6-84)
4）P 直接还原耗热： $q'_P=26258(1000+W_{回收铁})w[P]$ (6-85)

5) Ti 直接还原耗热： $\qquad q'_{Ti} = 14784(1000 + W_{回收铁})w[Ti]$ (6-86)

6) V 直接还原耗热： $\qquad q'_{V} = 10884(1000 + W_{回收铁})w[V]$ (6-87)

7) Cr 直接还原耗热： $\qquad q'_{Cr} = 8234(1000 + W_{回收铁})w[Cr]$ (6-88)

8) Nb 直接还原耗热： $\qquad q'_{Nb} = 7054(1000 + W_{回收铁})w[Nb]$ (6-89)

（2）脱硫耗热。脱硫耗热由硫化物分解为 S 和 S 转入炉渣成为 CaS 的耗热组成。以炉料中常见的 FeS 和 FeS_2 为例，FeS＝Fe+S 的热效应为 2923.6kJ/kgS，FeS_2＝Fe+2S 的热效应为 1216.6kJ/kgS，CaO+S＝CaS+0.5O_2 的热效应为 5405.2kJ/kgS，CaO+S+C＝CaS+CO 的热效应为 1733.7kJ/kgS。这样，前两种热平衡（方法一、二）编制法中脱硫耗热为：

$$q'_S = (6622 \sim 8329) \cdot u \cdot w(S)$$

硫在烧结矿、球团矿中以 FeS 形式存在（有些生矿中以 FeS_2 形式存在），故

$$q'_S = 8329 \cdot u \cdot w(S)$$ (6-90)

而第二全炉热平衡（方法三）中的脱硫耗热则为：

$$q'_S = 4657 \cdot u \cdot w(S)$$ (6-91)

式中　u——渣量，kg/t；

$\quad w(S)$——渣中 S 的质量分数，%。

（3）碳酸盐分解耗热：

$$q'_{碳酸盐} = 1990w(CO_2)_{FeO} + 2691w(CO_2)_{MnO} + 2517w(CO_2)_{MgO} +$$
$$4043w(CO_2)_{CaO生矿} + (4043 + 3766\psi_{CO_2})w(CO_2)_{CaO熔}$$ (6-92)

式中　$w(CO_2)_i$——吨铁炉料带入的与 i 结合的 CO_2 数量，kg/t；

$\quad \psi_{CO_2}$——石灰石在高温区的分解率，亦即分解出的 CO_2 参与熔损反应的比率，一般为 50%。

在第二全炉热平衡（方法三）计算中，将少量的成渣热在此项内扣除，得出碳酸盐分解的有效耗热为：

$$q'_{碳酸盐} = 1990w(CO_2)_{FeO} + 2691w(CO_2)_{MnO} + 2517w(CO_2)_{MgO} + 4043w(CO_2)_{CaO生矿} +$$
$$(4043 + 3766\psi_{CO_2})w(CO_2)_{CaO熔} - 1130(w(CaO) + w(MgO))_{生矿+熔剂}$$

或　$q'_{碳酸盐} = 1990w(CO_2)_{FeO} + 2691w(CO_2)_{MnO} + 2517w(CO_2)_{MgO} + 4043w(CO_2)_{CaO生矿} +$
$$(4043 + 3766\psi_{CO_2})w(CO_2)_{CaO熔} - 1130\left(\frac{56}{44}w(CO_2)_{CaO} + \frac{40}{44}w(CO_2)_{MgO}\right)_{生矿+熔剂}$$

（4）喷吹燃料分解耗热：

$$q'_{喷吹} = M(Q_{m分} + 13438w(H_2O)_m)$$ (6-93)

式中　$Q_{m分}$——喷吹燃料分解热，kJ/kg，已知 $Q_{m分}$：无烟煤 1005，烟煤 1172，重油、天然气 1675；

$w(H_2O)_m$——喷吹燃料中 H_2O 的质量分数，%。

（5）废铁熔化耗热。废铁量少，可不计算此项，也可以把它并入下面的铁水焓中。

$$q'_{废铁} = S \cdot w(Fe)_s \cdot Q_{铁熔化}$$ (6-94)

式中　$Q_{铁熔化}$—— 铁的熔化热，225kJ/kg。

（6）炉渣、铁水和炉顶煤气带走的焓：

$$q'_渣 = u \cdot Q_u$$ (6-95)

$$q'_{铁} = (1000 + W_{回收铁}) \cdot Q_e \qquad (6\text{-}96a)$$

$$q'_{顶气} = (c_{煤气} V_{煤气} + c_{H_2O} V_{H_2O还}) t_顶 \qquad (6\text{-}97)$$

式中　　　u——渣量，kg/t；

$V_{煤气}$，$V_{H_2O还}$——吨铁产生的炉顶干煤气量和还原生成的水蒸气量，m^3/t；

$c_{煤气}$，c_{H_2O}——煤气和水蒸气的比热容，$kJ/(m^3 \cdot ℃)$；

$t_顶$——炉顶煤气温度，℃；

Q_u，Q_e——每 kg 炉渣和铁水的焓，kJ/kg。铁水温度为 1500℃ 时，$Q_u = 1937$，$Q_e = 1276$。

Q_u、Q_e 可根据测定的渣铁温度，按各组分的含量和它们的平均热容量用加和法算得，也可根据实测温度和冶炼铁水品种选取经验数据：冶炼制钢铁水：$Q_u = 1770 \sim 2020kJ/kg$，$Q_e = 1200 \sim 1320kJ/kg$；对于冶炼铸造铁水：$Q_u = 1860 \sim 2110kJ/kg$，$Q_e = 1280 \sim 1400kJ/kg$。

炼钢铁水：	1400℃	1450℃	1500℃	1550℃	1600℃
$Q_e/kJ \cdot kg^{-1}$	1201	1238	1276	1314	
$Q_u/kJ \cdot kg^{-1}$		1770	1854	1937	2021
铸造铁水：	1400℃	1450℃	1500℃	1550℃	1600℃
$Q_e/kJ \cdot kg^{-1}$	1276	1318	1360	1402	
$Q_u/kJ \cdot kg^{-1}$		1862	1946	2029	2113

在第二全炉热平衡（方法三）计算中，将废铁熔化耗热合并在铁水焓中，得出铁水带走的有效焓为：

$$q'_{铁} = (1000 + W_{回收铁}) \cdot Q_e + S \cdot w(Fe)_s \cdot Q_{铁熔化} \qquad (6\text{-}96b)$$

（7）炉料中水分蒸发、加热到炉顶温度耗热和炉尘带走的焓。

当炉料带入高炉大量水分时，特别是雨季，应计算此项热消耗：

$$q'_{物水} = \left(2452 + \frac{22.4}{18}c_{H_2O}t_顶\right) \cdot w(H_2O_物) \qquad (6\text{-}98)$$

若炉料还含有结晶水时，其分解和加热的消耗为：

$$q'_{化水} = \left[331 + 2452 + 6911\psi_{H_2O} + \frac{22.4}{18}c_{H_2O}(1 - \psi_{H_2O})t_顶\right] \cdot w(H_2O_化) \qquad (6\text{-}99)$$

炉尘带走的热焓为：　　　　　$q'_{炉尘} = c_尘 \cdot F \cdot t_顶$

　　所以，　　　　　　　　$q'_{料水} = q'_{物水} + q'_{化水} + q'_{炉尘}$

式中　$w(H_2O_物)$，$w(H_2O_化)$——炉料带入的物理水和化学结晶水量，kg/t；

ψ_{H_2O}——结晶水在高温区发生水煤气反应 $H_2O_化 + C = H_2 + CO$ 的比率，一般取 $\psi_{H_2O} = 30\%$；

$c_尘$——炉尘的比热容，250℃时 $c_尘 \approx 0.8kJ/(kg \cdot ℃)$。

（8）高炉炉顶煤气的热值：

$$q'_{高炉煤气} = V_{煤气} \cdot Q_{煤气} = V_{煤气}(12642\varphi(CO) + 10798\varphi(H_2)) \qquad (6\text{-}100)$$

式中　$\varphi(CO)$，$\varphi(H_2)$——高炉煤气中 CO 和 H_2 的体积分数，%。

（9）未燃烧碳的热值：

$$q'_{未燃碳} = 33388w(C)_未 = 33388[(1000 + W_{回收铁})w[C] + F \cdot w(C)_f] \qquad (6\text{-}101)$$

式中　$w(C)_{未}$——未燃烧碳量，它包括铁水、回收铁中的渗碳量和炉尘带走的碳量，kg/t。

（10）冷却水带走热量和散热损失。冷却水带走热量可根据测定的冷却水消耗量和进出水温差计算：

$$q'_{冷却} = W_水 c_水 \Delta t_水 \tag{6-102}$$

式中　$W_水$——冷却水消耗量，kg/t；

　　　$c_水$——水的平均比热容，$c_水 = 4.187kJ/(kg \cdot ℃)$；

　　　$\Delta t_水$——冷却水进出水温差，℃。

如无实测数据，此项一般均并入热损失项中。热损失项通常是用热量总收入减去除热损失外的所有热支出所得到的差值表示。

B　区域热平衡计算

为深入分析高炉冶炼过程的能量利用，区域热平衡在一定程度上比全炉热平衡更能说明问题，因为高炉冶炼过程所以能顺利进行，不仅取决于过程所需求的热量，而且还取决于过程所在区域的温度。人们现在已完全了解，同样数量的热量在不同的温度区内有着不同的价值，它们对燃料比的影响也不同。一般认为决定高炉可能达到的最低焦比是高炉各部位能被利用的有价值的"有效"热量。高炉下部区域内所进行过程要求的温度最高，因而决定焦比或影响焦比诸因素的作用都与下部的有效热量变化有关。人们遂将高炉分为上、下两个区域，相应地编制区域热平衡。目前广泛采用高温区热平衡。

在前面已经指出，区域热平衡编制和分析的可靠性在于边界条件的正确选定。一般在将高炉分为上、下两个区域时，以热交换的空区分段。将空区上部边界处的温度定为：$t'_{g空} = 900℃$，$t'_{s空} = 850℃$，$\Delta t' = 50℃$；空区的下部边界处的温度定为：$t_{g空} = 1000℃$，$t_{s空} = 900 \sim 950℃$，$\Delta t = 50 \sim 100℃$。

高温区热平衡的编制一般采用全炉热平衡中的第三种方法（表6-2中方法三）。但在炉料带入高温区的热量处理上有两种方式：一种是如实地将炉料带入的热量计入热收入；另一种则将炉料带入的热量分别在热支出项的铁水、炉渣和煤气焓中扣除（详细计算过程参阅6.2.2.3节、6.2.3.3节例题）。

6.2.2.3　生产高炉计算举例

A　高炉操作条件和生产结果

（1）原燃料消耗及其平均成分。生产高炉的原燃料消耗及其平均成分见表6-3。

（2）产品数量及其成分。生产高炉的产品数量及其成分见表6-4。

（3）生产高炉实测参数。实测参数为：铁水温度1500℃，炉渣温度1550℃，炉顶煤气温度154℃；风温1250℃，鼓风湿度$0.011m^3/m^3$；仪表风量$7740m^3/min$，氧量$21670m^3/h$，富氧率（f_{O_2}）3.5%；煤粉燃烧率$\eta_煤 = 0.7$；矿耗1.613t/t，焦比310kg/t（包括焦丁20kg/t），煤比180kg/t；炉尘20kg/t；烧结矿：球团矿：块矿 = 62.4：25.7：11.9。

B　物料平衡计算

（1）每吨铁水消耗的干料和炉料带入的水分。生产高炉每吨铁水消耗的干料和炉料带入的水分，计算结果见表6-5。

表 6-3 生产高炉的原燃料消耗及其平均成分

物料名称		焦炭	煤粉	烧结矿	球团矿	块矿	熟料	混合矿
湿料消耗/kg·t^{-1}		311.15	182			198.35	1421	1619.35
水分/%		0.37	1.1	—	—	3.2		0.392
化学分析 /%	FeO	0.87	0.758	7.995	0.723	0.520	5.874	5.237
	Fe$_2$O$_3$	—	—	71.464	93.465	88.718	77.882	79.171
	CaO	0.77	0.846	10.422	0.595	0.660	7.555	6.735
	SiO$_2$	6.00	5.866	5.567	3.390	3.745	4.932	4.791
	MgO	0.44	0.303	1.845	0.526	0.930	1.460	1.397
	Al$_2$O$_3$	3.90	3.179	2.115	0.613	1.770	1.677	1.688
	MnO	—	—	0.092	0.599	0.219	0.240	0.237
	FeS	—	—	0.069	0.030	0.037	0.058	0.055
	P$_2$O$_5$	—	—	0.130	0.007	0.109	0.094	0.096
	TiO$_2$	—	—	0.301	0.052	0.082	0.228	0.211
	CO$_2$	—	—	—	—	0.870	—	0.104
	H$_2$O$_化$	—	—	—	—	2.340	—	0.278
	C$_全$	—	82.976	—	—	—	—	—
	C$_固$	85.59	(79.12)	—	—	—	—	—
	S	0.60	0.605	—	—	—	—	—
	CO	0.28	—	—	—	—	—	—
	CO$_2$	0.44	—	—	—	—	—	—
	CH$_4$	0.04	—	—	—	—	—	—
	H$_2$	0.59	H 3.323	—	—	—	—	—
	N$_2$	0.48	N 1.231	—	—	—	—	—
	O$_2$	—	O 0.913	—	—	—	—	—
	总和	100.000	100.000	100.000	100.000	100.000	100.000	100.000

表 6-4 生产高炉的产品数量及其成分

产品名称		铁水		回收铁		炉渣		炉尘		炉顶煤气	
数量/kg·t^{-1}		1000		10				20			
化学分析 /%	Fe	94.359	Fe	94.359	CaO	39.48	FeO	15.800	CO	22.56
	C	4.865	C	4.865	SiO$_2$	34.25	Fe$_2$O$_3$	46.120	CO$_2$	23.38
	Si	0.39	Si	0.39	MgO	8.51	CaO	4.300	H$_2$	3.83
	Mn	0.19	Mn	0.19	Al$_2$O$_3$	15.66	SiO$_2$	5.490	N$_2$	50.23
	P	0.067	P	0.067	MnO	0.46	MgO	1.900		
	S	0.024	S	0.024	FeO	0.64	Al$_2$O$_3$	3.950		
	Ti	0.105	Ti	0.105	P$_2$O$_5$	0.00	MnO	0.200		
					TiO$_2$	0.51	P$_2$O$_5$	0.030		
					S/2	0.49	TiO$_2$	1.048		
							S/2	0.163		
							C	20.999		
	总和	100.000	总和	100.000	总和	100.000	总和	100.000	总和	100.000

表 6-5 生产高炉每吨铁水消耗的干料和炉料带入的水分

炉 料	湿料消耗 /kg·t⁻¹	物理水分		干料消耗 /kg·t⁻¹	化学水分		总水分 /kg·t⁻¹
		%	kg/t		%	kg/t	
焦炭	311.15	0.37	1.15	310	0		1.15
煤粉	182.00	1.10	2.00	180	0		2.00
熟料	1421.00	—		1421	—		
块矿	198.35	3.20	6.35	192	2.34	4.49	10.84
合计	2112.50		9.50	2103		4.49	13.99

（2）估算回收铁量。按铁平衡估算回收铁量 $W_{回收铁}$ 如下：

$$W_{回收铁} = (w(\text{Fe})_k + w(\text{Fe})_m + w(\text{Fe})_{熟料} + w(\text{Fe})_{块矿} + w(\text{Fe})_s - w(\text{Fe})_f) \cdot \eta_{\text{Fe}}/w[\text{Fe}] - 1000$$

$$= \frac{\eta_{\text{Fe}}}{94.359}\left[(310 \times 0.87 + 180 \times 0.758) \times \frac{56}{72} + \right.$$

$$1421 \times \left(5.874 \times \frac{56}{72} + 77.882 \times \frac{112}{160} + 0.058 \times \frac{56}{88}\right) +$$

$$192 \times \left(0.52 \times \frac{56}{72} + 88.718 \times \frac{112}{160} + 0.037 \times \frac{56}{88}\right) +$$

$$\left. 0 - 20 \times \left(15.8 \times \frac{56}{72} + 46.12 \times \frac{112}{160}\right) \right] - 1000$$

$$= 1011.499\eta_{\text{Fe}} - 1000$$

铁的回收率 η_{Fe} 在 99.75%~99.90% 范围之间，则由上式计算出：

$$W_{回收铁} = 8.97 \sim 10.49 \text{ (kg/t)}$$

为此，可取回收铁量为 10kg/t，如表 6-4 所示。

（3）造渣氧化物平衡和渣量。按渣中四大组元（CaO+SiO$_2$+MgO+Al$_2$O$_3$）成分之和平衡计算，渣量为：

$$u = \{(w(\text{CaO})_料 + w(\text{SiO}_2)_料 + w(\text{MgO})_料 + w(\text{Al}_2\text{O}_3)_料) -$$

$$\left[w(\text{CaO})_f + w(\text{SiO}_2)_f + w(\text{MgO})_f + w(\text{Al}_2\text{O}_3)_f + (1000 + W_{回收铁}) \times \frac{60}{28}w[\text{Si}]\right]\}$$

$$/(w(\text{CaO}) + w(\text{SiO}_2) + w(\text{MgO}) + w(\text{Al}_2\text{O}_3))$$

$$= \{(112.534 + 106.433 + 24.442 + 45.04) - [0.86 + 1.098 + 0.38 + 0.79 +$$

$$(10 + 0.10) \times 0.39 \times 60/28]\}/(0.3948 + 0.3425 + 0.0851 + 0.1566)$$

$$= 282.819 \text{(kg/t)}$$

若按 CaO 平衡计算，则渣量为：

$$u = \frac{w(\text{CaO})_料 - w(\text{CaO})_f}{w(\text{CaO})} = \frac{112.534 - 0.86}{0.3948} = 282.862 \text{(kg/t)}$$

造渣氧化物平衡和渣量，计算结果见表 6-6。

表 6-6   生产高炉造渣氧化物平衡和渣量

物 料		数量 /kg·t⁻¹	CaO		SiO₂		MgO		Al₂O₃	
			%	kg/t	%	kg/t	%	kg/t	%	kg/t
收入	焦炭	310	0.770	2.387	6.000	18.600	0.440	1.364	3.900	12.090
	煤粉	180	0.846	1.523	5.866	10.559	0.303	0.545	3.179	5.722
	熟料	1421	7.555	107.357	4.932	70.084	1.460	20.747	1.677	23.830
	块矿	192	0.660	1.267	3.745	7.190	0.930	1.786	1.770	3.398
	合计			112.534		106.433		24.442		45.040
支出	铁水	1000	—	—	[Si] 0.39	8.357	—	—	—	—
	回收铁	10	—	—		0.084	—	—	—	—
	炉渣	282.819	39.48	111.657	34.25	96.866	8.51	24.068	15.66	44.289
	炉尘	20	4.300	0.860	5.490	1.098	1.900	0.380	3.950	0.790
误差				0.017		0.028		-0.006		-0.039
合计				112.534		106.433		24.442		45.040

注：铁水中含［Si］0.39%，折算成消耗的量为 $0.39 \times 10 \times 60/28 = 8.357$ kg/t，回收铁则为 $0.39 \times 0.10 \times 60/28 = 0.084$ kg/t。

（4）铁水中 Fe、Mn、S、P、Ti 元素平衡及渣铁间分配比和回收率。铁水中 Fe、Mn、S、P、Ti 元素平衡，计算结果见表6-7。

表 6-7   生产高炉 Fe、Mn、S、P、Ti 元素平衡

物料	数量 /kg·t⁻¹	Fe		Mn		S		P		Ti	
		%	kg/t	%	kg/t	%	kg/t	%	kg/t	%	kg/t
焦炭	310	0.677	2.098	—		0.600	1.860	—		—	
煤粉	180	0.590	1.062	—		0.605	1.089	—		—	
熟料	1421	59.123	840.138	0.186	2.643	0.021	0.298	0.041	0.583	0.137	1.947
块矿	192	62.531	120.059	0.170	0.326	0.0135	0.026	0.048	0.092	0.049	0.094
合 计			963.357		2.969		3.273		0.675		2.041
铁水	1000	94.359	943.590	0.19	1.9	0.024	0.240	0.067	0.67	0.105	1.050
回收铁	10	94.359	9.436	0.19	0.019	0.024	0.002	0.067	0.007	0.105	0.011
炉渣	282.819	0.498	1.408	0.356	1.008	0.98	2.772	—		0.306	0.865
炉尘	20	44.573	8.915	0.155	0.031	0.065	0.326	0.013	0.003	0.629	0.126
误 差			0.008		0.011		0.194		-0.005		-0.011
合 计			963.357		2.969		3.273		0.675		2.041

元素 Me 在渣铁间的分配比 L_{Me} 计算如下：

$$L_{Fe} = \frac{w[Fe]_\%}{w(Fe)_\%} = \frac{w[Fe]_\%}{w(FeO)_\% \times 56/72} = \frac{94.359}{0.64 \times 56/72} = 189.56$$

$$L_{Si} = \frac{w[Si]_\%}{w(Si)_\%} = \frac{w[Si]_\%}{w(SiO_2)_\% \times 28/60} = \frac{0.39}{34.25 \times 28/60} = 0.0244$$

$$L_{Mn} = \frac{w[Mn]_\%}{w(Mn)_\%} = \frac{w[Mn]_\%}{w(MnO)_\% \times 55/71} = \frac{0.19}{0.46 \times 55/71} = 0.5332$$

$$L_{Ti} = \frac{w[Ti]_\%}{w(Ti)_\%} = \frac{w[Ti]_\%}{w(TiO_2)_\% \times 48/80} = \frac{0.105}{0.51 \times 48/80} = 0.3431$$

$$L_S = \frac{w(S)_\%}{w[S]_\%} = \frac{0.49 \times 2}{0.024} = 40.833$$

元素 Me 在铁水中的回收率 η_{Me} 计算如下:

$$\eta_{Fe} = \frac{1}{1 + u/L_{Fe}} \times 100\% = \frac{1}{1 + 0.282819/189.56} \times 100\% = 99.851\%$$

或直接计算出:

$$\eta_{Fe} = \frac{(w[Fe]_{铁水} + w[Fe]_{回收铁}) \times 100\%}{w(Fe)_k + w(Fe)_m + w(Fe)_{熟料} + w(Fe)_{块矿} - w(Fe)_f}$$

$$= \frac{(943.59 + 9.436) \times 100\%}{2.098 + 1.062 + 840.138 + 120.059 - 8.915}$$

$$= \frac{953.026}{963.357 - 8.915} \times 100\% = \frac{953.026}{954.442} \times 100\% = 99.852\%$$

$$\eta_{Si} = \frac{1}{1 + u/L_{Si}} \times 100\% = \frac{1}{1 + 0.282819/0.0244} \times 100\% = 7.94\%$$

或
$$\eta_{Si} = \frac{(w[Si]_{铁水} + w[Si]_{回收铁}) \times 100\%}{w(Si)_k + w(Si)_m + w(Si)_{熟料} + w(Si)_{块矿} - w(Si)_f}$$

$$= \frac{(8.357 + 0.084) \times 100\%}{18.6 + 10.559 + 70.084 + 7.19 - 1.098}$$

$$= \frac{8.441}{106.433 - 1.098} \times 100\% = \frac{8.441}{105.335} \times 100\% = 8.01\%$$

$$\eta_{Mn} = \frac{1}{1 + u/L_{Mn}} \times 100\% = \frac{1}{1 + 0.282819/0.5332} \times 100\% = 65.34\%$$

或
$$\eta_{Mn} = \frac{(w[Mn]_{铁水} + w[Mn]_{回收铁}) \times 100\%}{w(Mn)_k + w(Mn)_m + w(Mn)_{熟料} + w(Mn)_{块矿} - w(Mn)_f}$$

$$= \frac{(1.9 + 0.019) \times 100\%}{0 + 0 + 2.643 + 0.326 - 0.031} = \frac{1.919}{2.969 - 0.031} \times 100\%$$

$$= \frac{1.919}{2.938} \times 100\% = 65.32\%$$

$$\eta_{Ti} = \frac{1}{1 + u/L_{Ti}} \times 100\% = \frac{1}{1 + 0.282819/0.3431} \times 100\% = 54.82\%$$

或
$$\eta_{Ti} = \frac{(w[Ti]_{铁水} + w[Ti]_{回收铁}) \times 100\%}{w(Ti)_k + w(Ti)_m + w(Ti)_{熟料} + w(Ti)_{块矿} - w(Ti)_f}$$

$$= \frac{(1.05 + 0.011) \times 100\%}{0 + 0 + 1.947 + 0.094 - 0.126} = \frac{1.061}{2.041 - 0.126} \times 100\%$$

$$= \frac{1.061}{1.915} \times 100\% = 55.40\%$$

(5) 煤气量和风量计算：

1) 炉料气化的总碳量 $w(\mathrm{C})_{气化}$：

$$w(\mathrm{C})_k = K\left(w(\mathrm{C_F})_k + \frac{12}{28}w(\mathrm{CO})_{k挥} + \frac{12}{44}w(\mathrm{CO_2})_{k挥} + \frac{12}{16}w(\mathrm{CH_4})_{k挥}\right)$$

$$= 310 \times \left(0.8559 + \frac{12}{28} \times 0.0028 + \frac{12}{44} \times 0.0044 + \frac{12}{16} \times 0.0004\right) = 266.166(\mathrm{kg/t})$$

$$w(\mathrm{C})_m = M \cdot w(\mathrm{C_全})_m = 180 \times 0.82976 = 149.357(\mathrm{kg/t})$$

$$w(\mathrm{C})_p = P\left(w(\mathrm{C})_p + \frac{12}{44}w(\mathrm{CO_2})_p\right) = 192 \times 0.0087 \times \frac{12}{44} = 0.456(\mathrm{kg/t})$$

$$w(\mathrm{C})_f = F\left(w(\mathrm{C})_f + \frac{12}{44}w(\mathrm{CO_2})_f\right) = 20 \times 0.20999 = 4.20(\mathrm{kg/t})$$

$$w(\mathrm{C})_e = 1000 \cdot w[\mathrm{C}] = 10 \cdot w[\mathrm{C}]_\% = 10 \times 4.865 = 48.65(\mathrm{kg/t})$$

$$w(\mathrm{C})_{回收铁} = W_{回收铁} \cdot w[\mathrm{C}] = 10 \times 0.04865 = 0.487(\mathrm{kg/t})$$

$$w(\mathrm{C})_{气化} = w(\mathrm{C})_k + w(\mathrm{C})_m + w(\mathrm{C})_p + w(\mathrm{C})_\phi + w(\mathrm{C})_s - w(\mathrm{C})_f - w(\mathrm{C})_e - w(\mathrm{C})_{回收铁}$$

$$= 266.166 + 149.357 + 0.456 + 0 + 0 - 4.2 - 48.65 - 0.487 = 362.642(\mathrm{kg/t})$$

2) 从炉料进入炉顶煤气的氧量 $w(\mathrm{O})_{料}$、氢量 $w(\mathrm{H})_{料}$、氮量 $w(\mathrm{N})_{料}$：

$$w(\mathrm{O})_k = K\left(\frac{16}{72}w(\mathrm{FeO})_k + \frac{16}{28}w(\mathrm{CO})_{k挥} + \frac{32}{44}w(\mathrm{CO_2})_{k挥}\right)$$

$$= 310 \times \left(\frac{16}{72} \times 0.0087 + \frac{16}{28} \times 0.0028 + \frac{32}{44} \times 0.0044\right) = 2.087(\mathrm{kg/t})$$

$$w(\mathrm{O})_p = P\left(\frac{48}{160}w(\mathrm{Fe_2O_3})_p + \frac{16}{72}w(\mathrm{FeO})_p + \frac{32}{44}w(\mathrm{CO_2})_p + \frac{16}{18}\psi_{\mathrm{H_2O}}w(\mathrm{H_2O_化})_p\right)$$

$$= 1613 \times \left(\frac{48}{160} \times 0.79171 + \frac{16}{72} \times 0.05237\right) + 192 \times \left(\frac{32}{44} \times 0.0087 + \frac{16}{18} \times 0.3 \times 0.0234\right)$$

$$= 404.293(\mathrm{kg/t})$$

$$w(\mathrm{O})_{dSi,Mn,P,S} = (1000 + W_{回收铁})\left(\frac{32}{28}w[\mathrm{Si}] + \frac{16}{55}w[\mathrm{Mn}] + \frac{80}{62}w[\mathrm{P}] + \frac{32}{48}w[\mathrm{Ti}]\right) +$$

$$\frac{16}{32}u \cdot w(\mathrm{S})$$

$$= (1000 + 10)\left(\frac{32}{28} \times 0.0039 + \frac{16}{55} \times 0.0019 + \frac{80}{62} \times 0.00067 + \frac{32}{48} \times 0.00105\right) +$$

$$\frac{16}{32} \times 282.819 \times 0.0098$$

$$= 8.026(\mathrm{kg/t})$$

$$w(\mathrm{O})_f = F\left(\frac{48}{160}w(\mathrm{Fe_2O_3})_f + \frac{16}{72}w(\mathrm{FeO})_f + \frac{32}{44}w(\mathrm{CO_2})_f\right)$$

$$= 20 \times \left(\frac{48}{160} \times 0.4612 + \frac{16}{72} \times 0.158 + 0\right) = 3.469(\mathrm{kg/t})$$

$$w(O)_{渣} = \frac{16}{72} u \cdot w(FeO)_{渣} = \frac{16}{72} \times 282.819 \times 0.0064 = 0.402(kg/t)$$

$$\begin{aligned} w(O)_{料} &= w(O)_k + w(O)_p + w(O)_{dSi,Mn,P,S} + w(O)_\phi + w(O)_s - w(O)_f - w(O)_{渣} \\ &= 2.087 + 404.293 + 8.026 + 0 + 0 - 3.469 - 0.402 = 410.535(kg/t) \end{aligned}$$

$$\begin{aligned} w(H)_{料} &= K\left(w(H_2)_{k有机} + w(H_2)_{k挥} + \frac{4}{16} w(CH_4)_{k挥} \right) + \\ & \frac{2}{18} \psi_{H_2O}(P \cdot w(H_2O_{化})_p + \Phi \cdot w(H_2O_{化})_\phi) \\ &= 310 \times \left(0.0059 + \frac{4}{16} \times 0.0004 \right) + \frac{2}{18} \times 0.3 \times (192 \times 0.0234 + 0) = 2.010(kg/t) \end{aligned}$$

$$w(N)_{料} = K(w(N_2)_{k有机} + w(N_2)_{k挥}) = 310 \times 0.0048 = 1.488(kg/t)$$

3) 喷吹煤粉进入炉顶煤气的氧量 $w(O)_{喷}$、氢量 $w(H)_{喷}$、氮量 $w(N)_{喷}$:

$$\begin{aligned} w(O)_{喷} &= M\left(\frac{48}{160} w(Fe_2O_3)_m + \frac{16}{72} w(FeO)_m + w(O_2)_m + \frac{16}{18} w(H_2O)_m \right) \\ &= 180 \times \left(0 + \frac{16}{72} \times 0.00758 + 0.00913 \right) + \frac{16}{18} \times 2.0 = 3.724(kg/t) \end{aligned}$$

$$w(H)_{喷} = M\left(w(H_2)_m + \frac{2}{18} w(H_2O)_m \right) = 180 \times 0.03323 + \frac{2}{18} \times 2.0 = 6.204(kg/t)$$

$$w(N)_{喷} = M \cdot w(N_2)_m = 180 \times 0.01231 = 2.216(kg/t)$$

4) 炉顶煤气量 $V_{煤气}$ 和鼓风量 $V_{风}$:

鼓风湿度: $\qquad \varphi = 0.011 m^3/m^3 = 1.10\% = 0.011$

干风氧含量: $\quad \omega = 21\% + f_{O_2} = 21\% + 3.5\% = 24.5\% = 0.245$

① [C, O] 法:

$$V_{煤气} = \frac{22.4}{12} \cdot \frac{w(C)_{气化}}{\varphi(CO) + \varphi(CO_2)} = \frac{22.4 \times 362.642}{12 \times (0.2256 + 0.2338)} = 1473.513(m^3/t)$$

$$\begin{aligned} V_{风} &= \frac{1}{(1-\varphi)\omega} [(0.5\varphi(CO) + \varphi(CO_2) - 0.5\varphi(H_2))V_{煤气} + \\ & 5.6(w(H)_{料} + w(H)_{喷}) - 0.7(w(O)_{料} + w(O)_{喷})] \\ &= \frac{1}{(1 - 0.011) \times 0.245} \times [(0.5 \times 0.2256 + 0.2338 - 0.5 \times 0.0383) \times \\ & 1473.513 + 5.6 \times (2.01 + 6.204) - 0.7 \times (410.535 + 3.724)] \\ &= 984.375(m^3/t) \end{aligned}$$

② [C, N] 法:

$$V_{煤气} = \frac{22.4}{12} \cdot \frac{w(C)_{气化}}{\varphi(CO) + \varphi(CO_2)} = \frac{22.4 \times 362.642}{12 \times (0.2256 + 0.2338)} = 1473.513(m^3/t)$$

$$\begin{aligned} V_{风} &= \frac{1}{(1-\varphi)(1-\omega)} [\varphi(N_2)V_{煤气} - 0.8(w(N)_{料} + w(N)_{喷}) - V_{N_2附加}] \\ &= \frac{0.5023 \times 1473.513 - 0.8 \times (1.488 + 2.216) - 0}{(1 - 0.011)(1 - 0.245)} = 987.26(m^3/t) \end{aligned}$$

③ [O, N] 法:

$$V_{煤气} = \frac{0.7(w(O)_{料} + w(O)_{喷}) - 5.6(w(H)_{料} + w(H)_{喷}) - 0.8\beta(w(N)_{料} + w(N)_{喷}) - \beta V_{N_2附加}}{0.5\varphi(CO) + \varphi(CO_2) - \beta\varphi(N_2) - 0.5\varphi(H_2)}$$

$$= \frac{0.7 \times (410.535 + 3.724) - 5.6 \times (2.01 + 6.204) - 0.8 \times \dfrac{0.245}{0.755} \times (1.488 + 2.216) - 0}{0.5 \times 0.2256 + 0.2338 - \dfrac{0.245}{0.755} \times 0.5023 - 0.5 \times 0.0383}$$

$$= 1477.765 (m^3/t)$$

$$V_{风} = \frac{1}{(1 - \varphi)(1 - \omega)}\left[\varphi(N_2)V_{煤气} - 0.8(w(N)_{料} + w(N)_{喷}) - V_{N_2附加}\right]$$

$$= \frac{0.5023 \times 1477.765 - 0.8 \times (1.488 + 2.216) - 0}{(1 - 0.011)(1 - 0.245)} = 990.121 (m^3/t)$$

5) 鼓风中水分及风重、煤气重、煤气中还原生成的 H_2O 及煤气中水分：

鼓风重度：$\gamma_{风} = \dfrac{32}{22.4}(1 - \varphi)\omega + \dfrac{28}{22.4}(1 - \varphi)(1 - \omega) + \dfrac{18}{22.4}\varphi$

$$= \frac{32}{22.4} \times (1 - 0.011) \times 0.245 + \frac{28}{22.4} \times (1 - 0.011)(1 - 0.245) + \frac{18}{22.4} \times 0.011$$

$$= 1.2884 (kg/m^3)$$

鼓风质量：$G_{风} = V_{风} \cdot \gamma_{风}$　（kg/t）

其中：风中水分：$0.011 \cdot V_{风}$　（m^3/t）　　$\dfrac{0.011 \times 18}{22.4} V_{风}$　（kg/t）

干风体积：$0.989 \cdot V_{风}$　（m^3/t）

干风质量：$(1 - \varphi)V_{风}\left[\dfrac{32}{22.4}\omega + \dfrac{28}{22.4}(1 - \omega)\right]$

$$= 0.989 \times \left(\frac{32}{22.4} \times 0.245 + \frac{28}{22.4} \times 0.755\right) \times V_{风} = 1.2795 \cdot V_{风}　（kg/t）$$

干煤气重度：$\gamma_{煤气} = \dfrac{44}{22.4}\varphi(CO_2) + \dfrac{28}{22.4}(\varphi(CO) + \varphi(N_2)) + \dfrac{2}{22.4}\varphi(H_2)$

$$= \frac{44}{22.4} \times 0.2338 + \frac{28}{22.4} \times (0.2256 + 0.5023) + \frac{2}{22.4} \times 0.0383$$

$$= 1.3725 (kg/m^3)$$

干煤气质量：$G_{煤气} = V_{煤气} \cdot \gamma_{煤气}$　（kg/t）

煤气中总水分：$V_{H_2O煤气} = V_{H_2O还} + V_{H_2O化未} + V_{H_2O物}$，$G_{H_2O煤气} = G_{H_2O还} + G_{H_2O化未} + G_{H_2O物}$

其中：

还原生成 H_2O 量：$V_{H_2O还} = 11.2(w(H)_{料} + w(H)_{喷}) + \varphi \cdot V_{风} - \varphi(H_2) \cdot V_{煤气}$　（m^3/t）

炉料中结晶水未参与水煤气反应直接进入炉顶煤气的量：

$$G_{H_2O化未} = (1 - \psi_{H_2O})(P \cdot w(H_2O_{化})_p + \Phi \cdot w(H_2O_{化})_\phi)$$

$$= (1 - 0.3) \times (192 \times 0.0234 + 0) = 3.145 (kg/t)$$

煤气中物理水：$G_{H_2O物} = K_{湿} \cdot w(H_2O_{物})_k + P_{湿} \cdot w(H_2O_{物})_p + \Phi_{湿} \cdot w(H_2O_{物})_\phi$

$$= 311.15 \times 0.0037 + 198.35 \times 0.032 + 0$$

$$= 1.15 + 6.35 = 7.50 (kg/t)$$

三种计算方法中，生产高炉的风量、煤气量、水分等计算结果汇总于表6-8。

表6-8 三种计算方法中，生产高炉的风量、煤气量、水分

名称	风量		风中水分		干风量		干煤气量		还原生成的H_2O		煤气中总水分	
	m^3/t	kg/t	m^3/t	kg/t	m^3/t	kg/t	m^3/t	kg/t	m^3/t	kg/t	m^3/t	kg/t
[C,O]法	984.37	1268.23	10.83	8.70	973.55	1259.53	1473.51	2022.46	46.39	37.28	59.64	47.92
[C,N]法	987.26	1271.94	10.86	8.73	976.40	1263.22	1473.51	2022.46	46.42	37.30	59.67	47.95
[O,N]法	990.12	1275.63	10.89	8.75	979.23	1266.88	1477.76	2028.30	46.29	37.20	59.54	47.84

（6）物料平衡表。生产高炉的物料平衡表见表6-9。

表6-9 生产高炉物料平衡表 （kg/t）

名 称	收 入			名 称	支 出		
	[C,O]法	[C,N]法	[O,N]法		[C,O]法	[C,N]法	[O,N]法
焦炭	311.15	311.15	311.15	铁水	1000	1000	1000
煤粉	182	182	182	回收铁	10	10	10
烧结、球团矿	1421	1421	1421	炉渣	282.82	282.82	282.82
块矿	198.35	198.35	198.35	炉尘	20	20	20
鼓风（干）	1259.53	1263.22	1266.88	煤气	2022.46	2022.46	2028.30
风中水分	8.70	8.73	8.75	煤气中水分	47.92	47.95	47.84
误差	2.47（0.08%）		0.83（0.03%）			1.22（0.04%）	
合计	3383.20	3384.45	3388.96	合计	3383.20	3384.45	3388.96

（7）进入炉顶煤气元素平衡。对 [C，O] 法中N平衡、[C，N] 法中O平衡和 [O，N] 法中C平衡进行计算，观察三种方法的误差。

1）[C，O] 法中N平衡：

收入：鼓风中N量 $= V_风(1-\varphi)(1-\omega) = 984.37 \times 0.989 \times 0.755 = 735.024(m^3/t)$

焦炭和煤粉中的N量 $= \dfrac{22.4}{28} \times (K \cdot w(N_2)_k + M \cdot w(N_2)_m)$

$= \dfrac{22.4}{28} \times (310 \times 0.0048 + 180 \times 0.01231) = 2.963(m^3/t)$

支出：炉顶煤气中N量 $= V_{煤气} \cdot \varphi(N_2) = 1473.51 \times 0.5023 = 740.144(m^3/t)$

误差：N收入737.987m^3/t，支出740.144m^3/t，收入小于支出2.157m^3/t，误差相当于0.29%。

2）[C，N] 法中O平衡：

收入：鼓风中O量 $= V_风(1-\varphi)\omega = 987.26 \times 0.989 \times 0.245 = 239.218(m^3/t)$

炉料和煤粉中O量 $= \dfrac{22.4}{32}(w(O)_料 + w(O)_喷)$

$= \dfrac{22.4}{32} \times (410.535 + 3.724) = 289.981(m^3/t)$

支出：炉顶煤气中O量 $= V_{煤气} \cdot (0.5\varphi(CO) + \varphi(CO_2)) + 0.5V_{H_2O还}$

$$= 1473.51 \times (0.5 \times 0.2256 + 0.2338) + 0.5 \times 46.42$$

$$= 533.929(\mathrm{m^3/t})$$

误差：O 收入 529.199$\mathrm{m^3/t}$，支出 533.929$\mathrm{m^3/t}$，收入小于支出 4.73$\mathrm{m^3/t}$，误差相当于 0.89%。

3）[O，N] 法中 C 平衡：

收入：炉料和煤粉中 C 量 = $w(\mathrm{C})_{气化}$ = 362.642（kg/t）

支出：炉顶煤气中 C 量 = $\dfrac{12}{22.4} V_{煤气} \cdot (\varphi(\mathrm{CO}) + \varphi(\mathrm{CO_2}))$

$$= \frac{12}{22.4} \times 1477.76 \times (0.2256 + 0.2338) = 363.687(\mathrm{kg/t})$$

误差：C 收入 362.642kg/t，支出 363.687kg/t，收入小于支出 1.045kg/t，误差相当于 0.29%。

从物料平衡和煤气中元素平衡看，三种方法的误差都在允许范围之内，但相互比较，[C，O] 法和 [O，N] 法的误差最小，两个误差均在 0.30% 以下，故后面的计算中都采用 [C，O] 法求得的 $V_{风}$ 和 $V_{煤气}$ 数值。

C　直接还原度 r_d、煤气利用率 η_{CO} 和 $\eta_{\mathrm{H_2}}$ 计算

（1）风口前燃烧的碳量 $w(\mathrm{C})_风$ 的计算：

$$w(\mathrm{C})_风 = 24 \left\{ \frac{V_风 [(1-\varphi)\omega + 0.5\varphi]}{22.4} + \frac{w(\mathrm{O})_m}{32} \right\}$$

$$= \frac{24}{22.4} \times 984.37 \times (0.989 \times 0.245 + 0.5 \times 0.011) + \frac{24}{32} \times \left(180 \times 0.00913 + \frac{16}{18} \times 2.0 \right)$$

$$= 263.921(\mathrm{kg/t})$$

焦炭在风口前的燃烧率：$\eta_焦 = \dfrac{w(\mathrm{C})_风 - M \cdot w(\mathrm{C}_全)_m \cdot \eta_煤}{K \cdot \left(w(\mathrm{C_F})_k + \dfrac{4}{16} w(\mathrm{CH_4})_{k挥} \right)}$

$$= \frac{263.921 - 180 \times 0.82976 \times 0.7}{310 \times \left(0.8559 + \dfrac{4}{16} \times 0.0004 \right)} = 0.6006 \text{ 或 } 60.06\%$$

（2）铁直接还原耗碳 $w(\mathrm{C_d})_\mathrm{Fe}$ 和夺取的氧量 $\varphi(\mathrm{O})_\mathrm{dFe}$ 计算：

铁直接还原耗碳：$w(\mathrm{C})_\mathrm{dFe} = w(\mathrm{C})_{气化} - w(\mathrm{C})_风 - w(\mathrm{C})_{\mathrm{dSi,Mn,P,S}} - w(\mathrm{C})_{\mathrm{CO_2}p} - (1 + \psi_{\mathrm{CO_2}}) w(\mathrm{C})_\phi - w(\mathrm{C})_{\mathrm{CO_2}s} - w(\mathrm{C})_{\mathrm{H_2O}化} - w(\mathrm{C})_{k挥} + w(\mathrm{C})_{\mathrm{CO_2}f}$

$$= 362.642 - 263.921 - \frac{12}{16} \times 8.026 - 0.456 - 0 - 0 -$$

$$\frac{12}{18} \times 0.3 \times 192 \times 0.0234 - 310 \times \left(\frac{12}{28} \times 0.0028 + \frac{12}{44} \times 0.0044 \right) + 0$$

$$= 90.603(\mathrm{kg/t})$$

还原夺取的总氧量为：

$$\varphi(\mathrm{O})_{还总} = \frac{33.6}{160} \left(\sum I \cdot w(\mathrm{Fe_2O_3})_i - F \cdot w(\mathrm{Fe_2O_3})_f \right) + \frac{11.2}{72} \left(\sum I \cdot w(\mathrm{FeO})_i - F \cdot w(\mathrm{FeO})_f \right) +$$

$$\frac{11.2}{87}(\sum I \cdot w(MnO_2)_i - F \cdot w(MnO_2)_f) + \varphi(O)_{dSi,Mn,P,S} - \varphi(O)_{渣}$$

$$= \frac{33.6}{160}(1613 \times 0.79171 - 20 \times 0.4612) + 0 + \frac{22.4}{32} \times 8.026 - \frac{22.4}{32} \times 0.402 +$$

$$\frac{11.2}{72}(310 \times 0.0087 + 180 \times 0.00758 + 1613 \times 0.05237 - 20 \times 0.158)$$

$$= 284.856(m^3/t)$$

或 $\varphi(O)_{还总} = \dfrac{11.2}{72}K \cdot w(FeO)_k + M\left(\dfrac{11.2}{72}w(FeO)_m + \dfrac{33.6}{160}w(Fe_2O_3)_m\right) +$

$$P\left(\frac{33.6}{160}w(Fe_2O_3)_p + \frac{11.2}{72}w(FeO)_p + \frac{11.2}{87}w(MnO_2)_p\right) +$$

$$\Phi\left(\frac{33.6}{160}w(Fe_2O_3)_\phi + \frac{11.2}{72}w(FeO)_\phi\right) + S\left(\frac{33.6}{160}w(Fe_2O_3)_s + \frac{11.2}{72}w(FeO)_s\right) +$$

$$\varphi(O)_{dSi,Mn,P,S} - \varphi(O)_{渣} - F\left(\frac{33.6}{160}w(Fe_2O_3)_f + \frac{11.2}{72}w(FeO)_f + \frac{11.2}{87}w(MnO_2)_f\right)$$

$$= \frac{11.2}{72} \times 310 \times 0.0087 + 180 \times \frac{11.2}{72} \times 0.00758 + 1613 \times \left(\frac{33.6}{160} \times 0.79171 + \frac{11.2}{72} \times 0.05237\right) +$$

$$0 + 0 + \frac{22.4}{32} \times 8.026 - \frac{22.4}{32} \times 0.402 - 20 \times \left(\frac{33.6}{160} \times 0.4612 + \frac{11.2}{72} \times 0.158 + 0\right)$$

$$= 284.856(m^3/t)$$

或 $\varphi(O)_{还总} = \dfrac{22.4}{32}w(O)_{料} + M\left(\dfrac{33.6}{160}w(Fe_2O_3)_m + \dfrac{11.2}{72}w(FeO)_m\right) - \dfrac{11.2}{28}K \cdot w(CO)_{k挥} -$

$$\frac{22.4}{44}[K \cdot w(CO_2)_{k挥} + P \cdot w(CO_2)_p + \Phi w(CO_2)_\phi + S \cdot w(CO_2)_s - F \cdot w(CO_2)_f] -$$

$$\frac{11.2}{18}\psi_{H_2O}(P \cdot w(H_2O_化)_p + \Phi \cdot w(H_2O_化)_\phi)$$

$$= \frac{22.4}{32} \times 410.535 + 180 \times \left(0 + \frac{11.2}{72} \times 0.00758\right) - \frac{11.2}{28} \times 310 \times 0.0028 -$$

$$\frac{22.4}{44} \times (310 \times 0.0044 + 192 \times 0.0087 + 0 + 0 - 0) - \frac{11.2}{18} \times$$

$$0.3 \times (192 \times 0.0234 + 0)$$

$$= 284.856(m^3/t)$$

少量元素还原和脱硫夺取的氧量为：

$$\varphi(O)_{dSi,Mn,P,S} = \frac{22.4}{32} \cdot w(O)_{dSi,Mn,P,S} = \frac{22.4}{32} \times 8.026 = 5.618(m^3/t)$$

间接还原生成的 CO_2 量为：

$$V_{CO_2i} = V_{煤气} \cdot \varphi(CO_2) - \frac{22.4}{44}[K \cdot w(CO_2)_{k挥} + P \cdot w(CO_2)_p + S \cdot w(CO_2)_s +$$

$$(1 - \psi_{CO_2})\Phi \cdot w(CO_2)_\phi - F \cdot w(CO_2)_f]$$

$$= 1473.51 \times 0.2338 - \frac{22.4}{44} \times (310 \times 0.0044 + 192 \times 0.0087 + 0)$$

$$= 342.962(\text{m}^3/\text{t})$$

间接还原夺取的氧量为：

$$\varphi(O)_i = 0.5(V_{CO_2i} + V_{H_2O还}) = 0.5 \times (342.962 + 46.39) = 194.676 (\text{m}^3/\text{t})$$

则铁直接还原夺取的氧量为：

$$\varphi(O)_{dFe} = \varphi(O)_{dFeO \to Fe} = \varphi(O)_{还总} - \varphi(O)_{dSi,Mn,P,S} - \varphi(O)_i$$

$$= 284.856 - 5.618 - 194.676 = 84.562 \ (\text{m}^3/\text{t})$$

（3）铁直接还原度 r_d、间接还原度 r_{iCO}、r_{iH_2} 计算。

按 $w(C)_{dFe}$ 计算的铁直接还原度 r_d：

$$r_d = \frac{56w(C)_{dFe}}{12(w(Fe)_e + w(Fe)_{回收铁} - w(Fe)_s)} = \frac{56 \times 90.603}{12 \times (1000 + 10) \times 0.94359} = 0.4437$$

按 $\varphi(O)_{dFe}$ 计算的铁直接还原度 r_d：

$$r_d = \frac{56\varphi(O)_{dFe}}{11.2(w(Fe)_e + w(Fe)_{回收铁} - w(Fe)_s)} = \frac{56 \times 84.562}{11.2 \times (1000 + 10) \times 0.94359} = 0.4437$$

H_2 间接还原度 r_{iH_2} 为：

$$r_{iH_2} = \frac{56V_{H_2O还}}{22.4w(Fe)_还} = \frac{56V_{H_2O还}}{22.4[(1000 + W_{回收铁})w[Fe] - S \cdot w(Fe)_s]}$$

$$= \frac{56 \times 46.39}{22.4 \times [(1000 + 10) \times 0.94359 - 0]} = 0.122$$

则 CO 间接还原度 r_{iCO} 为：

$$r_{iCO} = 1 - r_d - r_{iH_2} = 1 - 0.444 - 0.122 = 0.434$$

（4）高炉冶炼的直接还原度 R_d 计算。

$$R_d = \frac{\varphi(O)_{d还}}{\varphi(O)_{还总}} = \frac{\varphi(O)_{dFeO \to Fe} + \varphi(O)_{dSi, Mn, P, S}}{\varphi(O)_{还总}} = \frac{84.562 + 5.618}{284.856} = 0.3166$$

（5）煤气利用率 η_{CO} 和 η_{H_2} 计算。

按炉顶煤气成分计算的 CO 利用率为：

$$\eta_{CO} = \frac{\varphi(CO_2)_\%}{\varphi(CO)_\% + \varphi(CO_2)_\%} \times 100\% = \frac{23.38}{22.56 + 23.38} \times 100\% = 50.89\%$$

$$m = \varphi(CO_2)/\varphi(CO) = 23.38/22.56 = 1.0363$$

或　　$$\eta_{CO} = \frac{\varphi(CO_2)_\%}{\varphi(CO)_\% + \varphi(CO_2)_\%} = \frac{m}{1 + m} = \frac{1.0363}{1 + 1.0363} = 0.5089 = 50.89\%$$

按炉内反应过程计算：

$$w(C)_{dCO_2} = \psi_{CO_2}w(C)_\phi = \frac{12}{44}\psi_{CO_2}\Phi \cdot w(CO_2)_\phi = \frac{12}{44} \times 0.5 \times 0 = 0(\text{kg/t})$$

$$w(C)_{H_2O化} = \frac{12}{18}\psi_{H_2O}(P \cdot w(H_2O_化)_p + \Phi \cdot w(H_2O_化)_\phi)$$

$$= \frac{12}{18} \times 0.3 \times (192 \times 0.0234 + 0) = 0.899(\text{kg/t})$$

炉内生成的 CO 总量，即为进入间接还原区的 CO 量：

$$V_{CO(间)} = \frac{22.4}{12}(w(C)_风 + w(C)_{dFe} + w(C)_{dSi,Mn,P,S} + 2w(C)_{dCO_2} + w(C)_{H_2O化}) +$$

$$\frac{22.4}{28}K \cdot w(CO)_{k挥}$$

$$= \frac{22.4}{12}\left(263.921 + 90.603 + \frac{12}{16} \times 8.026 + 0 + 0.899\right) + \frac{22.4}{28} \times 310 \times 0.0028$$

$$= 675.387(m^3/t)$$

从上列 CO 中间接还原生成 CO_2 的量为 $V_{CO_2i} = 342.962 m^3/t$，则：

$$\eta_{CO} = \frac{12V_{CO_2i}}{22.4\left(w(C)_风 + w(C)_{dFe} + w(C)_{dSi,Mn,P,S} + 2w(C)_{dCO_2} + w(C)_{H_2O化} + \frac{12}{28}K \cdot w(CO)_{k挥}\right)}$$

$$= \frac{V_{CO_2i}}{V_{CO}} = \frac{342.962}{675.387} = 0.5078 = 50.78\%$$

炉内生成的 H_2 总量，即为进入间接还原区的 H_2 量，等于鼓风、炉料和喷吹燃料带入炉内的 H_2 的总量：

$$V_{H_2(间)} = \varphi V_风 + \frac{22.4}{2}K\left(w(H_2)_{k有机} + w(H_2)_{k挥} + \frac{4}{16}w(CH_4)_{k挥}\right) +$$

$$\frac{22.4}{18}\psi_{H_2O}(P \cdot w(H_2O化)_p + \Phi \cdot w(H_2O化)_\phi) + \frac{22.4}{2}M\left(w(H_2)_m + \frac{2}{18}w(H_2O)_m\right)$$

$$= \varphi V_风 + 11.2(w(H)_料 + w(H)_喷)$$

$$= 984.37 \times 0.011 + 11.2 \times (2.010 + 6.204) = 102.825(m^3/t)$$

还原生成的 $H_2O_还$ 量与进入间接还原区的 H_2 量 $V_{H_2(间)}$ 之比即为氢利用率：

$$\eta_{H_2} = \frac{V_{H_2O还}}{\varphi V_风 + 11.2(w(H)_料 + w(H)_喷)} = \frac{V_{H_2O还}}{V_{H_2(间)}} = \frac{46.39}{102.825} = 0.4512 = 45.12\%$$

η_{CO} 与 η_{H_2} 的关系为：

$$\eta_{H_2}/\eta_{CO} = 0.4512/0.5078 = 0.8885$$

D 热平衡计算

（1）进入间接还原区的煤气（称为炉腹煤气）量及其成分：

前面已经计算出：
$$V_{CO(间)} = 675.387 \quad (m^3/t)$$

$$V_{H_2(间)} = 102.825 \quad (m^3/t)$$

$$V_{N_2(间)} = (1 - \varphi)(1 - \omega)V_风 + \frac{22.4}{28}[K(w(N_2)_{k有机} + w(N_2)_{k挥}) + M \cdot w(N_2)_m]$$

$$= (1 - \varphi)(1 - \omega)V_风 + \frac{22.4}{28}(w(N)_料 + w(N)_喷)$$

$$= (1 - 0.011) \times (1 - 0.245) \times 984.37 + \frac{22.4}{28} \times (1.488 + 2.216)$$

$$= 737.987(m^3/t)$$

这样，进入间接还原区的煤气量 = 675.387 + 102.825 + 737.987 = $1516.199 m^3/t$，其成分为：CO 44.55%，H_2 6.78%，N_2 48.67%。

（2）全炉热平衡。

1）第一种计算方法（方法一）：热工计算方法。

①热收入项：

a. 焦炭、喷吹煤粉的热值：

$$q_焦 = K \cdot Q_焦 = 310 \times 30000 \text{kJ/t} = 9.300 \text{（GJ/t）}$$

$$q_煤 = M \cdot Q_煤 = 182 \times 31000 \text{kJ/t} = 5.642 \text{（GJ/t）}$$

b. 热风带入的有效物理热量：

气体的平均恒压比热容公式为：

$$c_{p_{O_2}} = 4.184 \times (0.3138 + 0.00003766t) \text{（kJ/（m}^3 \cdot \text{℃）)}$$

$$c_{p_{N_2}} = 4.184 \times (0.3057 + 0.00002643t) \text{（kJ/（m}^3 \cdot \text{℃）)}$$

$$c_{p_{H_2O}} = 4.184 \times (0.3519 + 0.00005967t) \text{（kJ/（m}^3 \cdot \text{℃）)}$$

1250℃ 风温下，$c_{p_{O_2}} = 1.5099 \text{kJ/（m}^3 \cdot \text{℃）}$，$c_{p_{N_2}} = 1.4173 \text{kJ/（m}^3 \cdot \text{℃）}$，$c_{p_{H_2O}} = 1.7844 \text{kJ/（m}^3 \cdot \text{℃）}$。则

$$\begin{aligned}
c_风 &= \omega(1-\varphi)c_{p_{O_2}} + (1-\varphi)(1-\omega)c_{p_{N_2}} + \varphi c_{p_{H_2O}} \\
&= 0.245 \times (1-0.011) \times 1.5099 + (1-0.011) \times (1-0.245) \times \\
&\quad 1.4173 + 0.011 \times 1.7844 \\
&= 1.444 \text{（kJ/（m}^3 \cdot \text{℃）)}
\end{aligned}$$

$$\begin{aligned}
q_{热风} &= V_风 c_风 t_风 - 10798 \cdot \varphi V_风 \\
&= 984.37 \times (1.444 \times 1250 - 10798 \times 0.011) \text{kJ/t} = 1.660 \text{（GJ/t）}
\end{aligned}$$

c. 成渣热：

$$\begin{aligned}
q_{成渣} &= 1130 (w(CaO) + w(MgO))_{生矿+熔剂} \\
&= 1130 \times 192 \times (0.0066 + 0.0093) \text{kJ/t} = 0.003 \text{（GJ/t）}
\end{aligned}$$

d. 炉料带入的物理热量：

炉料常温入炉，带入的物理热可不计：$q_料 = G_料 c_料 t_料 \approx 0 \text{（GJ/t）}$

②热支出项：

a. 氧化物分解耗热：

铁氧化物分解耗热：

首先计算出原料中存在的硅酸铁（Fe_2SiO_4）、磁铁矿（Fe_3O_4）、赤铁矿（Fe_2O_3）的数量：

$$\begin{aligned}
w(FeO)_{Fe_2SiO_4} &= K \cdot w(FeO)_k + M \cdot w(FeO)_m + 0.2(P_烧 \cdot w(FeO)_烧 + \\
&\quad P_球 \cdot w(FeO)_球) - u \cdot w(FeO)_渣 \\
&= 310 \times 0.0087 + 180 \times 0.00758 + 0.2 \times 1421 \times 0.05874 - 282.819 \times 0.0064 \\
&= 18.945 \text{（kg/t）}
\end{aligned}$$

$$\begin{aligned}
w(Fe_3O_4)_{Fe_2O_3} &= \frac{232}{72}[0.8(P_烧 \cdot w(FeO)_烧 + P_球 \cdot w(FeO)_球) + P_{生矿} \cdot w(FeO)_{生矿} + \\
&\quad \Phi \cdot w(FeO)_\phi + S \cdot w(FeO)_s - F \cdot w(FeO)_f] \\
&= \frac{232}{72} \times (0.8 \times 1421 \times 0.05874 + 192 \times 0.0052 + 0 - 20 \times 0.158)
\end{aligned}$$

$$= 208.201(\text{kg/t})$$

$$w(\text{Fe}_2\text{O}_3)_{\text{Fe}_2\text{O}_3} = \sum w(\text{Fe}_2\text{O}_3) - \frac{160}{72}[0.8(P_{\text{烧}} \cdot w(\text{FeO})_{\text{烧}} + P_{\text{球}} \cdot w(\text{FeO})_{\text{球}}) + P_{\text{生矿}} \cdot w(\text{FeO})_{\text{生矿}} +$$

$$\Phi \cdot w(\text{FeO})_{\phi} + S \cdot w(\text{FeO})_s - F \cdot w(\text{FeO})_f]$$

$$= (1613 \times 0.79171 - 20 \times 0.4612) -$$

$$\frac{160}{72} \times (0.8 \times 1421 \times 0.05874 + 192 \times 0.0052 - 20 \times 0.158)$$

$$= 1124.218(\text{kg/t})$$

则有：$q'_{\text{Fe}_2\text{SiO}_4 \to \text{Fe}} = 4081 w(\text{FeO})_{\text{Fe}_2\text{SiO}_4} = 4081 \times 18.945\text{kJ/t} = 0.077(\text{GJ/t})$

$\qquad\quad q'_{\text{Fe}_3\text{O}_4 \to \text{Fe}} = 4806 w(\text{Fe}_3\text{O}_4)_{\text{Fe}_3\text{O}_4} = 4806 \times 208.201\text{kJ/t} = 1.001(\text{GJ/t})$

$\qquad\quad q'_{\text{Fe}_2\text{O}_3 \to \text{Fe}} = 5159 w(\text{Fe}_2\text{O}_3)_{\text{Fe}_2\text{O}_3} = 5159 \times 1124.218\ \text{kJ/t} = 5.800(\text{GJ/t})$

铁氧化物分解总耗热：$q'_{\text{Fe氧化物}} = 0.077 + 1.001 + 5.800 = 6.878(\text{GJ/t})$

另一种算法为：

$$w(\text{FeO})_{\text{Fe}_2\text{SiO}_4} = 18.945(\text{kg/t})$$

$$w(\text{Fe}_2\text{O}_3)_{\text{Fe}_2\text{O}_3} = \sum w(\text{Fe}_2\text{O}_3) = w(\text{Fe}_2\text{O}_3)_m + w(\text{Fe}_2\text{O}_3)_p + w(\text{Fe}_2\text{O}_3)_{\phi} +$$

$$w(\text{Fe}_2\text{O}_3)_s - w(\text{Fe}_2\text{O}_3)_f$$

$$= M \cdot w(\text{Fe}_2\text{O}_3)_m + P \cdot w(\text{Fe}_2\text{O}_3)_p + \Phi \cdot w(\text{Fe}_2\text{O}_3)_{\phi} +$$

$$S \cdot w(\text{Fe}_2\text{O}_3)_s - F \cdot w(\text{Fe}_2\text{O}_3)_f$$

$$= 1613 \times 0.79171 - 20 \times 0.4612 = 1267.804(\text{kg/t})$$

$$q'_{\text{Fe}_2\text{SiO}_4 \to \text{Fe}_x\text{O}} = 329 w(\text{FeO})_{\text{Fe}_2\text{SiO}_4} = 329 \times 18.945\text{kJ/t} = 0.006(\text{GJ/t})$$

$$q'_{\text{Fe}_2\text{O}_3 \to \text{Fe}_x\text{O}} = 1783 w(\text{Fe}_2\text{O}_3)_{\text{Fe}_2\text{O}_3} = 1783 \times 1267.804\ \text{kJ/t} = 2.261\ (\text{GJ/t})$$

$$q'_{\text{Fe}_x\text{O} \to \text{Fe}} = 4827 w(\text{Fe})_{\text{还}} = 4827[(1000 + W_{\text{回收铁}})w[\text{Fe}] - S \cdot w(\text{Fe})_s]$$

$$= 4827 \times 10.10 \times 94.359\text{kJ/t} = 4.60(\text{GJ/t})$$

$$q'_{\text{Fe氧化物}} = 0.006 + 2.261 + 4.600 = 6.867(\text{GJ/t})$$

硅氧化物分解耗热：

$\qquad q'_{\text{SiO}_2} = 31059(1000 + W_{\text{回收铁}})w[\text{Si}] = 31059 \times 10.1 \times 0.39\text{kJ/t} = 0.122(\text{GJ/t})$

锰氧化物分解耗热：

$\qquad q'_{\text{MnO}} = 7358(1000 + W_{\text{回收铁}})w[\text{Mn}] = 7358 \times 10.1 \times 0.19\ \text{kJ/t} = 0.014(\text{GJ/t})$

磷氧化物分解耗热：

$q'_{\text{Ca}_3\text{P}_2\text{O}_8} = 35733(1000 + W_{\text{回收铁}})w[\text{P}] = 35733 \times 10.1 \times 0.067\ \text{kJ/t} = 0.024(\text{GJ/t})$

钛氧化物分解耗热：

$q'_{\text{TiO}_2} = 19680(1000 + W_{\text{回收铁}})w[\text{Ti}] = 19680 \times 10.1 \times 0.105\ \text{kJ/t} = 0.021(\text{GJ/t})$

氧化物分解总耗热：$q'_{\text{氧化物}} = 6.878 + 0.122 + 0.014 + 0.024 + 0.021 = 7.059(\text{GJ/t})$

b. 脱硫耗热：

$$q'_{\text{S}} = 8329 \cdot u \cdot w(\text{S}) = 8329 \times 282.819 \times 0.0098\text{kJ/t} = 0.023(\text{GJ/t})$$

c. 碳酸盐分解耗热：

$$q'_{\text{碳酸盐}} = 4043 w(\text{CO}_2)_{\text{CaO生矿}} + (4043 + 3766\psi_{\text{CO}_2})w(\text{CO}_2)_{\text{CaO熔}}$$

$$= 4043 \times 192 \times 0.0087\ \text{kJ/t} = 0.007(\text{GJ/t})$$

d. 喷吹煤粉分解耗热：

$q'_{喷吹} = M(Q_{m分} + 13438w(H_2O)_m) = 180 \times 1005 + 13438 \times 2 \text{kJ/t} = 0.208(\text{GJ/t})$

e. 废铁熔化耗热:

炉料中废铁加入量为零, 熔化耗热: $q'_{废铁} = S \cdot w(Fe)_s \cdot Q_{铁熔化} = 0(\text{GJ/t})$

f. 炉渣带走的焓: $q'_{渣} = u \cdot Q_u = 282.819 \times 1937 \text{kJ/t} = 0.548(\text{GJ/t})$

g. 铁水带走的焓: $q'_{铁} = (1000 + W_{回收铁}) \cdot Q_e = 1010 \times 1276 \text{kJ/t} = 1.289(\text{GJ/t})$

h. 炉顶煤气带走的焓:

气体的平均恒压比热容公式为:

$$c_{p_{CO}} = 4.184 \times (0.3074 + 0.00002891t) (\text{kJ/(m}^3 \cdot \text{℃}))$$
$$c_{p_{CO_2}} = 4.184 \times (0.4092 + 0.0001128t) (\text{kJ/(m}^3 \cdot \text{℃}))$$
$$c_{p_{H_2}} = 4.184 \times (0.2911 + 0.00003482T + 535.7143T^{-2}) (\text{kJ/(m}^3 \cdot \text{K}))$$

154℃顶温下, $c_{p_{CO}} = 1.3048 \text{kJ/(m}^3 \cdot \text{℃})$, $c_{p_{CO_2}} = 1.7848 \text{kJ/(m}^3 \cdot \text{℃})$, $c_{p_{H_2}} = 1.2925 \text{kJ/(m}^3 \cdot \text{K})$, $c_{p_{N_2}} = 1.2961 \text{kJ/(m}^3 \cdot \text{℃})$, $c_{p_{H_2O}} = 1.5108 \text{kJ/(m}^3 \cdot \text{℃})$。则

$$c_{煤气} = 1.3048 \times 0.2256 + 1.7848 \times 0.2338 + 1.2925 \times 0.0383 + 1.2961 \times 0.5023$$
$$= 1.4122(\text{kJ/(m}^3 \cdot \text{℃}))$$

$$q'_{顶气} = (c_{煤气}V_{煤气} + c_{H_2O}V_{H_2O还})t_{顶} = (1.4122 \times 1473.51 + 1.5108 \times 46.39) \times 154 \text{kJ/t}$$
$$= 0.331(\text{GJ/t})$$

i. 炉料中水分蒸发、加热到炉顶温度耗热和炉尘带走的焓:

$$q'_{物水} = \left(2452 + \frac{22.4}{18}c_{H_2O}t_{顶}\right) \cdot w(H_2O_{物})$$
$$= \left(2452 + \frac{22.4}{18} \times 1.5108 \times 154\right) \times 7.50 \text{kJ/t} = 0.0206(\text{GJ/t})$$

$$q'_{化水} = \left[2783 + 6911\psi_{H_2O} + \frac{22.4}{18}c_{H_2O}(1 - \psi_{H_2O})t_{顶}\right] \cdot w(H_2O_{化})$$
$$= \left(2783 + 6911 \times 0.3 + \frac{22.4}{18} \times 1.5108 \times 0.7 \times 154\right) \times 4.493 \text{kJ/t} = 0.0227(\text{GJ/t})$$

$$q'_{炉尘} = c_{尘} \cdot F \cdot t_{顶} = 0.8 \times 20 \times 154 \text{kJ/t} = 0.0025(\text{GJ/t})$$

所以, $q'_{料水} = q'_{物水} + q'_{化水} + q'_{炉尘} = 0.0206 + 0.0227 + 0.0025 = 0.046(\text{GJ/t})$

j. 高炉炉顶煤气的热值:

$$q'_{高炉煤气} = V_{煤气} \cdot Q_{煤气} = V_{煤气}(12642\varphi(CO) + 10798\varphi(H_2))$$
$$= 1473.51 \times (12642 \times 0.2256 + 10798 \times 0.0383) \text{kJ/t} = 4.812(\text{GJ/t})$$

k. 未燃烧碳的热值:

$$q'_{未燃碳} = 33388w(C)_{未} = 33388[(1000 + W_{回收铁})w[C] + F \cdot w(C)_f]$$
$$= 33388 \times (1010 \times 0.04865 + 20 \times 0.20999) \text{kJ/t} = 1.781(\text{GJ/t})$$

2) 第二种计算方法 (方法二): 第一全炉热平衡, 炼铁经典计算方法。

①风口前碳燃烧放出的热量:

$$q_{C风} = 9791w(C)_风 = 9791 \times 263.921 \text{kJ/t} = 2.584(\text{GJ/t})$$

②还原过程中 C、CO、H_2 氧化成 CO、CO_2、H_2O 放出的热量:

$$q_{Cd} = 9791w(C)_d = 9791 \times \left(90.603 + \frac{12}{16} \times 8.026\right) \text{kJ/t} = 0.946(\text{GJ/t})$$

$$q_{iCO} = 12642V_{CO_2i} = 12642 \times 342.962 \, kJ/t = 4.336(GJ/t)$$

$$q_{iH_2} = 10798V_{H_2O还} = 10798 \times 46.39 \, kJ/t = 0.501(GJ/t)$$

第二种计算方法中，热收入项中热风带入的有效物理热量、成渣热、炉料带入的物理热量，以及热支出项中氧化物分解耗热、脱硫耗热、碳酸盐分解耗热、喷吹煤粉分解耗热、废铁熔化耗热、炉渣带走的焓、铁水带走的焓、炉顶煤气带走的焓、炉料中水分蒸发加热到炉顶温度耗热和炉尘带走的焓，它们的计算与第一种计算方法一样。

3）第三种计算方法（方法三）：第二全炉热平衡，炼铁专业计算方法。

①风口前碳燃烧放出的有效热量：

$$q_{C风} = 9791w(C)_风 - M(Q_{m分} + 13438w(H_2O)_m) = 2.584 - 0.208 = 2.376(GJ/t)$$

②直接还原耗热：

Fe 直接还原耗热：

$$q'_{Fed} = 2723 \cdot r_d \cdot w(Fe)_还 = 2723r_d[(1000 + W_{回收铁})w[Fe] - S \cdot w(Fe)_s]$$
$$= 2723 \times 0.4437 \times 1010 \times 0.94359 \, kJ/t = 1.151(GJ/t)$$

Si 直接还原耗热：

$$q'_{Si} = 22667(1000 + W_{回收铁})w[Si] = 22667 \times 1010 \times 0.0039 \, kJ/t = 0.089(GJ/t)$$

Mn 直接还原耗热：

$$q'_{Mn} = 5222(1000 + W_{回收铁})w[Mn] = 5222 \times 1010 \times 0.0019 \, kJ/t = 0.010(GJ/t)$$

P 直接还原耗热：

$$q'_P = 26258(1000 + W_{回收铁})w[P] = 26258 \times 1010 \times 0.00067 \, kJ/t = 0.018(GJ/t)$$

Ti 直接还原耗热：

$$q'_{Ti} = 14784(1000 + W_{回收铁})w[Ti] = 14784 \times 1010 \times 0.00105 \, kJ/t = 0.016(GJ/t)$$

直接还原总耗热：$q'_{直还} = 1.151 + 0.089 + 0.01 + 0.018 + 0.016 = 1.284(GJ/t)$

③脱硫耗热：

$$q'_S = 4657 \cdot u \cdot w(S) = 4657 \times 282.819 \times 0.0098 \, kJ/t = 0.013(GJ/t)$$

④碳酸盐分解有效耗热：

$$q'_{碳酸盐} = 4043w(CO_2)_{CaO生矿} + (4043 + 3766\psi_{CO_2})w(CO_2)_{CaO熔} -$$
$$1130(w(CaO) + w(MgO))_{生矿+熔剂}$$
$$= 0.007 - 0.003 = 0.004(GJ/t)$$

⑤铁水带走的有效焓：

$$q'_铁 = (1000 + W_{回收铁}) \cdot Q_e + S \cdot w(Fe)_s \cdot Q_{铁熔化} = 1.289(GJ/t)$$

第三种计算方法中，热收入项中热风带入的有效物理热量、炉料带入的物理热，以及热支出项中炉渣带走的焓、炉顶煤气带走的焓、炉料中水分蒸发加热到炉顶温度耗热和炉尘带走的焓，它们的计算与第一种计算方法一样。

（3）全炉热平衡表和能量利用指标。根据以上计算结果可以列出三种计算方法的生产高炉全炉热平衡表，见表6-10。

1）高炉内能量利用系数。

冶炼过程的有效热量支出在第二种热平衡（方法二）中为：

$$Q_{有效} = 7.059 + 0.023 + 0.007 + 0.208 + 0.548 + 1.289 = 9.134(GJ/t)$$

表 6-10 生产高炉全炉热平衡表

项　　目	方法一		方法二		方法三	
	GJ/t	%	GJ/t	%	GJ/t	%
热收入项：						
1. 焦炭的热值	9.300	56.01	—	—	—	—
2. 喷吹煤粉的热值	5.642	33.98	—	—	—	—
3. 风口前碳燃烧放热或有效放热	—	—	2.584	25.76	2.376	58.87
4. 直接还原中 C 氧化成 CO 放热	—	—	0.946	9.43	—	—
5. 间接还原中 CO 氧化成 CO_2 放热	—	—	4.336	43.23	—	—
6. 间接还原中 H_2 氧化成 H_2O 放热	—	—	0.501	5.00	—	—
7. 热风带入的有效物理热量	1.660	9.99	1.660	16.55	1.660	41.13
8. 成渣热	0.003	0.02	0.003	0.03	—	—
总热收入	16.605	100.00	10.030	100.00	4.036	100.00
热支出项：						
1. 氧化物分解耗热	7.059	42.51	7.059	70.38	—	—
2. 直接还原耗热	—	—	—	—	1.284	31.81
3. 脱硫耗热	0.023	0.14	0.023	0.23	0.013	0.32
4. 碳酸盐分解耗热或有效耗热	0.007	0.04	0.007	0.07	0.004	0.10
5. 喷吹煤粉分解耗热	0.208	1.25	0.208	2.07	—	—
6. 炉渣带走的焓	0.548	3.30	0.548	5.46	0.548	13.58
7. 铁水带走的焓或有效焓	1.289	7.76	1.289	12.85	1.289	31.94
8. 炉顶煤气带走的焓	0.331	1.99	0.331	3.30	0.331	8.20
9. 炉料中水分蒸发等耗热	0.046	0.28	0.046	0.46	0.046	1.14
10. 高炉炉顶煤气的热值	4.812	28.98	—	—	—	—
11. 未燃烧碳的热值	1.781	10.73	—	—	—	—
12. 冷却水带走热量和散热损失	0.501	3.02	0.519	5.18	0.521	12.91
总热支出	16.605	100.00	10.030	100.00	4.036	100.00

而在第三种热平衡（方法三）中为：

$$Q_{有效} = 1.284 + 0.013 + 0.004 + 0.548 + 1.289 = 3.138 （GJ/t）$$

高炉能量利用系数一般是按第二种热平衡法（方法二）计算的：

$$\eta_t = Q_{有效}/Q_{总收入} \times 100\% = 9.134/10.03 \times 100\% = 91.07\%$$

如果按第三种热平衡法（方法二）计算，则能量利用系数为：

$$\eta_t = Q_{有效}/Q_{总收入} \times 100\% = 3.138/4.036 \times 100\% = 77.75\%$$

它更真实地反映了高炉内热能利用情况。

2）碳的热能利用系数：

$$\eta_C = (0.293 + 0.707\eta_{CO}) \times 100\% = (0.293 + 0.707 \times 0.5089) \times 100\% = 65.28\%$$

此值从第一种热平衡（方法一）的热支出项中扣除高炉煤气的热值（只计算 CO 的热值）和未燃烧碳的热值两项即可得到。

（4）高温区热平衡。如前所述，编制区域热平衡时，曾先要选定区域的边界条件，本例以高炉下部热交换区的边界作为选定的依据，并选定 $t_{g空} = 1000℃$，$t_{s空} = 950℃$，$\Delta t = 50℃$。

热收入项中的风口前碳燃烧放出的有效热量与热风带入的有效物理热量与第二全炉热平衡（方法三）的完全相同，即分别为 2.378GJ/t 和 1.66GJ/t。若将炉料由空区进入高温区时带进的热量计入高温区的热收入，为简化计算，首先假定焦炭在空区没有气化（实际上碳的熔损反应从 850℃ 就开始，焦炭在中温区有少量气化），仅有少量以炉尘的形式损失，则焦炭带入高温区的热量为：

$$q_{焦} = (K - F \cdot w(C)_f / w(C)_k) \times 1.507 \times 950$$
$$= (310 - 20 \times 0.20999/0.8559) \times 1.507 \times 950 kJ/t = 0.437(GJ/t)$$

其次，假定空区矿石只发生间接还原，矿石（生矿）中碳酸盐（CO_2）在低中温区完全分解，熔剂（石灰石）在低中温区的分解率为（$1 - \psi_{CO_2}$），生矿、熔剂中结晶水在低中温区的分解率为（$1 - \psi_{H_2O}$）。这样，矿石还原失氧为 $\varphi(O)_i = 194.676 m^3/t$，相当于 $W_{矿失氧} = 194.676 \times 32/22.4 = 278.109 kg/t$；矿石（生矿）中 CO_2 分解失重为 $W_{CO_2矿} = P \cdot w(CO_2)_p = 192 \times 0.0087 = 1.670 kg/t$；石灰石分解失重为 $W_{熔失氧} = \Phi \cdot \psi_{CO_2} \cdot w(CO_2)_\phi = 0 \times 0.5 = 0 kg/t$；结晶水分解失重为 $G_{H_2O化末} = (1 - \psi_{H_2O})(P \cdot w(H_2O化)_p + \Phi \cdot w(H_2O化)_\phi) = 0.7 \times 192 \times 0.0234 = 3.145 kg/t$；炉尘损失为 $W_{尘失碳} = 20 \times 0.20999/0.8559 = 4.907 kg/t$。则由矿石带入的热量为：

$$q_{矿} = (P + \Phi - W_{矿失氧} - W_{CO_2矿} - W_{熔失氧} - G_{H_2O化末} - W_{尘失碳}) \times 0.95 \times 950$$
$$= (1613 + 0 - 278.109 - 1.67 - 0 - 3.145 - 4.907) \times 0.95 \times 950 kJ/t$$
$$= 1.196(GJ/t)$$

炉料带入高温区的热量为：

$$q_{料} = q_{焦} + q_{矿} = 0.437 + 1.196 = 1.633(GJ/t)$$

热支出项中由于直接还原和脱硫均在高温区进行，因而直接还原和脱硫耗热与第二全炉热平衡（方法三）的相同，分别为 1.283GJ/t 和 0.013GJ/t。熔剂（石灰石）中碳酸盐因有（$1 - \psi_{CO_2}$）在低中温区已分解，所以此值仅为：

$$q'_{碳酸盐} = (4043 + 3766)\psi_{CO_2} \cdot w(CO_2)_{CaO熔} - 1130(w(CaO) + w(MgO))_{生矿+熔剂}$$
$$= 7809 \times 0.5 \times 0 - 0.003 = -0.003(GJ/t)$$

由于在高温区的碳酸盐分解有效耗热为负值，故改记高温区热收入项 $q_{成渣} = 0.003GJ/t$。

在炉料带入高温区的热量作为单独的热收入时，炉渣带走的焓、铁水带走的有效焓与第二全炉热平衡（方法三）相同，分别为 0.548GJ/t 和 1.289GJ/t。采用另一种处理方法时，炉渣和铁水的焓计算如下：

$$q'_{渣} = u \cdot (Q_u - q'_{脉石})$$
$$q'_{铁} = (1000 + W_{回收铁}) \cdot (Q_e - q'_e)$$

式中，$q'_{脉石}$ 为炉料中的脉石等从中温区带入的热量；q'_e 为铁从空区带入的热量，这两部分热量目前尚无精确的计算方法和实测值，一般高温区热平衡中常采用经验值：$q'_{脉石} = 840 \sim 880 kJ/kg$，$q'_e = 610 \sim 650 kJ/kg$。本例选取平均值，则：

$$q'_{渣} = u \cdot (Q_u - q'_{脉石}) = 282.819 \times (1937 - 860) \text{ kJ/t} = 0.305 \text{ (GJ/t)}$$

$$q'_{铁} = (1000 + W_{回收铁}) \cdot (Q_e - q'_e) = 1010 \times (1276 - 630) \text{kJ/t} = 0.652 \text{ (GJ/t)}$$

煤气从高温区带走的热量为：$q'_{煤气} = V_{煤气(间)} c_{煤气(间)} \times 1000$

$V_{煤气(间)} = 1516.199 \text{m}^3/\text{t}$，成分为：$CO44.55\%$，$H_2 6.78\%$，$N_2 48.67\%$。由前面比热容公式计算出：$1000℃$下，$c_{p_{CO}} = 1.4071 \text{kJ/(m}^3 \cdot ℃)$，$c_{p_{H_2}} = 1.4048 \text{kJ/(m}^3 \cdot ℃)$，$c_{p_{N_2}} = 1.3896 \text{kJ/(m}^3 \cdot ℃)$，则求得 $c_{煤气(间)} = 1.3984 \text{kJ/(m}^3 \cdot ℃)$。

$$q'_{煤气} = 1516.199 \times 1.3984 \times 1000 \text{kJ/t} = 2.120 \text{ (GJ/t)}$$

将炉料中氧、焦炭带入高温区的热量扣除时，煤气带走的热量为：

$$q'_{煤气} = 2.12 - 0.437 - 1.4741 \times 91.019 \times 950/1000000 = 1.556 \text{ (GJ/t)}$$

上式中，1.4741 为 $950℃$ 时 O_2 的比热容，$\text{kJ/(m}^3 \cdot ℃)$；91.019 为矿石、熔剂中从空区带入高温区的氧量，即高温区以直接还原方式夺取的氧量 $\varphi(O)_d$，等于铁直接还原夺取的氧量 $\varphi(O)_{dFe}$、少量元素还原和脱硫夺取的氧量 $\varphi(O)_{dSi,Mn,P,S}$、熔损反应夺取的氧量 $\varphi(O)_{dCO_2}$、水煤气反应夺取的氧量 $\varphi(O)_{H_2O化}$ 之和，计算如下：

$$\varphi(O)_d = \varphi(O)_{dFe} + \varphi(O)_{dSi,Mn,P,S} + \varphi(O)_{dCO_2} + \varphi(O)_{H_2O化}$$

$$= \varphi(O)_{dFe} + \varphi(O)_{dSi,Mn,P,S} + \frac{22.4}{44} \psi_{CO_2} \Phi \cdot w(CO_2)_\phi +$$

$$\frac{11.2}{18} \psi_{H_2O}(P \cdot w(H_2O化)_p + \Phi \cdot w(H_2O化)_\phi)$$

$$= 84.562 + 5.618 + 0 + \frac{11.2}{18} \times 0.3 \times (192 \times 0.0234 + 0)$$

$$= 84.562 + 5.618 + 0 + 0.839 = 91.019 (\text{m}^3/\text{t})$$

根据以上计算结果列出生产高炉的高温区热平衡表，见表6-11。

表 6-11 生产高炉高温区热平衡表

项　目	方法一		方法二	
	GJ/t	%	GJ/t	%
热收入项：				
1. 风口前碳燃烧放出的有效热量	2.376	58.83	2.376	41.89
2. 热风带入的有效物理热量	1.660	41.10	1.660	29.27
3. 成渣热	0.003	0.07	0.003	0.05
4. 炉料带入的热量	—	—	1.633	28.79
总热收入	4.039	100.00	5.672	100.00
热支出项：				
1. 直接还原耗热	1.283	31.77	1.283	22.62
2. 脱硫耗热	0.013	0.32	0.013	0.23
3. 碳酸盐分解有效耗热	0.0	0.0	0.0	0.0
4. 炉渣带走的熔	0.305	7.55	0.548	9.66
5. 铁水带走的有效熔	0.652	16.14	1.289	22.73
6. 煤气带走的熔	1.556	38.52	2.120	37.38
7. 冷却水带走热量和散热损失	0.230	5.69	0.419	7.39
总热支出	4.039	100.00	5.672	100.00

从表6-11的计算结果，发现高温区热平衡的最后一项热支出，即冷却和其他散热损失的数值存在偏差（或偏小（第一种方法）或偏大（第二种方法））。大量的生产统计表明，高炉冶炼的热损失约有70%~80%是消耗在炉子下部。按照这一规律高温区热平衡中此项数值应为0.22~0.26GJ/t，而造成偏差的原因在于边界处炉料（矿、焦、熔剂）和产品（铁水、炉渣）的平均比热容无确切的数据，以及高温区边界处炉料和煤气温度差不准。因此高温区热平衡的编制有待完善，目前广泛使用第一种方法编制高温区热平衡，因为它避开了比热容难以确定的弱点。按照这种方法，高温区的有效热量消耗为：

$$Q_{有效} = 直接还原 + 脱硫 + 碳酸盐分解 + 炉渣熔 + 铁水熔$$

$$= 1.283 + 0.013 + 0.305 + 0.652 = 2.253(GJ/t)$$

热能利用系数为：$\eta_0 = Q_{有效}/Q_{总收入} \times 100\% = 2.253/4.039 \times 100\% = 55.78\%$

6.2.3 设计高炉的计算

如表6-1所示，设计高炉的计算是在给定的原燃料条件和预定冶炼参数下进行的，通过计算确定：

（1）单位铁水的原、燃料消耗量，为装料设备、料运系统和相邻车间生产能力和设备选型设计提供依据。

（2）冶炼产品成分和数量，为渣铁处理系统设计提供依据，并检验所得炉渣的性能是否能满足冶炼要求。

（3）风量，为风机选择和送风系统（包括热风炉）设计提供依据。

（4）炉顶煤气量及其成分，为煤气清洗系统和全厂煤气平衡等设计提供依据。

这样的计算一般称为高炉配料计算，它通过解物料平衡方程式确定原料消耗和产品成分与数量，通过热平衡方程式联解确定焦比。在实践中常根据条件和冶炼经验选定合理的r_d和焦比进行计算，在这种情况下，热平衡计算用作检查r_d和焦比选定的合理性。

6.2.3.1 物料平衡计算

A 物料消耗量计算——配料计算

配料计算目前有两种方法，传统的方法是给定炉料配比和炉渣碱度，通过铁平衡和炉渣碱度平衡计算出混合矿消耗量和熔剂消耗量。这种方法在当前高炉实行不加生熔剂入炉时，往往是预先给定炉渣碱度范围，配料中使熔剂消耗量等于零，检验炉渣碱度是否在给定范围内，否则不能成功配料，此时需重新调整含铁炉料的碱度或调整预先给定的炉渣碱度范围，再重新进行配料计算，直至达到满足所给条件为止。

目前新的配料方法是通过联解平衡方程组来确定物料的消耗量，一般根据铁水成分所要求诸元素的平衡来建立Fe、P、Mn、V、Ti、Nb等平衡方程式，根据炉渣碱度和一些造渣氧化物在炉渣中规定的含量来建立碱度、MgO、Al_2O_3等平衡方程式，然后联解。此时，高炉不加生熔剂入炉时即令熔剂消耗量为零，通过联解包括碱度平衡的方程组，即可准确命中预定的炉渣碱度。

为了准确配料，一般根据炉料等未知数的个数按以下重要顺序建立相应数量方程的方程组，联立求解此方程组，即可得到各种含铁炉料的消耗量和熔剂消耗量（高炉不加生熔剂时预令为零）。

Fe 平衡

$$K \cdot w(\text{Fe})_{\%k} + M \cdot w(\text{Fe})_{\%m} + P \cdot w(\text{Fe})_{\%p} + \Phi \cdot w(\text{Fe})_{\%\phi} +$$
$$S \cdot w(\text{Fe})_{\%s} - F \cdot w(\text{Fe})_{\%f} = 1000 \cdot w[\text{Fe}]_{\%}/\eta_{\text{Fe}} \tag{6-103}$$

碱度平衡

$$R_0 = (K \cdot w(\text{CaO})_{\%k} + M \cdot w(\text{CaO})_{\%m} + P \cdot w(\text{CaO})_{\%p} +$$
$$\Phi \cdot w(\text{CaO})_{\%\phi} + S \cdot w(\text{CaO})_{\%s} - F \cdot w(\text{CaO})_{\%f})/(K \cdot w(\text{SiO}_2)_{\%k} +$$
$$M \cdot w(\text{SiO}_2)_{\%m} + P \cdot w(\text{SiO}_2)_{\%p} + \Phi \cdot w(\text{SiO}_2)_{\%\phi} + S \cdot w(\text{SiO}_2)_{\%s} -$$
$$F \cdot w(\text{SiO}_2)_{\%f} - 1000 \times \frac{60}{28} \cdot w[\text{Si}]_{\%}) \tag{6-104}$$

P 平衡

$$K \cdot w(\text{P})_{\%k} + M \cdot w(\text{P})_{\%m} + P \cdot w(\text{P})_{\%p} + \Phi \cdot w(\text{P})_{\%\phi} +$$
$$S \cdot w(\text{P})_{\%s} - F \cdot w(\text{P})_{\%f} = 1000 \cdot w[\text{P}]_{\%} \tag{6-105}$$

Mn 平衡

$$K \cdot w(\text{Mn})_{\%k} + M \cdot w(\text{Mn})_{\%m} + P \cdot w(\text{Mn})_{\%p} + \Phi \cdot w(\text{Mn})_{\%\phi} +$$
$$S \cdot w(\text{Mn})_{\%s} - F \cdot w(\text{Mn})_{\%f} = 1000 \cdot w[\text{Mn}]_{\%}/\eta_{\text{Mn}} \tag{6-106}$$

MgO 平衡

$$K \cdot w(\text{MgO})_{\%k} + M \cdot w(\text{MgO})_{\%m} + P \cdot w(\text{MgO})_{\%p} + \Phi \cdot w(\text{MgO})_{\%\phi} +$$
$$S \cdot w(\text{MgO})_{\%s} - F \cdot w(\text{MgO})_{\%f} = u \cdot w(\text{MgO})_{\%} \tag{6-107}$$

Al$_2$O$_3$平衡

$$K \cdot w(\text{Al}_2\text{O}_3)_{\%k} + M \cdot w(\text{Al}_2\text{O}_3)_{\%m} + P \cdot w(\text{Al}_2\text{O}_3)_{\%p} + \Phi \cdot w(\text{Al}_2\text{O}_3)_{\%\phi} +$$
$$S \cdot w(\text{Al}_2\text{O}_3)_{\%s} - F \cdot w(\text{Al}_2\text{O}_3)_{\%f} = u \cdot w(\text{Al}_2\text{O}_3)_{\%} \tag{6-108}$$

……

式中，K、M、P、Φ、S、F 分别为吨铁焦炭、喷吹燃料、矿石、熔剂、废铁的消耗量和炉尘的产出量，kg/t；$w(\text{i})_{\%k}$、$w(\text{i})_{\%m}$、$w(\text{i})_{\%p}$、$w(\text{i})_{\%\phi}$、$w(\text{i})_{\%s}$、$w(\text{i})_{\%f}$ 分别为焦炭、喷吹燃料、矿石、熔剂、废铁、炉尘中组分 i 的质量百分数；η_{i} 为元素 i 在铁水中的回收率；R_0 为预定的炉渣二元碱度；$w(\text{i})_{\%}$ 为炉渣中组分 i 的质量百分数；u 为吨铁炉渣量，kg/t；$w[\text{i}]_{\%}$ 为铁水中元素 i 的质量百分数。

当焦比选定、矿石配比已知、炼钢铁水对 Mn 含量无特殊要求而不加锰矿，熔剂一般不含铁或含铁甚微而可忽略不计时，就可直接从铁平衡方程式求得混合矿消耗量 P，然后再根据碱度平衡方程式求得熔剂消耗量 Φ。

B　渣量和炉渣成分计算

根据元素在渣铁间的分配，将未还原的氧化物量和脱硫形成的硫化物量等计算出来，其总和即为渣量 u：

$$u = w(\text{CaO})_{\text{渣}} + w(\text{SiO}_2)_{\text{渣}} + w(\text{MgO})_{\text{渣}} + w(\text{Al}_2\text{O}_3)_{\text{渣}} + w(\text{MnO})_{\text{渣}} + w(\text{FeO})_{\text{渣}} +$$
$$w(\text{S})_{\text{渣}}/2 + w(\text{TiO}_2)_{\text{渣}} + w(\text{V}_2\text{O}_5)_{\text{渣}} + w((\text{K, Na})_2\text{O})_{\text{渣}} + \cdots \quad (\text{kg/t}) \tag{6-109}$$

$$w(\text{CaO})_{\text{渣}} = K \cdot w(\text{CaO})_k + M \cdot w(\text{CaO})_m + P \cdot w(\text{CaO})_p + \Phi \cdot w(\text{CaO})_\phi +$$
$$S \cdot w(\text{CaO})_s - F \cdot w(\text{CaO})_f \quad (\text{kg/t}) \tag{6-110}$$

$$w(\text{SiO}_2)_{\text{渣}} = K \cdot w(\text{SiO}_2)_k + M \cdot w(\text{SiO}_2)_m + P \cdot w(\text{SiO}_2)_p + \Phi \cdot w(\text{SiO}_2)_\phi +$$
$$S \cdot w(\text{SiO}_2)_s - F \cdot w(\text{SiO}_2)_f - 10 \times \frac{60}{28} \cdot w[\text{Si}]_{\%} \quad (\text{kg/t}) \tag{6-111}$$

$$w(\text{MgO})_{\text{渣}} = K \cdot w(\text{MgO})_k + M \cdot w(\text{MgO})_m + P \cdot w(\text{MgO})_p +$$
$$\Phi \cdot w(\text{MgO})_\phi + S \cdot w(\text{MgO})_s - F \cdot w(\text{MgO})_f \quad (\text{kg/t}) \tag{6-112}$$

$$w(\text{Al}_2\text{O}_3)_{\text{渣}} = K \cdot w(\text{Al}_2\text{O}_3)_k + M \cdot w(\text{Al}_2\text{O}_3)_m + P \cdot w(\text{Al}_2\text{O}_3)_p +$$
$$\Phi \cdot w(\text{Al}_2\text{O}_3)_s + S \cdot w(\text{Al}_2\text{O}_3)_s - F \cdot w(\text{Al}_2\text{O}_3)_f \quad (\text{kg/t}) \tag{6-113}$$

$$w(\text{MnO})_{渣} = \frac{71}{55}(K \cdot w(\text{Mn})_k + M \cdot w(\text{Mn})_m + P \cdot w(\text{Mn})_p + \Phi \cdot w(\text{Mn})_\phi +$$
$$S \cdot w(\text{Mn})_s - F \cdot w(\text{Mn})_f)(1 - \eta_{\text{Mn}}) \quad (\text{kg/t}) \qquad (6\text{-}114)$$

$$w(\text{FeO})_{渣} = \frac{72}{56} \times 10 \cdot w[\text{Fe}]_\% \cdot (1 - \eta_{\text{Fe}})/\eta_{\text{Fe}} \quad (\text{kg/t}) \qquad (6\text{-}115)$$

$$w(\text{S})_{渣} = (1 - \lambda_\text{S})w(\text{S})_{料} - F \cdot w(\text{S})_f - 10 \cdot w[\text{S}]_\%$$
$$= (1 - \lambda_\text{S})(K \cdot w(\text{S})_k + M \cdot w(\text{S})_m + P \cdot w(\text{S})_p + \Phi \cdot w(\text{S})_\phi + S \cdot w(\text{S})_s) -$$
$$F \cdot w(\text{S})_f - 10 \cdot w[\text{S}]_\% \quad (\text{kg/t}) \qquad (6\text{-}116)$$

当铁水含 [Ti] 量由操作制度限定，即已知时，

$$w(\text{TiO}_2)_{渣} = \frac{80}{48}(K \cdot w(\text{Ti})_k + M \cdot w(\text{Ti})_m + P \cdot w(\text{Ti})_p + \Phi \cdot w(\text{Ti})_\phi +$$
$$S \cdot w(\text{Ti})_s - F \cdot w(\text{Ti})_f - 10 \cdot w[\text{Ti}]_\%) \quad (\text{kg/t}) \qquad (6\text{-}117\text{a})$$

当高炉使用少量含钛炉料进行钛渣护炉时，

$$w(\text{TiO}_2)_{渣} = \frac{80}{48}(K \cdot w(\text{Ti})_k + M \cdot w(\text{Ti})_m + P \cdot w(\text{Ti})_p +$$
$$\Phi \cdot w(\text{Ti})_\phi + S \cdot w(\text{Ti})_s - F \cdot w(\text{Ti})_f)(1 - \eta_{\text{Ti}}) \quad (\text{kg/t})$$
$$(6\text{-}117\text{b})$$

$$w(\text{V}_2\text{O}_5)_{渣} = \frac{182}{102}(K \cdot w(\text{V})_k + M \cdot w(\text{V})_m + P \cdot w(\text{V})_p +$$
$$\Phi \cdot w(\text{V})_\phi + S \cdot w(\text{V})_s - F \cdot w(\text{V})_f)(1 - \eta_\text{V}) \quad (\text{kg/t})$$
$$(6\text{-}118)$$

$$w((\text{K},\text{Na})_2\text{O})_{渣} = K \cdot w((\text{K},\text{Na})_2\text{O})_k + M \cdot w((\text{K},\text{Na})_2\text{O})_m + P \cdot w((\text{K},\text{Na})_2\text{O})_p +$$
$$\Phi \cdot w((\text{K},\text{Na})_2\text{O})_\phi + S \cdot w((\text{K},\text{Na})_2\text{O})_s - F \cdot w((\text{K},\text{Na})_2\text{O})_f \quad (\text{kg/t})$$
$$(6\text{-}119)$$

式中，K、M、P、Φ、S、F 分别为吨铁焦炭、喷吹燃料、矿石、熔剂、废铁的消耗量和炉尘的产出量，kg/t；$w(\text{CaO})_i$、$w(\text{SiO}_2)_i$、$w(\text{MgO})_i$、$w(\text{Al}_2\text{O}_3)_i$、$w((\text{K},\text{Na})_2\text{O})_i$ 分别为 物料 i（炉料、喷吹燃料或炉尘）中各造渣氧化物的质量分数，%；$w[\text{Fe}]_\%$、$w[\text{Si}]_\%$、$w[\text{Ti}]_\%$ 分别为铁水中 Fe、Si、Ti 的质量百分数；$w(\text{Mn})_i$、$w(\text{S})_i$、$w(\text{Ti})_i$、$w(\text{V})_i$ 分别为炉料、喷吹燃料或炉尘 i 中元素 Mn、S、Ti、V 的质量分数，%；η_{Mn}、η_{Fe}、η_{Ti}、η_V 分别为 Mn、Fe、Ti、V 在铁水中的回收率；$w(\text{S})_{料}$ 为炉料带入的总硫量即吨铁硫负荷，kg/t；λ_S 为炉料中 S 被煤气带走的比率，%，一般取 0.05。

将各氧化物量除以渣量 u 即得其在渣中的质量分数或炉渣成分。

C 炉渣性能和脱硫能力验算

将计算所得炉渣成分中的四元（CaO、SiO$_2$、MgO、Al$_2$O$_3$）换算成其总和为 100% 中的含量，然后在四元相图上查得炉渣的熔化温度和 1400~1500℃ 的黏度，它们必须满足所炼铁水品种及其相适应的炉缸热制度的要求。

脱硫能力的检验可采用拉姆教授的经验公式，炉渣中要求的最低碱性氧化物量为：

$$w(\text{RO})_{\%\min} = 50 - 0.25w(\text{Al}_2\text{O}_3)_\% + 3w(\text{S})_\% - \frac{0.3w[\text{Si}]_\% + 30w[\text{S}]_\%}{u} \qquad (6\text{-}120)$$

也可用沃斯柯博依尼科夫经验公式或硫容量等计算，但应注意计算所得的 L_S^0 是脱硫达到平衡状态或接近平衡状态时的数值，由于动力学条件限制，高炉内实际脱硫只能达到 L_S^0 的 40%～50%，最高也不会超过 60%。

D　铁水成分核算

通过配料计算求得各原料消耗量后，按元素的回收率校核铁水成分，其中 $w[\mathrm{Fe}]$、$w[\mathrm{Si}]$、$w[\mathrm{Ti}]$、$w[\mathrm{S}]$ 等是由高炉操作制度控制的，可按要求的含量计入铁水成分，其他 $w[\mathrm{P}]$、$w[\mathrm{Mn}]$、$w[\mathrm{V}]$ 等均需校核。对于以钛渣护炉为目的的少量含钛炉料的高炉，铁水 $w[\mathrm{Ti}]$ 含量可以按 Ti 在铁水中的回收率 η_{Ti} 校核计算：

$$w[\mathrm{P}]_\% = \frac{1}{10}(K \cdot w(\mathrm{P})_k + M \cdot w(\mathrm{P})_m + P \cdot w(\mathrm{P})_p + \varPhi \cdot w(\mathrm{P})_\phi + S \cdot w(\mathrm{P})_s - F \cdot w(\mathrm{P})_f) \quad (\%) \tag{6-121}$$

$$w[\mathrm{Mn}]_\% = \frac{1}{10}(K \cdot w(\mathrm{Mn})_k + M \cdot w(\mathrm{Mn})_m + P \cdot w(\mathrm{Mn})_p + \varPhi \cdot w(\mathrm{Mn})_\phi + S \cdot w(\mathrm{Mn})_s - F \cdot w(\mathrm{Mn})_f) \cdot \eta_{\mathrm{Mn}} \quad (\%) \tag{6-122}$$

或　　　　$$w[\mathrm{Mn}]_\% = \frac{1}{10} \times \frac{55}{71} \cdot u \cdot w(\mathrm{MnO}) \cdot \eta_{\mathrm{Mn}}/(1 - \eta_{\mathrm{Mn}}) \quad (\%)$$

当高炉使用少量含钛炉料进行钛渣护炉、渣中（$\mathrm{TiO_2}$）含量由式（6-117b）计算时，

$$w[\mathrm{Ti}]_\% = \frac{1}{10}(K \cdot w(\mathrm{Ti})_k + M \cdot w(\mathrm{Ti})_m + P \cdot w(\mathrm{Ti})_p + \varPhi \cdot w(\mathrm{Ti})_\phi + S \cdot w(\mathrm{Ti})_s - F \cdot w(\mathrm{Ti})_f) \cdot \eta_{\mathrm{Ti}} \quad (\%) \tag{6-123a}$$

或　　　　$$w[\mathrm{Ti}]_\% = \frac{1}{10} \times \frac{48}{80} \cdot u \cdot w(\mathrm{TiO_2}) \cdot \eta_{\mathrm{Ti}}/(1 - \eta_{\mathrm{Ti}}) \quad (\%) \tag{6-123b}$$

$$w[\mathrm{V}]_\% = \frac{1}{10}(K \cdot w(\mathrm{V})_k + M \cdot w(\mathrm{V})_m + P \cdot w(\mathrm{V})_p + \varPhi \cdot w(\mathrm{V})_\phi + S \cdot w(\mathrm{V})_s - F \cdot w(\mathrm{V})_f) \cdot \eta_{\mathrm{V}} \quad (\%) \tag{6-124}$$

或　　　　$$w[\mathrm{V}]_\% = \frac{1}{10} \times \frac{102}{182} \cdot u \cdot w(\mathrm{V_2O_5}) \cdot \eta_{\mathrm{V}}/(1 - \eta_{\mathrm{V}}) \quad (\%)$$

$$w[\mathrm{C}]_\% = 100 - w[\mathrm{Fe}]_\% - w[\mathrm{Si}]_\% - w[\mathrm{Mn}]_\% - w[\mathrm{P}]_\% - w[\mathrm{S}]_\% - w[\mathrm{Ti}]_\% - w[\mathrm{V}]_\% - \cdots \quad (\%) \tag{6-125}$$

要求符合预定铁水成分。若不符，可在铁种合理范围内变更［C］含量（则［Fe］含量随之改变）重新计算一遍。否则，需重新预（给）定铁水成分，重新进行以上配料计算。

E　风量计算

根据碳平衡求出风口前燃烧的碳量 $w(\mathrm{C})_风$，然后计算风量 $V_风$。

（1）计算风口前燃烧的碳量 $w(\mathrm{C})_风$：

$$w(\mathrm{C})_风 = w(\mathrm{C})_总 - w(\mathrm{C})_{\mathrm{dFe}} - w(\mathrm{C})_{\mathrm{dSi,Mn,P,S}} - w(\mathrm{C})_e - w(\mathrm{C})_{\mathrm{CO_2}} - w(\mathrm{C})_{\mathrm{H_2O}} \quad (\mathrm{kg/t}) \tag{6-126}$$

式中　$w(\mathrm{C})_总$ 为吨铁入炉总碳量，kg/t，这里仅计算元素状态的碳量：

$$w(C)_{总} = w(C)_k + w(C)_m + w(C)_p + w(C)_\phi + w(C)_s - w(C)_f \quad (kg/t) \qquad (6-127)$$

$$w(C)_k = K\left(w(C_F)_k + \frac{12}{44}w(CH_4)_{k挥}\right)$$

$$w(C)_m = M \cdot w(C_{全})_m$$

$$w(C)_p = P \cdot w(C)_p$$

$$w(C)_\phi = \Phi \cdot w(C)_\phi$$

$$w(C)_s = S \cdot w(C)_s$$

$$w(C)_f = F \cdot w(C)_f$$

$w(C)_{dFe}$ 为铁直接还原时消耗的碳量，由铁直接还原度计算得到：

$$w(C)_{dFe} = \frac{12}{56}r_d(10 \cdot w[Fe]_\% - S \cdot w(Fe)_s) \quad (kg/t) \qquad (6-128)$$

$w(C)_{dSiMnPS}$ 为铁水中少量元素 Si、Mn、P、Ti、V 等直接还原和炉渣脱硫耗碳，按下式计算：

$$w(C)_{dSi, Mn, P, S} = 10\left(\frac{24}{28}w[Si]_\% + \frac{12}{55}w[Mn]_\% + \frac{60}{62}w[P]_\%\right) + \frac{12}{32}u \cdot w(S) \quad (kg/t)$$

$$(6-129)$$

$w(C)_e$ 为铁水带走的渗碳量：

$$w(C)_e = 1000 \cdot w[C] = 10 \cdot w[C]_\% \quad (kg/t)$$

$w(C)_{dCO_2}$ 为熔剂在高温区分解出来的 CO_2 与 C 发生熔损反应消耗的碳量：

$$w(C)_{dCO_2} = \frac{12}{44}\psi_{CO_2}\Phi \cdot w(CO_2)_\phi \quad (kg/t)$$

一般熔剂在高温区的分解率即发生熔损反应的比率 $\psi_{CO_2} = 50\% \sim 70\%$，常取 $\psi_{CO_2} = 50\%$；$w(C)_{H_2O化}$ 为炉料（生矿、熔剂）结晶水在高温区分解发生水煤气反应消耗的碳量，按下式计算：

$$w(C)_{H_2O化} = \frac{12}{18}\psi_{H_2O}(P \cdot w(H_2O_{化})_p + \Phi \cdot w(H_2O_{化})_\phi) \quad (kg/t) \qquad (6-130)$$

一般生矿、熔剂结晶水在高温区的分解率即发生水煤气反应的比率 $\psi_{H_2O} = 30\% \sim 50\%$，常取 $\psi_{H_2O} = 30\%$；$w(C)_k$、$w(C)_m$、$w(C)_p$、$w(C)_\phi$、$w(C)_s$、$w(C)_f$ 分别为吨铁焦炭、喷吹燃料、矿石、熔剂、废铁带入的碳量，以及炉尘带走的碳量，kg/t；K、M、P、Φ、S、F 分别为吨铁焦炭、喷吹燃料、矿石、熔剂、废铁的消耗量，以及炉尘的产出量，kg/t；$w(i)_k$、$w(i)_m$、$w(i)_p$、$w(i)_\phi$、$w(i)_s$、$w(i)_f$ 分别为焦炭、喷吹燃料、矿石、熔剂、废铁、炉尘中组分 i 的质量分数，%。

（2）计算风量 $V_{风}$：

鼓风中 O_2 的浓度：$\qquad (1 - \varphi)\omega + 0.5\varphi \quad (\%,\ m^3/m^3)$

燃烧 $w(C)_{风}$ 需 O_2 量：$\qquad \dfrac{22.4}{2 \times 12}w(C)_{风} \quad (m^3/t)$

其中，喷吹燃料可供 O_2：$\qquad M\left(\dfrac{22.4}{32}w(O_2)_m + \dfrac{22.4}{36}w(H_2O)_m\right) \quad (m^3/t)$

则
$$V_{风} = \frac{\frac{22.4}{24}w(C)_{风} - M\left(\frac{22.4}{32}w(O_2)_m + \frac{22.4}{36}w(H_2O)_m\right)}{(1-\varphi)\omega + 0.5\varphi} \quad (m^3/t) \quad (6\text{-}131)$$

鼓风重度：
$$\gamma_{风} = \frac{32}{22.4}(1-\varphi)\omega + \frac{28}{22.4}(1-\varphi)(1-\omega) + \frac{18}{22.4}\varphi \quad (kg/m^3)$$
$$(6\text{-}132)$$

鼓风质量：
$$G_{风} = V_{风} \cdot \gamma_{风} \quad (kg/t)$$

其中，风中水分：$\qquad \varphi V_{风} \quad (m^3/t)$，$\qquad \frac{18}{22.4}\varphi V_{风} \quad (kg/t)$

干风体积：$\qquad (1-\varphi) \cdot V_{风} \quad (m^3/t)$

干风质量：$\qquad (1-\varphi)V_{风}\left[\frac{32}{22.4}\omega + \frac{28}{22.4}(1-\omega)\right] \quad (kg/t)$

F 炉顶煤气量及其成分计算

炉顶煤气量是在算出各组分数量后将其相加得出的，各组分的计算如下。

（1）H_2。炉顶煤气中的 H_2 含量是由 H_2 平衡计算而得的，即用鼓风中水分分解的氢量、焦炭和喷吹燃料中的氢量（注意焦炭中约有 0.5% 左右的有机氢）、水煤气反应产生的氢量，扣除间接还原消耗的氢量：

$$V_{H_2} = \varphi V_{风} + \frac{22.4}{2}\left[K\left(w(H_2)_{k有机} + w(H_2)_{k挥} + \frac{4}{16}w(CH_4)_{k挥}\right) + \right.$$
$$\left. M\left(w(H_2)_m + \frac{2}{18}w(H_2O)_m\right)\right] + \frac{22.4}{18}\psi_{H_2O}(P \cdot w(H_2O_{化})_p +$$
$$\Phi \cdot w(H_2O_{化})_\phi) - V_{H_2O还} \quad (m^3/t) \quad (6\text{-}133)$$

式中，K、M 分别为吨铁干焦炭、喷吹燃料消耗量，kg/t；$V_{H_2O还}$ 为还原生成的水量，m^3/t。还原消耗的 H_2 量与之相同，其数量与 η_{H_2} 有关，在喷吹高 H_2 的燃料时 η_{H_2} 可达 40%；一般情况下，其值在 30%~40%；$w(H_2)_{k有机}$、$w(H_2)_{k挥}$、$w(CH_4)_{k挥}$ 分别为焦炭的有机 H_2、挥发分中 H_2 和 CH_4 的质量分数，%；$w(H_2)_m$、$w(H_2O)_m$ 分别为喷吹燃料中 H_2 和 H_2O 的质量分数，%。

由于还原生成的水量 $V_{H_2O还}$、亦即还原消耗的 H_2 量 $V_{H_2还}$ 是未知的，所以利用式（6-133）仍然求不出炉顶煤气的 H_2 量 V_{H_2}。一般作如下处理：通常假定煤气 H_2 的利用率 η_{H_2} 已知，比如选取 $\eta_{H_2}=40\%$（一般喷吹条件下，$\eta_{H_2}=30\%~40\%$），这样通过计算出高炉入炉总 H_2 量 ΣH_2，减去还原消耗的 H_2 量 $V_{H_2还}$，即可求得进入炉顶煤气的 H_2 量 V_{H_2}。

入炉总 H_2 量 ΣH_2 按进入间接还原区的 H_2 量计算：

$$\Sigma H_2 = \varphi V_{风} + 11.2K\left(w(H_2)_{k有机} + w(H_2)_{k挥} + \frac{4}{16}w(CH_4)_{k挥}\right) +$$
$$\frac{22.4}{18}\psi_{H_2O}(P \cdot w(H_2O_{化})_p + \Phi \cdot w(H_2O_{化})_\phi) +$$
$$11.2M\left(w(H_2)_m + \frac{2}{18}w(H_2O)_m\right) \quad (m^3/t) \quad (6\text{-}134)$$

于是，
$$V_{H_2还} = V_{H_2O还} = \eta_{H_2} \Sigma H_2 = 0.4 \Sigma H_2 \quad (m^3/t) \tag{6-135}$$

则，
$$V_{H_2} = (1 - \eta_{H_2}) \Sigma H_2 = 0.6 \Sigma H_2 \quad (m^3/t) \tag{6-136}$$

如前所述，在高炉内存在着接近于平衡的水煤气置换反应，使得 η_{H_2}/η_{CO} 的比值在 0.9~1.1 的范围内，则可选定 $\eta_{H_2} = \eta_{CO}$。因而在用软件程序计算时，我们可通过迭代法求解：初始选取 $\eta_{H_2} = 0.2$，通过以下计算煤气成分过程中计算出 η_{CO}，判断 $|\eta_{CO} - \eta_{H_2}| < 0.001$ 是否成立，如果成立迭代完成，如果不成立，返回继续迭代计算。以后每迭代一次 η_{H_2} 增加 0.001，即令 $\eta_{H_2} = \eta_{H_2} + 0.001$ 后，然后返回计算，直至 $\eta_{H_2} \approx \eta_{CO}$ 迭代完成。这样既求得了 η_{H_2} 和 η_{CO}，用式（6-135）也可求得 $V_{H_2还}$ 和 $V_{H_2O还}$，用式（6-136）亦可求得 V_{H_2}。本教材作者用 Excel 软件计算，通过手工差试迭代法（不断假设 η_{H_2} 的值，使其逐渐迫近 η_{CO}），也能实现 $\eta_{H_2} \approx \eta_{CO}$。

（2）CO_2。它由间接还原生成的 CO_2、熔剂在中温区分解出的 CO_2 以及燃料挥发分放出的 CO_2 等组成。

1）由高价铁、锰氧化物等还原到 FeO、MnO 生成的 CO_2 量：

$$V_{CO_2Fe_2O_3} = \frac{22.4}{160}(M \cdot w(Fe_2O_3)_m + P \cdot w(Fe_2O_3)_p + \Phi \cdot w(Fe_2O_3)_\phi +$$
$$S \cdot w(Fe_2O_3)_s - F \cdot w(Fe_2O_3)_f) +$$
$$\frac{22.4}{87}(M \cdot w(MnO_2)_m + P \cdot w(MnO_2)_p + \Phi \cdot w(MnO_2)_\phi +$$
$$S \cdot w(MnO_2)_s - F \cdot w(MnO_2)_f) \quad (m^3/t) \tag{6-137}$$

式中，M、P、Φ、S、F 分别为吨铁喷吹燃料、矿石、熔剂、废铁的消耗量，以及炉尘的产出量，kg/t；$w(Fe_2O_3)_i$、$w(MnO_2)_i$ 分别为喷吹燃料、矿石、熔剂、废铁、炉尘中 Fe_2O_3、MnO_2 的质量分数，%。

2）由 CO 间接还原 FeO 生成的 CO_2 量：

$$V_{CO_2FeOi} = \frac{22.4}{56}(1 - r_d - r_{iH_2})(10 \cdot w[Fe]_\% - S \cdot w(Fe)_s) \quad (m^3/t) \tag{6-138}$$

3）由混合矿（生矿）分解出来的 CO_2 量：

$$V_{CO_2矿} = \frac{22.4}{44}(P \cdot w(CO_2)_p - F \cdot w(CO_2)_f) \quad (m^3/t) \tag{6-139}$$

4）由熔剂分解出来的 CO_2 量：

$$V_{CO_2熔} = \frac{22.4}{44}(1 - \psi_{CO_2}) \cdot \Phi \cdot w(CO_2)_\phi \quad (m^3/t) \quad (可取 \psi_{CO_2} = 50\%) \tag{6-140}$$

5）由焦炭挥发分放出的 CO_2 量：

$$V_{CO_2焦} = \frac{22.4}{44}K \cdot w(CO_2)_{k挥} \quad (m^3/t) \tag{6-141}$$

则进入炉顶煤气的 CO_2 量为：

$$V_{CO_2} = V_{CO_2Fe_2O_3} + V_{CO_2FeOi} + V_{CO_2矿} + V_{CO_2熔} + V_{CO_2焦} \quad (m^3/t) \tag{6-142}$$

式中，r_{iH_2} 为 H_2 间接还原 Fe 的程度，根据 η_{H_2} 换算得出：

$$r_{iH_2} = \frac{56}{22.4} \cdot \frac{V_{H_2O还}}{10 \cdot w[Fe]_\% - S \cdot w(Fe)_s} \tag{6-143}$$

Φ、$w(CO_2)_\phi$、ψ_{CO_2}分别为熔剂消耗量（kg/t）、熔剂中CO_2含量（%）和熔剂在高温区的分解率。

（3）CO。它由风口前碳燃烧生成的CO、各元素直接还原生成的CO、燃料挥发分放出的CO的总和减去间接还原消耗的CO而得。

1）风口前碳燃烧生成的CO：

$$V_{CO风} = \frac{22.4}{12}w(C)_风 \quad (m^3/t)$$

2）直接还原生成的CO：

$$V_{COd} = \frac{22.4}{12}w(C)_d = \frac{22.4}{12}(w(C)_{dFe} + w(C)_{dSi, Mn, P, S} + 2w(C)_{CO_2} + w(C)_{H_2O化}) \quad (m^3/t)$$

3）焦炭挥发分放出的CO：

$$V_{CO焦} = \frac{22.4}{28}K \cdot w(CO)_{k挥} \quad (m^3/t)$$

4）间接还原消耗的CO：

V_{COi} – 间接还原生成的 V_{CO_2i} = CO_2 计算中之1）项 + 2）项 = $V_{CO_2Fe_2O_3} + V_{CO_2FeOi}$

则进入炉顶煤气的CO量为：

$$V_{CO} = V_{CO风} + V_{COd} + V_{CO焦} - V_{COi}$$

$$= \frac{22.4}{12}(w(C)_风 + w(C)_{dFe} + w(C)_{dSi, Mn, P, S} + 2w(C)_{dCO_2} + w(C)_{H_2O化}) +$$

$$\frac{22.4}{28}K \cdot w(CO)_{k挥} - (V_{CO_2Fe_2O_3} + V_{CO_2FeOi}) \quad (m^3/t) \tag{6-144}$$

（4）N_2。它是鼓风、焦炭和喷吹燃料带入N_2的总和：

$$V_{N_2} = (1-\varphi)(1-\omega)V_风 + \frac{22.4}{28}[K(w(N_2)_{k有机} + w(N_2)_{k挥}) + M \cdot w(N_2)_m] \quad (m^3/t) \tag{6-145}$$

式中，φ为鼓风湿度，%；ω为鼓风中干风含氧量，%；$w(N_2)_{k有机}$、$w(N_2)_{k挥}$、$w(N_2)_m$分别为焦炭有机N_2、挥发分N_2和喷吹燃料N_2的质量分数，%。

综上，炉顶干煤气量为：

$$V_{煤气} = V_{H_2} + V_{CO_2} + V_{CO} + V_{N_2} \quad (m^3/t)$$

将各组分的数量除以$V_{煤气}$，即可求得煤气各组分的成分（体积分数）。

干煤气重度：

$$\gamma_{煤气} = \frac{44}{22.4}\varphi(CO_2) + \frac{28}{22.4}(\varphi(CO) + \varphi(N_2)) + \frac{2}{22.4}\varphi(H_2) \quad (kg/m^3)$$

干煤气质量：　　　　　　　$G_{煤气} = V_{煤气} \cdot \gamma_{煤气} \quad (kg/t) \tag{6-146}$

G　煤气水分量的计算

（1）还原水量：　　　　　$G_{H_2O还} = \frac{18}{22.4}V_{H_2O还} \quad (kg/t)$

（2）未参与水煤气反应的炉料结晶水量：

$$G_{H_2O化未} = (1-\psi_{H_2O})(P \cdot w(H_2O化)_p + \Phi \cdot w(H_2O化)_\phi) \quad (kg/t) \quad (可取\psi_{H_2O}=30\%)$$

则进入炉顶煤气的总 H_2O 量为：

$$V_{H_2O顶气} = \frac{22.4}{18} G_{H_2O顶气} = \frac{22.4}{18}(G_{H_2O还} + G_{H_2O化未}) = V_{H_2O还} + V_{H_2O化未}$$

$$= V_{H_2O还} + \frac{22.4}{18}(1 - \psi_{H_2O})(P \cdot w(H_2O_化)_p + \Phi \cdot w(H_2O_化)_\phi) \quad (m^3/t) \quad (6-147)$$

H　η_{CO} 和 η_{H_2} 计算、校算直接还原度 r_d

（1）η_{CO} 和 η_{H_2} 计算：

按炉顶煤气成分计算：

$$\eta_{CO} = \frac{\varphi(CO_2)_\%}{\varphi(CO)_\% + \varphi(CO_2)_\%}$$

按炉内实际反应过程计算：

$$\eta_{CO} = \frac{间接还原生成的CO_2 量 V_{CO_2i}}{燃烧 C_风 生成的 CO 量 V_{CO风} + 直接还原生成的 CO 量 V_{COd} + 焦炭挥发分放出的 CO 量 V_{CO焦}}$$

$$= \frac{CO_2 计算中之 1) 项 + 2) 项}{CO 计算中之 1) 项 + 2) 项 + 3) 项} = \frac{V_{CO_2i}}{V_{CO风} + V_{COd} + V_{CO焦}} = \frac{V_{CO_2Fe_2O_3} + V_{CO_2FeOi}}{V_{CO风} + V_{COd} + V_{CO焦}}$$

$$= \frac{12(V_{CO_2Fe_2O_3} + V_{CO_2FeOi})}{22.4(w(C)_风 + w(C)_{dFe} + w(C)_{dSi, Mn, P, S} + 2w(C)_{CO_2} + w(C)_{H_2O化}) + \frac{12}{28}K \cdot w(CO)_{k挥}} \quad (6-148)$$

$$\eta_{H_2} = \frac{V_{H_2O还}}{\Sigma H_2} = \frac{V_{H_2O还}}{\varphi V_风 + 11.2(w(H)_料 + w(H)_喷)}$$

$$= V_{H_2O还} \Big/ \Big[\varphi V_风 + 11.2K(w(H_2)_{k有机} + w(H)_{k挥} + \frac{4}{16}w(CH_4)_{k挥}) +$$

$$11.2M(w(H_2)_m + \frac{2}{18} \times w(H_2O)_m) +$$

$$\frac{22.4}{18}\psi_{H_2O}(P \cdot w(H_2O_化)_p + \Phi \cdot w(H_2O_化)_\phi) \Big] \quad (6-149)$$

（2）校算直接还原度 r_d：

实际生产中，已知炉料消耗量和炉顶煤气成分，未知炉顶煤气量和炉顶煤气 $H_2O_还$ 量，估算直接还原度 r_d，这是设计计算前参考在役高炉生产指标选定直接还原度 r_d 的基础。这里，对于本例设计高炉计算，按此法检验 r_d 假定的正确性。

$$r_d = 1 - r_i, \quad r_i = r_{iCO} + r_{iH_2}$$

$$r_i = \frac{56}{10 \cdot w[Fe]_\% - S \cdot w(Fe)_s}\Big[\frac{w(C)_{气化}}{12} \cdot \frac{\varphi(CO_2)_\% + \beta \cdot \varphi(H_2)_\%}{\varphi(CO)_\% + \varphi(CO_2)_\%} - \frac{w(CO_2)_{k挥}}{44} -$$

$$\frac{w(CO_2)_p + (1 - \psi_{CO_2}) \cdot w(CO_2)_\phi + w(CO_2)_s - w(CO_2)_f}{44} -$$

$$\frac{w(Fe_2O_3)_{料+喷}}{160} - \frac{w(MnO_2)_料}{87}\Big] \quad (6-150)$$

$$r_{iCO} = \frac{56}{10 \cdot w[Fe]_\% - S \cdot w(Fe)_s}\Big[\frac{w(C)_{气化}}{12} \cdot \frac{\varphi(CO_2)_\%}{\varphi(CO)_\% + \varphi(CO_2)_\%} - \frac{w(CO_2)_{k挥}}{44} -$$

$$\frac{w(CO_2)_p + (1 - \psi_{CO_2}) \cdot w(CO_2)_\phi + w(CO_2)_s - w(CO_2)_f}{44} -$$

$$\left. \frac{w(Fe_2O_3)_{料+喷}}{160} - \frac{w(MnO_2)_料}{87} \right] \tag{6-151}$$

$$r_{iH_2} = \frac{56 \cdot \beta \cdot (还原煤气中的总 H_2 量)}{22.4(10 \cdot w[Fe]_\% - S \cdot w(Fe)_s)}$$

$$\approx \frac{56 \cdot w(C)_{气化}}{12(10 \cdot w[Fe]_\% - S \cdot w(Fe)_s)} \cdot \frac{\beta \cdot \varphi(H_2)_\%}{\varphi(CO)_\% + \varphi(CO_2)_\%} \tag{6-152}$$

式中，$w(C)_{气化}$为炉料和喷吹燃料气化进入煤气的总碳量，参照式（6-27）原理计算：

$$w(C)_{气化} = w(C)_k + w(C)_m + w(C)_p + w(C)_\phi + w(C)_s - w(C)_f - w(C)_e \quad (kg/t) \tag{6-153}$$

$w(Fe_2O_3)_{料+喷}$为炉料和喷吹燃料带入的 Fe_2O_3 量，按下式计算：

$$w(Fe_2O_3)_{料+喷} = w(Fe_2O_3)_m + w(Fe_2O_3)_p + w(Fe_2O_3)_\phi + w(Fe_2O_3)_s - w(Fe_2O_3)_f \quad (kg/t)$$

$w(MnO_2)_料$为炉料带入的 MnO_2 量，按下式计算：

$$w(MnO_2)_料 = w(MnO_2)_p + w(MnO_2)_\phi + w(MnO_2)_s - w(MnO_2)_f \quad (kg/t)$$

β 为（湿）煤气中参与还原的 H_2 量（$= H_2O_还$）与未参与还原的 H_2 量之比值，与 CO 的 m 值有等同的物理意义。

$\beta \cdot H_2\%$ 亦即为煤气中 $H_2O_还$量占湿煤气（干煤气 + 还原水）的体积分数。当未知 $H_2O_还$量时，可用炉内实际过程得到的煤气 m 值代替 β 值，因为由 $\eta_{H_2} = \eta_{CO}$，可推导出 $\beta = m = V_{CO_2i}/V_{CO}$。

求炉内煤气实际 m 值的过程如下：

按碳平衡求出炉顶干煤气量 $V_{煤气}$：

$$V_{煤气} = \frac{22.4}{12} \cdot \frac{w(C)_{气化}}{\varphi(CO) + \varphi(CO_2)} \quad (m^3/t) \tag{6-154}$$

则

$$V_{CO} = V_{煤气} \cdot \varphi(CO) \tag{6-155}$$

$$V_{CO_2i} = V_{煤气} \cdot \varphi(CO_2) - \frac{22.4}{44}[K \cdot w(CO_2)_{k挥} + P \cdot w(CO_2)_p + S \cdot w(CO_2)_s +$$

$$(1 - \psi_{CO_2})\Phi \cdot w(CO_2)_\phi - F \cdot w(CO_2)_f] \tag{6-156}$$

$$\beta \approx m = \frac{V_{CO_2i}}{V_{CO}}$$

$$= \{V_{煤气} \cdot \varphi(CO_2) - \frac{22.4}{44}[K \cdot w(CO_2)_{k挥} + P \cdot w(CO_2)_p + S \cdot w(CO_2)_s +$$

$$(1 - \psi_{CO_2})\Phi \cdot w(CO_2)_\phi - F \cdot w(CO_2)_f]\} / (V_{煤气} \cdot \varphi(CO)) \tag{6-157}$$

I　物料平衡表的编制

根据鼓风参数和炉顶煤气成分算出它们的重度，并求得鼓风、干煤气和煤气中水分的质量，然后如同生产高炉计算那样列出物料平衡表。

6.2.3.2　热平衡计算

设计高炉热平衡的编制与生产高炉热平衡的编制方法相同，所不同的是对于设计高炉而言，产品中无"回收铁"项。详细计算过程参阅 6.2.3.3 节例题。

6.2.3.3　设计高炉计算举例

A　冶炼条件

（1）原燃料、炉尘量及成分。原燃料、炉尘量及平均成分见表 6-12。

表 6-12　设计高炉原燃料、炉尘量及平均成分

物料名称		焦炭	煤粉	烧结矿	球团矿	块矿	混合矿	熔剂	碎铁	炉尘
数量/kg·t⁻¹		325	170						12	10
水分/%		0.37	1.1	—	—	3.2	—	2.0	—	—
化学分析 /%	FeO	0.847	0.742	7.000	0.940	0.520	4.837	—	Fe 85.0	15.800
	Fe₂O₃	—	—	73.219	91.767	89.352	79.469	—	—	46.120
	CaO	0.800	0.975	10.425	1.110	0.590	7.113	47.94	—	4.300
	SiO₂	5.950	5.960	5.425	4.500	3.745	5.026	1.69	10.0	5.490
	MgO	0.710	0.290	1.890	0.583	0.595	1.434	5.48	—	1.900
	Al₂O₃	4.373	3.113	1.450	0.542	1.880	1.266	1.14	1.0	3.950
	MnO	—	—	0.146	0.270	0.119	0.174	—	—	0.200
	FeS	—	—	0.161	0.050	0.077	0.125	—	—	—
	P₂O₅	—	—	0.177	0.090	0.114	0.149	0.05	—	0.030
	TiO₂	—	—	0.107	0.148	0.232	0.130	—	—	1.048
	CO₂					0.776	0.077	43.70		
	H₂O					2.0	0.20			
	C全	—	82.85	—	—	—	—	—	—	—
	C固	85.40	(81.046)	—	—	—	—	—	C 4.0	C 20.999
	S	0.55	0.67							S/2 0.163
	CO	0.268	—	—	—	—	—	—	—	—
	CO₂	0.422	—	—	—	—	—	—	—	—
	CH₄	0.093	—	—	—	—	—	—	—	—
	H₂	0.277	H 2.4	—	—	—	—	—	—	—
	N₂	0.310	N 2.0	—	—	—	—	—	—	—
	O₂	—	O 1.0	—	—	—	—	—	—	—
	总和	100.000	100.000	100.000	100.000	100.000	100.000	100.00	100.0	100.000

（2）铁水品种。制钢铁水，铁水成分为：$w[Si]=0.4\%$，$w[Ti]=0.08\%$，$w[S]=0.025\%$。

（3）鼓风参数。鼓风参数为：鼓风湿度 $\varphi=0.020m^3/m^3$，富氧率 $f_{O_2}=3.5\%$，风温 $t_风=1250℃$。

（4）设计冶炼工艺参数。

1）元素回收率（λ 表示进入煤气比例，μ 表示进入炉渣比例，η 表示进入铁水比例）：Fe：$\mu=0.15\%$，$\eta=99.85\%$；Mn：$\mu=40\%$，$\eta=60\%$；S：$\lambda=5\%$。

2）炉渣二元碱度：$R_2 = m(\mathrm{CaO})/m(\mathrm{SiO_2}) = 1.15$（$R_2$ 在 1.13~1.17 范围内即可）。

3）铁的直接还原度：$r_d = 0.45$。

4）炉顶煤气温度：$t_{g顶} = 200℃$。

5）焦比 325kg/t，煤比 170kg/t。

6）炉料配比：烧结矿：球团矿：块矿 = 65：25：10。

7）碎铁加入量 12kg/t，炉尘产出量 10kg/t。

B　物料平衡计算

（1）矿石和熔剂消耗量计算——配料计算。

1）矿石消耗量 P。由于所用炉料中矿石只有一种（混合矿），熔剂中不含 Fe，所以可简单地用 Fe 平衡方程算出混合矿消耗量 P。为此需估算铁水中的 Fe 含量：

$$w[\mathrm{Fe}]_\% = 100 - w[\mathrm{Si}]_\% - w[\mathrm{Mn}]_\% - w[\mathrm{P}]_\% - w[\mathrm{S}]_\% - w[\mathrm{Ti}]_\% - w[\mathrm{C}]_\%$$

从冶炼条件中已知 $w[\mathrm{Si}] = 0.40\%$、$w[\mathrm{S}] = 0.025\%$、$w[\mathrm{Ti}] = 0.08\%$，由原燃料成分估算出铁水中 [Mn]、[P]、[C] 的含量，就可以估算出 [Fe] 的含量。估算过程如下：

按式（4-179）或式（4-178）估算铁水 [C] 含量（假设铁水温度 1500℃）：

$$w[\mathrm{C}]_\% = 1.34 + 2.54 \times 10^{-3} t_铁 - 0.3w[\mathrm{Si}]_\% + 0.04w[\mathrm{Mn}]_\% - 0.35w[\mathrm{P}]_\% -$$
$$0.54w[\mathrm{S}]_\% + 0.17w[\mathrm{Ti}]_\%$$
$$\approx 1.34 + 2.54 \times 1.5 - 0.3 \times 0.4 + 0.04 \times 0 - 0.35 \times 0 - 0.54 \times 0.025 + 0.17 \times 0.08$$
$$= 5.03$$

或　　　　$w[\mathrm{C}]_\% = 1.30 + 2.57 \times 10^{-3} t_铁 \approx 1.3 + 2.57 \div 1000 \times 1500 = 5.155$

按高炉生产实际（表4-9、表4-10）估算取铁水 $w[\mathrm{C}] = 4.90\%$，预估铁水 $w[\mathrm{Mn}] + w[\mathrm{P}] = 0.3\%$，初估算出铁水 $w[\mathrm{Fe}]_\% = 94.295\%$；用铁平衡粗算出混合矿用量 P 为：

$$估算 P = \left[942.95 \times \left(1 + \frac{0.15}{99.85}\right) + 10 \times \left(\frac{112}{160} \times 0.4612 + \frac{56}{72} \times 0.158\right) - \right.$$
$$\left. \frac{56}{72} \times (325 \times 0.00847 + 170 \times 0.00742) - 12 \times 0.85\right] \Big/$$
$$\left(\frac{112}{160} \times 0.79469 + \frac{56}{72} \times 0.04837 + \frac{56}{88} \times 0.00125\right) \approx 1572.5 \ (\mathrm{kg/t})$$

最后根据锰平衡和磷平衡可估算出铁水的 [Mn] 和 [P] 含量：

$$估算 w[\mathrm{Mn}]_\% = 0.6 \times \frac{55}{71} \times (1572.5 \times 0.174 - 10 \times 0.2)/1000 = 0.126$$

$$估算 w[\mathrm{P}]_\% = \frac{62}{142} \times (1572.5 \times 0.149 + \Phi \times 0.05 - 10 \times 0.03)/1000 \approx 0.102$$

最终估算的铁水 [Fe] 含量为：$w[\mathrm{Fe}]_\% = 100 - 0.40 - 0.126 - 0.102 - 0.025 - 0.08 - 4.9 = 94.367$。

非矿石带入的 Fe 量（即焦炭、煤粉、碎铁带入 Fe 量）：

$$\frac{56}{72}(K \cdot w(\mathrm{FeO})_k + M \cdot w(\mathrm{FeO})_m) + S \cdot w(\mathrm{Fe})_s$$
$$= \frac{56}{72} \times (325 \times 0.00847 + 170 \times 0.00742) + 12 \times 0.85 = 13.322(\mathrm{kg/t})$$

炉尘带走的 Fe 量：

$$F \cdot \left(\frac{112}{160} \times w(Fe_2O_3)_f + \frac{56}{72} \times w(FeO)_f \right)$$

$$= 10 \times \left(\frac{112}{160} \times 0.4612 + \frac{56}{72} \times 0.158 \right) = 4.457(kg/t)$$

进入炉渣的 Fe 量：　　　$943.67 \times 0.0015/0.9985 = 1.418$ （kg/t）

需由混合矿带入的 Fe 量为：　　　$943.67 + 4.457 + 1.418 - 13.322 = 936.223$ （kg/t）

则得到混合矿消耗量 P 为：

$$P = 936.223 \Bigg/ \left(\frac{112}{160} \times 0.79469 + \frac{56}{72} \times 0.04837 + \frac{56}{88} \times 0.00125 \right) = 1574.279(kg/t)$$

2）熔剂消耗量 Φ。熔剂消耗量 Φ 则按炉渣碱度平衡方程来计算，除熔剂外炉料带入的 SiO_2 和 CaO 以及还原 [Si] 消耗的 SiO_2 量分别为：

SiO₂ 量　　　$w(SiO_2) = K \cdot w(SiO_2)_k + M \cdot w(SiO_2)_m + P \cdot w(SiO_2)_p + S \cdot w(SiO_2)_s -$

$$F \cdot w(SiO_2)_f - 10 \times 60/28 \times w[Si]_\%$$

$$= 325 \times 0.0595 + 170 \times 0.0596 + 1574.279 \times 0.05026 +$$

$$12 \times 0.1 - 10 \times 0.0549 - 4 \times 60/28$$

$$= 100.672(kg/t)$$

CaO 量　　　$w(CaO) = K \cdot w(CaO)_k + M \cdot w(CaO)_m + P \cdot w(CaO)_p + S \cdot w(CaO)_s -$

$$F \cdot w(CaO)_f$$

$$= 325 \times 0.008 + 170 \times 0.00975 + 1574.279 \times 0.07113 + 0 - 10 \times 0.043$$

$$= 115.806(kg/t)$$

则熔剂消耗量 Φ 为：

$$\Phi = \frac{R_2 \cdot w(SiO_2) - w(CaO)}{w(CaO)_\phi - R_2 \cdot w(SiO_2)_\phi} = \frac{1.15 \times 100.673 - 115.806}{0.4794 - 1.15 \times 0.0169} = -0.072(kg/t)$$

熔剂消耗量为负且量很少，所以可考虑不加熔剂，即 $\Phi = 0$。

本例设计高炉配料结果见表 6-13。

表 6-13　设计高炉配料结果

炉料名称	kg/t	%
烧结矿	1023.281	65.0
球团矿	393.570	25.0
块 矿	157.428	10.0
混合矿	1574.279	100.0
熔 剂	0.00（不加生熔剂）	—

（2）渣量和炉渣成分计算：

炉渣组元	计算式	kg/t
CaO	$325 \times 0.008 + 170 \times 0.00975 + 1574.279 \times 0.07113 - 10 \times 0.043$	115.806
SiO$_2$	$325 \times 0.0595 + 170 \times 0.0596 + 1574.279 \times 0.05026 +$ $12 \times 0.1 - 10 \times 0.0549 - 4 \times 60/28$	100.672
MgO	$325 \times 0.0071 + 170 \times 0.0029 + 1574.279 \times 0.01434 - 10 \times 0.019$	25.185
Al$_2$O$_3$	$325 \times 0.04373 + 170 \times 0.03113 + 1574.279 \times 0.01266 +$ $12 \times 0.01 - 10 \times 0.0395$	39.160
MnO	$(1574.279 \times 0.00174 - 10 \times 0.002) \times 0.4$	1.088
FeO	$943.67 \times 0.0015/0.9985 \times 72/56$	1.823
S/2	$[(325 \times 0.0055 + 170 \times 0.0067 + 1574.279 \times 0.00125 \times 32/88) \times$ $(1 - 0.05) - 10 \times 0.326 - 0.25]/2$	1.589
TiO$_2$	$1574.279 \times 0.0013 - 10 \times 0.01048 - 0.8 \times 80/48$	0.608
合　计		285.931

本例设计高炉炉渣数量和成分见表6-14。炉渣二元碱度符合要求。

表6-14　设计高炉炉渣数量和成分

炉渣组元	CaO	SiO$_2$	MgO	Al$_2$O$_3$	MnO	FeO	S/2	TiO$_2$	Σ	CaO/SiO$_2$
kg/t	115.806	100.672	25.1855	39.160	1.088	1.8225	1.589	0.608	285.931	1.150
质量分数/%	40.501	35.208	8.808	13.696	0.381	0.637	0.556	0.213	100.000	1.150

（3）炉渣性能和脱硫能力验算：

将炉渣中 CaO、SiO$_2$、MgO、Al$_2$O$_3$ 四元换算成 100%，然后查四元相图：

炉渣组元　　　　　含　量

CaO　　40.501%/0.98213 = 41.24%

SiO$_2$　　35.208%/0.98213 = 35.85%

MgO　　8.808%/0.98213 = 8.97%

Al$_2$O$_3$　　13.696%/0.98213 = 13.94%

查得炉渣的熔化温度在 1400~1450℃ 之间，考虑渣中还有其他氧化物能在某种程度上降低炉渣的熔化温度，所以在高炉炉缸温度下，此渣能够顺利熔化。本例炉渣的四元碱度 $R_4 = m(CaO+MgO)/m(SiO_2+Al_2O_3) = 1.01$，查等黏度曲线图得 1500℃ 时为 0.3Pa·s，1400℃ 时为 0.6Pa·s。

按拉姆教授提出的渣中氧化物总和检查炉渣的脱硫能力，为达到渣中（S）含量为 1.0% 以上，铁水中 [S] 含量为 0.025%，炉渣中 $w(RO)$ 必须达到：

$$w(RO)_{\%min} = 50 - 0.25w(Al_2O_3)_\% + 3w(S)_\% - \frac{0.3w[Si]_\% + 30w[S]_\%}{u}$$

$$= 50 - 0.25 \times 13.696 + 3 \times 1.112 - \frac{0.3 \times 0.4 + 30 \times 0.025}{285.931} = 49.909$$

炉渣中实际碱性 $w(RO)_\% = w(CaO)_\% + w(MgO)_\% + w(MnO)_\% + w(FeO)_\% = 50.327$，

实际大于要求的，所以能保证脱硫。

按沃斯柯博依尼科夫经验公式计算 L_S：

$$L_S^{1450} = 98x^2 - 160x + 72 - (0.6w(Al_2O_3)^2 - 0.012w(Al_2O_3) - 4.032)x^4$$

本例中 $x = (w(CaO) + w(MgO))/w(SiO_2) = 1.4005$，代入得 $L_S^{1450} = 55.612$。

在炉渣温度为1550℃时，$\eta_{1550} = 2 \times 1550/100 - 0.05 \times (1550/100)^2 - 17.4875 = 1.50$，则 $L_S^{1550} = \eta_{1550} \cdot L_S^{1450} = 1.50 \times 55.612 = 83.42$。按炉渣和铁水中 [S] 含量计算要求的 $L_S = \dfrac{1.112}{0.025} = 44.48 < L_S^{1550}$，所以炉渣能保证脱硫。

还可以按炉渣硫容量 C_S 计算硫分配比 L_S 来验算炉渣脱硫能力（见第4章式（4-134）、式（4-135）及表4-7），计算 L_S 值比实际 L_S 值高即表示该炉渣满足脱硫能力要求。

（4）铁水成分核算。按冶炼工艺参数选定的元素回收率核算最终铁水成分，主要是 [P]、[Mn]、[Ti]、[V]、[C] 等元素：

$$\begin{aligned}
w[P]_\% &= \frac{1}{10}(K \cdot w(P)_k + M \cdot w(P)_m + P \cdot w(P)_p + \Phi \cdot w(P)_\phi + \\
&\quad S \cdot w(P)_s - F \cdot w(P)_f) \\
&= \frac{1}{10} \times \frac{62}{142} \times (1574.279 \times 0.00149 - 10 \times 0.0003) = 0.102
\end{aligned}$$

$$\begin{aligned}
w[Mn]_\% &= \frac{1}{10}(K \cdot w(Mn)_k + M \cdot w(Mn)_m + P \cdot w(Mn)_p + \Phi \cdot w(Mn)_\phi + \\
&\quad S \cdot w(Mn)_s - F \cdot w(Mn)_f) \cdot \eta_{Mn} \\
&= \frac{1}{10} \times \frac{55}{71} \times (1574.279 \times 0.00174 - 10 \times 0.002) \times 0.6 = 0.126
\end{aligned}$$

$$\begin{aligned}
w[C]_\% &= 100 - w[Fe]_\% - w[Si]_\% - w[Mn]_\% - w[P]_\% - w[S]_\% - w[Ti]_\% \\
&= 100 - 94.367 - 0.4 - 0.126 - 0.102 - 0.025 - 0.08 = 4.90
\end{aligned}$$

本例设计高炉核算的铁水成分见表6-15，符合预定的铁水成分。

表6-15　设计高炉核算的铁水成分

组 分	Fe	Si	Mn	P	S	Ti	C	Σ
质量分数/%	94.367	0.40	0.126	0.102	0.025	0.08	4.90	100.000

（5）风量计算。按碳平衡求出 $w(C)_风$。

吨铁入炉总碳量：焦炭、煤粉和碎铁带入的碳量，扣除炉尘带走的碳量：

$$\begin{aligned}
w(C)_总 &= w(C)_k + w(C)_m + w(C)_p + w(C)_\phi + w(C)_s - w(C)_f \\
&= 325 \times \left(0.854 + \frac{12}{16} \times 0.00093\right) + 170 \times 0.8285 + 0 + 12 \times 0.04 - 10 \times 0.20999 \\
&= 417.002(kg/t)
\end{aligned}$$

铁直接还原耗碳：

$$\begin{aligned}
w(C)_{dFe} &= \frac{12}{56}r_d(10 \cdot w[Fe]_\% - S \cdot w(Fe)_s) = \frac{12}{56} \times 0.45 \times (943.67 - 12 \times 0.85) \\
&= 90.013(kg/t)
\end{aligned}$$

铁水中少量元素还原、脱硫耗碳：

$$w(C)_{dSi,Mn,P,S} = 10\left(\frac{24}{28}w[Si]_\% + \frac{12}{55}w[Mn]_\% + \frac{60}{62}w[P]_\% + \frac{12}{48}w[Ti]_\%\right) + \frac{12}{32}u \cdot w(S)$$

$$= 10 \times \left(\frac{24}{28} \times 0.4 + \frac{12}{55} \times 0.126 + \frac{60}{62} \times 0.102 + \frac{12}{48} \times 0.08\right) + \frac{12}{32} \times$$

$$285.931 \times 0.01112$$

$$= 6.283(kg/t)$$

生矿中结晶 $H_2O_{化}$ 在高温区发生水煤气反应耗碳：

$$w(C)_{H_2O化} = \frac{12}{18}\psi_{H_2O}(P \cdot w(H_2O_{化})_p + \Phi \cdot w(H_2O_{化})_\phi)$$

$$= \frac{12}{18} \times 0.3 \times (157.428 \times 0.02 + 0) = 0.630(kg/t)$$

这样，风口前燃烧的碳量为：

$$w(C)_风 = w(C)_总 - w(C)_{dFe} - w(C)_{dSi, Mn, P, S} - w(C)_e - w(C)_{CO_2} - w(C)_{H_2O}$$

$$= 417.002 - 90.013 - 6.283 - 49 - 0 - 0.63 = 271.076(kg/t)$$

富氧情况下的鼓风氧含量计算式为：

干风氧含量：$\omega = 21\% + f_{O_2} = 21\% + 3.5\% = 24.5\% = 0.245(m^3/m^3)$

鼓风氧含量：$\varphi(O_2)_风 = (1-\varphi)\omega + 0.5\varphi = (1 - 0.02) \times 0.245 + 0.5 \times 0.02 = 0.2501$ (m^3/m^3)

则风量为：

$$V_风 = \frac{\frac{22.4}{24}w(C)_风 - M\left(\frac{22.4}{32}w(O_2)_m + \frac{22.4}{36}w(H_2O)_m\right)}{(1-\varphi)\omega + 0.5\varphi}$$

$$= \frac{\frac{22.4}{24} \times 271.076 - 170 \times \left(\frac{22.4}{32} \times 0.01 + \frac{22.4}{36} \times \frac{1.1}{100 - 1.1}\right)}{0.2501} = 1002.150(m^3/t)$$

干风质量：$G_{干风} = (1-\varphi)V_风\left[\frac{32}{22.4}\omega + \frac{28}{22.4}(1-\omega)\right]$

$$= (1 - 0.02) \times 1002.15 \times \left(\frac{32}{22.4} \times 0.245 + \frac{28}{22.4} \times 0.755\right)$$

$$= 1270.601(kg/t)$$

风中水分：$w(H_2O)_风 = \varphi V_风 = 0.02 \times 1002.15 = 20.043 m^3/t$，即为 $\frac{18}{22.4}\varphi V_风 = 16.106 kg/t$。

(6) 炉顶煤气量及其成分计算。

1) H_2。

煤气中 H_2 量 V_{H_2} = 入炉总 H_2 量 ΣH_2 – 参与还原的 H_2 量 $V_{H_2还}$

          = 风中水分分解氢量 + 焦炭、煤粉带入氢量 + 水煤气反应生成氢量 –

          参与还原的氢量

入炉总 H_2 量为：

$$\Sigma H_2 = \varphi V_风 + 11.2K\left(w(H_2)_{k有机} + w(H_2)_{k挥} + \frac{4}{16}w(CH_4)_{k挥}\right) +$$

$$11.2M\left(w(H_2)_m + \frac{2}{18}w(H_2O)_m\right) + \frac{22.4}{18}\psi_{H_2O}\left(P \cdot w(H_2O_{化})_p + \right.$$

$$\left. \Phi \cdot w(H_2O_{化})_\phi\right)$$

$$= 0.02 \times 1002.15 + 11.2 \times 325 \times \left(0.00277 + \frac{4}{16} \times 0.00093\right) + 11.2 \times 170 \times$$

$$\left(0.024 + \frac{2}{18} \times \frac{1.1}{100 - 1.1}\right) + \frac{22.4}{18} \times 0.3 \times (157.428 \times 0.02 + 0)$$

$$= 80.197(m^3/t)$$

本例中，作者用 Excel 计算，通过手工差试迭代法实现 $\eta_{H_2} \approx \eta_{CO}$：参考本节（7）中计算出的 η_{CO} 值不断假设 η_{H_2} 的值，使其逐渐迫近 η_{CO} 值，最终假定 $\eta_{H_2} = 0.494$。则还原消耗的氢量为：

$$V_{H_2还} = V_{H_2O还} = \eta_{H_2} \Sigma H_2 = 0.494 \times 80.197 = 39.617(m^3/t)$$

则进入炉顶煤气的氢量为：$V_{H_2} = (1 - \eta_{H_2}) \Sigma H_2 = (1 - 0.494) \times 80.197 = 40.580(m^3/t)$

本例中，H_2 还原消耗的 $39.617 m^3/t$，相当于：

$$r_{iH_2} = \frac{56}{22.4} \cdot \frac{V_{H_2O还}}{10 \cdot w[Fe]_\% - S \cdot w(Fe)_s} = \frac{56}{22.4} \times \frac{39.617}{943.67 - 12 \times 0.85} = 0.1061$$

2) CO_2。

①由高价铁、锰氧化物等还原到 FeO、MnO 生成的 CO_2 量：

$$V_{CO_2Fe_2O_3} = \frac{22.4}{160}(P \cdot w(Fe_2O_3)_p - F \cdot w(Fe_2O_3)_f) + \frac{22.4}{87}(P \cdot w(MnO_2)_p - $$

$$F \cdot w(MnO_2)_f)$$

$$= \frac{22.4}{160} \times (1574.279 \times 0.79469 - 10 \times 0.4612) + 0 = 174.503(m^3/t)$$

②由 CO 间接还原 FeO 生成的 CO_2 量：

$$V_{CO_2FeOi} = \frac{22.4}{56}(1 - r_d - r_{iH_2})(10 \cdot w[Fe]_\% - S \cdot w(Fe)_s)$$

$$= \frac{22.4}{56} \times (1 - 0.45 - 0.1061) \times (943.67 - 12 \times 0.85) = 165.747(m^3/t)$$

③由混合矿（生矿）分解出来的 CO_2 量：

$$V_{CO_2矿} = \frac{22.4}{44}(P \cdot w(CO_2)_p - F \cdot w(CO_2)_f)$$

$$= \frac{22.4}{44} \times (157.428 \times 0.00776 - 10 \times 0) = 0.622(m^3/t)$$

④由熔剂分解出来的 CO_2 量：

$$V_{CO_2熔} = \frac{22.4}{44}(1 - \psi_{CO_2}) \cdot \Phi \cdot w(CO_2)_\phi = 0 \ (m^3/t)$$

⑤由焦炭挥发分放出的 CO_2 量：

$$V_{CO_2焦} = \frac{22.4}{44}K \cdot w(CO_2)_{k挥} = \frac{22.4}{44} \times 325 \times 0.00422 = 0.698 \ (m^3/t)$$

则进入炉顶煤气的 CO_2 量为：

$$V_{CO_2} = V_{CO_2Fe_2O_3} + V_{CO_2FeOi} + V_{CO_2矿} + V_{CO_2熔} + V_{CO_2焦}$$

$$= 174.503 + 165.747 + 0.622 + 0 + 0.698 = 341.570(m^3/t)$$

3）CO。

①风口前碳燃烧生成的 CO 量：

$$V_{CO风} = \frac{22.4}{12}w(C)_风 = \frac{22.4}{12} \times 271.076 = 506.0085(m^3/t)$$

②直接还原生成的 CO 量：

$$V_{COd} = \frac{22.4}{12}w(C)_d = \frac{22.4}{12}(w(C)_{dFe} + w(C)_{dSi,Mn,P,S} + 2w(C)_{CO_2} + w(C)_{H_2O化})$$

$$= \frac{22.4}{12} \times (90.013 + 6.283 + 0 + 0.63) = 180.9285(m^3/t)$$

③焦炭挥发分放出的 CO 量：

$$V_{CO_{k挥}} = \frac{22.4}{28}K \cdot w(CO)_{k挥} = \frac{22.4}{28} \times 325 \times 0.00268 = 0.697(m^3/t)$$

④间接还原消耗的 CO 量：

$$V_{COi} = 间接还原生成的 V_{CO_2i} = V_{CO_2Fe_2O_3} + V_{CO_2FeOi} = 174.503 + 165.747 = 340.250(m^3/t)$$

则进入炉顶煤气的 CO 量为：

$$V_{CO} = V_{CO风} + V_{COd} + V_{CO_{k挥}} - V_{COi} = 506.0085 + 180.9285 + 0.697 - 340.25 = 347.384(m^3/t)$$

4）N_2。

进入炉顶煤气的 N_2 量 V_{N_2} = 鼓风带入的 N_2 量 + 焦炭、煤粉带入的 N_2 量

$$V_{N_2} = (1 - \varphi)(1 - \omega)V_风 + \frac{22.4}{28}[K(w(N_2)_{k有机} + w(N_2)_{k挥}) + M \cdot w(N_2)_m]$$

$$= (1 - 0.02) \times (1 - 0.245) \times 1002.15 + \frac{22.4}{28} \times (325 \times 0.0031 + 170 \times 0.02)$$

$$= 745.017(m^3/t)$$

综上，炉顶煤气体积为：

$$V_{煤气} = V_{H_2} + V_{CO_2} + V_{CO} + V_{N_2} = 40.58 + 341.57 + 347.384 + 745.017 = 1474.551(m^3/t)$$

炉顶干煤气的重度为：

$$\gamma_{煤气} = \frac{44}{22.4}\varphi(CO_2) + \frac{28}{22.4}(\varphi(CO) + \varphi(N_2)) + \frac{2}{22.4}\varphi(H_2)$$

$$= \frac{44 \times 341.57 + 28 \times (347.384 + 745.017) + 2 \times 40.58}{22.4 \times 1474.551} = 1.383516(kg/m^3)$$

干煤气质量为：

$$G_{煤气} = V_{煤气} \cdot \gamma_{煤气} = 1474.551 \times 1.383516 = 2040.065(kg/t)$$

进入炉顶煤气的 H_2O 量 = 还原生成的 H_2O 量 + 未参与水煤气反应的炉料结晶水量

$$V_{H_2O顶气} = V_{H_2O还} + V_{H_2O化未} = V_{H_2O还} + \frac{22.4}{18}(1 - \psi_{H_2O})(P \cdot w(H_2O化)_p + \Phi \cdot w(H_2O化)_\phi)$$

$$= 39.617 + \frac{22.4}{18} \times (1 - 0.3) \times (157.428 \times 0.02 + 0) = 42.360(m^3/t)$$

本例设计高炉计算的炉顶煤气量、成分和水的数量见表6-16。

表 6-16 设计高炉炉顶煤气量、成分和水的数量

成 分	CO	CO_2	H_2	N_2	合计	$H_2O_还$	煤气总含水
m^3/t	347.384	341.570	40.580	745.017	1474.551	39.617	42.360
体积分数/%	23.56	23.16	2.75	50.53	100.00	——	——
kg/t	434.230	670.941	3.623	931.271	2040.065	31.835	34.039

（7）η_{CO} 和 η_{H_2} 计算、校算直接还原度 r_d。

1）η_{CO} 和 η_{H_2} 计算。

按炉顶煤气成分计算：

$$\eta_{CO} = \frac{\varphi(CO_2)_\%}{\varphi(CO)_\% + \varphi(CO_2)_\%} = \frac{23.16}{23.56 + 23.16} = 0.4957$$

按炉内实际反应过程计算：

$$\eta_{CO} = \frac{间接还原生成的CO_2 量 V_{CO_2i}}{燃烧\ C_风\ 生成的\ CO\ 量\ V_{CO风} + 直接还原生成的\ CO\ 量\ V_{COd} + 焦炭挥发分放出的\ CO\ 量\ V_{CO焦}}$$

$$= \frac{CO_2\ 计算中之\ 1)项 + 2)项}{CO\ 计算中之\ 1)项 + 2)项 + 3)项} = \frac{V_{CO_2i}}{V_{CO风} + V_{COd} + V_{CO焦}} = \frac{V_{CO_2Fe_2O_3} + V_{CO_2FeOi}}{V_{CO风} + V_{COd} + V_{CO焦}}$$

$$= \frac{174.503 + 165.747}{506.0085 + 180.9285 + 0.697} = 0.4948$$

$$\eta_{H_2} = \frac{V_{H_2O还}}{\Sigma H_2} = \frac{39.617}{80.197} = 0.4940$$

η_{CO} 与 η_{H_2} 的关系为： $\eta_{H_2}/\eta_{CO} = 0.494/0.4948 = 0.9984$

2）校算直接还原度 r_d。

这里，假定已知炉料消耗量和炉顶煤气成分，但未知炉顶煤气量和 $H_2O_还$ 量，按生产高炉估算直接还原度 r_d。对于本例设计高炉计算，用此法反过来检验 r_d 选定的正确性。

①按碳平衡求出炉顶干煤气量 $V_{煤气}$。

炉料气化的总碳量 $w(C)_{气化}$（全部碳量，包括元素和化合物状态的）：

$$w(C)_{气化} = w(C)_k + w(C)_m + w(C)_p + w(C)_\phi + w(C)_s - w(C)_f - w(C)_e$$

$$= 325 \times \left(0.854 + \frac{12}{28} \times 0.00268 + \frac{12}{44} \times 0.00422 + \frac{12}{16} \times 0.00093\right) + 170 \times 0.8285 +$$

$$\frac{12}{44} \times 157.428 \times 0.00776 + 0 + 12 \times 0.04 - 10 \times 0.20999 - 49$$

$$= 369.082\ (kg/t)$$

则炉顶干煤气量 $V_{煤气}$ 为：

$$V_{煤气} = \frac{22.4}{12} \cdot \frac{w(C)_{气化}}{\varphi(CO) + \varphi(CO_2)} = \frac{22.4}{12} \times \frac{369.082}{0.2356 + 0.2316} = 1474.643\ (m^3/t)$$

②求出炉内煤气实际 m 值。

炉内间接还原实际剩余的 CO 量 V_{CO} 为：

$$V_{CO} = V_{煤气} \cdot \varphi(CO) = 1474.643 \times 0.2356 = 347.426 \, (m^3/t)$$

炉内间接还原实际产生的 CO_2 量 V_{CO_2i} 为：

$$V_{CO_2i} = V_{煤气} \cdot \varphi(CO_2) - \frac{22.4}{44}[K \cdot w(CO_2)_{k挥} + P \cdot w(CO_2)_p + S \cdot w(CO_2)_s +$$

$$(1 - \psi_{CO_2})\Phi \cdot w(CO_2)_\phi - F \cdot w(CO_2)_f]$$

$$= 1474.643 \times 0.2316 - \frac{22.4}{44} \times (325 \times 0.00422 + 157.428 \times 0.00776 + 0)$$

$$= 340.207 \, (m^3/t)$$

则炉内实际的 m、β 值为：

$$\beta \approx m = \frac{V_{CO_2i}}{V_{CO}} = \frac{340.207}{347.426} = 0.9792$$

③计算直接还原度 r_d：

$$r_i = \frac{56}{10 \cdot w[Fe]_\% - S \cdot w(Fe)_s}\left[\frac{w(C)_{气化}}{12} \cdot \frac{\varphi(CO_2)_\% + \beta \cdot \varphi(H_2)_\%}{\varphi(CO)_\% + \varphi(CO_2)_\%} - \frac{w(CO_2)_{k挥}}{44} - \right.$$

$$\frac{w(CO_2)_p + (1 - \psi_{CO_2}) \cdot w(CO_2)_\varphi + w(CO_2)_s - w(CO_2)_f}{44} -$$

$$\left.\frac{w(Fe_2O_3)_{料+喷}}{160} - \frac{w(MnO_2)_{料}}{87}\right]$$

$$= \frac{56}{943.67 - 12 \times 0.85} \times \left(\frac{369.082}{12} \times \frac{23.16 + 0.9792 \times 2.75}{23.56 + 23.16} - \right.$$

$$\frac{325 \times 0.00422 + 157.428 \times 0.00776 + 0 - 0}{44} -$$

$$\left.\frac{1574.279 \times 0.79469 - 10 \times 0.4612}{160} - 0\right) = 0.5501$$

或

$$r_{iCO} = \frac{56}{943.67 - 12 \times 0.85} \times \left(\frac{369.082}{12} \times \frac{23.16}{23.56 + 23.16} - \right.$$

$$\frac{325 \times 0.00422 + 157.428 \times 0.00776}{44} -$$

$$\left.\frac{1574.279 \times 0.79469 - 10 \times 0.4612}{160}\right) = 0.4438$$

$$r_{iH_2} = \frac{56 \cdot w(C)_{气化}}{12(10 \cdot w[Fe]_\% - S \cdot w(Fe)_s)} \cdot \frac{\beta \cdot \varphi(H_2)_\%}{\varphi(CO)_\% + \varphi(CO_2)_\%}$$

$$= \frac{56}{943.67 - 12 \times 0.85} \times \left(\frac{369.082}{12} \times \frac{0.9792 \times 2.75}{23.56 + 23.16}\right) = 0.1063$$

所以，$r_d = 1 - r_i = 1 - (r_{iCO} + r_{iH_2}) = 1 - (0.4438 + 0.1063) = 1 - 0.5501 = 0.4499$，与题中所给定的 $r_d = 0.45$ 值十分吻合，说明直接还原度 r_d 选定正确。

(8) 物料平衡表。

炉顶煤气中挥发物：包括挥发进入煤气的 S，其质量为：

$$
\begin{aligned}
w(S)_{挥发} &= \lambda_S \cdot w(S)_料 = \lambda_S \cdot (K \cdot w(S)_k + M \cdot w(S)_m + P \cdot w(S)_p + \\
&\quad \Phi \cdot w(S)_\phi + S \cdot w(S)_s) \\
&= 0.05 \times (325 \times 0.0055 + 170 \times 0.0067 + 1574.279 \times 0.00125 \times 32/88 + 0) \\
&= 0.182 (kg/t)
\end{aligned}
$$

设计高炉的物料平衡表见表6-17。绝对误差为0.34kg/t，相对误差为$\dfrac{0.34}{3370.217} \times 100\%$ $= 0.010\% < 0.1\%$，计算结果正确。

表6-17 设计高炉物料平衡表 （kg/t）

收　　入		支　　出	
焦　炭	325	生　铁	1000
煤　粉	171.891（包括水分）	炉　渣	285.931
混合矿	1574.279	煤　气	2040.065
熔　剂	0	炉　尘	10
碎　铁	12	煤气含水	34.039
鼓　风	1286.707	煤气中挥发物（S）	0.182
误　差	0.340		
合　　计	3370.217	合　　计	3370.217

C 热平衡计算

设计高炉热平衡的编制与生产高炉的相同，计算如下。

（1）由高温区进入间接还原区的煤气（即炉腹煤气）数量$V_{煤气(间)}$和成分计算：

$$
\begin{aligned}
V_{煤气(间)} &= V_{煤气(顶)} + V_{H_2O还} - \frac{22.4}{44}[K \cdot w(CO_2)_{k挥} + P \cdot w(CO_2)_p + S \cdot w(CO_2)_s + \\
&\quad (1 - \psi_{CO_2}) \cdot \Phi \cdot w(CO_2)_\phi - F \cdot w(CO_2)_f] \\
&= 1474.551 + 39.617 - \frac{22.4}{44}(325 \times 0.00422 + 157.428 \times 0.00776 + 0 - 0) \\
&= 1512.848 (m^3/t)
\end{aligned}
$$

或 $V_{CO(间)} = V_{CO_风} + V_{COd} + V_{CO_{k挥}}$（炉顶煤气中CO计算的前三项之和）

$$
\begin{aligned}
&= \frac{22.4}{12}(w(C)_风 + w(C)_{dFe} + w(C)_{dSi,Mn,P,S} + 2w(C)_{dCO_2} + w(C)_{H_2O化}) + \\
&\quad \frac{22.4}{28}K \cdot w(CO)_{k挥} \\
&= \frac{22.4}{12} \times (271.076 + 90.013 + 6.283 + 0 + 0.63) + \frac{22.4}{28} \times 325 \times 0.00268 \\
&= 506.0085 + 180.9285 + 0.697 = 687.634 (m^3/t)
\end{aligned}
$$

$$
V_{H_2(间)} = \Sigma H_2 = 80.197 (m^3/t)
$$

$$
V_{N_2(间)} = V_{N_2(顶)} = (1 - \varphi)(1 - \omega)V_风 + \frac{22.4}{28}[K(w(N_2)_{k有机} + w(N_2)_{k挥}) + M \cdot w(N_2)_m]
$$

$$= 745.017(m^3/t)$$

这样，进入间接还原区的煤气量 $= 687.634 + 80.197 + 745.017 = 1512.848 m^3/t$，其成分为：$CO$ 45.45%，H_2 5.30%，N_2 49.25%。

（2）全炉热平衡。

1）第一种计算方法（方法一）：热工计算方法。

①热收入项。

a. 焦炭、喷吹煤粉的热值：

$$q_{焦} = K \cdot Q_{焦} = 325 \times 30000 kJ/t = 9.750 (GJ/t)$$

$$q_{煤} = M \cdot Q_{煤} = 171.891 \times 31000 kJ/t = 5.329 (GJ/t)$$

b. 热风带入的有效物理热量：

与生产高炉的计算同理，1250℃风温下，

$$c_{风} = \omega(1 - \varphi)c_{p_{O_2}} + (1 - \varphi)(1 - \omega)c_{p_{N_2}} + \varphi c_{p_{H_2O}}$$

$$= 0.245 \times 0.98 \times 1.5099 + 0.98 \times 0.755 \times 1.4173 + 0.02 \times 1.7844$$

$$= 1.447(kJ/(m^3 \cdot ℃))$$

$$q_{热风} = V_{风} c_{风} t_{风} - 10798 \cdot \varphi V_{风}$$

$$= 1002.15 \times (1.447 \times 1250 - 10798 \times 0.02)kJ/t = 1.596(GJ/t)$$

c. 成渣热：

$$q_{成渣} = 1130(w(CaO) + w(MgO))_{生矿+熔剂}$$

$$= 1130 \times 157.428 \times (0.0059 + 0.00595)kJ/t = 0.002(GJ/t)$$

d. 炉料带入的物理热量：

$$q_{料} = G_{料} c_{料} t_{料} \approx 0 (GJ/t)$$

②热支出项。

a. 氧化物分解耗热：

铁氧化物分解耗热：

首先计算出原料中存在的硅酸铁（Fe_2SiO_4）、磁铁矿（Fe_3O_4）、赤铁矿（Fe_2O_3）的数量：

$$w(FeO)_{Fe_2SiO_4} = K \cdot w(FeO)_k + M \cdot w(FeO)_m +$$

$$0.2(P_{烧} \cdot w(FeO)_{烧} + P_{球} \cdot w(FeO)_{球}) - u \cdot w(FeO)_{渣}$$

$$= 325 \times 0.00847 + 170 \times 0.00742 + 0.2 \times$$

$$(1023.281 \times 0.07 + 393.57 \times 0.0094) - 285.931 \times 0.00637$$

$$= 17.259(kg/t)$$

$$w(Fe_3O_4)_{Fe_3O_4} = \frac{232}{72}[0.8(P_{烧} \cdot w(FeO)_{烧} + P_{球} \cdot w(FeO)_{球}) + P_{生矿} \cdot w(FeO)_{生矿} +$$

$$\Phi \cdot w(FeO)_{\phi} + S \cdot w(FeO)_s - F \cdot w(FeO)_f]$$

$$= \frac{232}{72} \times [0.8 \times (1023.281 \times 0.07 + 393.57 \times 0.0094) +$$

$$157.428 \times 0.0052 + 0 - 10 \times 0.158]$$

$$= 191.729(kg/t)$$

$$w(\mathrm{Fe_2O_3})_{\mathrm{Fe_2O_3}} = \Sigma w(\mathrm{Fe_2O_3}) - \frac{160}{72}\big[0.8(P_{\text{烧}} \cdot w(\mathrm{FeO})_{\text{烧}} + P_{\text{球}} \cdot w(\mathrm{FeO})_{\text{球}}) + P_{\text{生矿}} \cdot$$

$$w(\mathrm{FeO})_{\text{生矿}} + \varPhi \cdot w(\mathrm{FeO})_{\phi} + S \cdot w(\mathrm{FeO})_{s} - F \cdot w(\mathrm{FeO})_{f}\big]$$

$$= (1574.279 \times 0.79469 - 10 \times 0.4612) - \frac{160}{72} \times \big[0.8 \times (1023.281 \times$$

$$0.07 + 393.57 \times 0.0094) + 157.428 \times 0.0052 - 10 \times 0.158\big]$$

$$= 1112.756(\mathrm{kg/t})$$

则有：$q'_{\mathrm{Fe_2SiO_4 \to Fe}} = 4081 w(\mathrm{FeO})_{\mathrm{Fe_2SiO_4}} = 4081 \times 17.259 \ \mathrm{kJ/t} = 0.070 \ (\mathrm{GJ/t})$

$\qquad\quad\ q'_{\mathrm{Fe_3O_4 \to Fe}} = 4806 w(\mathrm{Fe_3O_4})_{\mathrm{Fe_3O_4}} = 4806 \times 191.729 \ \mathrm{kJ/t} = 0.922 \ (\mathrm{GJ/t})$

$\qquad\quad\ q'_{\mathrm{Fe_2O_3 \to Fe}} = 5159 w(\mathrm{Fe_2O_3})_{\mathrm{Fe_2O_3}} = 5159 \times 1112.756 \ \mathrm{kJ/t} = 5.741 \ (\mathrm{GJ/t})$

铁氧化物分解总耗热：

$$q'_{\mathrm{Fe氧化物}} = 0.070 + 0.922 + 5.741 = 6.733 \ (\mathrm{GJ/t})$$

另一种算法为：

$$w(\mathrm{FeO})_{\mathrm{Fe_2SiO_4}} = 17.259 \ (\mathrm{kg/t})$$

$$w(\mathrm{Fe_2O_3})_{\mathrm{Fe_2O_3}} = \Sigma w(\mathrm{Fe_2O_3}) = 1574.279 \times 0.79469 - 10 \times 0.4612 = 1246.452 \ (\mathrm{kg/t})$$

$$q'_{\mathrm{Fe_2SiO_4 \to Fe_xO}} = 329 w(\mathrm{FeO})_{\mathrm{Fe_2SiO_4}} = 329 \times 17.259 \ \mathrm{kJ/t} = 0.006 \ (\mathrm{GJ/t})$$

$$q'_{\mathrm{Fe_2O_3 \to Fe_xO}} = 1783 w(\mathrm{Fe_2O_3})_{\mathrm{Fe_2O_3}} = 1783 \times 1246.452 \ \mathrm{kJ/t} = 2.222 \ (\mathrm{GJ/t})$$

$$q'_{\mathrm{Fe_xO \to Fe}} = 4827 w(\mathrm{Fe})_{\text{还}} = 4827(10 \cdot w[\mathrm{Fe}]_{\%} - S \cdot w(\mathrm{Fe})_{s})$$

$$= 4827 \times (941.67 - 10 \times 0.85) \mathrm{kJ/t} = 4.504(\mathrm{GJ/t})$$

$$q'_{\mathrm{Fe氧化物}} = 0.006 + 2.222 + 4.504 = 6.732 \ (\mathrm{GJ/t})$$

硅氧化物分解耗热：

$$q'_{\mathrm{SiO_2}} = 31059 \times 10 \times w[\mathrm{Si}]_{\%} = 31059 \times 10 \times 0.40 \ \mathrm{kJ/t} = 0.124(\mathrm{GJ/t})$$

锰氧化物分解耗热：

$$q'_{\mathrm{MnO}} = 7358 \times 10 \times w[\mathrm{Mn}]_{\%} = 7358 \times 10 \times 0.126 \ \mathrm{kJ/t} = 0.009(\mathrm{GJ/t})$$

磷氧化物分解耗热：

$$q'_{\mathrm{Ca_3P_2O_8}} = 35733 \times 10 \times w[\mathrm{P}]_{\%} = 35733 \times 10 \times 0.102 \ \mathrm{kJ/t} = 0.037(\mathrm{GJ/t})$$

钛氧化物分解耗热：

$$q'_{\mathrm{TiO_2}} = 19680 \times 10 \times w[\mathrm{Ti}]_{\%} = 19680 \times 10 \times 0.08 \ \mathrm{kJ/t} = 0.016(\mathrm{GJ/t})$$

氧化物分解总耗热：

$$q'_{\mathrm{氧化物}} = 6.733 + 0.124 + 0.009 + 0.037 + 0.016 = 6.919(\mathrm{GJ/t})$$

b. 脱硫耗热：

$$q'_{\mathrm{S}} = 8329 \cdot u \cdot w(\mathrm{S}) = 8329 \times 285.931 \times 0.01112 \ \mathrm{kJ/t} = 0.026(\mathrm{GJ/t})$$

c. 碳酸盐分解耗热：

$$q'_{\mathrm{碳酸盐}} = 4043 w(\mathrm{CO_2})_{\mathrm{CaO生矿}} + (4043 + 3766 \psi_{\mathrm{CO_2}}) w(\mathrm{CO_2})_{\mathrm{CaO熔}}$$

$$= 4043 \times 157.428 \times 0.00776 + 0 \ \mathrm{kJ/t} = 0.005(\mathrm{GJ/t})$$

d. 喷吹煤粉分解耗热：

$$q'_{\mathrm{喷吹}} = M(Q_{m\text{分}} + 13438 w(\mathrm{H_2O})_{m}) = 170 \times \left(1005 + 13438 \times \frac{1.1}{100 - 1.1}\right) \mathrm{kJ/t} = 0.196 \ (\mathrm{GJ/t})$$

e. 废铁熔化耗热:

$$q'_{废铁} = S \cdot w(\mathrm{Fe})_废 \cdot Q_{铁熔化} = 12 \times 0.85 \times 225 = 0.002 \ (\mathrm{GJ/t})$$

f. 炉渣带走的焓:

$$q'_渣 = u \cdot Q_\mathrm{u} = 285.931 \times 1937 \mathrm{kJ/t} = 0.554 \ (\mathrm{GJ/t})$$

g. 铁水带走的焓:

$$q'_铁 = 1000 \cdot Q_\mathrm{e} = 1000 \times 1276 \mathrm{kJ/t} = 1.276 \ (\mathrm{GJ/t})$$

h. 炉顶煤气带走的焓:

与生产高炉的计算同理,200℃顶温下,计算得到:$c_{p_\mathrm{CO}} = 1.3104 \mathrm{kJ/(m^3 \cdot ℃)}$,$c_{p_\mathrm{CO_2}} = 1.8065 \mathrm{kJ/(m^3 \cdot ℃)}$,$c_{p_\mathrm{H_2}} = 1.2969 \mathrm{kJ/(m^3 \cdot K)}$,$c_{p_\mathrm{N_2}} = 1.3012 \mathrm{kJ/(m^3 \cdot ℃)}$,$c_{p_\mathrm{H_2O}} = 1.5223 \mathrm{kJ/(m^3 \cdot ℃)}$。则

$$c_{煤气} = 1.3104 \times 0.2356 + 1.8065 \times 0.2316 + 1.2969 \times 0.0275 + 1.3012 \times 0.5053$$
$$= 1.4203(\mathrm{kJ/(m^3 \cdot ℃)})$$

$$q'_{顶气} = (c_{煤气} V_{煤气} + c_{\mathrm{H_2O}} V_{\mathrm{H_2O}还}) t_顶 = (1.4203 \times 1474.551 + 1.5223 \times 39.617) \times 200 \ \mathrm{kJ/t}$$
$$= 0.431(\mathrm{GJ/t})$$

i. 炉料中水分蒸发、加热到炉顶温度耗热和炉尘带走的焓:

$$q'_{物水} = \left(2452 + \frac{22.4}{18} c_{\mathrm{H_2O}} t_顶\right) \cdot w(\mathrm{H_2O}_物)$$

$$= \left(2452 + \frac{22.4}{18} \times 1.5223 \times 200\right) \times \left(\frac{325 \times 0.37}{100 - 0.37} + \frac{170 \times 1.1}{100 - 1.1} + \frac{157.428 \times 3.2}{100 - 3.2}\right) \mathrm{kJ/t}$$

$$= 0.024(\mathrm{GJ/t})$$

$$q'_{化水} = \left[2783 + 6911\psi_{\mathrm{H_2O}} + \frac{22.4}{18} c_{\mathrm{H_2O}} (1 - \psi_{\mathrm{H_2O}}) t_顶\right] \cdot w(\mathrm{H_2O}_化)$$

$$= \left(2783 + 6911 \times 0.3 + \frac{22.4}{18} \times 1.5223 \times 0.7 \times 200\right) \times 157.428 \times 0.02 \mathrm{kJ/t}$$

$$= 0.016(\mathrm{GJ/t})$$

$$q'_{炉尘} = c_尘 \cdot F \cdot t_顶 = 0.8 \times 10 \times 200 \mathrm{kJ/t} = 0.002 \ (\mathrm{GJ/t})$$

所以,　　$$q'_{料水} = q'_{物水} + q'_{化水} + q'_{炉尘} = 0.024 + 0.016 + 0.002 = 0.042(\mathrm{GJ/t})$$

j. 高炉炉顶煤气的热值:

$$q'_{高炉煤气} = V_{煤气} \cdot Q_{煤气} = V_{煤气}(12642\varphi(\mathrm{CO}) + 10798\varphi(\mathrm{H_2}))$$
$$= 1473.216 \times (12642 \times 0.2356 + 10798 \times 0.0275) \mathrm{kJ/t} = 4.830(\mathrm{GJ/t})$$

k. 未燃烧碳的热值:

$$q'_{未燃碳} = 33388 w(\mathrm{C})_未 = 33388(10 \cdot w[\mathrm{C}]_\% + F \cdot w(\mathrm{C})_f)$$
$$= 33388 \times (10 \times 4.9 + 10 \times 0.20999) \mathrm{kJ/t} = 1.706(\mathrm{GJ/t})$$

2) 第二种计算方法(方法二):第一全炉热平衡,炼铁经典计算方法。

① 风口前碳燃烧放出的热量:

$$q_{C风} = 9791 w(\mathrm{C})_风 = 9791 \times 271.076 \ \mathrm{kJ/t} = 2.654 \ (\mathrm{GJ/t})$$

② 还原过程中 C、CO、$\mathrm{H_2}$ 氧化成 CO、$\mathrm{CO_2}$、$\mathrm{H_2O}$ 放出的热量:

$$q_{Cd} = 9791 w(\mathrm{C})_\mathrm{d} = 9791 \times (90.013 + 6.283) \ \mathrm{kJ/t} = 0.943 \ (\mathrm{GJ/t})$$

$$q_{iCO} = 12642V_{CO_2i} = 12642 \times (174.503 + 165.747) \, kJ/t = 4.301 \, (GJ/t)$$

$$q_{iH_2} = 10798V_{H_2O还} = 10798 \times 39.617 \, kJ/t = 0.428 \, (GJ/t)$$

热风带入的有效物理热量、成渣热、炉料带入的物理热量，以及氧化物分解耗热、脱硫耗热、碳酸盐分解耗热、喷吹煤粉分解耗热、废铁熔化耗热、炉渣带走的焓、铁水带走的焓、炉顶煤气带走的焓、炉料中水分蒸发加热到炉顶温度耗热和炉尘带走的焓的计算与第一种计算方法一样。

3）第三种计算方法（方法三）：第二全炉热平衡，炼铁专业计算方法。

①风口前碳燃烧放出的有效热量：

$$q_{C风} = 9791w(C)_风 - M(Q_{m分} + 13438w(H_2O)_m) = 2.654 - 0.196 = 2.458 \, (GJ/t)$$

②直接还原耗热：

Fe 直接还原耗热：

$$q'_{Fed} = 2723 \cdot r_d \cdot w(Fe)_还 = 2723r_d(10 \cdot w[Fe]_\% - S \cdot w(Fe)_废)$$
$$= 2723 \times 0.45 \times (943.67 - 12 \times 0.85) \, kJ/t = 1.144 \, (GJ/t)$$

Si 直接还原耗热：

$$q'_{Si} = 22667 \times 10 \cdot w[Si]_\% = 22667 \times 10 \times 0.40 \, kJ/t = 0.091 \, (GJ/t)$$

Mn 直接还原耗热：

$$q'_{Mn} = 5222 \times 10 \cdot w[Mn]_\% = 5222 \times 10 \times 0.126 \, kJ/t = 0.007 \, (GJ/t)$$

P 直接还原耗热：

$$q'_P = 26258 \times 10 \cdot w[P]_\% = 26258 \times 10 \times 0.102 \, kJ/t = 0.027 \, (GJ/t)$$

Ti 直接还原耗热：

$$q'_{Ti} = 14784 \times 10 \cdot w[Ti]_\% = 14784 \times 10 \times 0.08 \, kJ/t = 0.012 \, (GJ/t)$$

直接还原总耗热：$q'_{直还} = 1.144 + 0.091 + 0.007 + 0.027 + 0.012 = 1.281 \, (GJ/t)$

③脱硫耗热：

$$q'_S = 4657 \cdot u \cdot w(S) = 4657 \times 285.931 \times 0.01112 \, kJ/t = 0.015 \, (GJ/t)$$

④碳酸盐分解有效耗热：

$$q'_{碳酸盐} = 4043w(CO_2)_{CaO生矿} + (4043 + 3766\psi_{CO_2})w(CO_2)_{CaO熔} -$$
$$1130(w(CaO) + w(MgO))_{生矿+熔剂}$$
$$= 0.005 - 0.002 = 0.003 \, (GJ/t)$$

⑤铁水带走的有效焓：

$$q'_{铁} = 1000 \cdot Q_e + S \cdot w(Fe)_废 \cdot Q_{铁熔化} = 1.276 + 0.002 = 1.278 \, (GJ/t)$$

第三种计算方法中，热收入项中热风带入的有效物理热量、炉料带入的物理热，以及热支出项中炉渣带走的焓、炉顶煤气带走的焓、炉料中水分蒸发加热到炉顶温度耗热和炉尘带走的焓的计算与第一种计算方法一样。

设计高炉全炉热平衡计算结果列于表6-18。能量利用指标计算如下：

高炉能量利用系数：

按第二种热平衡法（方法二）：

$$\eta_t = Q_{有效}/Q_{总收入} \times 100\% = 8.978/9.924 \times 100\% = 90.47\%$$

按第三种热平衡法（方法二）：

$$\eta_t = Q_{有效}/Q_{总收入} \times 100\% = 3.131/4.054 \times 100\% = 77.23\%$$

碳的热能利用系数：

$$\eta_C = (0.293 + 0.707\eta_{CO}) \times 100\% = (0.293 + 0.707 \times 0.4948) \times 100\% = 64.28\%$$

表 6-18   设计高炉全炉热平衡表

项　　目	方法一		方法二		方法三	
	GJ/t	%	GJ/t	%	GJ/t	%
热收入项：						
1. 焦炭的热值	9.750	58.46	—	—	—	—
2. 喷吹煤粉的热值	5.329	31.96	—	—	—	—
3. 风口前碳燃烧放热或有效放热	—	—	2.654	26.75	2.458	60.63
4. 直接还原中 C 氧化成 CO 放热	—	—	0.943	9.50	—	—
5. 间接还原中 CO 氧化成 CO_2 放热	—	—	4.301	43.34	—	—
6. 间接还原中 H_2 氧化成 H_2O 放热	—	—	0.428	4.31	—	—
7. 热风带入的有效物理热量	1.596	9.57	1.596	16.08	1.596	39.37
8. 成渣热	0.002	0.01	0.002	0.02		
总热收入	16.677	100.00	9.924	100.00	4.054	100.00
热支出项：						
1. 氧化物分解耗热	6.919	41.49	6.919	69.72	—	—
2. 直接还原耗热	—	—	—	—	1.281	31.60
3. 脱硫耗热	0.026	0.16	0.026	0.26	0.015	0.37
4. 碳酸盐分解耗热或有效耗热	0.005	0.03	0.005	0.05	0.003	0.07
5. 喷吹煤粉分解耗热	0.196	1.18	0.196	1.98		
6. 废铁熔化耗热	0.002	0.01	0.002	0.02		
7. 炉渣带走的焓	0.554	3.32	0.554	5.58	0.554	13.67
8. 铁水带走的焓或有效焓	1.276	7.65	1.276	12.86	1.278	31.52
9. 炉顶煤气带走的焓	0.431	2.58	0.431	4.34	0.431	10.63
10. 炉料中水分蒸发等耗热	0.042	0.25	0.042	0.42	0.042	1.04
11. 高炉炉顶煤气的热值	4.830	28.96	—	—	—	—
12. 未燃烧碳的热值	1.706	10.23	—	—	—	—
13. 冷却水带走热量和散热损失	0.690	4.14	0.473	4.77	0.450	11.10
总热支出	16.677	100.00	9.924	100.00	4.054	100.00

（3）高温区热平衡。

与生产高炉的高温区热平衡计算方法相同。首先，热收入项中的风口前碳燃烧放出的有效热量与热风带入的有效物理热量与第二全炉热平衡（方法三）的完全相同，即分别为 2.458GJ/t 和 1.596GJ/t。焦炭带入高温区的热量计算为：

$$q_{焦} = (K - F \cdot w(C)_f/w(C)_k) \times 1.507 \times 950$$

$$= (325 - 10 \times 0.20999/0.854) \times 1.507 \times 950 kJ/t = 0.462(GJ/t)$$

其次，到达空区矿石的还原失氧为 $\varphi(O)_i = 0.5(V_{CO_2i} + V_{H_2O还}) = 0.5 \times (340.25 + 39.617) = 189.934 m^3/t$，相当于 $W_{矿失氧} = 189.934 \times 32/22.4 = 271.334 kg/t$；矿石中 CO_2 分解失重为 $W_{CO_2矿} = P \cdot w(CO_2)_p = 157.428 \times 0.00776 = 1.222 kg/t$；石灰石分解失重为 $W_{熔失氧} = 0 kg/t$；结晶水分解失重为 $G_{H_2O化未} = (1 - \psi_{H_2O})(P \cdot w(H_2O化)_p + \Phi \cdot w(H_2O化)_\phi) = 0.7 \times 157.428 \times 0.02 = 2.204 kg/t$；炉尘损失为 $W_{尘失碳} = 10 \times 0.20999/0.854 = 2.459 kg/t$。则由矿石带入的热量为：

$$q_矿 = (P + \Phi - W_{矿失氧} - W_{CO_2矿} - W_{熔失氧} - G_{H_2O化未} - W_{尘失碳}) \times 0.95 \times 950$$
$$= (1574.279 + 0 - 271.334 - 1.222 - 0 - 2.204 - 2.459) \times 0.95 \times 950 \, kJ/t$$
$$= 1.171(GJ/t)$$

炉料带入高温区的热量为：

$$q_料 = q_焦 + q_矿 = 0.462 + 1.171 = 1.633(GJ/t)$$

热支出项中直接还原和脱硫耗热与第二全炉热平衡（方法三）的相同，分别为 1.281GJ/t 和 0.015GJ/t。熔剂（石灰石）中碳酸盐因有 $(1 - \psi_{CO_2})$ 在低中温区已分解，所以此值仅为：

$$q'_{碳酸盐} = (4043 + 3766)\psi_{CO_2} \cdot w(CO_2)_{CaO熔} - 1130(w(CaO) + w(MgO))_{生矿+熔剂}$$
$$= 7809 \times 0.5 \times 0 - 0.002 = -0.002(GJ/t)$$

由于在高温区的碳酸盐分解有效耗热为负值，故改记高温区热收入项 $q_{成渣} = 0.002GJ/t$。

在炉料带入高温区的热量作为单独的热收入时，炉渣带走的焓、铁水带走的有效焓与第二全炉热平衡（方法三）相同，分别为 0.554GJ/t 和 1.278GJ/t。采用另一种处理方法（高温区热平衡方法一）时，炉渣和铁水的焓计算如下：

$$q'_渣 = u \cdot (Q_u - q'_{脉石}) = 285.931 \times (1937 - 860) \, kJ/t = 0.308(GJ/t)$$
$$q'_铁 = 1000 \cdot (Q_e - q'_e) = 1000 \times (1276 - 630) \, kJ/t = 0.646(GJ/t)$$

煤气从高温区带走的热量为：

$$q'_{煤气} = V_{煤气(间)} c_{煤气(间)} \times 1000$$

$V_{煤气(间)} = 1512.848 m^3/t$，成分为：CO 45.45%，$H_2$ 5.30%，N_2 49.25%。由 1000℃ 下，$c_{pCO} = 1.4071 kJ/(m^3 \cdot ℃)$，$c_{pH_2} = 1.4048 kJ/(m^3 \cdot K)$，$c_{pN_2} = 1.3896 kJ/(m^3 \cdot ℃)$，求得 $c_{煤气(间)} = 1.3984 kJ/(m^3 \cdot ℃)$。

$$q'_{煤气} = 1512.848 \times 1.3984 \times 1000 \, kJ/t = 2.116(GJ/t)$$

950℃时 O_2 的比热容 $c_{O_2} = 1.4741 kJ/(m^3 \cdot ℃)$，炉料（矿石、熔剂）中从空区带入高温区的氧量，即高温区以直接还原方式夺取的氧量 $\varphi(O)_d$，计算如下：

$$\varphi(O)_d = \varphi(O)_{dFe} + \varphi(O)_{dSi,Mn,P,S} + \varphi(O)_{dCO_2} + \varphi(O)_{H_2O化}$$
$$= \varphi(O)_{dFe} + \varphi(O)_{dSi,Mn,P,S} + \frac{22.4}{44}\psi_{CO_2} \cdot \Phi \cdot w(CO_2)_\phi +$$
$$\frac{11.2}{18}\psi_{H_2O}(P \cdot w(H_2O化)_p + \Phi \cdot w(H_2O化)_\varphi)$$
$$= \frac{11.2}{12} \times 90.013 + \frac{11.2}{12} \times 6.283 + 0 + \frac{11.2}{18} \times 0.3 \times (157.428 \times 0.02 + 0)$$
$$= 90.464(m^3/t)$$

所以将炉料中氧、焦炭带入高温区的热量从煤气热量中扣除时，煤气带走的热量为：

$$q'_{煤气} = 2.116 - 0.462 - c_{O_2} \cdot \varphi(O)_d \cdot 950/1000000$$

$$= 2.116 - 0.462 - 1.4741 \times 90.464 \times 950/1000000 = 1.527(GJ/t)$$

根据以上计算结果列出设计高炉的高温区热平衡表，见表6-19。

表6-19 设计高炉高温区热平衡表

项 目	方法一		方法二	
	GJ/t	%	GJ/t	%
热收入项：				
1. 风口前碳燃烧放出的有效热量	2.458	60.60	2.458	43.21
2. 热风带入的有效物理热量	1.596	39.35	1.596	28.05
3. 成渣热	0.002	0.05	0.002	0.04
4. 炉料带入的热量	—	—	1.633	28.70
总热收入	4.056	100.00	5.689	100.00
热支出项：				
1. 直接还原耗热	1.281	31.58	1.281	22.52
2. 脱硫耗热	0.015	0.37	0.015	0.26
3. 碳酸盐分解有效耗热	0.0	0.0	0.0	0.0
4. 炉渣带走的焓	0.308	7.59	0.554	9.74
5. 铁水带走的有效焓	0.646	15.93	1.278	22.46
6. 煤气带走的焓	1.527	37.65	2.116	37.20
7. 冷却水带走热量和散热损失	0.279	6.88	0.445	7.82
总热支出	4.056	100.00	5.689	100.00

按照第一种方法，高温区的有效热量消耗为：

$$Q_{有效} = 直接还原 + 脱硫 + 碳酸盐分解 + 炉渣焓 + 铁水焓$$

$$= 1.281 + 0.015 + 0.308 + 0.646 = 2.25(GJ/t)$$

热能利用系数为： $\quad \eta_0 = Q_{有效}/Q \times 100\% = 2.25/4.056 \times 100\% = 55.47\%$

生产高炉和设计高炉的物料平衡和热平衡计算是比较繁琐的，计算中如不细心还容易出错，借助于计算机就可克服上述麻烦，它们的计算框图示于图6-1和图6-2。

6.2.4 理论焦比计算

所谓理论焦比，就是冶炼单位铁水时，其热能消耗达到最合理和最低下的焦炭消耗量。因此所有计算理论焦比的方法都是建立在热平衡基础上的。目前使用的计算方法有四种，介绍如下。

6.2.4.1 联合计算法

联合计算法是由前苏联炼铁专家 A. H. 拉姆教授在20世纪40年代创立的。此法将高炉配料计算与焦比计算联合在一起，所有的物料平衡方程式中，以焦炭消耗量作为未知数；而在热平衡方程式中，以矿石、熔剂及其他进行配料的物料的消耗量作为未知数。根据冶炼原燃料条件和冶炼产品（铁水、炉渣、炉尘）成分的要求，列出下列平衡方程式，

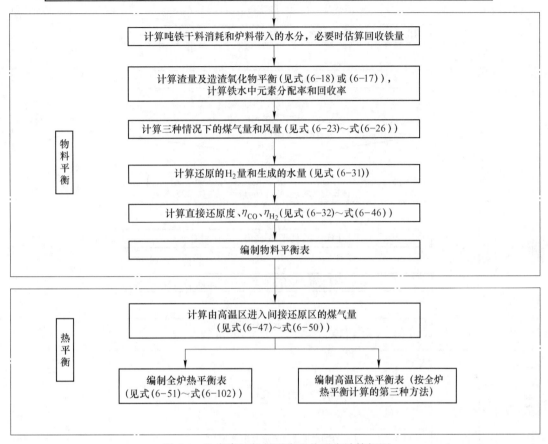

图 6-1　生产高炉物料平衡和热平衡计算框图

求解联立方程组。

（1）铁平衡方程式：

$$(K \cdot e_k + P \cdot e_p + X \cdot e_x + Y \cdot e_y + \cdots + \varPhi \cdot e_\phi - F \cdot e_f) + M \cdot e_m = 1 \qquad (6\text{-}158)$$

简化写为：

$$\sum_j (J \cdot e_j) + M \cdot e_m = 1$$

（2）炉渣碱度或造渣氧化物平衡方程式。根据炉渣碱度（$w(\mathrm{CaO})/w(\mathrm{SiO_2})$）或造渣氧化物成分含量（例如 $w(\mathrm{MgO})$、$w(\mathrm{Al_2O_3})$ 等）要求列出平衡方程式：

$$\sum_j (J \cdot \overline{w(\mathrm{RO})_j}) + M \cdot \overline{w(\mathrm{RO})_m} = 0 \qquad (6\text{-}159)$$

$$\sum_j (J \cdot \overline{w(\mathrm{ReO})_j}) + M \cdot \overline{w(\mathrm{ReO})_m} = 0 \qquad (6\text{-}160)$$

（3）热平衡方程式。根据冶炼热平衡列出单位铁水的热平衡方程式：

$$\sum_j (J \cdot \overline{q_j}) + M \cdot \overline{q_m} = 0 \qquad (6\text{-}161)$$

（4）其他元素质量平衡方程式。根据铁水中某元素［Me］含量要求列出某元素（例

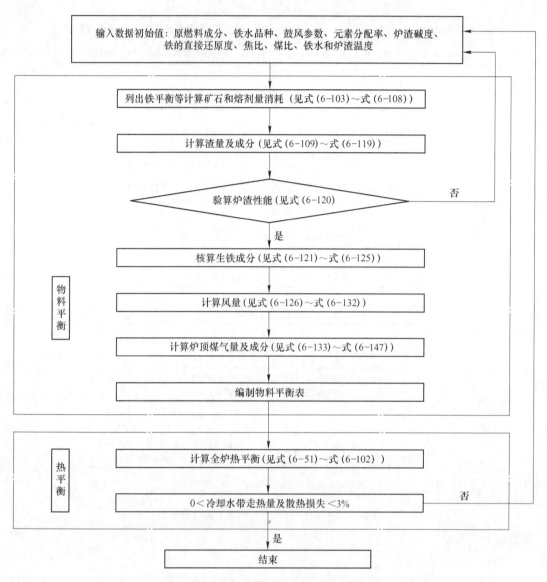

图 6-2　设计高炉物料平衡和热平衡计算框图

如［Mn］、［P］、［V］、［Nb］等）平衡方程式：

$$\sum_j (J \cdot \overline{w(\mathrm{Me})_j}) + M \cdot \overline{w(\mathrm{Me})_m} = 0 \tag{6-162}$$

这里简化记号 $\sum_j (J \cdot \mathrm{i}_j)$ 表示：$\sum_j (J \cdot \mathrm{i}_j) = (K \cdot \mathrm{i}_k + P \cdot \mathrm{i}_p + X \cdot \mathrm{i}_x + Y \cdot \mathrm{i}_y + \cdots + \Phi \cdot \mathrm{i}_\phi - F \cdot \mathrm{i}_f)$，注意炉尘前面为"−"号，即把炉尘当一"负"物料处理，$\mathrm{i}_j = e_j$、$\overline{w(\mathrm{RO})_j}$、$\overline{w(\mathrm{ReO})_j}$、$\overline{q_j}$、$\overline{w(\mathrm{Me})_j}$。式中，$K$、$P$、$X$、$Y$、$\cdots$、$\Phi$、$F$、$M$ 分别为冶炼单位铁水物料（焦炭、矿石、x 矿、y 矿、$\cdots$、熔剂）的消耗量、炉尘产出量、喷吹量，kg/kg 铁，$j = k, p, x, y, \cdots, \phi, f$；$e_k$、$e_p$、$e_x$、$e_y$、$\cdots e_\phi$、$e_f$、$e_m$ 分别为 1kg 物料（焦炭、矿石、x 矿、y 矿、$\cdots$、熔剂、炉尘）和喷吹燃料的理论出铁量，kg/kg 料，$e_j = e_k, e_p, e_x, e_y, \cdots, e_\phi, e_f$；$\overline{w(\mathrm{RO})_j}$、$\overline{w(\mathrm{RO})_m}$ 分别为物料（焦炭、矿石、x 矿、y 矿、$\cdots$、熔剂、炉尘）、

喷吹燃料中的"自由"碱性氧化物含量,是在冶炼要求的炉渣碱度下,该炉料造渣时多余或不足的碱性氧化物量,kg/kg 料,$j = k$, p, x, y, $\cdots$, ϕ, f, RO = CaO, MgO, SiO$_2$, $\cdots$; $\overline{w(ReO)_j}$, $\overline{w(ReO)_m}$ 分别为为了达到炉渣规定的 Re 氧化物含量,配料用物料(焦炭、矿石、x 矿、y 矿、$\cdots$、熔剂、炉尘)和喷吹燃料中该氧化物 ReO 的多余量或不足量,kg/kg 料,$j = k$, p, x, y, $\cdots$, ϕ, f, ReO = CaO, MgO, Al$_2$O$_3$, (K+Na)$_2$O, $\cdots$; $\overline{q_j}$, $\overline{q_m}$ 分别为为物料(焦炭、矿石、x 矿、y 矿、$\cdots$、熔剂、炉尘)和喷吹燃料的"热当量",表示 1kg 物料在高炉经受全部物理化学变化时所需的"折算"热量消耗,kJ/kg 料,$j = k$, p, x, y, $\cdots$, ϕ, f; $\overline{w(Me)_j}$、$\overline{w(Me)_m}$ 分别为为了达到铁水规定的 Me 元素含量,配料用物料(焦炭、矿石、x 矿、y 矿、$\cdots$、熔剂、炉尘)和喷吹燃料中该元素 Me 的多余量或不足量,kg/kg 料,$j = k$, p, x, y, $\cdots$, ϕ, f, Me = Mn, P, V, Nb, $\cdots$。

其中,

$$e_j = \frac{J \cdot (w(Fe)_j \cdot \eta_{Fe} + w(Mn)_j \cdot \eta_{Mn} + w(P)_j \cdot \eta_P + w(Me)_j \cdot \eta_{Me} + \cdots)}{1 - w[C] - w[Si] - w[Ti] - w[S]}$$

(6-163a)

当高炉使用少量含钛炉料进行钛渣护炉时,即方程(6-162)中的 Me 包含 Ti 项时:

$$e_j = \frac{J \cdot (w(Fe)_j \cdot \eta_{Fe} + w(Mn)_j \cdot \eta_{Mn} + w(P)_j \cdot \eta_P + w(Ti)_j \cdot \eta_{Ti} + w(Me)_j \cdot \eta_{Me} + \cdots)}{1 - w[C] - w[Si] - w[S]}$$

(6-163b)

式中,$w(Fe)_j$, $w(Mn)_j$, $w(P)_j$, $w(Ti)_j$, $w(Me)_j$ $\cdots$分别为相应元素在该物料 j 中的质量分数,%;η_{Fe}、η_{Mn}、η_P、η_{Ti}、η_{Me} 分别为相应元素高炉冶炼中在铁水中的回收率,Me = V, Nb, $\cdots$;$w[C]$、$w[Si]$、$w[Ti]$、$w[S]$ 分别为相应元素在铁水中的质量分数,%。

$\overline{w(RO)_j}$ 可以按所要求的炉渣碱度 R_0 ($R_0 = w(CaO)/w(SiO_2)$)计算:

$$\overline{w(RO)_j} = w(CaO)_j - R_0\left(w(SiO_2)_j - \frac{60}{28}e_j \cdot w[Si]\right) \quad (j = k, p, x, y, \cdots, \phi, f, m)$$

也可以按规定的渣中 CaO+MgO 含量计算:

$$\overline{w(RO)_j} = w(CaO)_j + w(MgO)_j - u_j(w(CaO) + w(MgO)) \quad (j = k, p, x, y, \cdots, \phi, f, m)$$

式中,u_j 为所用物料的理论出渣量,计算如下:

$$u_j = J \cdot \Big[w(CaO)_j + w(SiO_2)_j + w(MgO)_j + w(Al_2O_3)_j + w(TiO_2)_j +$$

$$\frac{71}{55}(1 - \eta_{Mn}) \cdot w(Mn)_j + \frac{72}{56}(1 - \eta_{Fe}) \cdot w(Fe)_j + 0.5w(S)_j + \cdots \Big] -$$

$$e_j\left(\frac{60}{28}w[Si] + \frac{80}{48}w[Ti] + 0.5w[S]\right) \quad (kg/kg \text{ 料}) \tag{6-164a}$$

当高炉使用少量含钛炉料进行钛渣护炉时,即方程(6-162)中的 Me 包含 Ti 项、e_j 由式(6-163b)计算时:

$$u_j = J \cdot \Big[w(CaO)_j + w(SiO_2)_j + w(MgO)_j + w(Al_2O_3)_j + \frac{71}{55}(1 - \eta_{Mn}) \cdot w(Mn)_j +$$

$$\frac{72}{56}(1 - \eta_{Fe}) \cdot w(Fe)_j + \frac{80}{48}(1 - \eta_{Ti}) \cdot w(Ti)_j + 0.5w(S)_j + \cdots \Big] -$$

$$e_j\left(\frac{60}{28}w[Si] + 0.5w[S]\right) \quad (kg/kg \text{ 料}) \tag{6-164b}$$

$\overline{w(\text{ReO})_j}$ 可按所要求的炉渣中单个氧化物 ReO 含量要求计算：

$$\overline{w(\text{ReO})_j} = w(\text{ReO})_j - u_j \cdot w(\text{ReO})$$

如以 CaO、MgO、Al_2O_3 为例，$\overline{w(\text{ReO})_j}$ 计算如下：

$$\overline{w(\text{CaO})_j} = w(\text{CaO})_j - u_j \cdot w(\text{CaO})$$

$$\overline{w(\text{MgO})_j} = w(\text{MgO})_j - u_j \cdot w(\text{MgO})$$

$$\overline{w(\text{Al}_2\text{O}_3)_j} = w(\text{Al}_2\text{O}_3)_j - u_j \cdot w(\text{Al}_2\text{O}_3)$$

$\overline{w(\text{Me})_j}$ 可按所要求的铁水中单个元素 [Me] 含量要求计算：

$$\overline{w(\text{Me})_j} = w(\text{Me})_j \cdot \eta_{\text{Me}} - e_j \cdot w[\text{Me}]$$

如以 Mn、P 为例，$\overline{w(\text{Me})_j}$ 计算如下：

$$\overline{w(\text{Mn})_j} = w(\text{Mn})_j \cdot \eta_{\text{Mn}} - e_j \cdot w[\text{Mn}]$$

$$\overline{w(\text{P})_j} = w(\text{P})_j \cdot \eta_{\text{P}} - e_j \cdot w[\text{P}]$$

$\overline{q_j}$ 则采用下式计算：

$$\overline{q_j} = q_\text{C}(1 - Z)C_j + q_{\text{Ci}}C_\text{i} + q_{\text{Cd}}C_\text{d} + q_{\text{H}_2\text{i}}H_{2\text{i}} - q_{\text{Ce}}C_\text{e} - q_\text{C}C_\text{d} - Q_0 \qquad (6\text{-}165)$$

式中 q_C——碳在风口前燃烧放出的有效热量，kJ/kgC，$q_\text{C} = 9791 + v_\text{风} \cdot c_\text{风} \cdot t_\text{风} - v_\text{煤气} \cdot c_\text{煤气} \cdot t_\text{煤气} - 10798 v_\text{风} \cdot \varphi$，其中，$v_\text{风}$ 表示燃烧 1kg C 消耗的风量（m^3/kg，$v_\text{风} = \dfrac{22.4}{2 \times 12} / [(0.21 + 0.29\varphi)(1 - f_{\text{O}_2}) + f_{\text{O}_2} \cdot \text{O}_{2\text{工业氧}}]$，$\varphi$ 表示大气湿度，f_{O_2} 表示富氧率，$\text{O}_{2\text{工业氧}}$ 表示工业氧中氧含量），$v_\text{煤气}$ 表示燃烧 1kg C 生成的煤气量（m^3/kg，$v_\text{煤气} = v_{\text{CO}} + v_{\text{H}_2} + v_{\text{N}_2} = \dfrac{22.4}{12} + v_\text{风} \cdot \varphi + 0.79(1 - \varphi)(1 - f_{\text{O}_2}) + f_{\text{O}_2} \cdot \text{N}_{2\text{工业氧}}$，$\text{N}_{2\text{工业氧}}$ 表示工业氧中氮含量），$c_\text{风}$、$c_\text{煤气}$ 分别表示风、煤气的比热容（$\text{kJ}/(\text{m}^3 \cdot ℃)$），$t_\text{风}$ 表示风温（℃），$t_\text{煤气}$ 表示炉顶煤气温度（℃）；

     Z——外部热损失，即冶炼单位（kg）铁水全部热损失折合为 1kgC 的分数，此值一般在 0.15 左右；

     q_{Ci}——间接还原过程中 CO 氧化成 CO_2 放出的有效热量，kJ/kgC，$q_{\text{Ci}} = 23598 - \dfrac{22.4}{12}(c_{\text{CO}_2} - c_{\text{CO}})t_\text{煤气}$，其中，$c_{\text{CO}_2}$、$c_{\text{CO}}$ 分别表示 CO_2、CO 的比热容（$\text{kJ}/(\text{m}^3 \cdot ℃)$）；

     q_{Cd}——直接还原过程中 C 氧化成 CO 放出的有效热量，kJ/kgC，$q_{\text{Cd}} = 9791 - \dfrac{22.4}{12}c_{\text{CO}}t_\text{煤气}$；

     $q_{\text{H}_2\text{i}}$——间接还原过程中 H_2 氧化成 H_2O 放出的有效热量，kJ/m^3，$q_{\text{Ci}} = 10798 - (c_{\text{H}_2\text{O}} - c_{\text{H}_2})t_\text{煤气}$，其中，$c_{\text{H}_2\text{O}}$、$c_{\text{H}_2}$ 分别表示 H_2O、H_2 的比热容（$\text{kJ}/(\text{m}^3 \cdot ℃)$）；

     q_{Ce}——溶入铁水的碳的热值，$q_{\text{Ce}} = 33388\text{kJ}/\text{kgC}$；

C_j——炉料 j 的固定碳含量，kg/kg 料；

C_i——靠炉料 j 中氧氧化成 CO_2（参与间接还原）的耗碳量，kg/kg 料；

C_d——靠炉料 j 中氧氧化成 CO（参与直接还原）的耗碳量，kg/kg 料；

H_{2i}——炉料 j 参与间接还原耗 H_2 量，m^3/kg 料；

C_e——炉料 j 渗碳耗碳量，kg/kg 料；

Q_0——单位炉料 j 冶炼铁水的有效热消耗，它为氧化物分解耗热、脱硫耗热、碳酸盐分解耗热、炉渣焓和铁水焓之和，kJ/kg 料，其计算方法见 6.2.2.2 节中全炉热平衡计算中的第一全炉热平衡（方法二），也可按高温区热平衡计算。

在计算出各炉料的 e_j、u_j、$\overline{RO_j}$、$\overline{ReO_j}$、$\overline{Me_j}$ 和 q_j 后，解联立方程式就可得出焦比 K 以及矿石、x 矿、y 矿、熔剂的消耗量。此法科学严谨，但计算繁琐，尤其是各种物料和喷吹燃料的热当量 $\overline{q_j}$ 和 $\overline{q_m}$。早期拉姆教授为此设计了专门的计算表格（参阅《炼铁手册》第 22 章，冶金工业出版社，1963 年）。近年来人们将其编成计算机语言，在计算机上很快完成计算，解决了繁琐之苦。联合计算法框图以及物料和喷吹燃料的热当量计算框图示于图 6-3 和图 6-4。

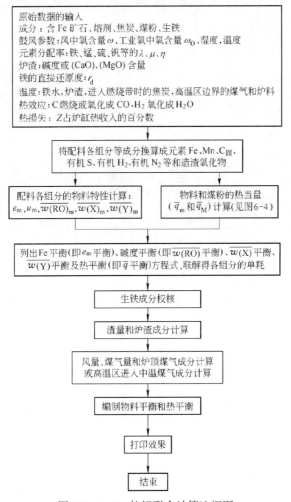

图 6-3　A. H. 拉姆联合计算法框图

图 6-4 物料和喷吹燃料（煤粉）的热当量计算框图

应用此法还可进行新工艺、新技术对高炉冶炼影响的计算分析和影响焦比各种因素作用大小的计算分析。图 6-5 和表 6-20 示出了拉姆教授应用此法在计算机上为炉缸喷吹还

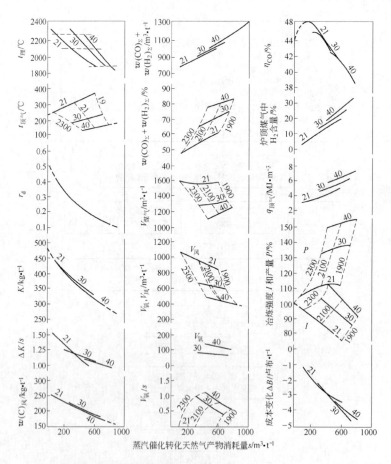

图 6-5 向炉缸喷吹蒸汽催化转化天然气制取的热还原性气体时高炉冶炼的计算指标
（实线旁的数值表示鼓风中氧的浓度，%；虚线旁的数值表示理论燃烧温度，℃；
$\Delta K/s$ 和 $V_{氧}/s$ 的 s 值已折算为消耗于转化的初始天然气量）

原性气体新工艺进行计算分析的结果，表 6-21 为应用此法在计算机上对湘钢炼铁分厂冶炼条件下影响焦比因素进行计算的结果。

表 6-20 向炉缸喷吹用各种方法获得的热还原性气体时高炉冶炼的计算指标

指　标	由天然气转化所得的热还原性气体						由蒸汽-氧气热裂重油所得的热还原性气体
	催　化　法				非催化氧化法[①]	等离子法	
	蒸汽	空气	氧气	二氧化碳			
每吨铁水的热还原性气体耗量/m³	495	526	494	509	543	397	569
折算为初始燃料/m³(kg)·t⁻¹	128	110	169	76	194	244	190
"干"炉顶温度/℃	245	252	245	249	244	244	243
铁直接还原度 r_d/%	26.8	35.6	27.7	33.5	27.6	26.2	28.3
焦比/kg·t⁻¹	355	389	357	378	351	163	339
焦炭置换比[②]							
热还原气体/kg·m⁻³	0.232	0.154	0.229	0.181	0.219	0.773	0.230
初始燃料/kg·m⁻³	0.90	0.73	0.67	1.21	0.61	1.26	0.69
风口前燃烧的焦炭中碳量/kg·t⁻¹	201	214	201	208	197	34	185
风量/m³·t⁻¹	607	646	607	628	576	521	531
其中工业用氧耗量/m³·t⁻¹	74	79	74	76	70	63	65
炉顶煤气量/m³·t⁻¹							
干	1290	1475	1314	1440	1308	1068	1320
湿	1471	1591	1473	1539	1461	1313	1438
煤气燃烧热值/kJ·m⁻³	5439	4090	5380	4597	5472	5334	5606
CO 利用率/%	43.4	45.8	43.2	44.1	43.0	48.2	42.3
产量[②]/%	119.8	106.4	117.6	108.4	117.8	124.4	115.8
减少的燃料动力费用/卢布·t⁻¹	2.29	1.40	1.87	1.78	1.76	1.68	0.89

① 按 Я.Б 卡尔毕洛夫斯基建议的系统逐渐减少 CO_2 与 H_2O 含量。

② 与大气鼓风不喷吹还原反应剂操作制度相比：$s=0$，$\omega=21\%$，$t_风=1300℃$，$\varphi=1\%$，$t_理=2456℃$，$r_d=54.5\%$，$K=470kg/t$。

表 6-21 湘钢炼铁分厂一些因素对焦比影响的计算结果

影响因素	石灰石加入高炉		影响因素	石灰石加入烧结矿	
	变化量	效　果		变化量	效　果
矿石铁含量	减少1%	焦比升高 1.62686%	矿石铁含量	减少1%	焦比升高 1.62686%
焦炭灰分含量	增加1%	焦比升高 2.20722%	焦炭灰分含量	增加1%	焦比升高 1.74338%
焦炭硫含量	增加1%	焦比升高 0.750506%	焦炭硫含量	增加1%	焦比升高 0.355582%
煤粉灰分含量	增加1%	置换比降低 3.35711%	煤粉灰分含量	增加1%	置换比降低 2.56558%
煤粉硫含量	增加1%	置换比降低 1.17181%	煤粉硫含量	增加1%	置换比降低 0.527181%
直接还原度	减少0.93%	焦比降低 3.14744%	直接还原度	减少0.93%	焦比降低 2.95013%
风　温	升高100℃	焦比降低 4.88763%	风　温	升高100℃	焦比降低 3.98491%

6.2.4.2　里斯特（Rist）计算法

法国里斯特教授在 20 世纪 60 年代后期研究高炉过程控制时，从高炉内众多复杂的物理化学反应中突出其主要体系 Fe-O-C 体系，用简单而又较准确的方法表达出高炉能量消耗及影响焦比各因素的作用，即操作线（见 6.3 节高炉能量利用图解分析）。加拿大的皮西和达尔波特在操作线原理的基础上创立了 P.D.R 联合计算法，他们推导出碳平衡、氧平衡和热平衡三个基本方程，联解就可得出焦比和各因素对焦比影响的数值。这三个基础方程式是：

碳平衡
$$n_C^{\text{焦}} + n_C^{\text{CaCO}_3} + n_C^{\text{I}} = n_C^{\text{A}} + \left[\frac{m(\text{C})}{m(\text{Fe})}\right]^m \tag{6-166}$$

氧平衡

$$n_O^{\text{B}} + \left[\frac{m(\text{O})}{m(\text{Fe})}\right]^x + n_O^{\text{I}} + 2\left[\frac{m(\text{Si})}{m(\text{Fe})}\right]^m + \left[\frac{m(\text{Mn})}{m(\text{Fe})}\right]^m + 2.5\left[\frac{m(\text{P})}{m(\text{Fe})}\right]^m + n_O^{\text{CaCO}_3} + n_O^{\text{O}_2}$$
$$= (1 + 0.3\eta) \cdot n_C^{\text{A}} + 0.38\eta \cdot n_{\text{H}_2}^{\text{I}} \tag{6-167}$$

热平衡
$$D^{\text{Wrz}} + n^{\text{I}} \cdot D^{\text{I}} = S_{\text{A}} + S_{\text{B}} + S_{\text{I}} \tag{6-168}$$

式中，$n_C^{\text{焦}}$ 为入炉焦炭中的碳量，kg 原子 C/kg 原子 Fe（即 1kg Fe 原子对应的 C 的 kg 原子数量，下同）；$n_C^{\text{CaCO}_3}$ 为入炉石灰石（熔剂）中的碳量，kg 原子 C/kg 原子 Fe；n_C^{I} 为喷吹燃料中的碳量，kg 原子 C/kg 原子 Fe；n_C^{A} 为参加反应的碳量，kg 原子 C/kg 原子 Fe；$\left[\frac{m(\text{C})}{m(\text{Fe})}\right]^m$ 为非反应碳量，即溶解于铁水中的碳量，kg 原子 C/kg 原子 Fe；n_O^{B} 为干风带入高炉的氧量，kg 原子 O/kg 原子 Fe（即 1kg Fe 原子对应的 O 的 kg 原子数量，下同）；$\left[\frac{m(\text{O})}{m(\text{Fe})}\right]^x$ 为化学储备带铁氧化物中的氧量，kg 原子 O/kg 原子 Fe；n_O^{I} 为喷吹燃料中的氧量，kg 原子 O/kg 原子 Fe；$n_O^{\text{CaCO}_3}$ 为入炉石灰石（熔剂）中的氧量，$n_O^{\text{CaCO}_3} = 2n_C^{\text{CaCO}_3}$，kg 原子 O/kg 原子 Fe；$n_O^{\text{O}_2}$ 为风中水分带入的氧量，kg 原子 O/kg 原子 Fe；η 为间接还原反应气相成分平衡时的 H_2、CO 利用率；$n_{\text{H}_2}^{\text{I}}$ 为喷吹燃料中的 H_2 量，kg 分子 H_2/kg 原子 Fe（即 1kg Fe 原子对应的 H_2 的 kg 分子数量）；D^{Wrz} 为还原过程的总热量消耗，kJ/kg 原子 Fe（即 1kg Fe 原子对应的热消耗量，下同）；n^{I} 为喷吹燃料量，kg 分子喷吹燃料/kg 原子 Fe（即 1kg Fe 原子对应的喷吹燃料分子数量）；D^{I} 为 1kg 分子喷吹燃料分解为其组分元素时的热消耗，kJ/kg 分子喷吹燃料；S_{A} 为碳反应放出的热量，kJ/kg 原子 Fe；S_{B} 为热风带入的热量，kJ/kg 原子 Fe；S_{I} 为喷吹燃料中 H_2 分子反应时放出的热量，kJ/kg 原子 Fe；$2\left[\frac{m(\text{Si})}{m(\text{Fe})}\right]^m$、$\left[\frac{m(\text{Mn})}{m(\text{Fe})}\right]^m$、$2.5\left[\frac{m(\text{P})}{m(\text{Fe})}\right]^m$ 分别为 Si、Mn、P 还原时被夺取的 O 的 kg 原子数量，kg 原子 O/kg 原子 Fe。

联解此三个联立方程式，即可求得 $n_C^{\text{焦}}$，n_O^{B}，n_C^{A}，再由它们算出焦比（K）、风量（V_{B}）、煤气量（V_{g}）及其成分：

$$K = \left(1000 \times n_C^{焦} \times \frac{12}{56} + W_尘 \cdot w(C)_尘\right)/w(C)_焦 \quad (\text{kg/t 铁}) \tag{6-169}$$

$$V_B = n_O^B \cdot \frac{1000 \times 11.2}{56 \times 0.21} = n_O^B/(1.05 \times 10^{-3}) \quad (\text{m}^3/\text{t 铁}) \tag{6-170}$$

$$n_{CO} = n_C^A \cdot \left(2 - \frac{m(O)}{m(C)}\right), \quad \varphi(CO) = \frac{n_{CO}}{\sum n} \times 100\% \tag{6-171}$$

$$n_{CO_2} = n_C^A \cdot \left(\frac{m(O)}{m(C)} - 1\right), \quad \varphi(CO_2) = \frac{n_{CO_2}}{\sum n} \times 100\% \tag{6-172}$$

$$n_{N_2} = \frac{0.79}{2 \times 0.21} \cdot n_O^B, \quad \varphi(N_2) = \frac{n_{N_2}}{\sum n} \times 100\% \tag{6-173}$$

$$n_{H_2} = n_{H_2}^I \cdot \left(1 - \frac{m(O)}{m(H_2)}\right), \quad \varphi(H_2) = \frac{n_{H_2}}{\sum n} \times 100\% \tag{6-174}$$

$$n_{H_2O} = n_{H_2}^I \cdot \frac{m(O)}{m(H_2)}, \quad \varphi(H_2O) = \frac{n_{H_2O}}{\sum n} \times 100\% \tag{6-175}$$

$$\sum n = n_{CO} + n_{CO_2} + n_{N_2} + n_{H_2} + n_{H_2O} \quad (\text{kg 原子/kg 原子铁}) \tag{6-176}$$

$$V_g = \frac{22.4}{16} \cdot \sum n = 1.4 \sum n \quad (\text{m}^3/\text{kg 原子铁}) \tag{6-177}$$

傅松龄、王筱留等曾应用此法在计算机上为国内一些高炉计算了焦比和诸因素影响焦比的数值。此法的计算机计算框图示于图 6-6。

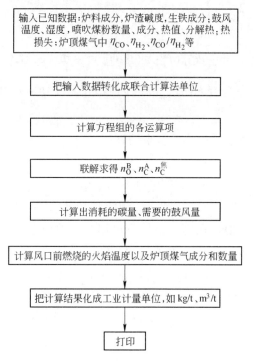

图 6-6 P. D. R 联合计算框图

6.2.4.3　工程计算法

在高炉冶炼过程中，焦炭提供的碳消耗于渗碳（$w(C)_e$）、直接还原（$w(C)_d$）和风口前燃烧（$w(C)_风$）。工程计算法是通过反应和热消耗算出 $w(C)_d$ 和 $w(C)_风$ 来确定焦比的。

(1) 渗碳。计算如下：

$$w[C]_\% = 1.34 + 2.54 \times 10^{-3}t - 0.35w[P]_\% + 0.17w[Ti]_\% - $$
$$0.54w[S]_\% + 0.04w[Mn]_\% - 0.30w[Si]_\%$$

$$w(C)_e = 10 \times w[C]_\% \quad (kg/t)$$

(2) 直接还原耗碳。它由以下几个方面组成：

$$w(C)_{dFe} = \frac{12}{55.85} \times 10 \cdot r_d \cdot w[Fe]_\% = 2.15 \cdot w[Fe]_\% \cdot r_d \quad (kg/t) \quad (6\text{-}178)$$

$$w(C)_{dSi} = 10 \times \frac{24}{28}w[Si]_\% = 8.571 \cdot w[Si]_\% \quad (kg/t) \quad (6\text{-}179)$$

$$w(C)_{dMn} = 10 \times \frac{12}{55}w[Mn]_\% = 2.182 \cdot w[Mn]_\% \quad (kg/t) \quad (6\text{-}180)$$

$$w(C)_{dP} = 10 \times \frac{60}{62}w[P]_\% = 9.677 \cdot w[P]_\% \quad (kg/t) \quad (6\text{-}181)$$

$$w(C)_{dS} = \frac{12}{32}u \cdot w(S) = 0.375u \cdot w(S) \quad (kg/t) \quad (6\text{-}182)$$

$$w(C)_{dCO_2} = \frac{12}{44}\psi_{CO_2}\Phi \cdot w(CO_2)_\phi = 0.273\psi_{CO_2}\Phi \cdot w(CO_2)_\phi \quad (kg/t) \quad (6\text{-}183)$$

$$w(C)_{H_2O化} = \frac{12}{18}\psi_{H_2O}(P \cdot w(H_2O化)_p + \Phi \cdot w(H_2O化)_\phi)$$
$$= 0.667\psi_{H_2O}(P \cdot w(H_2O化)_p + \Phi \cdot w(H_2O化)_\phi) \quad (kg/t)$$

$$(6\text{-}184)$$

(3) 风口前燃烧的碳。它由热平衡来计算。

热收入为：

$$Q_{收入} = w(C)_风(9791 + v_风 c_风 t_风 - v_{煤气}c_{煤气}t_{煤气})$$

为简化计算，将 $v_风$ 和 $v_{煤气}$，$c_风$ 和 $c_{煤气}$ 用统计规律合并，即 $v_{煤气} = 1.40v_风$，$c_风 = c_{煤气}$（在相同温度下 $c_{煤气} > c_风$，但是在高炉条件下风温高、炉顶煤气温度低，这样的温度差别就使两者的比热容接近，例如 1000℃、1100℃、1250℃ 风温时的 $c_风$ 约为 1.415kJ/（$m^3 \cdot$℃）、1.427kJ/（$m^3 \cdot$℃）、1.445kJ/（$m^3 \cdot$℃），200℃、300℃ 顶温时的 $c_{煤气}$ 约为 1.420kJ/（$m^3 \cdot$℃）、1.440kJ/（$m^3 \cdot$℃））。

这样　　　　　$Q_{收入} = w(C)_风[9791 + v_风 c(t_风 - 1.4t_顶)]$

热支出为：

还原耗热

$$q_1' = 10 \times (2723w[Fe]_\% \cdot r_d + 22667w[Si]_\% + 5222w[Mn]_\% + 26258w[P]_\%)$$

脱硫耗热 $\qquad q'_2 = 4657u \cdot w(S)$

碳酸盐分解耗热

$$q'_3 = (4043 + 3766\psi_{CO_2} - 1438) \cdot w(CO_2)_{CaO熔} + 2605 \cdot w(CO_2)_{CaO生矿}$$

炉渣和铁水的焓 $\qquad q'_4 = 1854u + 1276 \times 10^3$

冷却水带走的热量和散热损失

$$q'_5 = 0.1Q_{收入} \approx 1250 \times 10^3 \cdot w(C)_焦/I \quad (I 为冶炼强度)$$

通过热平衡

$$w(C)_风[9791 + v_风 c(t_风 - 1.4t_顶)] = q'_1 + q'_2 + q'_3 + q'_4 + q'_5$$

求出 $w(C)_风$，然后计算焦比为：

$$K = (w(C)_e + w(C)_d + w(C)_风)/w(C)_焦 \tag{6-185}$$

从上面的计算可以看出，焦比是 $w[Si]_\%$、$w[Mn]_\%$、$w[P]_\%$、r_d、$t_风$、$w(C)_d$、ψ_{CO_2}、u 等变量的函数，即：

$$K = f(w[Si]_\%, \ w[Mn]_\%, \ w[P]_\%, \ r_d, \ t_风, \ w(C)_d, \ u, \ \Phi, \ \psi_{CO_2}, \ \cdots)$$

对上式进行偏微分，得

$$dK = \frac{\partial K}{\partial w[Si]_\%} dw[Si]_\% + \frac{\partial K}{\partial w[Mn]_\%} dw[Mn]_\% + \cdots + \frac{\partial K}{\partial \Phi} d\Phi + \cdots \tag{6-186}$$

应用式 (6-186) 可计算各种因素对焦比影响的数值。

6.2.4.4 根据区域热平衡计算法

上述工程计算法是根据第二全炉热平衡（方法三）计算焦比的。在现代高炉上，由于石灰石用量的减少或取消，决定高炉焦比的是高温区的热量消耗。因而现在许多炼铁工作者用高温区热平衡来计算焦比。如前所述，高温区的边界以 $CO_2 + C = 2CO$ 明显进行的温度为界：$t_{g空} = 950 \sim 1000℃$，$t_{s空} = 900 \sim 950℃$。

本方法实际上是将工程计算法中的 $w(C)_风$ 改为按高温区热平衡求出，即将热收入改为 $Q_{收入} = w(C)_风[9791 + v_风 c(t_风 - 1.35t_{g空})]$，而热支出项中的炉渣和铁水焓改为 $1080u + 650 \times 10^3$，热损失项改为 $1250 \times 10^3 \cdot w(C)_焦/I \times (0.7 \sim 0.8) = (880 \sim 1000) \times 10^3 \cdot w(C)_焦/I$。

这里再介绍一种处理 $v_风$ 和 $v_{煤气}$ 的方法。在计算中为避免百分数和 kg 与 t 换算的麻烦，用 100kg 铁水作为计算单位。

令干风中的氧含量为 $x\%$，则 N_2 含量为 $(100 - x)\%$，风口前的燃烧反应为：

$$2C + O_2 + \frac{100 - x}{x}N_2 \Longrightarrow 2CO + \frac{100 - x}{x}N_2$$

燃烧 1kg 碳的风量和煤气量分别表示为：

$$v_风 = 93.33/x$$

$$v_{煤气} = \left(2 + \frac{100 - x}{x}\right)\frac{22.4}{2 \times 12} = 0.9333\left(1 + \frac{100}{x}\right)$$

计算中忽略了风中水分对风量和煤气量的影响（实际上 1% 水分影响风量 1.25%，煤气量 0.7%，这样的影响值对计算造成的误差不会很大）。热风和高温区边界处煤气的温度在风

温为 1000℃ 的条件下大致相同（在风温提高到 1250℃ 时，则相差 250℃），因此它们的比

热容也可采用同一数值（$c = 1.425\text{kJ}/(\text{m}^3 \cdot ℃)$）。这样，热风带入的热量为 $\dfrac{93.33}{x} \times$

$1.425t_风$，而煤气带走热量为 $\left(1 + \dfrac{100}{x}\right) \times 0.9333 \times 1.425 \times 1000 = 1330 \times \left(1 + \dfrac{100}{x}\right)$。考

虑到直接还原生成的 CO 带走的热量 $\dfrac{22.4}{12}w(\text{C})_d \times 1.425 \times 1000 = 2660w(\text{C})_d$，风口前燃

烧 1kg 碳的净热收入为：

$$9791 + \frac{133}{x}t_风 - 1330 \times \left(1 + \frac{100}{x}\right) - 2660w(\text{C})_d / w(\text{C})_风$$

化简，得 $8461 + [(133t_风 - 133000)/x] - 2660w(\text{C})_d / w(\text{C})_风$

高炉总热收入为：

$$w(\text{C})_风 [8461 + (133t_风 - 133000)/x] - 2660w(\text{C})_d \quad (\text{kJ}/100\text{kg 铁水})$$

高温区热支出项分别为：

$$q_1' = 2723 \cdot w[\text{Fe}]_\% \cdot r_d + 22667 \cdot w[\text{Si}]_\% + 5222 \cdot w[\text{Mn}]_\% +$$
$$26258 \cdot w[\text{P}]_\% \quad (\text{kJ}/100\text{kg 铁水})$$

$$q_2' = 4657 \cdot u \cdot w(\text{S}) \quad (\text{kJ}/100\text{kg 铁水})$$

$$q_3' = (7809\psi_{\text{CO}_2} - 1438) \cdot w(\text{CO}_2)_{\text{CaO熔}} \quad (\text{kJ}/100\text{kg 铁水})$$

$$q_4' = 1080u + 650 \times 10^2 \quad (\text{kJ}/100\text{kg 铁水})$$

$$q_5' = (880 \sim 1000) \times 10^2 \cdot w(\text{C})_焦 / I \quad (\text{kJ}/100\text{kg 铁水})$$

这里，式中的 $w(\text{C})_d$、$w(\text{C})_风$、u、$w(\text{CO}_2)_{\text{CaO熔}}$、$w(\text{C})_e$ 都是冶炼 100kg 铁水为基础的
数值。

由热收入和热支出相等可求得冶炼 100kg 铁水的 $w(\text{C})_风$。

最后 $K = (w(\text{C})_e + w(\text{C})_d + w(\text{C})_风)/w(\text{C})_焦$

6.3　高炉冶炼过程能量利用图解分析

高炉冶炼能量利用的计算是比较繁琐的，但其结果比较精确，以数值显示的计算结
果，供人们对比分析，以进一步改善能量利用。图解分析以冶炼过程的主要物理化学反应
和传输现象为基础，通过简单计算以图显示出其结果，使生产者和研究者直观地看出冶炼
结果和进一步改善能量利用的潜力，有着较大的优越性。

6.3.1　铁的直接还原度与碳消耗（r_d-C）图解

在炼铁工艺原理的发展过程中曾出现过两种绝对化了的理论，即法国的格留涅尔提
出的 100% 间接还原的理想行程和荷兰格列瓦尔提出的 100% 直接还原的理想行程。前
者是在 19 世纪高炉冶炼直接还原大量发展、煤气利用极坏的情况下提出的，在当时格
留涅尔的理论对大力发展间接还原起了良好的作用。后者是在计算间接还原时的还原

耗碳量大于直接还原时 3~5 倍的情况下提出的，它只能在有其他供热能源的条件下才会实现。在目前高炉冶炼条件下，这两种理想行程都是不现实的。自从前苏联学者 M. A. 巴甫洛夫院士提出铁直接还原度概念后，人们才有可能解决高炉内直接和间接还原合理发展的问题。前苏联高炉炼铁专家 A. H. 拉姆教授和 M. M. 列鲍维奇教授用图解的方法说明了这个问题。

图解是在焦炭作为料柱透气性的保证者且还不是决定最低焦比的因素的前提下完成的，即目前焦比的高低是由还原和热能需求来决定的。

6.3.1.1 作为还原剂消耗的碳

直接还原：
$$FeO + C \Longrightarrow Fe + CO$$

$$w(C)_d = \frac{12}{55.85} \cdot w[Fe] \cdot r_d = 0.215 \cdot w[Fe] \cdot r_d$$

间接还原：
$$FeO + nCO \Longrightarrow Fe + (n-1)CO + CO_2$$

$$w(C)_i = n \times \frac{12}{55.85} \cdot w[Fe] \cdot (1 - r_d) = 0.215 \cdot n \cdot w[Fe](1 - r_d)$$

在 $w[Fe] = 1kg/t$ 的情况下，以碳消耗为纵坐标，r_d 为横坐标作图，得出图 6-7。在确定还原剂消耗时，应注意到高炉下部高温区直接还原生成的 CO 随煤气上升到中温区就成为间接还原的还原剂，如果下部直接还原生成的 CO 量正好满足上部间接还原需要的 CO 量，即 $w(C)_d = w(C)_i$，则作为还原剂消耗的 C 量最低，这就是图 6-7 中 $w(C)_d$ 和 $w(C)_i$ 两线相交点 O'，这时的 r_d 是还原剂消耗最低的直接还原度 r_{d0}。显然：

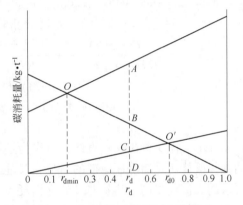

图 6-7　碳消耗与直接还原度的关系

$$0.215r_{d0} = 0.215n(1 - r_{d0})$$
$$r_{d0} = n/(1 + n)$$

这表明，作为还原剂消耗最低的 r_{d0} 取决于还原反应中还原性气体的过剩系数 n。而 n 是随反应进行的温度而改变的，所以 r_{d0} 是温度的函数，其值可根据温度计算（见表 6-22）。

表 6-22　过剩系数 n 随温度的关系

温度/℃	700	800	900	1000	1100	1200
n	2.5	2.88	3.17	3.52	3.82	4.12
r_{d0}	0.71	0.74	0.76	0.78	0.79	0.80

6.3.1.2 作为热量消耗的碳

如前所述，CO 的间接还原是少量的放热反应（243.5kJ/kgFe），而固体 C 的直接还原则是大量的吸热反应（2723kJ/kgFe），直接还原不仅作为消耗还原剂的碳，而且还要求额外燃烧碳发热提供直接还原反应所需热量。此外，高炉冶炼过程尚有其他必不可少的热量消耗（如脱硫、碳酸盐分解、生成渣铁的熔化和过热、离开高炉的煤气带走热量、散热损失等，详见6.2.2.2节），也需要燃烧碳来提供。所以，在高炉内提供热量燃烧的碳所产生的CO量远超过直接还原生成的CO量，作为热量消耗的碳量可通过热平衡求得。

根据第一全炉热平衡（方法二）计算方法：

$$(w(C) - w(C)_{CO_2})q_{CO} + w(C)_{CO_2}q_{CO_2} + (w(C) - w(C)_d)q_风 = Q$$

式中　$w(C)$——作为热量消耗的碳量；

　　　$w(C)_{CO_2}$——间接还原中转化为CO_2的碳量，即$w(C)_{CO_2} = 0.215(1 - r_d)$；

　　　$w(C)_d$——直接还原消耗的碳量，即$w(C)_d = 0.215r_d$；

　　　q_{CO}——1kg 碳氧化成 CO 时放出的热量，9791kJ/kgC；

　　　q_{CO_2}——1kg 碳氧化成 CO_2 时放出的热量，33388kJ/kgC；

　　　$q_风$——风口前燃烧 1kg C 时热风带入的热量，$q_风 = v_风 c_风 t_风$，kJ/kgC；

　　　Q——冶炼 1kg Fe 消耗的热量，根据全炉热平衡算出。

这样，作为热量提供者的碳的消耗量为：

$$\begin{aligned}
w(C)_热 &= [Q - w(C)_{CO_2}(q_{CO_2} - q_{CO}) + w(C)_d q_风]/(q_{CO} + q_风) \\
&= [Q - 0.215(1 - r_d)(33388 - 9791) + 0.215r_d v_风 c_风 t_风]/(9791 + v_风 c_风 t_风) \\
&= \frac{Q - 5073}{9791 + v_风 c_风 t_风} + \frac{5073 + 0.215c_风 v_风 t_风}{9791 + v_风 c_风 t_风}r_d
\end{aligned}$$

令　　　　　　　$(Q - 5073)/(9791 + v_风 c_风 t_风) = A$

　　　　　　　$(5073 + 0.215v_风 c_风 t_风)/(9791 + v_风 c_风 t_风) = B$

则　　　　　　　　　$w(C)_热 = A + B \cdot r_d$

在$w(C)$-r_d图上画出这一直线，与作为还原剂消耗碳量的直线交于O点，交点O处的碳消耗量既能满足冶炼还原剂的需要，又能满足冶炼的能量需要。在O点的左侧，还原剂要求的碳消耗量高于热量需要的碳消耗量；在O点的右侧，热量需要的碳消耗量高于还原剂要求的碳消耗量，所以O点处的直接还原度是最低直接还原度r_{dmin}。在现代高炉的操作条件下，O点常在$r_d = 0.2 \sim 0.3$之间。在喷吹高H_2含量的燃料时，由于r_{H_2}的影响，r_{dmin}可低于0.2。r_{dmin}的值可从作图上求得，也可从交点的坐标算出，即由$w(C)_i = w(C)_热$求得：

$$r_{dmin} = \frac{0.215n - A}{0.215n + B} \tag{6-187}$$

应当指出，随着Q值的降低，$w(C)_热$直线下移，交点O向r_d增加的方向移动，r_{dmin}值有所增大，但总的碳消耗量下降，相应的燃料比也下降。当前高炉生产的实际r_d在0.45左右，吨铁热量消耗在10~12GJ/t，两者都较高，所以应从降低直接还原和热量消耗两个方面努力，以达到最低的燃料比。

还应指出的是，图6-7中$w(C)_i$线一般是用1000℃下CO间接还原达到平衡状态（即炉身工作效率达到100%）时的耗碳量作出的。但在实际生产高炉上是达不到的，操作得好的高炉炉身工作效率可达到95%或更高，而操作得差的高炉炉身工作效率只有60%~70%。另外，高炉是个逆流反应器，在炉子下部还原性气体还原FeO后上升，又用来还原Fe_3O_4到FeO和还原Fe_2O_3到Fe_3O_4，所以到达炉顶煤气成分中CO_2含量比1000℃下CO间接还原达到平衡时的 CO_2 要多，也就是说 η_{CO} 提高了。因此，使用炉顶煤气 η_{CO} 来确定 $w(C)_i$ 就会更接近高炉生产实际。将不同 η_{CO} 下的 $w(C)_i$ 随 r_d（或 r_i）变化的线绘于图 6-7 上就得到如图 6-8 和图 6-9 所示的碳消耗量图。从图 6-8 和图 6-9 看出，随着炉顶煤气利用率的提高，生产单位铁水的碳消耗量明显降低，因此生产中要努力提高炉顶煤气利用率以降低碳消耗，亦即降低燃料比，实现低碳炼铁。

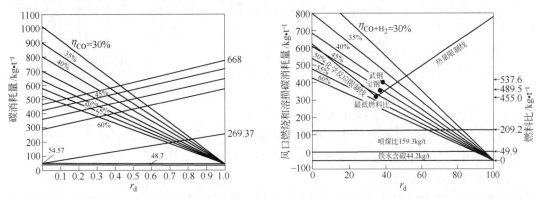

图 6-8 不同 η_{CO} 下的碳消耗量与直接还原度的关系　图 6-9 不同 η_{CO+H_2} 下的碳消耗量与直接还原度的关系

6.3.2 里斯特（Rist）操作线图解

6.3.2.1 操作线图解法的原理

Fe、O、C 三元素在高炉内的变化为：

进入高炉

Fe	铁氧化物 Fe_2O_3、Fe_3O_4、FeO（与 SiO_2 等结合）
C	焦炭和喷吹燃料中 $C_{固}$ 或碳氢化合物
O	鼓风中自由氧和氧化物中结合氧

	离开高炉	在炉内变化
Fe	金属铁、渣中 FeO	还原
C	CO、CO_2	氧化
O	CO、CO_2	由鼓风或氧化物迁移到 C 并与之结合

从上述变化中可以看出，C 在高炉内氧化成 CO 和 CO_2 时所夺取的氧有三个来源，即炉料中与 Fe 结合的氧，炉料中与少量元素 Si、Mn、P、V、Ti 等结合（包括炉渣脱硫）的氧和鼓风中的氧。操作线的创造者把这种氧的迁移过程描绘在常用的平面直接坐标系内，以纵坐标表示冶炼单位 Fe 所夺取上述三种来源的氧量，以横坐标表示煤气中与一个碳结合的氧量，而且其单位都以原子数目来衡量。这样纵坐标就是冶炼一个 Fe 原子所夺取的 O 原子数，即 $n(O)/n(Fe)$；而横坐标则是一个 C 原子结合的 O 原子数，即 $n(O)/n(C)$。在 $X(n(O)/n(C))$、$Y(n(O)/n(Fe))$ 平面上的一个直线段及其在两个轴上的投影代表着一种氧的迁移。相应的氧的迁移量 n_O 与沿 X 轴的煤气中的碳量 n_C 有关，也与沿 Y 轴的炉料中的铁量 n_{Fe} 有关。它们之间的关系可用该直线段的斜率表达出来（见

图 6-10)，即：

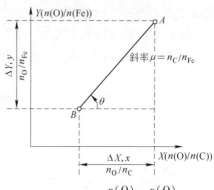

$$\mu = \tan\theta = \frac{n_O}{n_{Fe}} \bigg/ \frac{n_O}{n_C} = \frac{n_C}{n_{Fe}}$$

它表明：

（1）代表冶炼一个 Fe 原子所消耗的 C 原子数，它与生产中的焦比具有相类似的含义，但在数值上并不完全相等，需经过必要的换算。

（2）代表冶炼一个 Fe 原子所产生的煤气组分的分子数，因为每个 C 原子一定与氧结合形成 CO 或者 CO_2。

（3）当表示几种氧的迁移过程时，它们的线段都具有同一斜率 μ，而且这些线段可按某种顺序在一条斜率为 μ 的直线上衔接起来，这就是里斯特操作线。

图 6-10　在坐标 $\dfrac{n(O)}{n(C)}$、$\dfrac{n(O)}{n(Fe)}$ 中

代表氧迁移的线段

6.3.2.2　操作线画法

操作线是一条斜率为 μ 的直线，只要算出操作线上任何两点的坐标就可联成，下面以 6.2.3.3 节中设计高炉计算例子的数据来说明（见图 6-11）。

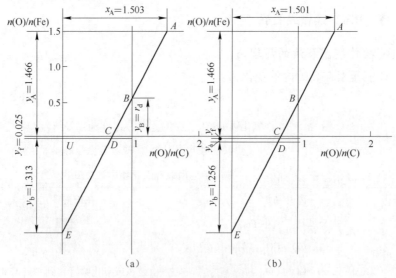

图 6-11　高炉操作线

（a）高炉料中无石灰石；（b）高炉料中有大量石灰石

A　计算三种来源的氧量以求出纵坐标 $\dfrac{n(O)}{n(Fe)}$

（1）铁氧化物还原夺取的氧量。铁矿石中铁氧化物可能存在的矿物为 Fe_2O_3、Fe_3O_4 和 FeO（570℃ 以上为自由浮氏体，570℃ 以下为与其他矿物结合的形式，例如 $2FeO \cdot SiO_2$），它们的原子数之比 $\dfrac{n(O)}{n(Fe)}$ 分别为 1.5、1.33 和 1.0，实际矿石中 $\dfrac{n(O)}{n(Fe)}$ 均在 1.5~1.33 之间。

设计高炉的计算例题（6.2.3.3 节）中：

	消耗量/kg·t^{-1}	$w(Fe)$%	$w(Fe_2O_3)$%	$w(FeO)$%
混合矿	1574. 279	59. 470	79. 469	4. 837

简单计算则有：

$$\frac{n(O)}{n(Fe)} = \frac{(79.469 \times 48/160 + 4.837 \times 16/72)/16}{59.47/56} = 1.4664 = y_A$$

（2）少量元素还原和脱硫夺取的氧量。少量元素还原和脱硫过程中夺取的氧原子数与消耗的碳原子数是相同的，所以算得其中之一即可知道另一个的原子数。在例题中已知少量元素还原和脱硫夺取的氧量 $w(C)_{dSi,Mn,P,S} = 6.283$ kg/t，则：

$$\frac{n(O)}{n(Fe)} = \frac{w(C)_{dSi,Mn,P,S}/12}{w(Fe)_{还}/56} = \frac{w(O)_{dSi,Mn,P,S}/16}{w(Fe)_{还}/56} = \frac{6.283/12}{(943.67 - 12 \times 0.85)/56} = 0.0314 = y_f$$

也可以按下列各式分别计算各元素还原过程和脱硫过程的 y_f：

$$y_{Si} = \frac{10 \times 2 \times w[Si]\%/28}{w(Fe)_{还}/56} = 40\frac{w[Si]\%}{w(Fe)_{还}} \tag{6-188}$$

$$y_{Mn} = \frac{10 \times w[Mn]\%/55}{w(Fe)_{还}/56} = 10.182\frac{w[Mn]\%}{w(Fe)_{还}} \tag{6-189}$$

$$y_{PO} = \frac{10 \times 2.5 \times w[P]\%/31}{w(Fe)_{还}/56} = 45.161\frac{w[P]\%}{w(Fe)_{还}} \tag{6-190}$$

$$y_{Ti} = \frac{10 \times 2 \times w[Ti]\%/48}{w(Fe)_{还}/56} = 23.333\frac{w[Ti]\%}{w(Fe)_{还}} \tag{6-191}$$

$$y_{VO} = \frac{10 \times 2.5 \times w[V]\%/51}{w(Fe)_{还}/56} = 27.451\frac{w[V]\%}{w(Fe)_{还}} \tag{6-192}$$

$$y_S = \frac{u \cdot w(S)/32}{w(Fe)_{还}/56} = 1.75\frac{u \cdot w(S)}{w(Fe)_{还}} \tag{6-193}$$

式中　$w[i]\%$——i 元素在铁水中的质量百分数；

$w(Fe)_{还}$——铁水中还原的铁量，即铁水中 Fe 量减去废铁带入的 Fe 量，kg/t；

$w(S)$——炉渣中 S 的质量分数，%；

u——渣量，kg/t。

这样　　　　　　　　$y_f = y_{Si} + y_{Mn} + y_{PO} + y_{Ti} + y_{VO} + y_S$

（3）风口前 C 氧化夺取的氧量。风口前碳燃烧是一个 C 原子与一个氧原子结合成 CO，所以可按已知的 $C_风$ 求出碳原子数，即为氧原子数。本例题中 $w(C)_风 = 271.076$kg/t，则：

$$\frac{n(O)}{n(Fe)} = \frac{w(C)_风/12}{w(Fe)_{还}/56} = \frac{271.076/12}{(943.67 - 12 \times 0.85)/56} = 1.3552 = y_b$$

B　计算煤气中的 $\dfrac{n(O)}{n(C)}$

在目前大量使用高碱度（或自熔性）烧结矿而取消往高炉内加石灰石（或石灰石用量极少）的情况下，煤气中 $\dfrac{n(O)}{n(C)}$ 可直接按炉顶煤气成分计算：

$$\frac{n(O)}{n(C)} = \frac{\varphi(CO)\% + 2\varphi(CO_2)\%}{\varphi(CO)\% + \varphi(CO_2)\%} = 1 + \frac{\varphi(CO_2)\%}{\varphi(CO)\% + \varphi(CO_2)\%}$$

$$= 1 + \frac{23.16}{23.56 + 23.16} = 1.4957 = x_A$$

若扣除非还原反应产生的即生矿中放出的 CO_2 量，则有：

$$x_A = \frac{n(O)}{n(C)} = 1 + \frac{\varphi(CO_2)_\%}{\varphi(CO)_\% + \varphi(CO_2)_\%} = 1 + \eta_{CO实际} = 1 + 0.4948 = 1.4948$$

当煤气中 100% 为 CO 时，$\frac{n(O)}{n(C)} = 1.0$，当煤气中 100% 为 CO_2 时，$\frac{n(O)}{n(C)} = 2.0$，在实际生产中 $\frac{n(O)}{n(C)}$ 在 1.0~2.0 之间。从 x_A 的计算式可以看出，第二项是 η_{CO}。因此，$\frac{n(O)}{n(C)}$ 超出 1.0 的部分就是炉顶煤气中 CO 利用率。炉顶煤气利用越好，此值越大。

在高炉使用大量石灰石时，石灰石分解出来的 CO_2 将对 $\frac{n(O)}{n(C)}$ 产生影响，同时 CO_2 与 C 反应生成 2CO 增加了 C 氧化夺取氧的来源，在这种情况下应做必要的调整。例如，如果本例入炉的石灰石消耗量为 200kg/t，石灰石中 $\varphi(CO_2) = 42.93\%$，则石灰石分解产生而进入炉顶煤气的 CO_2 量为：

$$200 \times 0.4293 \cdot (1 - \psi_{CO_2}) \cdot \frac{22.4}{44} = 200 \times 0.4293 \times (1 - 0.5) \times \frac{22.4}{44} = 21.86 \, (m^3/t)$$

而炉内参与熔损反应的 CO_2 量为：

$$200 \times 0.4293 \cdot \psi_{CO_2} \cdot \frac{22.4}{44} = 200 \times 0.4293 \times 0.5 \times \frac{22.4}{44} = 21.86 \, (m^3/t)$$

石灰石中 CO_2 与 C 反应生成的 CO 量为参与反应的 CO_2 量的 2 倍，因此为 43.72m^3/t。炉顶煤气中还原产生的 CO_2 应扣除石灰石所产生的 CO_2，使 x_A 有所减小，而 $w(C)_风$ 将减少 $\frac{12 \times 21.86}{22.4} = 11.71$kg/t，使 y_b 变小：

$$y_b = \frac{(271.076 - 11.71)/12}{(943.67 - 12 \times 0.85)/56} = 1.297$$

但应加上另一项 CO_2 还原夺取的氧量：

$$y_\phi = \frac{11.71/12}{(943.67 - 12 \times 0.85)/56} = 0.058$$

同理，炉料中存在结晶水时，纵坐标负方向也应加上水煤气反应夺取的氧量：

$$y_{H_2O化} = \frac{w(C)_{H_2O化}/12}{w(Fe)_还/56} = \frac{0.63/12}{(943.67 - 12 \times 0.85)/56} = 0.0031$$

因此，本例中，U 点的纵坐标应为：$y_U = y_f + y_\phi + y_{H_2O化} = 0.0314 + 0 + 0.0031 = 0.0345$；E 点的纵坐标应为：$y_E = y_U + y_b = 0.0345 + 0 + 1.3552 = 1.3897$。

C　绘制

取直角坐标系，纵坐标为 $\frac{n(O)}{n(Fe)}$（正值最大 1.5，负值最大 2.5），横坐标为 $\frac{n(O)}{n(C)}$（最大值为 2.0）。在纵坐标正方向取 $y_A = 1.468$，在横坐标方向取 $x_A = 1.496$，(x_A, y_A) 确定了 A 点，它为操作线上的一个端点。在纵坐标的负方向取 $y_f = 0.031$ 得 U 点（在加石灰石量很大时，应在 y_f 下方再取 $y_\phi = 0.058$ 得 U 点，即 $y_U = -(y_f + y_\phi)$；在存在结晶水参与水煤气反应时，也应在 $y_U = -(y_f + y_\phi)$ 下方再取 $y_{H_2O化} = 0.003$ 得 U 点，即 $y_U = -(y_f + y_\phi + y_{H_2O})$），从 U 点开始，继续在纵坐标的负方向截取 $y_b = 1.355$ 得 E 点，它为操作线上的另一个端点。连接 A、E 两点得一直线，即为高炉操作线。

6.3.2.3 操作线特点

操作线的坐标选定纯 C 和纯 Fe 为零点，这样 $x = 0$ 即 $\dfrac{n(O)}{n(C)} = 0$，碳未与氧结合；$x = 1.0$ 即 $\dfrac{n(O)}{n(C)} = 1.0$，一个碳原子只与一个氧原子结合，气体为纯 CO；$x = 2.0$ 即 $\dfrac{n(O)}{n(C)} = 2.0$，一个碳原子与两个氧原子结合，气体为纯 CO_2。在高炉冶炼过程中，由于热力学和动力学条件的限制，炉顶煤气中 CO 不可能完全转变成 CO_2，所以 x_A 必定在 1~2 之间。

$y = 0$ 即与铁结合的氧已完全被夺走，为纯铁；随着 $\dfrac{n(O)}{n(Fe)}$ 值的增加，炉料中铁氧化程度越来越高。如前所说，在一般冶炼条件下，$y_A = 1.33 \sim 1.50$；只有在采用金属化炉料（例如金属化球团矿）时，y_A 有可能小于 1.0。

在平面图中，$0 < x < 1$ 区间表示 C 转化为 CO 的氧的来源，并说明 CO 的生成；$1 < x < 2$ 区间表示 CO 转化为 CO_2 的氧的来源，并说明 CO 的利用情况；$0 < y < y_A$ 的区间表示炉料中铁氧化物提供的氧，并描述铁在高炉内的还原过程，在高温区从浮氏体中夺取的那部分氧使 C 转化为 CO（直接还原），在中温区从铁氧化物中夺取的那部分氧使 CO 转化为 CO_2（间接还原）。在平面纵坐标的负方向，主要是描述高温区除铁直接还原外的氧的传递，主要有两个方面，即少量元素还原（包括脱硫和熔剂分解出 CO_2 的熔损反应）和鼓风中氧与碳的反应。

沿操作线可以看到一些点和线段，它们都有特定的意义，介绍如下：

（1）E 点。$x_E = 0$，表明碳在风口前尚未与氧发生反应，即表明是鼓风生成还原性气体 CO 的起点。$y_E = -(y_f + y_b)$，或写成 $y_b = -(y_E + y_f) = \dfrac{n_{Ob}}{n_{Fe}}$，即为风口前碳反应消耗的鼓风中氧量，也可理解为风量（单位时间吹入的 O 原子的量）与铁水产量（单位时间产出的 Fe 原子的量）的比值，即单位铁水消耗的风量。

（2）D 点。$x_D = x_b$，表示鼓风中氧生成的 CO 的部分，它可由炉顶（或炉腹）煤气中氮含量求得：

$$x_b = \frac{鼓风中的 O 原子数}{还原性气体分子数} = \frac{鼓风中的 O 原子数}{鼓风中的 N_2 分子数} \times \frac{还原性气体中的 N_2 分子数}{还原性气体总分子数}$$

$$= \frac{2 \times 21}{1 \times 79} \times \frac{\varphi(N_2)}{1 - \varphi(N_2)} = \frac{2}{3.762} \times \frac{\varphi(N_2)}{1 - \varphi(N_2)}$$

式中，$\varphi(N_2)$ 为炉顶或炉腹煤气中 N_2 的体积分数，%。这里忽略了焦炭和喷吹燃料挥发分中放出 N_2 的影响。

$y_D = -y_f$，由铁水中少量元素含量和炉渣硫含量确定。

（3）C 点。它是从铁氧化物而来的氧和其他来源的氧生成 CO 的分界点，$x_C = x_b + x_f =$ 由鼓风中氧和少量元素还原、脱硫所生成的 CO 气体部分，而 $1 - x_C = x_d =$ 铁氧化物直接还原生成的 CO 气体部分。$y_C = 0$ 为铁氧化物还原的端点，即铁氧化物已完全被还原为金属 Fe。

（4）B 点。如果铁的直接和间接还原不发生重叠，B 点即为它们的理论分界点，即表示直接还原结束、间接还原开始，气相中为纯 CO 而不含 CO_2，所以 $x_B = x_b + x_f + x_d = 1.0$，$y_B = y_d =$ 直接还原铁氧化物夺取的氧量。它实质上就是 r_d，因为根据巴甫洛夫定义的铁的直接还原度为：

$$r_d = \frac{\text{直接还原途径从 FeO 还原到 Fe 的数量}}{\text{全部被还原的铁量}} = \frac{w(Fe)_d}{w(Fe)_{\text{还}}}$$

按操作线坐标的要求：

$$n_{Fe_d} = \frac{w(Fe)_d}{56} = \frac{w(O)_{dFe}}{16} = n_{O_{dFe}}$$

$$n_{Fe_{\text{还}}} = \frac{w(Fe)_{\text{还}}}{56} = \frac{w(O)_{FeO \to Fe}}{16} = n_{O_{Fe}}$$

这样

$$r_d = \frac{w(Fe)_d}{w(Fe)_{\text{还}}} = \frac{n_{Fe_d}}{n_{Fe_{\text{还}}}} = \frac{n_{O_{dFe}}}{n_{O_{Fe}}} = \frac{n_{O_{dFe}}/n_{Fe_{\text{还}}}}{n_{O_{Fe}}/n_{Fe_{\text{还}}}} = \frac{y_d}{1} = y_d = y_B$$

（5）A 点。A 点描述入炉矿石氧化程度和炉顶煤气中碳的氧化程度：

$$x_A = 1 + x_i = 1 + \frac{\varphi(CO_2)}{\varphi(CO) + \varphi(CO_2)} = 1 + \eta_{CO}$$

$y_A = y_i + y_d =$ 直接还原和间接还原夺取的氧量总和，也就是与炉料中 Fe 结合的氧量，即铁的初始氧化度。

从各点的含义出发，就很容易理解操作线的各线段了，介绍如下：

（1）线段 $AB(x_i, y_i)$ 描述铁氧化物的间接还原。

（2）线段 $BC(x_d, y_d)$ 描述铁氧化物的直接还原。

（3）线段 $CD(x_f, y_f)$ 描述脉石中少量元素的直接还原和脱硫、熔剂分解出来的 CO_2 的熔损反应，它们均使 C 转化为 CO。

（4）线段 $DE(x_b, y_b)$ 描述鼓风燃烧焦炭和喷吹燃料的碳。

而且，里斯特定义的这些变数满足以下关系式：

$$\frac{y_b}{x_b} = \frac{y_f}{x_f} = \frac{y_d}{x_d} = \frac{y_i}{x_i} = \cdots = \frac{\mu}{1} = \mu \tag{6-194}$$

6.3.2.4　操作线受到的限制

操作线在平面上描述高炉过程的极限范围是由物料平衡、化学平衡和热平衡所规定的。

A　物料平衡的限制

物料平衡的限制主要是对 A 点和 C 点的限制。在高炉内 Fe 的还原基本上是完全的，因而炉料中铁的氧化程度就决定了 A 点的纵坐标；而高炉内 C 的氧化一定是生成 CO 和 CO_2 的混合气体，所以 A 点的横坐标一定在 1 与 2 之间。这样 A 点就处于 y_A 的水平线上 G 点 （$x = 1$）和 H 点（$x = 2$）之间。

高炉冶炼过程中，焦炭既起着还原剂提供者的作用，又起着热能提供者的作用，而且还起着保证整个料柱有良好透气性的作用，因而必然有相当部分的碳进入高温区。C 在高温区氧化反应都是生成 CO，这就是 x_b、x_f、x_d。通过 Fe 还原的直接和间接方式比较已知，$r_d = 0$ 的还原并不是焦比最低的，即不可能也不必要使全部铁氧化物在炉身部分都以间接还原方式还原成铁。这样就说明 $y_d > 0$，$x_d > 0$，操作线与 $y = 0$（横坐标轴）的交点 C 点必然处在 O 点（$x = 0$）与 F 点（$x = 1$）之间。

B 化学平衡的限制

高炉内的间接还原是在温度低于 850 ~ 1000℃ 的热储备区进行的，一般认为是在炉身部位进行。这种间接还原按热力学的规律存在着 Fe_3O_4、Fe_xO 同还原性气体 $CO + CO_2$ 混合物的化学平衡关系，一定温度下的气相成分可由此平衡图确定，在同一温度条件下铁氧化物的氧化程度则由 Fe-O 系相图决定。两个密切相关的平衡图在操作线坐标的平面图上构成一条轮廓线（见图 6-12）。

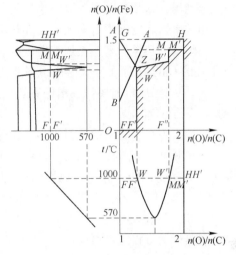

图 6-12 化学平衡对操作线的限制

根据相律的要求，当两个成分相邻的固相与气体之间达成平衡时，如果气体成分不变，两个固相之间的质量可以改变，则在操作线平面图上就可以确定一些垂直线（例如 $F'W$、$F''W'$ 等）；而当气体与化学成分固定的一个固相（例如 Fe、Fe_3O_4、Fe_2O_3）达成平衡时，气体成分可在一个区间内自由地变化，则在平面图上可以确定一些水平线（例如 AH、MM'）；当气体与化学成分不固定的一个固相（例如 Fe_xO）达成平衡时，固相和气相的成分在遵守平衡的条件下可以同时变化，从而形成一条曲线（在平面图上就是斜线 WW'）。由垂直线 HM'、MW'、WF'，水平线 FF'、MM' 和斜线 WW' 构成的轮廓线 $HM'MW'WF'F$ 就是化学平衡规定的操作线描述高炉过程的极限，如果高炉炉身还原反应达到了平衡，操作线将与轮廓线相切，其切点代表为与 Fe_xO 平衡的轮廓线肩端，即 W 点。

W 点的坐标 x_W、y_W 取决于平衡温度，热储备区与高温区的分界温度一般是根据 $CO_2 + C \rightleftharpoons 2CO$ 明显进行的温度来确定，即 850 ~ 1000℃。在 850℃ 时的平衡气相成分为 $\varphi(CO) = 68\%$、$\varphi(CO_2) = 32\%$，而在 1000℃ 时它们分别为 71% 和 29%。这样 W 点的横坐标为：

$$x_W = 1 + \frac{\varphi(CO_2)}{1} = 1.32 \sim 1.29$$

根据浮氏体是缺位化合物的特点，即在晶体结构上氧离子已充满其应占的位置，而铁离子未充满而有空位，这样浮氏体中 $n(O)/n(Fe)$ 总是大于 1，在确定 y_W 时常采用 $1.05 n(O)/n(Fe)$。

在炉身中要达到还原平衡，必须使炉料在炉身部位停留的时间超过矿石两级还原（$Fe_2O_3 \rightarrow Fe_xO$，$Fe_xO \rightarrow Fe$）所需的时间，这可以通过低冶炼强度操作或预还原炉料来实现。在实际生产中，炉身还原并没有达到平衡，所以操作线总是偏离 W 点。它在轮廓线的左边与 GW 相交，测量交点 Z 到 G 点的距离，将它与 GW 相比就得出炉身工作效率：

$$炉身工作效率 = GZ/GW \times 100\% \tag{6-195}$$

炉身工作效率说明间接还原发展的程度与平衡状态的差距。尽最大努力发展间接还原，使炉身工作效率接近 100%，是降低高炉冶炼燃料消耗的重要因素。这主要取决于还原动力学条件，即矿石的空隙度、还原性和煤气流的合理分布等。

　　C　热平衡的限制

　　单位铁水热量消耗过大，炉顶煤气中 CO 含量超过平衡所要求的数量使煤气化学能未被充分利用，这是目前我国高炉生产的普遍问题。在一定的冶炼条件下，改善操作而使煤气利用效率提高的潜力有多大，可在热平衡概念的基础上应用操作线来找出。

　　高炉冶炼热量的来源是风口前碳的燃烧，操作线与之有关的是 y_B，它是冶炼 1kg 原子 Fe 消耗的 C 的 kg 原子数。这样冶炼消耗而由碳燃烧提供的有效热量为 $y_b \cdot q_b$，其中 q_b 为每 kg 原子碳在风口前燃烧放出的有效热量 $q_b = 12(9791 + v_{风} \cdot c_{风} \cdot t_{风} - v_{煤气} \cdot c_{煤气} \cdot t_{煤气})$（kJ/kg 原子 C）。

　　高炉冶炼热量支出的项目很多，在分析中可把它们归为两部分，即浮氏体直接还原消耗的热量和其他有效热量消耗。前者等于 $y_d \cdot q_d$，其中 y_d 即为直接还原度 r_d，而 q_d 为每直接还原 1kg 原子 Fe 消耗的热量，它根据反应 $FeO + C = Fe + CO$ 的热效应确定，一般为 152088 kJ/kg 原子 Fe；后者包括其他元素还原耗热、脱硫耗热、碳酸盐分解耗热、渣和铁的熔等，其数值可通过高温区热平衡或全炉热平衡计算。若以高温区热平衡作为分析手段，则热平衡方程式可写成：

$$y_b \cdot q_b = y_d \cdot q_d + Q \tag{6-196a}$$

或改写成：

$$\frac{y_b}{y_d + Q/q_d} = \frac{q_d}{q_b} \tag{6-196b}$$

式中　Q/q_d——其他有效热量消耗相当于直接还原多少 kg 原子 Fe 所消耗的热量，在操作线图上用线段 FV 代表这个热量消耗（见图 6-13）。

　　从图 6-13 可以看出，$BV = BF + FV = y_d + Q/q_d$，它是以 Fe 直接还原耗热量为单位的高温区总热消耗，也就是总热量需要。这样：

$$UE/BV = q_d/q_b \tag{6-197}$$

这个比例要求操作线 AE 通过线段 UV 上的一个固定点 P，从三对相似三角形的对应边成比例的关系：

$$UP/PV = UE/BV = q_d/q_b \tag{6-198}$$

$$UP/PV = x_P/(1 - x_P) \tag{6-199}$$

$$(y_P - y_U)/(y_V - y_U) = x_P/1 \tag{6-200}$$

得出 P 点坐标为：

$$x_P = q_d/(q_d + q_b) \tag{6-201}$$

$$y_P = y_U + x_P(y_V - y_U) \tag{6-202}$$

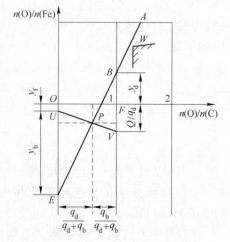

图 6-13　热平衡对操作线的限制

　　P 点确定后，连接 P、W 得出一条新的操作线，它代表着热力学允许的斜率最小的操作线，或称为理想操作线，其斜率为：

$$\mu_{理} = (y_W - y_P)/(x_W - x_P) \tag{6-203}$$

　　任何非理想操作线的斜率均大于理想操作线的斜率，如图 6-14 所示，以 PS 为代表，其斜率为：

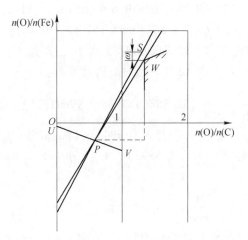

图 6-14 实际与理想操作线斜率差的计算

$$\mu = (y_S - y_P)/(x_W - x_P) \tag{6-204}$$

通过实际操作线与理想操作线的斜率差 $\Delta\mu$，可计算出冶炼单位 Fe 节约焦炭消耗量的潜力 (ΔK) 为：

$$\Delta\mu = \mu - \mu_{理} = (y_S - y_W)/(x_W - x_P) = \frac{\omega}{x_W - x_P} \quad (\text{kg 原子 C/kg 原子 Fe}) \tag{6-205}$$

$$\Delta K = \frac{(10 \times w[Fe]_\% - S \cdot w(Fe)_s)/55.85}{w(C_F)_焦/12} \cdot \Delta\mu$$

$$= \frac{215(w[Fe] - S \cdot w(Fe)_s/1000)}{w(C_F)_焦} \cdot \frac{\omega}{x_W - x_P} \quad (\text{kg 焦 /t 铁水})$$

当炉料中不加废铁时，$\Delta K = \dfrac{215}{w(C_F)_焦} \cdot \dfrac{\omega}{x_W - x_P}$ （kg 焦/t Fe）

$$\Delta K = \frac{215w[Fe]}{w(C_F)_焦} \cdot \frac{\omega}{x_W - x_P} \quad (\text{kg 焦/t 铁水})$$

式中　$w(C_F)_焦$——焦炭中固定碳的质量分数，%；

　　　$w[Fe]$——铁水中 Fe 的质量分数，%；

S，$w(Fe)_s$——废铁消耗量（kg/t）和废铁水中 Fe 的质量分数（%）。

下面仍以 6.2.3.3 节中设计高炉的计算为例，将 ΔK 值的求解过程演示如下。

从高温区热平衡（方法一）中可知，有效热量消耗为

$$Q_{有效} = 4.056 - 1.527 - 0.279 \text{ GJ/t} = 2.25 \times 10^6 \text{ (kJ/t)}$$

以操作线要求的 kg 原子 Fe 为计算单位时：

$$Q_{有效} = \frac{2.25 \times 10^6}{(943.67 - 12 \times 0.85)/56} = 134980.24 \text{ (kJ/kg 原子 Fe)}$$

这样

$$y_b \cdot q_b = Q_{有效} = 134980.24 \text{ (kJ/kg 原子 Fe)}$$

$$q_b = Q_{有效}/y_b = 134980.24/1.3552 = 99601.71 \text{ (kJ/kg 原子 C)}$$

而　　　　　$y_d \cdot q_d = 0.45 \times 152088 = 68439.6 \text{ (kJ/kg 原子 Fe)}$

其他有效热消耗 $Q = 134980.24 - 68439.6 = 66540.64(\text{kJ/kg 原子 Fe})$

$$y_V = Q/q_d = 66540.64/152088 = 0.4375$$

在 $x=1$ 的垂直线的负方向上取线段 0.4375 得 FV，连接 U、V 两点并与操作线相交，得到交点 P，量得 $x_P = 0.60$，$y_P = 0.28$。通过解析计算得：

$$x_P = \frac{q_d}{q_d + q_b} = 152088/(152088 + 99601.71) = 0.6043$$

$$y_P = y_U + x_P(y_V - y_U) = 0.0345 + 0.6043 \times (0.4375 - 0.0345) = 0.2780$$

本例中，由两点坐标 E（0，-1.3897）、A（1.4948，1.4664），可求出实际操作线 AE（即 PS）的方程为：

$$y = \frac{2.8561}{1.4948}x - 1.3897 = 1.9107x - 1.3897$$

则可求出点 S 的坐标为 $S(1.29, 1.0751)$，从而 $\omega = y_S - y_W = 1.0751 - 1.05 = 0.0251$，这样可节约焦炭的潜力为：

$$\Delta K = \frac{215(w[\text{Fe}] - S \cdot w(\text{Fe})_s/1000)}{w(\text{C}_F)_{\text{焦}}} \cdot \frac{\omega}{x_W - x_P}$$

$$= \frac{215 \times (0.94367 - 12 \times 0.85/1000)}{0.854} \times \frac{0.0251}{1.29 - 0.6043} = 8.60 \, (\text{kg 焦/t 铁水})$$

这是简化的计算结果，计算过程中忽略了很多因素的影响，如：焦炭和煤粉带入的氧对 y_A 的影响，熔剂和生矿带入的 CO_2 对 x_A 的影响，熔损反应和水煤气反应耗碳和带入的氧对纵坐标负方向的影响，H_2 参与还原的影响等。事实上，经检验，点 B（1，0.45）、P（0.6043，-0.278）均不在直线 $y = 1.9107x - 1.3897$ 上，说明上述计算结果存在误差。精确的计算过程如下（有关 H_2 参与还原时的高炉操作线计算请参阅 6.3.2.5 节中 B 的内容）。

（1）铁氧化物还原夺取的氧量：

$$y_A = \frac{n(\text{O})}{n(\text{Fe})} = \frac{w(\text{O})_{\text{Fe}}/16}{w(\text{Fe})_{\text{还}}/56}$$

$$= [(325 \times 0.00847 + 170 \times 0.00742) \times 16/72 - 10 \times (0.4612 \times 48/160 + 0.158 \times 16/72) + 1574.279 \times (0.79469 \times 48/160 + 0.04837 \times 16/72) - 285.931 \times 0.00637 \times 16/72]/[16 \times (943.67 - 12 \times 0.85)/56]$$

$$= 1.4660$$

（2）少量元素还原和脱硫、熔损反应、水煤气反应、H_2 参与还原等夺取的氧量：

$$y_f = \frac{n(\text{O})}{n(\text{Fe})} = \frac{w(\text{C})_{dSi,Mn,P,S}/12}{w(\text{Fe})_{\text{还}}/56} = \frac{6.283/12}{(943.67 - 12 \times 0.85)/56} = 0.0314$$

$$y_\phi = \frac{w(\text{C})_{dCO_2}/12}{w(\text{Fe})_{\text{还}}/56} = \frac{0.0/12}{(943.67 - 12 \times 0.85)/56} = 0.0$$

$$y_{H_2O化} = \frac{w(\text{C})_{H_2O化}/12}{w(\text{Fe})_{\text{还}}/56} = \frac{0.63/12}{(943.67 - 12 \times 0.85)/56} = 0.0031$$

$$y_{H_2} = \frac{\Sigma H_2/22.4}{w(\text{Fe})_{\text{还}}/56} = \frac{80.197/22.4}{(943.67 - 12 \times 0.85)/56} = 0.2148$$

这样 $y_U = y_f + y_\phi + y_{H_2O化} + y_{H_2} = 0.0314 + 0 + 0.0031 + 0.2148 = 0.2493$

（3）风口前 C 氧化夺取的氧量：

$$y_b = \frac{n(O)}{n(Fe)} = \frac{w(C)_风/12}{w(Fe)_还/56} = \frac{271.076/12}{(943.67 - 12 \times 0.85)/56} = 1.3552$$

从而得到 E 点的纵坐标为： $y_E = y_U + y_b = 0.2493 + 1.3552 = 1.6045$

（4）计算煤气中的 $\dfrac{n(O)}{n(C)}$：

考虑 H_2 参与还原的影响，将 $V_{H_2O还}$ 加入炉顶干煤气，重新计算湿煤气的成分，并扣除非还原反应产生的即生矿中放出的 CO_2 量：

煤气组分	CO	CO$_2$	H$_2$	N$_2$	H$_2$O$_还$	合计
m^3/t	347.384	341.570	40.580	745.017	39.617	1514.168
体积分数/%	22.94	22.56	2.68	49.20	2.62	100.00

$$x_A = \frac{n(O) + n(H_2)}{n(C) + n(H_2)} = 1 + \frac{\varphi(CO_2) + \varphi(H_2O)}{\varphi(CO) + \varphi(CO_2) + \varphi(H_2) + \varphi(H_2O)}$$

$$= 1 + \frac{341.57 + 39.617 - 22.4/44 \times 157.428 \times 0.00776}{347.384 + 341.57 + 40.58 + 39.617 - 22.4/44 \times 157.428 \times 0.00776} = 1.4952$$

同上，$x_P = \dfrac{q_d}{q_d + q_b} = 152088/(152088 + 99601.71) = 0.6043$

$$y_P = y_U + x_P(y_V - y_U) = 0.2493 + 0.6043 \times (0.4375 - 0.2493) = 0.3630$$

因此，由操作线上任意两点坐标，可求出实际操作线 AE（即 PS）的方程。例如，由两点坐标 E（0，-1.6045）、A（1.4952，1.4660），得到操作线 AE（即 PS）的方程为：

$$y = \frac{3.0705}{1.4952}x - 1.6045 = 2.0536x - 1.6045$$

可以检验，点 B（1，0.45）、P（0.6043，-0.363），均在直线 AE（即 PS）上。

考虑 H_2 参与还原的 W 点的纵坐标计算为：

$$x_W = 1 + \frac{0.29 \times (347.384 + 341.57 - 22.4/44 \times 157.428 \times 0.00776) + 0.42 \times (40.58 + 39.617)}{(347.384 + 341.57 - 22.4/44 \times 157.428 \times 0.00776) + (40.58 + 39.617)}$$

$$= 1.304$$

由两点坐标 P（0.6043，-0.363）、W（1.304，1.05），可求出理想操作线 PW 的方程为：

$$y = \frac{1.413}{0.6997}(x - 0.6043) - 0.363 = 2.0194x - 1.5833$$

$$\Delta\mu = \mu - \mu_理 = 2.0536 - 2.0194 = 0.0342（kg 原子 C/kg 原子 Fe）$$

由实际操作线 AE（即 PS）的方程可求出点 S 的坐标为 S（1.304，1.0734），从而 $\omega = y_S - y_W = 1.0734 - 1.05 = 0.0234$，这样可节约焦炭的潜力为：

$$\Delta K = \frac{215(w[Fe] - S \cdot w(Fe)_s/1000)}{w(C_F)_焦} \cdot \frac{\omega}{x_W - x_P}$$

$$= \frac{215 \times (0.94367 - 12 \times 0.85/1000)}{0.854} \times \frac{0.0234}{1.304 - 0.6043} = 7.86（kg 焦/t 铁水）$$

可以看出，精确计算结果与简化计算的结果 8.60kg 焦/t 比较接近，说明操作线计算过程中忽略一些次要因素的影响，对主要因素的计算结果影响不大。

6.3.2.5 操作线的分析与应用

A 利用操作线分析高炉冶炼过程中一些操作因素变化对焦比的影响

在高炉生产中一些操作因素常因某种原因发生变化，从而影响到焦比的变化。在 6.2 节中已介绍过，这种焦比变化可以计算出来并加以分析。里斯特操作线也可以用图解的方法将其显示出来。操作因素的变化可能影响操作线的两个方面：一是改变操作线的状态（包括实际操作线和理想操作线）；二是改变实际操作的炉身工作效率。前者是通过 W 点和 P 点坐标的改变来影响理想操作线状态的，后者则是由于实际操作线与理想操作线的斜率差发生变化而造成的。

前已说明，操作线上各点和形成的线段的斜率相同（见式 (6-194)），而且在数学上也完全证明各线段连接起来是一条线，因此只要知道 A、B、C、D、E、P 各点中任何两点的坐标就可以连接成实际生产的操作线，而知道 W、P 两点的坐标就可得出理想操作线。在实际生产中通过对比两者的斜率差，可算出该生产条件下各因素对焦比的影响；或求得各影响因素变动后的 y_E ($y_f + y_b$) 和 y_B (y_d) 按式 (6-206) 算出焦比；或求得影响因素变动后 y_E、y_B 的变量 Δy_E、Δy_B，按式 (6-207) 算出焦比的变动量。

$$K = \left[(y_d + y_f + y_b) \times 12 \times (w(Fe)_{还}/56) + 10 \cdot w[C]_\% \right] \times w[Fe]/w(C_F)_{焦} \quad (kg/t)$$
$$(6-206)$$

$$\Delta K = \left[(\Delta y_E + \Delta y_B) \times 12 \times (w(Fe)_{还}/56) \right] \times w[Fe]/w(C_F)_{焦} \quad (kg/t) \quad (6-207)$$

在生产中影响 A 点纵坐标的是矿石品位和矿石中铁的氧化程度，影响 A 点横坐标的则是炉顶煤气中 CO 利用率 η_{CO}。例如，澳大利亚纽曼山矿等的 y_A 都在 1.49 以上，接近 1.50 的理论值，而我国的海南矿一般多低于 1.40；常用的高碱度烧结矿的 y_A 因为铁酸钙量的增加、FeO 含量的降低，使其上升到 1.40 以上。x_A 则取决于精料程度和高炉操作水平，采用 Fe_2O_3 含量较高的矿石冶炼，理论上 x_A 可达 1.65~1.70，当炉料中 FeO 含量在 6% 时，这个理论值在 1.58~1.64 之间波动。目前世界先进高炉的 x_A 已达到 1.50~1.52，我国先进的宝钢高炉等也达到 1.50 左右，而大部分高炉则在 1.40~1.45 之间波动；中小型高炉煤气利用较差一些，x_A 在 1.3~1.4 之间。x_A 值的增加使操作线斜率降低，高炉冶炼的燃料比下降。

B 点的横坐标是固定的 $x_B = 1.0$，而影响其纵坐标的因素是直接还原度变化。生产高炉可通过绘制操作线得到 $y_B = r_d$，这比通过物料平衡、热平衡计算要简便和快捷。在设计高炉的计算中，是根据同类条件选定 r_d 的，这样 B 点坐标就确定了。已知铁水成分，可算出 y_f 和 C 点坐标，连接 B、C 就可得出操作线，得到 x_A，也就是该高炉可能达到的煤气利用率，通过斜率计算即可得到该高炉的焦比等。

如前所说，W 点的坐标是相对稳定的，可视为常数。x_W 是由碳的熔损反应明显进行的温度决定的，一般在 1.29~1.32 之间。y_W 是由浮氏体中氧含量决定的，一般为 1.05，但当炉料成分中出现影响浮氏体氧含量的因素时它就会变化。例如，用金属铁代替部分氧化铁（金属化球团和废铁），则 y_W 将降低；而若三价 Fe 超过了其在浮氏体中的正常含量（超高碱度烧结矿中的铁酸钙），y_W 将增大。

x_P 主要取决于风温：

$$x_P = q_d/(q_d + q_b)$$

由于 $q_b = 12(9791 + v_风 \cdot c_风 \cdot t_风 - v_{煤气} \cdot c_{煤气} \cdot t_{煤气})$，按照高温区热平衡，如前 6.2.4.3 节和 6.2.4.4 节所述简化，将 $v_风$ 和 $v_{煤气}$、$c_风$ 和 $c_{煤气}$ 用统计规律合并，取 $c = 1.425\text{kg}/(\text{m}^3 \cdot ℃)$，则有：

$$q_b = 12[9791 + v_风 c(t_风 - 1000)] = 12\left[9791 + \frac{22.4}{2 \times 12 \times 0.21} \times 1.425(t_风 - 1000)\right]$$

$$= 117492 + 76(t_风 - 1000) \quad (\text{kJ/kg 原子 C})$$

所以 $\quad x_P = \dfrac{q_d}{q_d + q_b} = \dfrac{152088}{152088 + 117492 + 76 \times (t_风 - 1000)} = \dfrac{0.564}{1 + 2.82 \times 10^{-4}(t_风 - 1000)}$

y_P 是比较复杂的，它受 x_P、y_U 和 y_V 的影响。y_U 是由铁水成分决定的，而 y_V 则取决于高温区除 Fe 直接还原耗热以外的其他有效热量消耗 Q：

$$y_P = y_U + x_P(y_V - y_U) = (1 - x_P)y_U + x_P y_V$$

$$y_U = \frac{w(\text{C})_{dSi, Mn, P, S}/12}{w(\text{Fe})_还 /56}$$

$$y_V = Q/q_d$$

如果铁水成分不变，y_U 是定值，U 点固定，则

$$\Delta y_P = x_P \cdot \Delta y_V$$

但往往铁水成分改变而使热消耗也发生变化，即 Δy_U 与 Δy_V 同步成正比变化，则 UV 线将围绕一个 J 点旋转（见图 6-15），这时：

$$\frac{x_J - 1}{x_J} = \frac{\Delta y_V}{\Delta y_U} \tag{6-208}$$

$$x_J = \Delta y_U/(\Delta y_U - \Delta y_V)$$

而 P 点的位移为：

$$\Delta y_P = (x_P - x_J)(\Delta y_V - \Delta y_U)$$

如果操作因素仅使 P 点受影响，则操作线的固定点为 W；或者操作因素仅使 W 点受影响，则固定点为 P；如果 P、W 点都受影响，但 x_W 和 x_P 可视为常数时，Δy_W 和 Δy_P 成正比变化，则固定旋转点为 I 点：

$$\frac{x_I - x_W}{x_I - x_P} = \frac{\Delta y_W}{\Delta y_P} \tag{6-209}$$

$$x_I = (x_W \Delta y_P - x_P \Delta y_W)/(\Delta y_P - \Delta y_W)$$

$$\Delta \mu = (\Delta y_P - \Delta y_W)/(x_W - x_P)$$

图 6-16 所示为使用金属化球团矿后的操作线变化情况。

设 a 为炉料中金属铁所占的比例，则

$$\Delta y_W = -1.05a$$

$$\Delta y_V = -0.112a$$

$$\Delta y_P = -0.112 x_P \cdot a$$

$$\Delta \mu = (\Delta y_W - \Delta y_P)/(x_W - x_P) \tag{6-210}$$

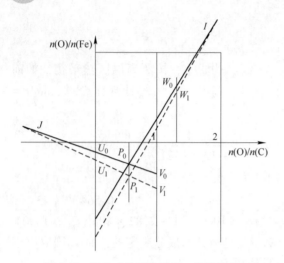

图 6-15 铁水成分变化时以 J 为旋转点，
P、W 皆变化时以 I 为旋转点

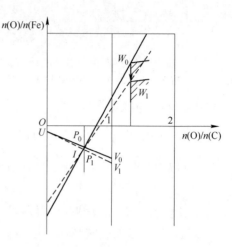

图 6-16 使用金属化球团对 y_W 的影响

对于 6.2.3.3 节设计高炉所举例子来说，$x_W = 1.29$，$x_P = 0.604$，则

$$\frac{\Delta\mu}{a} = \frac{1.05 - 0.112 \times 0.604}{1.29 - 0.604} = 1.432（\text{kg 原子 C/kg 原子 Fe}）$$

$$\Delta K = \frac{215}{w(C_F)_{\text{焦}}} \cdot \frac{\Delta\mu}{a} = \frac{215}{0.854} \times 1.432 = 360.5（\text{kg 焦/t Fe}）$$

$$\Delta K = \frac{215(w[Fe] - S \cdot w(Fe)_s/1000)}{w(C_F)_{\text{焦}}} \cdot \frac{\Delta\mu}{a}$$

$$= \frac{215 \times (0.94367 - 12 \times 0.85/1000)}{0.854} \times 1.432$$

$$= 336.5（\text{kg 焦/t 铁水}）$$

这就是说，每使用金属化球团矿 10% 可节焦 33.7kg/t，相当于燃料比的 6.8%。这与目前世界各国所做的工业试验结果大致相同。

图 6-17 所示为风温提高以后的操作线变化情况。

直接受风温影响的 P 点，因为 P 点的坐标是：

$$x_P = q_d/(q_d + q_b)，\quad y_P = y_f + x_P(y_V - y_f)$$

而 q_b 随风温的变化而改变，风温提高以后 q_b 增大，使 x_P、y_P 均有所减小，即 P 点向左上方移动。在肩点 W 不变的情况下，PW 的斜率变化为：

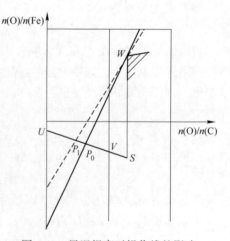

图 6-17 风温提高对操作线的影响

$$\Delta\mu = \mu_1 - \mu_0 = \frac{y_W - y_{P_1}}{x_W - x_{P_1}} - \frac{y_W - y_{P_0}}{x_W - x_{P_0}} \tag{6-211}$$

为确定风温变化前后的 P 点坐标，按上述绘制操作线的过程，就需要计算两个区域

热平衡，算出不同风温下的 Q/q_d 和 q_b 来。为避免繁琐计算，假定鼓风比热容在风温变化区间内保持常数，则 q_b 与 $t_风$ 之间就呈线性关系：

$$q_b = 117.5 + 0.076(t_风 - 1000) \quad (\text{MJ/kg 原子 C})$$

在 $q_d = 152.088\text{MJ/kg 原子 Fe}$ 时，

$$x_P = 0.564/[1 + 2.82 \times 10^{-4}(t_风 - 1000)]$$

在 6.2.3.3 节设计高炉所举例子中，W 点坐标为（1.29，1.05），U 点坐标为（0，-0.0345），V 点坐标为（1，-0.4375），风温由 1000℃提高到 1200℃，则

$$x_{P_0} = 0.564/[1 + 2.82 \times 10^{-4} \times (1000 - 1000)] = 0.564$$

$$x_{P_1} = 0.564/[1 + 2.82 \times 10^{-4} \times (1200 - 1000)] = 0.534$$

$$y_P = y_U + x_P(y_V - y_U) = 0.0345 + 0.6389 \times (0.4375 - 0.0345) = 0.2920$$

$$y_{P_0} = -0.0345 + 0.564 \times (-0.4375 + 0.0345) = -0.262$$

$$y_{P_1} = -0.0345 + 0.534 \times (-0.4375 + 0.0345) = -0.250$$

$$\Delta\mu = \frac{1.05 + 0.250}{1.29 - 0.534} - \frac{1.05 + 0.262}{1.29 - 0.564} = 1.720 - 1.807 = -0.087 \, (\text{kg 原子 C/kg 原子 Fe})$$

$$\Delta K = \frac{215}{w(C_F)_焦} \cdot \Delta\mu \cdot (w[\text{Fe}] - S \cdot w(\text{Fe})_s/1000)$$

$$= \frac{215}{0.854} \times (-0.087) \times (0.94367 - 12 \times 0.85/1000) = -20.89 \, (\text{kg 焦/t 铁水})$$

B 喷吹含 H_2 燃料时的高炉操作线

如前所述，操作线编制时假定高炉过程是在 Fe、O、C 三元素之间进行的，而将 H_2 参与还原的过程忽略不计。在喷吹含 H_2 很多的燃料时，H_2 的作用不能再忽视，高炉过程就可以认为在 Fe、O、H、C 四元素之间进行。氢与 C 的不同之处在于，它以分子状态进入炉内，反应夺取氧原子后形成 H_2O，仍以分子状态存在。这样在绘制操作线时坐标应改为：纵坐标 $(n(O) + n(H_2))/n(\text{Fe})$，横坐标 $(n(O) + n(H_2))/(n(C) + n(H_2))$。在绘制时，计算出炉料和喷吹燃料带入的 H_2 量（ΣH_2），按操作线规定换算成：

$$y_{H_2} = \frac{\Sigma H_2/2}{w(\text{Fe})_还/56} \quad (\text{kg 分子 } H_2/\text{kg 原子 Fe})$$

大部分文献中将它置于 Y 轴负方向的 y_f 下方，使负方向的数值成为 $y_f + y_{H_2} + y_b$ 之和（见图 6-18（a））。

修改后的横坐标 $\dfrac{n(O) + n(H_2)}{n(C) + n(H_2)}$ 计算式为：

$$x_A = \frac{n(O) + n(H_2)}{n(C) + n(H_2)} = \frac{(\varphi(CO) + 2\varphi(CO_2) + \varphi(H_2O)) + (\varphi(H_2) + \varphi(H_2O))}{(\varphi(CO) + \varphi(CO_2)) + (\varphi(H_2) + \varphi(H_2O))}$$

$$= \frac{\varphi(CO) + 2\varphi(CO_2) + \varphi(H_2) + 2\varphi(H_2O)}{\varphi(CO) + \varphi(CO_2) + \varphi(H_2) + \varphi(H_2O)}$$

$$= 1 + \frac{\varphi(CO_2) + \varphi(H_2O)}{\varphi(CO) + \varphi(CO_2) + \varphi(H_2) + \varphi(H_2O)} \qquad (6\text{-}212)$$

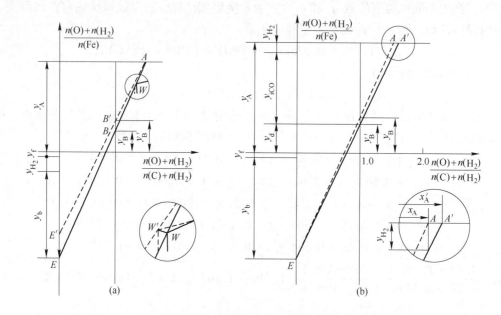

图 6-18 H_2 的参与对操作线的影响

(a) y_{H_2} 置于 y 轴负方向；(b) y_{H_2} 置于 y 轴正方向

----不喷吹燃料时；—— 喷吹含 H_2 燃料时

计算时需要知道还原生成的 H_2O 量 $V_{H_2O还}$，而炉顶煤气成分分析中是没有该数据的。一般要通过 H_2 平衡（式（6-31））计算出来：

$$V_{H_2O还} = V_{H_2还} = 11.2(w(H)_料 + w(H)_喷) + \varphi V_风 - \varphi(H_2)V_煤气 \quad (m^3/t)$$

也可按 η_{CO} 和 η_{H_2} 的关系求得 η_{H_2}，然后按 $V_{H_2O还} = [11.2 \cdot (w(H)_料 + w(H)_喷) + \varphi \cdot V_风] \cdot \eta_{H_2}$ 算出。将计算所得的 $V_{H_2O还}$ 加入到干煤气量 $V_煤气$ 中，算出新的（湿）煤气成分体积百分含量，即可计算 x_A。

从炼铁工艺原理来分析，将 y_{H_2} 置于 Y 轴负方向并不完全合理。如果矿石中含有大量易还原氧化物，例如 Ni、Cu、Co、Pb 等元素的氧化物，还原它们夺取的氧量，如同 Si、Mn、P 和脱 S 时被 C 夺取的氧量相类似，这时将 y_{H_2} 视同 y_f 一样置于 Y 轴负方向是合理的，但是高炉内 H_2 参与间接还原，夺取的氧是与 Fe 结合的氧，即从 Fe_2O_3、Fe_3O_4 还原到 FeO 和从 FeO 间接还原到 Fe 的过程中夺取的氧，它是 y_A 中的 y_i 的一部分，因此，将 y_{H_2} 置于 Y 轴的正方向才是合理的。由此绘制的操作线如图 6-18（b）所示。

在四元素组成的坐标内，操作线的斜率为：

$$\mu = \frac{(n(O) + n(H_2))/n(Fe)}{(n(O) + n(H_2))/(n(C) + n(H_2))} = (n(C) + n(H_2))/n(Fe) \quad (6-213)$$

即冶炼 1kg 原子 Fe 消耗的碳原子数和 H_2 分子数的总和，它与燃料比类同。

由于 H_2 参与了还原反应，操作线上的各点也随之发生变化（见图 6-18）。首先是 W 点，从热力学角度来讲，高温（高于 810℃）下 H_2 的还原能力比 CO 强，即在同一温度下，平衡气相成分中允许的 H_2O 含量比 CO_2 含量高，例如平衡气相成分中：

	850℃	900℃	1000℃
$\varphi(H_2O)_\%$	37.4	39	42
$\varphi(CO_2)_\%$	33.5	32	29

所以在喷吹 H_2 含量高的燃料时，操作线移动的限制肩点 W 右移了，以前面确定纯 CO 时 W 点的坐标（1000℃）来说，当 H_2 占还原性气体（CO+H_2）总量的15%时，W 点的横坐标为：

$$x_W = 1 + \frac{29 \times 0.85 + 42 \times 0.15}{100} = 1.31$$

即与纯焦炭冶炼时相比，W 点向右移动了 $1.31-1.29=0.02$。显然，喷吹含 H_2 燃料量越大，煤气中 H_2 含量越高，W 点向右的移动量也越大。但右移的极限为还原性气体中 100% 是 H_2（例如用 H_2 作为还原剂的竖炉直接还原法），这时 W 点的横坐标为：

$$x_W = 1 + 42/100 = 1.42$$

此外，炉身工作效率、r_d、P 点等都有变化，请根据不喷吹含 H_2 燃料时的情况，自行比较分析。

6.3.3　理查特（Reichardt）区域热平衡图解分析

区域热平衡图解分析是理查特在 1927 年根据高炉内热交换和热平衡特点而创立的。尽管提出较早，但由于当时人们对高炉内热交换，尤其是区域热平衡还认识不清、理解不透，一些学术权威对区域热平衡持批判甚至否定的态度，所以区域热平衡图解分析在较长时间内未被人们重视。随着高炉内热交换研究的进展和对区域热平衡认识的提高，这个图解法现在已被应用于分析高炉冶炼。

6.3.3.1　理查特图解的原理

众所周知，高炉是具有多种功能的反应器，其中包括煤气发生和热交换等。里斯特操作线是基于还原反应和煤气发生两种功能，即以氧的传递为依据。而理查特图则以煤气发生和热交换两种功能为基础建立。进入高炉内的碳遇到鼓风燃烧形成 CO，放出热量，此热量将燃烧产物炉缸煤气加热到某一温度 t_f。当煤气通过热交换由 t_f 冷却到 t_0 时，煤气放出所存的热量，用图表示（见图 6-19）为：当 t_f 降到 0℃时，$\triangle AOB$ 表示煤气放出的全部热量；当 t_f 降到 $1/2t_f$ 时，$\triangle AOC$ 表示煤气放出的那部分热量。

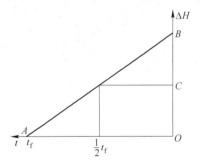

图 6-19　煤气降温过程中
放出热量示意图
t—温度；ΔH—煤气放出的热量；
t_f—风口前理论燃烧温度

煤气放出的热量用于加热炉料。炉料得到煤气传来的热量后经历了冶炼过程的物理化学变化，并提高了温度，这个过程中消耗的热量也可以用 t-ΔH 图中的面积大小来表示。

如果将高炉分为上、下两部分，则图 6-20 和图 6-21 所示分别为高炉上、下部热交换曲线和与之相对应的热量供求曲线。

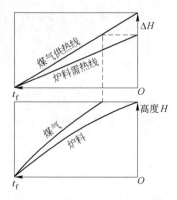

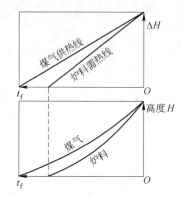

图 6-20　高炉上部热交换曲线和热量供求曲线　　图 6-21　高炉下部热交换曲线和热量供求曲线

　　将高炉上、下部的图合在一起，得到图 6-22。此图的上部分就是理查特区域热平衡图，而下部分即为高炉内热交换曲线图。

　　在实际生产中，高炉内热储备区内的煤气温度和炉料温度并不相等，而是有一定的温度差，这在第 5 章和本章区域热平衡编制一节中已说明，它们相差 $50 \sim 100℃$，因此实际高炉的理查特图如图 6-23 所示。

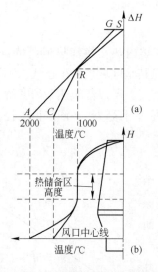

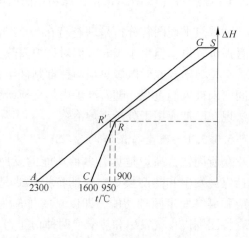

图 6-22　高炉理查特区域热平衡图和热交换曲线图的对比　　图 6-23　实际高炉的理查特图
（a）理查特区域热平衡图；（b）热交换曲线图

　　从图 6-23 可以看出，RS 为高炉上部冶炼所要求的热量线，CR 为高炉下部冶炼所要求的热量线，而 $AR'G$ 为高炉煤气提供热量线。

6.3.3.2　理查特图解的分析

　　在高炉内热交换进行得极为理想的状态下，热储备区内煤气和炉料之间的温差 $\Delta t = 0$，这时煤气供热线 AG 与炉子上、下部要求的热量线的转折点 R 相切（见图 6-23）。如同里斯特操作线上热力学限制的 W 点一样，R 点成为高炉冶炼热量供求上决定最低焦比的肩点。理查特及其他学者就是利用这一特性来分析高炉和计算高炉冶炼的最低焦比。

　　最初，理查特将高炉内分为以下四个温度区（见图 6-24）：

（1）0~900℃区。该区进行着水分蒸发、结晶水分解、氧化铁间接还原、炉料加热到900℃等过程。

（2）900~1200℃区。该区进行着石灰石分解、炉料进一步加热等过程。理查特认为石灰石在900℃左右时全部分解完毕，因此在图6-24中出现RH垂直台段。

（3）1200~1400℃区。该区进行着铁的直接还原、铁水和炉渣的熔化及过热过程。

（4）1400℃以上区。该区进行着Si、Mn及其他元素的直接还原以及其他过程，这样在冶炼需热线上出现三个折点。

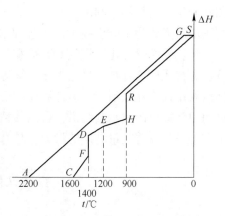

图6-24　理查特设想的区域热平衡图

而且理查特还提出过铁的直接还原全部在1400℃时进行的假设，则在图6-24上出现近似于垂直的DF段。这样决定焦比的肩点可能是R点，也可能是D点。现在可以清楚地认识到，理查特的这种假定是不符合事实的。另外，现代高炉内也不再加入大量石灰石，加入的石灰石也不是在900℃左右时全部分解完毕，因此，不会出现RH段。这样，用理查特图分析高炉操作、确定风口前燃烧的最低碳量$w(C)_风$时，如前面介绍的那样，只需将高炉分为上、下两个区域就足够了。

图6-25示出几种可能和不可能的情况下的理查特图解。图6-25（a）所示是较为正常的情况，但其炉内热交换进行得不完善；图6-25（b）所示是一种不可能的情况，因为煤气的焓比炉料的低，冶炼不可能进行；图6-25（c）所示也是非正常的情况，因为正常冶炼下煤气供热线不可能具有两个斜率，但是如果从炉腹向炉内喷吹热还原性气体，则煤气的斜率会发生改变，此时斜率是增加的；图6-25（d）所示是一种极端情况，此时鼓风温度提高到很高的程度（或富氧率高到很高的程度），以致炉身和炉顶温度下降，使煤气离开高炉时没有任何过剩热量；图6-25中（e）所示是另一种极端情况，煤气离开高炉下部时剩余的热量非常少，造成煤气离开高炉时剩余的热量非常多。

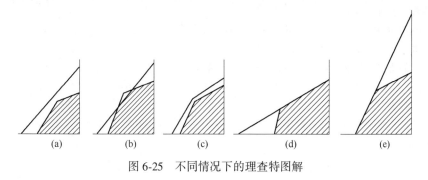

图6-25　不同情况下的理查特图解

6.4　小　结

本章详细讲述高炉冶炼过程的能量利用指标、高炉能量利用计算分析、高炉能量利用图解分析。高炉能量利用指标能够清晰明确地使生产者和研究者看出冶炼结果和改善能量利用的潜力。为了分析高炉冶炼能量利用程度，人们常常通过计算方法确定实际的燃料比、焦比、综合焦比、煤气 CO 利用率、氢气利用率等，还需要结合物料平衡和热平衡计算、直接还原度计算、理论焦比计算等发现和寻求进一步改善能量利用的途径。虽然高炉能量利用计算比较精确，但计算比较繁琐，借助于计算机可快速完成计算。图解分析则通过简单计算以图显示其结果，虽然其精确度稍差，但可使生产者和研究者直接观看冶炼结果和进一步改善能量利用的潜力，具有更大的优越性。

参考文献和建议阅读书目

[1] 王筱留. 钢铁冶金学（炼铁部分）[M]. 2 版. 北京：冶金工业出版社，2000.
[2] 王筱留. 钢铁冶金学（炼铁部分）[M]. 3 版. 北京：冶金工业出版社，2013.
[3] 成兰伯. 高炉炼铁工艺及计算 [M]. 北京：冶金工业出版社，1987.
[4] 拉姆 A H. 现代高炉过程的计算分析 [M]. 北京：冶金工业出版社，1987.
[5] 鞍钢炼铁厂等. 炼铁工艺计算手册 [M]. 北京：冶金工业出版社，1973.
[6] 《炼铁设计参考资料》编写组. 炼铁设计参考资料. 北京：冶金工业出版社，1975.
[7] Y. K. Rao. Stoichiometry and thermodynamics of metallurgical processes [M]. London：Cambridge University Press，1985：880~882.
[8] 皮西 J G，达文波特 W G. 高炉炼铁理论与实践 [M]. 北京：冶金工业出版社，1985.
[9] 那树人. 炼铁计算 [M]. 北京：冶金工业出版社，2005.
[10] 那树人. 炼铁计算辨析 [M]. 北京：冶金工业出版社，2010.

习题和思考题

6-1 高炉热平衡编制的原则是什么？比较三种编制方法所得的热平衡结果并分析它们的优缺点。

6-2 比较铁的直接还原度和高炉直接还原度，分析采用它们描述高炉内还原情况的优缺点。如何根据生产数据对它们进行计算？

6-3 计算风温为 1000℃的 100m³ 鼓风（干风中含氧 23%，风中水分 2%）在燃烧带燃烧焦炭形成的煤气成分和数量，并算出理论燃烧温度。

6-4 理论焦比的含义是什么，计算的原则是什么，计算它有何意义？

6-5 使用 $w(Fe_2O_3)=70\%$、$w(FeO)=30\%$ 的矿石为原料，在高炉内冶炼时炉顶煤气中 CO_2 和 CO 的比值最高能达到多少（设 $r_d=0.5$）？

6-6 为生产实习厂高炉编制物料及热平衡、计算理论焦比、绘制操作线和区域热平衡图，分析该厂进一步降低高炉焦比的途径。

7 高炉炼铁工艺

[本章提要]

本章简要地介绍了指导高炉炼铁生产的原则，系统地阐述了高炉炼铁工艺的基本操作制度，包括装料制度、送风制度、造渣制度及热制度等，简要地说明了高炉炉况判断、失常炉况与相应的处理方法等，详细地介绍了高炉的低碳、高效技术，涵盖精料方针，高压操作、高风温操作、喷吹补充燃料、富氧和综合鼓风、低硅冶炼、高炉长寿等相关技术。

7.1 高炉炼铁生产的原则

高炉冶炼生产的目标是在较长的一代炉龄（例如15年或更长）内生产出尽可能多的生铁（如 $13000 \sim 15000 t/m^3$），而且消耗要低，生铁质量要好，经济效益要高，概括起来就是"高效、优质、低耗、长寿、环保"。长期以来，我国乃至世界各国的炼铁工作者对如何处理这五者间的关系进行过且还在进行着讨论，讨论的焦点是如何提高产量和焦比与产量的关系。

长期以来，在我国评估高炉生产的指标一直使用着三个重要指标，即有效容积利用系数（η_V）、冶炼强度（I）和焦比（K），它们之间有着如下的关系：

$$\eta_V = I/K \tag{7-1}$$

显然，利用系数的提高，即高炉产量的增加存在着四种途径：

（1）冶炼强度保持不变，不断地降低焦比。

（2）焦比保持不变，冶炼强度逐步提高。

（3）随着冶炼强度的逐步提高，焦比有所降低。

（4）随着冶炼强度的提高，焦比也有所上升，但焦比上升的幅度不如冶炼强度增长的幅度大。

在高炉炼铁的发展史上这四种途径都被应用过，应当指出，在最后一种情况下，产量增长很少，而且是在牺牲昂贵的焦炭消耗中取得的，一旦在冶炼强度提高的过程中焦比升高的速率超过冶炼强度提高的速率，则产量不但得不到增加，反而会降低。因此，冶炼强度对焦比的影响成为高炉冶炼增产的关键。

在高炉冶炼的技术发展过程中，人们通过研究总结出冶炼强度与焦比的关系，如图7-1所示。在一定的冶炼条件下，存在着一个与最低焦比相对应的最适宜的冶炼强度 $I_{适}$。当冶炼强度低于或高于 $I_{适}$ 时，焦比将升高，而产量稍迟后开始逐渐降低。这种规律反映了高炉内煤气和炉料两流股间的复杂传热、传质现象。在冶炼强度很低时，风量及相应产生的煤气量均小，流速低，动压头很小，造成煤气沿炉子截面分布极不合理，表现为边缘气流过分发展，煤气与矿石不能很好地接触，结果煤气的热能和化学能不能得到充分利用，炉顶煤气中 CO_2 含量低、温度高，而进入高温区的炉料因还原不充分，直接还原发展，消耗了大量宝贵的高温热量，因此焦比很高。随着冶炼强度的提高，风量、煤气量相应增加，煤气的速度也增大，从而改变了煤气流的流动状态，由层流转为湍流，风口前循环区的出现大大改善了煤气流的分布和煤气与炉料之间的接触，煤气流的热能和化学能利用改善，间接还原的发展减少了下部高温区热量的消耗，从而焦比明显下降，直至达到与最适宜冶炼强度 $I_{适}$ 相对应的最低焦比值。之后冶炼强度继续提高，煤气量的增加进一步提高了煤气流速，这将带来叠加性的煤气流分布，导致中心过吹或管道行程，如第 4 章所述，在煤气流速过大时，它的压头损失可变得与炉料的有效质量相等或超过有效质量，炉料就停止下降而出现悬料，所有这些将引起还原过程恶化、炉顶煤气温度升高、炉况恶化，最终表现为焦比升高。

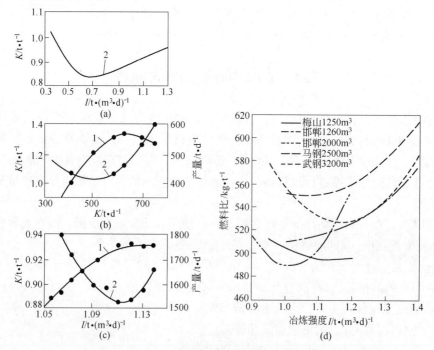

图 7-1　冶炼强度与产量和焦比的关系
（a）美国资料；（b）原联邦德国资料；（c）前苏联资料；（d）中国项钟庸资料
1—冶炼强度与产量的关系；2—冶炼强度与焦比的关系

　　高炉炼铁工作者应该掌握这种客观规律，并应用它来指导生产，即针对具体生产条件，确定与最低焦比相适应的冶炼强度，使高炉顺行、稳定地高产。然而高炉的冶炼条件是可以改变的，随着技术的进步，例如加强原料准备、采取合理的炉料结构、提高炉顶煤气压力、使用综合鼓风、改造设备等，高炉操作条件大大改善。与改善了的条件相对应的冶炼强度可以进一步提高，而焦比不会提高，相反，与之相对应的最低焦比也进一步下降，这就是世界各国几十年来冶炼强度不断提高，焦比也降低的原因（见图 7-2）。

但是在任何生产技术水平上，当冶炼条件一定时，冶炼强度 I 与焦比 K 之间始终保持着极值关系，绝不可以得出产量与冶炼强度成正比增长的简单结论，而盲目追求高冶炼强度。超越冶炼条件允许的过高冶炼强度将使焦比大幅度上升。

上述有关高炉冶炼重要技术指标 η_V、I、K 之间的关系还未解决经济效益最佳的冶炼强度问题。在对钢铁的需求大于供给的条件下，实践表明，尽管焦比的消耗对生铁成本有着很大影响，但在一定的操作情况下，产品的最低成本并不是在最

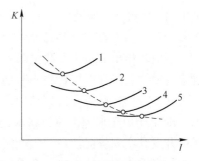

图 7-2　不同冶炼条件下冶炼强度
(I) 与焦比 (K) 的关系
（1~5 示意冶炼条件不断改善）

低焦比相对应的冶炼强度下，而是在略高的情况下取得的。之所以出现这种情况，是因为最高产量是在比最低焦比相对应的冶炼强度稍高的情况下达到的（见图 7-1）。随着产量的提高，单位生铁成本中不随时间变化的费用总和不断降低。在 $K=f(I)$ 曲线的最低值附近，随着冶炼强度的提高，焦比上升得较缓慢，在这个区域内多消耗焦炭的费用能被节省下的加工费用全部补偿，而且还有多余。实践还证明，在市场供求关系紧张的前提下，销售价与生产成本之差很大时，经济上最合算的产量并不是生铁成本最低时的产量，而是略高于这个最低值时的产量。

炼铁厂（或车间）经济上最合算的产量是在所具有的设备上，于单位时间内达到最高利润总和时的产量。如图 7-3 所示，在生铁成本函数 $S=f(P)$ 曲线上，生铁最低成本是在 P_0 产量下获得的，而且在最低处附近生铁成本升高较慢，使得生铁出厂价与成本之差 $(C-S)$ 减小的幅度比产量增加的幅度小，所以在某种 $P>P_0$ 的情况下经济效益 $P(C-S)$ 达到最大，这就是我国众多厂家追求的产量指标。

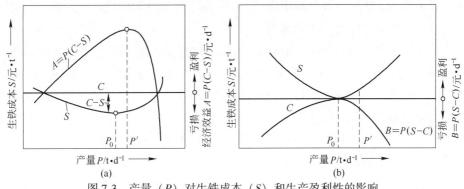

图 7-3　产量 (P) 对生铁成本 (S) 和生产盈利性的影响
（a）市场需求大于供给时；（b）供给大于市场需求时
C—出厂价格

但是市场是千变万化的，一旦发生变化，如矿石和焦、煤价格暴涨且需求又低迷时，产品成本大幅度上升，而市场价格则一再跌落，图 7-3(a) 显示的关系就发生很大变化。由于原燃料进厂价高涨，吨铁消耗随矿石劣化和焦炭灰分上升等因素而增加，造成产品成本增加（S 线上移）；而由于市场低迷，出厂价被迫降低（C 线下移），结果是亏损。在 P_0 产量时可

能是微利，也可能亏损最小；当产量 P 超过 P_0 时亏损增加，而且 P 越大，亏损额越多（见图 7-3(b)）。这时应该维持最低燃料比的产量生产，绝不能再片面地追求过高的 I 和 η_V。

最后应当指出的是，在我国随着产量和效益的提高，高炉设备，特别是高炉本体的寿命越来越短，大修和中修费用不断增加，有可能影响到增产的效益。这个问题的严重性已引起重视，人们开始研究提高高炉寿命的有效措施，例如采用高质量炭砖和碳化硅砖、改进高炉冷却（炉底水冷，炉身软水密闭循环冷却）以及采用钒钛炉渣护炉等。高炉长寿技术的开发和实现将促使高炉生产实现高效、低耗、优质、长寿、环保。目前世界各国已把高炉长寿看作炼铁技术的一个重要组成部分和发展的标志。

7.2　高炉操作制度

高炉冶炼是逆流式连续过程。炉料一进入炉子上部即逐渐受热并参与诸多化学反应。在上部预热及反应的程度对下部工作状况有极大影响。通过控制操作制度可维持操作的稳定，这是高炉生产高效、优质与低耗的基础。

由于影响高炉运行状态的参数很多，其中有些极易波动又不易监控，如入炉原料的化学成分及冶金特性的变化等，故需人和计算机自动化地随时监视炉况的变化并及时做出适当的调整，以维持运行状态的稳定。

高炉操作制度就是对炉况有决定性影响的一系列工艺参数的集合，包括装料制度、送风制度、造渣制度及热制度。

7.2.1　装料制度

装料制度是炉料装入炉内方式的总称。它决定着炉料在炉内分布的状况。由于不同炉料对煤气流阻力的差异，炉料在横断面上的分布状况对煤气流在炉子上部的分布有重大影响，从而对炉料下降状况、煤气利用程度乃至软熔带的位置和形状产生影响。利用装料制度的变化来调节炉况，称为"上部调节"。

由于炉顶装料设备的密闭性，炉料在炉喉分布的实际情况是无法直观地见到的。生产中是以炉喉处煤气中 CO_2 分布、煤气温度分布或煤气流速分布作为上部调节的依据。一般来讲，炉料分布少的区域或炉料中透气性好的焦炭分布多的区域煤气流大，相对地，煤气中 CO_2 含量就较低，煤气温度较高，煤气流速也较快；反之亦然。长期以来，在生产中根据上述三个依据之一进行上部调节。现在由于检测技术的进步，操作者利用红外摄像、激光技术可更准确地进行上部调节。

从煤气利用角度出发，炉料和煤气在炉子横断面上分布均匀，煤气对炉料的加热和还原就充分。但是从炉料下降、炉况顺行角度分析，则要求炉子边缘和中心气流适当发展。边缘气流适当发展有利于降低固体料柱与炉墙间的摩擦力，使炉子顺行；适当发展中心气流是使炉缸中心活跃的重要手段，也是炉况顺行的重要措施。同时，为有效利用煤气的化学能和热能，利用装料制度将合适的矿焦比分布在与煤气流大小相对应的径向上。在生产中由于原燃料条件的差异和操作技术水平的不同，存在四种高炉煤气分布类型(见表 7-1)。

表 7-1　高炉煤气分布类型

类型名称	炉顶煤气CO_2曲线	炉顶十字测温温度曲线	煤气上升阻力	煤气流利用程度	相应的软熔带形状	形成的原因和条件	采用的装料制度	高炉寿命
边缘发展型（馒头型）			小	差，$\eta_{CO}<0.3$	V 形	原燃料条件差、强度低、粉末多，渣量大，在 500kg/t 以上	小料批，低负荷	短
两条通路型（双峰型）			较小	较差，$\eta_{CO}<0.4$	W 形	原燃料粒度组成差，渣量大，为 400~500kg/t	料批不大，负荷不高	短
中心发展型（喇叭花型）			较大	较好，$\eta_{CO}\approx0.45$	倒 V 形	原燃料质量好，粉末筛除，渣量在 350kg/t 左右，高炉较强化	较大料批，负荷较高	较长
平坦型			大	好，$\eta_{CO}>0.5$	平坦倒 V 形	原燃料质量很好，渣量为250kg/t，合适的冶炼强度在0.95~1.05 之间	大料批，重负荷	长

　　生产者应根据各自的生产条件，选定适合于生产的煤气分布类型，然后应用炉料在炉喉的分布规律，采用不同的装料制度来达到具体条件下的炉况顺行、煤气利用好的状态。可供生产者选择的装料制度内容有批重、装料顺序、料线、装料设备的布料功能变动（例如无钟炉顶布料溜槽工作制度）等，可通过其来达到预定的目的。

7.2.1.1　批重

　　批重的大小影响软熔带内煤气流的分布，软熔带内煤气流通过的焦窗的大小是由焦批大小决定的，生产实践和研究表明，煤气流二次分布时焦窗必须要有足够的高度（小高炉 200~250mm，中大高炉 250~300mm）。在生产中装入炉内的炉料自上而下活塞式层状移动的过程中，料层逐步变薄，达到软熔带时焦炭层厚度减薄 1.2~2.9 倍，平均在 2.0 倍左右。因此焦炭层在炉喉处的厚度应是软熔带焦窗厚度的 2 倍左右，也就是小高炉焦批在炉喉厚度 500mm 左右，中大高炉炉喉部位焦层厚度要在 550~650mm 左右。

刘云彩教授就批重对布料的影响进行了研究分析，科学地指出每座高炉都有一个临界批重，当批重大于临界值时，随着矿石批重的增加而加重中心，则炉料分布趋向均匀；当批重小于临界值时，矿石布不到中心，随着批重的增加而加重边缘或作用不明显。如果批重过大，则出现中心和边缘均加重的现象。高炉合理的批重范围列于表 7-2。

表 7-2　高炉合理的批重范围

高炉有效容积/m³	炉喉直径/m	平均堆积密度/t·m⁻³	平均矿层厚度/m	合理矿批/t	临界矿层厚度/m	临界矿批/t
450	4.4	1.90	0.45~0.55	13.0~15.9	0.60	17.3
488~500	4.6	1.90	0.45~0.55	14.2~17.4	0.60	18.9
530~600	4.80	1.90	0.45~0.55	15.5~18.9	0.60	20.6
750	5.20	1.90	0.45~0.55	18.1~22.2	0.60	24.2
1080	5.8	1.90	0.45~0.55	22.6~27.6	0.60	30.1
1260	6.2	1.90	0.45~0.55	24.2~29.5	0.60	32.2
1350	6.5	1.90	0.45~0.55	28.4~34.7	0.60	37.8
1530	6.9	1.90	0.50~0.60	35.5~42.6	0.65	46.2
1780	7.4	1.90	0.50~0.60	40.8~49.0	0.65	53.0
2200	7.9	1.90	0.50~0.60	46.5~55.8	0.65	60.5
2580	8.3	1.90	0.50~0.60	51.4~61.7	0.65	66.8
3200	8.9	1.90	0.50~0.60	59~70.9	0.65	76.8
4050~4350	9.8	1.90	0.55~0.65	78.8~93.1	0.70	100.3
5150~5500	10.6	1.90	0.55~0.65	92.2~108.9	0.70	117.3

前苏联对 1000~1200m³ 级高炉操作进行总结，认为焦炭层厚度 $Y_{焦}$ 与炉容 V_u 的关系为：

$$Y_{焦} = 250 + 0.1222V_u \tag{7-2}$$

我国鞍钢总结矿石批重 $W_{矿}$ 与炉喉直径 d_1 的统计关系为：

$$W_{矿} = 0.43d_1^2 + 0.02d_1^3 \tag{7-3}$$

日本认为批料应大些，这样煤气分布较合理，利用程度高，焦炭批重 $W_{焦}$ 与炉喉直径 d_1 以及焦炭层厚度 $Y_{焦}$ 与炉容 V_u 的关系为：

$$W_{焦} = (0.03 \sim 0.04)d_1^3 \tag{7-4}$$

$$Y_{焦} = 450 + (0.08875 \sim 0.125)V_u \tag{7-5}$$

从表 7-2 看出，随着炉容的扩大，批重随之增大。这是因为炉容扩大后炉喉直径和面积也相应增大，为保证煤气流合理分布，扩大矿石批重可改善煤气利用。经验式(7-2)~式(7-

5)都将批重与炉容或炉喉直径联系起来。国内不同高炉炉容与矿石批重的关系示于图7-4(a)。此外,批重还与高炉强化程度相关。高炉强化冶炼后,风口前燃料燃烧形成的炉腹煤气量增加,中心气流将发展,为抑制过大中心气流,必须扩大矿批。图7-4(b)示出了宝钢高炉矿石批重与炉腹煤气量的关系。

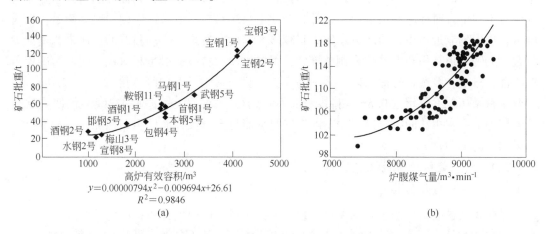

$$y = 0.00000794x^2 - 0.009694x + 26.61$$
$$R^2 = 0.9846$$

图 7-4 矿石批重与炉容和炉腹煤气量的关系

(a) 国内不同高炉炉容与矿石批重的关系;(b) 宝钢高炉矿石批重与炉腹煤气量的关系

高炉喷吹燃料后负荷增加,批重要调整,此时应保持焦批不动,扩大矿石批重,这样可以保持软熔带焦窗的面积而使煤气能顺利通过。如果保持矿批不动,缩小焦炭批重,不仅焦层变薄,而且由于矿焦层的界面混料效应使焦窗面积更加缩小,增大煤气通过的阻力,不利于炉况顺行。

7.2.1.2 装料顺序

装料顺序是指一批料中矿石和焦炭进入高炉时的顺序。一般将先矿石、后焦炭的顺序称为正装;反过来,将先焦炭、后矿石的顺序称为倒装。装料顺序对布料的影响,通过矿石和焦炭的堆角不同以及装入炉内时原料面(上一批料下降后形成的旧料面)的不同而起作用。如果原料面相同、矿石和焦炭两者的堆角相同,则装料顺序对布料将不产生影响。实际生产中,不同料速时形成的原料面不同,焦炭和矿石在炉喉形成的堆角也有差别。一般是焦炭的堆角略小于大块矿石的堆角,接近于小块矿石的堆角。从这个基本情况就可以知道装料顺序对布料有着明显的影响,这在原来双钟炉顶的装料上尤为明显,而且矿石粒度在这种影响上起着相当重要的作用。刘云彩教授用矿批13t、焦批4.33t、料线1.25m时大块矿石堆角为30.8°、小块矿石堆角为26°、焦炭堆角为27.3°,计算出正装、倒装时大、小块矿对布料的影响(见图7-5),充分说明了这个特点。因此,操作者在生产中要密切注意入炉料粒度组成的变化。现在采用无料钟溜槽布料代替大钟布料,虽然图7-5所示的影响已被削弱,但粒度变化对布料的影响仍不能忽视。

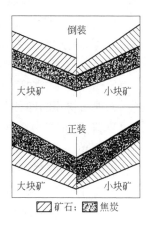

图 7-5 装料顺序和粒度
对布料的影响

7.2.1.3　料线

钟式炉顶大钟完全开启位置的下缘至料面的垂直距离，称为料线。无钟炉顶是以溜槽在最小夹角时其出口至料面的垂直距离为料线。料线的深度是用两个料尺（或称探尺）来测定的。每次装料完毕无钟炉顶的溜槽停止工作后，料尺下放到料面并随料面下降，当降到规定的位置时提起料尺装料。在钟式炉顶上料线对炉料分布影响的一般规律是：料线越深，堆尖越靠近边缘，边缘分布的炉料越多。因此有时采用变动料线的方法来调整堆尖位置。无钟炉顶是用布料档位来调整堆尖，因此生产上料线一般是相对稳定的。为避免布料混乱，料线一般选在碰撞点以上某一高度。一般正常生产时料线深度为 1.5~2.0m，而且两个料尺相差不要超过 0.5m。料线一般不宜选得太深，因为过深的料线不仅使炉喉部分容积得不到利用，而且碰撞点以下因炉料与炉墙打击后反弹而使料面混乱，不利于煤气流运动和炉况顺行。

7.2.1.4　装料设备的工艺工作制度

A　无钟炉顶布料特征

目前我国各级高炉普遍采用无钟炉顶。无钟布料与传统大钟布料相比具有以下特征：

（1）焦炭平台。无钟布料高炉通过旋转溜槽进行多环布料，易形成一个焦炭平台，即料面由平台和漏斗组成。通过平台形式可调整中心焦炭和矿石量。平台小，漏斗深，则料面不稳定；平台大，漏斗浅，则中心气流受抑制。适宜的平台宽度由实践决定，一旦形成就保持相对稳定，不作为调整对象。

（2）粒度分布。无钟炉顶采用多环布料，形成数个堆尖，故小粒度炉料有较宽的范围，主要集中在堆尖附近。在中心方向，由于滚动作用，大粒度炉料居多。

（3）气流分布。无料钟旋转溜槽布料时料流小而面宽、布料时间长，因而矿石对焦炭的推移作用小，焦炭料面被改动的程度轻，平台范围内的矿焦比稳定，层状比较清晰，有利于稳定边缘气流。

B　无钟炉顶布料方式

无钟旋转溜槽一般设置 8~12 个环位，每个环位对应一个倾角，由里向外倾角逐渐加大。不同炉喉直径的高炉，环位对应的倾角不同。例如，2580m³ 高炉具有 11 个料位，第 11 个环位倾角最大（50.5°），第 1 个环位倾角最小（16°）。布料时一般由外环开始逐渐向里环进行，可实现多种布料方式。无钟布料器的四种典型布料方式示于图 7-6。

（1）环形布料，又称单环布料。环形布料的控制较为简单，溜槽只在一个预定角度做旋转运动。其作用与钟式布料无大的区别，但调节手段相当灵活，大钟布料是采用固定的角度，旋转溜槽的倾角则可任意选定，溜槽倾角 α 越大，炉料越布向边缘。当 $\alpha_C > \alpha_0$ 时，边缘焦炭增多，发展边缘气流；当 $\alpha_0 > \alpha_C$ 时，边缘矿增多，加重边缘气流。

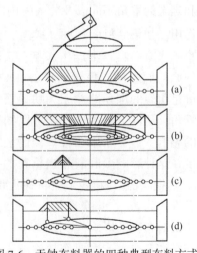

图 7-6　无钟布料器的四种典型布料方式

（a）环形布料；（b）螺旋布料；
（c）定点布料；（d）扇形布料

（2）螺旋布料，又称多环布料。螺旋布料自动进行，它是无钟布料器最基本的布料方式。螺旋布料从一个固定角度出发，炉料以定中形式在 α_{11} 和 α_1 之间进行螺旋式的旋转布料。每批料分成 12 份（大高炉为 14~16 份），每个倾角上的份数根据气流分布情况决定。如发展边缘气流，可增加高倾角位置的焦炭份数或减少高倾角位置上的矿石份数；否则相反。每环布料份数可任意调整，使煤气流合理分布。

（3）定点布料。定点布料方式手动进行。其可在 11 个倾角位置中选定的任意角度进行布料，作用是堵塞煤气管道行程。

（4）扇形布料。扇形布料方式为手动操作。扇形布料时，可在 6 个预选的水平旋转角度中任意选择两个角度，重复进行布料。可预选的角度有 0°、60°、120°、180°、240°、300°。这种布料方式只适用于处理煤气流分布失常，且时间不长。

C 中心加焦技术

作为无钟炉顶布料技术中的一项内容，中心加焦现已广泛应用于国内外无钟炉顶的高炉生产。据不完全统计，世界上有 90%~95% 高炉应用中心加焦技术。中心加焦并不是单纯从炉顶炉料分布考虑的，而是从全炉煤气流分布和料柱的阻力以及死料柱中焦炭的透气性和透液性考虑的。全面地分析中心加焦作用有五个方面：

（1）减少中心带的矿焦比，以稳定和加强中心气流。

（2）降低中心带焦炭的溶损以阻止焦炭表面的剥落和溶蚀，中心矿少，气流中 CO_2 少，焦炭的溶损气化反应进行少，且缓慢，使大粒焦保持良好的粒度和性能。

（3）促使倒 V 形软熔带的形成。

（4）以大块焦炭置换死料柱内的焦炭。

（5）改善炉缸内焦柱的透气性和透液性，活跃炉缸。

需要注意的是，中心加焦只是降低中心矿焦比，通过无钟炉顶"平台加浅漏斗"的布料不可能中心无矿，特别是使用球团矿比例较多的高炉。因此认为中心加焦造成中心无矿和气流温度过高，燃料比升高的看法是片面的。利用中心加焦只是寻找对中心来说合适的矿焦比以稳定和加强中心气流。中心加焦很重要的作用是将大块强度好的焦炭加在中心来改善目前存在的大量 W 形甚至 V 形软熔带的状况。W 形和 V 形软熔带是煤气流利用差的软熔带，是造成炉况顺行欠佳、煤气利用率差的原因。因此大块焦炭加在中心部位保证死料柱的透气性透液性是高炉顺行，特别是活跃炉缸的保证。

中心加焦的种类和数量要根据具体高炉的冶炼条件来选择，但由于冶炼条件等不同，无法准确地衡量。但已经明确的是应该在中心部位加粒度大的强度好的焦炭，使其到达炉缸仍能有足够的粒度和良好的空隙度。而从世界范围内看中心加焦的量从 5% 到 20%~25% 不等。德国蒂森公司、韩国浦项公司的高炉中心加焦后的燃料比都低于我国大型高炉。

但若焦炭质量很好，平均粒度>50mm，同时利用合适的平台加较深漏斗布料，使得强度好而且颗粒大的焦炭滚到中心，达到有稳定和较合适的中心气流，既保证倒 V 形软熔带，又能使炉缸活跃，就不必中心加焦，这也是世界上并不是所有高炉都采用中心加焦的原因。

D 无钟布料的基本要求

根据无钟布料的方式和特点，炉喉料面应由一个适当的平台和以滚动为主的漏斗组成。为此，应考虑以下问题：

（1）焦炭平台是根本性的，平台宽度一般控制在炉喉半径的1/3，最大不超过1/2，确定后一般情况下不作为调节对象。

（2）炉中间和中心的矿石以在焦炭平台边缘附近落下为宜。

（3）漏斗内可以用少量的焦炭来稳定中心气流。

布料份数相近的连续档位是形成平台的基础。某高炉布料档位与平台的关系如图7-7所示。矿石布料档位相同时形成的平台宽度（S）变化，是由于焦炭布料档位的不同而引起的。全焦冶炼时，适宜的平台宽度为1.23m，矿石平台大约在1.4m；喷煤时，焦炭平台的宽度为1.5m，矿石平台大约在1.7m。由图7-7（a）、（b）所示的两例布料模式可以看出，平台宽度主要取决于焦炭的布料档位。焦炭平台不一定是在最末一档完成后才形成的，当相邻两档位焦炭量相差大时，平台在这里形成边缘。从图7-7（a）、（b）所示的两例也可看出，两者矿石布料模式相同，但矿石平台分别在第5档和第6档焦炭布完后发生变化。少量的焦炭不会形成平台，只是改变料面坡度，改善炉中心的矿焦比，弥补混合层少的不足。

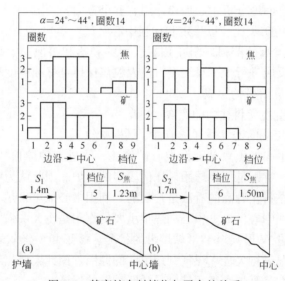

图7-7　某高炉布料档位与平台的关系

（a）全焦冶炼，焦炭平台宽度为1.23m；（b）喷煤冶炼，焦炭平台宽度为1.5m

E　布料制度对气流分布的影响

为满足上述要求，必须正确选择布料的环位和每个环位上的布料份数。环位和布料份数变更对气流分布的影响如表7-3所示。从表7-3可以看出，从1到6，对布料的影响程度逐渐减小。其中，1、2变动幅度太大，一般不宜使用；3~6变动幅度较小，可作日常调节使用。

表7-3　环位和布料份数变更对气流分布的影响

序号	变动类型	影响	备注
1	矿、焦环位同时向相反方向变动	最大	不轻易采用，处理炉况失常时使用
2	矿或焦环位单独变动	大	用于原燃料或炉况有较大波动的情况

续表 7-3

序号	变动类型	影响	备 注
3	矿、焦环位同时向同一方向变动	较大	用于日常调节炉况
4	矿、焦环位不动时同时反向变动份数	小	用于日常调节炉况
5	矿、焦环位不动时单独变动矿或焦份数	较小	用于日常调节炉况
6	矿、焦环位不动时向同方向变动矿、焦份数	最小	用于日常调节炉况

首钢生产实践表明，矿、焦工作角度有一角差：$\alpha_0 = \alpha_C + (2° \sim 5°)$，对调节气流分布有利。而且在布料中，$\alpha_C$ 和 α_0 同时、同值增大，则使边缘和中心气流同时加重；反之，两者同时、同值减小，将使边缘和中心气流都减轻。单独增大 α_0 时加重边缘、减轻中心；单独增大 α_C 时加重中心，而且控制中心非常敏感，减少 α_C 时则使中心发展。

某高炉布料类型对气流分布的影响如表 7-4 所示。

表 7-4 某高炉布料类型对气流分布的影响

序号	布 料 档 位	$CCT/℃$	W	$\eta_{CO}/\%$	K	$W_1/℃$	$W_2/℃$	$W_3/℃$
1	C_{14}^{1} O_{68}^{12}	700	0.25	48.2	2.78	210	194	174
2	C_{33233}^{34567} O_{33233}^{34567}	663	0.58	49.3	2.39	210	183	170
3	C_{5522}^{2356} O_{2444}^{2356}	542	0.27	46.4	2.54	386	238	217
4	C_{44222}^{23568} O_{23432}^{23456}	700	0.36	49.2	2.30	170	202	202
5	$C_{333221}^{2357910}$ O_{133322}^{123467}	726	0.44	46.3	2.31	256	132	118
6	$C_{\substack{333311 \times 1 \\ 2333311 \times 2}}^{2345789}$ $O_{\substack{2233221 \times 2 \\ 1333221 \times 1}}^{123467}$	606	0.67	50.4	2.36	198	154	144
7	C_{333221}^{234568} $O_{\substack{23333 \times 1 \\ 24323 \times 3}}^{23456}$	524	0.63	49.3	2.54	199	127	126
8	$C_{3322211}^{2345678}$ $O_{\substack{24323 \times 1 \\ 33233 \times 3}}^{23456}$	570	0.84	50.4	2.68	254	141	139

注：CCT 为十字测温的中心温度；W 为十字测温边缘 4 点温度平均值与炉顶温度的比值；η_{CO} 为煤气利用率；K 为透气性指数；W_1、W_2、W_3 分别为炉腹、炉腰下部、炉腰上部炉墙的平均温度。

从 1 看出，单环布料集中在炉墙附近，气流分布不合理，边缘气流 W 值偏低，透气性不好，很少使用。

3 和 4 的焦炭布料形成的平台较窄，边缘气流较弱，W 值小于 0.4，难以形成图 7-4 所示的分布曲线。

5 的焦炭平台加宽至 7 档附近，中心焦炭增多，结果中心气流较强，η_{CO} 值下降。

6~8 的焦炭平台维持在 5 档或 7 档较好，矿石末档也在 6 档左右，W 值大于 0.6，η_{CO} 较好，中心适中，风压和 K 值稳定，顺行进一步改善。

焦炭平台对控制炉内矿焦比和粒度分布具有重要作用，所以在日常操作过程中不宜多做变动。正常气流调节主要通过变更矿石环位和份数来完成。为减少波动，某高炉由每次调节一份改为每次调节 1/3 份，又进一步采用每次调节 1/4 份，并尽量保证周期内各批料的档位差别一致，以减少风压波动。

7.2.2　送风制度

　　送风制度是通过风口向高炉内鼓送具有一定能量的风的各种控制参数的总称。它包括风量、风温、风压、风中氧含量、湿度、喷吹燃料以及风口直径、风口中心线与水平的倾角、风口端伸入炉内的长度等。由此确定两个重要的参数，即风速和鼓风动能。

　　调节上述各参数以及喷吹量常被称为"下部调节"。下部调节是通过上述各参数的变动来控制风口燃烧带的状况和煤气流的初始分布，其与上部调节相配合是控制炉况顺行、煤气流合理分布和提高煤气利用的关键。一般来讲，下部调节的效果比上部调节快，因此它是生产者常用的调节手段。采用下部调节可以达到合理的初始煤气流分布。

　　初始煤气流分布受两个方面的因素影响，即风口燃烧带的大小和燃烧带周边，特别是燃烧带上方焦炭床的透气性。影响燃烧带大小的因素较多，但起决定性作用的是鼓风动能。而影响焦炭床透气性的因素主要有焦炭高温性能（CRI、CSR）、未燃煤粉沉积数量和滴落的渣量。

　　鼓风动能可按式（4-153a）或式（4-153b）计算。

　　生产实践表明，不同的燃料条件、不同的炉缸直径应达到相应的鼓风动能值，过小的鼓风动能使炉缸不活跃，初始煤气分布偏向边缘；而过大的鼓风动能则易形成顺时针方向的涡流，造成风口下方堆积而使风口下端烧坏（见图4-47）。不同炉容和炉缸直径的合适鼓风动能列于表7-5和图7-8。

表7-5　不同炉容高炉的鼓风动能范围（冶炼强度为 $0.9 \sim 1.2 t/(m^3 \cdot d)$）

高炉容积/m^3	100	300	600	1000	1500	2000	2500	3000	4000
炉缸直径 d/m	2.9	4.7	6.0	7.2	8.6	9.8	11.0	11.8	13.5
鼓风动能 E/kN·m·s^{-1}	14.5~30.0	24.5~39.5	34.5~49.0	39.5~59.0	49.0~68.5	59.0~78.5	68.5~98.0	88.0~108.0	108.0~137.5

　　鼓风动能不仅与炉子容积和炉缸直径有关，而且还与原燃料条件和高炉冶炼强度等有关。原燃料条件差的应保持较低的 E，取表7-5中的低值；而原燃料条件好的则需要较大的 E 以维持合理的燃烧带，应取表7-5中的高值。在合理的鼓风动能范围内，随着 E 的增大，燃烧带扩大，边缘气流减少，中心气流增强。日本对大型高炉的研究认为，适宜的燃烧带深度用系数 n 来衡量：

$$n = \frac{d^2 - (d - 2L)^2}{d^2}$$

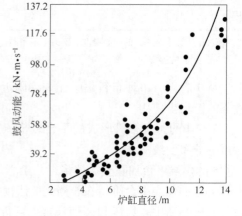

图7-8　炉缸直径与鼓风动能的关系

式中　d——炉缸直径，m；

　　　L——循环区的深度，m。

　　它的实质是将炉缸各风口的循环区看作一个连接在一起而形成的环圈，分子实际上是代表这个循环区环圈的面积，分母是代表炉缸截面积，n 值就是这两个面积之比 $A_{循环}/$

$A_{缸}$。n 与炉缸直径的关系示于图 7-9，而 n 与燃料比的关系示于图 7-10。从图看出，大型高炉的 n 值应选在 0.5 左右。但是中小型高炉的 H/D 值比大型高炉的值要大，也就是炉缸面积相对小些，因此 n 值宜选大些，例如，400m³ 级高炉的 n 值应以 0.6 左右为宜。

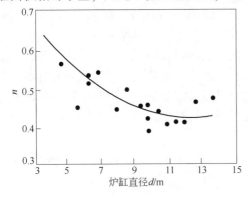 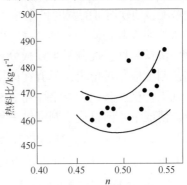

图 7-9　n 与炉缸直径的关系　　　　图 7-10　n 与燃料比的关系

$$n = \frac{d^2 - (d-2L)^2}{d^2}$$

喷吹燃料以后，风口端的鼓风动能变得复杂，主要是喷吹的燃料在离开喷枪后于直吹管至风口端的距离内已部分燃烧，结果使原来的鼓风变成由部分燃料燃烧形成的煤气和余下的鼓风组成的混合气体，它的体积和温度都比原鼓风增加较多，而到底有多少煤粉或其他喷吹燃料在这区间内燃烧是很难测得的，所以精确计算喷吹燃料后的鼓风动能是困难的。在生产中有的厂家根据经验，选定喷吹煤粉在直吹管内燃烧气化的分数，然后算出混合气体的数量、密度和温度，再代入 E 的计算式中算出实际鼓风动能（计算过程可参阅成兰伯主编的《高炉炼铁工艺及计算》）。喷吹燃料后的鼓风动能由于上述原因高于全焦冶炼时的鼓风动能，因此喷吹燃料后应相应地扩大风口，以维持合适的鼓风动能。根据我国的喷煤实践，每增加 10% 喷煤量，风口面积应扩大 8% 左右。

高炉实现大喷煤量（例如 200kg/t 或更多）后，由于未燃煤粉的绝对量增加，它们随煤气流上升进入料柱，大部分未燃煤粉在未气化前沉积在炉料空隙中，降低了料柱（特别是燃烧带上方炉子中心部位）的空隙度，煤气流通过的阻力增加，恶化煤气流分布，出现边缘气流相对发展而中心则不易打开。这时就需要适当缩小风口直径和用较长风口来扩大燃烧带，使煤气流初始分布适应这种变化。

生产中会遇到调风口直径、鼓风动能但仍然得不到煤气流合理分布，边缘气流过大，而中心打不开的情况，这是以下原因造成的：（1）燃烧带周边焦炭空隙度过小，煤气遇到阻力过大；（2）炉腹角过大，边缘效应大，这时需要通过提高焦炭质量和改进装料制度。同时可以利用延长风口克服设计炉腹角缺失达到有利于煤气流的初始分布，生产实践证明生产中等效炉腹角在 74° 就能有效克服边缘气流过大的缺陷。风口长度调整中，在炉腹炉腰连接处，作与水平线成 74°~72° 直线与风口中心线相交，交点即为延长风口后的端点。如果在设计炉型上的炉腹角已达到 75° 或 76°，则没有必要使用长风口。

7.2.3　造渣制度

7.2.3.1　造渣制度基本要求
造渣制度包括造渣过程和终渣性能的控制。造渣制度应根据冶炼条件、生铁品种确定。

在第 3 章中已对炉渣性能做了详细介绍，它是选择造渣制度的依据。为控制造渣过程，应对所使用的原料的冶金性能做全面了解，特别是它们的软化开始温度、熔化开始温度、软熔区间温度差、熔化终了温度以及软熔过程中的压降等。目前推广的合理炉料结构就是将这些性能合理搭配，使软熔带的宽度和位置合理，料柱透气性良好，煤气流分布合理。

终渣性能控制是使炉渣具有良好的热稳定性和化学稳定性，以保证良好的炉缸热状态和合理的渣铁温度；控制好生铁成分，主要是生铁中的[Si]和[S]。

造渣制度应相对稳定，只有在改换冶炼产品品种或原料成分大变动造成有害杂质量增加或出现不合格产品、炉衬结厚需要洗炉、炉衬严重侵蚀需要护炉、排碱以及处理炉况失常等特殊情况下才调整造渣制度。一经调整则应尽量维持其稳定。

7.2.3.2 MgO/Al_2O_3 对高炉冶炼的影响

随着东半球低 Al_2O_3 优质铁矿石的日益枯竭，使用进口的高 Al_2O_3 铁矿石势在必行。通过对国内部分高炉炉渣 $w(MgO)/w(Al_2O_3)$ 数据和 Al_2O_3 进行分析可知，$w(MgO)/w(Al_2O_3)$ 算术平均值为 0.65，Al_2O_3 含量均在 20% 以下，其中 Al_2O_3 为 18% 以上渣系的 $w(MgO)/w(Al_2O_3)$ 约为 0.6。相比之下，国外某钢铁公司在炉渣中 Al_2O_3 质量分数高达 20% 以上不利的条件下，对应 $w(MgO)/w(Al_2O_3)$ 年平均值低于 0.5，而对于 Al_2O_3 为 15%~16% 的渣系，某国外钢铁公司熔渣的 $w(MgO)/w(Al_2O_3)$ 年平均值为 0.22，渣中 MgO 的绝对质量分数仅为 3.5%。降低炉渣中的 MgO 可以降低渣量，也就降低燃料比。自从韩国浦项高炉的炉渣中的 MgO 含量降到 4.5% 左右，证明一定炉况条件下低镁冶炼是可行的。选择 $w(MgO)/w(Al_2O_3)$ 比要遵从以下原则：

(1) 保持炉渣的稳定性，即在冶炼条件等波动造成的炉渣碱度波动和炉缸热状态波动时，炉渣仍能保持较好的性能，不造成炉况失常。

(2) 发挥 MgO 在炉渣中的作用，即 MgO 在脱硫和排碱中的有效作用。

低 $w(MgO)/w(Al_2O_3)$ 渣处于稳定性的边缘，炉况和碱度波动易造成炉况失常。因此选择低 $w(MgO)/w(Al_2O_3)$ 需要有较优的冶炼条件，特别是精料要到位，尤其是成分波动、粒度组成等，要有较高的冶炼操作水平，精心作业。而过高的 $w(MgO)/w(Al_2O_3)$ 也会潜入不稳定的区域，也是不可取的，MgO 含量达到 12% 时造成的波动影响远比 MgO 含量低于 4% 时造成的影响大。再从脱硫角度来看，MgO 含量对 S 分配系数的影响如表 7-6 所示。

表 7-6 炉渣中 MgO 含量对 S 分配系数的影响

MgO/%	0	5	10	15	20
L_S（S 分配系数）	14	23	84	110	55

也有些专家结合实际生产经验认为需适当降低 $w(MgO)/w(Al_2O_3)$，综合考虑熔化性温度和确保炉渣具有良好的流动状态，在当前条件下，$w(MgO)/w(Al_2O_3)$ 可控制在 0.5 左右，有利于低成本、低燃料比炼铁。

7.2.4 热制度

热制度是在工艺操作上控制高炉内热状态的方法的总称。高炉热状态是指炉子各部位具有足够的相应温度以满足冶炼过程中加热炉料和各种物理化学反应需要的热量需求，以及具有使过热液态产品达到要求的温度。通常用热量是否充沛、炉温是否稳定来衡量热状态。人们特别重视炉缸热状态，因为决定高炉热量需求和吨铁燃料消耗的是高炉下部，所以用炉缸能说明热状态的一些参数来作为稳定热制度的调节依据。判断炉缸热状态的方法有直观地从窥视孔观察、出渣出铁时观察、观察渣铁样等，但是后两种观察到的是热状态的结果，而不是实际热状态的瞬时反映。现代高炉采用风口前的 $t_理$、燃烧带的炉热指数 t_c 和保证炉缸正常工作的最低（临界）热储量 $\Delta Q_临$ 来判断，它们能及时反映炉缸热状态。

这里要强调的是，炉缸热状态是由强度因素——高温和容量因素——热量两个因素合在一起来描绘的，它们合起来就是高温热量。单有高温而无足够的热量，高温是维持不住的；单有热量而无足够高的温度，就无法保证高温反应的进行和液态产品的过热。高温是由风口前焦炭和喷吹燃料燃烧所能达到的温度来衡量，现在一般用理论燃烧温度来说明。热量是由燃料燃烧放出足够的热来保证，t_c 在某种程度上表征了这个热量，因为持续保证 t_c 稳定在所要求的温度说明热量是充沛的，否则 t_c 将下降。

临界热储量 $\Delta Q_临$ 是用来保证炉缸能承受一定冶炼条件的临时变化，使炉温在允许的范围内波动：

$$\Delta Q_临 = \overline{Q}/G_当 \geqslant 630 \tag{7-6}$$

式中　$\overline{Q}$——离开燃烧带的炉缸煤气所含有的热量，也就是能够用来加热焦炭、过热渣铁的煤气含热量，因此它可以按 t_c 算出 $\overline{Q} = V_{煤气}(i_{t_理} - i_{t_c})$，如果没有 t_c，则可以用通常假定的 $t_c = 0.75t_理$ 来计算，这里 $i_{t_理}$ 为理论燃烧温度下炉缸煤气的焓，单位为 kJ/m^3，i_{t_c} 为 t_c 温度下炉缸煤气的焓，单位也为 kJ/m^3；

$G_当$——高温区内单位生铁被加热物料（铁水、炉渣和焦炭）按比热容全部折算成铁水质量的总和；

630——1kg $G_当$ 要求的最低热储量，kJ/kg。

$G_当$ 可按下式计算：

$$G_当 = 1 + \frac{c_渣}{c_铁} \cdot u + \frac{c_焦}{c_铁} \cdot K_风 \tag{7-7}$$

式中　　　u——渣量，kg/kg；

$c_铁, c_渣, c_焦$——t_c 下铁水、炉渣和焦炭的比热容，也可以采用 $0.75t_理$ 下的比热容，$kJ/(kg \cdot ℃)$；

$K_风$——风口前燃烧的焦炭量，$K_风$ = 焦比×风口前的燃烧率，燃烧率可根据计算或经验确定，一般为 $0.65 \sim 0.75$。

通过计算机可将瞬时的 $t_理$、t_c、$\Delta Q_临$ 算出并显示出来，供生产者判断炉缸热状态。

热状态是多种操作制度的综合结果，生产中通过选择合适的焦炭负荷，辅以相应的装料制度、送风制度、造渣制度来维持最佳热状态。日常生产中常因某些操作参数变化而影响热状态，可采用改变风温、风量、湿度、喷吹量来微调，而必要时则采用负荷调节，严重炉凉时还要投入空焦。

7.2.5　炉况判断及制度调控

高炉冶炼是在密闭的竖炉内进行的极为复杂的物理化学反应和热交换过程，与此同时还是一个依靠各辅助系统工作，以及生产组织等支撑的过程。由于高炉炼铁的复杂性和

"黑箱"效应,更因为冶炼条件的变化,特别是原燃料质量的变化,设备事故的出现,以及后续工序事故造成铁水供应失衡,以及操作者本身的失误等造成炉况波动继而失常,处理不及时或不当又转为事故。因此正常和失常是高炉炼铁操作者日常处理炉况的重要工作,这样正确识别"正常"与"失常"就显得十分重要。

7.2.5.1　炉况判断

高炉炉况主要是通过直接观察(主要是看风口,看出渣出铁、渣样、铁样,下料速度等)结合仪表监测显示(主要是热风压力、冷风流量、压差、炉身静压力、透气性指数、料线、料尺走动、炉顶温度和煤气曲线或十字测温温度曲线等)来综合判断炉况,主要由以下两个方面来判断高炉炉况。

A　煤气流分布

煤气流从炉缸燃烧带产生向上运动到达炉顶经历三次分配,如果三次分配合理,总的煤气流分布就合理。

初始分配:与炉缸内燃烧带大小和燃烧带周边特别是燃烧带与死料柱之间的焦粉层的透气性和透液性有关,保证有足够的煤气流向中心。

二次分配:软熔带有足够的焦窗使煤气顺利分配和通过,因为在软熔带内煤气通过的阻力是矿石软熔层最大,软熔层与焦炭的透气性比例是 1:52,要保证软熔带煤气稳定地分配,要保证获得倒 V 形软熔带,因为 W 形对中心气流干扰大且不稳定。

三次分配:为块状带,它的决定性因素是炉喉布料,炉喉径向和圆周上 O/C 比的布置情况,O/C 大的区域煤气流阻力大,O/C 小的区域相反,煤气流阻力小,阻力大小决定了煤气流的分配。

B　炉缸热状态

炉缸的热状态是正常炉况的重要内容,是高炉冶炼过程进行到最后的集中表现,也是上下部操作制度和造渣制度最终形成的结果。因此上、下部操作制度和造渣制度的任何一方面失常将导致炉缸热状态的波动,发展为失常,严重时出现炉缸堆积,处理不当将发展为炉缸冻结。

在上升煤气流与炉料分布(O/C 比分布)相适应的合理分布情况下,煤气与炉料在逆流运动中相互接触良好,传热与传质都达到优化,也就是上升煤气的热能、化学能利用良好,从而矿石及焦炭以及形成的渣铁加热良好,矿石被间接还原达到或接近热力学上平衡的状态,这时炉身工作效率 96%以上。由于进入炉缸的物料还原及加热很好,在炉缸内直接还原少,FeO 只有极少量,Si、Mn、P 还原和脱 S,有 Si、Mn 元素的耦合反应减少了 C 素和还原热量消耗。炉缸具有与冶炼生铁品种相对应的良好热状态。

另一方面,鼓入炉缸的鼓风参数稳定。在风口前形成大小合适的燃烧带,形成的高温煤气的温度满足冶炼的要求而且稳定,其在炉缸的初始分布合理,为良好的炉缸热状态打下基础。

炉缸热状态正常的征象:

常规观察:

(1) 风口工作均匀明亮,但不白炽刺眼。

(2) 风口活跃,无升降,更无挂渣、涌渣迹象。

（3）喷吹均匀无脉冲，无黏结。

（4）铁水温度适宜，1490~1510℃（大高炉），（1485±10）℃（中小高炉）；[Si] 0.3%~0.6%，[S] 0.03±0.01，相邻铁次的温度和成分基本相同或接近；出铁速度稳定 6~8t/min（大高炉），4~6t/min（中小高炉），而且出铁量与下料批数估算量相近。

（5）炉渣温度适宜，一般比铁水温度高50℃，不超过100℃；炉渣流动性好，黏度合适，碱度稳定。

除了常规观察，还可以通过数模显示：

（1）风速和鼓风动能在合适的范围；

（2）燃烧带大小在合适范围：$n=0.5$（大高炉），$n=0.6~0.65$（中小高炉）；

（3）$t_{理}$合适，$t_{理}=(2200\pm50)$℃，t_c焦炭进入燃烧带温度，$t_c=0.75t_{理}$；

（4）贮有一定数量的高温热量（$\Delta Q=630kJ/kg$）生铁。

高炉炉况正常的标志示于表7-7。

表7-7 高炉炉况正常的标志

项 目	标 志
煤气流分布	1. 炉喉、炉身各层径向的温度（流量）分布均匀稳定； 2. 炉喉、炉身各层周向的温度（流量）分布均匀稳定； 3. 煤气利用好，炉顶温度随装料而规律性波动； 4. CO_2曲线及温度曲线与基本操作制度的经验值相符
风压、风量	1. 风压与风量的数值互相适应； 2. 稳定，仅有微小波动
静压力、压差、透气性指数	稳定，仅有微小波动
料 尺	1. 各料尺料位相同，无停滞、滑料或陷落，时间间隔均匀； 2. 单位时间内装料批数与冶炼强度相适应
风 口	1. 各风口工作均匀、明亮、活跃，无升降、挂渣和涌渣现象； 2. 喷吹物无结焦现象； 3. 风口破损少
渣	1. 渣的温度适宜、流动性好，上、下渣及各渣口渣温相同； 2. 渣样断口与冶炼铁种及造渣制度相适应； 3. 上渣带铁少，渣口破损少
铁	1. Si、S含量符合要求，铁温适宜，出铁始末铁温相近，相邻铁次的铁温及成分相近； 2. 铁流稳定，出铁量与预计量相近
炉顶压力	均匀，向上或向下的尖峰很小
炉顶温度	各点温度记录成一适当宽度的曲线，随装料前后而均匀摆动

7.2.5.2 炉况失常

炉况失常通常表现为：煤气流分布失常，主要表现为边缘过分发展或边缘过重，煤气分布紊乱，管道行程；造渣制度失常，碱度波动，软熔带形状、位置变化，炉渣流动性变化；热状态，特别是炉缸热状态失常，$t_{理}$波动，t_c波动，热贮量不足。上述相互影响，相互干扰，形成复杂的失常发展成事故，有低料线、偏料、崩料、悬料、渣皮脱落、炉缸堆积等现象。造成炉况失常主要有以下原因：

（1）原燃料质量变化。焦炭性能变差及在炉内劣化是造成失常的主要原因之一，焦炭在高炉内的骨架作用是没有任何其他原燃料所能替代的，特别是软熔带及滴落带内的骨架作用，正因为如此，对炉容大小不同的高炉对焦炭有着相对应的要求，主要是 M40、M10、CRI 和 CRS 四个指标。这些性能集中反映了焦炭在炉内空隙率的变化 ε_c，炉况失常多数是焦炭质量变差造成入炉后 ε_c 变小，$\dfrac{\Delta P}{H}$ 变大（ $\dfrac{\Delta P}{H}$ 与 ε_c 的 3 次方成反比），不同容积高炉对这四个指标的要求略有差别见表 7-8。

表 7-8　不同容积高炉对这四个指标的要求

	M40	M10	CRI	CSR
大高炉	>85%	<6%	<25	>65
中小高炉	>78%	<8%	<28	>60

含 Fe 炉料质量变差是造成炉况波动的另一个重要原因，特别是烧结矿质量波动造成炉况波动的常见原因。烧结矿质量波动主要表现在：化学成分波动、粒度组成波动以及冶金工艺性能波动。

化学成分波动表现在 TFe 波动超过 1%，FeO 波动超过 1%，烧结矿碱度波动超过 0.1%。前两者波动造成还原剂消耗变化，更重要的是还原消耗热能波动引起高炉热状态波动，处理不及时或处理不当造成炉况失常。烧结矿碱度波动造成炉渣制度混乱，碱度变化引起黏度变化，导致软熔带滴落变坏，在滴落带内的滞留率增加，使上升煤气通过的通道（ $\varepsilon_c \sim h_t$ ）缩小而 $\dfrac{\Delta P}{I}$ 升高，严重时引起液泛现象，出现炉况失常。

粒度组成波动，特别是 <10mm 的粒度数量偏高，入炉 <5mm 的粒级多。小烧结矿填充入大于 40~50mm 的粒级中，使烧结矿层的空隙度大幅度下降，煤气上升给予炉料的浮力大幅度上升，当某一局部 $\dfrac{\Delta P}{H} > r_料$ 就出现难行，悬料，料层中出现空间，上部炉料的自重增加超过浮力就塌崩料或煤气冲过粉末层而吹出管道。

（2）操作不精心，处理炉况不当或失误。在日常生产中，因操作不精心处理炉况不及时、不当甚至失误，也是引起炉况失常的原因，他们表现在以下方面：

高炉追求高产，维持高冶炼强度。高冶炼强度生产是要有条件的，首先要有很好的精料作为基础，其次是要精心操作，采取一切可以降低炉腹煤气量的措施如富氧、高顶压等维持高炉顺行。因为长期在极限炉腹煤气量下生产，一旦原燃料质量波动，出现失常的可能性就变大。

生产中因原燃料条件变化而操作者并没有发现，炉况就经常出现由塌料、崩料，有时稍加调剂就过去了，有时不调剂也"自动"过去了，这种"脉冲"式的炉况就习以为常，但是往往这种炉况逐渐发展成管道行程或悬料，由于反复出现崩料，炉料分布混乱，引起煤气流分布失常而发展成恶性管道。

生产过程中不重视或忽视合理操作炉型的管理，由于气流分布不合理或炉料粉末过多，软熔性能变化特别是升华和挥发性物质过量（例如 K_2O、Na_2O、Zn、ZnO 等）造成炉墙局部结厚，甚至生成炉瘤，又不及时处理，极易造成炉况不顺，在某个方向上或局部吹出管道甚至造成悬料等。

炉前操作不正常而影响炉内，造成炉况不顺，甚至出现管道或悬料是炉况失常的一个原因。铁口维护不好、主沟跑铁、撇渣器跑铁、摆动流嘴失灵等造成不能按时出铁出渣，失常悬料频繁。炉内憋风、风压上升、波动等，造成炉况失常悬料频繁。

7.2.5.3 处理方法

（1）切实做好精料工作。

1）提高焦炭质量。高炉冶炼过程对焦炭性能的劣化作用是客观存在的，而且随着炉容的扩大，喷煤量的增加，劣化程度越来越大，宝钢、迁钢研究数据完全证实了焦炭劣化的严重程度。

2）提高含 Fe 炉料质量，重视烧结矿的粒度组成、还原性、低温还原粉化等性能。

3）降低有害杂质的入炉量。有害元素是焦炭质量劣化的催化剂，加剧焦炭与 CO_2 的气化反应，增加焦炭的 CRI，降低 CSR。相应焦炭的粒度和强度的变差，料柱（特别软熔带和滴落带炉缸的炉芯位置）的透气性变差。有害元素还使烧结矿低温还原粉化率升高，导致球团矿异常膨胀。这些造成料柱压差梯度升高，引起高炉的悬料。还会引起炉墙结瘤，风口的大套上翘、小套烧坏等。

（2）通过上下部调剂，理顺炉料分布和煤气分布。

高炉操作制度的调整，以稳定热制度（[Si]、$T_铁$、$T_渣$）为目标，以造渣制度（炉渣成分）为基础，以装料制度（上部调剂）和送风制度（下部调剂）为调剂手段，下部调剂为基础，上、下部调剂相结合，达到下料均匀（炉况稳定顺行）、煤气流分布合理、炉温稳定、铁水质量合格（炉缸工作良好），实现优质、低耗、高产、长寿和高效益。

1）上部装料制度。选用合理的科学的装料制度是理顺炉料分布的重要手段，它要保证合理的两条通路，并且保证炉缸焦柱具有良好的透气性和透液性，布料方面采用较宽的平台，形成较浅的中心漏斗，中心加 5%～10% 最多 15% 的大块性能好的（CRI 低，CSR 高，粒度 50mm 以上）焦炭，这样既理顺炉料分布，也保证煤气三次分配合理。

2）下部送风制度。它是决定煤气初始分配的，煤气初始分配由两个因素制约：燃烧带大小和燃烧带上方与周边焦炭柱的透气性，因为煤气流是燃料在燃烧带内与热风反应产生的。它提供冶炼过程所需要的热量和还原剂，其分配是否合理影响着炉缸状态和边缘与中心气流分布。

3）造渣制度。造渣制度原则要求炉渣要具有良好的稳定性，炉渣的性能及其稳定性不仅影响着炉缸状态，炉渣性能还要与炉缸状态相匹配。炉渣性能和它的稳定性还影响着软熔带及滴落带的煤气流分配。生产中要保持适当的 MgO 量来保持渣的稳定性，MgO/Al_2O_3 不应低于 0.5～0.55，对小高炉来说可保持 0.6 以上。

7.3　高炉低碳、高效冶炼的技术措施

当前高炉实现低碳、高效冶炼的主要方向是，努力降低燃料消耗，在维持与冶炼条件相适应的冶炼强度或冶炼条件能承受的最大炉腹煤气量的前提下，通过降低燃料比达到高的利用系数和高的产量。历史的教训告诉人们，实际生产中，在冶炼强度提高至超越冶炼条件允许值后，燃料比上升。如果燃料比升高的幅度超过冶炼强度的提高幅度，则产量不

但得不到增加，反而会降低，达不到高效冶炼。因此，转变指导生产的观点成为高炉冶炼增产的关键。

为了达到高炉低碳、高效冶炼的目的，国内外高炉普遍采用精料和综合鼓风，即高压操作、高风温操作、喷吹补充燃料、富氧等技术措施。

7.3.1　精料技术

原料是高炉冶炼的物质基础，随着高炉炼铁技术的发展，为了应对高炉大型化、高利用系数、低成本冶炼、煤比不断提高以及不断延长高炉寿命的需求，对原燃料的质量要求越来越高。高炉冶炼欲取得良好的技术经济指标，必须使用精料。精料是高炉生产顺行、指标先进、节约能耗的基础和客观要求。我国炼铁工作者对高炉精料的要求，习惯用"高"、"净"、"匀"、"稳"、"少"、"好"六个字来表达。

"高"是指入炉含铁原料的铁品位要高，这是精料方针的核心，是实现高炉低碳、高效冶炼的基础。在当前矿石质量逐步劣化的条件下，大高炉入炉品位不宜低于58%，中高炉不宜低于57%，而小高炉不宜低于56%。

"净"是要求炉料中粉末含量少，严格控制粒度小于5mm的原料入炉量，其比例一般不宜超过3%。降低入炉粉末量可以大大提高高炉料柱的空隙度和透气性，为高炉顺行、低耗、强化冶炼和提高喷煤比提供良好的条件。

"匀"是要求各种炉料的粒度均匀，差异不能太大。炉料粒度的均匀性对增大炉料空隙度和改善炉内透气性具有重要作用。烧结矿的粒度应控制为大于40mm粒级的比例不超过5%~10%，10~25mm粒级的比例维持在70%左右；球团矿中10~16mm的粒级应在中小高炉中占85%，在大高炉中占90%~95%；块矿的粒度应为8~30mm；焦炭的粒度应为25~75mm，平均粒度为40~60mm。

"稳"是要求炉料的化学成分和性能稳定，波动范围小。欲实现入炉原料质量稳定，首先要有长期稳定的矿石来源和煤、焦来源，此外，要建立良好的混匀料场和煤堆场。一般要求：$\Delta w(Fe) \leqslant \pm 0.5\%$，$\Delta R \leqslant \pm 0.03\%$，$\Delta w(FeO) \leqslant \pm 1.0\%$。

"少"是要求含铁炉料中的非铁元素少、燃料中的非可燃成分少以及原燃料中的有害杂质含量尽可能少。可以通过选矿、洗煤以及配矿、配煤予以实现。高炉允许的入炉铁矿石中有害元素的含量要求见表7-9。

表 7-9　高炉允许的入炉铁矿石中有害杂质的含量要求

元素	S	Pb	Zn	Cu	Cr	Sn	As	Ti, TiO$_2$	F	Cl
含量/%	≤0.3	≤0.1	≤0.15	≤0.2	≤0.25	≤0.08	≤0.07	≤1.5	≤0.05	≤0.06

"好"是指入炉矿石的转鼓强度、热爆裂性、低温还原粉化性、还原性以及荷重软化性等冶金性能要好。同时，要求焦炭强度高、高温性能好，喷吹煤的制粉、输送和燃烧性要好。

精料标准可以归纳为：

（1）渣量在300~320kg/t以下；

（2）成分稳定，粒度均匀；

（3）冶金性能优良；

(4) 炉料结构合理。

近十几年来，高炉喷煤比得到很大提高，由于矿焦比增大，料柱透气性变差，要求含铁炉料有更好的还原性和强度。同时，焦炭在炉内受到溶损反应和热冲击的破坏加大，要求焦炭有更高的冷强度和高温强度，而且灰分要低。因此，高炉提高喷煤比给精料工作提出了更高的要求。

当今，随着资源的逐渐劣质化，原燃料质量逐年下降。在这种背景下，不能一味追求一成不变的精料指标，精料方针的标准、具体要求将会随着资源条件的变化而发生改变。但是，基于生命周期评价（LCA）的观点，考量从矿石到铁水的整个生命周期中对环境产生影响的技术和方法，与炼铁工序的高温处理相比，继续强化低品位矿石的常温选矿工艺具有能源消耗低的污染物排放少的优势。因此，仍需继续坚持精料方针。表 7-10 列出了不同炉容级别下的原料要求。

表 7-10　不同炉容级别下的原料要求

入炉原料含铁品位及熟料要求	炉容级别/m³	1000	2000	3000	4000	5000
	平均含铁	≥56%	≥57%	≥58%	≥58%	≥58%
	熟料率	≥80%	≥83%	≥85%	≥85%	≥85%
烧结矿质量要求	炉容级别/m³	1000	2000	3000	4000	5000
	铁分波动	≤±0.5%	≤±0.5%	≤±0.5%	≤±0.5%	≤±0.5%
	碱度波动	≤±0.08	≤±0.08	≤±0.08	≤±0.08	≤±0.08
	铁分和碱度波动的达标率	≥80%	≥85%	≥90%	≥95%	≥98%
	含 FeO	≤9.0%	≤8.8%	≤8.5%	≤8.0%	≤8.0%
	FeO 波动	≤±1.0%	≤±1.0%	≤±1.0%	≤±1.0%	≤±1.0%
	碱度（CaO/SiO_2）	1.8~2.25	1.8~2.25	1.8~2.25	1.8~2.25	1.8~2.25
	转鼓指数+6.3mm	≥71%	≥74%	≥77%	≥78%	≥78%
	还原度	≥70%	≥72%	≥73%	≥75%	≥75%
球团矿质量要求	炉容级别/m³	1000	2000	3000	4000	5000
	含铁量	≥63%	≥63%	≥64%	≥64%	≥64%
	转鼓指数+6.3mm	≥86%	≥89%	≥92%	≥92%	≥92%
	耐磨指数-0.5mm	≤5%	≤5%	≤4%	≤4%	≤4%
	常温耐压强度（N/个球）	≥2000	≥2000	≥2200	≥2300	≥2500
	低温还原粉化率+3.15mm	≥65%	≥65%	≥65%	≥65%	≥65%
	膨胀率	≤15%	≤15%	≤15%	≤15%	≤15%
	铁分波动	≤±0.5%	≤±0.5%	≤±0.5%	≤±0.5%	≤±0.5%
	还原度	≥70%	≥72%	≥73%	≥75%	≥75%
入炉块矿质量要求	炉容级别/m³	1000	2000	3000	4000	5000
	含铁量	≥62%	≥62%	≥63%	≥63%	≥63%
	热爆裂性能	—	—	≤1%	≤1%	≤1%
	铁分波动	≤±0.5%	≤±0.5%	≤±0.5%	≤±0.5%	≤±0.5%

世界各国根据各自的资源发展着烧结矿和球团矿生产，以满足高炉炼铁生产的需要。长期的生产实践和高炉解剖研究表明，高炉使用单一的烧结矿或球团矿并不能获得最佳的生产技术经济指标。对烧结矿和球团矿冶金性能等的测试研究使人们了解到两种人造块矿有其各自的特点，从而促使人们探讨如何利用它们的优点组合成一定的炉料结构模式，以使高炉生产获得最佳操作指标。这一模式的普遍规律就是高碱度烧结矿配加酸性炉料（氧化球团、普通烧结矿或天然矿等）。在北美，由于资源以及加工矿石的技术和设备等条件的原因，长期使用酸性氧化球团，往高炉内加入大量熔剂，所以操作指标落后。为改进高炉生产，其目前正发展为超高碱度烧结矿加上原有的酸性氧化球团的炉料结构。前苏联和日本长期使用熔剂性烧结矿，它们发展高碱度烧结矿配加酸性氧化球团。我国现已普遍采用高碱度烧结矿配加酸性球团矿和天然富块矿的模式。

欧盟高炉炼铁，球团矿的用量在 1996 年就普遍达到 20% 以上，最高达 70%。瑞典的 SSAB 厂为了实现精品战略，高炉采用几乎 100% 的球团矿；德国的不莱梅厂采用 51% 烧结矿+49% 球团矿的炉料结构；荷兰的霍戈文厂采用 54% 烧结矿+46% 球团矿的炉料炼铁。

北美地区高炉炉料结构主要是以球团矿为主，烧结矿和块矿使用得很少。一些高炉采用的是大量熔剂性球团矿、少量酸性球团矿和烧结矿的炉料结构，熔剂性球团矿的配比最高可接近 100%；另一部分高炉的炉料结构中酸性球团矿占主体，其比例至少占 30%，再配少量的烧结矿或块矿；还有的高炉以全部酸性球团为炉料。

7.3.1.1　高碱度烧结矿的冶金性能

国内外高炉生产实践和科学研究表明，自熔性烧结矿在 20 世纪 50 年代替代普通烧结矿，取消生熔剂入炉，使高炉冶炼指标得到大幅度改善，起过良好的作用。但是它的冷强度和一些冶金性能并非是最好的，影响着高炉操作技术指标的改善和高炉技术的进一步发展。而高碱度烧结矿的这些性能却优越得多，其表现为：

（1）具有良好的还原性。矿石的还原性影响着高炉冶炼指标，根据生产统计，矿石的还原性每改善 10%，焦比可降低 8%~9%。人们从 20 世纪 70 年代后期开始致力于高还原性烧结矿的生产。我国部分企业烧结矿还原度与碱度的关系示于图 7-11。从图 7-11 可以看出，随着烧结矿碱度的提高，烧结矿还原性变化的普遍规律为：第一阶段还原性改善

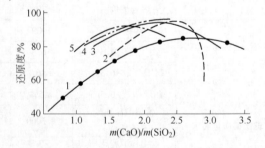

图 7-11　我国部分企业烧结矿还原度与碱度的关系
1—酒钢；2—韶钢；3—杭钢；4—邯钢；5—攀钢

较明显，曲线上升较快；第二阶段上升缓慢，一般有一最佳峰值；第三阶段还原性再次变差，曲线下降。这种变化规律是由烧结矿的黏结相以及矿物组成所决定的。当烧结矿碱度低时，一般 FeO 含量较高，黏结相以铁橄榄石为主，含铁硅酸盐矿物难还原，因而烧结矿还原性差。随着碱度的提高，烧结矿中易还原的铁酸钙数量增加，渣相减少，还原性得到改善。当碱度提高到一定数值时，铁酸钙成为主相，特别是以针状析出时还原性最佳。

如果烧结矿碱度进一步提高，还原性较差的铁酸二钙的数量增加，而且硅酸三钙等渣相也明显增加，导致还原性再次下降。综上所述，从还原性角度出发，各厂家应通过试验将烧结矿碱度提高到峰值附近。

（2）具有较好的冷强度和较低的还原粉化率。在我国各厂家使用本地资源生产自熔性烧结矿过程中遇到的问题之一是强度差，在冷却过程中自动碎裂。产生这一现象的原因是硅酸二钙在降温过程中发生多晶转变，当 β-$2CaO \cdot SiO_2$ 转变到 γ-$2CaO \cdot SiO_2$ 时体积膨胀 10%，随之产生的很大的内部应力使烧结矿裂为粉粒。在高氟精矿粉烧结过程中，由于氟使液相黏度和表面张力大幅度降低，易被烧结过程中的气流通过而形成众多的通路，在烧结矿冷却时给烧结矿留下疏松多孔的薄壁结构，严重影响强度。在攀钢含钒钛精矿粉烧结时，因其低硅、高钛的特点，烧结过程中产生的低熔点液相少，黏结相中出现数量较多的高熔点物相钙钛矿（$CaO \cdot TiO_2$，熔点为 1970℃），它的析出不但不起固结作用，而且性脆，抗压强度低，加之烧结矿中物相种类众多，使烧结矿有较大的内应力，以上各因素使自熔性烧结矿的强度较差。

试验研究表明，解决强度问题的办法之一是生产高碱度烧结矿，使黏结相和矿物组成转变成以铁酸钙为主，在宏观结构上使多孔薄壁转变为大孔厚壁，在组织结构上形成牢固的熔蚀结构。同时，由于铁酸钙数量增加，使影响强度的其他矿物数量减少，例如减少包钢烧结矿中的枪晶石、攀钢烧结矿中的钙钛矿等也有利于强度的提高。

低温还原粉化率在我国一般均较低，但是使用澳大利亚赤铁矿矿粉较多以及钒钛磁铁矿烧结中再生赤铁矿多时，低温还原粉化率会偏高，在烧结矿碱度提高以后，低温粉化率一般随之下降。

（3）具有较高的荷重软化温度。一般来讲，当烧结矿碱度在 2.0 以下时，随着碱度的提高，其软化开始和终了温度都是上升的，而其软化温度区间则有变窄趋势。烧结矿的荷重软化性能很大程度上取决于其还原性、矿物组成和孔隙结构。还原性好、高熔点矿物多、孔隙结构强的烧结矿，其软化温度就高。正如前所述，随着碱度的提高，上述各因素的改进均对荷重软化温度的提高起着有利的影响。

（4）具有良好的高温还原性和熔滴特性。成田贵一等对烧结矿的高温还原性及熔滴特性的研究表明，烧结矿碱度的提高改善了烧结矿在 1100℃ 和 1200℃ 时的高温还原性（见表 7-11），而熔滴温度也随碱度的提高而上升，熔滴温度区间则变窄。北京科技大学烧结球团研究室测定杭钢不同碱度烧结矿熔滴特性所得的特性曲线也显示了相同的规律（见图7-12）：随着碱度的提高，在同一温度条件下，其压差是下降的，即碱度较高的烧结矿具有较好的料层透气性。烧结矿的熔滴温度及其区间也随碱度的提高而得到改善。

表 7-11　不同碱度烧结矿的高温还原性及熔滴特性

碱　度	还原成 FeO 后经 1100℃、90min 处理		还原成 FeO 后经 1200℃、90min 处理	
	还原度/%	熔滴温度区间/℃	还原度/%	熔滴温度区间/℃
0	25	1210~1530	13.0	1210~1490
0.5	32.7	1310~1430	30.2	1240~1460

碱　度	还原成 FeO 后经 1100℃、90min 处理		还原成 FeO 后经 1200℃、90min 处理	
	还原度/%	熔滴温度区间/℃	还原度/%	熔滴温度区间/℃
0.9	58.4	1320~1380	31.0	1350~1470
1.1	64.8	1300~1350	37.1	1280~1390
1.5	71.0	1350~1390	41.1	1400~1500
1.8	75.4	1420~1480	39.3	1450~1520

注：根据日本成田贵一的试验数据。

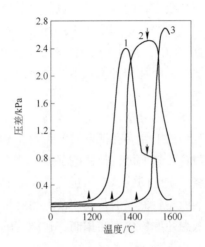

图 7-12　杭钢不同碱度烧结矿的熔滴特性曲线

1—碱度 1.01；2—碱度 1.5；3—碱度 1.87

↑—压差陡升温度；↓—滴落开始温度

（5）Al_2O_3 和 MgO 对高碱度烧结矿质量的影响。

1）Al_2O_3 对高碱度烧结矿质量的影响。当铁矿粉中含有一定量的 Al_2O_3 时，可生成含 Al_2O_3 的硅酸盐，促进铁酸钙的生成，减少硅酸钙的生成，降低液相的生成温度，从而有改善烧结矿强度和还原性的作用。但是，铁矿粉中 Al_2O_3 含量过高，不仅影响烧结矿的含铁品位，而且会导致高炉渣性能的恶化。

研究表明，Al_2O_3 质量分数增加促进了还原过程中钙铝黄长石（$2CaO \cdot Al_2O_3 \cdot SiO_2$）和浮氏体共晶相（$2CaO \cdot SiO_2$-$2CaO \cdot Al_2O_3 \cdot SiO_2$-FeO）等低熔点富铝相的生成，导致高 Al_2O_3 烧结矿在较低温度下出现开气孔孔隙封闭，从而降低了压差陡升温度。在熔融滴落阶段，高 Al_2O_3 烧结矿中渣相的 Al_2O_3 质量分数较高。存在于金属铁颗粒之间渣相的液相线和黏度随 Al_2O_3 质量分数增加而提高，在一定程度上降低金属铁颗粒的聚合，使得烧结矿的滴落温度提高。同时，高 Al_2O_3 烧结矿具有较宽的熔滴区间，使得熔融滴落区间的透气性较差。

2）MgO 对高碱度烧结矿质量的影响。传统高炉炼铁理论对 MgO 的作用给予了积极的评价。烧结矿中适量配加 MgO 可以很好地改善高炉炉渣流动性、稳定性及冶金性能，增加炉缸热储备，有利于低硫、低硅生铁冶炼等。对于烧结而言，可以减轻烧结矿自然粉化现象以及烧结矿在高炉冶炼过程中的低温还原粉化现象，同时可以提高烧结矿软化熔融温度以及烧结矿强度和高温还原性等，因而 MgO 被认为是现代烧结矿中不可缺少的矿物成分。但是，随着高炉精料技术的发展，随着烧结矿 SiO_2 含量的降低，昔日的软熔性能差、易自然粉化的情况已得到明显改善，MgO 在烧结矿中的负面影响已成事实。

研究表明，随着烧结矿中 MgO 含量的增加，烧结液相开始形成温度明显上升，烧结液相流动性降低，MgO 的这一烧结行为是影响烧结矿产、质量指标的本质问题所在。在 MgO 质量分数在 0.5%～2.0% 范围内，随着 MgO 含量的增加，烧结试样的黏结相强度有降低趋势，这是因为随着 MgO 质量分数的增加，烧结液相量减少以及具有良好强度的针状铁酸钙质量分数降低，因此为了提高烧结矿固结强度，应该适当降低烧结矿 MgO 含量，MgO 质量分数在 1.2% 左右为最佳。低的 MgO 含量会引起烧结矿易发生低温还原粉化，该现象可通过喷洒 $CaCl_2$ 水溶液的方式进行改善。同时为了保证炉渣中合理的 MgO 含量，可通过从风口喷吹的方式来弥补 MgO 的不足。

由于高碱度烧结矿具有上述诸多优点，无论从理论研究结果还是从生产实践经验，都肯定高炉采用高碱度烧结矿作为炉料是合适的。

7.3.1.2　酸性氧化球团矿的冶金性能

目前广泛使用的是酸性（自然碱度）氧化球团矿。向精矿粉中加入 CaO 或 $CaCO_3$ 细粉制造适合高炉冶炼碱度要求的自熔性或熔剂性球团矿，在国内外均进行了大量研究和工业性试验，但还都没有完全成功。其原因是：

（1）生产熔剂性球团矿有一定的困难，主要是生球爆裂温度低，CaO 在球团焙烧时形成低熔点化合物，极易在焙烧时造成熔结，同时影响成品球的抗压强度。

（2）含 CaO 球团矿的还原强度差，易于产生异常膨胀，使用效果不佳。

近年来，国内外在用 MgO 代替部分 CaO 生产熔剂性球团矿方面进行了大量研究，取得了一定的进展，但还未能达到取代酸性球团矿的程度。其中重要原因之一是高碱度烧结矿易于生产，而且具有良好的冶金性能，用它与酸性球团矿配合使用，可解决用酸性球团矿冶炼时需往高炉内加大量熔剂的问题，这也降低了生产熔剂性球团矿的迫切性。但是美国因其精矿粉具有极细的特点，仍在研究熔剂性和自熔性球团矿生产。

酸性氧化球团的特点是：

（1）生球爆裂温度高，焙烧区间宽，易于生产，而且成品球铁含量高、强度好。

（2）还原性好。由于球团矿的孔隙率较高，其还原性优于其他种类的矿石。但是我国的球团矿 SiO_2 含量偏高，致使其高温还原性较差。

（3）高温冶金性能较差，表现为软化温度低、熔滴特性中的压差陡升温度低和最高压差 Δp_{max} 数值大。尽管可用配加适量蛇纹石或白云石的方法来改善，但与烧结矿相比其高温冶金性能仍较差。

7.3.1.3　高碱度烧结矿配加酸性球团矿组成的综合炉料的冶金性能

大量的研究表明，在相同的还原条件下，综合炉料的还原度和低温还原粉化率等性能均居于单一炉料的这些冶金性能之间，而且可以根据单一炉料的测定值，用加和法求得综合炉料的还原度为：

$$RI = \sum_{i=1}^{n} RI_i \cdot N_i \tag{7-8}$$

式中　RI——综合炉料的还原度,%;

　　　RI_i——单一炉料的还原度,%;

　　　N_i——单一炉料占综合炉料的百分数;

　　　n——综合炉料中所含单一炉料的种类数。

但是,荷重软化和熔滴性能不能用加和法处理,因为矿石在荷重还原软化过程中,不仅在组成综合炉料的单一物料内,而且在单一炉料之间发生物理化学变化和出现新相,尽管试验测定的综合炉料的荷重还原软化和熔滴特性仍然居于单一炉料的这些性能之间。

北京科技大学烧结球团研究室对国内部分钢铁厂的炉料结构进行了较系统的研究,结果表明:

(1) 综合炉料可以避免酸性炉料(天然矿或酸性球团矿)软化温度过低、软化区间过宽的弱点,同时可提高压差陡升温度,达到自熔性烧结矿的水平,并使最大压差值降低,从而使料柱的透气性得到改善。

(2) 综合炉料可发挥高碱度烧结矿冶金性能良好的优越性,同时也可克服单一炉料因碱度过高而难熔、不能滴落给高炉操作造成困难的缺点。

(3) 合理的炉料结构取决于资源条件、矿石加工的技术水平和设备状况以及造块成品矿的价格及其冶金性能,各地钢铁厂宜结合具体条件,通过试验、论证后确定。

7.3.1.4　高炉炉料结构优化技术

A　高温交互反应性

原料是高炉强化冶炼的基础,高炉炼铁的技术进步和指标的提升,在很大程度上是得益于其原料品质的改善。炼铁工作者通过长期的生产实践,用"七分原料三分操作"来说明原料对高炉生产的决定性影响。烧结矿、天然块矿和球团矿是现代高炉冶炼所使用的主要含铁原料。经过国内外大量的科学研究,人们对烧结矿、块矿等各种单一炉料的冷、热态强度以及还原性、软熔性等冶金性能都有了较为系统的认识,对高炉原料技术进步起到了不可低估的作用。然而,长期以来,人们只注重各种单一炉料在高炉冶炼中的冶金性能,对于高炉冶炼过程中不同炉料之间的交互作用却知之甚少。

2005 年,北京科技大学吴胜利教授,在研究天然块矿、烧结矿及其混合炉料软化特征的基础上,提出了高炉高温区内烧结矿与天然块矿交互反应性的新概念。在高炉高温区内,由于各种炉料之间存在差异,它们之间会发生交互反应。因而只注重单一炉料的冶金性能是不全面的,需要掌握它们在高炉冶炼过程中的高温交互反应性,才能更好地使高炉炉料结构得到优化。

B　京唐大高炉高球团比

首钢京唐公司在烧结生产过程中不添加含镁熔剂,生产自然碱度烧结矿,把含镁熔剂转移到球团生产工序,球团矿的冶金性能得到改善,使得球团矿在高炉中的入炉比例有所提高。首钢京唐公司二期建设中,不再新建烧结机,仅新建带式焙烧机,二期投产后,球团矿的产能继续增加,球团矿的入炉比例也会随之提高。

7.3.2 高压操作

20世纪50年代以前，高炉都是在炉顶煤气剩余压力低于30kPa的情况下生产的，通常称为常压操作。1944~1946年，美国在克里夫兰厂的高炉上将炉顶煤气压力提高到70kPa，试验获得成功（产量提高12.3%，焦比降低2.7%，炉尘量大幅度降低）。从这时起，将炉顶煤气压力超过30kPa的高炉操作称为高压操作。在此后的十年中，美国采用高压操作的高炉座数增加很多。前苏联于1940年开始在彼得罗夫斯基工厂进行提高炉顶煤气压力的操作试验，它比美国的试验稍早一点，但初次试验并未成功，在改进提高炉顶煤气压力的设施后才取得了进展。但其发展速度却很快，到1977年，高压操作高炉冶炼的生铁占全部产量的97.3%。我国从20世纪50年代后期开始，也先后将1000m³级高炉改为高压操作，同样取得了较好的效果，但是炉顶压力均维持在50~80kPa，只是到了70年代才逐步提高到100~150kPa。而20世纪80年代宝钢1号高炉（4063m³）的炉顶压力达到250kPa，进入世界先进行列之后所有新建大高炉的炉顶压力都在200~300kPa之间，有部分小于1000m³高炉的炉顶压力也超过了120kPa。

7.3.2.1 高压操作系统

高炉炉顶煤气剩余压力的提高，是由煤气系统中高压调节阀组控制阀门的开闭度来实现的。前苏联最早试验时曾将这一阀组设置在煤气导出管上，它很快被煤气所带炉尘磨坏，因而试验未获成功，后来改进阀组结构并将其安装在洗涤塔之后才取得成功（见图7-13）。我国1000m³级高炉的调压阀组是由三个$\phi700$mm电动蝶式调节阀、一个设有自动控制的$\phi400$mm蝶阀和一个$\phi200$mm常通管道所组成。高压时，$\phi700$mm蝶阀常闭，炉顶煤气压力由$\phi400$mm蝶阀自动控制在规定的剩余压力，这样自风机到调压阀组的整个管路和高炉炉内均处于高压之下，只有将所有阀门都打开，系统才转为常压。长期以来，由于炉顶装料设备系统中广泛使用双钟马基式布料器，它既起着封闭炉顶的作用，又起着旋转布料的作用，布料器旋转部位的密封一直阻碍着炉顶压力的进一步提高。只有在20世纪70年代实现了"布料与封顶分离"的原则，即采用无钟炉顶以后，炉顶煤气压力才大幅度提高到150kPa，甚至达到200~300kPa。

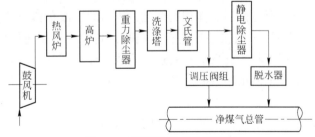

图7-13 高压操作工艺流程图

应当指出，消耗在调压阀组的剩余压力是由风机提供的，而风机为此提高风压是消耗了大量能量的（由电动机或蒸汽透平提供）。为有效地利用这部分压力能，从20世纪60年代开始试验高炉炉顶煤气余压发电，先后在前苏联和法国取得成功。采用这种技术后，可回收风机用电的25%~30%，节省了高炉炼铁的能耗。图7-14所示为采用余压发电工艺流程后的高压操作系统。

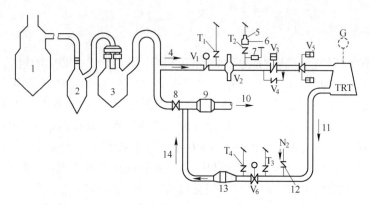

图 7-14　采用余压发电工艺流程后的高压操作系统

1—重力除尘器；2，3—文氏洗涤塔；4，11，14—煤气；5—主管喷射器；6—蒸汽；7—点火孔；

8—减压阀组；9—消声器；10—煤气总管；12—氮气吹扫阀；13—除雾器；

V₁—入口蝶阀；V₂—入口眼镜阀；V₃—紧急切断阀；V₄—旁通阀；V₅—调速阀；V₆—水封截止阀；

T₁~T₄—放散阀；G—发电机组；TRT—余压发电透平机

7.3.2.2　高压操作对高炉冶炼的影响

如前所述，高压操作给高炉冶炼带来提高产量、降低焦比和大幅度降低炉尘吹出量的良好效果，这是高压操作对高炉冶炼影响的综合表现。

A　对燃烧带的影响

由于炉内压力提高，在鼓风量相同的情况下，鼓风体积变小，从而引起鼓风动能的下降。根据计算，由常压（15kPa）提高到80kPa的高压后，鼓风动能降到原来的76%。同时，由于炉缸煤气压力的升高，煤气中 O_2 和 CO_2 的分压升高，这促使燃烧速度加快。鼓风动能降低和燃烧速度加快导致高压操作后的燃烧带缩小。为维持合理的燃烧带以利于煤气流分布，就可以增加鼓风量，这对增加产量起了积极的作用。

B　对还原的影响

从热力学上来讲，压力对还原的影响是通过压力对反应

$$CO_2 + C \rightleftharpoons 2CO$$

的影响体现的。由于这个反应前后有体积的变化，压力的增加有利于反应向左进行，即有利于 CO_2 的存在，这就有利于间接还原进行；同时，高炉内直接还原发展程度取决于上述反应进行的程度，高压不利于此反应向右进行，从某种意义上讲是抑制了直接还原的发展，或者说是将直接还原推向更高的温度区域进行，同样有利于 CO 还原铁氧化物而改善煤气化学能的利用。

从动力学上来讲，压力的提高加快了气体的扩散和化学反应速度，有利于还原反应的进行。但是有的研究者认为，压力的提高也加快了直接还原的速度，因此压力对铁的直接还原度不会产生明显的影响，单从压力对还原的影响分析，高压操作对焦比没有影响。

所有的研究者和实际操作者都肯定高压对 Si 的还原是不利的，这表明高压对低硅生铁的冶炼是有利的。

这里顺带指出，由于煤气总压力和其中 CO_2 分压随炉顶压力的升高而升高，石灰石在高炉内的分解将向高温区转移，一般其开始分解温度和沸腾分解温度要升高

$30 \sim 50℃$，这有可能增加 ψ_{CO_2}（熔剂分解出来的 CO_2 与 C 发生反应的比率），对焦比消耗会有影响。好在目前已广泛采用自熔性或高碱度烧结矿，取消石灰石入炉，因此这种影响已消除。

C　对料柱阻损的影响

对料柱阻损的影响是高压操作对高炉冶炼影响的最重要的一个方面，从著名的卡门公式：

$$\Delta p/H = \left[K_1 \frac{(1-\varepsilon)^2}{\varepsilon^3} \mu v_0 s^2 + K_2 \frac{1-\varepsilon}{\varepsilon^3} \rho_0 v_0^2 s \right] \frac{p_0}{p} \left(1 + \frac{t}{273} \right) \qquad (7-9)$$

不难看出，料层的阻力损失与气流的压力成反比。式（7-9）中，s 为散料颗粒的比表面积。在其他条件不变的情况下，可写成：

$$\Delta p_{常} / \Delta p_{高} = p_{高} / p_{常} \qquad (7-10)$$

高压操作以后，炉内的总压力 $p_{高}$ 比常压操作时的 $p_{常}$ 大，即 $p_{高}/p_{常} > 1$，因而常压操作时煤气流通过料柱的阻力损失 $\Delta p_{常}$ 大于高压操作时的 $\Delta p_{高}$。这就使得在常压高炉上因 Δp 过高而引起的诸如管道行程、崩料等炉况失常现象在高压操作的高炉上大为减少，而且还可弥补一些强化高炉冶炼技术使 Δp 升高的缺陷。研究者们用不同的方式对高压操作后 $\Delta p_{高}$ 下降值进行了测定和计算，所得结果不尽相同，但其平均值约为顶压每提高 100kPa，料柱阻损下降 3kPa。在常压提高到 100kPa 时，Δp 下降值略大于 3kPa，而顶压由 100kPa 进一步提高到 $200 \sim 300$kPa 时，此值降到 2kPa/100kPa。

应当指出，高压操作以后，炉内料柱阻损的下降并不是上、下部均相同的，研究表明，炉子上部阻损下降得多，下部则下降得少（见图 7-15）。造成这种现象的原因是料柱上、下部透气性不同，高炉下部由于被还原矿石的软熔，空隙度急剧下降，压力对 Δp 的作用被空隙度的下降所减弱。

众所周知，煤气通过料柱的阻力损失相当于自下而上的浮力，它与炉料与炉墙之间的摩擦力、炉料与炉料之间的摩擦力等一起阻碍着靠重力下降的炉料运动。高压操作后 Δp 的下降无疑减少了炉料下降的阻力，可使炉况顺行。如果 Δp 维持在原来低压时的水平，则可增加风量，即提高高炉的冶炼强度。早期的生产实践表明，在由常压改为 80kPa 的高压后，鼓风量可增加 10% ~ 15%，相当于提高 2%/9.8kPa 左右；现在的实践表明，再从 100kPa 往上提高时，这个数值下降到 (1.7% ~ 1.8%)/9.8kPa。这比理论计算的 3% 左右要低很多，造成这种差别的原因在于：

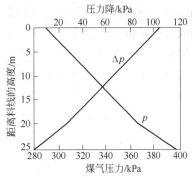

图 7-15　高压高炉高度上的
煤气压力变化

（1）高炉内限制冶炼强度提高的是炉子下部，如前所述，下部 Δp 减少的数值较小。

（2）高压以后焦比有所降低，炉尘量大幅度降低，在入炉炉料准备水平相同的情况下，上部块状带内料柱的透气性也变差。

（3）高压以后燃烧带和炉顶布料发生变化，上、下部调剂跟不上也阻碍着高压操作作用的发挥。

为此，欲充分发挥高压对增产的作用，需要改善炉料的性能，特别是焦炭的高温强度、矿石的高温冶金性能和品位（降低渣量）；掌握燃烧带和布料变化规律，应用上、下部调剂手段加以控制。随着这些工作进展的情况不同，各厂家每提高10kPa的增产幅度在1.1%~3.0%范围内波动。我国宝钢的生产经验是顶压每提高10kPa，风量可增加200~250m³/min。

D　对炉顶布料的影响

高压操作降低了离开料柱和炉顶的煤气的动压头：

$$h_{动} = \frac{v^2\gamma}{2g} = v_0^2\gamma_0 tp_0/(2gt_0p) \tag{7-11}$$

式中　v，v_0——分别为煤气的实际流速和标准流速，m/s；

γ，γ_0——分别为煤气的实际密度和标准密度，kg/m³；

t，t_0——分别为煤气的实际温度和标准状态下温度，℃；

p，p_0——分别为煤气的实际压力和标准状态下压力，N/m²；

g——重力加速度，取9.8m/s²。

这首先影响到炉尘吹出量，在冶炼强度和炉料粒度结构相同的情况下，被吹出炉尘的粒度变小、数量减少。按斯托克斯定律进行计算，从常压提高到250kPa，炉顶煤气能带走的最大颗粒的直径缩小了一半，颗粒的质量减到原来的12.5%。要用计算方法确定炉尘吹出量是不可能的，因为炉喉煤气流速和温度分布不均匀，不同时间内的吹出量也不同（装料时吹出量最大）。根据统计，由常压改为高压操作后，炉尘吹出量降低20%~50%，有的甚至高达75%。在目前炉顶煤气压力达到150~250kPa的现代高炉上，炉尘吹出量经常在10kg/t以下。

高压操作后动压头的减小对炉料从装料设备（布料溜槽）落到料面的运动有着一定的影响，根据测定和计算，这种影响表现为边缘料层加厚、料面漏斗加深，而影响的程度则取决于炉料准备情况（小于5mm粒级的含量和大小粒度的组成）和炉顶煤气压力提高的幅度。这种炉料在炉喉径向上分布的变化有可能恶化边缘区域的炉料透气性，从而使炉内压降增大，削弱了顶压提高的作用。为发挥高压的作用，应尽量用布料档位来调节布料。

E　对焦比的影响

由于高压操作促进炉况顺行、煤气分布合理、利用程度改善、有利于冶炼低硅生铁等，而使焦比有所下降。国内外的生产经验是顶压每提高10kPa，焦比下降0.2%~1.5%。

7.3.3　高风温操作

自200年前采用鼓风加热技术以来，风温已由最初的149℃提高到1300℃，它给高炉带来了大幅度降低焦比和提高产量的显著效果，成为炼铁发展史上极为重要的技术进步。由于高炉冶炼条件和工艺的差异，对高炉如何接受高风温和气体燃料的能量如何利用可取得最佳效益的认识不同，目前高炉使用的风温水平极不平衡，即使在同一个国家甚至同一个厂内的不同高炉上，风温也相差悬殊。目前我国重点钢铁企业的风温已达1180℃左右，而在20世纪中叶曾在1000℃左右徘徊了近30年，这里有许多客观原因。自从20世纪90年代解决了如何创造条件取得高风温和使高炉冶炼接受高风温的问题以后，风温才逐步提高。为此，需要对高风温引起冶炼过程的变化有所了解。

7.3.3.1 高风温对高炉冶炼的影响

在风温引起冶炼过程的变化和风温节焦效果的规律两方面，前苏联炼铁学者 A. H. 拉姆教授从理论计算上做了精辟的分析，其论点介绍如下。

A 风口前燃烧碳量减少

在冶炼单位生铁的热收入不变的情况下，热风带入的显热替代了部分风口前焦炭中碳燃烧放出的热量，风温越高，替代的部分越大，由此减少的燃烧碳量可按下式计算：

$$\Delta w(C)_{风} = \left(1 - \frac{w(C)_{风1}}{w(C)_{风2}}\right) \times 100\% = \frac{q'_{风2} - q'_{风1}}{(q_C/v_风) + q'_{风2}} \times 100\% \tag{7-12}$$

式中　$w(C)_{风1}$，$w(C)_{风2}$——不同风温下风口前燃烧的碳量，kg/t；

$q'_{风1}$，$q'_{风2}$——不同风温下鼓风的焓（扣除水分分解热），kJ/m³；

q_C——风口前 1kg 焦炭中碳燃烧放出的热量，一般为 9800kJ/kg；

$v_风$——燃烧 1kg 碳所消耗的风量，m³/kg。

计算表明，风温由 0℃ 提高到 100℃ 时，$\Delta w(C)_{风}$ 为 20.6%；而由 1100℃ 提高到 1200℃ 时，$\Delta w(C)_{风}$ 只有 5.2%。也就是说，每提高风温 100℃ 所减少的 $w(C)_{风}$ 是递减的。这从式（7-12）也可以得出同样的结论，因为每 100℃ 的 $q'_{风2}-q'_{风1}$ 数值几乎是定值，分母中的 $q_C/v_风$ 也变化不大，而第二项中的 $q'_{风2}$ 正比于风温的提高。

B 高炉高度上温度再分布

风温提高以后，高炉高度上温度再分布表现为炉缸温度上升，炉身和炉顶温度降低，中温区（900～1000℃）略有扩大（见图 7-16）。这是因为风温提高以后，风口前的理论燃烧温度上升了，每提高 100℃ 风温，$t_理$ 上升60～80℃，而 $w(C)_{风}$ 的减少使风口煤气发生量成比例地减少，并相应地使煤气与炉料水当量的比值下降，结果炉身煤气温度和炉顶煤气温度均下降。由于随着风温的提高，$\Delta w(C)_{风}$ 的数值变化趋于缓慢，因而每提高 100℃ 风温引起的炉顶煤气温度下降也减缓，而且风温越高，这种减缓的趋势越大。根据高风温操作长期统计的资料，A. H. 拉姆教授总结出炉顶煤气温度与风温的关系式为：

$$t_顶 = t_顶^0 / (0.5 + 0.0005t_风) \tag{7-13}$$

式中　$t_顶^0$——风温为 1000℃ 时的炉顶煤气温度，℃。

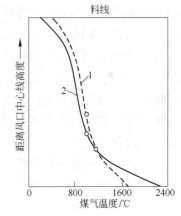

图 7-16　低风温和高风温情况下煤气温度沿高炉高度的分布
1—低风温；2—高风温

C 直接还原度上升

风温提高以后，$w(C)_{风}$ 的减少使形成的 CO 减少，也就减少了还原剂量，同时炉身温度的降低降低了间接还原速度，两者使间接还原减少，尽管中温区扩大有利于间接还原进行，但前两者的影响大于后一影响。因此，随着风温的提高，间接还原度将有所降低，而直接还原度有所上升。A. H. 拉姆教授总结出的 r_d 与 $t_风$ 的关系式如下：

$$r_d = r_d^0 (0.684 + 0.01t_风^{0.5}) \tag{7-14}$$

式中 r_d^0——风温为 1000℃时的直接还原度。

应当指出的是,风温提高以后曾观察到炉顶煤气中 CO_2 含量增加,有人认为是间接还原发展的结果,这是错误的。由于风温提高以后,CO 的生成源(焦炭或煤粉)用量减少,导致冶炼 1kg 生铁所形成的 CO 绝对量减少,在单位生铁焦炭消耗和炉顶煤气量的减少程度大于 CO 绝对量的减少程度时,就会出现间接还原降低而 CO_2 含量增加的现象。因此提高风温以后,炉顶煤气利用率 $\varphi(CO_2)/(\varphi(CO)+\varphi(CO_2))$ 的上升是焦比降低所带来的结果,而并不是间接还原发展的结果。

D   炉内料柱阻损增加

风温提高以后,炉内煤气压差升高,特别是炉子下部的压差会急剧地上升,这将使炉内(尤其是炉腹部位)炉料下降的条件明显变坏,如果高炉是在顺行的极限压差下操作,则风温的提高将迫使冶炼强度降低。据统计,风温每提高 100℃,炉内压差升高约 5kPa,冶炼强度下降 2%~2.5%。炉内压差升高的原因是:焦比降低,焦炭在料柱中所占的体积减小,使料柱透气性变坏;炉子下部温度升高,煤气实际流速增大;还有的学者认为,炉子下部温度过高会使 SiO 大量还原并挥发,煤气将它带往上部,并且在炉腹凝聚,在焦块间隙分解成固态,大大恶化了料柱的透气性,严重时造成炉子难行并发展为恶性悬料。

E   冶炼所需有效热消耗减少

由于风温提高以后焦比降低,由焦炭带入炉内的灰分和硫量减少,减少了单位生铁的渣量和脱硫耗热,从而使冶炼所需的有效热消耗相应地减少。

7.3.3.2 高炉接受高风温的条件

生产实践表明,有效地提高风温受到某一"极限"的限制,超过这一极限时炉况开始不顺或难行,严重时引起悬料,这样不但不能节焦反而会造成产量下降。这就是生产上常说的炉子不接受高风温。但是这一"最高风温极限"是与冶炼条件有关的,随着冶炼条件的改变,它可以向更高的水平方向移动。世界各国风温水平不断提高,目前最高已达 1300℃就是例证。

使高炉冶炼接受更高的风温的条件是:

(1)加强原料准备,提高矿石和焦炭的强度(特别是高温强度),筛除小于 5mm 的粉末以改善料柱的透气性。应当重视品位的提高,使渣量减少,并采用高碱度烧结矿与酸性料配合的合理炉料结构,以改善炉腹和软熔带的工作条件,该方面在第 2 章已做了介绍,这里不再详述。

(2)提高炉顶煤气压力。对比高压和高风温对高炉冶炼的影响可以看出,高风温对高炉还原和顺行的不利因素,可以通过高压操作对还原和降低炉内煤气压差的有利影响来弥补。

(3)喷吹燃料和在此之前进行加湿鼓风。向风口喷吹补充燃料和加湿鼓风可降低风口前的理论燃烧温度,它可以解决由于风温提高使炉子下部温度升高而造成炉况难行的问题。有关喷吹燃料的问题将在后面讨论。这里需要对加湿鼓风做点说明。

20 世纪 50 年代,加湿鼓风是稳定炉况、提高产量和降低焦比的有效措施之一,我国著名冶金学家叶渚沛先生曾提出过"高压、高风温、高湿度"的"三高"理论,对此做了详细的论述。

鼓风加湿对高炉冶炼起着如下作用：

（1）鼓风加湿可用其湿分使鼓风的湿度保持稳定，消除大气自然湿度波动对炉况顺行的不利影响。

（2）鼓风加湿可减少风口前燃烧 1kg 碳所需的风量，并减少产生的煤气量（见图7-17），鼓风中 $\varphi(H_2O)$ 每增加 1% 大约减少煤气量 0.5%，这样保持压差不变，可增加单位时间内风口前燃烧的焦炭量，即可提高冶炼强度。

（3）鼓风加湿后，每 1%（体积分数）的 H_2O 在风口前的分解消耗热量 10800kJ/m³ 或 13440kJ/kg，将使理论燃烧温度和炉缸煤气的平均温度下降。在湿度较低时，每增加 1% 的 H_2O，$t_理$ 降低 40~45℃；在湿度很高（10%~20%）时，$t_理$ 降低 30~35℃。这可降低高温区的压头损失。如果保持 $t_理$ 不变，则每增加 1% 的 H_2O 可提高风温约 60℃，这就是前面所说的加湿可提高"极限"风温的原因之一。

（4）鼓风加湿后，炉缸产生的煤气中 CO+H_2 的含量增加，氮的含量减少。这一方面使煤气的还原能力增大，还原速度加快，间接还原发展，从而使直接还原度降低，有利于焦比的降低；另一方面，煤气中氢含量的增加使煤气的密度和黏度降低，这样在炉内压差不增大的情况下，煤气流的流速可增大（增加 1% 的 H_2O 约加快 0.4%），这也为提高风温或提高冶炼强度创造了条件。

以上这些作用曾给高炉冶炼带来产量提高和焦比降低的效果。在高炉采用喷吹燃料后，加湿鼓风逐步被淘汰，因为借助于喷吹燃料来代替加湿鼓风所起的作用更为合算。但是在我国，一些不喷吹燃料的高炉也放弃了这一良好的技术，其理由是加湿鼓风降低了热风的有效热量，对焦比降低不利。特别是在 20 世纪 70 年代日本又重新采用半个世纪前中断的脱湿鼓风后，发表了一系列有关脱湿效果的文章，认为从 1m³ 鼓风中脱湿 1g 可节焦 0.7~0.8kg/t（即每脱除 1% 的 H_2O，约节焦 6kg/t）。这在我国炼铁界引起了一场否定加湿的风波，给部分生产者以不正确的概念，造成认识上的模糊。

如上所述，在高炉喷吹燃料，特别是喷吹 H_2 含量高的燃料时，将湿分分解消耗的热量节省用于喷吹燃料更为合算，这时采用脱湿鼓风无疑是正确的。但是在不喷吹燃料时，放弃这一技术不仅失去了利用它来提高风温的机会，而且失去了一项调节炉况的重要手段。事实上，美国炼铁长期使用着加湿鼓风，前苏联喷吹天然气的一些高炉也还采用加蒸汽的方法以调节炉子的热制度，而日本在停喷重油的全焦冶炼时某些高炉也不得不停用脱湿鼓风。所以，正确的认识是：喷吹燃料时，保留加湿鼓风作为调节炉况的手段；不喷吹燃料时，应积极采用加湿鼓风来提高风温，充分发挥热风炉的潜力，使高炉接受尽可能高的风温，并利用前述湿分对高炉冶炼的有利作用来提高冶炼指标。

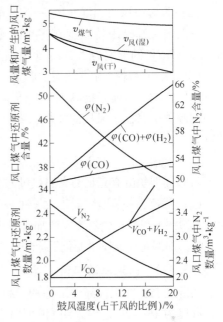

图 7-17　湿度对风口前燃烧 1kg C 的
风量、风口煤气发生量及其成分的影响
$v_煤气$—炉缸风口煤气量；$v_风$—风量

喷吹燃料以后就应采用脱湿鼓风，并保留加湿鼓风设施用以调节炉况。采用脱湿的优点在于：

（1）脱湿鼓风对高炉冶炼的影响与喷煤的影响互补，提高了高炉喷煤比。例如，脱湿 $1g/m^3$ 可提高 $t_{理}$ $5\sim6℃$，而喷煤 $1kg/t$ 要降低 $t_{理}$ $1.5\sim3.5℃$；脱湿降低了煤气中 $CO+H_2$ 的数量和浓度，喷煤则提高了煤气中 $CO+H_2$ 的数量和浓度。因此，鼓风脱湿 $1g/m^3$ 可提高喷煤量 $1.5\sim2.0kg/t$。

（2）脱湿鼓风与加湿鼓风一样，消除了大气湿度变化对炉况不利的情况，使炉况顺行。一般脱湿都是维持湿度在冬季水平，使高炉冶炼的鼓风条件变成"四季如冬"。每 1% 湿分对产量的影响为 3.2%，对焦比的影响在 0.9%~2.0% 之间。

（3）采用冷却脱湿方法时，改善了风机吸风条件，由于常年处于冬季条件下工作，风机出风口的质量流量提高 12%~15%，将使高炉风量提高相应的比例。同时，由于吸风条件的改善也降低了风机的能耗，省功 5.5%~10%，它完全补偿脱湿机消耗的能量且还有富余。

基于上述，认为在下列两种情况下应优先考虑脱湿鼓风：

（1）需要炉缸有充足的高温热量的冶炼，例如高炉冶炼铸造生铁、锰铁、硅铁或镜铁。

（2）昼夜温差和湿度变化大。在一年内夏季气温高且湿度变化特大的沿海和我国南方地区，脱湿鼓风以后仍然要保留加湿设施的理由是：在高炉炉况波动需要调节 $t_{理}$ 和炉缸热状态时，加湿是比喷煤量变化反应快的手段，能加快调节效果，此时的加湿实质是调湿。

7.3.3.3　高风温的取得

实践表明，在现代高炉冶炼的条件下，不喷吹燃料的高炉可使用 1150℃ 风温正常操作，湿度为 1%~2%。在采用大喷吹量，尤其是喷吹氢含量高的燃料时，"极限"风温完全取决于热风炉的能力。国外有些研究者在考虑加热鼓风的基建投资和生产费用后认为，在现代条件下，可能达到且经济上合算的风温为 1400~1500℃；我国的炼铁工作者也提出，要将风温提高到 1350~1400℃。为获取这样高的风温，需要经济地解决两个方面的问题：一方面可提供能达到火焰燃烧温度（1550~1650℃）甚至 1700℃ 以上的高温热量；另一方面，热风炉结构能在这样的高温下稳定持久地工作，所有热风管道（包括直吹管和热风阀）能承受这样高的温度并可维持这样高的温度将热风送入炉内。

在现代技术水平下，限制最高风温水平的是热风炉的拱顶温度 $t_{拱}$，而制约 $t_{拱}$ 的因素很多，如煤气的热值、煤气的含尘量和含水量、热风炉耐火材料的质量（耐火度、荷重软化温度、残余收缩和蠕变等）、热风炉燃烧器的性能（决定着燃烧过剩空气系数）、燃烧煤气产生的 NO_x 和 SO_x 与 H_2O 形成混合酸对热风炉炉壳的腐蚀、热风炉的热效率和寿命等。而起决定性作用的是 NO_x 和 SO_x 形成混合酸对炉壳的晶界腐蚀。在现代防腐技术水平下，允许的最高燃烧火焰温度是 1450℃，这样 $t_{拱}$ 的最高水平是（1380±20）℃，而送风温度 $t_{风}$ 则为（1280±20）℃，即最高风温水平是 1300℃。要达到这样高的 $t_{风}$，也还要做好两个方面的工作。

A　高温热量问题

从热工角度来分析，欲获得高风温，重要的是将热风炉蓄热室拱顶温度提高到高于风温 100~150℃，要获得这样高温的热量，单纯采用现有工艺燃烧高炉煤气是不行的。在目前低燃料比情况下，煤气利用率达到45%~50%，高炉煤气热值降到（3000±200）kJ/m³，燃烧后达到的 $t_{理}$ 只有1200~1250℃，即使采用干式除尘、降低煤气含水量、利用净煤气显热（150~200℃时为210~270kJ/m³）也不能达到上述要求。目前广泛采用的措施是：

（1）用高热值煤气富化高炉煤气，例如加入焦炉煤气（热值为16300~17600kJ/m³）、天然气（热值为33500~41900kJ/m³）。

（2）使用热值较高的转炉煤气（热值为8000~10500kJ/m³）。

（3）预热助燃空气（至350~600℃）和高炉煤气（至150℃左右）。

第一种措施取决于生产厂所在地区的煤气平衡和资源条件，在我国相当多的厂家是难以实现的；第二种措施取决于转炉煤气的回收。目前广泛采用的热风炉烟道废气余热回收预热助燃空气，可将助燃空气温度提高到200℃，提高火焰燃烧温度70℃左右，还可相应提高热风温度约50℃，但与1300℃高风温的要求还差相当距离。现在成功实现的是采用前置小蓄热式顶燃热风炉两座预热助燃空气到600℃以上，还有我国创造的热风炉自身预热助燃空气法能将其温度提高到800℃，在济南铁厂使用此法试验时，热风炉拱顶温度达到1550℃以上，风温达到1300℃以上，是一种较好的预热方法。

B　热风炉结构问题

热风炉结构问题是一个专门的高炉附属设备问题，下面只简单地提出几点：

（1）长期的实践表明，改良内燃式热风炉能稳定和持久地将鼓风温度加热至1100~1150℃；超过1200℃风温，宜采用气流分布均匀、结构稳定的马琴式或新日铁式外燃热风炉；顶燃热风炉是发展方向，目前已成功地应用于3200~5500m³ 高炉上。

（2）高风温热风炉均应采用有效措施防止炉壳受到晶间腐蚀，以延长热风炉寿命。这些措施有采用抗腐蚀能力强的钢板、焊接后进行退火去除应力、钢壳内表面喷涂耐酸涂料或敷设一层铝箔以防止冷凝水和形成的硝酸与炉壳接触等。

（3）耐火材料是保证热风炉内砌体结构稳定、实现热风炉高温长寿的基本条件。特别要重视耐火材料的抗蠕变性能，即高温长期荷重下的体积稳定性，这是我国目前热风炉耐火砖的薄弱环节。

（4）加厚隔热保温层以降低炉壳和管道钢壳温度、减少热损失，是保证高温热风送入高炉的有效措施。喷涂高铝质耐火纤维既耐热又绝热，应普遍采用。

（5）妥善解决热风炉管路上热膨胀和盲板力造成管道位移和破坏的问题。采用设置波纹膨胀节和长短拉杆、热风总管固定和滑动支架相结合的措施，就可以解决。

（6）热风阀是决定高风温水平的热风炉设备，应采用填注高铝质不定型耐火材料的耐热合金钢板焊接结构，使其寿命达到2年以上。

7.3.3.4　高温热风的稳定输送

风温提高以后，高温热风的稳定输送成为制约环节。近年来，不少热风炉的热风支管、热风总管和热风环管出现局部过热、管壳发红、管道窜风，甚至管道烧塌事故，热风管道内衬经常出现破损，极大地限制了高风温技术的发展。为了将热风安全地输送给高炉，特别是在高炉不断进行大型化改造后，要求在安全和节能的情况下使用高温、高压的热风，因此对热风管道的设计不断提出改进要求。

（1）耐火材料的改进。热风管道内衬的工作层，应采用抗蠕变、体积密度较低、高温稳定性优良的红柱石砖，将热风管道设计温度提高到 1250℃以上；管道耐火衬的膨胀缝按轴向位移和径向位移分别采用不同形式（毡或毯）的耐高温（1420℃）陶瓷纤维材料，可以长期稳定地吸收耐火衬和管道的膨胀；风口设备内衬由高铝质浇注料改为钢纤维刚玉质浇注料，提高内衬的耐磨性能和高温强度。

（2）耐火衬结构的改进。热风出口采用独立的环形组合砖构成，组合砖之间采用双凹凸榫槽结构进行加强，为了减轻上部大墙对组合砖产生的压应力，在组合砖上部设有特殊的半环拱桥砖或采用能与大墙结合的整环花瓣砖；高炉和高炉热风管道的交汇处（三岔口处）上部砌体采用平拱吊挂结构和三维立体组合砖结构，经实践证明这两种结构都能满足风温高于 1250℃的工作要求；水平管路与垂直管路交接处采用各自独立的砌砖层和单层白锁结构，使砖层间的膨胀不互相干扰，解决了因不同方向的砖层膨胀造成的砖层开裂、窜风现象；在波纹补偿器膨胀缝处，耐火材料采取特殊的导流砖结构保护耐火纤维毯。

（3）热风管道钢结构的改进。合理的设置管道、波纹补偿器及管道支架，妥善处理管道膨胀以降低管道系统应力，消除热风炉工作周期变化对波纹补偿器的影响，吸收大拉杆长度因温度、压力、大气温度等影响造成的变化，为热风管道的稳定工作提供了可靠的保证。

（4）热风系统设备的改进。采用软水冷却及异型水腔结构的高温热风阀，阀内镶嵌耐高温的高强耐火衬，设备的工作温度最高可达 1450℃；采用引进的恒力吊架，充分吸收垂直管道钢壳在发生位移时产生的力，并使其保持恒定，保证高炉围管与高炉同心，使热风总管不会推移热风围管；热风总管的刚性大拉杆穿过管道支架，减少拉杆的晃动和下沉，改善拉杆的工作稳定性，在拉杆的接头处增加锁定结构，使接头不会松开，保证波纹补偿器的正常工作。

对于已运行的热风管道应采用表面温度监测系统，可以在线监控热风管道关键部位的管壳温度，并可以进行数据处理和存储，实现信息化动态管理；同时为了监控热风管道受热膨胀而产生的变形情况，设置激光位移监测仪可以在线监测热风管道的膨胀位移。通过数字化在线监控装置，可以提高热风炉管道工作的可靠性，保障高温热风的稳定输送。该项技术已在首钢迁钢大型高炉上得到了成功应用。

7.3.4　喷吹补充燃料

19 世纪上半叶就产生了向高炉炉缸喷吹燃料的想法，自 1840~1845 年在法国一座高炉上喷吹木炭屑开始，经历了百余年的断断续续的试验，到 20 世纪 50 年代喷吹燃料才开始步入工业规模，而 60 年代则作为炼铁技术重大进步在很多国家普及。目前世界上 85%~90% 的生铁是在采用喷吹补充燃料的高炉上冶炼出来的。喷吹燃料的品种很多，都是各国根据各自资源获得的和可以廉价购得的气体、液体和固体粉状燃料。例如，前苏联、美国的天然气资源丰富，其以喷吹天然气为主；那些从中东廉价进口石油的国家（如日本、法国、德国等），则在石油危机前大量喷吹重油；我国一开始就以喷吹煤粉为主，现在很多国家也已从喷吹重油转为喷吹煤粉以适应国际市场上油、煤价格的变化。一些高炉也喷吹过冶金工厂自产的焦炉煤气、煤焦油，有些高炉做过喷吹液-固混合燃料的试验，个别高炉还喷吹过未燃法操作的转炉炼钢产生的转炉煤气。

7.3.4.1 喷吹燃料对高炉冶炼的影响

A 喷吹燃料在风口前的燃烧

与焦炭在风口前燃烧相比，喷吹燃料与鼓风中氧燃烧的最终产物仍然是 CO、H_2 和 N_2，并放出一定的热量，在这点上是相同的。两者不同之处在于：

（1）焦炭在炼焦过程中已完成煤的脱气和结焦过程，风口前的燃烧基本上是碳的氧化过程，而且焦炭粒度较大，在炉缸内不会随煤气流上升。而喷吹燃料却不同，煤粉要在风口前经历脱气、结焦和残焦燃烧三个过程，而且它要在从喷枪出口处到循环区内停留的千分之几到百分之几秒内完成；重油要经历气化，然后着火燃烧。天然气、重油蒸气和煤粉脱气的碳氢化合物燃烧时，碳氧化成 CO 放出的热量有一部分被碳氢化合物分解为碳和氢的反应所吸收，这种分解热随氢碳比（质量比）的增加而增大。因此，随着这一比例的增加，风口前燃料燃烧的热值也降低（见表 7-12）。

表 7-12 不同燃料的每 1kg 碳在风口前燃烧放出的热量

燃　料	$w(H)/w(C)$	燃烧放出的热量	
		kJ/kg	%
焦　炭	0.002~0.005	9800	100
无烟煤	0.02~0.03	9400	96
气　煤	0.08~0.10	8400	85
重　油	0.11~0.13	7500	77
甲烷（天然气）	0.333	2970	30

碳氢化合物与氧的反应仅在它的热解温度下明显进行，如果重油未能很好雾化而迅速变成蒸气并达到其热解温度，氧化反应就会产生烟炭，未完全氧化的 CH_4 也可能裂解为烟炭。如果这种烟炭在燃烧带内不气化，就会随煤气流离开燃烧带，这不仅导致炉缸热收入减少，而且这些碳质点（包括喷吹煤粉时在燃烧带内未气化的煤粉质点）大量混入炉渣而使炉缸工况恶化，如炉缸堆积、炉腹渣皮不稳定而脱落、风口和渣口大量烧坏。因此，为避免烟炭形成和残碳不能完全气化，必须使燃料与鼓风尽可能完全和均匀地混合，重油应采用雾化良好的喷枪，使进入风口的重油液滴小于 $50\mu m$；而煤粉则应细磨，使其中小于 $80\mu m$ 的粒级占 70%~80% 以上。富氧鼓风和高风温改善燃料在燃烧时的供氧和温度条件，可促进喷吹燃料的充分气化。随着喷吹量的增加，完全气化的难度增加，应积极采用油-氧和煤-氧喷枪。

（2）炉缸煤气量增加，燃烧带扩大。在第 3 章中已述及，喷吹燃料因含碳氢化合物，在风口前气化后产生大量的 H_2，使炉缸煤气量增加（见表 7-13）。煤气量的增加与燃料的 $w(H)/w(C)$ 有关，该比值越高，增加的煤气量越多。应当指出，无烟煤的煤气量略低于焦炭是由于无烟煤灰分高、固定碳含量低于焦炭所造成的，如果喷吹低灰分、高挥发分的烟煤，则 1kg 煤粉产生的煤气量将大于焦炭燃烧形成的煤气量。煤气量的增加无疑将增大燃烧带，另外，煤气中 H_2 含量的增加也扩大燃烧带，因为 H_2 的黏度和密度均小，穿透能力大于 CO。造成燃烧带扩大的另一原因是部分燃料在直吹管和风口内就开始燃烧，在管路内形成高温（高于鼓风温度 400~800℃）的热风和燃烧产物的混合气流，它的流速和动能远大于全焦冶炼时的风速和鼓风动能。这一燃烧特征应加以重视，因为过大的流速和动能会使燃烧带内出现与正常循环区方向相反的一向下顺时针旋转的涡流（见图4-47）。根据一些研究者的论述，形成向下旋转的涡流是导致炉况恶化的原因，它给炉缸堆积碳质粉末创造了条件，并使冶炼的渣铁流动性变差，严重时大量烧坏风口。

表 7-13 风口前每千克燃料产生的煤气体积

燃 料	CO/m^3	H_2/m^3	还原气总和		N_2/m^3	煤气量$/m^3$	$CO+H_2/\%$
			m^3	%			
焦 炭	1.553	0.055	1.608	100	2.92	4.528	35.5
重 油	1.608	1.29	2.898	180	3.02	5.918	49.0
煤 粉	1.408	0.41	1.818	113	2.64	4.458	40.8
天然气$/m^3 \cdot kg^{-1}$	1.370	2.78	4.15	258	2.58	6.73	61.9
天然气$/m^3 \cdot m^{-3}$	0.97	2.00	2.97	185	1.83	4.80	61.9

（3）理论燃烧温度下降，而炉缸中心温度略有上升。理论燃烧温度降低的原因在于：

1）燃烧产物的数量增加，用于加热产物到燃烧温度的热量增多。

2）喷吹燃料气化时因碳氢化合物分解吸热，燃烧放出的热值降低。

3）焦炭到达风口燃烧带时已被上升煤气加热（达到1500℃以上），可为燃烧带来部分物理热，而喷吹燃料的温度一般在100℃以下。

鞍钢曾对这些因素做了定量分析：

	重油		煤粉	
	℃	%	℃	%
煤气量增加	16.5	53	3.8	24
分解吸热	6.5	21	4.2	26
焦炭带入物理热减少	8.0	26	8.0	50
10kg 燃料总的温降	31.0	100	16.0	100

炉缸中心温度和两风口间温度略有上升的原因是：

1）煤气量及其动能增加，燃烧带扩大，使到达炉缸中心的煤气量增多，中心部位的热量收入增加。

2）上部还原得到改善，在炉子中心进行的直接还原数量减少，热支出减少。

3）高炉内热交换改善，使进入炉缸的物料和产品的温度升高。

B 料柱阻损与热交换

喷吹燃料以后，由炉缸上升到炉顶的煤气量主要由三部分组成，即风口前焦炭中碳燃烧形成的煤气量 $w(C)_风 v_焦$、喷吹燃料燃烧形成的煤气量 $Sv_喷$ 和直接还原形成的煤气量 $\dfrac{22.4}{12}w(C)_d$（$v_焦$、$v_喷$ 分别为风口前燃烧 1kg 焦炭中碳形成的煤气量和风口前燃烧 1kg 喷吹煤粉形成的煤气量；S 为喷吹量）。随着喷吹量的增加，$Sv_{喷}$ 增大，而 $w(C)_{风}v_{焦}$ 和 $\dfrac{22.4}{12}$ $w(C)_d$ 则降低。生产实践和理论计算表明，$Sv_{喷}$ 的增加总是超过其他两项的减少，最终炉顶煤气量总是有所增加的（喷吹无烟煤时例外）。与此同时，单位生铁的焦炭消耗量减少和炉料中矿焦比上升，这就造成料柱透气性变差。这两者的作用使炉内的压差 Δp 升高，煤气和炉料的水当量比值（$W_{气}/W_{料}$）增大，导致炉身温度和炉顶温度略有升高。喷吹无烟煤时，由于煤气量不增加，炉身和炉顶温度无明显变化。还应说明的是，喷吹燃料带入高炉的 H_2 对这两个变化（Δp 升高和 $t_{顶}$ 升高）起着缓和作用，因为如前所述，H_2 的黏度和密度较小，它可降低煤气的黏度和密度，从而使 Δp 下降；H_2 也能提高煤气的导热能力，加速煤气向炉料的热传递。

C　直接还原和间接还原的变化

喷吹燃料以后改变了铁氧化物还原和碳气化的条件，明显地有利于间接还原的发展和直接还原度的降低，具体如下：

（1）煤气中还原性组分 $CO+H_2$ 的体积分数增加，N_2 的体积分数则降低。

（2）单位生铁的还原性气体量增加，因为等量于焦炭的喷吹燃料所产生的 $CO+H_2$ 量大于焦炭产生的，所以尽管焦比降低，$CO+H_2$ 的绝对量仍然增加。

（3）H_2 的数量和体积分数显著提高，而 H_2 与 CO 相比，在还原的热力学和动力学方面均有一定的优越性。

（4）炉内温度场变化使焦炭中碳与 CO_2 发生反应的下部区域温度降低，而氧化铁间接还原的区域温度升高，这样，前一反应速度降低，后一反应速度则加快。

（5）焦比降低减少了焦炭与 CO_2 反应的表面积，也就降低了反应速度。

（6）焦比降低和单位生铁的炉料容积减少，使炉料在炉内停留的时间增长。

前苏联的 A. Б. 舒尔和 H. H. 列比罗对上述影响进行了定量分析（基准期参数为：喷吹量 $S=0$，风中氧含量 $\omega=0.21$，$t_{风}=1000℃$，湿度 $\varphi=1\%$，$r_d=0.48$，焦比 $K=550kg/t$）：

	天然气	重油	煤粉
喷吹量/$m^3 \cdot t^{-1}$ 或 $kg \cdot t^{-1}$	100	100	100
置换比/$kg \cdot m^{-3}$ 或 $kg \cdot kg^{-1}$	0.82	1.20	0.84
r_d 的总降低量（绝对值）/%	19.6	15.9	8.7
各个因素对降低 r_d 的影响			
占总值的比例/%：			
还原性气体量的增加	34.3	20.8	12.7
活性气体浓度的增加	11.8	9.4	8.0
H_2 的作用	12.3	8.8	4.6
温度场的变化	18.7	19.5	21.8
焦炭气化反应界面的减少	16.2	29.5	38.0
炉料在炉内停留时间的增加	6.7	12.0	14.9
总计	100.0	100.0	100.0

从上述结果可以看出，喷吹燃料中 $w(H)/w(C)$ 值对间接还原的影响与对风口前燃烧放出热量的影响相反，天然气降低 r_d 的程度最大，煤粉降低 r_d 的程度最小，而且前三个因素的相应影响也是如此，而后三个因素则相反。

7.3.4.2　置换比与喷吹量

喷吹燃料的主要目的是用价格较低廉的燃料代替价格昂贵的焦炭，因此喷吹 1kg（或 $1m^3$）补充燃料能替换多少焦炭是衡量喷吹效果的重要指标。喷吹燃料能置换焦炭是由于喷吹燃料中的碳代替了焦炭中的碳和喷吹燃料中的氢代替了焦炭中的碳。这样置换比就取决于以下因素：

（1）喷吹燃料的种类。碳和氢总含量高的燃料，置换比就高。重油中碳和氢总含量最高，置换比最高，一般为 $1.2 \sim 1.4kg/kg$；烟煤中碳和氢总含量最少，置换比也最低，一般在 0.8 左右。

（2）喷吹燃料在风口前气化的程度。如前所述，喷吹燃料气化时产生烟炭或残焦，不仅产生的热量和还原性气体减少，还可能恶化炉况，影响喷吹效果，使置换比降低。

（3）鼓风参数。通过对比高风温、高压、富氧和喷吹燃料对高炉冶炼的影响可以看出，它们的作用和影响有相反之处。例如，提高风温和富氧可提高理论燃烧温度，降低炉顶煤气温度；喷吹燃料时则降低理论燃烧温度，提高炉顶煤气温度。又如，高风温和富氧使 r_d 上升，而喷吹燃料则可降低 r_d。再如，高风温、富氧和喷吹燃料都使 Δp 上升，而高压却可使 Δp 降低。因此，风温的高低、是否富氧等都影响置换比的高低。

（4）煤气流利用程度。既然喷吹燃料主要影响的是改善高炉煤气的还原能力，操作上改进煤气流和矿石的接触是发挥喷吹作用的重要方面，各高炉的置换比差异与这一点有很大关系，那么就要改进炉料的质量和调剂炉况，使炉内 η_{CO} 和 η_{H_2} 同时提高而提高置换比。

应当注意置换比的如下表示形式：

（1）平均置换比 R。它是以不喷吹燃料为基准确定的，$R = \Delta K/S = (K_0 - K)/S$。

（2）差值置换比 R'。$R' = (K_1 - K_2)/(S_2 - S_1)$。

（3）微分（瞬时）置换比 R''。它是函数 $K = f(S)$ 的微分值，即 $R'' = dK/dS$。它确定每增喷一小部分燃料比其前面部分降低的实际焦比量，所以它真实地显示燃料替换焦炭的情况。

只有当焦比随喷吹量增加而呈线性关系降低时，上述三种置换比的数值才一样。大多数情况下，随着喷吹量的增加焦比降低是缓慢的，于是 R' 和 R'' 与 R 会有很大差别。假如各厂家采用不同表示形式计算置换比，就没有对比性，也不能真正分析喷吹燃料发挥作用的程度。

在一定的冶炼条件下，保持合理的置换比、扩大喷吹量一直是炼铁工作者的任务。众所周知，焦炭在高炉内起的作用是作为热源、还原剂、生铁渗碳的碳源以及作为保证料柱透气性的骨架。人们普遍认为喷吹燃料可以代替焦炭除骨架以外的作用，所以最大喷吹量，亦即最低焦比应由焦炭骨架作用决定。但是至今既不能从理论上计算，也不能用直接试验的方法确定焦比的下限以及最大节焦量下所能达到的最大喷吹量。实际生产中限制喷吹量的因素有以下几方面：

（1）风口前喷吹燃料的燃烧速率是目前限制喷吹量的薄弱环节。如前所述，喷吹燃料在燃烧带内停留的短暂时间里应 100% 氧化成 CO 和 H_2，否则重油、天然气形成的烟炭和未完全气化的煤粉颗粒将给高炉操作带来严重后果。燃烧动力学研究和高炉工业性试验表明，影响燃烧速率的因素主要是温度、供氧、燃料与鼓风的接触界面等。以喷吹煤粉为例，鞍钢的研究结果是，在含氧21%的气氛中，风温由800℃提高到1000℃，煤粉的燃烧率提高了1/3；在鞍钢2号高炉的工业性试验中，风口燃烧带取样实测表明，在相同喷吹量的情况下，距风口端400mm处富氧使煤粉燃烧率由70%以下提高到80%以上，部分风口达到90%，为保证喷吹煤粉的气化，鞍钢提出气化的氧过剩系数不宜低于1.15。图7-18所示为其实验室研究结果与高炉实测结果。

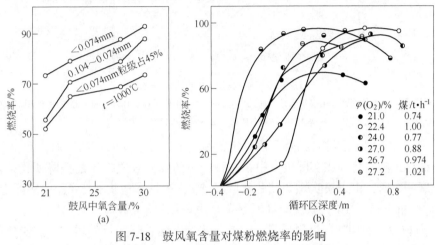

图7-18　鼓风氧含量对煤粉燃烧率的影响

(a) 实验室研究结果；(b) 2号高炉实测结果

　　生产实践表明，喷吹的无烟煤煤粉在风口燃烧带内的燃烧率保持在80%以上和烟煤煤粉保持在70%以上时，剩余的未气化煤粉不会给高炉带来明显的影响，因为它们在随煤气流上升的过程中能继续气化：

　　1）遇焦炭黏附在其上，随焦炭下降进入燃烧带气化；

　　2）少量的进入炉渣，成为渣中氧化物直接还原的碳；

　　3）遇滴落的铁珠成为渗碳的碳；

　　4）黏附在矿石、石灰石上成为直接还原的碳而气化。

　　（2）高温区放热和热交换状况。高炉冶炼需要有足够的高温热量来保证炉子下部物理化学反应顺利进行。允许的最低 $t_{理}$ 至少应高于冶炼的液体产品温度，允许的炉缸煤气温度下限应能保证过热铁水和炉渣以及其他吸热的高温过程（例如锰的还原、脱硫等）的进行。如前所述，喷吹燃料将降低理论燃烧温度，这样允许的最低 $t_{理}$ 就成为喷吹量的限制环节。一般喷吹天然气时 $t_{理}$ 的下限控制在1900℃以上，而喷吹煤粉时控制在2000～2100℃。造成两者差别的原因主要是燃烧形成的煤气量不同，因为炉缸所要求的高温热量 $Q_{缸} = V_{缸} t_{理} c$，此式说明燃料氧化形成的煤气量大时，允许的 $t_{理}$ 低一些；反之，氧化形成的煤气量小时，允许的 $t_{理}$ 就要高一些。当喷吹量已达到使 $t_{理}$ 降到允许的最低水平时，就要采用维持 $t_{理}$ 不再下降的高风温或富氧等措施，以进一步扩大喷吹量。

　　（3）流体力学因素也能成为限制喷吹量的环节。它表现为上部料柱透气性变坏、下部软熔带 Δp 急剧上升和滴落带出现局部液泛征兆。这在前面也分析过，遇到这种情况时要采用富氧来扩大喷吹量。

　　（4）产量和置换比降低是限制喷吹量的又一因素。实践表明，随着喷吹量的增加，喷吹燃料的置换比下降，图 7-19 所示为喷吹碳氢化合物燃料时的情况。我国喷吹煤粉的实践也表明，随着喷煤量的增加，置换比呈下降趋势。置换比的降低有可能导致燃料比过高，造成经济上不合算的情况，这时进一步扩大喷吹量只能造成喷吹燃料的浪费。

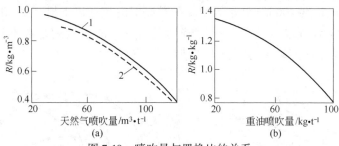

图 7-19   喷吹量与置换比的关系

（a）前苏联下塔吉尔钢铁公司喷吹天然气时的微分置换比；（b）奥地利林茨厂喷吹重油时的平均置换比

1—风中水分含量为 1%；2—风中水分含量为 3%

在风中氧含量固定和综合冶炼强度一定的情况下，随着喷吹量的增加，高炉产量如同置换比一样呈下降趋势。在实际生产中，这种产量的降低被置换比的下降所掩盖。例如，在冶炼强度一定时，由于喷吹燃料使焦比降低 5%，产量本应提高 5%，但实际上却提高了 2%，即产量下降了 3%。欲使产量不下降，就需采用富氧鼓风。

（5）高炉冶炼使用的原燃料质量。首先是焦炭，随着喷煤量的增加，焦炭负荷增大，料柱中焦炭数量减少将使料柱阻损增加。同时，焦炭在炉内停留时间延长，其在炉内经受的破损作用增加，劣化明显。表 7-14 示出不同喷煤量下焦炭工作条件的变化和粒度变化。焦炭劣化产生的焦粉增加料柱，特别是滴落带的 Δp，限制了喷煤量的提高。含 Fe 料中对喷煤量有影响的一个重要方面是渣量。渣量的增加会因滴落带内炉渣滞留率的增加而使滴落带内焦柱的透气性和透液性降低，从而制约喷煤量的提高。图 7-20 示出高喷煤比下渣量对喷煤量的影响。

表 7-14   喷煤量对焦炭工作条件和粒度变化的影响

喷煤比 /kg·t⁻¹	焦比 /kg·t⁻¹	矿焦比 (负荷)	骨架区		循环区		平均粒度变化		
			滞留时间/h	荷重增加/%	溶损率/%	滞留时间/h	入炉焦	风口焦	粒度差
0	489.3	3.474	6.50	0	29.63	1.000			
100	400.0	4.250	9.06	5.53	36.25	1.393	50.4	23.0	27.4
200	310.7	5.470	14.92	12.33	46.67	2294	53.04	17.15	35.9

通过以上分析可知，喷煤量的提高是受到冶炼条件制约的。在一定的冶炼条件下，存在着一个与之相适应的经济喷煤量。在目前我国大多数高炉的冶炼条件下，即：风温 1150~1200℃，富氧 1%~3%，风中水分含量 1%~2%，渣量 320~350kg/t，焦炭灰分含量 12.5%左右、含硫 0.7%~0.8%、M40 = 80%~ 85%、M10 = 7% ~ 8%、CRI = 25%~30%、

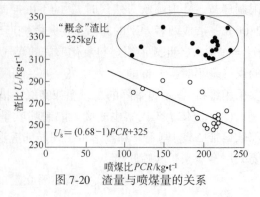

图 7-20   渣量与喷煤量的关系

CSR<60%，经济喷煤量为 130~150kg/t。如要将喷煤量提高到180~200kg/t，则冶炼条件需大幅度改善，具体为：风温 1250℃，富氧 3.5%~5%，风中水分含量 1% 以下，渣量 280 kg/t，焦炭灰分含量 12% 以下、含硫 0.6%、M40＝85%~90%、M10<6%、CRI<24%、CSR＝68%。

7.3.4.3 高炉接受高煤比的条件

根据宝钢和国外大喷煤成功的经验，高炉接受高煤比的条件有：

（1）精料：要将煤粉喷吹量达到 150~200kg/t，应该将渣量降到 300~250kg/t，同时提高焦炭强度 M40 到 85% 以上。

（2）高风温：宜将风温提高到 1150℃ 以上，要将煤粉喷吹到150kg/t 以上，最好风温达到 1200℃ 以上，每 100℃ 风温可节约焦炭 15kg/t，可多喷吹煤粉 20~30kg/t。

（3）富氧：富氧是喷煤 150kg/t 以上应该采取的措施，富氧 1% 可增产 3%~4%，可多喷吹煤粉 12~20kg/t，因此应充分利用好炼钢余氧，有条件应该为高炉建造专用制氧机。

（4）低鼓风湿度：应采取必要的措施，例如鼓风脱湿，脱湿 $10g/m^3$，可以提高煤比 9~15kg；采取脱湿技术后，可将鼓风湿度降低到当地冬季大气水平，使风机工作条件变成"四季如冬"。因此，脱湿不仅可多喷吹煤粉，而且可以提高风机在夏季的出力，满足高炉强化的需要。风中湿度减少 $1g/m^3$，相当于提高 9℃ 风温。

（5）煤粉混合喷吹：选择合适煤种，将烟煤和无烟煤混合喷吹，挥发分控制在 20%~25%，降低灰分，改善燃烧性能，提高置换比。

7.3.5 富氧和综合鼓风操作

富氧鼓风是往高炉鼓风中加入工业氧，使鼓风氧含量超过大气氧含量，其目的是提高冶炼强度以增加高炉产量。随着高炉冶炼技术的进步，发现富氧还能发挥高风温、喷吹燃料降低焦比的作用。在本章前几节的讨论中可以知道，在采用大气鼓风操作的情况下，当提高某一降低焦比的因素值时，其效果是递减的；而在采用富氧鼓风时，第一步与其后各步之间的效果差别就会缩小，并且当氧浓度达到某一数值时（对不同因素其数值不同）这种效果上的差别会消失。例如，大气鼓风下将风温从 0℃ 提高到 250℃ 可使焦比降低 230kg/t，从 500℃ 提高到 750℃ 可降低焦比 70kg/t，而从 1000℃ 提高到 1250℃ 仅能降低焦比 40kg/t；当风中氧浓度提高时这种差别减小，而当风中氧浓度提高到 40% 时差别就等于零。富氧对喷吹燃料也有类似的作用。A. H. 拉姆教授在 20 世纪 60 年代就在此基础上提出了综合鼓风的概念，并从理论上加以论证，使综合鼓风成为高炉冶炼增产节焦的最有效方法。

高炉富氧鼓风主要有定风富氧和减风富氧两种形式，定风富氧是指在风量不变的条件下实施加氧，减风富氧是指加氧的同时适当减风，但总氧量增加的一种富氧形式，其中定风富氧是较为常用的一种富氧形式。

7.3.5.1 富氧对高炉冶炼的影响

A 对风口前燃料燃烧的影响

随着鼓风中氧浓度（ω，m^3/m^3）的增加，氮浓度降低，燃烧 1kg 碳所需风量减少，

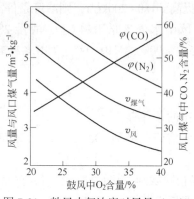

图 7-21　鼓风中氧浓度对风量（$v_风$）、
产生的风口煤气量（$v_煤气$）和
煤气中 CO、N_2 含量的影响

相应地风口前燃烧产生的煤气量（$v_煤气$）也减少，而煤气中 CO 含量增加、N_2 含量减少（见图7-21）。

如同提高风温一样，富氧会使理论燃烧温度大幅度升高，但是升高的原因并不相同。提高风温给燃烧产物带来了宝贵的热量；富氧不仅不带来热量，而且因 $v_风$ 的减少使这部分热量的数值减小，$t_理$ 的升高是由于煤气量的减少造成的。每富氧 1%，$t_理$ 提高 45~50℃。当 $t_风$ = 1000~1100℃、风中湿度为1%时，富氧到 26%~28%，$t_理$ 就超过 2500℃。生产实践表明，这样高的 $t_理$ 会导致冶炼十分困难，降低 $t_理$ 可以采用降低风温或增加鼓风湿度的方法，显然这是不利于焦比降低的，最好的办法是向炉缸喷吹补充燃料。

富氧以后，风中 N_2 含量的降低和 $t_理$ 的提高大大加快了碳的燃烧过程，这会导致风口前燃烧带的缩小，并引起边缘气流的发展。但是鼓风富氧都会提高冶炼强度，燃烧带的缩小就变得不是很明显，这已被研究者们从风口区取样分析中所证实。

　　B　对炉内温度场分布的影响

富氧对高炉内温度场分布的影响与提高风温时的影响相似。但是富氧造成燃烧 1kg 碳发生的煤气量减少，其对煤气和炉料水当量比值降低的影响超过了提高风温的影响，因此富氧时炉身煤气温度降得更严重。由于同时产生煤气量的减少和炉身温度的降低，煤气带入炉身的热量减少，有可能造成该区域内的热平衡紧张，特别是当炉料中配入的大量石灰石在该区域分解时尤为严重。图 7-22 示出富氧鼓风时炉身温度下降情况。

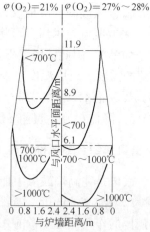

图 7-22　富氧鼓风时炉身温度下降情况
（前苏联下塔吉尔钢铁厂1号高炉实测资料）

如同高风温的影响一样，富氧也降低了炉顶煤气温度。

　　C　对还原的影响

富氧对间接还原发展有利的方面是炉缸煤气中 CO 浓度的提高与惰性氮含量的降低，但是要认识到，在焦比接近于保持不变的情况下，富氧并没有增加消耗于单位被还原 Fe 的 CO 数量，而且 CO 浓度对氧化铁还原度的影响有递减的特性，因此这种影响是有限的。富氧对间接还原发展不利的方面是炉身温度的降低、间接还原强烈发展的温度带（700~1000℃）高度的缩小，以及产量增加时炉料在间接还原区停留时间的缩短。上述两方面因素共同作用的结果是，间接还原有可能发展，也有可能削减，还有可能维持在原来的水平。

7.3.5.2　富氧鼓风操作的特点

（1）富氧与高风温都能提高理论燃烧温度，降低炉顶温度，但是决不能得出富氧可以代替加热鼓风的结论。因为加热鼓风是给高炉冶炼带入高温热量，而富氧不但没有带入热量，而且还因富氧后风量减小反而使高炉冶炼的热收入减少。例如，在 $t_风 = 1000℃$ 时，风中含氧21%（湿分1%），风口燃烧1kg C 的大气鼓风带入的热量为 $4.341 \times 1319 = 5723kJ/kg$；而富氧到30%时，它降为 $3.060 \times 1319 = 4036kJ/kg$，减少了 1687kJ/kg，相当于大气鼓风下碳燃烧放出热量的10.9%。

（2）由于富氧鼓风降低鼓风的焓，用其冶炼炼钢生铁和铸造生铁时焦比不会降低，而且当风温为1000~1100℃时还有上升的可能。但是用其冶炼铁合金时，由于高温热量集中于炉缸有利于 Mn、Si 等还原，并且大幅度地降低炉顶温度，因此富氧1%可降低焦比1.5%~2.4%。

（3）由于富氧后燃烧1kg碳消耗的风量减少，可在不增加单位时间内通过炉子的煤气量以及炉内压头损失的情况下增加单位时间内燃烧的碳量，亦即可以提高冶炼强度。在焦比基本保持不变的情况下，富氧1%的增产效果为：风中含氧21%~25%时，增产3.3%；风中含氧25%~30%时，增产3.0%；冶炼铁合金时，由于焦比下降，增产效果增加到5%~7%。

（4）把富氧与喷吹燃料结合起来，不论是对高炉生产应用氧气还是对扩大喷吹量都有利。喷吹燃料和富氧对高炉冶炼过程大部分参数的影响是相反的，例如 $t_理$、$t_顶$、鼓风的焓 $i_风$、炉料在炉内停留的时间等。两者的结合可以增加焦炭燃烧强度，大幅度增产；促使喷入炉缸的燃料的气化程度提高；不降低理论燃烧温度而扩大喷吹量，从而进一步降低焦比。前苏联已应用这种结合达到相当于扩大高炉有效容积的增产效果（根据前苏联的经验，当风中含氧22%~25%时，每小时富氧 $50~65m^3$ 相当于扩大炉容 $1m^3$）。

现在富氧鼓风已成为高炉炼铁普遍采用的技术，但是也还存在着富氧有无最适宜富氧率的问题。从富氧对高炉冶炼影响的角度分析，炉顶温度因富氧而降低，如果炉顶温度降到露点及以下，则高炉就无法连续生产，这时的富氧率将是富氧的极限。研究和生产实践表明，在喷吹燃料的情况下最高富氧率在15%左右。在我国生产条件下制约富氧率的另一个因素是氧气成本对生铁成本的影响。在现今工业氧气价格为 $(0.60±0.05)$ 元/m^3 的情况下，最适宜的富氧率在4%~5%，超过5%的富氧率将使生铁成本超过不富氧时的成本，富氧的效益成为负值。

7.3.5.3 全氧高炉

高炉氧煤炼铁是当今钢铁冶金工业的重大技术之一，其目的是在高炉冶炼过程中大量喷吹煤粉以代替价格昂贵而紧缺的焦炭，改变高炉炼铁的燃料结构。高炉采用富氧甚至全氧鼓风，可以促进煤粉燃烧，既能尽量多喷煤、节约焦炭和降低生产成本，又可强化高炉冶炼，使高炉生铁产量大幅度甚至成倍增长，还能外供更高热值的煤气。此外由于炉内有效还原性气体浓度大幅度提高，矿石在间接还原区的还原速度和程度得到明显的改善。因此，在现有高炉氧煤炼铁的基础上，逐步实现超高富氧甚至全氧冶炼，可以进一步降低高炉能量消耗。

A 全氧高炉发展历程

自从1972年德国的 Wenzel 教授和 Gudenau 教授首次提出氧气高炉概念以来，国内外许多学者对氧气高炉进行了大量的理论分析和试验研究，提出了许多不同的工艺流程。比利时 Poos 教授的理论计算表明，氧气高炉可以实现吨铁喷煤525kg，并且焦比降低到

102kg。日本 NKK 公司在容积为 3.9m³ 的氧气高炉上试验结果为吨铁焦比 362kg，煤比 285kg，利用系数 5.1t/(d·m³)。北京科技大学秦民生教授于 1985 年提出了 FOBF 氧气高炉流程，并进行了大量的分析研究。张建良和尹建威对氧气高炉进行了数值模拟计算和煤粉燃烧及炉身还原试验研究。2009 年 6 月，钢铁研究总院先进钢铁流程及材料国家重点实验室与五矿营钢合作在营钢建立了一座 8m³ 氧气高炉，进行了工业化试验，迈出了中国全氧鼓风炼铁第一步。图 7-23 所示为氧气高炉流程图。

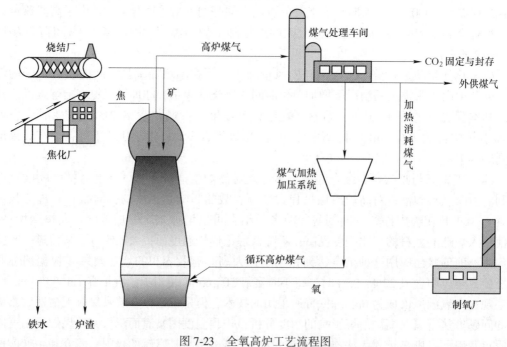

图 7-23　全氧高炉工艺流程图

B　全氧高炉操作特点

高炉全氧鼓风操作是近年来国内外冶金界广泛关注的炼铁新工艺。这种操作具有下列特点：

（1）生产率大幅度提高。由于全氧鼓风使高炉炉缸中冶炼单位生铁的煤气量锐减，在保持高炉顺行条件下，冶炼强度大幅度提高。对于不同的技术方案，高炉的生产率可提高 1/3～2 倍。

（2）喷煤量增加。采用全氧鼓风操作不但可以加快喷吹燃料的燃烧速度，而且为了维持适宜的理论燃烧温度还需要增加燃料喷吹量。在保持高置换比的情况下，全氧鼓风冶炼可将喷煤率提高到 300kg/t 以上，使焦比大大降低，煤粉消耗量超过焦炭用量，成为高炉炼铁的主要能源。从而改变钢铁厂的能源结构。

（3）炉内煤气主要由 CO 和 H_2 组成。全氧鼓风时，高炉煤气中无氮，还原性气体浓度由普通高炉的 40% 左右变为接近 100%。炉身的还原条件与直接还原竖炉的相似，铁矿石的间接还原度大幅度提高，直接还原度很低。高炉内的冶炼过程大大改善。矿石在低于 1000℃ 时就已大部分金属化，剩下的 FeO 很少，所以初渣量减少，软熔带变薄，有利于高炉高产顺行。炉身铁矿石间接还原充分发展，直接还原度降低，1000℃ 以上区域产生的 CO_2 很少，焦炭中碳的溶损减少，使高炉有可能使用目前不宜采用的反应性高的焦炭或型焦。焦炭用量减少以及煤气中 CO 分压提高 1.5 倍，抑制了硅和碱金属的氧化物被碳还原，高炉中 SiO、K、Na 等产物减少，对高炉冶炼的危害随之减轻，高炉的热耗减小。这对冶炼低硅生铁十分有利。冶炼钒钛矿时，高炉中无氮化钛生成，钛的还原受到抑制，炉渣中碳化钛较少，其流动性得到改善。

（4）提供热值较高的煤气。高炉进行全氧鼓风操作时，炉顶煤气由 CO、H_2、CO_2、H_2O 组成，不含氮，其发热值比普通高炉高 1 倍以上，可为钢铁厂提供燃料用气。在脱湿及脱除 CO_2 以后，此种煤气还可作为高质量的化工用气。

（5）炉顶煤气循环利用。如果只用氧气代替普通热风操作，由于炉缸煤气量太小，煤气水当量小，不足以加热高炉上部炉料，冶炼指标变坏。又因为没有热风带入热量，因此导致焦比上升到 700kg/t，氧耗超过 500m³/t，这在经济上是不堪承受的。为了降低氧耗和焦比，各种全氧鼓风炼铁方案都采用了炉顶煤气净化、处理后循环利用的措施，为高炉炉身提供足够多的高质量的还原气，使矿石的间接还原度大幅度提高、炉缸高温区的热耗大大减少。

由于生产率大幅度提高，喷吹燃料成为高炉的主要能源以及炉顶煤气循环利用，全氧鼓风炼铁高炉与普通高炉相比，在实质及外观上都已发生重大改变。这一方法成为介于融熔还原和常规高炉之间的一种新的炼铁工艺。

C 全氧高炉技术展望

高炉氧煤炼铁技术可以利用现有高炉设备，匹配制氧机进行不大的技术改造即可实施。因此，这是一种符合我国技术政策，能用最少投资改造我国中小高炉的新工艺。用这一技术来改造高炉增加生铁产量有最佳的投资效益，比新建常规高炉或熔融还原降低投资 40% 以上。

高炉氧煤炼铁工艺技术同时具有成熟度高、技术风险小的优点，大部分需要的专项技术、已成熟的技术（如高炉设备结构）、喷煤技术以及包括氧煤燃烧器、氧煤计量控制、氧煤安全技术在内的难点技术都正在研究解决。

与熔融还原相比，高富氧（全氧）高炉技术的缺点是不能全部取消焦炭，除此之外，在技术指标、基建投资、技术风险等各方面均优于熔融还原。全氧高炉工艺生铁成本比熔融还原还低 20%。

制氧工业技术的发展为高富氧（全氧）高炉技术解决氧气量消耗过高问题提供了条件。由于制氧技术的革新，采用中低压流程的新式大型制氧机的电耗已经降低到 0.4kW·h/m³ 氧的水平。由于同时回收制氧副产品，这种制氧的成本已降低到 0.3kW·h/m³ 的水平。这一供氧费用仅比常规鼓风机供氧高 20%~30%，已不构成提高生铁成本的主要因素，并被富氧的有利因素大大超过。

我国丰富的焦煤资源为石化工业提供不可取代的焦化产品，长期保留大规模炼焦工业是不可或缺的，完全无焦炼铁的能源结构不符合我国的资源实际。在现有高炉氧煤炼铁的基础上，逐步实现超高富氧甚至实现全氧冶炼可进一步降低高炉能量消耗。

7.3.6 低硅冶炼技术

7.3.6.1 低硅冶炼的意义

硅是高炉冶炼制钢生铁的指标之一。随着高炉冶炼技术的不断革新进步，低硅冶炼技术越来越受到重视，成为高炉操作的重要课题。高炉铁水含硅量低，可达到高产、稳产、节焦、优质的目标，降低生产成本和吨铁成本，取得良好的经济效益，是高炉冶炼技术进步和创新的一个重要标志。同时，低硅低硫铁水可以降低炼钢渣量，减少转炉炉衬溶蚀、提高铁的收得率，缩短冶炼时间，满足炼钢无渣或少渣与顶底复合吹炼的需要，对开发新钢种、冶炼高级纯净钢、提高转炉生产能力、降低成本具有重要意义。

7.3.6.2　低硅冶炼的原理

高炉铁水中的硅主要来源于焦炭灰分、煤粉灰分和矿石脉石中的 SiO_2。在高炉冶炼过程中，Si 主要是以 SiO_2 形式存在，SiO_2 很稳定，只在风口高温区被焦炭部分地还原为 SiO 气体，其反应方程式为：

$$SiO_2 + C =\!=\!= SiO(g) + CO(g) \tag{7-15}$$

SiO 气体随煤气上升的过程中被铁珠吸收或吸附在焦炭上，被铁水中的 ［C］和焦炭中的 C 还原成 Si。其反应方程式为：

$$SiO + [C] =\!=\!= [Si] + CO(g) \tag{7-16}$$

$$SiO + C =\!=\!= [Si] + CO(g) \tag{7-17}$$

此外，在高炉冶炼过程中，铁水中 ［Si］可被重新氧化成为（SiO_2）进入渣中，该反应发生在铁滴穿过渣层时和在炉缸贮存的渣铁界面上，其反应方程式为：

$$[Si] + 2(FeO) =\!=\!= (SiO_2) + 2[Fe] \tag{7-18}$$

$$[Si] + 2(MnO) =\!=\!= (SiO_2) + 2[Mn] \tag{7-19}$$

$$[Si] + 2(CaO) + 2[S] =\!=\!= (SiO_2) + 2(CaS) \tag{7-20}$$

由热力学原理可知：

$$[Si] = \frac{\alpha_{SiO_2} \cdot 10^{(1.91 - 35300/t)}}{r_{Si} \cdot p_{CO}^2} \tag{7-21}$$

由以上高炉内硅的反应机理和硅的迁移行为表明，铁水含硅量主要受回旋区产生的 SiO 气体反应的影响，其次受炉内滴落带渣铁间化学反应的影响。因此，冶炼低硅生铁可从三方面入手：首先应减少入炉的 SiO_2 含量，特别是降低焦炭和煤粉中的灰分，此外还需降低渣中 SiO_2 的活度，减少其进入铁水中的含量；其次是降低风口燃烧温度，直接减少气态 SiO 发生量，减少生铁生成过程中的吸硅量；三是降低软熔带的位置，缩小滴落带区域，缩短铁水吸硅区域。

7.3.6.3　低硅冶炼技术措施

（1）贯彻精料原则，改善原燃料条件。良好的高炉原燃料质量，不仅是高炉稳定顺行的基础，同时也是高炉不断强化冶炼和改善经济技术指标的先决条件。原燃料维持稳定，减少波动，是炉况稳定顺行的基础，对于低硅冶炼尤为重要。保持烧结矿、球团矿化学成分稳定，降低 SiO_2 含量，加强筛分工作，减少入炉粉末；降低焦炭和煤粉的灰分含量，提高焦炭的反应后强度，改善煤粉的燃烧性能；优化炉料结构，提高矿石的软化开始温度，降低软化温度区间，降低软熔带高度，缩小软熔带的厚度，这些都有利于实现低硅冶炼。

（2）合理的炉缸热制度。合理的炉缸热制度包括两个方面：一方面是炉缸要有足够高的温度，常用风口前理论燃烧温度来衡量；另一个方面炉缸要有充沛的热量储备，这对低硅冶炼尤为重要。

在高炉中，SiO_2发生还原反应的温度很高。但过高的炉缸温度，会造成 SiO 的大量挥发，不仅容易引起炉况难行甚至悬料，而且使得铁水含硅升高。因此冶炼低硅铁水时，应控制合理的理论燃烧温度。宝钢 3 号高炉在提高煤比到 200kg/t 时，风口前理论燃烧温度降低到 2050℃。降低理论燃烧温度，使得风口回旋区的温度下降，减少了炉内高温区域 SiO 气体挥发，有利于高炉冶炼低硅生铁的实现。炉缸温度也不能控制过低，否则炉缸就没有足够的热量储备，一旦原燃料发生比较大的波动而应对不及时，或发生紧急事故，很容易造成炉温大凉，甚至是炉缸冻结等恶性事故。所以一般在降低生铁含硅的同时，还要求铁水有合适的物理温度，一般控制在 1480~1510℃。合理利用高风温，提高高炉煤比，可以大幅度降低入炉焦比，使得入炉的 SiO_2 含量降低，有利于生铁的低硅冶炼；同时煤比增加会导致风口前理论燃烧温度下降，也为生铁低硅冶炼创造了条件。

（3）合理的造渣制度。实现低硅冶炼，必须有合理的造渣制度相适应。在低硅冶炼条件下，炉渣不仅要有足够的脱硫能力，保证合格的生铁质量，而且要有足够的熔化性温度，保持炉缸具有充足的物理热，同时还能降低渣中 SiO_2 的活度，抑制渣中硅的还原。

炉渣碱度的提高有利于低硅冶炼。较高碱度的炉渣可使表面张力增加，可使焦炭的润湿性下降，使硅发生还原反应的面积减小；与此同时，可提高炉渣的软化温度，对降低软熔带高度和保证炉缸有良好的热储备都是有利的。但是如果单纯提高炉渣的二元碱度，容易导致炉渣流动性变差使炉况不顺。增加渣中氧化镁含量，不仅有降低生铁中硅的作用，同时还可改善炉渣的流动性，提高炉渣的脱硫能力，因此提高炉渣的三元碱度是实现低硅冶炼的较好途径。高炉渣中 MgO 的质量分数一般控制在 8%~10%。

（4）提高炉顶压力。炉顶压力提高以后，CO 分压相应得到提高，抑制了 SiO 的生成，从而降低了硅的生成量。此外炉顶压力提高后，有利于高炉热量的下部集中，软熔带、滴落带的位置相对降低，减弱了硅生成的热力学和动力学条件，也有利于低硅冶炼的进行。

（5）做好上下部调剂。采用合理的装料制度，优化炉料在高炉内的分布，对于高炉稳定顺行、控制适合的软熔带位置，提高煤气利用率具有重要意义。做好下部调剂，控制适宜的鼓风动能，可以保证炉缸初始煤气流的合理分布，保证炉缸工作均匀活跃。因此，上下部调剂相结合，达到确保稳定中心煤气流、一定的边缘煤气流并与下部初始煤气流分布相适应的气流分布模式，保证高炉稳定顺行，是实现高炉低硅强化冶炼的重要保证。

7.3.7　高炉长寿技术

作为资源和能源密集型的高炉炼铁工序，实现高炉安全长寿是现代高炉技术发展的主要方向。高炉长寿的限制性环节主要为高炉炉缸炉底和炉腹、炉腰及炉身下部。高炉是高温高压反应器，炉缸炉底炭砖在高温渣铁的冲刷、渗透和溶蚀作用下发生侵蚀。高炉炉腹、炉腰以及炉身下部是高炉热负荷最大的区域，经受着高热流强度的冲击以及炉料的挤压、磨损，容易出现耐材侵蚀和冷却设备损坏。因此，延长高炉炉缸炉底及炉腹、炉腰和炉腹下部的寿命是保证高炉长寿的关键。近年来，随着我国高炉炼铁技术的不断进步，炉缸炉底及炉腹、炉腰和炉腹下部长寿技术日趋成熟，我国高炉在长寿方面取得了显著进步，宝钢 3 号高炉寿命达到了近 19 年，创中国高炉长寿纪录。但高炉长寿不是哪一个工序能够决定的，也不是哪一个独立技术所能决定的，高炉长寿是一项系统工程，它是设计、建造、操作、管理等诸方面最终结果的综合集中表现。可以说，实现高炉长寿是一项完整的系统工程。高炉长寿技术主要包括以下几个方面。

7.3.7.1　设计与施工

设计是实现高炉长寿的基石。配套及结构优良的设计是实现高炉长寿的先决条件，设备、材料制造和施工的质量也是长寿系统工程的重要环节。

目前，高炉冷却方式主要采用软水密闭循环冷却，冷却水质的改善使得冷却效率明显提高；传统铸铁冷却壁进行了有效的改进和完善，高效的铜冷却壁和铜冷却板也在炉腹、炉腰及炉身下部应用，大大提高了冷却系统的冷却能力；炉腹至炉身下部的耐火材料采用优质的碳化硅砖，用于高炉炉缸炉底的炭砖理化性能有了很大的改进，微孔炭砖、碳复合砖、陶瓷杯等一些新型耐火材料得到应用，使得炉缸炉底寿命显著提高。

7.3.7.2　合理操作制度

合理操作制度是实现高炉长寿的关键技术之一。高炉应以精料为基础，以节能、降耗为指导，以允许的最大炉腹煤气量为界限，以稳定和顺行为手段来寻求高利用系数、低燃料比的途径。关于操作制度，前面已作详细介绍，这里不再阐述。

合理的操作制度可以实现合理的煤气流分布，保证中心气流充足，而且使边缘气流得到有效控制，减少煤气流对炉墙的冲刷，防止渣皮脱落；改善高炉料柱透气性，提高死料柱的透气透液性，维持合适的鼓风动能，确保炉缸活跃，减少渣铁环流对炉缸侧壁的冲刷；稳定炉墙热负荷，减缓炉墙侵蚀，保持稳定的操作炉型。值得一提的是，低硅高硫铁水流动性好，对炭砖的侵蚀和渗透能力较强，长期冶炼低硅高硫铁水对炉缸长寿不利。

7.3.7.3　有害元素的控制

A　碱金属的危害及控制

从含铁炉料和燃料中带入高炉的 K、Na 等碱金属，在高炉上部存在碱金属碳酸盐的循环积累，在高炉中下部存在碱金属硅铝酸盐或硅酸盐的循环和积累，严重时会造成高炉中上部炉墙结瘤，引起下料不畅、气流分布和炉况失常。碱金属在高炉不同部位炉衬内滞留、渗透，会引起硅铝质耐火材料异常膨胀，造成风口上翘、中套变形；会引起耐材剥落、侵蚀，造成炉体耐材损坏、炉底上涨甚至炉缸烧穿等事故。

控制碱金属的有效措施是控制入炉料中碱金属的含量和增加碱金属的排除量。对矿石、煤炭进行脱碱、脱灰处理，日常生产中通过配矿、配煤减少碱金属入炉，对原燃料碱金属含量、高炉入炉碱负荷以及碱金属在高炉系统中的收支平衡进行定期检测分析，把握其变化。碱负荷长期偏高的高炉要定期进行炉渣排碱。

B　锌的危害及控制

锌是与含铁原料共存的元素，锌蒸气在高炉内氧化—还原循环。当锌富集严重时，炉墙严重结厚，炉内煤气通道变小，炉料下降不畅，高炉难以接受风量，崩、滑料频繁，对高炉顺行和生产技术指标带来很大的影响。有时甚至在上升管中结瘤，阻塞煤气通道，对高炉长寿也有严重危害。

烧结配入高炉高锌尘泥和转炉、电炉尘泥，是造成高炉锌富集和危害生产的根源所在，必须打破烧结—高炉间的锌循环链，从源头上切断锌的来源。对于高炉煤气净化灰泥和转炉灰泥、电炉尘泥，必须经脱锌处理后才能回配烧结使用。尽可能少加或者不加高锌尘泥到烧结矿中。

7.3.7.4 特殊护炉技术

优良的设计与施工，合理的操作制度，以及有害元素的有效控制是保证高炉长寿的有效措施。但当出现炉缸异常侵蚀或炉役后期等特殊情况时，应考虑采取非正常操作的特殊护炉措施。

（1）生产操作的特殊维护。当高炉炉役后期或者局部侵蚀，使炭砖砖衬厚度变得很薄，达到危险的状态，采取正常的生产操作维护不能有效的控制侵蚀的发展时，必须及时采取特殊的护炉手段：

1）降低产量。减少风量和氧气量，但要仍然保持足够的鼓风动能，保证炉缸中心活跃。

2）降低喷煤量，提高焦比。

3）堵风口，堵局部侵蚀部位上部的风口。

4）加强冷却，加强局部侵蚀部位的冷却。

5）如果出铁口下部或周围局部侵蚀，应调整出铁制度，增加打泥量。

（2）炉缸侧壁压浆。炭砖结构的高炉炉缸侧壁的冷却壁与炭砖之间设置有 100mm 左右的炭捣层，在烘炉以后炭捣料可能被压缩，冷却壁与炭砖之间出现缝隙。正常情况下，在开炉初期需要用灌浆或者压浆来堵塞砖衬与炉壳或冷却壁与炉壳之间的缝隙，防止窜气，以达到降低耐火材料热面温度的作用。在采取压浆前，一定要防止把凝结层的脱落、砖衬中产生气隙等因素误认为是炉壳与冷却壁、冷却壁与炭砖之间产生缝隙。如果发生误判后果相当严重。在采取压浆时，对压浆压力、一次的灌浆量和灌浆材质应严格控制，必须在弄清炭砖的状况和炉缸炉底结构的前提下方能实施，同时应严格控制灌浆材质。

（3）钛矿护炉。在高炉内加入含钛矿物料对高炉炉况有一定的影响，但使用得当，能使侵蚀严重的炉缸炉底转危为安。TiO_2 加入高炉的方式主要有含钛烧结矿、含钛球团矿、含钛块矿、风口喷入钒钛精矿、风口喂线、炮泥中加钒钛精矿粉等。TiO_2 入炉量一般是吨铁 6~8kg。

钒钛矿中的 TiO_2 在高炉内高温还原气氛下，生成 TiC（熔点 3150℃）、TiN（熔点 2950℃）以及固溶体 $Ti(C,N)$。这些高熔点物质在炉缸炉底生成发育和集结，与铁水以及铁水中析出的石墨等黏稠状物质，凝结在距离冷却壁较近的被侵蚀严重的炉缸炉底的砖缝和内衬表面，进而起到了保护作用。

含钛炉渣的黏度受气氛的影响很大，已有文献记载：在氧化性气氛下，随着渣中钛含量增加，炉渣黏度明显下降。但在还原气氛下，TiN、TiC 的形成使得炉渣黏度增加。特别是在含碳铁水与炉渣共存的情况下，在渣铁界面形成黏稠的 $Ti(C,N)$，严重时导致热结、渣铁不分。

7.4 小 结

本章主要介绍了现代高炉炼铁工艺的装料制度、送风制度、造渣制度及热制度等，阐述了高炉炉况的判断方法，并在其基础上介绍了高炉失常炉况，分析了其原因，并给出处理方法，详细介绍了高炉低碳、高效冶炼的技术措施。本章的重点、难点主要有：无钟炉顶布料特征及规律，布料参数对料面形状及煤气流分布的影响，送风制度的确定原则，造渣制度镁铝比对高炉冶炼的影响，高炉炉况的基本判断方法，利用上下部调节及合理造渣制度处理失常炉况，精料方针的科学性以及精料标准的技术性，高压操作原理及作用，高风温的获取、传输和使用的相关技术措施，高炉接受高煤比的条件，富氧鼓风、喷吹煤粉对高炉冶炼过程的影响以及两者的配合性，低硅冶炼技术和高炉长寿技术。

参考文献和建议阅读书目

[1] 拉姆 A H. 现代高炉过程的计算分析 [M]. 王筱留，等译. 北京：冶金工业出版社，1987.

[2] 刘云彩. 高炉布料规律 [M]. 北京：冶金工业出版社，2012.

[3] 王筱留. 高炉生产知识问答 [M]. 3 版. 北京：冶金工业出版社，2013.

[4] 汤清华，等. 高炉喷吹煤粉知识问答 [M]. 北京：冶金工业出版社，1991.

[5] 成兰伯. 高炉炼铁工艺及计算 [M]. 北京：冶金工业出版社，1991.

[6] 项钟庸，王筱留. 高炉设计——炼铁工艺设计理论与实践 [M]. 北京：冶金工业出版社，2007.

[7] 张寿荣，等. 高炉失常与事故处理 [M]. 北京：冶金工业出版社，2012.

[8] 范广权. 高炉炼铁操作 [M]. 北京：冶金工业出版社，2010.

[9] 周传典. 高炉炼铁生产技术手册 [M]. 北京：冶金工业出版社，2008.

[10] 王筱留. 高炉炉况失常的分析与处理 [C] //炼铁共性技术研讨会，2015.

[11] 杨天钧. 坚持精料方针提高高炉操作水平实现高效节能、安全环保、低碳低成本炼铁 [C] //全国炼铁生产技术会暨炼铁学术年会，2014.

[12] 项钟庸，王筱留. 高炉设计——炼铁工艺设计理论与实践 [M]. 2 版. 北京：冶金工业出版社，2014.

[13] 朱仁良. 宝钢大型高炉操作与管理 [M]. 北京：冶金工业出版社，2015.

[14] 张福明，程树森. 现代高炉长寿技术 [M]. 北京：冶金工业出版社，2012.

习题和思考题

7-1　叙述高炉冶炼强度与焦比之间既相互矛盾又相辅相成的辩证关系。

7-2　装料制度的调整主要影响高炉行程中的哪些现象？

7-3　为什么所谓的"理想的煤气流速沿径向分布"曲线效果最佳？

7-4　叙述高炉炉况的判断方法及炉况正常的标志。

7-5　叙述炉缸堆积的征兆及原因。

7-6　叙述炉缸、炉底烧穿的原因及预防措施。

7-7　何谓高炉精料技术？

7-8　何谓高炉四大操作制度，何谓"上部调节"和"下部调节"？

7-9　风温在冶炼的热平衡中起什么作用？

7-10　提高风温后冶炼进程将发生什么变化？

7-11　提高风温可采取什么措施，风温的进一步提高受何限制？

7-12　各种喷吹的辅助燃料在基本性质、喷吹设备及对高炉行程的影响方面有何异同（指固、液及气态燃料）？

7-13 影响煤粉在风口区迅速完全燃烧的因素有哪些？

7-14 喷煤工艺在发展我国炼铁工业中的特殊作用是什么？

7-15 已知：某高炉喷煤前焦比为 520kg/t，实施喷煤 100kg/t 后，高炉的综合冶炼强度为 $1.2t/(m^3 \cdot d)$，高炉燃料比为 540kg/t。求解：（1）高炉的有效容积利用系数；（2）喷煤置换比。

7-16 何谓"加湿鼓风"、"脱湿鼓风"？说明各自对高炉冶炼的影响。

7-17 富氧鼓风后高炉行程将发生什么变化？

7-18 富氧鼓风与辅助燃料的喷吹有何关系？

7-19 如何实现高炉系统的高压操作？

7-20 高压操作以后对高炉产量、焦比及生铁质量将产生什么影响，为什么？

7-21 实现高压操作在整体的设备上需要哪些条件？

7-22 分析高炉喷吹煤粉对冶炼过程的影响，并说明原因。

7-23 如何提高喷吹煤粉的置换比？

7-24 限制高炉提高喷煤量的因素有哪些？说明其限制的原因。

8 非高炉炼铁

[本章提要]

本章介绍非高炉炼铁产生及发展的原因、分类以及不同工艺还原产品的性质和应用，并对目前主要存在的直接还原工艺和熔融还原工艺进行描述。

高炉炼铁法是目前生产钢铁的主要方法，其主导地位预计在相当长的时期之内不会改变。经过长时期的发展，高炉炼铁技术已经非常成熟，但高炉炼铁法的缺点是对冶金焦的强烈依赖。随着焦煤资源的日渐贫乏，冶金焦的价格越来越高，而储量丰富的廉价非焦煤资源却不能在炼铁生产中充分利用。为了改变炼铁依赖于焦炭资源的状况，炼铁工作者经过长期的研究和实践，逐步形成了不同形式的非高炉炼铁法。经过百余年的发展，至今已形成了以直接还原和熔融还原为主体的现代化非高炉炼铁工业体系。

直接还原法限于以气体燃料、液体燃料或非焦煤为能源，是在铁矿石（或含铁团块）呈固态的软化温度下进行还原而获得金属铁的方法。这种由于还原温度低，呈多孔低密度海绵状结构、碳含量低、未排除脉石杂质的金属铁产品，称为直接还原铁（DRI）或海绵铁。熔融还原法则以非焦煤为能源，在高温熔态下进行铁氧化物还原，渣铁能完全分离，得到类似于高炉的含碳铁水。

8.1 直接还原

8.1.1 直接还原概况

直接还原法是指不用高炉，从铁矿石中炼制海绵铁的工业生产过程。海绵铁是一种低温固态下还原的金属铁，这种产品未经熔化，仍保持矿石外形，但由于还原失氧形成大量气孔，在显微镜下观察形似海绵而得名。海绵铁的特点是碳含量低（低于1%），不含硅、锰等元素，且保存了矿石中的脉石。这些特性使其不宜大规模用于转炉炼钢，而只适于代替废钢作为电炉炼钢的原料。

由于直接还原法的重大进展，从而出现了一个有别于典型生产过程的钢铁生产流程，称为短流程，即：

$$直接还原 \xrightarrow{\text{海绵铁}} 电炉$$

而典型的生产流程则是：

$$高炉 \xrightarrow{\text{生铁}} 氧气转炉$$

从冶炼原理上分析，新流程具有环节少、能耗低的优点，显然比典型流程合理，见图 8-1。当然，新流程的发展仍有一些经济和工业上的障碍需要克服。

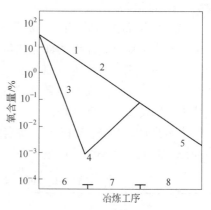

图 8-1 直接还原-电炉与高炉-氧气转炉生产流程的比较

1—直接还原-电炉；2—海绵铁；3—高炉-氧气转炉；4—生铁；5—钢锭；6—还原；7—炼钢；8—铸锭

8.1.1.1 直接还原法的发展

在钢铁冶炼技术的发展过程中，最先出现的也是直接还原法。高炉取代原始的直接还原法（块炼铁）是钢铁冶金技术上的重大进步，但是随着钢铁工业的巨大发展，供应高炉合格焦炭的问题日益紧张。18 世纪末，钢铁生产为摆脱冶金焦的羁绊，而使直接还原炼铁的设想又重新被提出。

1870 年，英国提出了第一个直接还原法——Chenot 法。到现在为止，直接还原法已有百余年的发展历史，但是直到 20 世纪 60 年代直接还原法才有较大成果。其原因如下：

（1）随着冶金焦价格的提高，石油和天然气被大量开发利用，全世界的能源结构发生重大变化。特别是高效率天然气转化法的采用，提供了适用的冶金还原煤气，使直接还原法有了来源丰富、价格便宜的新能源。

（2）电炉炼钢迅速发展，加上超高功率（UHP）新技术的应用，大大扩展了海绵铁的需求。

（3）选矿技术的提高提供了大量高品位精矿，矿石中的脉石量可以降低到还原冶金过程中不需要再加以脱除的程度，从而简化了直接还原技术。

非高炉炼铁方法种类繁多，仅见之于文献的就达 400 余种，但大多数未经试验就夭折了，还有不少方法在试验过程中被淘汰。目前直接还原法的发展仍然受到下列条件的限制：

（1）最成熟的直接还原法（竖炉法）都是使用天然气作为一次能源的，而应用煤炭作为能源的各种方法仍有若干技术有待完善。因此，直接还原法的能源供应问题并未完全解决。

（2）应用直接还原-电炉流程生产 1t 成品钢总共需要 $600 \sim 1000 kW \cdot h$ 的电耗，而电能是较贵的能源，并且不是在任何地区都可以方便提供的。

（3）直接还原法需要使用高品位块矿或用精矿制成的球团，这也不是普遍容易获得的。对于某些嵌布细微的难选铁矿，直接还原法难以处理。

因此，直接还原炼铁法仍需要解决一些技术难题才能大规模发展，目前直接还原法只能在某些特殊地区，作为典型钢铁生产方式的一种补充形式而存在。对于直接还原的应用首先要考虑资源条件，即是否有适用的能源及高品位铁矿；其次要考虑产品海绵铁的出路，海绵铁只宜大量供应电炉炼钢使用，少量可用于氧气转炉及铸造化铁炉。

8.1.1.2 直接还原法的分类

直接还原法可分为两大类：

（1）使用气体还原剂的直接还原法。在这种方法中煤气兼作还原剂与热载体，但需要另外补加能源加热煤气。

（2）使用固体还原剂的直接还原法。在这种方法中还原碳先用作还原剂，产生的 CO 燃烧可提供反应过程需要的部分热量，过程需要热量的不足部分则另外补充。

气体还原剂法常称为气基法，其产量约占总产量的 72%，气基法中占重要地位的是竖炉法和流化床法。而固体还原剂法常称为煤基法，其产量不到总产量的 28%，煤基法的代表是回转窑法和转底炉法。

表 8-1 示出 2006~2016 年世界各国直接还原铁产量，表 8-2 示出 2006~2016 年各种直接还原工艺的直接还原铁产量。

表 8-1　2006~2016 年世界直接还原铁产量（国家）

国　家	年　份										
	2006	2007	2008	2009	2010	2011	2012	2013	2014	2015	2016
阿根廷	1.95	1.81	1.86	0.81	1.57	1.68	1.61	1.54	1.67	1.26	0.78
巴西	0.38	0.36	0.30	0.01	—	—	—	—	—	—	—
墨西哥	6.17	6.26	6.01	4.15	5.37	5.85	5.59	6.13	5.98	5.50	5.31
秘鲁	0.14	0.09	0.07	0.10	0.10	0.09	0.10	0.10	0.09	0.07	0.01
特立尼达和多巴哥	2.08	3.47	2.78	1.99	3.08	3.03	3.25	3.29	3.24	2.52	1.50
委内瑞拉	8.61	7.71	6.87	5.61	3.79	4.47	4.61	2.77	1.68	2.75	1.59
巴林岛	—	—	—	—	—	—	—	0.78	1.44	1.23	1.26
埃及	3.10	2.79	2.64	2.91	2.86	2.97	2.84	3.43	2.88	2.73	2.82
伊朗	6.85	7.44	7.46	8.20	9.35	10.37	11.58	14.46	14.55	14.55	16.01
利比亚	1.63	1.64	1.57	1.11	1.27	0.30	0.51	0.95	1.00	0.45	0.69
阿曼	—	—	—	—	—	1.11	1.46	1.47	1.45	1.48	1.46
卡塔尔	0.88	1.30	1.68	2.10	2.16	2.23	2.42	2.39	2.64	2.71	2.58
沙特阿拉伯	3.58	4.34	4.97	5.03	5.51	5.81	5.66	6.07	6.46	5.80	5.89
阿联酋	—	—	—	—	1.18	2.25	2.72	3.07	2.41	3.19	3.48
澳大利亚	—	—	—	—	—	—	—	—	—	—	—
中国	0.41	0.60	0.18	0.08	—	—	—	—	—	—	—
印度	14.74	19.06	21.20	22.03	23.42	21.97	20.05	17.77	17.31	17.68	18.47
印度尼西亚	1.20	1.32	1.21	1.12	1.27	1.23	0.52	0.76	0.16	0.05	0.05
马来西亚	1.54	1.84	1.94	2.30	2.39	2.16	2.01	1.40	1.33	0.96	0.66
缅甸	—	—	—	—	—	—	—	—	—	—	—
巴基斯坦	—	—	—	—	—	—	—	0.06	—	—	—
加拿大	0.45	0.91	0.69	0.34	0.60	0.70	0.84	1.25	1.55	1.50	1.40
美国	0.24	0.25	0.26	—	—	—	—	—	1.30	1.10	1.81
俄罗斯	3.28	3.41	4.56	4.67	4.79	5.20	5.24	5.33	5.35	5.44	5.70
尼日利亚	—	0.15	0.20	—	—	—	—	—	—	—	—
南非	1.75	1.74	1.18	1.39	1.12	1.41	1.57	1.41	1.55	1.12	0.70
德国	0.58	0.59	0.52	0.38	0.45	0.38	0.56	0.50	0.57	0.55	0.60
世界总量	59.70	67.12	67.95	64.33	70.28	73.21	73.14	74.92	74.59	72.64	72.76

表 8-2 2006~2016 年世界直接还原铁产量（工艺）

工艺名称	2006	2007	2008	2009	2010	2011	2012	2013	2014	2015	2016
Midrex	35.71	39.72	39.85	38.62	42.01	44.38	44.76	47.56	47.12	45.77	47.14
HYL/Energiron	10.91	11.20	9.84	7.88	9.81	11.03	10.79	11.29	12.08	11.62	12.66
流化床	1.31	1.05	1.08	0.50	0.34	0.48	0.53	0.14		0.51	0.24
回转窑	11.53	14.90	16.92	17.33	18.12	17.32	17.06	15.93	15.39	14.74	12.72
其他工艺	0.22	0.24	0.25	0.26							
世界总量	59.70	67.12	67.95	64.3	70.28	73.21	73.14	74.92	74.59	72.64	72.76

8.1.1.3 直接还原法的要求

在直接还原反应过程中，能源消耗于两个方面：一是夺取矿石氧量的还原剂；二是提供热量的燃料。在气体还原法中，煤气兼有两者的作用，对还原煤气有一定的要求，符合要求的天然气气体燃料是没有的。用天然气、石油及煤炭都可以制造这种冶金还原煤气，但以天然气转化法最方便、最容易，因此天然气就成为直接还原法最重要的一次能源。但由于石油及天然气缺乏，用煤炭制造还原煤气供竖炉使用则成为当前国内外研究的重要课题。

对于固体还原剂的直接还原法，还原剂与供热燃料是分开的，对它们也有一定要求。能否提供合乎要求且廉价的能源是直接还原能否被采用的关键。

对于铁矿原料，最重要的品质是含铁品位。因为矿石中的脉石在直接还原法中不能脱除而全部保留在海绵铁中，这样当海绵铁用于电炉炼钢时，脉石就造成严重危害，如使电耗剧增、生产率降低及炉衬寿命缩短。一般要求铁矿石酸性脉石含量小于3%，最高不超过5%；对铁矿石中S、P等杂质的要求并不十分严格，因为各种直接还原法都有一定的脱硫能力，而S、P在电炉炼钢中也不能脱除。对于那些在高炉冶炼中能造成麻烦的元素，如K、Na、Zn、Pb、As等，有些元素通过直接还原法可以部分或大部分脱除，或直接还原法能适应其有害作用，具体要求视各种方法而定，但总的来讲不比高炉严格。

对于矿石强度的要求，直接还原法一般低于高炉，但良好的强度仍是保证竖炉及回转窑顺利操作的重要因素。对于矿石粒度则要求不一，图8-2示出各种直接还原法使用的矿石粒度。

8.1.1.4 直接还原法的技术指标

直接还原法常用的技术指标有下列几种：

（1）利用系数。评价生产率最常用的指标是利用系数（η_V），其定义与高炉有效容积利用系数相同，即 η_V 等于单位反应器容积每24h的产量，单位为 $t/(m^3 \cdot d)$。各类直接还原法的 η_V 在 0.5~10 之间。

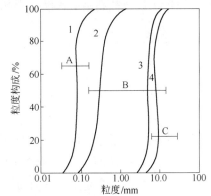

图 8-2 各种直接还原法使用的矿石粒度
A—流化床法；B—回转窑法；C—竖炉法；
1—磁铁矿；2—细粒赤铁矿；3—分级矿；4—球团矿

（2）单位耗热。由于各类方法使用的能源种类很多，用直接还原法系统内消耗的一次能源的总热值来表示燃料消耗，称为单位热耗 $Q_R(kJ/t)$。理论最低耗热按 Fe_2O_3 生成热计算为：

$$(823460/2 \times 56) \times 1000 = 7.36GJ/t \qquad (8-1)$$

各种直接还原法的耗热则在 9.2~25.1GJ/t 范围内。

（3）产品还原度和金属化率。评价产品质量的指标有两个：一个是产品还原度 R（%），计算如下：

$$R = 1 - \frac{1.5w(Fe^{3+}) + w(Fe^{2+})}{1.5w(TFe)} \qquad (8-2)$$

另一个称为金属化率 M（%），计算如下：

$$M = \frac{w(Fe^0) + w(Fe)_{Fe_3C}}{w(TFe)} \qquad (8-3)$$

式中　$w(Fe^{3+})$——三价铁的质量分数，%；

　　　$w(Fe^{2+})$——二价铁的质量分数，%；

　　$w(Fe)_{Fe_3C}$——Fe_3C 中铁的质量分数，%；

　　　$w(Fe^0)$——铁素体中铁的质量分数，%；

　　　$w(TFe)$——矿石中 Fe 的总质量分数，%。

金属化率与还原度的关系如图 8-3 所示。

（4）煤气氧化度。煤气氧化度 η_0 表示煤气质量，计算如下：

$$\eta_0 = \frac{\varphi(H_2O) + \varphi(CO_2)}{\varphi(H_2O) + \varphi(CO_2) + \varphi(H_2) + \varphi(CO)} \qquad (8-4)$$

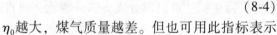

图 8-3　矿石失氧率与还原度及金属化率的关系

M—金属化率（图中阴影部分）；R—还原度

η_0 越大，煤气质量越差。但也可用此指标表示直接还原炉中煤气被利用的程度，则此时 η_0 越大表示煤气利用率越高。

8.1.2　气基直接还原法

8.1.2.1　竖炉法

竖炉还原法起源于 20 世纪 50 年代，世界上第一座竖炉于 1952 年在瑞典桑德维克（Sandvik）投入工业生产，其年产量仅为 2.4 万吨。20 世纪 60 年代后，天然气的大量开采推动了竖炉直接还原法的发展，出现了 Midrex 法、HYL/Energiron 法等一系列以竖炉为还原反应器的直接还原工艺。到 2010 年为止，竖炉直接还原工艺产量占气基直接还原 DRI 产量的 74% 以上，是主要的直接还原工艺。

A　Midrex 工艺

Midrex 工艺是由 Midrex 公司开发成功的。其生产能力约占直接还原总产量的 60% 以上。炉料中的 S 通过炉顶煤气进入转化炉，会造成反应催化剂中毒失效，因此 Midrex 流程对矿石 S 含量要求较严。

a Midrex 工艺流程

Midrex 属于气基直接还原流程，其标准工艺流程如图 8-4 所示。还原气使用天然气经催化裂化制取，裂化剂采用炉顶煤气。炉顶煤气 CO 与 H_2 的含量约为 70%，经洗涤后，其中 60%~70% 加压送入混合室与当量天然气混合均匀。混合气先进入一个换热器进行预热，换热器热源是转化炉尾气。预热后的混合气送入转化炉中的镍质催化反应管组，进行催化裂化反应，转化成还原气。还原气 CO 及 H_2 的含量为 95% 左右，温度为 850~900℃。转化的反应式为：

$$CH_4 + H_2O \rightleftharpoons CO + 3H_2 \qquad \Delta H = 2.06 \times 10^5 \, J/mol \qquad (8-5)$$

$$CH_4 + CO_2 \rightleftharpoons 2CO + 2H_2 \qquad \Delta H = 2.46 \times 10^5 \, J/mol \qquad (8-6)$$

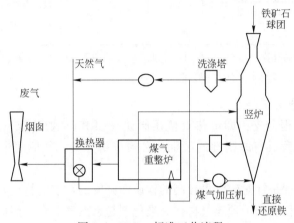

图 8-4 Midrex 标准工艺流程

剩余的炉顶煤气作为燃料，与适量的天然气在混合室混合后，送入转化炉反应管外的燃烧空间。助燃用的空气也要在换热器中预热，以提高燃烧温度。

转化炉燃烧尾气中 O_2 含量小于 1%。高温尾气首先排入一个换热器，依次对助燃空气和混合原料气进行预热。烟气经换热器后，一部分经洗涤加压，作为密封气送入炉顶和炉底的气封装置；其余部分通过一个排烟机送入烟囱，排入大气。

还原过程在一个竖炉中完成。Midrex 竖炉属于对流移动床反应器，分为预热段、还原段和冷却段三个部分。预热段和还原段之间没有明确的界限，一般统称为还原段。

矿石装入竖炉后在下降运动中首先进入还原段，还原段温度主要由还原气温度决定，大部分区域在 800℃ 以上，接近炉顶的小段区域内床层温度才迅速降低。在还原段内，矿石与上升的还原气作用而迅速升温，完成预热过程。随着温度的升高，矿石的还原反应逐渐加速，形成海绵铁后进入冷却段。

在冷却段内，由一个煤气洗涤器和一个煤气加压机造成一股自下而上的冷却气流。海绵铁进入冷却段后，在冷却气流中被冷却至接近环境温度，排出炉外。

Midrex 竖炉自 1969 年第一次建厂生产后发展迅速，已成为直接还原法的主要生产形式，此法有设备紧凑、热能利用充分、生产率高的特点，因而达到较好的指标。竖炉还原段的利用系数为 8，还原段与预热段的利用系数为 7.38，全炉利用系数为 4.8。

Midrex 竖炉采用常压操作，炉顶压力约为 40kPa，还原气压力约为 223kPa。其操作指标见表 8-3。

表 8-3　Midrex 竖炉操作指标

产　品　成　分		煤　气　成　分			
TFe/%	92~96	还原煤气		炉顶煤气	
MFe/%	>91	CO_2/%	0.5~3	CO_2/%	16~22
金属化率/%	>91	CO/%	24~36	CO/%	16~25
$SiO_2+Al_2O_3$/%	≈3	H_2/%	40~60	H_2/%	30~47
CaO+MgO/%	<1	CH_4/%	≈3	CH_4/%	—
C/%	1.2~2.0	N_2/%	12~15	N_2/%	9~22
P/%	0.25	还原煤气氧化度 /%	<5	竖炉煤气利用率 /%	>40
S/%	0.01				
产品耐压/kg	>50				

注：利用系数（按还原带计算）9~12t/($m^3 \cdot$ d)；作业强度 80~106t/($m^2 \cdot$ d)；热耗(10.2~10.5)×10^6J/t，作业率 333 天/年，水耗（新水）1.5t/t，动力电耗 100kW·h/t。

b　Midrex 流程分支

Midrex 有三个流程分支，即电热直接还原铁（EDR）、炉顶煤气冷却和热压块。其中，EDR 已经与原流程具有原则性的区别，必须重新分类；其他两个分支与原流程没有大的区别。

炉顶煤气冷却流程是针对硫含量较高的铁矿而开发的。它的特点是采用净炉顶煤气作冷却剂。完成冷却过程后的炉顶煤气再作为裂化剂与天然气混合，然后通入转化炉制取还原气。标准流程对矿石硫含量要求极严格，炉顶煤气冷却流程则可放宽对矿石硫含量的要求。由于两个流程的区别不大，在生产过程中可将其作为两种不同的操作方式以适应不同硫含量的矿石供应。

在冷却海绵铁的过程中，炉顶煤气通过硫在海绵铁上的沉积和下列反应使硫含量明显降低：

$$H_2S + Fe \Longrightarrow H_2 + FeS \qquad (8-7)$$

该流程的脱硫效果已通过几种重要矿石得到证实。炉顶煤气的硫中有 30%~70% 可在冷却过程中被海绵铁脱除。在海绵铁硫含量不超标的前提下，煤气中含硫气体约可降至 10×10^{-6} 以下，从而避免了裂化造气过程中镍催化剂的中毒失效。采用炉顶煤气冷却方式的 Midrex 竖炉可将矿石硫含量上限从 0.01% 放宽至 0.02%。

热压块流程与标准流程的差别在于产品处理。完成还原过程后的海绵铁在标准流程中通过强制对流冷却至接近环境温度；热压块流程则没有这一强制冷却过程，而是将海绵铁在热态下送入压块机，压制成 90mm×60mm×30mm 的海绵铁块。

约 700℃ 的海绵铁由竖炉排入一个中间料仓，然后通过螺旋给料机送入热压机，从热压机出来的海绵铁块呈连成一体的串状，通过破碎机破碎成单一的压块后再送入冷却槽进行水浴冷却，冷却后即为海绵铁压块产品。

海绵铁压块的优良品质使其在炼钢工业中深受欢迎，因此，新建的 Midrex 直接还原厂多采用热压工艺。马来西亚 SGI 公司所属的直接还原厂就是一个年产 65 万吨的 600 型 Midrex 热压块海绵铁生产厂。该厂建于 1981 年，耗资 10 亿美元，主要装置包括 1 台直径为

ϕ5.5m 的还原竖炉，1 座 12 室、427 支反应管的还原气转化炉，3 台能力各为 50t/h 的热压机以及配套的破碎机和冷却槽。其竖炉炉顶的炉料分配器由 6 个分配管组成，还原气喷嘴为 72 个。该厂原料为 50% 的瑞典球团矿和 50% 的澳大利亚块矿，典型生产指标见表 8-4。

表 8-4　热压块流程典型生产指标

耗热/GJ·t^{-1}	电耗/kW·h·t^{-1}	产品还原度 R/%	产品 TFe 含量/%	产品 C 含量/%	产率/t·h^{-1}
9.5	127	94	94	1.23	86.5

B　HYL/Energiron 工艺

a　HYL-Ⅲ工艺流程

HYL-Ⅲ工艺流程是由 Hojalata Y Lamia S. A. （Hylsa）公司在墨西哥的蒙特利尔开发成功的。这一工艺的前身是该公司早期开发的间歇式固定床罐式法（HYL-Ⅰ、HYL-Ⅱ）。1980 年 9 月，墨西哥希尔萨公司在蒙特利尔建了一座年生产能力为 200 万吨的竖炉还原装置并投入生产，该工艺可使用球团矿和天然块矿为原料。HYL-Ⅲ标准工艺流程如图 8-5 所示。

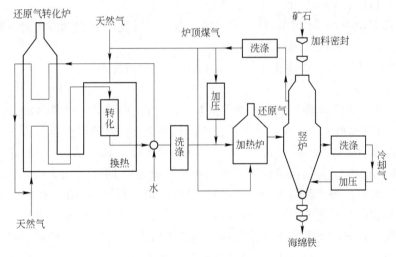

图 8-5　HYL-Ⅲ标准工艺流程

还原气以水蒸气为裂化剂，以天然气为原料，通过催化裂化反应制取，还原气转化炉以天然气和部分炉顶煤气为燃料。燃气余热在烟道换热器中回收，用以预热原料气和水蒸气。从转化炉排出的粗还原气首先通过一个热量回收装置，用于水蒸气的生产；然后通过一个还原气洗涤器清洗冷却，冷凝出过剩水蒸气，使氧化度降低。净还原气与一部分经过清洗加压的炉顶煤气混合，通入一个以炉顶煤气为燃料的加热炉，预热至 900~960℃。

从加热炉排出的高温还原气从竖炉的中间部位进入还原段，在与矿石的对流运动中，还原气完成对矿石的还原和预热，然后作为炉顶煤气从炉顶排出竖炉。炉顶煤气首先经过清洗，将还原过程产生的水蒸气冷凝脱除，提高还原势，并除去灰尘以便加压。清洗后的炉顶煤气分为两路：一路作为燃料气供应还原气加热炉和转化炉；另一路加压后与净还原气混合，预热后作为还原气使用。

该法可使用球团矿和天然块矿为原料，加料和卸料都有密封装置，料速通过卸料装置中的蜂窝轮排料机进行控制。在还原段完成还原过程的海绵铁继续下降进入冷却段，冷却段的工作原理与 Midrex 法类似。可将冷还原气或天然气等作为冷却气补充进循环系统。海绵铁在冷却段中温度降低到 50℃ 左右，然后排出竖炉。

b HYL-Ⅲ工艺特点

（1）煤气重整与还原互为独立操作，重整炉不会因为还原部分压力、料流的突变或其他任何故障而受到影响。

（2）采用高压操作。HYL-Ⅲ工艺的还原竖炉在 490kPa 的高压下进行操作，确保在某一给定体积流量的情况下能给入较大的物料量，从而获得较高的产率，同时降低通过竖炉截面的气流速度。

（3）高温富氢还原。增加还原气中的氢含量，提高反应速度和生产效率。

（4）原料选择范围广。HYL-Ⅲ工艺可以使用氧化球团、块矿，对铁矿石的化学成分没有严格的限定。特别是由于该反应的还原气不再循环于煤气转化炉，允许使用高硫矿。

（5）产品的金属化率和碳含量可单独控制。由于还原和冷却操作条件能分别受到控制，能单独对产品的金属化率和碳含量进行调节，直接还原铁的金属化率能达到 95%，而碳含量可控制在 1.5%~3.0% 范围内。

（6）脱除竖炉炉顶煤气中的 H_2O 和 CO_2，减轻了转化中催化剂的负担，降低了还原气的氧化度，提高了还原气的循环利用率。

（7）能够利用天然气重整装置所产生的高压蒸汽进行发电。

c Energiron 工艺

在 HYL-Ⅲ工艺的基础上，由达涅利和 Tenova HYL 共同研究开发的 Energiron 工艺于 2009 年 12 月在阿联酋 Emirates 钢铁公司投产。其单个反应器的年产能力从 20 万吨到 200 万吨不等，能够冶炼各种不同的原材料，如 100% 球团矿、100% 块矿、BF 球团矿或三者的混合矿。Energiron 工艺的特点保证它可以单独控制 DRI 的金属化率和碳含量，特别是碳含量可随时调整，调整范围为 1%~3.5%，从而满足电弧炉（EAF）炼钢需要。

由于具有较高的工艺灵活性，Energiron 直接还原厂可以设计成采用天然气、焦炉煤气、转炉煤气、高炉炉顶煤气等还原气体。热的 DRI 可以经压缩生产成 HBI（用于长距离运输的典型商品）或通过 Hytemp 气动传输系统直接送往 EAF（或一个外部冷却器）。

C 其他竖炉直接还原工艺

除 Midrex、HYL/Energiron 工艺外，还有几种直接还原竖炉法，如表 8-5 所示。

表 8-5 其他竖炉直接还原工艺流程特点

工艺流程	工艺特点
Purofer	由德国提出，以天然气、焦炉煤气或重油作为一次能源，采用蓄热式转化法制备还原气；此外，竖炉不设冷却段，排出竖炉的海绵铁采用电炉热装或热压制成铁块
Armco	由 Armco 钢铁公司开发，以竖炉为还原反应器，利用水蒸气和天然气反应进行催化制气，供竖炉使用
Wiberg-Soderfors	由瑞典开发，不以天然气为一次能源，而使用焦炭或木炭为一次能源，利用炭素溶损反应制备还原气

工艺流程	工 艺 特 点
Plasmared	在 Wiberg-Soderfors 工艺基础上发展起来，以等离子气化炉替代电弧气化炉实现制气，且流程中不设脱硫炉
BL	由上海宝钢集团公司和鲁南化学工业公司联合开发，完全使用煤作为一次能源，利用德士古煤气化技术与还原竖炉结合，生产海绵铁

8.1.2.2 流化床法

固体颗粒在流体作用下呈现如流体一样的流动状态，具有流体的某些性质，该现象称为流态化。流态化技术最早用于矿石的净化，后来被广泛地应用在冶金、化工、食品加工等行业。20 世纪 50 年代，美国开发了多种流化床矿石还原工艺。该工艺的优点是：

（1）流化床内颗粒料混合迅速，水平和垂直方向测定表明，整个床层几乎是恒定温度分布，无局部过热、过冷现象。

（2）气、固充分接触，传热、传质快，化学反应顺利，充分显示出颗粒小、比表面积大的优越性。

（3）流化作业使用细颗粒料，加工处理步骤减少，在流态下进行各种过程便于实现过程连续化和自动化。

（4）流化床设备简单、生产强度大，装置可小型化。

但该工艺也存在一些缺点，如：

（1）反应器内固体料与流体介质顺流，特别是呈气泡通过床层或发生沟流时，会降低固-气接触效率，能量利用差，因此需采用多段组合床。

（2）固体料在床内迅速混合，易造成物料返混和短路，产品质量不均，降低固体料转化率。

（3）床内固体颗粒料剧烈搅动、磨损大，粉尘回收负荷大，也增加了设备磨损。

1962 年，Exxon 研究与工程公司研究开发了 Fior（Fluid iron ore reduction）工艺，并于 1976 年在委内瑞拉建设了年产 40 万吨的工厂。1993 年，委内瑞拉的 Fior 公司和奥钢联联合在 Fior 工艺基础上开发了以铁矿粉为原料、用天然气制造还原气来生产热压金属团块的直接还原工艺 Finmet，其流程见图 8-6。

Finmet 是工业应用较成功的工业装置。该工艺可直接用粒度小于 12mm 的粉铁矿，其生产装置由四级流化床顺次串联，逐级预热和还原粉铁矿。第一级流化床反应器内温度约为 550℃，最后一级流化床反应器内温度约为 800℃，析碳反应主要发生在此流化床反应器内。反应器内的压力保持在 1.1~1.3MPa。产品的金属化率为 91%~92%，碳的质量分数为 0.5%~3.0%，产品热压块后外销或替代优质废钢。以流化床反应器顶部煤气与天然气蒸汽重整炉的新鲜煤气的混合煤气作为还原煤气，混合煤气经过一个 CO_2 脱除系统，在还原煤气炉内加热到 830~850℃，之后被送入流化床还原反应器。使用新鲜煤气是为了补偿还原过程中消耗的 CO 和 H_2。

Finmet 工艺的主要技术改进在于用废气预热替代了 Fior 工艺中的矿粉预热床、改进了旋流器、采用双列流化反应床技术、采用 $\varphi(CO)/\varphi(CO_2)$ 高的还原气等。该法保留了流化床优势，实现能量闭路，提高煤气还原势，增大反应器能力，使产能增加、能耗和成本

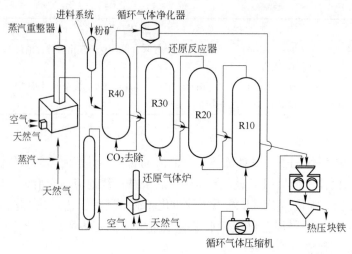

图 8-6　Finmet 工艺流程

降低。

其他流化床直接还原工艺流程特点如表 8-6 所示。

表 8-6　其他流化床直接还原工艺流程特点

工艺流程	工 艺 特 点
H-iron	由 Hydrocarbon Research Inc. 和 Bethlehem Steel Co. 联合开发，以氢气为还原气，采用高压低温技术（2.75MPa，540℃），在竖式多级流化床中实现矿粉还原
HIB	以天然气为原料，以水蒸气为裂化剂，通过催化制造 H_2 和 CO 作为还原剂，在双层流化床中生产海绵铁
Novalfer	制气系统与 H-iron 工艺类似，对进入二级流化床的含铁料进行了磁选以除去其中的脉石成分，提高二级流化床内还原气的利用率及热利用率

8.1.3　煤基直接还原法

8.1.3.1　回转窑法

回转窑是最重要的固体还原剂直接还原工艺，其工作原理如图 8-7 所示。

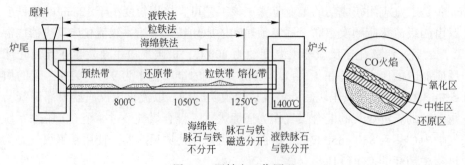

图 8-7　回转窑工作原理

该法以细粒煤（0~3mm）作还原剂，以 0~3mm 的石灰石或白云石作脱硫剂，它们与块状铁矿（5~20mm）组成的炉料由窑尾加入，因窑体稍有倾斜（4%斜度），所以在窑体以 4r/min 左右的速度转动时炉料被推向窑头运行。

窑头外侧有烧嘴燃烧燃料（使用煤粉、煤气或燃油），燃烧废气则向炉尾排出。炉气与炉料逆向运动，炉料在预热阶段加热，蒸发水分及分解石灰石，达到 800℃的温度后在料层进行固体碳还原（如图 8-8 所示）：

$$mC + Fe_nO_m \mathop{=\!=\!=} nFe + mCO - Q \qquad (8\text{-}8)$$

放出的 CO 在空间氧化区被氧化，并提供还原反应所需要的热量：

$$CO + \frac{1}{2}O_2 \mathop{=\!=\!=} CO_2 + 283362.624J/mol \qquad (8\text{-}9)$$

在还原区与氧化区中间有一个由火焰组成的中性区，使炉料表面仅有不强的氧化层，炉料翻转后再被还原。有的回转窑设有沿炉体布置并随炉体转动的烧嘴，但仅通入空气以加强燃烧还原放出的 CO。

按照炉料出炉温度，回转窑可以生产海绵铁、粒铁及液态铁。但回转窑海绵铁法是应用最广的回转窑冶金生产法。

根据前文所述的固体碳还原分析可知，在回转窑中炉料必须被加热到一定温度才能进行还原反应，因此，炉料的加热速度（预热段长度）对回转窑的生产效率有重要影响。为了加速炉料预热，减少甚至取消回转窑的预热段，在有些回转窑的前面配置了链算机。链算机不仅将炉料预热，也可使生球硬化到一定强度，允许回转窑直接使用未经焙烧的生球。链算机使用的能源是回收的回转窑窑尾废气。

链算机-回转窑海绵铁法试验装置的参数变化如图 8-9 所示。只有当炉料被加热到 800℃以上时才开始还原出金属铁。

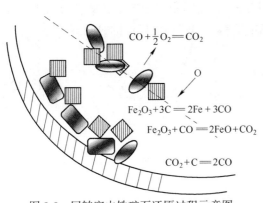

图 8-8　回转窑内铁矿石还原过程示意图

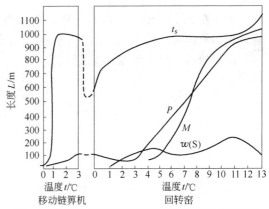

图 8-9　链算机-回转窑海绵铁法试验装置的参数变化

t_s—炉料温度；P—抗压强度；

M—金属化率；$w(S)$—硫含量

回转窑窑内进行的反应过程可按炉料运动、传热、还原反应及杂质气化加以分析。

A　回转窑内的炉料运动

a　炉料在回转窑内的运动方式

随着回转窑的运转，窑中的固体炉料产生运动，在断面的转动方向上炉料运动有下列五种形式：

（1）滑落。如果炉料与炉衬之间摩擦力太小，不足以带动炉料，则炉料不断产生上移和滑落且炉料颗粒不混合，在这种情况下，炉料与气流的传热现象处于近似停滞状态。

（2）塌落。炉料与炉衬间有足够的摩擦力，但当窑的转速很小时，则炉料反复被带起，达到一定高度而塌落。

（3）滚落。当窑体转速加快时，则炉料由塌落进入滚动落下的状态，这是回转窑炉料的正常运动状态。

（4）瀑布型落下。进一步加快转速，带动的炉料则离开料层放落，形成瀑布状落下。

（5）离心转动。转速太快，则炉料随窑壁离心转动而不落下，这是不允许在回转窑中产生的现象。

正常情况下，回转窑处于塌落、滚落和瀑布型落下三种状态。

b　炉料在回转窑内的停留时间

由于回转窑带有一定斜度（4%）且不断转动，炉料与窑壁有摩擦力，炉料不断被推进。炉料轴心方向的推进速度为 ω_s(m/min)，其按下式计算：

$$\omega_s = KNS \tag{8-10}$$

式中　K——窑体转动一周带炉料下落的次数；

　　　N——窑体转数，r/min；

　　　S——炉料被带起一次所推进的距离，m。

则炉料停留时间为：

$$\bar{\tau} = \frac{L}{\omega_s} = \frac{L}{KNS} \tag{8-11}$$

式中　L——窑体长度，m。

但 S 及 K 受到多种因素的影响，难以确定，故上式不能用于定量计算，仅有助于定性分析炉料运动的特性，一般可用经验公式确定炉料在回转窑中停留的时间 $\bar{\tau}$。

对于粉料，常采用 Warner 公式：

$$\bar{\tau} = \frac{1.77\sqrt{\theta}}{PND} \tag{8-12}$$

式中　θ——炉料堆角，(°)；

　　　P——窑体斜度，%；

　　　D——窑径，m。

对于颗粒炉料，则适用于 Bayard 公式：

$$\bar{\tau} = \frac{\theta + \theta' + 24}{5.16NDgP} \tag{8-13}$$

式中　θ'——炉料在窑中转动造成的堆角增量；

　　　g——重力加速度。

θ' 一般可由下式求出：

$$\theta' = \frac{N}{\sqrt{\dfrac{g}{R}}} \tag{8-14}$$

式中　R——窑半径，m。

使用球团矿为原料的回转窑用 Bayard 公式较为合适，而回转窑的利用系数 η_V 为：

$$\eta_V = \frac{24}{\bar{\tau}} \cdot \frac{w(\mathrm{Fe})_V}{w(\mathrm{Fe})_P} \psi \tag{8-15}$$

式中　　　$\bar{\tau}$——总的停留时间，s；

$\dfrac{w(\mathrm{Fe})_V}{w(\mathrm{Fe})_P}$ $\dfrac{每立方米炉料铁含量}{产品铁含量}$，即每立方米炉料出铁量，t/m^3；

　　　ψ——填充率，%。

B　回转窑内的传热过程

回转窑中炉料必须加热到一定温度（800℃）才能开始金属铁的还原，由于炉料预热段占据回转窑全长的40%，严重地妨碍了生产率的提高，因此，加速炉料预热段的热交换对于回转窑的作业指标有重要意义。

预热段（800℃以下）内只能进行 Fe_2O_3 及 Fe_3O_4 的还原，其反应热效应很小，可以忽略不计。预热段可视为纯传热过程，根据在试验回转窑中的测定，窑尾部炉气温度低，辐射热量不超过50%，但由于气流和炉料温差大，气流和炉料间的对流传热量相当大，约占30%，炉墙对炉料的传热量也可达30%；而在窑头部分由于炉气温度最高，辐射热量可占总传热量的80%以上，并且因气流和炉料间的温差变小，对流传热比率降低（约10%），炉墙对炉料的直接传导热流量降到最小的程度（不足5%），虽然气流和炉料间的温差变小，但总的传热量由于温度升高显著加大辐射传热能力而增加。

C　回转窑还原过程

a　还原过程的数学模拟

还原段传热情况与预热段相同，但在800℃以上 FeO 开始还原，其反应热效应应予以考虑，所以还原段的数学模型应结合固体碳还原速率方程讨论。按固体碳还原速率方程：

$$\frac{\mathrm{d}R}{\mathrm{d}\tau} = \frac{R_a \cdot \varphi(\mathrm{CO})\left(1 - \dfrac{\varphi(\mathrm{CO})}{K_a K_b}\right)}{1 + \dfrac{1}{K_a} \cdot \dfrac{R_a}{R_b \cdot M_C}} \tag{8-16}$$

式中　R_a——纯 CO 气氛下 CO 还原 FeO 的还原速度；

　　　R_b——纯 CO 气氛下 C 气化反应速度；

　　　K_a——CO 还原 FeO 的平衡常数；

　　　K_b——C 气化反应的平衡常数；

　　　M_C——配碳比；

　$\varphi(\mathrm{CO})$——CO 的体积分数。

在回转窑中由于在混合料层内过剩碳的条件下还原，且还原温度在900℃左右，因此可近似认为 $\varphi(\mathrm{CO}) \to 100\%$ 而 $K_b \to \infty$，则式（8-16）可改写为：

$$\frac{\mathrm{d}R}{\mathrm{d}\tau_R} = \frac{R_a}{1 + \dfrac{1}{K_a} \cdot \dfrac{R_a}{R_b \cdot M_C}} \tag{8-17a}$$

或

$$\frac{\mathrm{d}R}{\mathrm{d}\tau_R} = \frac{R_b R_a K_a M_C}{K_a M_C R_b + R_a} \tag{8-17b}$$

分离变量 R 及 τ_R，积分则得：

$$\int \mathrm{d}\tau_R = \int \frac{\mathrm{d}R}{R_b K_a M_C} + \int \frac{\mathrm{d}R}{R_a} \tag{8-18}$$

$$\tau_R = \int \frac{\mathrm{d}R}{R_b K_a M_C} + \int \frac{\mathrm{d}R}{R_a} \tag{8-19}$$

由此可以看出，回转窑中的还原时间为纯 CO 还原铁矿石的时间加上一段碳气化所需要的时间。

回转窑内还原气体以 CO 为主，按照前面分析，R_a 在回转窑条件下为内扩散控制，而在还原段温度、压力可视为常数，故扩散系数 D_e 也可视为常数，则 R_a 可列成下式：

$$R_a = \frac{3BD_e}{\gamma_0^2 \rho_0 \left[(1-R)^{-1/3} - 1 \right]} \tag{8-20}$$

而 R_b 采用化学动力学控制模型，即：

$$R_b = A \cdot \exp\left(-\frac{E}{RT} \right) \tag{8-21}$$

把 R_a 和 R_b 代入式（8-19）可求出达到一定还原度时矿石在还原段的停留时间 τ_R：

$$\tau_R = \int_0^{R'} \frac{\mathrm{d}R}{A \cdot \exp\left(-\dfrac{E}{RT} \right) K_e M_C} + \int_0^{R'} \frac{\gamma_0^2 \rho_0 \left[(1-R)^{-1/3} - 1 \right] \mathrm{d}R}{3BD_e} \tag{8-22}$$

当温度一定时 K_e 为常数，当 M_C、γ_0、D_e 及 ρ_0 均为常数时，则还原到 R' 的时间为：

$$\tau_R = \frac{R'}{A \cdot \exp\left(-\dfrac{E}{RT} \right) K_e M_C} + \frac{\gamma_0^2 \rho_0}{3BD_e} \cdot \left[\frac{1}{2} - \frac{1}{3}R' - \frac{1}{2}(1-R')^{2/3} \right] \tag{8-23}$$

式中　R'——产品还原度，%；

　　　A——碳反应性常数；

　　　B——铁矿石还原性常数。

在回转窑操作温度（900~1000℃）下矿石的还原速度很快，式（8-23）中前项的值远远大于后项的值，因此碳的气化反应成为回转窑中还原过程的限制环节。

b　影响回转窑还原的因素

从以上分析可知，影响回转窑还原的因素有：

（1）碳的反应性。碳的反应性对回转窑还原具有重大的影响，在一般条件下，碳的气化反应是回转窑中还原过程的限制环节。反应性不良的无烟煤及焦粉用作还原剂时，使回转窑生产率严重降低，这就需要提高操作温度，而温度升高后又容易造成结圈事故。图8-10示出煤反应性对回转窑操作指标的影响。

（2）配碳量。配碳量越高，还原就越快。当使用无烟煤还原剂时，为了保证一定的还原速率，常配加过剩碳量，为理论值的 100%~200%。图8-11 示出配碳量对回转窑生产率的影响。

（3）温度。温度对还原及碳的气化都有促进效果，尤以对碳的气化效果更明显。当还原剂反应性不好时，温度提高尤其重要。但是提高温度受限于灰分熔点及矿石的软化温度，因此，使窑内温度有控制地达到最高极限是重要的操作原则。

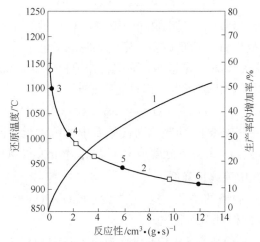

图 8-10　煤反应性对回转窑操作指标的影响

1—回转窑生产率的增长率,%；2—回转窑操作温度,℃（产品金属化率为 90%）；

3—无烟煤；4—气煤；5—高挥发分煤；6—褐煤；

●—平均值；□—工厂试验值

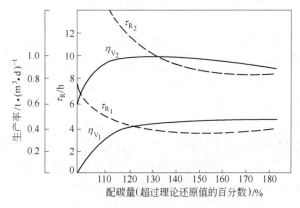

图 8-11　配碳量对回转窑生产率的影响（产品还原率均为 95%）

τ_{R_1}—当反应性指数 $K_C = 0.87 \times 10^{13}$ 的无烟煤用作还原剂时回转窑中铁矿石的还原时间，h；

τ_{R_2}—当反应性指数 $K_C = 0.87 \times 10^{14}$ 的褐煤用作还原剂时回转窑中铁矿石的还原时间，h；

η_{V_1}—当 $K_C = 0.87 \times 10^{13}$ 的无烟煤用作还原剂时回转窑的生产率，$t/(m^3 \cdot d)$；

η_{V_2}—当 $K_C = 0.87 \times 10^{14}$ 的无烟煤用作还原剂时回转窑的生产率，$t/(m^3 \cdot d)$。

（4）填充率。填充率提高后减少了矿石氧化程度，有利于矿石还原。

（5）触媒效应。如能添加有效催化剂（如 Li、Na、K 等）或使催化剂与还原剂接触条件改善（如含碳球团），将大大改善还原。

D　回转窑对硫及有害杂质的去除

回转窑中燃料及矿石都带入硫，在高温下硫大部分转入气流中，由于回转窑气流中含 H_2 很少，气态硫应以 COS 为主，而 COS 可被 CaO 和 Fe 吸收：

$$CaO + COS \Longrightarrow CaS + CO_2 \tag{8-24}$$

$$Fe + COS \Longrightarrow FeS + CO \tag{8-25}$$

没有被吸收的 COS 则被排出窑外。气化脱除的硫可占总硫量的 30%~50%，但 CaO 比 Fe 吸收 COS 的效果更大，故炉料中 CaO 越多，则气化脱硫率也越低。

遗留在窑中的硫不是呈 CaS 就是呈 FeS 形式，如炉料中多加 CaO，CaO 吸硫反应大量发展，则气流中 p_{COS} 降低，就可能产生气相脱硫的逆向反应：

$$FeS + CO \Longrightarrow Fe + COS \tag{8-26}$$

回转窑内燃料中的硫首先被 Fe 所吸收而使矿石中的硫含量升高，只有在大量加入的脱硫剂（石灰石或白云石）在高温下分解成 CaO 后，才能使气氛中 p_{COS} 大幅度降低，从而进行 FeS 的脱硫，使铁中硫含量降低。

这就是回转窑中 CaO 脱硫的机理，这一过程按 CaO+COS $\Longrightarrow$ CaS+CO$_2$ 与 FeS+CO $\Longrightarrow$ Fe+COS 两式的综合效果则得到下列反应式：

$$CaO + FeS + CO \Longrightarrow Fe + CaS + CO_2 \tag{8-27}$$

此式在回转窑作业温度下平衡常数很大，因此在回转窑中加入 CaO（或 CaCO$_3$）能很好地脱硫；而 MgO 在 900℃ 时并不能进行类似反应，因而不能作为脱硫剂应用。但实际上回转窑仍用白云石作脱硫剂，这是因为白云石中 CaO 能吸硫，而白云石在焙烧后仍有良好的强度，粒状含硫的白云石易于和海绵铁分开，这反而比易粉化的 CaO 黏附在海绵铁上有更好的效果。

但是脱硫剂加入回转窑也有一系列不利的效果，如：

（1）减少硫的挥发率；

（2）增加燃料消耗，同时增加入炉硫量；

（3）降低炉料铁含量，因而降低生产率。

因为回转窑中有相当大的不填充的炉料空间，气流能不受阻碍地排出，加之废气温度高（高于 600℃），气化温度低的物质可能以气态排出或冷凝成粉末随气流排出。一般氧化物沸点都较高而不易气化，只有那些易被还原而其元素或低价氧化物沸点又低的物质才被大量挥发去除。表 8-7 列出回转窑内常见元素的挥发温度。

表 8-7　回转窑内常见元素的挥发温度

元　素	Pb	Zn	Na	K	As	P	S
挥发温度/℃	1550	907	880	680	622	590	445
挥发率/%	78	79	50	60	60~100	20~50	30~60

8.1.3.2　回转窑法工艺

A　SL-RN 工艺

SL-RN 工艺流程由 SL 工艺流程和 RN 工艺流程结合而成。其开发者为加拿大 Steel、德国 Lurgi A. G.、美国 Repablic Steel 和 National Lead，S、L、R、N 即为这四个开发者的字头。该工艺开发工作于 1954 年完成，并于 1969 年在澳大利亚 Western 钛公司建成第一座 30m SL-RN 工业回转窑。此后，SL-RN 工艺很快在世界范围内得到广泛的工业应用，特别是在 1980~1984 年期间发展尤为迅速。

图 8-12 示出南非 Iscor 公司的 SL-RN 工艺流程。该直接还原厂使用非焦煤、Sishen 天

然块矿、脱硫剂白云石生产高金属化率海绵铁。回转窑长度为 80m，直径为 ϕ4.8m。窑头（卸料端）比窑尾（加料端）稍低，斜度为 2.5%。作业时，窑体以 0.5r/min 左右的速度转动。

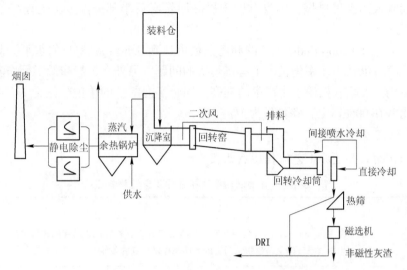

图 8-12　南非 Iscor 公司的 SL-RN 工艺流程

每吨海绵铁约消耗还原煤 800kg、回收蒸汽 2.3t，净能耗为 13.4GJ/t。

B　Krupp-Codir 工艺

Krupp-Codir 工艺由 Krupp 公司提出，并于 1973 年在南非顿斯沃特钢铁公司建成了年产 15 万吨的装置。其工艺流程见图 8-13。

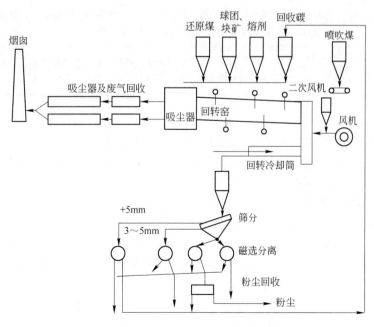

图 8-13　Krupp-Codir 工艺流程

此工艺的特点是：总耗煤量的 65%（包括一部分用于还原的煤）是从窑头喷入的，喷入的煤是粒度为 0~25mm 的高挥发性原煤（挥发分的质量分数 $w(V)$ 约为 35%，固定碳的质量分数 $w(FC)$ 约为 60%），这样煤中挥发分能在高温区较晚析出，并有更多的机会与从炉体烧嘴吹入的空气燃烧，不仅有助于提高回转窑后半部分温度，也提高了煤的利用率，降低了煤耗。

SL-RN 工艺及 Krupp-Codir 工艺的利用系数可达到 $0.5t/(m^3 \cdot d)$ 的水平，此值仍然不算高，回转窑海绵铁生产率仍是一个有待解决的问题。另外，虽然降低了操作温度，回转窑结圈故障仍然严重，妨碍了生产率的提高。回转窑海绵铁的单位热耗为 13.38~15GJ/t，产品金属化率在 90% 以上，碳含量为 1% 左右。

C　其他回转窑直接还原工艺

其他回转窑直接还原工艺流程特点如表 8-8 所示。

表 8-8　其他回转窑直接还原工艺流程特点

工艺流程	工　艺　特　点
Accar	由美国 Allis Chalmers 公司开发，在印度建有工业装置；通过控制回转窑窑体的转动，实现燃料和空气的交替喷吹，为窑内的还原提供良好的条件
DRC	以块矿、煤和石灰为原燃料，按一定的比例混合后从窑尾加入；窑内炉料在随窑体转动的过程中被混匀、加热和还原；窑内设有耐火挡墙以增加炉料在窑内的停留时间，提高煤气利用率；我国天津钢管公司曾引进一套 DRC 工艺用于生产海绵铁
SDR	由日本住友重工株式会社所开发，主要用于冶金粉尘中有价元素的回收；混合料中添加了 1% 的皂土造球，采用低温（250℃）链箅机干燥硬化后加入回转窑，回转窑内温度较高，足以使锌挥发
SPM	由日本住友金属开发，主要用于钢铁厂粉尘的处理和回收；无需进行预造球，可在还原过程中进行造球；用作高炉尘泥、转炉尘泥和轧钢铁鳞等
川崎法	采用链箅机-回转窑工艺，用于处理钢铁厂的粉尘；生球在链箅机上 950℃ 下进行干燥、预热，在 1200℃ 的回转窑内进行还原，并回收粉尘中的其他有价元素

8.1.3.3　转底炉法

转底炉煤基直接还原法是最近 30 年间发展起来的炼铁新工艺，主体设备源于轧钢用的环形加热炉，其最初用于处理含铁废料，后来转而应用于铁矿石的直接还原。这一工艺由于无需对原燃料进行深加工、制备，对自然资源的合理利用、环境保护有积极的作用，因而受到了冶金界的普遍关注。

自 20 世纪 50 年代美国 Ross 公司（Midrex 公司的前身）首次开发出转底炉工艺——Fastmet 工艺以来，加拿大和比利时又相继开发了 Inmetco 和 Comet 工艺，使转底炉直接还原生产海绵铁工艺不断地得到完善和发展。在此基础上，日本又开发出转底炉粒铁工艺——ITmk3 和 Hi-Qip 工艺。同时，北京科技大学冶金喷枪研究中心已经在含碳球团直接还原的实验室实验中发现了珠铁析出的现象，并结合转底炉技术申请了煤基热风熔融还原炼铁法，又称恰普法（Coal Hot-Air Rotary Hearth Furnace Process，简称 CHARP）的专利。目前，国内外已有的转底炉装置见表 8-9。

表 8-9 国内外转底炉装置

厂　名	外径/m	宽/m	产量 /万吨·年$^{-1}$	金属化率 /%	投资 /美元·t^{-1}	投产日期
美国 Inmetco	16.7	4.3	9.0	92	170	1978 年
美国 Dynamics	50.0	7.0	52.0	85	110	1997 年
日本加古川	8.5	1.25	1.1	85	—	2000 年
日本君津	24.0	4.0	13.0	80	—	2000 年
日本广畑	21.5	3.75	10.0	90	—	2000 年
中国舞阳	3.4	0.8	0.35	—	—	1992 年
中国鞍山	7.3	1.8	2.0	85	37.5	1996 年
中国山西瑞拓	13.5	3	7.0	—	—	
中国马鞍山	21.0	5	20.0	—	—	2010 年
中国莱钢	21.0	5	20.0	90	—	2011 年
中国攀钢	—	—	10.0	—	—	
中国日照	21.0	5	2×20.0	—	—	2009 年
中国沙钢	—	—	40.0	—	—	2010 年
中国龙蟒	—	—		—	—	2010 年
中国天津荣程	—	—	100.0	—	—	—

A Inmetco 工艺

Inmetco 技术是由国际金属再生公司集团在美国开发成功的。1983 年底,德国 Mannesmann Demag 获得该工艺的经营权。第一个 Inmetco 装置在美国 Ellwood 市于 1978 年投产,用于从合金钢冶炼废料中回收镍、铬和铁。已经证明,用该方法生产海绵铁也是可行的。

Inmetco 的主体设备是一个转底炉。图 8-14 示出 Inmetco 工艺流程。转底炉呈密封的圆盘状,炉体在运行中以垂线为轴做旋转运动。

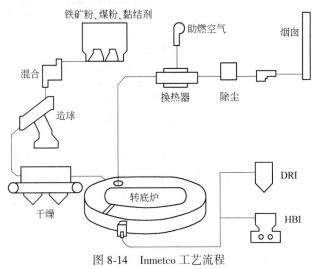

图 8-14 Inmetco 工艺流程

该工艺流程的突出特点是使用冷固结含碳球团。其可使用矿粉或冶金废料作为含铁原料，以焦粉或煤作为内配还原剂。将原燃料混匀磨细，制作成冷固结球团。然后将冷固结球团连续加入转底炉，在炉底上均匀布上一层厚度约为球团矿直径 3 倍的炉料。

在炉膛周围设有烧嘴，以煤、煤气或油为燃料。高温燃气吹入炉内，以与炉底转向相反的方向流动，将热量传给炉料。由于料层薄，球团矿升温极为迅速，很快达到还原温度 1250℃ 左右。

含碳球团内矿粉与还原剂具有良好的接触条件，在高温下还原反应以高速进行。经过 15~20min 的还原，球团矿金属化率即可达到 88%~92%。还原好的球团经一个螺旋出料机卸出转底炉。

使用铁精矿时，转底炉的利用系数为每小时 60~80kg/m²；使用冶金废料时，则为每小时 100~120kg/m²。

B Fastmet 工艺

Fastmet 是由日本神户及其子公司 Midrex 直接还原公司联合开发成功的。1995 年 8 月建成了 Fastmet 示范厂，同年 12 月向转底炉投入了第一批原料。第一座商业化 Fastmet 直接还原厂已于 2000 年第二季度在新日铁广畑厂投产，生产能力为每年处理 19 万吨原料。图 8-15 示出 Fastmet 工艺流程。

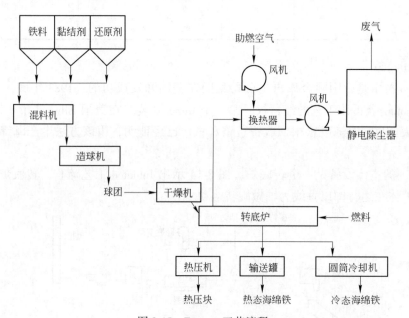

图 8-15 Fastmet 工艺流程

Fastmet 使用含碳球团作为原料。粉状还原剂和黏结剂首先与铁精矿混合均匀并制成含碳球团。生球被送入一个干燥器，加热至约 120℃，除去其中的水分。干燥球送入转底炉，均匀地铺放于旋转的炉底上，铺料厚度为 1~2 个球团的直径。随着炉膛的旋转，球团矿被加热至 1250~1350℃，并还原成海绵铁。

原料在炉内的停留时间视原料性质、还原温度及其他一些因素而定，一般为 6~12min。海绵铁通过一个出料螺旋机连续排出炉外，出炉海绵铁的温度约为 1000℃。根据需要，可以将出炉后的海绵铁热压成块、热装入熔铁炉或使用圆筒冷却机冷却。

Fastmet 对原料没有特殊要求，铁精矿、矿粉、含铁海砂和粉尘均可使用，不过粒度应适宜造球。对配入球团矿的还原剂，要求固定碳含量高于 50%、灰分含量小于 10%、硫含量低于 1%（干基）。两侧炉壁上安装的燃烧器可提供炉内需要的热量，燃料可使用天然气、重油或煤粉。煤粉燃烧器的造价较高，但火焰质量比天然气更为适用，且运行成本较低。燃烧用煤的挥发分含量不应低于 30%，灰分含量应在 20% 以下。表 8-10 和表 8-11 分别示出典型 Fastmet 工艺原料和还原煤的化学成分。

表 8-10　典型 Fastmet 工艺原料的化学组成　　　　　　　　　　　　（%）

矿种	TFe	FeO	SiO$_2$	Al$_2$O$_3$	CaO	MgO	MnO	TiO$_2$	P	S
磁铁矿	69.25	29.85	1.69	0.44	0.49	0.45	0.08	0.11	0.022	0.023
赤铁矿	67.61	0.14	1.06	0.51	0.14	0.06	0.31	0.07	0.034	0.022

表 8-11　典型还原煤的化学组成　　　　　　　　　　　　（%）

C	H	N	O	M	A	V	S$_t$	FC
80.90	4.20	0.90	4.50	8.30	9.30	18.80	0.23	71.90

注：M 为水分；A 为灰分；V 为挥发分；S$_t$ 为全硫；FC 为固定碳。

C　ITmk3 工艺

ITmk3 工艺是由日本神户钢铁公司和美国 Midrex 公司联合开发的第三代煤基炼铁技术。神户钢铁公司于 1996 年开始研究开发，并在加古川进行了中试，并在美国建设年产 50 万吨的示范线。其工艺流程如图 8-16 所示。

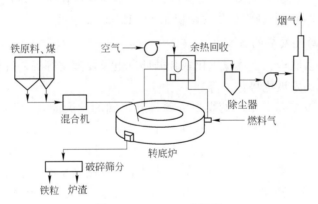

图 8-16　ITmk3 工艺流程

其基本原理是：以含碳球团为原料，利用转底炉为反应器，在 1350~1450℃ 范围内生产出合格的铁粒。

经过一系列的研究发现，ITmk3 工艺中的反应与传统高炉炼铁工艺不同，含碳球团矿可以在较低的温度（如 1350℃）下熔化，实现渣铁分离。从对铁碳相图的分析来看，ITmk3 反应区间介于固、液两相间。其特点是先还原、后熔化，这样就使得残留在渣中的 FeO 含量低于 2%，因此对耐火材料的侵蚀小。

ITmk3 工艺的特点如下：

（1）ITmk3 工艺可以一步实现渣铁分离，是富集铁矿的有效手段。

（2）原燃料选择范围广，既可以选择磁铁矿，也可以选择赤铁矿，可以使用煤、石油或其他含碳原料。

（3）产品为无渣纯铁，其碳含量可以控制，无二次氧化现象，不会产生细粉，便于运输。生产的粒铁主要成分为：$w(Fe) = 96\% \sim 97\%$，$w(C) = 2.5\% \sim 3.5\%$，$w(S) = 0.05\%$。

（4）ITmk3 工艺为环境友好的炼铁工艺，其 CO_2 排放量比高炉炼铁工艺低 20%。

目前在哈萨克斯坦、印度、乌克兰和北美等国家和地区正推广此项目。但 ITmk3 工艺也存在着一些缺点，如生产效率低、渣铁与铺底料难以分离等，仍需冶金工作者进一步努力完善。

8.1.4　煤制气技术

以煤制气为还原气的煤制气-竖炉直接还原工艺为天然气资源缺乏的地区发展气基直接还原工艺开辟了新的途径，我国丰富的煤炭资源为清洁煤制气工艺提供了便利的条件和坚实的基础，因此这一方法逐渐受到炼铁工作者的重视，也成为竖炉直接还原发展的热点。

8.1.4.1　国内外煤制气发展现状

早在20世纪前半叶，美国、英国、丹麦和德国等发达国家就已开展煤制气技术研发，但多数国家只作为技术储备而未投入商业运行。美国大平原煤制气厂是目前全球（除中国）唯一一家商业化运行的煤制气工厂。截至目前，中国共有4个发改委核准示范项目：大唐发电内蒙古赤峰克旗 $40\times10^8 m^3/a$ 项目、辽宁阜新 $40\times10^8 m^3/a$ 项目、内蒙汇能鄂尔多斯 $16\times10^8 m^3/a$ 项目以及新疆庆华集团伊犁 $55\times10^8 m^3/a$ 项目。

8.1.4.2　煤制气发展的优势

煤气化是煤基多联产、整体煤气化联合循环发电及煤液化等工艺过程的共性技术和关键技术，主要有以下发展优势：

（1）丰富的煤炭资源。中国的煤炭资源具有广阔的发展前景。根据国土资源部重大项目《全国煤炭资源潜力评价》研究表明，中国 2000 m 以内煤炭资源总量为 $5.9\times10^{12} t$，其中已探明储量 $2.02\times10^{12} t$，随着勘探开采技术的进步和开采力度的加大，中国煤炭资源量还将持续增长。总体来看煤炭资源总量可满足中国煤制气发展的原料需求。

（2）可持续化发展道路。在当前煤价和气价下，煤制气生产成本与国产气相比优势不明显，但与进口气相比具有较强竞争力。同时发展煤制气能缓解中国天然气供应压力，有助于中国优化能源消费结构和保障天然气供应安全。此外，在富煤地区发展煤制气，有利于将当地的资源优势转化为现实生产力，带动区域经济发展。

8.1.4.3　物料平衡及热平衡计算

煤制气的方法主要可以分为利用天然气裂解和利用碳的气化反应两大类，其基本原理是一样的，都是利用改制剂中碳和煤气中的 CO_2 反应降低煤气的氧化度，与此同时利用改制剂中碳氢化合物分解和碳的气化反应吸热来降低煤气的温度。从元素组成考虑，天然气、煤和焦炭的组成均可表示为 $C_{x1}(H_2)_{y1}O_{z1}$（$x_1+y_1+z_1=1$）。假设终还原输出煤气的 $H_2/$

C 之比为 $y/x(x+y=1)$，二次燃烧率为 PC，温度为 T_A，改质后的煤气温度为 T_B。当仅利用煤气自身热量进行改质时，可以计算改质剂的消耗量与煤气氧化度的减少量。

A 物料平衡

假设改质 1mol 煤气需 φmol 改质剂 $C_{x_1}(H_2)_{y_1}O_{z_1}$（天然气或煤），则煤气改质前后物料平衡计算公式如表 8-12 所示。

表 8-12 氧化度中改质 1mol 煤气所需的改质剂的摩尔数 ϕ 由热平衡确定。

表 8-12　煤气改质前后物料平衡计算公式

项　目	改质前	改质后
CO	$x(1-PC)$	$\phi(x_1-z_1)(2x+y)+\phi z_1$
CO_2	xPC	$-\phi(x_1-z_1)$
H_2	$y(1-PC)$	$+\phi((x_1-z_1)y+y_1)$
H_2O	yPC	$-\phi(x_1-z_1)y$
煤气量	1mol	$1+\phi(1-z_1)$
氧化度	PC	$\Delta PC = -\dfrac{\phi[(x_1-z_1)+(1-z_1)PC]}{1+\phi(1-z_1)}$

B 热平衡

煤气带入热量为：

$$q_A = c_{pg}^A T_A \tag{8-28}$$

$$c_{pg}^A = x(1-PC)c_p^{CO} + yPCc_p^{CO_2} + y(1-PC)c_p^{H_2} + yPCc_p^{H_2O} \tag{8-29}$$

煤气带出热量为：

$$q_B = (c_{pg}^A + c_{pg}^B)T_B \tag{8-30}$$

$$c_{pg}^B = ((x_1-z_1)(2x+y)+z_1)c_p^{CO} - (x_1-z_1)xc_p^{CO_2} + $$
$$((x_1-z_1)y+y_1)c_p^{H_2} + (x_1-z_1)yc_p^{H_2O} \tag{8-31}$$

改质剂气化分解热及其他为：

$$Q = \phi q_{gd} \tag{8-32}$$

$$q_{gd} = xq_{CO_2+C} + yq_{H_2O+C} + q_d^g + q_{ot} \tag{8-33}$$

热平衡为：

$$Q = q_A - q_B \tag{8-34}$$

可得：

$$\phi = \frac{c_{pg}^A(T_A - T_B)}{q_{gd} + c_{pg}^B T_B} \tag{8-35}$$

8.1.4.4 典型煤制气直接还原流程-BL 法

A 概述

BL 法直接还原流程是宝山钢铁集团公司（B）和鲁南化肥厂（L）联合开发的。该法的最大特点是使用非焦煤制取还原气，使竖炉海绵铁生产脱离了天然气资源的限制。这种方法对于缺乏廉价天然气资源的地区具有极大的吸引力。1998 年 5 月 20 日至 6 月 20 日在鲁南化肥厂成功地进行了 BL 法海绵铁生产工业试验。

B　工艺流程

如图 8-17 所示，BL 法主要是由造气、还原气加热、还原和尾气清洗四大系统构成。BL 法使用非焦煤制取还原气。采用德士古工艺造气，以水煤浆为原料，选用工业纯氧为气化剂，在造气炉中生产出荒煤气，荒煤气再经清洗，将其中的水蒸气和 CO_2 脱除，成为净煤气。净煤气即为该流程所需的基本还原气。该工艺所使用的还原气 x_b 可调范围极大，这是其他流程无法比拟的。还原气加热系统的主要设备是两台还原气加热炉。还原气加热炉的构造与高炉用石球式热风炉相似。加热炉采用一烧一送的工作方式。加热炉燃烧气可采用还原尾气或民用煤气。燃烧废气主要由 CO_2、H_2O、N_2 和少量其他气体组成，通过烟囱排入大气。冷还原气通过加热炉后被加热至 900℃ 左右。可通过混气阀兑入适量冷还原气，将还原气温度调节至所需要的水平并稳定送气期间的温度。具有合适温度的还原气通过热还原气管道送至还原系统。还原系统的主体设备是一个竖炉，竖炉以球团矿或天然块矿为原料。原料通过料罐卷扬送至炉顶，装入高位料仓。再通过加料上密封阀将原料加入

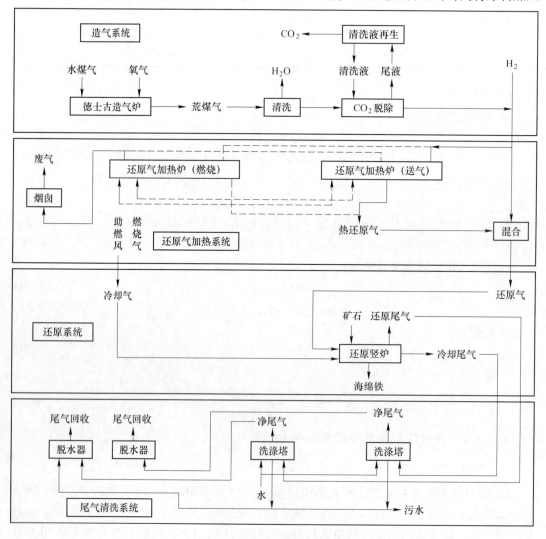

图 8-17　BL 法工艺流程

中间料仓。然后通过加料下密封阀和下料管道将原料装入竖炉。原料装入竖炉后自上向下运动，与还原气形成逆流。在下降过程中，炉料完成预热和还原，至还原气进口下方200mm处已形成预期的海绵铁。还原尾气和冷却尾气进入尾气清洗系统后先通过一个洗涤塔将粉尘洗净。再通过一个脱水器将机械水分离出来。净冷却尾气和净还原尾气应当根据具体成分差别统一或分别予以回收。

C 原燃料性质

工业试验共使用了四种铁矿：巴西 CVRD 球团（巴西球）、瑞典球团（瑞典球）、澳大利亚纽曼山块矿（澳洲块）、巴西 MBR 直接还原块矿（巴西块）。矿石的组成见表 8-13。

表 8-13 铁矿石全分析

矿 种	TFe	SiO_2	Al_2O_3	CaO	MgO	TiO_2	MnO	P	S
巴西球	65.95	2.37	0.63	2.53	0.08	0.05	0.12	0.060	0.004
瑞典球	65.91	2.18	.055	0.26	1.77	0.24	0.09	0.060	0.004
澳洲块	65.47	3.14	1.36	0.26	0.08	0.04	0.15	0.046	0.006
巴西块	68.40	0.79	0.64	0.13	0.07		0.09	0.035	

基本还原气中 CO 和 H_2 约占总量的 95%，表 8-14 给出了加热前后基本还原气变化。

表 8-14 基本还原气分析

状态	CO	H_2	CO_2	H_2O	CH_4	COS	H_2S
冷	54.22	39.62	5.36	0.00	0.80	4.02	0.63
热	55.61	39.09	3.82	1.46	0.02	0.70	2.51

D 工艺参数

工艺参数共安排了 17 组参数，获得合格海绵铁 88t，平均金属化率为 93.41%。表 8-15 给出了各组主要工艺参数。

表 8-15 试验参数

组号	周期	还原气	$T/℃$	p/kPa	η_V	炉料
1	10	1	777	60	5.6	巴西球
2	10	1	783	60	5.9	巴西球
3	47	2	823	111	6.0	巴西球
4	28	2	829	150	6.9	巴西球
5	13	2	821	150	7.1	巴西球
6	25	3	845	150	7.4	巴西球
7	32.5	4	842	150	7.7	巴西球
8	16.3	5	844	150	8.1	巴西球
9	63.7	7	842	150	7.3	巴西球
10	32	9	850	150	7.9	巴西球
11	11	10	841	150	8.1	巴西球

续表 8-15

组号	周期	还原气	$T/^\circ C$	p/kPa	η_V	炉料
12	15	8	844	150	7.8	瑞典球
13	26	6	846	150	8.4	瑞典球
14	8	3	826	100	7.6	瑞典球
15	40.5	2	829	100	8.2	瑞典球
16	34	2	842	100	9.1	瑞典球

BL 法工业试验的最显著特点是还原气成分范围宽，x_b 值预盖了 0.4~0.9 的区域。生产工业试验主要结果见表 8-16，其中海绵铁粉化率是指产品中小于 5mm 部分在产品中的百分比，括号中的数字扣除了原料中原有的粉末。

表 8-16　BL 法海绵铁生产工业试验主要结果

编号	产量/t	海绵铁分析			$\eta/\%$	海绵铁粉化率/%
		TFe	MFe	R		
1	1.6	87.32	80.87	92.61	22.66	7.32（4.70）
2	1.7	87.74	81.19	92.53	21.17	7.32（4.70）
3	8.0	87.31	81.01	92.78	24.31	7.32（4.70）
4	5.4	87.74	80.60	91.86	33.79	7.66（5.04）
5	2.6	86.15	78.06	90.61	35.62	7.99（5.37）
6	5.2	87.22	81.86	93.85	26.70	7.99（5.37）
7	7.0	87.65	81.81	93.34	32.60	8.47（5.85）
8	3.6	87.81	81.57	92.89	34.69	8.47（5.85）
9	13.1	86.86	79.55	91.58	28.78	
10	7.2	88.70	81.80	92.22	24.13	
11	2.5	88.21	80.94	91.76	26.33	
12	3.3	88.31	81.89	92.73	31.73	
13	6.2	89.67	86.11	96.03	36.57	3.30
14	1.7	88.84	84.64	95.27	34.25	
15	9.2	89.27	85.79	96.10	42.04	
16	8.8	89.83	85.76	95.47	46.73	

8.1.4.5　煤制气技术面临的挑战

（1）环境污染与水资源消耗。煤制气过程伴有能源消耗、资源消耗以及污染物排放的问题，对环境造成极大压力。目前我国发展煤制气要面临的首要问题是水资源的大量耗费。同时，煤制气过程全生命周期的温室气体排放明显高于其他化石燃料。因此煤制气企业在项目建设中必须综合考虑全过程的总成本和社会责任。

（2）配套管输设施及自主知识产权的限制。当今成熟、领先的煤制气技术均掌握在德国鲁奇、丹麦托普索和英国戴维等国外公司手中，且煤制气目前只有美国大平原一个工业化示范项目。为保证项目的成功率，中国的煤制气项目只能选择从国外引进技术和设备，这就需要支付高昂的专利许可费与设备采购费。而且国内尚无管理与运行经验可借鉴，项目施工、技术集成与优化、试车等工作都需要不断摸索和总结，项目按期达产达标面临技术不确定性。同时中国煤制气项目分布地距天然气消费地较远，想要进行大规模发展就必须新建输气管道，提高了生产成本。此外，管输设施缺乏还会导致项目投产推迟，项目将面临闲置风险，引发多重连锁反应。

（3）煤价和气价波动的制约。煤价是影响煤制气生产成本最敏感和关键的因素，若再加上用于燃料的煤炭，煤价的波动对生产成本的影响将更显著。因此拥有廉价的原料煤来源，对于锁定煤制气项目成本非常重要。煤制气的竞争力取决于煤炭、天然气的市场价格，一旦天然气总量骤增，会导致气价急挫。届时，国内煤制气项目必将承受巨大冲击。

8.2 熔融还原

8.2.1 熔融还原概况

熔融还原法（smelting reduction）是在高温下，使渣铁熔融，再用碳把铁氧化物还原成金属铁的非高炉炼铁方法，其产品是液态生铁。熔融还原以煤炭为主要能源，直接使用粉矿或块矿，对矿石品位要求相对较低，无需烧结和炼焦，具有良好的反应动力学条件。但缺点是燃料消耗高于高炉炼铁工艺，且铁水硫含量较高，铁水含硅不稳定，渣中的 FeO 侵蚀炉衬导致设备操作寿命较短。

早期的技术思想是期望开发一种无需铁矿造块过程，不使用昂贵的冶金焦炭，没有环境污染，并能生产出符合质量要求的产品的理想炼铁工艺过程。但是经过多年实践，当前认为采用球团并且使用少量焦炭作辅助能源的非高炉炼铁方法也属于熔融还原的范畴，并更有实现的可能。

国内外的众多冶金专家对熔融还原工艺已研究多年。目前，真正实现工业化生产的只有 Corex 工艺和 Fastmelt 工艺两种方法。除此之外，Finex 工艺、Fastmelt 工艺、HIsmelt 工艺以及 Tecnored 工艺，也取得了长足进步。本节重点按两类就以上几种工艺的原理及发展情况作下简单介绍。

8.2.2 一步法熔融还原

一步法熔融还原是在 20 世纪初提出的。主要在一个反应器内完成铁矿石高温还原及渣铁的熔化分离，操作过程中炉衬寿命较短，工艺消耗较大。1924 年赫施（Hoesch）钢铁公司提出在转炉中使用碳和氧还原铁矿石的方法，真正开始从事这方面研究的是丹麦的 W. 英格尔（W. Engel）和 N. 英格尔（N. Engel）。从 20 世纪 50 年代后期，各国基于先前的研究开发了一系列方法。

8.2.2.1 HIsmelt 工艺

A 概述

HIsmelt 工艺是由澳大利亚 CRA 公司和美国 Midrex 公司在德国马克斯胡特（Maxhutte）钢厂 OBM（Oxygen Boden Maxhutte Process）转炉基础上开发的一种使用煤作

为能源的熔融还原炼铁法。该工艺是直接使用粉矿或其他含铁粉料和非焦煤生产铁水的一项新技术，把铁矿粉、煤粉和熔剂吹到铁水熔池中，经过一系列的物理、化学反应，含铁料中的脉石、煤中灰分和熔剂融合成炉渣，氧化铁在液态中最终还原，所有的反应都是在一个立式熔融炉中进行的。

B 工艺流程

HIsmelt 流程的主要设备有原料研磨设备、循环流化床、球式热风炉和底喷煤粉的卧式终还原炉。其工艺流程如图 8-18 所示。

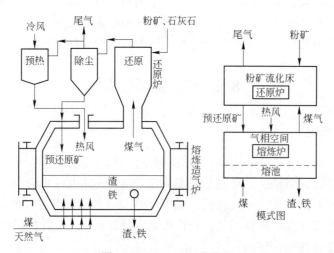

图 8-18 HIsmelt 工艺流程

终还原炉喷吹的煤粉以天然气和氮气为载体，通过熔池底部喷嘴向熔池喷煤。煤中的碳很快溶解于铁水中并还原熔渣中的铁氧化物，产生的 CO 和终还原炉顶吹进入的热风（1200℃）中的氧进行二次燃烧，产生大量的热，用于熔化由顶部进入的预还原后的矿粉。由终还原炉形成的煤气自炉顶上方逸出。

来自终还原炉的高温煤气（1600~1700℃）经水冷器冷却后，通向循环流化床进行铁精矿的加热还原。循环流化床的还原度在 30% 左右。煤气冷却过程中散失掉的热量以高压蒸汽的形式回收。从循环流化床得到的预热和预还原的矿粉与尾气一同排出流化床，通过热旋风除尘器实现气固分离。分离出的预还原矿自终还原炉的上方喷入熔池，其温度为850℃左右。分离出的气体一部分作为煤气进入煤气循环系统，另一部分则用于预热终还原炉的煤气。

C 流程特点

（1）单体生产效率高。HIsmelt 流程采用底喷煤粉方式，使煤粉直接注入熔池，有利于熔池获得最高的冶炼强度，加快反应速度。铁浴中矿粉的直接还原速度并不受限于反应区的工作状态和熔渣中氧化亚铁的含量，因此 HIsmelt 流程的单体生产效率比其他熔融还原流程高。

（2）铁浴中碳的回收率高。向铁浴底吹煤可以提高碳的回收率，向熔融反应器中浸入式喷煤不仅可以回收煤中的固定碳，而且可以使煤粉挥发分中的碳氢化合物裂解产生碳。碳的回收率是一项重要参数，因此未溶解在铁浴中的碳可能和炉气中的氧或二氧化碳反应，降低二次燃烧率。同时，未溶解在铁浴中的碳还会随着炉气移除至炉外，这将大大降低燃料的利用率和冶炼强度。

（3）二次燃烧率高。由于在 HIsmelt 流程中将煤粉从铁浴底部直接喷入铁液，同时这些煤粉很快被铁液所溶解，可最大限度地降低散入炉气中的碳量，避免碳和炉气中的氧或二氧化碳反应，从而有利于提高二次燃烧率。此外，采用热风操作可以限制气相中的氧浓度，缩短溅入气相中的铁液液滴和氧的接触时间，从而进一步提高二次燃烧效率。

（4）采用热风而不是纯氧提供热量。其二次燃烧后的煤气温度较低，有利于二次燃烧率的提高。但是，由于气相与熔池间的温差减小，不利于提高传热效率。同时，煤气量的增加也不利于生产强度的提高。此外，采用热风操作后氧含量低，减少了对溅上来的铁液液滴的氧化，可保证熔渣中的氧化亚铁含量处于较低的水平。

（5）熔池上部反应强烈，二次燃烧传热速度快。底部喷吹引起的熔池强烈搅拌和产生大量的液滴，为在熔池上方形成一个理想的传热区提供了有利的条件。

（6）设备投资较低，电力消耗低，适应电力不足的地区。由于采用热风操作，避免了制氧，大大降低了工艺过程的电力消耗。另外，相对而言，建造鼓风机和热风炉的费用要比建造相应供氧量的制氧机的费用低，而除鼓风机和热风炉或制氧机以外的其他设备投资费用与其他熔融还原流程相仿。

（7）吨铁煤耗低。由于 HIsmelt 流程采用了直接向铁浴喷吹煤粉的方法，在提高煤粉中固定碳回收率的同时，能够充分回收煤粉挥发分中的碳。加上采用温度高达 1200℃ 的热风操作，可直接向铁浴提供 6.0 ~ 7.0GJ/t 的物理热，相当于铁浴总热收入的 18% ~ 20%。因此，HIsmelt 流程的吨铁煤耗势必比其他熔融还原法低。HIsmelt 流程的吨铁煤耗采用低挥发分煤时降至 600kg/t，采用高挥发分煤时可降至 800kg/t。

（8）对环境污染小。直接向铁浴喷入煤粉，煤粉挥发分在铁浴温度下充分裂解，因此没有任何碳氢化合物进入煤气，完全消除了煤粉挥发分中有害的碳氢化合物对环境的污染。同时，煤粉中的硫也将直接被铁液和熔渣所吸收，减少进入煤气的可能性，因此也减少了煤气中硫氧化物的含量。

D 工艺应用

HIsmelt 奎纳纳工厂是由 Rio Tinto 立拓集团（60%）、纽克公司（25%）、三菱公司（10%）以及首钢（5%）共同出资建设的。整个工艺由原料场、粒煤喷吹、矿粉加热预还原（Circoheat）、矿粉喷吹、热风炉、熔融还原炉（SRV 炉）、出铁场、干渣坑、铸铁机、汽化冷却、煤气清洗、余热回收、烟气脱硫、制氧站、汽动鼓风机站、水处理等系统组成。

装料罐内粒径 6mm 左右的非焦煤粉（含水 8%~12%）经过锤式破碎机（设计能力 10t/h）破碎到 3mm，干燥后（含水 2%）储存在干煤仓内，然后通过喷吹罐系统喷入熔融还原炉。

矿粉和熔剂由料场以一定配比输送至矿石干燥器（设计能力 20t/h）中，要求进口湿度小于 10%、出口湿度为 1%。采用换热器将矿粉和熔剂加热至 800℃，随后矿石通过热矿斗提升机被送至热矿加料系统，通过螺旋给料机送至热矿喷枪，然后喷入熔融还原炉。

采用 3 座内燃式热风炉，空气经过热风炉加热到 1200℃。热风炉烧炉以工艺产生的煤气作为燃料，如需要可以富化煤气。同时，为了提高产量，对冷风进行富氧（30%~40%）。

原料和熔剂通过水冷喷枪以氮气作为输送介质送入熔池中。富氧接近35%、达到1200℃的热风由还原炉顶部送入，与熔池内的气体二次燃烧。二次燃烧通过炉渣喷溅产生的热交换给熔池提供了热量。

熔融还原炉设渣口和铁口各1个，采用水冷喷枪，煤枪和矿枪各2支。还原炉内径为$\phi6m$，本体高约12m，炉内压力为0.08~0.1MPa。其从上至下分为3个区：

（1）上部空间区。反应气体与煤中挥发分裂解产生的气体在熔池上方与富氧热风发生燃烧反应。

（2）过渡区。热量从上部空间区返回熔池区，维持还原反应，炉渣喷溅对水冷管进行了保护。

（3）熔池区。金属熔池中的溶解C与矿石接触发生反应，生成铁和CO气体。煤中的C溶解，替代还原反应中消耗的C；煤中的挥发分气化；煤中的灰分和矿石中的脉石形成炉渣。

正常生产操作下，大概能产生$2.4\times10^5m^3/h$、热值为$2900kJ/m^3$的煤气，煤气通过熔融还原炉气化烟罩从1450℃降至1000℃。熔融还原炉产生的煤气在气化烟道内进行冷却，然后通过煤气洗涤，最后供给锅炉和热风炉进行燃烧。锅炉燃烧产生的废气在排放之前，要在常规烟气脱硫站脱除SO_2。锅炉产生的蒸汽用于驱动蒸汽透平机，带动汽动鼓风机、制氧厂空压机和发电厂。发电厂可为全厂提供所需的电能，另外约有5%富裕的电量送到当地电网。

生产的铁水通过外置出铁前炉（外置炉）以1450~1500℃的温度连续排出，铁水随后送至脱硫站进行脱硫。采用铸铁机铸铁块。炉渣每隔2~3h通过渣口定期排出，出渣温度为1450~1500℃。

8.2.2.2　Tecnored工艺

A　概述

Tecnored工艺是一项新兴的炼铁工艺，这一技术是20世纪80年代初期由巴西Fundicao Tupy公司Marcos Contrucci领导的一个团队开发的。该工艺使用自还原块料作为主要原料，这些块料由铁矿粉（高品位铁矿、低品位铁矿和尾矿等）、含碳粉料、熔剂以及黏结剂组成，可以完全自熔和自还原。其他燃料直接加到炉内，以提供驱动化学反应所需的热能。

Tecnored熔炼炉技术可将铁矿石和含铁原料熔化成为液态生铁（铁水），用于炼钢和铸造生产。它使用一种低成本固体还原剂和燃料，通过化学反应，将含铁原料冶炼成为几乎与高炉铁水完全一样的、达到标准化学成分要求的铁水。

B　工艺流程

一个典型的Tecnored熔炼炉由3个主要设备和运行区域组成，即原料准备、炼铁和公辅设施。Tecnored熔炼炉剖面图见图8-19。

在Tecnored生产工艺过程中，将具有自还原性的冷固结压块，装入一个专门设计的、可利用低成本固体燃料作为能源的Tecnored熔炼炉内。在可控条件下，以团块形态存在

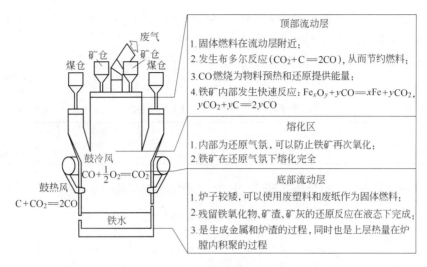

图 8-19 Tecnored 熔炼炉剖面图

的氧化铁和炭粉发生快速反应，产生金属铁，并在炉内高温环境下熔化。

与传统式直接还原技术相比，Tecnored 熔炼炉使用的是低成本铁矿粉，而不是高成本 DRI 球团。而且与高炉和铸造用化铁炉相比，Tecnored 工艺并不要求使用价格昂贵的冶金焦炭，它可以使用像低级块状煤一样的低成本固体燃料，因此，Tecnored 熔炼炉生产成本具有很强的竞争能力。其生产的产品既可以液态形式直接送到后续炼钢车间（电炉或转炉），也可直接铸成生铁，运到距离较远的用户，如高炉（以提高铁水产量）、电炉炼钢厂或铸造厂。

C 流程特点

（1）采用固体燃料侧加器，将固体燃料直接加入到炉缸内，以避免竖炉上部的吸热反应（C+CO₂＝2CO），达到节省能量的目的。同时，上升的 CO 的二次燃烧为炉子还原区内块料的快速还原提供了额外能量。

（2）采用冷、热风结合技术。热风通过风管注入，使得竖炉下部的煤气化，提供热量来驱动反应过程的进行和保持铁与炉渣处于熔化状态；而冷风则喷射到熔化区（竖炉上部）的界面处，以燃烧上升的 CO 气流提供更多的能量，快速还原位于非常短的反应区内的块料。

（3）Tecnored 工艺生产高炉型高碳铁水，其投资和运行成本通常是高炉总成本的一部分。Tecnored 工艺除具有很高的能源效益之外，还有很好的环境效益。其原因在于该工艺用废焦和尾矿进行生产，不使用焦炭和烧结矿，因而省去了焦炉和烧结厂的建设。

D 工艺应用

Tecnored 新技术使得钢铁企业可以使用低质量、价格更便宜的原料生产生铁，替代了目前使用的球团矿和烧结矿。Tecnored 新工艺使用的原料是压块，利用压块的主要优点之一就是生产设备投资较低，因为可以不用建设传统钢铁联合企业所需的投资巨大的炼焦厂和烧结厂。另外，从环保角度来看，Tecnored 技术可以使二氧化碳排放量减少 5%、颗粒物排放量减少 85%、氮氧化物排放量减少 95%。但 Tecnored 新技术开发真正让人感到振奋的是，它很有可能改变整个钢铁业的生产结构，即炼铁由第三方来完成，如由矿山企业来生产生铁，由此可以节约大量投资和原料运输成本。

目前，在巴西圣保罗州建有设计能力为 250t/d 的示范厂，其产品的主要指标见表8-17。

表 8-17　示范厂产品的主要指标

温度/℃	C/%	Si/%	P/%	S/%
>1400	3.8~4.3	0.4~0.8	<0.05	0.025

其副产品包括炉渣、炉顶尾气和烟尘。炉渣的化学成分见表 8-18。

表 8-18　炉渣的化学成分　（%）

FeO	SiO$_2$	CaO
<1.0	29~33	33~36

8.2.2.3　Romelt 工艺

A　概述

Romelt 工艺由莫斯科钢铁学院开发，源于采用氧化熔炼方法精炼硫化铜镍矿的 Vanyukov 工艺。该工艺主要是将废弃的氧化物、矿粉、轧钢铁鳞、熔剂和煤粉，在不经特殊混合的情况下直接装入储料仓。料仓以适当的比例，通过普通皮带运输机将料连续地送到 Romelt 炉顶的装料槽中，炉料以半致密流股状落进熔渣反应器内，在反应器内完成铁氧化物的还原以及实现渣铁分离。

B　工艺流程

Romelt 工艺流程由原料处理和储存系统、Romelt 炉体、废气冷却和清洗系统、铁渣处理系统以及一些辅助设备（制氧机、空压机和冷却水系统）组成。Romelt 工艺流程如图 8-20 所示。

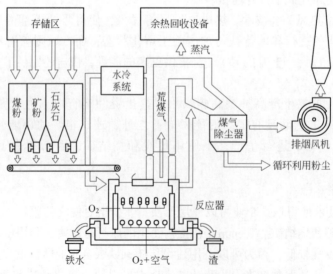

图 8-20　Romelt 工艺流程

Romelt 炉形状简单，固体炉料（煤、矿石、熔剂）靠自身重量装入炉内，炉壁每侧各设 1 排上下风口，下风口吹入富氧空气搅拌熔池和气化煤，上风口吹入纯氧进行二次燃烧。

在 Romelt 炉内分为 4 个区域，即气体燃烧层、搅动渣层、静态渣层和静态铁层。进入 Romelt 炉内的炉料被 1500~1600℃ 强烈翻泡的渣池吞没并熔化。煤被卷入到翻泡渣区中发生高温分解，同时去除挥发分。该工艺中采用富氧空气从下风口对渣层进行搅动，搅动的炉渣能捕捉上部装入的固体炉料，同时将渣中的碳燃烧成 CO，该层炉渣称为搅动渣层。还原反应主要是在搅动渣层中进行的，其反应如下：

氧化铁的还原反应
$$C_{(s)} + FeO_{(s)} = CO_{(g)} + Fe_{(1)} \tag{8-36}$$

过剩碳的气化反应
$$C_{(s)} + \frac{1}{2}O_{2(g)} = CO_{(g)} \tag{8-37}$$

煤中挥发分的裂解反应
$$C_xH_{y(g)} = xC_{(s)} + \frac{y}{2}H_{2(g)} \tag{8-38}$$

水煤气的还原反应
$$H_2O_{(g)} + C_{(s)} = CO_{(g)} + H_{2(g)} \tag{8-39}$$

铁氧化物在搅动渣层发生直接还原反应，形成铁滴。随着反应的不断进行，铁滴不断聚集长大。当铁滴变得足够大而被带入下风口以下的静态渣层时，在重力作用下渣铁开始分离，从而在炉缸的上部形成了一层基本不含铁的渣层，铁水则沉积在炉子底部。当渣铁到达一定量时就开始排出渣铁。排出炉渣中 FeO 含量在 1.5% 左右，最高不超过 3%。

熔池中产生的煤气，其成分为 CO、H_2 及少量 N_2，进入二次燃烧区后，与上风口吹入的氧气发生燃烧反应，放出大量的热。煤挥发分中的碳氢化合物也与氧发生如下燃烧反应：

二次燃烧反应
$$CO_{(g)} + \frac{1}{2}O_{2(g)} = CO_{2(g)}, H_{2(g)} + \frac{1}{2}O_{2(g)} = H_2O_{(g)} \tag{8-40}$$

煤中挥发分的燃烧反应
$$C_xH_{y(g)} + \left(x + \frac{y}{4}\right)O_{2(g)} = xCO_{2(g)} + \frac{y}{2}H_2O_{(g)} \tag{8-41}$$

熔池剧烈的鼓泡和液态渣的飞溅产生了巨大的反应界面，同时飞溅起来的渣滴返回渣池时将二次燃烧热带回熔池。此外，Romelt 炉中只有部分煤气在炉内燃烧，剩余部分煤气的完全燃烧和化学反应热、显热的回收只能在常规的余热锅炉中进行。

C　流程特点

（1）含铁原料选择范围广泛。Romelt 工艺可使用块矿、粉矿或含铁烟尘、炼钢厂的残渣、轧钢皮、切削铁屑等多种含铁原料，并且不需要进行预处理。

（2）水冷壁技术的应用。过去一步熔融还原法的主要限制环节是，由于铁氧化物的还原导致渣的酸碱性不断变化，高温下对炉衬侵蚀严重。Romelt 工艺利用水冷壁技术，使熔渣受到水冷壁的激冷后在水冷壁表面形成一定的凝渣层，实现了在一个容器内完成熔融还原过程。

（3）Romelt 流程能获得高的燃烧率和较高的二次燃烧传热效率。由于冷态炉料直接加入渣层上部，降低了渣层表面温度，增强了二次燃烧区向渣层的传热。同时，进入二次燃烧区的渣滴返回渣池时也将二次燃烧区的热量带回渣层。

（4）侧吹氧技术的应用。采用侧吹氧技术使渣中的碳燃烧生成气体还原剂 CO，这就使得渣层保持很强的还原性，大大降低了渣中 FeO 的含量，铁的回收率比其他高二次燃烧率的熔融还原流程要高。当以铁含量为 52% 的转炉污泥为含铁原料时，铁的回收率为97.9%，排出的炉渣中 FeO 含量为 2% 左右。

（5）具有比高炉强的脱硫能力。半工业试验证明，随炉料带入的硫有 80%~90% 进入煤气而排出炉外。由于煤在高温下分解，使得煤中的硫一部分随煤中挥发分直接进入煤气，另一部分则在高温下燃烧生产 SO_2 进入煤气，只有少量进入铁液。而熔渣中的硫一部分被吹入渣层的一次风中的氧燃烧，再次带入煤气。因此，随炉料带入的硫只有 8% 随炉渣排出。

D　工艺应用

1985 年，在莫斯科南部新利佩茨克钢厂建造了 1 座工业规模的 Romelt 中间试验设备，到 1988 年累计生产铁水 4 万吨。后由于苏联的解体，俄罗斯停止了采用 Romelt 工艺生产铁水的计划。

1995 年，ICF 凯撒钢铁公司和新日铁共同获得 Romelt 工艺专利权，其技术包括水冷壁技术的开发、原料处理、余热回收和煤气清洗设备的开发、喷氧及燃烧技术以及渣铁处理设备。

2000 年，印度在普拉底什的中央邦丹特瓦区建成一套年产铁水 30 万吨、炉渣 20 万吨的熔融还原炼铁厂。该厂总投资为 7475 万美元，除了生产生铁外还发电 30MW。

除以上介绍的三种方法以外，一步法还有 AusIron 法、Dios 法等。这些方法都是根据高二次燃烧率与高传热效率理论，将高还原势条件下才能完成的铁矿石碳热还原过程和高氧势环境下才能实现的高二次燃烧率集成到一个反应器中，这种方法不但可以节省大量燃料，又可以快速实现熔融还原。但这种理论指导下开发的熔融还原新工艺由于冶炼过程中炉衬侵蚀过快、大量热煤气的能量难以回收利用、能耗成本居高不下等原因，迄今尚无成功应用的实例。

8.2.3　二步法熔融还原

目前，最新的 Corex 设备是在我国八钢建成的 Corex-3000，其设计产能为 135 万吨/年，已于 2015 年 6 月 18 日成功点火开炉。2007 年 11 月正式投产的宝钢 Corex C-3000 主要经济技术指标如表 8-21 所示。

二步法是用两种方法串联操作的方法。第一步的作用是加热矿石并把矿石预还原，一般还原度达到 30%~80%，最常用的第一步是流化床法及竖炉法；第二步的作用是补充还原和渣铁的熔化分离，第二步一般用竖炉、转炉、电弧炉或等离子电炉。由于第一步预还原是在较低温度下进行，并且高价氧化铁的还原容易完成，因此可以使用低级的能源，从而节约第二步高级能源（电）的消耗。最理想的配合应当是利用第二步还原产生的高温 CO 气体作为第一步过程的能源，但随着预还原度的提高，第二步生产过程中产生的煤气量已大大减少，不能有效地进行还原及预热。因此，通常第一步及第二步过程中的能量消耗都是分别提供的，或者由第二步产生的气流只在第一步过程中起部分作用。

在二步法中第一步操作指标对第二步过程的能量节约，以电能为例，可由下式计算：

$$\Delta W = QR_\mathrm{d}(1 - R_1) / (860n) \tag{8-42}$$

式中 Q ——每吨氧化铁用固体碳还原的耗热量，$Q=4.187kJ/t$；

R_d ——电炉中原来的直接还原度；

R_1 ——第一步还原达到的还原度；

n ——电炉效率。

可节约还原剂量 $\Delta w(C)(kg/t)$ 采用下式计算：

$$\Delta w(C) = \frac{3 \times 12}{2 \times 56} \times R_1 \times 1000 \qquad (8-43)$$

除预还原外，炉料被预热还原具有下列效果：

(1) 炉料每升高 $100℃$ 可直接降低电耗 $30kW \cdot h/t$，而且预热后的炉料能提高第二步的间接还原度，又可进一步降低电耗。

(2) 炉料水分含量降低，每减少 1% 水分可节约电耗 $1kW \cdot h$。

(3) 石灰石被分解，$1kg$ 石灰石分解将多耗电 $0.67kW \cdot h$。

常见的二步法有下列几类。

8.2.3.1 Corex 工艺

A 概述

Corex 工艺是 20 世纪 70 年代后期由奥地利、奥钢联（VAI）和原联邦德国科夫（Korf）工程公司联合开发的，是世界上已经工业化的、以铁矿石和非焦煤为原料生产铁水的炼铁工艺。1985 年，在南非的伊斯科尔公司（Iscor）建设了一座年产 30 万吨的 Corex 设备（C-1000 型），此后又分别在韩国 POSCO、印度 JINDAL、南非 SALDANHA 等公司建成了 4 座 C-2000 型 Corex 设备，并于 1998 年 12 月 31 日投产运行，年生产能力达 70~90 万吨。Corex C-2000 生产的铁水年均指标见表 8-19，年均工序能耗见表 8-20。目前，最新的 Corex 设备是在我国八钢建成的 Corex-3000，其设计年生产能力为 135 万吨，已于 2015 年 6 月 18 日成功点火开炉。2007 年 11 月正式投产的宝钢 Corex C-3000 主要技术经济指标如表 8-21 所示。

表 8-19 2004~2005 年南非 SALDANHA 钢厂 Corex C-2000 铁水年均指标

渣比/kg·t⁻¹	铁水温度/℃	$w[C]/\%$	$w[Si]/\%$	$w[S]/\%$	$w[P]/\%$
394	1554	4.66	0.60	0.065	0.016

表 8-20 2004~2005 年南非 SALDANHA 钢厂 Corex C-2000 年均工序能耗

项　目	单耗（铁水）	折算系数	吨铁消耗标煤/kg·t⁻¹
块矿	1.16t/t	0	0
球团矿	0.315t/t	60	18.9
白云石	233kg/t	0	0
石灰石	159kg/t	0	0
煤比	944kg/t	0.86	811.84
焦比	148kg/t	0.98	145.04
氧气单耗	601m³/t	0.13	78.13

续表 8-20

项　目	单耗（铁水）	折算系数	吨铁消耗标煤 /kg·t^{-1}
氮气单耗	75m^3/t	0.04	3.00
LPG 单耗	0.5kg/t	1.58	0.79
新水耗	14m^3/t	0.24	0.336
电力消耗	97kW·h/t	0.32	31.04
Corex 输出煤气	1796m^3/t	-0.30	-538.8
			550.276

表 8-21　Corex C-3000 主要设计技术经济指标

项　目	指　标	项　目	指　标
铁水产量/万吨·年$^{-1}$	150	渣量/kg·t^{-1}	350
铁水产量/t·h^{-1}	180	煤气输出（标态）/m^3·h^{-1}	29
作业率/h·年$^{-1}$	8400	煤气热值（标态）/kJ·m^{-3}	8200
铁水温度/℃	1480	煤耗/kg·t^{-1}	931
小块焦炭量/kg·t^{-1}	49	电力消耗/kW·h·t^{-1}	90
块矿、球团矿/kg·t^{-1}	1464	新水耗/m^3·t^{-1}	1.33
石灰石/kg·t^{-1}	163	天然气/m^3·t^{-1}	1.5
白云石/kg·t^{-1}	144	回收能源/MJ·t^{-1}	13393
石英/kg·t^{-1}	37	工序能源/MJ·t^{-1}	12808
氧气（标态）/m^3·h^{-1}	528	劳动定员/人	360

B　工艺流程

　　Corex 熔融还原法工艺由上部预还原炉和下部熔融气化炉两部分组成。预还原炉内可将矿石还原成金属率达 92% ～ 93% 的海绵铁；熔融气化炉内将海绵铁熔炼成铁水，同时产生还原煤气供上部预还原炉使用。其工艺流程示于图 8-21。

　　Corex 工艺的铁矿石预还原竖炉是一个活塞式反应容器。铁矿石从上部装入，设在竖炉底部的螺旋排料器控制其向下移动的速度。热还原煤气从竖炉下部输入，矿石被煤气加热并发生还原反应。铁矿石经 6～8h 变成海绵铁，经螺旋排料器输入下方的熔融气化炉。

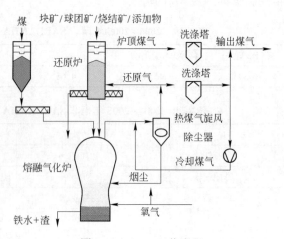

图 8-21　Corex 工艺流程

　　熔融气化炉是一个气-固-液多相复杂反应的炼铁移动床容器。煤由速度可控的螺旋给料器加入炉内，与温度在 1100℃ 以上的还原气体接触，在向下移动过程中被干燥和热解，脱除挥发分，逐步成为半焦直至焦炭。在熔融气化炉的底部形成一个类似高炉的死料柱。由均匀分布于炉缸圆周的 26 个风口氧枪吹入氧气，在风口区燃烧产生 2000℃ 以上高温，使海绵铁进一步还原熔化、过热，渣铁分离，从铁口排出。

从炉顶排出的 1100℃ 左右的煤气中，含有 95%CO+H$_2$、1%CH$_4$ 及 N$_2$ 等。混入 20% 净化冷煤气，使煤气温度降到 900℃ 左右，经热旋风除尘器将含尘量从 100~200g/m^3 降至 20g/m^3 左右。除尘后的 850℃ 煤气输入竖炉作还原气，炉尘返吹入熔融气化炉。

为使铁水成分满足炼钢要求，需按造渣成分和碱度要求在预还原竖炉中加入石灰石、白云石和硅砂等熔剂，以使碳酸盐的预热和部分分解在还原竖炉内完成，然后随海绵铁一起加入熔融气化炉。

C 对原燃料的要求

以下是印度 JINDAL 钢铁公司 Corex 流程对原燃料的要求。

a 含铁原料

Corex 工艺可以用块矿、球团矿或者两者的混合矿作为原料。在矿石入炉前应测试矿石的还原性、热爆裂性和还原后强度，以选择还原后强度好的矿石入炉。Corex 工艺要求矿石的铁含量为块矿大于 55%、球团矿大于 60%，矿石中的 TiO$_2$ 含量应加以限制，以免炉出渣黏度升高。

Corex 工艺中铁矿石及球团矿的成分与物理性能见表 8-22。

表 8-22 Corex 工艺中铁矿石及球团矿的成分与物理性能

项 目	参 数	分 析 值
化学成分/%	TFe	>60
	SiO$_2$+Al$_2$O$_3$	<6
	P	<0.1
	S	<0.03
转鼓试验	转鼓指数（+0.3mm）/%	>95
	磨损指数（−0.5mm）/%	<5
静态还原试验（荷重下）	还原速度/%·min^{-1}	>0.4
	金属化率/%	>90
粉碎指数（−0.3mm）	块矿/%	<30
	球团矿/%	<10
磨损指数（−0.5mm）	块矿/%	<5
	球团矿/%	<3

b 对煤性能的要求

Corex 工艺中，由煤的挥发分和半焦提供热量与煤气，依靠半焦及焦炭保证下层固定床的透气性。同时，煤也应该保持一定的粒度，粒度不够则造成煤气从终还原炉带出的粉尘过多，使除尘条件恶化。一般适宜使用粒度为 10~50mm 的块煤。

除了煤的工业分析和元素分析外，半焦的高温性能也是对煤的基本要求。这些性能包括反应后半焦强度（CSR）和半焦反应性指数（CRI），用以评价其对 Corex 工艺的适应性。

为了调节半焦床的透气性，除 *CSR* 和 *CRI* 指标外，半焦的平均粒度（*MPS*）和热爆裂性也是必要的。随着煤平均粒度的减小，半焦床的透气性会降低，甚至会形成管道。因此，煤气的显热不能充分传到半焦床，导致铁水温度降低、产量减少。非焦煤的平均粒度优选在 20~25mm 范围内。当 *MPS* 和热爆裂性降低时，会观察到更多的压力峰值。表 8-23 示出印度 JINDAL 钢铁公司 Corex 工艺用煤的典型标准。

表 8-23　印度 JINDAL 钢铁公司 Corex 工艺用煤的典型标准

项　　目	指　　标	参　考　值
煤的工业分析	M/%	<4
	FC/%	>59
	V/%	25~27
	A/%	<11
	S/%	<0.6
	热值/kJ·kg^{-1}	>29000
反应后指标	*CSR*(+10mm)/%	>45
	CRI/%	<5
	热爆裂指数(+10mm)/%	>80
	热爆裂指数(-2mm)/%	<3
	裂解热/kJ·kg^{-1}	越小越好
	MPS/mm	20~25

c　对熔剂质量的要求

为了达到造渣和脱硫的目的，需要加入一定比例的熔剂，一般以白云石和石灰石为主。

从理论上来讲，熔剂应由预还原炉顶部加入，由于迅速调节炉渣碱度的需要，熔剂可由加煤系统直接加到熔融气化炉中。从设计上来讲，直接加入熔融气化炉的能力最大按总熔剂量的 30% 考虑，至于预还原炉则应按 100% 的能力设计。加入熔融气化炉的熔剂粒度应比加入预还原炉的粒度小，分别为：熔融气化炉 4~10mm，预还原炉 6~16mm。Corex 工艺用熔剂的化学成分见表 8-24。

表 8-24　Corex 工艺用熔剂的化学成分　　　　　　　　　　　（%）

名　称	化　学　成　分					
	CaO	MgO	Al$_2$O$_3$+SiO$_2$	P$_2$O$_5$	SO$_2$	SiO$_2$
石灰石	≥50		≤3.0	≤0.04	≤0.025	≤3.0
白云石		≥19			≤6.0	≤10

D　流程特点

（1）不用焦煤。焦煤在世界范围内是一种紧缺的资源，从长远来看，钢铁工业如果要做到可持续发展就必须摆脱对冶金焦的依赖。Corex 工艺是以煤代替焦炭生产铁水的工艺，符合这一趋势。但在实际生产中，为保证熔融气化炉内料柱的透气性，还需要 150~200kg/t 的焦炭。

（2）Corex 还原竖炉排入熔融气化炉的海绵铁可以随时采样分析，有利于及时调整炉况和铁水成分。熔剂主要从还原竖炉加入，也可以少量直接加入熔融气化炉，并可以在 3~4h 内精确调整炉渣碱度。

（3）对环境的污染小。Corex 工艺使用煤及少量焦炭。据统计，Corex 工艺排放的 SO_2、粉尘以及 CO_2 量均小于传统炼铁工艺。

（4）对碱金属反应不敏感。众所周知，高炉内碱金属富集十分严重。Corex 工艺即使使用碱金属含量高的矿石，熔融气化炉内也没有发现碱金属大量富集的现象。这是由于 Corex 工艺采用底喷氧工艺，大大减少了碱金属的还原，使碱金属以碳酸盐的形式随煤气输出到炉外，再经洗涤处理后得以脱除。

E Corex C-3000 工艺应用

宝钢 Corex C-3000 工艺使用的矿种包括南非 Sishen 块矿、CVRD 球团矿、Samarco 球团矿、DRI、烧结筛下粉和球团筛下粉，其配比情况见表 8-25。该工艺使用的燃料主要是符合 VAI 质量要求的块煤以及部分山西焦和小块焦。由于熔融气化炉炉温控制和煤气量的需要，挥发分含量较高的块煤成为用量较大的煤种。表 8-26 所示为燃料消耗的总量和配比。

表 8-25 配比情况

项 目	CVRD 球团矿	Samarco 球团矿	Sishen 块矿	烧结粉	CVRD 球团粉	DRI	合 计
总量/kg	730066	78019	50969	43725	6836.2	7049.5	916665.8
单耗/kg·t^{-1}	1182.85	126.41	82.58	70.84	11.08	11.42	1485.18
配比/%	79.64	8.51	5.56	4.77	0.75	0.77	100.00

注：单耗数据是以全部铁量（合格铁量+不合格铁量）计算的。

表 8-26 燃料消耗的总量和配比

项 目	块煤	Samarco 球团矿	Sishen 块矿	烧结粉	CVRD 球团粉	DRI	合 计
耗量/kg	152989	320270.8	33975.1	123004.0	11127.7	516.7	641883.3
单耗/kg·t^{-1}	247.87	518.90	55.05	199.29	18.03	0.84	1039.98
配比/%	23.83	49.90	5.29	19.16	1.73	0.08	100.00

Corex C-3000 工艺目前存在的问题有：

（1）由于入炉原料堆积时的粒度偏析和取料时的方法不当，造成入炉料含粉率波动大，导致 Corex 炉况发生波动。

（2）由于含铁粉末经过还原达到一定的金属化率后，在高温挤压条件下黏结，导致竖炉出现黏结现象。

（3）竖炉操作中气化炉的高温煤气经 DRI 螺旋落料管反窜到竖炉内，由于高温煤气携带部分煤尘及含铁尘，将对竖炉造成严重的影响。

（4）南非 Sishen 块矿在使用过程中使竖炉内压差升高，尚未探明原因。

（5）竖炉 DRI 金属化率的波动将直接影响熔融气化炉的直接还原反应，从而影响耗碳量和炉内热制度。

F　技术进步

随着 Corex 工艺多年来的生产实践，其也在不断地改进，主要体现在以下几个方面：

（1）单体产能在不断增大，从 C-1000 工艺的 30 万吨/年、C-2000 工艺的 70~90 万吨/年到宝钢 C-3000 工艺的 150 万吨/年，规模也在不断扩大。

（2）C-3000 工艺吸收大型富氧喷煤高炉长寿经验，采用 3 段铜冷却壁加强冷却效果，炉腹角增大到 22°，增大了半焦固定床的体积。为了减轻铁水对炉缸的冲刷侵蚀，增加了出铁口的长度以及死铁层的深度。同时，缩小了拱顶自由空间，增加了拱顶的氧气烧嘴，改进了灰尘再循环系统。

（3）C-3000 工艺增加了还原竖炉煤气围管的直径以及围管下部的高度，增大了竖炉下部的压差，防止或减少了熔融气化炉煤气通过海绵铁下料管直接进入还原竖炉，从而避免了因竖炉内局部炉料过热而产生黏结，同时改进了耐火材料的设计。

（4）为了解决还原竖炉布料粒度偏析、密度偏析以及料面分布不均匀等问题，竖炉布料方式由原来的蜘蛛脚布料方式改为 Gimbal 型动态布料器布料方式，可有效改善竖炉内的煤气分布，提高煤气的利用率及海绵铁质量的均匀性。此外，熔融气化炉海绵铁采用了角度可调的挡料板，通过对挡料板角度的调节来控制海绵铁的布料。熔融气化炉中煤的布料方式增加了 Gimbal 环型旋转动态布料器，可根据需要对煤的布料方式及范围进行有效的控制。

（5）为了高效利用 Corex 炉煤气，宝钢和美国 GE 公司合作建成了钢铁行业第一套利用 Corex 炉煤气为燃料的蒸汽轮机联合循环发电机组。同时，移植宝钢分公司高炉煤气余压发电技术，在 Corex 炉中配套建设 TRT 余压透平发电机组，将 Corex 炉煤气输出过程中产生的剩余压力能转变为机械能，再进一步转化为电能。该机组在不消耗任何原料的情况下，可稳定发电 6000kW · h。

（6）Corex 工艺要求入炉煤的水分含量在 5% 以下，而通常精煤的水分含量为 8% 左右，因此在进入 Corex 工序之前需要对其进行干燥处理。宝钢集团引进奥地利 Binder 公司的振动流化床式干燥机，该类型干燥机主要包括五个系统，即振动流化床系统、热气体发生器系统（烧嘴系统）、除尘系统、水系统以及控制系统。

（7）由于 Corex 煤气含有大量的饱和水，在管道输送过程中容易凝结，使维护难度增大且带来严重的安全隐患。为了减少上述不利因素，在 Corex 煤气进入能源管廊前进行脱湿处理，采用了冷冻法的煤气脱湿装置通过热量交换降低煤气的温度，使冷凝水析出。

（8）Corex C-3000 冷却系统在 Corex C-2000 的基础上，采用了三大冷却水系统，即冷却壁水系统、工艺水系统和设备水系统，有效地解决了影响熔融气化炉寿命的制约问题，同时大量采用密闭循环系统，减少了水的消耗，有力地降低了炼铁成本。

G　展望

由于 Corex 工艺使用块煤作为燃料，而当今采煤多以机械化操作，原煤含粉率较高。同时，块煤在运输过程中会产生粉煤。因此，如能有效利用这些粉煤，将使 Corex 工艺具有更强的生命力。那么，粉煤的冷压块技术将可能是一种很好的解决途径。

我国富矿资源短缺，绝大部分矿石需经破碎选矿后成为富精矿。在不建设球团厂、烧结厂的情况下，有效直接利用矿粉生产铁水具有更现实的意义。Iscor 公司曾通过试验在装煤系统中配入 2%~3% 铁粉，并取得了成功。奥钢联为韩国浦项钢铁公司设计 C-2000 型 Corex 流程时考虑使用 15%~30% 粉状铁矿，但还需进一步实践。

Corex 熔融气化炉的输出煤气热值高达 7500~8000kJ/m³，含尘量低（经冷却和净化后），除作为竖炉的还原气以外，还可以用于多个方面，如韩国浦项钢铁公司和印度 JIN-DAL 公司均把 Corex 输出煤气用于发电以及钢包炉、加热炉和中间包的预热。

Corex 工艺输出煤气与现代化工催化技术结合起来，进一步获得大量氢气、二甲醚、甲醇等清洁能源。这将有利于形成一种良性的能源生态链，促进钢铁企业的可持续发展。

此外，在 Corex 工艺中存在一个很特殊的环节——煤气降温。在 Corex 流程中，从熔融气化炉逸出的煤气（1000~1150℃），在进入预还原炉之前必须降温到 850℃ 左右。所以，在该处理过程中将损失掉大量的热量，如能有效利用这一部分热量，将可进一步降低生产成本。

8.2.3.2 Finex 工艺

A 概述

Finex 工艺是韩国浦项公司（POSCO）和奥钢联（VAI）于 1992 年联合开发的非高炉炼铁工艺。2003 年 5 月建成一座 60 万吨/年的 Finex 示范厂，随后又建设了 150 万吨/年的工厂，并于 2007 年 4 月 11 日开始投产。Finex 工艺是在 Corex 工艺基础上，采用多级流化床装置直接使用烧结铁矿粉（小于 8mm）进行预还原生产海绵铁，避免了烧结、球团等人工造块工序，降低了生产成本。同时，利用煤粉的冷压块技术扩大了煤粉的选择范围，而不像 Corex 工艺那样仅能使用块煤。

B 工艺流程

Finex 流程主要由三个系统组成，即流化床预还原系统、热压块系统和熔融气化系统，其工艺流程如图 8-22 所示。

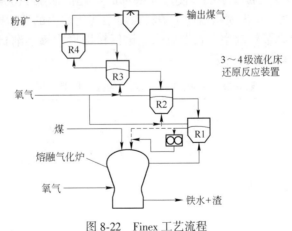

图 8-22　Finex 工艺流程

（1）流化床预还原系统。矿粉和添加剂（石灰石和白云石）经干燥后，由垂直传送带及锁斗仓添加到 4 级流化床反应系统。第 4 级流化床仅起预热原料的作用，矿粉在后续连接的 3 级流化床反应器中被逆流还原煤气还原成粉状 DRI。

（2）热压块系统。热态粉状 DRI 和部分煅烧的添加剂从流化床反应器排出，通过气力输送到 DRI 热压块设备。热态粉状 DRI 在双辊压块机中被压成条状 HBI（热压块铁），成条的 HBI 被进一步打碎成块状，在热态下送到熔融气化炉顶部的 HBI 料仓中。

（3）熔融气化系统。熔融气化系统与 Corex 系统相近。

C 流程特点

（1）对铁矿石的成分、粒度组成及品种无严格的限制。Finex 工艺可直接使用粒度为 0~8mm 的烧结用铁矿粉，其中粒度为 1~8mm 的矿粉含量达到 50%以上，如表 8-27 所示。

表 8-27 Finex 工艺使用铁矿粉的粒度组成

粒度/mm	<0.25	0.25~0.5	0.5~1	1~3	3~5	5~8	>8
分布/%	4.9	10.2	11.4	24.6	16.6	15.5	3

（2）高质量铁水。Finex 工艺的铁水质量类似于高炉，碳、硫、磷的含量分别为 4.5%、0.02%和 0.1%，硅含量目前保持在 0.8%左右。通过改进粉煤压块质量、降低用煤率和控制熔融气化炉中的炉料分布，硅含量可降低到 0.5%。

（3）煤耗。对于年产 65~70 万吨铁水的 Finex 装置，单体煤耗为 1000~1050kg/t，选煤不受煤质的影响。而且在对炉顶煤气使用 CO_2 去除装置后，煤耗可降到 820~850kg/t。此外，浦项钢铁厂正在研究将热细粉粒 DRI 直接加到熔融气化炉的技术，以简化流程、降低成本。

（4）环境评价。Finex 工艺中 SO_x、NO_x 和粉尘的排放量分别为高炉工艺的 6%、4% 和 21%。这表明 Finex 工艺具有满足严格的环保要求和法定条例的能力，因此其被誉为环境友好的炼铁工艺。

D 工艺应用

浦项 Finex 示范厂从 2004 年 1 月开始满负荷运行，铁水日产量长期保持在 2400t 的水平上，相当于年产能为 90 万吨，远远超过了 60 万吨的设计能力。此外，其在 2004 年 6 月启用了 CO_2 去除和废气回收系统，使每吨铁水的煤耗指标从 1100kg 下降到 900kg；在 2004 年 12 月开始喷煤，粉煤喷吹增加了炉料在熔融气化炉内的滞留时间，使挥发分的分解更加彻底，从而提高了热效率。长期以来，该厂粉煤喷吹率逐渐提高。表 8-28 所示为浦项 Finex 示范厂的操作性能指标。

表 8-28 浦项 Finex 示范厂的操作性能指标

产量/t·d⁻¹	温度/℃	铁 水			渣		
		[C]/%	[Si]/%	[S]/%	碱度	渣量/kg·t⁻¹	Al_2O_3/%
2499	1492	4.4	0.59	0.04	1.18	315	17.94

8.2.3.3 Fastmelt 工艺

A 概述

Fastmelt 工艺是在 Fastmet 工艺基础上由美国 Midrex 公司开发的，是以转底炉（RHF）与电炉双联生产液态铁水的工艺，其目的是为了分离渣和铁，使铁水可用于热装炼钢，炉渣则可用来制成水泥或其他建材。通过 Takasago 和日本神户钢厂 EAF 的熔炼实践，Fastmelt 炼铁法得到了认证，同时由美国 Midrex 技术中心建立的一套被称为模拟试验机的小型装置正在试运行。一台标准的 Fastmelt 商业装置年产铁水约 50 万吨。表 8-29 列出

Fastmelt 炼铁法铁水的典型化学组成。

表 8-29　Fastmelt 炼铁法铁水的典型化学组成

温度/℃	Fe/%	C/%	Si/%	S/%	P/%
1450~1500	96~98	2.0~4.0	0.1~0.6	<0.05	<0.04

B　工艺流程

　　Fastmelt 工艺流程如图 8-23 所示。一般采用埋弧电炉（矿热炉）作为熔分手段，即使转底炉与电炉（熔分炉）双联，形成一个二步法熔融还原过程。转底炉作为预还原，而电炉实现终还原，从而实现热 DRI 装入电炉熔分，获得铁水→热装入电炉炼钢或铁水铸块。

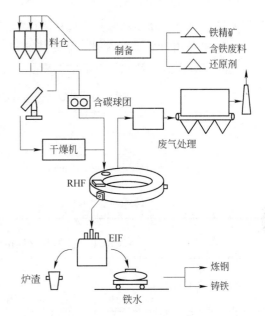

图 8-23　Fastmelt 工艺流程
RHF—转底炉；EIF—熔炼炉

　　熔炼的能量来源可以是电或煤，能量来源的选择取决于厂址。将煤作为能源增加了排出气体的总量，而且可以减少外接燃气（如天然气）的需求。

　　Fastmelt 炼铁法的设计理念是获得大于 90% 的高金属还原铁，将 RHF 生产的还原铁装入熔炼炉以生产熔融铁。为防止 DRI 熔炼炉内的耐材受损害，减少 DRI 中 FeO 的含量，在 DRI 熔炼炉内进行的熔炼过程显得非常重要。图 8-24 所示为 DRI 熔炼炉内进一步还原和熔炼所需的热能。最大限度还原的 DRI 可以降低 DRI 炉内的热负荷，与冷装铁矿石相比，可以保护耐火材料。

C　流程特点

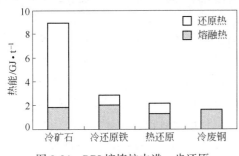

图 8-24　DRI 熔炼炉内进一步还原和熔炼所需的热能

　　Fastmelt 工艺生产液态铁水的主要特点是：流程短，设备占地面积小，反应时间短，整个工艺过程中无废水、废气等二次污染物产生。

D　工艺应用

　　四川龙蟒集团从 2003 年起开始开发攀枝花红格矿区的钒钛磁铁矿，于 2004 年确定了钒钛磁铁矿转底炉煤基直接还原-电炉熔分工艺以综合回收铁、钛、钒的新路线，截至 2010 年 6 月，该项目已完成工业化试验和流程与装备优化阶段工作，初步实现 80% 负荷状态下长周期稳定运行，各项技术指标已圆满达到预定目标。

　　钒钛磁铁矿转底炉煤基直接还原的主要工艺流程是：

（1）将钒钛磁铁矿铁精矿粉与煤粉混合后，用黏结剂将其压制成球团。

（2）将球团通过布料机布置在转底炉炉底，一般入炉温度在 1000℃ 以上。

（3）转底炉加热采用煤气或天然气，加热温度控制在 1300~1400℃。

（4）经过 15~25min 的还原，得到金属化率达 70%~85% 的 DRI，通过螺旋出料机将其排到炉外。

（5）从转底炉出来的 DRI 可以排到密闭的或用惰性气体保护的保温容器中，以防止其再氧化，或直接进入到电炉中进行渣铁熔化分离。

（6）电炉熔分后得到含钒、钛的铁水和钛渣。

电炉熔分得到的铁水和钛渣的温度及化学成分见表 8-30 和表 8-31。

表 8-30　电炉熔分得到的铁水的温度及化学成分

炉　数	项目	铁水温度/℃	铁水化学成分/%			
			C	S	V	Cr
40	平均值	1320	2.94	0.39	0.47	0.36
	波动范围	1312~1425	2.62~3.52	0.21~0.58	0.26~0.70	0.08~0.70

表 8-31　电炉熔分得到的钛渣的温度及化学成分

炉数	项目	钛渣温度/℃	钛渣化学成分/%							
			FeO	TiO_2	V_2O_5	CaO	MgO	Al_2O_3	Cr_2O_3	SiO_2
35	平均值	1542	2.38	47.49	0.46	9.05	8.17	17.04	0.12	13.82
	波动范围	1500~1570	0.76~4.59	47.31~49.97	0.36~0.94	6.20~10.85	6.00~9.13	13.98~18.60	0.04~0.30	11.49~15.98

二步法熔融还原炼铁技术是目前备受关注的炼铁新工艺，除以上介绍的几种工艺外，Elkem 法、Elred 法、Inred 法、Plasmasmelt 法等其他工艺也获得了一定的发展，但仍需进一步完善。

在熔融还原中，用煤基的还原取代了焦炉，直接使用粉矿和天然块矿还原将全部或部分取代烧结或球团，并用以颗粒流、颗粒反应为主的还原反应替代了传统的固相（或部分液相）反应。而且更值得指出的是，高炉中以气-固相反应为主，反应时间以小时计，生产率难以提高，加上软熔带的存在，使得高炉冶炼过程难以进一步强化；而熔融还原则采用颗粒反应进行预还原和高温下的熔融态终还原，反应过程以分钟计算，故而其生产率可以大大提高，而且熔融还原的能量密度高，易于强化。因此，熔融还原法具有一定的竞争能力。

熔融还原从技术上来讲是直接还原的逻辑发展，但从发展意义来讲两者并不相同。开发直接还原的意义在于提供废钢代用品，是一种生产特殊产品的炼铁方法；而开发熔融还原的意义在于摆脱冶金焦炭短缺对炼铁生产的羁绊，寻求一种能代替高炉常规炼铁的生产方法。当直接还原面临天然气能源昂贵和回转窑技术障碍的困境时，熔融还原成为非高炉炼铁的一个新兴技术路线。

8.3　非高炉炼铁产品的性质与应用

非高炉炼铁共有三种产品，即海绵铁、粒铁和液铁。

海绵铁（sponge iron）也称直接还原铁，是一种固态的低温还原铁产品，其因还原失氧而形成的孔隙未因熔化而封闭，在显微镜下观察形似海绵而得名。

粒铁（nugget）又称珠铁、卵铁，是在半熔化状态下还原熔炼出的产品，其可用转底炉、回转窑和特种电炉制造。粒铁多使用品位不高的铁矿生产，但脉石可在淬水后磁选分离。其碳含量不高（1%～2%），但硫含量较高（0.1%～1%），根据硫含量的高低可用作高炉及电炉原料。粒铁活性不强，但若露天堆放时间过长仍有一定程度的氧化和生锈。它是良好的高炉原料，但却是一种较差的电炉炉料。

液铁（smelting reduction iron）是熔融还原法生产出的液态生铁，其化学成分、物理性质与应用都与高炉铁水相似。液铁硫含量不高，一般硅含量不高于2%，较适于作为氧气转炉原料，而不适于用作铸造。

8.3.1　直接还原铁的性质

由于直接还原铁的原料多用还原性好的球团矿，还原后的产品也能保持球团矿的外形，所以也称这种直接还原铁为金属化球团（metallized pellets）。

DRI的化学成分特点是碳含量低，根据其还原温度和工艺过程（使用还原剂）不同，一般DRI的碳含量在0.2%～1.2%之间，HYL可高达1.2%～2.0%。生产过程中未经软熔的DRI的另一特点是具有高的孔隙率，这是由于还原失氧而形成的。

低碳含量及高孔隙率造成DRI具有很高的反应活性，在暴露于大气中时易于再氧化，即DRI中的金属铁与大气中的氧及水汽发生反应。

大部分再氧化反应是放热反应。最重要的再氧化反应是：

$$3Fe + 2O_2 === Fe_3O_4 + 114.61kJ/mol \tag{8-44}$$

$$2Fe + 2H_2O + O_2 === 2Fe(OH)_2 + 56814kJ/mol \tag{8-45}$$

上述两个大量放热的反应在大气温度下反应速度很慢，当温度升高到200℃以上时反应速度明显加快。当环境中湿度增大或有水分存在时，也能促进再氧化反应。当放热反应的再氧化作用激烈进行时，氧化-升温连锁效应可导致DRI发生"自燃"现象，即可使铁料迅速变成红色的Fe_2O_3并升温到600℃以上。

由于DRI的活性与孔隙率和碳含量有关，孔隙率大和碳含量低可提高铁的反应活性，各种直接还原法制出的产品其活性有很大差别。流态化法制出的直接还原铁粉因还原温度低，还原铁中还原形成的气孔被封闭的程度最小；又因使用高H_2含量气体还原，故其碳含量也最低，再加上呈粉末形态，因而这种直接还原铁粉具有最大的活性，热状态下出炉可立即自燃。所以这种产品必须经过钝化处理，即在N_2气氛保护下再升温后压制成大块。竖炉、回转窑及转底炉法制出的直接还原产品具有中等的化学活性。反应罐法因操作温度高，产品碳含量达2%以上，其化学反应活性最低。

DRI的物理性质如表8-32所示。

表 8-32　DRI 的物理性质

种　　类	真密度/g·cm⁻³	假密度/g·cm⁻³	堆积密度/kg·m⁻³	自然堆角/(°)
DRI 压块	5.5	5	0.27	31~40
金属化球团	5.5	3.5	0.184	28~34

DRI 的强度根据生产方法不同有很大差异,DRI 的强度也可用通常的转鼓试验及落下试验来考查。

DRI 的强度也与孔隙率有关,因此高温还原的 DRI 具有较高强度。DRI 的强度主要是应对储运过程中的破裂,无论是金属化球团还是直接还原铁压块,在储运过程中均能产生 2%~3% 的粉末,这一现象不仅造成损失,还导致粉尘污染环境。

为了避免再氧化,DRI 应当在还原气氛下至少冷却到 200℃ 以下后再排出反应器。实际上为了更保险,大部分直接还原反应器的设计把排料温度降低到 50℃ 以下。从原则上来讲,DRI 也应当在产出后直接使用,避免长期贮存和长途运输。但是实践证明,只要措施适当,DRI 的安全贮运问题是可以解决的。

流态化法制出的细粒 DRI 由于活性太强,必须经过钝化处理才便于贮运。回转窑法及竖炉法制出的块状 DRI 或金属化球团矿,如需长途运输或长期贮放也应经过钝化处理。钝化处理 DRI 有以下两种方法:

(1)压制成大块。在 N_2 气氛中升温至 900℃,用压力机把海绵铁压制成 DRI 块,可以有效地改善 DRI 的抗氧化能力。这是因为加热后气孔被封闭,而加压后又减少了孔隙率。表 8-33 示出金属化球团压制成铁块后抗再氧化能力的变化。

表 8-33　金属化球团压制成铁块后抗再氧化能力的变化（大气中开放贮存）

种　　类	试　　样	暴露时间/天	全铁/%	金属铁/%	金属化率/%
未经压制的	金属化球团矿试样	0	95.04	90.06	94.8
		16	90.09	65.04	72.2
		30	86.64	53.84	63.6
压成 5kg 的块状	试样 I	1	84.7	76.6	90.4
		32~37	83.2	68.2	81.9
	试样 II	0	91.7	81.5	89.0
		90	91.3	78.4	85.9

(2)喷涂覆盖层。在 DRI 上喷涂一层能隔离空气的物质,也可以有效地防止再氧化。喷涂物有焦油、木质素(一种有机物质)及水玻璃等。但是这种方法以涂在大堆贮放的 DRI 料堆上时比较经济和有效,而不便于应用到运输过程中的 DRI 上。

上述两种方法都是有效的抗再氧化措施,但费用都较高,为 DRI 生产成本的 10%~20%。

未经钝化处理的采用流态化法制取的细粒 DRI 不能露天贮放,金属化球团的露天堆放也有很大困难。小堆堆放有利于疏散氧化反应放热,可抑制自燃现象,因此料堆不宜高于 1.5m。但是大堆贮放可减少表面暴露程度,能有效减少再氧化,所以在确保不发生自燃现象的条件下,应采用大堆贮放。图 8-25 示出 DRI 压块及金属化球团在室外存放(未加保护)时的金属化损失。

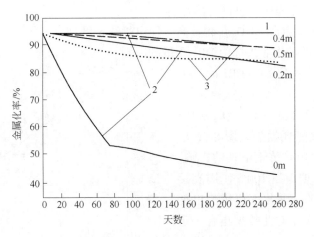

图 8-25　DRI 压块及金属化球团在室外存放
（未加保护）时的金属化损失
1—离堆表面距离；2—球团；3—压块

DRI 的理想存放方法是用干净而防水的密闭料仓贮放。从陆上或海上长途运输 DRI 时，最好先将 DRI 进行钝化压块处理，流态化法生产的细粉产品则必须先进行钝化压块处理。

无论是金属化球团还是 DRI 压块，都可以进行海上和陆地的长途运输，但下列安全措施应予以考虑：

（1）货仓应清洁，清扫灰尘、油脂、酸、碱和有机物。

（2）货仓要保持干燥，要用毡布覆盖料堆，紧密防水，堵封可进水的隙缝。

（3）勿靠近热源，如机房、蒸汽管道等。

（4）定期用热电偶插入料堆 10~30cm 处检查温度，如升温超过 100℃ 则应停船（车）采取措施，使温度降至原来的正常水平。

8.3.2　直接还原铁的使用

95% 的 DRI 是代替废钢用于电炉炼钢的，但也可搭配用于氧气转炉、高炉和化铁炉。

8.3.2.1　电炉中使用直接还原铁

在埋弧电炉、明弧电炉及感应电炉中都可使用 DRI 代替废钢。DRI 用于电炉具有下列优点：

（1）化学成分稳定且适合，能准确控制钢的成分；

（2）有害金属杂质的含量较少；

（3）可以与价格低的轻废钢配合使用；

（4）运输机转载、装卸方便；

（5）能自动连续加料，有利于节电和增产；

（6）熔化期噪声较小；

（7）供应稳定，价格平稳。

与废钢相比，DRI 也有如下两个缺点：

（1）还原不充分，炉料中 FeO 含量高；

（2）酸性脉石（$SiO_2+Al_2O_3$）含量高，使电炉渣量增加。

这是两个严重影响电炉作业指标中 DRI 质量的因素。

当使用金属化率不高的 DRI 时，电炉熔池中的反应

$$FeO + C \Longrightarrow Fe + CO - Q \quad (8\text{-}46)$$

将大量吸热而导致能耗损失。图 8-26 示出 DRI 金属化率对电炉炼钢电耗的影响。此数据采自 85t 电炉，当 100% 使用直接还原铁时，每 1% 的金属化率可影响电耗 10kW·h/t。炉容大小对此数据也有一定影响，在 100t 电炉上为 9kW·h/t，而在 25t 电炉上则为 12kW·h/t。

虽然如此，过高的金属化率也是不被希望的，因为适量地进行 FeO 还原反应

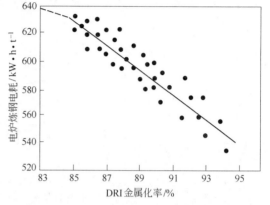

图 8-26　DRI 金属化率对电炉炼钢电耗的影响
—— 100%DRI 配料；---- 50%DRI 配料

可以造成强烈的"碳沸腾"。按此反应，在操作温度下每千克碳可产生 $12m^3$ 气体，在通常 0.3~0.8kg/min 的脱碳速度下，将使每平方米熔池每分钟产生 4~$10m^3$ 气体，能使 10cm 厚的渣层变成 50cm 厚的泡沫渣。这种碳沸腾形成的泡沫渣具有下列优点：

（1）使熔池中 H_2 及 N_2 的含量降至极低水平；

（2）电弧辐射热被泡沫渣吸收而不致损害炉衬，可以大功率作业；

（3）渣铁吸收电弧能量的效率增大，可加速熔化的速率；

（4）炉渣密度降低有利于 DRI 穿过渣-铁反应界面；

（5）消除了渣铁在熔池中温度与化学成分的分层现象；

（6）由于强烈扰动，消除了电弧的局部过热作用及 DRI 通过渣层时的局部冷却现象；

（7）强烈扰动有利于增加渣-铁反应界面，强化脱除杂质的精炼速度；

（8）炉中 CO 气氛增加可减慢电极的氧化。

因此，在 DRI 中保留一定的 FeO 及适当提高碳含量是有利的。

DRI 中酸性脉石（$SiO_2+Al_2O_3$）的含量增加，会直接造成电炉渣量增加、能耗上升。图 8-27 示出 DRI 中酸性脉石（$SiO_2+Al_2O_3$）含量对电炉渣量的影响，图 8-28 示出 DRI 中酸性脉石含量对电炉电耗的影响。按经验数据，每增加 1kg 渣就增加 1kW·h 电耗。由此可得出，当使用 100%DRI 时，酸性脉石含量如达到 2%，则电炉渣量将超过使用废钢的正常水平，而电耗则在酸性脉石含量超过 4% 时才超过使用废钢的正常水平。

使用 DRI 的电炉，在操作上的最大变化是装料方式。使用通常的底卸式料罐分批装料很难控制金属化球团的装料速度，造成很多麻烦，所以后来发展了各种不同的连续式装料方式。

连续装料具有下列优点：

（1）断电时间少，因而热损失少及功率输出大。

（2）改善了熔池传热并加快了冶炼反应——在连续加料期不断进行碳沸腾，可改善熔池传热及渣铁混合，有利于加快冶炼反应。

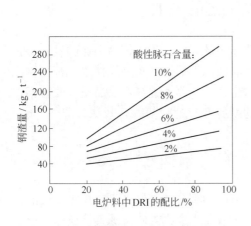

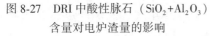

图 8-27　DRI 中酸性脉石（$SiO_2+Al_2O_3$）
含量对电炉渣量的影响

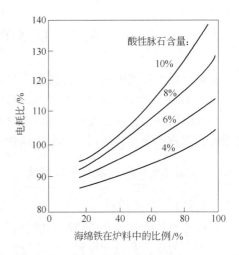

图 8-28　DRI 中酸性脉石（$SiO_2+Al_2O_3$）
含量对电炉电耗的影响

（3）由于能有效控制直接还原铁成分和有害杂质少，允许在连续加料期和熔化期同时进行精炼。

虽然 DRI 热装能降低电炉电耗，但由于容易再氧化及直接还原，电炉的操作难以紧密配合。

8.3.2.2　直接还原铁的其他应用

当热铁水在氧气转炉中炼钢时，铁水中发热元素（Si、C 等）的氧化热量往往超过加热钢水至适宜出钢温度的需要，这就需要加入一定数量的冷却剂以维持正常的钢水温度。冷却剂加入量根据铁水成分、温度及冷却剂种类的不同，可占钢水质量的 7%～32%。

DRI 作为冷却剂使用，其冷却效果为返回废钢的 1.2～2.0 倍，而约为铁矿石的 1/3，因吸热反应 FeO+C ══ Fe+CO 增加了冷却效果。DRI 的冷却效果因金属化率的降低而增大，DRI 中含有的 SiO_2 脉石也可稍许减少其冷却效果。

因为氧气转炉的炉渣碱度为 3.5，DRI 用于冷却剂时其 SiO_2 含量要求低于 3%。

在合格冷却用废钢短缺，生产特低硫、低氮、低锰的特殊钢时，在自动调剂冷却剂的系统中，在盛钢桶中进行后吹期冷却时，采用 DRI 压块作为冷却剂更为适用。

在炼铁高炉中曾对使用 DRI 做过大量试验，在小高炉试验中也曾从风口喷入直接还原铁粉，均发现效果不佳且设备复杂。在高炉炉料中配加 DRI 以增加高炉入炉料的金属化程度，则对降低焦比、增加产量都有明显的效果。

8.3.3　Corex 法液态生铁的特点

熔融还原的产品液态生铁温度高、物理热量大，显然，这种方法冶炼每千克铁量的耗热量很大。但由于含有大量氧化放热的 C、Si、Mn 等元素，便于用已有的氧气炼钢方法炼成成品钢，所以虽然熔融还原工序能耗尚未降到很低水平，但后续炼钢工序能耗低，可利用现有的传统炼钢生产工艺及设备做后续生产；并且由于熔融还原过程中渣铁能熔化分离，可以脱除矿石中的脉石成分及煤炭中的灰分，因此对铁矿石品位及煤炭灰分含量的要求不像直接还原那样严格。

8.4　非高炉炼铁工艺的发展

面对世界性资源的短缺、能源和环境的双重压力的现状，我国钢铁工业的发展将长期受到铁矿资源、焦煤资源、废钢资源短缺的困扰。因此发展非高炉炼铁技术，减少钢铁生产对焦煤的依赖，发展低能耗、环境友好的钢铁生产短流程，提高产品品质，改善钢铁产品结构，实施资源综合利用，是我国钢铁工业的发展方向之一。

8.4.1　我国非高炉炼铁技术发展现状

8.4.1.1　直接还原

直接还原过程是生产优质废钢的替代品不可或缺的部分，是钢铁生产技术发展的方向之一。迄今为止，有数十种直接还原工艺实现了工业化生产，近年全球直接还原铁产量持续增加，并以天然气为能源的气基竖炉占主导地位。2010 年气基竖炉产量占直接还原铁总产量的 74.3%。而以煤为还原剂的煤基直接还原法产量约占 25%。

但由于以天然气为能源的传统气基竖炉直接还原铁工艺发展受到天然气资源的分布不均、天然气价格随石油价格上升和大幅度波动的制约，煤制气-竖炉直接还原技术应运而生并成为发展热点之一。煤制气-竖炉直接还原技术可以认为是煤制气、竖炉直接还原两个成熟技术的组合，但煤制气方法的选择、煤种的选择、竖炉工艺的选择、煤制气与竖炉的衔接、煤气的加热及相关装备等问题还有待进一步深入研究和探讨。

利用竖炉进行直接还原铁热出料、直接还原铁热输送、热 DRI 直接电炉冶炼可大幅度降低电耗，提高电炉生产能力，为竖炉生产 DRI-电炉短流程进一步降低能耗提供了条件，增强了直接还原铁的发展优势，成为直接还原铁发展的又一热点。已实现工业化生产的直接还原铁热输送方法有：印度 ASSAR 公司使用的保温罐法；HYL 公司的气体管道输送法（HYTEMP 技术）；德国 Aumund 公司的热输送机法（Aumund 法）等。

隧道窑罐式法作为最古老的炼铁方法之一，技术含量低，近年在中国异常发展，建设热潮仍呈有增无减的态势。但这种方法热效率低，能耗高，生产周期长，污染严重，产品质量不稳定，单机生产能力小，仅适合于小规模生产，无法成为直接还原发展方向。而以煤基直接还原为代表的回转窑生产在印度得到了快速发展。除了一些大型回转窑之外，印度还有数百条产能 1.0~3.0 万吨/年的回转窑在运行。但是回转窑存在能耗高、运行稳定性差、单位产能投资高等问题，难以成为直接还原铁生产发展的主导方向。与回转窑法相比，转底炉以配碳球团或团块为原料，进行薄料层快速加热快速还原，具有明显优势。但转底炉采用单一辐射传热方式，热效率较低；料层薄还原产生 CO 量少，尤其在还原末期难以在料面形成稳定 CO 保护层，炉膛氧化气氛对炉料的还原干扰和对还原物料的再氧化控制困难。此外，转底炉工艺还存在系统投资过高，运行、维护费用高，生产稳定性差等问题，难以实现大规模化生产。流化床法虽然实现了工业化生产，但由于能耗高，还原气一次利用率低，尾气回收利用电耗高，运行稳定性差，产量仅为设计生产能力的 50% 左右等问题，使其发展严重受挫，该法产量仅占全球总产量的 0.50%。

8.4.1.2　熔融还原

熔融还原法自问世以来，其发展速度十分缓慢。"一步法"熔融还原由于生产过程中高 FeO 炉渣对反应器耐火材料的侵蚀严重，以及二次燃烧的控制、传热效率及大量高温尾气利用等问题尚未得到满意的解决，使得"一步法"熔融还原工艺均未进入工业化生产。目前，中国山东墨龙建设了年产 80 万吨的 HIsmelt 熔融还原炉，直接使用铁矿石和煤粉生产铁水，正在进行工业化生产。熔融还原中具有预还原的"二步法"Corex 工艺和 Finex 工艺实现了工业化生产。但是 Corex 工艺对原料、燃料要求过于苛刻，工序能耗偏高，未能实现全煤作业（仍需要部分焦炭），而且与高炉相比铁水生产成本和单位产能投资均偏高。而 Finex 工艺的熔融还原造气炉所用的煤压块仍然需要主焦煤、结焦煤，同时也无法实现全煤作业。

熔融还原炼铁虽然只是一个实现工业化生产仅 20 年的新技术、新工艺，目前尚无法取代传统的高炉炼铁法，但从可持续发展观点看问题，熔融还原仍是钢铁生产技术发展中最受关注的方向之一。

8.4.2 我国非高炉炼铁技术发展前景与展望

在现有的非高炉炼铁工艺中，尚没有任何一种工艺的能耗可以与现代化超大型高炉匹敌，高炉炼铁是当前和可以预见的将来最主要的铁水生产方法。但由于我国的经济迅猛发展，直接还原铁的市场容量很大，从钢铁工业的发展及市场需求来看，钢铁产品结构调整和升级换代迫在眉睫。我国钢铁工业的发展受到铁矿资源、焦煤资源、废钢资源短缺的困扰。减少钢铁生产对焦煤的依赖，发展低能耗、环境友好的钢铁生产短流程是我国钢铁工业发展的重要内容和主要方向。其中熔融还原因以非焦煤为主要能源，硫化物、氮氧化物排放比高炉分别减少 80%~90% 和 95%~98% 等环境友好优势使熔融还原作为高炉炼铁的补充，在我国仍有广阔的发展前景。

我国煤炭资源丰富，具备各种煤基直接还原工艺用煤资源；具备各种煤制气方法的用煤资源，选择成熟的煤制气技术可以满足气基竖炉直接还原工艺用气的需要。煤制气-竖炉直接还原工艺具有技术成熟、能耗低、单机生产能力大、环境效益好等特点，符合我国的能源条件，加之我国具有该工艺所涉及的化工、冶金、装备制造等学科、行业技术基础，所以该工艺是我国发展直接还原铁生产的主导方向。

中国铁矿资源短缺，含铁复合矿、难选矿的开发利用对中国钢铁工业发展具有重要的意义。非高炉炼铁是资源综合利用、含铁复合矿、难选矿、特殊矿冶炼的重要手段。在这方面我国已经进行了大量的研究，如：转底炉预还原-电炉分离处理钒钛磁铁矿已实现了工业化生产；转底炉预还原-熔化分离工艺用镍红土矿生产镍铁已完成工业化试验；深度还原-物理选分处理镍红土矿生产镍铁已完成工业化生产。鉴于我国的资源、能源条件和发展的需要，非高炉炼铁必将得到长足的发展。发展具有自主知识产权的熔融还原技术是我国科研工作者的重要课题。

8.5 小 结

非高炉炼铁是钢铁工业的前沿技术，目前非高炉炼铁处于不断成熟和向大型化发展的趋势。不同的工艺特点决定了其具有不同的适用范围。

本章首先介绍了非高炉炼铁产生以及发展的原因、分类，以直接还原和熔融还原为基础，介绍了目前主要存在的典型非高炉炼铁工艺的流程、特点及应用现状，其中主要介绍的直接还原工艺主要包括竖炉法（Midrex 工艺和 HYL/Energiron 工艺）、流化床工艺（Finmet 工艺）、回转窑工艺（SL-RN 工艺和 Krupp-Codir 工艺）、转底炉法（Inmetco 工艺、Fastmet 工艺和 ITmk3 工艺）以及煤制气技术中的 BL 法工艺等，主要介绍的熔融还原工艺包括一步法（HIsmelt 工艺、Tecnored 工艺和 Romelt 工艺）、二步法（Corex 工艺、Finex 工艺和 Fastmelt 工艺）等，最后介绍了非高炉炼铁产品的性质与应用领域，以及非高炉炼铁的发展方向。

参考文献和建议阅读书目

[1] 秦民生. 非高炉炼铁 [M]. 北京：冶金工业出版社，1988.

[2] Stephenson R L. Direct Reduced Iron-Technology and Economics of Production and Use [C]. The Iron and Steel Society of AIME，Warrende，1980.

[3] 杨天钧，等. 熔融还原技术 [M]. 北京：冶金工业出版社，1991.

[4] 杨天钧，等. 熔融还原 [M]. 北京：冶金工业出版社，1998.

[5] 方觉，等. 非高炉炼铁工艺与理论 [M]. 北京：冶金工业出版社，2010.

[6] 史占彪. 非高炉炼铁 [M]. 沈阳：东北工学院出版社，1991.

[7] Kepplinger W，Maschlankat W，Wallner F，et al. The Corex process-development and further plans [C]. Corex symposium，1990.

[8] 王兆才，陈双印，储满生，等. 煤制气-竖炉生产直接还原铁浅析 [J]. 中国冶金，2013，23（1）：20~25.

[9] 周渝生，钱晖，齐渊洪，等. 煤制气生产直接还原铁的联合工艺方案 [J]. 钢铁，2012，47（11）：27~31.

[10] 储满生，赵庆杰. 中国发展非高炉炼铁的现状及展望 [J]. 中国冶金，2008，18（9）：1~9.

[11] 赵庆杰，储满生，王治卿，等. 非高炉炼铁技术及在我国发展的展望 [C] //河南省炼铁专业委员会年会暨炼铁学术交流会，2008.

习题和思考题

8-1　简述非高炉炼铁的工艺分类以及非高炉炼铁的发展。

8-2　简述气基直接还原各种工艺的原理与区别。

8-3　简述煤基直接还原各种工艺的原理与区别。

8-4　简述一步法及两步法熔融还原工艺的优缺点。

8-5　Corex 流程的两个不同容器是什么？简要说明其功能。

9 炼铁工艺智能化、信息化技术

[本章提要]

本章介绍了炼铁工艺的智能控制、信息化技术，从原料生产过程、高炉冶炼过程及非高炉炼铁过程等方面，举例分析了炼铁工艺的智能控制，并阐述了钢铁企业的信息化技术发展状况，以及大数据、云计算在钢铁企业中的运用。

9.1 炼铁工艺基础自动化

9.1.1 高炉专用检测仪表

随着高炉大型化，为了满足生产工艺要求、工厂技术及管理水平与资金等条件，保证高炉生产的稳定顺行、低耗高效、长寿环保，高炉上应采用经济实用、互相协调的电气、仪表及计算机系统，配置电气、仪表及计算机一体化的自动化系统，以及测量仪表和特殊仪表，并采用计算机进行集中监视、操作、显示和故障报警，同时根据需要设置必要的紧急操作台。

根据检测功能，高炉用检测仪表主要分为温度类仪表、压力类仪表、流量类仪表、物位类仪表和特殊仪表等几种类型。高炉常用温度类仪表有双金属温度计、热电阻、热电偶、辐射高温计等；压力类仪表主要有弹簧压力表、压力变送器、差压变送器及微差压变送器等；流量类仪表有孔板、文丘里管、电磁流量计、金属转子流量、涡街流量计等；物位类仪表主要有差压式液位计、超声波物位、铁水液面计、雷达探尺等；同时，高炉特殊仪表种类较多，主要有焦炭水分仪、煤气成分分析仪、氧分析仪、热值仪、粉尘浓度仪等。

根据高炉各区域检测需要，可进行炉内状态检测、渣铁状态检测、各风口热风流量分布检测、热风温度检测、风口及冷却壁等漏水的检测、高炉炉衬和炉底耐火材料烧损检测、焦炭水分检测和煤粉喷吹量检测等。

（1）炉内状况检测。高炉炉内状况检测包括：料线检测、料面形状检测、炉喉温度检测、喉口煤气流速检测、料面上炉料粒度检测、高炉炉顶煤气成分分析、炉身静压力检测、风口前段温度测量、风口回旋区状况检测、软熔带高度检测。

1）料线检测。现代高炉通常装有 2~5 根探尺，用于进行料线检测。装料时由卷扬机将探尺提起，检测时随料面自然下降，探尺的位移信号经自整角机发送器带动控制室内的自整角机接收器，然后带动记录仪表指针进行记录，或带脉冲发生器，送 DCS 进行测量。

为了减少自整角机接收器带来的跟随误差，近年来采用 S/D 变换方式，即直接把自整角机转角变换成数字量，指示料线值，经时间处理后还可输出下料速度值，此外，这种仪表还设有最高最低料线等报警功能。

2）料面形状检测。通常使用机械式、微波式、激光式和放射线式四种方法测量整个料面形状。

3）炉喉温度检测。一般测温装置为十字测温装置，通常沿炉喉料面上半径方向的不同位置设有热电偶用以测量径向各点温度，其中一根稍长，可以测量中心温度。在小高炉中十字测温装置四个方向共可测 17 点，中大型高炉可测 21 点、25 点。而在实际生产测温过程中，十字测温的一些弊端也显现出来：十字测温枪装置在炉喉位置，阻挡了炉料的下落，导致料面上形成十字形沟槽，这会影响高炉布料在圆周方向上的均匀性；该方法测量的是料面以上煤气流的温度，且其只能测量炉喉两条直径上的温度分布情况，与料面对应位置的温度有所区别；同时十字测温装置设备庞大，安装维护不方便，设备费和维修费用高。综合以上考虑，近年来更多使用红外摄像的热成像仪测量料面温度分布。

4）炉喉煤气流速检测。用于检测炉喉煤气流速的检测仪表主要有皮托管-热线式气体流速仪、热线式相关煤气流速仪、超声波煤气流速仪三种。

5）料面上炉料粒度的检测。采用粒度仪系统来检测料面上炉料粒度。当然，粒度仪除检测料面上炉料粒度分布以外，还可监测料面形状、监控高炉中心有无流态化现象发生、监视高炉中心部位红热焦炭的状况等。

6）高炉炉顶煤气成分分析。通过分析煤气中 CO_2、CO 和 H_2 含量即可了解炉内反应情况，高炉煤气成分是高炉操作重要指标之一。目前，通常使用精度高的色谱仪同时分析煤气成分；但若需快速分析，则可采用红外线分析仪连续分析 CO_2 和 CO 含量，同时用热导式仪表分析 H_2 含量。

7）炉身静压力检测。一般在高炉内 3~5 个水平面上装设 2~4 个取压口用以检测炉身静压力。通过测量高炉不同高度的炉身静压力，可较早得知炉况变化，并较准确判断局部管道和悬料位置，以便及时采取措施。

8）风口前端温度测量。由于高炉炉缸热状态难以直接测量，故可先测量风口前段附近热状态，根据风口水箱壁前端温度，利用统计回归公式计算出对应的风口区域温度。其中，风口前段附近的热状态采用嵌入高炉风口前端上部沟槽里的镍铬-镍硅铠装热电偶测量。

9）风口回旋区状态监测。在风口窥视孔前设置工业电视或亮度计，通过在中控室远程控制，使该装置沿轨道移动，选择任一风口进行监测，然后经数据处理，分析吹入燃料量和黑色区面积关系，可用来评价喷吹燃料好坏和风口前焦粒直径分布以及焦炭状态等信息。

10）软熔带高度检测。高炉软熔带位置和形状是反映高炉炉况的重要参数，目前主要是采用数学模型推断的检测手段，同时还有半模型的测量方法。

为了解高炉炉内状况，改善高炉操作水平，需测量炉内轴向径向各个水平的煤气成分、温度等参数。在高炉的各个部位装设可移动的探测器，平时在炉外，约每班或需要时进行检测。测量炉内状况的各种探测器的功能如表 9-1 所示。

表 9-1 测量炉内状况的各种探测器

	炉喉径向探测器（TDP）	炉身径向探测器（SDP）	炉顶垂直探测器	炉腹探测器	风口探测器	三维探测器
测温传感器	热电偶	热电偶	热电偶	热电偶及辐射高温计	光纤高温计或红外热成像	热电偶
状况检测及固体取样			炉料取样	炉料取样	高速照相或热成像	
煤气取样	红外分析 CO_2、CO	红外分析 CO_2、CO	色谱分析 CO_2、CO、N_2、H_2	红外分析 CO_2、CO		

（2）渣铁状态检测。渣铁状态检测包括：熔渣流量检测、铁水温度检测、鱼雷铁水车液面检测、铁水硅含量检测、鱼雷铁水车、铁水罐等砌体形状检测、混铁车车号监测及炉缸铁水液位检测。

（3）各风口热风流量分布检测。现代大型高炉都设有连续检测各风口进风量的装置。风口前回旋区情况、煤气流分布以及砌体局部烧损均与各风口进风流量是否均衡密切相关，故需要时刻检测热风流量分布情况，常用的测量风口进风量的方法有流速管或涡轮流量计法、弯头法、文氏管或喷嘴法、差压法。

（4）热风温度检测。由于风温越来越高，使用铂铑热电偶检测热风温度的传统方法已经难以适应要求，因此，国外使用辐射高温计来测量热风温度。由于热风管内热风温度与管道、耐火砌体厚度和热传导系数等有关，此外为了测得真实温度，德国西门子公司在热风管内使用对准砖，用辐射高温计测量砖表面温度，从而获得与热风真实温度相一致的温度。

（5）风口及冷却壁等漏水的检测。风口及冷却壁等漏水的检测即为风口破损诊断和炉身冷却系统破损诊断。

大型高炉有 20~40 个风口，风口冷却水流量大，速度快，必须采用高精度的仪表才能发现风口初期的微量漏水，目前所用的检测设备有电磁流量计和卡尔曼流量计两种。先采用冷却水进出口流量差法，监视流量差及出口水量，当低于下线时报警。

由于炉身冷却水箱数量很多，进出水流量差测量方法难以满足需求。目前，通过测量水中 CO 含量的方法进行监视，把冷却水箱分成多列并装设多个分析器，以便判定冷却系统漏水部分；同时也可用补充水量的方法，当补充水量超过某一极限流量时则视为漏水。

（6）高炉炉衬和炉底耐火材料烧损检测。高炉炉衬和炉底耐火材料烧损检测的常用方法有 RI 埋入法、热电偶法、炉壳过热点法、红外摄像法、电位脉冲法（TDR）、热流计法、冷却水热负荷法、超声波法、电阻法、FMT 法等。最初采用 RI 埋入法和热电偶法，但有其局限性，埋入传感器数量有限，难以检出局部侵蚀情况。基于此，利用红外摄像机或热场传感器测出整个炉体中各异常部位，并绘出温度曲线，根据测出数值进行热传导运算，从而得出各处侵蚀情况。

电位脉冲法（TDR）已在日本住友金属工业公司高炉上得到应用，其能直接检测出砌体烧损状况；超声波法是苏联在 20 世纪 50 年代末开始在高炉上应用的，其是利用超声在固体介质中传播的原理进行测厚的；电阻法在国内国外均有使用，埋入炉衬的多个并联或串联电阻是测量炉衬厚度的传感器，随着炉衬烧损电阻发生变化后，经过微型机处理后可显示出炉衬厚度和图形；炉壁热流计法是通过直接测定贯通材料或炉壁的热流密度来推断炉缸侵蚀状态，由于炉内状况变化而引起的热流密度变化比温度变化早好几个小时，变化量也大，这种方法具有可行性。

（7）焦炭水分检测。一般使用中子水分计检测焦炭水分。为了解决焦炭堆积密度变化及仪表运算精度差的问题，日本钢铁公司开发新型焦炭水分计，其使用 C_f-252 射源，中子与 γ 射线平均能量为 2MeV，焦炭水分测量范围为 0~15%，密度为 0~1g/cm^3。当装载焦炭容积厚度在 1000mm 以下，料斗厚度在 9mm 以下，接收器与料斗间隙约为 100mm，测量精度为 ±0.5%。

（8）煤粉喷吹量检测。现代高炉通过喷吹煤粉、喷吹重油或重油与煤粉的混合物等措施来降低焦比。喷吹煤粉总量使用电子秤的方法测量，对于喷进各风口支管的两相流量测量是目前需解决的问题，以下几种方法已获得小范围内应用。

1）超声多普勒效应的油和煤粉混合物流量测量；

2）电容相关法单支管煤粉流量计；

3）电容噪声法单支管煤粉流量计；

4）压差式单支管煤粉流量计。

9.1.2 高炉检测与仿真技术应用

高炉是冶炼生铁的密闭反应器，通常，工长不能在线观测到高炉内具体图像，只能通过常规的温度、压力、流量和煤气成分等检测数据凭经验来判断高炉炉况，进而采取相关措施操作高炉。为了打开高炉这一"黑匣子"，20 世纪国内外研究出采用机械扫描方法得到高炉料面分布图像的"热图像仪"、采用摄像机的"监视用摄像机"等装置，观察料面状况及其温度分布，但在使用过程中，这些装置会出现一些弊端，如：在使用过程中镜头和视窗结灰，复杂的视窗活门和机械调焦装置经常出现故障等，其并没有得到推广应用。炉顶十字测温装置可以帮助高炉工长了解炉内气流分布状况，进而指导高炉操作，但如上述所述，该装置存在一些缺陷，为了克服这些问题，北京科技大学与企业合作开发了多项高炉可视化和仿真技术，用于检测高炉内装料和冶炼状况，操作人员可以直观了解炉内的状况和布料效果，积极主动操作高炉，这对打开高炉"黑匣子"具有进步意义。

其中，高炉料面摄像仪采用 CCD 芯片获取高炉料面的视频图像，摄像机安装在摄像枪中，采用水冷和氮气（或净煤气）防护，其视窗清扫装置克服了视窗结灰难清扫的弊端，该高炉料面摄像仪和图像信息处理系统获得了中国、俄罗斯和美国专利；高炉热像仪是检测高炉炉顶温度场的检测设备，其采用的是非制冷焦平面探测器可探测目标的远红外线（波长 7.5~13.5μm），得到目标物体表面的各点红外辐射强度数值后，依据目标物体表面温度分布，经信号处理可转换成所需要的热图像和温度分布图，其配有完整的冷却和防护手段，可克服炉内高温、高压、高粉尘和高湿度等恶劣条件并稳定工作；高炉料面激光探测仪由高炉炉顶相对安装的 2 台激光扫描装置、在 90°方向安装的用于观测激光图像的专用摄像机和计算机图像采集与处理系统组成；高炉风口红外线摄像仪是通过窥视孔在现场直接观看风口，其为带有分光镜的新型风口摄像仪；采用激光技术进行高炉开炉装料测量，即用激光网格作为参考坐标系测量料流轨迹，用激光扫描仪测量料面高度，可以得到料面形状的曲线和数据。根据高炉开炉装料测量得到的布料规律数据和设备及炉料各个参数，建立布料和炉料下降的仿真模型，按照布料操作的数据，预期仿真模型可得出焦炭层和矿石层的位置、厚度和形状，并计算出沿半径方向的矿焦比曲线。

高炉炉内监测与仿真技术通过激光技术进行高炉开炉装料测量，使高炉操作人员掌握高炉布料规律，进而建立仿真模型指导高炉布料操作，同时应用高炉料面摄像仪在线了解高炉内料面气流分布，应用风口摄像仪随时在线掌握各个风口的工作情况和设备运行状况，及时发现炉况异常和设备故障，主动调控高炉，正确指导高炉操作，从而提高煤气利用率、减低燃料比，使高炉长期稳定高产高效低耗顺行生产。

9.2 炼铁工艺智能控制

智能控制是人工智能技术与现代控制理论及方法相结合的产物，而人工智能（artificial intelligence，AI）或称机器智能，是计算机科学的重要分支，是用人工方法在机器上实现的智能。人工智能主要研究如何用计算机来表示和执行人类的智能活动，以模拟人脑从事推理、学习、思考和规划等思维活动，并解决需要人类智力才能处理的复杂问题，即研究知识的获取、知识的表示方法以及运用知识进行推理的知识运用。人工智能是计算机科学、控制论、信息论、神经生理学、心理学、语言学等多种学科互相渗透而发展起来的一门综合性交叉学科，目前广泛应用于化工、冶炼、航空、地质、气象、医疗、交通等领域。

随着计算机技术的不断发展及其应用范围的拓广，智能控制理论和技术获得了长足进展，在工业控制中取得了令人瞩目的成果。其中智能控制技术的三大支柱是专家系统、模糊控制、神经网络。

（1）专家系统。专家系统（expert system，ES）是一种具有大量专门知识与经验的人工智能系统。它能运用某个领域一个或多个专家多年积累的经验和专门知识，模拟领域专家求解问题时的思维过程来解决该领域中的各种复杂问题。专家系统有三个方面的含义：

1）具有智能的程序系统；

2）包含大量专家水平的领域知识并在运用中更新；

3）模拟人类专家推理过程解决该领域中的复杂问题。

专家系统是目前智能控制中最为成熟的领域，在钢铁企业中已建立了钢管材质设计、炼钢-连铸生产调度、高炉操作管理、转炉吹炼、精整线物流控制等一大批实用的专家系统。

通常，一个以规则为基础的专家系统主要包括知识库、综合数据库、推理机、解释器和接口五个组成部分。

1）知识库，用于存储和管理所获取的专家知识和经验，其具有知识存储、检索、增删、修改和扩充等功能。

2）综合数据库，又称全局数据库或总数据库，用于存储领域或问题的初始数据和推理过程中得到的中间数据（信息），即存储被处理对象的一些当前事实。

3）推理机，是用于记忆所采用的规则和控制策略的程序，使整个专家系统能够以逻辑方式协调地工作；其利用知识库中的知识进行推理和搜索，最后给出解决问题的结论。

4）解释器，即向用户解释专家系统的行为，包括解释推理结论的正确性以及系统输出其他候选解的原因。

5）接口，通过接口能够使系统与用户进行对话，使用户输入数据、提出问题和了解推理过程及推理结果等。

（2）模糊控制。1965年，美国的控制理论专家、加州大学的 L. A. Zadeh 教授提出模糊集合概念标志着模糊理论的诞生。模糊控制即是模糊数学在控制领域得到了成功应用。模糊控制的优势特点是能将操作者或专家的控制经验和知识表示成用语言变量描述的控制规则，然后利用这些控制规则经模糊推理得到合适的控制量去控制系统。因此，模糊控制更适用于数学模型未知或不易建立的、复杂的、非线性系统的控制。

一般来说，模糊控制器包括模糊化接口、规则库、模糊推理、清晰化接口等功能模块。其与传统的控制方法相比具有以下特点：1）适用于数学模型未知或不易建立的系统控制，只需掌握操作人员或专家的控制经验和知识即可；2）模糊控制是一种利用语言变量定性描述控制规则，从而构成被控对象模糊模型的控制方法，相比之下，经典控制中的系统模型由传递函数描述；而在现代控制领域用状态方程描述；3）模糊控制系统的鲁棒性强，更适用于非线性、时变、滞后系统的控制。

多年来，模糊控制在工业过程、家用电器以及高技术领域等得到了广泛的成功应用，这也充分显示了模糊控制的巨大应用潜力和应用价值，其中钢铁工业过程尤其复杂，故可成为模糊控制很好的应用领域，进一步促进模糊控制的研究和应用。

（3）人工神经网络。人工神经网络作为80年代末开始迅速发展的一门非线性科学，其模型具有很强的容错性、学习性、自适应性和非线性的映射能力，适用于解决因果关系复杂的非确定性推理、判断、识别和分类等问题。人工神经网络模型由网络拓扑结构、神经元特性函数和学习方法确定。目前，在钢铁冶金领域应用最广泛的人工神经网络模型是具有多层前馈网络结构且采用反向误差传播训练方法的模型（BP模型），Kohonen 自组织特征映射模型应用也较多。BP网络具有导师训练模型，其可根据已掌握数据特征设定几个模式识别数据；而自组织模型是通过学习自动提炼数据特征，并在人为设定几个输出模式中归类。就应用情况上来看，具有 Sigmoid 激励函数的 BP 网络较多地用于输入（各影响因素）和输出（预测指标）间非线性函数关系的求解和优化，而二值型 BP 网络和自组织网络多用于模式识别，并对图形、信号进行分类。钢铁工业中许多过程问题、控制问题甚至管理问题都是复杂的、伴高噪声的非线性问题，所以人工神经网络在钢铁工业应用中具有很明显的优势和潜在价值，其在钢铁工业中正扮演着日益重要的角色，并得到广泛的研究和实际应用，钢铁工业中应用人工神经网络最活跃的一个领域就是炼铁部分。人工神经网络多与专家系统结合使用，其在国外钢铁工业应用中侧重于生产操作和过程控制。

专家系统适用于知识的运用，模糊逻辑可有效地处理知识的不确定性，而神经网络技术可以帮助辨别客观世界的隐含规律，利用专家系统、神经网络和模糊技术各自的优势，将三者结合的集成智能控制的研究日益增多，且集成智能控制的工业应用效果明显，其引起越来越多的关注，具有很好的研究发展和应用前景。

9.2.1　料场分堆智能控制

烧结矿生产原料中80%以上为混匀矿，大型混匀料场多采用"BLOCK"堆积作业方式，一个大堆有多个品种参加配料，将配料计划分成 4 个 BLOCK，使同时配料的品种数少于大堆配料品种数，便于生产组织，但这种作业方式下容易造成混匀料的成分波动，影响实际生产。以往的混匀料生产过程中，主要采用等 SiO_2 堆积法，通过人工经验调整可保证 4 个 BLOCK 内 SiO_2 一致，但 TFe 品位难以控制，波动较大，无法满足工艺要求。为了解决以上混匀料场中出现的问题和难点，北京科技大学研发了混匀料场 BLOCK 智能分堆系统，其工作原则是降低每个 BLOCK 中 SiO_2、TFe 与目标成分的方差，提高各个 BLOCK 混匀矿中 SiO_2、TFe 的稳定率，并综合考虑生产实际及矿粉特点的限制条件，提供成分稳定的 BLOCK 分堆方案，实现等硅等铁分 BLOCK 智能配料，保证每个 BLOCK 中的混匀料的 TFe 与 SiO_2 含量一致，减少烧结在大堆使用、换堆过程等环节中造成混匀矿成分波动的问题，稳定生产高质量烧结矿。

北京科技大学开发的料场分堆智能控制系统功能优势有：（1）具有任意 BLOCK 中的任意料种配比值偏好设定及自动识别功能；（2）其与人工智能算法得到很好的有机融合；（3）通过 EXCEL 导入原料信息，EXCEL 导出 BLOCK 优化结果形成完整的配料单，直接打印即可；（4）对于额外添加的料种，可由用户任意设定，系统自动识别并分配在各BLOCK 中作为固定配比值；（5）系统功能总体划分为手动模式和 EXCEL 全自动模式两种模式，在 EXCEL 全自动模式下，用户不需要做任何操作，只需选择 EXCEL 料单即可。

该系统所设置的工艺限制条件为：（1）每个 BLOCK 铁料品种不能大于 8 个；（2）含铁料配比大于 30% 的不超过 2 个，小于 7% 的铁料不超过 3 个；（3）铁料的最小配比不小于 1%；（4）超过 15% 的铁料为大料钟，尽量分配至每个 BLOCK 中；（5）每个 BLOCK 质量不低于 2 万吨，前三个 BLOCK 质量相近。

该系统在京唐大型混匀料场得到成功应用，烧结矿 TFe 稳定率（平均品位的正负0.5%）达到 90% 以上，能够很好地为实际生产提供指导，其运行界面如图 9-1 和图 9-2所示。

京唐混匀料场采用了该系统后，实现了等硅等铁分 BLOCK 智能配料，能有效减少混匀矿成分波动，稳定烧结矿质量。该系统技术具有如下优势：

（1）人工智能算法的有机融合和成功应用，显著提高了系统智能化水平。

（2）在任意料种数量和严苛的限制条件下，系统的适应性、扩展性极强。

（3）实现了每层料堆 SiO_2 含量标准方差维持在小于 0.12 水平，且 TFe 品位标准方差控制在 0.15 以内。

（4）系统实际应用可使烧结矿 TFe 稳定率（平均品位的正负 0.5%）达到90% 以上。

（5）系统对于岗位人员经验要求大幅度降低，对于没有混匀配料经验的人员实现了零门槛操作。

9.2.2 原料生产过程的智能控制

高炉熟料生产过程智能控制的研究，需综合运用烧结/球团、计算机科学、现代控制理论、时间序列分析、人工智能理论和系统工程学等多学科的知识，对生产过程及其控制的机理和方法进行深入的研究，实现烧结/球团过程优化控制，因此其生产过程的智能控制具有重要的理论意义和实用价值。烧结/球团过程智能实时操作指导系统的开发与应用，可拓展人工智能技术在高炉熟料领域的研究与应用，解决生产过程中的实际问题，提高烧

图 9-1　京唐混匀料堆智能优化配料系统启动界面

图 9-2　京唐混匀料堆智能优化配料系统运行界面

结/球团计算机控制水平。

9.2.2.1 烧结生产过程的智能控制

A 烧结专家系统发展历程

日本炼铁技术在世界上处于领先位置，其智能控制系统开发技术更是早于其他国家。目前，日本大多数烧结厂也已研制和安装了自己的人工智能系统，用于烧结厂生产的控制。

（1）日本川崎钢铁公司千叶厂于 1980 年研制了操作指导系统（OGS），其中包括一个主系统和四个子系统。在烧结过程中，通过控制烧结料层的透气性和热值水平来获得高的生产率和产品质量，即首先根据输入的料层透气性阻力、烧结终点、废气负压、废气温度、废气流量、风箱最高温度和冷风机排风温度等参数，综合评定透气性，再根据评定的透气性及有关产量和质量数据，进行综合判断来决定操作变量。

（2）川崎的水岛厂开发的诊断型专家系统，由烧结终点控制、设备保护和产质量控制功能构成。烧结终点的控制功能包括正常终点控制和异常终点控制功能，其中正常终点控制即采用预测的方法，由原始料层透气性确定的长期预报值和由风箱温度确定的短期预报值来预测终点。

（3）神户钢铁公司 N. Tamlira 等人开发了一个可以用于控制烧结过程的操作指导系统，包括一个模拟烧结过程的数学模拟和在此模型基础上开发的操作指导系统，并在神户钢铁公司神户 2 号烧结机上得到了成功应用。

（4）住友钢铁公司鹿岛烧结厂在铁矿石烧结综合模拟模型应用的基础上开发了最佳烧结操作制度，铁矿石烧结综合模拟用以评价各种控制因素对烧结矿质量的影响，可以预报烧结过程中的烧结矿质量、能耗、产率及其他操作性能。

国内于 20 世纪 90 年代开始将专家系统应用于烧结生产。

（1）烧结混合料水分的在线检测与控制是困扰我国大多数烧结厂的难题，为了解决这一问题，东北大学和本钢二炼铁厂联合开发了烧结混合料水分检测与智能控制系统，采用模糊逻辑与专家系统相结合的方法，保证混合料中水分含量稳定。该系统下，采用快速失重式水分仪在线检测混合料水分的含量，采用前馈-反馈控制方案控制混合料水分的含量，其中，前馈控制采用模糊控制，反馈控制采用专家控制。近两年在烧结厂的生产实践的结果表明，其达到了预期效果，提高了烧结生产技术指标，并获得了显著的经济效益。

该烧结混合料水分检测与智能控制系统的成功应用，说明将人工智能技术中的专家系统、模糊技术、人工神经网络与现代控制手段相结合的可行性，通过紧密结合生产实际，开发出烧结生产过程中的人工智能系统，具有广泛的应用前景和发展趋势。

（2）中南大学为鞍钢开发的烧结生产过程控制专家系统，包括烧结矿化学成分控制专家系统、烧结过程透气性控制、烧结过程热状态控制和异常诊断等系统。在烧结厂的实际应用结果表明，该专家系统能够提高烧结矿化学成分一级品率，改善烧结料层透气性，稳定烧结终点，达到优化烧结矿质量、提高产量和降低燃耗的目的。

从 2009 年开始，鞍钢加大力度研究开发烧结智能控制技术，在开发烧结机尾断面图像分析、烧结终点控制、混合料水分智能控制等独立系统的基础上，采用 Web Service 技术对原有各系统进行应用集成，综合构建烧结生产过程分布式专家系统，其包括人机交互层、决策层、支撑层和基础层四层应用集成框架，如图 9-3 所示。其烧结生产分布式专家系统具有以下特点：1）采用多元数据采集模式，实现企业应用集成；2）运用优化的知识组成结构及推理机制，可缓解烧结生产周期及过程表象不同步对系统推理带来的影响；3）采用操作指导和直接控制双向型输出策略，可有效提高专家系统适用性；4）该系统界面友好、操作简单，有较好的系统稳定性。

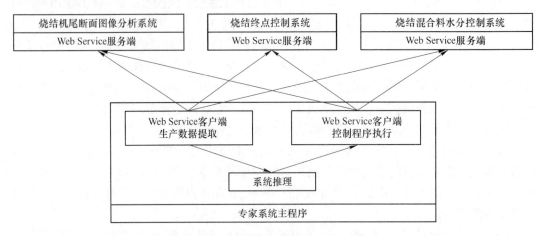

图 9-3　系统应用集成框架

（3）自 2009 年 7 月，京唐 $550m^2$ 烧结机烧结智能闭环控制系统开始运用，其系统功能框架如图 9-4 所示，包括以下四个部分：1）配料部分，如优化配料计算、碱度控制模型、总料量控制模型、返矿模型；2）烧结机控制，如终点控制模型、点火模型等；3）预报部分，即成分预报模型；4）辅助功能，如物料维护、生产报表等。

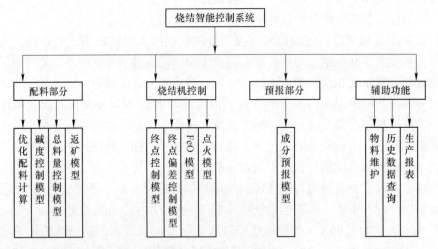

图 9-4　系统功能框架图

（4）早在 2006 年，秦皇岛首秦金属材料有限公司与奥钢联芬兰公司合作，在依据多年生产实践经验的基础上，在 1、2 号烧结机上共同开发出烧结机专家系统（SPSS），该专家系统的技术创新点有：1）提出 BRP（温度上升点）斜率判断法，并用其代替 BTP（烧结终点）进行生产控制；2）首次提出燃烧速度一致性指数，可用于改善布料消除终点偏差；3）采用动态配料模型，自适应方法对配料过程进行动态调整。

B　烧结专家系统主要研究对象

（1）优化的配矿模型。在烧结行业中，通过优化配矿模型，力求达到：1）控制原料成本；2）控制产品的化学成分，获得高质量烧结矿。在采购铁矿石时，应先根据铁矿石的烧结性能、生产成本进行优化配矿，建立烧结矿产、质量预报模型，可得到配矿方案下所对应的烧结矿产质量指标。

根据铁矿石的基础特性预测烧结矿产质量指标的方法有：1）根据大量的实验室数据或多年的工业生产数据，通过数据分析方法来建立烧结矿产、质量预报模型；2）详细研究烧结过程的物理化学变化，根据原料条件和烧结操作条件，建立机理模型，预测烧结矿的产质量指标。由于烧结过程较复杂，难以建立准确的机理模型，目前，随着人工智能技术的快速发展，国内应用较多的为第一种方法。国内外大部分烧结厂主要是通过控制原料场和配料系统实现对烧结矿化学成分的前馈控制。

其中，中南大学烧结球团研究所开发的烧结生产控制指导系统，分别采用时间序列模型和人工神经网络方法，建立的"以碱度为中心"的烧结矿化学成分的预测模型即属于该类型系统。

（2）透气性控制模型的研究。研究表明，混合料点火前的透气性与颗粒的平均直径及制粒时的水分含量等因素有关，混合料水分对原始料层透气性和烧结过程透气性的影响规律是一致的。在同一种矿、相同的总熔剂量条件下，烧结矿的透气性主要依赖于点火前透气性（即混合料透气性）。而烧结过程的透气性与混合料的原始透气性直接相关，即可将烧结过程透气性的控制转化为混合料的原始透气性的优化控制，其影响因素主要是混合料水分、制粒效果以及料层结构。混合料的原始透气性的检测值相对于它的控制来说显得有些滞后，需要对其进行提前预报。

R. Venkataramana 等人提出了一个铁矿石烧结过程颗粒粒度分布和冷料层透气性的复合数学模型，在没有引入任何中间测量的情况下，该模型从原料的粒度分布和水分含量出发，模拟了各种不同操作条件下的颗粒粒度分布、冷料层孔隙率和气体流速，模拟所得结果与实验室烧结设备得到的实验数据拟合较好。但该模型也有其不足，虽然建立了较好的数学模型，但其无法预测由于原料波动而引起的混合料透气性的变化。

由于料层透气性与混合料的性质直接相关，不同的原料结构所对应的最佳料层透气性也有所区别，料层透气性适宜区间还不明确，而且国内烧结厂未实现料层透气性的在线监测，而烧结终点的位置也可反映料层透气性的情况，所以，目前国内大部分研究只考虑了烧结终点位置的稳定控制。

日本川崎钢铁公司为了稳定烧结过程透气性和烧结矿质量，开发了烧结过程操作指导系统（operation guide system，OGS）。OGS系统的开发者认为，在烧结生产中，要获得高的生产率和产品质量，必须控制烧结料层的透气性和热值水平。该系统首先根据输入的烧结料层透气性阻力、烧结终点、废气负压、废气温度、废气流量、风箱最高温度和冷风机排风温度等参数综合评定透气性；再根据评定的透气性及有关的产量和质量数据（产量、落下指数、烧结成品中-5mm的含量、还原粉化率、返矿率、氧化亚铁含量等），进行综合判断，以决定操作变量（台车速度、料层厚度、焦炭配比、主抽风机阀门开度及混合料水分）的动作范围。OGS包括一个主系统和4个子系统，当烧结过程生产数据输入OGS后，主系统用"决策图表"对透气性、烧结矿质量和生产率进行综合评定，并决定适当的操作动作，以达到产、质量的目标。

（3）能耗控制模型。日本川崎钢铁公司千叶厂在 3、4 号烧结机上开发了烧结能耗控制系统（SECOS），该控制系统根据碳燃烧量（RC）和炽热区面积比（HZR）两个变量判断烧结热量波动，从而自动控制焦粉配比，能很好地降低烧结矿质量波动并提高成品率。

国内在烧结能耗控制系统的开发应用方面还未见报道。

（4）辅助控制模型。1986 年，日本钢管公司福山钢铁厂首次将模糊控制理论引入返矿控制，控制过程与由最熟练的操作人员进行控制相比更加平衡和连续。返矿槽位偏差从 12% 减少到 4%，生产 1t 烧结矿的返矿量减少约 2kg。

（5）烧结终点的控制。烧结终点作为烧结生产过程的主要状态参数，其具体的位置直接影响了烧结矿的产、质量指标。烧结终点超前，烧结机的生产能力不能得到有效利用，产量低，利用系数下降；烧结终点滞后，料层欠烧，返矿率增加，成品率下降，烧结矿质量变差。

由于烧结终点直接受机速的影响，无法定点检测，给烧结终点的稳定控制带来难度。在控制之前，必须对其进行在线判断，其中烧结终点的在线判断方法有：

1）机尾图像分析法。烧结机卸料区烧结饼横断面的热像是直接反映料层状态的独特信息，并通常被作为保持烧结料层内热量水平过程控制的主要因素。随着计算机图像分析技术的进步，对机尾断面图像的研究应用越来越广泛。一般是根据机尾断面图像中红层（高温带）的分布情况，利用数字图像处理技术，通过在线提取燃烧带的位置和宽度特征，推断烧结终点的位置。

2）风箱废气温度分析法。国内外很多研究都采用了废气温度法来计算烧结终点的位置。一般是根据倒数 3~5 个风箱的废气温度拟合二次或三次曲线，再计算曲线的最高位置作为烧结终点的位置。由于温度受漏风的影响，拟合出来的曲线与实际的情况会有所差距，因此需要对该计算值进行修正研究。

3）负压法。随烧结过程的进行，料层透气性先降后升，在抽风能力一定的情况下，风箱负压也会随透气性的变化而变化，即风箱负压在烧结完成后将趋于稳定，故可用负压趋于稳定的位置来确定烧结终点。该方法主要依据烧结过程透气性的变化情况，但负压检测设备较温度检测设备费用要高。

4）废气成分法。在烧结初期，由于上部料层中的固体燃料剧烈燃烧，CO_2/CO 的值迅速上升；在烧结中期，CO_2 的还原反应和 CO 的氧化反应趋于平衡状态，CO_2/CO 的值变化不大；在烧结末期，料层中的固体燃料基本燃烧完全，CO_2/CO 的值开始下降。因此，可用废气成分 CO_2/CO 的比值达到最大值的时间来判断烧结终点。该方法考虑了烧结过程中的气体反应，但由于废气成分分析仪价格较昂贵，且使用寿命较短，目前国内烧结厂基本未安装使用。

5）返矿控制。在烧结过程中，烧结后的返矿再次被用作烧结料，烧结过程中的状态与其返矿率的变化密切相关。为此，日本神户钢铁公司开发了返矿模糊控制系统，首先对返矿槽位进行估计，若槽位超出了界限，就对返矿率进行调整，使之在限定的范围内；如果返矿槽位在限定的范围内，可预测某一时间后的返矿产量。该系统的应用使返矿率变化降低，成品率提高 1%。烧结过程的某些状况过于复杂，以致难以建立精确的数学模型，因此只能根据熟练工人的经验进行控制，而模糊控制或应用模糊逻辑的专家系统是处理这类系统的有效方式。

9.2.2.2 球团生产过程的智能控制

首钢京唐钢铁联合有限责任公司球团厂采用世界先进的球团工艺，高水平的自动化技术，拥有年产400万吨的带式焙烧机。为了实现其球团厂智能化、无人化控制，首钢京唐钢铁联合有限责任公司在球团厂投入自动配料控制系统，用于实现智能配料控制。自动配料控制系统包含二级和一级两部分，其中，二级部分实现配料模型的预算，一级部分接受二级的控制命令并实现数据采集和设备控制。该自动配料控制系统成功地在球团厂原料系统投入使用，应用效果良好，保证了实施优化的配料方案，稳定了成品矿的成分，极大地提高了原料配比的控制精度，实现了智能化控制，创造了经济效益。

将人工智能技术应用于链篦机-回转窑球团生产过程控制可降低对操作人员经验要求和劳动强度，并在此基础上实现生产优化。当前对链篦机-回转窑及其相似工艺带式焙烧机球团生产过程控制人工智能的研究主要集中在温度、透气性、球团矿化学成分、球团矿强度四个方面。

（1）温度。江苏大学针对常规 PID 控制器难以保证温度控制精度和稳定性的问题，利用参数辨识建立了算床在预热 I 段和预热 II 段的数学模型，以 S7-300PLC 作为系统硬件核心，采用模糊控制技术和带死区的前馈控制算法设计了链算机算床温度场的智能控制器，以克服算床温度波动的问题，提高球团质量，延长链算机的使用寿命；中南大学学者王东旭等人采用模糊控制方法研究了回转窑温度控制，设计出回转窑窑温控制算法，采用窑温模糊自适应 PID-Smith 复合控制策略，并根据回转窑热平衡分析结果及 Smith 预估器的特点，用继电辨识方法辨识出不同窑温下的温度控制模型，以离散的方式逼近系统实际模型的连续变化，减少因模型不匹配造成的预估补偿误差；巴西学者 P. R. de Almeida Ribeiro 等人对多网络反馈误差学习进行研究，并应用于球团生产温度控制；加拿大学者 D. Pomerleau 等人综合考虑球团冷却过程非线性、交互性、定向性和动态性等特征，设计了球团冷却基于现象过程模型的非线性预测控制器（NLMPC）和基于 Hammerstein 模型的线性模型预测控制器（MPC），并采用气体温度和压力对这两种控制策略进行了定点跟踪、扰动抑制和鲁棒性评估。

（2）透气性。辽宁科技大学采用"松散型模糊神经网络"的复合建模方法以及对二次变量"主次分离"的处理方法研究料层透气性；采用减法聚类算法对输入空间进行分割，并将带遗忘因子的梯度下降法和最小二乘法应用于 RBF 神经网络的参数精确调整，建立了基于减法聚类算法的 RBF 神经网络的软测量模型，分别对带式焙烧机球团料层透气性进行了软测量研究；东北大学提出"卡边生产"智能控制设计方案，利用神经网络技术对带式焙烧机料层透气性进行观测，并在此基础上应用专家系统技术，以保证均热段温度为前提，降低煤气消耗量为目标，实现带式焙烧机球团生产优化控制。

（3）球团矿化学成分。基于神经网络-机理混合建模方法，东北大学建立了球团矿化学成分预报的神经网络-机理串联混合模型，采用神经网络对 FeO 化学损耗系数进行预报，把神经网络的预报值作为机理模型的输入，对全部成分做出预报，为过程工艺参数优化及球团矿化学成分最优控制奠定了基础；大连理工大学结合球团烧结过程工艺机理，采用 T-S 模糊神经网络建立了球团矿化学成分（FeO 含量和碱度 R）软测量模型，并与球磨机制粉系统多变量解耦控制模型、回转窑温度控制模型相结合，建立了球团烧结过程状态粗糙集专家控制系统，对链篦机过程状态进行优化控制。

（4）球团矿强度。针对球团矿强度检测周期长、滞后性强的特点，国内外学者围绕球团矿强度，从预报和控制两方面进行了研究。东北大学采用基于遗传优化 BP 神经网络的方法，建立了以料层厚度、链篦机速度、回转窑转速、环冷机速度、鼓风干燥段温度、抽风干燥段温度、预热 I 段温度、预热 II 段温度、回转窑窑头温度、回转窑窑尾温度、环冷机三段温度等指标为输入，以成品球团抗压强度、转鼓指数和筛分指数等指标为输出的黑箱球团矿质量预测模型，并利用实际生产数据进行模拟参数的辨识；北京科技大学建立了三个单隐含层 BP 人工神经网络模型，利用首钢矿业公司生产数据，预测成品球团抗压强度、预热球团抗压强度以及生球落下强度。采用 Levenberg-Marquardt 优化算法进行模型训练，模型预测结果误差低于 3%；东北大学综合运用粗糙集理论、聚类分析和人工神经网络技术，提出了一种基于粗糙集属性约简和减法聚类的神经模糊推理系统质量预测模型，采用粗糙集理论约简属性，以实现模型输入选择，T-S 模糊模型利用减法聚类进行模糊规则优选，利用神经网络的学习机制从已知数据获得模糊系统的隶属度函数和模糊规则；印度学者采用广泛使用的多目标遗传算法 NSGA II 与球团固结过程第一定律及利用第一定律模型结果建立的基于人工神经网络的改进近似模型相结合，以球团料层压力、温度、机速、料层高度作为决策变量，球团矿抗压强度、耐磨指数、球团最高温度、BTP 作为约束，进行带式焙烧机球团固结过程多目标优化，解决了现有第一定律模型计算量大、无法满足在线应用的问题。

9.2.3 高炉冶炼过程的智能控制

9.2.3.1 高炉冶炼过程智能控制概述

高炉智能控制系统属于实时过程诊断与预测系统，结合数学模型、生产经验知识、信息知识和专家知识对高炉状态进行表征、监控和诊断，并针对具体问题给出高炉操作指导。实现高炉高度计算机控制化的发展方向，即为高炉冶炼过程提供炉况判断和闭环控制，借鉴国内外专家系统优点，结合高炉设计和生产操作实践，综合集成当代信息、自动控制技术的最新成果，开发高炉智能化生产管理系统，具有以下优点：（1）使用范围覆盖高炉生产全流程；（2）与实际生产应用相互对接，实用功能强；（3）对高炉主要的操作支撑性较强。

高炉专家系统是对高炉数学模型的重要补充和发展，它在高炉冶炼过程主要参数曲线或数学模型的基础上，将高炉操作专家的经验编写成规则，运用逻辑推理判断高炉冶炼进程，并提出相应的操作建议。高炉专家系统可以帮助工长提高判断炉况的准确性，避免操作失误，统一高炉各班的操作，提高高炉的生产效率。

高炉专家系统的基本结构如图 9-5 所示。

（1）人机接口。人机接口是专家系统与外界进行通信与交互的桥梁，

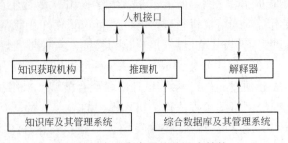

图 9-5 高炉专家系统的基本结构

由相应的软件和硬件构成。专家或知识工程师通过此接口实现知识的输入与更改以及知识库的日常维护。

（2）知识获取机构。知识获取机构负责系统的知识获取，由一组程序组成。其可从知识工程师获取知识或从训练数据中自动获取知识，可以把得到的知识送入知识库中，并确保知识的一致性和完善性。

（3）推理机。推理机是解决问题时的思维推理核心，由一组程序模拟专家思维过程对问题求解。根据具体情况，其采用的推理方式可以是正向推理、反向推理或双向混合推理，推理过程可以是确定性推理或不确定性推理。

（4）解释器。解释器对系统的推理过程进行跟踪和记录，负责对专家系统的行为进行解释，并通过人机接口提供给用户，回答用户问题。其可以使用户了解系统的推理情况，帮助系统建造者发现系统存在的问题以对系统进行完善。

（5）知识库及其管理系统。知识库是专家系统的知识存储器，用来存放被求解问题相关领域内的原理性知识或一些相关的事实以及专家的经验性知识。知识库管理系统可实现对知识库中知识的合理组织和有效管理。

（6）综合数据库及其管理系统。综合数据库及其管理系统用来存储有关领域问题的初始事实、问题描述以及系统推理过程中得到的各种中间状态或结果、系统的目标结果等。

现将国内外现有高炉专家系统的功能归纳并划分为核心功能、重要功能和一般功能三类。高炉工长和公司各级领导最关心的事情是维持炉况的稳定顺行和优化高炉技术经济指标，因此，高炉专家系统的核心功能必然是准确判断高炉当前的炉热水平与顺行状况，并对炉热与炉况的变化趋势做出准确预测；高炉专家的重要功能包括三个方面：第一个重要功能是高炉专家系统应具有一定的提出操作建议的功能，就调节动作、动作量和动作动机对操作人员进行指导；其次，专家系统具有监测炉缸内液体蓄积量的功能，并在必要时发出报警，这是因为渣铁不能及时出净会对料柱下降、气流分布和风口寿命等产生负面影响，严重时还可能干扰铁水运输和炼钢厂的作业，这是高炉专家系统的第二个功能；高炉专家系统的第三个重要功能是监控炉底炉缸内衬侵蚀，这是因为此功能不仅与炉子长寿有关，而且涉及炉内煤气流分布状态的准确判断。高炉专家系统的其他许多功能可归于一般功能类别，主要包括：（1）炉料计算，在原料成分变化时修正料单；（2）炉渣碱度控制，在炉温过高、硅素明显增加时调整酸性料配比；（3）风口回旋区模型，对不同鼓风条件进行模拟计算；（4）软熔带模型，帮助了解新的上下部调剂方案对气流、温度分布的作用；（5）全高炉数学模型，提供一种了解高炉过程全貌的可能性；（6）热风炉自动烧炉和换炉功能，作用是稳定风温和节省煤气消耗；（7）能量管理功能，通过热平衡和物质平衡计算，了解高炉当前的能量利用水平和节能潜力；（8）网络服务功能，将专家系统的输出信息以电子邮件、手机短信和语音提醒等方式及时送达操作人员。

专家系统的运行模式分为建议模式（advisory mode，又叫开环模式）和闭环模式（closed loop mode）两种，闭环模式是在建议模式的基础上发展起来的。建议模式是专家系统向操作人员提出建议，然后由操作人员决定是否接受建议；而闭环模式则是将专家系统提出的建议直接下载到 L1 执行，无需经过操作人员的同意。目前，国内外开发出的高炉专家系统基本上都属于建议模式，只有 SIEMENS VAI 公司和宝钢开发了闭环模式高炉专家系统，PW 公司的 BFXpert 系统仅在热风炉系统和高炉上料方面具有在线控制功能。现阶段我国高炉炼铁信息化水平偏低，原燃料条件也在不断变差，从国外引进闭环模式专家系统不利于高炉的高效低成本生产，故我国绝大数钢厂致力于开发应用建议模式的高炉专家系统。

9.2.3.2　国内外高炉冶炼专家系统概况

从高炉上数学模型的应用到高炉专家系统的出现这一渐进演变过程，并没有明显的分期时段。从世界范围来看，20 世纪 70 年代中期到 90 年代初期是发达国家高炉专家系统快速发展的时期，其中日本的高炉专家系统研究开发水平明显领先于欧美一些发达国家，日本各钢铁企业公司在 80 年代中后期就先后开发高炉专家系统并在高炉上得到了应用；欧洲发达国家的大多数钢铁企业公司在 90 年代初期才开发出专家系统，到 90 年代中期专家系统普遍应用于高炉上；而我国在人工智能专家系统方面，相对来说较为落后，1989年首钢与北京科技大学合作进行了首次开发研究，与此同时，浙江大学等单位也对该领域进行了开发研究和工业应用。

日本的炼铁技术在世界上处于领先地位，并最早将人工智能专家系统引入高炉冶炼领域，其基本思想为专家系统在高炉的实际应用开辟了道路，为高炉专家系统的发展做出了突出贡献。80 年代中期，日本各钢铁公司以炼铁专家知识为基础，将逻辑判断和数值计算相结合，相继开发出各自的高炉专家系统。

（1）日本新日铁开发的高炉操作管理系统（AGOS）。该系统流程图如图 9-6 所示。AGOS 系统以铁水温度、透气性指数、冷却壁温度、炉顶取样器中心温度、炉顶煤气温度及碳素溶损反应作为控制参数来综合判断炉况。高炉现场数据由过程计算机收集，经数据通信通道传送到专用处理机进行处理分析，结果再返回现场显示。该系统设有两个知识库，一个为在线使用，另一个为离线使用。

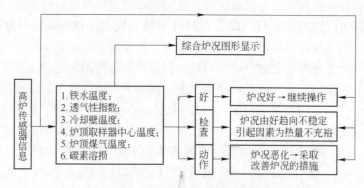

图 9-6　新日铁 AGOS 系统流程图

（2）日本住友公司鹿岛厂高炉专家系统（HYBIRD）。该系统的构成如图 9-7 所示。其运行特点是：将数学模型和实际规则两者相结合，每 2min 采集一次操作数据，每 10min 进行一次计算，取小时平均值。短期控制时，操作数据用于判断炉况。该系统专家知识库中包含 1200 条规则。正常炉况下（80%~85% 时间），喷煤比、风温及湿度均用炉热指数 T_s 数模控制；异常炉况下（15%~20% 时间），由经验规则来实施控制。其铁水硅含量与铁水温度的预测命中率达 85%~90%。长期控制时，操作数据用于诊断炉况，然后由生产决策者确定长期操作的方针与相关参数控制值。

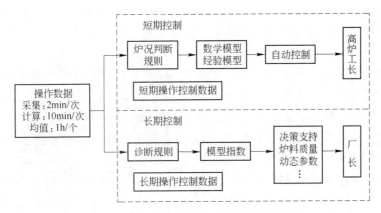

图 9-7 住友公司鹿岛厂 1 号高炉专家系统

（3）日本川崎水岛厂高炉炉况判定专家系统。该系统为 Go-Stop 模型的改进型专家系统，其构成如图 9-8 所示。该系统选择全炉透气性、局部透气性、高炉热状态、炉顶煤气状态、炉料下降状态、炉顶煤气分布、炉体温度、炉缸渣铁残留量八个参数以及风压、各层炉身压力、炉热指数、炉顶煤气中 CO 和 N_2 的浓度四个变动参数来判断炉况。动态模型在

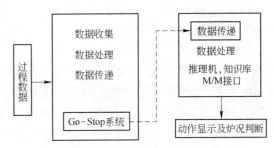

图 9-8 川崎水岛厂 4 号高炉炉况判定专家系统

给定时间间隔内进行一次运算，对过程状态做出判断；静态模型离线运行，产生的信息提供给操作者。系统管理范围包括休风和复风指导、异常炉况的操作以及日常操作指导（炉体热负荷控制、炉底温度控制、无钟炉顶使用方法、低硅冶炼、防止炉缸不活跃）等方面。

（4）日本模型集成专家系统。新日铁大分厂 2 号高炉上的模型集成系统（SAFAIA）是以软熔带推断模型为主建立的。整个系统包括 532 个传感器、8 种软熔带模式和 1 个专家知识库（内含 5850 条规则）。在过程控制应用中，系统采用时间间隔为 1s，采集 1200 条过程机数据，给出操作指示的时间间隔为 5s。应用在京滨 1 号高炉（4907m^3）上的模型集成专家系统是以无钟炉顶布料模型为主建立的。该系统的专家知识库由装料制度、煤气流状态、炉体温度场、风量、风压、透气性等重要影响因素组成。

（5）ALIS 系统。新日铁君津厂 3 号高炉和 4 号高炉的 ALIS 专家系统于 1988 年投入运行。ALIS 专家系统是高炉操作的人工和逻辑智能系统，其不仅有常规操作控制，还有非稳定态的操作控制；并充分利用所有操作数据，设计在线引擎和离线引擎，离线引擎可利用实时数据推断炉况，并与在线操作分开；该系统更是重视知识库的维护、扩充和更新。ALIS 系统运行中可根据透气阻力系数 K 的变化提出操作指令，实际应用结果证明，采用该系统后高炉炉况更加稳定，铁水含硅量和铁水温度明显减少和降低。

（6）日本钢管福山厂 5 号高炉专家系统。该系统是以炉温预报与异常炉况判断为主、基于传感器的在线实时型专家系统，主要选择煤气利用率、热风压力、炉身压力等波动值、炉喉温度状况、炉身压力状态和梯度倍增六个参数来判断炉况。它包括 900 个检测

点，传感器数据采用1min滤波，专家知识库包括700多条规则（炉热预报500多条，炉况判断200多条）；每2min预测一次异常炉况（悬料、崩料及管道等），每20min推断一次炉热状态，命中率一般可达83%。

（7）芬兰罗德洛基高炉专家系统。在日本高炉冶炼人工智能专家系统研究的基础上，芬兰拉赫厂以及奥钢联开发的专家系统也代表着当今高炉专家系统的先进水平。罗德洛基高炉专家系统是在引进日本川崎 AGS 系统的基础上，在 1991～1992 年期间开发的，用于拉赫厂的两座 1033m³ 高炉。开发初期，罗德洛基高炉专家系统有 600 条左右生产规则，1996年前后生产规则增加到 1000 条左右。该系统的结构如图9-9所示。

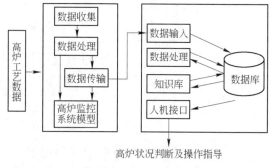

图9-9　拉赫厂2号高炉专家系统

在拉赫厂，高炉专家系统用于数据处理、过程分析和优化，以曲线显示和报告功能等方式提供给高炉操作者。专家系统的数据库存储数千个数据点，数据点包括检测数据和计算值，每种数据点有多级历史数据。该控制模型由动态模型和静态模型组成主要控制对象，可保证高炉下部热平衡稳定，防止不稳定以及异常炉况。动态模型有技术计算模型、炉缸平衡模型（即渣铁实时生成量模型）、[Si] 预报模型、软熔带模型、Go-Stop 系统等；静态模型有配料计算模型、质量和能量平衡模型、碳-直接还原度模型、热风炉模拟模型、成本优化模型等。系统操作诊断分为：30s、5min、15min 短周期高炉炉况判断；8h 中周期诊断，监视炉况变化趋势；长周期诊断，评估前一天炉况及趋势，确定当天的操作方针。

（8）奥钢联 VAiron 专家系统。20 世纪 90 年代，奥钢联开发的 VAiron 专家系统在奥地利林茨厂的几座高炉上先后投入运行。其由奥钢联工程技术公司与林茨厂联合开发，实现了入炉焦比、炉料碱度控制和蒸汽加湿放入自动控制，能够适应原燃料条件变动的短期调整，从而改变了一般高炉专家系统对原燃料条件一贯苛刻的要求。其系统的结构如图9-10 所示。

初期的 VAiron 专家系统是咨询模式，1992 年投入运行；后来发展到咨询模式与闭环模式共存，被称为 VAiron 专家系统第 3 代，1997 年投入运行。VAiron 专家系统第 3 代综合了统计模型、物理模型、人工智能和以操作规则为基础的知识库，具有咨询和闭环两种操作模式。在使用闭环模式以前，高炉操作人员首先进行咨询模式的测试，验证专家系统提出的操作建议是否可取；咨询模式测试之后，专家系统可转入闭环模式。

VAiron 专家系统在南非伊斯科公司高炉和奥地利林茨厂高炉应用，实现了产量增加、燃料比降低、铁水含硅量标准偏差减小等目标效果。

我国炼铁新技术的开发研究在 20 世纪 80 年代得到了较快发展。

（1）首钢高炉专家系统。该系统于 20 世纪 90 年代初由北京科技大学与首钢合作开发，应用在首钢 1726m³ 高炉上，由炉热状态判断（w[Si] 预报）、炉况顺行判断（悬料、崩料、滑料等）和炉体状态判断（炉墙结瘤、冷却壁烧穿及漏水等）三个子系统组成。该系统当时处于国内领先水平，在实际使用中取得了较好效果。

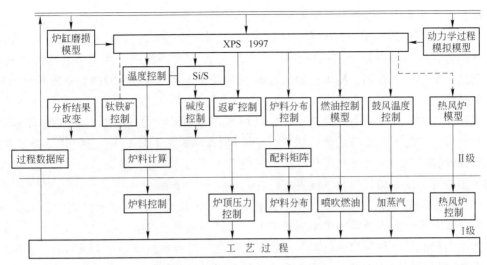

图 9-10　奥钢联林茨厂高炉专家系统

（2）鞍钢专家系统。鞍钢 4 号高炉（1000m³）开发的热状态专家系统的结构如图 9-11 所示，以专家知识为基础判断炉热状态及演变趋势，并将自适应模型、非线性模型和神经元网络模型三个含硅预报模型结合起来，对热状态、变化趋势及铁水含硅量进行综合预报和推断。该专家系统由数据库、推理机、知识库、动态数据模型和机理模型、炉热诊断、解释和预热结果显示以及知识自学习系统构成。该系统含硅预报部分依靠专家系统将炉况分类，根据其正常、异常和波动程度选用不同的模型来确定生铁硅含量。其专家系统部分根据知识库存储的冶炼理论规则和高炉操作经验进行推理、预测炉热变化趋势和幅度，给出操作指导。鞍钢 10 号高炉（2580m³）专家系统由北京科技大学、东北大学和鞍钢三家合作开发，历时六年后，在专家知识库、炉况诊断等方面取得了相应成果。

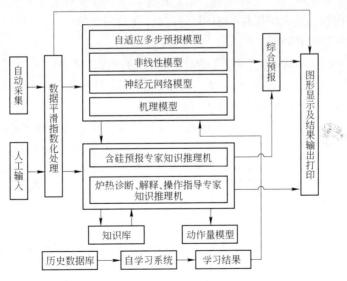

图 9-11　鞍钢 4 号高炉专家系统

（3）马钢 2500m³ 高炉炉况诊断专家系统。该系统是由原冶金部自动化研究院与马钢合作开发的专家系统。其在原有 VAX 计算机基础上加入工业微机作为人工智能处理机，进行模型运算和专家系统推理。该系统类似于日本 Go-Stop 系统。

（4）武钢等引进的国外高炉专家系统。1997 年，武钢 4 号高炉（2516m³）引进芬兰罗德洛基公司的高炉控制专家系统，并于 1998 年投入生产应用，取得了技术经济成效。继武钢之后，本钢、首钢、昆钢、攀钢等也相继引进芬兰、奥地利的高炉专家系统，并在各自的高炉上投入使用。

武钢在开发完成 1 号高炉操作平台型高炉冶炼专家系统的基础上，于 2009 年着手开发用于 5 号高炉的智能监控系统，其不但能够进行高炉布料计算、炉温控制、炉型管理、炉钢侵蚀计算等工作，且可以进行冷却系统的三维可视化监控，增加了关于布料、炉型管理的规则内容，使得高炉控制系统更加符合高炉操作的需要。

（5）高炉炼铁优化专家系统。该系统由浙江大学开发，在杭钢、济钢、新临钢和莱钢等的合作下推广应用至多座中小型高炉上。以其冶金机理和应用数学知识为基础，以专家数据库为智能源，对高炉进行工艺参数系统优化、炉温预报及异常炉况判断。该系统在数据挖掘方面有很好的尝试，因此比较适合国内原燃料条件和检测自动化水平相对较差的高炉，同时投资较低。高炉智能控制有效地支持了工艺操作水平的提高，对保证富氧喷煤、降低能耗并保持稳定冶炼起到了积极作用，同时也降低了异常炉况发生概率，提高了利用系数，实现了高炉高效、长寿运行。由于不同高炉有不同的特点，开发有针对性的人工智能控制系统并实现在线闭环精确控制，将是高炉过程控制的重要研究方向。

（6）宝钢高炉专家系统。1986 年，宝钢 2 号高炉（4503m³）引进日本 Go-Stop 系统。1991 年宝钢与复旦大学合作开发了炉况监视和管理系统，并在 1 号高炉（4063m³）上使用至 1995 年停炉大修。1995 年，宝钢在 2 号高炉上开发应用高炉人工智能专家系统。宝钢从 2007 年开始自主研发专家系统，现有过程控制系统为 20 世纪 80 年代从日本引进，保持 1 号（4966m³）现有系统，增加一应用节点作为专家系统应用服务器，2010 年 6 月投入试运行，在炉温调节、气流控制、配料操作以及热风炉燃烧等日常操作方面，实现了国际一流、国内领先的高炉操作炉温闭环控制，在悬料、管道、炉凉、出铁渣等方面采用即时建议方式提供操作指导。

（7）攀钢高炉专家系统。攀钢于 2001 年引进奥钢联的高炉专家系统，2002 年与 1 号高炉（1280m³）第三次大修同步建设。其专家系统沿用奥钢联高炉专家系统的相应模块和功能，主要包括 20 个冶金模型、10 个冶金规则、7 个冶金诊断以及 27 个用户接口等（如表 9-2 所示）；同时，针对攀钢高炉原料比较复杂、成分波动较大的特点，对其进行调试和部分参数的校正。

表 9-2　攀钢 1 号高炉专家系统简介

冶金模型（20 个）			冶金规则（10 个）	
序号	模型名称	功　能	规则号	功　能
1	炉料控制模型	确定上料设定值	规则 1	燃料比（焦比、煤比）调节
2	炉料优化模型	根据最低成本、最少渣量和最小碱负荷原则优化炉料结构	规则 2	碱度控制

冶金模型（20个）			冶金规则（10个）	
序号	模型名称	功　能	规则号	功　能
3	布料模型	优化炉顶布料	规则3	加额外的净焦1（提出建议）
4	炉身仿真模型	模拟炉身物料组成	规则4	加净焦2
5	直接还原度模型	对直接还原度、炉腹煤气、炉身煤气和炉顶煤气进行连续计算	规则5	布料圈数控制（提出建议）
6	软熔带模型	模拟软熔带的位置和形状	规则6	特殊情况下的风量控制（提出建议）
7	鼓风仿真模型	给鼓风和喷吹参数的调整提供技术支持	规则7	风温控制（提出建议）
8	风口区仿真模型	对与鼓风和风口区状态有关的风口区参数进行在线计算	规则8	Δp 控制（提出建议）
9	火焰温度模型	在线计算火焰温度	规则9	新原燃料计算参数表
10	焦比预测模型	预测焦比	规则10	休风
11	喷煤模型	对喷煤进行指导	冶金诊断（7个）	
12	出铁管理系统	在线预测炉缸中渣铁量		
13	硅、钛预报模型	预测下一次出铁的 w [Si]、w [Ti]、w [S] 和炉温	诊断号	诊断内容
14	平衡可信模型	监测重要设备错误	诊断1	下料情况
15	质量和能量守恒模型	在线计算元素负重、生铁质量及优化炉料质量等	诊断2	渣量
16	最小燃耗模型	给出最小热力学能耗和实际燃耗	诊断3	高炉下部热状态
17	炉缸侵蚀模型	在线计算炉缸侵蚀线	诊断4	铁量控制
18	热风炉优化模型	对热风炉进行闭环控制以求最小能耗	诊断5	渣皮形成
19	模型编辑器	进行技术计算和模型的构造	诊断6	冷却壁状态判断
20	动态仿真模型	计算高炉内部的状态	诊断7	上料情况

（8）济钢高炉专家系统。济钢专家系统的研发和使用起步较晚，最早的专家系统是由浙江大学与济钢集团合作建成的，该系统于1998年8月在济钢第一炼铁厂原1号高炉（350m³）上正式投入生产运行。该系统包括高炉过程的优化操作和智能化判断、工艺技术最优化分析与管理决策优化等方面，在运行过程中取得了提高产量、降低焦比、改善铁水质量、稳定炉况、减少风口烧损等方面的显著成效。2003年济钢开始运行新1号高炉（1750m³）之后，与北京科技大学合作开发了新一代高炉专家系统，该系统于2006年9月开始试运行，在高炉的稳定顺行方面发挥了巨大作用，取得了良好的经济效益。该系统包含传统基础数学模型（理论燃烧温度计算模型、鼓风动能计算模型、氧过剩系数计算模型、氧碳原子比计算模型、Rist操作线模型）、布料模型、操作炉型管理模型、渣皮脱落诊断模型、炉温模型、炉况诊断模型、炉顶煤气分布模型、炉缸炉底侵蚀预测模型等。

9.2.4 非高炉炼铁过程的智能控制

目前为止，传统的高炉-转炉流程在钢铁生产中仍占最重要地位，其主导地位预计在相当长的时期内不会改变，但非高炉炼铁技术已是钢铁工业持续发展、实现节能减排、环境友好发展的前沿技术之一。经过百余年的发展，至今已形成了以直接还原与熔融还原为主体的现代化非高炉炼铁工艺。目前适合于工业化生产采用的熔融还原工艺只有 Corex 一种，其工艺技术正在逐步完善之中；适合大规模直接还原铁生产的有利用焦炉煤气、粉煤制合成气或天然气的氧化球团竖炉联合工艺；转底炉法和回转窑法则适合中小规模直接还原铁生产。

为了更好地理解、控制和改进非高炉炼铁过程，更多的努力被用于开发数学模型，实现非高炉炼铁过程的智能控制。Corex、Midrex、转底炉等工艺数学模型是非高炉炼铁技术数学模型研究的重要方向。面对非高炉炼铁工艺处于不断成熟和向大型化发展的趋势，应加快研发、完善非高炉炼铁工艺，提高其竞争力，使之适合于我国钢铁工业发展的需要。

9.2.4.1   COREX 工艺数学模型

A   Corex 竖炉煤气流分布数值模型

Corex 熔融还原装置主体分为上下两部分，上部的预还原竖炉和下部的熔融气化炉。Corex 工艺选择了竖炉作为预还原反应器，其合理的煤气流分布有助于 Corex 竖炉获得低料柱压差、低煤气单耗和高煤气利用率，从而获得高 DRI 金属化率。虽然，前人对竖炉反应器有着一定的研究，但 Corex 预还原竖炉与传统竖炉相比，在炉料结构、布料方式和排料方式等方面存在明显的区别。

Corex 熔融气化炉炉内的煤气流分布从形成到排出炉外经过了两次分布。在风口回旋区内，由风口鼓入的氧气与半焦燃烧生成高温气体，形成了气化炉炉内煤气流的初始分布；煤气流经过料床直至排出炉外为其第二次分布，料床内炉料构成的空隙度分布决定煤气流的二次分布，而料床的空隙度由炉料的布料模式及炉料运动决定。

目前，虽然宝钢已引进 Corex 工艺，但对于 Corex 工艺技术细节，特别是预还原竖炉中煤气流分布的影响因素、固料运动及气-固反应进程等环节仍不十分清晰。而且随着 Corex 装置产能的增加，预还原竖炉直径增加，宝钢 Corex-3000 预还原竖炉的平均直径由 Corex-2000 的 6.67m 增加至 8.20m，反应器尺寸的加大使还原煤气边缘过分发展，难以到达竖炉中心，炉内煤气流动愈偏离理想流动状态。宝钢 2 号 Corex 预还原竖炉在 1 号 Corex 竖炉的基础上增加了 Area Gas Distribution（AGD）管道，其在竖炉内安装了两根管道，炉料下行运动过程中在管道下方自然形成无炉料区域，利用该煤气通道将围管还原煤气直接引入竖炉内部。AGD 管道的安装优化了竖炉煤气流分布，并起到抑制煤气反窜的作用。

Corex-3000 预还原竖炉是典型的气固逆流反应器，炉料从竖炉顶部通过万向节布料器进入竖炉，还原煤气由竖炉中下部的围管进入竖炉，预还原竖炉内的煤气流分布决定了煤气利用率。因此，为更准确地描述竖炉内的煤气流分布情况，基于流体力学计算方法建立 Corex-3000 预还原竖炉煤气流分布模型，其网格划分及结构如图 9-12 所示。

图 9-13 和图 9-14 分别是预还原竖炉内的煤气、炉料的流速和温度分布云图。

对于 Corex 熔融气化炉内的煤气流分布，有关学者根据 Corex-3000 布料模式并借鉴高炉布料研究方法，对不同布料模式下可能形成的料面形状及料床结构进行分析，建立了气化炉内煤气流分布的二维数学模型，先后对单环布料条件下挡位分别为 0.5m、1.0m、

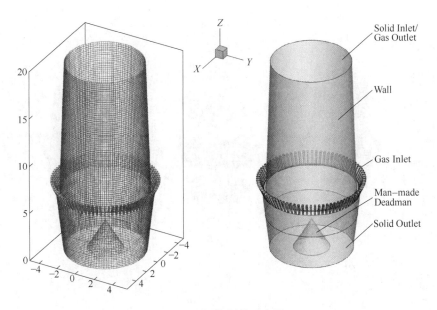

图 9-12　网格划分示意图

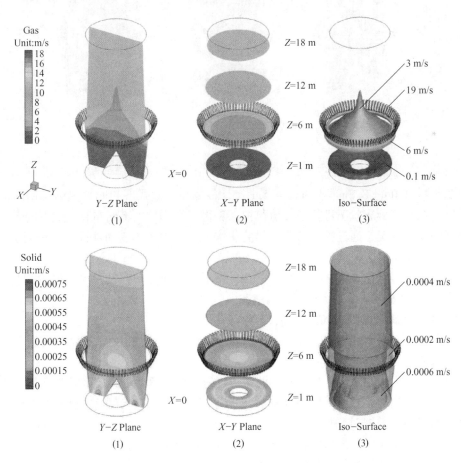

图 9-13　Corex 竖炉内煤气和炉料的流速云图（m/s）

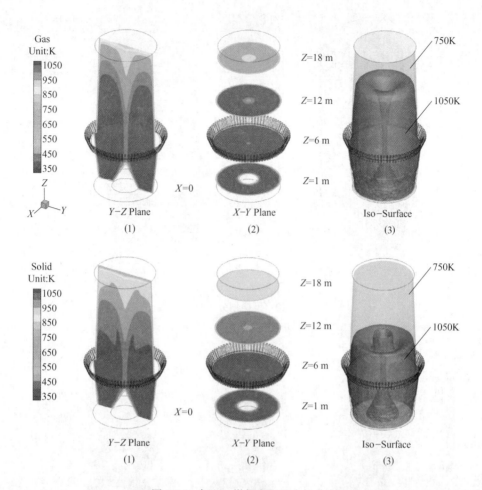

图 9-14 各入口煤气在竖炉内的分布

2.0m、2.5m、3.0m、3.5m、4.0m、4.5m、5.0m 的布料模式下和四种现场常用的多环布料模式下的煤气流分布状况进行了数值模拟，获得了气化炉内不同布料模式下的煤气压差和煤气流的变化情况，通过模拟计算获得的非均匀床层中气体流动规律的认识对 Corex 气化炉工艺有借鉴意义。

在建立模型过程中，为减少模型复杂性，做了一些简化和假设，主要包括以下内容：

（1）认为炉内化学反应状态已达到稳态；

（2）风口回旋区内只有气体流动；

（3）填充料床、软熔带区及半焦床区等各区域间的分界线明确，数据均是由物理模拟推导而来的。

通过连续性方程、动量守恒方程、湍流方程等控制方程和假设建立了气化炉内煤气流分布的二维数学模型，考察不同料面形状下的煤气压差和煤气流的变化情况。图 9-15 为区域划分示意图，根据对称性，只考虑半周区域。计算区域主要分为自由空间区、填充区、软熔带区、半焦区、风口区、死料柱区、渣铁区，均按多孔介质处理。出口压力设置为 4.5×10^5 Pa，模拟未考虑炉内反应，只考虑入口气体速度、成分等条件。

根据该数学模型获得了单环布料模式下煤气速度场分布云图，图 9-16 列出了部分单环布料模式下的模拟结果。由图 9-16 可知，由回旋区产生的高温煤气先经过半焦床进行一次分配。由图中可以清晰看到，气体在经过软熔带时速度变化较大，但在软熔带并没有诸如高炉那样的"二次分布"，这是由于气化炉为混合布料，不存在"焦窗"。气体在通过软熔带后，沿着空隙度较大的地方流动，因布料过程的空隙度偏析现象导致料尖处炉料空隙度较低，所以在各布料挡位下，料尖所在垂直高度方向上煤气流速较低，尤其在料尖处煤气流速显著降低。随布料挡位外移，中心炉料空隙度逐渐增大，中心煤气流逐渐发展。在气化炉的不同高度上，布料挡位在 0.5~2.0m 与 4.0~5.0m 之间时，煤气流速均匀程度相差较大，即煤气流偏析程度剧烈。综合对比可知，布料挡位为 2.5~3.5m 时，炉内煤气流偏析程度最低。

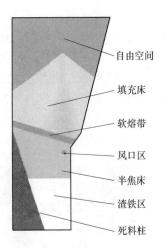

图 9-15 熔化气化炉二维数学模型区域划分示意图

自由空间
填充床
软熔带
风口区
半焦床
渣铁区
死料柱

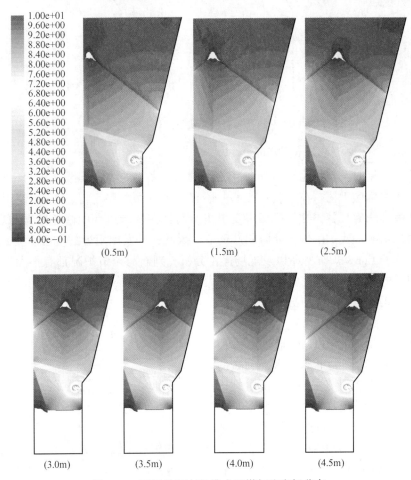

(0.5m)   (1.5m)   (2.5m)

(3.0m)   (3.5m)   (4.0m)   (4.5m)

图 9-16 不同单环布料模式下煤气速度场分布

图 9-17 为根据该数学模型获得的多环布料模式下气化炉内煤气流速分布图。由图可知，四种布料模式下，料尖处仍存在煤气流速极小区域，但程度明显小于单环布料结果；

四种布料模式下的在同一高度处径向速度分布变化与单环布料模拟结果在径向上的速度变化相比，多环布料更均匀。从速度云图上也可以看出，气体首先经过半焦床区，速度变化较为平缓，而在穿过软熔带区时速度变化较大，其中原因是因软熔带区比其他区域的空隙度小，即气体阻力较大造成的。气体继续向上运动，经过填充床区，因在此区域内同一高度上炉料空隙度沿径向的分布不同，而且气体总是会趋向于向阻力较小的方向流动，最终导致由软熔带上沿水平方向均匀向上的气体的流线方向在填充床内发生偏转，开始了炉内煤气的二次分布情况。

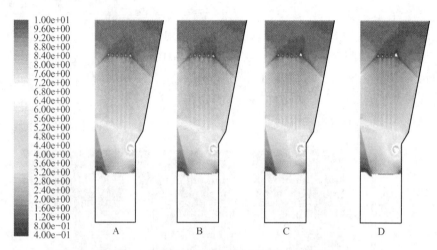

图 9-17　不同多环布料模式下的煤气流速分布

B　Corex 气化炉炉缸侵蚀模型

与高炉几百年的发展相比较，Corex 仅经历了 20 多年的生产实践，作为一种新兴的、环保的熔融还原炼铁工艺，在工艺、技术上还有很多方面需要完善。Corex 使用纯氧，炉缸工作条件极其恶劣，其侵蚀、破坏速度很快，而且在生产过程中修补异常困难。炉缸、炉底的寿命是影响一代炉龄的主要限制性环节。因此，开发使用炉缸侵蚀模型，研究其侵蚀机理，对延长 Corex 炉缸寿命以及现场操作分析、判断与调节炉况都有很大帮助，同时对于提高炉衬寿命，增加生产稳定性具有重大意义。

例如，宝钢 1 号 Corex 炉缸温度场的计算和炉缸侵蚀模型的开发。

如图 9-18 所示，气化炉炉缸炉底采用"陶瓷杯"结构。炉底的下部为水平砌筑的炭砖，炭砖上部为 2 层莫来石砖、1 层黏土砖和 2 层中心刚玉质预制块。炉缸侧壁是由通过一层厚度灰缝（60mm）分隔的两个独立的圆环组成，外环为炭砖，内环是刚玉砖。炉缸侧壁和炉底交接部位为微孔炭砖和超微孔炭砖。

对 Corex 气化炉炉缸进行合理的简化，利用炉缸中所埋置的热电偶的温度及其位

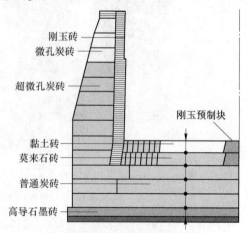

图 9-18　Corex 气化炉炉缸炉底结构

置、炉缸各部位耐火材料的传热特性、炉内外的温度和炉缸冷却条件，依据传热学、数值分析、有限元法等理论，建立炉缸的二维稳态传热数学模型。在此基础上，利用 BP 神经网络建立炉缸侵蚀预测模型。其具体步骤是：

（1）建立炉缸二维稳态传热数学模型。

（2）设置不同的侵蚀状况，由传热模型得到此时炉缸炉衬的温度场，计算出测温点的温度值，然后将其与相应设置的侵蚀状况组成侵蚀样本。

（3）用这些样本对神经网络进行训练，使其达到一定的精度要求。

（4）对测得的热电偶温度值进行可靠性判断，包括物理剔除和数学剔除，然后根据热电偶的温度利用训练好的神经网络预测炉缸炉底的侵蚀形状。

（5）根据预测的炉缸炉底侵蚀形状参数做出炉缸炉底侵蚀形状。

应用该炉缸侵蚀模型对炉缸侵蚀曲线进行计算，得到宝钢 1 号 Corex 炉缸炉底侵蚀形状，如图 9-19 所示。在投产的半年时间内，炉缸侧壁内衬温度一开始上升较快，但随后其温度上升势头变缓，炉底和炉缸侧壁内侧耐材侵蚀了一半左右，形成了相对稳定的侵蚀边界。2008 年 3 月至 2009 年 3 月侵蚀边界稍微扩大了一些，但侵蚀速度明显降低，侵蚀边界基本稳定，说明这一阶段渣铁与炉底和炉缸侧壁水冷却之间热流稳定，形成了相对稳定的渣铁保护层。

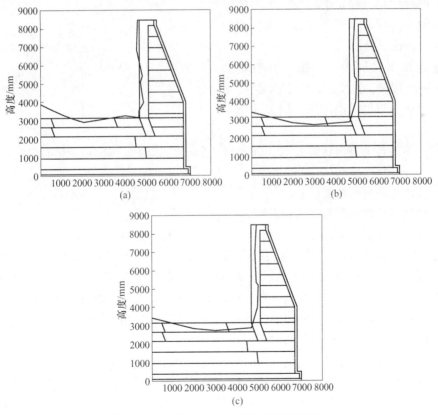

图 9-19　宝钢 1 号 Corex 炉缸炉底侵蚀形状

(a) 2007 年 3 月；(b) 2008 年 3 月；(c) 2009 年 3 月

计算出的炉缸侵蚀曲线与实际情况基本相符，表明该侵蚀预测模型具有可靠性，能为

Corex 炉缸安全生产提供技术依据。该模型可以比较直观、准确地反映气化炉炉底、炉缸的工作情况，达到了监视或预报炉缸炉底侵蚀的目的。

9.2.4.2　Midrex 工艺数学模型

传统的炼铁—炼钢—轧钢流程存在流程长、投资大、污染大等问题，电炉—连铸—连轧短流程近年来得到了迅猛发展。直接还原铁具有成分稳定、有害杂质低、粒度均匀等多种优点，是两种流程均可使用的优质钢铁原料。因此，直接还原生产技术逐渐受到钢铁界的重视。目前，全世界工业规模生产的直接还原法有十几种，共有百余家直接还原铁生产厂。Midrex 是最主要的直接还原铁技术。2015 年，Midrex 所生产的直接还原铁产量占世界直接还原铁总量的 63%。

Midrex 还原竖炉是典型的气固逆流反应器，其结构如图 9-20 所示。关于 Midrex 还原竖炉反应的数值模拟，Ghadi. A. Z 等在考虑化学反应热的条件下应用流体动力学软件对竖炉内的气固传热过程进行分析。为研究还原气气流分布规律及其影响因素，利用软件 CFD 对还原铁竖炉内还原气气流分布进行数值模拟并进行优化。确定炉料在竖炉内的运动状态有助于准确设计竖炉高度，为竖炉炉型设计提供理论支持。

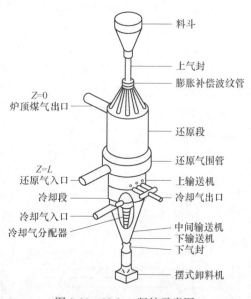

图 9-20　Midrex 竖炉示意图

在建立模型过程中，为减少模型复杂性，做了一些假设，主要包括以下内容：

（1）将矿石近似成固定床，用多孔介质代替；

（2）气体沿各个方向压降相等，即各向同性；

（3）气体为不可压缩流体；

（4）将气体流动过程近似为稳态；

（5）由于反应器的半径是颗粒直径的 200~250 倍，忽略颗粒孔隙度的变化。

应用该模型对 Mobarake 钢铁公司的数据进行验证，发现预测结果与实际生产数据吻合。气固两相温度分布如图 9-21 所示。从图中可以看出，底部还原气进入口温度最高，顶部固体炉料入口温度最低；此外，在一定高度的反应器内，气固两相靠近壁面处的温度远远高于反应器中心温度，气体的温度分布情况与固体的是相似的。

9.2.4.3　转底炉功能工艺数学模型

转底炉煤基直接还原工艺是最近 30 年来发展起来的炼铁新工艺，主体设备源于轧钢用的环形加热炉，其最初用于处理含铁废料，后来转而应用于铁矿石的直接还原。转底炉直接还原工艺的主要功能有如下三方面：处理钢铁厂含锌粉尘；处理特殊矿；利用铁精粉生产金属化球团或珠铁。目前转底炉直接还原技术已经成功应用于处理钢铁厂含锌粉尘工艺，从 2000 年至今，日本在 Kimitsu、Hikari 和 Hirohata 已经相继投产 5 座转底炉用来处理钢铁厂含锌尘泥，中国也分别在莱钢、马钢、日钢和沙钢建成转底炉用来处理钢铁厂含

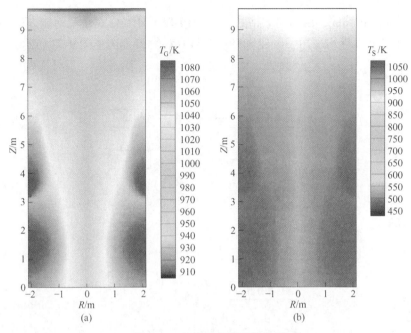

图 9-21 气固两相温度分布图

(a) 气相温度分布；(b) 固相温度分布

锌尘泥。未来几年，转底炉直接还原工艺将继续延伸到处理特殊矿和利用铁精粉生产珠铁领域。

转底炉工艺是连续性工作的，炉料连续不断地加入，加热还原后不断地排出，通入的煤气与空气在炉内燃烧，产生的烟气与炉料逆向流动。在炉子工作稳定的条件下，炉内各点的温度、流体浓度和流体速度可以视为不随时间变化的定值，属于稳定的燃烧模型。转底炉按工艺控制要求可以分为预热区、加热区、还原区和排料区的四区域温度制度，在炉子结构上可以相应地分为预热段、加热段、还原段和排料段来进行数值模拟。

燃烧是包含有剧烈放热化学反应的流动过程。描述燃烧规律的定律主要有：质量守恒定律、动量守恒定律、能量守恒定律、组分守恒定律以及化学元素质量守恒定律等。这些基本方程是基本定律的数学表达式，是对流动和燃烧过程进行数值模拟的理论基础。

重庆大学通过 CFD 商业软件 FLUENT 对转底炉内煤气的燃烧过程进行数值模拟，在不考虑含碳球团料层析出的情况下，探究烧嘴高度、烧嘴倾斜角度、挡墙高度以及空气过剩系数等因素对转底炉内流场、温度场以及浓度场等的影响规律。

为了便于研究转底炉内气体的流动和传质传热特性，该模型建立的假设和近似条件如下：

（1）炉内气体均为不可压缩的流体，各组分气体的比热容视为温度的函数。

（2）炉内流体的流动均为湍流流动，且不考虑黏性热。

（3）进料口和出料口对炉膛内的传质传热过程无影响。

（4）炉内的传热与传质均为稳态过程。由于转底炉是连续工作的，在工艺条件稳定的条件下，炉内各处的温度、速度和组分浓度可视为定值。

所有的控制方程采用有限差分方法离散化后求解。其主要包括几何模型的建立和网格划分、耦合模型的选择、参数的设定、微分方程离散求解方式等。其中，压力与速度的耦合算法采用 Coupled 算法，压力离散格式采用 "PRESTO!" 格式，湍动能方程、湍动能耗散率方程、能量方程等均采用一阶迎风格式。CFD 计算流程图如图 9-22 所示。

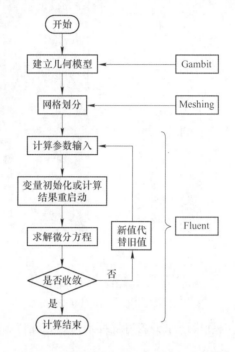

图 9-22   CFD 计算流程图

利用 Gambit 对转底炉炉膛进行三维几何建模。转底炉炉膛结构如图 9-23 所示。

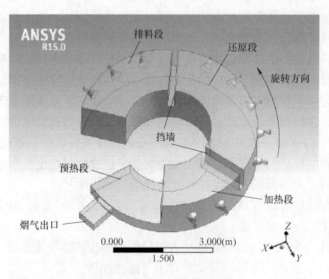

图 9-23   转底炉炉膛几何模型

挡墙是转底炉炉体结构中非常重要的一部分，为了探究挡墙对转底炉炉膛温度场和流场的影响，该模型分别计算了挡墙高度 $H=0.4\text{m}$、$H=0.6\text{m}$、$H=0.8\text{m}$ 以及无挡墙情况下炉内煤气的燃烧情况。利用该模型对挡墙高度为 0.4m、0.6m、0.8m 以及无挡墙四种情况进行数值模拟计算。

　　图 9-24 显示的是不同挡墙高度以及无挡墙情况下炉膛 $r=2m$ 截面上的压力分布。从图中可以看出，在挡墙不同高度以及无挡墙条件下炉膛内的压力分布规律基本相同，即沿着气体流动方向炉膛内的压力逐渐降低。

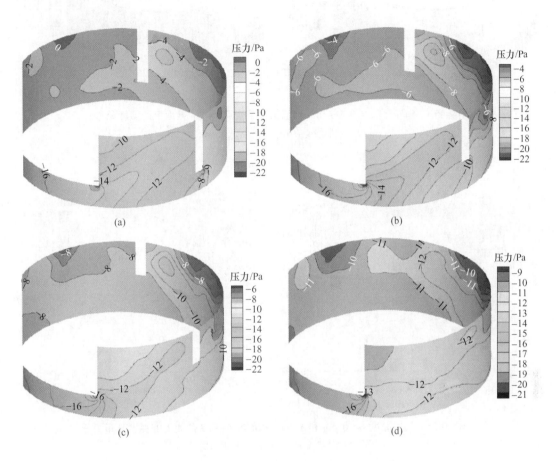

图 9-24　不同挡墙高度以及无挡墙情况下炉膛 $r=2m$ 截面上的压力分布

（a）挡墙高度 $H=0.4m$；（b）挡墙高度 $H=0.6m$；（c）挡墙高度 $H=0.8m$；（d）无挡墙

　　图 9-25 和图 9-26 分别显示的是挡墙高度 $H=0.6m$ 和无挡墙情况下炉膛 $r=2m$ 和 $Z=0.8m$ 截面上的温度分布。从图中可以看出，无挡墙情况下，加热段与还原段和还原段与排料段之间温度相互影响，挡墙附近高温区域增大。有挡墙的情况下，炉膛各段温度相对来说更加独立，受相邻炉段的温度影响较小。

　　图 9-27 显示的是不同挡墙高度以及无挡墙情况下炉膛 $Z=0.1m$ 截面上的速度分布。从图中可以看出，$H=0.4m$ 截面上速度分布非常不均匀，特别是在还原段和加热段的挡墙区域。而无挡墙时，整个截面上的速度分布相对来说比较均匀。料层上方气体流速分布不均，会扰乱含碳球团料层内的还原气氛，加速 CO 气体的外排，从而降低还原碳的还原利用率。

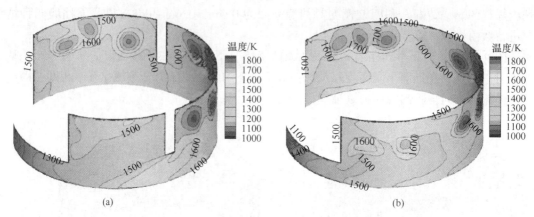

图 9-25　挡墙高度 $H=0.6$m 和无挡墙情况下炉膛 $r=2$m 截面上的温度分布
（a）挡墙高度 $H=0.6$m；（b）无挡墙

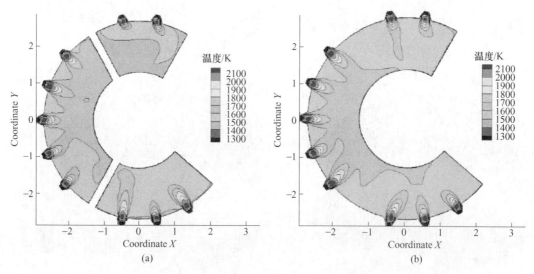

图 9-26　挡墙高度 $H=0.6$m 和无挡墙情况下 $Z=0.8$ 截面上的温度分布
（a）挡墙高度 $H=0.6$m；（b）无挡墙

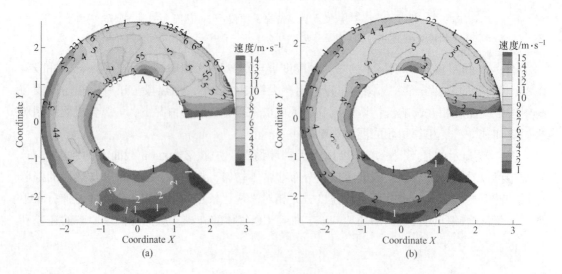

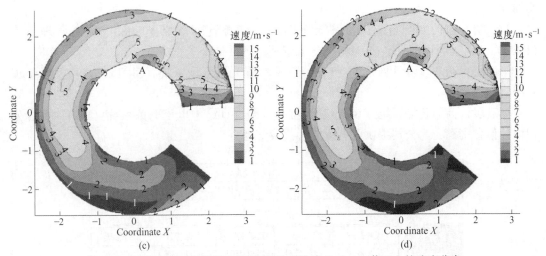

图 9-27 不同挡墙高度以及无挡墙情况下炉膛 $Z=0.1\mathrm{m}$ 截面上的速度分布

（a）挡墙高度 $H=0.4\mathrm{m}$；（b）挡墙高度 $H=0.6\mathrm{m}$；（c）挡墙高度 $H=0.8\mathrm{m}$；（d）无挡墙

9.3 炼铁工艺信息化

信息化是我国加快实现工业化和现代化的必然选择，钢铁企业作为我国国家建设重要支柱，必须通过信息化来对企业内部进行流程再造和重组，实现生产管理模式和企业制度的创新，提升企业的核心价值，形成完善的现代化企业管理模式。

国外钢铁企业信息化发展普遍较早，其信息化建设主要经历了 4 个发展阶段，即：20世纪 70~80 年代的信息系统起步阶段、80~90 年代的应用功能横向扩展阶段、90 年代后期的应用功能纵向扩展阶段和 21 世纪以来的集成信息系统阶段。中国钢铁行业的信息化建设相较于发达国家起步较晚，信息化发展大致可分为两个阶段：2000 年以前是一个探索阶段；2000~2011 年是一个发展并逐步走向成熟的阶段。21 世纪以来，大型主机上的成熟应用系统仍然是国外各大钢铁公司不可取代的关键支柱。目前，德国蒂森克虏伯、韩国浦项、美国美钢联、日本新日铁住金等国外优秀钢铁企业和中国台湾中钢的信息化整体上维持较高的水平。

9.3.1 钢铁企业信息化功能框架

钢铁企业一般涉及多段生产，工序多，设备复杂，企业投资大，资金流动频繁。为了准确全面和及时地反映企业经营状况，必须遵守严格的财会制度并实施灵活的资金管理。生产经营活动涉及的内容从财务、人事等传统信息管理领域延伸到生产管理领域。不仅要根据订单制定合理的生产计划、实施全面质量管理，还应对生产过程进行监控、采集，全面详尽地统计物料、产品等信息。经过生产企业信息化的成功实践和多年的积累改进，企业信息化分为如图 9-28 所示的标准的五层架构：

第一层：基础自动化系统（PLC），用于监控设备的自动化动作，如电气系统、仪表系统、PLC 系统等。

第二层：过程控制系统（PCS），用于控制生产过程，如数学模型系统、工艺控制、实绩检测等。

第三层：包括生产制造执行系统（MES）、能源管理系统（EMS）、设备管理系统（EAM）、检化验管理系统（LIMS）、计量管理系统（MMS）等。

第四层：企业资源计划系统（ERP）、供应商关系管理系统（SRM）、客户关系管理系统（CRM）等。

第五层：商业智能系统（BI）、协同办公系统（OA）、电子商务系统（EC），整合公司内外信息资源，为公司提供商务智能和决策支持。

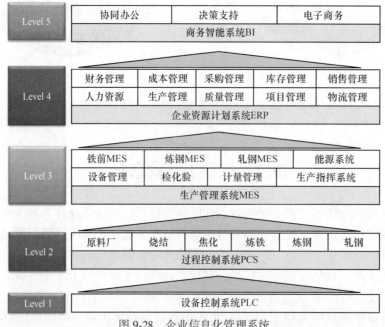

图 9-28　企业信息化管理系统

由图可知，这五层体系相互集成、相互协调，上面一层控制下面一层，下面一层向上面一层反馈运行信息，构成一个完整的企业信息化管理系统。现阶段中国钢铁制造企业需要将信息技术与企业的经营状况有效地结合起来，设计出信息化战略总体规划，分阶段、分步骤实施，使其既不对企业正常经营造成影响，又能追赶国际化水平，让信息化技术为企业带来利益。

9.3.2　大数据与云计算概述

"大数据"和"云计算"无疑是当下非常热门的两个词汇，在各个行业中被广泛提及应用，各企业实际应用的相关产品以及带来的惊奇效果也不断地被大家所熟知，似乎一夜之间信息技术迈入了云计算和大数据的时代。钢铁行业在各行业中相对传统，其对新信息技术的敏感度相对较低，引入应用较其他行业也要迟缓和慎重，但在现代高速发展的推动下，革命性的信息技术所带来的管理和运营效益无疑对钢铁企业富有吸引力，信息化技术在钢铁行业也得到了广泛的发展与应用。

（1）大数据。如今，数据中心已经成为企业一份重要资产，每时每刻从种种传感器、信息终端等都会产生大量的数据。这些数据以近乎爆炸的方式进行膨胀，数据量达到 PB、

EB 或 ZB 的级别，传统的数据处理模式已经远远不能满足需求，从而衍生出了"大数据"（big data）的概念。大数据不仅是个海量的数据，其也是规模非常巨大和复杂的数据集，较传统数据库管理工具，数据的重要特点可以用四个 V 来表示，一是数据量（volume），数据量是持续快速增加的；二是高速度（velocity）的数据 I/O；三是多样化（variety）数据类型和来源；四是所带来的价值（value）。

大数据最大的难点不在于数据的收集与存储，而是如何从海量的数据中构建数据挖掘分析模型，进而提取出有价值的信息。对于企业来说大数据的核心价值在于从所得到的数据中预测需求，帮助用户用一种全方位的方法和手段处理数据，发掘出新的业务模式，创造商业机会，发掘潜在用户。

一些前沿的信息技术公司适时推出了许多大数据产品，例如 IBM 在业界率先提出"大数据平台"架构，以 Hadoop 系统、流计算、数据仓库和信息整合与治理四大核心技术能力，突破了传统数据仓库的理念，具有能为企业组织提供实时分析信息流和因特网范围信息源的能力；国内钢企广泛采用的 SAP 也适时推出了面向大数据大规模处理的产品HANA，其"内存计算"和"列式存储"技术，使数据处理以近百倍的速度提升，HANA能够贯通云计算、移动应用、商务分析、企业应用和数据库五大平台，实现海量数据的高效处理和实时分析。

钢铁企业如果部署和应用这些产品，实现大量、多样化数据的流式传输与即时存储、低延时和高效的处理，并在海量的基础数据上依据复杂数据分析模型进行高速运算转化为精准有价值的信息，从而实现大数据的真正价值，为企业创造更高的经济效益。

（2）云计算。在传统网络结构图中大多以云这种形状的图例来表示网络，沿用这种图例习惯，最初 Google 将基础的软硬件网络广泛地集成一个很大资源共享池，称之为"云"，用户可以通过网络以按需和易扩展的方式使用资源，它具有虚拟化集成、超高的资源利用率、超大规模计算等功效。对于"云"的概念解读，简单理解就是由计算机硬件网络构成集群平台，可提供各种软件、计算和信息服务，而这种服务可以按需为用户动态定制资源和服务内容，是按使用量进行计费的一种信息服务全新模式。更通俗来讲，可以将云比喻成电厂、自来水厂与普通市民之间的关系，每个用户不需要自建电厂水厂，也不需要知道这些资源是怎么来的，而只根据自身需要使用并进行费用支付即可。

云计算包括如下三个领域：IaaS（Infrastructure as a Service），基础设施即服务；PaaS（Platform as a Service），平台即服务；SaaS（Software as a Service），软件服务。其中，1）IaaS：提供给消费者的服务是对所有设施的利用，包括处理、存储、网络和其他基本的计算资源，用户能够部署和运行任意软件，包括操作系统和应用程序。消费者不管理或控制任何云计算基础设施。2）PaaS：提供给消费者的服务是一个基础平台，包括软件开发平台、数据库平台，用户能够在平台之上开发自己的目标成果，同时可以根据自己的个性化需求，要求供应商提供针对该平台的技术支持服务，甚至可以针对该平台进行应用系统开发、优化等服务。3）SaaS：提供给客户的服务是运营商运行在云计算基础设施上的应用程序，用户可以在各种设备上通过客户端界面访问。消费者不需要管理或控制任何云计算基础设施，包括网络、服务器、操作系统、存储等。

云平台按照其应用范围可以分为三种：企业私有云、公共云和混合云。目前云计算技术发展日趋成熟，国外的 Google、Amazon 等都有成熟的云平台投入商业运营，国内的阿里云、百度云也推出了相关应用。企业可以租用公共云或者构建自己的私有云，展开相关的应用。

（3）云计算与大数据的关系。云计算与大数据的目标一致，其产生都是为了应对海量数据，高效的处理海量信息，进而为企业应用挖掘出有巨大商业价值的信息。许多专家认为，大数据是一个问题集，而云技术则是解决大数据问题集最重要最有效的手段。云计算提供基础架构平台，而大数据在这个平台上进行分析应用，由此可见云计算与大数据是相辅相成、紧密甚至不可分割的关系。

9.3.3　大数据与云计算在钢铁企业的应用

目前，积极推广应用"大数据、物联网、云计算"等智能化新技术与钢铁企业融合创新，推进"互联网+"行动计划，在企业安全环保管理方面着力建设数字安全监控管理平台，搭建钢铁安全生产保障系统，打造"安全钢铁""绿色钢铁""互联网钢铁"，是各钢铁企业对生产安全保障体系提质增效热点研究的一个创新模式。

钢铁数字安全监控管理平台采用基于大数据技术的 Hadoop 开源架构，通过集群及节点的分布式部署，使数据存储于多个节点，利用节点分布式计算架构，并行进行数据的分析计算，从而有效解决了钢铁企业海量生产安全数据在传统集中存储模式下，前期投入空置资源较多而后期扩展需求不定的问题。系统能够动态扩展部署、在线升级，同时保持原有系统架构及设备平滑过渡，极大提升了生产安全数据（工业电视/安防视频、重要设备生产运行监控值、火灾消防设备运行值、产线运行监控参数、厂区环境监测值等）读写的效率，挖掘出生产安全价值信息进行分析，为当前流行的预防型和精细化安全管理模式提供科学、有效的安全危险因素和隐患分析，并提供相应的措施供安全管理人员提前预防或消除事故隐患。

钢铁数字安全监控管理平台架构以 Master 节点（或命名节点）作为管理核心，其上运行多个后台服务（如 Job Tracker），负责客户端服务的请求响应以及反馈。采集的安全数据分布保存在 HDFS（Hadoop 分布式文件系统）集群节点内，通过 HBase 建立访问的索引。MapReduce 对分布存储在 HDFS 不同节点的安全数据进行分解，以就近进行分析、计算。多个数据节点可以并行进行计算分析，然后将结果汇总，存储到 HDFS 或者反馈给客户端。钢铁数字安全监控管理平台架构如图 9-29 所示，该平台主要包括信息采集、信息传输、数据转发与存储、智能安全预警和环境评测、信息检索查询显示等部分。（1）信息采集。钢铁数字安全监控管理平台通过在钢铁生产线的各个重要安全监控点及环境检测点布局视频监控、传感器、数据采集器，借助平台定义的数据采集接口及通信接口，实时地利用传感器及数据采集器对现场生产设备的运行参数及环境参数，生产现场安防、消防、安全防护设备、环保设施的运行参数、厂区大气环境参数等进行采集，同时将采集的现场数据、视频图像进行合成压缩，然后通过无线局域网、互联网传入平台数据库中。（2）信息传输。钢铁数字安全监控管理平台基于 WLAN 无线局域网、互联网和 GSM 移动通信网络实现对信息安全、可靠、稳定的传输，满足大数据共享的要求。（3）数据转发与存储。在分布式监控节点中的虚拟机上安装转发及存储（类似传统 NVR 或流媒体服务）软件，采用并发的带有缓存的模块来处理数据交换，实现数据的存储及转发、虚拟机之间共享计算和网络资源。（4）智能安全预警和环境评测。包括实时预警评测分析和离线预警评测分析，安全预警和环境评测分析模式主要包括图像识别、行为检测、移动跟踪、设备运行参数对比、生产安全相关系统参数关联、环境参数与产线设备运行参数关联、安全/环境影响因素建模识别等。（5）信息检索查询显示。在监控中心采用 Web 技术，以图形化人机界面实现信息的实时/历史动态查询检索以及预警评测信息的实时显示报警。

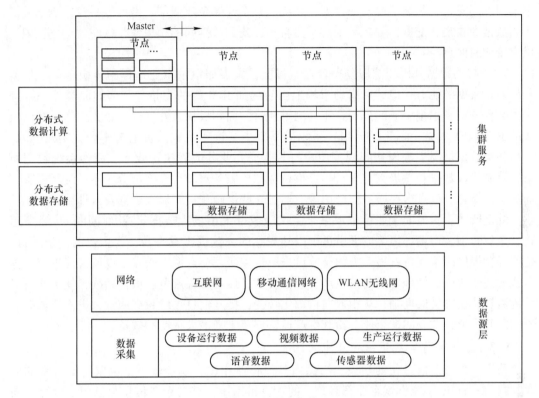

图 9-29 平台架构

9.3.3.1 大数据技术在钢铁企业中的应用

从建成投产的 ERP 系统、MES 系统及协同办公平台系统来看，酒钢已初步具备了大数据的部分数据基础，拥有物流业务数据、生产制造数据、财务成本数据以及用户行为数据。类似于酒钢这样的钢铁制造企业，是应用大数据还是为大数据应用提供服务，关乎企业成本的两个方面：应用大数据意味着企业自身对数据价值的挖掘；而为大数据应用提供服务的直观理解体现在"智能企业"，物联网是一个较恰当的例子。基于钢铁企业目前面临的各类问题，大数据技术的发展很好地解决了这些问题，对于钢铁企业而言可采用以下措施获得数据化支持。

（1）建立多元合作平台。目前市场上，各类专业的大数据信息技术公司通过与企业、政府的合作，建立了不同行业的海量数据平台，对钢铁行业而言，钢铁电商、期货公司掌握的数据非常丰富，钢铁企业可通过展开与国内的钢铁电商及期货公司合作，借助他们的平台，获取对自身业务开展有价值的数据信息，为企业运营决策提供支持。举例说明，如淘宝网上的商家通过购买淘宝网后台所收集的海量数据中与自身运营相关的部分，用于自身业务发展决策的依据；再如卡夫食品有限公司通过与 IBM 合作，在论坛、博客的内容中抓取了数十万条与自身产品相关的讨论信息，通过大数据分析出消费者对卡夫食品的喜爱度以及主要的消费方式。

（2）建立自己在互联网上的平台。宝钢集团拥有自己的宝钢采购电子商务平台，通过设置采购组织与物料、在线交易、服务中心和网上超市板块，不仅可以密切关注产品的交易情况，还可以收集用户浏览网页的信息，国内一些钢企也建立了类似的网络平台。酒钢集团近年完善、升级了协同办公平台系统，开发开通企业微信、微博等平台，通过员工行为数据的收集、挖掘，分析员工的行为轨迹，找到数据间的相关性，从而为企业管理提供有价值的信息。

（3）与大数据分析和挖掘公司合作。目前，大多如钢铁企业这样的传统企业不具备分析海量数据的能力，但其可借助市场上已有的如 IBM 等的力量，与诸如此类的一批提供大数据分析和挖掘服务的公司合作。酒钢在这方面积极探索并展开了相关工作，在已建成的 BW、BO 系统（商务智能 BI）系统的基础上，近年建成数据监控平台，实时提取、分析各类数据情况，进而达到规范用户行为、提高业务流程执行效率、完善系统数据质量、减少错误数据和垃圾数据等目标；推行虚拟化服务器应用，将部分应用系统所需服务器进行虚拟化；试点内存服务器应用等，通过这些措施积极布局大数据及云计算。

综上所述，一方面企业可采取拿来主义吸收外部市场大数据研究及应用，从经济运行、企业转型、市场环境等方面引进国内外成熟的大数据工具平台，为企业的经济运行、生产经营提供决策支持；另一方面企业可采取自主研发、选取突破点、以监督促进应用等方式发现企业内部管理、运营及生产的数据价值，促进流程规范、操作精准，使企业信息系统数据从正确转向准确、从粗放向精细化转变，提升信息系统数据质量，进而使数据资源实现其价值，并以回馈企业，给其生产运营环节带来最大程度的效益。

9.3.3.2　云计算在钢铁企业中的应用

我国钢铁行业信息化的建设，与国内其他行业相比，起步较早，也取得了可喜的成果。目前，有 40 多家钢铁企业都有自己的计算机系统，有的企业信息化已向云计算方向发展，迈向云端。

2012 年，宝钢在近几年管理信息系统应用平台技术、钢材流通领域供应链平台技术、数据处理中心以及灾难预警中心技术等领域一系列研究发明成果和产业化实践应用的基础上，在中国钢铁行业内，率先实施了具有创新项目特点的"宝钢云计算产业化关键技术研究及应用"项目，确立了钢铁行业云计算的基础架构研究和示范应用等自主开发、集成研发的 9 个重点课题和 82 个子课题，相继在云计算的虚拟化技术和应用方面、数据库存储和中间件水平扩展方面，以及多租户应用开发技术等关键技术领域取得了突破性进展，基本完成了在云计算的虚拟化环境下高可用技术等专利技术发明 6 项，以及多租户的数据安全隔离方法等技术秘密多项，顺利地完成了"云中心"一期项目建设。

现阶段，宝钢的云中心已经开始为 5 个用户提供云计算服务，包括：宝钢集团总部、宝钢工程公司和宝钢金属公司等。通过商业化运营模式的实践证明，云中心的投入运营可以大幅度提高宝钢集团信息系统的资源利用率和资源共享度并大幅度缩短数据备份的时间，特别是在宝钢集团旗下管理业务单元新建立的信息系统基础环境交付周期方面，能够提高 30 倍以上的效率。

下一阶段，宝钢集团公司会在云中心一期工程项目顺利完成和实际运营的基础上，积极推进二期工程项目的开发建设以及相关功能的延伸，努力实现宝钢云中心平台管理的自动化与流程化。在云计算产业化的实施方面，宝钢集团一方面实施自建模式，另一方面也会尝试着引进共赢、共建和并购重组等方式，扩大云计算的产业规模。

现今钢铁冶金行业对云计算有如下的实际需求：

（1）提高原系统处理性能的需求。在钢铁冶金行业，随着企业不断壮大，内部人员信息不断增多，系统需处理的数据陡增。由于钢铁企业不少内部管理系统开发较早，并运行在陈旧的大型机中，使得部分功能的执行效率从数小时延长至 24h 以上，这在一定程度上会出现管理者决策延后、生产活动推迟、企业整体利润下降等情况。

（2）降低企业管理成本的需求。现阶段，国内钢铁企业超过 80% 采用 ERP、MES 进行管理。随着钢铁企业业务的扩展，需要引入的系统逐渐增多，新加入的系统由于独占系统，通常需要服务器、存储空间、人力管理等资源，这就使得钢铁企业需要投入较大成本去进行硬件购置、机房升级、管理人员培训等活动，才能保证上述系统的有效运行。

（3）企业内部数据深入分析的需求。钢铁企业在生产和运营过程中会产生较多数据，对这类数据进行深入挖掘，对于产品质量的提升和制造工艺的改进具有重要意义。应用数据挖掘技术，可实现海量数据的有效提出和分析；一般采用 MapReduce 计算框架对数据进行预处理的方式来提高数据集成和选择的质量。

随着信息技术的发展，成功应用并实现云计算平台是钢铁企业未来发展的趋势。但由于国内钢铁企业管理层认知程度和云计算平台相关技术成熟度的原因，云计算平台在钢铁冶金行业的全面应用依然需要较长时间，在未来发展过程中需要加大各方面资源的投入。

9.4 炼铁工艺智能化、信息化发展展望

自 2010 年以来，中国钢铁工业的经营较为困难，为了降低生铁成本，各钢铁厂近几年来高炉配矿的品位逐步降低，但过多使用品位低、有害元素含量高的低价矿，且循环使用有害杂质不断增多的钢铁厂固体废弃物，可能会破坏高炉的稳定顺行，影响高炉长寿高效生产。在这样的外围条件下，炼铁过程特别需要专家系统的指导，国内外的经验证明，专家系统技术特别适合应用于高炉这种复杂过程系统的控制，其能够在以下几个方面发挥巨大的作用：（1）适应大数据时代的要求，对大量检测数据和人工录入数据进行快速的综合分析和判断；（2）应用企业中的顶尖操作经验，实现标准化作业；（3）综合应用人类专家的经验和数学模型。因而能够对炉况判断和调节动作做出更科学、更可靠的决策。

国内专家系统的研究起步较晚，而且由于国内高炉原料水平控制不够严格、生产管理不够合理、高炉检测系统不够完备、测定参数不够准确、高炉自动化研究不够深入，使得我国高炉操作控制长期处于凭经验进行调控的状况。

引进国外高炉专家系统，对我国高炉炼铁科学化操作和高炉专家系统技术的发展起到了积极的促进作用，但是目前几乎所有的引进系统都未能很好地发挥其预期作用。分析其原因，一方面是因为引进系统核心部分的封装不可修改，因此，当工艺结构调整、工艺条件（如原料）改变时，就很难保证模型功能的实现；另一方面是因为国外高炉的操作理念和习惯与我国高炉有较大区别。

国内开发的高炉专家系统，也有很大的比例未能达到预期的效果。探究其主要原因，

一方面是因为专家系统的设计不能适应我国高炉炉况波动频繁、波动幅度大的实际条件，在长期运行的过程中炉热和炉况预报的可靠性和准确性达不到要求，失去了操作人员的信任，即可接受度低（low acceptability）；另一方面是由于系统需要的关键信息，如炉顶煤气成分、铁渣排放信息等，因为检测仪表出现故障或数据通信网络堵塞等原因，不能及时提供给专家系统，结果导致专家系统完全失去指导作用，甚至出现计算机死机，即使用率低（low availability）。

由以上分析可知，我国高炉专家系统技术的发展方向是立足于国内力量，努力提高专家系统的可接受度和使用率。此外，目前国内钢铁企业资金普遍紧张，对高炉专家系统的开发自然还会提出低成本的要求。

而随着国际内外市场竞争日益加剧，在信息技术快速发展以及信息化社会到来的今天，钢铁工业迫切需要在信息化条件下的企业管控高度集成、各业务部门高度协同的一体化运营体系，迫切需要以信息技术为支撑的绿色钢铁工业，迫切需要网络化的产业链集成，迫切需要数字化的产品生命周期的管控。近年来，通过自主创新、引进消化再创新，中国钢铁工业已将信息技术广泛应用于研发设计、生产制造、企业管理、营销及物流的全过程，突破性地解决了产供销一体、管控衔接和三流同步等重大关键性技术难题，涌现了一批批体现自主创新的信息化工程，改善了钢铁工业整体技术经济指标。部分企业不仅将信息技术用于办公自动化、财务管理、采购管理、销售管理、人力资源管理和生产管理等单项业务管理，还重点建设了具有钢铁行业特点的产销系统、制造执行系统和 ERP 系统，在实现产供销一体、管控衔接、业务和财务无缝的企业综合业务协同集成方面取得了显著的成就。

然而，与国外先进钢铁企业相比，中国钢铁企业信息化水平还具有一定的差距。当前，中国缺乏成规模的信息化软硬件产品服务商支撑并解决钢铁工业信息化关键共性技术、建设钢铁企业信息化集成管理系统以及促进企业信息化向决策支持、市场创新开拓、综合节能减排等深度应用拓展。其在"两化"深入融合发展过程中还存在很多问题，例如：（1）钢铁企业生产经营面临困境要求信息化服务商提供精细管理、敏捷经营的信息化解决方案；（2）钢铁企业转型升级面临瓶颈，要求信息化服务商提供横向贯通与纵向融合的信息化集成管理系统；（3）跨地区钢铁企业集团一体化协同管理缺乏完善统一、异地分布的信息系统的支撑，阻碍了集团健康快速发展；（4）钢铁企业绿色制造要求信息化服务商提供实现循环经济、可持续发展的信息化解决方案；（5）物联网、云计算等新一代信息技术要求钢铁企业信息化有新的体系架构。

故今后几年我国钢铁工业的信息化将呈现如下发展趋势：（1）信息化集成系统建设将进一步推进；（2）节能环保管控系统将进一步推广；（3）集团异地分布的信息系统将进一步完善；（4）企业信息资源将进一步深入开发；（5）设备在线或远程监测与故障诊断技术将得到广泛应用；（6）网络信息与系统安全防护保障体系将进一步完善；（7）新一代信息技术将迅速推广应用。

9.5　小　　结

炼铁生产炉体系统生产成本约占钢铁产品的 60%～70%，"高炉-转炉"生产流程中，炼铁系统工序能耗占整个钢铁制造流程总能耗的79%，这就决定了只有炼铁工序稳定均衡生产，钢铁企业才能取得较好的效益。从原料生产，到高炉/非高炉冶炼的炼铁生产环节，炼铁生产控制是一项复杂且难以精确实施的过程，基于数学理论、现代计算机技术对炼铁各生产环节的智能控制系统及信息化技术的研究和构建，是最大限度实现对炼铁工序精确控制的唯一手段。

智能控制是人工智能技术与现代控制理论及方法相结合的产物，其在工业控制中取得了令人瞩目的成果，在冶金工业上的地位也是日益上升。其中，专家系统、模糊控制、人工神经网络已成为智能控制技术的三大支柱，专家系统的发展，经历了一个从简单到复杂、从单一模型到综合控制的过程。虽然国内关于专家系统的研究已经历数年，但与国外相比仍有差距，其中存在的问题需要通过精细化管理来逐步解决。在烧结（球团）、高炉等环节上，专家系统、模糊控制、人工神经网络等与现代控制手段相结合，紧密结合生产实际，开发各生产过程人工智能系统，具有广泛的应用前景和发展趋势。

信息化是我国加快实现工业化和现代化的必然选择，作为国家建设重要支柱的钢铁企业，必须通过信息化来对企业内部进行流程再造和重组，实现生产管理模式和企业制度的创新，提升企业的核心价值，形成完善的现代化企业管理模式。钢铁企业应用并实现大数据及云计算平台成为未来发展的趋势，但由于其在国内钢铁企业还不够成熟，在钢铁冶金行业的全面应用依然需要较长时间，在未来发展过程中需要加大各方面资源的投入。

参考文献和建议阅读书目

[1] 刘玠，马竹梧. 炼铁生产自动化技术 [M]. 冶金工业出版社，2005.

[2] 高征铠，姜钧普，高永，等. 高炉监测与仿真技术及其应用 [J]. 第八届中国钢铁年会论文集，2011.

[3] 何新贵. 模糊知识处理的理论与技术 [M]. 北京：国防工业出版社，2014.

[4] Filev D, Angelov P. Fuzzy Optimal Control [J]. Fuzzy Sets and System, 1992, 47 (3)：151~156.

[5] 艾立群. 人工神经网络在钢铁工业中的应用 [J]. 钢铁研究学报，1997，9 (4)：60~63.

[6] Nicklaus F P. Application of neural Networks in Rolling Mill Automation [J]. Iron and Steel, 1995, 72 (2)：33~36.

[7] Unzaki H, Miki K, et al. New Control System of Sinter Plants at CHIBA Works. In：IFAC Automation in Mining [J]. Mineral and Metal Processing, Tokyo Japan, 1986：209~216.

[8] Jian XU, Shengli WU, Mingyin KOU, Kaiping DU. Numerical Analysis of the Characteristics Inside Pre-reduction Shaft Furnace and Its Operation Parameters Optimization by Using a Three-Dimensional Full Scale Mathematical Model [J]. ISIJ International, 2013, 53 (4)：576~582.

[9] 芦永明，王丽娜，陈宏志，等. 中国钢铁企业信息化发展现状与展望 [J]. 中国冶金，2013，23 (5)：1~6.

习题和思考题

9-1　从原料生产过程、高炉冶炼过程及非高炉炼铁过程等方面举例分析炼铁工艺的智能控制。

9-2　什么是高炉冶炼专家系统，它对高炉冶炼生产有何意义？

9-3　举例说明模糊控制和人工神经网络在钢铁工业中的应用。

9-4　简述钢铁企业信息化建设五层体系。

9-5　简述大数据和云计算在钢铁企业中的应用。

9-6　我国炼铁工艺智能化和信息化的发展趋势是什么？

附录　高炉冶炼物料平衡、热平衡计算程序

A　生产高炉计算程序

a　物料平衡计算模块

（1）每吨生铁消耗的干料和炉料带入的水分计算。

```
BOOL Cal∶∶Cal_1_WaterBal( )
{
if（FlagMaterialSet==FALSE || FlagOperSet==FALSE）
{
    AfxMessageBox("请先设置计算参数!");
    return −1;
}
else{
tab1.Coke.Weight=Coke.Weight * 1000;
tab1.Coke.Moisture1=Coke.Moisture;
tab1.Coke.Phy_Water=tab1.Coke.Weight * Coke.Moisture/100;
tab1.Coke.Dry_Weight=tab1.Coke.Weight-tab1.Coke.Phy_Water;
tab1.Coke.Moisture2=Coke.H2Oq;
tab1.Coke.Che_Water=tab1.Coke.Dry_Weight * Coke.H2Oq/100;


tab1.Coal.Weight=Coal.Weight * 1000;
tab1.Coal.Moisture1=Coal.Moisture;
tab1.Coal.Phy_Water=tab1.Coal.Weight * Coal.Moisture/100;
tab1.Coal.Dry_Weight=tab1.Coal.Weight-tab1.Coal.Phy_Water;
tab1.Coal.Moisture2=Coal.H2Oq;
tab1.Coal.Che_Water=tab1.Coal.Dry_Weight * Coal.H2Oq/100;


tab1.Sinter.Weight=Sinter.Weight * 1000;
tab1.Sinter.Moisture1=Sinter.Moisture;
tab1.Sinter.Phy_Water=tab1.Sinter.Weight * Sinter.Moisture/100;
tab1.Sinter.Dry_Weight=tab1.Sinter.Weight-tab1.Sinter.Phy_Water;
tab1.Sinter.Moisture2=Sinter.H2Oq;
tab1.Sinter.Che_Water=tab1.Sinter.Dry_Weight * Sinter.H2Oq/100;


tab1.AuOre.Weight=AuOre.Weight * 1000;
tab1.AuOre.Moisture1=AuOre.Moisture;
tab1.AuOre.Phy_Water=tab1.AuOre.Weight * AuOre.Moisture/100;
tab1.AuOre.Dry_Weight=tab1.AuOre.Weight-tab1.AuOre.Phy_Water;
tab1.AuOre.Moisture2=AuOre.H2Oq;
tab1.AuOre.Che_Water=tab1.AuOre.Dry_Weight * AuOre.H2Oq/100;
```

```
tab1. LimeStone. Weight=LimeStone. Weight * 1000;
tab1. LimeStone. Moisture1=LimeStone. Moisture;
tab1. LimeStone. Phy_Water=tab1. LimeStone. Weight * LimeStone. Moisture/100;
tab1. LimeStone. Dry_Weight=tab1. LimeStone. Weight-tab1. LimeStone. Phy_Water;
tab1. LimeStone. Moisture2=LimeStone. H2Oq;
tab1. LimeStone. Che_Water=tab1. LimeStone. Dry_Weight * LimeStone. H2Oq/100;

tab1. AuOre. WaterTotal=tab1. AuOre. Che_Water+tab1. AuOre. Phy_Water;
tab1. Coal. WaterTotal=tab1. Coal. Che_Water+tab1. Coal. Phy_Water;
tab1. Coke. WaterTotal=tab1. Coke. Che_Water+tab1. Coke. Phy_Water;
tab1. LimeStone. WaterTotal=tab1. LimeStone. Che_Water+tab1. LimeStone. Phy_Water;
tab1. Sinter. WaterTotal=tab1. Sinter. Che_Water+tab1. Sinter. Phy_Water;
return TRUE;
}
}
```

（2）造渣氧化物平衡和渣量计算。

1）造渣氧化物平衡计算。

```
void Cal::Cal_2_SlagBal()
{
tab2. Coke. Weight=tab1. Coke. Dry_Weight;
tab2. Coke. SiO2_Rate=Coke. SiO2;
tab2. Coke. SiO2_Weight=tab2. Coke. Weight * Coke. SiO2/100;
tab2. Coke. CaO_Rate=Coke. CaO;
tab2. Coke. CaO_Weight=tab2. Coke. Weight * Coke. CaO/100;
tab2. Coke. Al2O3_Rate=Coke. Al2O3;
tab2. Coke. Al2O3_Weight=tab2. Coke. Weight * Coke. Al2O3/100;
tab2. Coke. MgO_Rate=Coke. MgO;
tab2. Coke. MgO_Weight=tab2. Coke. Weight * Coke. MgO/100;

tab2. Coal. Weight=tab1. Coal. Dry_Weight;
tab2. Coal. SiO2_Rate=Coal. SiO2;
tab2. Coal. SiO2_Weight=tab2. Coal. Weight * Coal. SiO2/100;
tab2. Coal. CaO_Rate=Coal. CaO;
tab2. Coal. CaO_Weight=tab2. Coal. Weight * Coal. CaO/100;
tab2. Coal. Al2O3_Rate=Coal. Al2O3;
tab2. Coal. Al2O3_Weight=tab2. Coal. Weight * Coal. Al2O3/100;
tab2. Coal. MgO_Rate=Coal. MgO;
tab2. Coal. MgO_Weight=tab2. Coal. Weight * Coal. MgO/100;

tab2. Sinter. Weight=tab1. Sinter. Dry_Weight;
tab2. Sinter. SiO2_Rate=Sinter. SiO2;
```

tab2. Sinter. SiO2_Weight＝tab2. Sinter. Weight ＊ Sinter. SiO2/100；

tab2. Sinter. CaO_Rate＝Sinter. CaO；

tab2. Sinter. CaO_Weight＝tab2. Sinter. Weight ＊ Sinter. CaO/100；

tab2. Sinter. Al2O3_Rate＝Sinter. Al2O3；

tab2. Sinter. Al2O3_Weight＝tab2. Sinter. Weight ＊ Sinter. Al2O3/100；

tab2. Sinter. MgO_Rate＝Sinter. MgO；

tab2. Sinter. MgO_Weight＝tab2. Sinter. Weight ＊ Sinter. MgO/100；

tab2. AuOre. Weight＝tab1. AuOre. Dry_Weight；

tab2. AuOre. SiO2_Rate＝AuOre. SiO2；

tab2. AuOre. SiO2_Weight＝tab2. AuOre. Weight ＊ AuOre. SiO2/100；

tab2. AuOre. CaO_Rate＝AuOre. CaO；

tab2. AuOre. CaO_Weight＝tab2. AuOre. Weight ＊ AuOre. CaO/100；

tab2. AuOre. Al2O3_Rate＝AuOre. Al2O3；

tab2. AuOre. Al2O3_Weight＝tab2. AuOre. Weight ＊ AuOre. Al2O3/100；

tab2. AuOre. MgO_Rate＝AuOre. MgO；

tab2. AuOre. MgO_Weight＝tab2. AuOre. Weight ＊ AuOre. MgO/100；

tab2. LimeStone. Weight＝tab1. LimeStone. Dry_Weight；

tab2. LimeStone. SiO2_Rate＝LimeStone. SiO2；

tab2. LimeStone. SiO2_Weight＝tab2. LimeStone. Weight ＊ LimeStone. SiO2/100；

tab2. LimeStone. CaO_Rate＝LimeStone. CaO；

tab2. LimeStone. CaO_Weight＝tab2. LimeStone. Weight ＊ LimeStone. CaO/100；

tab2. LimeStone. Al2O3_Rate＝LimeStone. Al2O3；

tab2. LimeStone. Al2O3_Weight＝tab2. LimeStone. Weight ＊ LimeStone. Al2O3/100；

tab2. LimeStone. MgO_Rate＝LimeStone. MgO；

tab2. LimeStone. MgO_Weight＝tab2. LimeStone. Weight ＊ LimeStone. MgO/100；

tab2. FE. Weight＝FE. Weight ＊ 1000；

tab2. FE. SiO2_Rate＝FE. Si/28 ＊（28+32）；

tab2. FE. SiO2_Weight＝tab2. FE. Weight ＊ tab2. FE. SiO2_Rate/100；

tab2. RecFe. Weight＝RecFe. Weight ＊ 1000；

tab2. RecFe. SiO2_Rate＝RecFe. SiO2；

tab2. RecFe. SiO2_Weight＝tab2. RecFe. Weight ＊ tab2. RecFe. SiO2_Rate/100；

tab2. RecFe. CaO_Rate＝0；

tab2. RecFe. CaO_Weight＝0；

tab2. RecFe. Al2O3_Rate＝RecFe. Al2O3；

tab2. RecFe. Al2O3_Weight＝tab2. RecFe. Weight ＊ tab2. RecFe. Al2O3_Rate/100；

tab2. RecFe. MgO_Rate＝0；

tab2. RecFe. MgO_Weight＝0；

tab2. Dust. Weight＝Dust. Weight ＊ 1000；

tab2. Dust. SiO2_Rate＝Dust. SiO2；

tab2. Dust. SiO2_Weight=tab2. Dust. Weight * tab2. Dust. SiO2_Rate/100;

tab2. Dust. CaO_Rate=Dust. CaO;

tab2. Dust. CaO_Weight=tab2. Dust. Weight * Dust. CaO/100;

tab2. Dust. Al2O3_Rate=Dust. Al2O3;

tab2. Dust. Al2O3_Weight=tab2. Dust. Weight * tab2. Dust. Al2O3_Rate/100;

tab2. Dust. MgO_Rate=Dust. MgO;

tab2. Dust. MgO_Weight=tab2. Dust. Weight * tab2. Dust. MgO_Rate/100;

2）渣量计算。

double WCaoLiao;

　WCaoLiao = tab2. Coke. CaO _ Weight + tab2. Coal. CaO _ Weight + tab2. Sinter. CaO _ Weight + tab2. AuOre. CaO_Weight+tab2. LimeStone. CaO_Weight;

tab2. Slag. Weight=（WCaoLiao-tab2. Dust. CaO_Weight）/（Slag. CaO/100）;

tab2. Slag. SiO2_Rate=Slag. SiO2;

tab2. Slag. SiO2_Weight=tab2. Slag. Weight * tab2. Slag. SiO2_Rate/100;

tab2. Slag. CaO_Rate=Slag. CaO;

tab2. Slag. CaO_Weight=tab2. Slag. Weight * Slag. CaO/100;

tab2. Slag. Al2O3_Rate=Slag. Al2O3;

tab2. Slag. Al2O3_Weight=tab2. Slag. Weight * tab2. Slag. Al2O3_Rate/100;

tab2. Slag. MgO_Rate=Slag. MgO;

tab2. Slag. MgO_Weight=tab2. Slag. Weight * tab2. Slag. MgO_Rate/100;

　}

（3）生铁中元素平衡及渣铁间分配比和回收率计算。

void Cal∷Cal_3_MetalBal（）

{

tab3. LFe=Slag. FeO * 56/（56+16）/FE. Fe;

tab3. LMn=Slag. MnO * 55/（55+16）/FE. Mn;

tab3. LS=Slag. S_2 * 2/FE. S;

tab3. nFe=1/（1+tab2. Slag. Weight/1000 * tab3. LFe）;

tab3. nMn=1/（1+tab2. Slag. Weight/1000 * tab3. LMn）;

tab3. Coke. Weight=tab2. Coke. Weight;

tab3. Coke. Fe_Rate=Coke. Fe2O3 * 56 * 2/（56 * 2+16 * 3）+Coke. FeO * 56/（56+16）+Coke. FeS2 * 56/（56+32 * 2）+Coke. FeS * 56/（56+32）;

tab3. Coke. Fe_Weight=tab3. Coke. Weight * tab3. Coke. Fe_Rate/100;

tab3. Coke. Mn_Rate=Coke. MnO * 55/（55+16）+Coke. MnO2 * 55/（55+16 * 2）;

tab3. Coke. Mn_Weight=tab3. Coke. Weight * tab3. Coke. Mn_Rate/100;

tab3. Coke. S_Rate=Coke. S+Coke. FeS * 32/（56+32）+Coke. FeS2 * 32 * 2/（56+32 * 2）;

tab3. Coke. S_Weight=tab3. Coke. Weight * tab3. Coke. S_Rate/100;

tab3. Coke. P_Rate=Coke. P2O5 * 31 * 2/（31 * 2+16 * 5）;

tab3. Coke. P_Weight=tab3. Coke. Weight * tab3. Coke. P_Rate/100;

tab3. Coal. Weight = tab2. Coal. Weight；

tab3. Coal. Fe_Rate = Coal. Fe2O3 * 56 * 2/(56 * 2+16 * 3)+Coal. FeO * 56/(56+16)+Coal. FeS2 * 56/(56+32 * 2)+Coal. FeS * 56/(56+32)；

tab3. Coal. Fe_Weight = tab3. Coal. Weight * tab3. Coal. Fe_Rate/100；

tab3. Coal. Mn_Rate = Coal. MnO * 55/(55+16)+Coal. MnO2 * 55/(55+16 * 2)；

tab3. Coal. Mn_Weight = tab3. Coal. Weight * tab3. Coal. Mn_Rate/100；

tab3. Coal. S_Rate = Coal. S+Coal. FeS * 32/(56+32)+Coal. FeS2 * 32 * 2/(56+32 * 2)；

tab3. Coal. S_Weight = tab3. Coal. Weight * tab3. Coal. S_Rate/100；

tab3. Coal. P_Rate = Coal. P2O5 * 31 * 2/(31 * 2+16 * 5)；

tab3. Coal. P_Weight = tab3. Coal. Weight * tab3. Coal. P_Rate/100；

tab3. Sinter. Weight = tab2. Sinter. Weight；

tab3. Sinter. Fe_Rate = Sinter. Fe2O3 * 56 * 2/(56 * 2+16 * 3)+Sinter. FeO * 56/(56+16)+Sinter. FeS2 * 56/(56+32 * 2)+Sinter. FeS * 56/(56+32)；

tab3. Sinter. Fe_Weight = tab3. Sinter. Weight * tab3. Sinter. Fe_Rate/100；

tab3. Sinter. Mn_Rate = Sinter. MnO * 55/(55+16)+Sinter. MnO2 * 55/(55+16 * 2)；

tab3. Sinter. Mn_Weight = tab3. Sinter. Weight * tab3. Sinter. Mn_Rate/100；

tab3. Sinter. S_Rate = Sinter. S+Sinter. FeS * 32/(56+32)+Sinter. FeS2 * 32 * 2/(56+32 * 2)；

tab3. Sinter. S_Weight = tab3. Sinter. Weight * tab3. Sinter. S_Rate/100；

tab3. Sinter. P_Rate = Sinter. P2O5 * 31 * 2/(31 * 2+16 * 5)；

tab3. Sinter. P_Weight = tab3. Sinter. Weight * tab3. Sinter. P_Rate/100；

tab3. AuOre. Weight = tab2. AuOre. Weight；

tab3. AuOre. Fe _ Rate = AuOre. Fe2O3 * 56 * 2/(56 * 2 +16 * 3)+AuOre. FeO * 56/(56 + 16)+ AuOre. FeS2 * 56/(56+32 * 2)+AuOre. FeS * 56/(56+32)；

tab3. AuOre. Fe_Weight = tab3. AuOre. Weight * tab3. AuOre. Fe_Rate/100；

tab3. AuOre. Mn_Rate = AuOre. MnO * 55/(55+16)+AuOre. MnO2 * 55/(55+16 * 2)；

tab3. AuOre. Mn_Weight = tab3. AuOre. Weight * tab3. AuOre. Mn_Rate/100；

tab3. AuOre. S_Rate = AuOre. S+AuOre. FeS * 32/(56+32)+AuOre. FeS2 * 32 * 2/(56+32 * 2)；

tab3. AuOre. S_Weight = tab3. AuOre. Weight * tab3. AuOre. S_Rate/100；

tab3. AuOre. P_Rate = AuOre. P2O5 * 31 * 2/(31 * 2+16 * 5)；

tab3. AuOre. P_Weight = tab3. AuOre. Weight * tab3. AuOre. P_Rate/100；

tab3. LimeStone. Weight = tab2. LimeStone. Weight；

tab3. LimeStone. Fe_Rate = LimeStone. Fe2O3 * 56 * 2/(56 * 2+16 * 3)+LimeStone. FeO * 56/(56+16)+ LimeStone. FeS2 * 56/(56+32 * 2)+LimeStone. FeS * 56/(56+32)；

tab3. LimeStone. Fe_Weight = tab3. LimeStone. Weight * tab3. LimeStone. Fe_Rate/100；

tab3. LimeStone. Mn_Rate = LimeStone. MnO * 55/(55+16)+LimeStone. MnO2 * 55/(55+16 * 2)；

tab3. LimeStone. Mn_Weight = tab3. LimeStone. Weight * tab3. LimeStone. Mn_Rate/100；

tab3. LimeStone. S_Rate = LimeStone. S+LimeStone. FeS * 32/(56+32)+LimeStone. FeS2 * 32 * 2/(56+ 32 * 2)；

tab3. LimeStone. S_Weight = tab3. LimeStone. Weight * tab3. LimeStone. S_Rate/100；

tab3. LimeStone. P_Rate = LimeStone. P2O5 * 31 * 2/(31 * 2+16 * 5)；

```
tab3. LimeStone. P_Weight=tab3. LimeStone. Weight * tab3. LimeStone. P_Rate/100;
tab3. FE. Weight=tab2. FE. Weight;
tab3. FE. Fe_Rate=FE. Fe;
tab3. FE. Fe_Weight=tab3. FE. Weight * tab3. FE. Fe_Rate/100;
tab3. FE. Mn_Rate=FE. Mn;
tab3. FE. Mn_Weight=tab3. FE. Weight * tab3. FE. Mn_Rate/100;
tab3. FE. S_Rate=FE. S;
tab3. FE. S_Weight=tab3. FE. Weight * tab3. FE. S_Rate/100;
tab3. FE. P_Rate=FE. P;
tab3. FE. P_Weight=tab3. FE. Weight * tab3. FE. P_Rate/100;


tab3. RecFe. Weight=tab2. RecFe. Weight;
tab3. RecFe. Fe_Rate=RecFe. Fe;
tab3. RecFe. Fe_Weight=tab3. RecFe. Weight * tab3. RecFe. Fe_Rate/100;
tab3. RecFe. Mn_Rate=0;
tab3. RecFe. Mn_Weight=tab3. RecFe. Weight * tab3. RecFe. Mn_Rate/100;
tab3. RecFe. S_Rate=0;
tab3. RecFe. S_Weight=tab3. RecFe. Weight * tab3. RecFe. S_Rate/100;
tab3. RecFe. P_Rate=0;
tab3. RecFe. P_Weight=tab3. RecFe. Weight * tab3. RecFe. P_Rate/100;


tab3. Slag. Weight=tab2. Slag. Weight;
tab3. Slag. Fe_Rate=Slag. FeO * 56/(56+16);
tab3. Slag. Fe_Weight=tab3. Slag. Weight * tab3. Slag. Fe_Rate/100;
tab3. Slag. Mn_Rate=Slag. MnO * 55/(55+16);
tab3. Slag. Mn_Weight=tab3. Slag. Weight * tab3. Slag. Mn_Rate/100;
tab3. Slag. S_Rate=Slag. S_2 * 2;
tab3. Slag. S_Weight=tab3. Slag. Weight * tab3. Slag. S_Rate/100;
tab3. Slag. P_Rate=0;
tab3. Slag. P_Weight=tab3. Slag. Weight * tab3. Slag. P_Rate/100;


tab3. Dust. Weight=tab2. Dust. Weight;
tab3. Dust. Fe_Rate=Dust. Fe2O3 * 56 * 2/(56 * 2+16 * 3)+Dust. FeO * 56/(56+16);
tab3. Dust. Fe_Weight=tab3. Dust. Weight * tab3. Dust. Fe_Rate/100;
tab3. Dust. Mn_Rate=Dust. MnO * 55/(55+16);
tab3. Dust. Mn_Weight=tab3. Dust. Weight * tab3. Dust. Mn_Rate/100;
tab3. Dust. S_Rate=0;
tab3. Dust. S_Weight=tab3. Dust. Weight * tab3. Dust. S_Rate/100;
tab3. Dust. P_Rate=Dust. P2O5 * 31 * 2/(31 * 2+5 * 16);
tab3. Dust. P_Weight=tab3. Dust. Weight * tab3. Dust. P_Rate/100;
}
```

（4）煤气量和风量计算。

```
void Cal::Cal_4_GasBal()
{
```

1）气化的碳量计算。

```
    tab4.WC.Coke=tab2.Coke.Weight * Coke.Cquan/100;
    tab4.WC.Ore=tab2.AuOre.Weight * AuOre.CO2 * 12/(12+16 * 2)/100;
    tab4.WC.LimeStone=tab2.LimeStone.Weight * LimeStone.CO2 * 12/(12+16 * 2)/100;
    tab4.WC.Coal=tab2.Coal.Weight * Coal.Cquan/100;
    tab4.WC.Dusk=tab2.Dust.Weight * (Dust.C+Dust.CO2 * 12/(12+16 * 2))/100;
    tab4.WC.FE=tab2.FE.Weight * FE.C/100;
    tab4.WC.Rec_Fe=tab2.RecFe.Weight * RecFe.C/100;
    tab4.WC.Gasify=tab4.WC.Coke+tab4.WC.Coal+tab4.WC.Ore+tab4.WC.LimeStone-tab4.WC.Dusk-
tab4.WC.FE-tab4.WC.Rec_Fe;
```

2）从炉料进入炉顶煤气的氧量、氢量、氮量计算。

```
    tab4.WO.Coke=tab2.Coke.Weight * Coke.FeO/100 * 16/(56+16);
    tab4.WO.Ore=tab2.Sinter.Weight * (Sinter.Fe2O3 * 16 * 3/(56 * 2+16 * 3)+Sinter.FeO * 16/(56+
16))/100+tab2.AuOre.Weight * (AuOre.Fe2O3 * 16 * 3/(56 * 2+16 * 3)+AuOre.FeO * 16/(56+
16))/100;
    tab4.WO.LimeStone=tab2.LimeStone.Weight * LimeStone.CO2 * 16 * 2/(12+16 * 2)/100;
    tab4.WO.SiMnPS=tab2.FE.Weight * (FE.Si * 32/28+FE.Mn * 16/55+FE.P * 16 * 5/(31 * 2))/100+
tab2.Slag.Weight * Slag.S_2 * 2 * 16/32/100;
    tab4.WO.Dusk=tab2.Dust.Weight * (Dust.Fe2O3 * 16 * 3/(56 * 2+16 * 3)+Dust.FeO * 16/(56+16)+
Dust.CO2 * 16 * 2/(12+16 * 2))/100;
    tab4.WO.Slag=tab2.Slag.Weight * Slag.FeO * 16/(56+16)/100;


    tab4.WO.Material = tab4.WO.Coke + tab4.WO.Ore + tab4.WO.LimeStone + tab4.WO.SiMnPS-
tab4.WO.Dusk-tab4.WO.Slag;
    tab4.WH.Material=tab2.Coke.Weight * Coke.H/100+tab2.AuOre.Weight * AuOre.H2Oq * 2/(16+
2)/100;
    tab4.WN.Material=tab2.Coke.Weight * Coke.N/100;
```

3）喷吹煤粉进入炉顶煤气的氧量、氢量、氮量计算。

```
    tab4.WO.Coal=tab2.Coal.Weight * Coal.O/100+Coal.Weight * 1000 * Coal.Moisture/100 * 16/(16+2);

    tab4.WH.Coal=tab2.Coal.Weight * Coal.H/100+Coal.Weight * 1000 * Coal.Moisture/100 * 2/(16+2);

    tab4.WN.Coal=tab2.Coal.Weight * Coal.N/100;
```

4）煤气量和风量计算。

```
    Red.O_Wind=OPar.W;
    tab4.MCO.Gas=1.8667 * tab4.WC.Gasify/((Gas.CO2+Gas.CO+Gas.CH4)/100);
    tab4.MCO.BV=1/Red.O_Wind * ((Gas.CO2+0.5 * Gas.CO-0.5 * Gas.H2-Gas.CH4)/100 * tab4.MCO.Gas
```

+5.6 * (tab4. WH. Material+tab4. WH. Coal)−0.7 * (tab4. WO. Material+tab4. WO. Coal));

tab4. MCN. Gas = tab4. MCO. Gas;

tab4. MCN. BV = 1/ (1-Red. O _ Wind) * (Gas. N2 * tab4. MCN. Gas/100-0.8 * (tab4. WN. Material + tab4. WN. Coal));

double B;

B = Red. O_Wind/ (1-Red. O_Wind);

tab4. MON. Gas = (0.7 * (tab4. WO. Material + tab4. WO. Coal) − 5.6 * (tab4. WH. Material + tab4. WH. Coal)−0.8 * B * (tab4. WN. Material+tab4. WN. Coal))/ ((Gas. CO2+0.5 * Gas. CO-B * Gas. N2 −0.5 * Gas. H2-Gas. CH4)) * 100;

tab4. MON. BV = (Gas. N2/100 * tab4. MON. Gas − 0.8 * (tab4. WN. Material+tab4. WN. Coal))/ (1- Red. O_Wind);

5) 鼓风中水分及风重、煤气中还原生成的水及煤气重计算。

double BV_Density, Gas_Density;

BV_Density = (Red. O_Wind * 32+ (1-Red. O_Wind) * 28)/22.4;

Gas_Density = (Gas. CO2 * (12+16 * 2)+ (Gas. CO+Gas. N2) * 28+Gas. CH4 * 16+Gas. H2 * 2)/ 100/22.4;

tab4. MCO. BV_Weight =tab4. MCO. BV * BV_Density;

tab4. MCO. BVWater =tab4. MCO. BV * OPar. Moisture;

tab4. MCO. BVWater_Weight =tab4. MCO. BVWater * (16+2)/22.4;

tab4. MCO. Gas_Weight =tab4. MCO. Gas * Gas_Density;

tab4. MCO. RH2O = 11.2 * (tab4. WH. Material + tab4. WH. Coal) + tab4. MCO. BV * OPar. Moisture- tab4. MCO. Gas * (Gas. H2+Gas. CH4 * 2)/100;

tab4. MCO. RH2O_Weight =tab4. MCO. RH2O * (16+2)/22.4;

tab4. MCN. BV_Weight =tab4. MCN. BV * BV_Density;

tab4. MCN. BVWater =tab4. MCN. BV * OPar. Moisture;

tab4. MCN. BVWater_Weight =tab4. MCN. BVWater * (16+2)/22.4;

tab4. MCN. Gas_Weight =tab4. MCN. Gas * Gas_Density;

tab4. MCN. RH2O = 11.2 * (tab4. WH. Material + tab4. WH. Coal) + tab4. MCN. BV * OPar. Moisture- tab4. MCN. Gas * (Gas. H2+Gas. CH4 * 2)/100;

tab4. MCN. RH2O_Weight =tab4. MCN. RH2O * (16+2)/22.4;

tab4. MON. BV_Weight =tab4. MON. BV * BV_Density;

tab4. MON. BVWater =tab4. MON. BV * OPar. Moisture;

tab4. MON. BVWater_Weight =tab4. MON. BVWater * (16+2)/22.4;

tab4. MON. Gas_Weight =tab4. MON. Gas * Gas_Density;

tab4. MON. RH2O = 11.2 * (tab4. WH. Material + tab4. WH. Coal) + tab4. MON. BV * OPar. Moisture- tab4. MON. Gas * (Gas. H2+Gas. CH4 * 2)/100;

tab4. MON. RH2O_Weight =tab4. MON. RH2O * (16+2)/22.4;

}

6) 物料平衡表。

```
void Cal∷Cal_5_MassBal( )
{
double tempWater;
```

MCO 收入

```
tab5.MCO.Coke=tab1.Coke.Weight;
tab5.MCO.Coal=tab1.Coal.Weight;
tab5.MCO.Sinter=tab1.Sinter.Weight;
tab5.MCO.AuOre=tab1.AuOre.Weight;
tab5.MCO.LimeStone=tab1.LimeStone.Weight;
tab5.MCO.BV_Weight=tab4.MCO.BV_Weight;
tab5.MCO.BVWater_Weight=tab4.MCO.BVWater_Weight;
```

MCO 支出

```
tab5.MCO.FE=tab2.FE.Weight;
tab5.MCO.RecFe=tab2.RecFe.Weight;
tab5.MCO.Slag=tab2.Slag.Weight;
tab5.MCO.Gas_Weight=tab4.MCO.Gas_Weight;
tempWater=tab1.Coke.Phy_Water+tab1.Coal.Phy_Water+tab1.Sinter.Phy_Water+tab1.AuOre.Phy_
Water+tab1.LimeStone.Phy_Water;
tab5.MCO.GasWater_Weight=tab4.MCO.RH2O_Weight+tempWater;
tab5.MCO.Dusk=tab2.Dust.Weight;
```

MCN 收入

```
tab5.MCN.Coke=tab1.Coke.Weight;
tab5.MCN.Coal=tab1.Coal.Weight;
tab5.MCN.Sinter=tab1.Sinter.Weight;
tab5.MCN.AuOre=tab1.AuOre.Weight;
tab5.MCN.LimeStone=tab1.LimeStone.Weight;
tab5.MCN.BV_Weight=tab4.MCN.BV_Weight;
tab5.MCN.BVWater_Weight=tab4.MCN.BVWater_Weight;
```

MCN 支出

```
tab5.MCN.FE=tab2.FE.Weight;
tab5.MCN.RecFe=tab2.RecFe.Weight;
tab5.MCN.Slag=tab2.Slag.Weight;
tab5.MCN.Gas_Weight=tab4.MCN.Gas_Weight;
tempWater=tab1.Coke.Phy_Water+tab1.Coal.Phy_Water+tab1.Sinter.Phy_Water+tab1.AuOre.Phy_
Water+tab1.LimeStone.Phy_Water;
tab5.MCN.GasWater_Weight=tab4.MCN.RH2O_Weight+tempWater;
tab5.MCN.Dusk=tab2.Dust.Weight;
```

MON 收入

```
tab5.MON.Coke=tab1.Coke.Weight;
```

```
tab5. MON. Coal = tab1. Coal. Weight;
tab5. MON. Sinter = tab1. Sinter. Weight;
tab5. MON. AuOre = tab1. AuOre. Weight;
tab5. MON. LimeStone = tab1. LimeStone. Weight;
tab5. MON. BV_Weight = tab4. MON. BV_Weight;
tab5. MON. BVWater_Weight = tab4. MON. BVWater_Weight;
```

MON 支出

```
tab5. MON. FE = tab2. FE. Weight;
tab5. MON. RecFe = tab2. RecFe. Weight;
tab5. MON. Slag = tab2. Slag. Weight;
tab5. MON. Gas_Weight = tab4. MON. Gas_Weight;
tempWater = tab1. Coke. Phy_Water+tab1. Coal. Phy_Water+tab1. Sinter. Phy_Water+tab1. AuOre. Phy_
Water+tab1. LimeStone. Phy_Water;
tab5. MON. GasWater_Weight = tab4. MON. RH2O_Weight+tempWater;
tab5. MON. Dusk = tab2. Dust. Weight;
}
```

7) 进入炉顶煤气的元素平衡计算。

```
void Cal∶∶Cal_6_ErrorBal( )
{
double sum;
tab6. MCO_N. BV = tab4. MCO. BV * (0.79 * (1-OPar. Moisture)-0.035);
tab6. MCO_N. Coal = tab3. Coal. Weight * Coal. N/100 * 22.4/28;
tab6. MCO_N. Coke = tab3. Coke. Weight * Coke. N/100 * 22.4/28;
tab6. MCO_N. Gas = tab4. MCO. Gas * Gas. N2/100;
sum = tab6. MCO_N. BV+tab6. MCO_N. Coal+tab6. MCO_N. Coke;
tab6. MCO_N. error = sum-tab6. MCO_N. Gas;
tab6. MCO_N. error_Rate = tab6. MCO_N. error/sum;

tab6. MCN_O. BV = tab4. MCN. BV * Red. O_Wind;
tab6. MCN_O. Coal = tab4. WO. Coal * 22.4/32;
tab6. MCN_O. Material = tab4. WO. Material * 22.4/32;
tab6. MCN_O. Gas = tab4. MCN. Gas * (Gas. CO2+0.5 * Gas. CO)/100+0.5 * tab4. MCN. RH2O;
sum = tab6. MCN_O. BV+tab6. MCN_O. Coal+tab6. MCN_O. Material;
tab6. MCN_O. error = sum-tab6. MCN_O. Gas;
tab6. MCN_O. error_Rate = tab6. MCN_O. error/sum;

tab6. MON_C. material_Coal = tab4. WC. Gasify;
tab6. MON_C. Gas = tab4. MON. Gas * (Gas. CO2+Gas. CO+Gas. CH4)/100 * 12/22.4;
sum = tab6. MON_C. material_Coal;
tab6. MON_C. error = sum-tab6. MON_C. Gas;
tab6. MON_C. error_Rate = tab6. MON_C. error/sum;

}
```

b　直接还原度和煤气利用率计算模块

void Cal∷Cal_7_Reduction()

{

（1）风口前燃烧的碳量计算。

Red.O_Wind=OPar.W+0.29 ∗ OPar.Moisture;

Red.WC_Tuyere=（tab4.MCN.BV+tab4.MCN.BVWater）∗ Red.O_Wind/22.4 ∗ 2 ∗ 12;

Red.CBurn_Rate=（Red.WC_Tuyere-tab4.WC.Coal ∗ 0.75）/（tab2.Coke.Weight ∗ Coke.Cquan/100）;

（2）铁直接还原耗碳量和夺取的氧量计算。

Red.WCdFe = tab4.WC.Gasify-Red.WC_Tuyere-tab4.WO.SiMnPS ∗ 12/16-1.5 ∗ tab4.WC.LimeStone-tab2.Coke.Weight ∗（Coke.Cquan/100−0.8525）;

Red.QO2iH2=tab4.MCO.RH2O/2;

Red.QCO2=tab4.MCO.Gas ∗ Gas.CO2/100;

Red.QCO2RF=tab2.LimeStone.Weight ∗ LimeStone.CO2/100 ∗（1−0.5）∗ 22.4/（12+16 ∗ 2）;

Red.QCO2i=Red.QCO2-Red.QCO2RF;

Red.QOi=0.5 ∗ Red.QCO2i+Red.QO2iH2;

Red.QOR=（tab4.WO.Material-tab4.WO.LimeStone）∗ 22.4/32;

Red.QOdFe=Red.QOR-tab4.WO.SiMnPS ∗ 22.4/32-Red.QOi;

（3）铁的直接还原度计算。

Red.rdFe_CdFe=Red.WCdFe ∗ 56/12/（tab2.FE.Weight ∗ FE.Fe/100）;

Red.rdFe_OdFe=Red.QOdFe ∗ 56 ∗ 2/22.4/（tab2.FE.Weight ∗ FE.Fe/100）;

（4）高炉的直接还原度计算。

Red.Rd=（Red.QOR-Red.QOi）/Red.QOR;

（5）CO 利用率和 H_2 利用率计算。

double m,VCO;

m=Gas.CO2/Gas.CO;

Red.nCO1=m/（1+m）;

VCO=（Red.WC_Tuyere+Red.WCdFe+tab4.WO.SiMnPS ∗ 12/16+tab4.WC.LimeStone）∗ 22.4/12;

Red.nCO2=Red.QCO2i/VCO;

Red.nH2 = tab4.MCO.RH2O/（11.2 ∗（tab4.WH.Material + tab4.WH.Coal）+ tab4.MCO.BV ∗ OPar.Moisture）;

}

c　热平衡计算模块

void Cal∷Cal_HBal_Step1()

{

（1）进入间接还原区的煤气量和成分计算。

HB_tab1.QCO = 22.4/12 ∗ Red.WC_Tuyere + 22.4/12 ∗（Red.WCdFe + tab4.WO.SiMnPS ∗ 12/16）+

tab2. LimeStone. Weight ∗ LimeStone. CO2/100 ∗ 22.4/（12+2 ∗ 16）+tab2. Coke. Weight ∗（Coke. Cquan/100-0.856）∗ 22.4/28；

HB_tab1. QH2=tab4. MCN. BV ∗ OPar. Moisture+22.4/2 ∗（tab4. WH. Material+tab4. WH. Coal）；

HB_tab1. QN2=tab4. MCN. BV ∗（0.79 ∗（1-OPar. Moisture）-0.035）+22.4/28 ∗（tab4. WN. Material+tab4. WN. Coal）；

HB_tab1. V=HB_tab1. QCO+HB_tab1. QH2+HB_tab1. QN2；

（2）全炉热平衡计算。

热收入项：

1）焦炭和喷吹煤粉的热值。

HB_tab1. QMaterial=Coke. Weight ∗ 30；

HB_tab1. QCoal=31 ∗ Coal. Weight；

2）风口前碳燃烧放出的热量。

HB_tab1. QC=9.8 ∗ Red. WC_Tuyere/1000-tab2. Coal. Weight/1000 ∗ 1.15；

3）还原过程中 C、CO、H_2 氧化放出的热量。

HB_tab1. QCd=9.8 ∗（Red. WCdFe+tab4. WO. SiMnPS ∗ 12/16）/1000；

HB_tab1. QCOi=12.65 ∗ Red. QCO2i/1000；

HB_tab1. QH2i=10.8 ∗ tab4. MCN. RH2O/1000；

4）热风带入的热量

HB_tab1. QHGas = tab4. MCN. BV ∗ 1.432 ∗ OPar. BTMes/1000/1000-10.8 ∗ tab4. MCN. BV ∗ OPar. Moisture/1000；

热支出项：

1）氧化物分解和直接还原耗热。

①氧化物分解耗热。

HB_tab1. QFe2SiO4 = 310 ∗（tab1. Coke. Dry_Weight ∗ tab3. Coke. Fe_Rate/100 + tab2. Coal. Weight ∗ tab3. Coal. Fe_Rate/100+0.2 ∗ tab2. Sinter. Weight ∗ Sinter. FeO/100 ∗ 55.85/（55.85+16））/1000/1000；

HB_tab1. QFe2O3 = 2370 ∗（tab2. Sinter. Weight ∗ Sinter. Fe2O3/100 + tab2. AuOre. Weight ∗ AuOre. Fe2O3/100-tab2. Dust. Weight ∗ Dust. Fe2O3/100）∗ 0.7/1000/1000；

HB_tab1. QFexO=4990 ∗（tab3. FE. Fe_Weight+tab3. RecFe. Weight ∗ RecFe. Fe/100）/1000/1000；

铁氧化物分解耗热：

HB_tab1. QFe=HB_tab1. QFe2SiO4+HB_tab1. QFe2O3+HB_tab1. QFexO；

硅氧化物分解耗热：

HB_tab1. QSi=31360 ∗ FE. Si/100/1000；

锰氧化物分解耗热：

HB_tab1. QMn=7015 ∗ FE. Mn/100/1000；

磷氧化物分解耗热：

HB_tab1. QP = 36000 * FE. P/100/1000；

则氧化物分解耗热为：

HB_tab1. Q1 = HB_tab1. QFe+HB_tab1. QSi+HB_tab1. QMn+HB_tab1. QP；

②直接还原耗热。

Fe 直接还原耗热：

HB_tab1. QRedFe = 2890 *（tab3. FE. Fe_Weight+tab3. RecFe. Weight * RecFe. Fe/100）* Red. rdFe_
OdFe/1000/1000；

Si 直接还原耗热：

HB_tab1. QRedSi = 22960 * FE. Si/100/1000；

Mn 直接还原耗热：

HB_tab1. QRedMn = 4880 * FE. Mn/100/1000；

P 直接还原耗热：

HB_tab1. QRedP = 26520 * FE. P/100/1000；

则直接还原耗热为：

HB_tab1. Q1Red = HB_tab1. QRedFe+HB_tab1. QRedSi+HB_tab1. QRedMn+HB_tab1. QRedP；

2）脱硫耗热。

第一、二种热平衡：

HB_tab1. Q1S = 8300 * tab2. Slag. Weight * tab3. Slag. S_Rate/100/1000/1000；

第三种热平衡：

HB_ tab1. Q1s = 4650 * tab2. Slag. Weight * tab3. Slag. S_ Rate/100/1000/1000；

3）碳酸盐分解耗热。

HB_tab1. Q1CO3 =（4040 * tab2. LimeStone. Weight * LimeStone. CO2/100+3770 * tab2. LimeStone. Weight *
LimeStone. CO2/100 * 0. 5-1130 * tab2. LimeStone. Weight * LimeStone. CO2/100 * 1. 27）/1000/1000；

4）炉渣、铁水和煤气的焓。

炉渣的焓：

HB_tab1. Q1u = tab2. Slag. Weight * 1900/1000/1000；

铁水的焓：

HB_tab1. Q1e = 1000 * 1300. 00/1000/1000；

煤气的焓：

HB_tab1. Q1Gas =（tab4. MCN. Gas * 1. 407 * OPar. TopGas +（tab4. MNN. RH2O +1. 244 *（tab1. Coke. Che_
Water+tab1. Coal. Che_Water+tab1. Sinter. Che_Water+tab1. AuOre. Che_Water+tab1. LimeStone. Che_Water+
tab1. Coke. Phy _ Water + tab1. Coal. Phy _ Water + tab1. Sinter. Phy _ Water + tab1. AuOre. Phy _ Water +

tab1. LimeStone. Phy_Water))＊1.508＊OPar. TopGas+2450＊(tab1. Coke. Che_Water+tab1. Coal. Che_Water +tab1. Sinter. Che_Water + tab1. AuOre. Che_Water + tab1. LimeStone. Che_Water + tab1. Coke. Phy_Water + tab1. Coal. Phy_Water + tab1. Sinter. Phy_Water + tab1. AuOre. Phy_Water + tab1. LimeStone. Phy_Water)＋ tab2. Dust. Weight＊0.8＊OPar. TopGas)/1000/1000；

5) 高炉煤气和未燃烧碳的热值。

高炉煤气的热值：

HB_tab1. Q1Chem＝(12650＊Gas. CO/100+10800＊Gas. H2/100+35930＊Gas. CH4/100)＊ tab4. MCN. Gas/1000/1000；

未燃烧碳的热值：

HB_tab1. Q1no＝33410＊(1000＊FE. C/100+Dust. Weight＊1000＊Dust. C/100)/1000/1000；///+ RecFe. Weight＊1000＊RecFe. C/100+Dust. Weight＊1000＊Dust. C/100//

6) 喷吹燃料分解耗热。

HB_tab1. Qcoal_di＝tab2. Coal. Weight/1000＊1.15；

(3) 全炉热平衡表和能量利用指标。

1) 全炉热平衡表。

方法一：

HB_tab1. Qall1＝HB_tab1. QMaterial+HB_tab1. QCoal+HB_tab1. QHGas；

HB_tab1. Qsun1＝HB_tab1. Qall1-(HB_tab1. Q1+HB_tab1. Q1CO3+HB_tab1. Q1e+HB_tab1. Q1Gas+HB_ tab1. Q1S+HB_tab1. Q1u+HB_tab1. Q1Chem+HB_tab1. Q1no+HB_tab1. Qcoal_di)；

HB_tab1. Qsun1_perc＝HB_tab1. Qsun1/HB_tab1. Qall1＊100；

HB_tab1. Q1_perc1＝HB_tab1. Q1/HB_tab1. Qall1＊100；

HB_tab1. Q1Chem_perc1＝HB_tab1. Q1Chem/HB_tab1. Qall1＊100；

HB_tab1. Q1CO3_perc1＝HB_tab1. Q1CO3/HB_tab1. Qall1＊100；

HB_tab1. Q1cold_perc1＝HB_tab1. Q1cold/HB_tab1. Qall1＊100；

HB_tab1. Q1e_perc1＝HB_tab1. Q1e/HB_tab1. Qall1＊100；

HB_tab1. Q1Gas_perc1＝HB_tab1. Q1Gas/HB_tab1. Qall1＊100；

HB_tab1. Q1no_perc1＝HB_tab1. Q1no/HB_tab1. Qall1＊100；

HB_tab1. Q1S_perc1＝HB_tab1. Q1S/HB_tab1. Qall1＊100；

HB_tab1. Q1u_perc1＝HB_tab1. Q1u/HB_tab1. Qall1＊100；

HB_tab1. QCoal_perc1＝HB_tab1. QCoal/HB_tab1. Qall1＊100；

HB_tab1. QHGas_perc1＝HB_tab1. QHGas/HB_tab1. Qall1＊100；

HB_tab1. QMaterial_perc1＝HB_tab1. QMaterial/HB_tab1. Qall1＊100；

HB_tab1. Qcoal_di_perc1＝HB_tab1. Qcoal_di/HB_tab1. Qall1＊100；

方法二：

HB_tab1. Qall2＝HB_tab1. QC+HB_tab1. QCd+HB_tab1. QCOi+HB_tab1. QH2i+HB_tab1. QHGas；

HB_tab1. Qsun2＝HB_tab1. Qall2-(HB_tab1. Q1+HB_tab1. Q1CO3+HB_tab1. Q1e+HB_tab1. Q1Gas+HB_ tab1. Q1S+HB_tab1. Q1u)；

HB_tab1. Qsun2_perc＝HB_tab1. Qsun2/HB_tab1. Qall2＊100；

HB_tab1. Q1_perc2 = HB_tab1. Q1/HB_tab1. Qall2 * 100；

HB_tab1. Q1CO3_perc2 = HB_tab1. Q1CO3/HB_tab1. Qall2 * 100；

HB_tab1. Q1cold_perc2 = HB_tab1. Q1cold/HB_tab1. Qall2 * 100；

HB_tab1. Q1e_perc2 = HB_tab1. Q1e/HB_tab1. Qall2 * 100；

HB_tab1. Q1Gas_perc2 = HB_tab1. Q1Gas/HB_tab1. Qall2 * 100；

HB_tab1. Q1S_perc2 = HB_tab1. Q1S/HB_tab1. Qall2 * 100；

HB_tab1. Q1u_perc2 = HB_tab1. Q1u/HB_tab1. Qall2 * 100；

HB_tab1. QCOi_perc2 = HB_tab1. QCOi/HB_tab1. Qall2 * 100；

HB_tab1. QCd_perc2 = HB_tab1. QCd/HB_tab1. Qall2 * 100；

HB_tab1. QC_perc2 = HB_tab1. QC/HB_tab1. Qall2 * 100；

HB_tab1. QH2i_perc2 = HB_tab1. QH2i/HB_tab1. Qall2 * 100；

HB_tab1. QHGas_perc2 = HB_tab1. QHGas/HB_tab1. Qall2 * 100；

方法三：

HB_tab1. Qall3 = HB_tab1. QC+HB_tab1. QHGas；

HB_tab1. Qsun3 = HB_tab1. Qall3-（HB_tab1. Q1CO3+HB_tab1. Q1e+HB_tab1. Q1Gas+HB_tab1. Q1S+HB_tab1. Q1u+HB_tab1. Q1Red）；

HB_tab1. Qsun3_perc = HB_tab1. Qsun3/HB_tab1. Qall3 * 100；

HB_tab1. QHGas_perc3 = HB_tab1. QHGas/HB_tab1. Qall3 * 100；

HB_tab1. Q1CO3_perc3 = HB_tab1. Q1CO3/HB_tab1. Qall3 * 100；

HB_tab1. Q1cold_perc3 = HB_tab1. Q1cold/HB_tab1. Qall3 * 100；

HB_tab1. Q1e_perc3 = HB_tab1. Q1e/HB_tab1. Qall3 * 100；

HB_tab1. Q1Gas_perc3 = HB_tab1. Q1Gas/HB_tab1. Qall3 * 100；

HB_tab1. Q1Red_perc3 = HB_tab1. Q1Red/HB_tab1. Qall3 * 100；

HB_tab1. Q1s_perc3 = HB_tab1. Q1s/HB_tab1. Qall3 * 100；

HB_tab1. Q1u_perc3 = HB_tab1. Q1u/HB_tab1. Qall3 * 100；

HB_tab1. QC_perc3 = HB_tab1. QC/HB_tab1. Qall3 * 100；

2）能量利用系数。

第二种热平衡中有效热量支出：

HB_tab1. Qeff2 = HB_tab1. Q1+HB_tab1. Q1S+HB_tab1. Q1CO3+HB_tab1. Q1u+HB_tab1. Q1e；

第三种热平衡中有效热量支出：

HB_tab1. Qeff3 = HB_tab1. Q1Red+HB_tab1. Q1s+HB_tab1. Q1CO3+HB_tab1. Q1u+HB_tab1. Q1e；

高炉能量利用系数按第二种热平衡计算：

HB_tab1. nt2 = HB_tab1. Qeff2/HB_tab1. Qall2；

高炉能量利用系数按第三种热平衡计算：

HB_tab1. nt3 = HB_tab1. Qeff3/HB_tab1. Qall3；

3）碳的利用系数。

HB_tab1. nC = 0.293+0.707 * Red. nCO2；

（4）高温区热平衡计算。

热收入项：

1）风口前碳燃烧放出的热量。

HB_tab1.qC＝HB_tab1.QC；

2）热风带入的热量。

HB_tab1.qHGas＝HB_tab1.QHGas；

3）焦炭带入高温区的热量。

HB _ tab1.qCoke＝（tab2.Coke.Weight-Dust.Weight ＊ 1000 ＊ Dust.C/100/0.856）＊1.507＊950/1000/1000；

4）矿石带入高温区的热量。

HB _ tab1.qSinte ＝（（tab2.Sinter.Weight ＋ tab2.AuOre.Weight ＋ tab2.LimeStone.Weight ）-（tab2.Dust.Weight-Dust.Weight ＊ 1000 ＊ Dust.C/100/0.856 ＋ Red.QOi ＊ 32/22.4 ＋ tab2.LimeStone.Weight＊0.5＊LimeStone.CO2/100））＊0.95＊950/1000/1000；

5）炉料带入高温区的热量。

HB_tab1.qMetal＝HB_tab1.qCoke+HB_tab1.qSinte；

则总的热收入为：

HB_tab1.qall1＝HB_tab1.qC+HB_tab1.qHGas；
HB_tab1.qall2＝HB_tab1.qC+HB_tab1.qHGas+HB_tab1.qMetal；

热支出项：

1）直接还原耗热。

HB_tab1.qRed＝HB_tab1.Q1Red；

2）脱硫耗热。

HB_tab1.qS＝HB_tab1.Q1s；

3）碳酸盐分解耗热。

HB_tab1.qCO3＝（0.5＊4040+0.5＊3770-1130＊1.27）＊tab2.LimeStone.Weight＊LimeStone.CO2/100/1000/1000；

4）炉渣的焓。

方法一：

HB_tab1.q1u＝tab2.Slag.Weight＊（1900-860）/1000/1000；

方法二：

HB_tab1.q2u＝HB_tab1.Q1u；

5）铁水的焓。

方法一：

HB_tab1.q1e＝1000＊（1300-630）/1000/1000；

方法二：

  HB_tab1.q2e＝HB_tab1.Q1e；

6）煤气的焓：

  HB_tab1.q1Gas＝HB_tab1.V*1.411*1000/1000/1000；

  HB_tab1.qGas＝HB_tab1.q1Gas-HB_tab1.qCoke-95.21*1.474*950/1000/1000；

  HB_tab1.qsun1＝HB_tab1.qall1-HB_tab1.qRed-HB_tab1.qS-HB_tab1.qCO3-HB_tab1.q1u-HB_tab1.q1e-HB_tab1.qGas；

  HB_tab1.qsun2＝HB_tab1.qall2-HB_tab1.qRed-HB_tab1.qS-HB_tab1.qCO3-HB_tab1.q2u-HB_tab1.q2e-HB_tab1.q1Gas；

  HB_tab1.qC_perc1＝HB_tab1.qC/HB_tab1.qall1*100；

  HB_tab1.qC_perc2＝HB_tab1.qC/HB_tab1.qall2*100；

  HB_tab1.qMetal_perc2＝HB_tab1.qMetal/HB_tab1.qall2*100；

  HB_tab1.qHGas_perc1＝HB_tab1.qHGas/HB_tab1.qall1*100；

  HB_tab1.qHGas_perc2＝HB_tab1.qHGas/HB_tab1.qall2*100；

  HB_tab1.qRed_perc1＝HB_tab1.qRed/HB_tab1.qall1*100；

  HB_tab1.qRed_perc2＝HB_tab1.qRed/HB_tab1.qall2*100；

  HB_tab1.qS_perc1＝HB_tab1.qS/HB_tab1.qall1*100；

  HB_tab1.qS_perc2＝HB_tab1.qS/HB_tab1.qall2*100；

  HB_tab1.qCO3_perc1＝HB_tab1.qCO3/HB_tab1.qall1*100；

  HB_tab1.qCO3_perc2＝HB_tab1.qCO3/HB_tab1.qall2*100；

  HB_tab1.q1u_perc1＝HB_tab1.q1u/HB_tab1.qall1*100；

  HB_tab1.q2u_perc2＝HB_tab1.q2u/HB_tab1.qall2*100；

  HB_tab1.q1e_perc1＝HB_tab1.q1e/HB_tab1.qall1*100；

  HB_tab1.q2e_perc2＝HB_tab1.q2e/HB_tab1.qall2*100；

  HB_tab1.q1Gas_perc＝HB_tab1.q1Gas/HB_tab1.qall1*100；

  HB_tab1.qGas_perc＝HB_tab1.qGas/HB_tab1.qall2*100；

  HB_tab1.qsun1_perc＝HB_tab1.qsun1/HB_tab1.qall1*100；

  HB_tab1.qsun2_perc＝HB_tab1.qsun2/HB_tab1.qall2*100；

则高温区的有效热量消耗为：

  HB_tab1.qEff＝HB_tab1.qRed+HB_tab1.qS+HB_tab1.qCO3+HB_tab1.q1u+HB_tab1.q1e；

热能利用系数：

  HB_tab1.n0＝HB_tab1.qEff/HB_tab1.qall1；

}

d　生产高炉计算界面

生产高炉计算界面如附图1所示。

（1）生产高炉参数设定界面，如附图2~附图5所示。

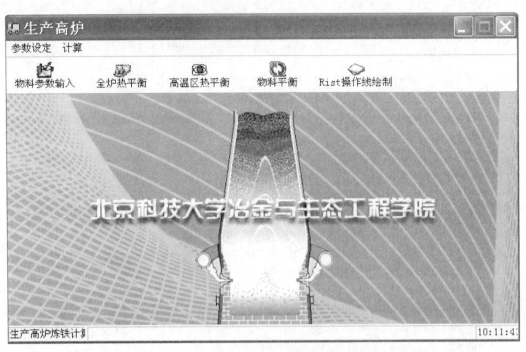

附图 1　生产高炉计算界面

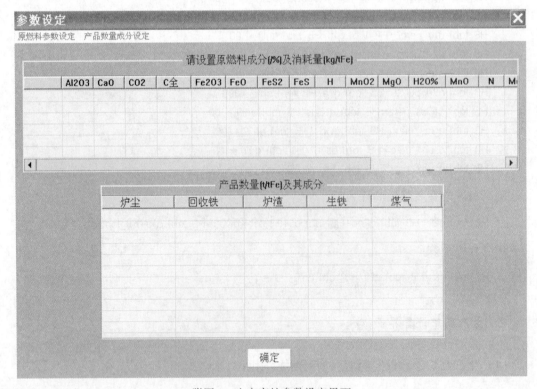

附图 2　生产高炉参数设定界面

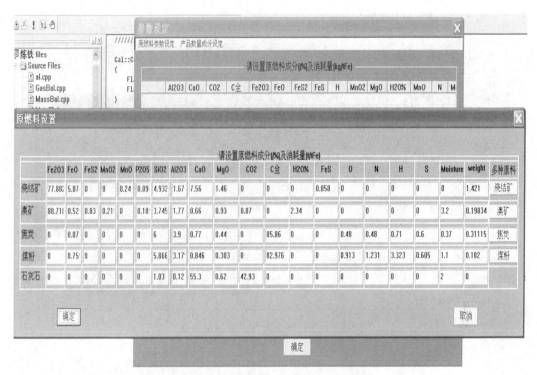

附图 3　生产高炉原燃料参数设定界面

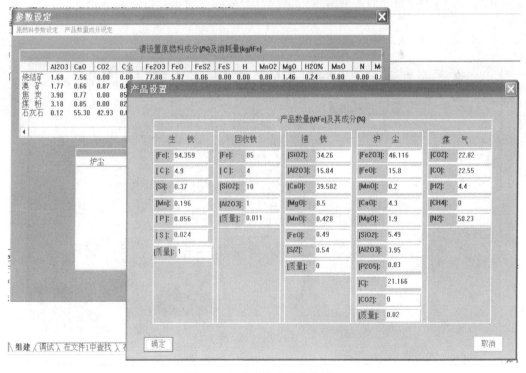

附图 4　生产高炉产品设定界面

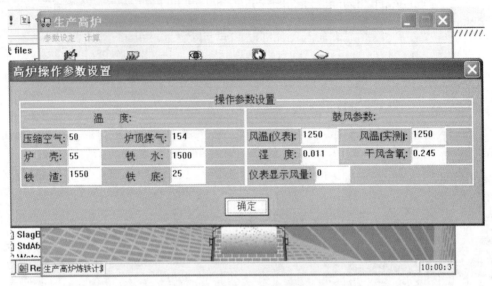

附图 5　生产高炉操作参数设定界面

（2）生产高炉计算界面，如附图 6～附图 10 所示。

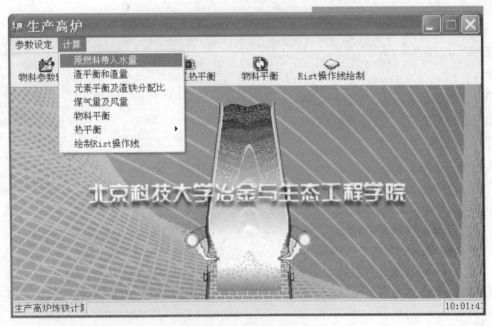

附图 6　生产高炉计算界面

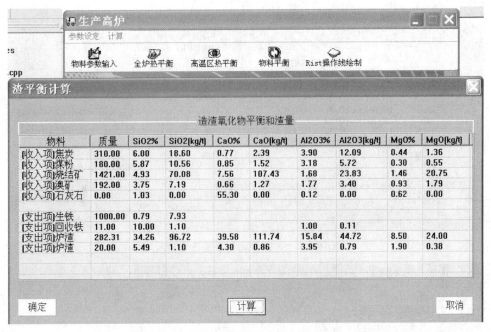

附图 7　生产高炉造渣氧化物平衡计算界面

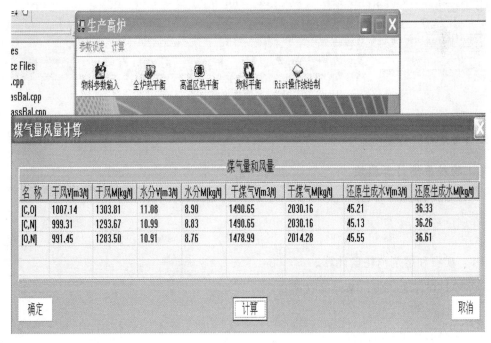

附图 8　生产高炉煤气量和风量计算界面

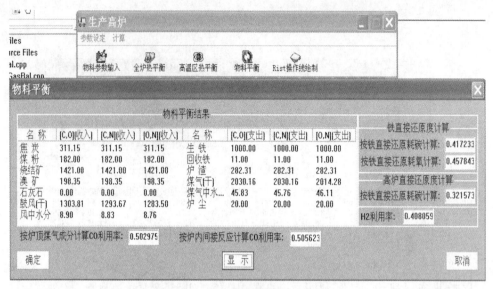

附图 9　生产高炉物料平衡计算界面

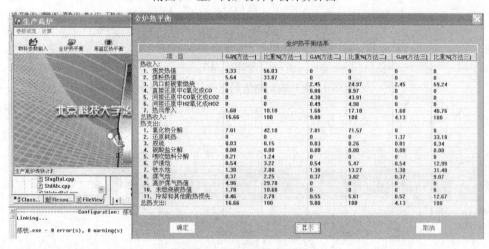

附图 10　生产高炉热平衡计算界面

B　设计高炉计算程序

a　物料平衡计算模块

CDBFCalculation::~CDBFCalculation( )
{
}

（1）矿石和熔剂消耗量计算。

void CDBFCalculation::MassBal_Cal_1( )
{

1）矿石消耗量计算。

估算生铁中的铁含量：

Fe. Fe = 1-Fe. Si-Fe. Mn-Fe. P-Fe. S-Fe. V-Fe. Ti-Fe. C；

double Coal_Coke_Fe；

Coal_Coke_Fe = Coke. Weight * Coke. FeO * 56/（56+16）+Coal. Weight * Coal. FeO * 56/（56+16）；

进入炉渣的铁量：

double Slag_Fe；

Slag_Fe = 1000 * Fe. Fe * UFe/nFe；

由矿石带入的铁量：

double Ore_Fe；

Ore_Fe = 1000 * Fe. Fe-Coal_Coke_Fe+Slag_Fe；

则矿石的消耗量为：

MixOre. Weight = Ore _ Fe/（MixOre. Fe2O3 * 56 * 2/（56 * 2 + 16 * 3）+ MixOre. FeO * 56/72 + MixOre. FeS * 56/（56+32））；

2）熔剂消耗量计算。

wSiO2 = Coke. Weight * Coke. SiO2+Coal. Weight * Coal. SiO2+MixOre. Weight * MixOre. SiO2-Fe. Si * 1000 *（28+32）/28；

wCao = Coke. Weight * Coke. CaO+Coal. Weight * Coal. CaO+MixOre. Weight * MixOre. CaO；

MixFlux. Weight =（wSiO2 * Slag. R-wCao）/（MixFlux. CaO-MixFlux. SiO2 * 1.2）；

if（　MixFlux. Weight<0）{ MixFlux. Weight = 0；}；

　　　}

（2）渣量和炉渣成分计算。

void CDBFCalculation：：MassBal_Cal_2（）

　{

Slag. SiO2 = wSiO2+MixFlux. Weight * MixFlux. SiO2；

Slag. CaO = wCaO+MixFlux. Weight * MixFlux. CaO；

Slag. MgO = Coke. Weight * Coke. MgO+Coal. Weight * Coal. MgO+MixOre. Weight * MixOre. MgO+Mix-Flux. Weight * MixFlux. MgO；

Slag. Al2O3 = Coke. Weight * Coke. Al2O3+Coal. Weight * Coal. Al2O3+MixOre. Weight * MixOre. Al2O3 +MixFlux. Weight * MixFlux. Al2O3；

Slag. FeO = Fe. Fe * 1000 * UFe/nFe * 72/56；

Slag. MnO = MixOre. Weight * MixOre. MnO * UMn；

Slag. V2O5 = MixOre. Weight * MixOre. V2O5 * UV；

Slag. TiO2 = MixOre. Weight * MixOre. TiO2-1000 * Fe. Ti * 80/48；

Slag. S =（（Coke. Weight * Coke. S+Coal. Weight * Coal. S+MixOre. Weight * MixOre. FeS * 32/（32+56）) *（1-NangdS）-1000 * Fe. S）/2；

Slag. Weight = Slag. SiO2 + Slag. CaO + Slag. MgO + Slag. Al2O3 + Slag. FeO + Slag. MnO + Slag. V2O5 + Slag. TiO2+Slag. S；

Slag. SiO2_Rate = Slag. SiO2/Slag. Weight；

Slag. CaO_Rate = Slag. CaO/Slag. Weight；

Slag. MgO_Rate = Slag. MgO/Slag. Weight；

```
            Slag. Al2O3_Rate = Slag. Al2O3 / Slag. Weight;
            Slag. FeO_Rate = Slag. FeO / Slag. Weight;
            Slag. MnO_Rate = Slag. MnO / Slag. Weight;
            Slag. V2O5_Rate = Slag. V2O5 / Slag. Weight;
            Slag. TiO2_Rate = Slag. TiO2 / Slag. Weight;
            Slag. S_Rate = Slag. S / Slag. Weight;
        }
```

（3）炉渣性能和脱硫能力验算。

```
        void CDBFCalculation: : MassBal_Cal_3()
        {
```

1）根据计算的这4个值，查看炉渣的熔化温度。

```
        Slag. SiO2_Rate4 = Slag. SiO2_Rate / (Slag. SiO2_Rate + Slag. CaO_Rate + Slag. MgO_Rate + Slag. Al2O3_
Rate);
        Slag. CaO_Rate4 = Slag. CaO_Rate / (Slag. SiO2_Rate + Slag. CaO_Rate + Slag. MgO_Rate + Slag. Al2O3_
Rate);
        Slag. MgO_Rate4 = Slag. MgO_Rate / (Slag. SiO2_Rate + Slag. CaO_Rate + Slag. MgO_Rate + Slag. Al2O3_
Rate);
         Slag. Al2O3 _ Rate4 = Slag. Al2O3 _ Rate / (Slag. SiO2 _ Rate + Slag. CaO _ Rate + Slag. MgO _ Rate +
Slag. Al2O3_Rate);
```

2）计算四元碱度，根据计算结果查看黏度曲线图。

```
        Slag. R4 = (Slag. CaO + Slag. MgO) / (Slag. SiO2 + Slag. Al2O3);
```

3）按照拉姆教授渣中氧化物总和检查炉渣的脱硫能力。

```
        Slag. wRO1 = 50 − 0.25 * Slag. Al2O3_Rate * 100 + 3 * Slag. S_Rate * 2 * 100 − (0.3 * Fe. Si + 30 * Fe. S)
* 100 / (Slag. Weight / 1000);
        Slag. wRO2 = (Slag. CaO_Rate + Slag. MgO_Rate + Slag. MnO_Rate + Slag. FeO_Rate) * 100;
            if( Slag. wRO2 > Slag. wRO1){
            Slag. m_YesNo = _T(" 能");
        }
        else
            Slag. m_YesNo = _T(" 不能");
```

4）按照沃斯柯博依尼科夫经验公式计算 L_s。

```
        double x;
        x = (Slag. CaO + Slag. MgO) / Slag. SiO2;
        double Ls_1450;
        double d;
        d = pow( x, 2);
        Ls_1450 = 98 * pow( x, 2) − 160 * x + 72 − (0.6 * Slag. Al2O3 _ Rate * Slag. Al2O3 _ Rate − 0.012 *
Slag. Al2O3_Rate − 4.032) * pow( x, 4);
        double n_t;
```

```
double t;
t=1550;
n_t=2*(t/100)-0.05*pow(t/100,2)-17.4875;
Slag.Ls=n_t*Ls_1450;
double Ls;
Ls=Slag.S_Rate*2/Fe.S;
if(Slag.Ls>Ls){
        }
}
void CDBFCalculation∷MassBal_Cal_4()
    {
```

（4）生铁成分核算。

```
double wP,wMn,wV,wC;
wP=(Coke.Weight*Coke.P2O5+Coal.Weight*Coal.P2O5+MixOre.Weight*MixOre.P2O5+Mix-
Flux.Weight*MixFlux.P2O5)*0.437/1000;
wMn=MixOre.Weight*MixOre.MnO*55/(55+16)*nMn/1000;
wV=MixOre.Weight*MixOre.V2O5*0.56*nV/1000;
wC=100-(Fe.Fe+Fe.Si+Fe.Ti+Fe.S+wP+wMn+wV)*100;
Fe.P=wP;
Fe.Mn=wMn;
Fe.V=wV;
Fe.C=wC/100;
    }
void CDBFCalculation∷MassBal_Cal_5()
     {
```

（5）风量计算。

1）焦炭和煤粉带入的碳量。

```
C_Coke_Coal=Coke.Weight*Coke.Cgu+Coal.Weight*Coal.Cgu;
```

2）生铁中少量元素还原耗碳量。

```
C_dSiMnP=(Fe.Mn*12/55+Fe.Si*24/28+Fe.P*60/62+Fe.V*24/102+Fe.Ti*24/48)*1000;
```

3）脱硫耗碳量。

```
C_dS=Slag.Weight*Slag.S_Rate*2*12/32;
```

4）铁直接还原耗碳量。

```
C_dFe=1000*Fe.Fe*Rd*12/56;
```

5）$CaCO_3$ 分解出的 CO_2 在高温区与 C 反应的耗碳量

```
C_dCO2=MixFlux.Weight*MixFlux.CO2*0.5*12/44;
```

6）风口前燃烧的碳量。

```
C_tuye=C_Coke_Coal-C_dSiMnP-C_dS-C_dFe-C_dCO2-Fe.C*1000;
```

7）鼓风氧含量。

```
O_Wind=0.21+0.29*Wind.q+Wind.W;
```

8）风量。

```
Wind.Volume=C_tuye*0.9333/O_Wind;
```

9）干风量。

```
Wind.Dry_Wind_volume=Wind.Volume*(1-Wind.q);
Wind.Dry_Wind_Weight=Wind.Dry_Wind_volume*((1-O_Wind)*28+32*O_Wind)/22.4;Wind.H2O_
Weight=Wind.Volume*Wind.q*18/22.4;
    }
    void CDBFCalculation::MassBal_Cal_6()
    {
```

（6）炉顶煤气量及其成分计算。

1）CO_2。

间接还原产生的 CO_2 量：

```
double PRiH2;
for(int i=0;i<1000;i++){
    PRiH2=0.001*i;
CO2_Ri=MixOre.Weight*MixOre.Fe2O3*22.4/160+Fe.Fe*1000*(1-Rd-PRiH2)*22.4/56;
```

熔剂分解出的 CO_2 量：

```
double CO2_Flux;
CO2_Flux=MixFlux.Weight*(MixFlux.MgO*44/40+0.5*MixFlux.CaO*44/56)*22.4/44;
```

焦炭挥发分放出的 CO_2 量：

```
double CO2_Coke;
CO2_Coke=Coke.Weight*(Coke.Cquan-Coke.Cgu)*22.4/44;
```

则总的 CO_2 量为：

```
Gas.CO2=CO2_Ri+CO2_Flux+CO2_Coke;
```

2）CO。

风口前碳燃烧生成的 CO 量：

```
double CO_Tuyer;
CO_Tuyer=C_tuye*22.4/12;
```

直接还原生成的 CO 量：

```
double CO_Rd;
CO_Rd=(C_dFe+C_dS+C_dSiMnP+C_dCO2*2)*22.4/12;
```

间接还原消耗的 CO 量：

```
        double CO_Ri;
        CO_Ri=CO2_Ri;
```

则总的 CO 量为:

```
        Gas. CO=CO_Tuyer+CO_Rd+CO_Coke-CO_Ri;
```

3) H_2。

鼓风中水分分解的 H_2 量:

```
        double H2_Wind;
        H2_Wind=Wind. Volume * Wind. q;
```

焦炭带入的 H_2 量:

```
        double H2_Coke;
        H2_Coke=Coke. Weight * Coke. H * 22.4/2;
```

煤粉带入的 H_2 量:

```
        double H2_Coal;
H2_Coal=Coal. Weight * Coal. H * 22.4/2+Coal. Weight/(1-Coal. Moisture) * Coal. Moisture * 22.4/18;
```

入炉总的 H_2 量:

```
        double H2_InFurnace;
        H2_InFurnace=H2_Wind+H2_Coke+H2_Coal;
```

还原消耗的 H_2 量:

```
        double nCO;
        nCO=Gas. CO2/(Gas. CO+Gas. CO2);
        double nH2;
        nH2=nCO * nh2_nco;
        H2_Ri=H2_InFurnace * nH2;
```

H_2 间接还原度:

```
        double RiH2;
        RiH2=H2_Ri/22.4 * 56/(Fe. Fe * 1000);
```

则进入炉顶煤气的 H_2 量为:

```
        Gas. H2=H2_InFurnace-H2_Ri;
        if(fabs(RiH2-PRiH2)<0.002){
            i=1001;
        }
    }
```

4) N_2。

鼓风带入的 N_2 量:

```
        double N2_Wind;
```

N2_Wind=Wind.Dry_Wind_volume＊（1-O_Wind）；

焦炭带入的 N_2 量：

double N2_Coke；

N2_Coke=Coke.Weight＊Coke.N＊22.4/28；

煤粉带入的 N_2 量：

double N2_Coal；

N2_Coal=Coal.Weight＊Coal.N＊22.4/28；

则进入炉顶煤气的 N_2 量为：

Gas.N2=N2_Wind+N2_Coke+N2_Coal；

5）炉顶煤气量及成分比例。

Gas.Volume=Gas.CO+Gas.CO2+Gas.H2+Gas.N2；

Gas.CO_Rate=Gas.CO/Gas.Volume；

Gas.CO2_Rate=Gas.CO2/Gas.Volume；

Gas.H2_Rate=Gas.H2/Gas.Volume；

Gas.N2_Rate=Gas.N2/Gas.Volume；

6）炉顶干煤气重量。

Gas.Weight=Gas.Volume＊（Gas.CO2_Rate＊44+（Gas.CO_Rate+Gas.N2_Rate）＊28+Gas.H2_Rate＊2）/22.4；

Gas.H2O_Red=H2_Ri＊18/22.4；

　　}

（7）物料平衡表。

void CDBFCalculation：：MassBal_Cal_7（）

　　{

MassBal.m_Coke=Coke.Weight；

MassBal.m_Coal=Coal.Weight；

MassBal.m_Limestone=MixFlux.Weight；

MassBal.m_Ore=MixOre.Weight；

MassBal.m_Wind=Wind.Dry_Wind_Weight；

MassBal.m_WaterInWind=Wind.H2O_Weight；

MassBal.m_PigIron=1000.0；

MassBal.m_Slag=Slag.Weight；

MassBal.m_Gas=Gas.Weight；

MassBal.m_H2O_Red=Gas.H2O_Red；

高炉收入的物料量：

MassBal.InFurnace = Coke.Weight+Coal.Weight+MixFlux.Weight+MixOre.Weight+Wind.Dry_Wind_Weight+Wind.H2O_Weight；

高炉支出的物料量：

> double OutFurnace;
>
> OutFurnace = 1000+Slag. Weight+Gas. Weight+Gas. H2O_Red;

误差：

> MassBal. m_Dif = MassBal. InFurnace-OutFurnace;

误差率：

> MassBal. m_Dif_Rate = MassBal. m_Dif/MassBal. InFurnace;
>
> }

b 热平衡计算模块

（1）方法一。

> void CDBFCalculation::HeatBal_Method_1()
>
> {

热收入项：

1）焦炭的热值。

> HeatBalSolution1. Q_Coke = 29000 * Coke. Weight/(1-Coke. Moisture)/1000000;

2）煤粉的热值。

> HeatBalSolution1. Q_Coal = 30000 * Coal. Weight/(1-Coal. Moisture)/1000000;

3）热风带入的热量。

> HeatBalSolution1. Q_Wind = (Wind. Volume * 1. 432 * Wind. t-10800 * Wind. Volume * Wind. q)/1000000;

则总的热收入为

> HeatBalSolution1. M1_Q_Input = HeatBalSolution1. Q_Coke + HeatBalSolution1. Q_Coal + HeatBalSolution1. Q_Wind;
>
> HeatBalSolution1. Q_Coke_Rate = HeatBalSolution1. Q_Coke/HeatBalSolution1. M1_Q_Input * 100;
>
> HeatBalSolution1. Q_Coal_Rate = HeatBalSolution1. Q_Coal/HeatBalSolution1. M1_Q_Input * 100;
>
> HeatBalSolution1. Q_Wind_Rate = HeatBalSolution1. Q_Wind/HeatBalSolution1. M1_Q_Input * 100;

热支出项：

1）氧化物分解耗热。

Fe2SiO4->FexO

> double Q_OXDe_Fe2SiO4;
>
> Q_OXDe_Fe2SiO4 = 310 * (Coke. Weight * Coke. FeO * 56/(56+16)+Coal. Weight * Coal. FeO * 56/(56+16))/1000000;

Fe2O3->FexO

> double Q_OXDe_Fe2O3;
>
> Q_OXDe_Fe2O3 = 2370 * (MixOre. Weight * MixOre. Fe2O3)/1000000 * 0. 7;

FexO->Fe

  double Q_OXDe_FexO；

  Q_OXDe_FexO=4990 * Fe.Fe * 1000/1000000；

硅氧化物分解耗热：

  double Q_SiDe；

  Q_SiDe=31360 * Fe.Si * 1000/1000000；

锰氧化物分解耗热：

  double Q_MnDe；

  Q_MnDe=7015 * Fe.Mn * 1000/1000000；

磷氧化物分解耗热：

  double Q_PDe；

  Q_PDe=36000 * Fe.P * 1000/1000000；

则氧化物分解总耗热为：

  HeatBalSolution1.Q_OXDe=Q_OXDe_Fe2SiO4+Q_OXDe_Fe2O3+Q_OXDe_FexO+Q_SiDe+Q_MnDe+Q_PDe；

  HeatBalSolution1.Q_OXDe_Rate=HeatBalSolution1.Q_OXDe/HeatBalSolution1.M1_Q_Input * 100；

2）脱硫耗热。

  HeatBalSolution1.Q_SDe1=8300 * Slag.Weight * Slag.S_Rate * 2/1000000；

  HeatBalSolution1.Q_SDe1_Rate=HeatBalSolution1.Q_SDe1/HeatBalSolution1.M1_Q_Input * 100；

3）碳酸盐分解耗热。

  HeatBalSolution1.Q_CO3De=（4040 * MixFlux.Weight * MixFlux.CO2+3770 * MixFlux.Weight * MixFlux.CO2 * 0.5-1130 * MixFlux.Weight * MixFlux.CO2 * 1.27）/1000000；

  HeatBalSolution1.Q_CO3De_Rate=HeatBalSolution1.Q_CO3De/HeatBalSolution1.M1_Q_Input * 100；

4）喷吹燃料分解耗热。

  HeatBalSolution1.Q_CoalDe=1150 * Coal.Weight/1000000；

  HeatBalSolution1.Q_CoalDe_Rate=HeatBalSolution1.Q_CO3De_Rate/HeatBalSolution1.M1_Q_Input * 100；

5）炉渣、铁水和煤气的焓。

炉渣的焓：

  HeatBalSolution1.Q_Slag=Slag.Weight * 1900/1000000；

  HeatBalSolution1.Q_Slag_Rate=HeatBalSolution1.Q_Slag/HeatBalSolution1.M1_Q_Input * 100；

铁水的焓：

  HeatBalSolution1.Q_Fe=1000 * 1300.00/1000000；

  HeatBalSolution1.Q_Fe_Rate=HeatBalSolution1.Q_Fe/HeatBalSolution1.M1_Q_Input * 100；

煤气的焓：

HeatBalSolution1. Q _ Gas = Gas. Volume * 1.418 * Gas. T/1000000 + ((Gas. H2O _ Red + 1.244 * (Coal. Weight/(1 − Coal. Moisture) * Coal. Moisture + Coke. Weight/(1 − Coke. Moisture) * Coke. Moisture+Wind. H2O _ Weight)) * 1.516 * Gas. T + 2450 * (Coal. Weight * Coal. Moisture + Coke. Weight * Coke. Moisture+Wind. H2O_Weight))/1000000;

HeatBalSolution1. Q_Gas_Rate＝HeatBalSolution1. Q_Gas/HeatBalSolution1. M1_Q_Input * 100;

6）高炉煤气的热值。

HeatBalSolution1. Q _ Gas _ Che = Gas. Volume * (12650 * Gas. CO _ Rate + 10800 * Gas. H2 _ Rate)/1000000;

HeatBalSolution1. Q_GasChe_Rate＝HeatBalSolution1. Q_Gas_Che/HeatBalSolution1. M1_Q_Input * 100;

7）未燃烧碳的热值。

HeatBalSolution1. Q_UnFire_Coke=33410 * Fe. C * 1000/1000000;

HeatBalSolution1. Q_UnFire_Coke_Rate = HeatBalSolution1. Q _ UnFire _ Coke/HeatBalSolution1. M1_Q_Input * 100;

则总的热支出为：

HeatBalSolution1. M1_Q_Output＝HeatBalSolution1. Q_OXDe+HeatBalSolution1. Q_SDe1
　　+HeatBalSolution1. Q_CO3De+HeatBalSolution1. Q_CoalDe+HeatBalSolution1. Q_Slag

　　+HeatBalSolution1. Q_Fe+HeatBalSolution1. Q_Gas+HeatBalSolution1. Q_Gas_Che+HeatBalSolution1. Q_UnFire_Coke;

（2）方法二。

热收入项：

1）风口前碳燃烧放出的热量。

HeatBalSolution2. Q_C_Wind=9800 * C_tuye/1000000−HeatBalSolution1. Q_CoalDe;

2）直接还原中 C 氧化成 CO 放出的热量。

HeatBalSolution2. Q_C_Rd=9800 * (C_dFe+C_dS+C_dSiMnP+C_dCO2)/1000000;////

3）间接还原中 CO 氧化成 CO_2 放出的热量。

HeatBalSolution2. Q_CO_Ri=12650 * CO2_Ri/1000000;

4）间接还原中 H_2 氧化成 H_2O 放出的热量。

HeatBalSolution2. Q_H2_Ri=10800 * H2_Ri/1000000;

5）热风带入的热量。

HeatBalSolution2. Q_Wind=HeatBalSolution1. Q_Wind;

则总的热收入为

HeatBalSolution2. M2_Q_Input＝HeatBalSolution2. Q_C_Wind+HeatBalSolution2. Q_C_Rd
　　+HeatBalSolution2. Q_CO_Ri+HeatBalSolution2. Q_H2_Ri+HeatBalSolution2. Q_Wind;

HeatBalSolution2. Q_C_Wind_Rate = HeatBalSolution2. Q_C_Wind/HeatBalSolution2. M2_Q_Input * 100；

HeatBalSolution2. Q_C_Rd_Rate = HeatBalSolution2. Q_C_Rd/HeatBalSolution2. M2_Q_Input * 100；

HeatBalSolution2. Q_CO_Ri_Rate = HeatBalSolution2. Q_CO_Ri/HeatBalSolution2. M2_Q_Input * 100；

HeatBalSolution2. Q_H2_Ri_Rate = HeatBalSolution2. Q_H2_Ri/HeatBalSolution2. M2_Q_Input * 100；

HeatBalSolution2. Q_Wind_Rate = HeatBalSolution2. Q_Wind/HeatBalSolution2. M2_Q_Input * 100；

热支出项：

1）氧化物分解耗热。

HeatBalSolution2. Q_OXDe = HeatBalSolution1. Q_OXDe；

2）脱硫耗热。

HeatBalSolution2. Q_SDel = HeatBalSolution1. Q_SDel；

3）碳酸盐分解耗热。

HeatBalSolution2. Q_CO3De = HeatBalSolution1. Q_CO3De；

4）炉渣的焓。

HeatBalSolution2. Q_Slag = HeatBalSolution1. Q_Slag；

5）铁水的焓。

HeatBalSolution2. Q_Fe = HeatBalSolution1. Q_Fe；

6）煤气的焓。

HeatBalSolution2. Q_Gas = HeatBalSolution1. Q_Gas；

7）冷却水带走热量及散热损失。

HeatBalSolution2. M2_Q_Output = HeatBalSolution2. Q_OXDe + HeatBalSolution2. Q_SDel + HeatBalSolution2. Q_CO3De

+HeatBalSolution2. Q_Fe + HeatBalSolution2. Q_Gas + HeatBalSolution2. Q_Slag；

HeatBalSolution2. M2_Q_Other = HeatBalSolution2. M2_Q_Input - HeatBalSolution2. M2_Q_Output；

HeatBalSolution2. Q_OXDe_Rate = HeatBalSolution2. Q_OXDe/HeatBalSolution2. M2_Q_Input * 100；

HeatBalSolution2. Q_SDel_Rate = HeatBalSolution2. Q_SDel/HeatBalSolution2. M2_Q_Input * 100；

HeatBalSolution2. Q_CO3De_Rate = HeatBalSolution2. Q_CO3De/HeatBalSolution2. M2_Q_Input * 100；

HeatBalSolution2. Q_Slag_Rate = HeatBalSolution2. Q_Slag/HeatBalSolution2. M2_Q_Input * 100；

HeatBalSolution2. Q_Fe_Rate = HeatBalSolution2. Q_Fe/HeatBalSolution2. M2_Q_Input * 100；

HeatBalSolution2. Q_Gas_Rate = HeatBalSolution2. Q_Gas/HeatBalSolution2. M2_Q_Input * 100；

HeatBalSolution2. M2_Q_Other_Rate = HeatBalSolution2. M2_Q_Other/HeatBalSolution2. M2_Q_Input * 100；

（3）方法三。

热收入项：

1）风口前碳燃烧放出的热量。

HeatBalSolution3. Q_C_Wind = HeatBalSolution2. Q_C_Wind；

2）热风带入的热量。

HeatBalSolution3. Q_Wind = HeatBalSolution1. Q_Wind；

则总的热收入为：

HeatBalSolution3. M3_Q_Input = HeatBalSolution3. Q_C_Wind + HeatBalSolution3. Q_Wind；

HeatBalSolution3. Q_C_Wind_Rate = HeatBalSolution3. Q_C_Wind / HeatBalSolution3. M3_Q_Input * 100；

HeatBalSolution3. Q_Wind_Rate = HeatBalSolution3. Q_Wind / HeatBalSolution3. M3_Q_Input * 100；

热支出项：

1）还原耗热。

Fe 还原耗热：

double Q_Fe_R；

Q_Fe_R = 2890 * Fe. Fe * 1000 * Rd / 1000000；

Si 还原耗热：

double Q_Si_R；

Q_Si_R = 22960 * Fe. Si * 1000 / 1000000；

Mn 还原耗热：

double Q_Mn_R；

Q_Mn_R = 4880 * Fe. Mn * 1000 / 1000000；

P 还原耗热：

double Q_P_R；

Q_P_R = 26520 * Fe. P * 1000 / 1000000；

则还原总耗热为：

HeatBalSolution3. Q_R = Q_Fe_R + Q_Si_R + Q_Mn_R + Q_P_R；

HeatBalSolution3. Q_R_Rate = HeatBalSolution3. Q_R / HeatBalSolution3. M3_Q_Input * 100；

2）脱硫耗热。

HeatBalSolution3. Q_SDe2 = 4650 * Slag. Weight * Slag. S_Rate * 2 / 1000000；

HeatBalSolution3. Q_SDe2_Rate = HeatBalSolution3. Q_SDe2 / HeatBalSolution3. M3_Q_Input * 100；

3）碳酸盐分解耗热。

HeatBalSolution3. Q_CO3De = HeatBalSolution1. Q_CO3De；

HeatBalSolution3. Q_CO3De_Rate = HeatBalSolution3. Q_CO3De / HeatBalSolution3. M3_Q_Input * 100；

4）炉渣的焓。

HeatBalSolution3. Q_Slag = HeatBalSolution1. Q_Slag；

HeatBalSolution3. Q_Slag_Rate = HeatBalSolution3. Q_Slag / HeatBalSolution3. M3_Q_Input * 100；

5）铁水的焓。

HeatBalSolution3.Q_Fe＝HeatBalSolution1.Q_Fe；

HeatBalSolution3.Q_Fe_Rate＝HeatBalSolution3.Q_Fe/HeatBalSolution3.M3_Q_Input∗100；

6）煤气的焓。

HeatBalSolution3.Q_Gas＝HeatBalSolution1.Q_Gas；

HeatBalSolution3.Q_Gas_Rate＝HeatBalSolution3.Q_Gas/HeatBalSolution3.M3_Q_Input∗100；

7）冷却水带走热量和散热损失。

　HeatBalSolution3.M3_Q_Output＝HeatBalSolution3.Q_R＋HeatBalSolution3.Q_SDe2＋HeatBalSolution3.Q_CO3De

　　　＋HeatBalSolution3.Q_Slag＋HeatBalSolution3.Q_Fe＋HeatBalSolution3.Q_Gas；

HeatBalSolution3.M3_Q_Other＝HeatBalSolution3.M3_Q_Input-HeatBalSolution3.M3_Q_Output；

HeatBalSolution3.M3_Q_Other_Rate＝HeatBalSolution3.M3_Q_Other/HeatBalSolution3.M3_Q_Input∗100；

　}

c　设计高炉计算界面

设计高炉计算程序初始界面如附图 11 所示。

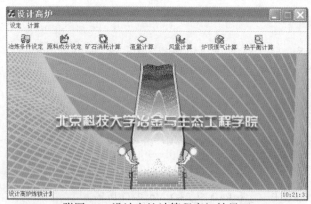

附图 11　设计高炉计算程序初始界面

（1）设计高炉初始条件设定界面，如附图 12、附图 13 所示。

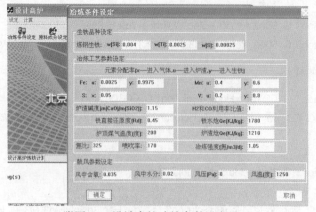

附图 12　设计高炉冶炼条件设定界面

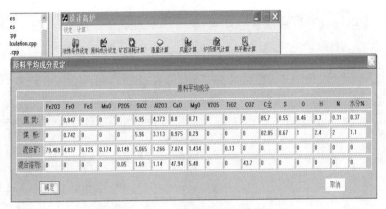

附图 13　设计高炉原燃料成分设定界面

（2）设计高炉计算界面，如附图 14~附图 21 所示。

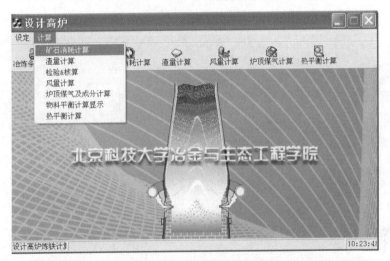

附图 14　设计高炉计算界面

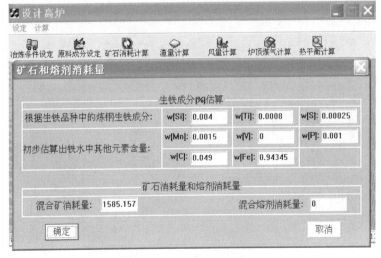

附图 15　设计高炉矿石和熔剂消耗计算界面

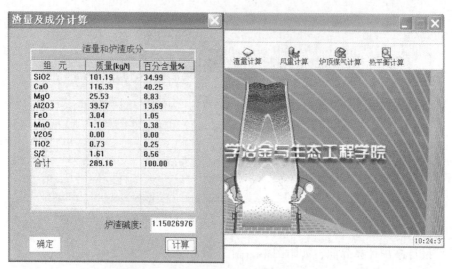

附图16　设计高炉渣量和炉渣成分计算界面

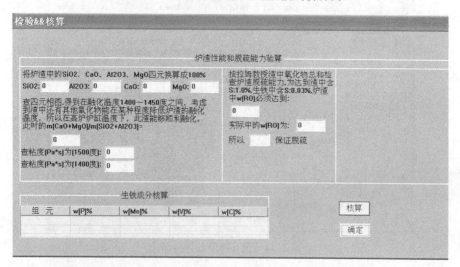

附图17　设计高炉炉渣成分检验和生铁成分核算界面

附图18　设计高炉风量计算界面

附图19　设计高炉煤气量计算界面

附图20　设计高炉物料平衡计算界面

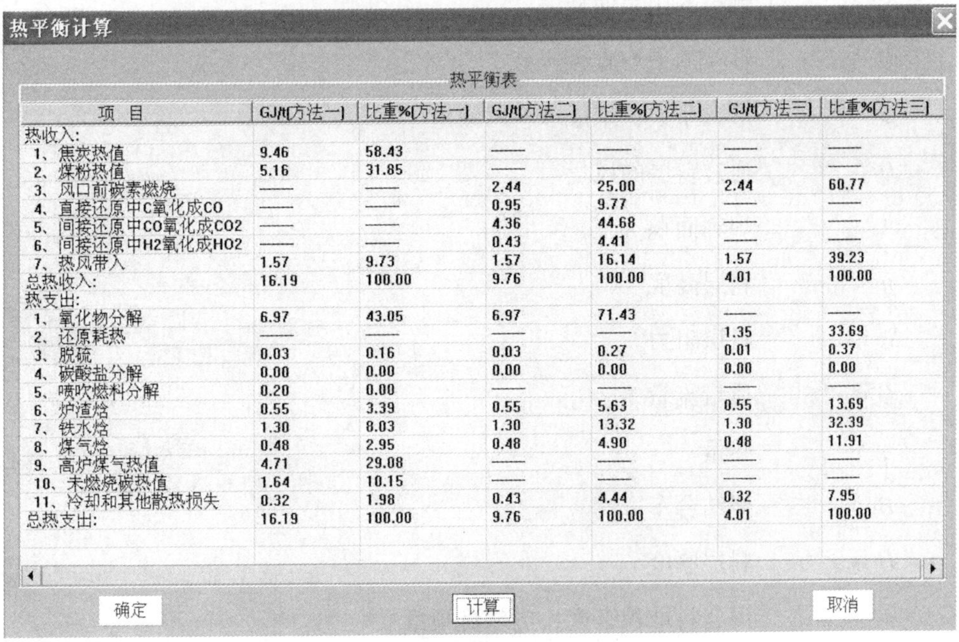

热平衡计算

热平衡表

项目	GJ/t[方法一]	比重%[方法一]	GJ/t[方法二]	比重%[方法二]	GJ/t[方法三]	比重%[方法三]
热收入:						
1、焦炭热值	9.46	58.43	——	——	——	——
2、煤粉热值	5.16	31.85	——	——	——	——
3、风口前碳素燃烧	——	——	2.44	25.00	2.44	60.77
4、直接还原中C氧化成CO	——	——	0.95	9.77	——	——
5、间接还原中CO氧化成CO2	——	——	4.36	44.68	——	——
6、间接还原中H2氧化成HO2	——	——	0.43	4.41	——	——
7、热风带入	1.57	9.73	1.57	16.14	1.57	39.23
总热收入:	16.19	100.00	9.76	100.00	4.01	100.00
热支出:						
1、氧化物分解	6.97	43.05	6.97	71.43	——	——
2、还原耗热	——	——	——	——	1.35	33.69
3、脱硫	0.03	0.16	0.03	0.27	0.01	0.37
4、碳酸盐分解	0.00	0.00	0.00	0.00	0.00	0.00
5、喷吹燃料分解	0.20	0.00	——	——	——	——
6、炉渣焓	0.55	3.39	0.55	5.63	0.55	13.69
7、铁水焓	1.30	8.03	1.30	13.32	1.30	32.39
8、煤气焓	0.48	2.95	0.48	4.90	0.48	11.91
9、高炉煤气热值	4.71	29.08	——	——	——	——
10、未燃烧碳热值	1.64	10.15	——	——	——	——
11、冷却和其他散热损失	0.32	1.98	0.43	4.44	0.32	7.95
总热支出:	16.19	100.00	9.76	100.00	4.01	100.00

确定　　　　　　计算　　　　　　取消

附图21　设计高炉热平衡计算界面

主要符号表

符号	含　义	单位
Δp	压强降	$g/(cm \cdot s^2)$
H	管长	cm
X_{BG}	炉腹煤气量指数	m/min
ΔH	焓变	kJ/kg
W	蒸发的水量	g
F	表面积	m^2
P	料层的透气性指数，即单位压力梯度下单位面积上通过的气体流量	
$T_{熔}$	熔点	℃
Re	雷诺数	
V_0	空炉速度	
μ	气体的动力学黏度系数	
S_0	颗粒的比表面积	m^2/m^3
d_0	颗粒的平均直径	m
φ	形状系数；未成球料的倾角	
Q	通过料层的风量	m^3/min
A	炉算面积	m^2
h	料层高度	mm
Δp	料层阻力	Pa
G	质量流量	kg/s
q	热量	
B	烧结台车宽度	m
H	料层厚度	m
γ	混合料堆积密度；造球盘倾角	t/m^3

符号	含　义	单位
v	速度	m/min
K	特性常数	
F_a	颗粒间接触点的联结力	
σ	水的表面张力	
θ	水桥弯月面夹角	
s	水的饱和度	
P_e	毛细作用力	
X	形状对毛细作用的影响因子	
D	生球直径	mm
n	圆盘转速	
T	转鼓强度	
A	抗磨强度	
R_V	矿石体积膨胀率	%
RI	还原度	
V_{daf}	无湿无灰基挥发分	%
R_{max}	镜质组平均最大反射率	
G	煤炭的黏结指数	
M_{ad}	焦炭中水分含量（空气干燥基）	%
V_{ad}	焦炭中挥发分含量（空气干燥基）	%
A_{ad}	焦炭中灰分含量（空气干燥基）	%
C_{ad}	焦炭中固定碳含量（空气干燥基）	%
X_d	干燥剂各成分含量	%
X_{daf}	可燃基各成分含量	%
S_a	炼焦煤中硫含量	%
S_k	焦炭中硫含量	%
k	成焦率	%
M40	焦炭的抗裂强度	%
M10	焦炭的耐磨强度	%

符号	含　　义	单位
CRI	焦炭的化学反应性	%
CSR	焦炭的反应后强度	%
T_i	焦炭的熔损反应初始反应温度	℃
S_{CSR25}	焦炭反应失重25%后强度	%
A	化学反应阿累尼乌斯定律中的频率因子	1
$a_{[i]}$	铁水中组分 i 的活度	1
$a_{(i)}$	炉渣中组分 i 的活度	1
$w(C)_固$	焦炭中的固定碳在焦炭中的质量分数、数量	%，kg/t
$w(C)_风$	风口前单位生铁或炉料所需燃烧的焦炭中碳的数量	kg/t
$w(C)_d$	单位生铁或炉料直接还原消耗的碳量	kg/t
$w(C)_i$	单位生铁或炉料间接还原消耗的碳量	kg/t
$\varphi(CO)$	炉缸煤气、炉顶煤气等中一氧化碳的体积分数、数量	%，m^3/t
$\varphi(CO_2)$	炉缸煤气、炉顶煤气等中二氧化碳的体积分数、数量	%，m^3/t
$\varphi(H_2)$	炉缸煤气、炉顶煤气等中氢的体积分数、数量	%，m^3/t
$\varphi(N_2)$	炉缸煤气、炉顶煤气等中氮的体积分数、数量	%，m^3/t
$w(CO)_挥},w(CO_2)_挥}$ $w(H_2)_挥},w(N_2)_挥}$ $w(CH_4)_挥}$	焦炭挥发分中相应组分的质量分数、数量	%，kg/t
$w(H_2)_有机},w(N_2)_有机}$	焦炭中有机氢和有机氮的质量分数、数量	%，kg/t
$\varphi(CO)_i,\varphi(H_2)_i$	间接还原消耗的 CO 和 H_2 量	m^3/kg
$\varphi(CO_2)_还,\varphi(H_2O)_还$	间接还原形成的 CO_2 和 H_2O 量	m^3/kg 或 m^3/t
c	比热容	$kJ/(m^3 \cdot K)$
c_{CO},c_{CO_2},c_{H_2O}	煤气中相应组分的比热容	$kJ/(m^3 \cdot K)$
$c_风,c_煤气$	热风和煤气的比热容	$kJ/(m^3 \cdot K)$
$c_铁,c_焦,c_渣$	铁水、焦炭、炉渣的比热容	$kJ/(m^3 \cdot K)$
c	物质的量浓度	
c_A^0,c_A^s,c_A^i,c_A^*	反应物原始、反应物表面、反应界面和平衡状态下浓度	

符号	含　义	单位
c_P^i, c_P^*	产物在反应界面和平衡状态下浓度	
$w(CaO), w(MgO)$	矿石、焦炭灰分、炉渣中各组分的质量分数、数量	%, kg/kg 或 kg/t
$w(Al_2O_3), w(SiO_2)$		
e	单位炉料的理论出铁量	kg/kg
D, D_{eff}	扩散系数、有效扩散系数	
E	鼓风动能	N·m/s
E	活化能	kJ/mol
f	元素在铁水中的活度系数	1
f	流体运动中的阻力系数	1
$w(Fe), w(Fe_2O_3)$	铁及铁氧化物在炉料、炉渣中的质量分数、数量	%, kg/kg 或 kg/t
$w(Fe_3O_4), w(Fe_xO)$		
$w[Fe], w[Si],$	生铁中各组分的质量分数、数量	%, kg/t
$w[Mn], w[P],$		
$w[S], w[Ti],$		
$w[V], \cdots$		
$\Delta G, \Delta G^{\ominus}$	自由能变化、标准自由能变化	kJ/mol
$i_{风}$	热风的焓(减去风中水分分解热)	kJ/m³
$i_{煤气}$	煤气的焓	kJ/m³
$i_{焦}$	进入燃烧带焦炭的焓	kJ/kg
M	喷煤量(煤比)	kg/t
$m(CaO)/m(SiO_2)$	炉渣二元碱度	1
$n(O)/n(Fe)$	操作线图纵坐标:氧原子与铁原子数量之比	mol/mol
$n(O)/n(C)$	操作线图横坐标:氧原子与碳原子数量之比	mol/mol
$n(C)/n(Fe)$	操作线图的斜率:碳原子与铁原子数量之比	mol/mol
K	反应平衡常数	
k	传质系数,反应速度常数	1
K	吨铁焦炭消耗量(焦比)	kg/t
P	产量	t/d

符号	含　义	单位
P	吨铁矿石消耗量	kg/t
p	压强	Pa 或 kPa
Q_e，Q_u	1kg 铁水和炉渣的焓	kJ/kg
r_d	铁的直接还原度	%
r	炉料颗粒半径	m
R	炉渣碱度	1
R	喷吹辅助燃料的置换比	kg/kg 或 kg/m³
R	还原反应速率	mol/s
R_d，R_i	高炉的直接还原度和间接还原度	
q_C	1kg 碳燃烧成 CO 放出的热量	kJ/kg
q_{Cd}	直接还原中 1kg 碳氧化成 CO 放出的热量	kJ/kg
q_{CO_i}	间接还原中 CO 氧化成 CO_2 放出的热量	kJ/m³
q_{H_2i}	间接还原中 H_2 氧化成 H_2O 放出的热量	kJ/m³
q	热当量	kJ/kg
$t_风$，$t_{煤气}$，$t_{顶气}$	热风温度、煤气温度和炉顶煤气温度	℃
$t_理$，t_c	风口燃烧带理论燃烧温度、炉热指数	℃
t	时间	h、min 或 s
U	渣量	kg/t
$v_风$，$v_{煤气}$	1kg 碳燃烧需要的风量和形成的煤气量	m³/kg
$V_风$，$V_煤$	单位生铁消耗的风量和产出的煤气量	m³/t 或 m³/kg
V_{CO}，V_{H_2}，V_M	进入间接还原区时煤气中 CO、H_2、N_2 的量	m³/t 或 m³/kg
W	水当量	kJ/kg 或 kJ/t
Z	热损失	kg/t 或 kJ/kg
z	热损失占热收入的部分	
ε	空隙度	1
η_A	高炉炉缸面积利用系数	
η_V	高炉有效容积利用系数	t/(m³·d)
η_{CO}	CO 利用率	%

符号	含　义	单位
η_H	H_2 利用率	%
η_i	i 元素的回收率	%
η	液体、气体黏度	Pa·s
$T,\ \theta$	热力学温度	K
λ	物料的导热系数	
μ	斜率	
ξ	侧压力系数	
ρ	密度	kg/m^3，g/cm^3
τ	时间	h，min，s
ϕ	形状系数	
φ	鼓风湿度	m^3/m^3
ψ_{CO_2}	熔剂分解出来的 CO_2 与碳反应的比率	%
ψ_{H_2O}	结晶水分解出来后与碳反应的比率	%
ω	风中氧含量	%或 m^3/m^3
γ	氧化物在熔渣中的活度系数	
r	物料的堆密度	kg/m^3，g/cm^3

冶金工业出版社部分图书推荐

书　名	作　者	定价(元)
现代冶金工艺学——钢铁冶金卷（第2版）（本科国规教材）	朱苗勇	75.00
物理化学（第4版）（本科国规教材）	王淑兰	45.00
冶金物理化学研究方法（第4版）（本科教材）	王常珍	69.00
冶金与材料热力学（本科教材）	李文超	65.00
热工测量仪表（第2版）（本科国规教材）	张　华	46.00
冶金动力学（本科教材）	翟玉春	36.00
冶金热力学（本科教材）	翟玉春	55.00
电磁冶金学（本科教材）	亢淑梅	28.00
钢铁冶金过程环保新技术（本科教材）	何志军	35.00
洁净钢与清洁辅助原料（本科教材）	王德永	5 .00
冶金物理化学（本科教材）	张家芸	3 .00
钢冶金学（本科教材）	高泽平	4 .00
冶金宏观动力学基础（本科教材）	孟繁明	36.00
冶金原理（本科教材）	韩明荣	40.00
冶金传输原理（本科教材）	刘　坤	46.00
冶金传输原理习题集（本科教材）	刘忠锁	10.00
钢铁冶金原理（第4版）（本科教材）	黄希祜	82.00
耐火材料（第2版）（本科教材）	薛群虎	35.00
钢铁冶金原燃料及辅助材料（本科教材）	储满生	59.00
炼铁工艺学（本科教材）	那树人	45.00
炼铁学（本科教材）	梁中渝	45.00
炼钢学（本科教材）	雷　亚	42.00
炼铁厂设计原理（本科教材）	万　新	38.00
炼钢厂设计原理（本科教材）	王令福	29.00
轧钢厂设计原理（本科教材）	阳　辉	46.00
热工实验原理和技术（本科教材）	邢桂菊	25.00
炉外精炼教程（本科教材）	高泽平	40.00
连续铸钢（第2版）（本科教材）	贺道中	30.00
冶金设备（第2版）（本科教材）	朱　云	56.00
冶金设备课程设计（本科教材）	朱　云	19.00
物理化学（第2版）（高职高专教材）	邓基芹	36.00
冶金原理（第2版）（高职高专国规教材）	卢宇飞	45.00
冶金技术概论（高职高专教材）	王庆义	28.00
炼铁技术（高职高专教材）	卢宇飞	29.00
高炉炼铁设备（高职高专教材）	王宏启	36.00
特色冶金资源非焦冶炼技术	储满生	70.00
硬质合金生产原理和质量控制	周书助	39.00
金属压力加工概论（第3版）	李生智	32.00
轧钢加热炉课程设计实例	陈伟鹏	25.00
非高炉炼铁	张建良	90.00